Die Entwickelung

des

Niederrheinisch-Westfälischen Steinkohlen-Bergbaues

in der zweiten Hälfte des 19. Jahrhunderts.

Herausgegeben vom

Verein für die bergbaulichen Interessen im Oberbergamtsbezirk Dortmund
in Gemeinschaft mit der Westfälischen Berggewerkschaftskasse
und dem Rheinisch-Westfälischen Kohlensyndikat.

IX.

Aufbereitung, Kokerei, Gewinnung der Nebenprodukte, Brikettfabrikation, Ziegeleibetrieb.

Mit 337 Textfiguren und 19 Tafeln.

1905.

Springer-Verlag Berlin Heidelberg GmbH

ISBN 978-3-642-51908-6   ISBN 978-3-642-51970-3 (eBook)
DOI 10.1007/978-3-642-51970-3

Inhaltsverzeichnis.

II. Abschnitt: Kokerei.

IV. Abschnitt: Brikettfabrikation.

Verzeichnis der Tafeln.

Benutzte Litteratur.

Preussische Zeitschrift für das Berg-, Hütten- u. Salinenwesen.
Oesterreichische Zeitschrift für das Berg- und Hüttenwesen.
Berg- und Hüttenmännische Zeitschrift.
Glückauf.
Der Bergbau.
Zeitschrift des Vereins Deutscher Ingenieure.
Zeitschrift Stahl und Eisen.
Dinglers Polytechnisches Journal.
Karsten und von Dechen Archiv für Mineralogie, Geognosie, Bergbau und Hütten-
    kunde.
Annales des mines de France.
Bulletin de la société de l'industrie minérale.
Revue universelle des mines.
Geinitz, Fleck und Hartig: Die Steinkohlen Deutschlands und anderer Länder
    Europas.
Koettig, Die Steinkohlen des Königreichs Sachsen.
Gaetzschmann, Die Aufbereitung.
Haton de la Goupillière, Grundriss der Aufbereitung, übersetzt von Rauscher.
Bilharz, Aufbereitung.
A. v. Kerpely, Die Anlage und Einrichtung der Eisenschmelzwerke.
Kirschner, Grundriss der Erzaufbereitung.
Waltl, Bergtechnische Mitteilungen aus Saarbrücken und Westfalen.
Lamprecht, Die Kohlen-Aufbereitung.
Köhler, Lehrbuch der Bergbaukunde.
Jahrbuch für das Berg- und Hüttenwesen im Königreich Sachsen.
Hartmann-Knoke, Die Pumpen. 2. Auflage, 1897.
Treptow, Grundzüge der Bergbaukunde und Aufbereitung. 3. Auflage, 1903.
Höfer, Taschenbuch für Bergmänner. 2. Auflage, 1904.
Sachs, Die Erzwäsche der Neuhof-Grube bei Beuthen.
Hochstrate, Broschüre über die Kohlen-Aufbereitung auf der Steinkohlengrube
    Rheinpreussen.
Festschrift zum VIII. Allgemeinen Deutschen Bergmannstag, Dortmund 1901.
Maschinenfabrik Baum, Broschüre über neues Waschverfahren: »Erst waschen,
    dann klassieren«.

Broschüre über Klassierung und Separation der Steinkohlen auf trockenem Wege nach dem Verfahren von F. Allard, Berlin.

Ledebur, Handbuch der Eisenhüttenkunde. Leipzig 1893.

Lunge-Köhler, Die Industrie des Steinkohlenteers und Ammoniaks, Bd. I und II. Braunschweig 1900.

Gurlt, Die Bereitung der Steinkohlenbriketts mit Rücksicht auf die Verhältnisse in Rheinland und Westfalen. 1880.

Preissig, Die Presskohlenindustrie. 1887.

Dammer, Handbuch der chem. Technologie, IV. Band. 1898.

Kerl, Abriss der Thonwarenindustrie. 1871.

Olschewsky, Katechismus der Ziegelfabrikation. 1880.

Heusinger von Waldegg, Die Ziegel- und Röhrenbrennerei. 1891.

Liebold, Die neuen kontinuierlichen Brennöfen. 1876.

Die Aufbereitung der Steinkohlen.

Von Professor Sommer, Bochum.

Einleitung.

Nur selten sind die gewonnenen Steinkohlen von solcher Reinheit, dass sie unmittelbar verwertet werden können und zu den verschiedenen Verwendungszwecken sich eignen; meist sind sie mit Brandschiefer, Schieferthon, Schwefelkies und anderen unverbrennlichen Mineralien verwachsen, die ihren Aschengehalt erhöhen; sie müssen deshalb aufbereitet, d. h. von den fremden und schädlichen Bestandteilen befreit werden. Dieser Reinigung und Veredelung des Produktes geht immer eine Trennung nach der Korngrösse voraus, welche einesteils den Zweck verfolgt, die wertvolleren Stücke von dem feineren Haufwerke — den Kleinkohlen — abzuscheiden, andernteils aus den letzteren mehr oder weniger verschieden, den einzelnen Verwendungszwecken entsprechend, Korngrössen zu bilden, die sodann meist der reinigenden Wascharbeit übergeben werden.

1. Kapitel: Geschichtliche Entwickelung.

Vor etwa dreissig Jahren noch wurde annähernd die Gesamtmenge der damals etwas über $11^{1}/_{2}$ Millionen Tonnen betragenden Steinkohlenförderung des niederrheinisch-westfälischen Industriebezirks als Rohkohle oder Förderkohle — in dem Zustande, in welchem sie an das Tageslicht gelangte, — verladen und dem Gebrauch übergeben; nur wenige Zechen waren vorhanden, die, von der allgemeinen Regel abweichend, einen kleineren oder grösseren Teil ihrer geförderten Kohlen der Aufbereitung übergaben; sie besassen entweder nur eine Separation — Sieberei — und nahmen lediglich eine Trennung in Stückkohlen, Knabbeln, Nusskohlen verschiedener Grösse und Feinkohlen vor, bei welcher zugleich ein Auslesen — Ausklauben — der gröberen Berge stattfand, oder es war mit der Separation eine Wäsche verbunden, in welcher die Nusskohlen, sowie etwas später auch die Feinkohlen mit Hülfe von Setzmaschinen

— vereinzelt auch mittels Schlämmherden — von ihren aschenhaltigen und schädlichen Beimengungen befreit wurden. Es waren dies naturgemäss zuerst solche Zechen, die durch den hohen Aschengehalt ihrer Kohlen sich genötigt sahen, eine Aufbereitung anzuwenden, oder welche direkt oder indirekt für die Koksfabrikation und den Hüttenbetrieb arbeiteten. Die erste westfälische Kohlenseparation und Wäsche ist angeblich schon im Jahre 1849 und zwar auf der Zeche Viktoria Mathias, im derzeitigen Bergamtsbezirke Essen, nach dem Vorbilde solcher Anstalten im Plauen-schen Grunde bei Dresden — was besonders hervorgehoben wird — er-richtet worden; gemäss Mitteilung der Zechenverwaltung hat diese Wäsche aus drei für Handbetrieb eingerichteten Setzkasten von der in neben-

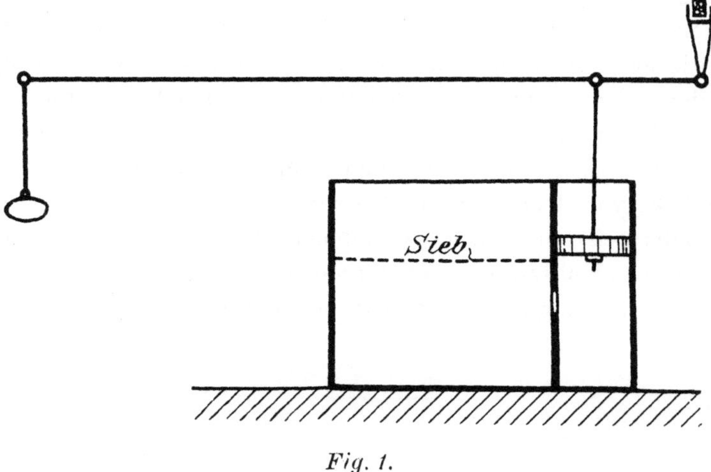

Fig. 1.

Erste westfälische Wäsche mit Setzkästen für Handbetrieb auf Victoria Mathias.

stehender Skizze (Fig. 1) angedeuteten Konstruktion, sowie aus einem da-hinter liegenden, durch Pferde angetriebenen Becherwerke bestanden; die Wäsche ist auf der Zeche selbst hergestellt worden. Bis Ende 1853 sollen im Essenschen Bezirke auch auf den Gruben Neu-Schölerpad, Carolus Magnus und ver. Sälzer und Neuaak — bezw. auf der Kruppschen Gussstahlfabrik — und im Bergamtsbezirke Bochum auf der Grube Louise ähnliche Kohlen-wäschen mit hydraulischen Setzmaschinen und den erforderlichen Sieb-vorrichtungen erbaut worden sein. Die zur Verkokung bestimmten Stein-kohlen wurden mittels zweier Stangensiebe — sog. Rätter — in drei Klassen getrennt, von welchen die kleinste, die Gries- oder Feinkohle, als rein genug angesehen und ungewaschen verkokt wurde, während das von dem zweiten Rätter zurückgehaltene Haufwerk von 6 bis etwa 70 mm Korn-grösse durch Ausklauben von den gröbsten Bergen befreit und dann auf den Setzmaschinen verwaschen wurde*). Die aus Rundeisenstäben bestehenden Siebe dieser Setzmaschinen hatten etwa 1,25 qm Fläche, während die Kolben eine gleiche Breite wie die Siebe, aber nur deren halbe Länge besassen und mittels Hebelvorrichtung durch einen Jungen bei jeder Setzmaschine bewegt wurden. Die von dem obersten Rätter zurückgehaltenen Stücke und Brocken, bezw. Würfelkohlen wurden, nachdem die Berge ausgelesen waren, zum Teil in Quetschwerken zerkleinert und dann ebenfalls der Verkokung übergeben.

Von welcher Maschinenfabrik die genannten Aufbereitungsanstalten erbaut worden sind, war nicht zu ermitteln, auch ist es nicht gelungen, irgend welche bildliche Darstellungen derselben und der dabei angewandten Apparate zu beschaffen. Da die Maschinenfabrik von Sievers & Co. in Kalk bei Deutz und die Baroper Maschinenbau-Aktien-Gesellschaft zu Barop im Jahre 1856 erst gegründet wurden und die letztere seit 1861 erst mit dem Bau von Aufbereitungsanstalten sich befasst hat, so ist es wahrscheinlich, dass die Apparate für diese Wäschen von Dresden her bezogen worden sind. Zwar wird berichtet, dass auf den Werken des Herrn von Burgk im Plauenschen Grunde Setzmaschinen mit beweglichen Sieben — sog. Stauchsieben — nach dem Vorbilde der in Freiberg üblichen Setzmaschinen schon im Jahre 1830 eingeführt worden seien, an welchen man immerfort festgehalten habe und zu denen man nach versuchter Anwendung anderer Setzapparate stets wieder zurückgekehrt sei**), indes ergiebt sich aus einer im Jahre 1841 geschriebenen Abhandlung über den Seinkohlenbergbau in Sachsen***), dass zu dieser Zeit schon Kolbensetzmaschinen mit Handbewegung im Plauenschen Grunde mit günstigem Erfolge in Anwendung gewesen sind. Auch an anderen Stellen†) wird dies bestätigt. So schreibt Althans a. a. O.: Die Setzmaschine mit festliegendem Siebe und seitlich angebrachten hydraulischen Kolben, welche man im Gegensatze zu dem ursprünglich benutzten Strauchsetzsiebe als hydraulische Setzmaschine bezeichnet, hat bei der Steinkohlen-Aufbereitung im Jahre 1840 auf den Gruben zu Potschappel bei Dresden die erste erfolgreiche und dauernde Anwendung gefunden.

Zeichnungen sind den vorstehenden Angaben nicht beigefügt, jedoch wird eine ganz ähnliche Setzmaschine in einer Abhandlung von v. Marsilly: »Ueber die Reinigung der Steinkohlen mittels des sog. Waschens

---

*) Vergl. Zeitschr. f. d. Berg-, Hütten- u. Salinenw. 1885, Band 2 A, S. 395.

**) Gleinitz, Fleck und Hartig, Die Steinkohlen Deutschlands und anderer Länder Europas, München 1865, Band II, S. 340.

***) Karsten und v. Dechen, Archiv für Mineralogie, Geognosie, Bergbau und Hüttenkunde, Band 16 (1842), Heft 1, S. 296.

†) Koettig, Die Steinkohlen des Königreiches Sachsen, Leipzig 1861, S. 37 sowie Althans, Die Entwicklung der mechanischen Aufbereitung in den letzten hundert Jahren. Zeitschr. f. d. Berg-, Hütten- u. Salinenw. 1878, Band 26 B, S. 160.

beschrieben und in vier Ansichten erläutert*), welche in Fig. 2a—d dargestellt sind. A B C D ist die Abteilung des Setzkastens, in welcher der
Rost oder das Sieb E F sich befindet; auf dieses werden die Kohlen aufgegeben. G H ist ein aus Eisenstäben bestehendes Gitter, unter welchem
die Schiefer sich ansammeln, und B C K L ist die Abteilung, in der sich
der Kolben M N bewegt. Kolbensetzmaschinen gleichwertiger Konstruktion
sind sodann an zwei anderen Orten noch beschrieben und gezeichnet, näm-

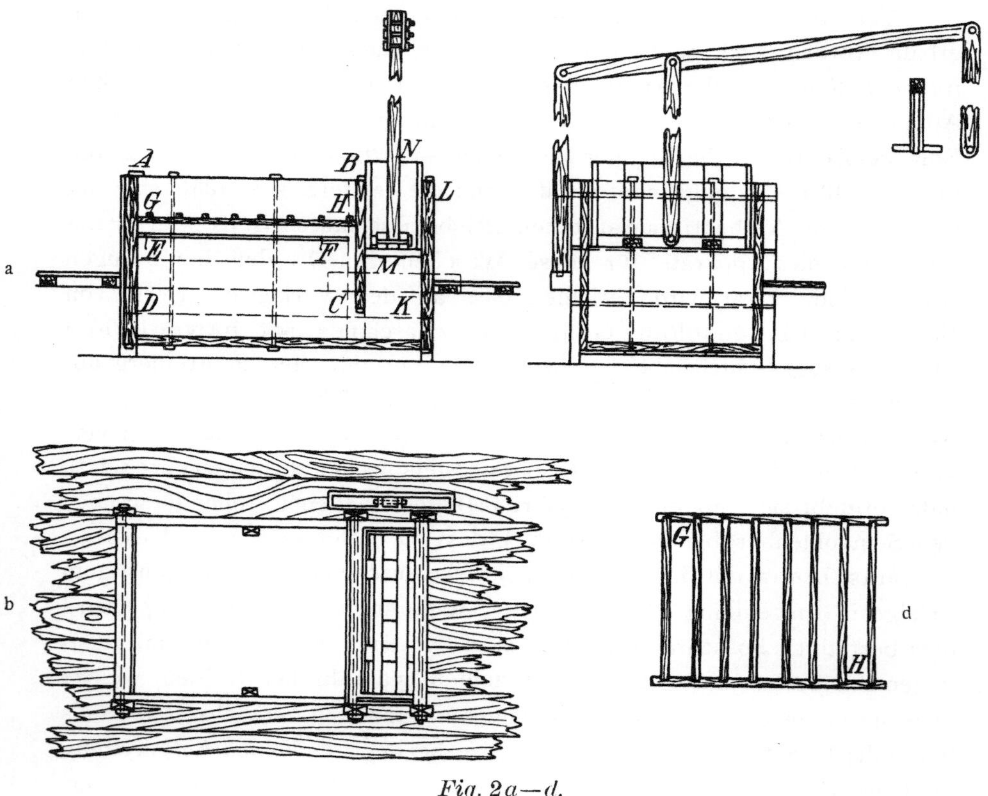

Fig. 2*a*—*d*.

Kolbensetzmaschine.

lich in einem Kommissionsbericht über die Kohlenaufbereitung im Loire-
becken **), sowie endlich in dem oben schon genannten Werke von
Geinitz, p. p.***) Ein Hauptmangel dieser älteren Kolbensetzmaschinen

---

*) Anales des mines, 1850, Band 17, S. 381 und Dinglers Polytechn. Journ.
118. Band, Jahrg. 1850, S. 265 ff. und 282.

**) Bulletin de la société de l'industrie minérale, 1e Série, Tome III, (Paris
1857/58), page 477; übersetzt und abgedruckt in der Berg- und Hüttenmännischen
Zeitung, Jahrgang 1859, S. 64 ff.

***) Geinitz, Fleck und Hartig, a. a. O., S. 342.

für Steinkohlen-Aufbereitung bestand in dem allzu grossen Unterschiede zwischen Siebfläche und Kolbenfläche; ausserdem war die Leistungsfähigkeit dieser Maschinen bei dem unterbrochenen Betriebe eine zu geringe.

Ein Quetschwerk, wie es derzeit zur Zerkleinerung der abgesiebten Stücke, Knabbeln und Würfelkohlen gedient hat, zeigt die Figur 3a—c;

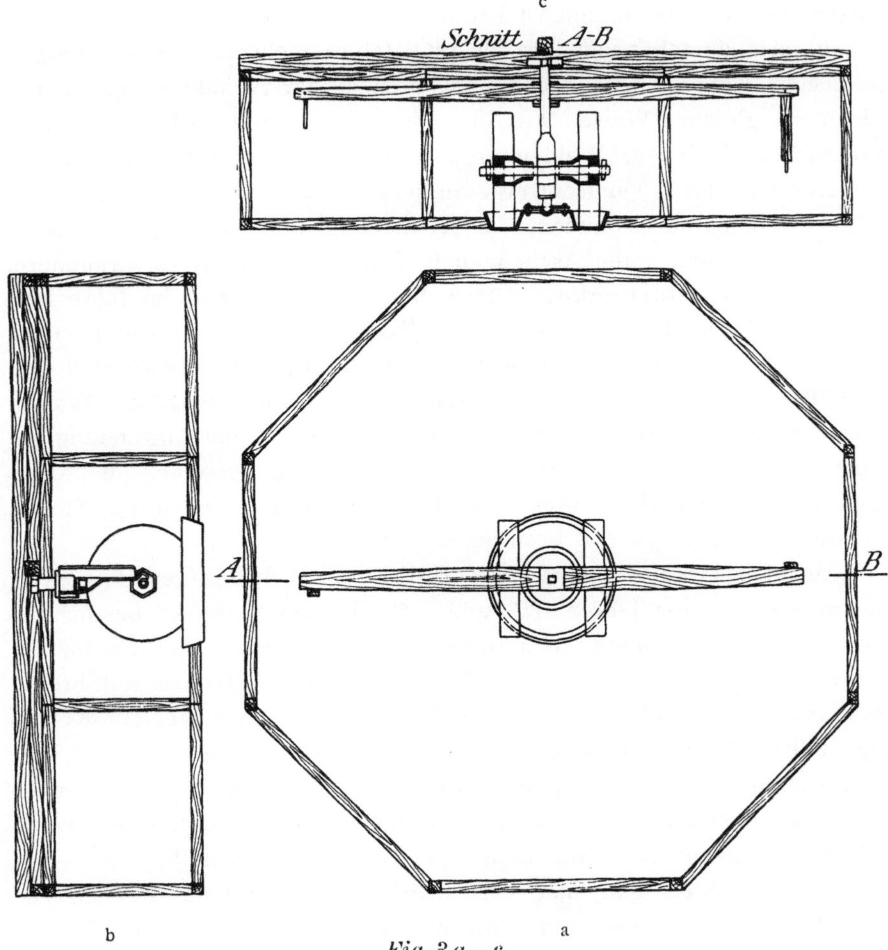

Fig. 3 a—c.

Mühle zum Zerkleinern von Steinkohlen.

dieselbe war einer Beschreibung der Aufbereitung auf den im Plauenschen Grunde gelegenen Steinkohlengruben des Herrn v. Burgk beigefügt, die im Jahre 1831 dem Königl. Oberbergamte zu Dortmund seitens des derzeitigen Bergamtes zu Ibbenbüren überreicht worden ist.

Wenn nach den vorstehenden Ausführungen der rheinisch-westfälische Steinkohlenbergbau schon um die Mitte des Jahrhunderts begonnen hat, seine Förderprodukte aufzubereiten, so hat es dennoch fast zweier Jahrzehnte bedurft, um die herrschende Abneigung gegen die Anlage von Aufbereitungen zu überwinden und der Erkenntnis Eingang zu verschaffen, dass die stetig wachsenden Anforderungen der Abnehmer vollberechtigt, die unverbrennlichen Bestandteile der Steinkohlen daher vor deren Verladung bezw. Verwendung so viel als möglich abzuscheiden und die Frachtauslagen solcherweise thunlichst herabzumindern seien.

In das Jahrzehnt von 1854 bis 1864 fallen mehrfache Bestrebungen von Zechen, Kokereien und Hochofenwerken, die zur Verkokung bestimmten Kohlen in gleicher Weise, wie in anderen Industriebezirken — Düren, Saarbrücken, Eisleben, Waldenburg, Zabrze usw. — mittels Rättern zu klassieren und durch Quetschwerke zu zerkleinern, oder die abgesiebten gröberen Kohlen auszuklauben, die Kleinkohlen aber auf Setzmaschinen zu verwaschen und deren Aschengehalt dadurch möglichst zu vermindern. So wird von der Borbecker Hütte berichtet, dass dort im Jahre 1853 eine Bérardsche Kohlenwäsche im Betrieb gewesen sei*) und weiter dass man das Waschen der Kokskohlen »wegen zu grosser Kostbarkeit« im Jahre 1855 daselbst wieder eingestellt habe**). Da der Bérardsche Waschapparat im hiesigen Industriebezirke sonst nirgendwo zur Anwendung gekommen ist, so soll von einer näheren Erörterung desselben hier abgesehen und nur bemerkt werden, dass dieser Apparat an mehreren Stellen beschrieben und eingehend besprochen ist***).

Auf den Gruben Laura und Bölhorst im derzeitigen Bergrevier Minden sind in den Jahren 1858 und 1859 die zum Verkoken bestimmten Kohlen unter Anwendung kochsalzhaltiger Waschwasser von bestimmter Konzentration, also einer Flüssigkeit von mittlerer Dichte, aufbereitet worden†); da sich indes herausstellte, dass die aus diesen Wealden-Kohlen dargestellten Koks trotz sorgfältiger Aufbereitung zum Hochofenbetriebe der Aktiengesellschaft Porta Westfalica nicht vorteilhaft zu verwenden waren, das genannte Werk den Betrieb auch alsbald einstellte, so wurde auch diese Kohlenwäsche von Laura und Bölhorst stillgestellt.

In den Jahren 1859 und 1860 wurden sodann auf den Zechen Ver. Präsident bei Bochum und Concordia bei Oberhausen zum Zwecke

---

*) Zeitschr. f. d. Berg-, Hütten- u. Salinenw. 1855, Bd. 2 A, S. 286.
**) Zeitschr. f. d. Berg-, Hütten- u. Salinenw. 1857, Bd. 4 A, S. 72.
***) Vergl. Bulletin de la société de l'industrie minérale, 1re Série, Tome II. (1856/57) page 5.
Gaetzschmann, Die Aufbereitung. Bd. II, S. 108. Haton de la Goupillière, Grundriss der Aufbereitung, übers. von Rauscher, S. 142, und Bilharz, Aufbereitung, II, S. 28.
†) Zeitschr. f. d. Berg-, Hütten- u. Salinenw. 1859, Bd. 7 A, S. 55 und 192. Ebenda, 1860, Bd. 8 A, Seite 207. — Dinglers Polytechn. Journal, 159. Bd. (1861), S. 34, Anmerkung 6 und Gaetzschmann, Bd. II, S. 131, Anmerkung.

der Zerkleinerung, Klassierung und Reinigung der zur Koksfabrikation bestimmten Kohlen durch Dampfkraft getriebene Quetschwerke nebst Rättervorrichtungen aufgestellt, und 1861 folgte auf der Zeche Helene-Amalie bei Essen die Anlage einer sog. Flutwäsche, bei welcher die ausgerätterten Nusskohlen auf eine flach geneigte, durch kleine Wehre in mehrere Abteilungen getrennte schiefe Ebene fielen, deren Boden aus sehr feinen Sieben bestand; durch die letzteren stieg ein kontinuierlicher Wasserstrom auf, die schwereren Berge blieben hierbei auf den oberen Abteilungen liegen, die Kohlen wurden dagegen nach den untersten Abteilungen hingeführt und dort durch Arbeiter abgehoben, während die trüben Waschwasser den mitgeführten Kohlenstaub in Schlammsümpfen absetzten.

Ein ähnliches Verwaschen der Kohlen in Gräben, entsprechend der bei der Erzaufbereitung angewandten Arbeit auf den alten — deutschen — Schlämmherden, hat nach dem vorstehend erwähnten Berichte des Bergingenieurs von Marsilly schon in den Jahren 1841—1848 auf zahlreichen Gruben in Frankreich und Belgien mit gutem Erfolge stattgefunden.*)

Diese Gräben resp. Schlämmherde sind in den Figuren 4 a und b und 5 a und b in je einem Grundrisse und Längsschnitte dargestellt. In Figur 4, Schlämmherd zu Commentry, ist R S eine Lutte, die das erforderliche Wasser zuführt, T eine zu den beiden Herden A B C D und $A^1 B^1 C^1 D^1$ hinführende geneigte Rinne; A und A^1 sind Schützen zur Regulierung des Wasserzuflusses; in den Abteilungen B und B^1 setzten sich hauptsächlich die Schiefer und die grössten Kohlenstücke ab, in die Ableitung C C^1 gelangten mit den Kohlen nur noch leichtere Schiefer und die Abteilungen D D^1 nahmen die gereinigten Kohlen auf; E F endlich ist ein gemeinschaftlicher Abflusskanal für die gebrauchten Waschwasser. Der in Fig. 5 a und b gezeichnete, aus vier Abteilungen bestehende Schlämmherd zu Sclessin bedarf nach dem Vorstehenden keiner weiteren Erklärung.

Auf der Zeche Helene-Amalie hat dieser Waschapparat, die sog. Flutwäsche, ebenfalls befriedigend gearbeitet. Weiter ist im Jahre 1861 auf der Zeche Ver. Carlsglück bei Dortmund von Sievers & Co. eine Separation und Wäsche erbaut worden, in welcher die zur Verkokung bestimmten Kohlen mittels zweier Trommelsiebe in sechs Korngrössen separiert wurden; diese Anlage ist in mehrfacher Beziehung bemerkenswert. Die gröbsten Stücke von über 50 mm Durchmesser fielen auf einen rotierenden Klaubtisch, auf welchem sie ausgeklaubt wurden; vier weitere Korngrössen von 50—25, 25—20, 20—13 und 13—7 mm Durchmesser gelangten auf sog. kontinuierlich arbeitende Setzmaschinen und das feinste Korn, unter 7 mm, welches gegen 70 % des ganzen Haufwerks ausmachte, wurde zunächst einem Stromapparate zugeführt, um durch diesen von

---

*) A. a. O. Dingler, 118. Bd., S. 275 u. 282.

dem anhaftenden Staube befreit, dann aber auf einer fünften Setzmaschine reingewaschen zu werden. Der Stromapparat bestand im wesentlichen aus einer U-förmig gebogenen Röhre, deren einer Schenkel oben

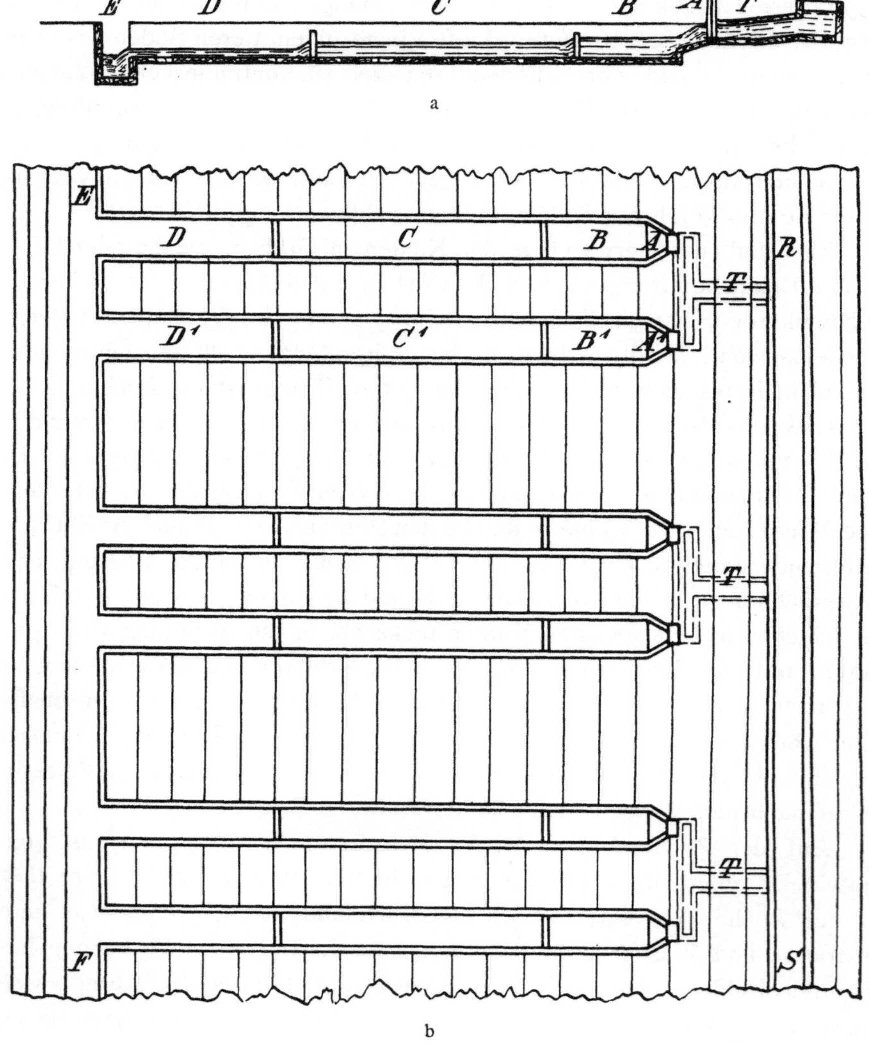

Fig. 4a u. b.

Schlämmherd zu Commentry.

offen und erweitert war; aus dem anderen drang ein konstanter Wasserstrom, welcher die leichten Staubteilchen über den oberen Rand in eine
Abflussrinne schwemmte, während der Rest durch eine am Boden befindliche Oeffnung direkt auf das Setzsieb fiel. Jede Setzmaschine bestand

aus einem am Boden nach der Längsrichtung gebogenen Eisenblechkasten von rechteckigem Querschnitt, der durch eine Scheidewand in seinem oberen Teile in zwei gleiche quadratische Abteilungen geteilt war; in der einen bewegte sich der Kolben mit 2 mm Spielraum, in der anderen lag 366mm unter dem oberen Rande ein gelochtes Kupferblech. Die Maschine hob mittels eines Daumens den Kolben, der durch sein Gewicht zurückfiel und dadurch einen plötzlichen Stoss hervorbrachte, während beim Aufgange ein allmähliches Ansaugen entstand. Bei jedem Kolbenniedergange wurde die gereinigte Kohle über den Rand des Kastens in eine ringsum gelegte Rinne gespült. Zur Entfernung der auf dem Siebe sich ansammelnden

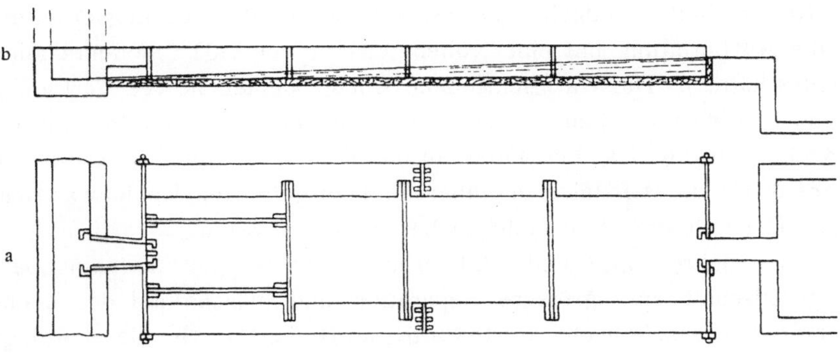

Fig. 5 a u. b.

Schlämmherd zu Sclessin.

Berge mündete in dasselbe von unten eine 80 mm weite Röhre, die mittels eines, von oben durch einen Hebel gehandhabten Ventils geöffnet und geschlossen werden konnte. Das andere Ende der Röhre mündete in der Seitenwand des Kastens aus. Bei den gröberen Korngrössen betrug die Anzahl der Hübe 60 je Minute, bei den feineren nahm sie zu. Die Hubhöhe, welche mittels einer an der Kolbenstange befindlichen Schraubenmutter reguliert werden konnte, schwankte von 78—26 mm. An dieser von Sievers & Co. eingeführten Konstruktion der Setzmaschine ist besonders hervorzuheben, dass sie den ersten Schritt zur kontinuierlichen Setzarbeit bei der Aufbereitung der Steinkohlen im hiesigen Bezirke bedeutet, indem die die oberste Schicht bildenden, spezifisch leichteren Kohlen, ohne die Setzarbeit zu unterbrechen, stetig ausgetragen wurden, während die Austragung der auf dem Siebe sich ansammelnden Berge vorerst noch nicht selbstthätig und kontinuierlich erfolgte, diese vielmehr durch Lüftung des erwähnten Ventils nach Erfordern von Zeit zu Zeit abgelassen wurden. Die gewaschenen Kohlen gelangten aus der Rinne in eine Entwässerungstrommel und demnächst in untergestellte Wagen; die ablaufenden Wasser wurden mit denen des Stromapparates durch ein System von Schlamm-gräben geführt, in denen der angeblich zur Koksbereitung vorzüglich geeig-nete feine Kohlenschlamm sich vollständig absetzte; nur der Inhalt des ersten Grabens wurde wegen seines grossen Gehaltes an Schwefelkies ebenso wie der thonreichere Absatz aus dem letzten Klärbassin, zur Kessel-heizung verwendet. Eine Zentrifugalpumpe hob die abgeklärten Wasser wieder zurück. Zum Betriebe sämtlicher Apparate diente eine Dampf-maschine von 12 Pferdekräften. In der Aufbereitung wurden täglich etwa 1300 Scheffel Kohlen verarbeitet; aus diesem Quantum resultierten 1088 Scheffel gewaschene Kohlen. Die Kosten des Waschens (einschliess-lich Zinsen und Amortisation) berechneten sich auf 9,3 Pf. für den Scheffel. Diese Kosten hätten jedoch eine wesentliche Herabminderung erfahren, wenn die Aufbereitung mit einer vollen Leistung von 2400 Scheffeln täglich gearbeitet hätte*). Die vorbeschriebene Anlage der Zeche ver. Carlsglück und eine in demselben Jahre erbaute ähnliche Separation und Wäsche auf der Zeche Concordia bei Oberhausen sind die beiden ersten von Sievers & Co. in Westfalen und überhaupt ausgeführten Kohlenwäschen; bildliche Darstellungen sind nicht zu beschaffen gewesen.

In den Jahren 1863 und 1864 erbaute die Baroper Maschinenbau-Aktiengesellschaft eine grössere Separation und Wäsche auf der Zeche Hörder-Kohlenwerk, Schacht Schleswig, bei Brakel**). Bei dieser Anlage wurden die zu Tage geförderten Rohkohlen über einen Rätter oder ein Stangensieb gestürzt, welches die über 2 qcm grossen Stücke von dem kleineren Haufwerke trennte. Der Siebdurchfall gelangte in eine mit zwei Siebmänteln versehene sog. Vortrommel, in welcher eine Trennung in Knabbeln, Würfelkohlen und Kleinkohlen erfolgte; die Knabbeln wurden auf einem rotierenden Lesetisch ausgeklaubt und die Würfelkohlen aus dem äusseren Trommelmantel ausgetragen, während das durchfallende Klein von einem Becherwerke in eine höher gelegene zweite Separations-trommel, die sog. Verteilungstrommel, geschafft wurde; diese letztere bestand aus fünf Siebabteilungen und lieferte ausser Staubkohlen vier Nusssorten, die auf eben so vielen Setzmaschinen verwaschen wurden. Die Setzmaschinen werden in der betr. Beschreibung***) als Sieverssche Setzmaschinen mit oscillierendem Wasserstrom bezeichnet, bei welchen das vom Kolben bewegte Wasser die Kohlen stossweise aufhebt und mit dem Waschwasser über den Rand des Setzkastens hinwegführt, während die auf dem Siebe sich ansammelnden spezifisch schwereren Berge in ent-sprechenden Intervallen mittels der im vorhergehenden erwähnten Rohr-austragung aus dem Setzkasten entfernt werden. Die Staubkohle endlich,

---

*) Zeitschr. f. d. Berg-, Hütten- u. Salinenw. 1863, Bd. 11 A, S. 268.
**) Zeitschr. f. d. Berg-, Hütten- u. Salinenw. 1864, Bd. 12 A, S. 53.
***) Geinitz, Fleck & Hartig, a. a. O. S. 336 ff.

Additional material from *Aufbereitung, Kokerei, Gewinnung der Nebenprodukte, Brikettfabrikation, Ziegeleibetrieb,* ISBN 978-3-642-51908-6 978-3-642-51908-6_OSFO1), is available at http://extras.springer.com

das feinste Korn unter 5 mm, wurde ungewaschen einer Transportschnecke zugeführt und den gewaschenen Kohlen zugemischt.

Diese vorbesprochene Separation und Wäsche hat demnächst im Jahre **1868** durch Aufstellung neuer Separationsvorrichtungen eine Erweiterung und Verbesserung erfahren[*]), und zwar ist dieser Umbau durch die Firma Sievers & Co. vorgenommen worden, was anderen gegenteiligen Behauptungen gegenüber hier ausdrücklich hervorgehoben wird. Pernolet schreibt nämlich in seiner Abhandlung über Steinkohlen-Aufbereitung[**]), dass er diese Sieverssche Wäsche im Jahre 1869 besichtigt habe; er giebt dann eine ausführliche durch Zeichnungen erläuterte Beschreibung derselben, welche auch an anderen Stellen in deutscher Uebersetzung erschienen ist[***]). Auf Tafel I ist die aus dem erwähnten Umbau hervorgegangene Anlage in drei Ansichten dargestellt. Die Einrichtung derselben war die folgende:

Mittels eines Wippers a wurden die Rohkohlen einer Vorseparationstrommel C mit partiellem zweiten Mantel übergeben; der Trommelausfall von über 105 mm Korngrösse gelangte auf den rotierenden Lesetisch D, auf welchem die beigemengten Berge mit der Hand ausgeklaubt wurden; ein Mittelkorn von der Grösse 105—66 mm wurde auf dem zweiten, etwa 3 m tiefer gelegenen Lesetische E ausgeklaubt, die Kleinkohlen von 66—5 mm Korngrösse wurden mit Hülfe eines Doppeltrichters g den beiden gleichen Verteilungstrommeln F und F¹ zugeführt und der durch den äusseren Trommelmantel gefallene Staub von unter 5 mm wurde ungewaschen derselben Transportschnecke zugeleitet, welche auch das kleinste Korn der gewaschenen Kleinkohlen von 30—5 mm aufnahm und fortschaffte.

Die beiden Verteilungstrommeln F und F¹ besassen eine Lochung von 30 mm, trennten daher die Kleinkohlen in zwei Korngrössen von 66—30 und von 30—5 mm, welche auf den darunterliegenden vier Setzmaschinen G¹—G⁴ verwaschen wurden. Diese Setzmaschinen, zwei für jede Korngrösse, waren doppelte Kolbensetzmaschinen, bei welchen der Kolben P zwischen zwei Siebabteilungen Q und Q¹ sich bewegte und bei seinem Niedergange das Wasser durch beide emportrieb. Die Siebe besassen die Gestalt einer umgekehrten vierseitigen Pyramide, in deren Spitze das von einem konischen Stöpsel b geschlossene Austragerohr für die Schiefer über dem Siebe mündete, und von einem weiteren, unten offenen,

---

[*]) Zeitschr. f. d. Berg-, Hütten- und Salinenw. 1869. Bd. 17 A, S. 82.

[**]) Annales des mines, Paris 1872. 7ième série, Tome II, S. 115 ff. Notes sur la préparation mécanique et la carbonisation de la houille à l'étranger et en France.

[***]) Berg- und Hüttenmännische Zeitung XXII. Jahrgang 1873, S. 324 ff. und S. 443 ff., sowie ferner: A. v. Kerpely: Die Anlage und Einrichtung der Eisenschmelzwerke. Leipzig 1884, S. 432 ff.

gleichsam als Haube oder Ringschütze dienenden Rohre o umgeben war. Mittels höherer oder tieferer Einstellung dieses Rohres o liess sich die Höhe des auf dem Siebe sich bildenden Schieferbettes sowie die Austragung der Schiefer regeln, indem die letzteren, in dem ca. 60 mm breiten ringförmigen Raume zwischen den beiden Rohren emporsteigen mussten, um nach Lüftung des konischen Stöpsels bei jedem Kolbenniedergange dann durch das Rohr t abgeführt zu werden. Die vor den Setzmaschinen angeordneten Trommeln H und H^1 dienten zur Entwässerung der gewaschenen Kohlen, die dann in die darunter liegende Schnecke J fielen, in dieser mit den ungewaschenen Feinkohlen gemischt und in die Wagen zur Beladung der Koksöfen transportiert wurden. Alle Wasser wurden durch Rinne O in das eine oder andere der beiden Klärsumpfsysteme K L M N und K^1 L^1 M^1 N^1 geführt und gelangten durch den Kanal S zu einer Pumpe P, welche die geklärten Wasser der Wäsche wieder zuhob. Die in den tieferen Behältern K K^1 niedergeschlagenen thonhaltigeren Schlämme wurden auf die Halde geschafft, die reineren Schlämme aus den Sümpfen L M N bezw. L^1 M^1 N^1 dagegen den Kokskohlen beigemischt.

Auf derselben Zeche Schleswig ist demnächst durch die Maschinenbau-Aktiengesellschaft Union in Essen der Bau einer zweiten Separation und Wäsche für eine Leistung von 8000 Scheffeln in der zehnstündigen Schicht im Jahre 1869 in Angriff genommen und 1870 fertig gestellt worden*). In dieser Wäsche kamen zuerst im hiesigen Industriebezirke Setzmaschinen zur Anwendung, welche nicht nur die reingewaschenen Kohlen, sondern auch die Berge kontinuierlich austrugen, und zwar die letzteren mit Hülfe zweier einstellbarer Schieber. Der Franzose Bérard hatte im Jahre 1848 schon bei seiner Setzmaschine das mit drei Grad geneigte Sieb an der tiefer gelegenen Seite durch eine feste, etwas über das Sieb sich erhebende Wand begrenzt und nahe vor dieser letzteren einen Schieber angeordnet, durch dessen Heben und Senken der kontinuierliche Austritt der Berge reguliert werden konnte**). Auch die auf der Grube Dudweiler bei Saarbrücken zu Anfang der sechziger Jahre aufgestellten und von dem Ingenieur Rexroth konstruierten Setzmaschinen waren mit einem Schieber zum Ablassen der Berge versehen, der mittels eines Hebels von Zeit zu Zeit aufgezogen wurde, dort also nicht zum kontinuierlichen Austragen der Berge diente***); dagegen wurde nun auf

---

*) Zeitschr. f. d. Berg-, Hütten- und Salinenw. 1870, Bd. 18 A, S. 40 und 1871, Bd. 19 A, S. 44.

**) Gaetzschmann, Bd. II., S. 108 und Zeichnung auf Taf. 30, Fig. 6, sowie: Bilharz, Bd. II, S. 28.

***) Zeitschr. f. d. Berg-, Hütten- und Salinenw. 1872, Bd. 20 B, S. 186 und Taf. 13, Fig. 1—3.

Schacht Schleswig die Bergeaustragung an den Grobkornsetzmaschinen in der Weise verbessert, dass man die das Sieb begrenzende Vorderwand des Setzkastens in der ganzen Breite desselben als Schieber konstruierte, der mittels einer Hebelvorrichtung nach Belieben gehoben und gesenkt werden konnte, und in etwa 20 cm Entfernung von dieser beweglichen Vorderwand einen zweiten Schieber aufhängte, der, wie bei der Bérard-schen Setzmaschine, gleichfalls nach Belieben auf das Schieferbett herabgesenkt und eingestellt wurde. Die von dem Waschwasser gehobenen und voranbewegten Berge wurden somit unter dem letzterwähnten Schieber her und aufsteigend über den oberen Rand der Vorderwand hinweggeschwemmt, sowie dem vor dem Setzkasten vorgebauten Bergetroge bezw. einer in diesem sich bewegenden Transportschnecke zugeführt.

Diese Art des Austragens über Schütze und Gegenschütze bezw. mittels eines oder zweier beweglicher Schieber oder auch mittels Rohraustragung und übergestülpter Haube oder Ringschütze, wie sie vorstehend bei der Sieversschen Setzmaschine beschrieben worden ist, hat man nicht unpassend mit dem Namen »Hebersetzen« belegt*).

Die solcherweise von der Aktien-Gesellschaft Union abgeänderte Austragevorrichtung wurde gleichzeitig bezw. kurz darauf von der im Jahre **1870** ins Leben getretenen Maschinenfabrik von Schüchtermann & Kremer in Dortmund auf den von derselben erbauten Anlagen angewendet und zwar zuerst in der Wäsche von Ostermann & Cie. in Bochum. Bei dieser Einrichtung konnten die dem Bergegehalte entsprechend einmal eingestellten beiden Schieber unverändert stehen bleiben und die Maschine arbeitete richtig und ohne erhebliche Kohlenverluste. Da das Abziehen resp. Austragen der Berge auf der ganzen Breite des Setzkastens gleichmässig erfolgte, so wurden keine sogenannten toten Schieferbette gebildet; ausserdem konnte aber durch vollständiges Senken des die Vorderwand bildenden zweiten Schiebers, der unmittelbar auf dem Siebe sich ansammelnde Schwefelkies von Zeit zu Zeit abgelassen werden.

In neuerer Zeit haben Schüchtermann & Kremer an Stelle der beweglichen Vorderwand, wie hier noch bemerkt sein möge, den Setzkasten durch eine feste Wand begrenzt, welche in ihrer ganzen Breite mit einem Spalt oder Schlitz versehen ist; der letztere kann durch einen senkrecht bewegten Schieber mehr oder weniger geöffnet werden und reguliert damit die Bergeaustragung.

Wie aus Vorstehendem erhellt, waren die beiden Wäschen der Zeche Schleswig, ebenso wie die vorher erbauten und gleichzeitig entstandenen Anlagen im Rheinisch-Westfälischen Industriebezirke nur mit Grobkorn-

---

*) Gaetzschmann a. a. O., II. Bd., S. 114 und Althans a. a. O., S. 163.

setzmaschinen versehen, auf welchen man allerdings in vereinzelten Fällen, wie vorher bei der Carlsglücker Separation und Wäsche angeführt worden, auch Feinkohlen gewaschen hat. Wohl galt als eine der ersten Bedingungen eines guten Verwaschens der körnigen Kleinkohlen oder Nusssorten die vorherige Absonderung der feineren Gemengteile, des Staubes, weil dieser, wie man derzeit allgemein annahm, das Verwaschen der gröberen Körner hindert; bis Mitte der 70er Jahre wurden daher im hiesigen Bezirke die Staubkohlen im allgemeinen trocken abgesiebt und in allen den Fällen, wo sie nicht zu aschenreich fielen, dem Waschgute nachher wieder beigemischt und mit zur Koksfabrikation verwandt, wie solches auch bis in die neueste Zeit noch vielfach geschieht. Wo aber, wie beispielsweise auf der Zeche Schleswig, die Staubkohlen sehr unrein waren und der Gruskohlenfall bei der grossen Weichheit der Rohkohlen als ein sehr bedeutender sich ergab, musste die Anlage von Feinkornsetzmaschinen als besonders zweckmässig erscheinen. Da man in anderen Bergbaudistrikten — besonders in Niederschlesien und Sachsen — wo ein hoher Aschengehalt der Kohlen dazu nötigte, grössere Anlagen mit Feinkohlen-Setzmaschinen seit längerer Zeit schon und mit gutem Erfolge betrieben hatte, so wurden nach dem Vorbilde derselben auch auf hiesigen Zechen mit solchen Setzmaschinen Versuche angestellt, — z. B. auf der Zeche Dannenbaum, — und gab die Zeche Schleswig im Jahre 1875 dem Maschinenfabrikanten Lührig in Zwickau sechs Feinkorn-Setzkasten in Auftrag, welche zum Verwaschen der Korngrössen von 0 bis 8 mm dienen sollten und pro Tag je 1000 Ctr. gewaschene Kohlen zu liefern im Stande wären. Nach Ueberwindung einiger Schwierigkeiten ist es dann mittels dieser Setzmaschinen gelungen die sehr aschenreichen Fein- und Staubkohlen auf einen Aschengehalt von 5 bis 6 $^0/_0$ zu bringen. Hierdurch war auch im hiesigen Bezirke der Nachweis geführt, dass es keinen Schwierigkeiten unterlag, ein grosses Förderquantum selbst sehr unreiner und grusreicher Kohlen zu einem transportwerten und zur Verkokung geeigneten Produkte zu verarbeiten.

Durch die Einführung der Feinkornsetzmaschinen ist die Steinkohlen-Aufbereitung im rheinisch-westfälischen Bezirke wesentlich vervollkommnet und erweitert worden; alsbald wurden auch auf anderen hiesigen Zechen Resultate erzielt, welche sich den in Niederschlesien und Sachsen erreichten ebenbürtig an die Seite stellen konnten. Es ist das Verdienst des derzeitigen Direktors der Zeche Schleswig, Bergassessors Nonne, sowie der Maschinenfabrik von Sievers & Co. — jetzt Maschinenbau-Anstalt Humboldt —, der Baroper Maschinenbau-Aktien-Gesellschaft, der Maschinenfabrik von Schüchtermann & Kremer und endlich des Maschinenfabrikanten C. Lührig in Zwickau — jetzt Fr. Gröppel in Hofstede bei Bochum — an der Erreichung dieses Zieles mitgearbeitet zu haben. In rascher Folge wurden mit Feinkornsetzmaschinen versehene Anlagen in grösserer Zahl erbaut, so auf den Zechen Colonia, Prinz-Regent, Vollmond, Ver. Constantin d. Gr., Ver. General & Erbstolln, Eintracht Tiefbau, Neu-Iserlohn, Bonifacius, Holland, Prosper, Fröhliche Morgensonne, Helene & Amalie, Königin Elisabeth, Courl, König Wilhelm, Anna, Tremonia, Concordia, Carlsglück, Wolfsbank, ver. Hannibal, Germania, Osterfeld, Glückauf Tiefbau, Friedrich der Grosse, Hörder Kohlenwerk, Schacht Holstein, Consolidation, Carolus Magnus usw.

Ueberhaupt entstanden, nachdem man einmal den Einfluss einer sorgfältigen Aufbereitung auf die Entwickelung des Steinkohlenbergbaues erkannt hatte, zugleich mit dem bedeutenden Aufschwunge der Gesamtindustrie nach Beendigung des deutsch-französischen Krieges Aufbereitungsanlagen in von Jahr zu Jahr zunehmender Anzahl. Vielfache weitere Verbesserungen sind in den beiden folgenden Jahrzehnten und bis in die neueste Zeit durch die genannten Maschinenfabriken, zu welchen seit dem Jahre 1882 diejenige von Baum in Herne sich noch hinzugesellt hat, an den Apparaten für die Steinkohlen-Aufbereitung vorgenommen und eingeführt worden. Als wichtigste Verbesserungen sind die folgenden zu erwähnen:

An Stelle der früher zur Trennung der gröberen Kohlen — Stücke und Knabbeln — von den Kleinkohlen angewandten festliegenden Stangensiebe oder Rätter sind bewegliche Rätter oder Roste getreten, der in Belgien zuerst angewandte Briartsche Rost, eine Abänderung desselben und der verbesserte Rost von Baum; ferner Plansiebe aus gelochtem Blech, die sog. Stosssiebe, Schüttelsiebe und Schwingsiebe mit einfacher oder mit doppelter Bewegung, oder die Rollenroste von Borgmann & Emde und von Karop, sowie endlich der Schraubenrost von Distl-Susky. Von allen diesen Apparaten werden sodann die abgesiebten gröberen Kohlen nicht mehr auf rotierende Lesetische geführt, sondern sie gelangen auf direkt sich anschliessende Transport- und Lesebänder und, nachdem die gröberen Bergestücke auf diesen ausgeklaubt worden, auf Verladerutschen oder mittels des beweglichen Cornetschen Verladebandes unter möglichster Schonung direkt in die Eisenbahnwaggons.

Zur Klassierung der Kleinkohlen dienen ausser festliegenden Stangensieben, die seltener mehr Anwendung finden, Schüttelsiebe, Schwingsiebe verschiedener Konstruktion und Wirkungsweise, wie das Schüchtermann & Kremer patentierte Lauesche Tafel-Schwingsieb. Der Kleinsche Siebapparat bezw. dessen Abänderungen und Verbesserungen, namentlich das Humboldt patentierte sog. Ellipsensieb, ferner Trommelsiebe, Spiraltrommeln, wie diejenigen von Schmitt-Manderbach, von

Humboldt und von Baum, endlich der rotierende sog. Pendelrätter von Karlik und der ebenfalls rotierende Kreiselrätter von Klönne.

Zwei wichtige Neuerungen auf dem Gebiete der Klassierung der Kleinkohlen sind hier zu erwähnen, nämlich die von Schüchtermann & Kremer im Jahre 1896 eingeführte sog. Vor- oder Grobklassierung in nur zwei Nussgrössen und in Feinkohlen mit dem Verwaschen nachfolgender weiterer Trennung in vier bis fünf Nussklassen, und das in neuester Zeit, seit 1901, von Baum aufgenommene neue Waschverfahren: «Erst waschen, dann klassieren», bei welchem vor dem Verwaschen auf einer einzigen längeren Setzmaschine eine Klassierung des Setzgutes überhaupt nicht mehr stattfindet. Beide sollen im nachfolgenden ausführlich besprochen werden.

Was die Setzmaschinen, die bei weitem wichtigsten Apparate jeder Aufbereitungsanstalt betrifft, so ist im vorstehenden der im Jahre 1868 erfolgten Einführung der mit Rohraustragung versehenen, halbkontinuirlich wirkenden Grobkorn - Setzmaschine schon gedacht worden, ferner auch der im Jahre 1870 bewirkten Umänderung dieses Apparates in einen ganz kontinuirlich wirkenden mit gleichzeitiger Kohlen- und Berge-Austragung, und endlich der im hiesigen Industriebezirke 1875/76 geschehenen Einführung der eigentlichen Feinkorn- oder sog. Bettsetzmaschine, sowie deren rasch zunehmenden Anwendung. Feinkorn-Setzmaschinen für Kohlen waren allerdings von Sievers & Co. in den Jahren 1868—72, wie früher erwähnt wurde, an mehreren Stellen schon aufgestellt worden*), indes unterschieden sich diese in ihrer Konstruktion und Wirkungsweise nicht wesentlich von den für die gröberen Korngrössen angewandten Apparaten.

Weiter sind mehrfache Abänderungen und Verbesserungen hinsichtlich des Antriebes bezw. Bewegungsmechanismus der Setzmaschinenkolben hervorzuheben.

An Stelle des früher meist benutzten einfachen Antriebes durch Kurbel und Lenkerstange wurde vielfach die Kolbenbewegung mittels der Fairbairnschen Kurbelschleife bewirkt, d. i. mittels einer in einer Schleife oder Coulisse gleitenden Kurbel, wodurch der Kolbenniedergang schnell, der Aufgang langsamer erfolgt, indem ersterem ein kürzerer, letzterem ein längerer Kreisbogenweg entspricht**). Je länger die Kurbel gestellt wird, umso grösser wird der Zeitunterschied zwischen den beiden abwechselnden Kolbenbewegungen. Dieser von Bérard im Jahre 1848 bei seiner hydraulischen Setzmaschine für Steinkohlenaufbereitung schon angewandte Bewegungsmechanismus ist in Deutschland durch den Zivilingenieur Kley zu Bonn im Jahre 1861, und zwar in der Galmeiwäsche zu Grube

---

*) Nimax in Stahl und Eisen, Jahrg. 1884, I, S. 19.
**) Bilharz a. a. O. Bd. I, S. 57 und Althans a. a. O., S. 162.

Altenberg bei Aachen, zuerst eingeführt und in der Folge zu allgemeinerer Anwendung gebracht worden*).

Sodann hat man den bei den Erzsetzmaschinen seit etwa 20 Jahren in Anwendung stehenden Kniehebelantrieb auch bei den Steinkohlensetzmaschinen eingeführt und findet derselbe in neuerer Zeit mehr und mehr Aufnahme. Durch diesen wird gleichfalls eine schnellere Abwärtsbewegung des Kolbens und damit ein kurzer kräftiger Stoss auf das Setzgut ausgeübt, während beim langsameren Kolbenaufgange ein Nachsaugen vermieden wird**). Beide Antriebs-Methoden gestatten eine leichte Regulierung der Grösse des Kolbenhubes und begünstigen wesentlich die Sonderung der verschiedenen Gemengteile des Setzgutes nach deren spezifischen Gewichten. Bei der Erzaufbereitung wurde die Kniehebelbewegung zuerst für das Feinkorn eingeführt und nachher auch bei den Grobkorn-Setzmaschinen angewendet; in den Steinkohlenwäschen wurde sie umgekehrt anfänglich beim Verwaschen der Nusskohlen und in neuerer Zeit erst auch bei den Feinkornsetzmaschinen benutzt.

Endlich findet die Bewegung des Setzkolbens sowohl bei Grobkorn- als besonders auch bei Feinkornsetzmaschinen durch Exzenter statt. Nach Althans war die Exzenterbewegung in den siebziger Jahren vorherrschend und wurde besonders bei den mit grosser Hubzahl und kleinem Kolbenhube arbeitenden Feinkornsetzmaschinen in zweckentsprechender Weise angewandt***); auch bis in die neueste Zeit trifft Vorstehendes wohl noch zu, und Schüchtermann & Kremer sowie auch andere Fabrikanten wenden meist Exzenter an, während sich die Firma Humboldt mit Vorliebe der Kniehebelbewegung oder des sog. Differentialhebelmechanismus auch bei Feinkornsetzmaschinen bedient, indem nach ihrer Ansicht, abgesehen von anderen Vorteilen dieses Systems, die Arbeit des Setzbettes durch die rasche Abwärts- und langsame Aufwärtsbewegung des Kolbens erheblich wirksamer wird und daher namentlich auch für das Setzen des Feinkorns der Exzenter-Bewegung vorzuziehen ist†).

Für schwierig zu sortierende feinere Erzhaufwerke mag solches zutreffen, beim Setzen der Feinkohlen indes hat die gleichmässig vibrierende Bewegung, wie sie durch Exzenter bewirkt wird, in zahlreichen Wäschen sich als zweckmässig bewährt und findet dabei im allgemeinen auch viel häufiger Anwendung, als der Kniehebelantrieb. Die Exzenter werden, um

---

*) Gaetzschmann, Bd. II, S. 77 u. S. 109, sowie Bulletin de la société de l'industrie minérale. Tome X (1864—1865), S. 7.

**) Kirschner, Grundr. d. Erzaufbereitung. II. Teil, S. 41, und Bilharz a. a. O I. Bd., S. 57 u. II. Bd., S. 42.

***) Althans, a. a. O. S. 162, 164 und 165.

†) Zeitschr. d. Ver. deutsch. Ing. 1887, 31. Bd., S. 646, und Sachs, Die Erzwäsche d. Neuhof-Grube bei Beuthen, S. 4. Selbstverl. Humboldt.

ihren Hub nach Belieben verstellen zu können, als Doppelexzenter konstruiert; die kleinere Exzenterscheibe trägt eine grössere und beide lassen sich auf der Welle bezw. zu einander verstellen; der Niedergang und Aufgang des Kolbens kann hierdurch zwischen dem Maximum und Minimum, entsprechend der Summe und der Differenz der beiden Exzentrizitäten reguliert werden.

Sodann ist zu erwähnen, dass man die Setzmaschinen und zwar zuerst die für Grobkorn, um ihre Leistung zu erhöhen, als Doppelapparate eingerichtet hat; sie bestanden nach der von der Baroper Maschinenbau-Aktiengesellschaft auf der Zeche Schleswig in den Jahren 1863/64 ausgeführten und zu derselben Zeit auch von Sievers & Co. angewandten Konstruktion aus einem grossen, gusseisernen, mit drei Abteilungen versehenen Setzkasten, deren zwei die Siebe, die dritte den dazwischen liegenden gemeinsamen Kolben enthielten, wie solches aus der Tafel I, S. 12, ersichtlich ist. Ebenso sind die Feinkornsetzmaschinen in der Folge von Humboldt, sowie von Schüchtermann & Kremer mehrfach als Doppelmaschinen, bei welchen man einen Kolben auf zwei Siebe wirken lässt, ausgeführt worden.

Endlich sei die seit dem Jahre 1892 von Baum eingeführte sog. Luftsetzmaschine genannt, welche zuerst auf der Zeche Herminenglück-Liborius, jetzt Constantin der Grosse, Schacht III, und nachher auf vielen anderen Zechen zur Anwendung gekommen ist. Sie unterscheidet sich von allen bis dahin gebauten hauptsächlich dadurch, dass anstatt eines Kolbens komprimierte Luft auf die Wasserfläche wirkt, und so die aufsteigende und niedergehende Bewegung des Waschwassers, die sonst der Kolben ausübt, hervorgerufen wird. Durch eine Rohrleitung wird die von einem Root- oder Krigar-Gebläse, oder von einem sonstigen Kompressor erzeugte Druckluft von etwa 0,08 bis 0,12 Atmosphären Spannung dem Setzkasten zugeführt; vor jeder Setzmaschine ist ein mittels Exzenter gesteuerter sog. Rohr- oder Verteilungsschieber eingeschaltet, welcher den Zutritt der Druckluft zum Setzkasteninnern abwechselnd vermittelt und unterbricht, sowie die zur Wirkung gekommene gepresste Luft jedesmal wieder ins Freie entweichen lässt. Die Baumsche Luftsetzmaschine dient in gleicher Weise zum Verwaschen der Feinkohlen, wie für die verschiedenen Nusssorten. Das bei den älteren Feinkornsetzmaschinen allgemein vorhandene Feldspatbett findet bei ihr keine Anwendung mehr.

Die Maschinen machen, je nachdem sie grobes oder feines Korn verarbeiten, zwischen 42 und 100 Hübe je Minute. Beschreibungen derselben finden sich an den unten angegebenen Stellen*).

---

*) Glückauf, 31. Jahrgang (1895), S. 633 und Zeitschr. f. d. Berg-, Hütten- u. Salinenw., Bd. 42, S. 234, auch Oesterreichische Zeitschr. f. Berg- und Hüttenw., 1896, S. 537 ff. sowie Waltl, Bergtechn. Mitteil., Leipzig, 1898, S. 95.

Im begonnenen neuen Jahrhundert hat die Firma Baum an dieser Setzmaschine einige Abänderungen getroffen und zugleich in dem ganzen System der Steinkohlen-Aufbereitung die oben schon hervorgehobenen durchgreifenden Neuerungen eingeführt.

Auf vielen Zechen hat man Veranlassung genommen, teils behufs Erzielung einer grösseren Reinheit der Produkte, teils um Verluste an Kohlen möglichst zu vermeiden, die bei der Setzarbeit fallenden Waschberge nachzuwaschen. Die Waschberge von den Grobkornsetzmaschinen werden in anderen Bezirken häufig, weil Kohle an ihnen festhaftet oder damit verwachsen ist, vorher aufgeschlossen, d. h. auf Walzwerken, selten auf sogenannten Kohlenbrecherwerken oder Steinbrechern gebrochen; bei uns kommt dies nur vereinzelt vor, z. B. auf den Zechen Ver. Bickefeld Tiefbau, Hörder Kohlenwerk, Schacht Holstein*), Fröhliche Morgensonne, Bommerbänker Tiefbau. Selbst ohne vorheriges Brechen findet ein Nachwaschen der gröberen Waschberge auch statt auf Hibernia, Julia, von der Heydt sowie in der von Schüchtermann & Kremer im Jahre 1895 erbauten Wäsche der Zeche Neu-Iserlohn; hierbei wird ein Mittelprodukt gewonnen, das zur Kesselheizung Verwendung findet.

Die Waschberge von den Feinkornsetzmaschinen oder die sog. Feinkornschiefer werden in sehr vielen in den letzten Jahrzehnten gebauten Wäschen nachgewaschen, z. B. auf den Zechen Westhausen, Tremonia, Carlsglück, Germania, Prosper, Zollern, Pluto, Massen, Neu-Cöln, Alma, Präsident, Dannenbaum, Fröhliche Morgensonne, Centrum, Concordia, Hansa, Westfalia, Schacht Kaiserstuhl II, Preussen, Monopol Schacht Grillo, Adolf von Hansemann, Westhausen, Schleswig. Dieses Nachwaschen bietet u. a. den Vorteil, dass man bei der ersten Setzarbeit, indem man einen kleinen Teil der Kohlen mit in die Waschberge übergehen lässt, ein sehr reines Produkt zu erzielen imstande ist. Um die in den Bergen enthaltenen Kohlenteile zu gewinnen, ist dann ein besonderer Setzkasten aufgestellt, bei welchem die Setzarbeit so reguliert wird, dass die Waschberge möglichst rein werden und nur ein minimaler Verlust an Kohle entsteht. Die bei dieser zweiten Setzarbeit gewonnenen Kohlen besitzen dann selbstverständlich einen etwas höheren Aschengehalt als diejenigen von der ersten Setzarbeit, indes ist ihr Quantum so gering, dass ihre Zumischung zu der grossen Masse der beim ersten Waschen erhaltenen reinen Kohlen in den meisten Fällen einen Durchschnitts-Aschengehalt ergiebt, der um 1 % und darüber hinaus geringer ist, als der bei nur einmaligem Waschen erzielte. Die beim Nachwaschen gewonnenen Waschberge sind ebenfalls immer bedeutend kohlenärmer, als bei der gewöhnlichen einmaligen Setzarbeit, und man kann ausserdem die in den Bergen

---

*) Zeitschr. f. d. Berg-, Hütten- u. Salinenw. 1896, Bd. 44 A, S. 85.

enthaltenen Schwefelkiese als verwertbares Produkt gewinnen, wie solches während der Jahre 1884 bis inkl. 1898 auf den Zechen Piesberg, Tremonia, Massener Tiefbau, Germania, Pluto, Carlsglück, Westhausen, Courl und Prosper geschehen, resp. zeitweise versucht worden ist. Die höchste Schwefelkies-Produktion wurde im Oberbergamts-Bezirke Dortmund im Jahre 1896 mit 1042 t erreicht, an deren Gewinnung fünf Bergwerke sich beteiligten. Die stärkste Produktion fand in dem ganzen erwähnten Zeitraum auf der Zeche Piesberg statt, wo dieselbe von 1884 bis 1898 zwischen jährlich 240 und 640 t schwankte und im Jahre 1896 mit 640 t ihre grösste Höhe erreichte.

Die sog. pneumatische Aufbereitung oder Reinigung der Steinkohlen mittels Luftstromes ist zuerst auf der Zeche Rheinpreussen im Jahre 1879 von dem derzeitigen Grubenverwalter Hochstrate versucht und dauernd eingeführt worden. Die mit Hülfe einer Siebtrommel oder einer anderen Klassiervorrichtung trocken separierten Kohlen werden, jede Korngrösse für sich, durch einen engen Spalt durchfallend, also in dünner Schicht, der Einwirkung eines Luftstromes ausgesetzt, der durch einen Ventilator erzeugt wird und nach Erfordern reguliert werden kann. Die von der Luft mitgerissenen Kohlen- und Schieferteilchen sammeln sich in einer grossen Staubkammer, aus welcher sie durch eine Schnecke oder ein Transportband oder Becherwerk kontinuierlich fortgeschafft werden, während das gröbere und schwerere, vom Staube befreite Haufwerk auf nassem Wege weiter behandelt wird. Anfänglich wurden auch die verschiedenen Nusssorten, speziell die kleineren, dieser sog. Windseparation unterworfen, später nur die Feinkohlen von 12 bis 0 oder 10 bis 0 mm, und jetzt übergiebt man auf der Zeche Rheinpreussen nur mehr die Feinkohlen unter 6 mm Korngrösse diesem Verfahren. Die von den Windströmen nicht fortgeführten Teile wurden früher mit Hülfe von Stromapparaten weiter aufbereitet, in neuerer Zeit, seit 1893 bezw. 1895, werden dieselben auf Feinkornsetzmaschinen verwaschen. Ueber die Windseparation und die Wäschen der Zeche Rheinpreussen*) sei hier nur noch erwähnt, dass das Abblasen der Staubkohlen auch auf anderen hiesigen Zechen mit gutem Erfolge Anwendung gefunden hat, nämlich bereits um die Mitte der 70er Jahre auf der Zeche Königin Elisabeth und in neuerer Zeit auf den Zechen Germania und Zollverein, Schacht III**), ferner in der im Jahre 1884 von Schüchtermann & Kremer erbauten Wäsche der Zeche Osterfeld sowie auf Zollverein Schacht I u. II in der von Baum

---

*) Zeitschr. f. d. Berg-, Hütten- u. Salinenw. 1879, Bd. 27 B, S. 287. Ebenda 1881, Bd. 29 B, S. 273, ferner 1882, Bd. 30 B, S. 279 und 1894 Bd. 42 B, S. 235. Sodann: Broschüre von Hochstrate. Ferner Zeitschr. d. Ver. deutsch. Ing., Bd. 34 (1890), S. 1236; Stuhl, Ueber Windseparation und Bilharz, a. a. O., Bd. II, S. 32—36.

**) Zeitschr. d. Ver. deutsch. Ing., Bd. 32 (1888), S. 381.

im Jahre 1886/87 erbauten Doppelwäsche*). Endlich sei noch erwähnt, dass auch auf der Steinkohlengrube Anna, im Bergrevier Aachen, in der von Humboldt im Jahre 1895/96 erbauten Kohlenwäsche, der Staub abgeblasen wird**) und ebenso im hiesigen Bezirke noch in der von derselben Firma gebauten Feinkornwäsche der Zeche Ver. Schürbank & Charlottenburg.

Voraussetzung einer solchen Behandlung der kleineren Nusssorten und der Feinkohlen ist selbstverständlich eine verhältnismässig grosse Reinheit bezw. Aschenfreiheit und ausreichende Trockenheit des abgeblasenen Staubes. Das Verfahren bietet dann nach Bilharz den Vorteil, dass ein Teil der trocken geförderten Kohlen trocken bleibt und in diesem Zustande zur Verladung und zur Verwendung kommt und ferner, dass ein grosser Teil reiner Kohle, allerdings in Staubform, gewonnen wird, der bei einer von vornherein nassen Behandlung unzweifelhaft verloren gegangen wäre, so aber als Kokskohle gut zu verwerten ist.

Die Windseparation hat nur an wenigen Orten Anwendung gefunden; sie wird auch in der Zukunft voraussichtlich nicht häufiger sich Eingang verschaffen, weil die in jüngster Zeit für mit Schlagwettern oder gefährlichem Kohlenstaub behaftete Gruben vorgeschriebene und auf zahlreichen Zechen eingeführte Berieselung den Feuchtigkeitsgehalt der Rohkohlen, die sog. Grubenfeuchtigkeit, wesentlich vermehren wird, ein Abblasen des Staubes aber nur da möglich ist, wo die Kohlen mit höchstens 3 bis 4 % Feuchtigkeit zur Separation gelangen.

Stromapparate mit aufsteigendem Klarwasserstrom sind, wie vorhin angeführt wurde, auf der Zeche Rheinpreussen in ausgedehntem Masse nach einer von Hochstrate verbesserten Konstruktion verwendet worden, aber viel früher und auf mehreren anderen Zechen hat man derartige Apparate benutzt, um die Feinkohlen von einem Teile der beigemengten Berge und Schwefelkiese zu befreien, bevor sie den Setzmaschinen zugeführt wurden, um auf diese Weise die Arbeit derselben wesentlich zu erleichtern und ein reineres Produkt zu erzielen. So war schon in der im Jahre 1861 von Sievers & Co. auf der Zeche Carlsglück erbauten Wäsche ein Stromapparat vorhanden, durch welchen das feinste Korn von unter 7 mm Durchmesser von Staub befreit und für die Setzarbeit vorbereitet wurde. Ferner kamen in der Folge auf den Zechen Concordia und Glückauf Tiefbau Stromapparate zur Anwendung***), sowie später in der im Jahre 1876 erbauten Wäsche für die Zeche Dannenbaum, 1885 auf Hörder Kohlenwerk Schacht Holstein (ein sog. Etagenstromapparat), 1886 auf Bonifacius†) und

---

*) Zeitschr. f. d. Berg-, Hütten- u. Salinenw. 1887, Bd. 35 B, S. 264.
**) Zeitschr. f. d. Berg-, Hütten- u. Salinenw. 1887, Bd. 45 B, S. 235.
***) Nimax, a. a. O. I., S. 19.
†) Zeitschr. d. Ver. deutsch. Ing., Bd. 31 (1887), S. 646.

1890 auf Zeche Crone, woselbst man mit den eingeschalteten Stromapparaten hervorragend günstige Resultate erzielt zu haben scheint*).

Die Entwässerung der von den Grobkornsetzmaschinen, gewöhnlich über den etwas erniedrigten vorderen Rand des Setzkastens mit den Waschwassern ausgetragenen, gewaschenen Kohlen ist früher und bis in die heutige Zeit in sehr verschiedenartiger Weise bewirkt worden. Entweder lässt man sie über festliegende, oder in der Längsrichtung bewegte, geneigte Siebe aus Drahtgeflecht oder gelochten Blechen gehen, welche als Schwingsiebe oder als Stosssiebe, auch wohl als sog. Schlagsiebe arbeiten, oder man verwendet Siebtrommeln, sämtlich mit oder ohne Brausevorrichtung; und endlich bedient man sich gelochter Entwässerungs-Transportbänder. Häufig ist mit der Entwässerung eine nochmalige Klassierung, d. h. ein Absieben der beim Transporte und beim Waschen etwa entstandenen feineren Kohlenteilchen verbunden, welche dann vermittelst gelochter Blechrutschen und Lutten in die Verladetasche der nächst kleineren Nusssorte geführt werden.

Ausser den für jede Nusssorte dienenden ist öfter noch ein überzähliges Entwässerungssieb vorhanden, um auf diesem mehrere Sorten zusammenzubringen, gemeinschaftlich entwässern und demnächst verladen zu können.

Als ein Unikum ist weiter anzuführen, dass man auf Zeche Rhein-Elbe die Entwässerung der Nusskohlen vor längeren Jahren mittels einer aus Kupfer hergestellten Centrifuge versucht haben soll; wegen zu geringer Leistung und zu raschen Verschleisses soll dieser Apparat indes alsbald wieder abgeworfen worden sein.

Der Weitertransport der entwässerten Nusskohlen in die Ladetaschen geschieht bei vielen neueren von der Firma Schüchtermann & Kremer erbauten Anlagen, so auf Preussen I und Monopol, Schacht Grillo, auf spiralförmig gewundenen Blechrutschen unter Zuhilfenahme eines dünnen Wasserstromes. Die Verladung in die Waggons erfolgt sodann über ein Sieb, welches mit einer Brausevorrichtung versehen ist, um die Nüsse möglichst klar, d. h. frei von Staubteilchen zu erhalten und ansehnlicher zu machen; sie fallen dann über eine festliegende oder bewegliche Klappe bezw. Rutsche in die Waggons. In neuerer Zeit werden die Nüsse öfter mittels eines Cornetschen Verladebandes, ebenso wie bei der Stückkohlenverladung, mechanisch bis auf den Boden des Waggons bewegt und und dort niedergelegt.

Statt dieser Cornetschen Bänder sind auch Gummibänder mit aufgelegten Bechern verwendet worden, die dann, Becher an Becher stossend, eine Transportkette bilden. Von Baum in Herne sind endlich zuerst im

---

*) Der Bergbau, 4. Jahrg., No. 4, S. 3.

Jahre 1894 auf Zeche Dorstfeld die folgenden Entwässerungs-Einrichtungen zur Anwendung gelangt.

Die gewaschenen Nusskohlen werden mit den Waschwassern von den Setzmaschinen durch Lutten zu rechteckigen oder kreisrunden, trichterförmig nach unten sich verengenden und mit Wasser gefüllten Behältern bezw. Verladetaschen geführt. Das Gemisch von Kohle und Wasser fällt auf ein nach allen Seiten hin abfallendes Entwässerungssieb*), durch welches das Waschwasser mit den bei der Setzarbeit unvermeidlich sich bildenden Feinkohlen und Schlammteilchen hindurchgeht und zu der Centrifugalpumpe geleitet wird; die Nusskohlen gleiten dagegen über das Sieb und gelangen, von feinerem Korn befreit, in die Verladetasche, in deren Füllwasser sie von dem der Schwerkraft entgegenwirkenden Auftrieb aufgehalten, langsam und unbeschädigt niedersinken.

Für jede Nusssorte sind gewöhnlich zwei Taschen vorhanden; nach Füllung der einen mit Kohlen wird die andere in Benutzung genommen, die erstere aber durch eine an ihrem Boden befindliche Ablassvorrichtung entwässert und über eine Rutsche in einen untergeschobenen Waggon entleert. Auf diese Weise kann der Betrieb der Wäsche bei gleichzeitiger Verladung ungestört erhalten bleiben**). Die Zerkleinerung der Nusskohlen, welche häufig dadurch herbeigeführt wird, dass sie von den Entwässerungssieben aus grössere Höhen durchfallen müssen, soll durch diese Einrichtung vermieden werden.

Von ungleich grösserer Wichtigkeit und Schwierigkeit als die Entwässerung und der Transport der Nusskohlen ist seit der ersten Einführung der Feinkornsetzmaschinen die Entwässerung der gewaschenen Feinkohlen und die Gewinnung und Nutzbarmachung der beim Verwaschen derselben sich ergebenden Schlammkohlen gewesen. In solchen Fällen, wo der Staub von 0 bis 4 oder 5 mm Korngrösse trocken abgesiebt oder abgeblasen und nachher den gewaschenen Feinkohlen zugeführt und beigemengt wird, wo nämlich die Staubkohlen wegen ihres geringen Aschengehaltes dies gestatten, wird nicht nur die Setzarbeit bedeutend erleichtert, sondern es unterliegt auch die Entwässerung und Abtrocknung der gewaschenen Feinkohlen keinen besonderen Schwierigkeiten; wenn aber die ganzen Feinkohlen von 0 bis etwa 10 oder 12 mm Korngrösse gewaschen werden müssen, so bilden sich, zumal bei weicher und zerreiblicher Beschaffenheit der aufzubereitenden Kohlen, grosse Mengen von Schlammkohlen, deren Wert ein sehr geringer ist, wenn sie nicht mit den gröberen Feinkohlen innig und gleichmässig vermischt und zur Verkokung verwendet werden können.

---

*) Glückauf 1898, S. 833.
**) Glückauf 1895, S. 654, ebenda 1898, S. 809 und Oesterreichische Zeitschr. f. Berg- u. Hüttenw. 1896, S. 537.

In dieser letzteren Beziehung sind nun, besonders in neuester Zeit, sehr bemerkenswerte Fortschritte und Verbesserungen zu verzeichnen gewesen. Anfänglich wurden die gewaschenen Feinkohlen mit den übergetretenen Waschwassern in sog. Niederschlagsbassins geleitet, aus welchen sie nach erfolgter Abtrocknung ausgeschlagen werden mussten. Die übertretenden Wasser gelangten dann meist in ausserhalb der Wäsche gelegene Klärsümpfe, in denen die feineren Schlämme sich absetzten. Die Verwertung der in diesen Sümpfen angesammelten Schlämme stiess aber auf Schwierigkeiten, da diese Kohlen niemals so trocken gewonnen werden konnten, dass man sie der Kokskohle oder den gröberen Feinkohlen zumischen durfte. Man hat sie deshalb meistens im eigenen Betriebe als Kesselkohle verwendet oder zu geringen Preisen abgegeben, stellenweise selbst umsonst, um die sich ansammelnden Massen nur loszuwerden. Auch konnte das Ausheben der gröberen Feinkohlen aus den Niederschlagsbassins nur von Hand geschehen und war daher sehr umständlich, zeitraubend und kostspielig.

Solche Niederschlagsbassins wurden schon im Jahre 1874 bei einer Wäsche von Herberz in Langendreer nach dem zuerst in Belgien angewandten Coppéeschen System von Schüchtermann & Kremer angelegt. Sie bestanden aus mehreren gemauerten und zementierten, rechteckigen Behältern, welche reihenweise nebeneinander in solcher Höhe angeordnet waren, dass die ausgeschlagenen Feinkohlen mittels Trichterwagen direkt auf die Koksöfen gefahren und in diese entleert werden konnten. Die Behälter wurden abwechselnd gefüllt und nach Wegnahme der als Ueberfallschütze dienenden Holzbohlen ausgeschlagen.

Da diese Einrichtung sehr mangelhaft und auch die Abtrocknung der Feinkohlen eine sehr unzureichende war, so ging man sehr bald dazu über, die Feinkohlensümpfe in grösseren Dimensionen und als Spitzkasten zu konstruieren; am Boden des grossen Spitzkastens befand sich häufig eine langsam bewegte Schnecke, und die sich niederschlagenden Feinkohlen wurden durch ein Entwässerungs-Becherwerk ausgehoben und in die Vorrats- oder Trockentürme geschafft. Dieser sog. Schneckensumpf, welcher zu Anfang der 80er Jahre in sehr vielen Wäschen anzutreffen war*), findet sich auch heute noch vielfach vor, so z. B. auf den Zechen Concordia, Zollern, ver. Hagenbeck, und ver. Carolinenglück. Das mit durchlochten Bechern versehene Becherwerk muss reichlich gross sein, auch wendet man deren wohl zwei nebeneinander an, und lässt sie sehr langsam gehen, damit das mitgenommene Wasser möglichst abtröpfeln kann.

Um das Entwässern der Kohlen zu befördern, hat man bei diesen

---

*) Nimax, a. a. O. I, S. 16.

Becherwerken mehrfach die Einrichtung getroffen, dass den einzelnen gelochten Bechern mittels einer Schlagvorrichtung, wie auf Carlsglück und Sellerbeck, oder durch Heben und Niederfallenlassen der Becher eine Erschütterung erteilt wird. So strichen z. B. auf der Zeche Constantin d. Gr., Schacht I, früher die einzelnen Glieder der Becherkette an spitzen Nocken der Gleitfläche vorbei, wodurch ein wiederkehrendes Aufschlagen der Becher und eine bessere Abscheidung des mitgeführten Wassers bewirkt wurde. Auf Zeche Prosper, Schacht II, lässt man in die einzelnen Becher einen gegabelten Hebel niederfallen, der mit seinen Spitzen die Feinkohlen durchdringt und etwa gebildete Wassertümpel zum Abflusse bringt. — Diese Methode des Aushebens der niedergeschlagenen Feinkohlen mittels Becherwerken hat man als Baggersystem bezeichnet. —

Die aus den Spitzkasten überfliessenden Wasser, die sog. Trübe, welche die allgemein als Schlämme bezeichneten feineren Kohlenteilchen mitführt, hat man sodann in verschiedener Weise auf ihrem Wege zu den in der Regel sich noch anschliessenden eigentlichen Klärsümpfen zu konzentrieren gesucht, um die Schlämme aus denselben zu gewinnen und als Kokskohlen mitverwenden zu können. So lässt man beispielsweise, wie solches mehrfach von Humboldt ausgeführt worden ist, den Ueberlauf des Feinkohlen-Spitzkastens oder Becherwerkssumpfes in einen zweiten, viel grösseren, mit vielen Spitzen resp. Abteilungen versehenen Sammelbehälter treten; dieser hat einen solchen Querschnitt, dass die Geschwindigkeit des durchfliessenden Wasserstromes mehr und mehr abnimmt, der grösste Teil der Schlammteilchen sich daher niederschlägt und durch eine Anzahl von Schlammhähnen in eine darunter gelegene geneigte Rinne ausgetragen werden kann, aus welcher eine Pumpe sie hebt und dem Entwässerungsbecherwerke zuführt, sodass sie mit den Feinkohlen gemischt in die Vorratstürme gelangen, während die überlaufenden Wasser weiter abgeklärt und alsdann der Zentrifugalpumpe zugeleitet werden.

Bei einer anderen von Schüchtermann & Kremer auf wenigen Zechen ausgeführten, dem gleichen Zwecke dienenden Einrichtung wurden die gewaschenen Feinkohlen, wie sie in dem trichterförmigen Niederschlagssumpfe sich absetzten, durch ein ungelochtes Becherwerk in einen daneben liegenden gleichgrossen Spitzkastensumpf, den sog. Konzentriersumpf, hinübergehoben. Die aus dem erstgenannten Sumpfe übertretenden schlammführenden Waschwasser flossen in ein recht grosses, als Doppel-Spitzkasten konstruiertes Bassin; in diesem wurden dann beim ruhigen Durchfliessen desselben die Kohlenschlämme zum grössten Teile abgesetzt und durch am Boden befindliche Austrittsöffnungen oder Rohre einem unter diesem Bassin befindlichen Schlammbehälter zugeführt, aus welchem ein Schöpfwerk sie in den Konzentriersumpf hob und solcherweise mit den gröberen gewaschenen Feinkohlen kontinuierlich mischte. Aus dem

Konzentriersumpfe oder Konzentrations-Spitzkasten wurden sodann die gemischten Fein- und Schlammkohlen durch ein gelochtes Becherwerk entwässert und in die Vorratstürme gehoben.

Durch diese Vorrichtung, welche beispielsweise auf den Zechen Hörder Kohlenwerk, Schacht Holstein und Hasenwinkel zur Ausführung gekommen ist, wurden die Waschwasser hinreichend abgeklärt, und wurde zugleich ein grosser Teil der ihnen entzogenen feinen Kohlenteilchen der Kokskohle beigemischt und nutzbar gemacht.

Endlich ist von der Firma Baum seit dem Jahre **1891**, und zwar zuerst auf der Zeche Julia, eine wesentliche Verbesserung und Vereinfachung in der Entwässerung der Fein- und Schlammkohlen eingeführt worden, welche, in der Folgezeit mehrfach abgeändert, bei den in neuerer Zeit erbauten Wäschen mehr und mehr Aufnahme gefunden hat. Die Neuerung besteht in der Hauptsache darin, dass in die Feinkohlensümpfe oder Trockentürme ein oder mehrere durchlöcherte Rohre eingesetzt werden, durch welche das in den verschiedenen Höhenlagen der Türme resp. Kohlenschichten befindliche Wasser direkt nach unten abfliessen kann, und dass die unteren Kohlenschichten, welche bei den älteren Einrichtungen die ganzen Wasser durchlassen mussten, nun auch schneller und vollständiger entwässert werden, eine ausreichende Abtrocknung der ganzen Masse daher verhältnismässig rasch erfolgt, zugleich aber auch die feineren Kohlenteilchen, die Schlämme, in den hohen und weiten Türmen sich mit niederschlagen und mit den gröberen Feinkohlen gleichmässig mischen.

Anfänglich legte Baum die 4 bis 4,5 qm grossen, in Mauerung hergestellten Türme tief, mit den Abzugsöffnungen nur etwa 2,5 m über Terrainsohle, so dass die gewaschenen Feinkohlen mit den Waschwassern denselben von den Setzmaschinen aus direkt zugeführt werden konnten; sie waren als Spitzkasten konstruiert, mit je zwei trichterförmigen Abzugslöchern und mit je einem mittleren Entwässerungsrohre oder sog. Filter versehen. Nach erfolgter Entwässerung resp. Abtrocknung wurden die Feinkohlen dann nach Oeffnung der Schieber unten abgezogen, mittels eines Transportbandes oder einer Schnecke einem Becherwerke zugeführt und von diesem in die höher gelegenen Kokskohlen- oder Vorratstürme gehoben.

Später hat man die Türme aus Eisenblech hergestellt, zuerst im Jahre 1897 auf der Zeche Minister Stein, ihnen sehr grosse Durchmesser gegeben, 10—14,5 m, und drei oder vier solcher Kessel nebeneinander aufgestellt, die abwechselnd mit Feinkohlen gefüllt, entwässert und entleert werden, somit zugleich als Klär-, Trocken- und Vorrats-Behälter dienen; sie werden auf Säulen so hoch verlagert, dass ihre Abzugslöcher 6 bis 7 m über Terrainsohle zu liegen kommen und die Abfuhr der abgetrockneten Kohlen mittels Trichterwagen direkt zur Kokerei erfolgen kann. Die gewaschenen Feinkohlen werden bei dieser Anordnung von den Setzmaschinen mit den Waschwassern einer grossen Zentrifugalpumpe zugeführt und von dieser in die Vorratstürme gehoben. Bei der Einführung des Gemisches von Kohle und Wasser in die einzelnen Türme nimmt die Geschwindigkeit desselben infolge der grossen Niederschlagsfläche allmählich ab, die Feinkohlen und mit ihnen die Schlämme schlagen sich alsbald nieder, da sie einen nur kurzen vertikalen Weg zu durchfallen haben, um aus dem fliessenden Wasser herauszugelangen, und die geklärten Wasser treten an den oberen Rändern der Behälter in Lutten über, durch welche sie den Setzmaschinen wieder zugeführt werden. Diesem neueren Verfahren der Feinkohlenentwässerung hat man den Namen Schwemmsystem beigelegt.

Die gebrauchten Waschwasser werden nach erfolgter Abklärung immer wieder von neuem benutzt und, soweit nötig, ergänzt, ein Fortleiten von Wassern in die sog. wilde Flut findet daher im allgemeinen nicht statt.

Zu Anfang des neuen Jahrhunderts ist von der Firma Baum noch ein anderes Verfahren der Entwässerung der Feinkohlen und Schlämme unter gleichzeitiger Klärung der Abwässer angegeben und auf vielen Zechen mit gutem Erfolge ausgeführt worden, nämlich die Entwässerung mittels eines langen und sehr langsam sich fortbewegenden Entwässerungsförderbandes, welches unten ausführlich beschrieben werden soll.

Das Verladen der Förderkohlen geschieht nur in den seltensten Fällen mehr durch einen Wipper direkt oder über eine festliegende Rutsche in die Eisenbahnwaggons, wobei das Auslesen der Berge dann nur auf den Waggons selbst möglich ist. Häufiger bedient man sich einer beweglichen Rutsche und eines sich daran anschliessenden Transportbandes, um das Auslesen der Berge in sorgfältiger Weise auf dem letzteren vornehmen zu können. Bei dieser Einrichtung gelangen aber die gröberen Kohlen und Berge vollständig gemischt mit den Gruskohlen auf das Leseband und es werden daher immer noch viele gröbere Berge übersehen. Um diesem Uebelstande abzuhelfen, ist von Schüchtermann & Kremer eine Schwingrutsche bezw. ein Schwingsieb konstruiert und dieser Firma im Jahre 1892 patentiert worden, wobei die Feinkohlen durch das mit Exzenterbewegung versehene Sieb hindurch und auf eine darunter befindliche dichte Blechrutsche fallen; von dieser gleiten sie dann auf das Transportband, während die groben Kohlen demnächst immer oben aufzuliegen kommen und die Berge somit aus denselben gut ausgelesen werden können (Fig. 6a—c).

Ferner findet man auf vielen neueren Anlagen die Einrichtungen so getroffen, dass die Förderkohlen beim Verladen durch Zumischung von Stückkohlen, die von einem anderen Transportbande herbeigeführt werden, beliebig aufgebessert werden können.

Auch beim Verladen der auf dem Rätter, Stosssiebe, Roste oder Schwingsiebe abgesiebten Stückkohlen kommen seit längerer Zeit schon

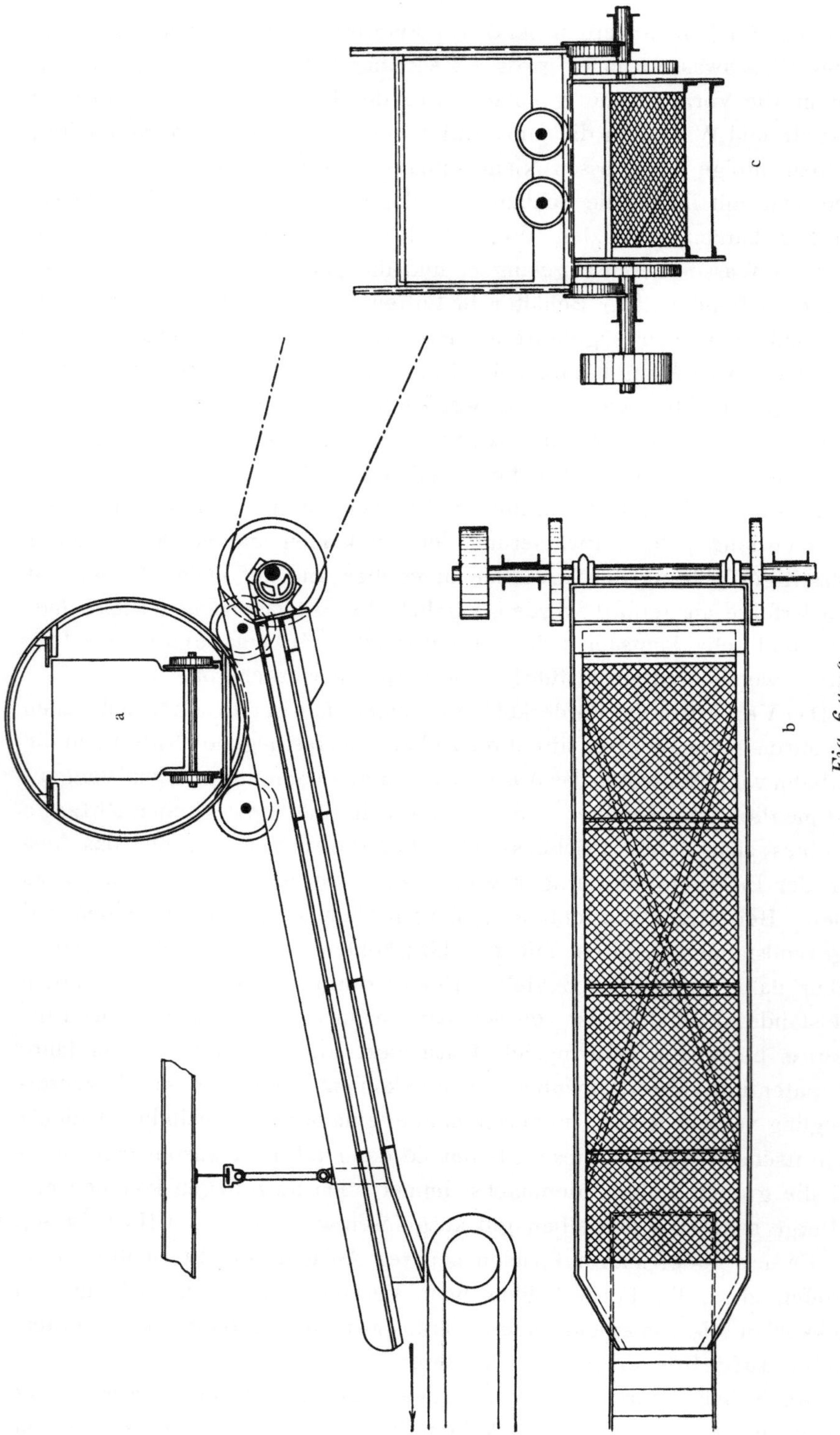

Fig. 6 a—c.

Schwingrutsche mit Siebboden und darunter liegender voller Sohle zum Verladen von Kohlen usw.

allgemeine Transport- und Lesebänder zur Anwendung, von welchen die Berge mit der Hand ausgelesen werden. Vorzüglich hierzu geeignet und am meisten gebräuchlich ist das Cornetsche Lese- und Verladeband, eine mit Blechkästen versehene Gliederkette mit beweglichem, in den Waggon hinabreichendem Arme, welcher nach Bedarf gehoben und gesenkt werden kann, um die Stücke unter grösstmöglichster Schonung in den Waggons niederzulegen.

Anderwärts werden die Stückkohlen am Ende des Lesebandes mittels einer Abstreichvorrichtung auf ein zweites in beliebiger Richtung abzweigendes Transportband oder auf eine sog. Bremskettenrutsche übergeführt und von dieser in die Waggons geschafft.

Endlich hat man auch zu demselben Zwecke eine über den beweglichen Arm des Transportbandes laufende Schleppkette benutzt, durch welche die Stücke ohne Fall in die Waggons gebracht werden; eine solche Einrichtung ist beispielsweise auf der mehrgenannten neuen Anlage der Zeche Monopol, Schacht Grillo, getroffen.

Ein etwas abgeändertes, oben schon angedeutetes Verfahren, welches auf die Klassierung der Nusskohlen vor und resp. nach deren Verwaschen auf den Grobkornsetzmaschinen sich bezieht und von Schüchtermann & Kremer seit vier bis fünf Jahren eingeschlagen worden ist, besteht darin, dass die Kleinkohlen von etwa 10 bis 80 mm Korngrösse anstatt, wie bis dahin allgemein üblich, in vier oder fünf Nussklassen, in nur zwei Körnungen, von beispielsweise 10 bis 45 und 45 bis 80 mm separiert werden und dass diese dann auf zwei Grobkornsetzmaschinen verwaschen und nach dem Waschen wieder zusammengeführt bezw. durch ein gemeinsames Gefluter auf die Klassierungssiebe gebracht und unter gleichzeitiger Entwässerung in vier Nussklassen getrennt werden. Die Gründe für die Einführung dieses Verfahrens wurden in folgenden Erwägungen gefunden: Festhaltend an dem aus der Erzaufbereitung übernommenen alten Grundsatze: »Ohne vorhergegangene Klassierung der Mineralien ist eine Trennung, eine Separierung derselben unmöglich!« hat man früher die Nüsse stets vor dem Waschen sorgfältig klassiert; man arbeitete also in der Weise, dass man für vier verschiedene Nusssorten, wie solche im hiesigen Bezirke üblich sind, vier Setzmaschinen aufstellte, deren einzelne Siebflächen dem zu verwaschenden Quantum entsprechend gewählt wurden. Jede einzelne Nusssorte wurde getrennt in einem Gefluter auf ein mit entsprechenden Lochungen versehenes Entwässerungssieb geleitet. Für die vier Nusssorten 12—18, 18—28, 28—50 und 50—75 mm wurden Entwässerungssiebe von 10, 15, 20 und 25 mm Lochung gewählt und so ein schönes gleichartiges Produkt hergestellt.

Die in den Geflutern sich abstossenden Kohlenteilchen der einzelnen Nusssorten wurden dabei mit dem Wasser abgezogen und gingen mit demselben in den Niederschlagssumpf für die Feinkohlen, sodass von Nuss I, II und III alle diejenigen Teilchen, welche zwischen 25 und 10 mm Korngrösse besassen, als Nüsse verloren gingen.

Einmal dieser Umstand, dann aber auch die Erfahrung, die man bei den Grobkornsetzmaschinen gemacht hatte, dass man nämlich auch mit grossen Intervallen in der Körnung auf denselben vorteilhaft arbeiten und ein reines Produkt erzielen konnte, sowie endlich die Thatsache, dass das gröbere Material bei dem Transport in den Geflutern viel weniger leidet, wenn es mit feinerem gemischt abgeführt wird, als wenn es die Gefluter allein passiert, haben zu dem Entschlusse geführt, die Nusssorten in der vorhin beschriebenen Weise zu behandeln. Hierbei werden aus den gewaschenen Kohlen auf einem ersten, oberen Schwingsiebe zunächst die beiden Nusssorten I und II hergestellt und in einem als Beispiel gewählten Falle alles unter 30 mm Korngrösse mit dem Wasser auf ein zweites, mit entgegengesetzter Neigung darunter angeordnetes Schwingsieb gebracht; auf diesem wird dann in seiner oberen Hälfte das Wasser durch eine Lochung von 10 mm durchgelassen und zugleich eine Trennung in Nuss III und Nuss IV bewirkt. Es geht also bei diesem Verfahren von den Nusskohlen absolut nichts verloren, da sämtliches Material bis zu 10 mm in die Nusskohlen verteilt wird und die Entwässerung also nur durch ein 10 mm Sieb vor sich geht.

Die entwässerten vier Nusssorten werden auf der Zeche Monopol, wie oben schon erwähnt wurde und in neuerer Zeit allgemein üblich geworden ist, über spiralförmig gewundene Blechrutschen unter möglichster Vermeidung der Zerkleinerung in die Vorrats- oder Verlade-Taschen geführt.

Das vorbeschriebene Verfahren ist zuerst auf den Zechen Dahlhauser Tiefbau und Vorwärts in den Jahren 1896 und 1897 angewandt worden. In neuester Zeit wird es von Schüchtermann & Kremer fast ausschliesslich gewählt und ist z. B. auf Monopol, Schacht Grillo, auf Dannenbaum I, Westhausen und Adolf von Hansemann zur Ausführung gekommen.

Als etwas Neues ist das vorbeschriebene Verfahren übrigens nicht anzusehen, vielmehr als eine Wiederaufnahme bezw. abgeänderte Anwendung des sog. alten englischen Systems des Siebsetzens, das schon in der zweiten Hälfte des 18. Jahrhunderts in England vorzugsweise beliebt war und sich nach Gaetzschmann dadurch kennzeichnete, dass eine besondere Kornklassierung der Setzarbeit nicht voranging.*) Man sah vielmehr in der Zusammenhäufung ungleich grober Körner insofern einen Vorteil, als diese zu einer dichteren, geschlossenen Masse sich zusammensetzen und dadurch den Wasserstoss kräftiger wirken lassen sollten.**)

---

*) Gaetzschmann, a. a. O., II. Bd., S. 48.
**) Gaetzschmann, a. a. O., II. Bd., S. 35, sowie Revue universelle, t. VIII S. 346.

Auch äussert sich Althans im Jahre 1878 in seiner mehr erwähnten Abhandlung hinsichtlich eines solchen Verfahrens wie folgt: »Die Arbeit auf dem Setzsiebe erfordert eine vorgängige, sorgfältige Kornsortierung nicht unbedingt, um hinreichend reine Produkte und Abgänge zu erzielen, sondern wird durch die Kornsortierung nur insofern unterstützt, als die Separationsarbeit erleichtert und abgekürzt wird;« und weiter: »Die Frage, ob es in einem gegebenen Falle der Aufbereitung vorteilhafter ist, die umständliche und kostspielige Kornsortierung mittels Rätter oder Siebtrommeln einzurichten, oder die Siebsetzarbeit ohne Sortierung nach alter englischer Gewohnheit mit möglichst einfachen Vorrichtungen zu betreiben, ist lediglich nach den ökonomischen Erwägungen, welche hinsichtlich der Anlagekosten einer Aufbereitungsanstalt sowie in Bezug auf die Höhe der Arbeitslöhne und auf die Aufbereitungsverluste einzutreten haben, zu entscheiden;« und weiter endlich: »Bei der Erzaufbereitung wird in neuerer Zeit mehr und mehr dem vollkommneren Verfahren, nur sorgfältig klassierte Vorräte auf kontinuierlich arbeitenden Setzmaschinen zu verarbeiten, der Vorzug gegeben. Dagegen hat man bei der Kohlenaufbereitung gefunden, dass es nicht zweckmässig ist, den Setzvorrat nach Abscheidung der gröberen noch zum Auslesen mit der Hand passenden Stücke und nach Abspühlung der feinsten Staubkohle noch weiter nach der Korngrösse zu klassieren. Das geringe spezifische Gewicht der Steinkohle erleichtert die Separation bei der Setzarbeit so sehr, dass auch die feineren Schiefer- und Schwefelkiesstückchen rasch genug zu Boden gehen. Ausserdem kann aber ein aus verschiedenen Kornsorten gemischter Vorrat auf dem Siebe durch die Wasserstösse mit stärkerem Auftriebe gehoben und daher leichter und rascher verarbeitet werden, als wenn nur die gröberen Körner für sich allein gesetzt werden. Während man früher in dem theoretischen Streben nach Verbesserung auch bei Kohlenwäschen vielfach bei der Klassierung nach Kornsorten zu weit gegangen und zur Anlage sehr komplizierter Einrichtungen verleitet worden ist, findet bei den neueren Anlagen — auch da, wo die vollkommensten Apparate angewendet werden — der Vorzug, welchen jede im Prinzip zulässige Vereinfachung der Methode gewährt, gebührende Berücksichtigung*).

Sodann wird in der im Jahre 1890 verfassten Abhandlung von Remy: »Die Kohlenaufbereitung und Verkokung im Saargebiete« mitgeteilt, dass die Mansuysche Wäsche zu Heinitz zur Zeit die einzige im Saargebiete sei, welche die Grieskohle in unsepariertem Zustande verarbeite. Auch wird daran anknüpfend ausgeführt: Die Notwendigkeit einer der Setzarbeit voraufgehenden Separation der Kohlen nach der Korngrösse behufs Erzielung eines hinreichend reinen Waschproduktes sei vom theoretischen

---

*) Zeitschr. f. d. Berg-, Hütten- u. Salinenw., 1878, Bd. 26 B, S. 118, 120 u. 122.

Standpunkte aus nicht allseitig anerkannt; und ferner führt die Remysche Abhandlung noch an, dass bei dem Neubau der Kohlenwäsche auf der Grube Dudweiler der Grundsatz der Aufbereitung ohne vorherige Separation des Waschgutes nach der Korngrösse gleichfalls zur Anwendung gekommen sei, wie dies bereits seit längeren Jahren auf der Mansuyschen Anlage zu Heinitz sich bewährt habe*).

Endlich finden sich bezüglich dieses Verfahrens der Anwendung der Setzarbeit ohne vorhergegangene Klassierung noch Aeusserungen bei Nimax**) und bei Bilharz***).

Auf dem vorgezeichneten von Schüchtermann & Kremer eingeschlagenen Wege ist nun die Firma Baum seit dem Jahre 1901 weiter vorangeschritten, indem sie bei ihrem neuen Waschverfahren: »Erst waschen, dann klassieren« das gesamte Waschgut von 0 bis 80 mm Korngrösse völlig unklassiert auf einer Setzmaschine erst wäscht und darauf mittelst einer konzentrischen konischen Trommel in die üblichen Korngrössen trennt, somit also zu der alten englischen Setzarbeit vollständig zurückgekehrt ist. Die dabei bisher erzielten Erfolge haben diesem neuen Baumschen Verfahren†) schon viele Anhänger verschafft.

Die erörterten Abänderungen und durchgreifenden Verbesserungen in der Aufbereitung der Steinkohlen geben Zeugnis von dem grossen und stets wachsenden Interesse, welches diesem wichtigen Zweige der Bergbautechnik entgegengebracht worden ist. Die Kohlenwäschen, welche man anfänglich als eine lästige Betriebserweiterung, demnächst aber als ein notwendiges Uebel ansah, wurden nach wenigen Jahren als ein wesentlicher und unentbehrlicher Bestandteil einer jeden, besonders aber aller derjenigen Kohlenzechen betrachtet, welche verkokungsfähige Kohlen fördern. Längst fordert jetzt der Kohlenmarkt eine möglichst weitgehende Abscheidung der nicht brennbaren Bestandteile der Steinkohlen, und es hat sich im engen Zusammenhange mit dieser Reinigung des Produktes eine grössere Zahl von nach der Grösse verschiedenen Kohlensorten ergeben (siehe Band X, S. 202 ff., Tabelle 30), welche den verschiedensten Verwendungszwecken sich vorteilhaft anpassen. In der verhältnismässig kurzen Zeit von etwa fünfunddreissig Jahren ist es gelungen, die Kohlen-

---

*) Zeitschr, f. d. Berg-, Hütten- u. Salinenw., 1890, Bd. 38 B, S. 106 u. 112.

**) Nimax, a. a. O. I, S. 9 u. 10.

***) Bilharz, a. a. O. I, S. 16, 17 u. 147.

†) Siehe Festschrift zum VIII. Allgem. deutsch. Bergmannstage in Dortmund, 1901, S. 147. — Maschinenfabr. Baum, Broschüre über neues Waschverfahren: Erst waschen, dann klassieren, 1902. — Glückauf, 1902, No. 28, S. 668. — Zeitschr. f. d. Berg-, Hütten- u. Salinenw., 1902, Bd. 50 B, S. 598, 616 ff. u. Treptow, Grundz. d. Bergbauk. Aufbereit., 3. Aufl., S. 396.

wäschen auf eine Stufe hoher Vollkommenheit zu erheben. Neben der Erzielung eines ungestörten Betriebes, selbst bei den grössten Förderungen, hat man es verstanden, das Rohprodukt vor unnötiger Zerkleinerung zu bewahren, die wertvolleren, gröberen Sorten also möglichst zu schonen, alle diese Ziele aber mit verhältnismässig geringen Verlusten an nutzbarer Substanz und bei mässig gehaltenen Betriebskosten zu erreichen.

2. Kapitel: Statistisches.

Von den im Jahre 1900 vorhandenen Aufbereitungs-Anlagen waren erbaut:

in der Zeit von 1870 bis 1880 23 Wäschen u. 1 Sieberei,

» » » » 1880 » 1890 60 » » 15 Siebereien

u. » » » » 1890 » 1900 94 » » 38 »

in Sa. 177 Wäschen u. 54 Siebereien.

Tabelle 1 zeigt den Kohlen-Absatz, Versand und Selbstverbrauch der Syndikatszechen bezw. Nichtsyndikatszechen (einschl. sog. Hüttenzechen) in den Jahren 1894 bis inkl. 1899 wie auch die auf den Gesamtabsatz bezogenen Prozentsätze der an Rohprodukten und an Separationsprodukten abgesetzten, bezw. versandten und selbstverbrauchten Kohlenquantitäten; endlich sind dann noch die entsprechenden Zahlen und Prozente des Versandes nach Kohlen-Qualitäten sowie des Selbstverbrauches nach Qualitäten und nach Verbrauchsstellen angegeben, inwieweit die selbstverbrauchten Kohlen Verwendung gefunden haben zur Kesselfeuerung oder zur Verkokung in eigenen Kokereien oder zur Brikettierung in eigenen Brikettfabriken. Aus der Tabelle ergiebt sich, dass im Jahre 1899 von den Syndikatszechen 54,92 %, von den Nicht-Syndikatszechen 64,91 % des Gesamtabsatzes als separierte bezw. aufbereitete Kohlen abgesetzt worden sind.

Kohlen-Absatz-Versand und Selbstverbrauch der Syndikatszechen in Ziffern nach Rohprodukten und Separationsprodukten sowie Selbstverbrauch

Es betrug der	1894 — t	% des Gesamtabsatzes
Absatz an Rohprodukten	17 330 739	48,77
	1 824 069	*37,53*
an Separationsprodukten	18 202 732	51,23
	3 036 605	*62,47*
der Gesamtabsatz	35 533 471	
	4 860 674	
Derselbe setzt sich zusammen aus		
Versand und Selbstverbrauch — an Rohprodukten	15 908 351	44,77
	1 592 639	*32,77*
an Separationsprodukten	11 205 413	31,53
	2 572 299	*52,92*
der Gesamtversand	27 113 764	76,30
	4 164 938	*85,69*
an Rohprodukten	1 422 388	4,00
	231 430	*4,76*
an Separationsprodukten	6 997 319	19,70
	464 306	*9,55*
der Gesamt-Selbstverbrauch	8 419 707	23,70
	695 736	*14,31*
Es verteilt sich: Der Versand		
nach Qualitäten — auf Fettkohlen an Rohprodukten	6 838 075	19,24
	842 062	*17,32*
auf Fettkohlen an Separationsprodukten	7 151 216	20,13
	1 503 367	*30,93*
der Gesamtversand in Fettkohlen	13 989 291	39,37
	2 345 429	*48,25*
auf Flammkohlen an Rohprodukten	6 553 434	18,44
	568 466	*11,70*
auf Flammkohlen an Separationsprodukten	2 683 887	7,56
	555 026	*11,42*
der Gesamtversand in Flammkohlen	9 237 321	26,00
	1 123 492	*23,12*
auf Mager- und Esskohlen an Rohprodukten	2 516 842	7,08
	182 335	*3,75*
auf Mager- und Esskohlen an Separationsprodukten	1 370 310	3,86
	513 906	*10,57*
der Gesamtversand in Mager- und Esskohlen	3 887 152	10,94
	696 241	*14,32*

geraden, der Nicht-Syndikatszechen (inkl. sog. Hüttenzechen) in schrägen für Kessel, Kokereien und Brikettanlagen für die Jahre 1894 bis inkl. 1899.

Tabelle 1.

1895		1896		1897		1898		1899	
t	% des Gesamtabsatzes	t	% des Gesamtabsatzes	t	% des Gesamtabsatzes	t	% des Gesamtabsatzes	t	% des Gesamtabsatzes
16 995 337	47,33	18 896 836	48,14	19 915 264	46,84	20 719 973	46,16	21 645 341	45,08
1 783 801	*34,85*	*1 900 419*	*34,58*	*2 125 383*	*36,98*	*2 111 094*	*34,94*	*2 302 142*	*35,09*
18 909 142	52,67	20 359 547	51,86	22 600 512	53,16	24 171 542	53,84	26 369 635	54,92
3 350 091	*65,15*	*3 595 752*	*65,42*	*3 621 266*	*63,06*	*3 931 467*	*65,06*	*4 257 843*	*64,91*
35 904 479		39 256 383		42 515 776		44 891 515		48 014 976	
5 118 892		*5 496 171*		*5 746 649*		*6 042 561*		*6 559 985*	
15 559 131	43,33	17 394 875	44,31	18 094 547	42,56	18 770 933	41,82	19 784 515	41,21
1 484 681	*29,00*	*1 587 784*	*28,89*	*1 623 629*	*28,26*	*1 771 910*	*29,33*	*1 948 513*	*29,71*
11 794 577	32,85	12 370 390	31,51	13 828 087	32,52	14 739 544	32,83	15 442 218	32,16
2 852 396	*55,73*	*3 111 615*	*56,61*	*3 136 760*	*54,58*	*3 103 406*	*51,35*	*3 348 691*	*51,04*
27 353 708	76,18	29 765 265	75,82	31 922 634	75,08	33 510 477	74,65	35 226 733	73,37
4 337 077	*84,73*	*4 699 399*	*85,50*	*4 760 459*	*82,84*	*4 875 316*	*80,68*	*5 297 204*	*80,75*
1 436 206	4,00	1 501 961	3,83	1 820 717	4,28	1 949 040	4,34	1 860 826	3,87
299 120	*5,84*	*312 635*	*5,69*	*501 684*	*8,73*	*339 184*	*5,61*	*353 629*	*5,39*
7 114 565	19,82	7 989 157	20,35	8 772 425	20,64	9 431 998	21,01	10 927 417	22,76
482 665	*9,43*	*484 137*	*8,81*	*484 506*	*8,43*	*828 061*	*13,71*	*909 152*	*13,86*
8 550 771	23,82	9 491 118	24,18	10 593 142	24,92	11 381 038	25,35	12 788 243	26,63
781 815	*15,27*	*796 772*	*14,50*	*986 190*	*17,16*	*1 167 245*	*19,32*	*1 262 781*	*19,25*
6 675 605	18,59	7 887 728	20,09	7 804 865	18,36	7 934 652	17,68	8 149 955	16,98
755 119	*14,75*	*748 760*	*13,62*	*698 685*	*12,16*	*696 586*	*11,53*	*669 630*	*10,21*
7 254 891	20,21	7 132 787	18,17	8 289 498	19,50	8 831 754	19,67	9 292 230	19,35
1 638 877	*32,01*	*1 784 384*	*32,47*	*1 762 293*	*30,67*	*1 778 795*	*29,43*	*1 983 476*	*30,24*
13 930 496	38,80	15 020 515	38,26	16 094 363	37,86	16 766 406	37,35	17 442 185	36,33
2 393 796	*46,76*	*2 533 144*	*46,09*	*2 460 978*	*42,82*	*2 475 381*	*40,96*	*2 653 106*	*40,45*
6 493 910	18,08	7 135 951	18,18	7 948 603	18,70	8 500 065	18,94	9 218 722	19,20
490 856	*9,59*	*541 535*	*9,86*	*577 994*	*10,06*	*672 288*	*11,13*	*881 736*	*13,45*
2 942 672	8,20	3 425 100	8,72	3 711 456	8,72	3 928 700	8,75	4 080 612	8,50
652 727	*12,75*	*705 318*	*12,83*	*713 821*	*12,42*	*644 877*	*10,67*	*614 896*	*9,37*
9 436 582	26,28	10 561 051	26.90	11 660 059	27,42	12 428 765	27,69	13 299 334	27,70
1 143 583	*22,34*	*1 246 853*	*22,69*	*1 291 815*	*22,48*	*1 317 165*	*21,80*	*1 496 632*	*22,82*
2 389 616	6,65	2 371 196	6,04	2 341 079	5,50	2 336 216	5.20	2 415 838	5,03
238 830	*4,67*	*297 490*	*5,41*	*347 020*	*6,04*	*403 036*	*6,67*	*397 147*	*6,05*
1 597 014	4,45	1 812 503	4,62	1 827 133	4,30	1 979 090	4,41	2 069 376	4,31
560 993	*10,96*	*621 912*	*11,31*	*660 647*	*11,50*	*679 734*	*11,25*	*750 319*	*11,44*
3 986 630	11,10	4 183 699	10,66	4 168 212	9,80	4 315 306	9,61	4 485 214	9,34
799 823	*15,63*	*919 402*	*16,72*	*1 007 667*	*17,54*	*1 082 770*	*17,92*	*1 147 466*	*17,49*

Es verteilt sich	1894	
	t	$^0/_0$ des Gesamt-absatzes
Der Selbstverbrauch		
auf Fettkohlen { an Rohprodukten	739 969	2,08
	162 467	*3,34*
an Separationsprodukten	6 011 480	16,92
	421 880	*8,68*
der Gesamt-Selbstverbrauch in Fettkohlen	6 751 449	19,00
	584 347	*12,02*
auf Flammkohlen { an Rohprodukten	360 578	1,01
	32 275	*0,66*
an Separationsprodukten	322 494	0,91
	7 748	*0,16*
der Gesamt-Selbstverbrauch in Flammkohlen	683 072	1,92
	40 023	*0,82*
auf Mager- und Esskohlen { an Rohprodukten	321 841	0,91
	36 686	*0,76*
an Separationsprodukten	663 345	1,86
	34 678	*0,71*
der Gesamt-Selbstverbrauch in Mager- und Esskohlen	985 186	2,77
	71 364	*1,47*
für Kessel, Deputat usw.	1 462 322	4,12
	290 983	*5,98*
für eigene Kokereien	6 187 721	17,41
	404 753	*8,33*
für eigene Brikettfabriken	741 722	2,09

Die Prozentzahlen des Absatz-Versandes und Selbstverbrauches an Roh- und Separationsprodukten vom Gesamt-Absatz für Syndikats- und Nicht-Syndikatszechen zusammen sind für die betreffenden Jahre folgende:

Tabelle 2.

	1894	1895	1896	1897	1898	1899
Absatz:						
an Rohprodukten	47,42	45,78	46,47	45,88	44,82	43,87
an Separationsprodukten	52,58	54,22	53,53	54,12	55,18	56,13
Versand:						
an Rohprodukten	43,33	41,55	44,87	40,86	40,33	41,65
an Separationsprodukten	34,11	35,70	34,83	35,15	35,03	36,45
Gesamtversand	77,44	77,25	79,70	76,01	75,36	78,10
Selbstverbrauch:						
an Rohprodukten	4,09	4,23	4,28	4,81	4,48	4,05
an Separationsprodukten	18,47	18,52	16,02	19,18,	20,16	17,85
Gesamt-Selbstverbrauch . . .	22,56	22,75	20,30	23,99	24,64	21,90

(Fortsetzung von Tabelle 1.)

1895		1896		1897		1898		1899	
t	% des Gesamtabsatzes	t	% des Gesamtabsatzes	t	% des Gesamtabsatzes	t	% des Gesamtabsatzes	t	% des Gesamtabsatzes
769 683	2,14	841 423	2,14	1 047 521	2,46	1 084 585	2,42	889 028	1,85
175 915	3,44	172 592	3,14	229 519	3,99	262 265	4,34	274 988	4,19
6 093 890	16,98	7 044 501	17,95	7 667 426	18,04	8 181 099	18,22	9 434 439	19,65
494 588	9,66	517 251	9,41	623 571	10,85	783 478	12,97	866 254	13,21
6 863 573	19,12	7 885 924	20,09	8 714 947	20,50	9 265 684	20,64	10 323 467	21,50
670 503	13,10	689 843	12,55	853 090	14,85	1 045 743	17,31	1 141 242	17,40
367 532	1,03	396 179	1,01	454 867	1 07	526 542	1,17	577 608	1,20
33 913	0,66	32 245	0,59	44 957	0,78	28 942	0,48	19 926	0,30
299 340	0,83	244 363	0,62	296 260	0,70	319 059	0,71	367 894	0,77
2 640	0 05	5 341	0,10	7 934	0,14	2 676	0,04	1 230	0,02
666 872	1,86	640 542	1,63	751 127	1,77	845 601	1,88	945 502	1,97
36 553	0,71	37 586	0,69	52 891	0,92	31 618	0,52	21 156	0,32
298 991	0,83	264 359	0.67	318 329	0,75	337 913	0,75	394 190	0,82
37 151	0,73	32 154	0,58	41 958	0,73	53 203	0,88	58 715	0,89
721 335	2,01	700 293	1,79	808 739	1,90	931 840	2,08	1 125 084	2,34
37 606	0,73	37 186	0,68	38 209	0 66	36 566	0,61	41 668	0,64
1 020 326	2,84	964 652	2,46	1 127 068	2,65	1 269 753	2,83	1 519 274	3,16
74 757	1,46	69 340	1,26	80 167	1,39	89 769	1,49	100 383	1,53
1 552 049	4,32	1 547 267	3,94	1 827 188	4,30	1 982 200	4,41	2 210 502	4,64
304 585	5,95	296 978	5,40	378 935	6,59	398 972	6,60	398 416	6,07
6 195 288	17,25	7 170 292	18,27	7 880 101	18,53	8 374 642	18.66	9 386 631	19,55
477 227	9,32	499 794	9,10	608 245	10,57	768 270	12,72	863 613	13,17
773 344	2,15	754 901	1,93	868 263	2,04	1 024 196	2,28	1 191 110	2,48
								752	0,01

3. Kapitel: Die einzelnen Arbeiten, Einrichtungen und Apparate.

I. Das Absieben und Verladen der Stückkohlen usw.

Zum Abstürzen der geförderten Rohkohlen, sei es in die Eisenbahnwaggons, auf den Lagerplatz oder auf irgendwelchen Siebapparat, bedient man sich jetzt allgemein der Wipper; letztere ermöglichen die Bewältigung grosser Massen, erleichtern die Entleerung der Fördergefässe und bezwecken zugleich eine möglichste Schonung der Kohlen. Allerdings findet man auf einzelnen Zechen — Bonifacius, ver. Rosenblumendelle, Sellerbeck usw. — noch mit einer Klappe oder Thür versehene Wagen, welche von einer Rampe oder Ladebühne aus nach Oeffnung der Klappe einfach hinten hochgehoben und so entleert werden; indes sind derartige Wagen wenig haltbar; auch erfordert deren Entleerung ungleich mehr Aufwand an Zeit, Mühe und Kosten. Die Wipper sind entweder sog. Kopfwipper, auch Sturzwipper genannt, bei welchen das Stürzen über eine der beiden Kopfwände erfolgt, oder es stehen Kreiselwipper in Gebrauch, mittels deren die Wagen über eine Seitenwand entleert werden. Die Kreiselwipper beugen einer Zerkleinerung des Wageninhalts am ehesten

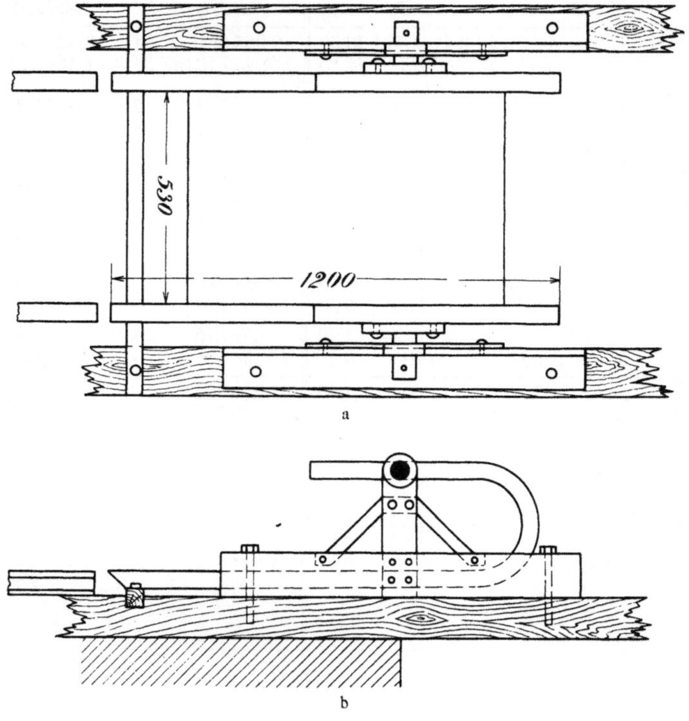

Fig. 7a u. b.
Kopfwipper auf Zeche Königsborn.

vor, indem die Kohlen weniger hoch fallen, besonders wenn die Wipper nach rückwärts gedreht werden und die Kohlen zunächst auf eine flach geneigte Rutsche gelangen, auf welcher sie langsam herabgleitend auf die Siebvorrichtung usw. übergehen. Kopfwipper finden nur noch auf wenigen Zechen Anwendung, vorzugsweise auf solchen, die kurzgebaute Förderwagen besitzen — wie auf Shamrock, Hibernia, Wilhelmine Victoria, Helene Amalie, Schacht Amalie, von der Heydt, Dahlbusch Schacht I, Recklinghausen II, Ver. Hoffnung & Secretarius Aak usw. Auch auf Zeche Königsborn benutzt man Kopfwipper. Die Konstruktion derselben ist aus Fig. 7a und b ersichtlich.

Die seit langer Zeit schon in Gebrauch stehenden gewöhnlichen
Kreiselwipper werden meist von Hand bewegt und laufen entweder mit
ihren beiden Ringen auf vier Rollen, sodass die Förderwagen durch den

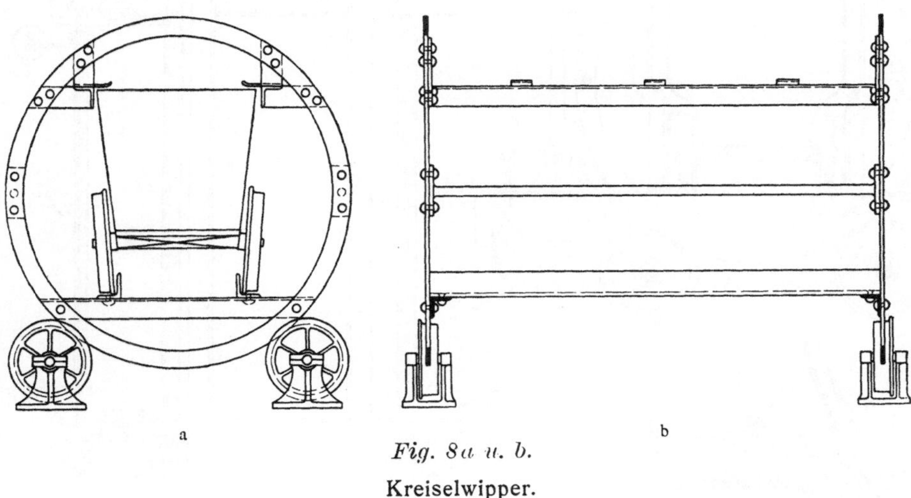

Fig. 8a u. b.

Kreiselwipper.

Wipper durchgeschoben werden können, oder sie laufen mit einem Ringe
auf zwei Rollen und drehen sich am andern Ende in einem Lager, wobei
der Wagen nach dem Kippen zurückgezogen wird. Diese beiden Arten

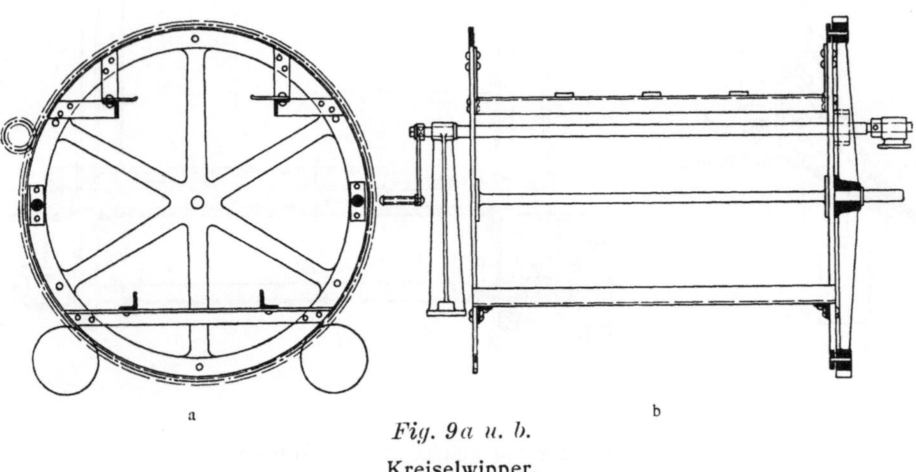

Fig. 9a u. b.

Kreiselwipper.

gewöhnlicher Wipper erläutern die Figuren auf 8 a und b und 9 a und b.
Bei dem letzteren Wipper erfolgt die Umdrehung mittels Handkurbel und
Zahnradübersetzung; diese Einrichtung findet sich beispielsweise auf

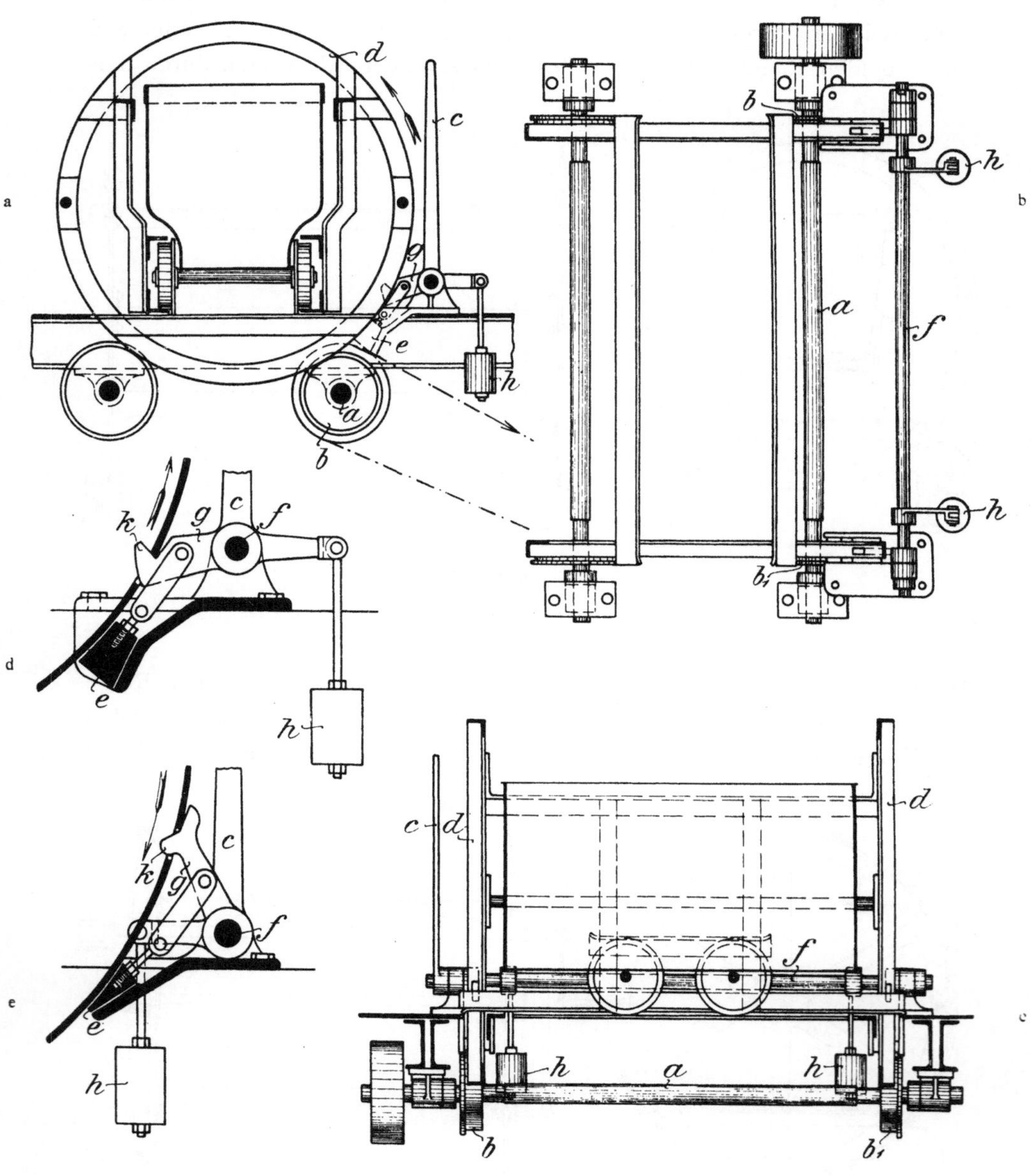

Fig. 10a—e.

Kreiselwipper mit mechanischem Antrieb.

der Zeche Alma. Von diesen gewöhnlichen feststehenden Wippern unterscheidet sich der auf der Zeche Neu-Iserlohn angewandte rollende Kreiselwipper, welcher nicht auf Rollen verlagert ist, sondern mit seinen Lauf-

ringen auf zwei parallelen Winkelschienen hin- und hergerollt wird.*)
Verbesserte Kreiselwipper sind solche mit mechanischem Antrieb
und in neuerer Zeit solche, bei welchen die Umdrehung ausserdem
mit wechselnder Geschwindigkeit erfolgt. Einen patentierten Kreiselwipper mit mechanischem Antrieb von Schüchtermann & Kremer zeigt
Fig. 10 a—e. Die Antriebwelle a, auf welcher die Rollen b b¹ befestigt
sind, wird mittels Riemenübertragung kontinuierlich bewegt. Durch den
auf der Welle f aufsitzenden Handhebel c wird der Keil e von dem
Wipperringe d entfernt, sodass der Wipper sich auf die Antriebrollen b b¹
auflegen kann und durch die entstehende Reibung mit angemessener Geschwindigkeit umgedreht wird. Mit dem Ausrücken des Keiles e wird zugleich der mit einer Nase k versehene Arretierungshebel g (Fig. 10 d) gesenkt bezw. gehoben (Fig. 10 e), und dadurch der Wipper ausgelöst. Die
Nase k legt sich dann auf den Ring des Wippers und wird durch das Gewicht h an denselben angedrückt. Hat der Wipper eine Umdrehung voll-
endet, so bringt das Gewicht die Nase k zum Eingreifen, auch schiebt der
Keil e sich wieder unter den Wipperring d und wird dieser von den Antriebsrollen b b¹ abgehoben, wodurch der Wipper sofort stillgestellt wird.
Durch diesen langsam arbeitenden mechanischen Wipper verteilt sich das
Fördergut gleichmässig auf den Siebapparat und auf das daran anschliessende Lese- und Verladeband und wird nicht so gehäuft. Die
Trennung der Kleinkohlen von den Stücken erfolgt daher viel schärfer
und das Auslesen der Berge wird sehr erleichtert. Derartige Wipper mit
mechanischem Antrieb, sog. Dampfwipper, finden sich auf vielen Zechen,
so auf Hannover, Präsident, Dorstfeld, Massen, Königsborn, Caroline bei
Holzwickede, Ver. Hagenbeck, Hansa, Wiendahlsbank, Zollern Concordia II,
Preussen I und Monopol Schacht Grillo.

Einen andern Kreiselwipper mit mechanischem Antrieb, wie er von
Humboldt mehrfach ausgeführt ist, zeigt Fig. 11 a—d und 12 a—d. Der
Wipper ist mit einem Friktionskranze versehen und wird durch eine Rolle
bewegt. Damit die Kohlen den Rost oder sonstigen Siebapparat nicht
überlasten und so das Absieben erschwert wird, ist an dem Wipper eine
Arretiervorrichtung angebracht, mittels welcher der Arbeiter es in der
Hand hat, den Wipper ein- oder zweimal während einer Umdrehung ein-
zuhalten und die Entladung zu verlangsamen.

Dieselbe Wirkung wird dadurch erreicht, dass man, wie vorstehend
schon erwähnt wurde, den Wipper mit wechselnder Geschwindigkeit sich
umdrehen lässt. Während des Ausschüttens des Wageninhaltes wird die
Umdrehungsgeschwindigkeit verlangsamt, damit nicht die ganze Masse auf
einmal auf das Sieb fällt, vielmehr durch die allmähliche und gleichmässigere

---

*) Zeitschr. f. d. Berg-, Hütten- u. Salinenw. 1887, Bd. 35 B, S. 259.

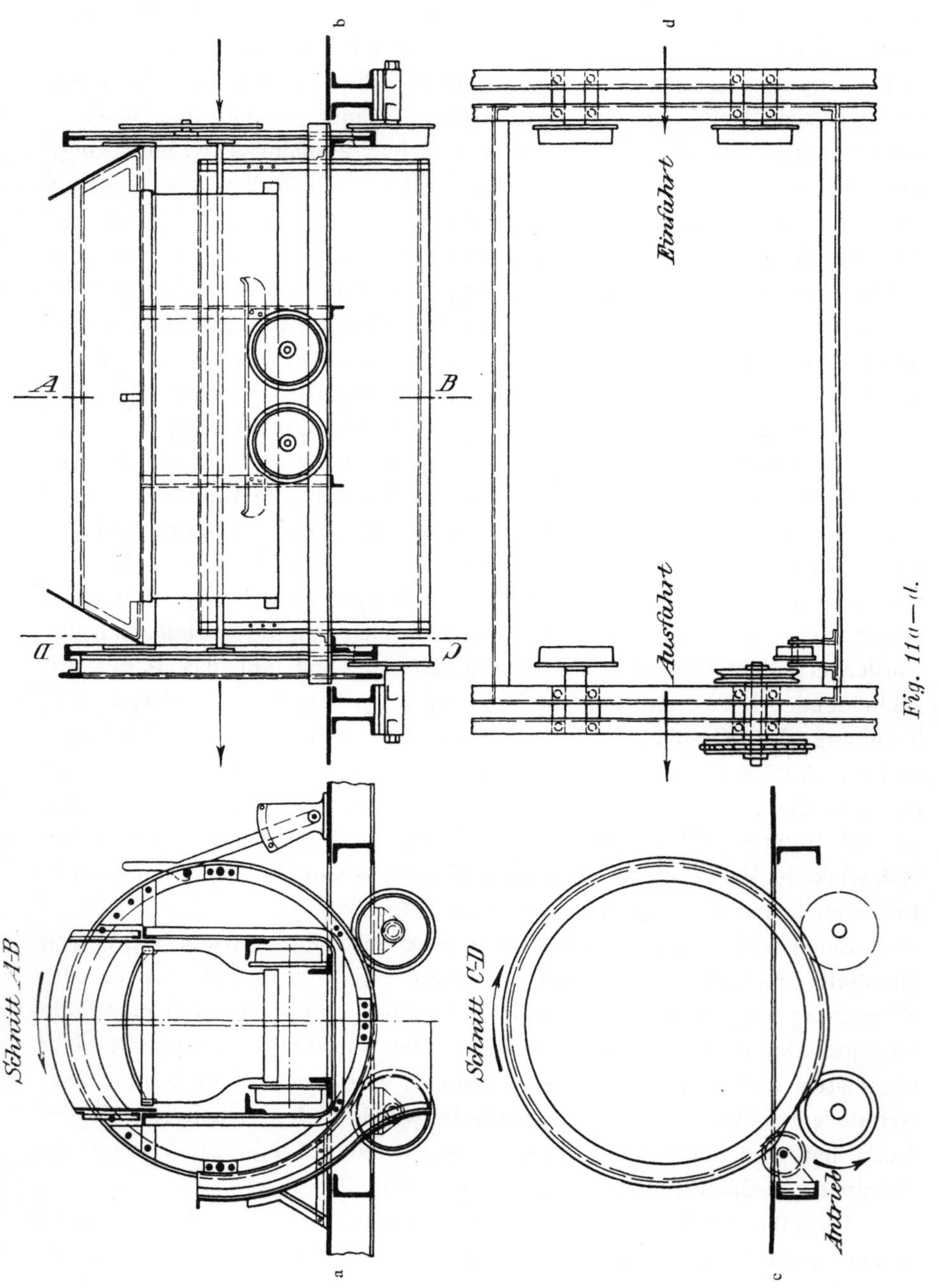

Beschickung eine schärfere Separation bei gleichzeitiger Schonung der
Kohlen ermöglicht wird; nach erfolgter Entleerung bezw. während des
Leerganges bis zur Vollendung der Umdrehung dreht der Wipper sich da-

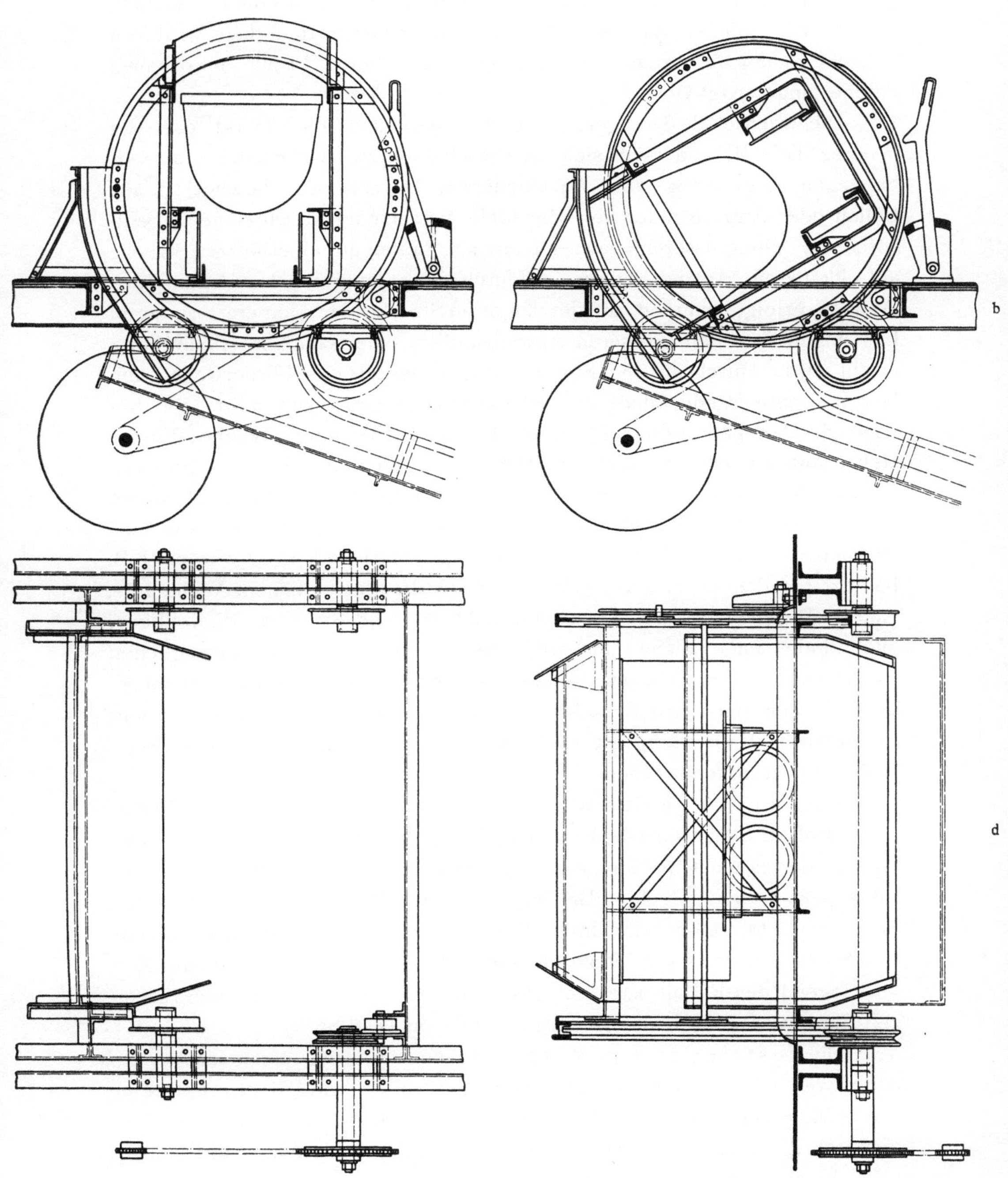

Fig. 12a—d.

Kreiselwipper mit mechanischem Antrieb.

gegen rasch und wird hierdurch eine Zeitersparnis und höhere Leistung erzielt. Ein solcher Wipper mit wechselnder Geschwindigkeit wird von Schüchtermann & Kremer nach einem von dieser Firma erworbenen Patente angefertigt.*)

Die wechselnde Drehgeschwindigkeit wird dadurch bewirkt, dass der Wipper (Tafel II) beiderseits sich abwechselnd auf zwei mit einander fest verbundenen Laufringen von verschiedenem Durchmesser bewegt, denen Rollen oder Antriebsräder von gleichfalls verschiedenem Durchmesser entsprechen. Die grösseren, inneren Laufringe laufen auf einer kurzen Strecke auf kleineren Antriebsrädern, wodurch eine langsame Umdrehung des Wippers erfolgt, während auf der längeren Strecke den kleineren, äusseren Laufringen von den grösseren Antriebsrädern eine schnellere Umdrehung erteilt wird. Durch das sog. Sturzblech wird der aus dem Förderwagen sich langsam entleerende Inhalt dem Klassierungsapparate zugeführt. Der Antrieb des Wippers geschieht durch Riemenübertragung. Solche Wipper stehen auf den Zechen Adolf von Hansemann, Monopol Schacht Grimberg u. a. in Anwendung. Oefter hat man auch Wipper auf fahrbare Gestelle gesetzt, um mittels derselben das Abstürzen an beliebiger Stelle vornehmen zu können. Solche fahrbare oder transportable Wipper werden z. B. benutzt auf den Zechen Königsborn, Schacht II, Pluto, Schacht Wilhelm**), Kölner Bergwerksverein, Emscherschächte***) und Stock & Scherenberg; auch findet man solche fahrbare Wipper mit festen oder beweglichen Blechrutschen versehen, um die Kohlen vor der Zerkleinerung zu schützen und vor den einzelnen Kesseln in bequemer Weise abstürzen zu können; die letztere Einrichtung ist z. B. auf der Schachtanlage IV der Zeche Zollverein getroffen worden.

Zur Trennung der Kleinkohlen — unter 90, 80 oder 70 mm — von den Stücken bedient man sich festliegender Stangensiebe oder Rätter, beweglicher Rätter oder sog. Roste mit auf- und niedergehender Bewegung, ferner gelochter Blechsiebe mit longitudinaler Bewegung und Stoss, sog. Stosssiebe, oder durch Exzenter bezw. Kurbel in schwingende Bewegung gesetzter sog. Schüttel- oder Schwingsiebe und, in neuerer Zeit vorwiegend des Rollenrostes von Borgmann & Emde, endlich auch vereinzelt der rotierenden Roste von Karop und von Distl-Susky.

Die festliegenden Rätter stehen nur wenig mehr in Anwendung, weil sie eine nur unvollkommene Separation ermöglichen und eine starke Neigung — je nach der Korngrösse 26 bis 36 ° — beanspruchen, wodurch die Kohlen eine zu grosse Geschwindigkeit erhalten und sich zu sehr zerschlagen.

---

*) Vergl. Berg- und Hüttenmännische Zeitung, Jahrg. 1899. No. 6, S. 68.
**) Zeitschr. f. d. Berg-, Hütten- und Salinenw. 1892, Bd. 40 B, S. 427.
***) Köhler, Lehrb. d. Bergbauk. 4. Aufl. 1897, S. 434.

Additional material from *Aufbereitung, Kokerei, Gewinnung der Nebenprodukte, Brikettfabrikation, Ziegeleibetrieb,* ISBN 978-3-642-51908-6 978-3-642-51908-6_OSFO2), is available at http://extras.springer.com

Eine wesentliche Besserung und erhöhte Leistungsfähigkeit wurde durch die Einführung des b e w e g l i c h e n Rostes nach B r i a r t schem System erzielt. Bei diesem im Jahre 1872 zuerst auf belgischen Gruben, seit 1876 auch in Westfalen eingeführten Apparate wurde ursprünglich statt eines Siebes eine Konstruktion von Flacheisenstäben gewählt. Diese Stäbe waren abwechselnd fest verlagert und beweglich aufgehängt. Letztere wurden mittels Exzenterantrieb in den Zwischenräumen der festliegenden Stäbe auf- und niederbewegt. In der Folge machte man b e i d e Rosthälften bezw. Stabsysteme beweglich, wodurch die Klassierung der Kohlen vollkommener und die Leistungsfähigkeit des Apparates noch erheblich gesteigert wurde. Bei einer Neigung des Rostes von nur 8—10 ^{0} und selbst noch darunter — bis zu 4 ^{0} etwa — wurde der aufgebrachten Förderkohle eine wellenförmige Bewegung erteilt, und die gröberen Teile derselben wurden sanft nach abwärts geschoben, während die Kleinkohle durch das Gitter hindurchfiel. Die Exzenter wurden stellenweise zur Verminderung der Reibung durch Kurbeln ersetzt. .

Die hauptsächlichsten Uebelstände dieses Rostes bestanden darin, dass auch grosse aber flache Stücke hochkantig durch denselben fielen und die Setzarbeit erschwerten, dass manche Kohlenstücke durch die oscillierende Bewegung der Stäbe zerquetscht wurden und dass endlich auch Brüche der Stäbe durch harte Gesteinsstücke eintraten, die flach zwischen dieselben sich einklemmten und der Bewegung hinderlich wurden. Diese Uebelstände des Briartschen Rostes sind vermieden bei mehreren Apparaten, welche im hiesigen Bezirke an Stelle desselben behufs Absiebung der Stückkohlen in neuerer Zeit zur Verwendung gekommen sind.

1. Der B a u m s c h e R o s t ist dem Briratschen nachgebildet, besteht aber anstatt aus Flacheisen- aus dicht an einander anschliessenden ⊓-Eisenstäben, sodass flache, langgebrochene Kohlen- oder Schieferstücke nicht durchfallen und auch nicht zwischen den Stäben sich einklemmen können.

Die ⊓-Eisen sind auf ihrer oberen Fläche mit runden oder quadratischen Lochungen von 60—80 mm Durchmesser versehen. Baum hat einen solchen Rost mit runder Lochung zuerst im Jahre 1883 für die Zeche Graf Moltke ausgeführt. Sollen die Lochungen zeitweise verkleinert werden, so lässt sich dies, wie beispielsweise auf der im Jahre 1884 von Humboldt auf der Zeche Prosper, Schacht II, erbauten Separation und Wäsche geschehen ist, dadurch erreichen, dass man einen Rundeisenstab der Länge nach über die Mitte jedes ⊓-Eisens legt und an beiden Enden an letzteres anschraubt. Die quadratische Lochung von 70 mm wird hierdurch in zwei Rechtecke von 70 : 26 mm geteilt und die Stückkohlen-Produktion entsprechend vergrössert.

2. Das S t o s s s i e b ist ein mit runden Lochungen versehenes Blech-
sieb, welches mit 8—10⁰ Neigung aufgehängt ist, durch einen Hebedaumen
vorgeschoben wird und bei seinem jedesmaligen Rückgange gegen einen
Prellklotz schlägt, wodurch ein Fortbewegen und Klassieren der aufgegebenen Kohlen bewirkt wird.

3. S i e b e   m i t   S c h ü t t e l b e w e g u n g sind häufiger zur Klassierung von Kleinkohlen verwendet worden, als zum Absieben der Stücke, jedoch hat man solche auch zu letzterem Zwecke konstruiert. Ein derartiger
sog. S c h ü t t e l r o s t, welcher nicht in der Richtung seiner Längsachse,
sondern quer zu derselben bewegt wurde, ist beispielsweise von Lührig in
Zwickau in der im Jahre 1877 erbauten Separation und Wäsche für die
Zeche Ver. Maria-Anna & Steinbank angelegt worden: er bestand aus einer
mit quadratischen Löchern von 80 mm Seitenlänge versehenen Siebtafel,
welche mit ca. 5⁰ Neigung an zwei Balken mittels vier Stangen aufgehängt
war; von einer seitlich gelegenen Welle aus wurde diesem Siebe durch
zwei Exzenter und Schubstangen die hin- und hergehende Bewegung erteilt. Diese Konstruktion und Anordnung hatte also Aehnlichkeit mit dem
in anderen Bergbaubezirken mehrfach angewandten Kleinkohlen-Rätter von
Sauer-Mayer*).

Ein anderer Schüttelrost ist sodann der Maschinenbau-Anstalt Humboldt im Jahre 1893 patentiert worden — D. R. P. Klasse 1, No. 74110 —,
bei welchem der gleichfalls an vier Stäben oder Pendeln geneigt aufgehängte Siebrahmen in seiner Längsrichtung hin- und herbewegt wird.

Durch den raschen Bewegungswechsel bei gleichzeitiger starker Belastung entstehen bei diesen Apparaten heftige Erschütterungen und
Schwingungen, die von den Aufhänge- und Lagerbalken auf das Gebäude
übertragen werden und auf die Dauer nachteilig auf letzteres einwirken.
Die Schüttelroste haben daher wenig Anwendung gefunden.

4. Das E x z e n t e r - S c h w i n g s i e b ist ein aus gelochtem Blech bestehendes Tafelsieb von 15—17⁰ Neigung, welches 100—120 Touren pro
Minute macht und an Stelle des im folgenden zu besprechenden, in neuerer
Zeit vorzugsweise benutzten Borgmannschen Rollenrostes überall da Verwendung findet, wo mit der Korngrösse des abgesiebten Produktes öfter
gewechselt werden muss. Bei grosser Lochung des Siebes und wenn die
zu siebende Kohle wenig Grus enthält, wird dasselbe an seinem unteren
Ende an zwei Stangen aufgehängt und oben durch zwei Exzenter in Bewegung gesetzt, arbeitet also mit einfacher Bewegung. Soll dagegen bei
kleinerer Lochung nur eine gesiebte melierte Kohle hergestellt und direkt
verladen werden, so wird das Schwingsieb in gleicher Weise mit doppelter
Bewegung versehen. Indes ist eine derartige Konstruktion des Exzenter-

---

*) Lamprecht, a. a. O., S. 22 und Bilharz, a. a. O., Bd. II, S. 21.

Schwingsiebes für Stückkohlen-Trennung nur selten angewandt worden.
Die gelochten Bleche sind bei den Schwingsieben so auf ihrem Rahmen befestigt, dass sie innerhalb kurzer Zeit (in etwa $^1/_4$ Stunde) ausgewechselt
werden können. In den Figuren 13a und b, 14a und b und 15a und
b sind solche Schwingsiebe, wie sie von Schüchtermann & Kremer, Hum-

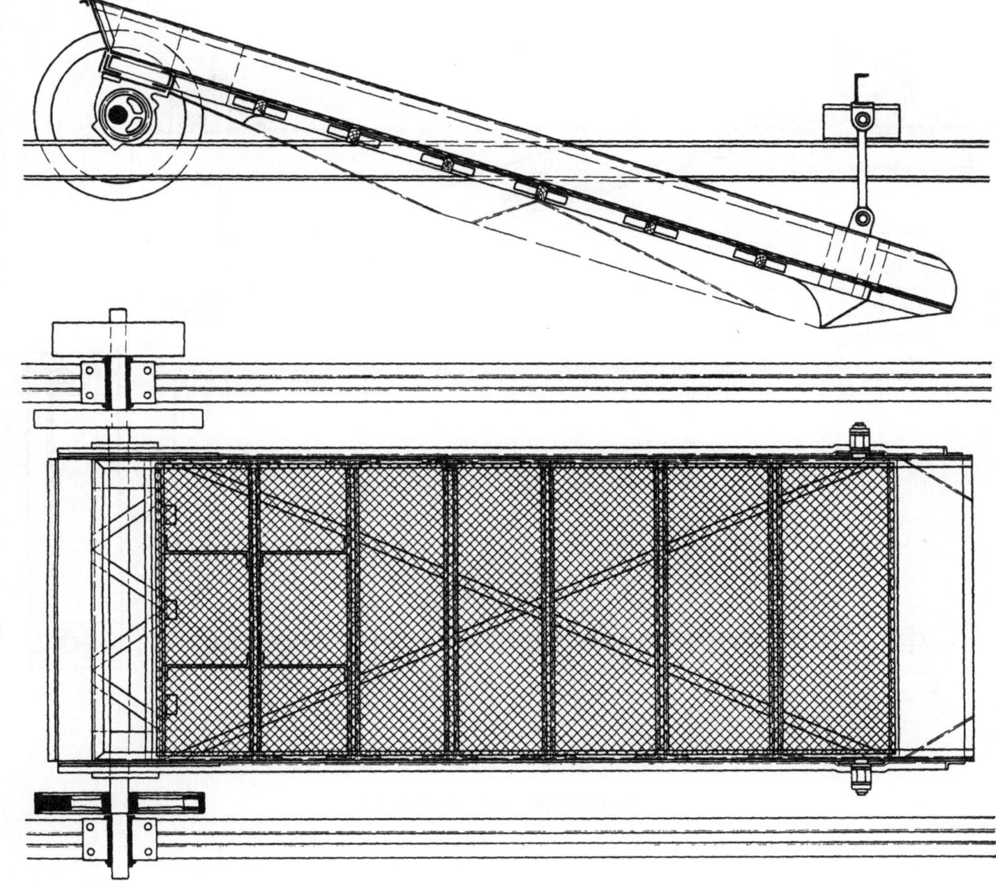

Fig. 13a u. b.

Schwingsieb von Schüchtermann & Kremer.

boldt und Baum konstruiert und häufig verwendet worden sind, dargestellt.
Sie haben beispielsweise Anwendung gefunden auf den Zechen Ver.
Hagenbeck, Wiendahlsbank, Concordia II, Preussen I, Monopol Schacht
Grillo, Helene & Amalie Schacht Amalie, Centrum III, Shamrock III/IV,
Schacht Karl des Kölner Bergwerks-Vereins usw.

Bei der Ausführung von Schüchtermann & Kremer sind auf der Exzenterwelle, ebenso wie beim Laueschen Schwingsiebe, zwei kleine, durch

Gegengewichte ausbalancierte Schwungräder aufgekeilt, welche eine regelmässige Umdrehung der Exzenter und einen stossfreien Gang des ganzen Apparates bewirken sollen.

5. Der Rollenrost von Borgmann & Emde besteht aus einer Anzahl parallel zu einander gelagerter Achsen oder Rollen, die seitlich mit Kettenrädern versehen von einer Hauptachse aus durch eine Gliederkette

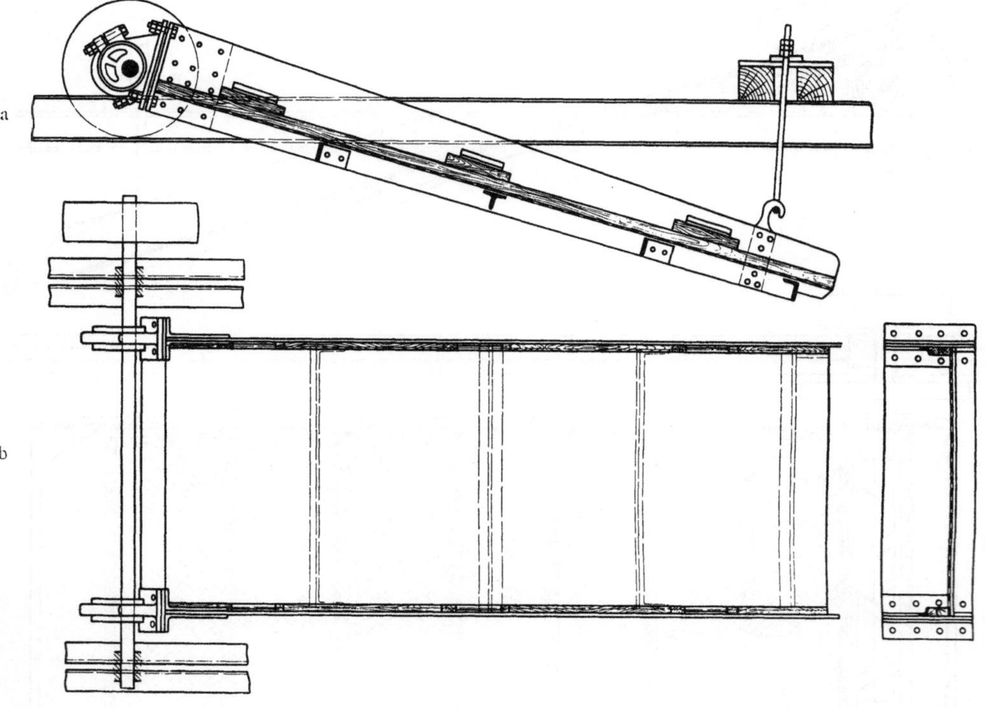

Fig. 14 a u. b.

Schwingsieb von Humboldt.

in gleicher Richtung in drehende Bewegung gesetzt werden und aus senkrecht zu diesen Rollen festliegenden Flacheisenstäben, welche in der Längsrichtung des Rostes und hochkantig montiert sind.

Die Hauptachse wird durch eine Riemenscheibe angetrieben. Von der aufgegebenen Rohkohle werden die gröberen Stücke ohne jeden Stoss von einer Rolle zur anderen geschoben, sodass sie ohne Bruch das Ende des Rostes erreichen, während die Kleinkohlen und der Staub durch die von den Rollen und den Flacheisenstäben gebildeten Lücken hindurchfallen. Dieser seit Jahren vielfach angewendete Rost hat einen ruhigen Gang, der jede Erschütterung ausschliesst, sodass die Verlagerung in sehr einfacher Weise erfolgen kann. Weitere Vorzüge des Rostes sind die,

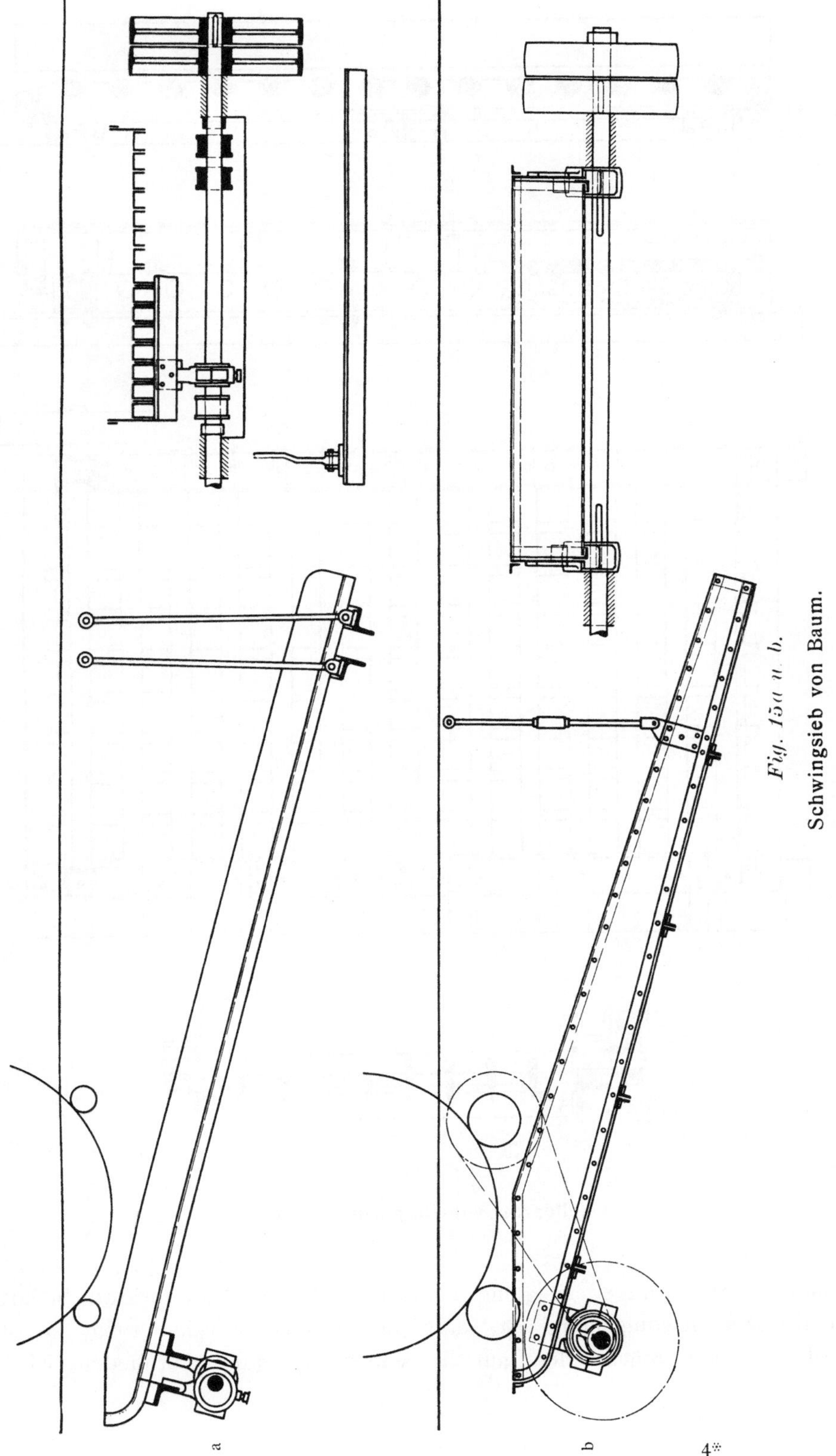
a
b
Fig. 15a u. b.
Schwingsieb von Baum.

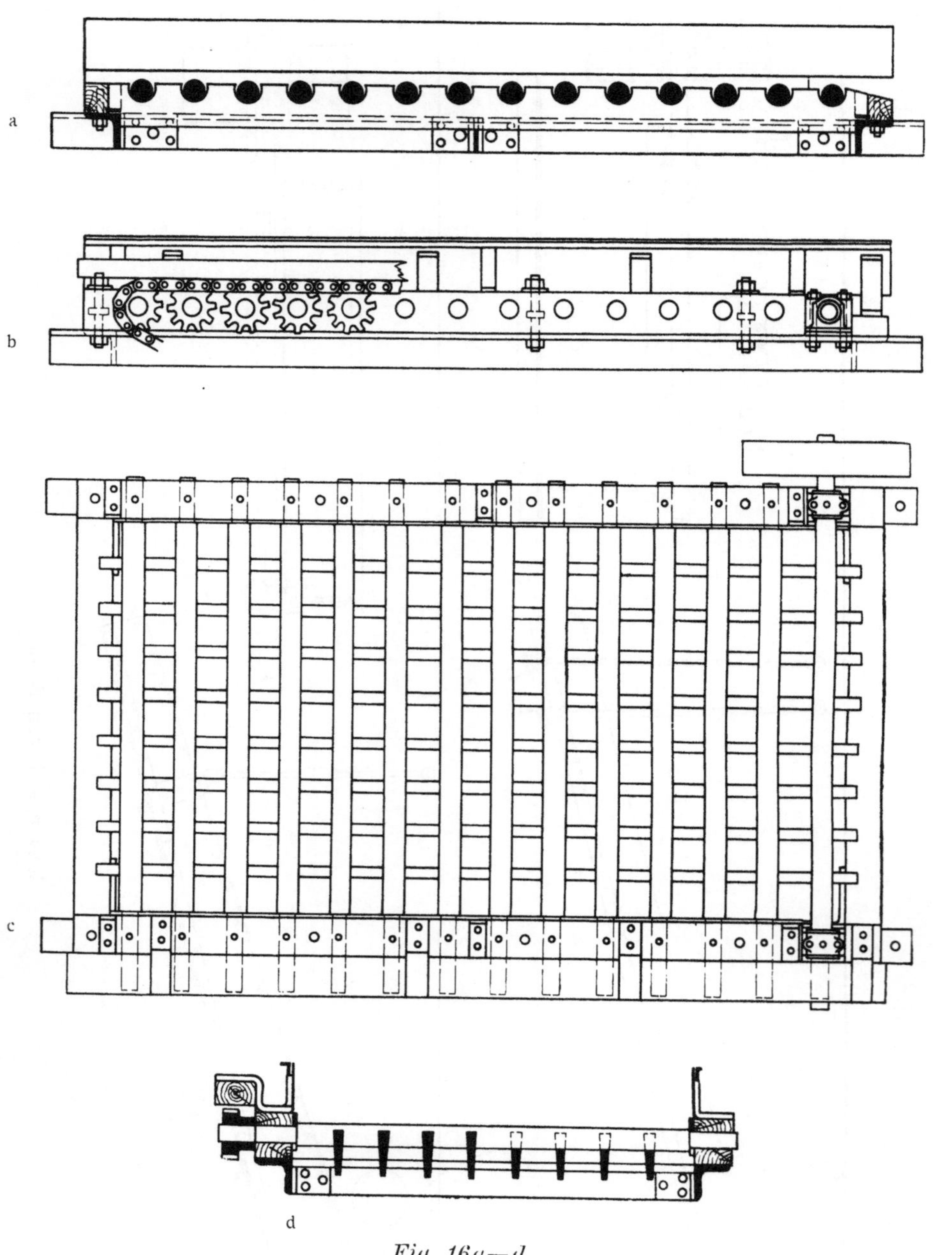

Fig. 16a—d.

Rollenrost von Borgmann & Emde.

dass er bei geringer Neigung einer nur mässigen Betriebskraft bedarf
und sehr leistungsfähig ist, dass ferner eine Zerkleinerung, selbst
sehr weicher Stückkohlen, auf demselben fast ganz vermieden wird,

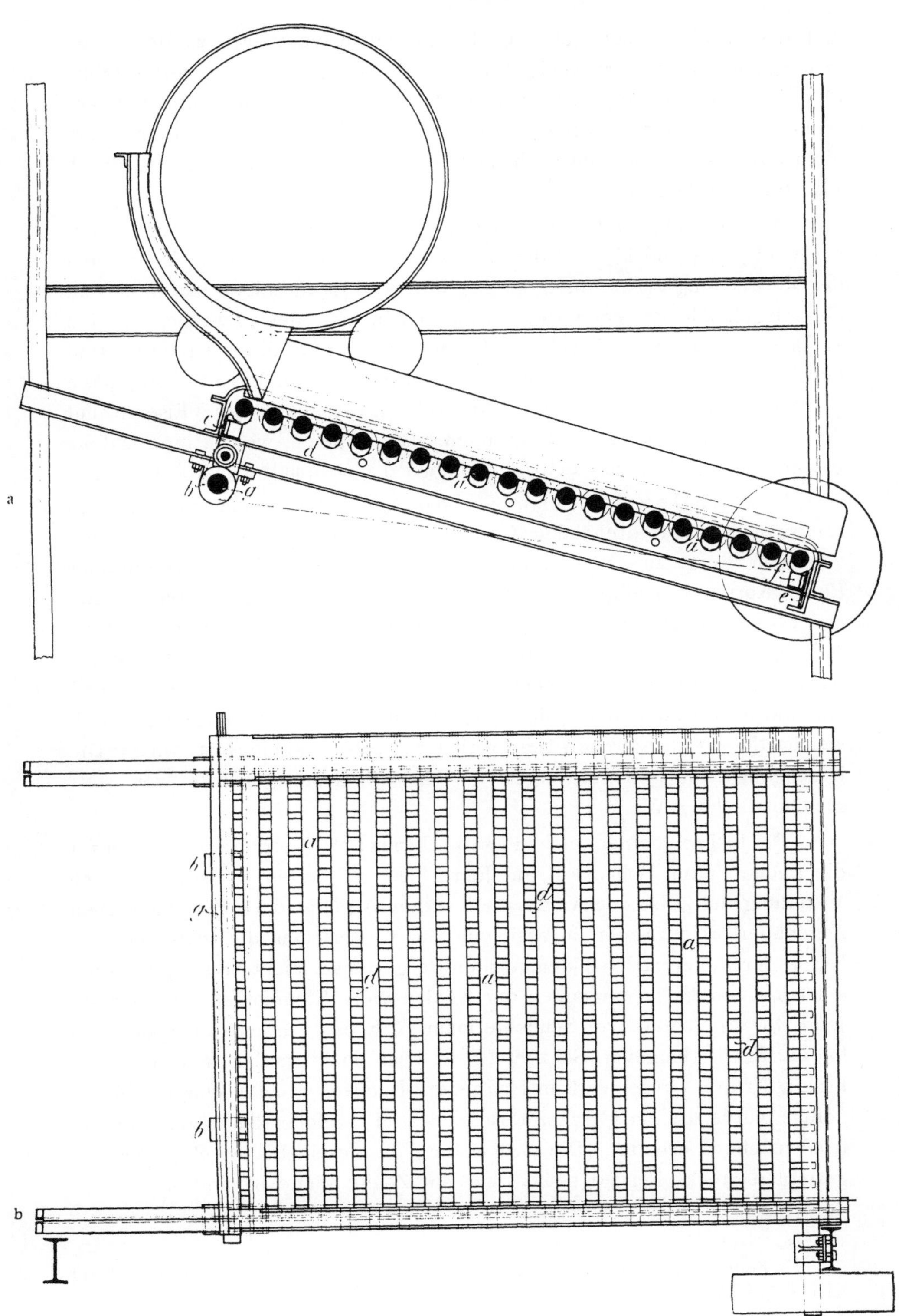

Fig. 17 a u. b.

Rollenrost (Patent Humboldt).

und dass endlich auch seine Lochweite leicht verändert werden kann, je nachdem mehr oder weniger von den festliegenden Flacheisenstäben eingelegt werden. Endlich können, da die Lochung quadratisch bezw. rechteckig ist, flache Kohlen- oder Schieferstücke von grösserer Länge nicht durchfallen und sich auch nicht einklemmen. Dieser Rost wird durch Fig. 16a—d erläutert.

Bei einer abgeänderten Konstruktion des Rollenrostes (Patent Humboldt, Fig. 17a und b), sind die Längsstäbe des Rostes, um ein Verstopfen der Rostlochung zu verhüten, so angeordnet, dass dieselben eine auf- und abwärtsgehende Bewegung ausführen können. Zu dem Zwecke ist eine Welle g vorhanden, auf welcher Exzenter b sitzen; diese letzteren sind durch ein Winkeleisen c mit einander verbunden, welches die Längsstäbe d trägt. Das andere Ende der Stäbe ruht in den durch das T Eisen e und die Flacheisen f gebildeten Führungen. Die Rollen a, welche in Pockholz gelagert sind, bilden mit den Längsstäben d eine quadratische Lochung.

Der Rollenrost von Karop, in der Patentschrift als Klassierungsrost mit sich drehenden Querstäben bezeichnet, unterscheidet sich von dem Borgmann und Emdeschen dadurch, dass die Querstäbe oder Rollen Körper von elliptischem Querschnitte tragen, welche derart zu einander angeordnet sind, dass je zwei benachbarte elliptische Körper um 90^0 gegeneinander verdreht sind. Hierdurch nimmt die Oberflächengeschwindigkeit der alternierenden Stäbe abwechselnd zu und ab und erhält die ganze Rostoberfläche eine eigentümliche Wellenbewegung, durch welche das zu klassierende Haufwerk fortgesetzt aufgelockert wird. Die Durchgangsöffnungen sind auch bei diesem Roste Quadrate von stets gleichbleibender Weite*).

Tafel III zeigt einen solchen von der Firma Schüchtermann & Kremer für die Zeche Victor, Schacht II, im Jahre 1896 gelieferten Rollenrost. Nach Mitteilung der Zechenverwaltung soll dieser Apparat dem Borgmannschen gegenüber einige Nachteile besitzen. So verursachen die zwischen den Nasen der Rollen sich einklemmenden Bergestücke leicht Störungen. Auch entstehen durch das Umkanten der Kohlen viele Kleinkohlen. In der im Jahre 1895 gleichfalls von Schüchtermann & Kremer angelegten Separation für die Zeche Hannover, Schacht III, welcher im folgenden Jahre eine von Friedr. Krupp, Grusonwerk in Magdeburg-Buckau, erbaute Wäsche hinzugefügt wurde, ist ein gleicher Rost in Betrieb, welcher bis heute sehr zufriedenstellend arbeitet. Die Grösse der von diesem Roste gelieferten abgesiebten Stücke beträgt ebenso wie auf Zeche Victor 80 mm**).

---

*) Treptow, a. a. O., S. 388.
**) Zeitschr. f. d. Berg-, Hütten- u. Salinenw. 1895, Bd. 43 B, S. 216 und Tafel XIII, Fig. 9 u. 10.

Additional material from *Aufbereitung, Kokerei, Gewinnung der Nebenprodukte, Brikettfabrikation, Ziegeleibetrieb,*
ISBN 978-3-642-51908-6 978-3-642-51908-6_OSFO3),
is available at http://extras.springer.com

6. Der Schraubenrost oder Kaliberrost von Distl-Susky*)
(Fig. 18a—c) besteht aus einer Anzahl von in der Längsrichtung des Rostes
parallel neben einander gelagerten Schraubenstangen oder schräg zu ihrer
Längsachse kalibrierten Walzen, die durch Kegelräder in Umdrehung ge-

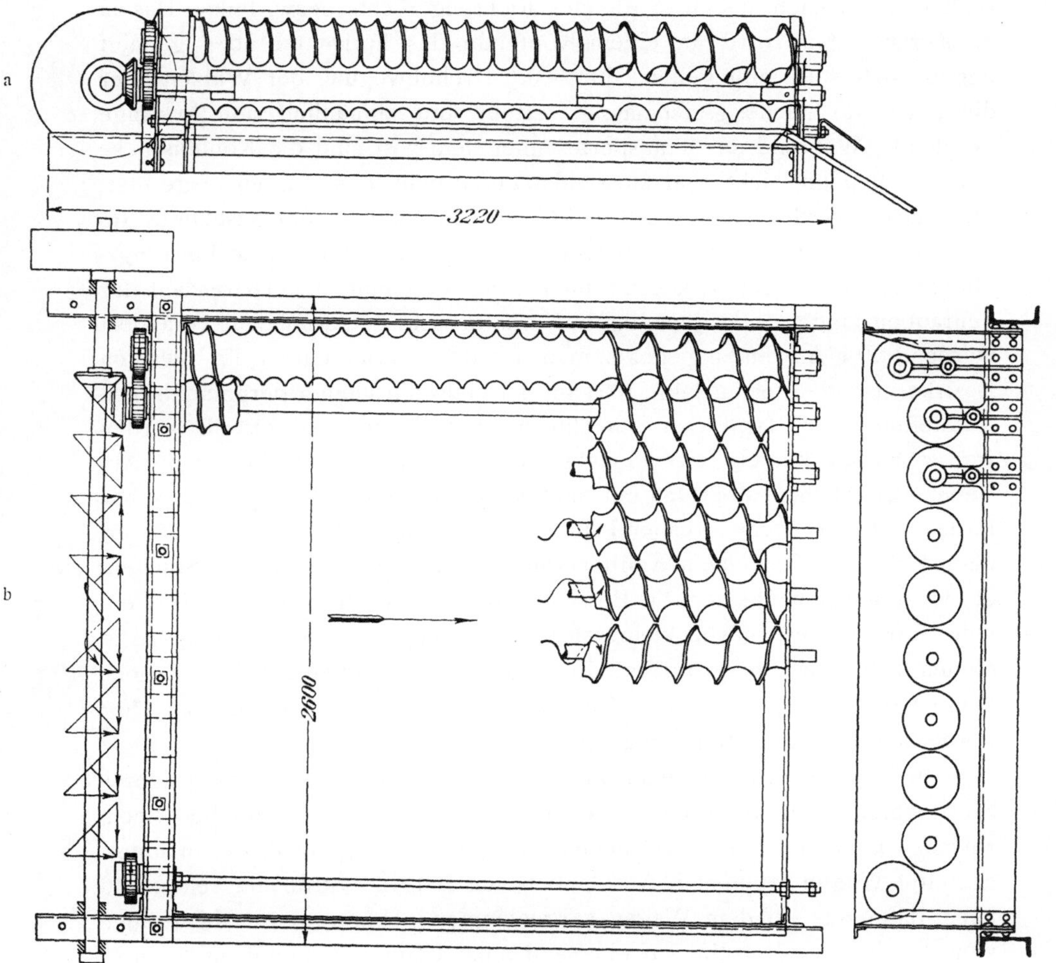

Fig. 18a—c.

Schraubenrost von Distl-Susky.

setzt werden. Die Lage dieser Walzen ist eine solche, dass bei ihrer
gleichmässigen Rotation die durch die Schraubengänge gebildeten nahezu

---

*) Glückauf 1893, No. 1, S. 3 und ebenda 1894, No. 67, S. 1187.
    Oesterreich. Zeitschrift für das Berg- und Hüttenwesen 1893, No. 6, S. 73.
    Der Bergbau. 7. Jahrg. — 1893/94 — No. 1, S. 1, und Treptow, a. a. O., S. 388.

kreisrunden Durchlassöffnungen stets eine gleiche Form und Grösse behalten. Die eine Hälfte des Rostes ist mit von links nach rechts sich drehenden, die andere mit von rechts nach links sich drehenden Walzen versehen. Es laufen daher zwei Nachbarstangen niemals gegeneinander, sondern rotieren die beiden mittleren auseinander und die übrigen hieran anschliessenden nach aussen in gleicher Richtung rechts bezw. links. Das zu klassierende Gut wird an einem Kopfende des horizontal oder geneigt liegenden Rostes aufgegeben, durch die Drehbewegung der Walzen über die ganze Rostfläche gleichmässig verteilt und allmählich zum Austrage geschafft. Während des Transportes über den Rost sind die Kohlenstücke nur schiebenden, nicht aber stossenden und brechenden Kräften ausgesetzt; die Stücke werden daher, selbst bei mürben Kohlen, sehr geschont. Infolge der kontinuierlichen Arbeitsweise dieses Rostes ist seine Leistungsfähigkeit eine bedeutende, kann auch durch Regelung der Tourenzahl der Schraubenstangen den jeweiligen Verhältnissen entsprechend verändert werden. Zur Anwendung gekommen ist der Schraubenrost im hiesigen Bezirke, nachdem er im Jahre 1893 auf der Gelsenkirchener bergmännischen Ausstellung von der Firma Schüchtermann & Kremer ausgestellt worden war, während kurzer Zeit versuchsweise auf der Zeche Colonia zum Absieben von Stücken über 150 mm und Knabbeln von 80 bis 150 mm, sowie ferner auf der Zeche Prosper I in der von Humboldt im Jahre 1896 erbauten Sieberei bei einem Kaliber von 75 mm zum Absieben von Stücken; er ist daselbst heute noch in Betrieb und arbeitet zur vollsten Zufriedenheit. Zur Klassierung von kleineren Korngrössen, wozu er sich ebenso gut eignen soll, wie für gröberes Gut, hat der Schraubenrost bisher noch keine Verwendung gefunden. Die Leistung dieses Rostes wird zu 150 t Förderkohle für die Stunde angegeben*).

In früherer Zeit liess man die auf den Sieben oder Rosten abgesiebten Stückkohlen oder Knabbeln über festliegende oder bewegliche Blechrutschen bezw. Klappen verschiedener Länge und Neigung direkt in untergestellte Wagen fallen, ein Ausklauben von Bergen wurde nur selten und auch dann nur auf dem Wagen vorgenommen. Heute gleiten die Kohlen zunächst in einer Rutsche auf ein Band ohne Ende, auf dem dann die etwa mitgefallenen Berge ausgelesen werden. Das Band besteht entweder aus einem Gespinnst von verzinktem Eisendraht, Hanf, Aloe, oder aus scharnierartig mit einander verbundenen Holz- oder Eisenblech-Streifen. Neuerdings benutzt man vielfach Gliederketten, welche durch Bolzen mit einander verbunden und durch Leitrollen geführt sind. Diese Ketten sind mit Blechtafeln belegt und werden um zwei vierseitige oder sechsseitige Rosetten fortbewegt. Ganz vereinzelt haben auch Transportbänder aus Kautschuk,

---

*) Vergl. Höfer, Taschenbuch für Bergmänner, 2. Aufl., S. 617.

Additional material from *Aufbereitung, Kokerei, Gewinnung der Nebenprodukte, Brikettfabrikation, Ziegeleibetrieb*, ISBN 978-3-642-51908-6 978-3-642-51908-6_OSFO4), is available at http://extras.springer.com

welches mit dünnen, schmalen Brettchen aus weichem Holz belegt war, in Gebrauch gestanden.

Eine weitere Verbesserung hat das Gliederkettenband in dem von dem belgischen Ingenieur Cornet angegebenen Cornetschen Lese- und Transportbande erfahren. Dieses Band besteht, wie die Figuren auf Tafel IV zeigen, ebenfalls aus zwei durch zahlreiche Querstäbe verbundenen Gliederketten, zwischen welchen aufrechtstehende Blechleisten oder -kästen in kurzen Zwischenräumen angeordnet sind, die gleichsam Fächer bilden. Zwischen den Querstäben können die anhängenden oder auf dem Bande etwa entstehenden Kleinkohlen hindurchfallen, sodass die Stücke grusfrei zur Verladung kommen. An seinem Verladeende ist das Band mit einem 6—7 m langen beweglichen Arme versehen, welcher nach Bedarf in die Waggons hinabgesenkt oder aus denselben gehoben werden kann. Die erwähnten Fächer verhindern ein Abrutschen und Zerschlagen der Stückkohlen. Die Gliederkette ist auf vielen kleinen Rollen in Winkeleisen geführt und erhält ihre Bewegung mittels Riemenscheibe und Zahnradvorgelege. Bei der langsamen Fortbewegung des Bandes können die Berge rein ausgelesen werden. Dieser Apparat findet heute bei der Stückkohlenverladung fast allgemein Anwendung und liefert bei grosser Leistungsfähigkeit ein reines und grusfreies Produkt; auch zum Verladen von Förderkohlen oder von aufgebesserten melierten Kohlen wird er in neuerer Zeit vielfach verwendet, beispielsweise auf den Zechen Ver. Hagenbeck, Concordia II, Ver. Carolinenglück, Preussen I und endlich auch für gewaschene Nusskohlen, wie auf Zeche Dannenbaum I. In letzterem Falle muss indes das Transportband statt aus Stäben aus vollen Blechen hergestellt werden.

Eine unwesentliche Abänderung des Cornetschen Bandes, die von Schüchtermann & Kremer in neuester Zeit auf mehreren Zechen, so auch auf Monopol, Schacht Grillo, Adolf von Hansemann und Neu-Iserlohn getroffen worden ist, besteht darin, dass der bewegliche, nach Belieben in den Waggon hinabzulassende Verladearm nicht mehr als Gliederkette und als Fortsetzung des Lesebandes, sondern als besondere Blechrutsche konstruiert ist, über welche eine mit Blechleisten oder Winkeleisen versehene Kette sich langsam herabbewegt.

Dieselbe Einrichtung, welche man Verladearm mit mechanischer Aufziehvorrichtung und Schleppkette genannt hat, ist an anderen Stellen, z. B. auf der Zeche General, am Ende eines seitlich abzweigenden, aus Blechtafeln bestehenden Transportbandes zu demselben Zwecke angeschlossen worden. Die Maschinenbau-Anstalt Humboldt hat einen ähnlichen Apparat, den sie als Bremskettenrutsche bezeichnet, gleichfalls in neuerer Zeit bei mehreren Anlagen zur Anwendung gebracht, so z. B. in der im Jahre 1896 erbauten grossen Sieberei für die Zeche Blankenburg

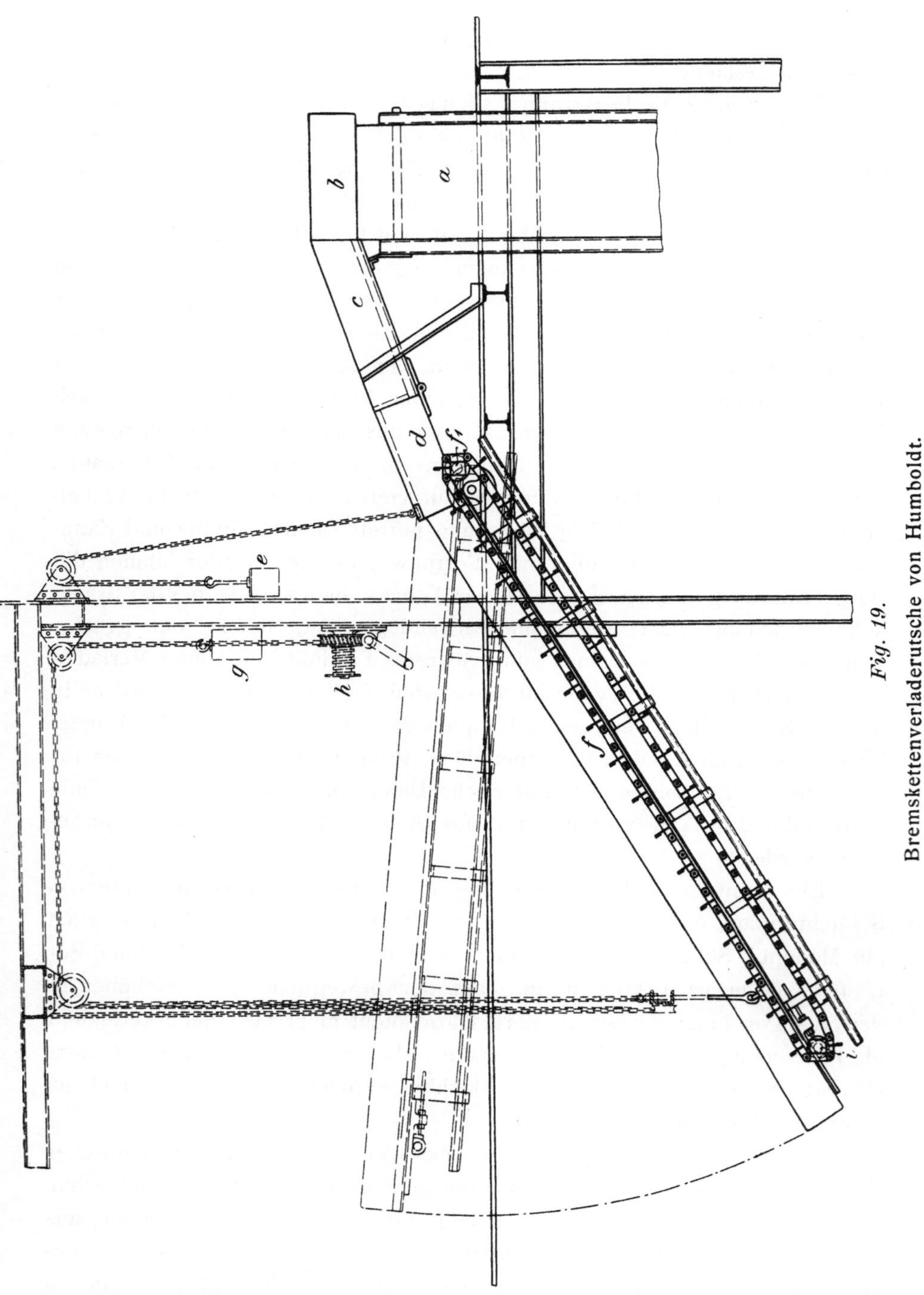

Fig. 19.

Bremskettenverladerutsche von Humboldt.

und in der im Jahre 1897 erbauten Sieberei und Wäsche auf Schacht Amalie
der Zeche Helene & Amalie. Diese sog. Bremskettenrutsche ist in den
Figuren 19 und 20a—c dargestellt:

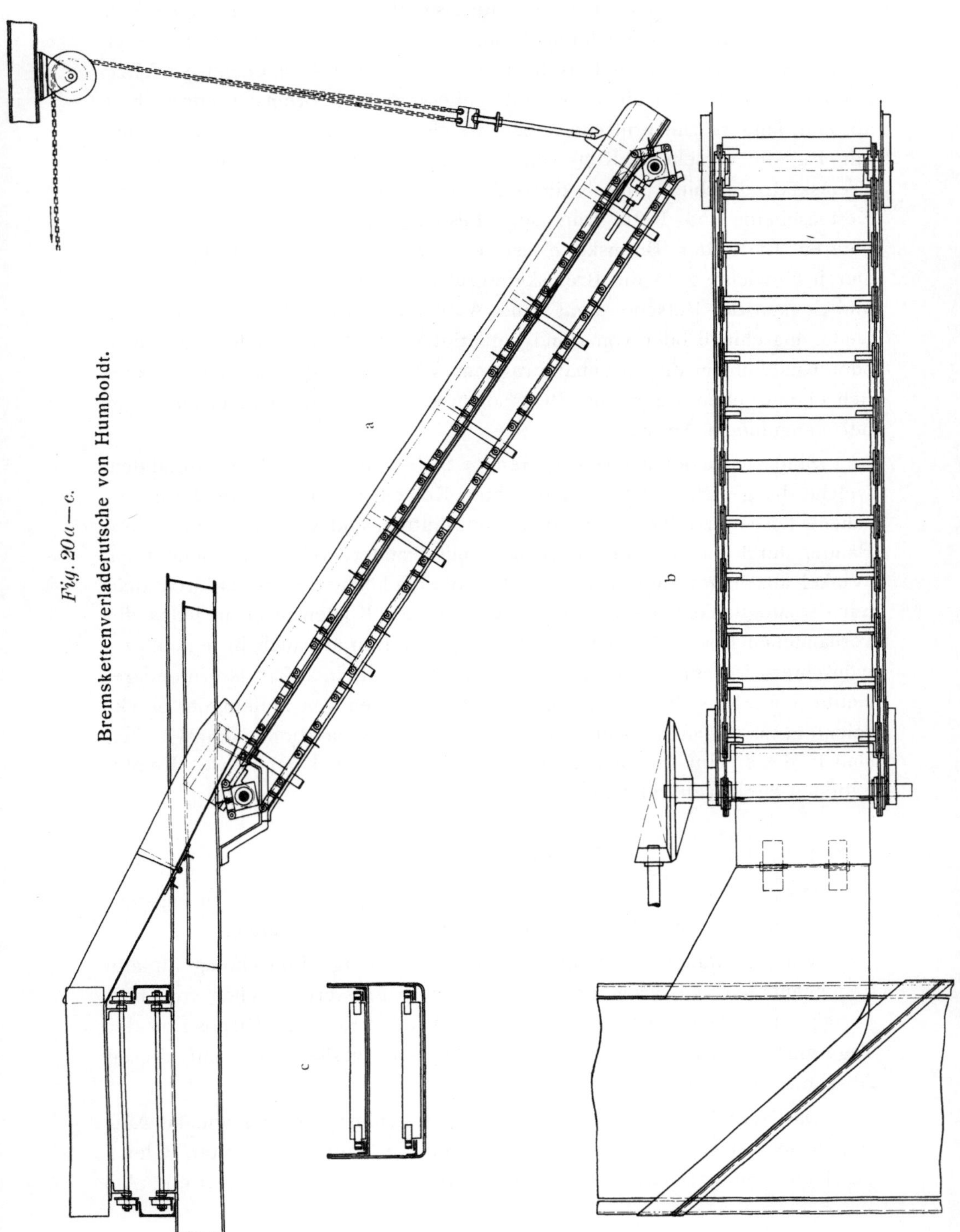

Fig. 20a—c. Bremskettenverladerutsche von Humboldt.

Von dem Lesebande a gelangt die ausgeklaubte Stückkohle ohne Fall mittels einer Abstreifvorrichtung b auf die Blechrutsche c. Von dieser geht sie auf die bewegliche Rutsche d über, welche durch ein Gegengewicht e ausbalanciert ist. An die Rutsche d schliesst sich die Bremskettenrutsche f an, eine längere Blechrutsche, über welche eine in gewissen Abständen mit Bügeln versehene Kette ohne Ende gleitet. Der Antrieb der sog. Bremskette geschieht mittels des Zahnradvorgeleges f_1, welches durch eine Kettenscheibe und Kette von dem Leseband a aus bewegt wird. Am unteren Ende der Bremskette ist eine Spannvorrichtung i angebracht. Durch Gewichte g ist die Bremskettenrutsche ausgeglichen. Zum Heben und Senken der Rutsche dient eine Aufwindevorrichtung h, welche entweder maschinell oder von Hand bethätigt wird. Zum Verladen der Stücke oder Knabbeln in die Eisenbahnwaggons soll dieser Apparat sich vorzüglich eignen, ebenso zum sog. Bestandstürzen*), d. h. Ansammeln auf Lager bei mangelndem Absatze.

Sind zwei oder mehrere getrennte Siebe oder Rutschen vorhanden, welche die gesiebten bezw. ungesiebten Kohlen auf mit Abstreichern versehene Lese- und Transportbänder aufschütten, und verbindet man diese Bänder durch andere Transportbänder miteinander, welche in beliebigem Winkel abzweigen und ansteigen oder abfallen können, so ist dadurch nicht nur die Möglichkeit geboten, die verschiedenen Kohlensorten in jedes der vorhandenen Eisenbahngleise zu verladen, sondern sie auch in jedem gewünschten Prozentsatze durch Stücke oder Knabbeln aufzubessern und gesiebte melierte, selbst gewaschene melierte Kohlen von beliebigem Stückreichtum zu verladen. Auf neueren Siebereien, Separationen und Wäschen sind in dieser Hinsicht mannigfache, zum Teil recht komplizierte Kombinationen zur Ausführung gekommen.

II. Rangierbetrieb.

Mit der Verladung der verschiedenen Kohlensorten steht in engstem Zusammenhange der Rangierbetrieb auf den Zechenbahnhöfen.

Von den Rangierbahnhöfen, deren zweckmässige Einrichtung für alle Zechenanlagen und besonders für den Betrieb grösserer Zechen von hervorragender Bedeutung ist, ist in Band VIII, 1. Kapitel »Disposition der Tagesanlagen« ausführlich gesprochen worden, weshalb hier auf diesen Abschnitt verwiesen wird.

Das Heranholen und Versetzen der Eisenbahnwaggons sowie das Aufstellen der beladenen Wagen oder Züge in die dafür bestimmten Gleise geschieht unter Benutzung von Weichen oder Schiebebühnen. Als

---

*) Lamprecht, a. a. O., S. 86 und 87.

bewegende Kraft werden Menschen, Zugtiere, Lokomotiven und feststehende Maschinen mittels direkten oder indirekten Seilantriebes, sog. Spills und Rangierwinden, benutzt. Die Verwendung von Menschen- und Tierkraft ist teuer und nicht ohne Gefahr, weshalb man sie überall durch Maschinenkraft zu ersetzen bemüht ist. Die letztere ist denn auch allgemein in den Vordergrund gerückt und es werden Menschen und Tiere nur dann herangezogen, wenn es sich um die Bewegung der Waggons auf ganz kurze Strecken handelt.

In früherer Zeit, als die Förderkohlen noch unaufbereitet verladen wurden, waren die Zechenbahnhöfe im hiesigen Bezirke, wie auch anderwärts, vielfach so eingerichtet, dass die leeren Eisenbahnwaggons vor einer langen Verladerampe aufgefahren und die Förderwagen direkt in dieselben entleert wurden. Auf der Rampe waren hierzu entweder zahlreiche Kopfwipper angebracht, oder es wurden die mit beweglicher Kopfwand versehenen Grubenwagen hinten einfach hochgehoben, wie es auch heute noch auf einzelnen Zechen geschieht, z. B. auf Ver. Bonifacius, Ver. Rosenblumendelle. Musste bei grösserer Förderung die Verladung in mehr als einem Gleise stattfinden, so geschah dies von zwei oder drei parallelen Ladebühnen aus, welche mit der Hauptrampe durch Brücken verbunden waren. Von einem Rangieren der Eisenbahnwaggons war also derzeit und bei solchen Einrichtungen kaum die Rede, das Rangieren erfolgte vielmehr lediglich mit den kleinen und leicht beweglichen Grubenwagen, und es konnte sich höchstens darum handeln, die Eisenbahnwagen hier und da auf kurze Entfernungen zu verschieben, was mit Menschenkraft, stellenweise unter Benutzung von Waggon-Schiebern oder mit Pferden, auf einzelnen Gruben versuchsweise auch mit Ochsen erfolgte, wie auf Prinz-Regent (jetzt Dannenbaum V) vor etwa 20 Jahren, sowie auf Borussia und Germania.

Mit der Einrichtung von Siebereien und Wäschen wurden in der Folge die Förderwagen mit Hülfe von einzelnen festliegenden Kreiselwippern auf die Siebvorrichtungen ausgestürzt und die dabei erzielten verschiedenen Produkte mittels Rutschen oder Transportbändern, oder aus Sammelbehältern, sog. Ladetaschen, meist in mehreren parallelen Gleisen, in die untergeschobenen Waggons verladen. Hierbei wurde selbstverständlich ein lebhafterer Rangierbetrieb mittels Pferden, Lokomotiven oder feststehenden Maschinen, sowie die Anwendung von Weichen oder Schiebebühnen behufs rascheren Umsetzens der Waggons erforderlich. Ausser den genannten neueren Einrichtungen für die Verladung der separierten und gewaschenen Kohlen sind dann noch besondere feststehende Kreiselwipper mit festen oder beweglichen Rutschen, sowie auch fahrbare Kreiselwipper vorhanden, mittels welcher das Verladen der unseparierten Förderkohlen stattfindet.

Rangier-Lokomotiven.

Die Lokomotiven, wie sie im Rangierdienste auf den Gruben des Oberbergamtsbezirks Dortmund in Gebrauch sind, stammen aus den Werkstätten der Sächsischen Maschinenfabrik vorm. Rich. Hartmann in Chemnitz, der Maschinenfabrik von Henschel & Sohn in Cassel, der Hannoverschen Maschinenbau-Aktiengesellschaft vorm. Georg Egestorff in Linden bei Hannover, der Lokomotiv- und Maschinenfabrik Arn. Jung in Jungenthal bei Kirchen a. d. Sieg und aus der Maschinenfabrik Hohenzollern, Aktien-Gesellschaft für Lokomotivbau in Düsseldorf-Grafenberg. Letztgenanntes Werk baut nicht nur Lokomotiven mit Feuerung, sondern auch feuerlose Maschinen.

Fig. 21.

Rangier-Lokomotive Typ »Victor« der Maschinenfabrik Hohenzollern.

Hinsichtlich der Leistungsfähigkeit und der Verwendung der Lokomotiven mit Feuerung ist zu bemerken, dass bis zum Jahre 1890 fast ausschliesslich eine leichte Type verlangt wurde. Dieser wurde von der Fabrik Hohenzollern der Name »Victor« beigelegt, weil sie solche zuerst für die Zeche Victor bei Rauxel lieferte.

Diese Lokomotivgattung wird als 100 pferdig bezeichnet, sie hat ein Betriebsgewicht von etwa 17 t und vermag auf horizontaler gerader Strecke bis zu 25 beladene 10 Tonnenwagen von rund 400 t Gesamtgewicht zu ziehen.

Bemerkenswert ist an diesen Rangierlokomotiven der verhältnismässig kurze Radstand von 1,7 m, der die Maschinen mit den Rädern von 900 mm Durchmesser befähigt, Kurven von sehr geringem Radius ohne Schwierigkeit zu durchfahren. Von dieser durch Fig. 21 wiedergegebenen und in Tabelle 3 näher bestimmten Lokomotivgattung laufen auf den verschiedenen Zechen des Oberbergamtsbezirkes Dortmund im Ganzen 58 Stück.

Type Victor. 2/2 gekuppelte Tender-Lokomotive von 1,435 m Spurweite von Hohenzollern, Aktien-Gesellschaft für Lokomotivbau, Düsseldorf.

Tabelle 3.

Leistung in Pferdestärken . .	100 HP	Rostfläche	0,5 qm
Cylinderdurchmesser	280 mm	Heizfläche, feuerberührte .	30 »
Kolbenhub	400 »	Raum für Speisewasser . .	2,4 cbm
Raddurchmesser	900 »	» » Brennmaterial . .	0,8 »
Dampfüberdruck	12 Atm.	Betriebsgewicht	17000 kg
Radstand	1700 mm	Zugkraft	2500 »
Grösste Länge, Breite und		Kleinster zulässiger Kurven-	
Höhe 6,375 × 2,45 × 3,43 m		radius	50 m

Die Lokomotive zieht exkl. Eigengewicht:

mit Geschwindig-keit in der Stunde von:	auf Steigung von:	eine Bruttolast von:
12 km	horizontal 1 : ∞	400 t
12 »	$10^0/_{00} = 1 : 100$	140 t
12 »	$20^0/_{00} = 1 : 50$	80 t

Unter anderen erhielt Zeche Prosper deren 6, Zeche Consolidation 3 und die Zechen Viktor, Centrum, Fröhliche Morgensonne, Pörtingssiepen, Deutscher Kaiser und Königsgrube je 2.

Infolge der durchgängig vergrösserten Kohlenförderung bei gleichzeitiger Erweiterung der Zechenbahnhöfe und Anschlussbahnen erwies sich diese sogenannte 100 pferdige Lokomotive allmählich als zu leicht und ging deshalb die Maschinenfabrik Hohenzollern zur Konstruktion einer erheblich schwereren Lokomotivtype für den Rangierbetrieb über.

Aber nicht allein die vergrösserte Kohlenförderung, sondern auch die s. Zt. stattgehabte Verstaatlichung der Eisenbahnen machte die Einführung schwererer Maschinen notwendig.

Als nämlich die verschiedenen Privatbahnen noch konkurrierten, wurde von letzteren den Zechen ein grosser Teil des Rangierdienstes abgenommen, indem die Vollbahnlokomotiven der Eisenbahngesellschaften die Kohlenzüge auf den Zechenbahnhöfen zusammenstellten und auf

Anschlussbahnen den Hauptbahnen zuführten. Nach Verstaatlichung der Bahnen wurden aber die Zechen nach und nach dazu verpflichtet, diese Lokomotivarbeit selbst zu verrichten und mussten aus diesem Grunde bei Beschaffung neuer Lokomotiven eine wesentlich schwerere Type wie vordem wählen.

In den meisten Fällen wurde infolge des Strebens nach möglichst einfachen Betriebsmitteln die zweiachsige Anordnung der Lokomotiven beibehalten, im Uebrigen aber der höchste zulässige Raddruck von 7 t angenommen. Damit erhielten die Lokomotiven ein Dienstgewicht von rund 28 000 kg und die doppelte Leistungsfähigkeit der Victortype.

Von diesen unter der Bezeichnung »200 pferdig« gehenden Lokomotiven hat die Maschinenfabrik Hohenzollern für den Dortmunder Oberbergamtsbezirk ebenfalls 58 Stück geliefert.

Fig. 22.

Rangier-Lokomotivtype »Schlägel« der Maschinenfabrik Hohenzollern.

Da eine der ersten Maschinen dieser Type von der Zeche Graf Bismarck bezogen wurde, so erhielt sie den Gruppennamen »Bismarck«, später aber den Namen »Schlägel«, weil die Zeche Schlägel & Eisen die erste Maschine dieser Type erwarb, welche mit dem jetzt üblichen und aus Fig. 22 ersichtlichen grossen Kessel nebst Dampfdom ausgestattet wurde.

Nach Tabelle 4 beträgt die Leistung der »Schlägel«type auf horizontaler gerader Bahn 50 beladene 10 t-Wagen von 800 t Gesamtgewicht und ist der Radstand auf 2,5 m bei 1000 mm Raddurchmesser erhöht. Mit diesen Lokomotiven können Kurven von 100 m Radius durchfahren werden. Auch dürfen diese Lokomotiven beim Transport auf

Type Schlägel. 2/2 gekuppelte Tender-Lokomotive von 1,435 m Spurweite von Hohenzollern, Aktien-Gesellschaft für Lokomotivbau, Düsseldorf.

Tabelle 4.

Leistung in Pferdestärken.	200 HP	Rostfläche	1,0 qm
Cylinderdurchmesser . . .	350 mm	Heizfläche, entweder 60 oder 80 »	
Kolbenhub	500 »	Raum für Speisewasser . .	3,250 cbm
Raddurchmesser	1000 »	»　» Brennmaterial . .	1,000 »
Dampfüberdruck	12 Atm.	Betriebsgewicht	28000 kg
Radstand	2500 mm	Zugkraft	4400 »
Grösste Länge, Breite und Höhe 8,15 × 2,80 × 3,575 m		Kleinster zulässiger Kurvenradius	100 m

Die Lokomotive zieht exkl. Eigengewicht:

mit Geschwindigkeit in der Stunde von:	auf Steigung von:	eine Bruttolast von:
16 km	horizontal $1 : \infty$	800 t
16 »	$10\,^0/_{00} = 1 : 100$	280 t
16 »	$20\,^0/_{00} = 1 : 50$	160 t

den Hauptbahnen auf eigenen Achsen laufen, während bei geringerem Radstande eine Verladung auf besonderen Wagen erforderlich wird.

Rangier-Lokomotiven der Type »Bismarck« besitzen u. a. nachbenannte Zechen: Graf Bismarck, Schlägel & Eisen, Hibernia und Deutscher Kaiser.

Fig. 23.

Zechenlokomotive Typ »Crefeld« der Maschinenfabrik Hohenzollern.

Für Zechen, die bei grosser Förderung, gleichzeitig starke Steigungen auf ihren Anschlussbahnen besitzen, baut Hohenzollern vorzugsweise die Type »Crefeld« (Fig. 23) mit 3 gekuppelten Achsen von 42 t Betriebsgewicht, 3 m Radstand und 1080 mm Raddurchmesser (Tabelle 5).

Type Crefeld. 3/3 gekuppelte Tender-Lokomotive von 1,435 m Spurweite von Hohenzollern, Aktien-Gesellschaft für Lokomotivbau, Düsseldorf.

Tabelle 5.

Leistung in Pferdestärken	300 HP	Rostfläche	1,3 qm
Cylinderdurchmesser . . .	430 mm	Heizfläche	90 »
Kolbenhub	550 »	Raum für Speisewasser . .	4,000 cbm
Raddurchmesser	1080 »	» » Brennmaterial .	1,250 »
Dampfüberdruck	12 Atm.	Betriebsgewicht	42000 kg
Radstand	3000 mm	Zugkraft	6780 »
Grösste Länge, Breite und		Kleinster zulässiger Kurven-	
Höhe 8,75 × 2,96 × 4,15 m		radius	120 m

Die Lokomotive zieht exkl. Eigengewicht:

mit Geschwindigkeit in der Stunde von:	auf Steigung von:	eine Bruttolast von:
20 km	horizontal 1 : ∞	1200 t
20 »	10 $^0/_{00}$ = 1 : 100	420 t
20 »	20 $^0/_{00}$ = 1 : 50	240 t

Maschinen dieser Type können 75 beladene Doppelwagen von 1200 t Gesamtlast auf horizontaler gerader Bahn ziehen, laufen mit Leichtigkeit durch Kurven von 120 m Radius und entwickeln bei grösster Leistung etwa 300 Pferdestärken. Ihren Namen erhielt die Type nach der Lieferung mehrerer Exemplare an die Crefelder Eisenbahn-Gesellschaft. Im Dortmunder Bezirke sind acht solche Maschinen in Betrieb. Die hier kurz beschriebenen Lokomotivtypen genügen den Anforderungen der Zechen vollständig. Die Bedingungen, welche bezüglich der Konstruktion und Leistungsfähigkeit der Lokomotiven von den Zechen vorgeschrieben werden, beschränken sich vorzugsweise auf Angaben über die Zahl der leeren oder beladenen Wagen, welche auf der grössten vorkommenden Steigung der Zechen- und Anschlussgleise mit Sicherheit zu befördern sind und auf die Forderung der Uebernahme einer Garantie von der Dauer eines Jahres. Es wird vorausgesetzt, dass die anzuwendenden Einzelkonstruktionen sich nachweislich gut bewährt haben, und dass das Material und die Ausführung den Anforderungen der Königl. Preussischen Staatsbahnen entsprechen. Im Uebrigen wird durch die Lokomotivfabriken den gestellten Anforderungen durch richtig gewählte Konstruktionsverhältnisse entsprochen, wie sie in den vorhin erwähnten Dimensions- und Leistungstabellen zusammengestellt sind.

Die Ungleichmässigkeit im Betriebe der Zechenlokomotiven, die darin besteht, dass auf schwere Arbeit oft kürzere oder längere Ruhepausen folgen, berührt vorzugsweise den Kessel und zwar dadurch, dass mit Einstellung der Arbeit die Dampfentwickelung nicht aufhört, sondern durch Wärmeabgabe der Feuerung während des Stillstandes der Lokomotive eine Zeit lang in erhöhtem Masse fortgesetzt wird und sich dabei die Dampfspannung über den höchsten zulässigen Druck hinaus steigert. Zerstörend auf die Kupferwände der Feuerbüchse und auf die Feuerrohrbefestigung wirkt der Umstand, dass auf die während der Arbeit herrschende hohe Temperatur der Feuergase von etwa 1000 ^{0} oft eine Abkühlung bis herab zu 200 bis 300 ^{0} folgt.

Damit diese Uebelstände weniger schädlich auftreten, giebt die Maschinenfabrik Hohenzollern den Kesseln ihrer Zechenlokomotiven einen möglichst grossen Wasserinhalt und einen recht hohen Feuerraum.

Der grosse Wasserinhalt dient zur Ausgleichung der Dampfspannungen und der hohe Feuerraum sorgt dafür, dass die Wärmeunterschiede nicht zu gross ausfallen. Vorgenannte Fabrik sieht auch auf dichtschliessende Thüren am Feuerloch und Aschkasten.

Für die Zechenverwaltungen ist zu beachten, dass sie lieber eine stärkere als eine schwache Maschine wählen, weil so eine Ueberanstrengung vermieden wird.

Die Sächsische Maschinenfabrik zu Chemnitz vorm. Rich. Hartmann hat für den Kölner Bergwerks-Verein, für die Aktiengesellschaft Zeche Dannenbaum, für die Harpener Bergbau-Aktien-Gesellschaft, für die Gewerkschaft König Ludwig und den Essener Bergwerks-Verein König Wilhelm Maschinen geliefert, deren Grössenverhältnisse entweder in der Mitte zwischen den betreffenden Dimensionen der Victor- und Schlägel-Type des Hohenzollernwerks liegen, oder der Crefeldtype dieser Fabrik ziemlich gleichkommen.

Tabelle 6 giebt nähere Auskunft über die Hartmannsche Lokomotive No. 805 (Fig. 24) der Gewerkschaft König Ludwig in Bruch i. Westf.

Die Lokomotive hat zwei gekuppelte Achsen, der Wasserkasten liegt zwischen den Rahmen und bildet eine starke Rahmenversteifung. Die Cylinder und die Steuerung — System Allan — liegen ausserhalb der Räder, wodurch sämtliche beweglichen Teile leicht zugänglich sind. Diese letzteren Konstruktionsvorteile sind übrigens auch von anderen Fabriken beachtet

5*

Fig. 24.

Zechenlokomotive der Sächsischen Maschinenfabrik vorm. Rich. Hartmann
(Zeche König Ludwig).

Tabelle 6.

Cylinderdurchmesser	0,300 m
Kolbenhub	0,533 m
Triebraddurchmesser	1,100 m
Radstand	2,200 m
Dampfüberdruck	12 kg
Heizfläche der Siederohre, innen	39,05 qm
Heizfläche der Feuerbüchse	4,55 qm
Gesamte Heizfläche	43,60 qm
Rostfläche	0,87 qm
Gewicht der Maschine im Dienst	24 600 kg
Inhalt der Kohlenkasten	900 kg
Inhalt der Wasserkasten	2 850 kg
Spurweite	1,435 m

Die Zugkraft berechnet sich aus der Formel ·

$$0,6 \frac{h. \, d^2 p}{D} \text{ kg,}$$

worin der Kolbenhub h, der Cylinderdurchmesser d und
der Raddurchmesser D in m und der Dampfüberdruck p
in Atm. einzusetzen sind.

Fig. 25.

Zechenlokomotive der Sächsischen Maschinenfabrik vorm. Rich. Hartmann
(Kölner Bergwerks-Verein).

Fig. 26.

Zechenlokomotive der Sächsischen Maschinenfabrik vorm. Rich. Hartmann.

worden. Eine Maschine, wie Fig. 25 sie darstellt, besitzt der Kölner Bergwerks-Verein in Altenessen. Andere Typen, welche auf westfälischen
Gruben vertreten sind, zeigen die Figuren 26 und 27.

Fig. 27.

Zechenlokomotive der Sächsischen Maschinenfabrik vorm. Rich. Hartmann.

Die Maschine des Kölner Bergwerks-Vereins hat folgende Dimensionen usw.:

Tabelle 7.

Cylinderdurchmesser	0,480 m
Kolbenhub	0,560 m
Heizfläche der Siederohre, innen	93,00 qm
Heizfläche der Feuerbüchse	7,00 qm
Gesamte Heizfläche	100,00 qm
Rostfläche	1,54 qm
Dampfüberdruck	13 kg
Inhalt der Kohlenkasten	1 200 kg
Inhalt der Wasserkasten	4 000 kg
Triebraddurchmesser	1,100 m
Radstand	3,000 m
Gewicht der Maschine im Dienst	40 920 kg
Belastung der Schienen durch die erste Achse	13 660 kg
Belastuug der Schienen durch die zweite Achse	13 680 kg
Belastung der Schienen durch die dritte Achse	13 580 kg

Letztere 3 Werte sind deshalb wichtig, weil von der Grösse der Maschine bezw. von deren Achsbelastung die Wahl des Schienenprofiles abhängt.

Die Lokomotive hat drei gekuppelte Achsen.

Die Hannoversche Maschinenbau-Aktien-Gesellschaft vorm. Georg Egestorff zu Linden bei Hannover hat in ihrer Abteilung Lokomotivbau für Kleinbahnen für nachbenannte Zechen des Oberbergamtsbezirks Dortmund normalspurige Tenderlokomotiven geliefert: So an die Massener Tiefbau 4 Stück $^2/_2$ gekuppelte von 285 mm Cylinderdurchmesser und 440 mm Hub, an den Bochumer Verein für Bergbau usw. 9 Stück $^2/_2$ gekuppelte von 320 mm Cylinderdurchmesser und 540 mm Hub. Maschinen, denen für den Bochumer Verein gleich, erhielten: der Kölner Bergwerks-Verein, die Zechen Graf Moltke, Neuessen, Consolidation, Centrum, Erin, General Blumenthal und Mathias Stinnes. Maschinen mit zwei gekuppelten Achsen, aber mit Cylindern von 285 mm Durchmesser und mit 440 mm Hub lieferte Egestorff für die Zechen Königin Elisabeth, Westhausen und Roland. Noch andere Zechen des Reviers erhielten ähnlich dimensionierte Lokomotiven.

Egestorff hat die Maschinen geliefert, wie sie den allgemeinen und nicht etwa den besonderen Anforderungen der Zechen entsprechen. Bei den von Zechen begehrten Maschinen der Firma fanden sich folgende Verhältnisse:

Tabelle 8.

		Nummer 9	Nummer 10a
Effektive Pferdestärken		100	200
Zahl der gekuppelten Räder		4	4
Cylinderdurchmesser in mm		285	320
Kolbenhub h		440	540
Raddurchmesser D in mm		880	1 000
Radstand, total in mm		2 000	2 300
Dampfüberdruck p in kg pro qm		12	12
Rostfläche in qm		0,7	0,93
Wasserberührte Heizfläche in qm		35	66
Wasservorrat in Liter		2 300	3 250
Kohlenvorrat in kg		750	1 000
Leergewicht		12 500	20 200
Dienstgewicht		17 000	27 000
Effektive Zugkraft $0,6\ \dfrac{h\,d^2\,p}{D}$ kg		2 925	3 980
Grösste Geschwindigkeit in km pro Stunde		20	30
Spurweite in mm		1 435	1 435
Kleinster Kurvenradius in m		50	60
	$^1/_{20} = 50\ ^0/_{00} =$	37	47
	$^1/_{40} = 25\ ^0/_{00} =$	80	110
Grösste geförderte Bruttolast exkl.	$^1/_{60} = 16,6\ ^0/_{00} =$	120	160
Lokomotivgewicht auf gerader	$^1/_{80} = 12,5\ ^0/_{00} =$	155	205
Bahn in Tonnen à 1000 kg und auf	$^1/_{100} = 10\ \ \ ^0/_{00} =$	180	245
Steigungen von	$^1/_{200} = 5\ \ \ ^0/_{00} =$	280	380
	$^1/_{500} = 2\ \ \ ^0/_{00} =$	510	560
	$\dfrac{1}{\infty} = 0\ \ \ ^0/_{00} =$	650	900

Die Egestorffschen Lokomotiven haben innerhalb der Räder liegende Rahmen, äussere horizontal liegende Dampfcylinder und äussere geneigt liegende Coulissensteuerung. Der Rahmen und die Maschinen bilden ein selbständiges und in sich steifes System, mit welchem der Kessel nur an der Rauchkammer verschraubt ist.

Das Gewicht der Maschine wird durch Blattfedern auf die Achsen übertragen; zugleich ist durch Anwendung von Querfedern oder Balanciers im allgemeinen die Anordnung getroffen, dass das Gewicht in drei Punkten unterstützt wird, wodurch die Maschinen im Stande sind, die unregelmässigsten und primitivsten Gleise zu befahren.

Die Wasserkasten liegen unter dem Rundkessel zwischen den Rahmen und bilden letztere die Seitenwände derselben. Die Kohlenkasten sind auf der linken Seite, eventuell zu beiden Seiten der Feuerkiste placiert. Die durch diese Anordnung bedingte tiefe Lage des Schwerpunktes der Maschinen bildet ein wesentliches Moment für den ruhigen Gang derselben.

Der Kessel ist in den einfachsten Formen konstruiert und sind Formänderungen, Abkröpfungen und Durchbrechungen der Kesselwandungen möglichst vermieden, wodurch nicht nur grössere Festigkeit, sondern auch geringe Reparaturbedürftigkeit erzielt ist.

Der Führerstand ist mit einem Schutzhäuschen überdeckt, um den Führer gegen die Unbilden der Witterung zu schützen. Dasselbe ist derartig eingerichtet, dass die Aussicht nach allen Seiten frei bleibt; auch sind innerhalb desselben die hauptsächlichsten Züge und Handgriffe für den Betrieb der Maschine in übersichtlicher Weise angeordnet.

Die Maschinen werden mit besonders kräftig konstruierten, schnell wirkenden Hebelbremsen ausgerüstet, welche vermittels gusseiserner Bremsklötze auf die Räder wirken. Alle Egestorffer Maschinen haben dichtschliessende Aschkasten mit Regulierklappen, zweckmässige Funkensauger und in den grösseren Nummern auch Sandstreuvorrichtungen.

Fig. 28 zeigt eine zweifach gekuppelte Tenderlokomotive für Kleinbahnen.

Statt der an beiden Enden der Maschinen angebrachten Bahnräumer werden bei Lokomotiven, welche schlechte Gleise befahren müssen, auch wohl sog. Sicherheitsbalken angebracht, auf welche sich im Fall einer Entgleisung die Maschine aufsetzt, sodass Organe der Cylinder und des Triebwerkes nicht beschädigt werden können.

Arn. Jung in Jungenthal bei Kirchen hat nur eine Lokomotive in das diesseitige Revier geliefert und zwar an die Zeche Centrum in Wattenscheid. Die Maschine ist eine Dampflokomotive mit Lantzscher Wellrohrfeuerbüchse. Die Zeche hatte der Fabrik besondere Konstruktionsbedingungen nicht gestellt.

Eine weite Verbreitung in dem Bereich des Dortmunder Oberberg-

amtes haben die Tenderlokomotiven von Henschel & Sohn in Kassel gefunden (Fig. 29), so u. a. auf den Zechen Bonifacius, Constantin der Grosse,
Pluto, Westhausen, Hannibal, Graf Schwerin, Hugo, Hansa, Holland, Loth-

Fig. 28.

Zweifach gekuppelte Tenderlokomotive für Kleinbahnen von Georg Egestorff.

ringen, Altendorf, Dorstfeld, Erin, Ewald, Friedrich der Grosse, General
Blumenthal, Gneisenau, Monopol, Mont Cenis, Nordstern, Rhein-Elbe und
Tremonia.

Fig. 29.

Tenderlokomotive von Henschel & Sohn in Kassel.

Die Lokomotiven entwickeln 20 bis 400 Pferdestärken und haben bei normaler Spurweite folgende Hauptabmessungen.

Tabelle 9.

Anzahl der gekuppelten Achsen	2	2	2	3	3
Cylinderdurchmesser	260	300	330	350	450 mm
Kolbenhub	420	500	550	550	630 mm
Treibraddurchmesser	850	950	1 080	1 080	1 330 mm
Radstand	1 700	2 200	2 500	3 000	3 770 mm
Dampfüberdruck	12	12	12	12	12 Am.
Rostfläche	0,6	0,97	1	1,5	1,45 qm
Heizfläche	34,4	47,68	58,4	60,3	81,4 qm
Wasserkasteninhalt	2 500	3 200	3 500	4 000	4 000 Liter
Kohlenkasteninhalt	600	1 000	1 000	1 200	1 400 kg
Dienstgewicht	18 000	22 000	28 000	30 000	42 000 kg
Leergewicht	13 300	16 000	20 500	22 000	32 400 kg
Zugkraft max.	2 450	3 480	4 070	4 580	7 040 kg
Leistungsfähigkeit ca.	120	200	250	300	400 PS

Ausser diesen gangbarsten Lokomotiven hat die Fabrik für gleiche Zwecke wohl noch 80 Typen mit dazwischenliegenden Abmessungen konstruiert, um den jeweilig in Betracht kommenden Verhältnissen: der Spurweite, Stärke der Schienen, Steigungen und Zustand der zu befahrenden Strecke, Kurvenradius, Förderquantum, notwendige Geschwindigkeit usw. Rechnung zu tragen.

Seitens der Zechen wird Wert auf eine möglichst einfache Bauart der Lokomotiven und ihre Ausrüstung mit Dampfdom gelegt; auch sollen ihre Teile nicht zu tief herabreichen. Die Roste werden je nach dem Feuerungsmaterial eingerichtet. An normalspurige Lokomotiven wird zumeist noch die Anforderung gestellt, dass sie auch auf die Gleise der Staatsbahnen übergehen können. Da fast alle grösseren Zechen mehrere Maschinen im Betriebe haben, so bleibt gewöhnlich eine zur Aushilfe bei notwendigen Reparaturen reserviert.

Zum Schluss sei noch bemerkt, dass bei der Wahl einer für eine fertige Bahn passenden Lokomotive zunächst folgende Gesichtspunkte in Betracht kommen:

1. Das täglich zu befördernde Gewicht an Massen im Durchschnitt und im Maximum.

2. Angabe der Geschwindigkeit der Züge, mit welcher das Gewicht befördert werden soll.

3. Die Steigungs- und Krümmungsverhältnisse der Bahn.

Aus der Länge der Bahn und der festgesetzten Anzahl der täglichen Touren ergiebt sich die erforderliche durchschnittliche Fahrgeschwindigkeit.

Die Krümmungsverhältnisse der Bahn bezw. der vorkommende kleinste Kurvenradius bedingen den Radstand, d. i. die Entfernung der Achsen von einander.

Zu beachten ist, dass die Stärke und die Leistungsfähigkeit einer Maschine nicht etwa, wie oft geglaubt wird, durch das Gewicht derselben ausgedrückt wird, sondern dass dafür einerseits die Heizfläche, anderseits die Zugkraft massgebend ist. Von der Grösse der Cylinder, des Dampfdruckes und des Treibraddurchmessers ist die Zugkraft und von der Grösse der Heizfläche die Leistung, d. i. das Produkt aus Zugkraft und Geschwindigkeit, abhängig.

Auf die Ungleichmässigkeit im Betriebe der Zechenlokomotiven ist schon früher aufmerksam gemacht worden. Es treten oft längere Ruhepausen ein und doch darf der Führer seine Maschine fast nie verlassen; dazu kommt, dass Lokomotiven mit Feuer im Betriebe auf Zechen den grossen Uebelstand haben, dass sie bei ihren kleinen Feuerbuchsen eine überaus sorgfältige Behandlung und reines Speisewasser erfordern, wenn Kesselreparaturen möglichst vermieden werden sollen. Bei Maschinen mit Feuer lastet auf dem Führer eine grosse Verantwortung. Mindestens eine Stunde vor Arbeitsbeginn muss er seine Maschine anheizen und dann fortwährend Wasserstand und Dampfdruck im Auge haben. Noch abends, nachdem die Maschine in den Schuppen gebracht wurde, sind Feuer, Wasserstand und Dampfdruck zu regulieren, damit nicht Rohrlaufen und andere Undichtigkeiten eintreten. Mindestens jeden zweiten Sonntag ist der Kessel gründlich zu reinigen und sind die Armaturen nachzusehen.

Diese und viele anderen Arbeiten und Sorgen fallen fort, wenn man feuerlose Lokomotiven in Dienst stellt. Diese sind nach dem System Lamm-Francq eingerichtet und werden mit hochgespanntem Dampf von 4 bis 12 Atm. Ueberdruck geheizt, der aus stationären Kesselanlagen entnommen wird.

Das zu heizende Wasser befindet sich in einem gut gegen Abkühlung geschützten walzenförmigen Kessel und nimmt dort den zum Heizen eingeführten Dampf in sich auf, wobei der Dampf seine Wärme durch Kondensation an das Wasser abgiebt.

Letzteres wird dadurch nahezu ebenso hoch erwärmt, wie das in den stationären Kesseln befindliche Wasser und ist daher im Stande, den zum Betriebe des Dampfmotors der feuerlosen Lokomotive erforderlichen Dampf zu liefern.

Die Uebersetzungsverhältnisse und Abmessungen der Dampfcylinder der feuerlosen Maschinen sind, da der Dampfdruck während der Arbeit nach und nach abnimmt, wesentlich andere als die der gewöhnlichen Ma-

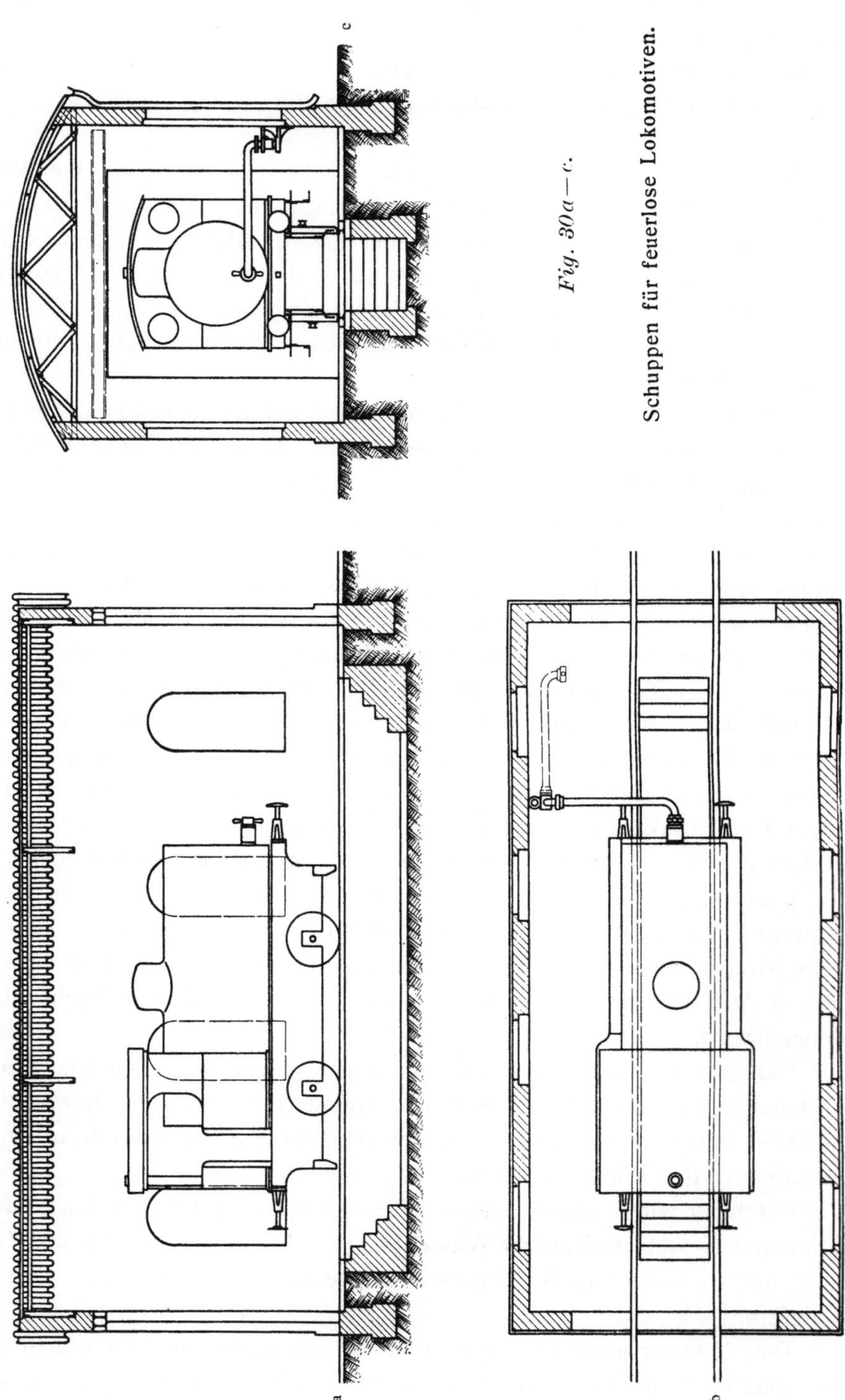

Fig. 30 a — c.

Schuppen für feuerlose Lokomotiven.

schinen und sind so gewählt, dass der Betrieb noch mit einer Spannung von 0,5 Atm. möglich ist.

Ueber die Anordnung der Füllstationen für die feuerlosen Maschinen giebt Fig. 30a– c bezw. Fig. 31 näheren Aufschluss.

Der feuerlose Betrieb bietet wesentliche Vorteile und zwar folgende:

1. Die Handhabung ist so einfach, dass ein etwas intelligenter Arbeiter für die Bedienung derselben genügt. Derselbe braucht nur die Handhabung des Absperrventils und des Steuerhändels zu verstehen, während auf einer gefeuerten Maschine, zumal bei flottem Betriebe, womöglich zwei Mann zur Bedienung erforderlich sind.

Fig. 31.

Feuerlose Lokomotive der Maschinenfabrik Hohenzollern.

2. Ein zweiter Mann, der Heizer, fällt fort.
3. Der Kessel der Maschine kann durch Kesselstein nicht leiden. Es fallen daher auch die kostspieligen Kesselreinigungen fort.
4. Der Kessel ist so einfach, dass überhaupt an demselben keine Reparatur vorkommen kann.
5. Der Kessel braucht nicht revidiert zu werden und fallen die Kosten dafür und die damit verbundenen Betriebsstörungen fort.
6. Roststäbe, Wasserstandsgläser und Speisevorrichtungen sind nicht vorhanden und daher auch nicht zu unterhalten.
7. Billiger ist der Betrieb insonderheit auch deshalb, weil der aus den grossen Hauptleitungen zur Verfügung stehende Dampf sozusagen nichts kostet. Die Entnahme der einzelnen Füllungen ist nämlich dabei teils kaum wahrnehmbar, teils ist die Erzeugung des Dampfes in einer grossen Kesselanlage durch Benutzung von

Koksofengasen, geringwertiger Aufbereitungsprodukte und dergl.
wesentlich billiger als in einem kleinen Kessel, der zur Heizung
beste Kohle oder Koks erfordert.

8. Die Sauberkeit beim Betriebe der feuerlosen Kessel ist ebenfalls
ein besonderer Vorzug des Systems. Man hat nichts mit dem
Heranschaffen der Kohlen und dem Fortschaffen von Asche und
Schlacken zu thun.

9. Weil auf einer grossen Grube Dampf stets zur Verfügung steht,
so ist auch die Lokomotive jederzeit betriebsfähig. Das Anheizen
währt für eine auf Jahre zu bemessende Betriebsdauer höchstens
30 Minuten und das nach mehrstündiger Rangierarbeit erforderliche
Nachheizen nur 10—15 Minuten. Der Mehrlohn für Anheizen bei
gefeuerten Kesseln ist wieder gespart.

10. Der Betrieb vollzieht sich ohne Feuersgefahr und Rauch-
belästigung.

11. Der kostspielige Ersatz der aus Kupfer bestehenden Feuerbuchsen
sowie der Feuerrohre fällt bei Lamm-Francq-Kesseln fort.

Die Maschinenfabrik Hohenzollern, Aktien-Gesellschaft für Lokomotivbau in Düsseldorf-Grafenberg, welche das Patent Lamm-Francq besitzt, hat
feuerlose Rangierlokomotiven an nachbenannte Zechen unseres Reviers geliefert: Langenbrahm, Herkules, Neumühl, Zollverein, Alte Haase, Helene
& Amalie, Julius Philipp, General Blumenthal usw.

Die Leistung feuerloser Lokomotiven ist bis zu einem bestimmten
Dampfdruck herab ebenso hoch als die gewöhnlicher Tenderlokomotiven
von demselben Adhäsionsgewicht.

Die Fabrik Hohenzollern baut für den Rangierdienst auf Zechen
feuerlose Lokomotiven von 12 bis 26 Tonnen Betriebsgewicht, die auf horizontaler Strecke folgende Leistung besitzen:

Tabelle 10.

Lokomotive	Betriebs-gewicht t	Leistung in Wagen à 10 t Ladegewicht
1	12—13	10
2	14—15	15
3	16—17	25
4	19—20	30
5	22—23	35
6	25—26	40

Die Weichen vermitteln den Uebergang von einem Gleis auf ein
anderes während der Fahrt und gestatten überdies das gleichzeitige Fort-

bewegen mehrerer Wagen, selbst ganzer Züge, was jedoch auf den Zechenbahnhöfen meist nicht erforderlich ist; hingegen verlangt das Rangieren durch Weichen grosse Gleislängen und verursacht erfahrungsmässig grössere Kosten als der Rangierbetrieb mittels Schiebebühnen. Auf grösseren Zechen sind zuweilen 30 bis 40 Weichen vorhanden.

Drehscheiben, welche in die Gleise eingeschaltet werden, ermöglichen durch ihre Bewegung um eine senkrechte Achse und Anordnung entsprechender Verbindungsstücke ein Verschieben der Wagen von Gleis zu Gleis; mittels derselben können jedoch immer nur einzelne Wagen, welche sich im Zustande der Ruhe befinden, in transversaler Richtung zu dem Ladegleis bewegt werden, was in gleicher Weise auch für die Schiebebühnen zutrifft. Auf Zechenbahnhöfen finden Drehscheiben im allgemeinen selten Anwendung; auf den hiesigen Zechen ist keine einzige in Betrieb.

Bildet der Bahnhof eine Kopfstation, so vermittelt eine Drehscheibe am Kopfende desselben wohl eine zweckmässige Verbindung der verschiedenen Gleise mit einander, bei paralleler Gleisanordnung dagegen, welche für die Verladung der vielen Kohlensorten am meisten geeignet erscheint und auch vorwiegend zu finden ist, würden so viele Drehscheiben erforderlich sein, als Gleise vorhanden sind; dies wäre aber kostspielig in der Anlage und würde ausserdem einen umständlichen und zeitraubenden, daher ebenfalls kostspieligen Betrieb ergeben.

Die Schiebebühnen, welche zuerst nur im Eisenbahnbetriebe Anwendung fanden, wurden vor etwa 35 Jahren auch zum Rangierbetrieb auf Zechen eingeführt.

Mit Hülfe derselben wollte man den direkt von Hand oder durch Zugtiere bewirkten Betrieb entweder unterstützen oder auch ganz ablösen.

Die Waggons wurden vermittelst Winden und durch Leitrollen geführte Seile von der Rangierbühne aus den Schiebebühnen zugeführt und von dort wieder abgezogen.

Die ersten Schiebebühnen wurden noch nicht mechanisch bezw. maschinell angetrieben, sondern sie wurden einfach durch Arbeiter hin- und hergeschoben (Fig. 32). Eine Verbesserung erfuhren die Schiebebühnen dadurch, dass das Hin- und Herfahren durch Rädervorgelege, welche durch Kurbeln von Hand bethätigt wurden, in der Weise geschah, dass die Bewegung auf die Achsen der Laufräder direkt übertragen wurde (Fig. 33). Man fand auch Konstruktionen, bei denen das Vorgelege in eine am Boden festliegende Zahnstange eingriff.

Solche Schiebebühnen, welche zuerst in Gruben als sog. versenkte Schiebebühnen zur Ausführung kamen, trugen allerlei Mängel an sich. Sie liessen sich praktisch nur am Kopfende des Rangierbahnhofes anbringen, weil die Gruben das Durchfahren der Waggons durch die Gleise allgemein

Fig. 32.

Schiebebühne ohne Antrieb-Vorrichtung, in versenktem Gleise laufend.

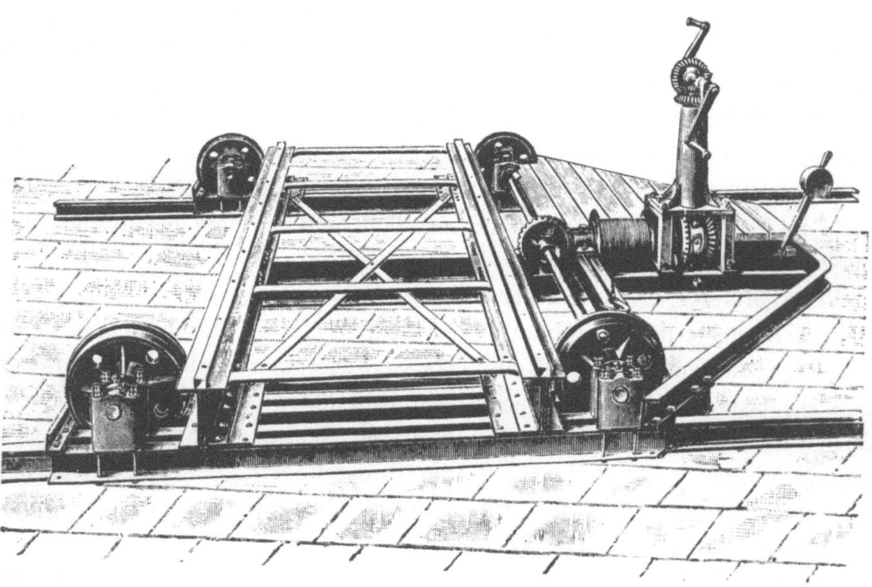

Fig. 33.

Schiebebühne mit Antrieb durch Handwinde und Seiltrommel zum Anziehen der
Waggons, in versenktem Gleise laufend.

nicht gestatteten und dazu immer nur dasjenige Gleis, welches über die Bühne führte, benutzt werden konnte. In den kalten Monaten hatten dieselben zudem durch Wasser, Schnee, Eis und Schmutz, welcher sich in den Gruben ansammelte und schlecht zu entfernen war, zu leiden.

Auf der Zeche Wilhelmine Victoria befindet sich eine versenkte Schiebebühne mit Handbetrieb noch heute in Thätigkeit. Die leeren Waggons werden von einem Gleis aus vermittelst dieser Schiebebühne in die Verladegleise umgesetzt. Vorrichtungen zum Heranholen und Abstossen der Waggons sind auf der Bühne nicht vorhanden. Das Ein- und Ausrangieren der Waggons geschieht durch eine Lokomotive, das An- und

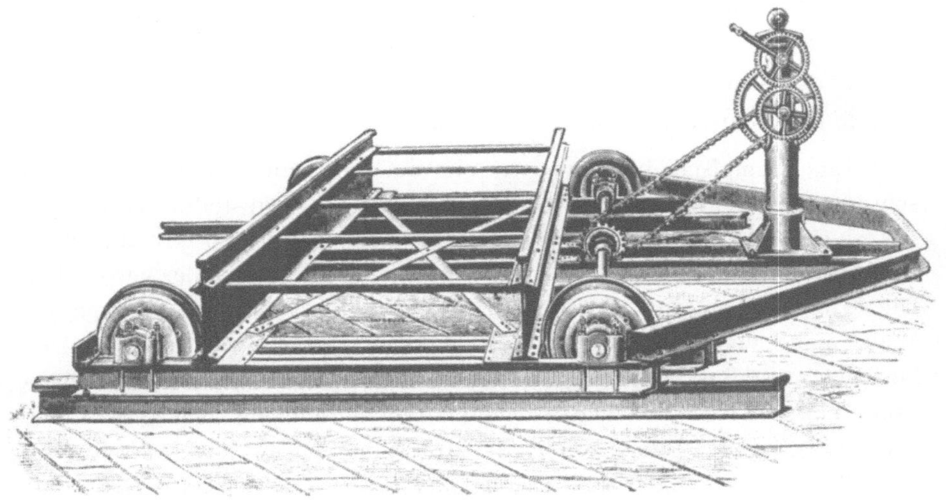

Fig. 34.

Schiebebühne mit Antrieb durch eine Handwinde, in versenktem Gleise laufend.

Abfahren derselben auf die Bühne bezw. von derselben wird von Arbeitern durch direktes Schieben oder vermittelst einfacher Handschieber besorgt. Das Gerüst der Bühne hängt an den 4 Ecken vermittelst Lagern an 4 Achsen, welche je 2 aufgekeilte Laufräder tragen. Die 8 Laufräder bewegen sich in einer Vertiefung auf 4 zu den Hauptgleisen senkrecht liegenden Schienen. Die Laufräder werden durch Arbeiter vermittelst zweier übereck angebrachter Vorgelege mit Uebersetzung 1 : 7 angetrieben. Die den Waggon aufnehmenden Schienen liegen in der Mitte der Bühne.

Fig. 34 stellt eine Schiebebühne mit Handbetrieb und in versenktem Gleise laufend dar. Zwei Arbeiter treiben mittels Kurbel und Kettenübertragung die Laufräder an. Der Betrieb solcher versenkten Schiebebühnen ist teuer, lästig und zeitraubend. Wegen dieser und anderer, schon früher erwähnten Mängel, wurden die Maschinenfabriken zur Konstruktion unversenkter Schiebebühnen gedrängt. Diese bewegen sich über die durchgehenden Bahngleise quer hinweg und werden hier die Waggons über schräge Anlaufebenen auf die Bühne gezogen. Abgesehen von wenigen kleineren Zechen, welche vielleicht noch praktisch mit einer am Kopfende der Gleise angebrachten versenkten Schiebebühne arbeiten, kommen jetzt nur noch die unversenkten Schiebebühnen in Anwendung.

Da die Beschreibung aller z. Zt. noch im Betriebe hiesiger Zechen befindlichen Schiebebühnen zu weit führen würde, so sollen hier nur einige ausgeprägte Typen näher behandelt werden. Solche sind:

1. die Schiebebühne mit direktem Dampfbetrieb (Dampfschiebebühne),
2. die Schiebebühne mit feuerlosem Kessel,
3. die elektrisch angetriebene Schiebebühne.

Eine Dampfschiebebühne, wie sie die Bochumer Eisenhütte für verschiedene Zechen ausgeführt hat, ist auf Tafel V dargestellt. Sie besteht aus zwei Teilen, dem Dampfwagen und der eigentlichen Schiebebühne. Beide Teile sind durch leicht lösbare Kupplungen miteinander verbunden. Die Schiebebühne, im Niveau des Eisenbahngleises laufend, ist ganz aus Walz- und Schmiedeeisen konstruiert; die Laufschienen und Auflaufspitzen bestehen aus Gussstahl. Der Höhenunterschied zwischen Schienenoberkante auf der Schiebebühne und den Eisenbahnschienen beträgt 120 mm. Die Bewegung der Bühne erfolgt auf drei Schienen, welche von Mitte zu Mitte 2,25 m auseinanderliegen. Der Dampfwagen, dessen Untergestell auf Achsen und Laufrädern ruht, trägt eine gekuppelte Dampfmaschine, den Dampfkessel, Wasser- und Kohlenbehälter und einen Gerätekasten.

Der auf dem walzeisernen Untergestell verschraubte Hohlgussrahmen trägt eine zweicylindrige Dampfmaschine von 160 mm Cylinderdurchmesser und 220 mm Hub. Die Maschine ist mit Doppelschieberumsteuerung und leicht zu handhabendem Regulierschieber versehen.

Die Kraft der Maschine wird mittels Räderübersetzung auf die erste Vorgelegewelle übertragen, auf welcher sich die Seiltrommel für das Heranholen der Waggons und das Ritzel für die Uebersetzung zur Seitenbewegung befinden.

Beide können mittelst einer vom Wärterstande aus zu handhabenden Kupplung wechselweise mit der Maschinenwelle in Verbindung gebracht werden. Die Seiltrommel von 500 mm Durchmesser und 300 mm Breite kann bequem 100 m Seil aufnehmen. Vor der Trommel ist auf dem Untergestell eine Doppelleitrolle so verlagert, dass mit dem Anzugseil das Heranziehen des Waggons von beiden Seiten erfolgen kann. Auf der ersten Vorgelegeachse befindet sich das Ritzel, welches nach erfolgter Einrückung

Additional material from *Aufbereitung, Kokerei, Gewinnung der Nebenprodukte, Brikettfabrikation, Ziegeleibetrieb,*
ISBN 978-3-642-51908-6 978-3-642-51908-6_OSFO5),
is available at http://extras.springer.com

die Kraft der Maschine vermittelst einer Uebersetzung auf die zweite Vorgelegewelle überträgt. Von dieser Vorgelegewelle aus werden durch eine Räderübersetzung die Laufrollen angetrieben.

Der Dampfkessel ist mit dem Untergestell fest verbunden und liegt senkrecht zu der Längsrichtung des Dampfwagens, wodurch eine günstige Gewichtsverteilung und eine vorteilhafte Belastung der Antriebsrollen für die Seitenbewegung erreicht ist; auch ist ein Ausziehen des Kessels ohne Demontierung von Maschinenteilen ermöglicht.

Der Dampfkessel, ein ausziehbarer Gallowaykessel, ist für 8 Atm. konzessioniert. Der ganze Dampfwagen ist mit einem Gehäuse und einem Wellblechdache versehen.

Um die Bühne auch noch nach ev. Abkuppelung des Dampfwagens von Hand aus benutzen zu können, ist auf derselben, in der Mitte der Längsseite, dem Dampfwagen gegenüber, ein Vorgelege mit Räderübersetzung und Schneckenbetrieb angebracht.

Auf dem Steinkohlenbergwerk Zollverein befindet sich noch auf Schacht I/II sowie auf Schacht III je eine, von der Maschinenfabrik Hohenzollern in den 70er Jahren gelieferte Dampfschiebebühne in Thätigkeit. Eine solche besorgt mit einer Dampfmaschine von 25 HP das Rangieren der Waggons an den Verladestellen und an den Waagen; sie setzt die beladenen und verwogenen Waggons in die betreffenden Gleise, aus welchen sie mittelst einer Lokomotive abgeholt und weiter bewegt werden. Es wird eine Förderung von etwa 2500 t Kohlen in der Schicht damit bewältigt. Abbildungen von Dampfschiebebühnen aus den Fabriken Hohenzollern in Düsseldorf und der Rheiner Maschinenfabrik in Rheine bringen die Figuren 35 und 36. Die Dampfschiebebühnen haben überall dieselben Bewegungen auszuführen. Die Kraft kann von der mit Umsteuerung versehenen Winde, welche die Waggons heranholt, durch eine oder zwei Kupplungen direkt auf die Achsen der Laufräder übertragen werden.

Zu erwähnen sind an dieser Stelle noch Schiebebühnenanlagen, welche durch Seilübertragung von einer ausserhalb der Schiebebühne stehenden stationären Dampfmaschine angetrieben werden. Solche Schiebebühnen hatten gegenüber den mit Handbetrieb eingerichteten versenkten Bühnen den Vorzug, dass sie leicht in der Ebene der Bahngleise laufend anzuordnen waren; sie besassen auch vor den Schiebebühnen mit direktem Dampfbetrieb die gute Eigenschaft, dass Maschinen und Kessel Stössen und Erschütterungen, welche bei ersteren Bühnen einmal nicht zu vermeiden sind, nicht mehr ausgesetzt waren und die Gewichte von Maschinen, Kessel und Zubehör nicht mitgeschleppt wurden und deshalb Kraft gespart wurde. Das Treibseil wurde entweder hoch über Rollen geführt, oder lag in einem Kanal unter dem Gleise. Die Schienen wurden nur durch eine schmale Rinne, in der das Seil lief, unterbrochen.

Fig. 35.

Dampfschiebebühne, erbaut von der Maschinenfabrik Hohenzollern.

Fig. 36.

Dampfschiebebühne mit Windevorrichtung zum Anziehen der Waggons, im Niveau des Bahnhofsgleises laufend.

Eine solche Schiebebühne mit Seilantrieb und Windevorrichtung zum Anziehen der Waggons, im Niveau des Eisenbahngleises laufend, ist in Fig. 37 veranschaulicht. Sie ist in den 80er Jahren von der Rheiner

Maschinenfabrik i. F. Webers & Co. für die Zeche Minister Stein ausgeführt worden und hat sich daselbst gut bewährt.

Dütting bemerkt in seiner, in der Zeitschrift für das Berg-, Hütten- und Salinenwesen im preussischen Staate, Jahrgang 1890, veröffentlichten

Fig. 37.

Dampfschiebebühne mit Seilantrieb und Windevorrichtung, im Niveau des Eisenbahngleises laufend.

Abhandlung über den Rangierbetrieb auf Bergwerken, speziell über Schiebebühnen Folgendes:

»Die Anwendung der Dampflokomobilen für den Betrieb der Schiebebühnen erscheint in den meisten Fällen keineswegs besonders vorteilhaft. Ihre Unterhaltung ist vielmehr eine sehr teure, da sie bedeutend mehr Brennmaterial erfordern als stationäre Dampfkessel. Ausserdem werden ihre kleinen Feuerbüchsen und Armaturen durch die beim Auffahren der Waggons auf die Schiebebühnen unvermeidlichen Stösse und Erschütterungen leicht undicht. Dieser Uebelstand wird zwar durch die Trennung der Lokomobile von der Schiebebühne einigermassen beseitigt, immerhin sind Betriebsstörungen durch das umständliche und zeitraubende Anheizen und Reinigen der Kessel, sowie auch kleinere und grössere Reparaturen gerade bei Dampfschiebebühnen ziemlich häufig, da der Maschinenführer bei der Aufmerksamkeit, welche er — zumal bei lebhaftem Betriebe — auf den eigentlichen Rangierdienst richten muss, meist nicht imstande ist, dem Kessel und der Maschine diejenige Sorgfalt zu widmen, welche gerade ein beweglicher Dampfkessel erfordert.«

Wenngleich den Lokomobilschiebebühnen die erwähnten Mängel anhaften, besonders bei nicht sorgfältiger Ausführung, so sind sie noch immer vielfach im Betriebe anzutreffen, sie werden auch noch oft neugebaut und in den Betrieb neu eingestellt. Ihre schnelle Beseitigung wird, seitdem man das Rahmenwerk stabiler gestaltet, nicht einmal den Dampfschiebebühnen mit feuerlosem Kessel, obwohl bei ihnen viele Mängel, die vorhin ausgesprochen wurden, in Wegfall kommen, gelingen.

Schiebebühnen mit feuerlosem Kessel baut die Maschinenfabrik Hohenzollern bei Düsseldorf. Dieselbe macht das System und Patent Lamm-Francq, welches im Kapitel Rangierlokomotiven bereits besprochen wurde, auch für den Rangierbetrieb durch Schiebebühnen mit Erfolg nutzbar.

Die bereits bei Besprechung der feuerlosen Rangierlokomotiven hervorgehobenen Vorzüge dieser Maschinen vor direkt gefeuerten treffen auch für die Schiebebühnen mit feuerlosem Kessel zu. Dieselben sind vor etwa 14 Jahren von der obengenannten Firma zuerst eingeführt worden und haben sich dann schnell Eingang verschafft.

Der feuerlose Kessel dieser Maschine ist analog dem gefeuerten zugleich mit der Maschine auf der Bühne selbst montiert (Fig. 38). Aur Wilhelmine Victoria, Schlägel & Eisen, Langenbrahm, Carl Friedrich Erbstolln, Neu-Iserlohn I & II, Dorstfeld II, Königsborn II, Prosper I, Helene Amalia, Deutscher Kaiser, Viktoria, Monopol, Lothringen, Herkules und auch anderen Zechen des Ruhrkohlengebietes haben sich diese Schiebebühnen sehr gut bewährt.

Die elektrisch betriebenen Schiebebühnen sind ähnlich den Dampfschiebebühnen aus kräftigen Verbindungen von Walzeisen hergestellt. Sie bewegen sich entweder, wie dies bei der auf der Zeche Adolf von Hansemann von der Firma Jos. Vögele in Mannheim gelieferten Maschine der Fall ist, auf 3 Laufschienen im Abstande von 2,7 m über die nicht unterbrochenen Fahrgleise*) oder sie laufen auf 2 Laufschienen im Abstande 5,180 m (Konstruktion der Rheiner Maschinenfabrik auf Zeche Erin, Minister Stein u. a.). Letztere werden »Normalschiebebühnen« genannt, sind den neuesten Erfahrungen gemäss gebaut und zeichnen sich durch hohe Stabilität und Betriebssicherheit aus. Sie sind eingerichtet zum Quer-

---

*) Glückauf 1900, No. 50, S. 1035.

fahren über die Bahnhofsgleise und zum Abstossen und Anziehen der Waggons. Die Eisenbahn- und Rangiergleise sind nicht unterbrochen und die Gleise, auf welchen die Bühne fährt, liegen nur 20 mm höher wie die Fahrgleise, damit die Flantschen der Bühnenlaufräder über letztere hinwegkönnen.

Fig. 38.

Feuerlose Schiebebühne der Maschinenfabrik Hohenzollern.

Die in Fig. 39 veranschaulichte Bühne ist an der Stelle, wo die Waggons aufgefahren werden, möglichst niedrig angeordnet; denn die Höhendifferenz zwischen Bahnhofs- und Bühnengleis beträgt nur 150 mm. Der Konstrukteur hat nur deshalb 2 Laufschienen angenommen, um Reibung, Kraftverbrauch und Betriebskosten möglichst gering zu machen. Zur Vermeidung des Durchbiegens des Fahrgleises auf der Bühne ist dasselbe als Kastenträger ausgeführt und trägt so die Last der auffahrenden Waggons leicht.

Zur Ueberwindung der Höhendifferenz erhält die Bühne an jedem Ende eine Auslaufspitze, welche sich, durch Federn festgehalten, durch an- oder ablaufende Wagen von selbst auf das Bahnhofsgleis legt.

Sämtliche Laufräder aus Stahl sind paarweise angeordnet, damit die Gleisunterbrechungen an den Stellen, wo das Eisenbahngleis kreuzt, keine Stösse verursachen.

Zur Erzielung eines recht leisen Ganges sind die Lager der Laufräder mit Kugeln versehen und gegen Staub und Schmutz sorgfältig abgedichtet.

Das Triebwerk wird von einem 6pferdigen Hauptstrommotor angetrieben, der auf das Doppelte beansprucht werden kann und für Rechts- und Linkslauf eingerichtet ist.

Der Antrieb vom Motor auf die Vorgelegeachse geschieht durch Rohhautritzel. Das mit diesem Ritzel zusammenarbeitende Rad hat gefräste
Zähne und läuft lose auf der Achse. Durch Federkupplungen kann dasselbe einmal mit der Achse zum Fahren der Bühne, das andere Mal mit
der Achse für die Windetrommel verbunden werden. Die Federkupplung
rückt selbstthätig aus, sobald ein grösserer Widerstand entsteht, damit der

Fig. 39.

Schiebebühne mit elektrischem Antrieb und Windevorrichtung, im Niveau des
Bahnhofsgleises laufend.

Motor durch plötzlich eintretende Stockungen, welche beim Anziehen fest-
gebremster Waggons oder beim Auffahren der Bühne auf einen auf dem
Gleise liegenden Gegenstand oft und leicht eintreten können, keinen
Schaden leide. Die Windetrommel für das Anzugseil ist für sich ausrück-
bar, um das Abziehen des Seils zu erleichtern. Die Ausrückvorrichtung
rückt selbstthätig aus, sobald der Bedienungsmann den Motor versehentlich
bei eingerückter Windetrommel verkehrt herumlaufen lässt, wobei dann
das Seil auf der Trommel sich aufbauscht. Vermittelst einer Fussbremse
lässt sich die Winde sofort still stellen. Die Seilführung ist gesetzlich geschützt. Die Fahrgeschwindigkeit der Schiebebühne beträgt etwa 0,5 m,
die Anzugsgeschwindigkeit etwa 1,2—1,5 m in der Sekunde.

Der Antrieb elektrisch betriebener Schiebebühnen kann sowohl durch einen in laufender Richtung umlaufenden Elektromotor erfolgen, wobei die Umsteuerung mechanisch durch Wendegetriebe geschieht, als auch durch einen in beiden Richtungen umlaufenden Motor, welcher elektrisch durch Umkehrung der Stromrichtung im Anker umgesteuert wird.

Bei den elektrisch angetriebenen Schiebebühnen der Firma Heintzmann & Dreyer in Bochum, ausgeführt für die Zechen Hansa und Friedrich der Grosse (Fig. 40 a und b), erfolgt der Angriff durch ein mit Rohhaut überzogenes Kegelreibrad. Dieses ist auf dem Ende der Motorachse befestigt und kann, um so den Lauf der Schiebebühne in der einen oder anderen Richtung zu erreichen, vermittelst Handradstellvorrichtung mit den beiden auf der Antriebswelle des Windewerkes verschiebbaren grösseren Kegelreibrädern abwechselnd in Eingriff gebracht werden.

Da bei feuchtem Wetter die Kegelreibräder leicht auf einander gleiten, wodurch die gleichmässige Fortbewegung der Bühne unangenehm unterbrochen wird, so beschäftigt sich eben genannte Firma jetzt auch mit dem Bau elektrisch betriebener Schiebebühnen mit umsteuerbarem Motor. Dieser Einrichtung gebührt unzweifelhaft der Verzug gegenüber der mit Kegelreibradantrieb.

Die sog. Spills und Rangierwinden spielen gegenüber den Lokomotiven und Schiebebühnen als Rangiervorrichtungen eine nur untergeordnete Rolle. Ihre Benutzung führt allerlei Unbequemlichkeiten mit sich und ist, weil das Hin- und Herschleppen der Seile sowie das Anhängen derselben an Spills und Winden menschliche Arbeitskräfte erfordert, teuer und gefährlich, die Seile sind zudem, weil sie auf und zwischen den Gleisen umherliegen und durch Schmutz und Nässe sowie auch durch Ueberfahren viel leiden, der Abnutzung stark unterworfen.

Auf der Zeche Zollverein I/II ist eine ältere von der Firma Winterberg & Jüres in Bochum gelieferte mechanische Rangiervorrichtung in Betrieb, bei welcher mittels sog. Spills die Waggons an den Kohlenwäschen zum Beladen bereit gestellt werden. Die beiden Spills werden von einer siebenpferdigen Dampfmaschine, welche in einem dem Gleise nahegelegenen Gebäude aufgestellt ist, mittels einer unterirdisch gelagerten Welle und auf diese aufgekeilter konischer Räder, welche in andere konische Räder auf den Spillachsen eingreifen, angetrieben. So ist man imstande, stündlich etwa 100 Waggons zur Ladebühne heranzuziehen. In ähnlicher Weise geht das Rangieren auf ver. Germania I, ver. Präsident I und einzelnen anderen Zechen vor sich, doch ist eine solche Einrichtung, für welche stets eine Dampfmaschine in Bereitschaft gehalten werden muss, im Betriebe recht kostspielig und sollte nur da in Anwendung kommen, wo ein elektrischer Antrieb sich nicht wohl ausführen lässt.

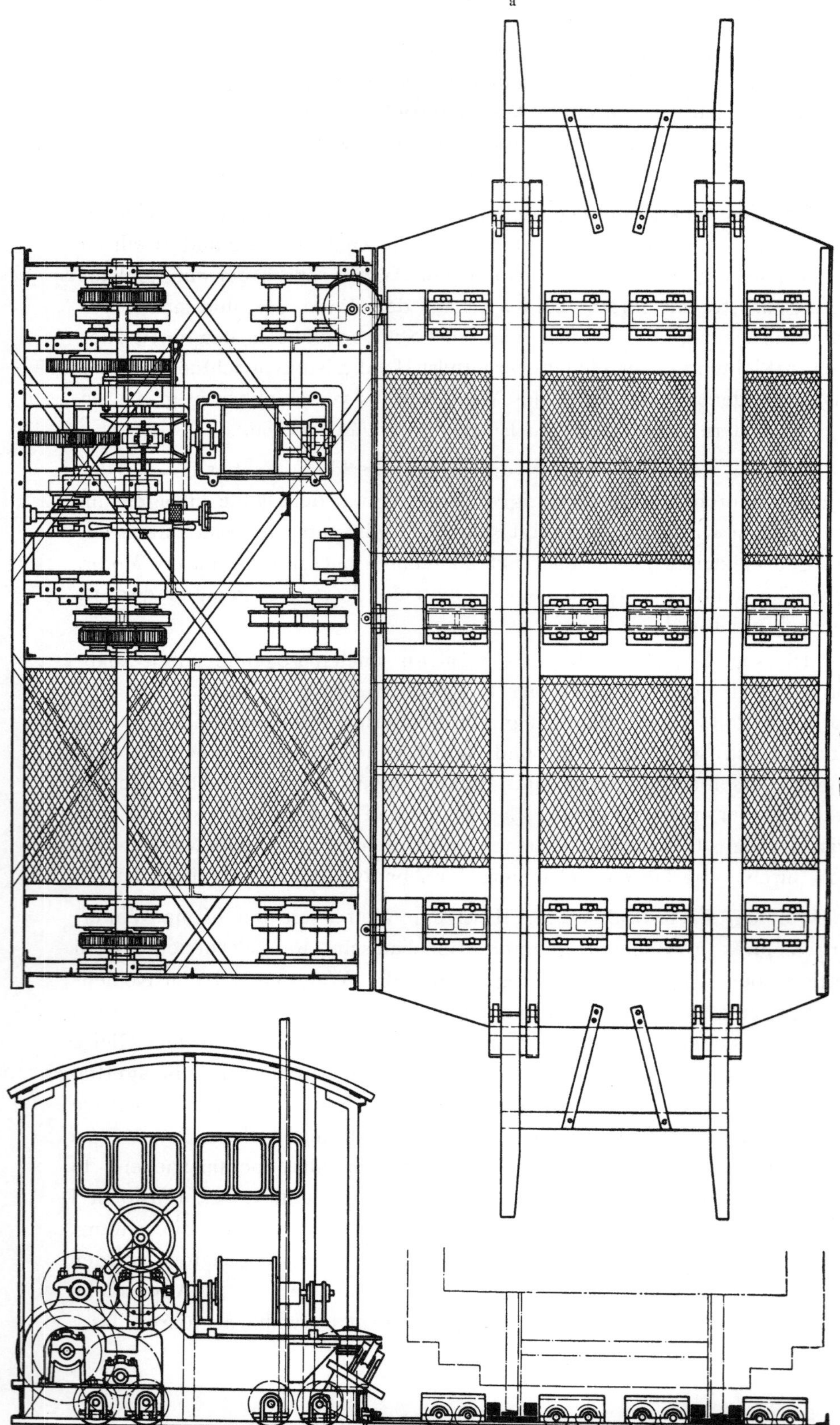

Fig. 40a u. b. Schiebebühne mit elektrischem Antrieb von Heintzmann & Dreyer.

Spills mit elektrischem Antriebe scheinen auf den Zechen bisher nicht eingerichtet zu sein.

Auf den rheinisch-westfälischen Zechen findet nun der Rangierbetrieb statt:

mit der Hand . . . . auf   6 Schächten,
» Pferden . . . . » 60   »
» Lokomotiven . . ' . . » 122   »
» Schiebebühnen . . . . » 30   »   und
» feststehend. Dampfmasch. » 10   »

Dazu sei noch bemerkt, dass von den Schiebebühnen eine durch Menschenhand bewegt wird, während 15 mit feuerlosen Heisswasserkesseln und 6 mit elektrischem Antriebe versehen sind.

Da indes auf vielen Anlagen oder Schächten mittels Lokomotiven oder Schiebebühnen und daneben zur Aushülfe mit Pferden rangiert wird, bezw. auf mehreren Zechen Schiebebühnen und Lokomotiven zugleich benutzt werden, so können die vorstehend angegebenen Zahlen, die ausserdem einer fortwährenden Aenderung unterworfen sind, auf absolute Genauigkeit keinen Anspruch machen.

Noch seien über die vielfach angewandten Waggonschieber ein paar Worte gesagt.

Die Waggonschieber. Die Fortbewegung der Waggons auf kleinere Entfernungen, z. B. beim Auffahren der Waggons auf die Gewichts-waagen geschieht auf einfache und leichte Art von Hand mittels sogen. Waggon- oder Handwagenschieber.

Die einfachsten und immer noch bei den Arbeitern beliebtesten Waggonschieber sind grade Stahlstangen von etwa 2 m Länge, die am untern Ende meisselartig zugeschärft zwischen Rad und Schiene gedrückt werden und bei geringer Kraftanstrengung die Bewegung der Wagen einleiten. Solche Stangen, jedoch am unteren Ende etwas umgebogen, sodass sie hebelartig wirken, findet man u. a. auf Hibernia und Shamrock in Gebrauch. Kombinierte Hebelkonstruktionen, welche einem Arbeiter die Fortbewegung eines vollbeladenen Waggons ermöglichen, giebt es viele.

Ein bekannter Apparat dieser Art ist der Eisenbahn-Waggonschieber System Borgsmüller-Brückmann. Der bedienende Mann bewegt sich ausserhalb des Gleises und kann den Apparat, wenn nötig, sofort wegziehen. Auch bei Waggons, die mit Bremsen ausgerüstet sind, ist der Apparat, den wir u. a. auf der Zeche Borussia finden, anwendbar. Er besteht, wie Fig. 41 a und b zeigt, aus einem Schuh in Verbindung mit einem Hebel. Der Schuh wird dicht hinter dem Wagenrad auf die Schiene gesetzt, der hochstehende Hebelarm langsam niedergedrückt und der Waggon sanft in Bewegung gesetzt.

Einen Waggonschieber System Heshuysen stellt Fig. 42a und b dar. Derselbe ist einfach konstruiert, hat aber den Nachteil, dass der Arbeiter beim Anhängen des einen Hebelarmes über die Waggonachse sich innerhalb der Gleise begeben muss.

Fig. 41 a u. b

Waggonschieber von Borgsmüller-Brückmann.

Der Apparat, den wir auf der Zeche Holland antreffen, besteht aus einem zweiarmigen Hebel, dessen einer Arm, durch eine Schraube in seiner Länge verstellbar, an der hinteren Radachse des fortzubewegenden Waggons aufgehängt wird und deshalb am oberen Ende umgebogen ist. Das andere Ende des Hebels ist mit dem des ersten Armes gelenkartig verbunden und bildet dies Gelenk den Stütz- und Drehpunkt der Bewegung, welcher zwischen der Achse und dem Radumfang liegt. An dem zweiten Hebelarm befindet sich ein Ansatz, welcher in den Spurkranz des

anzugreifenden Rades passt. Durch Auf- und Niederbewegung des Hebels
wird das Rad gedreht und damit der Waggon in Bewegung gesetzt. Ein
Arbeiter ist im Stande, einen vollbeladenen Waggon anzutreiben, besser
ist es aber, wenn immer zwei Räder derselben Achse angetrieben werden,
damit der Waggon sich nicht eckt.

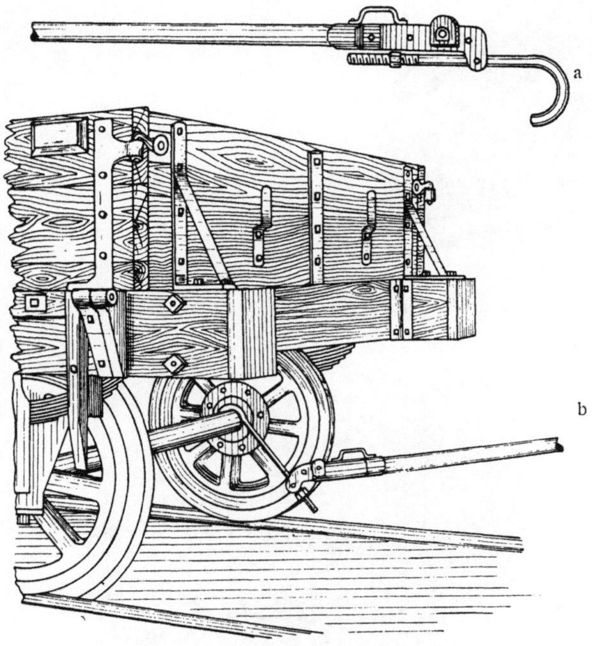

Fig. 42 a u. b.

Waggonschieber, Patent Heshuysen.

Den Waggonschieber von Windhoff findet man viel verbreitet; er
ist auf den Zechen Margaretha, Graf Schwerin, Königin Elisabeth, Ver.
Präsident, Erin, Viktoria, Friedrich der Grosse u. a. in Gebrauch. Bei dieser
vorzüglichen Konstruktion wird eine bewegliche Zunge beim Niederdrücken des Hebels durch eine Coulisse vorgeschoben und folgt der Cy-
kloidenbewegung des Wagenrades (Fig. 43a—c).

Gegenüber anderen Konstruktionen verdient der Windhoffsche
Waggonschieber deshalb den Vorzug, weil an Stelle einer Rolle als Stütz-
punkt hier eine Wälzungsfläche vorliegt. Durch diese Anordnung wird
erreicht, dass in dem Augenblicke, wo der grösste Kraftaufwand nötig ist,
das Hebelarmverhältnis wie 1 : 70 steht und beim Niederdrücken des Hebels
allmählich auf 1 : 10 sinkt.

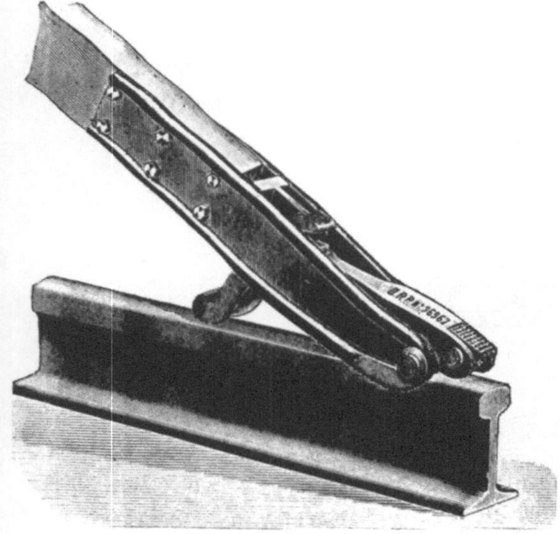

a. Wagenschieber beim Ansetzen an den Wagen.

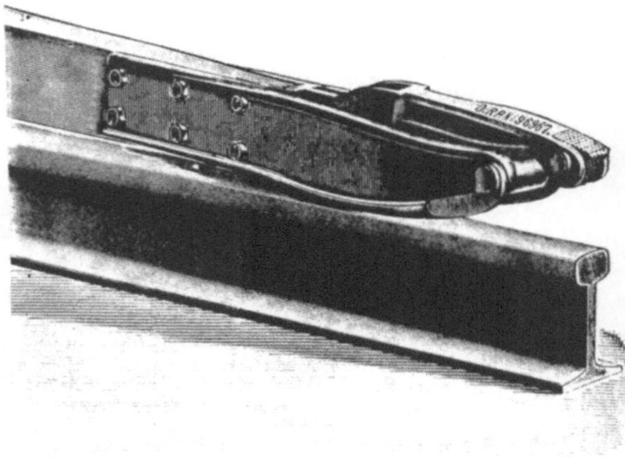

b. Wagenschieber beim Verlassen des Radkranzes.

Fig. 43 a—c.

Waggonschieber, Patent Windhoff.

III. Das Klassieren der Kleinkohlen.

Die beim Absieben der Stücke durch die dazu verwendeten Siebapparate durchgefallenen Kleinkohlen, d. i. das gesamte Haufwerk unter 90, 80 oder 70 mm Korngrösse, sammelt sich in einem Vorratsbehälter, der sog. Becherwerksgrube, auch Rostgrube oder Füllrumpf genannt. Diese Grube, welche zweckmässig in recht grossen Dimensionen anzulegen ist, hat vorwiegend die Aufgabe, Unregelmässigkeiten in der Förderung auszugleichen, Unterbrechungen im Betriebe zu verhindern und eine gleichmässige Beschickung der Klassiervorrichtungen sowie der ganzen Wäsche zu ermöglichen, da dies für das gute Arbeiten derselben von grosser Wichtigkeit ist. So sind auf den Zechen Ver. Bonifacius, Hasenwinkel und Dannenbaum I die Füllrümpfe beispielsweise im Stande, gegen 100 t, auf Ver. Constantin der Grosse III. und Adolf von Hansemann 150, auf Rheinpreussen 200 und auf Ver. Hagenbeck 250 t Kohlen aufzunehmen.

Aus dem Füllrumpfe werden die Kleinkohlen den zur Klassierung derselben dienenden Apparaten durch ein Becherwerk, das sog. Aufgabebecherwerk, zugehoben. Der trichterförmige Füllrumpf ist an seinem tiefsten Punkte mit einer Oeffnung versehen, durch welche die Kohlen dem Becherwerke zufallen; damit aber die Füllung der Becher und die Aufgabe auf die Klassier-Apparate in gleichmässiger Weise sich vollziehe, auch ein Festsetzen des Becherwerkes verhütet werde, hat man vor dieser Oeffnung auf vielen Zechen einen in entsprechenden Intervallen sich selbstthätig öffnenden und schliessenden Regulierschieber angebracht, welcher mittels einer über Rollen geführten Kette oder einer anderen Vorrichtung bewegt wird und nach Belieben eingestellt werden kann. Solche Einrichtungen sind auf den Zechen Rheinpreussen I und II, Hasenwinkel, Caroline bei Holzwickede, Neuköln, Dannenbaum I u. a. an den Aufgabebecherwerken angebracht.

Zur Klassierung der Kleinkohlen wurden nun, wie oben schon bemerkt worden ist, anfänglich — etwa von 1849—1861 — Stangensiebe benutzt, dann aber ist man vorwiegend zu rotierenden Siebtrommeln oder Trommelsieben übergegangen, die bei der Erzaufbereitung seit dem Jahre 1792 schon bekannt waren*) und bis heute in zahlreichen Separationen und Wäschen noch Verwendung finden; an Stelle dieser letzteren, oder neben denselben bedient man sich endlich, und zwar in neuerer Zeit vielfach, ebener Siebe verschiedenster Konstruktion und Bewegungsart.

Die Stangensiebe sind oben schon ausführlich besprochen worden, weshalb hier von einem Eingehen auf diese Apparate umsomehr abgesehen werden kann, als sie bei der Klassierung der Kleinkohlen heute garnicht mehr benutzt werden.

Die Trommelsiebe sind entweder cylindrisch mit geneigter Lage der Rotationswelle — die Neigung wird durchschnittlich zu 4° genommen —, oder konisch mit horizontaler Welle; im letzteren Falle wird die Fortführung des zu klassierenden Vorrates durch die in der Regel gleichfalls 4° betragende Konicität der Trommel bewirkt. Ferner sind sie einmantelig konstruiert oder mit zwei auf derselben Welle konzentrisch angeordneten Mänteln von verschiedenem Durchmesser versehen; man nennt sie dann

---

*) Gaetzschmann, a. a. O., Bd. I, S. 674.

Doppeltrommeln; auch verwendet man Trommeln mit mehreren, bis zu fünf, konzentrischen Sieben, sog. Spiraltrommeln, oder man verbindet je nach der Anzahl der zu erzielenden Körnerklassen mehr oder weniger einzelne Trommeln mit einander zu einem sog. Trommelapparate, bei welchem diese Trommeln stufenweise unter- bezw. nebeneinander oder voreinander angeordnet sein können. Die Klassierung kann mittels der Siebtrommeln, ebenso wie bei den Stangensieben oder Rättern bezw. wie bei den bewegten Plansieben, aus dem Feinen ins Grobe, wie umgekehrt aus dem Groben ins Feine erfolgen, je nachdem dieselbe auf dem feinsten oder gröbsten Siebe begonnen wird.

Während man bei der Erzaufbereitung, die eine recht scharfe Klassierung des Haufwerkes in zahlreiche Klassen erfordert, meist ausgedehnte und komplizierte Trommelapparate vorfindet, gestalten dieselben sich bei der Klassierung der Steinkohlen meist sehr einfach. So hat man sich früher in vereinzelten Fällen mit einer cylindrischen oder konischen Trommel begnügt, bei welcher drei bis vier Felder mit zunehmender Lochweite aneinanderstossend auf ein und derselben Welle lagen, der zu klassierende Vorrat zuerst auf das feinere Sieb gelangte und von diesem auf die sich daran anschliessenden gröberen Felder überging. Derartige sog. Langtrommelapparate waren beispielsweise vorhanden in der 1872 erbauten Sieberei für die Zeche Ritterburg, jetzt Constantin der Grosse, Schacht III und in der 1877 erbauten Wäsche von Maria Anna & Steinbank. In der letztgenannten Lührigschen Wäsche bestand die konische Langtrommel aus drei Feldern, von 15, 25 und 45 mm Lochung, deren erstes von einem äusseren Mantel von 10 mm Lochung in einem Abstande von 150 mm umgeben war. Die zu klassierende Kleinkohle wurde auf das erste innere Feld von 15 mm Lochung aufgegeben, und die Trommel lieferte einschliesslich Trommelrückhalt bezw. Ausfall vier als Nüsse bezeichnete Korngrössen und als Durchfall des äusseren 10 mm Mantels sog. Trockenstaub, welcher durch einen rasch fliessenden Wasserstrom einem Spitzkastenapparate zur weiteren Sortierung nach der Gleichfälligkeit und Vorbereitung für die Setzarbeit zugeführt wurde. In der gleichfalls von Lührig im Jahre 1878 gebauten Wäsche der Zeche Ver. Bonifacius waren früher zwei solcher Langtrommeln zur Separation der Kleinkohlen unter 75 mm Korngrösse in Gebrauch. Die eine derselben hatte drei Siebe mit 8, 15 und 30 mm, die andere vier Siebe mit 8, 15, 25 und 45 mm Lochung. Diese beiden Trommeln sind indes im Jahre 1882 durch zwei Schmittsche Spiraltrommeln, von welchen im folgenden die Rede sein wird, ersetzt worden, weil die Leistung der Langtrommeln für das erreichte grössere Förderquantum nicht mehr genügte*).

---

*) Zeitschr. f. d. Berg-, Hütten- u. Salinenw. 1883, Bd. 31 B, S. 213.

Häufiger, als in der vorbeschriebenen Weise, pflegt man die Einrichtungen so zu treffen, dass die zu klassierende Kleinkohle zunächst durch eine sog. Vortrommel in zwei Hauptgruppen und jede derselben dann mittels sich anschliessender Trommeln oder anderweitiger Apparate in die gewünschte grössere Anzahl von Körnerklassen getrennt wird. Ist diese Vortrommel, wie in den meisten Fällen, eine Doppeltrommel, so besteht der innere Mantel, welcher die gröberen Teile zurückhält, aus stärkerem Blech von genügender Widerstandsfähigkeit; durch den äusseren Mantel fallen dann die Feinkohlen hindurch, während ein Mittelkorn von demselben ausgetragen wird. Gewöhnlich arbeiten diese Trommeln, wenn nicht beabsichtigt wird, trockene Staubkohlen abzusieben oder abzublasen, unter Zuhülfenahme eines Wasserstromes und sog. Trommelbrausen, wodurch eine schärfere Klassierung unter gleichzeitiger Vermeidung der lästigen Staubbildung erzielt wird. Eine solche Vortrommel wurde schon oben — in der Einleitung — bei Besprechung der in den 60er Jahren erbauten Separation und Wäsche der Zeche Schleswig beschrieben und durch Zeichnung erläutert.

Auf dem Schachte Holstein der Zeche Hörder Kohlenwerk, dessen im Jahre 1885 von Schüchtermann & Kremer erbaute Separation und Wäsche als Beispiel einer derartigen Klassierung gewählt sein möge, werden die Kleinkohlen einer grossen konischen Vortrommel mit doppeltem Mantel übergeben. Der innere Mantel hat 10, der äussere 8 mm Lochung. Der Rückhalt oder Ausfall des inneren Siebes, — 10—90 mm Korn —, geht in eine zweite cylindrische Trommel, die sog. Verteilungstrommel, welche drei Felder von 18, 32 und 55 mm Lochweite besitzt; sie liefert somit vier Klassen Nüsse. Die durch den äusseren Mantel der Vortrommel durchgefallenen Feinkohlen von 8—0 mm gelangen in eine dritte, gleichfalls cylindrische und zur Hälfte doppelmantelige Trommel, die sog. Feinkorntrommel, deren innerer Mantel zwei Felder von 4 und 6 mm Lochung besitzt, während der äussere, nur bis zur halben Trommellänge reichende Mantel mit einer Lochung von $2^{1}/_{2}$ mm versehen ist. Diese Trommel separiert somit vier Korngrössen Feinkohlen, welche je zwei Setzmaschinen zugeführt werden.

Aehnliche Einrichtungen für die Klassierung der Nuss- und Feinkohlen sind in den von 1885 bis 1891 erbauten Separationen und Wäschen der Zechen Glückauf Tiefbau, Bommerbänker Tiefbau, Concordia und Hasenwinkel vorhanden.

Die aus mehreren konzentrischen Trommelsieben bestehenden und nach dem System von Schmitt-Manderbach konstruierten sog. Spiraltrommeln finden in neuerer Zeit auch bei der Aufbereitung der Steinkohlen vielfach Anwendung; namentlich sind dieselben in den seit Anfang der 80er Jahre von Humboldt und von Baum erbauten Anlagen fast ausnahmslos anzutreffen. Bei der Erzseparation werden mit einer solchen Trommel 8 oder 10, ja selbst bis zu 13 Körnerklassen erzielt, zur Separation der Steinkohlen verbindet man aber gewöhnlich nur vier oder fünf konzentrische Trommeln zu einem Apparate.

Der von Humboldt angewandte, als Spiralsiebtrommel, oder als patentierte Kohlen-Sieb- und Verteilungstrommel bezeichnete Apparat, welcher durch Tafel VI erläutert wird, besteht im wesentlichen aus drei Teilen, nämlich: Aus der Vortrommel a mit den zwei Eintrageschaufeln, aus dem Siebkörper b mit den gelochten Siebmänteln und spiralgewundenen Austragerinnen und aus den Nachtrommelmänteln c c_1 am vorderen bezw. hinteren Ende des Siebkörpers. Die zu siebende Kohle rutscht aus dem Trichter T in die Vortrommel a. In letzterer befinden sich zwei spiralförmig gewundene Eintrageschaufeln e und e_1, welche den Zweck haben, das in die Vortrommel eingeführte Material in gleichen Teilen zu schöpfen und auf den inneren Mantel des Siebkörpers b zu transportieren. Der Siebkörper b besteht aus den cylindrisch umeinandergelegten Siebmänteln, und hat der innere Mantel die gröbste und der äussere Mantel die feinste Lochung. Bei etwa fünf Mänteln hat der innerste Mantel demgemäss etwa 48, der zweite 28, der dritte 17, der vierte 10 und der feinste — äussere — Mantel 7 mm Lochung. Da das Hauptprinzip der Trommel darin besteht, dass das ihr zugeführte Material bei jeder Umdrehung die Trommel auch wieder verlassen soll, so ist es von grösstem Werte, das Material von Anfang an in gleichförmiger Weise auf die ganze Länge des Siebkörpers zu verteilen. Dieses wird durch besondere Gerinne, welche auf dem innersten Trommelmantel angebracht sind und in welche die Eintrageschaufeln e e_1 der Vortrommel ausgiessen, bewirkt. Demgemäss wird das Material, in einer dünnen Schicht auf der ganzen Sieblänge verteilt, während einer Umdrehung rein abgesiebt. Unmittelbar vor und unter der Verteilungsrinne liegen in der ganzen Sieblänge unter starker Neigung die spiralförmig gewundenen Austragerinnen v, durch welche das abgesiebte Material ausgetragen wird. Die aus dem Siebkörper vermittelst der Rinnen ausgetragenen Produkte gelangen auf die Nachtrommel c c_1, damit sie gleichförmig und unter Vermeidung von Fall in Lutten abgezogen werden können. Wie aus der einer ausgeführten Anlage entnommenen Zeichnung ersichtlich ist, werden Sorte I und II am hinteren Ende der Trommel ausgetragen, während die Sorten III, IV und V am vorderen Ende abgezogen werden. Es wird dies durch ein einfaches Kreuzen der Austragerinnen bewirkt, sodass die Neigung der Spirale statt nach dem hinteren Ende, nach dem vorderen Ende verläuft. Für die jeweilige Disposition der Abführungslutten ist dies von grossem Vorteile.

In der Spiraltrommel kann die Klassierung sowohl trocken erfolgen, wenn die Staubkohlen, wie dies häufig der Fall ist, nicht gewaschen

werden sollen, als auch unter Zuhülfenahme von Wasser. Wird trocken klassiert, so ist die Trommel zur Vermeidung von Belästigungen durch Staub mit einem dichten Mantel umgeben.

Damit die Maschen des äussersten, feinsten Siebmantels, welcher häufig, anstatt aus gelochtem Blech, aus Drahtgeflecht besteht, sich nicht zusetzen, was besonders bei etwas feuchten Kohlen sonst vorkommen würde, hat man dieses Sieb mit einem sog. Schlagwerke versehen. Die Peripherie des Siebes ist, wie Fig. 44 zeigt, von einem mit nasenförmigen Ansätzen versehenen Kranze umgeben; auf diesem schleift ein Hammer,

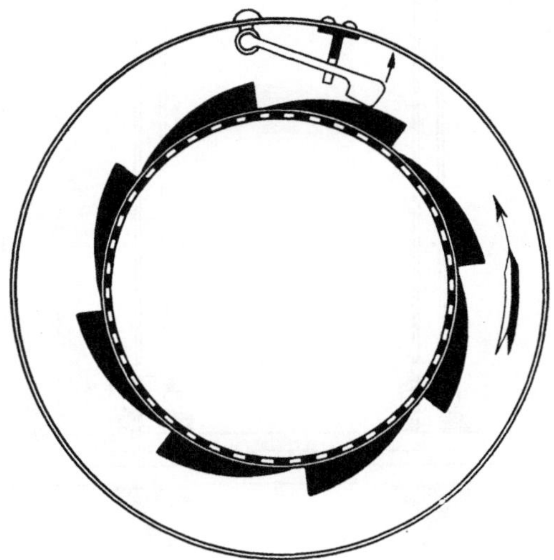

Fig. 44.

Zur Siebtrommel gehöriges Schlagwerk.

der im Innern der Trommeleinkleidung aufgehängt ist. Wird die Trommel in der Pfeilrichtung in Umdrehung versetzt, so wird der Hammer von den Nasen gehoben und fällt in kurzen Zwischenräumen auf den Kranz nieder, wodurch der Trommelmantel jedesmal stark erschüttert und gereinigt wird.

Auf der Zeche Ver. Bonifacius sind in der älteren, im Jahre 1878 erbauten Wäsche die beiden anfänglich vorhandenen Langtrommeln oder sog. kombinierten Trommeln 1882 durch zwei Schmittsche Spiralsiebe ersetzt worden, von welchen das eine aus drei, das andere aus vier konzentrischen Trommeln besteht. Durch diese Abänderung*) hat man eine weit grössere Leistungsfähigkeit der betreffenden Wäsche erreicht. Während jede der früher benutzten Trommeln nur ein Quantum von 45 t in zehn Stunden zu klassieren imstande war, leistet jede Spiraltrommel in

---

*) Zeitschr. f. d. Berg-, Hütten- u. Salinenw. 1883, Bd. 31 B., S. 214.

derselben Zeit 80 bis 90 t; zudem ist die Separation eine schärfere, und werden die Würfel- und Nusskohlen mehr geschont, sodass das Ausbringen an solchen etwa 2 $^0/_0$ mehr beträgt, als früher.

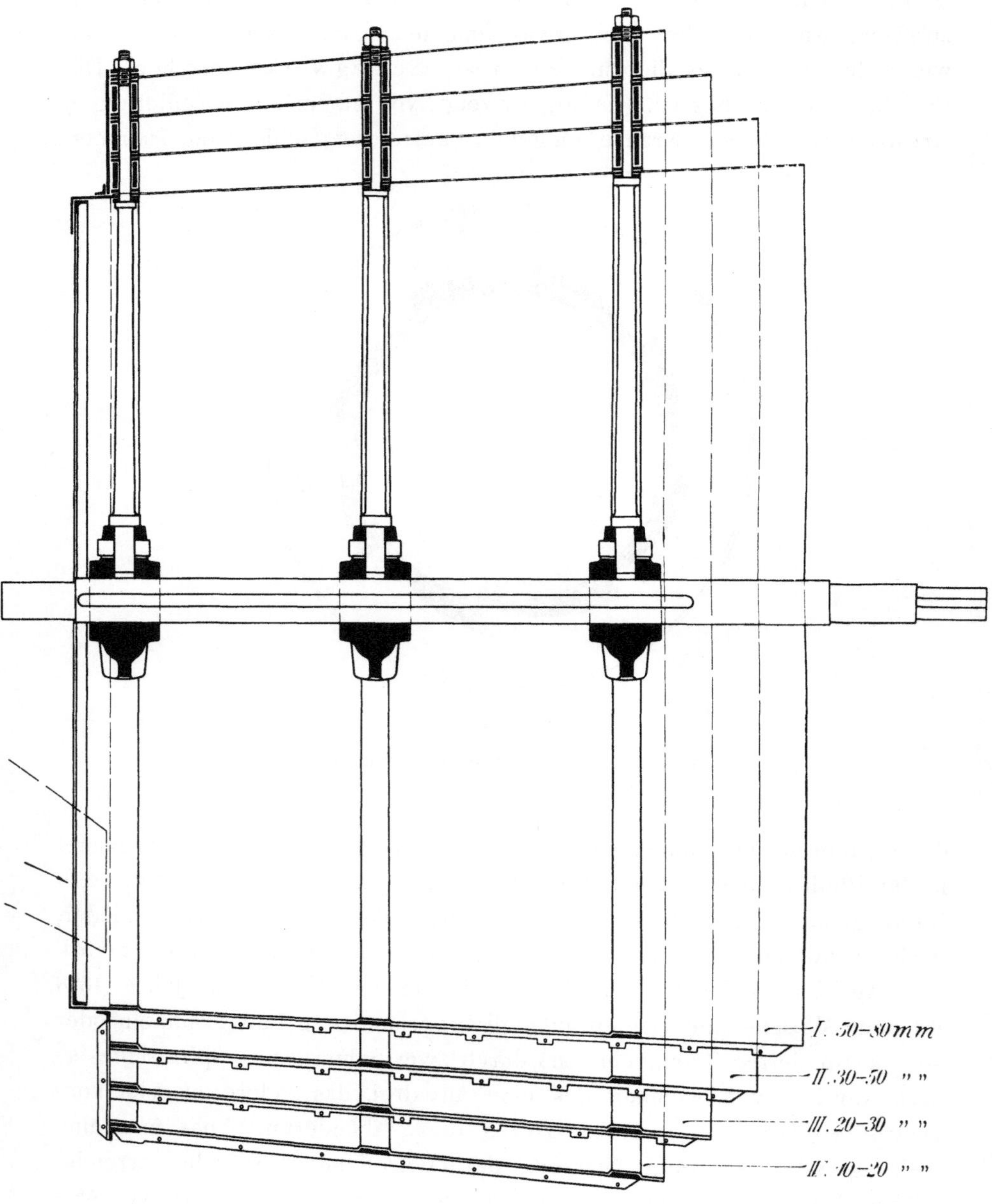

Fig. 45.

Spiraltrommel von Baum.

Additional material from *Aufbereitung, Kokerei, Gewinnung der Nebenprodukte, Brikettfabrikation, Ziegeleibetrieb,* ISBN 978-3-642-51908-6 978-3-642-51908-6_OSFO7), is available at http://extras.springer.com

Ueber Anwendung von Spiraltrommeln finden sich auch an anderen Stellen in der Preussischen Zeitschrift Mitteilungen, auf welche hier verwiesen wird*).

Die von Humboldt auf den Zechen Prosper II, Ver. Bonifacius, neue Wäsche, ver. Sellerbeck und Neu-Köln angelegten Spiraltrommeln besitzen je 5, die auf Rheinpreussen, Schächte I und II, je 4 Mäntel, während Baum in den Wäschen der Zechen Zollverein I und II und ver. Constantin der Grosse, Schacht III, solche Trommeln mit 5, auf der Zeche Karl des Kölner Bergwerksvereins mit 4 Mänteln zur Anwendung gebracht hat. Eine Baumsche Spiralsiebtrommel ist in Fig. 45 dargestellt; sie unterscheidet sich von der Humboldtschen hauptsächlich dadurch, dass sie viel einfacher konstruiert ist, die einzelnen Blechmäntel ohne weiteres herausgezogen und mit Leichtigkeit ausgewechselt oder ausgebessert werden können, sowie dass das Austragen der vier Nusssorten an den tiefer liegenden, weiteren Enden der konischen Siebmäntel nach ein und derselben Seite hin erfolgt. Bei einer anderen Konstruktion, welche der Firma Baum im Jahre 1880 patentiert worden ist, besitzt die Trommel keine Achse, sondern ruht an ihrer Peripherie mittels zweier Winkeleisenringe auf 4 Laufrollen auf, durch deren Antrieb sie in Umdrehung versetzt wird. Der Zweck dieser Konstruktion ist, die Trommel ohne durchgehende Achse herstellen zu können und infolge der der Trommel durch die Räder verliehenen Vibrationen das Zusetzen des äusseren feinen Siebmantels zu vermeiden.

Von den ebenen Sieben, auch Plansiebe oder Tafelsiebe genannt, sind zunächst die Schüttel- und die Schwingsiebe zu besprechen.

Schüttelsiebe werden in neuerer Zeit von Humboldt zur Klassierung der Kleinkohlen angewendet und, wie die Tafeln VII und VIII zeigen, stets als Doppel-Apparate gebaut. Bei der auf Tafel VII dargestellten Anordnung werden die beiden ganz gleichen, mit etwa 13--15 ^{0} Neigung an je vier Pendeln gelenkig aufgehängten Siebe a und a' von der zwischen ihnen verlagerten gemeinschaftlichen Antriebswelle b aus in eine ca. 120 mm betragende, hin- und hergehende, schüttelnde Bewegung versetzt. Die aus drei mit einander verkuppelten Teilen bestehende und von fünf Lagern getragene Welle ist rechts wie links zweimal verkröpft und durch die Schubstangen c c mit dem Siebe a bezw. durch d d mit a' verbunden. Jedes Sieb besitzt auf ca. $^2/_3$ seiner oberen Länge eine feinere, auf dem unteren $^1/_3$ eine gröbere Lochung, klassiert daher das aufgegebene Haufwerk in drei Korngrössen, welche bei e, f und g ausgetragen werden. Die Siebe machen durchschnittlich 136 Touren in der Minute; ihr Antrieb erfolgt

---

*) Zeitschr. f. d. Berg-, Hütten- u. Salinenw. 1885, Bd. 33 B., S. 249 und ebenda 1890, Bd. 38 B., S. 115.

mittels der beiden Riemenscheiben h h. Das andere durch zwei Ansichten
auf Tafel VIII erläuterte Schüttelsieb ist in der Weise angeordnet, dass die
beiden Siebkasten a und a_1 in entgegengesetzter Richtung geneigt sind und
denselben von der zwischen ihnen liegenden Welle b aus mittels zweier
Exzenter c und c_1 die schüttelnde Bewegung erteilt wird. Die beiden
Exzenter sind in gleicher Weise wie bei dem vorbeschriebenen ersten
Doppelsiebe die Kurbeln, um 180⁰ gegeneinander verstellt, wodurch die
bei schwingenden Sieben sonst eintretenden Stösse und Erschütterungen
nahezu aufgehoben werden. Jeder an vier Pendeln aufgehängte Siebkasten enthält vier parallel untereinander liegende Siebe von abnehmender
Lochgrösse; die Neigung der Siebe beträgt 12 bis 14⁰, und zwar liegen
die oberen Siebe um ein geringes steiler als die unteren. Die Exzentrizität
der beiden Exzenter beträgt 60 mm, und die Siebe machen folglich eine
hin- und hergehende Bewegung von ebenfalls 120 mm. Jedem Siebe wird
das zu klassierende Gut durch ein in der Zeichnung angedeutetes Becherwerk d d_1 und daran anschliessende Rutsche e e_1 am höchsten Punkte zugeführt. Der Austrag der resultierenden vier Körnerklassen geschieht bei
f, g, h und i, bezw. f_1, g_1, h_1 und i_1, und der Siebdurchfall des $4^1/_2$ mm-
Siebes bezw. beider Siebe fällt in einen gemeinsamen Sammelbehälter für
Staubkohle. Die Siebe machen 136 Touren in der Minute, und der Antrieb
der Exzenterwelle wird durch die Riemenscheibe k bewirkt. Derartige
Schüttelsiebe sind u. a. in der im Jahre 1896 erbauten Sieberei für die
Zeche Blankenburg, in der 1897 angelegten Separation und Wäsche der
Zeche Ver. Rosenblumendelle sowie in der neuen Anlage für die Zeche
Scharnhorst in Betrieb.

Auch in Oberschlesien sind auf den Gruben Cons. Deutschland und
Cons. Schlesien Schüttelsiebe mit ähnlichen Einrichtungen zur Aufhebung
der beim Betriebe derselben entstehenden Stösse in Anwendung*).

Viel häufiger als Schüttelsiebe werden seit längerer Zeit schon
Schwingsiebe angewendet, und unter diesen ist als das gebräuchlichste
zu bezeichnen das patentierte Lauesche Tafel-Schwingsieb, welches
von der Firma Schüchtermann & Kremer seit dem Jahre 1886 zur Klassierung der Nuss- und Feinkohlen fast ausschliesslich angewendet wird.
Nach der Patentschrift war das Lauesche Sieb ursprünglich nicht nur an
seinem oberen, sondern auch am unteren Ende mit je zwei verstellbaren
Exzentern versehen; es wurde aber von Schüchtermann & Kremer alsbald
in der Weise abgeändert, dass die Exzenter am unteren Siebende fortge-
lassen und durch eine einfache Aufhängung an zwei kurzen Stangen ersetzt wurden, wie Fig. 13a und b, S. 49, bei dem Stückkohlen-Schwingsieb
und ebenfalls Tafel IX, erstes Sieb oben links mit 30 und 50 mm Lochung,

---

*) Zeitschr. f. d. Berg-, Hütten- u. Salinenw. 1889, Bd. 37 B, S. 146.

Additional material from *Aufbereitung, Kokerei, Gewinnung der Nebenprodukte, Brikettfabrikation, Ziegeleibetrieb,*
ISBN 978-3-642-51908-6 978-3-642-51908-6_OSFO8),
is available at http://extras.springer.com

zeigen; später ist das Sieb sodann dadurch weiter verbessert worden, dass man einen Hebelmechanismus daran angebracht hat, der eine bequemere Verstellbarkeit der Bewegung am unteren Ende desselben gestattet. Mit dieser Verbesserung versehen ist nun das Lauesche Tafelsieb, wie aus den Zeichnungen in Fig. 46a—e zu ersehen, ein glattes, geneigt liegendes Sieb, welches am hinteren oder vorderen Ende durch zwei mit demselben fest verbundene und auf der Welle a sitzende Exzenter b b angetrieben

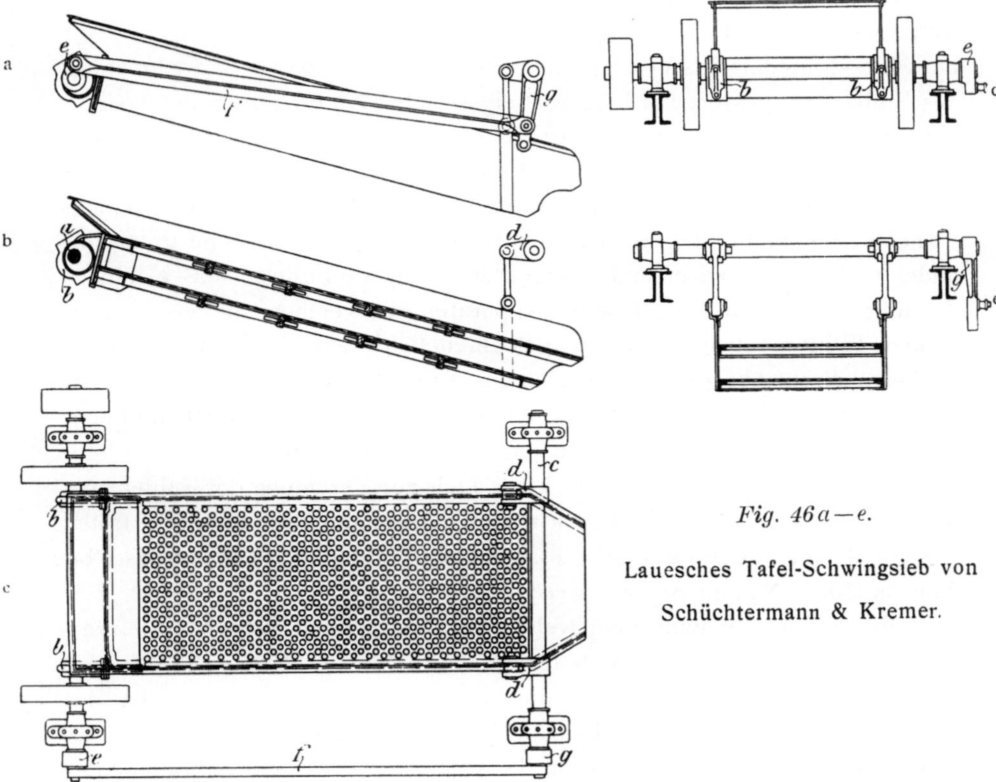

Fig. 46a—e.

Lauesches Tafel-Schwingsieb von
Schüchtermann & Kremer.

wird. Das vordere Ende des Siebes ist an zwei auf einer drehbaren Welle c befestigten Hebeln d aufgehängt. Die beiden Wellen a und c sind durch die Kurbel e, die Zugstange f und den Hebel g miteinander verbunden. Der Antrieb der vorderen Welle c von der hinteren Antriebswelle a erfolgt durch die auf letzterer Welle sitzende Kurbel e in Verbindung mit der Zugstange f und dem mit der Welle c verbundenen Hebel g. Das Sieb macht nun am hinteren Ende, wo der Antrieb durch Exzenter erfolgt, eine kreisförmige Bewegung, während je nach dem Uebersetzungs-Verhältnis zwischen der Kurbel e und den Hebeln d und g das vordere Ende einen Kreis, liegende oder stehende Ellipse beschreibt. Hierbei gehen der Kreis bezw. die liegende oder stehende Ellipse an einem bestimmten Punkte in der Längsrichtung des Siebes in eine geradlinige oscillierende Bewegung über. Die vorstehend bezeichneten eigentümlichen Bewegungsarten dieses Exzenter-Schwingsiebes bewirken folgende Vorteile gegenüber den gewöhnlichen Stoss- und Schwingsieben: Die Geschwindigkeit dieses Exzenter-Schwingsiebes kann kleiner sein, als bei anderen Schwingsieben, weil das zu sortierende Siebgut bei der Umkehr der Bewegungsrichtung des Siebes von aufwärts nach abwärts, infolge seines Trägheitsmoments vom letzteren abgehoben und hierdurch die Reibung zwischen Siebmaterial und Sieb vermindert wird. Das Abheben und freie Zurückfallen des Siebguts auf das Sieb verhindert das Verstopfen der Sieböffnungen, wodurch die Leistung des Siebes vergrössert wird. Die Neigung der Laueschen Schwingsiebe beträgt 15 bis 17°, ihre Hub- oder Tourenzahl 150 bis 160 in der Minute; sie erhalten durch kleine Schwungräder h, die ausbalancierte Gegengewichte tragen, einen regelmässigen, stossfreien Gang*). Häufig werden in einem gemeinsamen Siebkasten zwei gelochte Blechtafeln bezw. Siebe unter einander und parallel zu einander angeordnet, wie die Figuren 46a—e solches darstellen, oder man baut längere Apparate, bei welchen die zu klassierenden Kohlen von einem feinen gelochten Felde auf ein daran stossendes gröberes direkt übergehen, wie dies aus Tafel IX beispielsweise ersichtlich ist, in welcher das obere Schwingsieb zwei Felder von 30 und 50 mm Lochweite besitzt, das untere zwei Felder von 10 und 18 mm.

Das Lauesche Schwingsieb kann auch zur Verladung der Kohlen verwendet werden. Nur ersetzt man dann das gelochte Blech durch ein festes und giebt dem Siebe ev. eine grössere Länge. Man bezeichnet dasselbe dann mit dem Namen Schwingrutsche.

Ein anderes Schwingsieb, welches im hiesigen Industriebezirke vereinzelt, z. B. in der von Humboldt im Jahre 1895 erbauten Wäsche der Zeche Caroline bei Holzwickede, zur Anwendung gekommen ist, ist das Schwingsieb Patent Klein; dasselbe besteht aus einem $2^1/_2$ bis 3 m langen und 1 bis $1^1/_2$ m breiten Siebkasten, in welchem zwei Siebe in horizontaler oder schwachgeneigter Lage übereinander angeordnet sind. Das obere Sieb ist mit zwei grösseren, das untere mit zwei kleineren Lochungen versehen. Der Siebkasten wird von zwei Paaren kurzer Stützen getragen, die mit ihren unteren Enden an je zwei längere, durch Querstangen miteinander verbundene Hängeschwingen angreifen. Da nun dem Siebkasten durch zwei Exzenter eine vor- und rückwärtsgehende Bewegung erteilt wird, so muss jeder Punkt der Siebe bei einer Umdrehung der Antriebswelle eine ellipsenähnliche Kurve beschreiben. Diese Bewegung setzt sich aus einer schnellen, wurfartig aufwärtsgehenden und einer langsamen abwärtsgehenden

---

*) Zeitschr. f. d. Berg-, Hütten- u. Salinenw. 1889, Bd. 37 B, S. 145.

zusammen. Im aufsteigenden Bogen der Ellipse setzen die Kohlenstücke, wenn das Sieb auf dem höchsten Punkte angekommen ist, infolge des Beharrungsvermögens die ihnen erteilte Bewegung noch fort; sie fallen sodann an einem abwärts liegenden Punkte des Siebes nieder und gelangen so allmählich zum Austrage. Durch die dem Separationsgute somit erteilte hüpfende Bewegungsart fallen die einzelnen Teilchen desselben bei jedem Niedergange in veränderter Anordnung auf die Siebfläche zurück, sodass eine möglichst vollständige, genaue Trennung auf verhältnismässig kleiner Siebfläche bewirkt wird. Die Siebe machen 140 bis 150 Touren in der Minute bei 70 bis 75 mm Hub. In Beziehung auf Leistungsfähigkeit bei geringem Kraftbedarf sowie Schonung des zu separierenden Haufwerks soll dieser Apparat günstige Ergebnisse gezeigt haben.

Da dieses Sieb in der Folge abgeändert und verbessert worden ist, so wird davon abgesehen, eine Zeichnung desselben wiederzugeben, und soll hier nur auf die bez. Litteratur hingewiesen werden*). Als eine Abänderung bezw. weitere Ausbildung des Kleinschen Apparates ist das Schwingsieb, System Humboldt-Klein, D. R.-P. No. 66 871, ein horizontal arbeitendes Sieb mit Differentialbewegung, zu erwähnen, welches das aufgegebene Gut gleichfalls in einer ellipsenähnlichen Wurflinie fortbewegt und ebensowohl zum Entwässern oder Mischen, als zum Sieben bezw. Klassieren benutzt werden kann, sowie endlich das sog. Ellipsensieb, Patent Humboldt, D. R.-P. No. 98 658, welches weiterhin seit dem Jahre 1897 mehrfache Anwendung gefunden hat. Wie aus Fig. 47 a—c ersichtlich, besteht der letztgenannte Apparat aus zwei Kurbelwellen a, welche die Hebel b bewegen. Der Siebkörper oder Siebkasten c ist in diesen Hebeln bei d gelagert. Auf den Wellen e sind die Stützhebel f gelagert, welche an die Haupthebel b bei g angreifen. Durch diese Konstruktion beschreibt der Siebkörper c in allen seinen Punkten Ellipsen und zwar in gleichartiger Form. Bei einer gewissen Anzahl Touren wird das auf dem Sieb befindliche Haufwerk bei Kurbelumdrehung vorwärts geworfen, und zwar ist hierfür der gewählte Hub massgebend.

Dieses Schwingsieb arbeitet gleichfalls horizontal. Seine Leistungsfähigkeit soll durch die gleichmässige Wurfbewegung der Arbeitsfläche eine sehr grosse sein. Beispielsweise sollen auf einem derartigen Apparate mit 65 mm Hub, 130 Umdrehungen der Kurbelwelle in der Minute und einer Siebfläche von 1400 mm Breite, 4000 mm Länge und 50 mm Lochung bis zu 150 t Kohlen in der Stunde rein abgesiebt werden können.

Unter den vorbeschriebenen drei Schwingsieben, System Klein usw., welche übrigens auf sehr ähnlichen Prinzipien beruhen, giebt Humboldt

---

*) Glückauf 1893, S. 639 und Zeitschr. f. d. Berg-, Hütten- u. Salinenw. 1897, Bd. 45 B, S. 235.

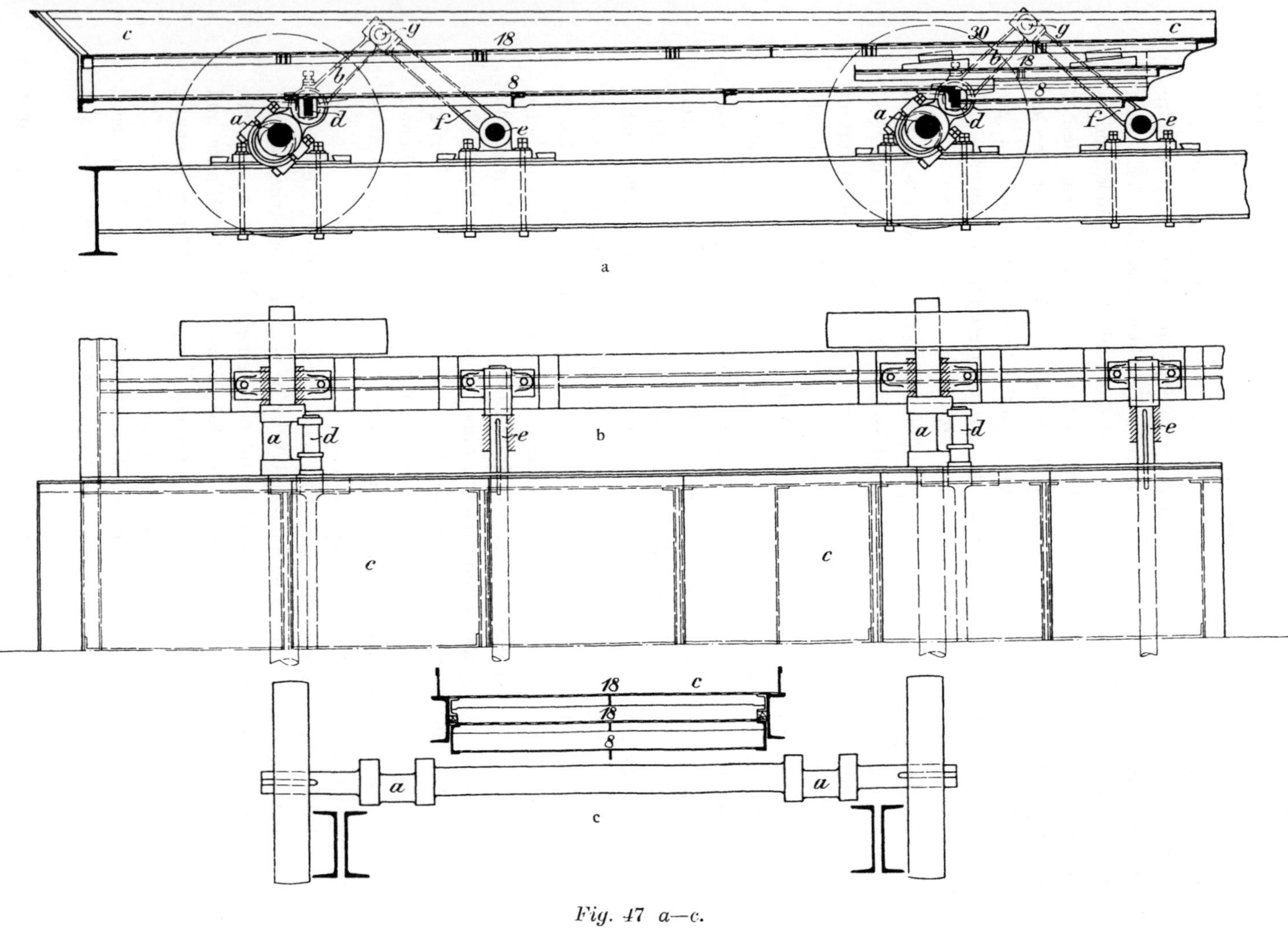

Fig. 47 a—c.

Ellipsensieb (Patent Humboldt).

dem Ellipsensieb No. 98 658 den Vorzug, weil seine einzelnen Punkte in gleichen Zeiten ganz gleichmässige Wege machen, das Sieb auch in seinen Bewegungen vollständig ausgeglichen ist und daher ohne wesentliche Erschütterungen arbeitet, während die beiden anderen Siebe, bei welchen eine beschleunigte Aufwärtsbewegung und eine Aenderung der Geschwindigkeit in den Uebergangspunkten stattfindet, in ihrer Bewegung nicht ausgeglichen werden können. Angewendet ist das Sieb nach Patent 66 871 beispielsweise als sog. Spülsieb, unter dem Namen Kurvensieb, auf den Zechen Neu-Köln und Prosper II, um die aus den Vorratstaschen abgezogenen verschiedenen Nusssorten von den letzten anhängenden Staubteilchen zu befreien sowie auf Neu-Köln auch noch dazu, die gewaschenen Feinkohlen zu entwässern. Endlich hat das Sieb nach Patent 98 658 auf dem Schachte Amalie der Zeche Helene & Amalie, unter der Bezeichnung Kreissieb, als Vorsieb zur Feinkohlen-Klassierung und in der Sieberei für die Zeche Blankenburg als. sog. Kurvensieb, zur Nachklassierung der einzelnen Nusssorten vor deren Verladung Verwendung gefunden. Es herrscht hiernach in der Benennung dieser Apparate eine ebenso grosse Mannigfaltigkeit, wie in ihrer Anwendung.

Vergleicht man die sämtlichen im Vorstehenden besprochenen Apparate, welche zur Klassierung der Kleinkohlen im hiesigen Bezirke bisher vorwiegend Verwendung gefunden haben und auch heute noch finden, mit einander, so stellt sich das einfache cylindrische Trommelsieb, die sog. Langtrommel, in der Anlage wohl billig, erfordert auch ein verhältnismässig geringes Gefälle, dagegen macht sich bei ihr, wie bei allen Trommelsieben, zunächst der grosse Uebelstand geltend, dass das zu klassierende Gut auf der gekrümmten Siebfläche nach unten zu dicht aufliegt, ein Durchfallen aller feineren Teile daher unmöglich ist, dass ferner das ganze zu klassierende Haufwerk, also auch die gröbsten Stücke, die feinsten und schwächsten Siebe passieren müssen, und diese daher einem raschen Verschleiss unterworfen sind; auch sind Reparaturen oder das Auswechseln einzelner Siebfelder bei derselben umständlich und zeitraubend; was aber das Schlimmste ist, es arbeitet dieser Apparat mangelhaft, weil die kleineren Korngrössen von den gröberen auf die daran stossenden Siebfelder mit hinüber gerissen werden. Vorzuziehen ist schon die mit Doppelmantel versehene Trommel bezw. die Anwendung einer Vortrommel, wodurch der letzterwähnte Uebelstand vermieden wird. Als eine wesentliche Verbesserung und Vereinfachung ist aber die Einführung der Spiraltrommeln anzusehen. Während die in den vorerwähnten Trommeln befindlichen grösseren und kleineren Kohlenstücke sich gegenseitig zerreiben und zerkleinern, sowie auf dem langen Wege, welchen sie zurückzulegen haben, an den Ecken abrunden, gelangen die von den einzelnen Siebmänteln zurückgehaltenen Körner, durch die spiralförmigen Zwischenwände geführt, auf kürzerem Wege zum Austrage, da bei jeder Trommelumdrehung das ganze der Trommel übergebene Quantum entleert wird. Die demnächst neu aufgegebenen Kohlen kommen auf von zu klassierendem Material ganz freie Mäntel, wodurch ein Zerreiben der Kohlen unter einander und eine Abrundung der Ecken der erzielten Körnerklassen verhütet wird. Ferner bedürfen die Spiraltrommeln einer verhältnismässig geringen Betriebskraft, weil sich in der Trommel immer nur ein geringes Gewicht an Kohle befindet, welches in dünner Schicht auf die einzelnen Siebmäntel verteilt ist.

Die Leistung der Spiraltrommeln ist endlich eine weit grössere, in einzelnen Fällen selbst doppelt so grosse, als die der anderen Trommeln, wie solches schon erwähnt wurde und von mehreren Seiten bestätigt wird*).

Allen diesen Vorteilen gegenüber mögen als Nachteile erwähnt sein, dass die Spiraltrommeln sehr schwer sind und daher leicht Achsenbrüche vorkommen,

dass ferner die einzelnen Siebmäntel, besonders die feineren, schwierig und nicht ohne jedesmalige Betriebsstörung zu reinigen sind, was sich namentlich dann recht fühlbar macht, wenn bei sonst trockener Klassierung einmal zufällig etwas feuchte Kohle in die Trommel gelangt**), und dass endlich das Auswechseln schadhafter Siebbleche schwieriger und zeitraubender ist, als bei den verschiedenen Plansieben.

Was diese letztgenannten betrifft, so rühmt man den Schüttel- und Schwingsieben allgemein nach, dass sie ein sehr scharfes Klassieren ermöglichen, besonders wenn man denselben genügendes Wasser, am besten in Form von Brausen zuführt, und ferner, dass bei zweckmässiger Anordnung derselben neben- und hintereinander, oder wie es häufig geschieht, auch untereinander, ein Zertrümmern der aufgegebenen Kohlen durch Fall vollständig ausgeschlossen sei, wie beispielsweise über die im Jahre 1894 erbaute Wäsche auf der Zeche ver. Westfalia, Schacht Kaiserstuhl II berichtet wird***).

Die Schwingsiebe zeichnen sich in ihrer Arbeit durch scharfe und saubere Trennung der einzelnen Kohlensorten auf verhältnismässig kleiner Fläche, Schonung und gute Erhaltung der aufgegebenen Kohlen nach Form und Grösse, erhebliche Leistungsfähigkeit und Beanspruchung nur geringen Gefälles aus. Letzteres trifft in besonders hohem Grade für die horizontal arbeitenden und transportierenden Schwingsiebe zu. Ausserdem

---

*) Zeitschr. f. d. Berg-, Hütten- u. Salinenw. 1883, Bd. 31 B, S. 214.
**) Zeitschr. f. d. Berg-, Hütten- u. Salinenw. 1885, Bd. 33 B, S. 249.
***) Zeitschr. f. d. Berg-, Hütten- u. Salinenw. 1895, Bd. 43 B, S. 218.

sind diese Siebe bequem zugänglich und gestatten ein leichtes Auswechseln der einzelnen Siebbleche, und schliesslich wird bei denselben stets die ganze Siebfläche zur Klassierung benutzt. Diesen Vorteilen stehen allerdings nicht unerhebliche Nachteile gegenüber:

Werden die Schwingsiebe mit Neigung von 10 und mehr Grad zu mehreren unter einander angeordnet, wie solches üblich ist, so erfordern sie unter Umständen doch ein grösseres Gefälle; sie arbeiten ferner geräuschvoller und beanspruchen eine grössere Betriebskraft als Trommelsiebe. Ein besonderer Uebelstand ist aber der, dass bei denselben ebenso, wie bei den Schüttelsieben, je nach der verschiedenen Verlagerung bezw. Aufhängung mehr oder weniger starke Erschütterungen der Balkenlage oder Träger sowie des Gebäudes hervorgerufen werden, wodurch eine ganz besondere Festigkeit der Bauten bedingt wird. Endlich entsteht auch dadurch, dass diese Siebe mit einer sehr erheblichen Geschwindigkeit arbeiten, eine raschere Abnutzung.

Nachdem es in neuerer Zeit gelungen ist, bei den Plansieben die Stösse und Erschütterungen nahezu zu beseitigen, dürfte denselben vor den Spiraltrommeln doch wohl der Vorzug zu geben sein, was durch die immer mehr zunehmende Anwendung derselben ja vollauf bestätigt wird.

Bei der Klassierung der Kleinkohlen werden in anderen Steinkohlenbezirken noch mehrere andere Plansiebe mit hin- und hergehender Bewegung verwendet, wie der Stossrätter von Bérard, der Rätter Sauer-Mayer und der Kettenrost von Frantz bezw. Ulrich-Frantz; da diese Apparate im hiesigen Bezirke keine Anwendung gefunden haben, so kann von einer Beschreibung derselben hier Abstand genommen werden.

Ferner sind sodann noch die mit rotierender Bewegung arbeitenden Apparate zu nennen, wie der Pendelrätter von Karlik, die beiden Kreiselrätter von Klönne und von Coxe, sowie Schwidtals Patent-Doppel-Planrätter.

Der Kreiselrätter von Klönne*), welcher anderswo, z. B. in Oberschlesien, Böhmen, Sachsen usw. zur Steinkohlenseparation vielfach verwendet wird und zur vollen Zufriedenheit arbeitet, hat sich im hiesigen Industriebezirke zu diesem Zwecke bisher keinen Eingang verschafft, er wird dagegen zur Separation von Kleinkoks benutzt, wie auf Schacht Amalia der Harpener Bergbau-Aktien-Gesellschaft und auf Schacht Anna des Kölner Bergwerks-Vereins.

Die Apparate von Coxe und von Schwidtal sind beide auf hiesigen

---

*) Glückauf 1888, No. 27, S. 215. Lamprecht, a. a. O., S. 25 u. 100, und Bilharz, a. a. O., Bd. II, S. 23.

Werken noch nicht zur Anwendung gekommen, es erübrigt sich daher deren Beschreibung.

Bei dem Karlikschen Pendelrätter (Tafel X) ist der mit zwei oder mehreren untereinander liegenden und an Lochweite abnehmenden Sieben versehene Siebkasten an das untere Ende eines aus Winkel- und Flacheisen hergestellten Gerippes angeschlossen, welches eine vierseitige Pyramide bildet; diese ist mit ihrer Spitze in einem Kugellager aufgehängt und wird durch eine unterhalb des Siebkastens an die Centralachse des Gerippes angreifende Kurbel von kurzem Hube in eine kreisend-pendelartige Bewegung versetzt. Um jedoch zu verhüten, dass Gerippe nebst Siebkasten um ihre zwischen Aufhängepunkt und Kurbelzapfen liegende Schwerpunktachse rotieren, ist an dem Siebkasten eine denselben gabelförmig umfassende Lenkstange drehbar befestigt, deren anderes Ende von einer Rolle getragen und geführt wird. Infolge der somit den Sieben erteilten kreisförmigen, geradlinigen und pendelnden Bewegung beschreiben alle Punkte derselben, mit Ausnahme der in der Mittelachse liegenden ideellen Punkte, Ellipsen, deren Grösse, Neigung und Achsenrichtung je nach der Entfernung vom Angriffs- und Führungspunkte verschieden sind. In der gleichmässigen Verteilung der bewegten Massen und in dem centralen, im tiefsten Punkte des bewegten Gestelles erfolgenden Antriebe beruht der selbst bei grosser Tourenzahl ruhige und stossfreie Gang, welcher diesem Rätter eigen ist, sowie auch der von demselben beanspruchte verhältnismässig geringe Kraftbedarf. Die in beliebiger Anzahl untereinander angeordneten Klassiersiebe können nach verschiedenen Seiten hin geneigt sein, sodass das Austragen der einzelnen Körnerklassen nach jeder gewünschten Richtung hin erfolgen kann.

Der Karliksche Pendelrätter ist im hiesigen Steinkohlenbezirke in früheren Jahren u. a. auf den Zechen Erin, Bickefeld, Wiesche, Monopol, Westhausen, Langenbrahm, Carlsglück und Hannover in Betrieb gewesen; z. Z. steht er auf Alstaden, Schacht I, und auf Carl Friedrich Erbstolln zur Kohlenklassierung noch in Anwendung, sowie ferner zur Koksseparation auf Consolidation, auf Schacht Anna des Kölner Bergwerks-Vereins, auf der Kokerei von Gust. Schulz in Riemke und auf anderen.

Auf der Zeche Hannover, Schacht I, ist im Jahre 1884 ein Karlikscher Pendelrätter aufgestellt worden, dessen Siebkasten mit zwei Sieben von 11 und 4 mm Lochung versehen ist; derselbe trennt bei 120 Umdrehungen in der Minute während der achtstündigen Schicht 5000 Centner Kohlen in drei Korngrössen*).

In Oberschlesien sind Pendelrätter angelegt worden, welche Leistungen

---

*) Zeitschr. f. d. Berg-, Hütten- u. Salinenw. 1886, Bd. 34 B, S. 268.

Additional material from *Aufbereitung, Kokerei, Gewinnung der Nebenprodukte, Brikettfabrikation, Ziegeleibetrieb,* ISBN 978-3-642-51908-6 978-3-642-51908-6_OSFO9), is available at http://extras.springer.com

von 20 000 bis 30 000 Centner in der zehnstündigen Schicht aufzuweisen haben*).

Es sei an dieser Stelle noch der Sottiauxsche Kohlen-Reinigungs-Apparat erwähnt. Derselbe ist kein eigentlicher Klassierungs-Apparat, bezweckt vielmehr eine Zerkleinerung und gleichzeitige Reinigung bezw. Trennung der demselben übergebenen Kohlen von den Bergen. Er arbeitet auf trockenem Wege und beruht auf dem auch bei der Erzaufbereitung angewandten Prinzip, die Verschiedenheit der rückwirkenden Festigkeit und Sprödigkeit der Mineralien zu deren Trennung auszunutzen, und zwar geschieht die Zerkleinerung und Reinigung gleichzeitig in demselben Apparate (Fig. 48a u. b).

Die Zerkleinerung erfolgt in dem festliegenden Trommelsiebe gh; dieses besteht in seinem vorderen Teile g, in welchen das aufzubereitende Haufwerk — von 0 bis etwa 15 mm Korngrösse — bei l aufgegeben wird, aus gusseisernen gerieften Platten f; der übrige Teil der Trommel h ist aus gelochten Stahlblechen hergestellt. In dieser Trommel dreht sich mit grosser Geschwindigkeit die mit dem Schwungrade w versehene Welle c, deren Antrieb durch die Riemenscheibe q erfolgt. Auf dieser Welle sind mittels der Rosetten a und Arme a_1 die Schlageisen oder halbschraubengängig gedrehten Arbeitsschaufeln von Flachstahl b befestigt. Letztere wirken nicht nur nach Art der Sprossenstäbe in der Carrschen Schlägermühle — Desintegrator —, sondern sie schleudern das Haufwerk auch gegen den widerstandsfähigen Mantel der Trommel, sodass auch eine der Vapartschen Schleudermühle ähnliche Wirkung eintritt. Infolge der zur Welle c geneigten Stellung der Schlageisen b und der raschen Umdrehung derselben wird nun noch ein starker Luftstrom nach dem hinteren Teile der Trommel h zu erzeugt, der die zerkleinerten Kohlen, soweit sie nicht schon durch das Trommelsieb hindurchgetrieben worden sind, zusammen mit den Schieferstücken in die sich daran anschliessende bewegliche Trommel r führt. In dieser wird dann der Rest des Kohlenstaubes abgesiebt. Der Mantel der Trommel r besteht aus gelochtem Stahlblech und ihre Bewegung erfolgt durch die hohle Welle x mittels der Riemenscheibe q_1. Die Trommel r dreht sich mit geringer Umdrehungszahl in einer zur Drehung des mit den Schlageisen versehenen Zerkleinerungsrades entgegengesetzten Richtung. Zum Austragen der Schiefer sind in

---

*) Zeitschr. f. d. Berg-, Hütten- u. Salinenw. 1887, Bd. 35 B, S. 263.
    Ebenda 1888, Bd. 36 B, S. 247.
    » 1890, » 38 Stat., S. 85.
    Glückauf 1891, No. 79, S. 641.
    Ebenda 1897, No. 35, S. 675.
    Lamprecht, a. a. O., S. 32 u. 101, und
    Bilharz, a a. O., S. 22.

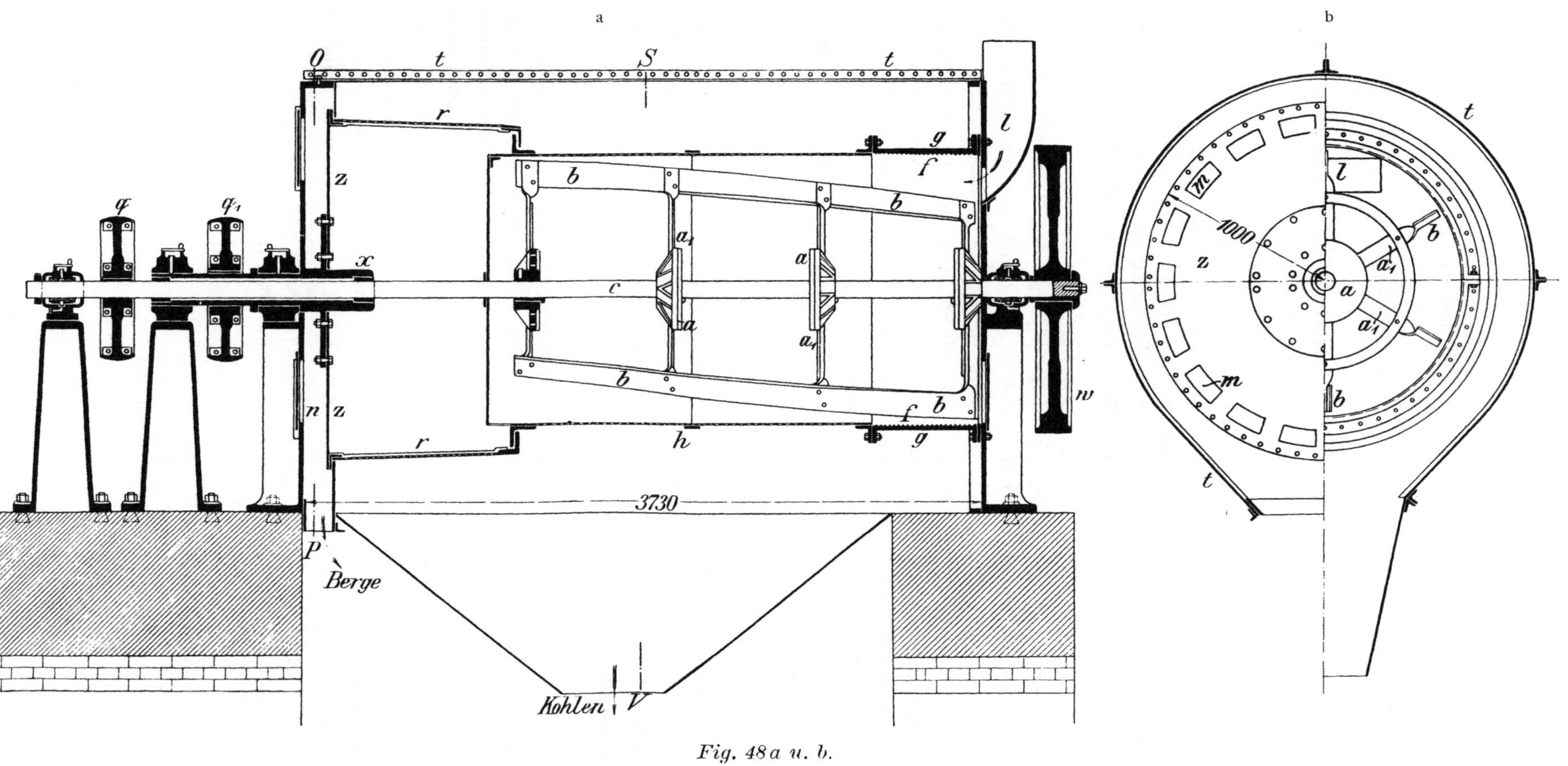

Fig. 48a u. b.
Sottiauxscher Kohlenreinigungsapparat.

dem Kopfbleche z der Trommel Fenster m ausgespart; durch diese fallen die Schiefer in den Raum n und von hier aus in untergeschobene Wagen. Der ganze Apparat ist mit einem Mantel t aus Eisenblech umgeben, der nach unten trichterförmig ausläuft, um den Kohlenstaub in den dafür bestimmten Behälter, Wagen usw. zu leiten.

Was nun die Anwendung des Apparates in der Kohlenaufbereitung anlangt, so kann eine solche nur dort in Frage kommen, wo das zu verarbeitende Haufwerk aus festen Bergen und spröden oder weichen Kohlen besteht. Auf mehreren Gruben in Westfalen — Friederika, Constantin der Grosse, Lothringen, Monopol — hat der Apparat keine Erfolge aufzuweisen gehabt und ist nach kurzer Betriebszeit überall wieder abgeworfen worden, weil das aufbereitete Produkt zu unrein war, um als gute Kokskohle bezw. als

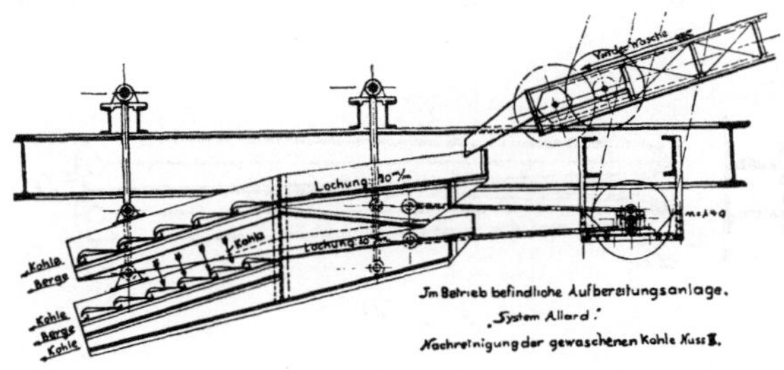

Fig. 49.

Allardscher Stabrätter.

verkäufliche Ware hingestellt werden zu können. Die beschränkte Anwendbarkeit des Apparates ist insofern zu bedauern, als er bei geringen Anlagekosten eine sehr grosse Leistung aufzuweisen hat, die in Strépy-Bracquegnies in Belgien zu 30 bis 35 t in der Stunde angegeben wurde.

In allerneuester Zeit, — seit 1900 etwa, — ist ein sehr eigenartiger Siebapparat oder Rost bei uns bekannt geworden, welcher, wie der vorbeschriebene Sottiaux-Apparat, nicht eigentlich zum Klassieren der Kohlen dient, sondern in der Hauptsache eine Reinigung des ihm übergebenen Haufwerkes von den beigemengten Bergen zu bewirken hat. Es ist dies der von François Allard in Châtelimau in Belgien konstruierte sog. Entsteinungsapparat — appareil d'épiérrage — oder Allardsche Stabrätter (Fig. 49). Auf ihm beruht das von dem Erfinder eingeführte neue Verfahren zum mechanischen Abscheiden der schiefrigen Berge auf trockenem Wege. Die Verschiedenheit in der Form oder äusseren Gestalt zwischen den Kohlen und den Bergen bildet die Grundlage des Allardschen Trennungssystems, da die von den Bergmitteln und aus dem Nebengestein herrührenden Berge fast ausnahmslos eine blättrige, flachschiefrige Gestalt besitzen, die Kohlen hingegen im allgemeinen nach der Würfelform oder doch nach einer Form brechen, welche nach Länge, Breite und Dicke meist annähernd gleiche Ausdehnung besitzt. Die Konstruktion der Allardschen Roststäbe ist deshalb so gewählt, dass die plattenförmigen Schiefer bei ihrer Fortbewegung über den Rätter sich mehr und mehr aufrichten, sich auf ihre scharfe Kante stellen und schliesslich durch die Zwischenräume zwischen den Stäben hindurchgleiten, während die Kohlen auf den dachförmig abgeschrägten Seitenflächen und auf den oberen Kanten der Stäbe dahingleiten und von den Schiefern befreit zum Austrage gelangen. Wie die Figuren 50—56 zeigen, sind die den Rätter bildenden Stäbe nicht rechtwinklig, sondern nach schrägen Flächen geschnitten. Ihr Querschnitt bildet am oberen Ende ein stumpfwinkliges, am unteren ein spitzwinkliges Dreieck (Fig. 50). Zudem sind die Stäbe in der Richtung von A nach B divergent, sodass je

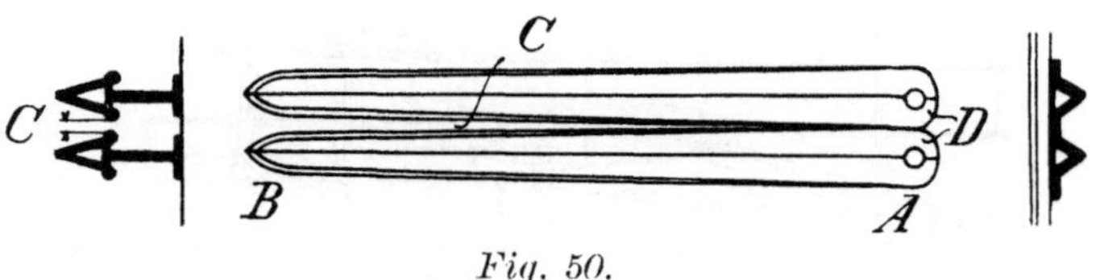

Fig. 50.

zwei benachbarte Stäbe zwischen sich einen nach unten sich erbreiternden Spalt C freilassen, durch welchen die aufgekanteten Schiefer hindurchfallen; D sind die oberen Kanten der Stäbe. Selbstverständlich muss die jeweilige Spaltbreite in einem bestimmten Verhältnisse zu der aufgegebenen Korngrösse stehen. Jeder Rätter besteht nun, wie aus den Figuren 51 und 52 im Grundrisse ersichtlich ist, aus mehreren — 4 bis 9 — stufenartig aufeinanderfolgenden Stabreihen, um hierdurch eine bessere und sicherere Trennung von Schiefer und Kohle zu bewirken. Die divergierenden Zwischenräume zwischen den einzelnen Stäben sind in Fig. 51 mit H, die oberen Kanten der Stäbe mit L und die Richtung der Fortbewegung des aufzubereitenden Haufwerkes mit NM bezeichnet. In der Figur 53 sind die sich aneinanderschliessenden Stabreihen im Aufrisse dargestellt und ist ersichtlich gemacht, wie die Höhe der einzelnen Stäbe in der Stoss- oder Fortbewegungs-Richtung zunimmt.

Das zu reinigende Haufwerk wird zunächst in ziemlich kleinen Abstufungen nach der Korngrösse klassiert; in Belgien, wo im Bezirke von Charleroi und Mons zahlreiche nach diesem System ausgeführte Anlagen schon länger in Betrieb stehen, hat mehrfach eine Siebskala von 0 — 8 — 14 — 20 — 30 — 40 — 50 — 60 und über 60 mm Anwendung gefunden

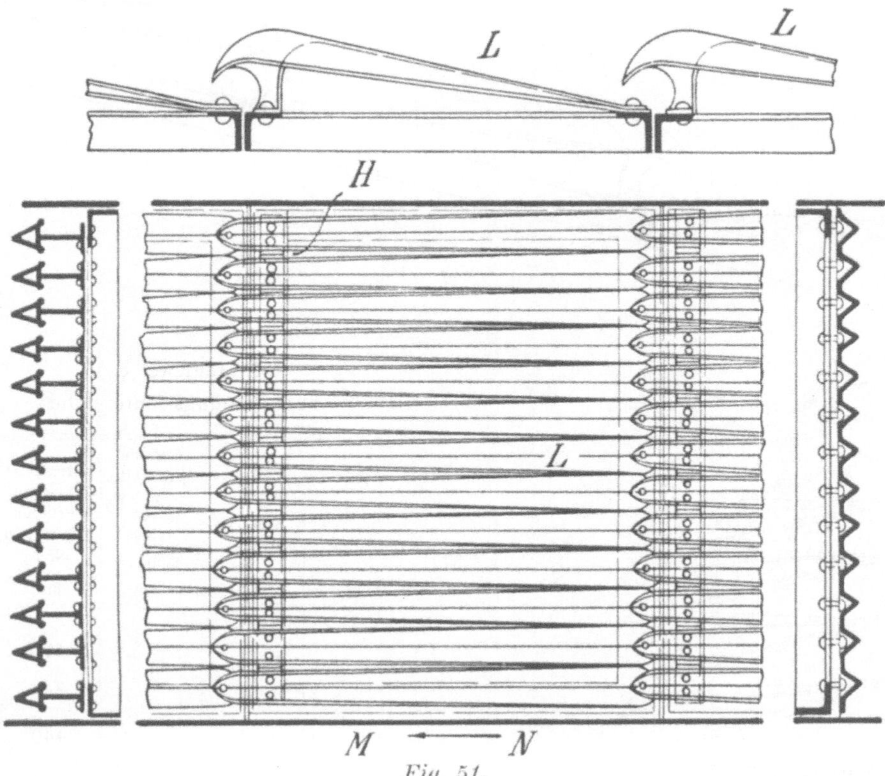

Fig. 51.

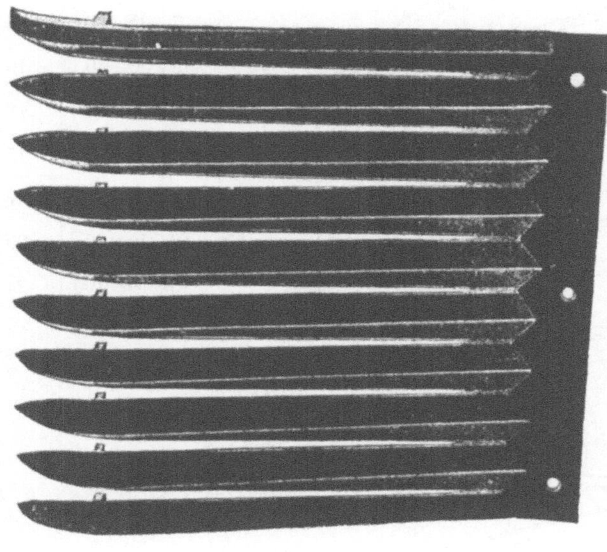

Fig. 52.

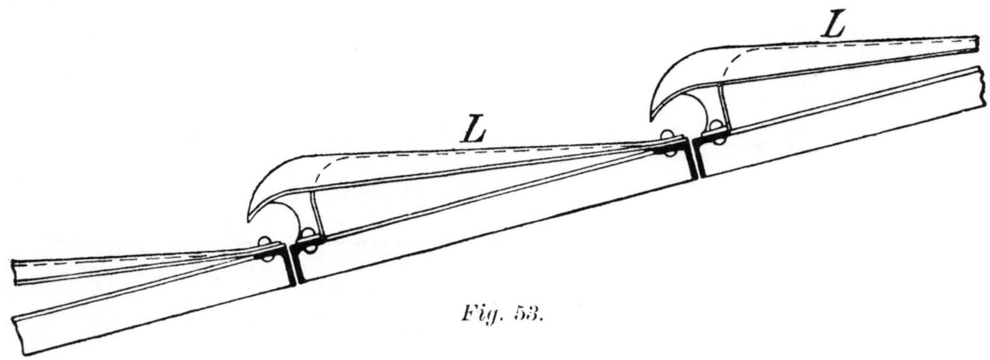

Fig. 53.

Type
1
2
3
4
5
6
7
8
9
10
11
12
13

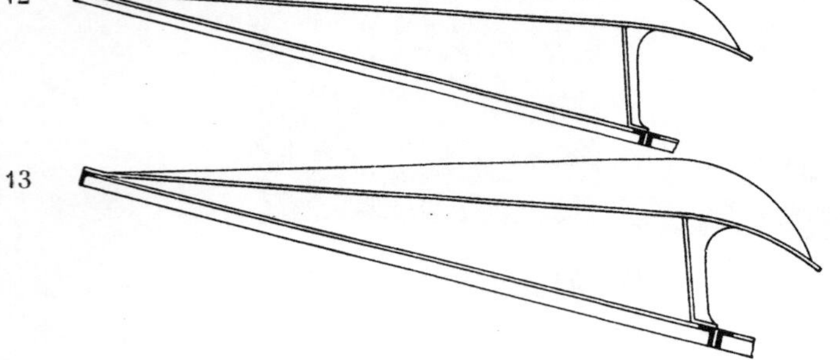

Stufenleiter der Entsteinungs-Rätterstäbe:

Type	Körner-Klassen: mm	Grösste Spaltbreite, vorn zw. je zwei Rätterstäben: mm	Entfernung zwischen vorderem u. hinterem Niet: mm
1	2—4	1	100
2	4—7	2	125
3	7—11	3	140
4	11—15	4	192
5	15—20	5	233
6	20—25	6	266
7	25—30	7,5	300
8	30—40	10	328
9	40—50	12	365
10	50—60	15	440
11	60—70	17	552
12	70—80	20	618
13	80—100	24	690

Fig. 54.

und in Westfalen werden, z. B. auf dem fiskalischen Steinkohlenbergwerke zu Ibbenbüren, die Nussklassen IV bis I in die Korngrössen 0 — 8 — 11 — 15 — 20 — 25 — 30 — 40 — 50 — 60 — 75 mm, sowie auf der Zeche Blankenburg Nuss III und II in die Korngrössen 0 — 15 — 20 — 25 — 30 — 40 — 50 mm weiter klassiert. — Zur Reinigung der feinsten Kohlen unter 2 mm Korngrösse ist das Allardsche Verfahren bisher noch nicht zur Anwendung gekommen, da die Konstruktion der Rätterstäbe von dem Erfinder angeblich erst bis zu dieser Korngrösse hat durchgeführt werden können.

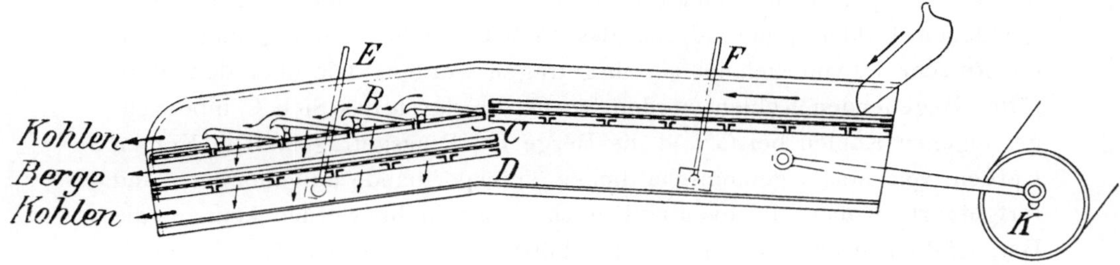

Fig. 55.

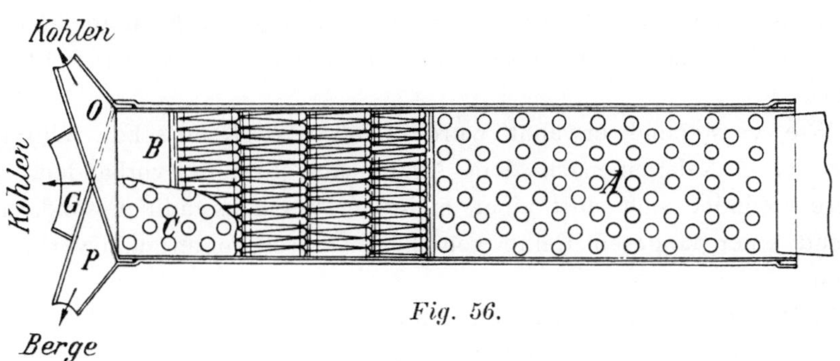

Fig. 56.

In Fig. 54 sind die relativen Längen der für die verschiedenen Korngrössen zur Anwendung kommenden sog. Entsteinungs-Rätterstäbe im Massstabe von 1:10 dargestellt und aus der hinzugefügten, von dem Erfinder Allard aufgestellten Tabelle ist die für die einzelnen Kornklassen zwischen je zwei Stäben vorhandene grösste Spaltbreite am vorderen Ende der Stäbe, sowie die entsprechende Stablänge von Axe zu Axe, d. h. vom hinteren bis zum vorderen zur Befestigung dienenden Niet, zu ersehen.

Nach erfolgter Klassierung gelangen die einzelnen Körnerklassen sodann direkt auf die in der Verlängerung der Klassiersiebe angeschlossenen Stabrätter und die durch diese hindurchgehenden Schieferberge fallen auf je ein darunter befindliches, mit der Korngrösse entsprechender Lochung versehenes Sieb, durch welches etwa mitgerissene oder beim Betriebe zerkleinerte Kohlenteile noch abgeschieden werden, während die Berge über dieses letztere Sieb hinweg ausgetragen werden.

Die Figuren 55 und 56 erläutern das Gesagte im Aufriss und Grundriss. Die geförderte Rohkohle oder die von den Stücken befreite Kleinkohle wird auf gelochte Schwingsiebe A, von denen meist mehrere untereinander angeordnet sind, aufgebracht und durch diese in eine beliebige Anzahl Korngrössen klassiert; jede Körnerklasse wird auf den an das betreffende Sieb angeschlossenen Stabrätter B übergeleitet; durch diesen werden die schiefrigen Berge ausgeschieden und fallen auf das darunterliegende entsprechend gelochte Sieb C. Die etwa mit den Bergen durchgefallenen Kohlen gehen durch das Sieb C hindurch und gelangen auf die Rutsche D, von welcher sie ausgetragen werden. Die über den Stabrätter B gehenden Kohlen werden bei O, die durch das Sieb C hindurchgegangenen Kohlen bei G und die Berge bei P ausgetragen. Die Kohlen werden von einem gemeinschaftlichen Transportbande aufgenommen und fortgeführt, wobei sie eventuell noch ausgeklaubt werden können; die Berge fallen in einen untergestellten Förderwagen oder werden gleichfalls durch ein Transportband fortgeschafft. Mehrere Siebe sind mit ihren sich anschliessenden Rättern meist in einem gemeinschaftlichen Siebkasten untereinander angeordnet, der letztere ist an Stangen E F aufgehängt und erhält durch Excenter K mittels Schubstangen seine schwingende Bewegung.

Wie vorstehend erwähnt wurde, sind in Belgien schon zahlreiche Aufbereitungs-Anlagen nach dem Allardschen System vorhanden. Das letztere befindet sich dort nicht mehr im Versuchsstadium, sondern ist während einer längeren Reihe von Jahren durchprobiert und verbessert worden.

In Westfalen sind Allardsche Stabrätter-Anlagen von der Maschinenfabrik de Fries & Cie., Aktien-Gesellschaft in Düsseldorf, welche das Ausführungsrecht von dem Erfinder für das Deutsche Reich erworben hat, auf den folgenden Zechen ausgeführt worden:

1. auf der Zeche Blankenburg zur Reinigung von ungewaschenen Nuss II, — 50/25 mm, — und Nuss III, — 25/15 mm, — für eine Produktion von 20 t pro Stunde.

2. auf dem Steinkohlenbergwerke zu Ibbenbüren zur Aufbereitung von ungewaschenen Nuss I bis III, — 80/50, 50/25 und 25/15 mm, — für eine Produktion von ebenfalls 20 t pro Stunde;

3. für dasselbe Bergwerk zur Reinigung von ungewaschener Nuss IV, sog. Feinkohle, — 15/8 mm; Produktion: 10 t pro Stunde;

4. auf der Zeche Langenbrahm zur Reinigung der gewaschenen Nuss III, — 25/15 mm; — Produktion: 15 t pro Stunde;

5. auf der Zeche Schnabel ins Osten, gleichfalls für gewaschene Nuss III, — 25/15 mm; Produktion: 15 t pro Stunde;

6. auf Zeche Langenbrahm zur Reinigung der gewaschenen Nuss II, 50/25 mm. — Produktion 20 t pro Stunde.

Das Allardsche Aufbereitungs-System findet vorwiegend bei ungewaschenen, trocken klassierten Kohlen Anwendung. Die verschiedenen Korngrössen werden, nachdem sie den entsprechenden Stabrätter passiert haben, auf Transportbändern nur noch weiter ausgeklaubt und sodann als fertige Produkte verkauft.

Im Gegensatze hierzu wird das Verfahren auf einzelnen Anlagen auch zur weiteren Reinigung von vorher schon gewaschenen Kohlen, welche noch viele flache Schiefer enthalten, verwendet, indem man die sämtlichen Korngrössen, oder auch nur einzelne Nussklassen, die besonders reich an Schiefern und, wie Nuss III z. B., durch Ausklauben sehr schwer zu reinigen sind, über die Stabrätter gehen lässt, um durch diese die Schiefer mechanisch abzuscheiden; und endlich giebt es noch Fälle, in welchen man die Kohlen aus sehr unreinen Flötzen, die infolge mehrerer eingeschlossener Bergmittel sonst als unbauwürdig anzusehen sein würden, mit Hülfe des Allard-Systems zunächst von dem grössten Teile der Berge befreien und dann durch Verwaschen auf Setzmaschinen weiter reinigen wird, um schliesslich ein verkäufliches Produkt zu erzielen.

Die Vorteile, welche das Allardsche Verfahren darbietet, sind mannigfach und unverkennbar. In Verbindung mit nasser Aufbereitung kann es entweder vor oder nach der Wascharbeit zur Anwendung kommen; im ersteren Falle ist es geeignet, eine sehr unreine Kohle soweit von den Schiefern zu befreien, dass durch den Waschprozess ein verwertbares Produkt erzielt werden kann; im letzteren Falle dient es aber dazu, falls eine Kohle viele kleine, flache Schiefer enthält, die durch das Wasser infolge ihrer Form mit den Kohlen übergespült werden, — ein Vorgang, der viel häufiger stattfindet, als man allgemein annimmt, — diese Schiefer nachträglich auf sehr einfache Weise herauszuschaffen und so eine wesentlich reinere Kohle zu erhalten. Durch Ausklauben und Auslesen würde solches nur in mangelhafter Weise und mit hohen Kosten erreicht werden können. Besonders in dieser mechanischen Nachreinigung gewaschener Produkte beruht ein Hauptvorteil des Verfahrens. Weiter erscheint es als ein sehr vorteilhaftes Reinigungsmittel für weiche, zerreibliche Kohlenarten auf vollständig trockenem Wege; bei nasser Behandlung würden solche eine Unmasse von Schlämmen liefern, während sie bei diesem Verfahren geschont werden und in Verbindung mit einem darauffolgenden Ausklauben, das namentlich bei den gröberen Korngrössen noch vorgenommen wird, ein reines Produkt abgeben können. Ausserdem ist das Allardsche Verfahren aber auch sehr einfach, billig in der Anlage wie im Betriebe, gestattet eine grosse

Uebersichtlichkeit und bewirkt unter Umständen wesentliche Ersparnisse an Arbeitskräften*).

Von den Allardschen Stabrätter-Anlagen auf den Zechen Langenbrahm und Blankenburg sind am Schlusse dieses Abschnittes über Steinkohlen-Aufbereitung kurze Beschreibungen nebst Zeichnungen angeschlossen worden.

Unter Bezugnahme auf diese Beschreibungen sei hier noch bemerkt: Die oben erwähnte, auf dem Steinkohlenbergwerke zu »Ibbenbüren« eingerichtete erste Anlage zur Reinigung von Nuss I bis III arbeitet, ebenso wie die der Zeche Blankenburg, auf vollständig trockenem Wege; das von den Kohlen abgeschiedene Gemenge von Bergen, flachen Brandschiefern und etwas Feinkohle wird zu Ibbenbüren nicht zur Kesselheizung benutzt, weil auf diesem Werke eine verhältnismässig nur geringe Kesselheizfläche zur Verfügung steht und man aus diesem Grunde dort nur Stückkohlen zur Kesselheizung verwendet. Die von der Allard-Separation ausgeschiedenen Berge usw. werden daher zum Bergeversatz in die Grube hinabgefördert. Die auf demselben Bergwerke angeschlossene zweite Anlage zur Reinigung der Feinkohle hat den Zweck, die Feinkohlensümpfe zu entlasten. Die Feinkohle von $^{15}/_8$ mm wird daher auf dem Allard-Apparat trocken aufbereitet, während das Korn von $^8/_0$ mm einer Feinkornsetzmaschine übergeben wird.

Die trockene Kohle von $^{15}/_8$ mm und die nasse von $^8/_0$ mm werden dann miteinander gemischt und man erzielt solcherweise sofort ein ausreichend trockenes Produkt für die Brikettierung, braucht daher nicht mehr, wie es früher bei lediglich nasser Aufbereitung der Feinkohle von $^{15}/_0$ mm der Fall war, lange auf eine ausreichende Entwässerung der Feinkohle zu warten.

Auf der neuen Anlage der Zeche »Schnabel ins Osten« soll in ganz gleicher Weise wie auf der Zeche Langenbrahm verfahren werden; die gewaschene Nuss III wird mittels des Allardschen Stabrätters von den Schiefern befreit und die abgeschiedenen Berge und Brandschiefer werden zur Kesselheizung verwendet.

IV. Die Setzarbeit.

Nachdem die Kleinkohlen mit Hülfe des einen oder anderen der vorstehend besprochenen Klassier-Apparate in mehr oder weniger Kornklassen getrennt worden sind, werden sie direkt, in der Regel mittels Wasser-

---

*) Broschüre über Klassierung und Separation der Steinkohle auf trockenem Wege nach dem Verfahren von Fr. Allard, Berlin.
Glückauf 1902, No. 48, S. 1171, und
Oest. Zeitschr. 1903, S. 203.

stromes, durch ⊔-förmige Lutten den einzelnen Setzmaschinen zugeführt.

In den sechziger Jahren und bis zur Einführung der Feinkornsetzmaschinen, 1875/76, wurden im hiesigen Bezirke, wie in der Einleitung schon gesagt, alle Feinkohlen unter 10 mm oder 5 mm Korngrösse trocken abgesiebt und blieben ungewaschen. Auch später machte man vielfach die Erfahrung, dass das Verwaschen des kleinsten Kornes von 0 bis 3 mm oder 4 mm, der sog. Staubkohlen, auf Feinkornsetzmaschinen viele Unzuträglichkeiten im Gefolge hatte. Bei dem Verwaschen des Staubes bilden sich, namentlich dann, wenn die Kohlen weich und zerreiblich sind, grosse Mengen von Schlamm, welche dem Waschwasser eine grössere Dichte erteilen und infolge des zu geringen Unterschiedes zwischen dieser und den Dichtewerten der von einander zu trennenden Materialien die Setzarbeit erschweren, auch zu bedeutenden Verlusten an Kohlensubstanz führen. Ferner ist eine ausreichende Klärung der gebrauchten Waschwasser schwer zu erreichen, und endlich wurden der genügenden Entwässerung der gewaschenen Feinkohlen und der vollständigen Nutzbarmachung der Schlämme bei den früher hierfür getroffenen Einrichtungen grosse Schwierigkeiten bereitet.

Auf zahlreichen Zechen hat man deshalb auch in der Folgezeit den Weg eingeschlagen, die Staubkohlen von vornherein trocken abzusieben oder abzublasen und so der Setzarbeit vollständig zu entziehen, wodurch diese zugleich sehr entlastet wurde, demnächst aber den Staub, wie dies alles oben schon erwähnt wurde, mit den gewaschenen gröberen Feinkohlen wieder zusammen zu führen und entweder mittels einer Misch-Schnecke oder im Desintegrator sorgfältig mit diesen zu mischen. Hierdurch wurde gleichzeitig eine Abtrocknung der nassen Feinkohlen erzielt und dem zur Verkokung bestimmten Gemenge der erwünschte Feuchtigkeitsgrad erteilt. Eine wesentliche Voraussetzung für die Anwendung dieses Verfahrens ist selbstverständlich die, dass die ungewaschene Staubkohle keinen zu hohen Aschengehalt besitzt, so dass sie mit der gewaschenen Feinkohle ein Gemisch liefert, aus welchem ein brauchbarer den metallurgischen Anforderungen entsprechender Koks sich darstellen lässt.

In der von Humboldt im Jahre 1886 erbauten Separation und Wäsche der Zeche Ver. Bonifacius wird der Staub unter $2^{1}/_{2}$ mm abgesiebt; derselbe hat nach den Analysen einen Aschengehalt von $7^{1}/_{2}$ %, dagegen haben die gewaschenen Feinkohlen einen solchen von nur $3^{3}/_{4}$ %, und es liefern beide, innig mit einander gemischt, eine Kokskohle von 5 bis 5,4 % Aschengehalt.

Rheinisch-westfälische Zechen, auf welchen das Absieben oder Abblasen der Staubkohlen fortgesetzt Anwendung gefunden hat bezw. bis heute noch stattfindet, sind die folgenden:

Unter 3 mm Korngrösse wird der Staub abgesiebt auf den Zechen Dannenbaum, Prosper II und Ver. Hagenbeck, bezw. abgeblasen auf Zollverein I und II; unter $3^{1}/_{2}$ mm abgesiebt auf Schacht Amalie der Zeche Ver. Helene & Amalie; endlich unter 4 mm abgesiebt auf den Zechen Ver. Constantin der Grosse, Schacht I und III, Centrum, Carolus Magnus, Hasenwinkel, Ver. Carolinenglück, Ver. Sellerbeck, Hansa, Concordia II/III, Consolidation II usw.

Im Gegensatze zu dem vorbesprochenen Verfahren wird auf vielen anderen Zechen die ganze feine Kohle von 0 mm an der Setzarbeit übergeben, wobei sie dann allerdings meist noch in zwei oder drei verschiedene Korngrössen vorher klassiert wird.

Die Feinkornsetzmaschinen und die für die Entwässerung der gewaschenen Fein- bezw. Staubkohlen, sowie für die Mitverwertung der Schlämme getroffenen Einrichtungen sind in neuerer Zeit so verbessert worden, dass auch dieser Teil der Steinkohlen-Aufbereitung heute im allgemeinen keinen Schwierigkeiten mehr begegnet.

Wenn trotzdem auch heute noch auf vielen Zechen die Staubkohlen trocken abgesiebt oder abgeblasen werden, so geschieht dies, wie schon erwähnt wurde, hauptsächlich deshalb, um eine trockene Kokskohle zu erhalten und die immerhin unangenehme Schlammbildung zugleich zu vermeiden; nach Beseitigung der früher entgegenstehenden Schwierigkeiten ist es aber schon der grösseren Einfachheit wegen zu empfehlen, die ganzen Feinkohlen von 0 mm an zu waschen; denn die Einrichtungen zum Mischen der trockenen und der gewaschenen Kohlen fallen dadurch fort; ebenso wird die durch das Absieben der Kohlen sich entwickelnde Staubbildung vermieden, da man die ganzen Kleinkohlen schon in der Rostgrube oder im sog. Füllrumpfe anfeuchten und so auf das erste Sieb in der Wäsche aufgeben kann, wo sie mit Hülfe von Wasserbrausen zur Klassierung gelangen. Die Wäsche bleibt auf diese Weise staubfrei, die Klassierung ist eine schärfere, die Bedienung der Wäsche ist infolge der grösseren Uebersichtlichkeit einfacher und sicherer, auch der Kraftbedarf wesentlich geringer.

Das Abblasen der Staubkohlen auf mehreren Zechen im hiesigen Bezirke und die Windseparation der Zeche Rheinpreussen sind im 1. Kapitel schon so eingehend besprochen, dass nur folgendes hinzuzufügen bleibt:

Auf der Zeche Zollverein, Schächte I u. II, werden die Staubkohlen von 0 bis zu 3 mm Korngrösse mit Hülfe eines Ventilators von den gröberen Feinkohlen getrennt. Die daselbst gemachte Erfahrung, dass das Waschen aller feinen Kohlen bis zu 0 mm herab auf den zu Ende der 80er Jahre dort in Anwendung stehenden Feinkornsetzmaschinen nur unvollkommen erfolgte, der feine Staub zudem das Waschwasser verschlämmte und die entstehenden vielen Schlämme die Entwässerung der gewaschenen Kokskohlen erschwerten, hat zu der Einführung dieses Verfahrens geführt und zwar rief dieselbe um so weniger Bedenken wach, als die trocken abgeblasene Staubkohle gemäss angestellter Versuche einen nur geringen Aschengehalt besass.

Die Abscheidung des Staubes erfolgt in der Weise, dass durch einen Pelzer-Ventilator von 1250 mm Flügelrad-Durchmesser und 600 mm Flügelbreite ein Windstrom erzeugt und gegen die in gleichmässig dünner Schicht aus einer Lutte herabfallende, durch eine Separationstrommel von dem gröberen Fördergut geschiedene Kohle von 0—7 mm Korngrösse geblasen wird. Der Windstrom treibt die gesamte aus der Lutte fallende Kohle über eine Zunge in der mit 45° geneigten Druckleitung in die Höhe. Am Ende der Zunge fallen die Körner von 4—7 mm auf den Boden der Druckleitung und rollen unter der Zunge her direkt zu einer Setzmaschine, während der Staub von 0—3 mm weiter aufwärts getrieben wird und in eine Staubkammer von 70 cbm Inhalt gelangt. In letzterer bewegt sich ein Transportband und führt die Staubkohle einem Becherwerke zu, welches sie in den Desintegrator hebt. Um in der verhältnismässig kleinen Staubkammer einen Luftdruck zu vermeiden, hat man dieselbe noch mit der Saugöffnung des Ventilators durch eine Lutte verbunden, welche an dem der Druckleitung entgegengesetzten Ende von der Staubkammer abzweigt und den gleichen Querschnitt hat wie die Druckleitung. Durch Stellung eines Schiebers hat man es in der Hand, das Abblasen der Staubkohle zu erhöhen oder zu vermindern.

Die Trennung der Staubkohle von der gröberen Feinkohle wird bei dieser Einrichtung zur vollen Zufriedenheit erreicht und in der gewaschenen Feinkohle ist infolge der Mischung mit der trocken abgeblasenen Kohle der so lästige und schädliche hohe Wassergehalt vollständig vermieden*).

Ueber die Setzmaschinen und die bei denselben eingeführten Verbesserungen ist im 1. Kapitel gleichfalls schon manches erwähnt worden. Im Anschlusse an das dort Gesagte sei hier im allgemeinen bemerkt, dass nach dem heutigen Stande der Steinkohlen-Aufbereitung sowohl für das Setzen der gröberen Klassen, als auch für die Feinkohlen nur mehr die kontinuierlich wirkende Kolbensetzmaschine in Betracht kommt, und dass eine solche Maschine aus einem Kasten von Holz, Blech oder Gusseisen besteht, welcher in seinem oberen Teile durch eine bis etwa zur Mitte des Kastens hinabreichende Querwand in zwei Abteilungen geteilt ist; in dem einen Schenkel der hierdurch gleichsam gebildeten kommunizierenden Röhre ist das Setzsieb befestigt, in dem anderen wird ein Kolben durch Maschinenkraft auf- und niederbewegt. Wasser tritt durch ein regulier-

---

*) Zeitschr. f. d. Berg-, Hütten- u. Salinenw. 1887, Bd. 35 B, S. 264.

bares Ventil unterhalb des Kolbens ununterbrochen in den Setzkasten ein,
wird bei jedem Kolben-Niedergange durch das Sieb hindurchgetrieben,
hebt das auf das Sieb gebrachte vorher klassierte Setzgut und separiert
die Körner des Gemenges je nach ihrem spezifischen Gewichte; die Berge
sammeln sich auf dem Siebe an und werden durch verschieden konstruierte Vorrichtungen aus dem Kasten entfernt oder ausgetragen, während
die spezifisch leichtesten Teile, die Kohlen, mit dem Waschwasser bei
jedem Kolbenhube über den einerseits erniedrigten Rand des Setzkastens
überfliessen. In dieser Weise werden die von einander zu separierenden
Teile des Gemenges durch das immerfort zufliessende Wasser aus dem
Setzkasten ununterbrochen ins Freie geschafft.

Die alte Sieverssche Setzmaschine, wie sie anfänglich bis zu
Ende der 60er Jahre von der Firma Sievers & Co. gebaut wurde, ist in
Fig. 57 a—c dargestellt. Wie aus derselben hervorgeht, ist der aus Holz
oder starkem Eisenblech gefertigte Setzkasten an seinem Boden gekrümmt
und an beiden Seiten von senkrechten Wänden begrenzt; auf dem
niedrigeren der beiden Schenkel liegt das horizontale Sieb von $0{,}68 \times 0{,}84$ m
Grösse; zum Schutze gegen das Durchdrücken durch die Last der aufgegebenen Kohlen ist es durch einen aus Eisenstäben gebildeten Rost
unterstützt und, damit es nicht durch den Wasserdruck gehoben wird, an
dem Roste mit Messingdraht angebunden. Auf die Ränder des Siebes legt
sich ein gusseiserner Rahmen, der die auf jenem liegenden Kohlen ein-
schliesst, zugleich aber als Ueberfallrand für die gewaschenen Kohlen beim
Kolbenniedergange dient. Zu diesem Zwecke ist der obere Rand des
Rahmens in den Ecken 78 mm niedriger als in der Mitte, so dass die
Kohlen in den Ecken bei a übertreten können, so in einen den Rahmen
umgebenden Kanal b gelangen und auf dessen etwas geneigter Bodenfläche
durch das mitabfliessende Wasser in einen Sammeltrog c forttransportiert
werden. Der in dem längeren Schenkel arbeitende Kolben besteht aus
einer mit Verstärkungsrippen versehenen gusseisernen Platte von 26 mm
Dicke, welche seitlich und von der Unterseite von einem Holzfutter umgeben ist, das mit möglichst geringem Spielraum an die Seitenwandungen
des Kastens anschliesst. Der Kolben ist an zwei Eisenstangen aufgehängt
und erhält von diesen mittels Kurbelschleife eine derartige Bewegung,
dass der Niedergang schneller als der Aufgang erfolgt.

Zum Austragen der auf dem Siebe sich ansammelnden Schiefer dienen
zwei gusseiserne Rohre r von 111 mm lichter Weite, die vom Siebe nieder-
gehen und an der Vorderseite des kürzeren Schenkels in den Trog l aus-
münden. Den Verschluss derselben an ihrer oberen Mündung bilden zwei
gusseiserne, mittels Hebel t stellbare Ventile u.

Das Verhältnis der freien Siebfläche zur Kolbenfläche stellt sich annähernd wie 1 : 1. Der unter dem Siebe am Boden des Setzkastens sich

ansammelnde sog. Fassvorrat, d. i. der durch das Sieb hindurch gegangene feine Schlamm, wird durch einen am tiefsten Punkte angebrachten, ebenfalls mittels eines Ventils verschliessbaren Rohrstutzen g abgelassen.

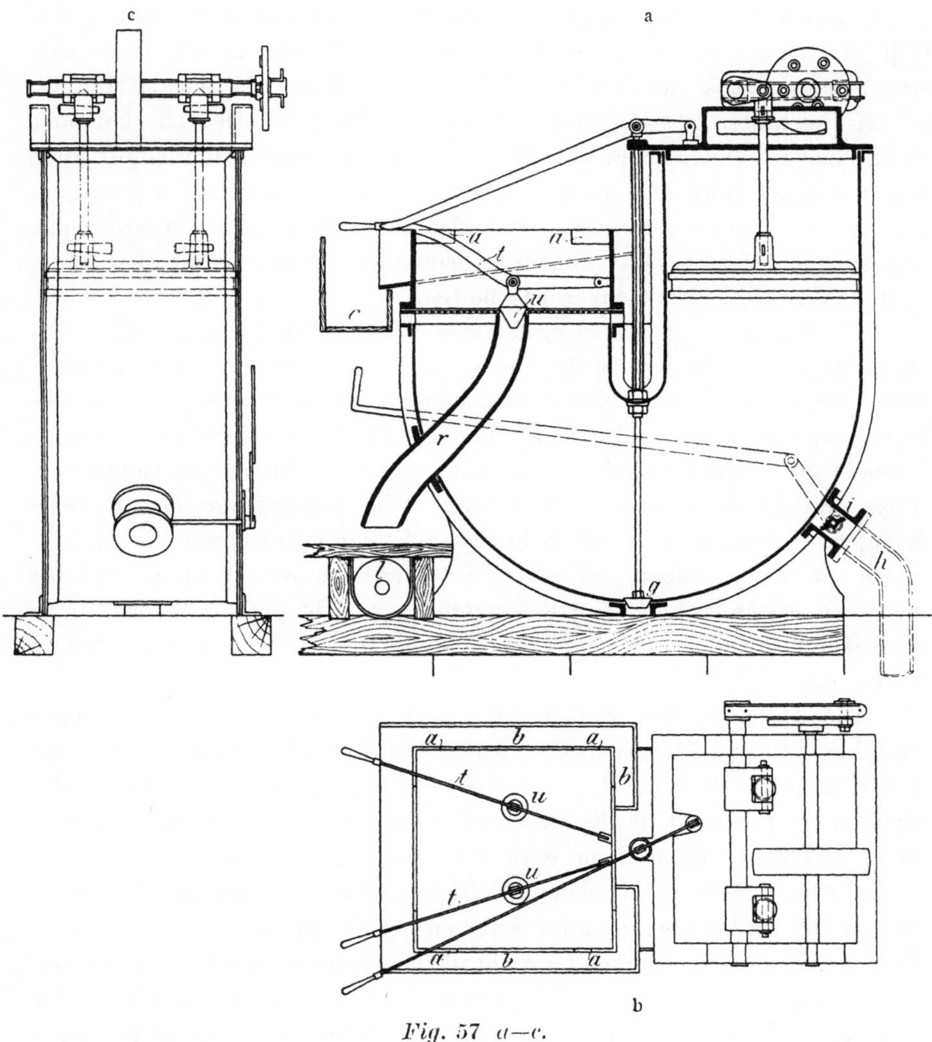

Fig. 57 a—c.

Kontinuierlich wirkende Kohlensetzmaschine von Sievers.

Der Wasserzufluss zu dem Setzkasten erfolgt durch ein hinter demselben gelegenes Rohr h, welches durch ein Abfallrohr mit dem höher gelegenen Ausgusskasten einer Centrifugalpumpe in Verbindung steht. Zwischen dem Rohr h und dem Setzkasten ist ein Absperrhahn i eingeschaltet, mittels dessen der Wasserzufluss reguliert wird.

Wie sich aus der vorstehenden Beschreibung ergiebt, werden die auf dem Setzsiebe lagernden Massen bei den Kolbenniedergängen wiederkehrenden Wasserstössen ausgesetzt, und sonach die leichteren Kohlenstücke in die Höhe gehoben. Das Zurückströmen des Wassers beim Aufgange des Kolbens wird einmal durch die eigentümliche Bewegung des Kolbens, dann aber auch durch den einer Säule von 2—3 m Höhe entsprechenden Druck des kontinuierlich aus dem Ausgusskasten der Pumpe in den Setzkasten aufsteigenden Wassers verhindert. Deshalb kommen die Kohlenteile nicht mehr zum Niederfallen, sondern werden sofort über den in den Ecken a a erniedrigten oberen Rand des Setzkastens ausgetragen. Nur bei etwaigem Wassermangel tritt das Zurückströmen des Wassers, das sog. Saugen, in mehr oder minder bedeutendem Masse hervor und führt dann unvermeidlich Kohlenverluste herbei.

Die Regulierung des zuströmenden Wassers ist Sache des die Setzmaschine beaufsichtigenden Arbeiters, ebenso das Ablassen der auf dem Siebe angesammelten Schiefer und des im Setzkasten sich unten ablagernden Fassvorrates. Das Entfernen des Schiefers erfordert besondere Vorsicht und Aufmerksamkeit; es sollte zur Vermeidung von Kohlenverlusten nur in kurzen Pausen und zwar beim Niedergange des Kolbens erfolgen. Versuche, auch den Schiefer selbstthätig und kontinuierlich austreten zu lassen, haben bei dieser Setzmaschinen-Konstruktion zunächst und auch später zu günstigen Resultaten noch nicht geführt, weshalb man das Schieferablassen als eine Verrichtung des Arbeiters noch beibehalten hat.

Die Hubhöhe des Kolbens wechselt in ihren äussersten Grenzen zwischen 4,58 und 7,80 cm und wird innerhalb derselben mit der Abnahme der Korngrösse verringert. Die Hubzahl beträgt allgemein 41 in der Minute. Das Gewicht des Kolbens samt den beiden Kolbenstangen beträgt 80 kg, reduziert sich aber im Wasser auf 72,5 kg.

Da der Kraftverbrauch beim Betriebe dieser Setzmaschine nur in der für das Heben des Kolbens erforderlichen Arbeit besteht, und der schwere Kolben durch sein eigenes Gewicht dann wieder niedersinkt, so ist derselbe nur gering und für den Betrieb von 8 gemeinschaftlich arbeitenden Setzmaschinen beispielsweise auf nur eine Pferdekraft berechnet worden.

Als ein Uebelstand ist bei dieser Setzmaschine, welche auf Erzgruben auch heute noch vereinzelt anzutreffen sein dürfte, hervorgehoben worden, dass die im Verhältnis zur Kolbenfläche ohnehin kleine Siebfläche durch die Vorrichtung zum Ablassen der Schiefer noch mehr verringert und dadurch die an und für sich schon geringe Leistung noch weiter herabgedrückt wird.

Um die Leistung zu erhöhen, hat man die Sieversschen Setzkästen in der Folge weit grösser hergestellt oder als Doppelapparate konstruiert, so auf der Zeche Schleswig. Von diesen seitens der Baroper Maschinenbau-Aktien-Gesellschaft ausgeführten Setzmaschinen ist im ersten Teile schon die Rede gewesen, auch sind dieselben in den Figuren auf Tafel I, S. 12 bildlich dargestellt worden.

Die von der Firma Sievers & Co., seit 1871 Maschinenbau-Anstalt Humboldt, später erbauten Grobkohlen- und Feinkohlensetzmaschinen hatten dieselbe gebogene Form und bestanden entweder aus Holzdauben oder aus Eisenblech; in neuerer Zeit werden sie auch vielfach aus Gusseisen hergestellt, da der Mehrpreis gegenüber solchen mit Holzkörpern oder aus Blech durch die längere Haltbarkeit reichlich aufgewogen wird. Im letzteren Falle besteht der in eine bezw. zwei abgestumpfte vierseitige Pyramiden nach unten auslaufende Setzkasten aus zwei Teilen, welche durch einen horizontalen Flantsch dicht miteinander verbunden sind. Dabei lässt sich der mit angegossenen Lappen versehene obere Teil auf zwei Holzbalken oder Eisenträgern bequem und sicher verlagern.

Solche neuere Humboldtsche Setzmaschinen für Grobkorn und für Feinkorn sind in den Figuren 58a—c und 59a—c dargestellt.

Was zunächst die Grobkornsetzmaschine (Fig. 58a—c) betrifft, so wird bei derselben die Umwandlung der rotierenden Bewegung der Antriebswelle in die schnell niedergehende und langsam aufsteigende des Kolbens, ebenso wie bei der Feinkornsetzmaschine durch einen Differential-Hebelmechanismus bewirkt. Der Wasserzufluss und die Austragung der auf dem Siebe sich ansammelnden Berge werden leicht von der vorderen Seite der Setzmaschine aus mit Hülfe der Zugstange a und des Hebels b reguliert. Durch das mit einer Drosselklappe versehene Rohr g wird aus einem hochgelegenen Sammelbassin dem Setzkasten unterhalb des Siebes und des Kolbens kontinuierlich Wasser zugeführt und in demselben eine aufwärtsgehende Strömung erzeugt, die den Waschprozess, wie vorstehend schon hervorgehoben wurde, wesentlich mit unterstützt.

Das Austragen der Berge geschieht durch zwei bis vier in der Vorder-wand des Setzkastens, unmittelbar über dem ein wenig nach vorn ge-neigten Siebe angebrachte und gleichmässig auf die ganze Breite ver-teilte, horizontale Spalten, deren Höhe der Korngrösse entsprechend eine konstante ist, und deren Breite durch Schieber geändert werden kann. Letztere Regulierung lässt sich mittels des Handhebels b bewirken. An Stelle dieser Austragevorrichtung hat Humboldt auch öfter, beispielsweise auf der Zeche Neuköln, eine andere Einrichtung angewandt, bei welcher zwei senkrecht einzustellende Schieber mittels Handhebel nach Erfordern gehoben oder gesenkt werden können und einen die ganze Breite des Setzkastens einnehmenden Austragespalt mehr oder weniger öffnen bezw. schliessen. — Die ausgetragenen Berge werden von der unter Wasser arbeitenden Transportschnecke c einem mit durchlöcherten Bechern ver-

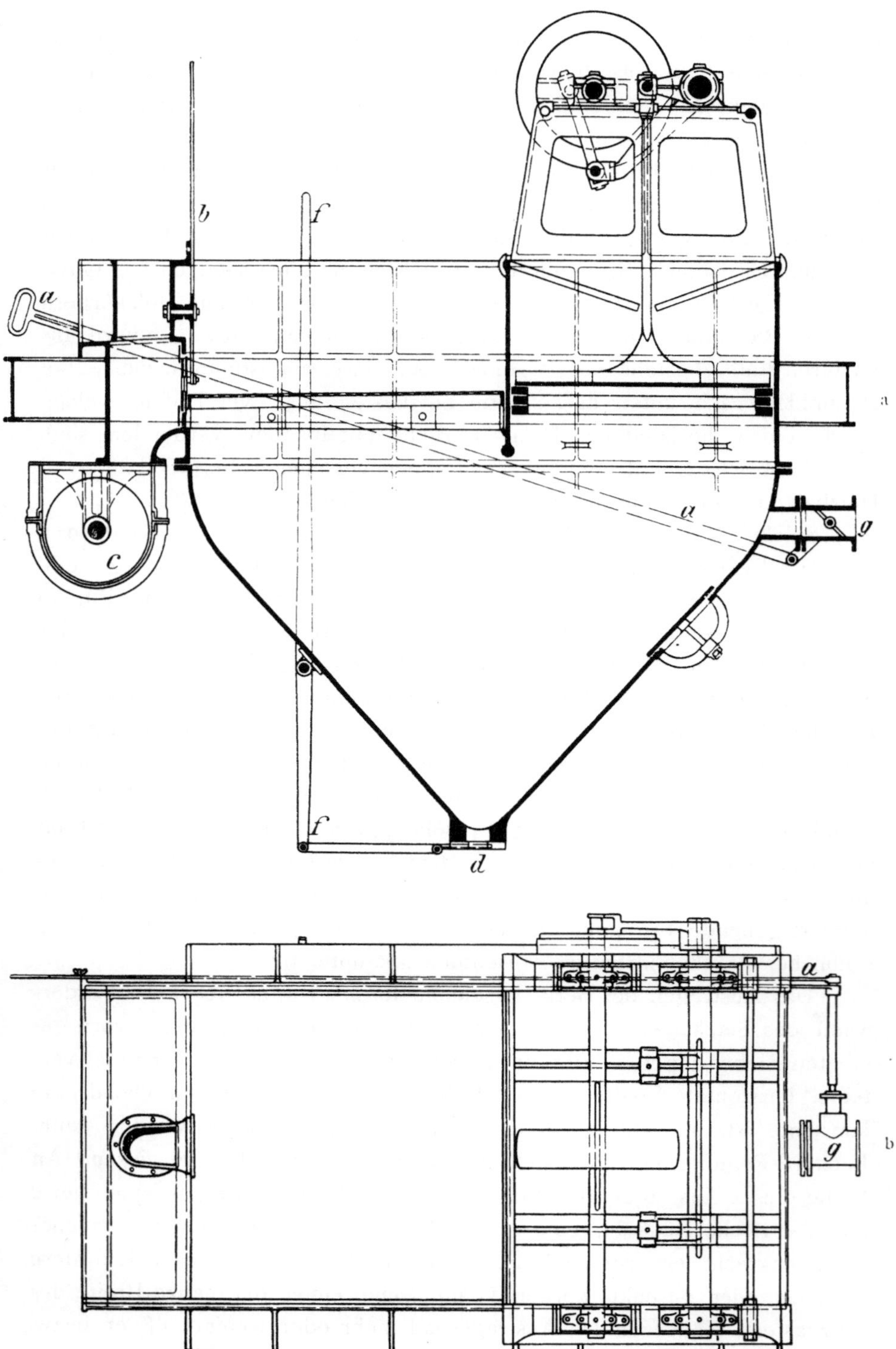

Fig. 58a u. b.

Grobkornsetzmaschine von Humboldt.

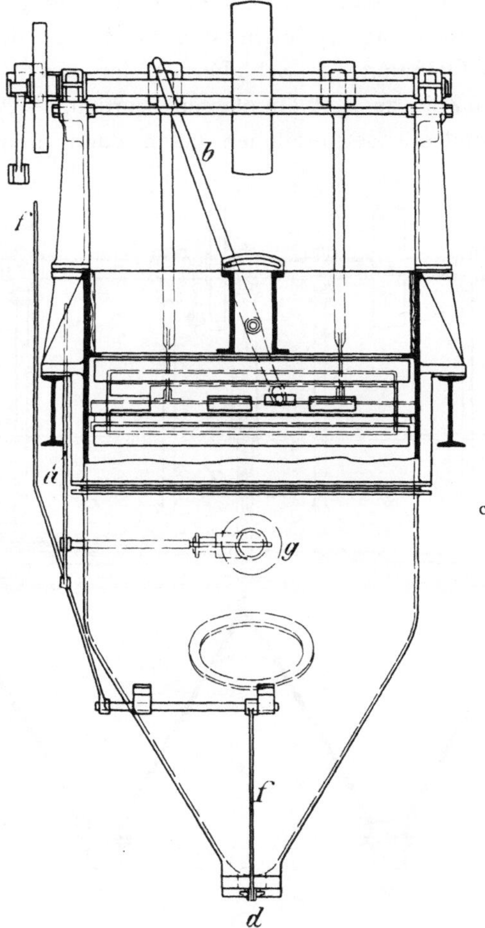

Fig. 58c.

Grobkornsetzmaschine von Humboldt.

sehenen Becherwerke zugeführt, welches dieselben in einen Sammelbehälter
oder Bergeturm hebt. Das Austragen der Berge erfolgt somit kontinuierlich
unter Wasser und ohne Wasserverlust. — Eine andere von Humboldt auch
häufig getroffene Anordnung, wie sie z. B. auf den Zechen Prosper II,
ver. Sellerbeck, Rheinpreussen I und II und Caroline bei Holzwickede sich
findet, ist die, dass die Grobkorn-Waschberge durch ein Abfallrohr einem
tiefer gelegenen gemeinschaftlichen wasserdichten Sammelbehälter zugeführt werden, aus welchem ein Entwässerungsbecherwerk dieselben dann
heraushebt. Da der Wasserspiegel in dem das Becherwerk umschliessenden
Kasten in gleichem Niveau mit demjenigen in den Setzmaschinen steht,
so findet auch hierbei die Austragung ohne Verlust an Waschwasser statt.

— Kleine Bergeteilchen, welche durch die Maschen des Setzsiebes hindurchgehen, der sog. Fassvorrat, sammeln sich am Boden des Setzkastens an und können nach Oeffnung des Schiebers d, der durch den Handhebel f bewegt wird, von Zeit zu Zeit abgelassen werden. — Auch kann dieser Schieber fehlen, und die Bergeteilchen fallen dann ununterbrochen, wie

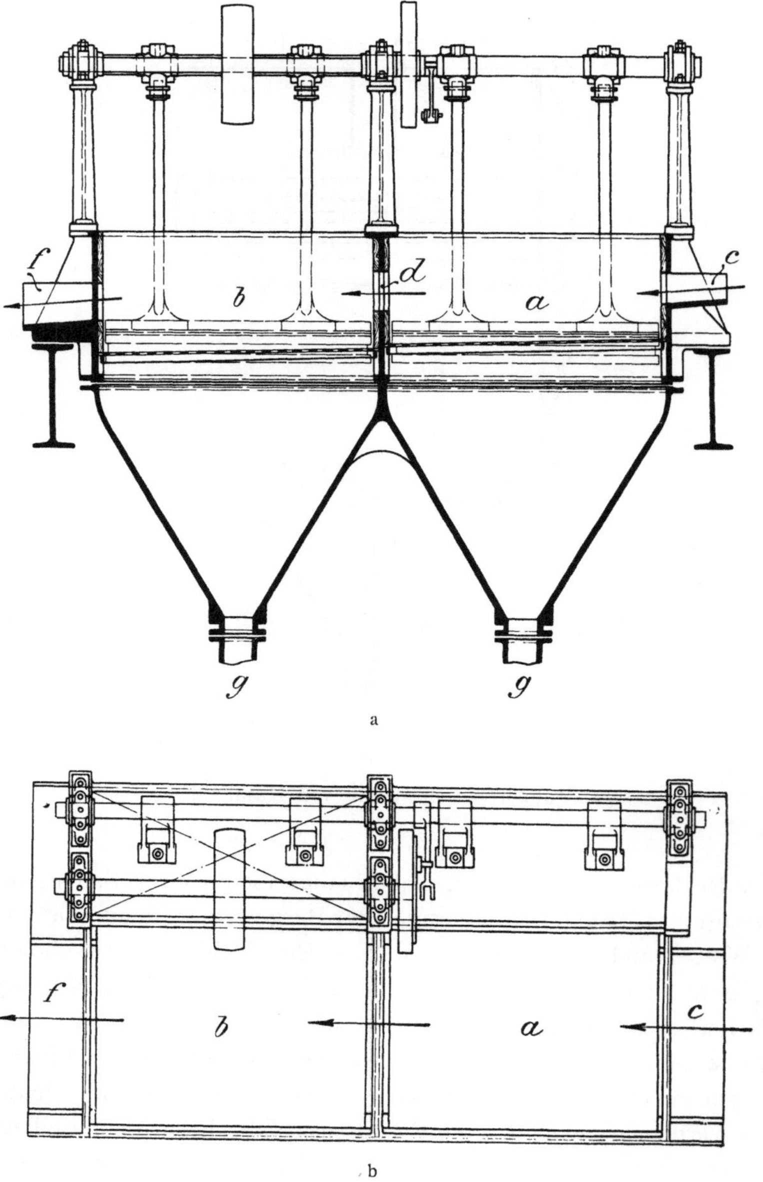

Fig. 59 a u. b.

Feinkornsetzmaschine von Humboldt.

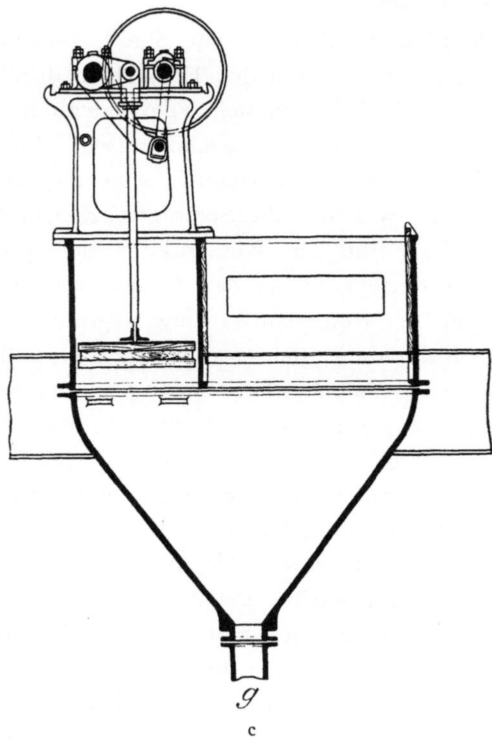

Fig. 59 c.

Feinkornsetzmaschine von Humboldt.

vorhin bezüglich der groben Berge erwähnt wurde, durch ein angeschlossenes engeres Rohr in einen wasserdichten Trog herab, aus
welchem sie mittels Schnecke und gelochten Becherwerkes dem Bergeturm oder, falls sie nachgewaschen werden sollen, einem besonderen
Sammelbehälter zugehoben werden. —

Die klassierten Kohlen werden durch Rinnen mittels Wasserstromes
den Setzsieben gleichmässig zugeführt, während die bei jedem Kolbenniedergange über das Spülblech übergeschwemmten gewaschenen Kohlen
in ein Gefluter fallen, von dem mitübergespülten Waschwasser zu den
Entwässerungssieben transportiert werden und von da in die Sammeltaschen der einzelnen Nussorten hinabgleiten.

Die Humboldtsche Feinkornsetzmaschine besteht, wie Fig.
59a—c zeigt, aus zwei miteinander verbundenen Abteilungen, von denen
jede mit einem Siebe und einem zugehörigen Kolben versehen ist. Das
Sieb der rechten Abteilung a liegt ein wenig höher, als das der linken.
Auf jedem Siebe befindet sich ein Feldspatbett. Der die Feinkohle zuführende Wasserstrom fliesst durch den Einlass c auf das erste Sieb, be-

wegt sich quer über dasselbe fort, geht durch die in der kurzen Querwand befindliche Oeffnung d auf das zweite Sieb b über und fliesst, nachdem er auch dieses passiert hat, mit den Feinkohlen durch den Auslass f in eine Rinne und durch diese zu den Feinkohlenbehältern bezw. Entwässerungsbassins. Bei diesen Setzmaschinen legt die Feinkohle also, langsam mit dem Wasser sich fortbewegend, einen langen Weg über die beiden Siebe zurück, auf welchem die Schieferteilchen Gelegenheit finden, sich abzuscheiden. Die Form und Konstruktion der gusseisernen Setzkästen ist sehr ähnlich derjenigen bei der Grobkornsetzmaschine; ebenso erfolgt, wie bei dieser, der Kolbenantrieb mittels Kniehebels. Infolge der raschen und kurzen Kolbenbewegungen durchdringen die Feinkornschiefer die Feldspatbette und die Siebmaschen, gelangen zu den in den unteren Spitzen der Setzkästen angeschlossenen Austragerohren g und durch diese zu einer Schnecke nebst gelochtem Becherwerke, welch letzteres sie in den Bergeturm schafft, bezw. behufs vorzunehmender Nachwäsche einem Aufgabetrichter oder Sammelbehälter zuhebt.

Was die Wirkungsweise des Feldspatbettes und die physikalischen Eigenschaften des Feldspats betrifft, welche dieses Mineral zu dem vorliegenden Zwecke als besonders geeignet erscheinen lassen, so wird dieserhalb auf die unten angeführten Stellen hingewiesen*).

Bezüglich des bei den Humboldtschen Setzmaschinen zur Anwendung kommenden Verhältnisses zwischen Kolbenfläche und Siebfläche sei noch bemerkt, dass dasselbe bei den Grobkornsetzmaschinen zwischen 3 : 4 und 5 : 6 schwankt, bei den Feinkornsetzmaschinen sich aber meist wie 4 : 5 stellt; dabei lässt sich dann die Arbeit der Setzmaschine durch Aenderung des Kolbenhubes oder der Anzahl der pro Minute stattfindenden Hübe nach Bedarf regulieren.

Bei den Grobkornsetzmaschinen in der von Humboldt im Jahre 1886 erbauten Separation und Wäsche für die Zeche Ver. Bonifacius haben die Kolben denselben Flächeninhalt wie die Setzsiebe erhalten, damit ein geringerer Kolbenhub zulässig sei.

Bei den Feinkornsetzmaschinen auf derselben Zeche, welche dort zweiseitig als Doppelsetzmaschinen konstruiert sind, sind die Kolbenflächen kleiner als die Siebflächen genommen worden, da für diese Maschinen überhaupt kein grosser Hub erforderlich ist**).

Eine von der Baroper Maschinenbau-Aktien-Gesellschaft s. Z. gebaute Grobkornsetzmaschine ist in Fig. 60a—c dargestellt. Der aus Eichenholz konstruierte Setzkasten von 2920 mm lichter Länge

---

*) Lamprecht, a. a. O., S. 50 bis 52.
Zeitschr. d. Ver. d. Ing. 1885, Bd. 29, S. 241.
**) Zeitschr. d. Ver. d. Ing. 1887, Bd. 31, S. 646.

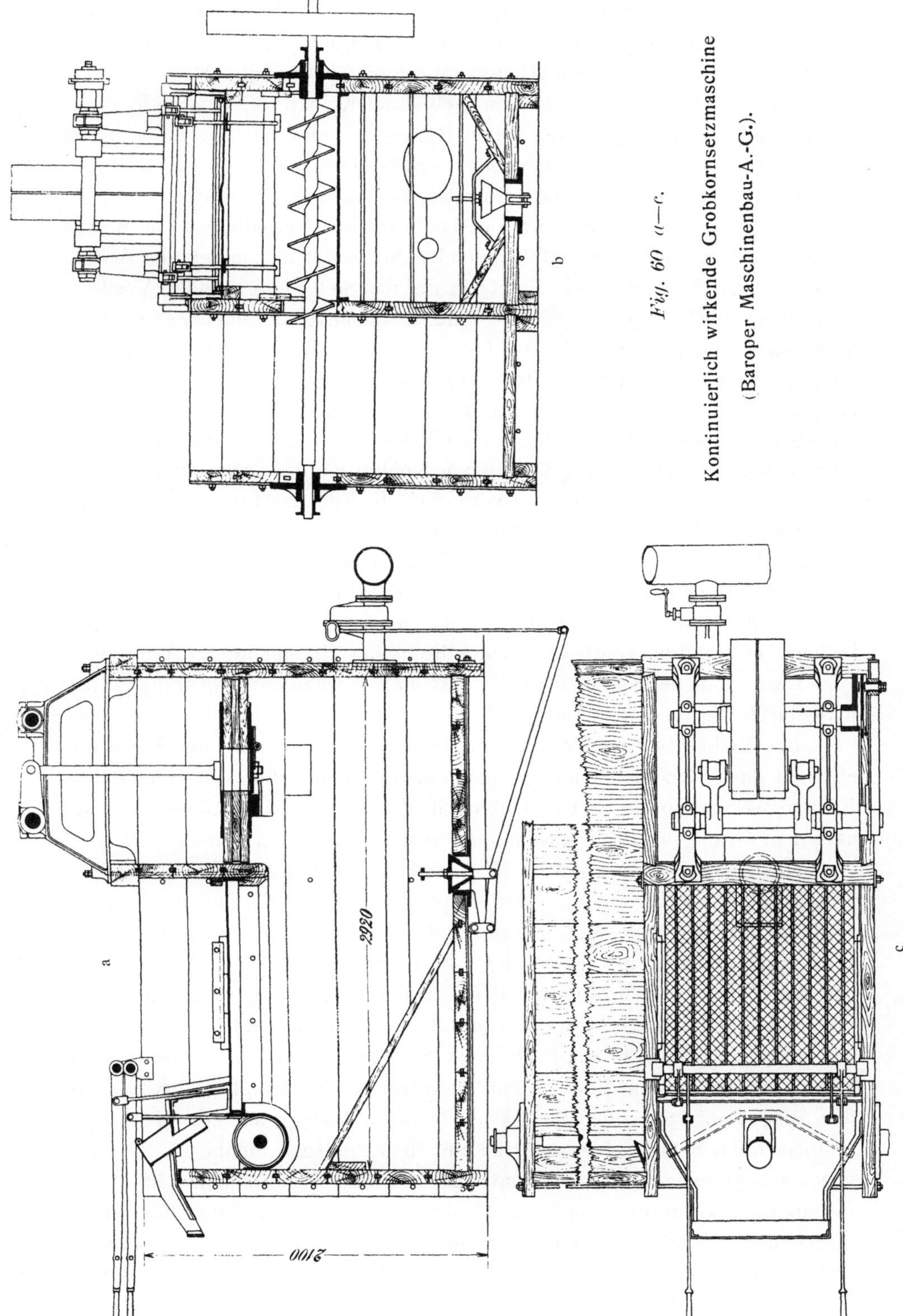

Fig. 60 *a—c*. Kontinuierlich wirkende Grobkornsetzmaschine (Baroper Maschinenbau-A.-G.).

und 1250 mm lichter Breite ist in seinem vorderen Teile unterhalb des Siebes mit einem von drei Seiten her geneigten Boden versehen, auf welchem der Fassvorrat dem Ablassventil zugeführt wird. Der aus drei übereinandergelegten Eichenbohlen gebildete Kolben erhält durch zwei Stangen mittels Kurbelschleife seine Bewegung und ist mit einer nach unten sich öffnenden Klappe versehen, welche dem Wasser beim Kolbenaufgange den Durchtritt gestattet und so das Ansaugen verhütet.

Die Kolbenfläche steht zur Siebfläche in dem Verhältnisse von etwa 1 : 1,13. Die auf dem horizontal liegenden Siebe sich ansammelnden Berge werden durch Schlitze bezw. Spalte in der das Sieb begrenzenden Vorderwand in einen Trog geschwemmt, mittels Schnecke in einen neben dem Setzkasten liegenden Sammelbehälter transportiert und aus diesem durch ein Becherwerk ausgehoben. Der Bergeaustrag, welcher durch das Wasser kontinuierlich erfolgt, lässt sich durch zwei vor den Schlitzen befindliche Schieber regulieren, welche durch Handhebel nach Erfordernis eingestellt werden können. Die rein gewaschenen Kohlen werden über den Bergetrog hinweg mit den Waschwassern auf die Entwässerungs-Vorrichtung ausgetragen. Das im Boden des Setzkastens zum Ablassen des Fassvorrates bezw. zur Reinigung des Setzkastens angebrachte Ventil kann von der Rückseite des Kastens aus mittels einer Zugstange geöffnet werden, der Wasserzufluss erfolgt ununterbrochen durch ein hinter dem Setzkasten gelegenes, mit Regulierventil versehenes Rohr von 210 mm lichter Weite.

Eine von derselben Firma konstruierte Feinkornsetzmaschine wird durch Fig. 61 a—d erläutert.

Die Kolben der beiden zu einem Waschsystem verbundenen Apparate erhalten durch Kniehebelmechanismus einen gleichen Hub, der je nach der Korngrösse und sonstigen Beschaffenheit der Kohlen, besonders auch je nach dem Grade ihrer Verunreinigung, verändert werden kann.

Die Kohlen werden mittels Wasserstromes und mit angemessener Geschwindigkeit durch eine an der Kopfseite des Setzkastens ausgesparte Oeffnung auf das erste Sieb geleitet, auf diesem gesetzt, sowie durch den Wasserstrom wieder mit mässiger Geschwindigkeit über das Feldspatbett und die Zwischenwand hinweg auf das zweite Sieb übergeleitet, um von diesem dann hinreichend gereinigt, durch eine gleich weite Oeffnung in der entgegengesetzten Kopfwand des Kastens mit dem überfliessenden Waschwasser aus dem Setzapparat auszutreten. Während die Kohle so den Weg über das Feldspatbett schwebend zurücklegt, sinken die Berge, hauptsächlich Schieferthon, welcher mit dem Feldspat annähernd gleiches specifisches Gewicht hat — Feldspat 2,53 bis 2,58, Schieferthon 2,50 — und die anderen Verunreinigungen durch das Bett und die hinreichend weiten Maschen der Setzsiebe hindurch, sammeln sich am Boden des Setzkastens und werden in entsprechenden Zeiträumen durch das Bodenventil abgelassen. Das hierbei mitabgeflossene Wasser wird jedem Kolben aus der hinter den Setzkasten gelegenen Rohrleitung sofort wieder ersetzt, um die Gefahr des Saugens zu beseitigen und damit verbundene Kohlenverluste zu vermeiden.

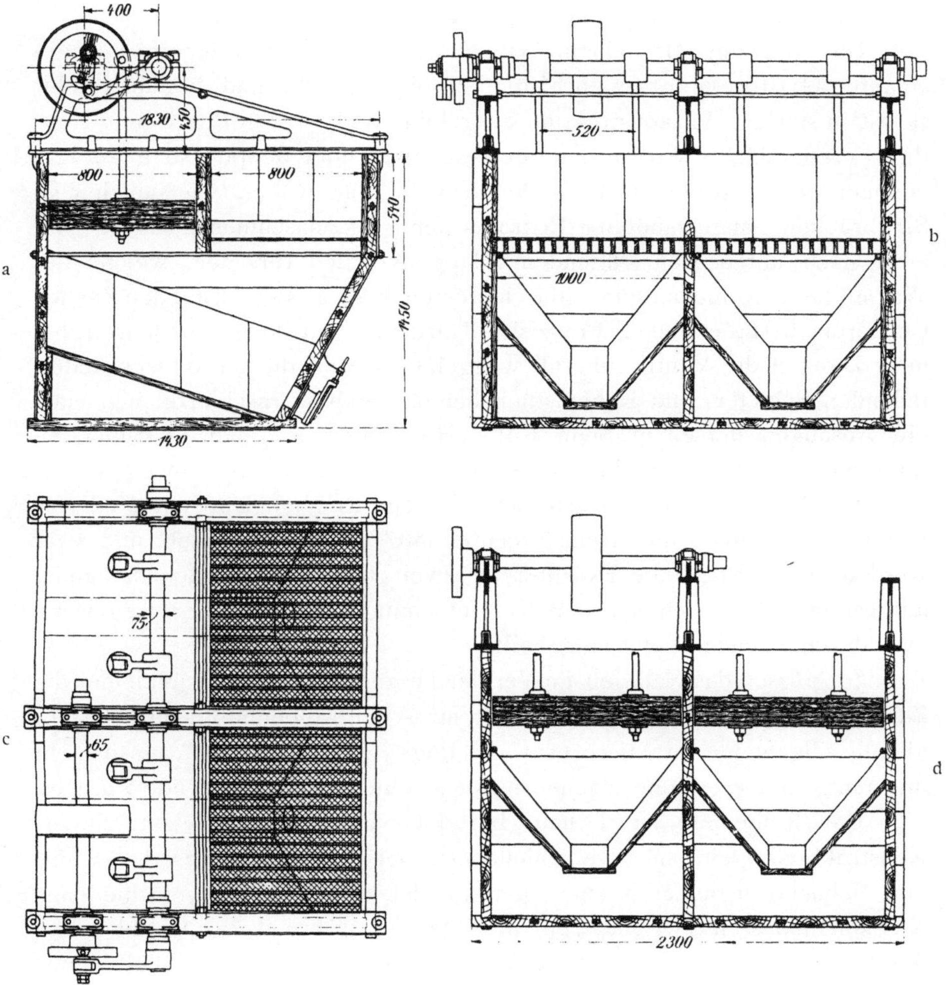

Fig. 61 a—d.

Kontinuierlich wirkende Feinkornsetzmaschine (Baroper Maschinenbau-A.-G.).

Zufolge Angaben der Baroper Maschinenbau-Aktien-Gesellschaft soll die Leistung ihrer Feinkornsetzmaschinen für Kohlen von 4—18 mm Korngrösse gegen 5000 kg in der Stunde betragen, und soll man beispielsweise auf der Zeche Heinrich Gustav in den Jahren 1878 und 1879 aus Rohkohlen von durchschnittlich 9,21 bis 9,63 % Aschengehalt und 4— 9 mm

Korngrösse ein gewaschenes Produkt von durchschnittlich 3,4 bis 3,7 $^0/_0$ Aschengehalt erzielt haben.

Eine andere Feinkornsetzmaschine derselben Firma von etwas geringeren Breiten- und grösseren Längen-Dimensionen des Setzsiebes und des Kolbens soll beim Setzen einer Feinkohle von $^1/_2$ bis 100 mm Korngrösse eine Leistung von 3750 kg je Stunde ergeben haben[*]).

Die von der Maschinenfabrik Schüchtermann & Kremer angewandte Grobkornsetzmaschine ist in Fig. 62a und b dargestellt; sie ist in starker Holzkonstruktion ausgeführt und zwar in Pitsch-pine Holz. Ihre Setzsiebfläche wird in neuerer Zeit etwas über doppelt so gross genommen als die Kolbenfläche. Der Kolben war früher, wie bei den in Saarbrücken angewandten Rexrothschen Setzmaschinen, meist mit zwei nach unten sich öffnenden Klappenventilen versehen, welche das Wasser beim Kolbenaufgange durchströmen liessen, so z. B. auf den Zechen Concordia I, Hasenwinkel, Franziska Tiefbau. Seit längeren Jahren hat man dagegen die Ventile überall weggelassen, weil die im Wasser niederfallenden Schiefer- und Kohlenstückchen das Sieb so rasch erreichen, dass ein Ansaugen derselben beim Kolbenrückgange, wie man es früher befürchtete, in der That nicht wohl stattfinden kann. Seine Bewegung erhält der Kolben mittels Kurbelschleife oder Kniehebelantriebes, oder in neuerer vorwiegend durch ein Excenter mit verstellbarem Hub, und zwar werden in der Regel die Excenter für zwei oder mehrere nebeneinander aufgestellte Setzmaschinen der Vereinfachung des Antriebes wegen auf eine durchgehende Welle aufgekeilt.

Je grösser das Setzsieb im Vergleiche zum Kolben und je kleiner die Zahl der Einzelhübe ist, desto grösser muss der Kolbenhub sein. Ferner gilt die allgemeine, praktisch erprobte Regel, dass der Kolben umso mehr und umso kleinere Hübe machen muss, je feiner das zu setzende Korn ist.

Der Kolbenhub ist deshalb bei den verschiedenen Setzmaschinen-Konstruktionen ein sehr verschiedener; bei der Grobkornsetzmaschine von Schüchtermann & Kremer beträgt derselbe für die verschiedenen Nusskohlenklassen zwischen 210 und 440 mm, während die Anzahl der in der Minute gemachten Hübe zwischen 24 und 34 liegt. So arbeiten beispielsweise in der im Jahre 1881 erbauten Separation und Wäsche der Zeche Concordia, Schacht I, die Setzmaschinen der verschiedenen Nussklassen in folgender Weise:

Für Nuss I mit 440 mm Hub u. 32 Hüben pro Minute,
    »   » II » 270 »   » » 32 »   »   »
    »   » III » 240 »   » » 34 »   »   »
    »   » IV » 210 »   » » 34 »   »   »

---

[*]) v. Kerpely, a. a. O., S. 469 und S. 480.

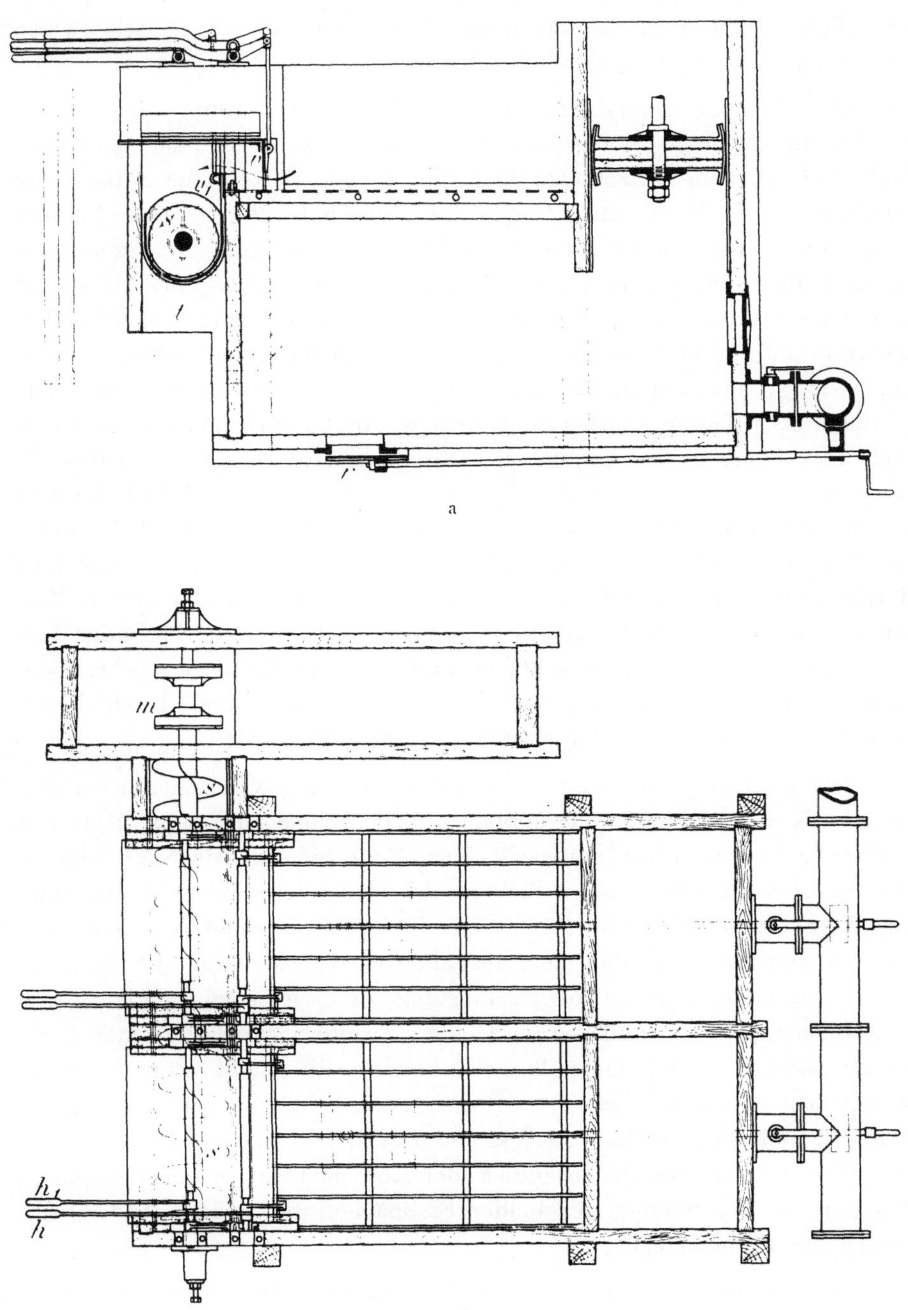

Fig. 62 a u. b.

Grobkornsetzmaschine von Schüchtermann & Kremer.

Neuerdings pflegt man der Einfachheit wegen die Anzahl der Touren bei allen Grobkornsetzmaschinen gleich zu machen. Die Maschenweite der Setzsiebe beträgt gewöhnlich 3 bis 4 mm.

Die bei der Setzarbeit auf dem Siebe sich ansammelnden Berge werden durch einen in der Vorderwand des Setzkastens, nahe über dem Siebe befindlichen, horizontalen Spalt, der die ganze Breite des Setzkastens einnimmt, in der Weise ausgetragen bezw. durch das Waschwasser herausgeschwemmt, dass man mit Hülfe des Handhebels h zuerst den Schieber d etwas hebt bezw. entsprechend einstellt und dann mittels des Hebels h^1 den zweiten Schieber v^1 öffnet, d. h. abwärts bewegt. Die Berge werden dadurch unter v und über v^1 heberartig voranbewegt und gelangen so in einen Trog, aus dem sie durch die Schnecke s in den Raum m geschafft werden. Aus diesem werden sie demnächst durch ein Becherwerk gehoben und dem Schieferturm zugeführt. Die gereinigten Kohlen hebt das mit überfliessende Wasser über den Bergetrog oder das sog. Spülblech hinweg auf die Entwässerungs-Vorrichtung, von welcher dieselben in die Sammelbehälter oder Ladetaschen hinabgleiten. Um die durch das Setzsieb hindurchgegangenen feinen Bergeteilchen, den sog. Abrieb, von Zeit zu Zeit ablassen und den ganzen Setzkasten reinigen zu können, ist im Boden desselben ein Schieber r angebracht, dessen Bewegung durch eine Schraubenspindel mit Handkurbel erfolgt. Auch das Wasser kann durch diesen Schieber abgelassen und der Kasten ganz entleert werden.

Die Feinkornsetzmaschine von Schüchtermann & Kremer wird entweder als einfache oder als doppelte Setzmaschine ausgeführt, d. h. der Kolben derselben wirkt nur nach einer Seite hin, auf ein Sieb, oder er bewegt sich zwischen zwei Sieben und treibt bei seinem Niedergange das Wasser durch beide hindurch. Der Zweck dieser letzteren, auch von den anderen Maschinenfabriken ausgeführten Konstruktion ist der, mit einer Maschine eine doppelte Leistung zu erzielen und zugleich eine Vereinfachung herbeizuführen. Da eine Erbreiterung des einzelnen Setzsiebes, wenn man nicht mangelhafter arbeiten wollte, nicht ratsam erschien, so sah man sich veranlasst, einen Kolben auf zwei Siebe von 650—700 mm Breite gleichzeitig wirken zu lassen. Bei der einfachen Feinkornsetzmaschine ist die Siebfläche gleich der Kolbenfläche, bei der doppelten dagegen ist die Summe der beiden Siebflächen gleich dem Anderthalbfachen der Kolbenfläche.

Die Firma Humboldt verwendet in neuerer Zeit prinzipiell keine Doppelsetzmaschinen mehr, weil diese nach ihrer Ansicht mangelhafter arbeiten als einfache; denn da die Aufgabe der Kohlen auf die beiden Siebe nicht ganz gleichmässig reguliert werden kann, so ist auch die Arbeit auf denselben eine verschiedene.

Die einfache Feinkornsetzmaschine von Schüchtermann &
Kremer ist in Fig. 63 a und b in zwei Schnitten dargestellt. Sie ist
gleichfalls in starker Holzkonstruktion ausgeführt und besteht aus zwei mit
einander verbundenen Abteilungen, deren jede ein Sieb und einen massiven
Kolben besitzt. Die Kolben werden mittels je zweier Kolbenstangen und
Excenter mit verstellbarem Hub bewegt und erhalten solcher Weise eine
gute Senkrechtführung.

Nachdem die zu setzenden Feinkohlen bei b dem ersten Siebe zugeführt und auf diesem von dem grössten Teile ihrer Berge befreit worden

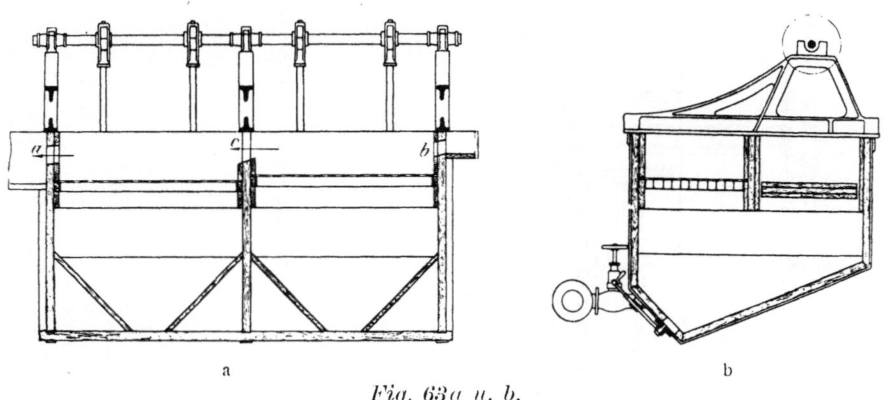

a   b

Fig. 63a u. b.

Feinkornsetzmaschine von Schüchtermann & Kremer.

sind, werden sie durch das Waschwasser über die Scheidewand c gespült
und in der zweiten Abteilung nochmals gesetzt reingewaschen und
bei a endlich ausgetragen.

Wenn Korn von 10 mm Grösse auf einer solchen Maschine gesetzt
werden soll, so giebt man dem Setzsiebe (Zeche Dannenbaum I) eine
Maschenweite von 12 mm und bedeckt dasselbe mit einem 6—7 cm hohen
Feldspatbette von 15 mm Korngrösse. Der Kolbenhub beträgt dabei
50 mm und die Anzahl der in einer Minute ausgeübten Hübe 140. Die
durch das Bett und Sieb hindurchgegangenen Schiefer usw. sammeln sich
am Boden des Setzkastens an und werden durch eine mit Schieber versehene Oeffnung aus den beiden Abteilungen von Zeit zu Zeit abgelassen.

Eine doppelte, sog. vierteilige Feinkornsetzmaschine, wie sie
von anderen schon früher, von der Firma Schüchtermann & Kremer
zuerst im Jahre 1892 für die Zeche Centrum konstruiert und nachher auf
vielen anderen Zechen, z. B. Adolf von Hansemann, General, Monopol
Schacht Grillo, Consolidation I u. II, Dannenbaum I, Westhausen, Schleswig
zur Anwendung gebracht ist, wird durch Fig. 64 a—c erläutert. Der

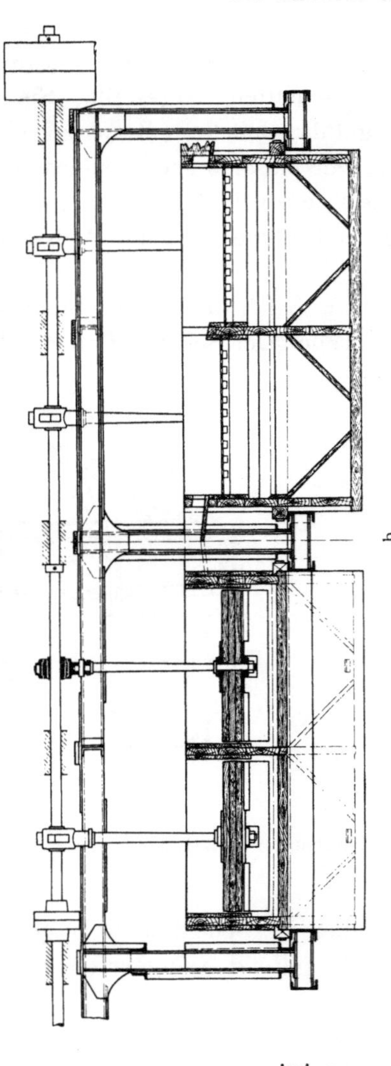

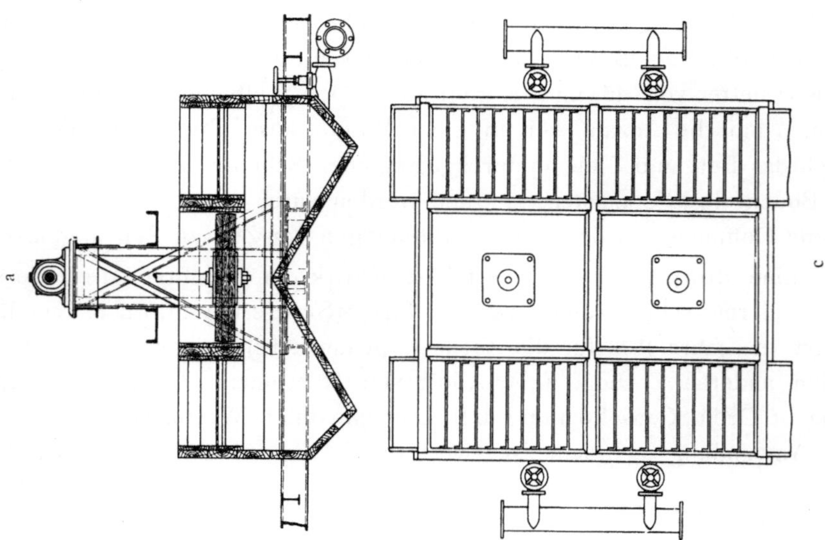

Fig. 64a—c. Vierteilige Feinkornsetzmaschine.

Setzkasten wird durch zwei bis ungefähr zur halben Höhe hinabreichende Querwände in drei Abteilungen geteilt, in deren mittleren der massive Setzkolben durch eine Kolbenstange und Exzenter mit verstellbarem Hub auf- und niederbewegt wird. Die beiden anderen gleich langen, aber schmaleren Abteilungen enthalten die Setzsiebe. Das Waschwasser tritt von beiden Seiten durch regulierbare Ventile, ebenso wie bei den einfachen Setzmaschinen in den unteren Teil des Setzkastens ein und wird von dem niedergehenden Kolben gleichzeitig durch die beiden Siebe getrieben; im übrigen unterscheiden sich die Doppelapparate nicht von den einfachen. Bemerkt sei noch, dass die in den unteren Teil des von allen vier Seiten zusammengezogenen Setzkastens gelangenden Schiefer usw. durch eine in der Spitze angebrachte regulierbare Oeffnung kontinuierlich entweichen können bezw. ausgetragen und meist nachgewaschen werden. Der Schieber, durch welchen das Austragen der Feinkornberge erfolgt, ist so konstruiert, dass zwei rechtwinklig oder halbellipsenförmig ausgeschnittene übereinander liegende Platten gegen einander verschoben werden und hierbei eine quadratische oder annähernd kreisförmige Austrittsöffnung entstehen lassen, welche den Bergen bei möglichst kleinem Umfange das Austreten mit einem möglichst geringen Wasserverluste gestattet.

Die in Fig. 65 a—d dargestellte Grobkornsetzmaschine von »Lührig« ist aus Holz konstruiert; der Kasten hat etwa 3 m Länge, 0,95 m Breite und 1,60 m Höhe. Im oberen Teile scheidet eine etwa 0,76 m tief herabgehende Querwand a den Raum für den Kolben von dem des Siebes. Die Innenwände der beiden Abteilungen sind mit einem 0,04 m starken Holzfutter ausgekleidet, so dass für den Kolben- und Siebraum noch je etwa 0,9 qm übrigbleiben.

Der Boden des Setzkastens ist bei den neueren, verbesserten Maschinen nicht mehr wie früher kreisförmig gekrümmt, sondern er wird durch zwei gebogene, im Mittel mit ca. 38° geneigte Wände b gebildet, durch welche der feine Siebdurchfall, das Fassmehl, der durch das Ventil zu regulierenden Abzugsöffnung besser zugeführt wird. Das Setzsieb d von 6—12 mm Maschenweite hatte in früherer Zeit eine geringe Neigung von der Vorderwand nach hinten, um das Zurückhalten der schwereren Berge zu begünstigen, und es erfolgte das Eintragen der klassierten Kohlen durch eine Lutte nahe dem Hinterrande, also über dem tiefer liegenden Teile des Siebes; bei den neueren Setzmaschinen liegt das Sieb horizontal. Die gewaschene Kohle wird durch einen über die ganze Breite der Vorderwand gehenden Schlitz f aus dem Setzkasten ausgetragen, während die auf dem Siebe sich ansammelnden Berge allmählich durch einen 5 cm höher liegenden ca. 25 cm breiten Spalt g in den Bergetrog h gelangen. Ein Schieber i, der durch einen Hebel mittels Zugstange nach Bedürfnis

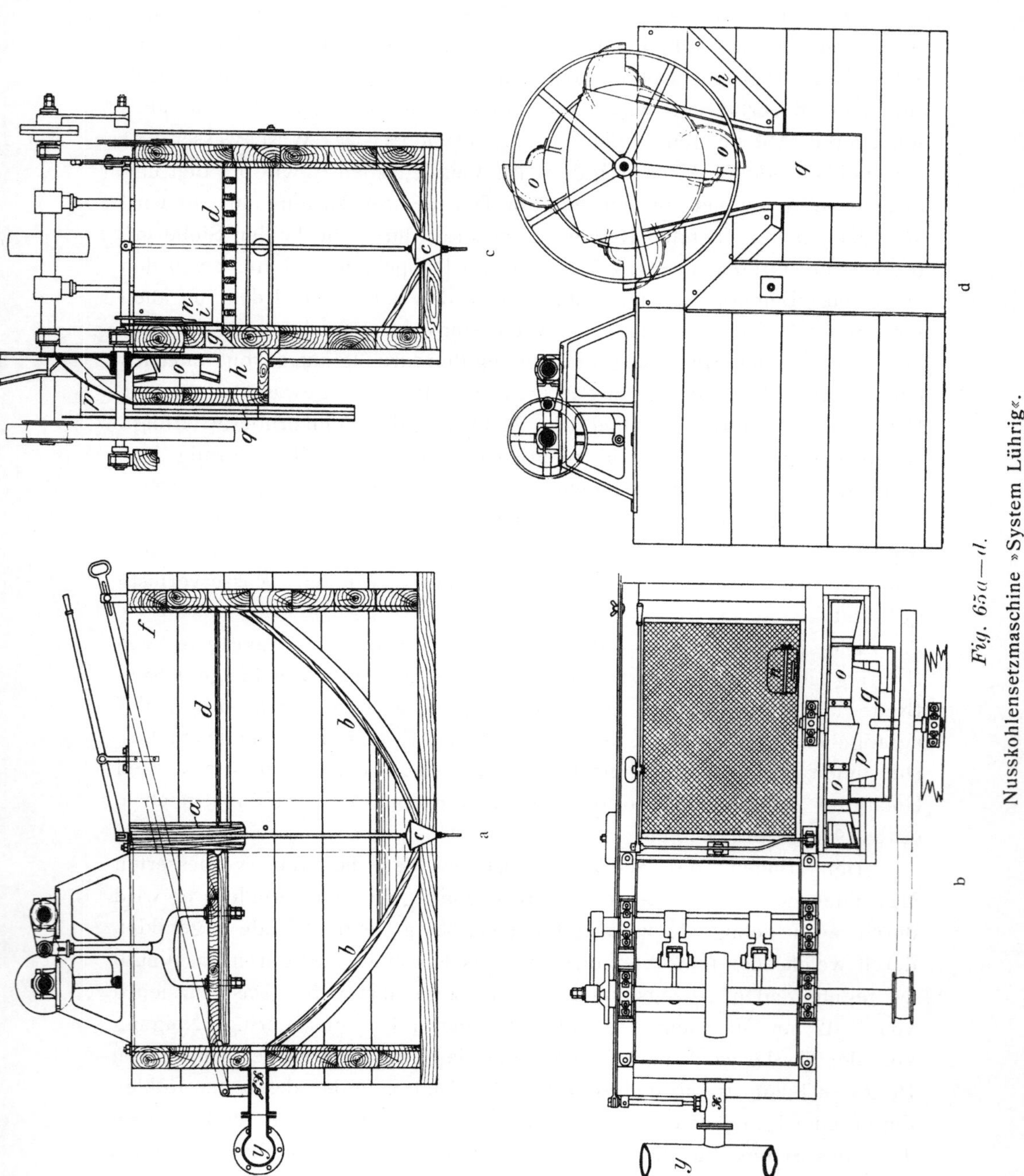

verstellt werden kann, reguliert auch hier die Höhe der Austrittsöffnung.
Um aber die Kohle vor dem Eintritte in diesen Spalt zu schützen, ist über
demselben ein Schirm n angebracht, welcher wohl auch durch Schrauben

verstellbar ist, in der Regel aber bei einer einmal justierten Maschine nicht wieder verschoben wird.

Um untersuchen zu können, ob die Setzmaschinen richtig arbeiten und ob nicht zu grosse Verluste an Kohlensubstanz stattfinden, ist die Bergeaustragung bei dieser wie bei allen anderen Setzmaschinen durch eine Lutte zugänglich gemacht, und werden häufig mittels eines gelochten Löffels Proben genommen; auch überzeugt man sich durch öfteres Probenehmen von dem Aschengehalte der gewaschenen Kohlen.

Aus dem Bergetroge werden die Berge durch ein Schöpfrad 0 ausgehoben und über einen Schirm p in die steilabfallende Lutte q gestürzt, durch welche sie in das Bergebassin gelangen; aus dem letzteren werden sodann die Berge durch ein gelochtes Becherwerk in untergestellte Wagen gehoben und zur Bergehalde geschafft. Der Kolben arbeitet mittels Kniehebelbewegung. Jede der beiden vorhandenen Kolbenstangen ist unten gegabelt, der Kolben wird daher an vier Stellen gefasst, um ihm einen sicheren Gang zu geben. Um das mit den Kohlen übergespülte Wasser zu ersetzen, wird jedem Setzkasten durch das Rohr y ein frischer Wasserstrahl zugeführt, dessen Stärke durch die Drosselklappe x zu regulieren ist. Die Anzahl der Umdrehungen der Hauptwelle bezw. der Kolbenstösse beträgt je nach der Korngrösse des Setzgutes zwischen 60 und 70 in der Minute; das Bergeschöpfrad macht 10 Touren je Minute.

Eine Abänderung oder Verbesserung sei hier noch erwähnt, die Lührig an seiner Grobkornsetzmaschine für solche Kohlen angebracht hat, die zum Teil mit Bergen verwachsen sind und zu ihrer weiteren Reinigung noch eines Aufschlusses, d. h. einer Zerkleinerung bedürfen. Um solche verwachsene Stücke des Setzgutes, die bei der gewöhnlichen Einrichtung der Setzmaschine entweder den Aschengehalt der gewaschenen Kohlen vermehren, oder den Verlust an in die Waschberge übergehender Kohle erhöhen würden, auszuscheiden, hat Lührig auf der der Bergeaustragung gegenüberliegenden Seite des Setzkastens einen zweiten Austragespalt in etwas grösserer Höhe über dem Siebe angeordnet, durch welchen die verwachsenen Teile bei der Setzarbeit einen Ausgang aus dem Setzkasten finden. Auch der Zugang zu dieser zweiten Austrage-Oeffnung ist durch einen verstellbaren Schirm regulierbar. Die verwachsenen Kohlen sammeln sich in einem seitlich angeschlossenen Behälter an, aus welchem sie periodisch einem Walzwerke oder einer Kohlenmühle zugeführt und nach stattgefundener Zerkleinerung einer anderen Setzmaschine für kleineres Korn zum weiteren Verwaschen übergeben werden. Im hiesigen Industriebezirke sind mit dieser Abänderung versehene Setzmaschinen bisher nicht zur Anwendung gekommen, in Sachsen und Schlesien dagegen, wo solche verwachsenen Kohlen viel häufiger vorkommen, als bei uns,

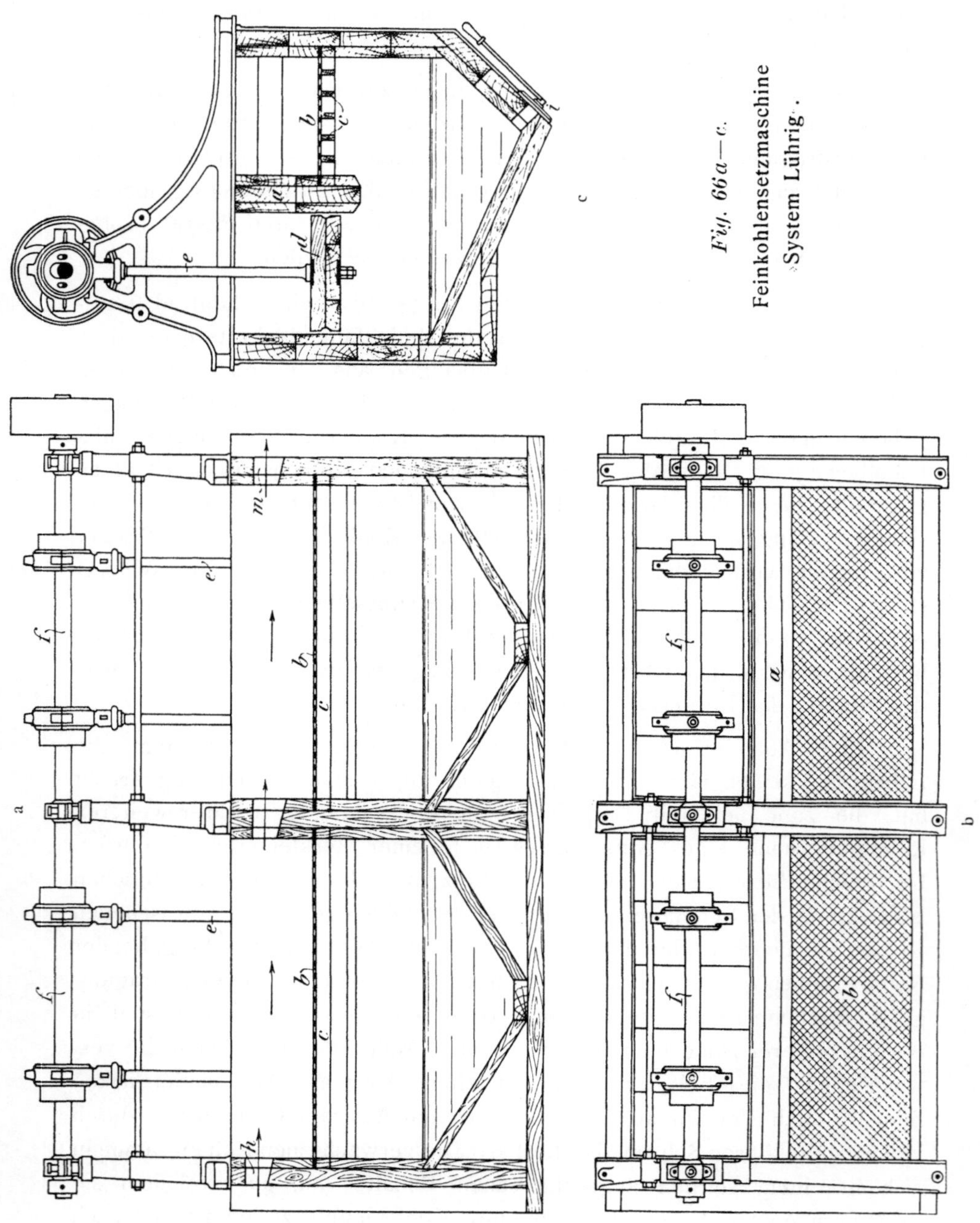

Fig. 66 a—c.
Feinkohlensetzmaschine
System Lührig.

hat sich diese Einrichtung der Setzmaschinen als sehr zweckmässig bewährt*).

*) Jahrbuch f. d. Berg- u. Hüttenwesen im Königreich Sachsen, Jahrgang
1881, S. 124.

Lührigs Feinkornsetzmaschine, ebenso wie die für Grobkorn aus Holz konstruiert und mit Holzfutter versehen, hat im Setzkasten ca. 2,5 m Länge bei 1 m Breite. Die Tiefe beträgt an der Rückwand etwa 0,75 m, nimmt aber nach vorne bis etwa 1,1 m zu, da die Böden der einzelnen Setzkasten bezw. Abt ilungen spitzkastenförmig konstruiert sind. Diese Maschine veranschaulicht Fig. 66 a—c. Durch eine Querwand wird der Kasten in zwei gleich grosse zusammengehörige Abteilungen

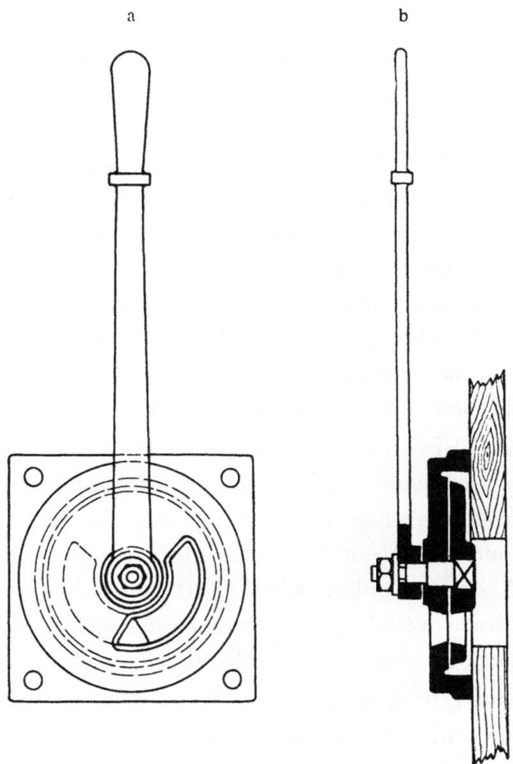

Fig. 67a u. b.

Setzmaschinen-Verschlussschieber.

getrennt. Die zwei gleichen für Kolben und Sieb nötigen Räume werden ferner durch die bis zu einer Tiefe von ungefähr 0,5 m hinabreichende Zwischenwand a gebildet, und es beträgt Kolben- und Siebfläche je 0,5 □·m. Das Sieb b befindet sich in einer Tiefe von 0,3 m unter dem Oberrande des Setzkastens und wird durch darunter angebrachte Holzstäbe c vor Einbiegungen geschützt. Der massive Kolben d jeder Abteilung hat 0,08 m Stärke und wird von je 2 Kolbenstangen e gefasst, die ihre Bewegung durch gleichgestellte Exzenter von der Welle f erhalten. Der

Kolbenhub schwankt je nach der Korngrösse des Setzgutes zwischen einigen wenigen und 40 mm. Die Zahl der Umdrehungen der Welle bezw. der Kolbenhübe beträgt 130—175 pro Minute. Das Feldspatbett hat 60—80 mm Höhe. Die der Setzmaschine mittels Wasser zugeführte Feinkohle tritt bei h auf das erste Sieb. Die Kohle wird durch die rasch aufeinanderfolgenden Kolbenstösse in der Schwebe erhalten und, während die Bergekörner niedersinken, von der horizontalen Strömung auf das zweite Sieb fortgeführt, wo sie von den noch beigemengten Bergeteilchen vollständig befreit und bei m mit dem Waschwasser aus dem Kasten ausgetragen wird. Die Bergeteilchen gelangen durch das Feldspatbett und das Sieb in den unteren Setzkastenraum, wo sie mit einer geringen Menge Wasser durch die mit Drehschieber i versehene Auslassöffnung ausgetragen werden. Der Schieber (Fig. 67a und b) ist so konstruiert, dass er dicht schliesst und sich bequem bis auf eine beliebig kleine Oeffnung einstellen lässt. In der Folge hat Lührig zwei der vorstehend beschriebenen Setzmaschinen zu einer Doppelsetzmaschine vereinigt, da hierdurch an Raum gespart wird, ohne dass irgend welche Störungen im Betriebe deshalb herbeigeführt würden, indem jede Maschine für sich arbeitet und nur die Setzkasten aneinandergeschoben sowie die Bewegungsmechanismen auf gemeinschaftlichem Gerüste befestigt sind*).

Die Setzmaschinen der Maschinenfabrik Baum, welche für Grobkorn und Feinkorn von ganz gleicher Konstruktion sind, unterscheiden sich von den bisher beschriebenen Apparaten dadurch, dass nicht durch einen Kolben, sondern durch komprimierte Luft der erforderliche Druck auf die Wasserfläche ausgeübt wird. Luft von etwa 0,08 bis 0,12 Atm. Spannung wird abwechselnd zu- und abgelassen und so die Bewegung des Wassers hervorgerufen, die sonst der Kolben bewirkt.

Die gepresste Luft tritt durch das Ventilgehäuse g (Fig. 68) in tiefster Stellung des Rohrventils h in den Setzkastenraum und treibt das Wasser aufwärts. Wird das Rohrventil h wieder gehoben, so wird die Luftzufuhr abgesperrt, dagegen die Verbindung des Setzkasteninnern mit der äusseren Luft durch die Oeffnungen des Ventilgehäuses hergestellt, sodass die gepresste Luft entweichen kann.

Der Setzkasten a wird durch die Scheidewände b b in einen inneren Teil für das Siebsetzen und einen äusseren Teil für die Bergeabfuhr bezw. Austragung geteilt. c ist das Setzsieb, d der Austragkasten für die Berge mit den beiden Regulierungsschiebern e e_1 und f die unterhalb der inneren Scheidewand liegende Schnecke zur Abführung der Berge.

Die zum Betriebe der Setzmaschinen benötigte Pressluft wird durch

---

*) Jahrbuch f. d. Berg- u. Hüttenwesen im Königreich Sachsen, Jahrg. 1878, S. 83 ff. und Jahrg. 1881, S. 123 ff.

einen Root-Ventilator oder ein Krigarsches Schrauben-Gebläse
(Fig. 69 bezw. 70a und b) oder von irgend einem anderen Luftkompressor
erzeugt.

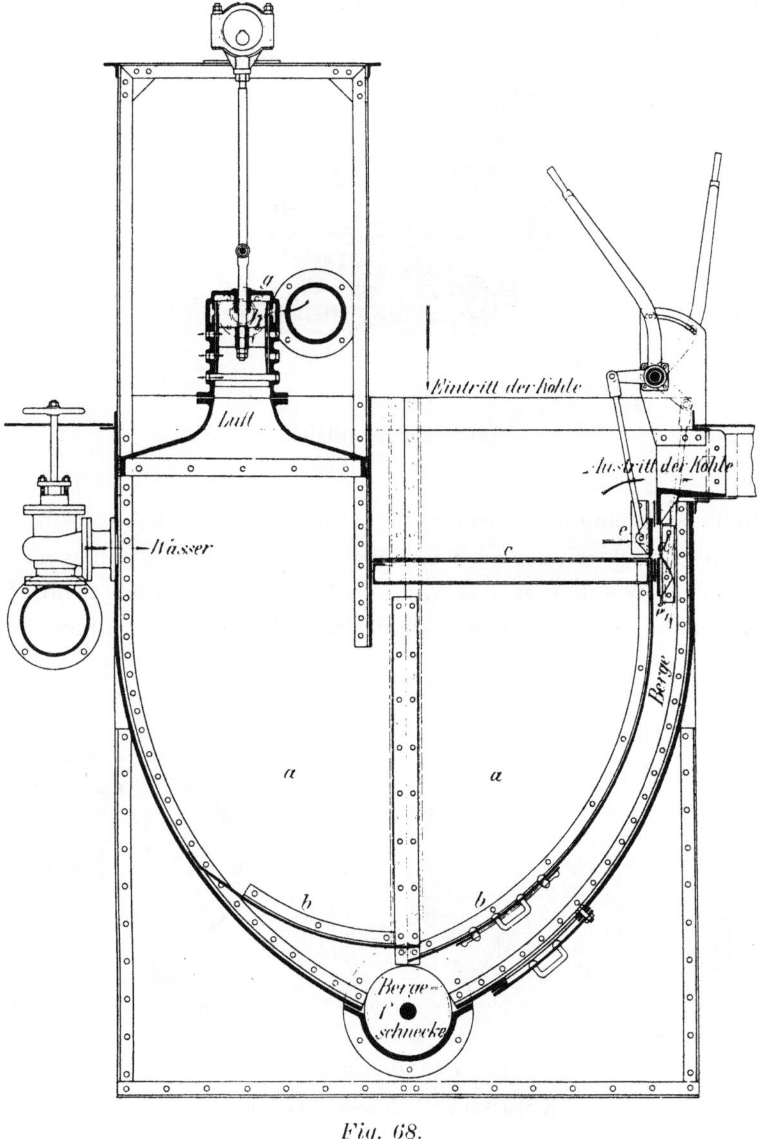

Fig. 68.

Feinkorn- bezw. Grobkornsetzmaschine von Baum.

Auf der Zeche Langenbrahm erfordert die anthracitische, verhältnismässig schwere Kohle eine etwas stärkere Luftpressung, als sie durch den
vorhandenen Krigar-Ventilator für gewöhnlich erzeugt wird. Man hat sich

10*

daher veranlasst gesehen die benötigte Zusatzpressung von dem daselbst in Betrieb stehenden grösseren Luftkompressor zu beziehen und den Zutritt durch einen kleinen Hahn zu regeln.

Die Wirkungsweise der komprimierten Luft in der Setzmaschine ist eine solche, dass sie bei ihrem Eintreten in den Setzkasten zunächst

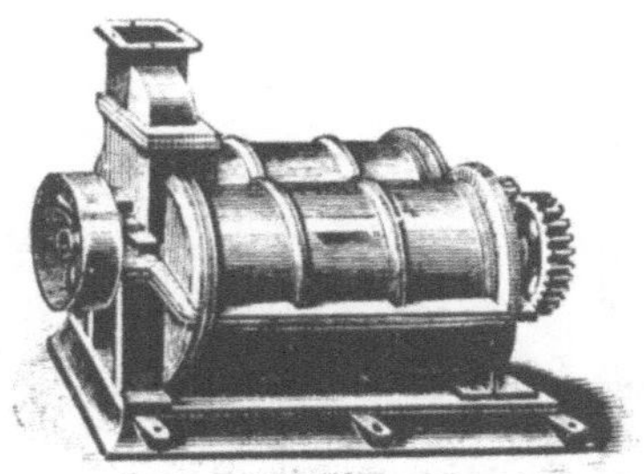

Fig. 69.

Rootscher Ventilator.

wesentlich an Spannung verliert, dann aber durch die nachströmende Pressluft allmählich wieder an Spannung zunimmt und so mit wachsender Kraft und Geschwindigkeit das Wasser durch das Setzsieb treibt. Wird dann das Ventil geschlossen und gleichzeitig das Setzkasteninnere mit der

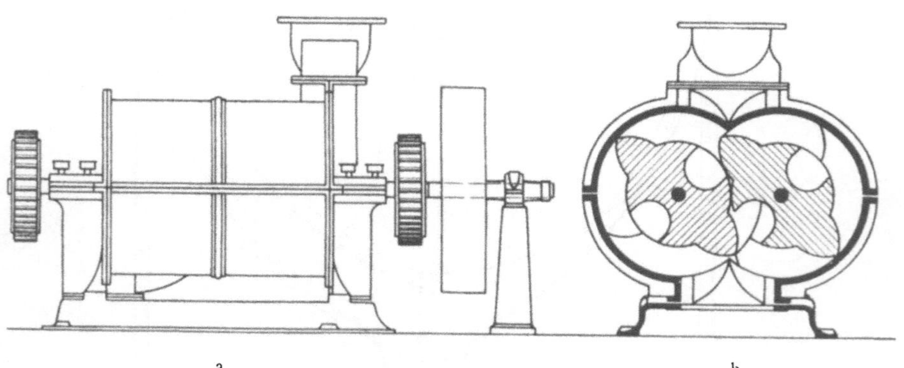

Fig. 70 a u. b.

Krigarsches Schrauben-Gebläse.

äusseren Luft in Verbindung gesetzt, so findet eine allmähliche Druckabnahme im Setzkasten statt, und das Wasser strömt anfangs langsam, nachher etwas schneller in den Setzkasten zurück. Diese allmähliche Steigerung und Wiederabnahme der Kraftwirkung der zugeleiteten Druckluft hat eine gleichmässige, auf den Gang der Arbeit sehr günstig einwirkende

Wasserbewegung im Gefolge; dieselbe kann zudem durch ein mehr oder minder rasches oder vollständiges Oeffnen und Schliessen des Ventils geregelt werden. Die Steuerung des Ventils wird mittels eines Excenters bewirkt. Der Ventilhub ist auf der Zeche Dorstfeld beispielsweise bei den vier vorhandenen Grobkornsetzmaschinen übereinstimmend 70 mm, und die Tourenzahl, welche sich nach Belieben ändern lässt, beträgt auf derselben Zeche für das Setzen von Nuss I und II 42—60, bei Nuss III und IV 75—109 in der Minute. Die aus Stahlblech bestehenden Setzsiebe besitzen für die verschiedenen Korngrössen Lochungen von 6—16 mm.

Das beim Verwaschen der Feinkohlen sonst allgemein benutzte Feldspatbett fehlt bei den Baumschen Maschinen; auch findet die Austragung der Feinkornschiefer nicht lediglich durch das Bett und Sieb hindurch statt, sondern es bildet sich auf dem Siebe, ebenso wie beim Setzen der verschiedenen Nusskohlenklassen, ein Schieferbett, welches mit Hülfe der Regulierungsschieber bei seinem Anwachsen allmählich seitwärts ausgetragen wird.

Durch ein Rohr erfolgt der durch ein Ventil zu regulierende Wasserzufluss. Die ausgewaschenen Berge, sowohl die über den Bettregulierungsschieber e ausgetragenen, als auch die durch das Schieferbett bezw. Sieb hindurchgegangenen, gelangen zu der Transportschnecke f, die gewöhnlich für mehrere neben einander aufgestellte Setzmaschinen dient, und werden mittels dieser einem gelochten Becherwerke direkt zugeführt, welches dieselben in den Schieferturm hebt; aus diesem werden sie dann in Förderwagen abgezogen und zur Bergehalde geschafft.

Bei dem von Baum in den letzten Jahren eingeführten neuen Waschsystem: »Erst waschen, dann klassieren,« welches zuerst auf den Emscherschächten des Kölner Bergwerks-Vereins und demnächst auf den Zechen Zollverein, Recklinghausen II, Rheinelbe III, Schlägel & Eisen III/IV, Gladbeck III/IV, König Ludwig IV/V, Concordia IV u. s. w. zur Ausführung gekommen ist, hat die Luftsetzmaschine mehrfache Abänderungen und Verbesserungen erfahren. Auf den Emscherschächten wurden die unklassierten Kohlen von 0 bis 80 mm Korngrösse anfänglich über zwei Doppelkästen hinweggeleitet und gewaschen; jede Hälfte dieser Setzkästen bestand aus zwei Abteilungen von je 4 m Länge und 1,2 m Breite, welche in der Längsachse durch je eine Lutte miteinander verbunden waren. Die gesamte vorhandene Setzfläche betrug nach Abzug der Austragungen usw. 17,28 qm. Jede Setzkastenhälfte war mit zwei Berge-Austragungen versehen und zwar lag die erste Austragung an der Stirnwand der ersten Abteilung, unmittelbar unter der Einlauflutte, durch welche die zu waschenden Kohlen zugeführt werden, die zweite am Ende der zweiten Abteilung, an der entgegengesetzten Stirnwand, über welche die gewaschenen Kohlen übergespült werden. Jeder Berge-Austrag konnte in bekannter Weise mittels zweier einstellbarer Schieber reguliert werden. Der Gang der Setzarbeit war der, dass die in dem zu waschenden Kohlengemenge enthaltenen schweren Berge durch die erste Austragung direkt am Einlaufe ausgetragen und dem Setzgute entzogen wurden, die ganze Setzfläche somit nur zur Ausscheidung der beigemengten leichteren Berge u. s. w. ausgenutzt wurde, die dann am Ende der zweiten Siebabteilung durch die dort befindliche Austragung vom Siebe entfernt und der an der tiefsten Stelle des Setzkastens gelagerten Schnecke zugeführt wurden. Die feinsten Berge wurden auf dem ca. 8 m langen Wege über die Setzsiebe durch diese ausgetragen. Eine annähernd mit der vorstehenden Beschreibung übereinstimmende kleine Zeichnung dieser Setzmaschine ist der schon erwähnten Baumschen Broschüre über sein neues Waschverfahren beigefügt, auch sind in dem zugehörigen Uebersichtsplane für die Separation und Wäsche auf den Emscherschächten die vorerwähnten beiden Doppelsetzkästen eingezeichnet. Da sich beim Betriebe dieser Wäsche alsbald herausstellte, dass die zu verwaschende Kohle auf der ersten Abteilung jeder Setzmaschinenhälfte schon fast rein gewaschen war, so wurde die zweite Siebabteilung auf die Hälfte verkürzt und an die erste angebaut. Auf diese Weise entstand eine Doppelsetzmaschine von 6 m Länge und 1,2 m Breite, welche mit einer dritten Berge-Austragung in halber Länge des Siebes versehen wurde. Die Setzfläche betrug bei dieser Maschine nur mehr 12,96 qm. In der Folge ergab sich, dass die Breite des Setzbettes noch wesentlich vermindert und das ganze zu verwaschende Kohlenquantum auf einer einfachwirkenden Setzmaschine von 6 m Länge und 1,2 m Breite rein gewaschen werden konnte. Die Setzfläche dieser z. Z. auf den Emscherschächten arbeitenden einfachwirkenden Setzmaschine beträgt also nur noch 6,48 qm. Austragestellen sind bei derselben drei vorhanden; bei der ersten unter dem Einlaufe angeordneten werden die schweren Berge, bei der mittleren verwachsene Kohlen und bei der letzten die leichteren Berge ausgetragen. Die verwachsenen Kohlen werden gebrochen und nachgewaschen.

Nach der Patentschrift, betr. die hydraulische, einfach- oder doppeltwirkende Baumsche Kohlensetzmaschine (Tafel XI), sind die folgenden Neuerungen bezw. Vervollkommnungen an den Baumschen Setzmaschinen noch angeordnet worden; damit das zugeführte Setzgut auf dem Siebe sogleich zur Ruhe kommt und nicht über einen Teil der ersten Siebabteilung hinwegfliesst, ist unmittelbar am Einlauf ein Hemmnis a, bestehend aus einem Brett oder gelochten Blech angebracht. Sodann sind, weil nach Entfernung der schweren Berge die Arbeit der Setzmaschine der veränderten Beschaffenheit des Haufwerks anzupassen und der Hub des Setzwassers in der Stromrichtung zweckmässig zu verändern ist, an den Scheidewänden zwischen dem Setzraum und dem Luftraum, in dem durch die

Additional material from *Aufbereitung, Kokerei, Gewinnung der Nebenprodukte, Brikettfabrikation, Ziegeleibetrieb,*
ISBN 978-3-642-51908-6 978-3-642-51908-6_OSFO10),
is available at http://extras.springer.com

Einwirkung der Pressluft der zum Siebsetzen erforderliche Hub hervorgerufen wird, mehrere hinter- bezw. nebeneinander liegende Schieber b angebracht, durch deren Herablassen eine Verkleinerung des freien Durchlassquerschnitts für das gedrückte Wasser bewirkt werden kann. Durch Einstellen dieser Schieber lässt sich die Hubhöhe bei gleichbleibender Hubstärke nach Erfordern regeln. Die neueren von Baum gelieferten Setzmaschinen sind mit diesen Schiebern ausgerüstet, sie können, nachdem ihre richtige Einstellung ausprobiert ist, festgestellt werden. Bei der Anwendung des neuen Baumschen Waschverfahrens auf der Zeche Rhein-Elbe III findet nach dem Klassieren ein Nachwaschen der Feinkohlen auf einer zweiten Setzmaschine statt, um diese von dem darin noch enthaltenen Brandschiefer zu befreien. Ebenso ist auf der Zeche Concordia Schacht IV, einer der neuesten Baumschen Anlagen, eine zweite Setzmaschine hinzugefügt worden, auf welcher die an der mittleren Austragestelle der ersten, aus zwei Abteilungen bestehenden Setzmaschine ausgetragenen durchwachsenen Kohlen, nach erfolgter Zerkleinerung mittels einer Brechschnecke oder Schraubenmühle, zusammen mit allen übrigen Feinkohlen, nachgewaschen werden. Die zweite Setzmaschine ist genau so konstruiert, wie die erste, nur fehlt bei ihr der Bergeaustrag am Einlauf. Von der Firma Baum werden für das neue Waschsystem als besondere Vorzüge folgende genannt: Zunächst soll die durch den Abrieb der gröberen Berge auf dem Wege über das Setzbett stattfindende Schlammbildung, durch welche das Waschwasser verschlechtert, der Aschengehalt der gewaschenen Kohlen erhöht und die Entwässerung, speziell der gewaschenen Feinkohlen, erschwert wird, vermieden werden; sodann soll bei der der älteren Methode gegenüber bedeutend verminderten Setzfläche die Setzarbeit sehr vereinfacht und erleichtert, sowie der Wasser- und Pressluft-Verbrauch verringert werden. Weiter ergiebt sich eine geringere Klärfläche für die gebrauchten Wasser, wird auch ein geringerer Kraftverbrauch bedingt und stellen sich endlich die Anlagekosten bedeutend billiger.

Seit Inbetriebnahme der Baumschen Wäsche auf den Emscherschächten im Juli 1901 sind nach Angabe der Firma Baum schon 34 Anlagen im In- und Auslande nach ihrem neuen System erbaut worden bezw. noch im Bau begriffen; es wird also diesem System fortgesetzt ein reges Interesse entgegengebracht und die darüber abgegebenen Urteile lauten allgemein günstig und anerkennend.

V. Das Nachwaschen der Waschberge.

Im ersten Teile ist hervorgehoben worden, dass das sog. Nachwaschen der Waschberge von den Grobkornsetzmaschinen nach deren vorheriger Zerkleinerung, oder auch selbst ohne eine solche, sowie besonders der Feinkohlenschiefer, vielfache und in neuerer Zeit zunehmende Anwendung findet. Man sieht diese Arbeit gewissermassen als eine Kontrolle für das Setzen der Feinkohlen an; zugleich bietet sie aber die Möglichkeit eines reineren und schärferen Verwaschens derselben bei der Hauptsetzarbeit, so zwar, dass bei dieser ein geringer Teil Kohlen mit durchgesetzt wird bezw. mit in die Waschberge geht, welcher dann bei der scharftrennenden Nachwäsche wieder gewonnen wird. Man ist dadurch immerhin, selbst in dem Falle, dass der Waschmeister das Feldspatbett der einzelnen Setzmaschinen nicht ganz in Ordnung hat, vor Kohlenverlusten geschützt. Die Kohle, welche von der Nachwäsche gewonnen wird, ist in den meisten Fällen so rein, dass sie der Kokskohle bezw. Brikettkohle ruhig zugesetzt werden kann und wegen des verhältnismässig kleinen Quantums, in dem dieser Zusatz erfolgt, den Aschengehalt derselben nur sehr wenig erhöht.

Unter vielen anderen bezügl. des Nachwaschens in der Einleitung erwähnten Zechen sei hier auch die Zeche Holland, Schacht I und II, genannt, auf welcher die ausgeklaubten gröberen Berge mittels einer Backenquetsche, die Waschberge von den Grobkornsetzmaschinen durch ein Walzwerk zerkleinert und ebenso wie alle Feinkohlen-Waschberge nachgewaschen werden. Es sollen hierbei täglich etwa zwei Doppelwaggons Feinkohlen gewonnen werden, die ohne Nachwäsche verloren gehen würden.

Endlich sei die Zeche Westfalia-Kaiserstuhl, Schacht II, noch erwähnt, da auf dieser die Einrichtung getroffen worden ist, dass alle Berge von den Feinkohlensetzkasten nachgewaschen werden, wodurch auch dort die Möglichkeit geboten ist, bei der ersten Setzarbeit sehr scharf und nachher sehr rein zu waschen, ohne dass grössere Verluste an Kohle zu befürchten sind*).

Das Nachwaschen findet auf einer gewöhnlichen Feinkornsetzmaschine statt. In der von Humboldt 1893 erbauten grossen Wäsche auf Schacht Neu-Köln der Zeche König Wilhelm dient zum Nachwaschen der sämtlichen Waschberge von neun Doppel-Feinkornsetzmaschinen ein Doppelsetzkasten gleicher Konstruktion mit zwei Kolben und vier Sieben von 10 mm Maschenweite, während die Siebe der Hauptsetzmaschinen zum ersten Verwaschen 8 mm Lochung besitzen.

Soll beim Nachwaschen der aufgeschlossenen Grobkorn- oder der Feinkornschiefer der darin enthaltene Schwefelkies gewonnen werden, so sind hierzu besondere Einrichtungen zu treffen. Schwefelkiesgewinnung ist im hiesigen Bezirke zuerst im Jahre 1884 und zwar auf der Zeche Piesberg bei Osnabrück eingeführt worden. Auch hat eine solche, wie im ersten Teile schon erwähnt wurde, in den folgenden Jahren auf den Zechen

---

*) Zeitschr. f. d. Berg-, Hütten- und Salinenw. 1895, Bd. 43 B, S. 218.

Tremonia, Carlsglück, Germania, Schacht Müllensiefen, Pluto, Massener Tiefbau und Westhausen, sowie später auf Courl und auf Prosper vorübergehend und versuchsweise stattgefunden.

Man hat zu diesem Zwecke je eine Feinkornsetzmaschine etwas abgeänderter Konstruktion, oder auch wie auf Prosper deren zwei aufgestellt. Aus den gröberen Waschbergen ist auf der Zeche Westhausen während des Jahres 1886 mit gutem Erfolge Schwefelkies gewonnen worden. Der dazu benutzte Grobkorn-Setzkasten war mit einem flachtrichterförmig vertieften Siebe und einem darauf befindlichen Setzbette von Schwefelkiesgraupen versehen, durch welches die hindurchgehenden Kiesstückchen in ein gelochtes Austragerohr gelangten, das in einen durch zwei Schieber verschliessbaren Austragekasten führte*).

Die erwähnte Einrichtung ist am angeführten Orte näher beschrieben und gezeichnet. Ebenso ist der zur Schwefelkiesgewinnung dort angewandte Feinkorn-Setzkasten mit Schwefelkiesbett sowie der an diesen sich anschliessende Spitzkastenapparat nebst Rundherd zur Anreicherung der feineren Schwefelkies-Teilchen, des sog. Schlieches, ausführlich erläutert und abgebildet.

Einfacher als die dort beschriebenen Einrichtungen auf der Zeche Westhausen ist die in Fig. 71a und b dargestellte Schwefelkieswäsche für Grobkornberge, welche von Humboldt für die Zechen Piesberg, Prosper, Courl usw. geliefert worden ist. Dieselbe arbeitet in folgender Weise: Die mittels des Becherwerkes a gehobenen schwefelkieshaltigen groben Schiefer werden einer Brecherschnecke bezw. Schraubenmühle b übergeben und in dieser zerkleinert. Das gemahlene Produkt wird auf eine Setzmaschine c geführt, welche Schwefelkies, Berge und Kohlen trennt, und zwar besitzt die Setzmaschine drei mit je einem Siebe und Kolben versehene Abteilungen. Durch das erste, ein Viertel der ganzen Setzkastenlänge einnehmende und ein Schwefelkiesbett tragende Sieb wird der Schwefelkies ausgetragen, während in der zweiten und dritten Abteilung durch die vorhandenen Feldspatbette die Austragung der Berge erfolgt und die ausgewaschenen Kohlen über den Rand der dritten Abteilung übergespült werden.

Zum Ansammeln des Schwefelkieses ist ein Behälter d vorhanden, welcher mit einem Entwässerungsschieber versehen ist. Die Berge gelangen in einen Behälter g, aus dem ein Becherwerk h mit gelochten Bechern schöpft und die dadurch entwässerten Berge in einen Bergeturm hebt. Die noch gewonnene Kohle wird dem Kohlenentwässerungs-Becherwerke in der Wäsche zugeführt, geht also zu den übrigen gewaschenen Feinkohlen.

---

*) Zeitschr. f. d. Berg-, Hütten- u. Salinenw. 1887, Bd. 35 B, S. 256.

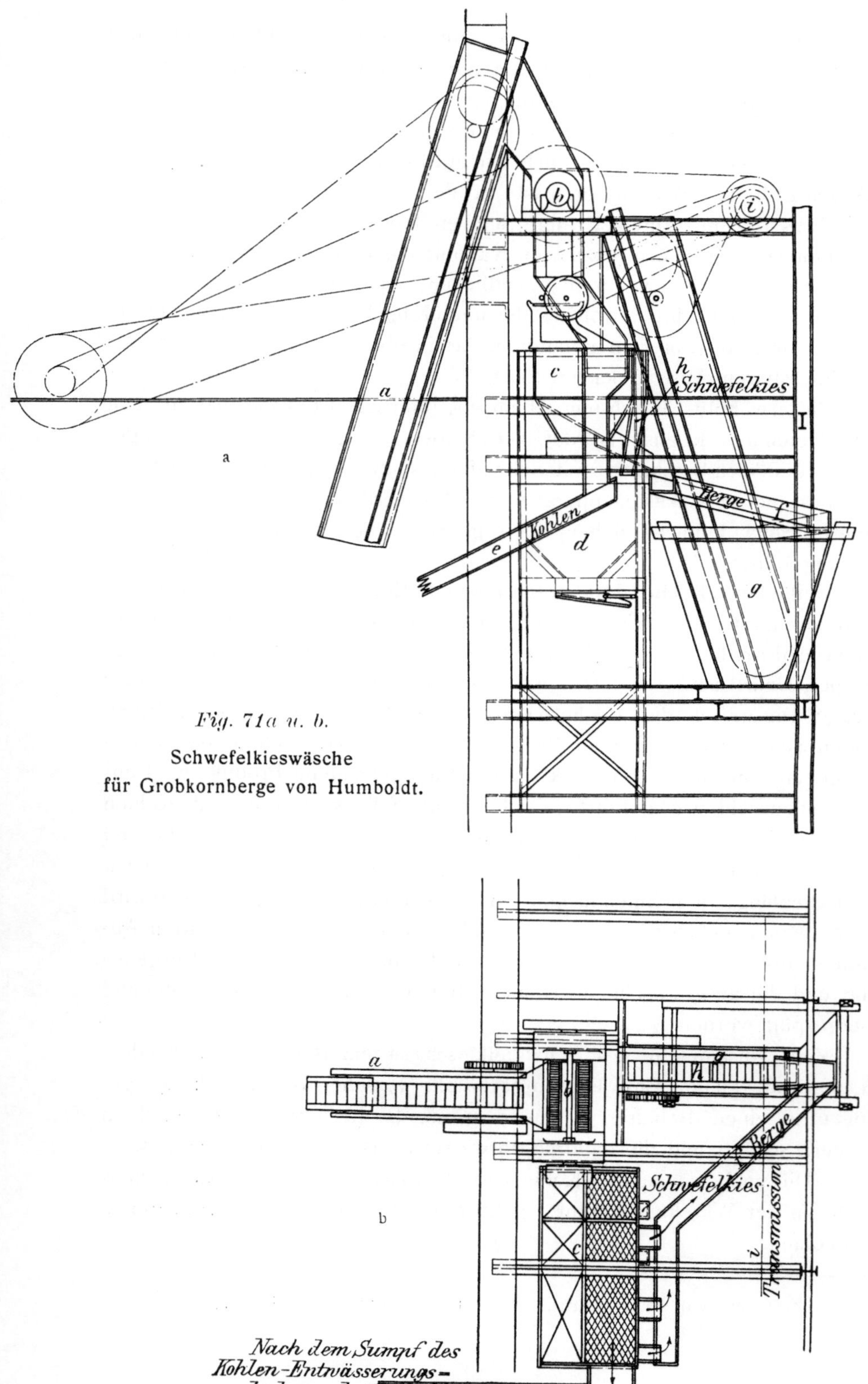

Fig. 71a u. b.

Schwefelkieswäsche
für Grobkornberge von Humboldt.

Weiter zeigt Fig. 72a und b eine von Schüchtermann & Kremer angewandte Feinkornsetzmaschine zur Schwefelkies-Gewinnung, welche in den Wäschen der Zechen Pluto und Carlsglück s. Z. angelegt worden, bezw. in den Jahren 1885 resp. 1886 im Betriebe gewesen ist. Die betreffende Setzmaschine war gleichfalls mit drei Siebabteilungen versehen, von welchen die erste und kürzeste a zur Schwefelkiesgewinnung mittels Rohraustragung diente, ähnlich wie es bei den Erzsetzmaschinen heute noch vielfach geschieht.

Auf dem ersten Siebe befand sich ein Bett von Schwefelkies oder von einem anderen Mineral gleichen specifischen Gewichtes, und die Siebe

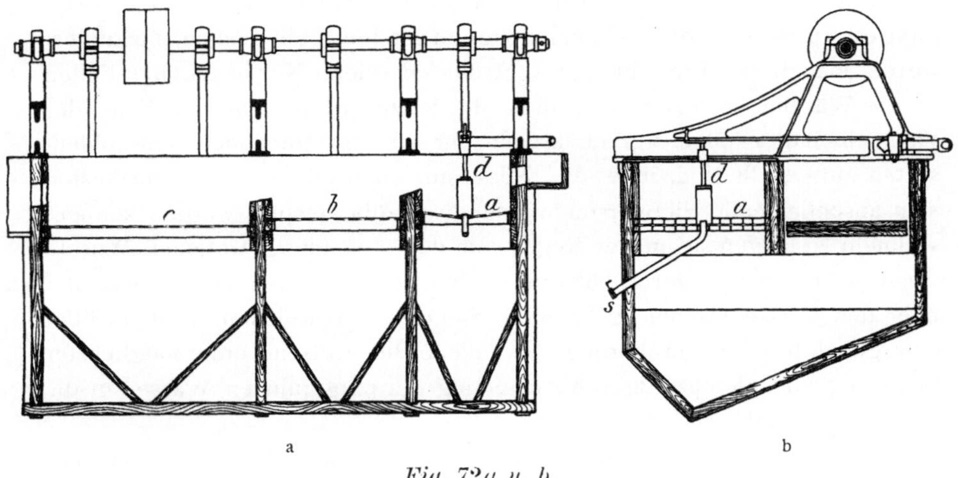

Fig. 72a u. b.

Feinkornsetzmaschine mit Schwefelkiesgewinnung.

der beiden folgenden Abteilungen b und c waren mit Feldspatbetten versehen. Der Schwefelkies wurde unter der vorhandenen Glocke in geringer Höhe über den Sieben abgezogen, und die Regulierung der Austragung erfolgte, wie die Zeichnung zeigt, oben mittels der Schraube d und an der unteren Mündung des Rohres mittels des Schiebers s. Die Einrichtung lässt sich an jeder Feinkornsetzmaschine leicht anbringen.

Schliesslich sei noch bemerkt, dass die Gewinnung von Schwefelkies beim Nachwaschen der Waschberge auf den meisten Zechen aufgegeben worden ist, weil das dabei erhaltene Produkt nicht prozenthaltig und rein genug war, um verkäuflich zu sein, und weil die dabei erreichten Quantitäten zu geringfügig waren, um den Betrieb auf die Dauer vorteilhaft zu gestalten.

Nur auf der Zeche Carlsglück, d. i. Dorstfeld, Schacht II, und auf der Zeche Gneisenau findet auch heute noch Gewinnung von Schwefelkies statt. Auf der letzteren sind in der Nachwäsche die ersten Siebe der Setzkästen anstatt mit einem Feldspatbette, mit einem aus Schwefelkies gebildeten Bette versehen, das sich beim Waschbetriebe mehr und mehr ansammelt. Von Zeit zu Zeit wird ein Teil dieses Schwefelkieses mittels der Schüppe ausgehoben. Im ganzen werden so jährlich etwa sechs Doppellader gewonnen. Besondere Einrichtungen zum Waschen des Schwefelkieses sind demnach dort eigentlich nicht vorhanden.

VI. Die Entwässerung der gewaschenen Nusskohlen.

Zur Entwässerung der von den Grobkornsetzmaschinen ausgetragenen Kohlen sind, wie im ersten Teile schon ausgeführt wurde, mancherlei Einrichtungen getroffen worden. Nur in seltenen Fällen ist die Wäsche so disponiert, dass die Setzmaschinen in der Nähe der Sammelbehälter oder Verladetaschen für die verschiedenen Nusskohlensorten aufgestellt sind, und die Nüsse auf unmittelbar an die Setzkasten sich anschliessende Siebvorrichtungen direkt übergespült werden können; vielmehr gelangen sie in der Regel von den mit übergetretenen Waschwassern fortbewegt, durch hölzerne oder eiserne Gefluter zu den vor oder über den Verladetaschen gelegenen Sieben, von welchen sie dann über eine geneigte oder spiralförmig gewundene Blechrutsche unter möglichster Schonung und gleichzeitiger Abscheidung der mitgeführten Wasser in die Taschen hinabgleiten.

Unmittelbar an die Setzmaschinen anschliessend finden sich beispielsweise die Entwässerungssiebe in den von Schüchtermann & Kremer in den Jahren 1875 bezw. 1879 erbauten Wäschen auf Barillon und auf Dannenbaum, sowie in der von Lührig 1879 erbauten Wäsche der Zeche Julius Philipp.

Die zur Anwendung gekommenen verschiedenen Siebvorrichtungen sind zunächst festliegende oder bewegliche Plansiebe, letztere als Stosssiebe, Schüttelsiebe, Schwingsiebe oder Schlagsiebe konstruiert; ferner verwendet man Trommelsiebe, sog. Entwässerungstrommeln, Apparate, die besonders den alten Sieversschen Wäschen eigentümlich waren. Weiter sind zu erwähnen das gelochte Transportband oder der sog. Entwässerungstransporteur, die ganz vereinzelt angewandte Centrifuge, sowie endlich die neue der Maschinenfabrik Baum patentierte Entwässerungs- und Verladeeinrichtung. Am häufigsten sind die festen Plansiebe zu finden. Dieselben bestehen aus gelochten Blechen, seltener aus Drahtgeflecht — wie beispielsweise auf Bommerbänker Tiefbau und auf Steingatt —, und werden mit 30 bis 45 ° Neigung angeordnet.

Auf den Zechen Bonifacius, Ver. Hagenbeck und Concordia II wird jede der vier Nusssorten durch ein an seinem Ende sich gabelndes Gefluter auf je zwei über der zugehörigen Tasche gelegene feste Siebe geführt; ausserdem ist eine fünfte Verladetasche mit zwei darüber liegenden Sieben vorhanden, welche dazu dient, zwei oder mehrere Nusssorten in beliebigem Verhältnisse mit einander zu mischen und anzusammeln. Auf der Zeche Hasenwinke' sind, ebenso wie auf mehreren anderen Zechen, in den geneigten Böden der Taschen — ausser dem Hauptschieber oder den Schützen zum Entleeren der Taschen in die Eisenbahnwaggons — noch je zwei Schieber angebracht, durch welche es ermöglicht wird, bei mangelndem Absatze oder bei Waggonmangel die einzelnen Nusssorten in untergestellte Förderwagen abzuziehen und auf Lager zu nehmen. Ferner ist auf derselben Zeche durch die Verladetaschen ein Dampfrohr geführt, durch welches im Winter Dampf geleitet wird, damit die immer noch nassen Kohlen nicht gefrieren und aneinanderbacken. In gleicher Weise werden auf der Zeche Holland, Schacht I und II, die Enden der Rutschen an den Nusstaschen im Winter durch Dampf erwärmt, damit die Schieber an den Mündungen nicht einfrieren.

Die beweglichen Entwässerungssiebe, welche im allgemeinen bei härteren Kohlen Verwendung finden, waren früher mehrfach als Stosssiebe konstruiert, d. h. sie waren mit einer Neigung von $8—10^0$ aufgehängt und wurden durch eine Daumenwelle fortwährend in longitudinaler Richtung vorgeschoben, während sie bei ihrem Rückgange jedesmal gegen einen Prellklotz stiessen und dadurch entwässert und gleichzeitig abwärts geführt wurden. Solche Siebe waren vorhanden in der von Schüchtermann & Kremer auf der Zeche Constantin der Grosse, Schacht I, im Jahre 1877 erbauten, im Dezember 1898 durch Feuer zerstörten Wäsche. Sie waren unmittelbar an die Setzkasten angeschlossen, hatten eine Neigung von 20^0 und machten 25 Stösse in der Minute. Auch in der im Jahre 1879 von derselben Firma erbauten, heute nicht mehr vorhandenen Wäsche der Zeche Centrum war diese Einrichtung getroffen, ferner besteht dieselbe auf den Wäschen von Friedlicher Nachbar, Ver. Marianne & Steinbank, Rheinpreussen, Holland, Schacht van Braam, und Westfalia-Kaiserstuhl, Schacht II. Auf der letztgenannten Zeche fallen die Kohlen von den Stosssieben auf mit Fächern versehene sechsseitige Holztrommeln, welche bei zunehmender Belastung sich drehen und mittels einer spiralförmig gewundenen Rutsche die Kohlen der Vorrats- oder Ladetasche zuführen.

Häufiger als Stosssiebe hat man zur Entwässerung Schüttelsiebe oder Schwingsiebe bezw. sog. Excenter- oder Ellipsensiebe angewendet, so auf den Zechen Hansa, Zollern, Vorwärts und bezw. auf Schacht Amalie der Zeche Ver. Helene & Amalie, sowie auf den Zechen Neu-Köln und König Ludwig.

Schüchtermann & Kremer verwenden in neuerer Zeit nicht nur zur Klassierung, sondern auch zur Entwässerung der Nusskohlen vielfach das Lauesche Tafel-Schwingsieb, besonders auch dann, wenn es sich neben der Entwässerung darum handelt, die gewaschenen Nüsse nach beendeter Setzarbeit noch weiter zu klassieren, bezw. aus einer zwei Nusssorten darzustellen, wie dies auf den Zechen Vorwärts und Monopol, Schacht Grillo u. a. geschieht. Humboldt hat mehrfach das Schwing- und Entwässerungssieb Patent Humboldt-Klein benutzt, so beispielsweise auf der Zeche Neu-Köln auch zur Entwässerung der kleineren Nusssorten IV und V, während bei gröberen Sorten feste Entwässerungssiebe zur Anwendung kommen, von welchen die Kohlen demnächst in Entwässerungstrommeln geführt werden, welche einen Durchmesser von 80 cm haben und in welchen ein starkes Abbrausen derselben erfolgt.

Die Firma pflegt in neuerer Zeit Siebe Patent Humboldt-Klein anzuwenden, wenn es nicht an Platz fehlt, im anderen Falle aber ihr sog. Ellipsensieb, welches bereits oben beschrieben worden ist.

Trommelsiebe wurden in früherer Zeit, speziell in den von Sievers & Co. erbauten Wäschen zur Entwässerung der gewaschenen Nusskohlen verwendet. Sie galten als das geeignetste Mittel, die Entwässerung genügend weit zu treiben. Sehr wesentlich war die Wahl einer angemessenen Umfangsgeschwindigkeit der Trommel, welche erfahrungsgemäss so bemessen sein muss, dass das Wasser selbst die Kohlen bis zu den an der Mündung der Trommel angebrachten Mitnehmern heranbringt, ehe es vollkommen aus derselben herausgeschleudert wird, weil andernfalls die Kohlen ganz oder teilweise in ihr verbleiben. Hierdurch ist also die Entwässerung der Kohlen begrenzt und die passendste Umdrehungszahl der Trommel auf 36 je Minute ermittelt worden, wobei dieselben im Mittel eine Anfangsgeschwindigkeit von 1,789 m hat. Die Kohlen behalten durchschnittlich 10—14 % Wasser von ihrem Gewicht, was als ein durchaus befriedigendes Resultat angesehen wurde*).

In neuerer Zeit finden Trommelsiebe zur Entwässerung seltener mehr Anwendung, weil sie den Uebelstand zeigen, dass die Kohlen an die Trommelwand sich fest anlegen und das Wasser dann nur durch eine sehr rasche Umdrehung der Trommel denselben entzogen werden kann, die Entwässerung daher oft eine unzureichende ist.**)

Trommeln arbeiten überhaupt, wie dieses schon hervorgehoben wurde, weniger zuverlässig und vorteilhaft, letzteres auch schon aus dem Grunde, weil nur ein kleiner Teil der Siebfläche, nur etwa $\frac{1}{3}$ derselben, in Wirk-

---

*) Zeitschr. f. d. Berg-, Hütten- u. Salinenw. Bd. 20 B, S. 177 und 183.
**) Lamprecht, a. a. O., S. 50.

samkeit tritt*). Noch sei erwähnt, dass die Kohlen in Trommelsieben, besonders bei rascher Umdrehung derselben, weit mehr leiden, als auf Plansieben, Trommeln daher, namentlich bei einer weichen Kohle, weder zur Klassierung, noch zur Entwässerung zu empfehlen sind**).

Auf der Zeche Glückauf Tiefbau werden in der von Schüchtermann & Kremer im Jahre 1885 erbauten Wäsche die gewaschenen Nüsse zwar in der Hauptsache über fixe Entwässerungssiebe zu den Ladetaschen geleitet, indes sind in den Geflutern, durch welche die Ueberleitung erfolgt, Klappen oder Schieber angebracht, nach deren Oeffnung die Kohlen Entwässerungstrommeln zugeführt werden. Aus diesen gelangen sie in untergestellte Förderwagen, wenn sie nicht den Ladetaschen zugehen sollen. Auf der Zeche König Ludwig stehen in der von Humboldt im Jahre 1892 erbauten Doppelwäsche für die gröberen Nusssorten kleine Entwässerungstrommeln in Benutzung, dagegen für Nüsse IV und V festliegende flache Entwässerungssiebe mit Brausen, damit die kleinen Nüsse, sog. Perlen recht klar und glänzend in die Eisenbahnwaggons gelangen. Auf der Zeche Holland I und II gehen in der von Lührig im Jahre 1893 erbauten Wäsche alle Nusssorten mittels Wassertransportes zu Entwässerungstrommeln, in welchen sie unter Anwendung von Brausen sehr sorgfältig abgespült und als glänzendes staubfreies Produkt in die Nusskohlentaschen bezw. Waggons geschafft werden.

Mittels eines sog. Entwässerungstransporteurs findet die Entwässerung der gewaschenen Nüsse statt auf der Zeche Constantin der Grosse, Schacht III, in der von Baum im Jahre 1893 erbauten Wäsche. Dieser Apparat besteht aus gelochten Blechtafeln, die zwischen zwei Gliederketten befestigt sind und durch diese um Kettentrommeln bewegt werden; die Lochung beträgt für Nuss I bis III 10 mm, für Nuss IV 7 mm; die Bewegung des 5,5 m langen Bandes, welche durch eine Riemenscheibe erfolgt, ist eine sehr langsame, sodass dem Wasser ausreichende Zeit geboten wird, in die unter dem Bande befindliche eiserne Lutte abzufliessen und die Nusskohlen hinreichend trocken in die Verladetaschen eingetragen werden. An seinem unteren Ende ist das Band mit einem beweglichen Arme versehen, der in die Verladetasche beliebig hineingesenkt werden kann, um eine möglicht geringe Fallhöhe für die Kohle zu erzielen. Auf der Zeche Shamrock, Schacht III und IV, gehen in der 1893 in Betrieb gesetzten Baumschen Wäsche die gewaschenen Nüsse gleichfalls auf durchlochte Entwässerungs-Klaube- und Verladebänder, durch welche sie direkt in die Waggons transportiert werden***).

---

*) Bilharz, a. a. O., Bd. II, S. 43.
**) Zeitschr. f. d. Berg-, Hütten- u. Salinenw. 1883, Bd. 31 B, S, 212.
***) Waltl, Bergtechn. Mitteilungen aus Saarbr. u. Westf. Leipzig 1898, S. 95.

Auch auf anderen Zechen hat Baum den Entwässerungstransporteur für die gewaschenen Nusskohlen angewandt, z. B. auf der Zeche Langenbrahm. Endlich kommen auch auf der Zeche Rheinpreussen in den von Humboldt in den Jahren 1893 bis 1895 umgebauten beiden Wäschen auf Schacht I und II Entwässerungsbänder für die Nusskohlen zur Anwendung.

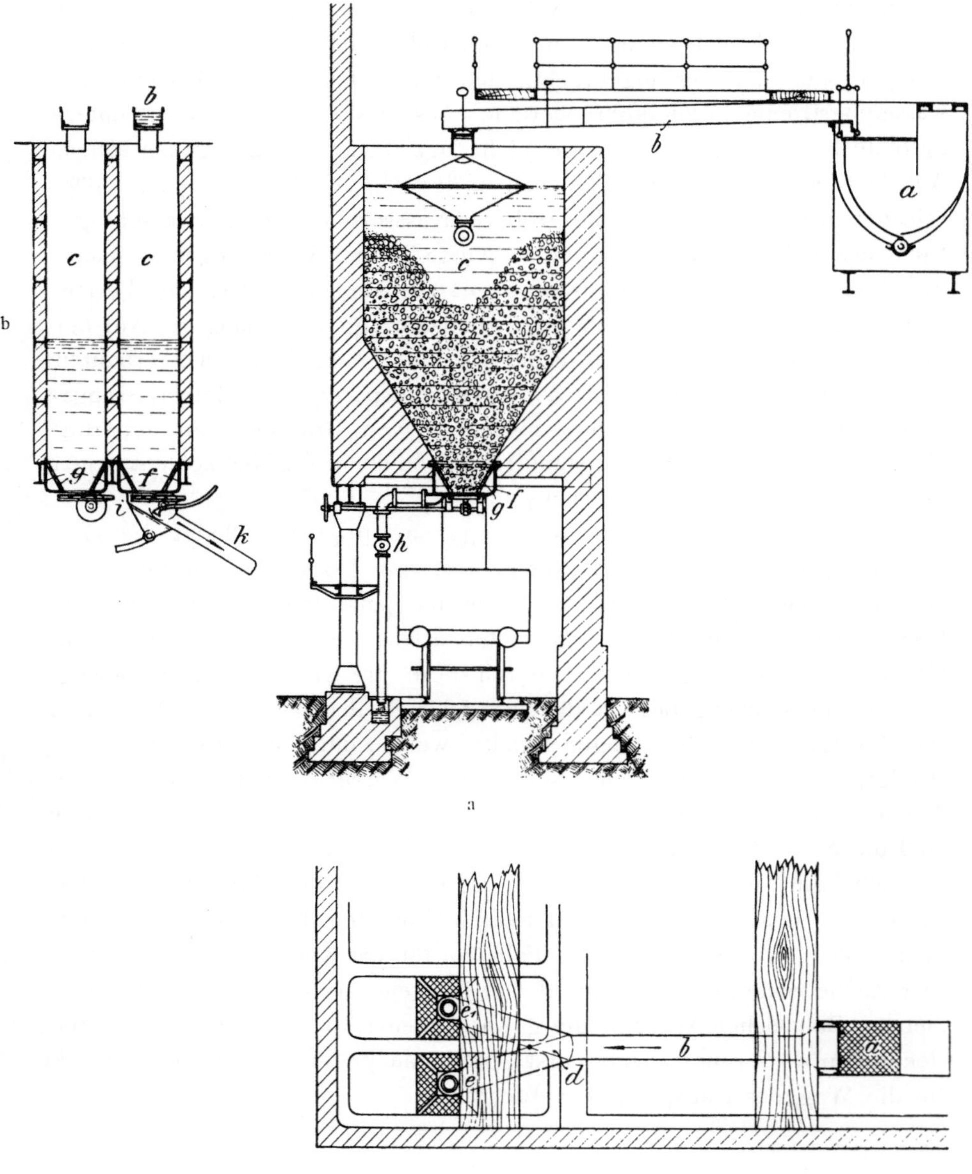

Fig. 73a—c.

Entwässerungs- und Verladungseinrichtung für Nusskohlen von Baum.

Bei der neuen, der Firma Baum patentierten Entwässerungs- und Verladungseinrichtung (Fig. 73 a—c) werden die gewaschenen Nusskohlensorten mit dem Waschwasser von den Setzmaschinen a durch die Lutten b auf nach allen Seiten hin abfallende Entwässerungssiebe geführt, die ähnlich den Malzdarrsieben aus Messing bestehen und mit 7 mm breiten Durchgangsschlitzen versehen sind, durch welche die bei der Setzarbeit unvermeidlich sich bildenden feineren Kohlenteilchen mit dem Waschwasser sich von den Nusskohlen abscheiden und durch einen Trichter mit daran anschliessender Rohrleitung der Centrifugalpumpe direkt zugeführt werden. Von dem Siebe fallen die Nusskohlen in die mit Wasser gefüllten, nach unten trichterförmig sich verengenden Behälter oder Taschen c, deren jede einen Fassungsraum von 12—15 t besitzt, und in welchen die Kohlen vermöge ihrer durch den Auftrieb verminderten Schwerkraft langsam niedersinken und sich dicht auf einander legen. Das Wasser fliesst während der Füllzeit, die je nach dem Verhältnisse, in welchem die betr. Nusssorte fällt, je Spitzkasten ein bis zwei Stunden währt, an dem oberen Rande ringsum über und wird teilweise zum Füllen eines danebenliegenden zweiten Behälters benutzt, während der Rest zur weiteren Verwendung in den Pumpensumpf der Wäsche fliesst. Nach Füllung des ersten Behälters mit Kohlen wird die Klappe d umgestellt, der Ventildeckel e geöffnet, e_1 geschlossen und der zweite Behälter in Benutzung genommen. Es sind also für jede Nusssorte zwei Behälter vorhanden, die abwechselnd benutzt werden, so dass keine Störung im Betriebe der Wäsche eintreten kann. Für die vollständige Entwässerung der Kohlen ist am Boden jedes Behälters in dem geschlossenen Kasten f ein durchlöcherter Trichter g angebracht, welcher nach Oeffnung des Absperrschiebers h das Wasser in einen Abführungskanal bezw. zu der Pumpe der Wäsche durchlässt und die Kohle zurückhält.

Wird sodann der Schieber i geöffnet, so findet die Entleerung des einzelnen Behälters in den untergeschobenen Eisenbahnwaggon statt; zur weiteren Schonung der Kohlen ist unterhalb des Schiebers eine kurze Rutsche k angebracht. Die Einrichtung bezweckt, mit Hülfe des Auftriebes des Wassers eine schonendere Ansammlung der Kohlen zu erzielen.

VII. Die Entwässerung der gewaschenen Feinkohlen.

Bei der Entwässerung der fast ausschliesslich zur Verkokung verwendeten gewaschenen Feinkohlen sind zwei wichtige und schwierige Aufgaben zu erfüllen:

Zur Vermeidung von Kohlenverlusten sind zunächst die feinsten Teilchen, die aus den Waschwassern nur langsam sich niederschlagen, die Schlammkohlen oder sog. Schlämme, nicht nur möglichst vollständig zu ge-

winnen und nutzbar zu machen, sondern auch mit den gröberen Feinkohlen recht innig und gleichmässig zu mischen; dann aber darf das erhaltene Gemisch auch keinen zu hohen Wassergehalt besitzen, weil ein
solcher bei der Verkokung aus mehrfachen Gründen nachteilig einwirkt.

Einmal geht nicht nur die Wärme, die für die Verdampfung des
Wassergehaltes erforderlich ist, für den eigentlichen Ofenprozess vollkommen verloren, sondern es wird auch durch den hohen Wassergehalt
der Kohle zufolge eintretender Oxydation von Kohlenstoff eine Verminderung der Koksausbeute herbeigeführt*).

Es entstehen also Verluste durch Verlängerung der Garungszeit und
Vermehrung des Abbrandes; dann aber findet auch durch die grosse
Feuchtigkeit eine zu starke Abkühlung des Verkokungsraumes statt, welche
die Haltbarkeit der Oefen beeinträchtigt.

Trotz dieser Nachteile begegnet man allerdings mehrfach der Ansicht,
dass ein ziemlich erheblicher Wassergehalt der Kokskohlen, selbst bis zu
15 % und darüber, nicht nur nicht schädlich, sondern sogar unter gewissen
Umständen vorteilhaft sei.

So bedürfen nach Simmersbach gasreichere Kohlen, wenn ein entsprechendes Koksausbringen ohne Beeinträchtigung der Qualität des Koks
erreicht werden soll, wie die Praxis gezeigt hat, eines solch höheren
Wassergehaltes, während für Kokskohlen aus tiefer liegenden Fettkohlen-
flötzen 10 % Wassergehalt genügen oder schon reichlich erscheinen.

Auch soll beim Betriebe von Teeröfen die Verwendung einer Kohle,
welche 10—12 % Wasser enthält, sich als zweckmässig ergeben haben**),
während hinwieder bei Anwendung des in neuerer Zeit mehrfach eingeführten Stampfverfahrens eine um mehrere Prozente trockenere Kohle
vorteilhaft verwandt werden kann***). Es ist hier nicht am Platze, die Gründe
für die vorstehend angegebenen Thatsachen näher zu erörtern, es wird
deshalb auf Abschnitt II über die Verkokung der Steinkohlen hingewiesen.

Der Wassergehalt der zur Verkokung gelangenden gewaschenen und
entwässerten Feinkohlen ist vor allem von der Beschaffenheit der Kohle abhängig. Bei einer körnigen Kohle ist die Entwässerung eine vollkommenere,
als bei einer staubreichen und mulmigen und es lässt sich daher bei ersterer
der Wassergehalt leicht auf 7—9 % herabdrücken, während er bei letzterer
zwischen 10 und 13 % schwankt. Durchschnittlich beträgt er bei solchen

---

*) Betrachtungen über den Verkokungsprozess in Stahl und Eisen 1894,
Bd. 14, S. 205.
**) Simmersbach in der Zeitschr. für d. Berg-, Hütten- u. Salinenw. 1896,
Bd. 44 B, S. 406.
***) Glückauf 1899, S. 958.

Additional material from *Aufbereitung, Kokerei, Gewinnung der Nebenprodukte, Brikettfabrikation, Ziegeleibetrieb,*
ISBN 978-3-642-51908-6 978-3-642-51908-6_OSFO11),
is available at http://extras.springer.com

Zechen, die sämtliche Feinkohlen von 0 mm an waschen, ca. 12—13 %, wie solches beispielsweise auf Colonia, Neu-Iserlohn und Preussen der Fall ist. Im grossen und ganzen ist der Feuchtigkeitsgehalt der gewaschenen Kokskohlen, wenn man von den vorstehend erwähnten besonderen Fällen absieht, nach Simmersbach 5—12 %; auch soll jede Kokskohle eine mässige Feuchtigkeit besitzen, weil dabei die Beschickung der Oefen sich mehr zusammendrückt und einen festeren Koks liefert, als eine ganz trockene Kohle*). Infolge des festeren Aufeinanderlegens wird nämlich auf das Gefüge des darzustellenden Koks insofern ein günstiger Einfluss ausgeübt als ein zum Hochofenbetriebe geeigneter, harter und poröser Koks mit hinreichend harten Porenwänden sich bilden kann, welcher fähig ist, einen hohen Druck auszuhalten, zugleich aber auch den aufsteigenden Gasen einen ungehinderten Durchgang gestattet.

Die Erzielung eines gleichmässigen Feinkohlengemenges von entsprechendem Wassergehalte bietet nach den vorstehenden Ausführungen keine geringen Schwierigkeiten dar und hat zu einer Reihe von Versuchen und Abänderungen in der Behandlung der gewaschenen Feinkohlen und Schlammkohlen Veranlassung gegeben, welche in neuerer Zeit erst zu befriedigenderen Ergebnissen geführt haben.

Die anfänglich benutzten Coppéeschen Niederschlagsbassins, in kleinerer oder grösserer Anzahl nebeneinander angeordnete, langgestreckte und in Cementmauerwerk ausgeführte Behälter, lagen entweder unterhalb des Wäschegebäudes, oder meistens ausserhalb desselben und wurden abwechselnd benutzt. Sie sind auf mehreren älteren Anlagen heute noch zu finden, werden zum Teil aber nur noch zum Abklären der Waschwasser verwendet.

Die grösseren Klärspitzkasten mit — oder mehrfach auch ohne — Bodenschnecke, die sog. Schneckensümpfe, aus welchen mit gelochten Bechern versehene Entwässerungs-Becherwerke die niedergeschlagenen Feinkohlen nebst den Schlämmen ausheben und in die Kokskohlen-Vorratstürme schaffen, werden durch Tafel XII erläutert.

Damit eine möglichst trockene Kohle erzielt wird, arbeitet das Entwässerungsbecherwerk, wie im ersten Kapitel schon hervorgehoben wurde recht langsam, und zur leichteren Bewältigung von grösseren Mengen niedergeschlagener Feinkohlen findet man in grösseren Wäschen mehrfach zwei solcher Becherwerke, so z. B. auf Concordia, Schacht II, Zollern, Ver. Hagenbeck, Ver. Carolinenglück.

Die speziell von Humboldt mehrfach u. a. auf Bonifacius und Prosper II angewandte verbesserte Einrichtung zur Entwässerung der Feinkohlen,

---

*) Zeitschr. für d. Berg-, Hütten- u. Salinenw. 1887, Bd. 35 B, S. 292 und Die Bedingungen des Koks-Brennens in »Der Bergbau« 1. Jahrgang, No. 33, S. 1.

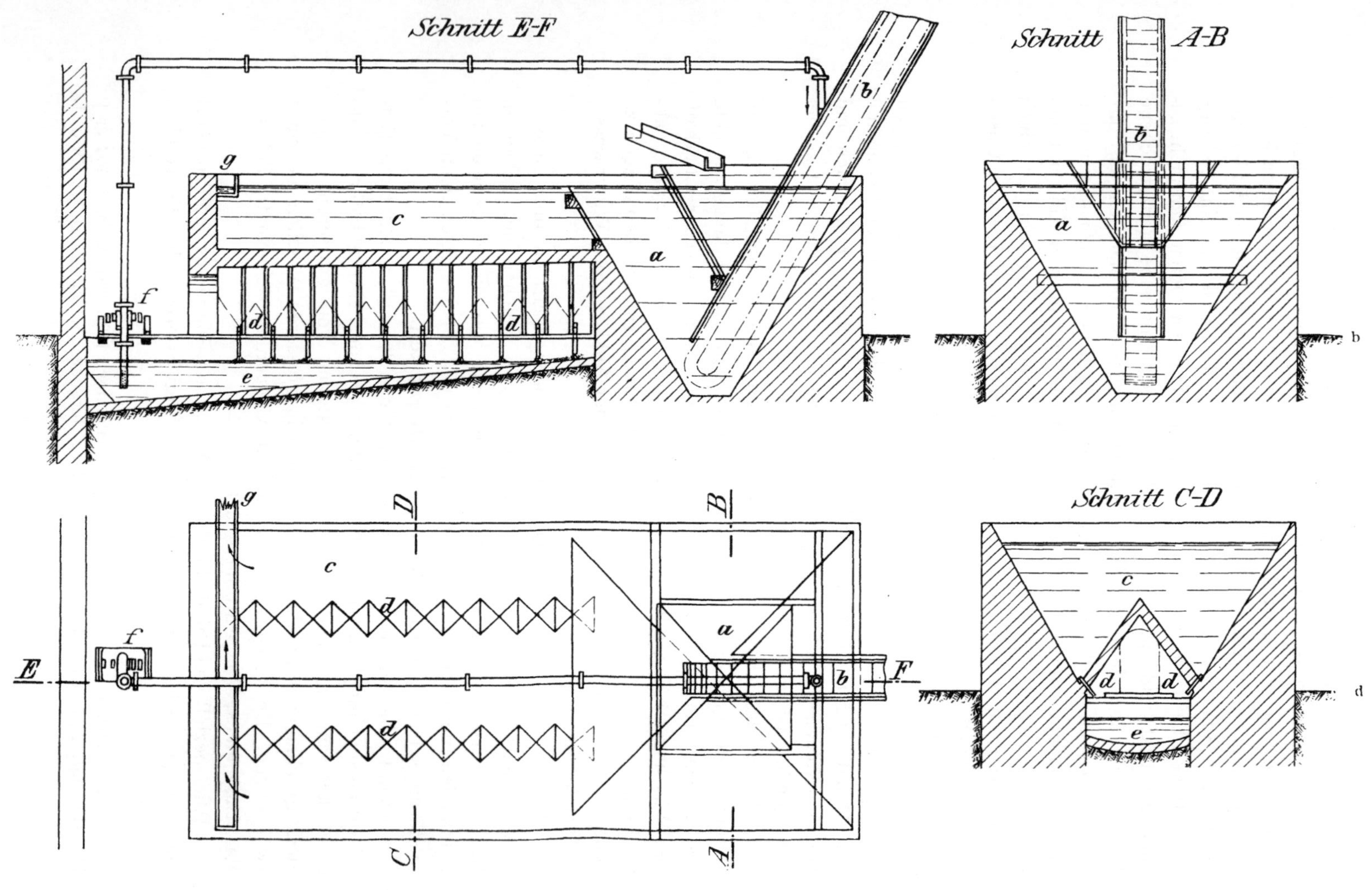

Fig. 74a—d.

Feinkohlenentwässerung nebst Klärvorrichtung und Schlammgewinnung von Humboldt.

Gewinnung der Schlämme und Klärung der Wasser ist in Fig. 74 a—d dargestellt.

Die gewaschene Feinkohle wird dem Becherwerkssumpfe a zugeführt. Das Becherwerk b hebt und entwässert die Kohle. Der Ueberlauf des Becherwerkssumpfes a passiert einen mit vielen, bis 20 Spitzen versehenen grösseren Spitzkasten c; die darin niedersinkenden Schlammteilchen werden durch Röhren mit Hahnverschluss, sog. Schlammhähne d, in einen Kanal e ausgetragen, aus welchem eine Pumpe f die konzentrierten Schlämme nach dem Becherwerke b zurückhebt. Der Ueberlauf des Spitzkastens c sammelt sich in einer Rinne g und wird durch diese der Centrifugalpumpe zum Heben der geklärten Wasser zugeführt.

Das in der vorstehenden Beschreibung genannte Entwässerungs-becherwerk b, welches in dieser Anordnung Humboldt eigentümlich und von dieser Firma mehrfach angewandt worden ist, u. a. z. B. in der Wäsche der Zeche Ver. Bonifacius, ist wie folgt konstruiert:

Die von den Setzmaschinen kommenden Feinkohlen fliessen mit den zu klärenden Wassern in einen im oberen Teile des Becherwerkssumpfes a gelegenen Vorkasten und direkt in die Becher des Becherwerkes b, welches durch eine Scheidewand der Länge nach in zwei Abteilungen geteilt ist. In der oberen sucht die kohlenführende Trübe in den grösseren eigent-lichen Becherwerkssumpf a niederzufliessen, wird aber stetig in dieser Bewegung durch die aufwärts gehenden Becher gehemmt und infolge dessen mit gutem Erfolge filtriert, so dass die aus dem Sumpfe a nach dem grossen Klärsumpfe oder Spitzkasten c überfliessenden Wasser weniger Schlämme mit sich führen, als dieses bei den Becherwerkssümpfen sonst der Fall ist. Die verdichteten und von der Pumpe f gehobenen Schlämme werden dann, wie der Längenschnitt zeigt, dem Becherwerke b oberhalb des Vorkastens direkt wieder zugeführt*).

Eine andere zur Klärung der schlammhaltigen Wasser oder Kohlen-trübe sowie zur Abtrocknung der konzentrierten Schlämme dienende und gleichfalls von Humboldt angewandte Vorrichtung ist in Fig. 75 a und b dargestellt:

Die in dem vorstehend erwähnten grossen, in der Zeichnung mit a bezeichneten Spitzkastensumpfe niedergeschlagenen, durch Hähne abge-zogenen und durch den Kanal c der Pumpe d zugeführten Schlämme werden von der letzteren der Rinne e zugehoben und von dieser aus in die trichterförmigen Behälter f verteilt. Diese werden nacheinander und abwechselnd gefüllt; der Ueberlauf derselben fliesst durch die Rinnen g nach dem Spitzkastensumpfe a zurück. Jeder Behälter ist mit zwei Ent-wässerungs-Vorrichtungen oder sog. Filtern h und einem Entwässerungs-

---

*) Zeitschr. d. Ver. d. Ing. 1887, Bd. 31, S. 646.

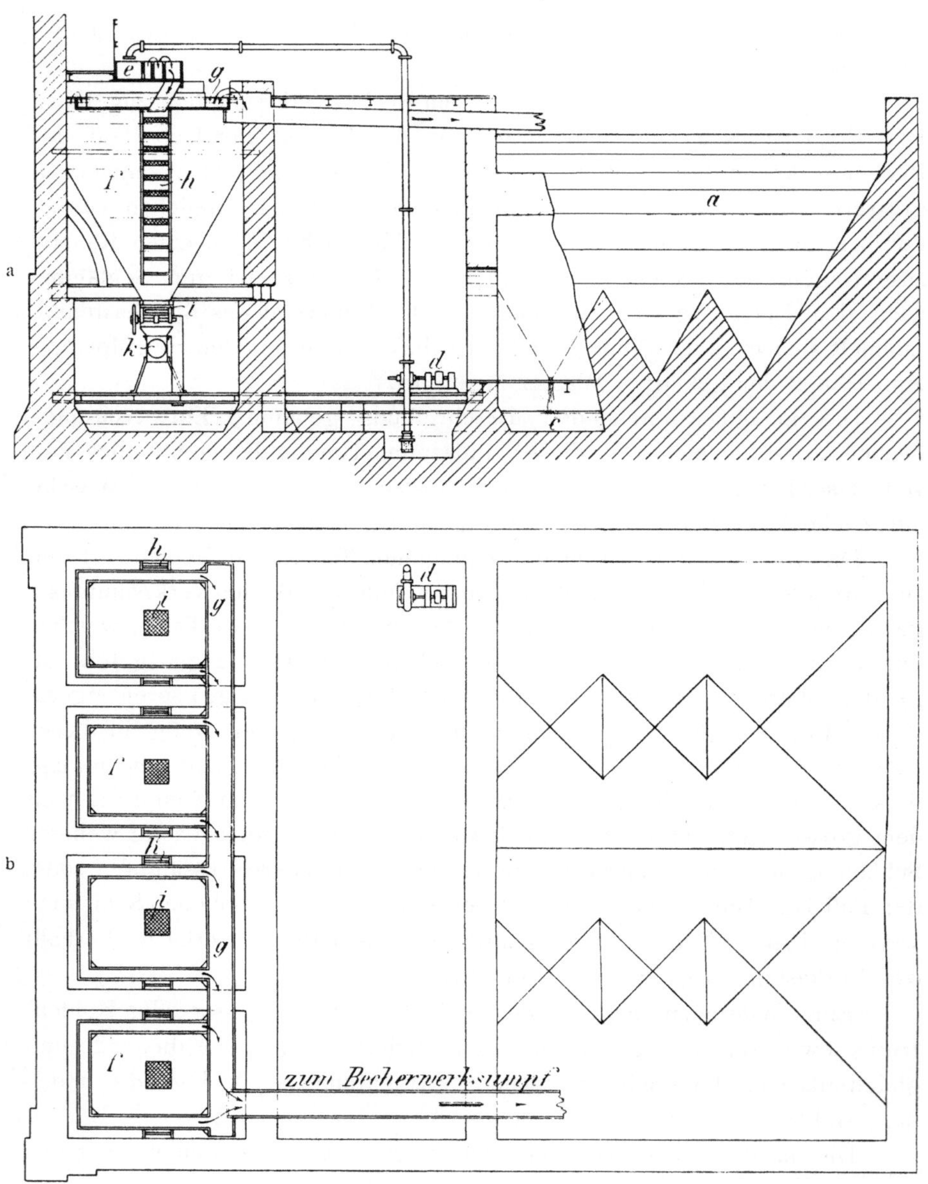

Fig. 75*a u. b.*

Behälter zum Trocknen des Schlammes und Spitzkasten zum Klären der Kohlentrübe
von Humboldt.

schieber i versehen. Ist der Schlamm genügend abgetrocknet, so wird er
nach Oeffnung des Schiebers der Transportschnecke k übergeben und
mittels dieser einem Becherwerke zugeführt, welches ihn in eine Mischschnecke hebt, oder er wird direkt als Kesselkohle abgefahren.

Aehnlich den beiden vorbeschriebenen Humboldtschen Einrichtungen in Konstruktion und Wirkungsweise ist die der Firma Schüchtermann & Kremer patentierte Schlammgewinnungsvorrichtung, welche durch Fig. 76 a—d näher erläutert wird.

Die gewaschenen Feinkohlen werden mit den schlammhaltigen Waschwassern durch die Rinne n dem trichterförmigen Sammelbassin oder Feinkohlensumpfe a zugeführt. Die in der Spitze desselben sich ansammelnden Kohlen und Schlämme werden durch ein ungelochtes Becherwerk c aus diesem in ein zweites, höher gefülltes Bassin b, welches dieselbe Grösse wie a haben kann, gehoben. Die aus a in die Rinne o übertretenden Wasser fliessen in die daran sich anschliessende Rinne r, welche an ihrem Boden Oeffnungen hat, die sich durch Pfropfen vergrössern und verkleinern lassen und dadurch eine gleichmässige Verteilung der trüben Wasser auf der ganzen Langseite des grossen Bassins oder Spitzkastensumpfes d ermöglichen. Damit die Wasser auf der gegenüberliegenden Langseite ebenso gleichmässig wieder abfliessen, ist in diese Wand eine entsprechende Anzahl Röhren eingesetzt. Dadurch, dass die Wasser auf der ganzen Langseite des Bassins eintreten, ist die Geschwindigkeit eine sehr geringe, so dass sich die Schlämme schnell niederschlagen können. Um ferner eine Verteilung der Trübe in dem ganzen Bassin zu erzielen, sind in demselben mehrere Jalousien aufgehängt, welche oben drehbar sind und sich, falls Schlammmassen sich ansetzen sollten, schräg stellen, sodass der Schlamm abfallen muss.

Die geklärten Wasser treten aus dem Sumpfe d durch die Rohre s in die Rinne t — siehe Schnitt J K —, welche dieselben der Centrifugalpumpe zuführt. Die niedergeschlagenen Schlämme, die durch die Rohre u in den Spitzen des Bassins d austreten, werden durch das Schöpf- oder Becherwerk l in die Rinne v gehoben und fliessen wieder in das Bassin b, aus dem sie, mit der Kohle gemischt, durch ein gelochtes Becherwerk m in die Vorratstürme gehoben werden. Die aus dem Bassin b abgehenden Wasser treten in die Rinne p ein und fliessen durch die Rinne n zurück in das Bassin a, um von neuem geklärt zu werden. Dem eingeschalteten Bassin b, welches zu möglichst vollständiger Gewinnung der Schlämme und zu deren inniger Mischung mit der Kohle dient, hat man wie oben schon gesagt wurde, den Namen »Konzentriersumpf« gegeben, Diese Einrichtung ist auf einzelnen von Schüchtermann & Kremer erbauten Wäschen zur Anwendung gekommen, so auf dem Schachte Holstein der Zeche Hörder Kohlenwerk und auf der Zeche Hasenwinkel; sie steht heute aber nicht mehr in Betrieb. Zu dieser Schlammgewinnungs-Vorrichtung ist sodann der Firma Schüchtermann & Kremer noch ein Zusatz-Patent auf eine Vorrichtung erteilt worden, welche dazu dienen soll, die an den geneigten Seitenwänden des Klärsumpfes d sich ansetzenden Schlämme

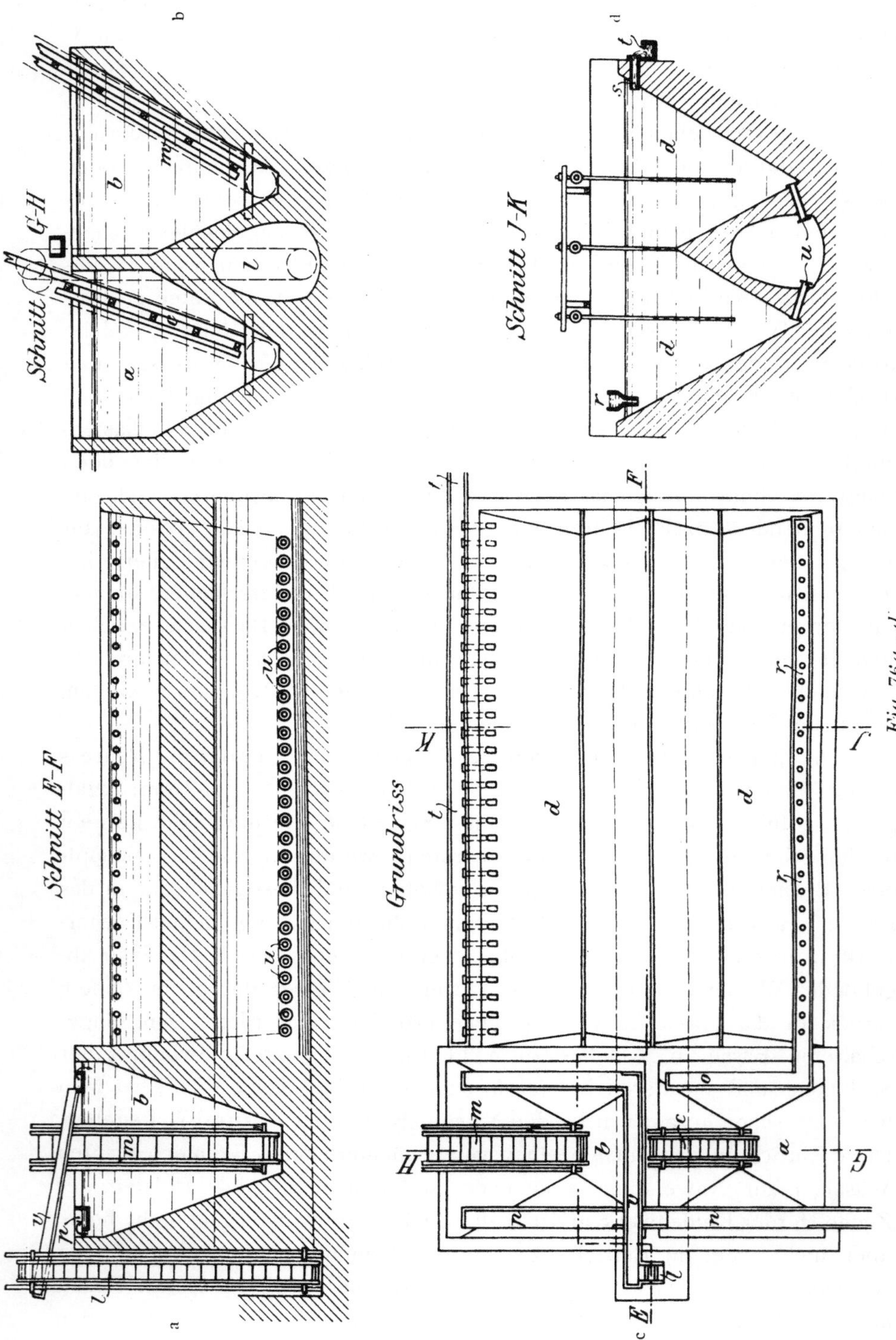

Schlammgewinnungs-Vorrichtung bei der Kohlenaufbereitung von Schüchtermann & Kremer.

von Zeit zu Zeit zu lösen und den Abzugsröhren zuzuführen. Da diese Vorrichtung indes in der Praxis nicht zur Anwendung gelangt ist, so soll von einer Beschreibung derselben abgesehen werden.

Eine andere Vorrichtung zur Gewinnung von Schlämmen ist weiter zu erwähnen, auf welche die Firma Baum schon im Jahre 1879 Patent er-

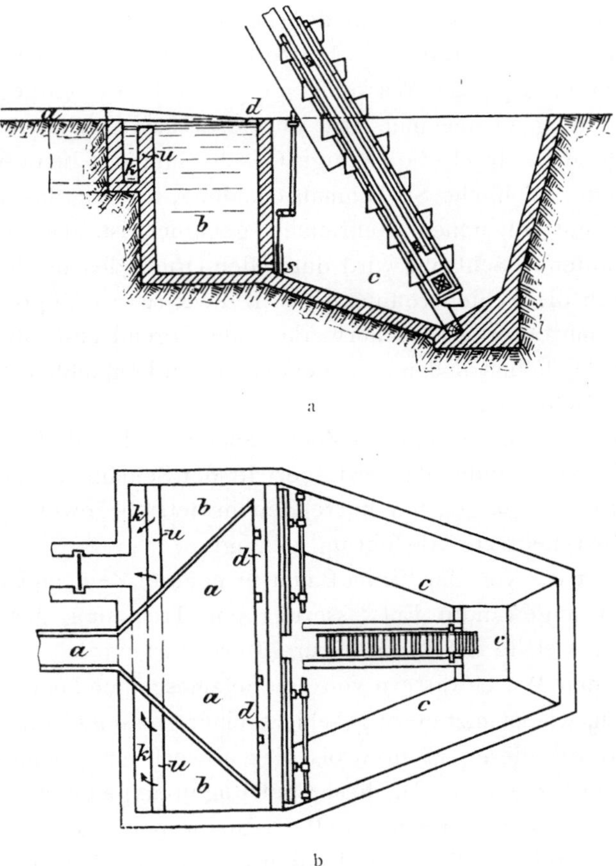

Fig. 77a u. b.

Vorrichtung zur Gewinnung von Schlämmen bei nasser Aufbereitung
von Baum.

worben hat (Fig. 77 a und b). Um die bei Kohlenwäschen häufig in ansehnlicher Menge vorkommenden Schlämme zu gewinnen, wird das Schlammwasser durch die Lutte a in das Bassin b geleitet, dessen Breite, normal zur Richtung des fliessenden Wassers gemessen, so gross genommen wird, dass die Geschwindigkeit des abfliessenden Wassers pro Sekunde 50 mm nicht übersteigt; die Länge in der Richtung des fliessenden Wassers beträgt dagegen höchstens 2 m. Die Lutte a, deren anfängliche Breite etwa 500 mm beträgt, erbreitet sich bei möglichst geringem Gefälle allmählich bis zur vollen Breite des Bassins b. Bei d erfolgt der Einlauf des Wassers in das Bassin b, und zwar mit einer Geschwindigkeit von gleichfalls nicht über 50 mm pro Sekunde. Das Wasser fliesst nun aber nicht in der Richtung des Zuflusses, wie dieses gewöhnlich der Fall ist, weiter, sondern es wird genötigt, in der entgegengesetzten Richtung abzufliessen, und zwar fliesst es mit der angeführten Geschwindigkeit über den Ueberlauf u in den Kanal k. Letzterer führt das Wasser zur Pumpe zurück. Dadurch, dass das Wasser genötigt wird, die entgegengesetzte Bewegungsrichtung anzunehmen, tritt ein gewisser Stillstand desselben ein und hierdurch sowie durch die geringe Geschwindigkeit beim Abflusse erfolgt eine sehr reichliche Schlammabscheidung, sodass das abfliessende Wasser sehr gut zu neuem Gebrauche geeignet ist. Der sich in dem Bassin b anhäufende Schlamm wird durch den Druck des auf ihm ruhenden Wassers durch die Schieberöffnungen s in die Grube c gepresst, von wo aus derselbe mittels eines Becherwerkes oder irgend einer anderen Vorrichtung zurückgehoben und mit den entwässerten Feinkohlen gleichmässig und innig gemischt wird.

Diese Vorrichtung ist auf der Zeche Shamrock I und II s. Z. zur Anwendung gekommen, indes da der Uebertritt der Schlämme in die Grube c nicht gleichmässig erfolgte, nur kurze Zeit in Betrieb gewesen und später auch nirgendwo mehr zur Ausführung gelangt.

Weiter ist die von der Firma Baum in neuerer Zeit, und zwar zuerst im Jahre 1891 angewandte Entwässerung und Trocknung der Feinkohlen zu besprechen, welche durch die Figur 78 erläutert wird.

Die mit den Waschwassern von den Setzmaschinen kommenden Feinkohlen werden, wie es jetzt meist geschieht, einer grossen Centrifugalpumpe zugeführt und von dieser in drei bis vier abwechselnd benutzte, grosse Sammelbehälter t gepumpt. Da diese Centrifugalpumpe einem raschen Verschleiss unterliegt, so pflegt man, um Betriebsstörungen vorzubeugen, deren stets zwei aufzustellen. Nach der Einführung der mit Wasser gemischten Kohle in der Mitte oder an mehreren Stellen der einzelnen Sammelbehälter nimmt die Geschwindigkeit der sog. Trübe infolge der grossen Niederschlagsfläche allmählich ab; die Feinkohle und die Schlämme schlagen sich gemeinschaftlich nieder und die geklärten Wasser treten am oberen Rande des im Betriebe befindlichen Behälters in eine denselben umgebende Lutte über, aus welcher sie den Setzmaschinen zur neuen Benutzung wieder zufliessen. Nachdem ein Behälter sich mit Kohlen angefüllt hat, wird ein zweiter in Benutzung genommen und der Inhalt des ersten durch gelochte Rohre, sog. Filter, die vorher in denselben eingesetzt waren, entwässert bezw. abgetrocknet.

Nach der betreffenden Patentschrift waren auf Säulen und kräftigen

Trägern ruhende, in Cementmauerung ausgeführte Bassins vorgesehen, die unten eine oder mehrere trichterförmige Abzugsöffnungen besassen; in diese letzteren wurden die durchlöcherten Röhren r eingesetzt, um mittels dieser der Kohle in den verschiedenen Höhenlagen der Behälter oder Türme das Wasser zu entziehen und an den unteren Enden bei e abfliessen zu lassen. Ausserdem waren die den Rohren zugeneigten unteren Wände der Türme mit feinen Sieben s versehen, sodass auch hierdurch ein Teil der Wasser, hauptsächlich aus den unten liegenden Kohlenschichten,

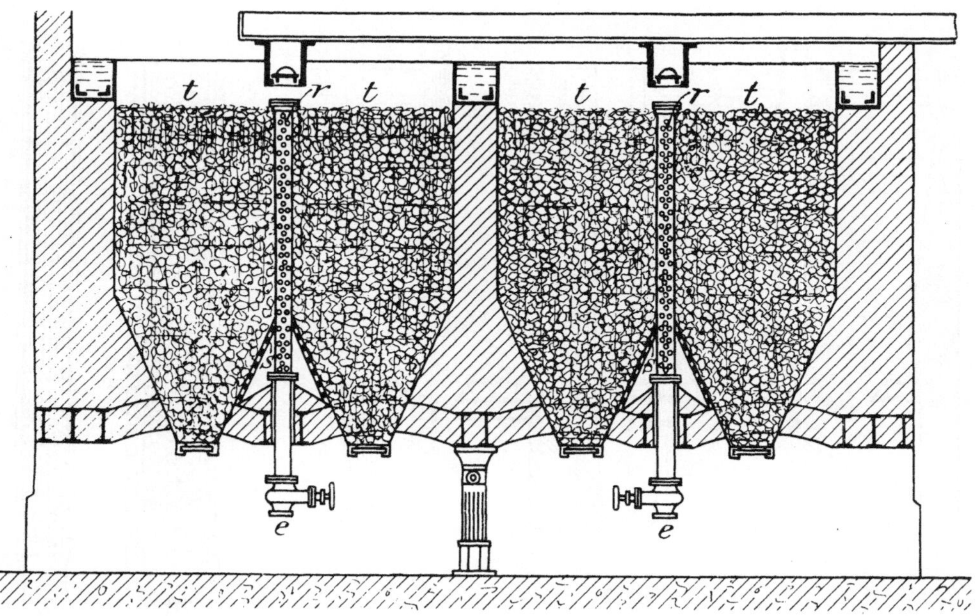

Fig. 78.

Neuerung an Kohlentrockentürmen.

durchsickern und durch die Entleerungsöffnungen abfliessen konnte. Nach hinreichender Entwässerung wurden dann die Kohlen unter Oeffnung der vorhandenen Schieber direkt in Trichterwagen abgezogen und der Kokerei zugeführt oder in die Eisenbahnwaggons verladen. In vorbeschriebener Weise sind in den Jahren 1891 bis incl. 1894 die Anlagen auf Julia, von der Heydt, Hibernia, Constantin der Grosse, Schacht III, Shamrock, Schächte III u. IV, Centrum, Schacht III, Mont-Cenis, Berneck und Zollverein, Schacht IV ausgeführt worden. Dabei wurde in der Mitte jedes der 4 bis 4,4 qm grossen Bassins oder Spitzkasten ein Rohr oder Entwässerungsfilter eingesetzt; nur auf Zollverein II wurde jeder Spitzkasten mit fünf Rohren, einem in jeder Ecke und einem in der Mitte, versehen;

nachträglich hat man sodann auf einigen anderen der genannten Zechen gleichfalls mehrere Rohre in jeden Spitzkasten eingebaut.

Schüchtermann & Kremer haben demnächst im Jahre 1894 ein Patent auf ein anders konstruiertes Entwässerungsfilter erworben, welches in Fig. 79 a—d dargestellt ist.

Das Filter besteht aus geschlitzten und darauf auseinander gezogenen Blechen, die dann rautenförmige Oeffnungen bilden und in Bündelform oder kreisförmig zusammengerollt in beliebiger Anzahl über einander

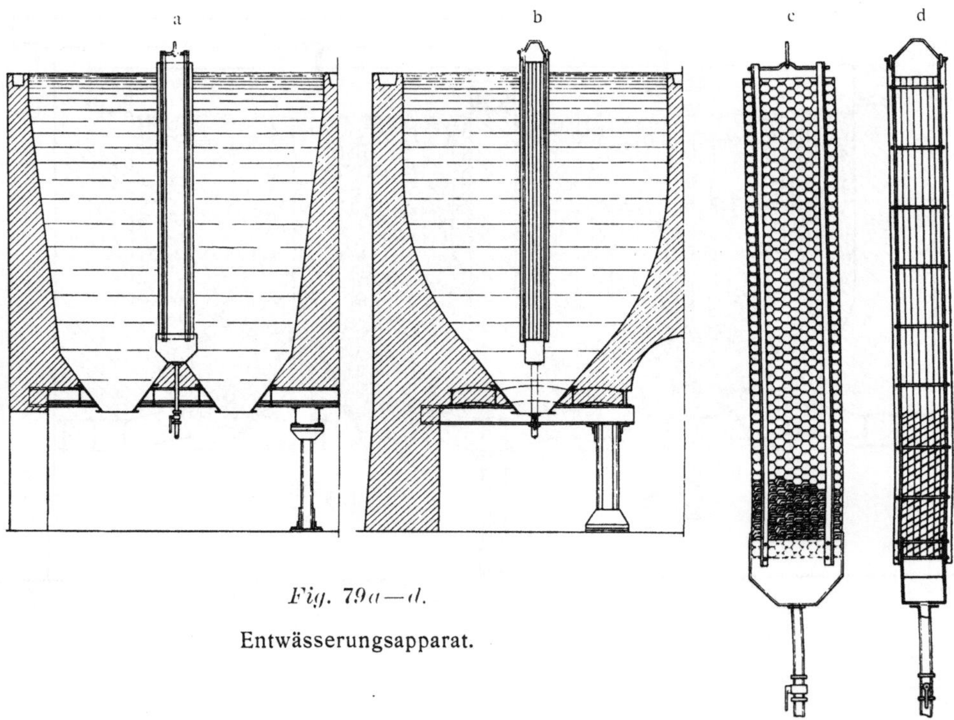

Fig. 79 a—d.

Entwässerungsapparat.

gelegt werden. Die Apparate werden in die Niederschlagsbassins in der Weise eingesetzt, wie die Zeichnung es angiebt, und zwar kommt bei Trockensümpfen von 50 bis 60 t Inhalt an Kohlen gewöhnlich ein solcher Apparat zur Anwendung, während bei 100 t Inhalt deren zwei eingebaut werden.

Wenn ein Bassin mit Kohle angefüllt ist, wird der unten an dem Abflussrohre befindliche Hahn geöffnet, das in der Masse enthaltene Wasser tritt dann durch die Oeffnungen der Bleche und wird durch das Rohr abgeleitet. Dieses Filter und Entwässerungssystem ist von Schüchtermann & Kremer in der Folge sehr häufig ausgeführt worden, z. B. auf den Zechen Preussen I, Dannenbaum I, Hansa, Adolf von Hansemann und Monopol,

Schacht Grillo, kurz auf allen in den letzten 6—8 Jahren von dieser Firma gebauten Wäschen.

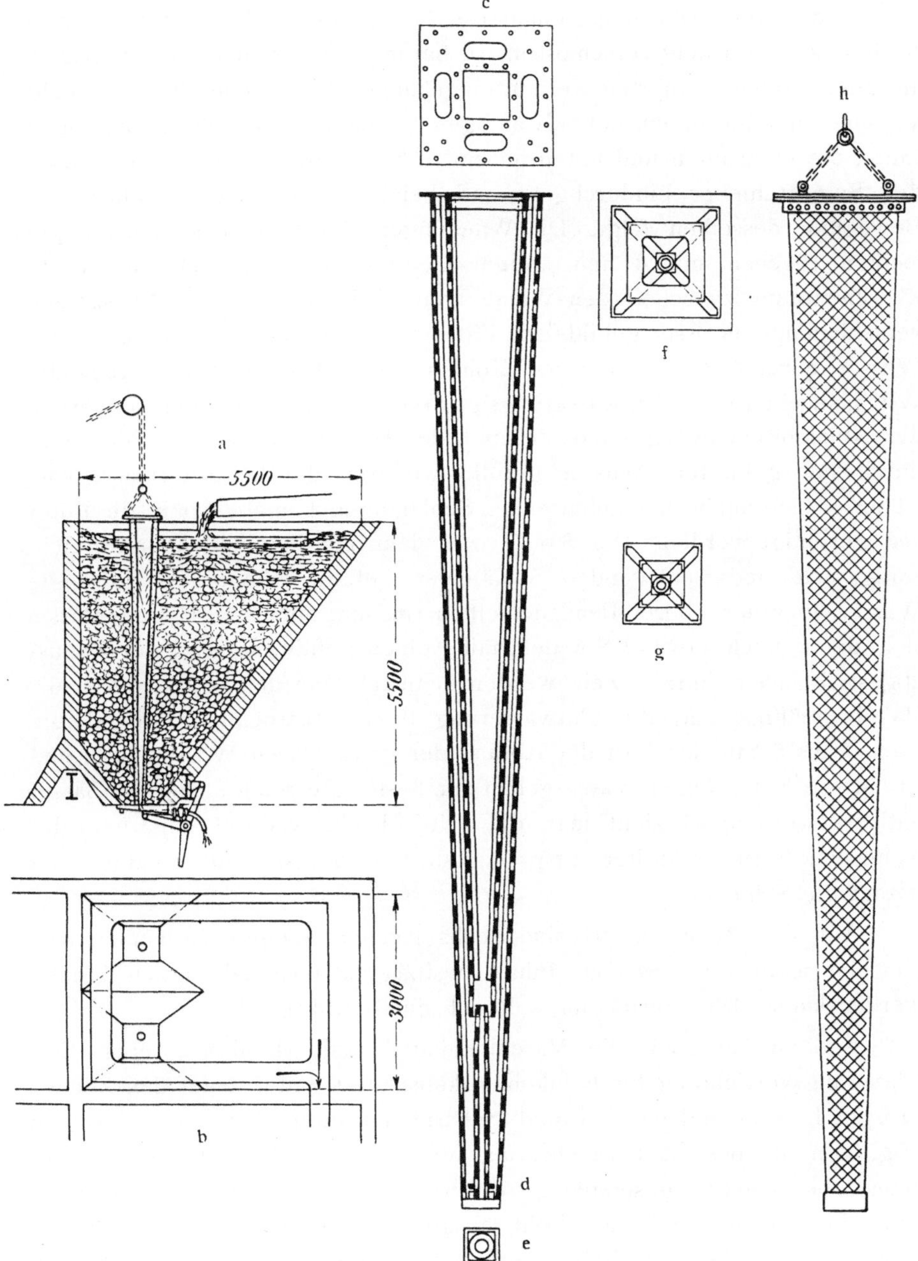

Fig. 80 a—h.

Entwässerungsvorrichtung, besonders für gewaschene Kohle.

Ein etwas anders konstruiertes Entwässerungsfilter von Springorum und Altena in Courl ist auf der Zeche Courl im Jahre 1896 eingeführt worden (Fig. 80 a—h)*).

In das trichterförmige, gemauerte Bassin, dessen Boden mittels eines Schiebers wasserdicht verschlossen ist, hat man zwei gleiche Filterapparate an über Rollen geführten Ketten eingehängt. Ein solches Filter besteht aus einer quadratischen, doppelwandigen und nach unten sich verjüngenden Lutte, die oben offen und unten an ein Rohr angeschlossen ist, das durch den Sumpfschieber hindurchgeht und beim Oeffnen des Schiebers der Bewegung desselben folgt. Die Wandungen der Lutte bestehen aus gelochten Blechen mit 8 mm weiten Oeffnungen. Der 80 mm weite Zwischenraum zwischen den Wandungen wird von einer aus Nusskohlen verschiedener Grösse gebildeten Filtermasse ausgebildet, welche das Wasser durchlässt, die feineren Kohlen und Schlämme aber zurückhält. Will man ein solches Entwässerungsbassin in Gebrauch nehmen, so werden die Ablassöffnungen geschlossen und der Behälter durch die Filter hindurch mit geklärtem Wasser gefüllt, wodurch die der Filtermasse vom früheren Gebrauche her anhaftenden Schlammteilchen abgespült, die Filter also gereinigt werden. Der Sumpf wird dann mit Feinkohlen und gleichzeitig sich niederschlagenden Schlämmen gefüllt, wobei das verdrängte Wasser über den oberen Rand desselben ringsum abfliesst. Hat das Bassin sich dann, nach etwa 2 Stunden, mit Kohlen gefüllt, so wird der Zufluss abgestellt, nach kurzer Zeit werden demnächst an den Ablassrohren die Hähne geöffnet und die Entwässerung bezw. Abtrocknung eingeleitet. Nach 4 bis 5 Stunden hört der Abfluss der ganz klaren Wasser auf, und es hat die Kohle einen Wassergehalt von 8—10 % erreicht. Soll das Bassin entleert werden, so zieht man die Filter hoch, wodurch innerhalb der Kohle der Form der Filter entsprechende Schächte sich bilden, und öffnet darauf die Schieber.

Auf der Zeche Courl sind sechs solcher Sümpfe vorhanden, von welchen jeder etwa 54 cbm Inhalt besitzt und zweimal täglich benutzt werden kann. Die Einrichtung soll sich gut bewährt haben.

Endlich hat auch die Maschinenbau-Anstalt Humboldt eine Entwässerungsvorrichtung für Feinkohlen konstruiert und u. a. auf den Zechen Prosper I, Recklinghausen II und Scharnhorst ausgeführt. Der Apparat (Fig. 81 a—d), besteht aus mehreren, auf der Zeche Scharnhorst z. B. aus neun, übereinander gesetzten glockenförmigen Gefässen, von denen jedes in seinem Innern als Rohr ausgebildet ist. Der untere Teil eines jeden Gefässes ist mit Sieben versehen, die dem Wasser den Eintritt in

---

*) Zeitschr. f. d. Berg-, Hütten- u. Salinenw. 1897, Bd. 45 B. S. 233. — Glückauf 1897, No. 36, S. 700 und »Der Bergbau« 10. Jahrg., 1896/97. No. 50, S. 6.

den inneren Raum desselben ermöglichen. Zwischen Sieb und Rohr ist eine aus Feldspat oder aus Kies bestehende Filtermasse eingebracht. Die Wirkungsweise ist die folgende: Ist der Turm mit Kohlen gefüllt, so wird der am unteren Ende der Entwässerungsvorrichtung befindliche, während des Füllens geschlossen gehaltene Wasserschieber geöffnet. Dies hat zur Folge, dass das über der Kohle stehende Ueberlaufwasser durch die an-

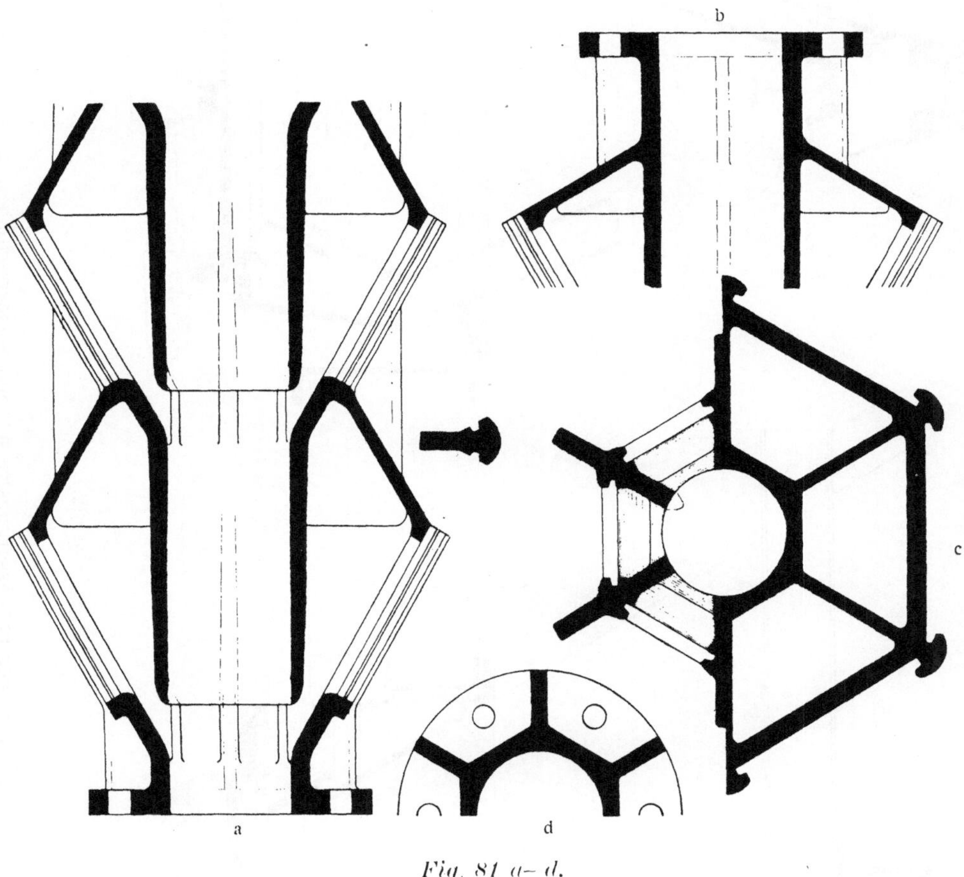

Fig. 81 a–d.

Entwässerungsvorrichtung für die Aufbereitung der Zeche Scharnhorst von Humboldt.

einander geschlossenen mittleren Rohre herunterströmt. Der hierbei von einem Rohre zum anderen übertretende freie Wasserstrahl besitzt eine sehr starke injektorartige Saugwirkung. Das in den Kohlen enthaltene Wasser bahnt sich infolgedessen radial nach abwärts gerichtete Kanäle, durch welche es durchsickert, um durch die Siebe und die Filtermasse der einzelner Glocken in den Apparat zu gelangen, von wo es abfliesst. Aus dem Gesagten erhellt, dass die zweckmässige Konstruktion und be-

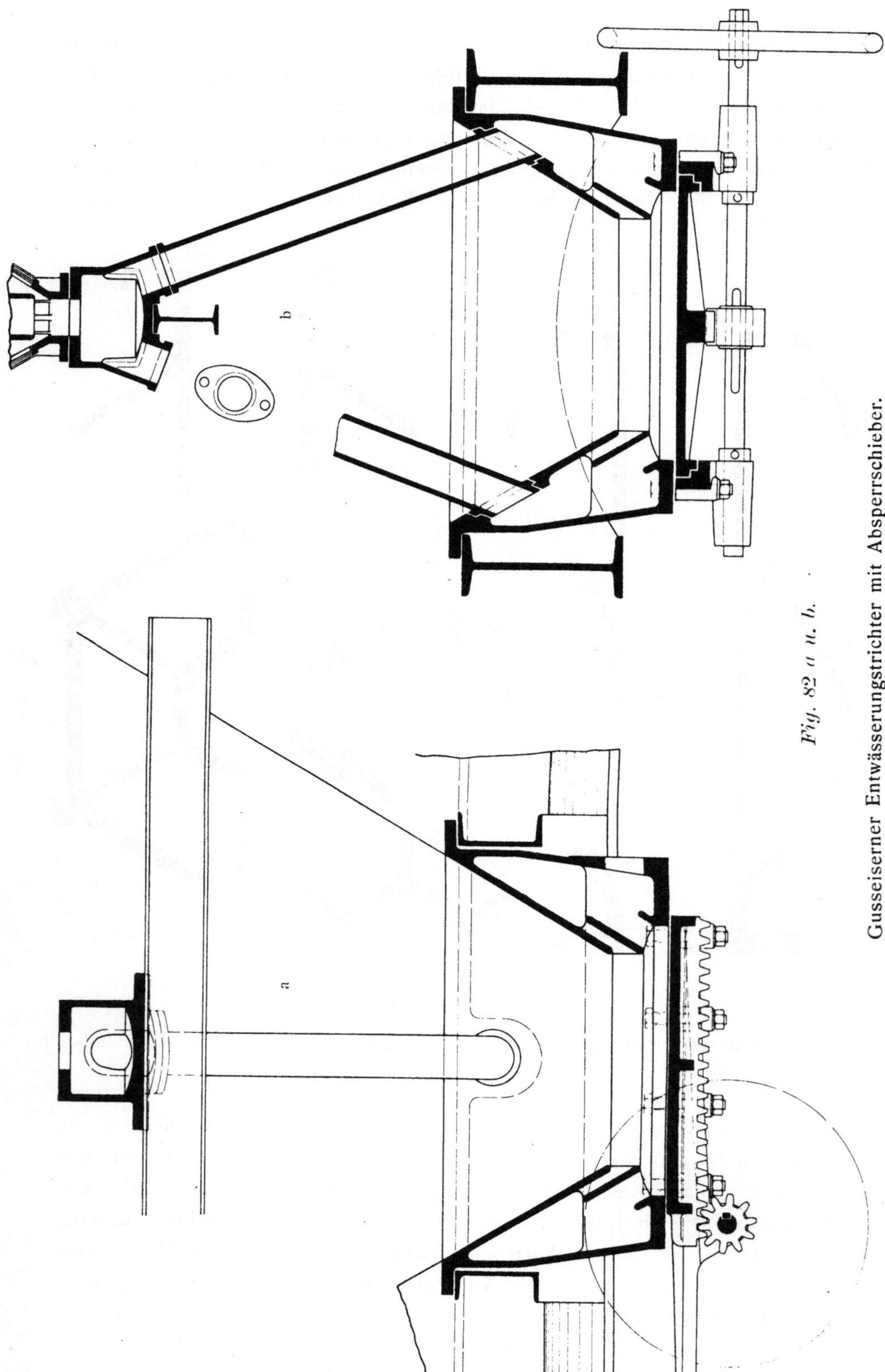

Fig. 82 a u. b.

Gusseiserner Entwässerungstrichter mit Absperrschieber.

sonders auch die eintretende starke Saugwirkung ein schnelles Entwässern und Abtrocknen der Kohlen sichert. Um sowohl das Reinigen des Apparates als auch das Erneuern der Filtermasse zu erleichtern, hat man die Siebe als Schieber ausgebildet. Die Schrägstellung der Siebflächen hat den Vorzug, dass beim Abziehen die etwa an den Sieben haftende Feinkohle sich von selbst löst und die Siebe dementsprechend stets rein bleiben. Da in das Innere des Apparates keine Kohle gelangen kann, so hat diese Vorrichtung noch den weiteren Vorzug, dass das aus ihr austretende Wasser vollständig klar ist.

Die Einrichtung des im vorstehenden erwähnten Wasserschiebers bezw. des an den beschriebenen Entwässerungsapparat sich unten anschliessenden Entwässerungstrichters mit Absperrschieber, System Humboldt, ist aus Fig. 82 a und b ersichtlich. Das mit den Feinkohlen in den Trockensumpf hineingeschwemmte Wasser sickert durch die Kohle durch und sammelt sich allmählich im tiefsten Punkte an, welcher durch den Entwässerungstrichter gebildet wird. Dieser hat drei oder mehr jalousieartige Wände, hinter denen das Wasser der Kohle, welche vor den Wänden liegen bleibt, hochsteigend in eine Rohrleitung gelangt und durch diese klar abfliessen kann. Während des Füllens des Trockensumpfes bleibt die Rohrleitung durch einen Schieber oder ein Ventil geschlossen. Der Absperrschieber wird durch zwei konische Führungsleisten gegen den Trichter angepresst, wodurch ein vollständig wasserdichter Abschluss erfolgt. Beim Oeffnen des Absperrschiebers behufs Entleerung des Sumpfes reinigen sich zugleich auch jedesmal die Schlitze zwischen den Jalousien selbstthätig. In der Wäsche der Zeche Scharnhorst*) fliessen die gewaschenen Feinkohlen abwechselnd in zwölf gemauerte Türme, deren jeder eine Grundfläche von 5,4 zu 5,2 m bei etwa 5 m Höhe besitzt. Ferner ist jeder Turm mit vier Abzugsschiebern versehen, und die Entwässerungsapparate sind nicht direkt mit den Schiebern verbunden, sondern vielmehr in der Mitte des Turmes, d. h. im Kreuzungspunkte der Diagonalen desselben aufgestellt, sodass die abfliessenden Wasser durch eine angeschlossene Rohrleitung den Schiebern zugeführt werden. Die Schieber für diese gemauerten Türme sind dabei in der Weise hergestellt, wie es Fig. 83 a und b zeigt, während Fig. 82 a und b eine an anderer Stelle angewandte Anordnung für schmiedeeiserne Türme mit nur einem Abzugsschieber und an diesen direkt angeschlossener Entwässerungseinrichtung darstellt. Diese Humboldtsche Entwässerungseinrichtung soll gleichfalls zu voller Zufriedenheit arbeiten.

Ein Absperrschieber für Feinkohlen - Entwässerungsbehälter, welcher von den beiden vorbeschriebenen dadurch sich unterscheidet, dass

---

*) Glückauf, 1901, No. 36 u. 37, S. 799.

er nicht nur zum Verschlusse der Abzugsöffnungen dieser Behälter, sondern zugleich auch zur Entwässerung oder, falls dazu eine andere Vorrichtung schon vorhanden ist, zur Unterstützung der Entwässerung der eingeschwemmten Feinkohlen dient, ist der Firma Fried. Krupp, Gruson-

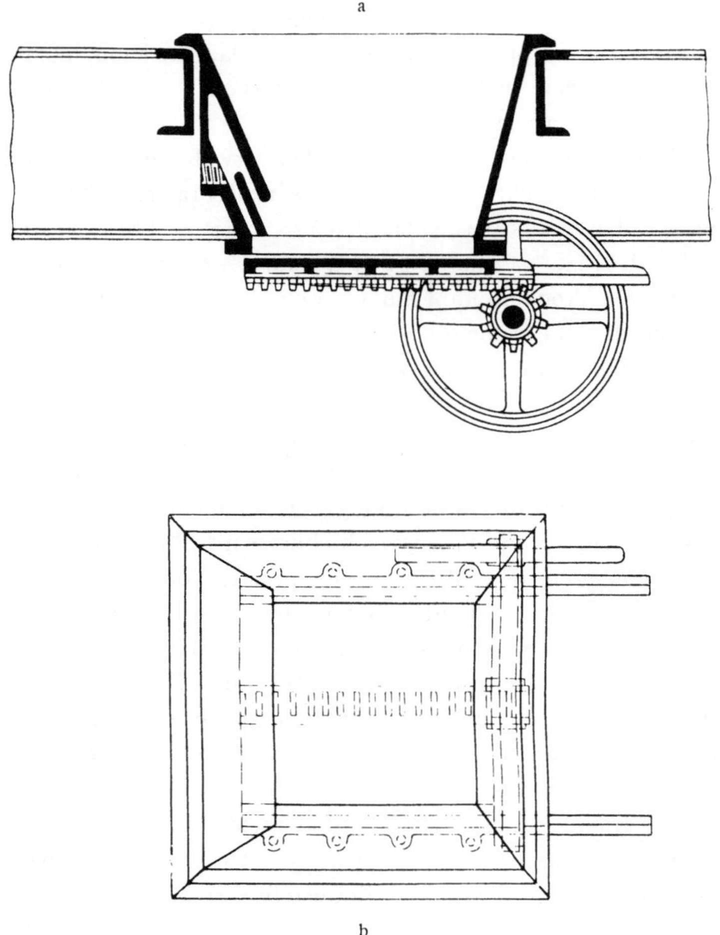

Fig. 83a u. b.

Entwässerungsschieber (Aufbereitung der Zeche Scharnhorst).

werk in Magdeburg-Buckau, patentiert worden und in der von demselben Werke erbauten Wäsche der Zeche Hannover, Schacht III/IV, an den Entwässerungstürmen zur Anwendung gekommen. In der beigefügten Figur 84a—e ist der Verschlussschieber in den verschiedenen Stellungen veranschaulicht. Unter der Trichteröffnung sind die beiden Führungsleisten b angeschraubt, deren Gleitflächen zum Zwecke der vollständigen Abdichtung

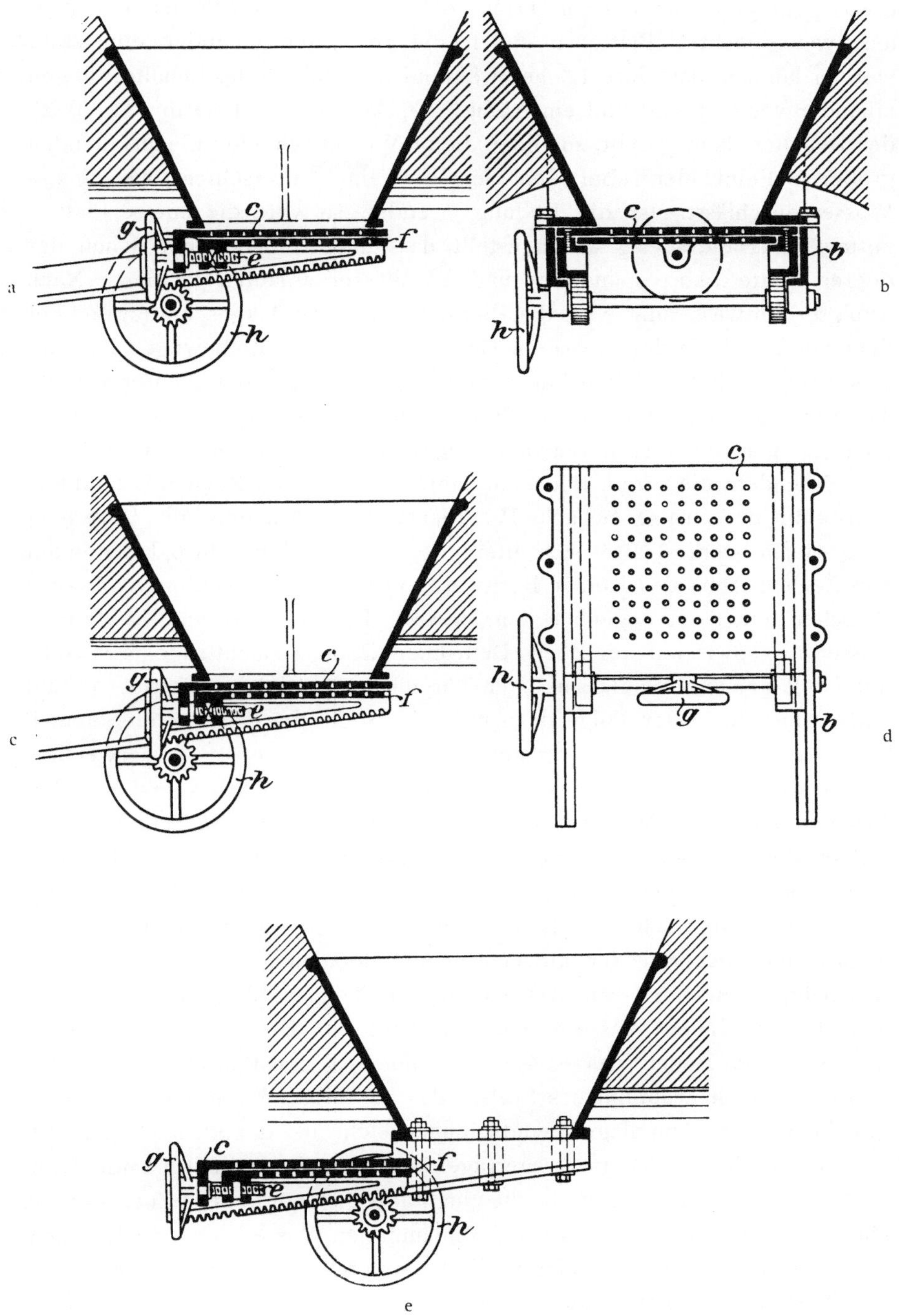

Fig. 84 a—e.

Verschluss für Kohlenentwässerungs-Vorrichtungen.

etwas geneigt zu der unteren Trichterfläche liegen. Der Schieber besteht aus zwei gelochten Platten c und f, die so gegen einander eingestellt werden können, dass ihre Löcher während der Füllung des Behälters gegen einander versetzt sind und ein Abfluss von Wasser nicht stattfindet. Wird der Behälter dann gefüllt, so bilden die im Wasser schneller niederfallenden gröberen Feinkohlen über dem Schieber eine Filterschicht, welche das Wasser durchlässt. Ist die Füllung beendet, so wird die untere Platte f mittels des Handrades g so eingestellt, dass deren Löcher mit denen der oberen Platte c korrespondieren und die Wasser ablaufen können. Nach erfolgter Entwässerung wird die Platte f wieder zurückgeschraubt und der Schieber mit Hülfe des grösseren Handrades h zur Seite bewegt. Die entwässerten Feinkohlen fallen dann auf ein Transportband oder in untergestellte Trichterwagen oder auch in die Eisenbahnwaggons. Auf der Zeche Hannover ist man mit diesen Entwässerungsschiebern sehr zufrieden.

Nachdem die Firma Baum im Jahre 1895 auf den Zechen Roland und Constantin der Grosse, Schacht IV, wieder zwei Anlagen mit Entwässerungs-Becherwerken, also nach älterem System, im Jahre 1896 dagegen auf den Zechen Anna des Kölner Bergwerks-Vereins und Dahlbusch VI zwei Wäschen mit je vier gemauerten Bassins, Pumpbetrieb und Röhrenentwässerung, sowie auf der Zeche Deutscher Kaiser, Schacht III, eine Wäsche mit zwölf gemauerten Bassins oder Türmen und gleichem Betrieb erbaut hatte, ging sie in der Folge dazu über, an Stelle der gemauerten Sammelbassins aus Eisenblech hergestellte Behälter oder Kessel zu verwenden.

Diese runden eisernen Vorratstürme (Fig. 85) wurden zuerst im Jahre 1897 auf der Zeche Minister Stein, dann auf Erin, auf Schacht Carl des Kölner Bergwerks-Vereins und auf Langenbrahm aufgestellt, wo überall je drei Kessel zur Verwendung kamen. Ferner wurden auf Friedrich der Grosse und auf Schacht Hubert der Zeche Königin Elisabeth je vier Kessel angelegt. Bei der abwechselnden Benutzung und der vor Inbetriebnahme eines anderen Kessels stattfindenden Füllung desselben 'mit den überfliessenden Wassern wurde alsbald der Uebelstand empfunden, dass sich am Boden des Kessels, besonders in den Pausen des Wäschebetriebes, sowie während des Stillstandes der Wäsche während der Nachtschicht, eine Schlammlage niederschlug, welche bei der nachherigen Entleerung des Kessels zuerst ausgetragen wurde und unvermischt mit Feinkohlen in die Koksöfen gefüllt, die Qualität des erzeugten Koks herabsetzte. Man sah sich daher veranlasst, die schlammigen Wasser zunächst in einem sog. Erdsumpfe oder besonderen Klärbassin sich abklären zu lassen und den in Betrieb zu nehmenden Kessel erst kurz vorher mit den abgeklärten Wassern zu füllen, die in dem Erdsumpfe abgesetzten Schlämme aber durch eine besondere kleinere Pumpe — auf der Zeche Carl z. B. durch einen Pulsometer, Patent Greeven —, dem in Benutzung genommenen Kessel nach und nach zuzuheben und solcherweise mit den sich absetzenden Feinkohlen gleichmässig und innig zu mischen. Auf der Zeche Carl ist die Kohle fein und staubreich, liefert daher verhältnismässig viel Schlamm, der indes sehr aschenfrei und zur Verkokung sehr geeignet ist. Nach Anlage bezw. Einschaltung des Erdsumpfes sind die früher sich darbietenden

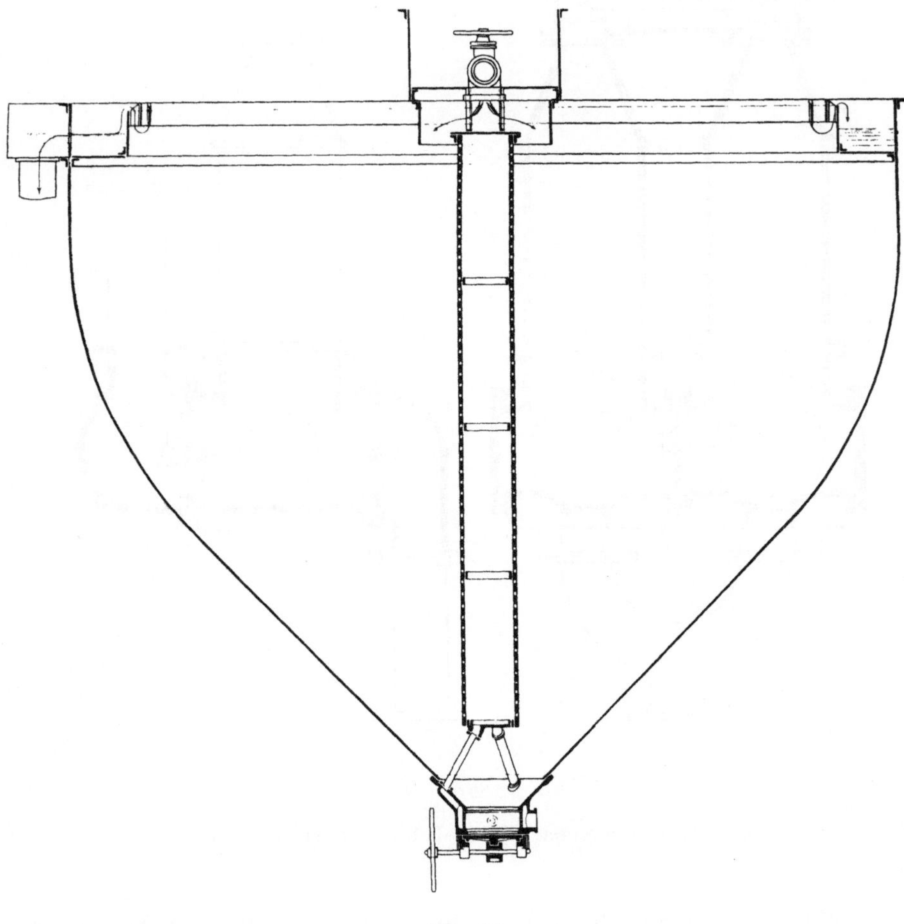

Fig. 85.

Einrichtung zur Entwässerung von Feinkohle »System Baum«.

Schwierigkeiten in befriedigender Weise gehoben worden. Der auf einer Reihe von Zechen in Benutzung stehende Greeven-Pulsometer ist in Fig. 86a und b dargestellt.

Weiter zeigte sich mehrfach infolge der grossen Dimensionen der Kessel oder Sammelbassins — 11 200 bis 14 700 mm Durchmesser —, dass die gröberen Feinkohlen in der Mitte des Bassins, wo sie eingeführt

wurden, direkt und rasch zu Boden fielen, während die feineren Teile der
eingeleiteten Trübe und die Schlämme an den Wänden des Bassins, wenn
diese nicht mehr unter dem richtigen Neigungswinkel konstruiert werden
konnten, sich allmählich mehr und mehr anhäuften.

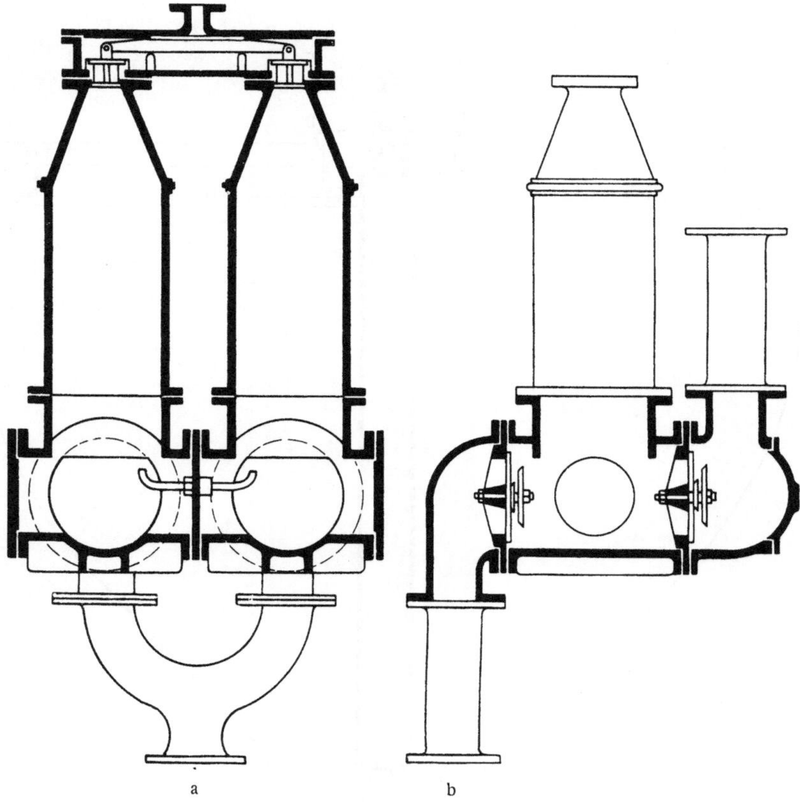

Fig. 86a u. b.

Greeven-Pulsometer (Masch.-Fabr. Stappen, Crefeld).

Schliesslich stürzten die an den Wänden hängen gebliebenen Schlämme,
besonders auch bei der Entleerung des Bassins, durch ihr Gewicht ab und
wurden in grösseren zusammenhängenden Klumpen abgezogen, wodurch
dann die erstrebte Mischung mit den gröberen Feinkohlen nicht durchweg
erzielt werden konnte. Aus diesen Gründen ist man in neuester Zeit dazu
übergegangen, den Türmen bezw. Bassins einen kleineren Durchmesser — 5 bis 6 m bei etwa 10 m Höhe — zu geben, und an Stelle von
vier grossen acht kleinere Sammel- und Entwässerungsbehälter aufzustellen. Dabei wird der Erdsumpf beibehalten, oder es werden mehrere
Sammelbassins oder Klärsümpfe für die schlammigen Wasser, Träufel-

wasser usw. unmittelbar unter den Entwässerungsbassins aufgehängt, um an Förderhöhe für die Pumpen zu sparen.

Auf diese Weise wird eine bessere Mischung der Schlämme mit den Feinkohlen herbeigeführt.

Eine derartige Anlage mit acht kleineren Feinkohlentürmen ist von Baum im Jahre 1900 auf der Zeche Neumühl erbaut worden und soll zu voller Zufriedenheit arbeiten.

Aus den vorstehenden Erörterungen ergiebt sich, dass man bei diesem neuen Entwässerungs-System die Niederschlagsbassins entweder tief legt und die gewaschenen Feinkohlen dann mit den Wassern direkt in dieselben einfliessen lässt, oder dass die Behälter bezw. Türme eine hohe Lage erhalten und unter Zuhülfenahme von Centrifugalpumpen usw. mit den zu entwässernden Kohlen gefüllt werden. Im ersteren Falle kommen die Abzugsöffnungen der Bassins nur etwa 2 bis 2,5 m über Terrain zu liegen. Ihr Inhalt wird nach ausreichender Abtrocknung auf ein Transportband abgezogen oder einer Schnecke übergeben und von dieser einem Becherwerke zugeführt, welches denselben in einen hochliegenden Kokskohlenturm hebt. Auch kann die Kokskohle in Trichterwagen abgezogen und mittels Aufzuges zur Kokereibühne geschafft werden. Im letzteren Falle dagegen liegen die Abzugsöffnungen der Türme oder Kessel etwa 6,5 m über Terrain. Es dienen die Türme dann zugleich als Niederschlags-Entwässerungs- und Vorratsbehälter, und es können die Kokskohlen von denselben aus direkt zu den Koksöfen abgefahren oder auch in die Eisenbahnwaggons verladen werden. Endlich kann man, wie es beispielsweise von Schüchtermann & Kremer auf der Zeche Monopol, Schacht Grillo, geschehen ist, die Entwässerungstürme in mittelhoher Lage anordnen, sodass die Abzugsbühne in gleicher Höhe mit der Schienenoberkante über den Koksöfen liegt, daher ein direktes Abfahren der entwässerten und in Trichterwagen abgezogenen Kohlen sich ausführen lässt. Die Feinkornsetzmaschinen werden auch in diesem Falle über den Türmen aufgestellt, sodass ein Heraufpumpen der gewaschenen Feinkohlen sich erübrigt. Mag nun die Anordnung in der einen oder anderen Weise getroffen werden, immerhin ist durch dieses neue Entwässerungsverfahren ein bedeutender Fortschritt auf dem schwierigsten Gebiete der Steinkohlen-Aufbereitung, in der Entwässerung der Feinkohlen sowie Nutzbarmachung der Kohlenschlämme, erzielt worden.

Das allerneueste Verfahren der Entwässerung der gewaschenen Feinkohlen unter gleichzeitiger Klärung der Abwasser ist von der Firma Baum seit Anfang 1903 eingeschlagen worden und durch die beiden Reichspatente: »Entwässerungsförderband mit Siebboden für Kohlen, Erze und dergl.« und »Verfahren zum Klären des Abwassers von Kohlen, Erzen und dergl.« dieser Firma geschützt. Die gewaschenen Feinkohlen werden mit

den Waschwassern durch eine mit Siebboden versehene geneigte Lutte
auf das sich sehr langsam fortbewegende, gelenkige Förderband geleitet.
Die gröbere Feinkohle gleitet über das Sieb hinweg und fällt in die auf
dem Förderbande angebrachten Behälter oder Kästen, während das feinere
Korn mit dem Schlamm und dem Wasser durch das Sieb hindurchfliesst
und auf dem gröberen Inhalt, der sich in den Kästen schon abgelagert
hat, sich ansammelt. Zur Vermeidung der Spülwirkung lässt man den
Schlamm nicht direkt auf das Förderband fliessen, sondern verteilt ihn
mittels eines unter der Zuführungslutte angeordneten zweiten Siebes, des
sog. Verteilungssiebes über die gröberen Feinkohlen, welche dabei gewissermassen wie ein Filter wirken, insofern als sie den feinen Schlamm
zurückhalten und das Wasser in geklärtem Zustande langsam durchsickern
lassen. Das Entwässerungsförderband besteht, wie die beiden Ansichten
(Fig. 87 a und b) zeigen, aus zwei kräftigen, parallelen Laschenketten ohne
Ende, die durch Rundeisenstangen mit einander verbunden sind; die auf
diesem Bande angebrachten Kästen sind mit feingelochten Böden, mit bis
auf etwas über die halbe Höhe gelochten Seitenblechen sowie mit gegen-
einandergeneigten und ebenso gelochten Querwänden versehen, sodass
das Wasser in geklärtem Zustande nicht nur nach unten und nach den
Seiten hin, sondern auch zwischen den einzelnen Gelenken durch die geneigten Querwände abfliessen kann. Die Dimensionen der aus verzinktem
Eisenblech hergestellten Kästen sind je nach der verlangten Leistung verschieden; auf der Zeche Eiberg sind die Kästen 1,4 m breit, 1 m lang und
1 m hoch, auf der Zeche Concordia, Schacht IV, 3 m breit, 1 m lang und
1 m hoch. Die gesamte Länge des Förderbandes beträgt auf Eiberg 29 m,
auf Concordia 31 m. Das Band wird über zahlreiche Rollen geführt; jedesmal, wenn ein Gelenk des Bandes über eine Rolle gleitet, wobei es zugleich
etwas angehoben wird, verschieben sich die übereinandergreifenden Seitenwände der Kästen gegeneinander und das zu entwässernde Gut wird auf-
gebrochen. Hängt dagegen ein Gelenk zwischen zwei Rollen, wobei es
sich gleichzeitig etwas senkt, so wird das nasse Fördergut zusammengedrückt. Durch diese abwechselnde Bewegung entstehen Risse und Spalten
in den Feinkohlenschichten, durch welche das Wasser leicht abfliesst oder
beim Zusammenschieben der Massen herausgepresst wird. Das Förderband gleitet mit seinem unteren Teile zunächst horizontal, dann aber
langsam ansteigend durch einen mit Schlammwasser angefüllten Behälter.
Die langsam auf das Band herniederfallende Kohle wird während der Fortbewegung von den einzelnen Transportbehältern oder Kästen aufgenommen.
Dabei bleibt die Kohle locker und das Wasser kann von allen Seiten
schnell abfliessen, sobald das Förderband den Wasserbehälter verlässt.
Der letztere ist recht gross angelegt, damit eine reichliche Klärfläche vorhanden ist. Er ist in Blech hergestellt, dicht vernietet und unten nach

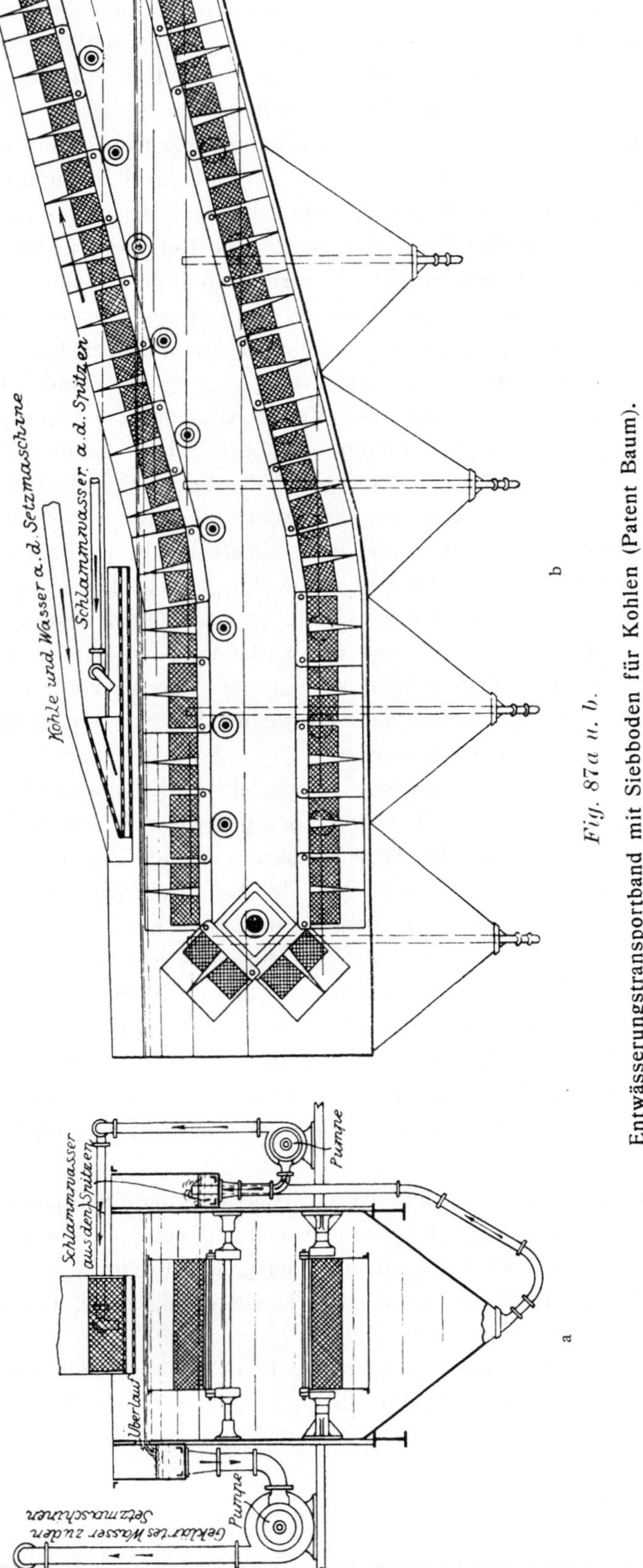

Fig. 87a u. b.

Entwässerungstransportband mit Siebboden für Kohlen (Patent Baum).

der neuesten, z. B. auf Concordia IV vorhandenen Anordnung mit Trichtern oder Spitzkästen versehen, in welchen die Kohlenschlämme sich niederschlagen und abgezogen werden. Infolge des Ueberdrucks des Wassers werden die Schlämme durch in den Spitzen des Behälters angeschlossene Rohre in eine seitlich gelegene Rinne emporgedrückt, und einer Zentrifugalpumpe zugeführt. Diese pumpt sie auf das Verteilungssieb, wo sie gleichmässig über die Feinkohle verteilt werden. Das geklärte Wasser tritt an der gegenüberliegenden Seite des Behälters in eine Rinne und wird durch eine zweite, grössere Centrifugalpumpe auf die Setzmaschinen zurückgepumpt, um so von neuem zum Waschprozess verwendet zu werden. Kommt ein Entwässerungsbehälter am oberen Ende des Bandes an, was bei der sehr langsamen Fortbewegung des Bandes längere Zeit in Anspruch nimmt, — auf der Zeche Concordia beispielsweise etwa 70 Minuten, — so kippt er über die obere Scheibe über und überliefert die bis auf etwa 10 bis 12 $^0/_0$ Wassergehalt abgetrockneten Feinkohlen und Schlämme einer kräftigen Transportschnecke, durch welche Schlammklumpen, die bei der Abtrocknung sich etwa gebildet haben, zerkleinert und mit der Feinkohle vermischt sowie die ganzen Massen in den Vorratsturm geschafft werden. Oder es sind, wie auf den neuesten Anlagen der Zechen König Ludwig IV/V und Concordia IV geschehen, rotierende Verteilungstische mit Abstreichern angeordnet, durch welche die Massen in einem sehr grossen Kokskohlen-Vorratsbehälter von bis zu 2000 t Rauminhalt gleichmässig verteilt werden.

Dieses neueste Entwässerungsverfahren hat gegenüber den verschiedenen älteren Systemen den Vorzug grosser Einfachheit bei gleichzeitiger guter Klärung des Waschwassers. Infolge der letzteren erübrigt sich auch je nach der Beschaffenheit der Kohle die Anlage weiterer Kläreinrichtungen gänzlich oder man kommt doch mit einer viel geringeren Klärfläche aus. Dazu stellen sich bei diesem Verfahren die Anlagekosten billiger, als bei den älteren Systemen. Auch an Betriebskraft wird gespart und es ist eine grosse Uebersichtlichkeit im Gange der Arbeit vorhanden. Gemäss Mitteilung der Firma Baum sind 24 der in den letzten Jahren nach dem neuen Waschsystem: »Erst waschen, dann klassieren«, von ihr erbauten Wäschen mit dem beschriebenen Entwässerungsförderbande ausgerüstet.

Von der Klärung der Waschwasser und der damit zusammenhängenden Gewinnung und Nutzbarmachung der Kohlenschlämme ist im 1. Kapitel sowohl als auch in dem vorigen Abschnitte so vielfach und ausführlich die Rede gewesen, dass hier nur folgendes zusammenfassend darüber erwähnt werden soll:

Bei allen Wäscheanlagen, in welchen der feine Kohlenstaub trocken abgesiebt oder abgeblasen und nachher mit den gewaschenen Feinkohlen gemischt wird, haben die grossen Klärspitzkasten oder Schneckensümpfe, aus welchen ein Entwässerungs-Becherwerk die sich niederschlagenden Kohlen aushebt, sich im allgemeinen als ausreichend erwiesen. Die Klärung der übertretenden Wasser ist eine genügende und es findet weiterhin eine so geringe Schlammbildung statt, dass die Wasser direkt der Zentrifugalpumpe zugeführt und in die Wäsche zurückgehoben werden können. Werden dagegen die Staubkohlen mitgewaschen, so stellen sich grosse Schwierigkeiten ein, namentlich dann, wenn das Haufwerk verhältnismässig viel feine Teile enthält. Es müssen dann noch besondere Klärsümpfe angelegt werden. Die in diesen niederfallenden und sich anhäufenden Schlämme werden dann regelmässig abgezogen, in irgend einer Weise gehoben und den gröberen Feinkohlen beigemischt. Oder die betreffenden Klärsümpfe werden periodisch ausgeschlagen und die in denselben angesammelten Schlämme bei der eigenen Kesselheizung mit verwertet oder womöglich zu niedrigen Preisen abgesetzt. Da das letztere Verfahren nicht nur lästig, zeitraubend und kostspielig ist, sondern, was das schlimmste, dabei auch beträchtliche Quantitäten feinerer Kohle, welche als Kokskohle hätten Verwendung finden können, in sehr mangelhafter Weise nutzbar gemacht werden, so findet dieses Verfahren nur seltener mehr Anwendung. — Im übrigen lässt man seit vielen Jahren schon die Waschwasser allgemein einen kontinuierlichen Kreislauf in der Wäsche machen, um Verluste durch Abgang von Kohle zu verhüten und Prozesse wegen Verunreinigung von Wasserläufen zu vermeiden. Das Wasser verlässt also unter normalen Verhältnissen die Wäsche nicht und wird nur insoweit erneuert, als dasselbe durch Anhaften an den Waschprodukten und Verdunstung fortwährend verloren geht.

Eines besonderen Falles bezüglich der Klärung der Waschwasser ist hier noch zu gedenken: Bestehen die ausgewaschenen Berge ganz oder zum Teil aus weichem Schieferthon, der sich während der Verwaschung auflöst und erst mit den allerfeinsten Kohlenteilchen in ganz ruhigem Wasser zum Absatze kommt, so muss das Abklären der betreffenden Wasser in besonders grossen Bassins oder Klärteichen fortgesetzt werden, bevor dasselbe von neuem benutzt wird; auch darf man bei solcher Beschaffenheit der Waschberge oder, wenn man es mit lettigen Kohlen zu thun hat, die Konzentration der feinen Kohlenschlämme und deren Beimischung zu den gröberen Kokskohlen nicht so weit treiben, dass die thonigen Bestandteile der Waschwasser sich mit niederschlagen, hierdurch mit in die Kokskohlen gelangen und den Aschengehalt derselben vermehren können. Die Grenze der Konzentration der Schlämme ist in solchem Falle durch Analysen öfter festzustellen.

Zur Vermeidung solcher Weiterungen lässt man zweckmässig derartige thonhaltige Wasser aus den Setzkasten, vom sog. Fassvorrat, oder aus dem Bergesammelkasten oder Bergesumpfe nicht mit den übrigen Waschwassern zusammenfliessen, sondern nimmt, wie es auf der Zeche Zollverein, Schacht III, seit dem Jahre 1893 beispielsweise geschehen ist, eine separate Klärung dieser Wasser vor. Während früher die thonhaltigen Schlämme aus den Schlammspitzkästen mit 20—30 % Kohle zur Berghalde abgefahren worden waren, hat man nach dieser Zeit den reineren Kohlenschlamm für sich gewonnen und zur Kesselfeuerung verwendet*).

VIII. Die Zerkleinerung.

Die Zerkleinerung der aufzubereitenden Massen, die bei der Erzaufbereitung meist in ausgedehntem Masse stattfinden muss und je nach der Beschaffenheit und Zusammensetzung des Erzvorkommens stufenweise selbst bis zu Staubform fortschreiten kann, findet bei der Aufbereitung der Steinkohlen nur eine beschränkte Anwendung.

Eine Zerkleinerung von gröberen Rohkohlen — Stücken und Knabbeln — ist zu Aufbereitungszwecken oder zwecks Aufschliessung in der Regel nur dann erforderlich, wenn die Kohle mit Schiefer, Brandschiefer oder sonstigen fremdartigen Substanzen innig verwachsen ist, wenn die Verunreinigung sich also mehr der ganzen Masse mitgeteilt hat und die ganze Rohkohle daher von vornherein zunächst aufgeschlossen werden muss, wie dieses beispielsweise im Plauenschen Grunde, in einem Teile des Zwickauer Beckens und in Oberschlesien öfter der Fall ist. In unserem westfälischen Becken kommt eine solche Beschaffenheit der geförderten Rohkohle seltener vor; indes hat man doch in einzelnen Fällen die vom Lese- und Transportband abgehobenen verwachsenen Stücke einer Backenquetsche — einem Steinbrecher — übergeben, auf ca. 80 mm Korngrösse zerkleinert und mit den Kleinkohlen klassiert und verwaschen. Solches ist beispielsweise auf der Zeche Rheinpreussen früher allgemein geschehen, während in neuester Zeit in der Sieberei und Wäsche des Schachtes II daselbst die verwachsenen groben Stückkohlen — bezw. wenn erwünscht, auch alle Stückkohlen — auf einem festliegenden Roste von Hand auf ca. 150 mm Grösse vorzerkleinert und demnächst durch ein Becherwerk einem sog. Nadelbrecher zugehoben werden, wo dieselben dann vollständig zerkleinert werden und zu den übrigen Kleinkohlen in den Vorratsbehälter oder sog. Füllrumpf hinabrutschen. Auf anderen Zechen, z. B. auf Holland, Schacht I/II, hat man die verwachsenen Stücke vom Leseband abgelesen, zuerst durch eine Backenquetsche gebrochen und demnächst ebenso wie die Waschberge von den Grobkornsetzmaschinen, oder zugleich mit diesen letzteren, durch ein Walzwerk mit gerippten Walzen weiter zerkleinert

---

*) Zeitschr. f. d. Berg-, Hütten- u. Salinenw. 1894, Bd. 42 B, S. 234.

und gewaschen bezw. nachgewaschen; es sollen auf diese Weise ca. 20 t Kohlen täglich gewonnen und ausgewaschen worden sein, die sonst auf die Berghalde gelangt und verloren gegangen wären.

Reine Stückkohlen werden zerkleinert, wenn man Nusskohlen aus denselben darstellen will, oder auf Fettkohlenzechen, wenn bei Mangel an Kokskohlen die Stücke zu solchen verarbeitet werden sollen.

Im ersteren Falle, wo es sich darum handelt, aus den Stückkohlen möglichst viele gröbere Nüsse und möglichst wenig feine Kohlen zu erzielen, verwendet man entweder Walzwerke mit Stachelringen, sog. Stachelwalzen, wie Schüchtermann & Kremer solche öfter ausgeführt haben, oder man benutzt dazu den vorhin erwähnten Nadelbrecher, welcher ähnlich wie ein gewöhnlicher Steinbrecher konstruiert, auf der beweglichen Brechschwinge aber mit Spitzen, sog. Nadeln, versehen ist, die sich in die Kohlen eindrücken und dieselben spalten oder zerschneiden. Dieser Apparat wird von der Maschinenbau-Anstalt Humboldt geliefert und ist derselben patentiert. Um aus Stücken Fein- oder Kokskohlen herzustellen, hat man früher Kollermühlen, sog. Kollergänge benutzt; in neuerer Zeit verwendet man dazu gewöhnliche Steinbrecher und weiter, ebenso wie auch zum Zerkleinern der verschiedenen Nusskohlensorten, die sog. Kohlenmühlen, welche sich für verschiedene Korngrössen einstellen lassen.

Um Nüsse zu Kokskohlen zu zerkleinern und, wie es dabei meist geschieht, mit den gewaschenen Feinkohlen und abgesiebten oder abgeblasenen Staubkohlen innig zu mischen, bedient man sich endlich auch und zwar vorzugsweise der Schleudermühle oder des sog. Desintegrators.

Die Kohlenmühle, welche sich ebenso wie der Desintegrator auch zum Mahlen ganz nasser Kohlen eignet, soll dem Desintegrator gegenüber, wie von einzelnen Seiten behauptet wird, den Vorteil bieten, dass die Kohlen durch dieselbe weniger entgast werden.

In solchen Fällen, wo die ganzen Roh- oder Förderkohlen zerkleinert und alle Kohlen dann gewaschen werden, benutzen Schüchtermann & Kremer hierzu auch wohl ein Walzwerk mit glatten oder gerippten Walzen, — letzteres beispielsweise auf der Zeche Dannenbaum, Schacht I, — und stellen dasselbe so auf, dass die Nüsse von den Setzmaschinen mit Wasser dem Walzwerke zugeführt werden und das gebrochene Material direkt in die Hauptzuflussrinne fällt, durch welche die gewaschene Feinkohle in die Trockensümpfe gelangt. Diese Einrichtung bietet den Vorteil, dass einmal die gebrochenen Nüsse ganz regelmässig der Kokskohle zugemischt werden, dass aber auch die Walzwerke zum Betriebe viel weniger Kraft erfordern, als Desintegratoren. Um endlich die Waschberge von den Grobkornsetzmaschinen zu deren weiterem Aufschlusse und für die Nachwäsche zu zerkleinern, werden entweder, — von Schüchtermann & Kremer fast ausschliesslich, — die vorhin schon erwähnten Walzwerke mit gerippten

Hartgusswalzen, auch wohl gewöhnliche Steinbrecher angewandt, von Humboldt und von Baum dagegen Brechschnecken oder sog. Schraubenmühlen.

Der Steinbrecher dient im allgemeinen zum Vorbrechen grösserer Stücke, die von einem Walzwerke nicht verarbeitet werden können. Das Maul des Brechers läuft nach unten konisch zu und die untere Spaltweite kann je nach der zu erzielenden Korngrösse beliebig verstellt werden. Die glatten oder gezahnten Brechbacken, von denen der eine fest, der andere beweglich ist, sind von Hartguss und so eingesetzt, dass sie nach eingetretener Abnutzung umgedreht und auch leicht ausgewechselt werden können. Die Steinbrecher, welche von den in Betracht kommenden Maschinenfabriken für Aufbereitungs-Apparate geliefert werden, sind meist nach dem allgemein bekannten Blakeschen System konstruiert. Der bewegliche Brechbacken ist an seinem oberen Ende aufgehängt bezw. in einer Schwinge gelagert und wird an seinem unteren Ende durch ein auf der Antriebswelle befindliches Excenter in hin und hergehende Bewegung versetzt; die vertikale Excenterstange wirkt auf ein Kniehebelsystem und bringt bei jeder Umdrehung der Schwungräder einen Hub der Brechschwinge oder beweglichen Backe hervor. Die Exzenterwelle macht dabei 200 bis 250 Umdrehungen in der Minute.

Ausser der Brechmaul-Spaltweite kann auch der Hub des beweglichen Brechbackens verstellt werden. Die Aenderung der Spaltweite geschieht einfach durch Anziehen oder Nachlassen eines Keilstückes und kann auch während des Ganges der Maschine bewirkt werden. Der Hub kann jedoch nur beim Stillstande der Maschine geändert werden, und zwar durch Veränderung der Zugstangenlänge, indem bei beabsichtigtem grösseren Hube eine Holzzwischenlage vergrössert, bei kleinerem Hube dagegen vermindert wird.

Der Apparat ist von äusserst kräftigem Bau und das Brechmaul in einem schweren gusseisernen Gestell gelagert.

Ein anderer von Baum und von C. Lührigs Nachfolger Fr. Gröppel, Maschinenfabrik in Hofstede bei Bochum, verwendeter Steinbrecher ist in Fig. 88a—c dargestellt. Derselbe ist nach dem Kleyschen System konstruiert und von dem Blakeschen dadurch wesentlich verschieden, dass der bewegliche Backen am unteren Ende seine Drehachse hat und die Druckwirkung am oberen Ende ausgeübt wird, und zwar wirkt das Exzenter direkt auf den in seinem Zapfenlager stehenden Brechbacken, wodurch, neben anderen Vorteilen dieses Systems gegenüber dem Blakeschen, eine erwünschte Vereinfachung des Bewegungsmechanismus erzielt wird. Als weitere Vorzüge dieses Steinbrechers sind hervorzuheben die geringe Zahl der bei demselben vorhandenen bewegten Teile und deren leichte Zugänglichkeit sowie seine Billigkeit; dagegen soll er wegen seiner

geringen Uebersetzung zur Zerkleinerung harter Gesteine weniger brauchbar sein.

Die zur Zerkleinerung der Waschberge sowie der durch einen Steinbrecher schon vorgebrochenen verwachsenen Kohlenstücke verwendeten
Walzwerke mit gerippten Walzen unterscheiden sich in ihrer Konstruk-

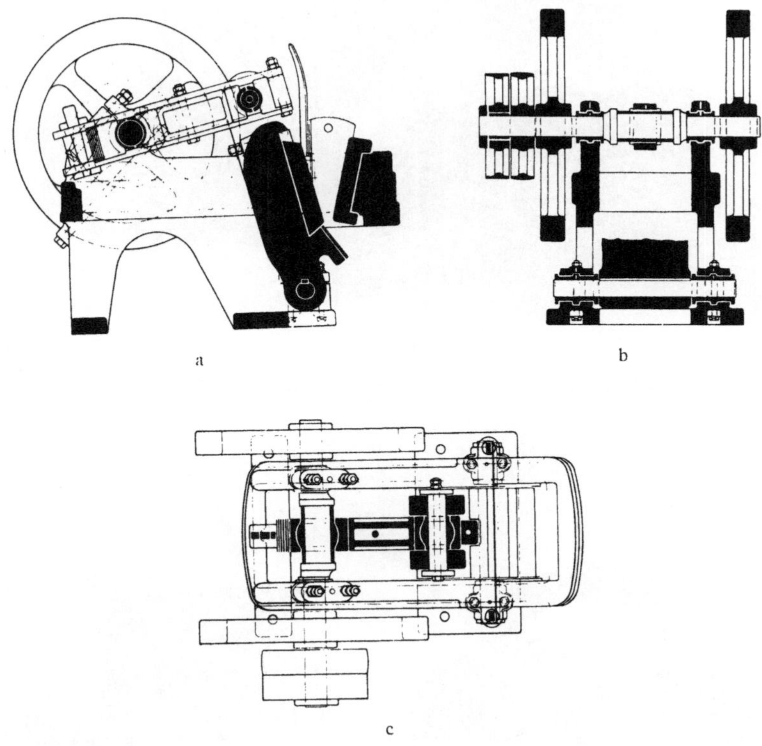

a   b
c

Fig. 88a—c.

Steinbrecher nach Kleyschem System (460×220 mm Maulweite).

tion und allgemeinen Einrichtung nicht von den zum Zerkleinern von
Erzen usw. benutzten Quetschwalzwerken oder sog. Walzenmühlen mit
glatten Walzen.

Die Walzen bestehen aus gusseisernen Hohlkörpern, auf welchen
Hartgussringe durch Keile solide befestigt sind. Die Hohlkörper selbst
sind auf Stahlachsen aufgekeilt, von welchen die eine in festen, die andere
in verschiebbaren Lagern, sog. Gleitlagern läuft. Durch eine Schrauben-
stellvorrichtung wird der Abstand der Walzen von einander und dadurch
die Korngrösse, bis zu welcher zerkleinert werden soll, reguliert. Auf die
beweglichen Lager wirken indes Federn oder Gummipuffer, welche die

Fig. 89.

Quetschwalzwerk von Schüchtermann & Kremer.

Fig. 90.

Quetschwalzwerk von Humboldt.

durch härtere Steinstücke oder andere harte Gegenstände verursachten Stösse abschwächen und Brüche verhüten sollen.

Die Achsen, auf welchen die Walzen aufgekeilt sind, tragen an ihren beiden Enden Kuppelräder für den gegenseitigen Antrieb. Zur Erzielung einer regelmässigen Arbeit, gleichmässigeren Korngrösse und grösseren Leistungsfähigkeit werden die Walzwerke zweckmässig mit einer selbstthätigen Aufgabevorrichtung versehen. Der ganze Apparat ist in einem kräftigen Fundamentrahmen gelagert. Der Antrieb erfolgt in der Regel von der Transmission durch Riemen.

Die Zahl der Umdrehungen beträgt bei den verschiedenen Walzwerken je nach der Grösse derselben 80 bis 20 in der Minute.

In den beiden Figuren 89 und 90 sind Quetschwalzwerke, wie sie von Schüchtermann & Kremer und von Humboldt gebaut werden, abgebildet; auch enthält Tabelle 11 einige Angaben über die verschiedenen Grössen usw. der von letzterer Firma angefertigten Walzwerke:

Tabelle 11.

No. des Modells	1	2	3	4	5	6
Durchmesser der Walzen in Millimetern	260	315	400	550	700	950
Breite » » »	260	260	260	260	280	300
Zahl der Umdrehungen der Walzen in der Minute	60	50	40	30	25	20
Ungefähre Leistung in der Stunde an gemahlenem Material in Kilogramm . .	600	1100	1850	2800	4000	5500
Erforderliche Betriebskraft in Pferdestärken	1,25	2,25	3,75	5,50	7,50	10

Die Zahlen über Leistung und erforderliche Betriebskraft beziehen sich auf die Erzaufbereitung und sind, wenn es sich um die Zerkleinerung weichen Schieferthones oder von Steinkohlen handelt, entsprechend abzuändern.

Ein Walzwerk mit Stachelringen, wie es vielfach von Schüchtermann & Kremer und ebenso von Lührig, jetzt Gröppel, zum Brechen von Steinkohlen sowie auch von Koks angewendet wird, ist in Fig. 91 a und b dargestellt.

Bei diesem Apparate sollen die Stücke nur zu Würfeln oder auf Nussgrösse gebrochen werden; eine weitere Zerkleinerung des aufgegebenen Materials, wie sie bei den Quetschwalzwerken stattfindet, ist hierbei also ausgeschlossen.

Die Walzenkörper sind aus einzelnen Stahlringen zusammengesetzt und zwar hat ein Teil der Ringe pyramidenförmige und ein Teil schneidenförmige Zacken. Die Ringe, welche an ihrem inneren Umfange zwei Zapfen tragen, sind auf einen Hohlkörper, der den Zapfen der Ringe entsprechende Vertiefungen besitzt, derart aufgeschoben, dass die Ringe mit

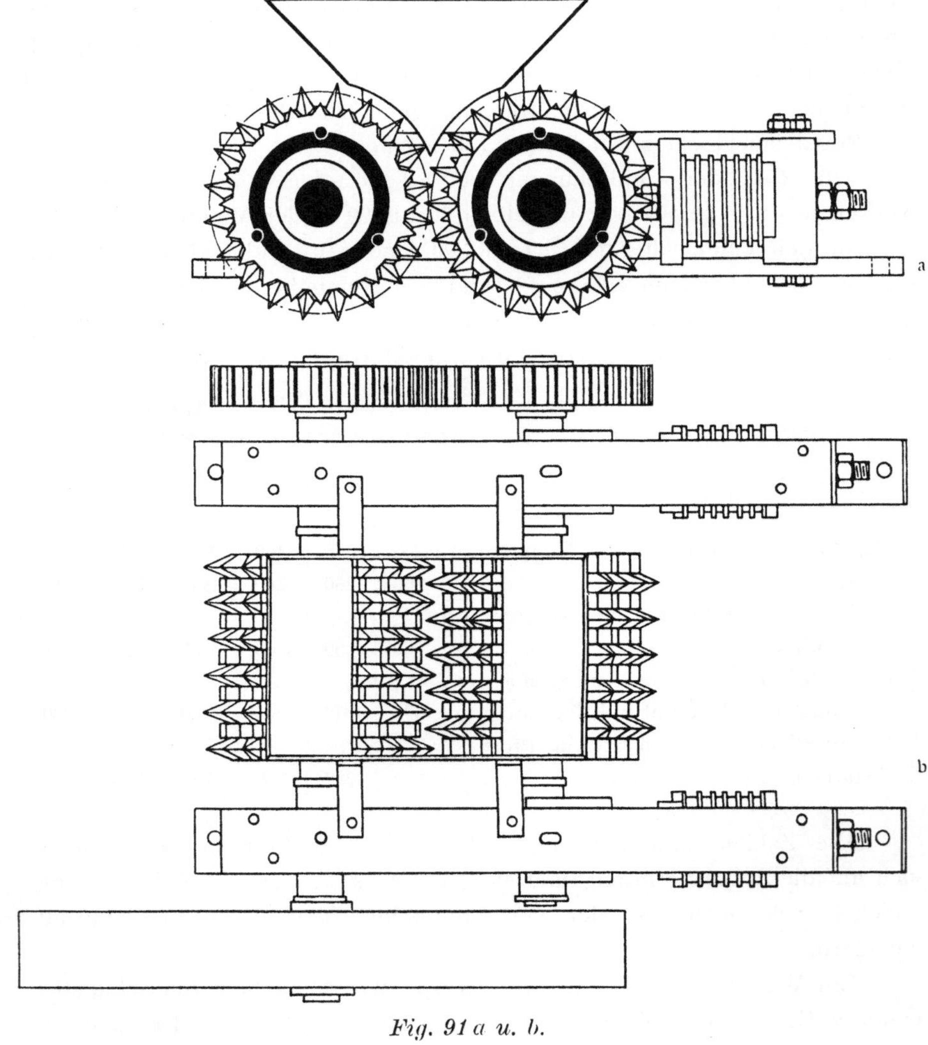

Fig. 91 a u. b.

Walzwerk mit Stachelringen.

pyramidenförmigen und die mit schneidenförmigen Zacken mit einander abwechseln. Die Walzenkörper werden dann so auf die Achsen aufgekeilt, dass beim Einlegen derselben in die Lager ein Ring der einen Art einem Ringe der anderen gegenübersteht. Ausser der Länge der Stacheln ist auf den Grad der Zerkleinerung auch der Abstand der beiden Walzen von

einander von Einfluss. Die Enden der Achsen tragen für den gegenseitigen
Antrieb ebenfalls Kuppelräder, auch sind, um das Brechen der Walzen zu
verhüten, hinter den Gleitlagern der einen Walze Gummipuffer angebracht.

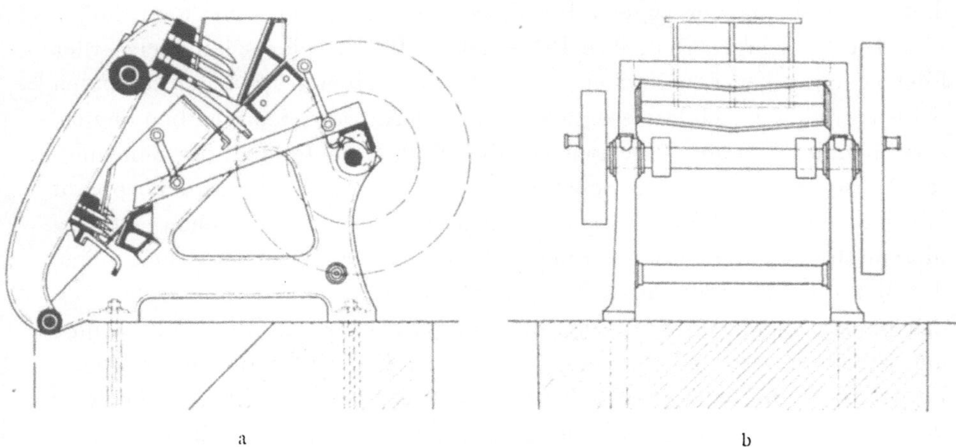

a   b

Fig. 92 a u. b.

Kohlenbrecher von Humboldt.

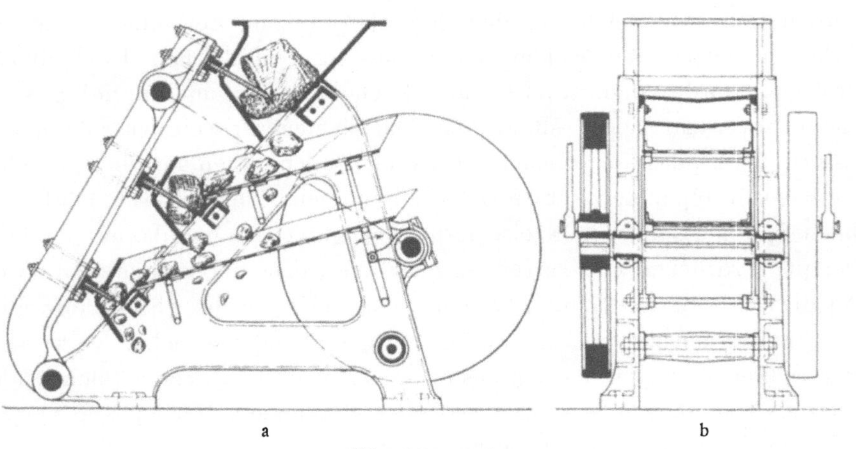

a   b

Fig. 93 a u. b.

Kohlenbrecher von Humboldt.

Der von Humboldt zur Zerkleinerung von Stücken zu Nüssen eingeführte, u. a. auf den Zechen Heisinger Tiefbau, Ver. Pörtingssiepen,
Ver. Sellerbeck, Rheinpreussen II und Langenbrahm zur Anwendung gebrachte sog. Nadelbrecher ist in den Figuren 92 a und b und 93 a und b
dargestellt.

13*

Der Apparat besteht im wesentlichen aus zwei kräftigen gusseisernen
Ständern mit zwei oder drei Abteilungen, in welche die auf einer gemeinschaftlichen Schwinge befestigten Stahlnadeln eindringen. In neuerer Zeit
wird derselbe nur noch mit zwei Nadelgruppen ausgeführt, indem bei
dieser Anordnung der angestrebte Zweck vollständig erreicht wird.

Die Schwinge erhält ihre Bewegung mittels zweier schmiedeeiserner
Flügelstangen von den Nocken der zu beiden Seiten der Ständer laufenden
Schwungräder, welch letztere gleichzeitig als Antrieb-Riemscheiben dienen.
Zwischen den Ständern bewegen sich die durch Exzenter von der Schwung-
rad-Achse aus betriebenen Schüttelsiebe. In der Zeichnung ist der Apparat
mit nur einem Schüttelsiebe und einem Schwungrade versehen. Da bei
diesem Brecher die Zerkleinerung nicht durch Zerdrücken und Quetschen
des Materials, sondern durch Zersprengen mittels spitzer, in dasselbe ein-
dringender Nadeln erfolgt, so ist bei demselben der Ausfall an Feinkohlen
und Staub sowie an zu grossen Nüssen ein verhältnismässig geringer.
Ferner werden diejenigen Teile des zu brechenden Materials, welche in
der obersten Abteilung auf die gewünschte Nussgrösse schon gebracht
sind, durch das daran anschliessende Schüttelsieb abgeführt und somit vor
weiterer Zerkleinerung bewahrt, zugleich aber die Leistung des Apparates
wesentlich erhöht.

Eine Kollermühle oder ein sog. Roll- bezw. Kollergang älterer
Konstruktion, wie solche in den 30er Jahren zum Zerkleinern der zum
Verkoken bestimmten Kohlen im rheinisch - westfälischen Kohlenbezirk
verwendet worden sind, ist im 1. Kapitel schon erwähnt und durch Fig. 3a—c
erläutert worden. Diese Mühlen hat man in neuerer Zeit wesentlich verbessert, derart, dass auf einem mit Hartguss-Bodenplatten versehenen Teller
zwei vom Mittelpunkte ihrer Antriebswelle ungleich weit entfernte Läufer unabhängig von einander im Kreise herumbewegt werden und das aufgegebene
Mahlgut zerdrücken und zerreiben, oder aber, dass der Bodenteller rotiert
und die schwebenden Läufer, welche sich nicht von ihrer Stelle bewegen,
zur Drehung um ihre Achsen zwingt. Ein vorhandenes Scharrwerk ist so
eingerichtet, dass nicht nur ein beständiges Aufrühren des zu zerkleinernden
Materials erfolgt, sondern dass das letztere sich auch gleichmässig verteilt
und allmählich von der Tellermitte, wo es aufgegeben wird, nach der
Peripherie verbreitet, um dort durch eine Oeffnung auszufallen. Es findet
mithin ein ununterbrochenes Aufgeben, Zerkleinern und Austragen statt.

Die Kollermühle wird heutzutage, weil sie ein zu ungleiches Produkt
liefert und einen Teil des Mahlgutes zu feinem Staub zerreibt, zur Zerkleinerung von Kohlen nicht mehr angewandt.

Die Kohlenmühle, auch Glockenmühle genannt, ist in Fig. 94 a—c
abgebildet und besteht aus einem cylindrischen, an seiner oberen Mündung
etwas erweiterten Gefässe oder Mantel, in welchem ein vertikal stehender

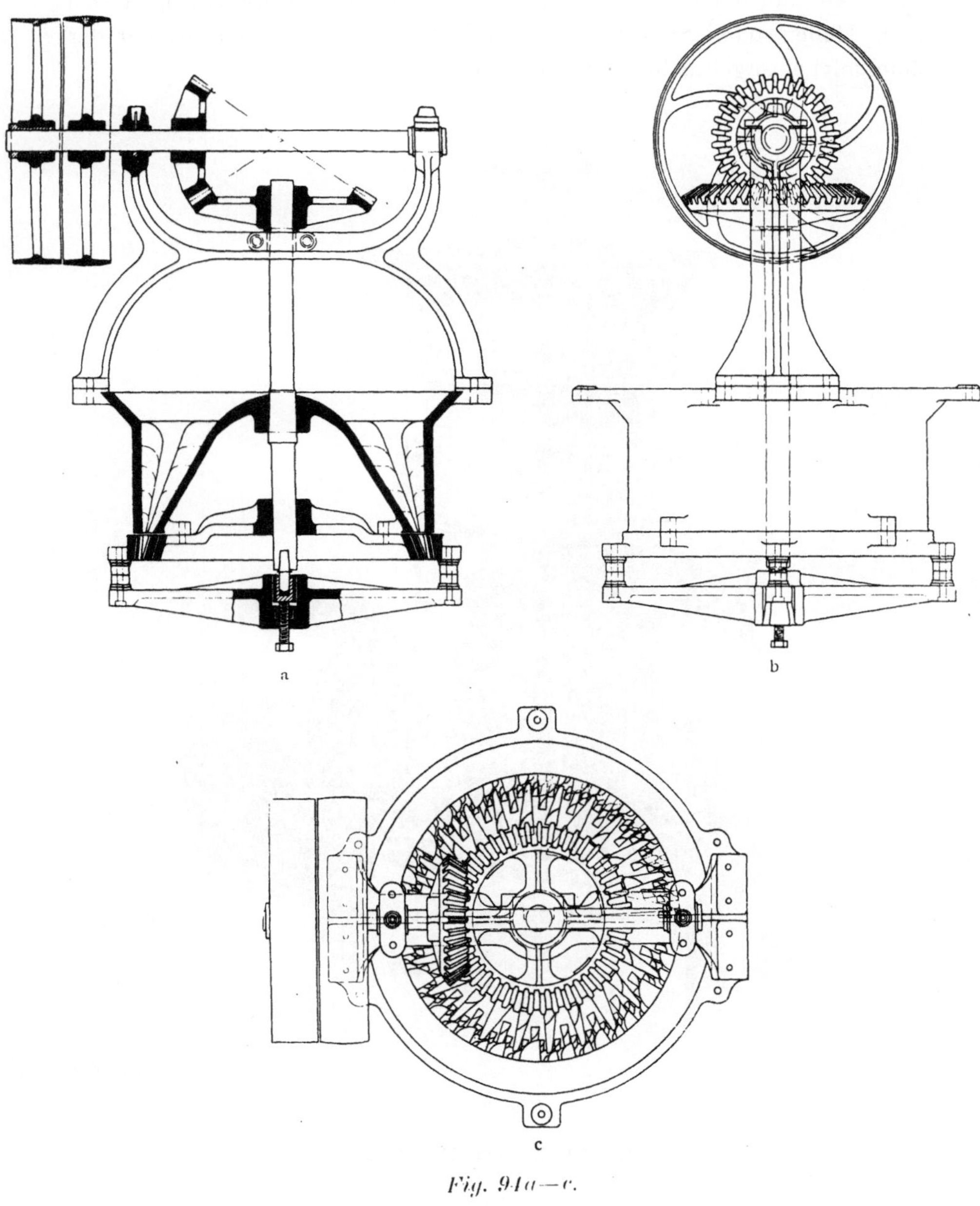

Fig. 91 a—c.

Glockenmühle.

abgestumpfter Kegel in rotierende Bewegung versetzt wird. Cylinder und Kegel sind mit Schneiden von keilförmiger Gestalt versehen, die zum kleineren Teile länger, zum grösseren kürzer sind. Die eingetragenen Kohlen werden zwischen diesen Schneiden teils durch Brechen, teils durch

Abscheren allmählich zerkleinert. Die gewünschte Korngrösse lässt sich durch Heben oder Senken des Kegels mittels einer im Fusslager der Läuferspindel angebrachten Stellschraube erzielen.

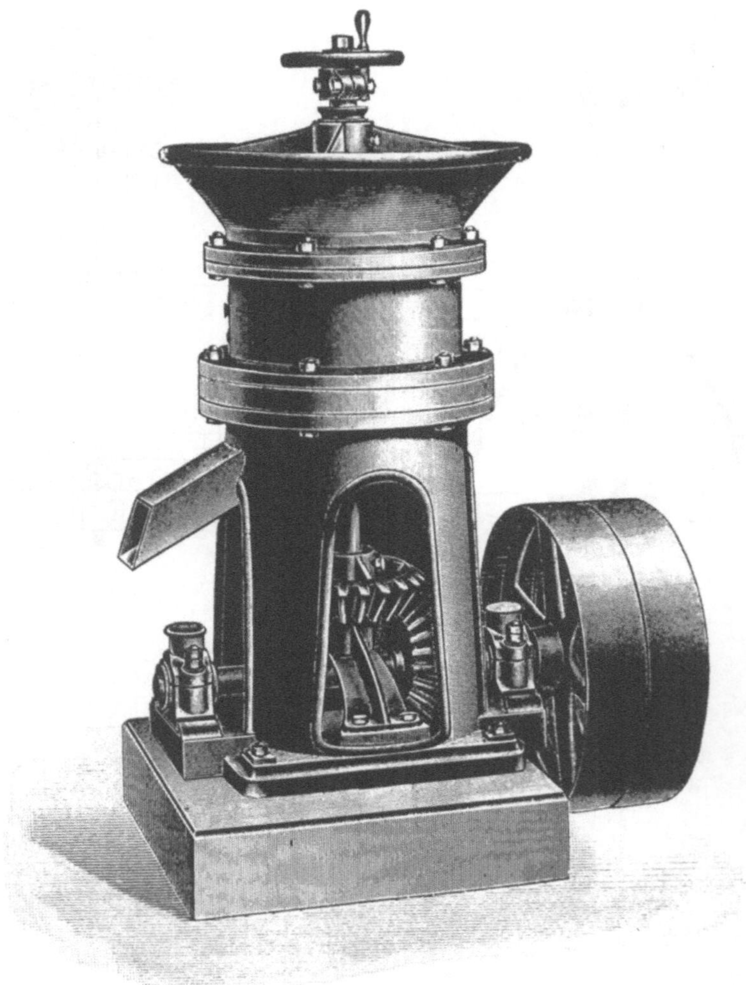

Fig. 95.

Glockenmühle von Humboldt.

Humboldt liefert zur Zerkleinerung beliebig weicher Materialien bis zu 3 mm Korngrösse und darunter ähnlich konstruierte kleine Glockenmühlen in drei Grössen von 260, 370 und 600 mm Läuferdurchmesser, bei welchen der Antrieb nach Fig. 95 durch unterhalb der Glocke liegende Kegelräder erfolgt. Die Läufer dieser Mühlen machen 210 bezw. 155 und 100 Umdrehungen in der Minute. Auf der Zeche

General, wo solche Mühlen beispielsweise zum Mahlen von gewaschenen Nusskohlen dienen, machen dieselben 40 Umdrehungen in der Minute.

Ueber den Betrieb dieser Mühlen liegen folgende Erfahrungen vor*). Bei einem Durchmesser des Kegels von 1200 mm und 12—16 Um-

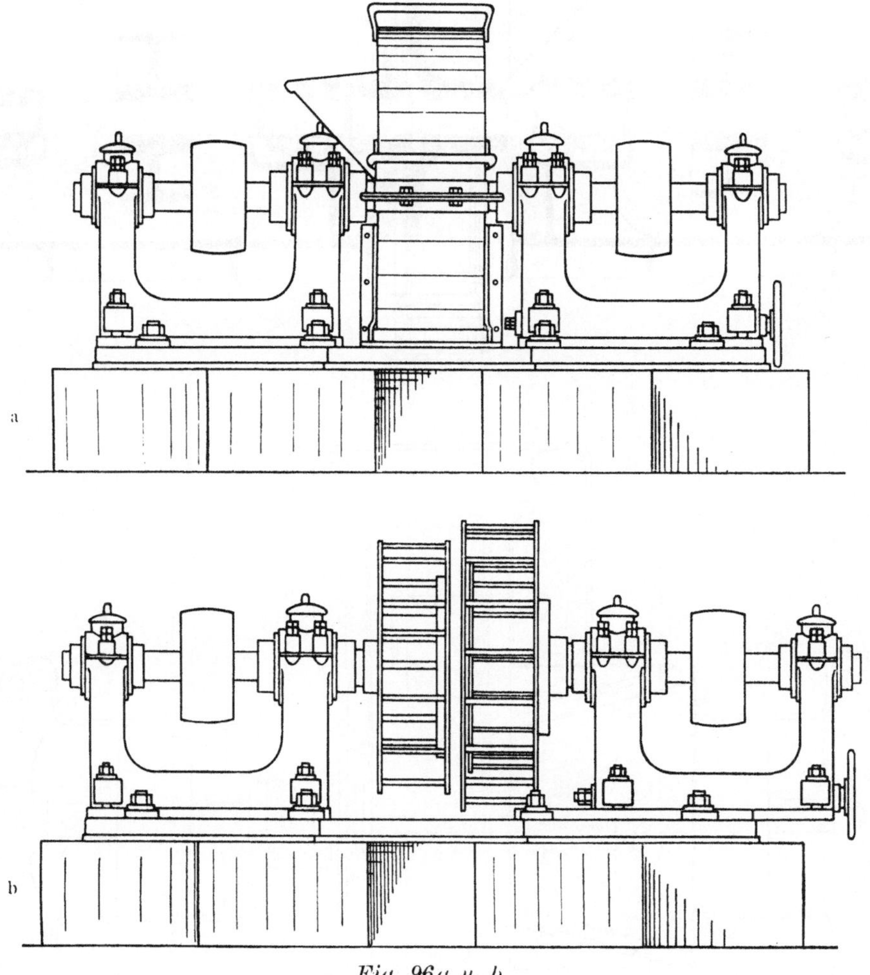

Fig. 96a u. b.

Schleudermühle von Humboldt.

drehungen desselben in der Minute zermalmt eine solche Kegelmühle an Steinkohlen in der Stunde ca. 6000 kg auf eine Korngrösse von 13 mm. Der Kraftbedarf beträgt gegen 3 Pferde, sodass auf 1 Pferdekraft gegen 2000 kg in der Stunde entfallen. Angewandt sind solche Mühlen ausser auf der Zeche General auch auf Ver. Maria-Anna und Steinbank u. a.

*) Lamprecht, a. a. O., S. 9.

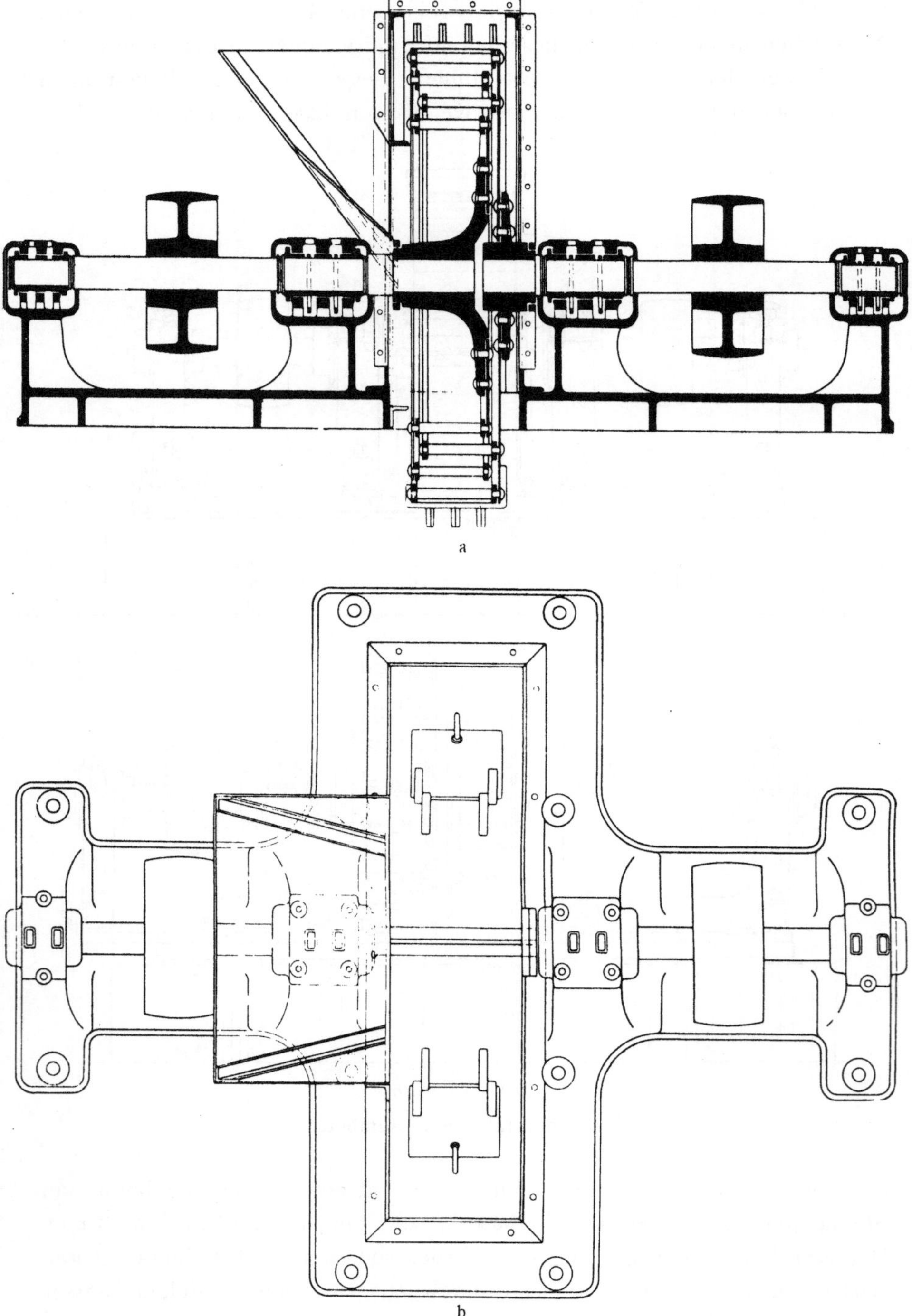

a

b

Fig. 97 a u. b.

Desintegrator von 1500 mm Durchmesser.

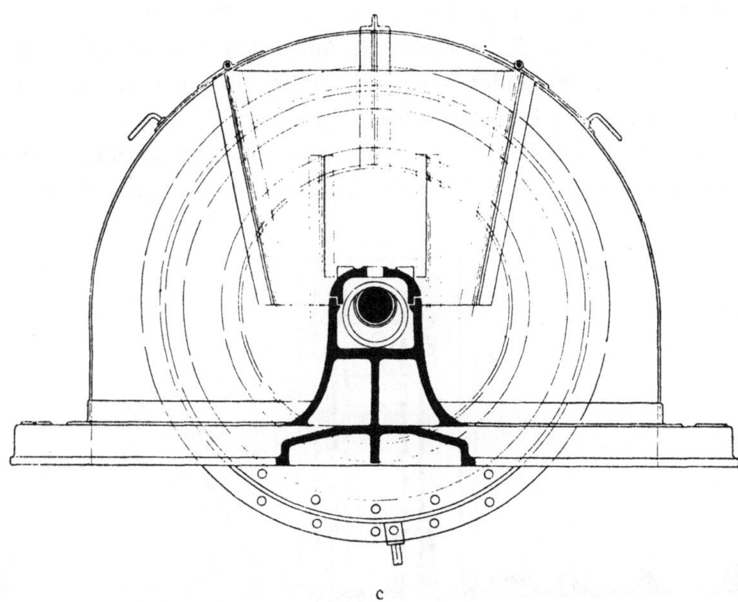

Fig. 97 c.

Desintegrator von 1500 mm Durchmesser.

Die Schleudermühle oder der Desintegrator von Carr ist ein sehr verbreiteter Apparat. Er besteht wesentlich aus zwei konzentrisch ineinander geschobenen cylindrischen Doppeltrommeln oder sog. Körben, deren Mäntel aus je 2 Ringen von Stahlstäben oder Schlagbolzen gebildet sind; der erste oder innerste und der dritte Schlagbolzen-Ring bilden mit einer, und der zweite und vierte, mit einer anderen Welle ein zusammenhängendes Ganzes, und die beiden Wellen bewegen sich mit grosser Geschwindigkeit in einander entgegengesetzter Richtung. Die dem innersten Korb durch einen seitlichen Trichter zugeführten Kohlen werden von der Fliehkraft desselben erfasst, so dass sie nach dem Austritt aus demselben mit den Stäben des entgegengesetzt rotirenden zweiten Korbes heftig zusammenschlagen, wodurch sie gebrochen und zertrümmert werden. Eine gleiche, aber heftigere Zerkleinerung findet zwischen dem zweiten und dritten Korbe usw. statt, bis das Mahlgut aus dem vierten Korbe austritt und an der Gehäusewand in einen Sammeltrichter hinabgleitet. An der Peripherie des vierten äussersten Korbringes sind sog. Abstreicher angebracht, welche das an dem umgebenden Mantel sich festsetzende Mahlgut abstreichen und der Austrage-Oeffnung zuführen.

Von Humboldt werden Desintegratoren in 7 verschiedenen Grössen gefertigt. Dieselben sind so eingerichtet, dass die beiden Trommeln oder Körbe nach Abnahme des dieselben umgebenden Gehäuses auseinandergezogen werden können, ohne dass es nötig ist, den ganzen Apparat zu demontieren. Auf Wunsch werden sie mit einer Vorrichtung versehen, durch welche das Auseinanderziehen mit Hülfe eines Handrades und einer Schraubenspindel leicht bewirkt werden kann.

In Fig. 96 a und b ist eine mit dieser Vorrichtung versehene Schleudermühle dargestellt. Die beiden Wellen liegen dabei, jede

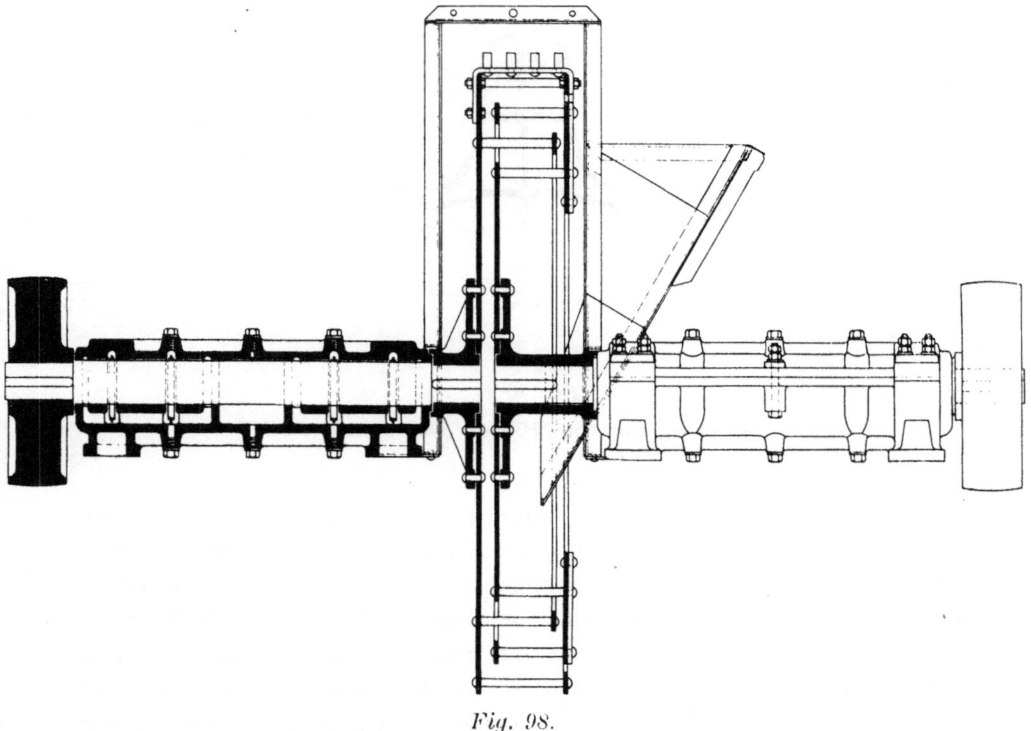

Fig. 98.

Schleudermühle von Baum.

für sich in zwei Lagern; bei älteren Konstruktionen findet man vielfach noch, dass die eine Welle durch die andere hindurchgeht, was indes im Betriebe manche Uebelstände ergiebt. Die beiden Treibriemen zum Antriebe des Apparates liegen zu beiden Seiten desselben. Einer davon muss, wenn der Antrieb von derselben Transmission aus erfolgt, offen, der andere gekreuzt sein.

Behufs Erzielung eines gleichmässigen Ganges und einer guten Leistung empfiehlt es sich, die zu zerkleinernden Kohlen dem Desintegrator möglichst regelmässig zuzuführen.

Bei Vermehrung der Umdrehungszahl wird die Leistung grösser und das Produkt feiner, während der Kraftbedarf entsprechend wächst. Das Umgekehrte findet bei Verminderung der Umdrehungszahl statt.

Der in Fig. 97a–c dargestellte Desintegrator von 1500 mm Korbdurchmesser von Schüchtermann & Kremer ist behufs Erzielung eines geringeren Verschleisses und leichteren Ganges in seinen vier Lagern mit Ringschmierung versehen und besitzt ebenfalls vier Stabkränze mit aus

Fig. 99.

Schraubenmühle von Humboldt.

Stahl gefertigten Stäben. Der Desintegrator wird von dieser Firma in fünf verschiedenen Grössen angeliefert, über welche Tabelle 12 Auskunft giebt.

Tabelle 12.

No. des Modells	1	2	3	4	5
Korbdurchmesser in Millimetern	750	1000	1200	1400	1500
Umdrehungszahl per Minute . .	700	475	400	350	320
Leistung in Tonnen per Stunde .	4—6	6—10	10—15	15—20	17,5—22,5
Kraftverbrauch in Pferdestärken	8—12	12—18	18—26	26—34	32—38

Als drittes Beispiel ist in Figur 98 eine Zeichnung des Desintegrators der Firma Baum wiedergegeben, welcher sich von den vorstehend besprochenen dadurch unterscheidet, dass die beiden Riemenscheiben auf die äussersten Enden der Achsen aufgekeilt sind, wodurch die Gewichte der beiden Körbe ausbalanciert werden und ein ruhigerer Lauf des Apparates erzielt wird.

Die Brechschnecke oder Schraubenmühle endlich, welche an Stelle eines Walzwerkes mit gerippten Hartgusswalzen oder eines gewöhnlichen Steinbrechers, wie vorstehend gesagt, zum Brechen der Waschberge von Humboldt und Baum benutzt wird, ist in Fig. 99 abgebildet und wird durch die Figuren 100a und b und 101a—c näher erläutert. Sie besteht aus einem oben offenen gusseisernen Gehäuse, in dem eine mit vorstehenden Schraubengängen versehene Hartgusswalze rotiert. Unter der Walze ist ein halbrunder Rost verlagert, der mittels Stellschrauben herauf- und heruntergeschraubt, der Walze also genähert bezw. von derselben entfernt werden kann. Die in zwei ausserhalb des Gehäuses liegenden Lagern sich drehende Walzenachse trägt auf dem einen Ende eine Riemenscheibe mit Leerscheibe, auf dem anderen ein Schwungrad. Der Rost ist aus Hartguss- oder Stahlguss-Stäben gebildet, die in einen gusseisernen Rahmen eingesetzt sind, und die inneren Wände des Gehäuses sind mit leicht auswechselbaren Hartgussplatten ausgekleidet. Die zwischen Rost und Walze aufgegebenen Waschberge oder sonstigen minder harten Materialien werden durch die rotierenden Schraubengänge mässig zerkleinert und fallen, wenn sie die genügende Korngrösse erreicht haben, durch den Rost. Wenn der erforderliche Abstand zwischen der Walze und dem Rost durch stattgefundene Abnutzung sich verändert hat, wird der Rost etwas heraufgeschraubt und wieder richtig eingestellt. Ueber Dimensionen, Tourenzahl, Leistung und Kraftverbrauch dieses Apparates giebt Tabelle 13 Auskunft.

Tabelle 13.

No. des Modells	1	2	3	4
Durchmesser der Brechwalze in mm . .	185	220	250	300
Länge des Gehäuses im Lichten in mm .	400	550	750	900
Umdrehungszahl der Brechwalze pro Minute	300—600	250—550	200—500	150—450
Stündliche Leistung in kg	2500	3500	6000	8000
Kraftverbrauch in Pferdestärken	1—4	2—5	4—8	6—10

Diese Schraubenmühlen sind von einfacher Konstruktion und grosser Leistungsfähigkeit. Sie zerkleinern von nicht zu harten Materialien

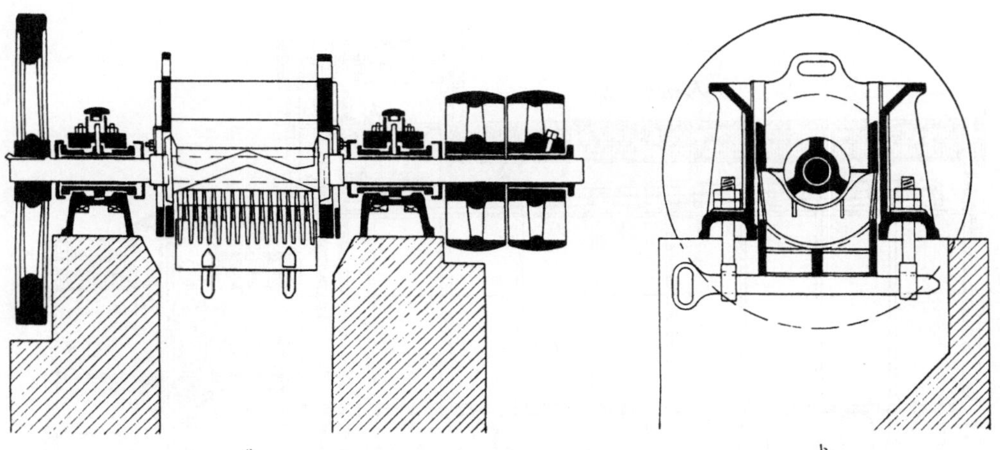

Fig. 100 a u. b.

Brechschnecke von Humboldt.

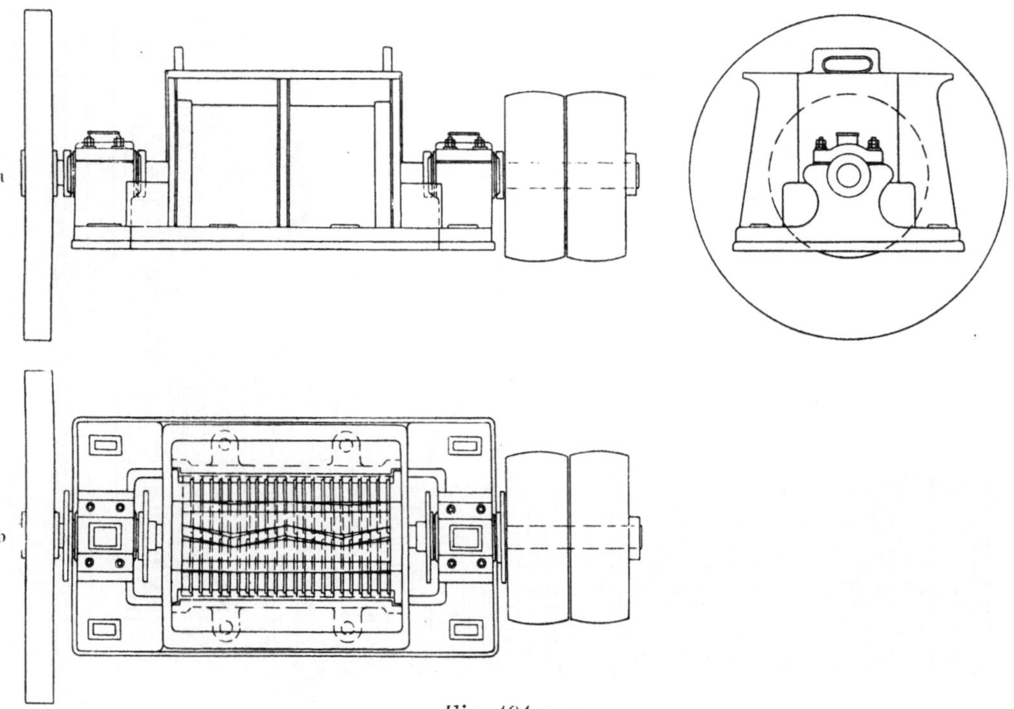

Fig. 101 a—c.

Schraubenmühle von Baum.

Stücke von ca. doppelter Faustdicke bis zu ca. Erbsengrösse, wobei je
nach der Beschaffenheit des Materials mehr oder weniger Feines — Mehl
und Grus — erzeugt wird.

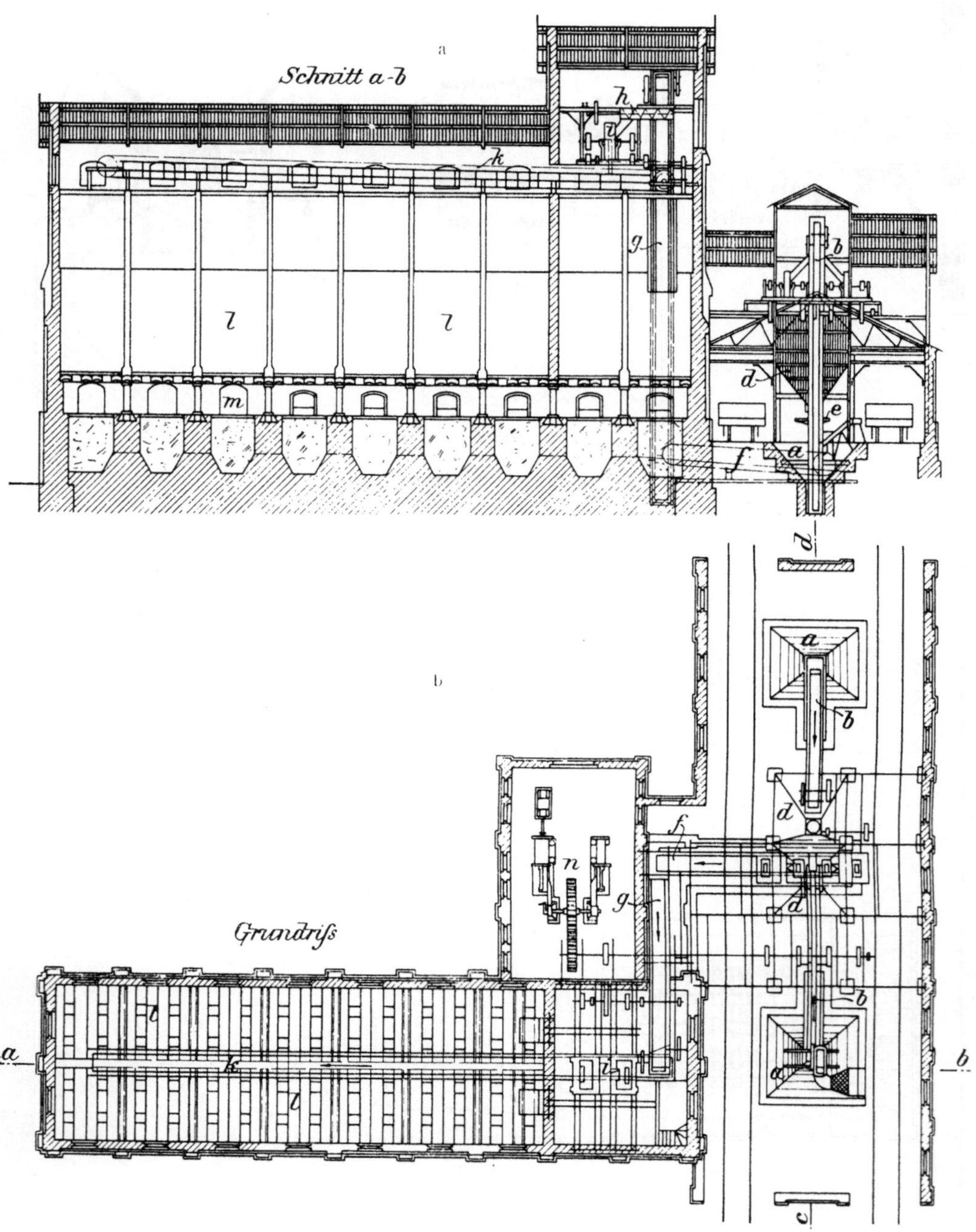

Fig. 102a u. b.

Plan einer Kohlenmischanlage mit Vorratsturm für den Georgs-Marien-Bergwerks-
und Hütten-Verein in Osnabrück.

IX. Das Mischen von Kohlen.

Das Mischen der Kohlen gleicher Qualität, z. B. der Förder- oder sog. melierten Kohlen mit abgesiebten Stücken oder Knabbeln, bezw. mit gewaschenen Nusskohlen verschiedener Korngrössen, behufs deren Aufbesserung, ferner das Zusammenführen von gewaschenen Nusskohlen und gewaschenen Feinkohlen in den Eisenbahnwaggons mit abgesiebten Stücken zu sogenannten gewaschenen melierten Kohlen ist vorstehend in dem Abschnitte über die Verladung der Kohlen besprochen worden. Weiter ist auch das Mischen der verschiedenen Klassen gewaschener Nüsse, unter deren gleichzeitiger Zerkleinerung mit gewaschenen Feinkohlen, eine meist im Desintegrator vorgenommene Arbeit, sowie das Mischen der abgesiebten oder abgeblasenen Staubkohlen mit den gewaschenen Feinkohlen erwähnt worden, es erübrigt aber von dem Mischen verschiedener Kohlenqualitäten, z. B. von fetten mit halbfetten oder mageren Kohlen zum Zwecke der Erzielung eines verkokungsfähigen Gemisches hier noch zu reden, wie es meist auf Hüttenwerken mit eigenem Kokereibetriebe oder auch wohl auf solchen Zechen vorgenommen wird deren Kohlen ohne Zumischung einer fetteren Qualität zur Verkokung nicht geeignet sind.

Fig. 102a—c zeigt eine Kohlenmisch-Anlage mit Vorratsturm für den Georgs-Marien-Bergwerks- und Hütten-Verein in Osnabrück.

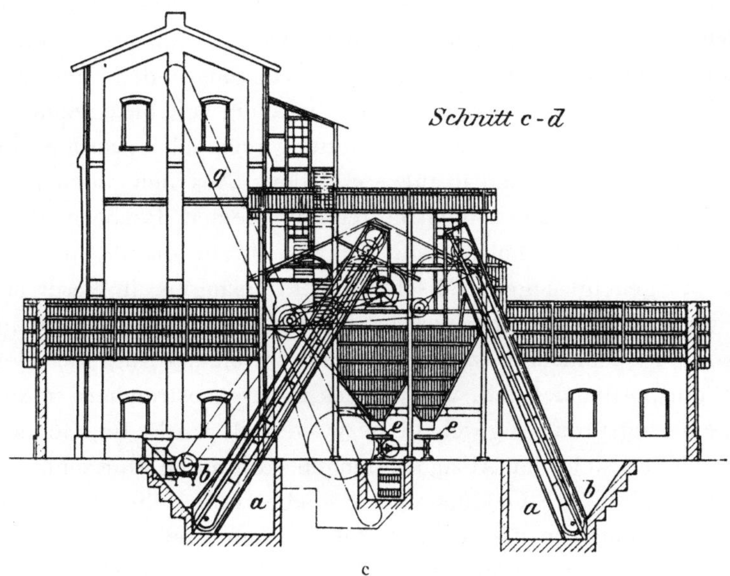

Fig. 102 c.

Plan einer Kohlenmischanlage mit Vorratsturm für den Georgs-Marien-Bergwerks- und Hütten-Verein in Osnabrück.

Die auf den beiderseitigen Eisenbahngleisen ankommenden Kohlen von verschiedenen Zechen bezw. Qualitäten, mager oder halbfett und fett, werden in die beiden Füllrümpfe oder sog. Kohlengruben a entladen, aus diesen durch die beiden Becherwerke b auf ca. 12 m senkrechter Höhe über den Gleisen gehoben und den beiden dort aufgestellten Desintegratoren oder Schleudermaschinen zugeführt. Nachdem die Kohlen in den letzteren gleichmässig zerkleinert worden sind, gelangen sie in die Sammeltrichter d und aus diesen auf die rotierenden Mischtische e, von den letzteren sodann durch Abstreicher auf das Transportband f, welches sie dem längeren Becherwerk g zubringt. Dieses Becherwerk hebt das Kohlengemisch demnächst auf ca. 20 m saigerer Höhe über den Gleisen und übergiebt es der kurzen Transportschnecke h, durch die es der Schleudermaschine i zugeführt wird; in der letzteren werden die Kohlen sorgfältig und innig gemischt und fallen endlich auf das lange, horizontale Kratzoder Transportband k, durch welches sie in die einzelnen Abteilungen l der Kokskohlentürme verteilt werden. In dem unter diesen Türmen vorhandenen Abziehraume m werden nach Oeffnung der Absperrschieber die Trichterwagen gefüllt und mittels dieser die Kohlen auf die Koksöfen transportiert. Durch die Zwillings-Bajonett-Maschine n wird die ganze Anlage vermittels Riemenübertragung angetrieben.

  Tafel XIII zeigt sodann eine andere ähnliche Anlage von Kokskohlentürmen mit Mischvorrichtung für den Hörder Bergwerks- und Hüttenverein in Hörde. Die mageren Feinkohlen von den Schächten Schleswig und Holstein der Zeche Hörder Kohlenwerk werden auf der hochliegenden Verbindungsbahn angefahren und aus den Waggons in den Füllrumpf oder die sog. Kohlengrube b direkt entladen; die anderweit bezogenen und auf ebendemselben Gleis ankommenden fetten Feinkohlen werden über die Kohlengrube a gefahren und in diese entladen. Aus den beiden Gruben b und a werden die Kohlen dann mittels der beiden Becherwerke c und d in einen Trichter e gehoben, von wo aus sie in die dichte, d. h. ungelochte und geneigt liegende Mischtrommel f gelangen. In dieser Trommel findet eine innige Mischung der beiden Kohlensorten statt, die im Verhältnis von 4 : 1 zueinander stehen. Die Mischtrommel trägt das Gemenge auf das Transportband g aus, von dem es mittels Abstreichern in die sechs Kokskohlenvorratstürme h geschafft bezw. verteilt wird. Im Boden jedes Turmes befinden sich vier Abzugsöffnungen, die durch Horizontalschieber geschlossen sind. Nach Oeffnung der Schieber fallen die zum Verkoken vorbereiteten Kohlen in die auf der Bühne i aufgestellten Trichterwagen und werden mittels dieser direkt auf die Koksöfen geschafft.

  Eine eincylindrige Dampfmaschine von 260 mm Cylinder-Durchmesser und 520 mm Kolbenhub treibt bei 80 Touren pro Minute mittels der Vorgelegewelle k die einzelnen Apparate an. Das grössere Becher-

Additional material from *Aufbereitung, Kokerei, Gewinnung der Nebenprodukte, Brikettfabrikation, Ziegeleibetrieb,* ISBN 978-3-642-51908-6 978-3-642-51908-6_OSFO12), is available at http://extras.springer.com

werk ist 640 mm, das kleinere 320 mm breit, beide laufen mit 10 Touren pro Minute.

Eine andere Mischanlage, welche von der Firma B. H. Jucho in Dortmund im Jahre 1893 für die Niederrheinische Hütte zu Duisburg-Hochfeld erbaut worden ist, veranschaulicht Fig. 103.

Fig. 103.

Kohlenmischanlage für die Niederrheinische Hütte zu Duisburg-Hochfeld.

X. Die Wasserversorgung.

Der Wasserbedarf der Steinkohlenwäschen ist ein recht erheblicher. Eine Wäsche mit 75 t stündlicher Leistung bewegt beispielsweise ca. 15 cbm, eine solche mit 100 t Leistung ca. 20 cbm. Wasser in der Minute. Ferner darf in der Lieferung der benötigten Quantitäten keine Unterbrechung eintreten. Es ist daher ratsam und allgemein üblich, ausser dem gewöhnlichen Wasserhebeapparat eine Reserve in Bereitschaft zu halten. Zum Heben der für die verschiedenen Aufbereitungsmaschinen benötigten Wasserquantitäten stehen vorzugsweise Centrifugalpumpen in Gebrauch;

jedoch finden zu gleichem Zweck auch zweikammerige, sog. doppelt wirkende, sowie einkammerige oder einfach wirkende Pulsometer von Gebr. Körting zu Körtingsdorf bei Hannover, Max Greven & Co. bezw. W. Stappen in Crefeld, Neuhaus in Luckenwalde usw. Verwendung, ferner kolbenlose Membran-Dampfpumpen von P. Hausmann in Burg bei Magdeburg und endlich die Körtingschen Dampfstrahlpumpen oder Elevatoren.

Die Wirkungsweise der Centrifugalpumpe ist die folgende: Ein Flügelrad ist in einem nach dem Steigerohre hin spiralförmig sich erweiternden Gehäuse eingeschlossen und wird mit Hilfe einer auf seiner Achse sitzenden Scheibe — seltener auch wohl zweier Scheiben — mittels Riemenübertragung in sehr schnelle Umdrehung versetzt. Die Zahl der Umdrehungen beträgt je nach der beanspruchten Leistung und Förderhöhe 250 bis 2500 in der Minute. Die infolge der eintretenden Luftverdünnung angesaugte oder besser aus einem höher gelegenen Behälter selbstthätig zufliessende Flüssigkeit strömt von einer oder von beiden Seiten central in das Flügelrad ein, wird von demselben sowie durch die Einwirkung der Fliehkraft nach der Peripherie des Gehäuses geschleudert und in das Steigerohr emporgetrieben, während stets und kontinuirlich neue Flüssigkeit angesaugt und dem Flügelrade zugeführt wird. Centrifugalpumpen finden mit Vorteil da Anwendung, wo es sich um die Hebung grösserer Wassermengen auf geringe Höhe handelt, etwa um die Hebung von 1 bis 14 cbm je Minute auf eine Höhe von 6 bis 40 m. Die Vorteile dieser Pumpen bestehen vor allem in der grossen Einfachheit der Konstruktion, ferner darin, dass sie leicht und rasch zu montieren und auszuwechseln sind, nur geringen Raum und nur kleine Fundamente beanspruchen und in der Anschaffung verhältnismässig sehr billig sind. Da sie ohne Ventile arbeiten, so eignen sie sich auch besonders zur Hebung von unreinen und dicken Flüssigkeiten. Endlich werden Betriebsstörungen und Reparaturen nur durch den eintretenden Verschleiss des Flügelrades bedingt, welcher allerdings ein ziemlich bedeutender ist. Die Dauer der Flügelräder, welche in neuerer Zeit meist aus Stahlguss hergestellt werden, ist eine sehr verschiedene; sie hängt ab von der Beschaffenheit der Kohle und der Reinheit der zu hebenden Wasser, selbstverständlich auch davon, ob nur abgeklärte oder mit Feinkohlen und Schlämmen gemischte Wasser gehoben werden. Im Durchschnitt kann man annehmen, dass eine Erneuerung nach Verlauf eines Jahres und mitunter auch schon früher stattfinden muss, während bei sehr kräftiger Konstruktion, grösserem Flügeldurchmesser und mässiger Umdrehungszahl die erwähnte Durchschnittsdauer auch überschritten werden kann. Aus all den genannten Gründen sind die Centrifugalpumpen gerade zur Wasserversorgung von Aufbereitungs-Anlagen besonders geeignet. Ist ein Ansaugen nicht zu umgehen, so ist die Höhe desselben doch möglichst gering zu bemessen. Wo das Wasser der Pumpe nicht direkt zufliesst, ist dieselbe vor der Inbetriebsetzung zu füllen, da sie nur, wenn sie mit Wasser gefüllt ist, ansaugen kann; zu diesem Zwecke ist auf dem Gehäuse eine durch einen eingeschraubten Pfropfen verschlossene Füll-öffnung oder zweckmässiger ein Hahn mit Trichter vorhanden. In die Saug-leitung ist ausserdem ein Brunnenventil einzubauen, welches dazu dient, das

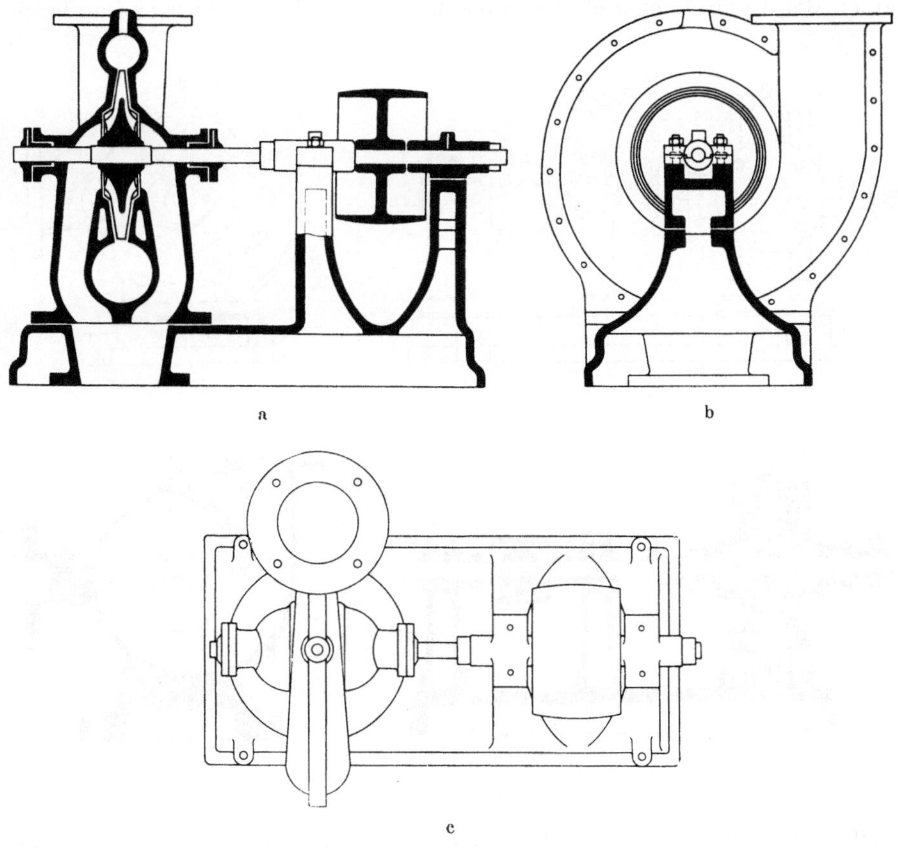

Fig. 104a—c.
Centrifugalpumpe von Schüchtermann & Kremer.

Wasser in dieser Leitung sowie in der Pumpe zu halten und auch beim Stillstande das Ablaufen des Wassers aus der letzteren zu verhindern.

Bei den Centrifugalpumpen von Schüchtermann & Kremer und Lührigs Nachf. Fr. Gröppel (Fig. 104a—c bezw. 105a—d) ist die Antrieb-scheibe zwischen zwei Lagerböcken verlagert, welche auf einer Seite des Pumpengehäuses angeordnet sind, während bei der in Fig. 106a und b dargestellten Centrifugalpumpe von ca. 700 mm Flügelraddurchmesser von Baum das Gehäuse zwischen den beiden Lagerböcken steht und die Riemenscheibe als fliegende Scheibe auf dem einen Ende der Antriebswelle wirkt. Bei der Konstruktion von Schüchtermann & Kremer wird das Wasser von unten eingesaugt, bei den beiden andern findet das Einsaugen von der Seite her statt. Bei der Gröppelschen Pumpe ist das Gehäuse mit zwei seitlichen Deckeln versehen. Eine solche Anordnung bietet den Vorteil, dass man der Pumpe jede beliebige Lage geben bezw. die Stellung derselben der Umdrehungsrichtung anpassen kann. Ferner wird es hierdurch

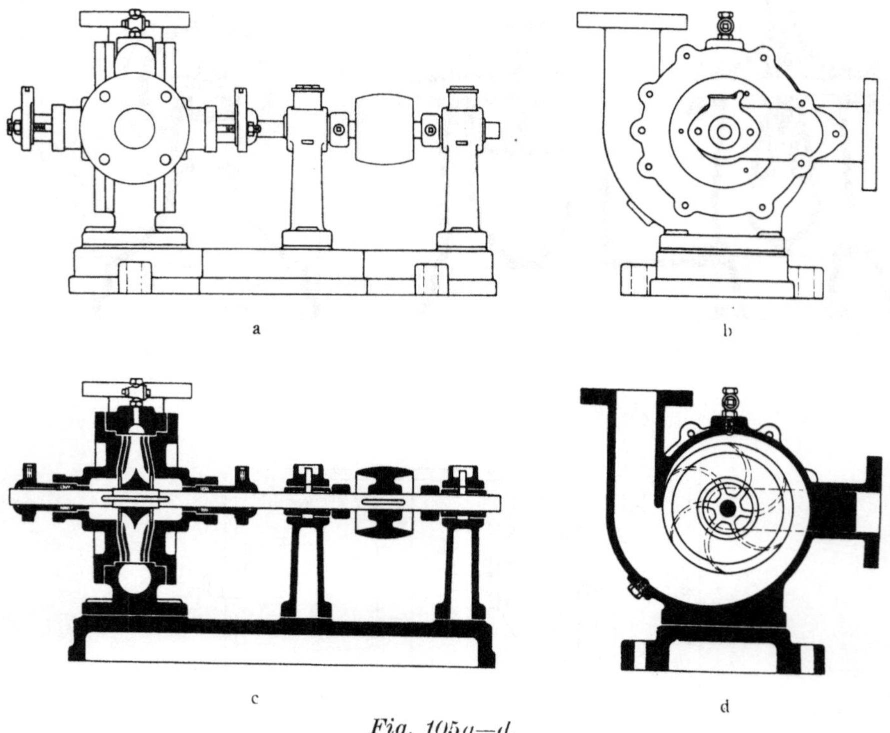

Fig. 105a—d.

Centrifugalpumpe von 65 mm Rohrdurchmesser von C. Lührigs Nachf. Fr. Gröppel.

möglich, das Flügelrad in kürzester Zeit auszuwechseln. Humboldt versieht gleichfalls die Centrifugalpumpen mit einem seitlich abnehmbaren Deckel, sodass das Flügelrad zugänglich ist und nach Bedarf gereinigt oder ausgewechselt werden kann. Das Flügelrad ist bei der Gröppelschen Pumpe ein seitlich geschlossenes, bei den beiden anderen ein seitlich offenes. Da die Vermehrung der lebendigen Kraft der zu hebenden Flüssigkeit bei den Centrifugalpumpen, wie oben schon gesagt wurde, hauptsächlich durch die Fliehkraft bewirkt wird, diese aber mit der Radgeschwindigkeit wächst, so muss zur Ueberwindung grösserer Steighöhen und besonders auch zur Hebung dickerer und schwererer Flüssigkeiten,

wie z. B. bei der Baumschen Entwässerungsmethode zum Heben aller
Feinkohlen und Schlämme mit den Waschwassern in die hochgelegenen
Türme, die Radgrösse oder die Umdrehungszahl, oder beide entsprechend
vermehrt werden. Bei dieser Wahl ist indes eine Vergrösserung des

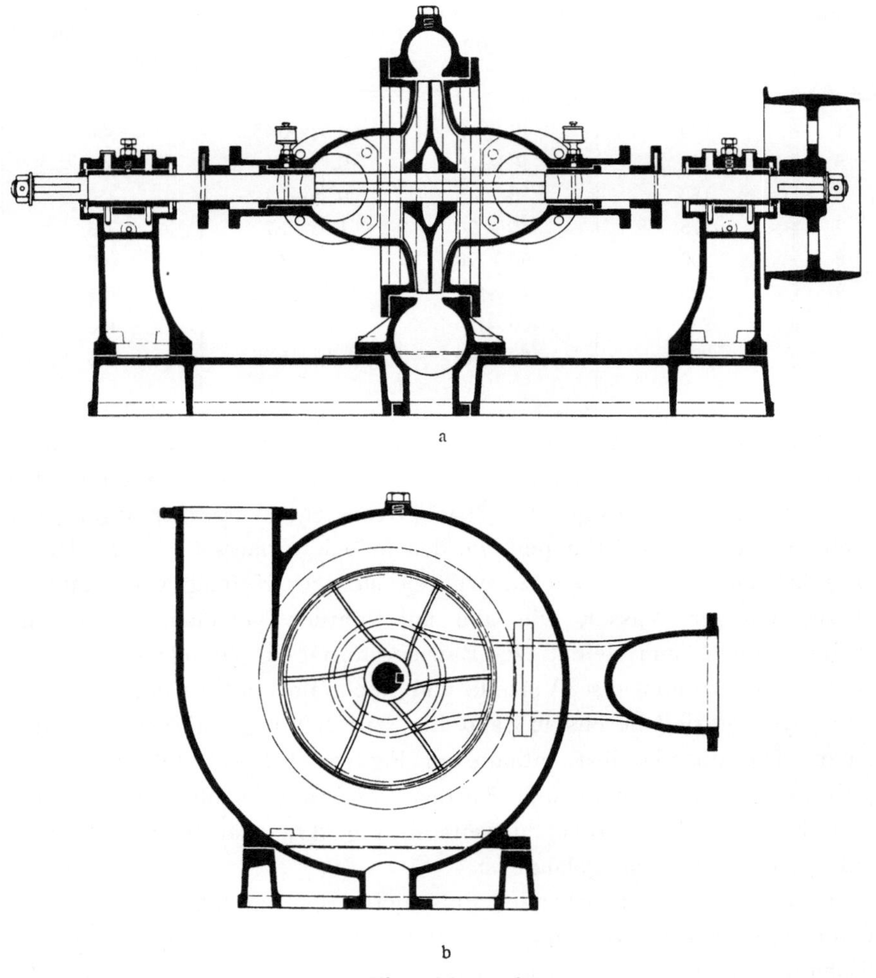

a

b

Fig. 106 a u. b.

Centrifugalpumpe von Baum.

Flügeldurchmessers vorzuziehen, weil eine wesentliche Geschwindigkeits-
vermehrung einen stärkeren Verschleiss zur Folge hat. Den Flügel-
rädern der grossen Centrifugalpumpen giebt Baum deshalb den etwa
$2^{1}/_{2}$fachen Durchmesser der Pumpe. Wird beispielsweise in einer Wäsche
für bis zu 85 t stündlicher Leistung eine Pumpe von 300 mm Rohrdurchmesser aufgestellt, so erhält das Flügelrad 750 mm Durchmesser.

Ueber die Grösse, Leistung usw. der von Schüchtermann & Kremer in grosser Zahl gelieferten Centrifugalpumpen giebt Tabelle 14 Auskunft:

Tabelle 14.

Modell No.	Durchmesser des Saug- und Druckrohres in mm	Leistung per Sekunde in Litern	Kraftbedarf pro 1 m hoch zu heben in Pferdekraft	Durchmesser der Riemenscheibe maxim. in mm
4	100	12— 18	0,32 – 0,45	300
5	125	18— 30	0,45—0,6	325
6	150	30— 45	0,75—1,1	350
7	175	45-- 70	1,15—1,7	375
8	200	60— 90	1,5—2,5	400
9	225	75—125	1,8—2.75	425
10	250	100—150	2,5—3,5	450
12	300	160—240	3,6 – 5,25	500

Pulsometer, und zwar vorwiegend die auch zu manchen anderen Zwecken in Gebrauch stehenden Zweikammerpumpen, sind in zahlreichen Wäscheanlagen des hiesigen Industriebezirkes zur Wasserversorgung aufgestellt worden. Diese Pumpen werden jedoch vorzugsweise zum Heben von geklärten Wassern benutzt, weil sie sich zur Hebung verunreinigter und schlammiger Wasser, wie alle mit Ventilen versehenen Apparate, weniger eignen und leicht zu Betriebsstörungen Veranlassung geben würden. Die Arbeitsweise, Vorteile und Nachteile bei Verwendung dieses Pumpensystems sind bereits in Band III, Seite 109 ff. gebührend gewürdigt worden. Die ebendaselbst enthaltenen Figuren 101a—d und 103 bringen die Systeme von Neuhaus und Körting zur Veranschaulichung, während der Pulsometer von Greven bereits in Fig. 86a und b, S. 182 dieses Bandes, zur Darstellung gelangt ist.

Ueber die einfachwirkenden Pulsometer sei nur folgendes bemerkt: Da die regelmässige Wirkung der Steuerung bei den doppeltwirkenden Pulsometern älterer Bauart, insbesondere in solchen Fällen, wo es sich um grössere Druckhöhen handelte, Schwierigkeiten begegnete, so suchte man durch Verwendung von Einkammerpumpen, bei welchen die vollständige Füllung und Entleerung des Gehäuses nicht von den in einer zweiten Kammer sich abspielenden Vorgängen abhängig gemacht ist, diesem Uebelstande zu begegnen und baute längere Zeit hindurch einkammerige Pulsometer. Besonders waren es Gebr. Körting in Hannover und Max Greeven, jetzt W. Stappen in Crefeld, welche solche Apparate unter der Bezeichnung Körtings Aquapult bezw. Greevens kolbenlose Dampfpumpe hergestellt haben. Nachdem jedoch durch Verbesserung der zweikammerigen Pulsometer die vorerwähnten Schwierigkeiten gehoben worden sind und die einkammerigen Apparate keine Vorteile mehr bieten, ist die Herstellung der letzteren von den genannten Fabriken eingestellt worden*). Teils ein-, teils zweikammerige Dampfpumpen von Greeven resp. Stappen sind u. a. auf den Schächten Anna und Carl des Kölner Bergwerks-Vereins, ferner auf Hibernia, Centrum, Graf Bismarck, Erin, von der Heydt, Wilhelmine-Victoria, Zollverein, Westfalia Kaiserstuhl Schacht II und Dorstfeld zur Verwendung gekommen. Die Zweikammer- oder Doppelpumpen von Stappen werden in zehn Grössen für Fördermengen von 75 bis 6500 l in der Minute bei 10 m Förderhöhe und die Körtingschen sog. Normal-Pulsometer in zwölf Grössen:

von 60 bis zu 6000 l in der Minute bei 5 m Förderhöhe,
» 45 » » 5300 l » » » » 10 » »
und von 80 » » 4500 l » » » » 20 » »

gebaut, während die doppeltwirkenden Patent - Pulsometer der letzteren Firma in ihrer jetzigen Ausführungsform bis zu einer Förderhöhe von 50 m sicher zu arbeiten im Stande sind. Wegen der kolbenlosen Membran-Dampfpumpe, System Hausmann, welche für Aufbereitungszwecke nur vereinzelt im hiesigen Bezirke, z. B. auf der Zeche Graf Bismarck, Schacht III, verwendet worden ist, sei gleichfalls in der Hauptsache auf Band III und zwar auf S. 362 ff. verwiesen. Diese Pumpe wird zur Hebung von Wasser in neun Grössen für eine Leistung von 130 bis 5500 l in der Minute bei 5 m und von 60 bis 2500 l in der Minute bei 30 m Förderhöhe gebaut.

Die Körtingsche Dampfstrahlpumpe endlich ist in zahlreichen Fällen bei der Steinkohlen-Aufbereitung verwendet worden, so auf den Zechen Heinrich Gustav, Gneisenau, Courl, Graf Schwerin, Deutscher Kaiser, Victoria Mathias und Kaiserstuhl II. In der Doppelwäsche der letztgenannten Zeche ist neben je einer Greevenpumpe eine Dampfstrahlpumpe aufgestellt. Die Wirkungsweise der Dampfstrahlpumpe beruht darauf, dass ein aus einem düsenförmigen Rohrende strömender Dampfstrahl die diese Mündung umgebende Flüssigkeit in Bewegung versetzt, ihr also eine gewisse lebendige Kraft erteilt, mittels welcher der in das Steigerohr tretende Flüssigkeitsstrom die Bewegungswiderstände überwinden kann. Hierbei kann die Flüssigkeit entweder der Dampfdüse aus einem höher gelegenen Behälter zuströmen, oder auch angesaugt werden. Es können demgemäss diese Pumpen nur saugend oder nur drückend oder saugend und drückend arbeiten**).

---

*) Hartmann-Knoke. Die Pumpen. 2. Aufl. Berlin 1897. S. 515.
**) Hartmann-Knoke, a. a O., S. 610.

Die Gebr. Körting fertigen dementsprechend für die in der Praxis am häufigsten vorkommenden Fälle drei verschiedene Arten sog. Normal-Elevatoren an und zwar: Klasse A: für zufliessendes Wasser oder geringe Saughöhen, welche bei 1   2   3   4   5 Atm.

Dampfdruck 4   12   20   30   38 m Gesamtförder-höhe überwinden; Klasse B: für grosse Saughöhen und geringe Druck-höhen, welche eine Saughöhe bis zu $6^1/_2$ m bei 2 bis 6 Atm. Dampfdruck überwinden und je nach dem Dampfdruck auf eine Höhe von 6 bis 12 m heben; und Klasse C: für grosse Saughöhen, bedeutende Druckhöhen und veränderlichen Dampfdruck, welche bei 2 bis 6 Atm. Dampfdruck, neben einer Saughöhe bis zu $6^1/_2$ m eine Druckhöhe von 10 bis 24 m je nach der Dampfspannung überwinden.

Für die hier in Betracht kommenden Verwendungszwecke werden meist die beiden Klassen A und B gewählt. Die gebräuchlichsten Formen solcher Elevatoren zeigen die Figuren 107—109, welche mit gusseisernen Körpern und Rotgussdüsen und zwar Fig. 107 mit Flanschen und Spindel, Fig. 108 mit Flanschen und Fig. 109 mit Gewindeanschluss hergestellt werden. Der Dampfstrahl-Elevator ist für die Wasserversorgung in Kohlen-wäschen unzweifelhaft ein sehr geeigneter Apparat, weil er fast un-empfindlich ist gegen die Einwirkung verunreinigter Wasser, um deren Bewegung es sich in diesen Aufbereitungsanstalten doch meist handelt.

XI. Hülfsvorrichtungen.

Von wesentlichem Einflusse auf den Betrieb und die bei demselben zu erzielenden Resultate sind in jeder Steinkohlen-Aufbreitung die Ein-richtungen, welche dazu dienen, die meist recht bedeutenden Massen gleichmässig und ununterbrochen fortzubewegen. Sie werden mit dem allgemeinen Namen Hülfsvorrichtungen bezeichnet.

Die Fortbewegung nach abwärts vollzieht sich unter Ausnutzung etwa vorhandener oder durch vorangegangene Hebung geschaffener Gefälle durch die Schwere der Massen selbstthätig, öfter auch mit Beihülfe des Wassers. Dagegen muss der Transport der Kohlen, Berge usw. in hori-zontaler, vertikaler und schrägansteigender oder schwach abfallender Richtung durch zweckmässig eingerichtete Hülfsapparate bewirkt werden. Zur Fortbewegung in horizontaler oder annähernd horizontaler Richtung dienen Transportschnecken und Bänder ohne Ende verschiedener Kon-struktion, während in senkrechter oder geneigter Richtung die Hebung durch Becherwerke, Heberäder, auch wohl durch Centrifugalpumpen oder andere Pumpwerke sowie durch Aufzüge usw. erfolgt.

Fig. 107.

Elevator mit Flanschen und Spindel von Gebr. Koerting.

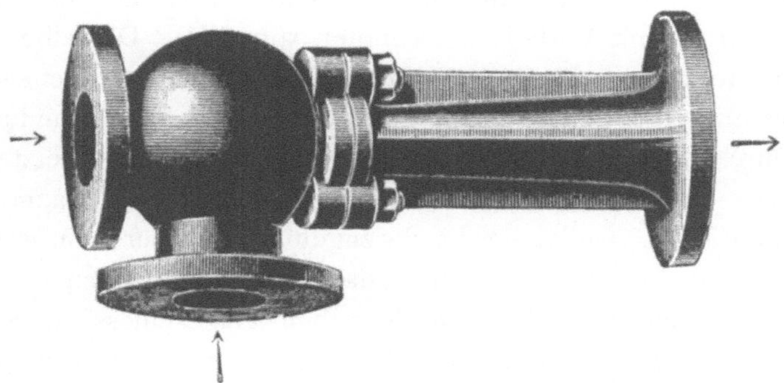

Fig. 108.

Elevator mit Flanschen von Gebr. Koerting.

Fig. 109.

Elevator mit Gewindeanschluss von Gebr. Koerting.

Die Transportschraube oder -Schnecke, welche in Fig. 110 a—c abgebildet ist, lässt sich für horizontale und schwach ab- oder aufwärts gerichtete Fortbewegung mit Vorteil verwenden. Sie besteht aus einer massiven schmiedeeisernen Achse oder gezogenen Röhre, auf der die aus Eisenblech, Gusseisen, in neuerer Zeit auch wohl aus Stahlguss gefertigten Schneckengänge sorgfältig befestigt sind. Die Schraube bewegt sich langsam in einem halbkreisförmigen, oben offenen Blechtroge, in welchen das fortzubewegende Gut an einem Ende in gleichmässiger Weise hineinfällt, am andern wieder ausgetragen wird. Die Schnecken erfordern infolge der entstehenden starken Reibung verhältnismässig viel Kraft und sind einem starken Verschleiss unterworfen, geben auch wohl, wenn sie überlastet werden, zu Betriebsstörungen durch Festsetzen oder Bruch Veranlassung.

Weiter ist hier zu erwähnen die Transportspirale von Eugen Kreiss in Hamburg, ein der Schnecke ähnlicher und als Ersatz für dieselbe in anderen Bezirken mit Vorteil angewandter Apparat*). Derselbe (Fig. 111 a und b) besteht aus einem spiralförmig gewundenen Flacheisen oder nach einer früher angewandten Konstruktion aus dickem Runddraht; der äussere Durchmesser der Spirale beträgt 100 bis 300 mm. Letztere dreht sich, ebenso wie die Transportschnecke, mit etwas Spielraum in einem oben offenen Troge, wobei sie die ihr zugeführten lockeren Massen parallel zu ihrer Achse fortbewegt. Durch das Vorwärtsbewegen des äusseren Mantels der Spirale wird das von derselben eingeschlossene sowohl, als auch das über derselben befindliche Haufwerk mitgeführt oder gleichsam mitgetragen, wobei der Förderungseffekt umso grösser ist, je voller die Spirale gespeist ist. Die zwischen der Spirale und dem zu transportierenden Haufwerke beim Betriebe entstehende Reibung ist unbedeutend, es findet daher fast gar kein Zerreiben oder Zerkleinern statt und der Kraftbedarf ist sehr gering; ein Verstopfen, Stillstand oder Zerbrechen der Spirale ist ausgeschlossen, da ein Festklemmen nicht stattfinden kann. Der Apparat ist somit nicht nur in der Anlage, sondern besonders auch in der Unterhaltung weit billiger, als die gewöhnliche Transportschnecke. Nach Mitteilung des Fabrikanten eignet sich die Spirale allerdings nicht für grobkörniges Material, sondern hat nur für den Transport von Feinkohlen Anwendung gefunden, soll sich aber zu diesem Zwecke sehr gut bewährt haben. Im hiesigen Bezirke ist der Apparat von der Firma Baum auf der Zeche Shamrock einmal versucht, nach kurzer Zeit aber wieder abgeworfen worden.

Ebensowenig wie dieser Apparat ist auch die von Kreiss gelieferte Patent-Schwinge-Förderrinne, welche anderswo als Transportmittel

---

*) Lamprecht, Kohlen-Aufbereitung, S. 70.

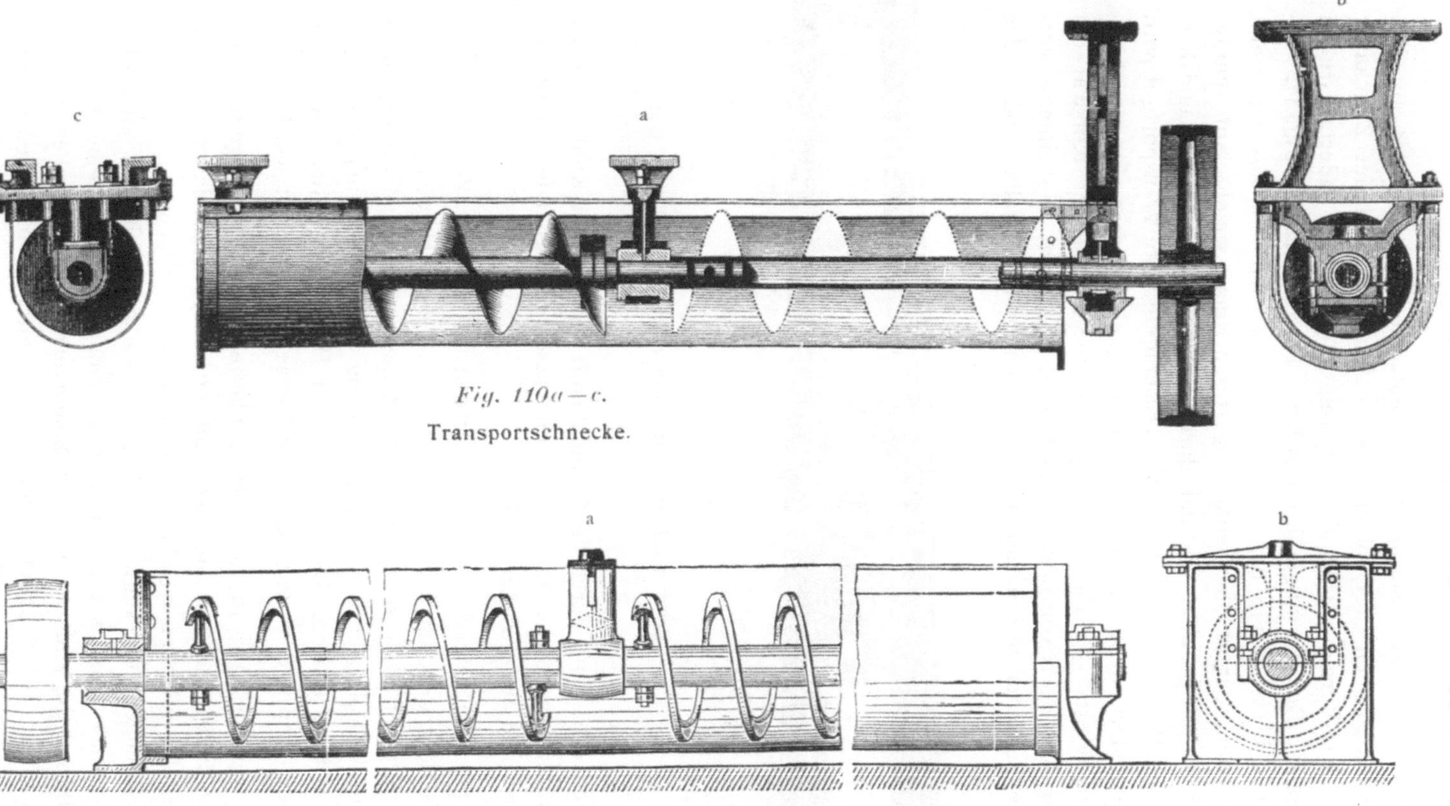

c
a
b
Fig. 110a—c.
Transportschnecke.
a
b
Fig. 111a u. b.
Transportspirale von Kreiss.

und besonders als Entwässerungsrinne benutzt worden ist — z. B. auf dem
Königlich Sächsischen Steinkohlenwerke zu Zankeroda, beim Zwickauer
Steinkohlenbau-Verein auf der Zeche Vereinsglück und auf anderen Gruben
— im hiesigen Bezirke eingeführt worden. Dieselbe ist in Fig. 112 abgebildet und besteht, wie nur kurz bemerkt werden soll, aus einer einfachen, offenen oder geschlossenen trogartigen Rinne, welche auf schräg-
stehenden Federn gestützt ist und durch Kurbelantrieb in hin- und herschwingende Bewegung gesetzt wird. Das eingebrachte Transportgut wird
durch die Federkraft mit grosser Geschwindigkeit, gewissermassen schwebend, fortbewegt. — Als Entwässerungsrinne erhält der Apparat ein
schwaches Ansteigen von etwa 5° und wird mit einer Siebeinlage versehen, vielfach auch mit darunter befindlichem vollem Boden, sodass das

Fig. 112.

Schwinge-Förderrinne von Kreiss.

Wasser rückwärts und durch die Siebe abläuft, während die Kohle vorwärts
und aufwärts transportiert und in gut entwässertem Zustande am oberen
Ende der Rinne ausgetragen wird.

Aehnlich arbeitende Apparate werden in neuerer Zeit auch von
anderer Seite angeboten, z. B. von F. H. Schule in Hamburg: die sog.
stossfreien Patent-Förderschwingen mit Federsegmenten, und von Ingenieur
H. Marcus in Köln: die ihm patentierten sog. Propeller-Rinnen und Wurf-
getriebe. Dieses letztere System ist auf der Düsseldorfer Ausstellung von
1902 in der Gruppe I — Bergbau — im Betriebe vorgeführt worden.

Das sog. Kratzband, auch Harkenkette genannt, ist eigentlich ein
Band ohne Ende, welches aus zwei mit einander verbundenen Gliederketten besteht, zwischen welchen aufrechtstehende Bleche oder Winkeleisen, sog. Schaber befestigt sind (Fig. 113 a—e). Die Ketten sind über
zwei polygonale gusseiserne Rosetten geschlungen, deren eine treibend
wirkt, während die andere mit einer Spannvorrichtung versehen ist und
das Band führt. Die Schaber schleifen mit ihren oberen Hälften in einer
Führung von Winkeleisen. Das fortzubewegende Material wird von der
unteren Kettenhälfte mittels der vertikal herabhängenden Bleche oder

Schaber in einer hölzernen oder eisernen Lutte bis zu einem beliebigen Punkte vorangeschoben, wo es herausfällt. Das Kratzband dient vorzugsweise zum Transporte der gewaschenen und entwässerten Feinkohlen zu einem Füllrumpfe, Becherwerke oder Desintegrator sowie zum Voranbewegen und Verteilen der gehobenen Feinkohlen in die verschiedenen Abteilungen der Vorratstürme*).

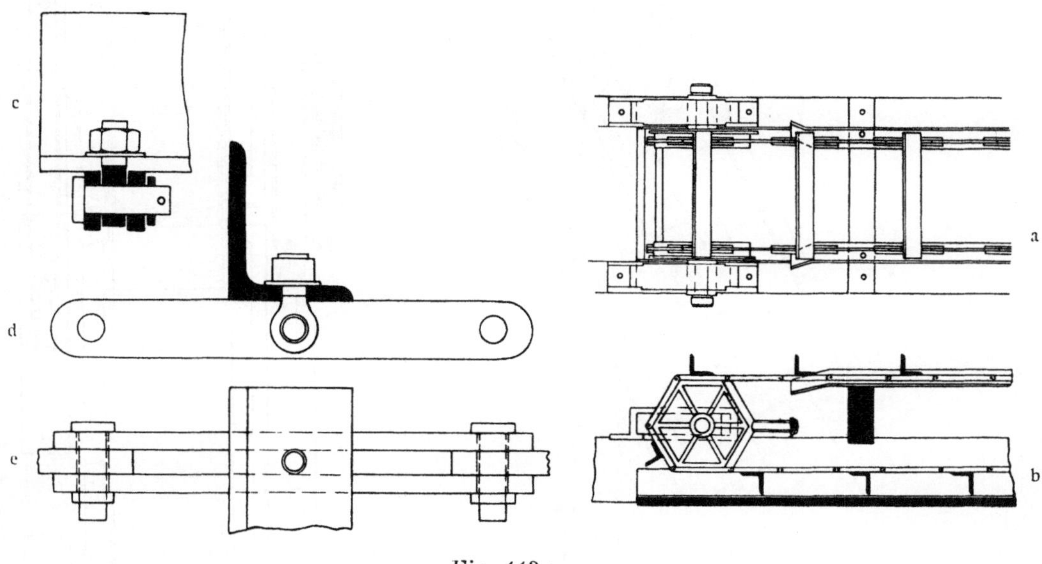

Fig. 113a—c.

Kratzband.

Becherwerke sind steil aufsteigend oder ganz vertikal bewegte Gliederketten ohne Ende (Fig. 114a—c), welche von den zuletzt besprochenen Apparaten sich hauptsächlich dadurch unterscheiden, dass sie in gleichen Abständen Becher tragen, die aus einer Grube oder dem sog. Füllrumpfe schöpfen und oben ihren Inhalt ausgiessen. Sie sind in den Steinkohlen-Aufbereitungen allgemein in Anwendung stehende und unentbehrliche Apparate und dienen den mannigfachsten Zwecken, so für die abgesiebten Kleinkohlen als Aufgabebecherwerke, zum Heben der Waschberge in den Bergeturm oder auf die Nachwaschsetzmaschinen, zum Ausbaggern und Entwässern der gewaschenen Feinkohlen und Schlämme aus den Niederschlagssümpfen, in welchem Falle die Becher gelocht sind, zum Heben der entwässerten oder der geschleuderten Feinkohlen in die Kokskohlentürme usw. Zur Vermeidung eines raschen Verschleisses der Gliederketten ist den Becherwerken ein langsamer und ruhiger Gang zu

---

*) Lamprecht, a. a. O., S. 77.

erteilen, besonders auch den Entwässerungsbecherwerken, um ein besseres
Abtropfen des Wassers zu erzielen; ferner ist die Grösse der Becher stets
reichlich zu bemessen, um die Leistung bei langsamem Gange zu erhöhen.
Sehr zweckmässig ist endlich auch eine gleichmässige Aufgabe und Be-

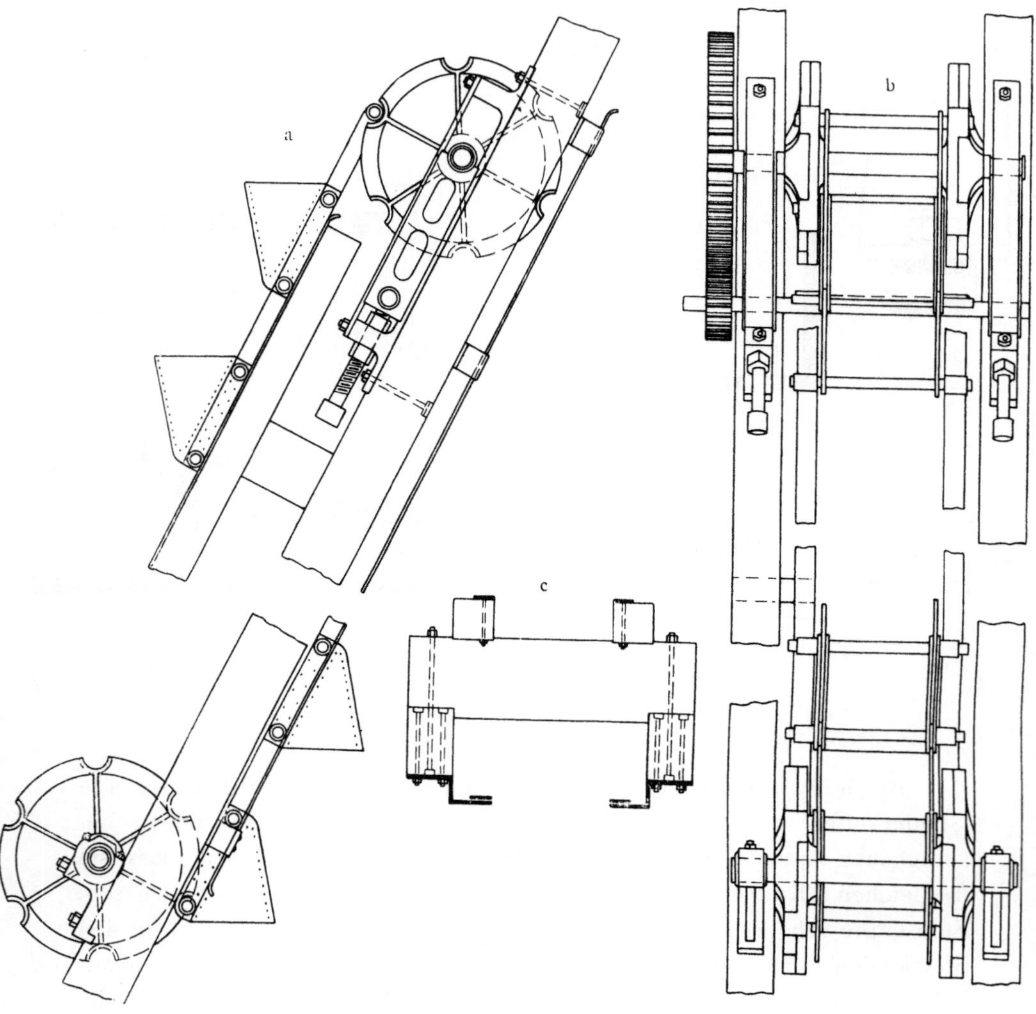

Fig. 114 a—c.

Becherwerk.

lastung dieser Apparate, welche durch im Füllrumpfe usw. anzubringende
selbstthätige Regulierschieber leicht zu erreichen ist. Der Kraftbedarf
der Becherwerke ist ein verhältnismässig grosser. Der Antrieb erfolgt
durch Riemenscheiben und Zahnradvorgelege; das Uebersetzungsverhältnis
ist dabei allgemein dasjenige von 4 : 1 bis 5 : 1.

Heberäder, die bei der Erzaufbereitung zur Ueberwindung mässiger Niveau-Unterschiede häufig benutzt werden, finden in Steinkohlenwäschen kaum Anwendung; es sei als Beispiel nur erwähnt das Ausheben der Waschberge aus dem Bergetroge der Lührigschen Grobkornsetzmaschine, welches durch ein mit vier gelochten Bechern versehenes kleines Hebe- oder Schöpfrad erfolgt. Der Inhalt der Becher wird dabei über einen Schirm in eine angeschlossene Abfalllutte ausgetragen (Fig. 65 a—d, S. 142).

Mittels Aufzügen, die geneigt als schiefe Ebene angeordnet sein können, oder seiger als sog. Schachtaufzüge, findet das Heben in Fördergefässe eingefüllter grösserer Massen auf grössere Höhen statt. Die Aufzüge können direkt- oder indirekt-, einfach- oder doppelt-wirkend konstruiert sein und ihr Antrieb kann erfolgen durch Dampf, Wasser, Pressluft oder elektrische Energie. Aufzüge werden nicht nur bei der Steinkohlenaufbereitung, sondern ebensowohl zu vielen anderen Zwecken, wie zum Heben oder Senken von Kohlen oder Koks, Bergen und Grubenholz auf den Zechen benutzt. Wasser und Pressluft dienen bei Aufzügen auf Zechen nur ausnahmsweise als Motoren; — so ist beispielsweise auf der Zeche Courl ein hydraulischer Aufzug vorhanden; am meisten stehen Dampfaufzüge in Gebrauch, indes findet der elektrische Antrieb in neuerer Zeit zunehmende Anwendung. Im folgenden sollen deshalb nur die Dampfaufzüge und die elektrisch angetriebenen Aufzüge behandelt werden.

1. Ein geneigter oder sog. Schrägaufzug, wie er beispielsweise von der Maschinenbau-Anstalt Humboldt geliefert wird, ist in Fig. 115a und b dargestellt. Er findet zweckmässig Verwendung, wenn Aufbereitungsanlagen an Bergabhängen erbaut sind und Haufwerk oder Waschprodukte usw. auf geneigter Ebene hinauf- oder herabzufördern sind. Die Förderwagen werden dabei auf Gestelle aufgeschoben. Zur Ausgleichung der toten Last dient ein unterlaufendes Gegengewicht. Die Antriebsscheibe ist bei diesem Aufzuge eine Koepe-Scheibe, welche durch einen Elektromotor mittels Zahnrad und Rohhautritzel in Umdrehung versetzt wird. Durch den Umsteuerhebel des Motors wird zugleich eine Bremse bethätigt, die in der Mittellage stets angezogen liegt, dagegen beim Ausschlagen gelöst wird.

Der Antrieb solcher Aufzüge kann auch in beliebiger anderer Weise erfolgen; für geringe Niveauunterschiede und kleinere Lasten ist selbst ein Hand- oder kleiner Maschinenhaspel als Motor ausreichend, indem nur das Nettogewicht des betreffenden Haufwerkes zu heben ist.

Bei flacherem Ansteigen wendet man Kettenförderungen mit aufliegender oder unterlaufender Kette ohne Ende als Aufzüge an; sie sind meist doppeltrümmig, arbeiten kontinuierlich und bewegen volle und leere Wagen gleichzeitig bergan und bergab. Ein solcher Kettenaufzug von

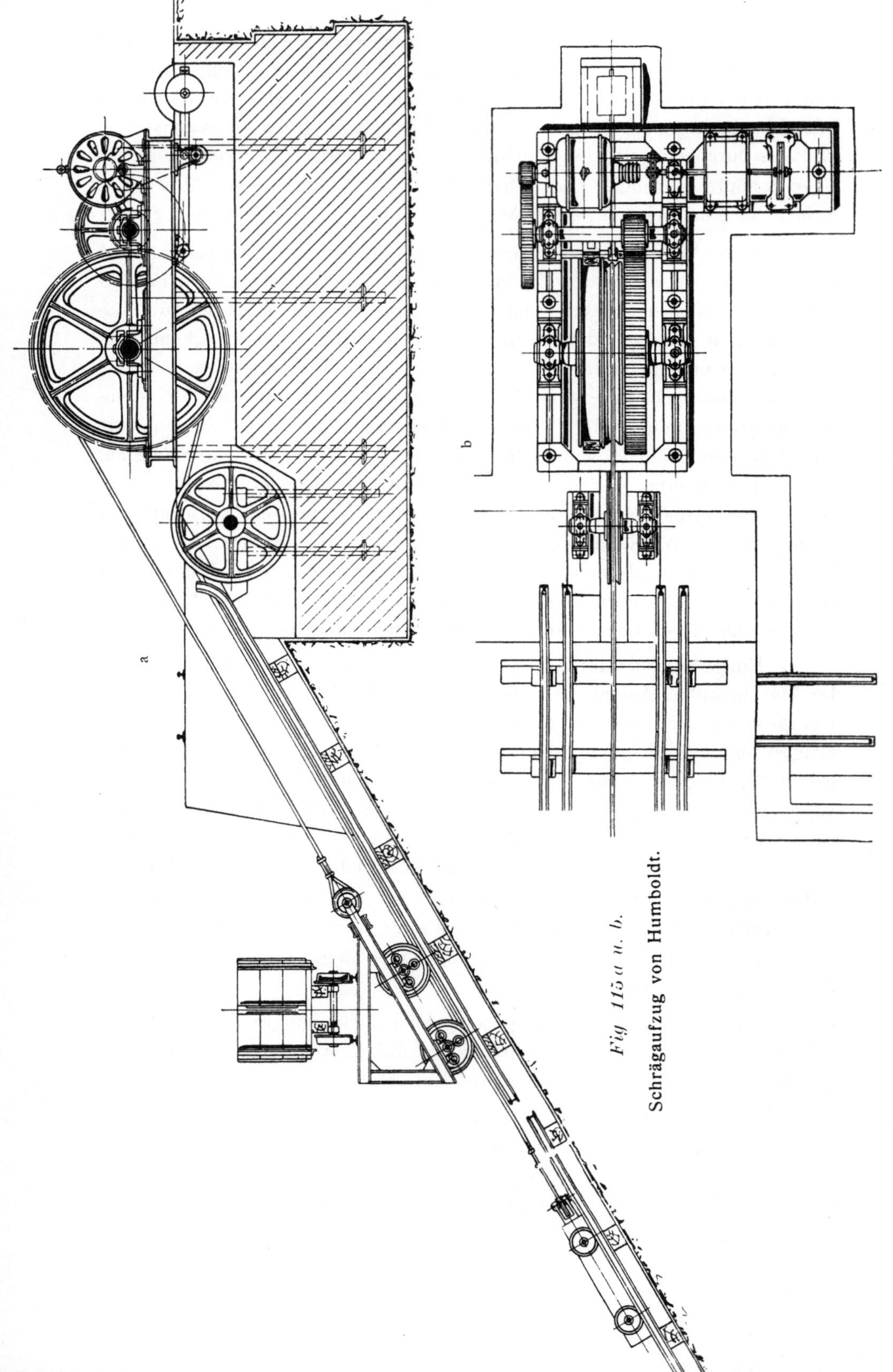

Fig. 115 a u. b. Schrägaufzug von Humboldt.

ca. 40 m Länge und etwa 6° Ansteigen schafft z. B. auf der von der Maschinenfabrik Baum erbauten, im nachfolgenden noch näher zu beschreibenden Separation und Wäsche der Zeche Karl des Kölner Bergwerks-Vereins die Rohkohle in das 4 m über der Schachthängebank liegende Separationsgebäude hinauf sowie die leeren Wagen zum Schachte wieder zurück.

Auch von Humboldt sind auf mehreren westfälischen Zechen derartige Kettenaufzüge angelegt worden. Besonders ist das neue Humboldtsche System mit unterlaufender Treibkette zu erwähnen, welches auf den Zechen Ver. Bonifacius, Victoria Mathias, Helene Amalie, Graf Beust u. a. zur Ausführung gekommen ist. Die Kette ist in angemessenen Entfernungen mit Klauen oder elastischen Greifern versehen, die ebenso wie die Kette selbst, auf Rollen gleiten und sich beim Aufgange der Wagen hinter, beim Heruntergange vor die Wagenachse legen. Auf der Zeche Ver. Bonifacius werden mittels eines solchen in Eisenkonstruktion ausgeführten, zweitrümmigen Schrägaufzuges*) 750 t Rohkohlen in 10 Stunden von der Schachthängebank zu der 6,5 m höher gelegenen Separation und Wäsche und in derselben Zeit die leeren Wagen zurückgefördert. Der Antrieb dieses Kettentransportes erfolgt durch eine besondere eincylindrige Dampfmaschine mit Riedersteuerung, welche ausserdem noch die Stückkohlenverladung und eine Schlammpumpe antreibt.

2. Einen seigeren, direkt wirkenden eintrümmigen Dampfaufzug, gleichfalls von Humboldt zeigt Fig. 116a und b. Dieser Aufzug ist sehr einfach und findet für geringe Förderhöhe, meist nicht über 5 m, in solchen Fällen Anwendung, wo weder eine Transmission, noch elektromotorische Kraft zur Verfügung steht. Durch den unter den Kolben tretenden Dampf wird das mit der Kolbenstange verbundene, beladene Fördergestell gehoben, durch Drosselung des ausströmenden Dampfes das Gestell mit dem leeren Wagen wieder gesenkt. Die Steuerung erfolgt durch einen Schieber, der durch Handhebel und Zugstange von der unteren oder oberen Bühne aus bewegt werden kann.

Ein von Gebr. Eickhoff in Bochum gebauter Aufzug gleicher Konstruktion zur Hebung eines vollen Wagens von 900 kg Gewicht unter Anwendung eines Dampfüberdruckes von 3 Atm. zeigt Fig. 117 a und b. Aus derselben ist die Anordnung der Steuerung deutlich zu ersehen.

3. Bei einem andern direkt wirkenden, eintrümmigen Dampfaufzuge steht der Dampfcylinder unten und die Kolbenstange trägt auf ihrem oberen Ende eine Platte, auf welche der Förderwagen aufgeschoben wird (Fig. 118 a u. b). Solche Aufzüge sind beim hiesigen Steinkohlenbergbau nur vereinzelt anzutreffen.

---

*) Zeitschr. d. Ver. d. Ing. 1887, Bd. 31, No. 31, S. 646 und Taf. XXII.

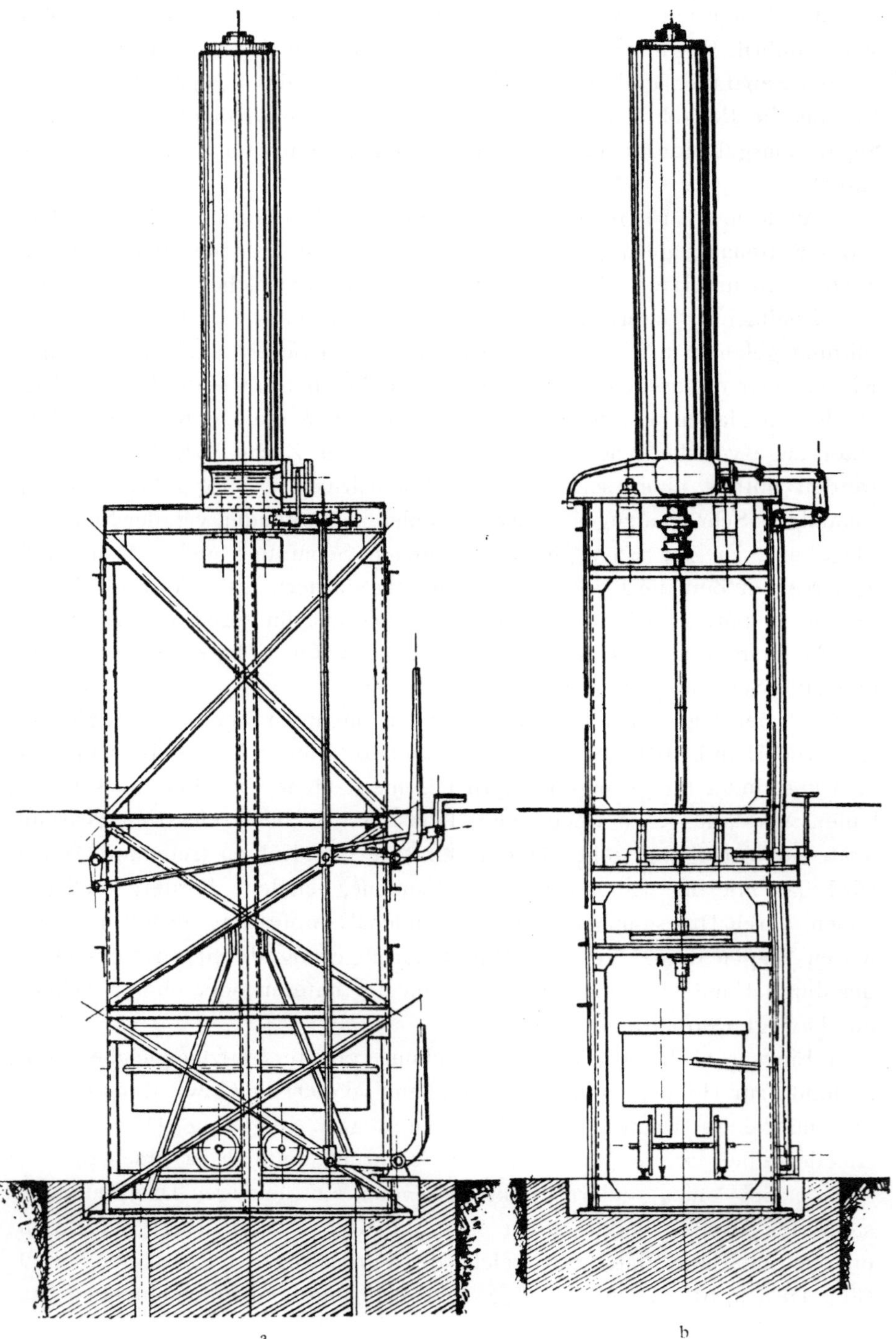

Fig. 116 a u. b.

Direkt wirkender Dampfaufzug von Humboldt.

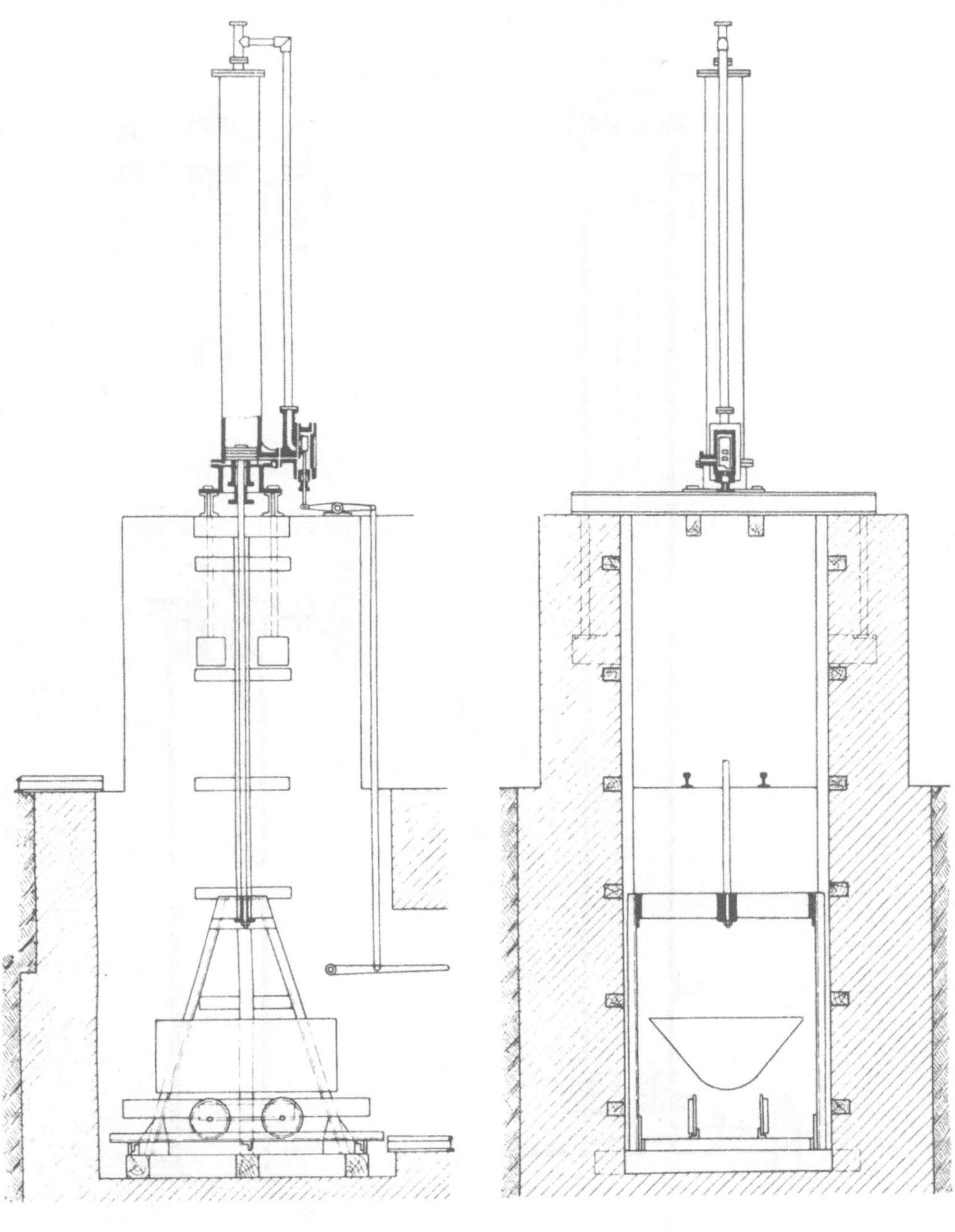

a   b

Fig. 117 a u. b.

Direkt wirkender Dampfaufzug von Gebr. Eickhoff.

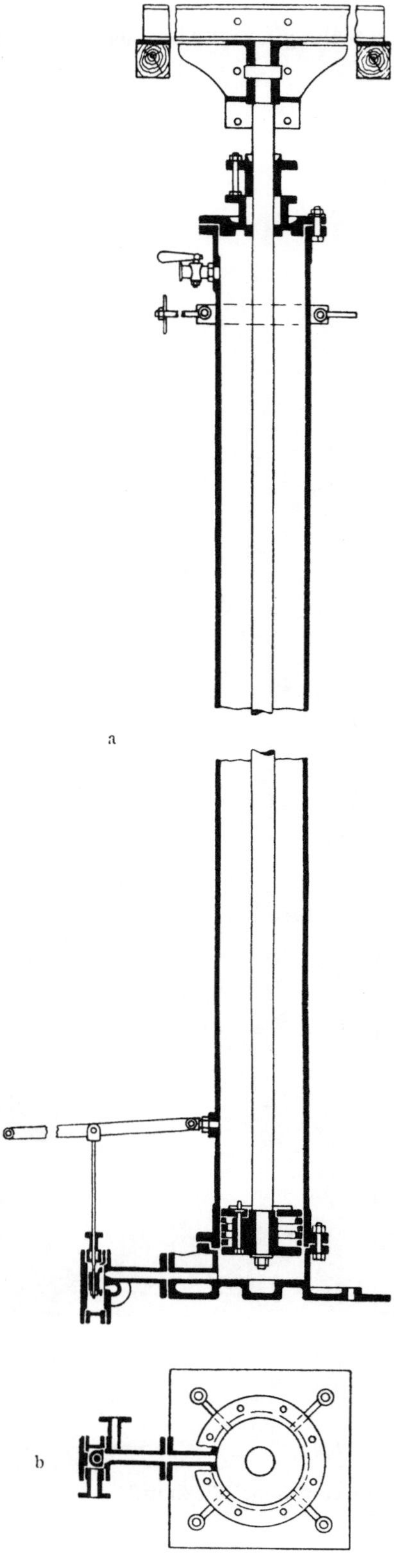

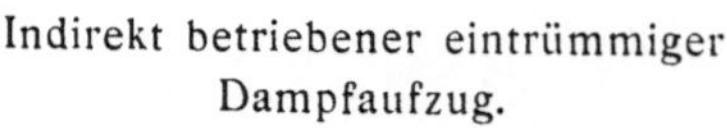

Fig. 118 a u. b.

Direkt wirkender eintrümmiger
Dampfaufzug.

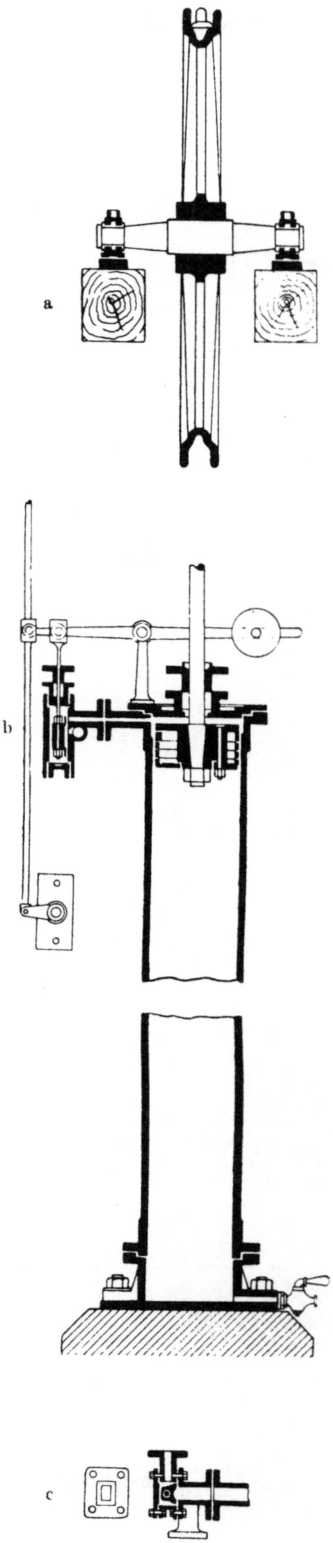

Fig. 119 a—c.

Indirekt betriebener eintrümmiger
Dampfaufzug.

Auf der Zeche Concordia bei Oberhausen diente früher ein derartiger Dampf-Elevator*) zum Heben von Koks von der Sohle der Koksöfen auf die der Eisenbahnladestränge. Unmittelbar an der Eisenbahnböschung war ein Brunnen von ca. 1 m Durchmesser durch Senkarbeit wasserdicht niedergebracht und auch in der Sohle durch Beton und Cement wasserdicht abgeschlossen. In diesem Brunnen stand ein Dampfcylinder mit Plungerkolben, dessen Hubhöhe ungefähr 4 m betrug. Auf dem Plunger war eine Platte zum Aufschieben der Kokswagen befestigt. Die Anlage ist heute nicht mehr vorhanden.

4. Indirekt kann man einen einträmmigen Dampfaufzug in der Weise betreiben, dass man den senkrechten Dampfcylinder (Fig. 119 a—c) seitwärts vom Fördertrum aufstellt und mit dem oberen Ende der Kolbenstange eine Kette oder ein Seil unmittelbar verbindet, welches oben über eine im Fördertrum verlagerte Seilscheibe geführt wird und direkt an der Förderschale angreift. Der auf die obere Kolbenseite wirkende Dampf hebt dann die Förderschale, ebenso wie bei den vorstehend besprochenen direkt wirkenden Aufzügen um die einfache dem Kolbenwege entsprechende Förderhöhe**).

5. Soll bei einer derartigen Anordnung auf eine grössere Höhe gehoben werden, als dem Dampfkolbenwege entspricht, so ist es erforderlich, das an die Kolbenstange angekuppelte Seil an eine Rolle oder schmale Trommel angreifen zu lassen, die auf der Achse der Hauptseilscheibe für das Förderseil aufgekeilt ist und einen kleineren Umfang besitzt, als die Hauptseilscheibe. Das mit der Kolbenstange verbundene Seil ist dabei an der schmalen Trommel, das Förderseil an der grösseren Seilscheibe befestigt. An einem solchen indirekt und einfach wirkenden, einträmmigen Dampfaufzuge für die Zeche Julius Philipp bei Bochum (Fig. 120a u. b) beträgt der Hub des Dampfkolbens 5 m und der Umfang der kleineren Scheibe, auf welche das Zugseil sich abwechselnd auf- und abwickelt, verhält sich zu dem Umfange der grossen Seilscheibe wie 1 : 3, die Förderhöhe des Aufzuges ist daher gleich 15 m.

Auf der grossen Scheibe ist ausser dem Förderseile noch ein zweites Seil befestigt, durch welches in entsprechendes Gegengewicht von dem herabgehenden Korbe gehoben wird. Bei einer solchen Einrichtung ist man imstande je nach der Differenz der beiden Scheibenumfänge die Förderhöhe beliebig zu vergrössern. Man nennt solche Aufzüge Differential-Aufzüge. Einen etwas anders disponierten, indes in seiner Wirkungsweise ähnlichen Aufzug***) zeigt Fig. 121 a—c. Auf einer Achse sind 4 Seil-

---

*) Zeitschr. f. d. Berg- Hütten- u. Salinenw. 1869, Bd. 17, S. 83 und Taf. IX, Fig. 1 bis 5.

**) Lamprecht, a. a. O., S. 79.

***) Lamprecht, a. a. O., S. 79 d.

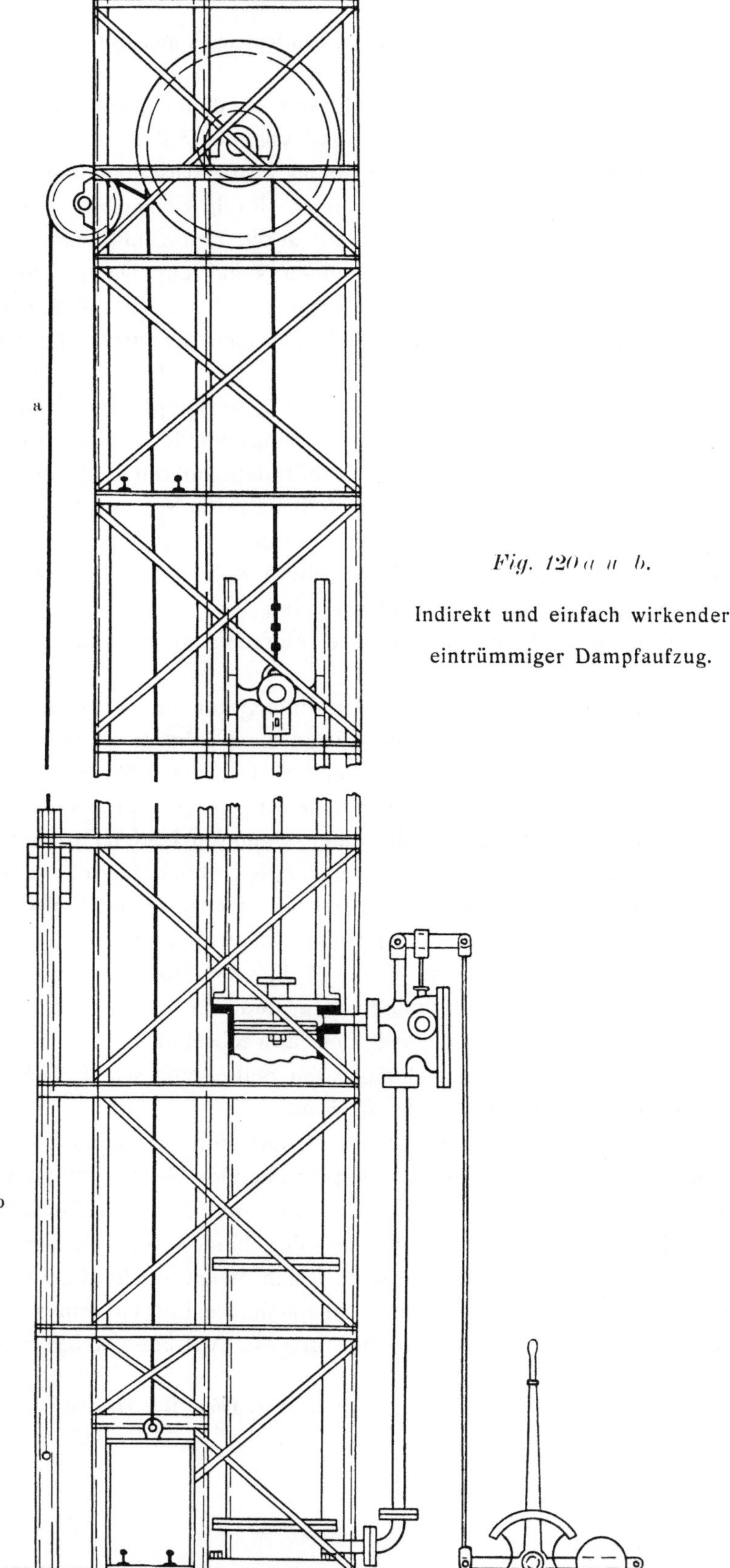

Fig. 120 a u. b.

Indirekt und einfach wirkender
eintrümmiger Dampfaufzug.

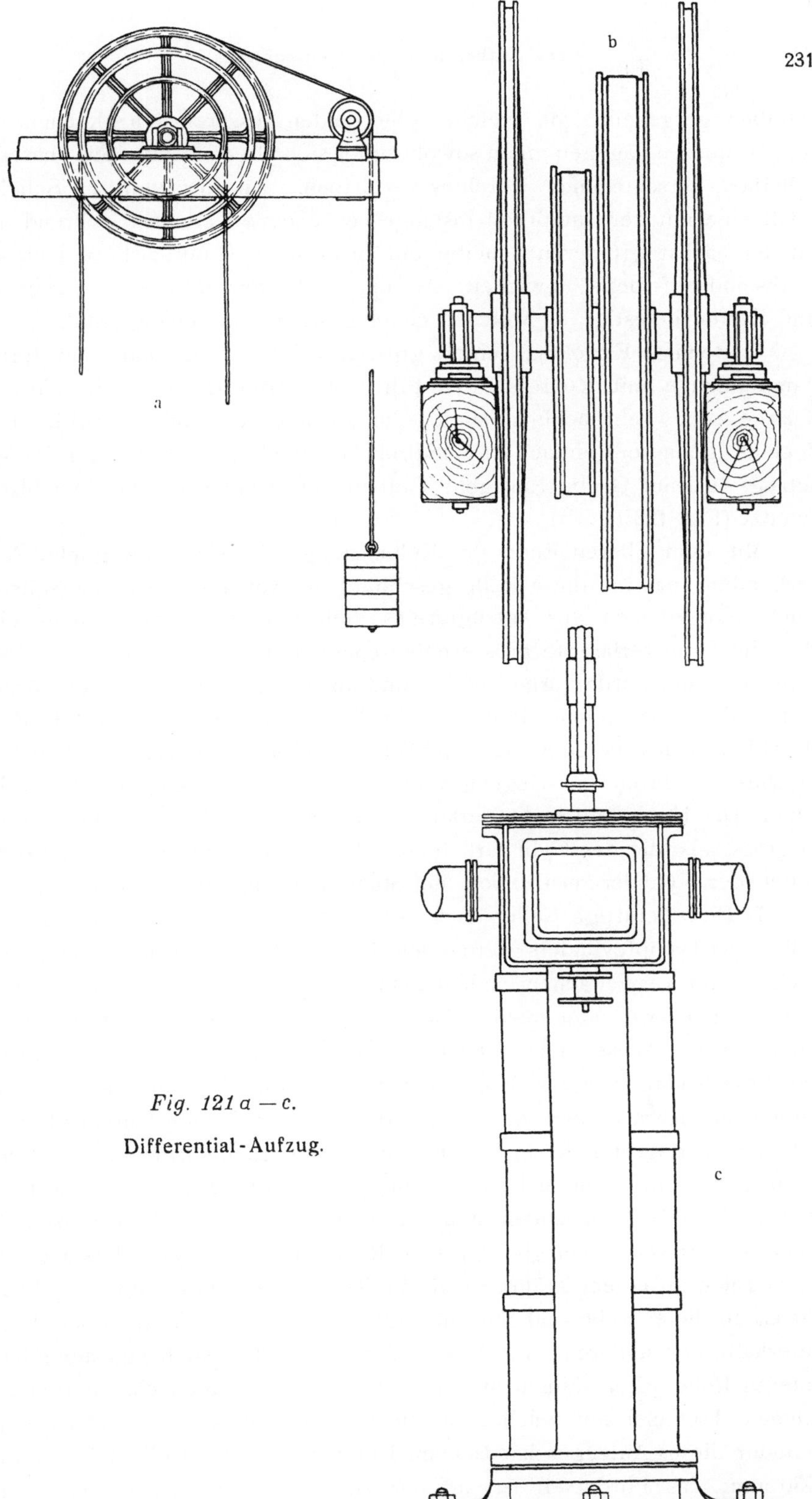

Fig. 121 a — c.

Differential-Aufzug.

scheiben aufgekeilt, von welchen die beiden äusseren den gleichen, die beiden inneren dagegen einen sowohl unter sich als auch von den äusseren Scheiben verschiedenen Durchmesser haben. An der kleinsten Scheibe greift eine mit der Dampfkolbenstange verbundene Kette an, während sich auf der nächst grösseren Scheibe ein an dieser befestigtes Förderseil abwechselnd auf- bezw. abwickelt. Auf den beiden äusseren Scheiben endlich sind Ketten befestigt, an welchen Gegengewichte aufgehängt sind.

6. Behufs Erzielung einer grösseren Förderhöhe hat man ferner Dampfaufzüge mit Rollenübersetzung konstruiert, welche im hiesigen Bezirke sehr gebräuchlich sind. Ein solcher von Gebr. Eickhoff in Bochum gebauter, einfach und indirekt wirkender, eintrümmiger Dampfaufzug wird auf Grube Eintracht Tiefbau zum Heben von Grubenhölzern benutzt (Fig. 122 a u. b).

Mit dem oberen Ende der Kolbenstange ist eine bewegliche Rolle verbunden; das um diese Rolle geschlungene Aufzugseil ist einerseits an einem Tragebalken des Aufzugturmes befestigt, andererseits über eine oben im Turm verlagerte grössere Seilscheibe geführt. Von dort ist das Seil herab bis zum Förderkorbe geführt und an diesem befestigt. Der Förderkorb und die bewegliche Rolle sind im Turme an Spurlatten geführt. Beim Herablassen des leeren Korbes und Wagens wirkt nur deren Eigengewicht, welches ev. durch ein Gegengewicht noch weiter ausgeglichen werden kann. Die Hubhöhe des Förderkorbes ist bei dieser Konstruktion doppelt so gross, als die des Cylinderkolbens. Das gleiche System nebst Einzelheiten der Cylinderkonstruktion und Steuerung zeigt Fig. 123 a und b.

7. Eine derartige Rollenübersetzung, durch welche eine übermässige Höhe des Dampfcylinders vermieden wird, lässt sich selbstredend auch noch weiter vervielfachen, indem man mit dem oberen Ende der Dampfkolbenstange zwei oder mehrere nebeneinander liegende, gleich grosse und auf derselben Achse sich drehende, bewegliche Rollen verbindet und ein um diese Rollen gelegtes Seil, wie bei einem Flaschenzuge, um eine entsprechende Anzahl oben im Aufzugturme, oder auch unterhalb des Dampfcylinders verlagerter, fester Rollen führt. Gebr. Eickhoff haben u. a. einen derartigen, eintrümmigen Kohlenaufzug ausgeführt. Mit der Kolbenstange sind drei Rollen verbunden und im oberen Teile des Aufzugturmes in einer sog. Flasche zwei gleich grosse Rollen fest verlagert. Das mit dem einen Ende an einem Träger oben im Turme befestigte Zugseil geht zunächst an die erste bewegliche untere Rolle, dann abwechselnd ober- bezw. unterhalb der anderen vier Rollen fort und schliesslich von der letzten unteren Rolle direkt hinauf an eine auf der Seilscheibenachse aufgekeilte schmale Trommel, auf welcher das andere Ende befestigt ist. Der Dampfcylinder dieses Aufzuges hat 600 mm Durchmesser, der Kolbenhub beträgt 1930 mm; das Förderseil ist auf der zugehörigen Seilscheibe mit einem

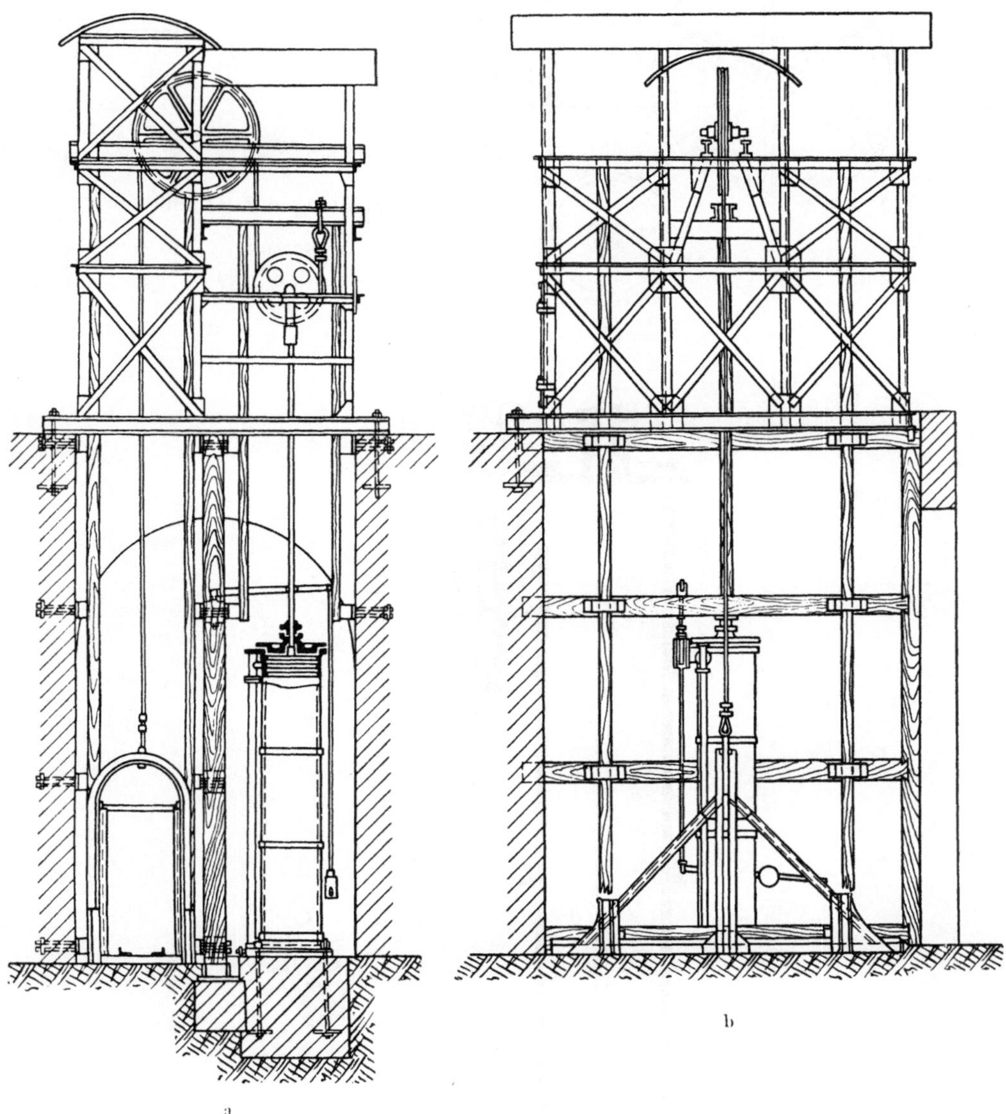

Fig. 122 a u. b.

Dampfaufzug mit Rollenübersetzung.

Ende befestigt; das andere Ende trägt die Förderschale. Die Aufzughöhe der letzteren beträgt infolge der stattfindenden sechsfachen Uebersetzung 11,58 m.

Solche nach dem Prinzip von Flaschenzügen konstruierte Aufzüge sind auch von anderen Maschinenfabriken mehrfach gebaut worden; so hat beispielsweise die Gutehoffnungshütte zu Oberhausen für die Zeche

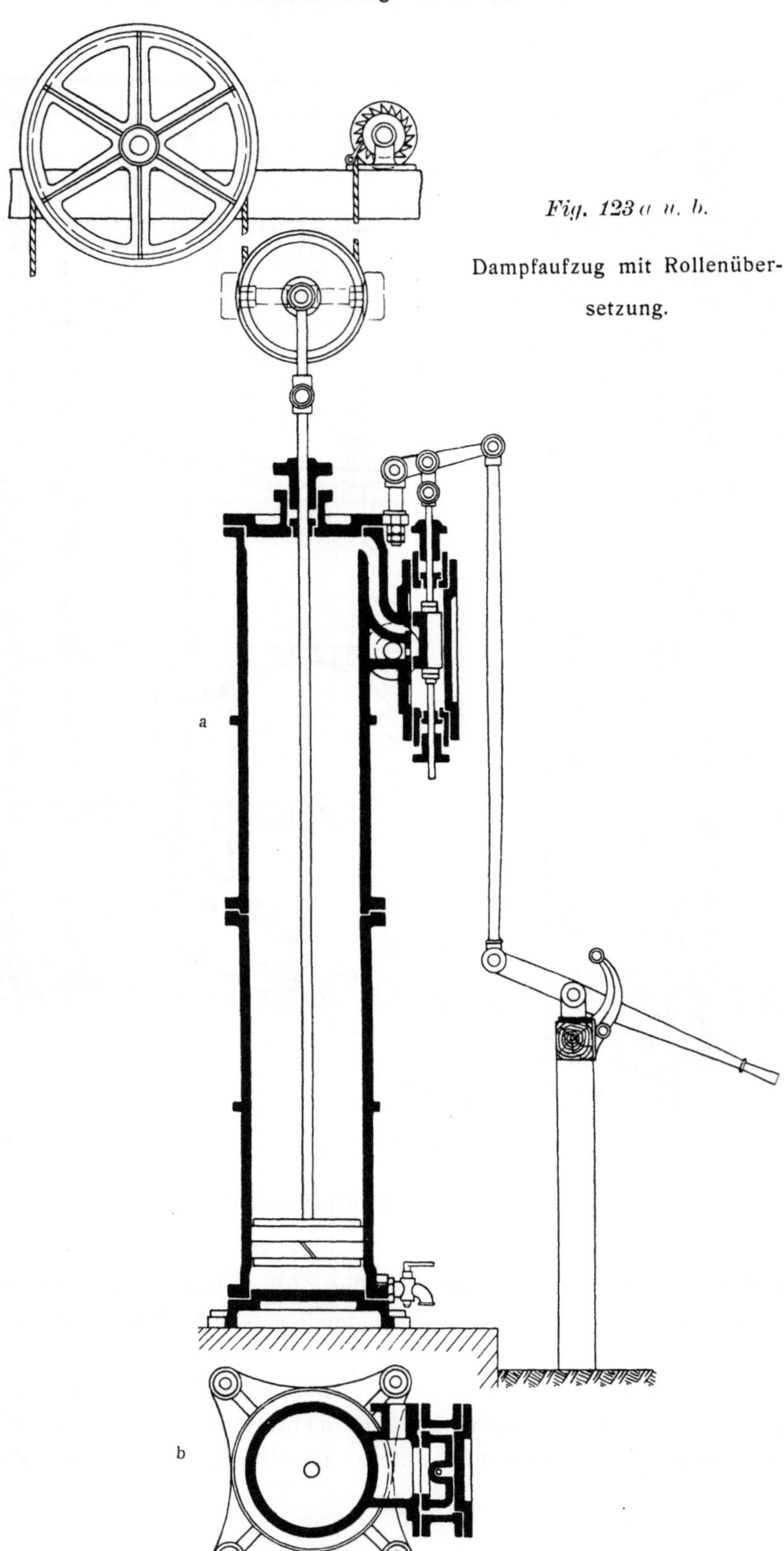

Fig. 123 a u. b.

Dampfaufzug mit Rollenübersetzung.

Schlägel und Eisen, Schacht III/IV, einen Aufzug zum Heben von Kesselkohlen ausgeführt, der bei 600 mm Cylinderdurchmesser und 1680 mm Hub unter Anwendung von 6 Rollen die Kohlen 10 m hoch hebt. Weiter ist von J. Schäfer in Düsseldorf für die Zeche Holland I/II ein gleichartiger Aufzug zum Heben der Kesselasche aus den Aschenkanälen der Dampfkessel geliefert worden. Dieser letztere Aufzug ist in Fig. 124a—c dargestellt; der Cylinder hat gleichfalls 600 mm Durchmesser und hebt bei 1575 mm Hub mittels sechs Rollen die Asche auf eine Förderhöhe von 9,446 m.

Aehnlich konstruierte eintrümmige Dampfaufzüge, bei welchen gleichfalls durch sechsfache Rollenübertragung eine sechsmal grössere Geschwindigkeit der aufzuziehenden Last bewirkt wird, sind endlich auch auf den Schächten Colonia und Urbanus der Zeche Mansfeld zum Heben der Kesselasche aufgestellt worden*). Die Kolbenstange des an der Wand des Gebäudes angeschraubten Dampfcylinders trägt an ihrem oberen Ende eine in einer Führung gehende Achse mit drei aufsitzenden Rollen, die sie beim Kolbenaufgange hebt. Diesen Rollen entsprechend sind unterhalb des Cylinders ebenfalls drei Rollen auf einer festen Achse angeordnet. Das Seil ist mit seinem einen Ende an der unteren Rollenachse befestigt, über die sechs Rollen, sodann über zwei oben im Aufzugturme verlagerte Seilscheiben geleitet und an seinem anderen Ende mit dem Förderkorbe verbunden. Die Hubhöhe des Cylinders beträgt 1 m; während der Dampfkolben diesen Weg zurücklegt, wird der Förderkorb infolge der Rollenübertragung in dem Schachte 6 m hoch gehoben. Der Dampfzutritt in den Cylinder wird durch einen Schieber geregelt, der mittels eines Hebels von dem auf der Halde stehenden Arbeiter bewegt wird, welcher die Aschenwagen entleert. Der Apparat zeichnet sich besonders dadurch aus, dass er sehr wenig Raum erfordert.

8. Zweitrümmige Aufzüge, welche in den bei weitem meisten Fällen in Anwendung stehen, werden wie die eintrümmigen, ebenfalls mit Rollenübersetzung und zwar in verschiedener Weise betrieben.

Der in Fig. 125a und b dargestellte doppelt wirkende, zweitrümmige Dampfaufzug von Humboldt hat in den Rollen eine Uebersetzung von 1:4, d. h. der Hub des Kolbens beträgt ein Viertel vom Hube der Förderkörbe. Die beiden Förderseile A und B sind mit den auf den Wellen D aufgekeilten Seilscheiben C C^1 fest verbunden und wickeln sich während des Hubes abwechselnd auf und ab. Neben den Seilscheiben C C^1 sitzen, ebenfalls auf den Wellen D fest aufgekeilt, die beiden Scheiben E und E^1. Auf der Scheibe E^1 ist ein Ende des Seiles F befestigt. Das Seil F ist

---

*) Zeitschr. f. d. Berg-, Hütten- u. Salinenw. 1878, Bd. 26, S. 384 u. Taf. VIII. Fig. 12 u. 13.

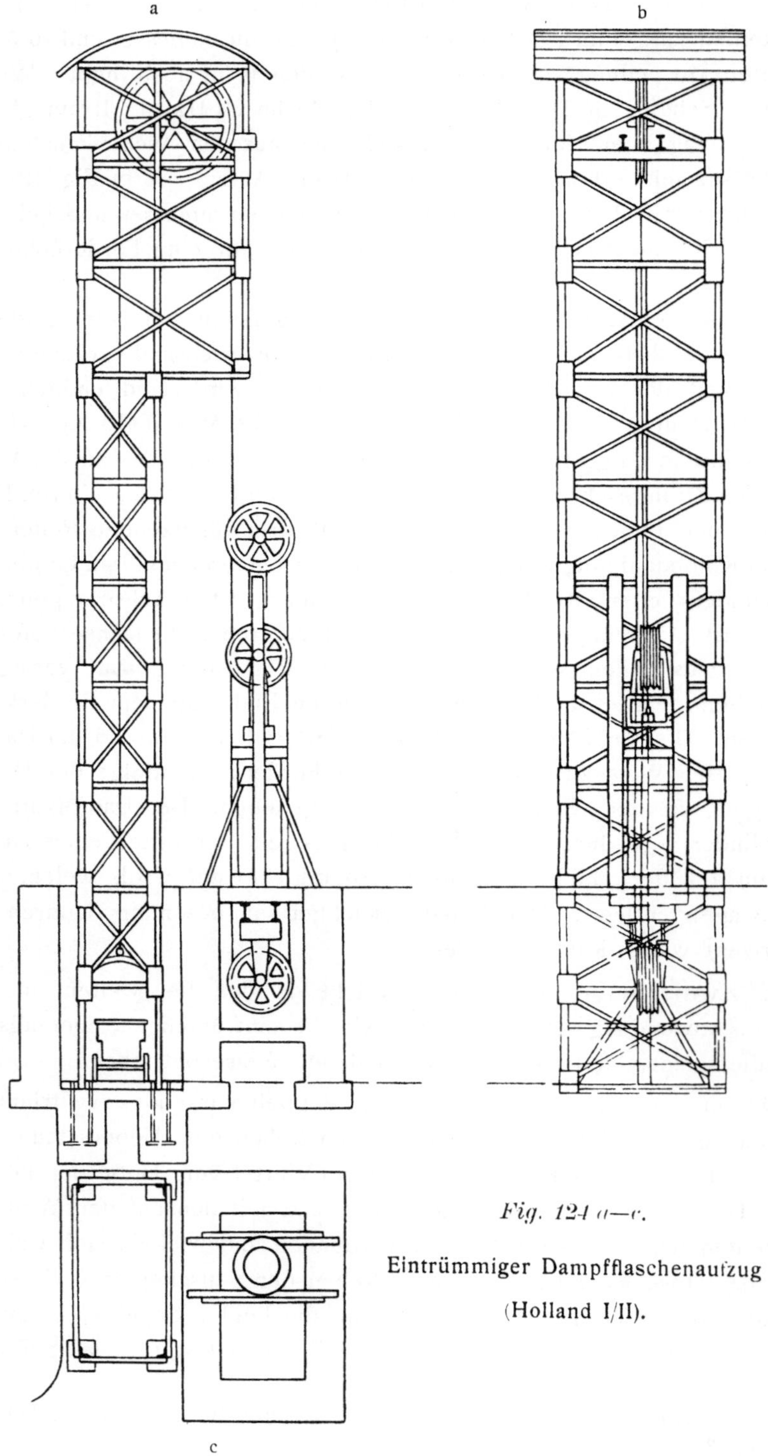

Fig. 124 a—c.

Eintrümmiger Dampfflaschenaufzug
(Holland I/II).

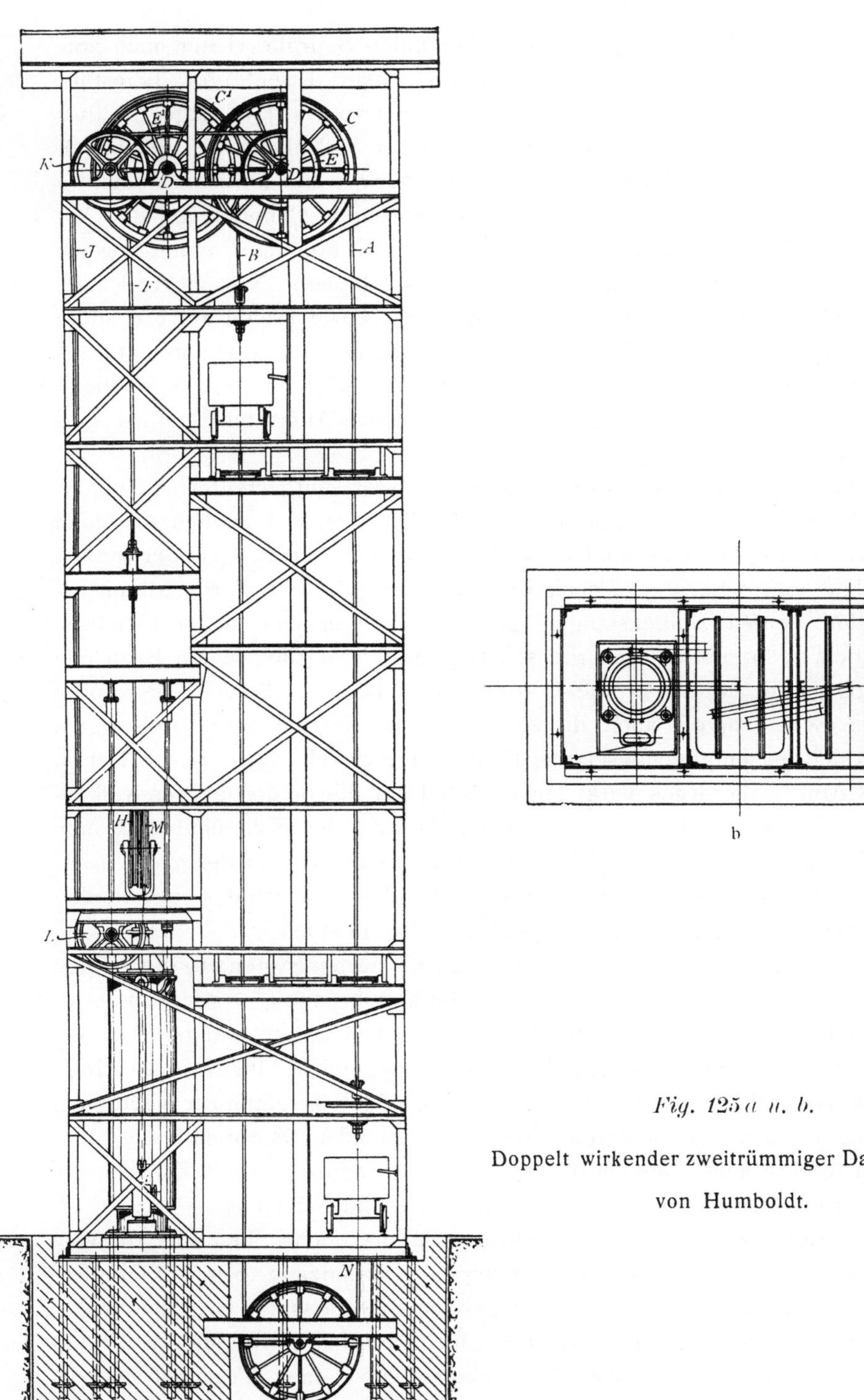

Fig. 125 a u. b.

Doppelt wirkender zweitrümmiger Dampfaufzug

von Humboldt.

unter der lose in der Seilrollengabel laufenden Seilrolle H her nach aufwärts geführt und oben im Gerüste an einem Eisenträger befestigt. Das auf der Scheibe E mit einem Ende befestigte Seil J ist dagegen über die Seilrollen K und L zu einer zweiten in der Seilrollengabel gelagerten und ebenfalls lose laufenden Seilrolle M hingeleitet und über diese letztere Rolle her nach abwärts geführt, wo es hinter dem Cylinder, auf der Abbildung nicht sichtbar, unten befestigt ist. Das unter den beiden Förderkörben angekuppelte und unten um die grosse Scheibe N geführte Unterseil dient zur Ausgleichung. Der Dampf wirkt abwechselnd auf die obere und untere Seite des Kolbens. Die Ingangsetzung des Aufzuges kann sowohl von der Anfuhr- als auch Abfuhrbühne aus erfolgen und die gehobene Förderschale wird auf eine von Hand einstellbare Aufsetzvorrichtung aufgesetzt.

9. Auch mittels zweier nebeneinander aufgestellter stehender Dampfcylinder werden doppeltrümmige Aufzüge öfter betrieben*). Einen solchen Aufzug zeigt beispielsweise Fig. 126. Die beiden Cylinder stehen zwischen den beiden in Eisenkonstruktion ausgeführten Fördertrümmern; von den beiden Kolbenstangen gehen zwei Bandseile an die kleineren Scheiben, während an der grossen Doppelscheibe die beiden Bandseile befestigt sind, an denen die Förderschalen hängen. Sowohl die an den kleinen Scheiben, als auch die an der grossen Doppelscheibe befestigten Seile sind in entgegengesetztem Sinne aufgewickelt. Der frische Dampf von 3 Atm. Ueberdruck wirkt abwechselnd auf die beiden oberen Kolbenseiten. Der Kolbendurchmesser beträgt 350 mm, der Kolbenhub 1800 mm. Der Umfang der kleinen Scheiben verhält sich zu dem der grossen annähernd wie 1 : 2,79; die Förderkörbe werden daher, wie in der betreffenden Beschreibung angegeben ist, auf 4,75 m Höhe gehoben.

10. Verschieden von den vorstehend erörterten Systemen, die infolge ihres grossen Dampfverbrauches unvorteilhaft arbeiten, werden nun Aufzüge und speziell die am meisten gebräuchlichen zweitrümmigen Aufzüge auf mehrfache andere Art und Weise noch ausgeführt. Ihr Antrieb erfolgt mittels Dampfhaspels, direkt oder indirekt, oder von einer zur Verfügung stehenden, auch ev. anderen Zwecken dienenden Dampfmaschine, oder einem Elektromotor aus mittels Riemenübertragung, mittels Zahnradvorgeleges oder endlich mittels Schneckenrades und Schnecke.

a) Bei einem von Gebr. Eickhoff für die Zeche Shamrock III/IV in jüngster Zeit gelieferten zweitrümmigen Koksaufzuge (Fig. 127a und b) wird von der Kurbelscheibe des liegenden Dampfhaspels ein Zahnradvorgelege angetrieben, durch welches eine schmale Seiltrommel a bewegt wird. Auf dieser mit einer Bandbremse versehenen Trommel sind die

---

*) Lamprecht, a. a. O, S. 79 unter e.

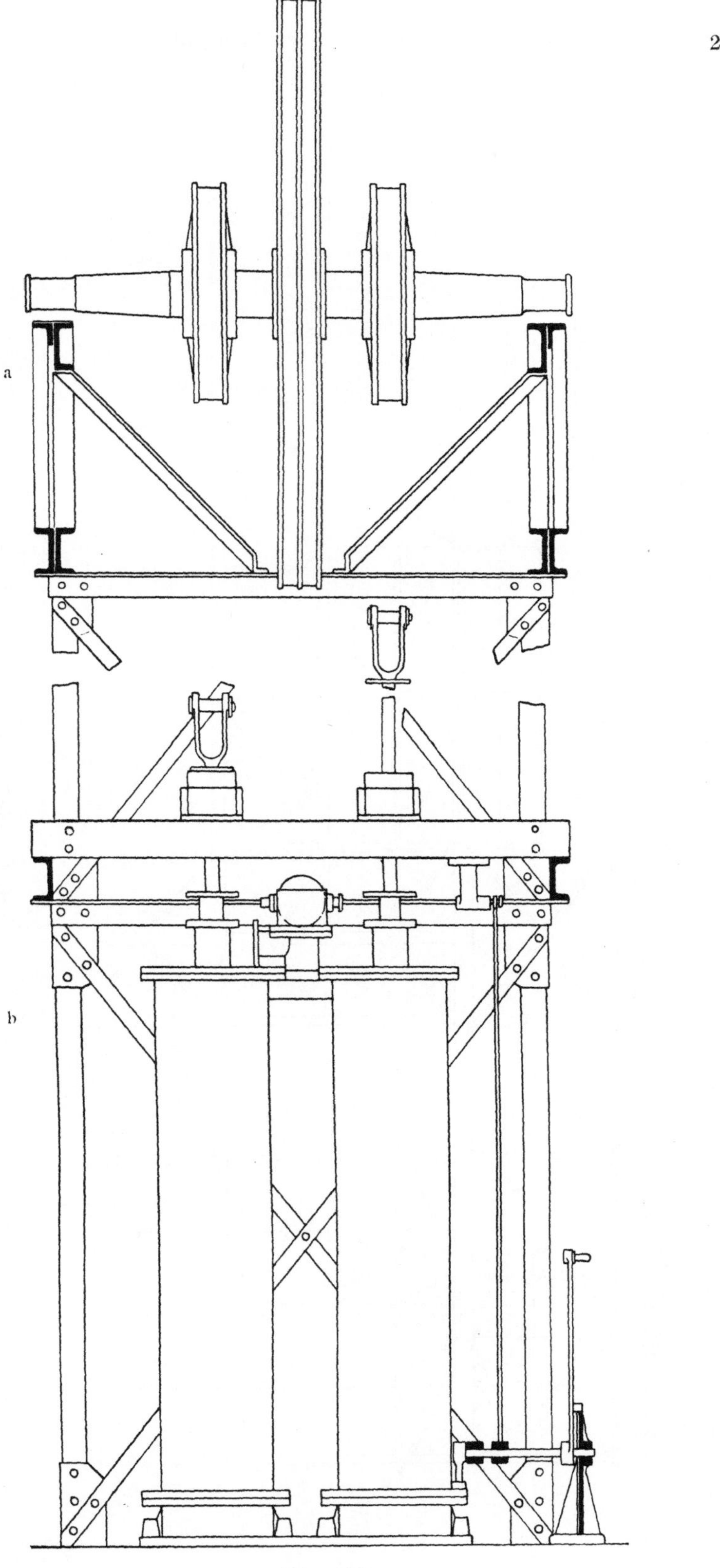

Fig. 126.

Doppeltrümmiger Aufzug mit zwei nebeneinanderstehenden Dampfcylindern.

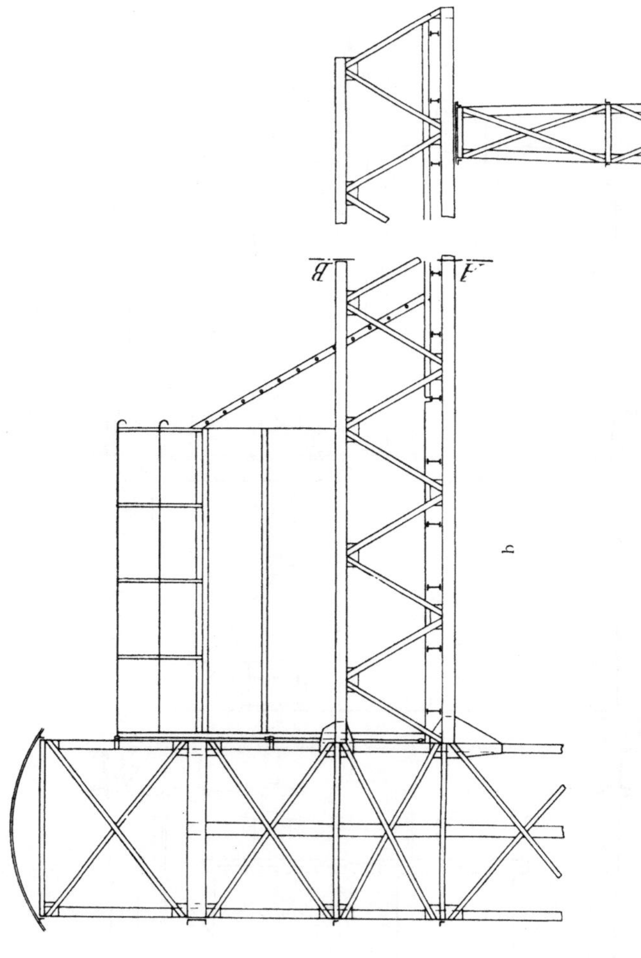

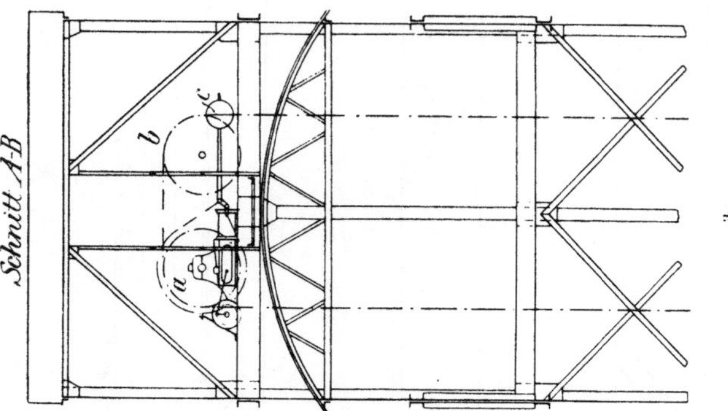

Fig. 127 a u. b.

Zweitrümmiger Koksaufzug (Zeche Shamrock III/IV).

beidenFörderseile befestigt, von denen das eine direkt an die eine Förderschale hinabgeht, während das andere über die Seilscheibe b geführt ist und die zweite Förderschale trägt. Das Bremsgewicht c kann von der oberen Anschlagsbühne aus mittels Tritthebels und Zugstange gehoben und damit die Bremse gelüftet werden.

b) Eine eigentümliche und seltener angewandte Art des Antriebes eines doppeltrümmigen Aufzuges sei hier noch kurz erwähnt*). Der liegende Dampfcylinder ist im Niveau der Seilscheibe verlagert und die gezahnte Kolbenstange greift direkt an ein auf der Seilscheibenachse aufgekeiltes Ritzel oder einen sog. Drilling, an. Zwei die Schalen tragende Bandseile sind auf der Doppelseilscheibe (Fig. 128) in entgegengesetztem Sinne aufgewickelt und heben abwechselnd die beiden Schalen. Der Dampfcylinder fällt bei dieser Konstruktion und geringer Hubhöhe des Aufzuges klein aus und der Dampfverbrauch ist infolgedessen ein verhältnismässig geringer.

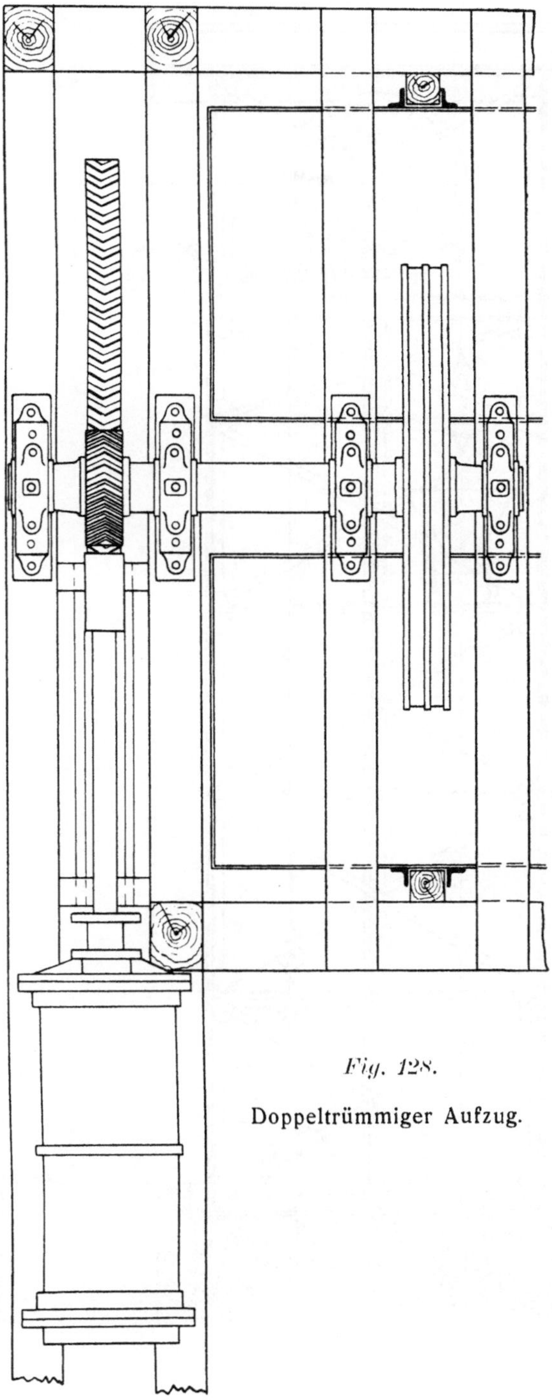

*) Lamprecht, a. a. O., S. 80.

Fig. 128.

Doppeltrümmiger Aufzug.

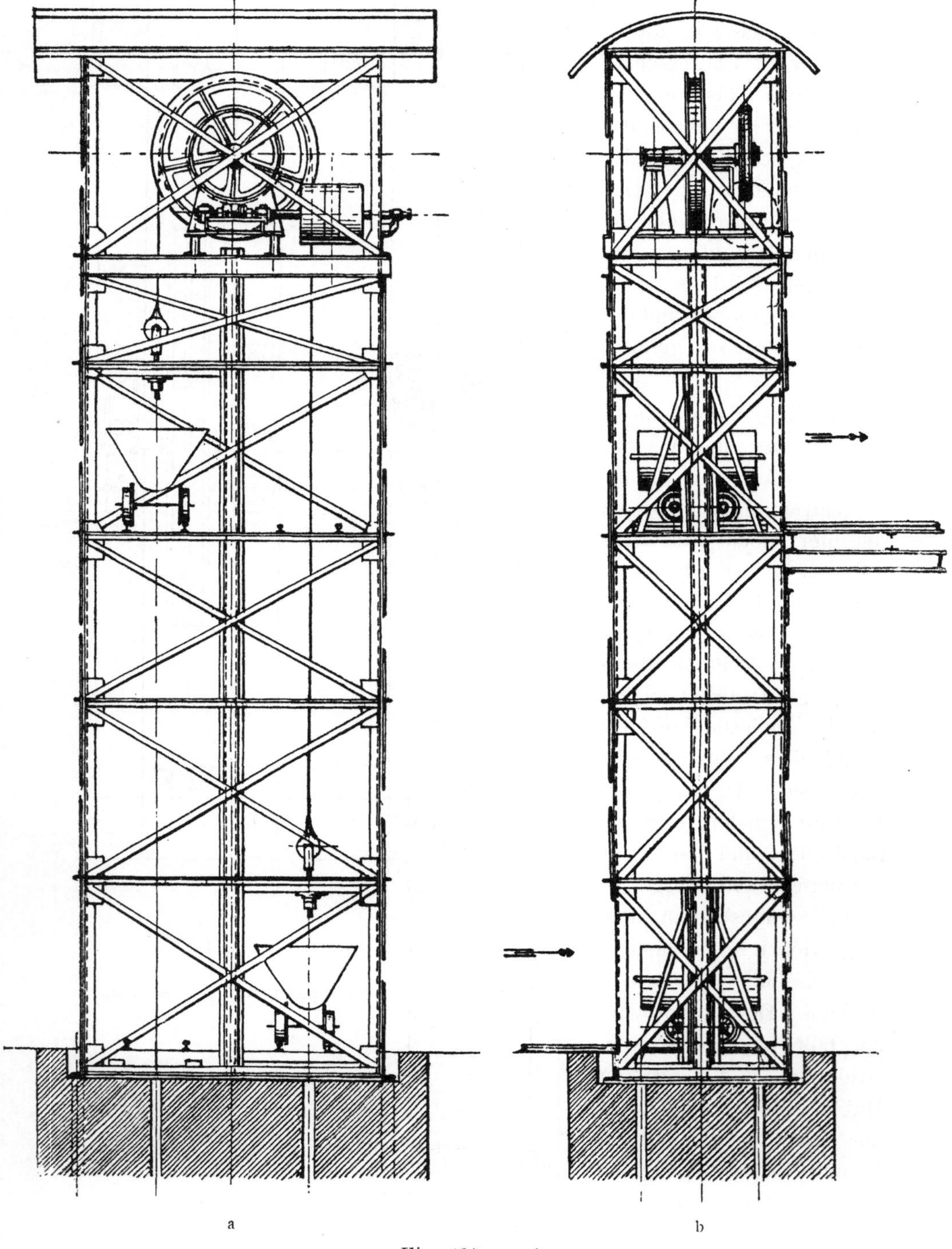

Fig. 129 a u. b.

Doppelaufzug für Riemenantrieb von Humboldt.

c) Auf der vor kurzem stillgelegten Zeche Ver. Bickefeld Tiefbau wurde ein doppeltrümmiger Bergeaufzug durch die Fördermaschine mit Hülfe eines auf der Seilkorbachse angebrachten, ausrückbaren Getriebes in Bewegung gesetzt und zwar war die Uebersetzung so angeordnet, dass der Seiltrommel-Durchmesser für den Aufzug zu dem der Fördermaschine in dem gleichen Verhältnisse stand, wie die Förderhöhe des Aufzuges zu der im Schachte.

d) Einen Doppelaufzug für Riemenantrieb, wie er u. a. von Humboldt gebaut wird, zeigt Fig. 129a und b. Von einer zur Verfügung stehenden Transmission aus wird durch offenen und gekreuzten Riemen und mittels loser und fester Riemenscheibe ein Schneckenradvorgelege bewegt, welches auf der Seilscheibenachse aufgekeilt ist und die Seilscheibe abwechselnd rechts- und linksherum in Umdrehung versetzt. Ein um die Seilscheibe geschlungenes Seil trägt an seinen beiden Enden die beiden Förderkörbe. Das Schneckenradgetriebe kann von der unteren oder oberen Anschlagsbühne aus in Gang gesetzt werden. Die Steuerung arbeitet automatisch und das Getriebe wird selbstthätig ausgeschaltet, sobald die beiden Förderkörbe ihre höchste oder tiefste Stellung erreicht haben. Eine Bremsvorrichtung ist bei dieser Anordnung entbehrlich. Dieses Aufzug-System kann anstatt mittels Schneckenradvorgeleges ebensowohl mit doppeltem Stirnradvorgelege und selbstthätiger Bremse ausgeführt werden.

e) Ein mechanischer Aufzug mit Riemenantrieb und Bremse von Gebr. Eickhoff ist in Fig. 130 a und b dargestellt. Ausser dem durch die Schnecke angetriebenen Schneckenrade ist bei diesem Aufzuge auf der Seilscheibenwelle noch ein zweites Zahnrad aufgekeilt, welches mittels eines Handkurbelgetriebes bewegt werden kann und dazu dient, die genannte Welle erforderlichen Falles auch von Hand in Umdrehung zu setzen.

f) Eine Ausgleichung der toten Lasten findet bei den eintrümmigen Dampfaufzügen, die mittels stehender Cylinder betrieben werden, entweder gar nicht statt, oder sie erfolgt, wie bereits angeführt worden ist, durch Gegengewichte. Bei zwei trümmigen Aufzügen ist es immer zweckmässig, wenn die toten Lasten in den beiden Trummen sich gegenseitig ausgleichen. Um dieses Ziel bei den mittels stehender Dampfcylinder betriebenen Aufzügen zu erreichen, sind verschiedene, mehr oder weniger komplizierte Vorkehrungen angewandt worden. Ein sehr einfaches Mittel besteht darin, dass ausser den beiden Treibseilen a und b (Fig. 131) ein Hülfsseil c angebracht wird, das mit seinen beiden Enden an den beiden Körben angreift und über eine besondere Seilscheibe d geführt ist. Der Durchmesser der letzteren entspricht dem Abstande der beiden Körbe voneinander, von Mitte zu Mitte gemessen. Da die Länge des Hülfsseiles stets genau der Hubhöhe des Aufzuges angepasst sein muss, so ist eine

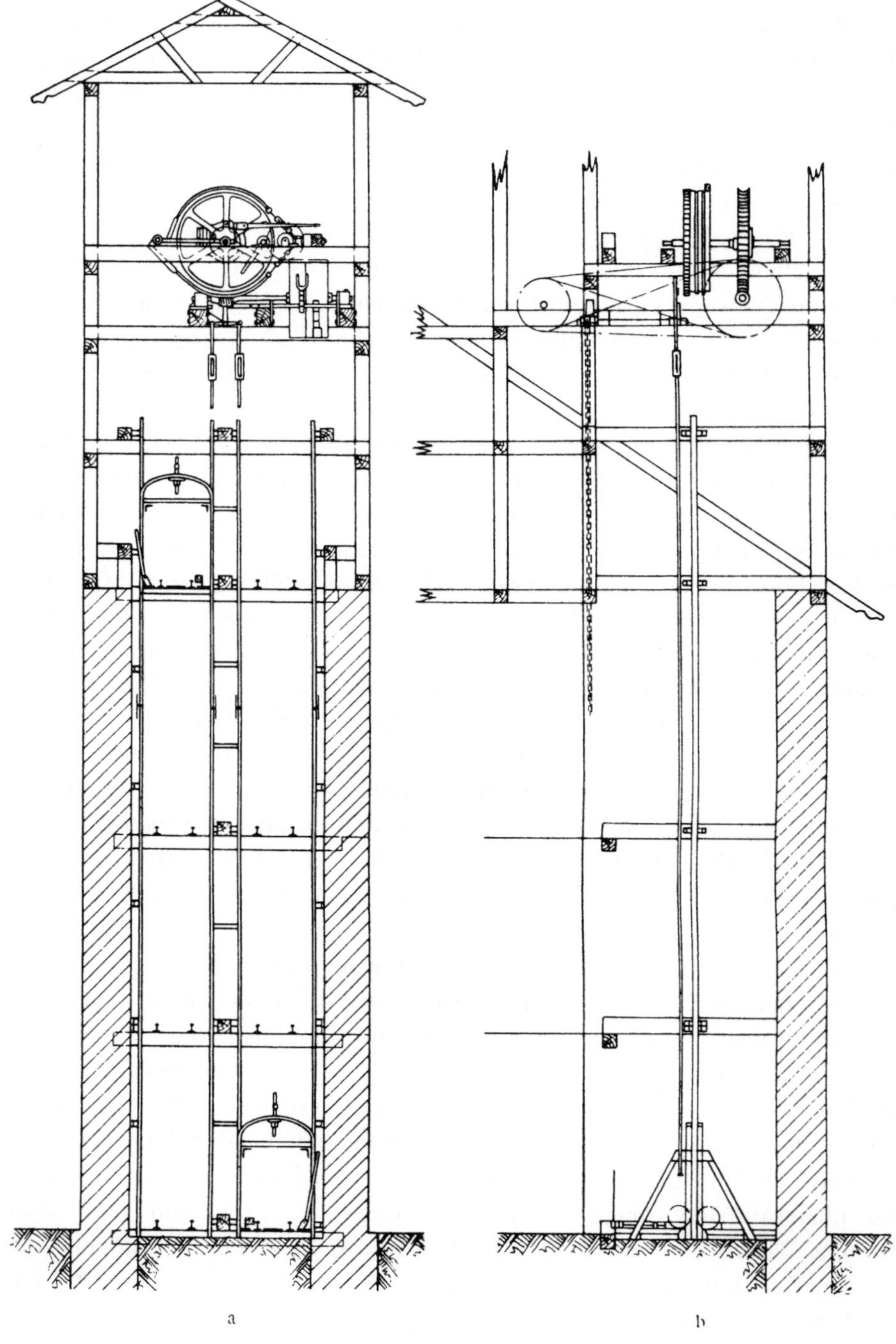

Fig. 130 a u. b.

Mechanischer Aufzug mit Riemenantrieb und Bremse.

Seilspannvorrichtung eingeschaltet worden, welche ein bequemes Kürzen des Hülfsseiles gestattet. Die Fördergestelle, die früher nur einen Wagen aufnehmen konnten, wurden s. Z. durch solche für zwei Wagen ersetzt. Um nun aber, trotz der grösseren Last, die vorhandenen kleinen Seilscheiben und zugehörigen Drahtseile beibehalten zu können, hat man zwischen diese beiden Seilscheiben die dritte eingebaut. Die drei Scheiben befinden sich nebeneinander in einer Ebene und wirken in der beschriebenen Weise.

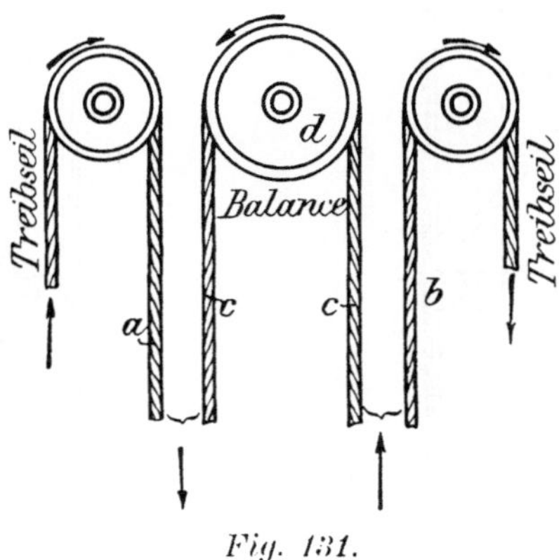

Fig. 131.

Infolge der erzielten vollständigen Ausgleichung der toten Lasten haben die beiden Treibseile jedesmal nur eine Nutzlast von 20 Centnern zu heben.

g) Ein doppelt wirkender, mittels Elektromotor angetriebener zweitrümmiger Aufzug, wie er von Humboldt gebaut wird, ist in Fig. 132 a und b dargestellt; seine Wirkungsweise ist die folgende:

Das Seil a des Korbes b wird über die Trommel c geschlungen und zu dem anderen Korbe d geführt. Auf der Welle e sitzen fest verkeilt die Trommel c und das Zahnrad f. Das letztere greift in das Ritzel g ein, welches auf der Welle h verkeilt ist. Auf der Welle h sitzt, ebenfalls fest aufgekeilt, ein zum Schutze gegen Unreinigkeiten mit einem Schutzkasten versehenes Schneckenrad mit Bronzekranz und geschnittenen Zähnen, welches in eine mit seiner Welle aus einem Stück geschnittene Stahlschnecke eingreift. Die Schnecke läuft in einem Oelbade und ihre Welle ist mit Ringschmierung versehen. Der mit dieser Welle durch eine elastische Kuppelung verbundene Elektromotor erteilt dem Schneckenrade und damit dem ganzen Mechanismus seine Bewegung. Die Umsteuerung geschieht durch Wende-Anlasser und das präzise Halten an den Abfahrstellen wird durch einen Bremsmagneten bewirkt, welcher durch die

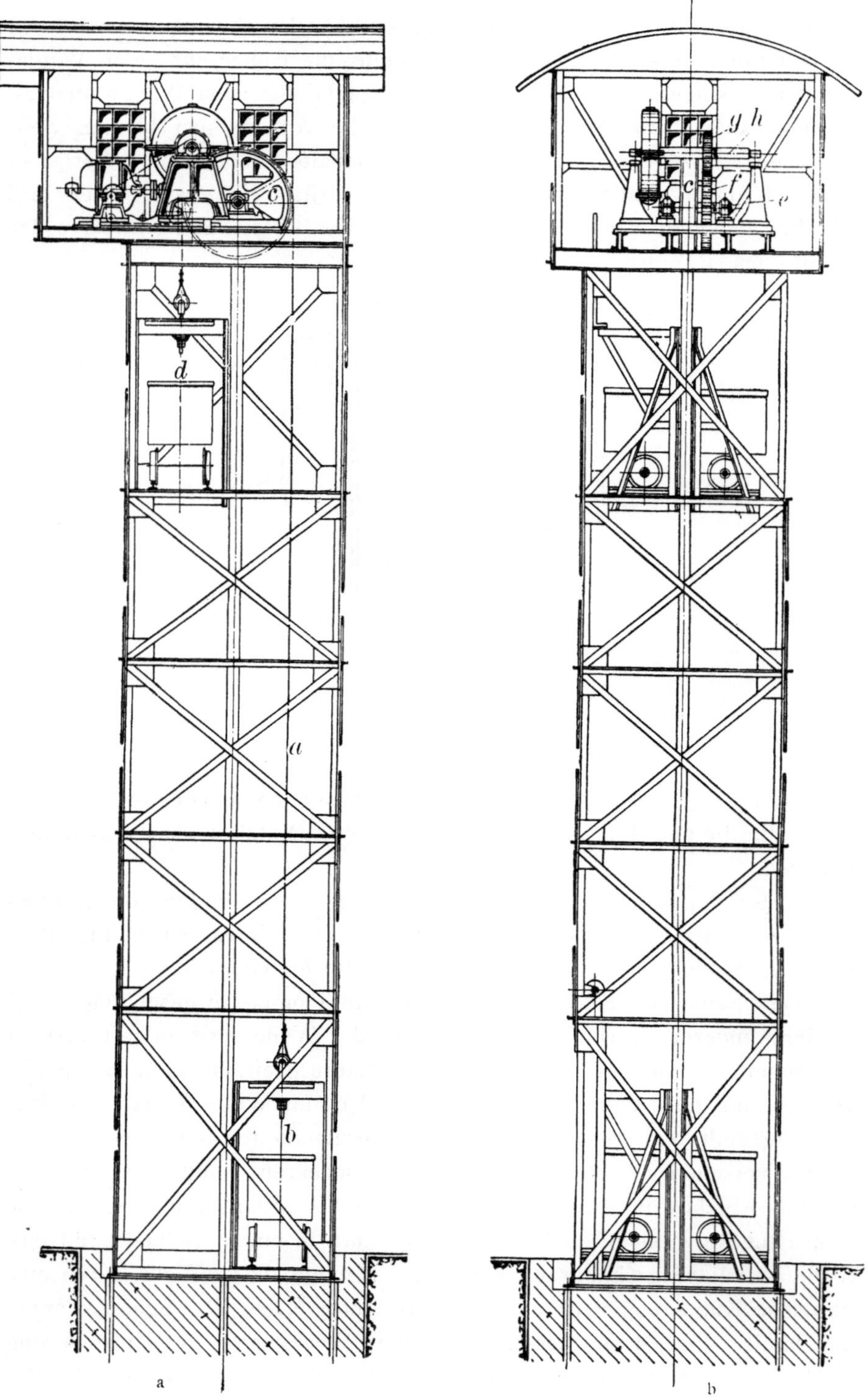

Fig. 132 a u. b.

Doppelaufzug mit elektrischem Antrieb.

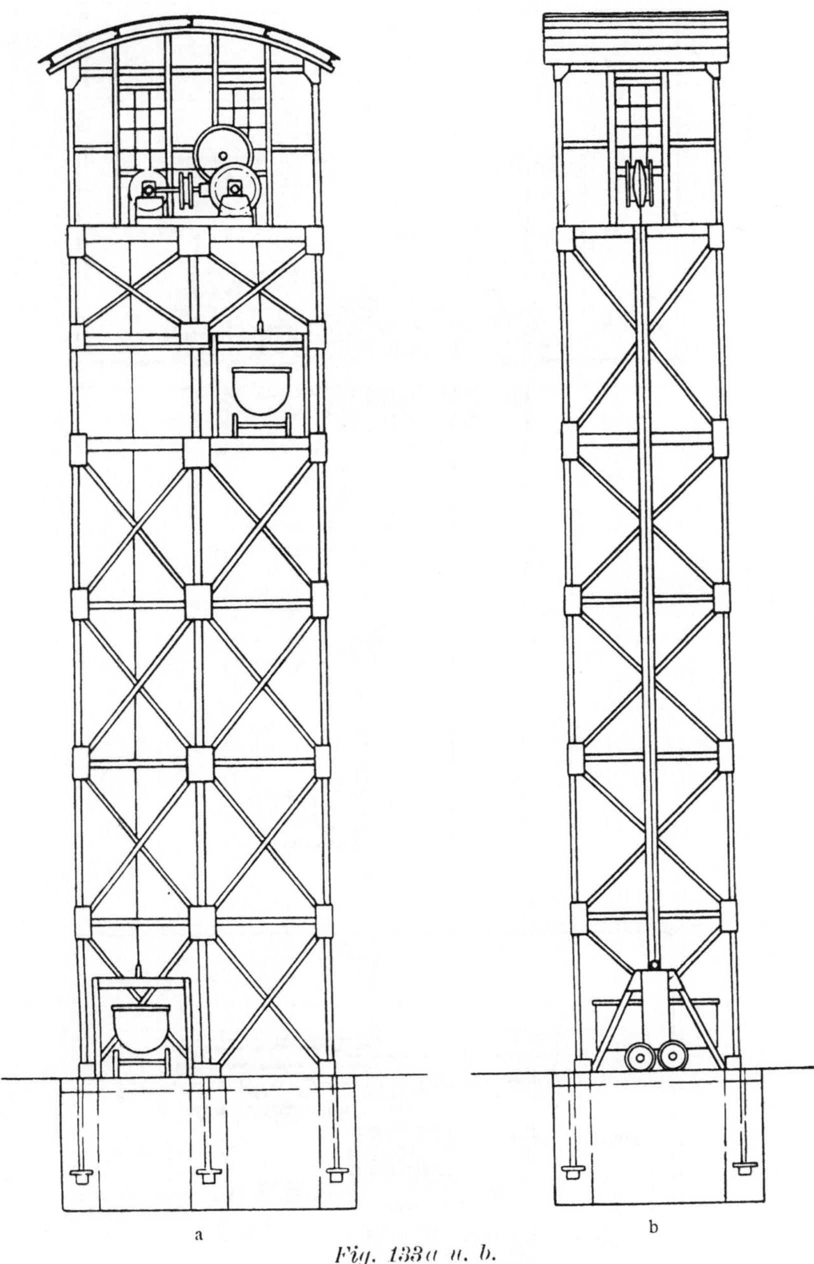

a   b

Fig. 133a u. b.

Elektrisch betriebener zweitrümmiger Bergeaufzug auf Zeche Minister Achenbach.

Steuerung bethätigt wird. Der Motor, der Anlasser und die komplette Aufzugswinde sind auf einem gemeinsamen gusseisernen Rahmen montiert. Die Steuerungen solcher Aufzüge werden meist in der Weise ausgeführt,

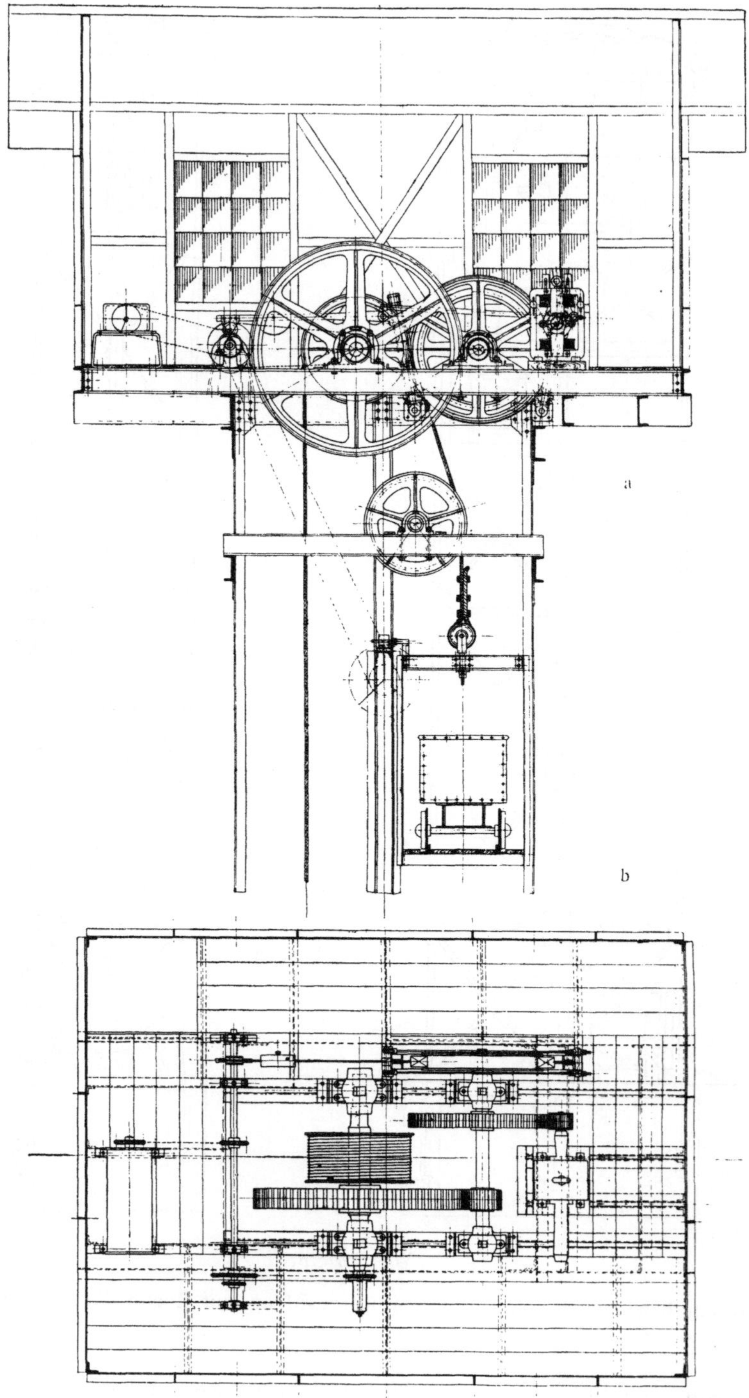

Fig. 134a u. b.

Zweitrümmiger elektrischer Aufzug von Humboldt.

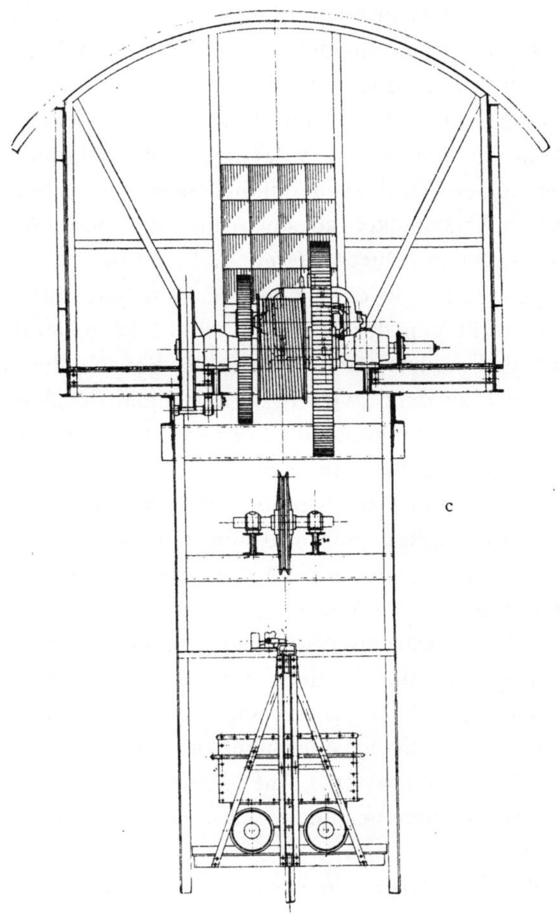

Fig. 134 c.

Zweitrümmiger elektrischer Aufzug von Humboldt.

dass das Getriebe des Aufzuges in der höchsten bezw. tiefsten Stellung
des Korbes selbstthätig abgestellt wird. Die Schutzthüren werden nach
Wunsch mit selbstthätig wirkenden Verschlüssen versehen und zwar in der
Weise, dass sich nur die Thür öffnen lässt, hinter welcher der Korb angelangt ist, oder aber, dass die untere und obere Thür selbstthätig geöffnet
und geschlossen wird, die Thüren der Zwischenetagen, welche durch Contre-
gewichte ausgeglichen sind, aber von Hand bethätigt werden.

Der obere Gerüstteil, in welchem die Schneckenradwinde und der
Elektromotor sich befinden, ist zum Schutze dieser Apparate, speziell auch
der elektrischen Einrichtungen, mit Wellblech eingekleidet. Die Förderkörbe, welche mit je einer Seilspannvorrichtung versehen sind, können auf
Wunsch auch mit einer Fangvorrichtung ausgerüstet werden.

Aehnlich dem vorbeschriebenen wird auch der in Fig. 133 a und b dargestellte, im Jahre 1902/03 auf der Zeche Minister Achenbach angelegte Bergeaufzug durch einen oben im Fördergerüste aufgestellten Elektromotor direkt angetrieben. Die Einrichtung und Wirkungsweise dieses doppeltwirkenden, zweitrümmigen Aufzuges ist die folgende:

Der auf einem geschlossenen Rahmen montierte Elektromotor treibt mittels Schnecke und Schneckenrad sowie mittels Zahnradübersetzung eine Seiltrommel von 600 mm Durchmesser und 250 mm Breite, auf welcher die beiden Aufzugseile mit je einem ihrer Enden befestigt sind. Das eine dieser Seile läuft direkt von der Trommel senkrecht ab an das eine Fördergestell, während das andere Seil über eine Seilscheibe von gleichfalls 600 mm Durchmesser zu dem zweiten Fördertrumm des Aufzuges hinübergeführt und an dem dort befindlichen Fördergestell befestigt ist.

h) Ein anderer elektrisch angetriebener, zweitrümmiger Aufzug mit Stirnradvorgelege, welcher zum Heben von 2000 kg Nutzlast bei einer sekundlichen Geschwindigkeit von 650 mm und für eine Förderhöhe von 25 m dient, ist von Humboldt ausgeführt worden und in Figur 134 a—c dargestellt. Er ist mit Stirnräder-Vorgelege versehen, weil bei einer solchen Geschwindigkeit die Erwärmung und der Verschleiss der Schneckenrad-Uebertragung zu gross sein würden. Der mit einem Rohhautritzel versehene Elektromotor greift in ein geschnittenes Zahnrad der Vorgelegewelle ein. Auf dieser Welle ist ein Ritzel befestigt, welches in das Zahnrad der Trommelwelle eingreift. Auf dieser sitzt aufgekeilt eine mit eingeschnittenen Spiralrillen versehene Trommel, über die das Seil zu den Körben geleitet wird.

Der Aufzug wird durch ein Handrad in Thätigkeit gesetzt, welches auf der oberen Hängebank am Gerüst angebracht ist. Mit dem Handrade fest verbunden ist ein Kettenrad, durch welches mittels Kettenzuges die Steuerwelle und ebenso mittels Kettenzuges der Kontroller bethätigt wird. Für die selbstthätige Abstellvorrichtung in der Höchst- und Tiefststellung des Aufzuges ist auf der Trommelwelle an einem Ende eine sog. Wandermutter angebracht, die so eingestellt werden kann, dass in einer bestimmten Höhe wiederum durch einen Kettenzug die Steuerwelle gedreht und der Kontroller abgestellt wird. Wird die Steuerwelle gedreht, so wird gleichzeitig durch eine excentrische Scheibe die Backenbremse geöffnet bezw. geschlossen und die Last sicher festgehalten. Damit bei einem ev. Versagen der Steuerung der Förderkorb nicht gegen die Seilleitrolle oder Trommel läuft, ist in der Höchststellung des Förderkorbes ein Endausschalter angebracht. Die Leitrolle dient nur als Leitscheibe zur Ablenkung des Seiles. Der obere Gerüstraum ist auch hier zum Schutze der elektrischen und maschinellen Teile eingekleidet, ferner zur Schmierung und zu einer ev. vorzunehmenden Reparatur mit einem Holzboden versehen.

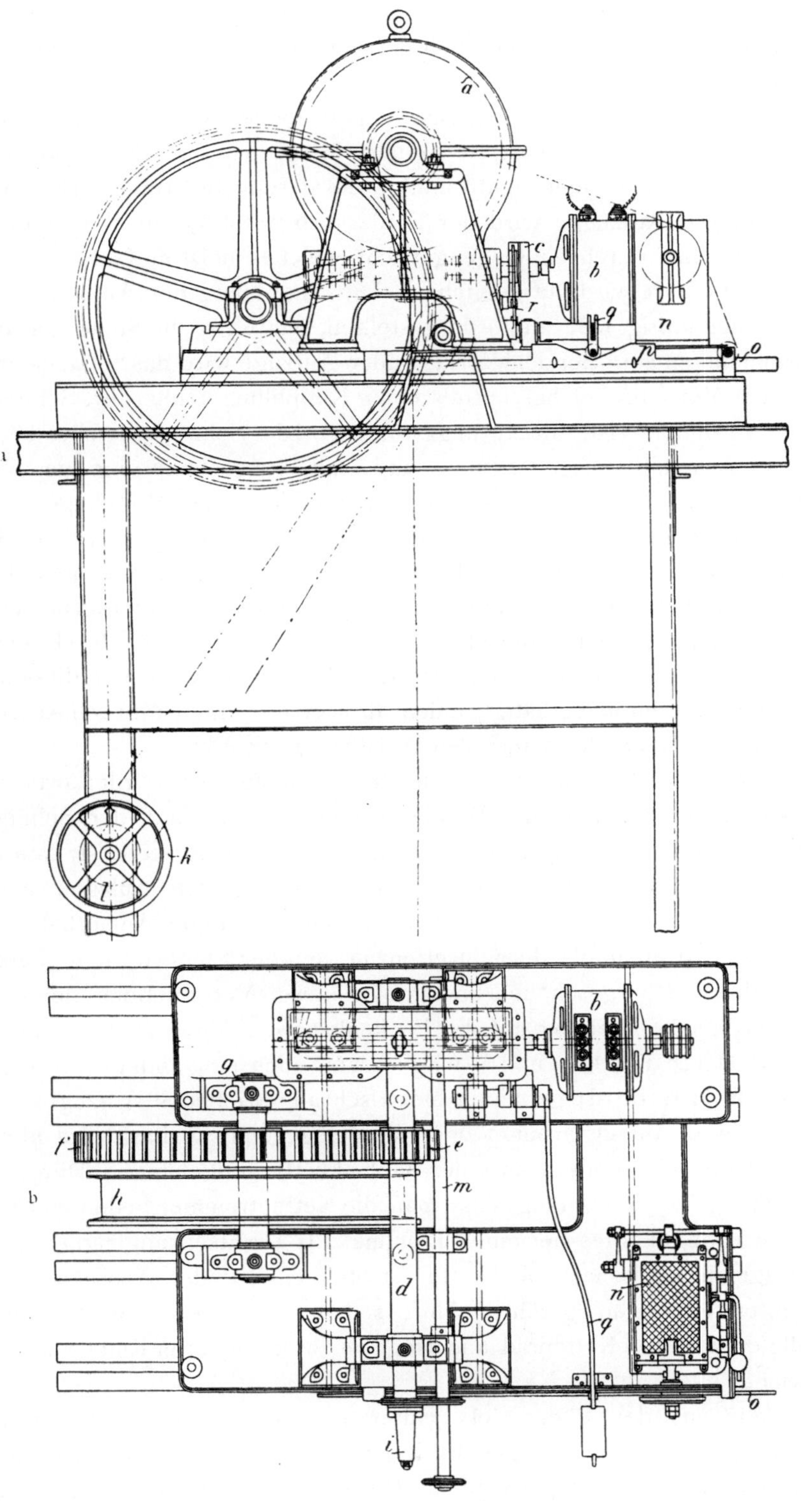

Fig. 135a u. b.

Elektrisch angetriebene Aufzugwinde von Humboldt.

Sämtliche Teile sind übersichtlich angeordnet, leicht auswechselbar und durchweg gut zugängig.

i) Weiter ist eine elektrisch angetriebene Aufzugwinde, wie sie gleichfalls von Humboldt ausgeführt wird, in Fig. 135a und b dargestellt. Sie ist für eine einträmmige Förderung bestimmt. Bei solchen einträmmigen Aufzügen wird der Förderkorb nebst leerem Wagen und der halben Nutzlast durch ein Gegengewicht, welches meist im Gerüst zwischen [ ] Eisen geführt wird, ausgeglichen. Die Anordnung der Aufzugwinde ist ähnlich der in Fig. 132a und b dargestellten, nur weist die Steuerung einige Abweichungen auf. Bei dem vorliegenden Aufzuge wird das Schneckenrad a von dem Motor b, welcher mittels einer Kuppelung c mit der Schneckenwelle verbunden ist, direkt angetrieben. Die Schneckenwelle läuft in mit Weissmetall ausgegossenen und mit Ringschmierung versehenen Lagern. Zur Aufnahme des Schneckendruckes sind Kugellager vorgesehen. Auf der Schneckenradwelle d ist ein Ritzel e aufgekeilt, welches in ein Zahnrad f eingreift. Auf der Zahnradwelle g ist die Trommel aufgekeilt, um welche das Förderseil geschlungen und einesteils am Förderkorbe, andernteils am Gegengewichte befestigt ist. Die Steuerung wird durch ein auf der Hängebank am Gerüst angebrachtes Handrad und ein mit diesem verbundenes Kettenrad bethätigt, indem das letztere mit Hülfe eines Kettenzuges die Steuerwelle m und den Anlasser n antreibt.

Um in der höchsten bezw. tiefsten Stellung des Förderkorbes eine selbstthätige Abstellung der Winde zu bewirken, ist auf der Schneckenwelle eine Wandermutter i angebracht, welche so eingestellt ist, dass sie in den dazu bestimmten Stellungen durch Kettenzug den Anlasser abstellt; ausserdem wird eine Schiene o, welche mit einer schrägen Anlaufbahn p versehen ist und ebenfalls durch Kettenzug von der Steuerwelle m bethätigt wird, hin- und hergeschoben und infolge dieser Verschiebung der Contregewichtshebel q, welcher auf die Backenbremse r einwirkt, bethätigt.

k) Durch Fig. 136a und b wird sodann noch eine andere Konstruktion eines von Humboldt gebauten elektrisch angetriebenen Aufzuges vorgeführt: Dieser Aufzug arbeitet ohne Vorgelege und die Last wird nicht an einem Drahtseil, sondern an einer Gelenkkette aufgehängt. Die letztere Anordnung hat den Vorzug, dass man die Kettentrommel bedeutend kleiner wählen kann, als dies bei einer Trommel für Drahtseil angängig ist. Die lasttragende Gallsche Gelenkkette ist über ein auf der Achse c fest aufgekeiltes Kettenrad geführt, läuft sodann über ein zweites auf der Welle c_1 sitzendes Kettenrad und trägt an ihrem anderen Ende ein Contregewicht.

Wie aus der Figur sich weiter ergiebt, ist der Motor a durch die Kuppelung b, welche gleichzeitig als Bremse ausgebildet ist, mit der Schneckenwelle direkt verbunden. Die mit der Stahlwelle aus einem Stück a

b

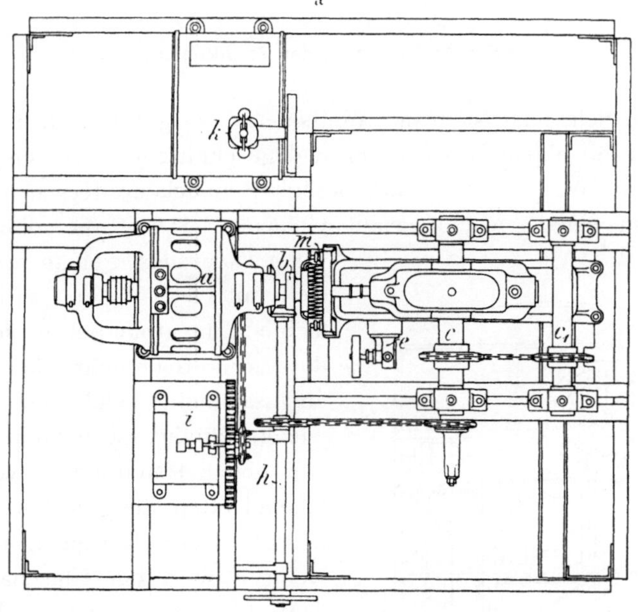

Fig. 136 a u. b.

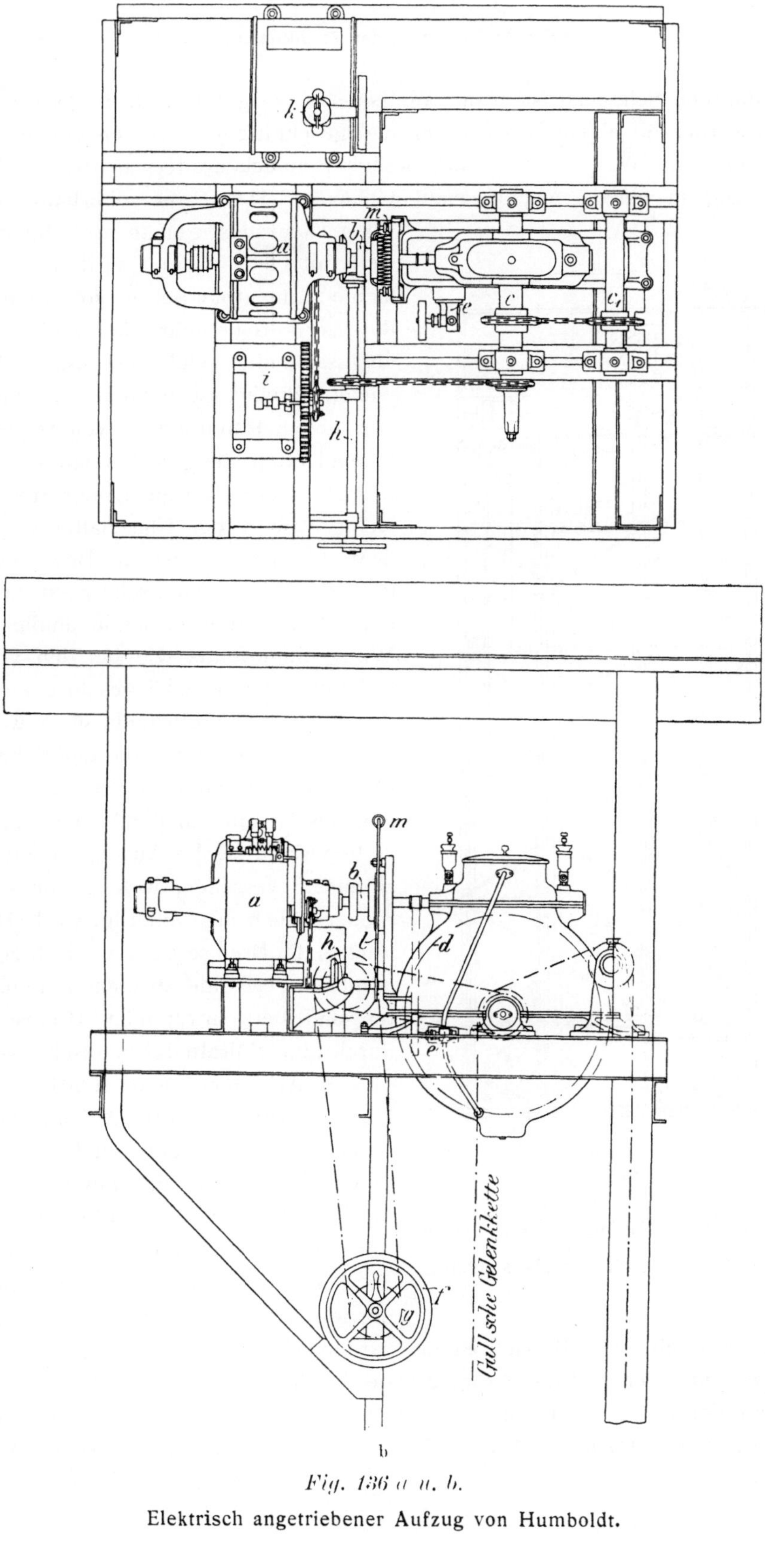

Elektrisch angetriebener Aufzug von Humboldt.

geschnittene Schnecke ist in mit Weissmetall ausgefütterten Lagern verlagert. Das mit einem Bronzekranz und geschnittenen Zähnen versehene und auf der Welle c fest aufgekeilte Schneckenrad d läuft mit der Schnecke in einem geschlossenen Gehäuse. Damit die oberhalb des Schneckenrades gelagerte Schnecke stets mit Oel versehen wird, ist eine kleine Umlaufpumpe e vorgesehen, die das untere im Schneckentrogkasten eingesammelte Oel der Schnecke wieder zuführt. Die Steuerung wird von einem Handrade f, welches mit einem Kettenrade g verbunden ist, bethätigt. Durch Kettenzug der Steuerwelle h wird der Umschalter i von dem Handrade aus in Bewegung gesetzt. Die automatische Steuerung durch Wandermutter ist in ähnlicher Weise eingerichtet wie bei den vorstehend unter h und i beschriebenen Aufzügen. Der Selbstanlasser k wird durch einen Riemen von der Schneckenwelle aus angetrieben. Um ein genaues Anhalten an der Abzugsbühne zu bewirken, ist der Aufzug mit einer Bremse l versehen, welche von der Steuerwelle h aus bethätigt wird. Die Backen der Bremse werden durch eine elliptische Scheibe auseinandergehalten und bei eintretender Bremsung durch eine Spiralfeder m geschlossen.

l) Auf der Zeche Adolf von Hansemann sind drei Aufzüge vorhanden, zwei für Kohlen und einer für Holz, welche übereinstimmend konstruiert durch je einen Elektromotor von 10 PS angetrieben werden und zwar hat man einen Transmissionsantrieb mit stets gleich umlaufendem Motor gewählt. Der Betrieb ist äusserst lebhaft, sodass nur wenige Arbeitspausen entstehen und die Stromverluste durch den dauernd laufenden Motor im Verhältnis gering sind. Die Konstruktion des Antriebes eines dieser Aufzüge für 1000 kg Last und 0,25 m Geschwindigkeit pro Sekunde wird

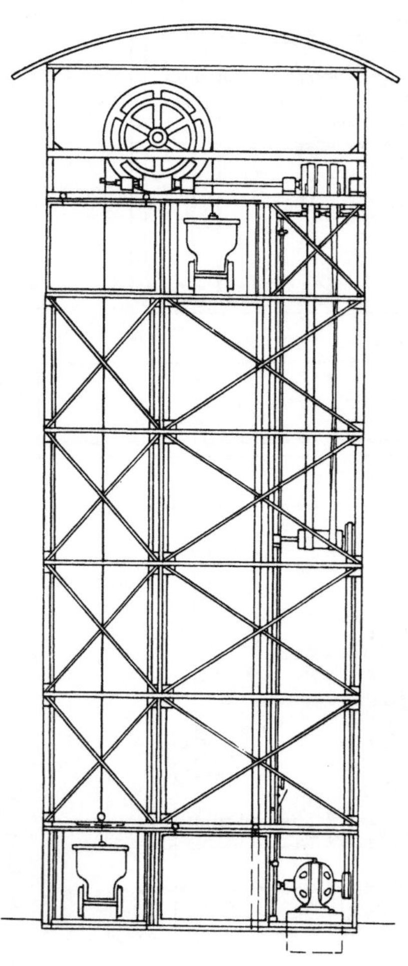

Fig. 137.

Aufzug für 1000 kg Last u. 0,25 m Geschw.
auf Zeche Adolf von Hansemann.

durch Fig. 137 erläutert und ist in der Wochenschrift Glückauf*) wie folgt
beschrieben worden:

Neben dem Aufzugsgerüste steht am unteren Anschlag der 10 PS.-
Motor mit Kurzschlussanker, also ohne jeden Anlasswiderstand und Schleif-
ring. Dieser Motortypus konnte nur bei der hier vorliegenden Betriebsweise gewählt werden, wo das Einschalten den Tag über nur vielleicht 2
bis 3 mal geschieht, sonst waren Widerstände mit irgend einer Schalt-
bewegung nicht zu umgehen. Der Motor mit Ausschalter und Sicherungen
befindet sich in einem geschlossen gehaltenen Holzverschlag, so dass die
den Aufzug bedienenden Leute mit den elektrischen Teilen absolut nicht
in Berührung kommen können. Diese Massregel hat sich im Betriebe als
notwendig herausgestellt. Der Motor macht 750 Touren in der Minute und
treibt durch Riemen eine am Fördergerüst verlagerte kurze Transmissions-
welle mit 528 Umdrehungen in der Minute. Auf dieser Welle sitzt eine
600 mm breite Scheibe mit einem offenen und einem gekreuzten Riemen,
welche beide beim Stillstande des Aufzuges auf zwei von einer Welle
getragenen Losscheiben laufen. Zwischen letzteren befindet sich eine
Festscheibe, welche beim Verschieben der eben erwähnten Riemen diese
Welle mit 240 Touren in der einen oder der anderen Richtung umtreibt.
Das Ende der Welle trägt eine eingängige Schnecke, die in ein mit
63 Zähnen versehene Rad eingreift, so dass letzteres 3,8 Umdrehungen
macht. Die mit diesem Rade verbundene Fördertrommel von 1,235 m Ar-
beitsdurchmesser giebt der Last eine Geschwindigkeit von $\dfrac{1,235 \cdot 3,14 \cdot 3,8}{60}$
= 0,25 m/Sek. Der Hub des Aufzuges beträgt 8,5 m. Für die Bedienung
ist eine in dem Fördergerüst liegende vertikale Steuerstange angebracht,
die an den Anschlagspunkten mit zwei Handgriffen versehen ist. Wird
die Stange gedreht und damit der Riemenausrücker seitwärts verschoben,
so kommt je nach Bedarf der offene oder gekreuzte Riemen auf die Festscheibe und bestimmt den Drehsinn der Trommel. Das Seil ist, um Gleiten
zu verhindern, mehreremal um die Trommel geschlungen und trägt an
seinen beiden Enden die Förderkörbe. Der Aufzug kann Lasten von
1000 kg bei Wagen von 400 kg Gewicht im Maximum ziehen, selbst wenn
der eine Korb leer ist. Die theoretisch erforderliche Leistung ist demnach
$\dfrac{1400 \cdot 0,25}{75}$ = 4,66 PS., so dass der Wirkungsgrad der Anlage 46,6 pCt.
beträgt; in Anbetracht der für solche elektrisch betriebenen Aufzüge kaum
zu umgehenden Schneckengetriebe ein befriedigendes Resultat.

---

*) Glückauf 1900 (36. Jahrg.), Nr. 50, S. 1034.

XII. Antrieb.

Zum Antrieb der Separationen und Wäschen lässt sich jede Umtriebsmaschine von beliebigem System verwenden, wie sie nicht nur beim Bergbau, sondern auch in anderen Industrien und Gewerben zu vielerlei Zwecken in Benutzung stehen und allgemein bekannt sind. Die bei der Steinkohlen-Aufbereitung vorhandenen Maschinen sind demgemäss sehr verschiedener Art und es würde zu weit führen, auch über den Rahmen dieses Werkes hinausgehen, wenn es hier unternommen werden sollte auf die Detail-Konstruktionen aller dieser Maschinen einzugehen. Es sei daher zunächst nur hervorgehoben, dass die Separationen und Wäschen fast ausnahmslos, in neuerer Zeit wenigstens, mit zwei, — auch wohl mit drei, — Betriebsdampfmaschinen ausgerüstet sind, von denen die kleinere die Stückkohlen-Sieberei und Verladung, die grössere die sämtlichen Apparate der Wäsche treibt. Durch diese Einrichtung wird es ermöglicht bei in der Wäsche vorkommenden Störungen die Sieberei allein weiter zu betreiben und Aufenthalt in der Schachtförderung zu vermeiden, oder umgekehrt die Wäsche fortarbeiten zu lassen, wenn Unregelmässigkeiten in der Förderung einen zeitweiligen Stillstand der Sieberei bedingen. Weiter möge noch erwähnt sein, dass auf einzelnen grösseren Zechen in neuerer Zeit die Separation und Wäsche von einer Centralkraftanlage aus mittels Haupttransmissionswelle und Riemen- oder Seilübertragung betrieben wird, wie z. B. auf der Zeche Preussen I*), sowie dass, wie es mit der fortschreitenden Einführung der Elektricität in den Bergbau erwartet werden musste, jüngst der Antrieb von einer elektrischen Centrale aus durch Einzelmotoren bewirkt worden ist, nämlich in der neuen Separation und Wäsche auf der Zeche Scharnhorst**) und zwar durch acht Elektromotoren, und ebenso auf mehreren anderen im neuen Jahrhundert erbauten Separationen und Wäschen, z. B. auf den Emscher Schächten des Kölner Bergwerksvereins, auf König Ludwig IV/V und Concordia IV.

XIII. Gebäude.

Die Gebäude der Siebereien und Wäschen sind in früherer Zeit häufig aus Holz oder in Holzfachwerk ausgeführt und mit Asphaltpappe eingedeckt worden. In neuerer Zeit baut man sie nur mehr in Eisenfachwerk oder, und zwar speciell die Wäschen, um sie widerstandsfähiger gegen Erschütterungen zu machen, in massivem Mauerwerk, mit innerem Ausbau in Eisenkonstruktion, eisernem Dachstuhl und Bedachung in Well-

---

*) Glückauf 1898, No. 26, S. 517.
**) Glückauf 1901, No. 36 u. 37, S. 795.

blech, Cementbeton oder Cementplatten usw. Die Treppen werden gleichfalls aus Eisen hergestellt, oder es ist ein besonderes, massives Treppenhaus mit Eisen- oder Steintreppen vorhanden, wie beispielsweise auf den Zechen Bonifacius, König Ludwig. Ferner wird für gutes Licht, möglichste Vermeidung von Staub, Uebersichtlichkeit der ganzen Anlage sowie leichte und bequeme Zugänglichkeit der sämtlichen Apparate gesorgt. Endlich ist es immer ratsam, wenngleich durch die vorerwähnten besseren Bauausführungen die Feuersicherheit schon gewährleistet ist, der Aufbereitungs-Anlage eine isolierte Lage gegenüber den übrigen Gebäulichkeiten zu geben und sie durch eine überdachte Brücke mit dem Schachtgebäude zu verbinden, damit bei einem ausbrechenden Brande die kostspielige Wäsche nicht sogleich, wie es so häufig geschehen, in Mitleidenschaft gezogen oder vollständig zerstört werden kann.

XIV. Leistungen.

Die Leistungen, für welche die Steinkohlen-Aufbereitungen gebaut werden, sind abhängig von der Höhe der Förderung. Sie sind daher verschieden, in neuerer Zeit entsprechend den grossen Förderquantitäten, welche zahlreiche Zechen aufweisen, sehr gestiegen und haben in den zahlreichen, von den in Betracht kommenden Maschinenfabriken erbauten Separationen und Wäschen in den letzten zehn Jahren durchschnittlich zwischen 60 und 120 t je Stunde betragen. Indes sind auch Anlagen für grössere Leistungen, bis zu 200 t für die Stunde und darüber hinaus, im hiesigen Industriebezirke errichtet worden.

Der Aschengehalt der gewaschenen Produkte ist, wie eingangs hervorgehoben worden, so viel als möglich herabzumindern, zugleich aber hierbei ein möglichst geringer Verlust an Kohlensubstanz zu erstreben. Ganz besonders gilt dieses von der zur Koksfabrikation dienenden Feinkohle, um die es sich in einer grossen Anzahl von Kohlenwäschen ja vorzugsweise handelt. Von den für die Steinkohlen-Aufbereitung arbeitenden Maschinenfabriken wird bei der Bauübernahme im allgemeinen ein Aschengehalt von $5\,^0/_0$ neben einem Wassergehalt von $12\,^0/_0$ in der gewaschenen Feinkohle und ein Aschengehalt von 65 bis $70\,^0/_0$ in den Waschbergen garantiert. Diese Zahlen können jedoch nicht für alle Fälle gelten; denn sie sind selbstverständlich zu sehr abhängig von der Beschaffenheit der aufzubereitenden Rohkohle, namentlich von dem Verwachsensein derselben mit Bergen oder Brandschiefern. Bei einer gutartigen, weniger aschenreichen Kohle kann man den Aschengehalt ohne Schwierigkeiten bis auf $4^1/_2\,^0/_0$ bezw. $72\,^0/_0$ bringen; bei einer verwachsenen Kohle wird man dagegen den Aschengehalt der gewaschenen Kohle nur auf Kosten des verminderten Aschengehaltes der Waschberge auf eine befriedigende Prozentzahl herunterdrücken können. Grenzzahlen lassen sich hierfür garnicht angeben, man wird vielmehr durch Waschversuche bezw. Aschenanalysen im Einzelfalle feststellen müssen, wie hoch die Kohle angereichert werden darf, ohne zu grosse Verluste in den Waschbergen zu erhalten. Die Feinkohlensetzmaschinen kann man, vorausgesetzt, dass man es mit einer nicht zu aschenreichen Kohle zu thun hat, bei sachverständiger und sorgfältiger Aufsicht ohne besondere Schwierigkeiten so stellen, dass die von denselben ausgetragenen Kohlen nur ca. $3\,^0/_0$ Aschengehalt besitzen. Der in den fertigen Kokskohlen nachher enthaltene höhere Aschengehalt rührt dann entweder aus den Niederschlägen des Waschwassers her, oder aus den etwa trocken abgesiebten bezw. abgeblasenen und im Desintegrator zugemischten Staubkohlen, oder aus den ev. zugeführten Schlämmen, oder endlich aus den mit höherem Aschengehalt beim Nachwaschen der Feinkohlen-Waschberge erhaltenen und beigemischten Kohlen.

Die Kosten der Steinkohlen-Aufbereitung sind auf den einzelnen Zechen nicht unbedeutenden Schwankungen unterworfen. Die Gründe dafür beruhen zunächst in der grossen Verschiedenheit der aufzubereitenden Rohkohlen, ferner in der Ausführung der Separationen und Wäschen nach verschiedenen Systemen, in der Grösse der geschaffenen Anlagen, in deren mehr oder weniger starken Inanspruchnahme, vollen oder nur teilweisen Ausnutzung, in der grösseren oder geringeren Sorgfalt, mit welcher die Arbeiten durchgeführt werden, in dem hieraus sich ergebenden Grade der erzielten Reinheit der fertigen Produkte unter gleichzeitiger möglichster Vermeidung von Kohlenverlusten und in noch mancherlei anderen Verhältnissen.

Es lässt sich daher ein vollständig einwandfreier Vergleich zwischen einer Anzahl von Separationen und Wäschen nur unter Berücksichtigung aller erwähnten Gesichtspunkte vornehmen, was sehr schwierig und zeitraubend ist.

Um aber eine Uebersicht über die ungefähren Kosten der Steinkohlen-Aufbereitung, sowohl im ganzen, als auch in den einzelnen Hauptpositionen zu geben, sind in Tabelle 15 die Betriebsresultate von insgesamt 25 Separationen und Wäschen mitgeteilt.

Eine Nennung der Namen der in Betracht kommenden Zechen in der Tabelle ist unterblieben, weil einzelne Verwaltungen damit nicht einverstanden waren; anstatt dessen sind die aufgeführten Aufbereitungen mit laufenden Nummern bezeichnet und nach ihrer Leistungsfähigkeit pro Stunde geordnet. Die Kosten für Betriebskraft sind unter Zugrundelegung des Kraftbedarfs in PS berechnet worden, wobei für die Pferdekraft und Stunde ein einheitlicher Durchschnittspreis von 4 Pf. angenommen worden ist.

Tabelle 15.

Lfd. No.	Kraftbedarf in PS	Tägliche Betriebszeit in Stunden	Stündliche Leistung in t	Jährliche Leistung in t	Amortisation und Verzinsung	Jährliche Kosten in Mark für:						Kosten der Aufbereitung für 1 t Kohle in M.
						Kraftbedarf	Bedienung	Reparatur	Materialien	Wasser	Summa	
1	75	10	25	75 000	10 000	9 000	3 600	1 200	1 800	1 800	27 400	0,37
2	100	10	30	90 000	25 000	12 000	6 000	600	2 400	1 200	47 200	0,52
3	120	8	50	120 000	19 000	11 520	5 220	500	1 500	1 200	38 940	0,32
4	80	16	50	240 000	20 690	15 360	7 800	480	2 400	2 400	49 130	0,20
5	240	16	60	285 000	35 000	46 080	20 400	1 440	3 000	2 280	108 200	0,38
6	255	14	62	261 000	51 000	42 840	25 560	2 400*)	3 180	4 440	129 420	0,50
7	230	12	62	222 000	35 000	33 120	22 860	2 760	6 768	3 000	103 508	0,47
8	60	7	64	135 000	16 865	5 040	4 320	360	2 400	1 350	30 335	0,22
9	200	12	83	300 000	47 155	28 800	8 400	2 040	2 280	2 400	91 075	0,30
10	400	16	88	420 000	33 325	76 800	18 000	6 000	5 400	1 560	141 085	0,34
11	200	8	88	210 000	41 500	19 200	5 040	600	2 400*)	3 000	71 740	0,34
12	240	14	89	375 000	80 000	40 320	25 200	2 400	1 920	5 400	155 240	0,41
13	160	9	89	240 000	35 320	17 280	4 440	3 300	2 880	2 400	65 620	0,27
14	352	10	100	300 000	53 725	42 240	6 396	2 400	1 380	360	106 501	0,36
15	90	14	100	420 000	33 800	15 120	57 600	3 000	1 800	1 380	112 700	0,27
16	144	11	110	363 000	23 500	19 008	11 820	9 600	2 580	3 630	70 138	0,19
17	250	16	113	540 000	55 000	48 000	36 000	7 200	5 280	1 680	153 160	0,28
18	575	18	117	630 000	67 500	124 200	20 400	9 600	18 000	4 320	244 020	0,39
19	250	16	125	600 000	26 181	48 000	23 172	8 976	6 204	504	112 137	0,19
20	337	9	133	360 000	46 241	36 396	34 800	19 800	4 320	1 980	143 537	0,40
21	500	16	150	720 000	77 500	96 000	51 000	5 400	24 000	10 800	264 700	0,36
22	430	16	182	870 000	30 000	82 560	44 340	23 580	3 720	8 700	192 900	0,22
23	180	16	188	900 000	80 000	34 560	35 400	4 560	1 860	9 000	165 380	0,18
24	650	10	200	600 000	78 205	78 000	24 000	14 400	24 000	6 000	224 605	0,37
25	550	15	253	1 140 000	140 352	99 000	25 200	38 400	9 840	26 880	339 672	0,30

*) Da Angaben fehlten, geschätzt.

Als Betrag für Amortisation und Verzinsung ist der übliche Satz von 10 % des Gesamtanlagekapitals eingesetzt worden.

Da mehrere Zechen Gruben- bezw. Mergelwasser für die Wäsche verwenden und dadurch hinsichtlich der Wasserkosten günstiger als die anderen gestellt sind, so ist bei den ersteren, um den daraus entstehenden Vorsprung auszugleichen, ein berechneter Durchschnittssatz von 1 Pfg. Wasserkosten für die Tonne aufbereiteter Kohlen in die Tabelle eingesetzt worden.

Die Kosten der Aufbereitung für eine Tonne sind sodann schliesslich dadurch ermittelt worden, dass die jährlichen Gesamtkosten durch die Zahl der jährlich aufbereiteten Tonnen Kohlen dividiert worden sind.

Als Schlussresultat der Berechnung ergeben sich die Durchschnitts-Aufbereitungskosten zu 33 Pfennigen pro Tonne. Die Waschverluste sind dabei nicht berücksichtigt.

Der Wassergehalt der entwässerten Kokskohle hängt nicht nur von der Zeit, welche ihr zum Trocknen gegeben wird, sondern auch besonders davon ab, ob dieselbe hauptsächlich von körniger oder von staubiger Beschaffenheit ist. Wenn man viel Staub enthaltende und folglich reichliche Schlämme liefernde Kohle genügend lange, d. h. mindestens 24 Stunden, abtrocknen lässt, wie es auf manchen Zechen geschieht, so ist auch bei dieser der Wassergehalt bis auf 12 %, bei guten Entwässerungsvorrichtungen auch selbst noch etwas weiter, wenn es verlangt wird, herunterzubringen.

XV. Beispiele von ausgeführten älteren und neueren Separationen und Wäschen.

Im folgenden sollen einige Beispiele von im hiesigen Bezirke ausgeführten älteren und neueren Separationen und Siebereien, sowie von älteren und neueren Wäschen besprochen und an der Hand von Abbildungen beschrieben werden. Es wird hierdurch ein übersichtliches Bild gegeben von den Fortschritten, die auf diesem Gebiete in den letzten Decennien des abgelaufenen und in den ersten Jahren des neuen Jahrhunderts stattgefunden haben.

Sieberei der Zeche Ritterburg bei Bochum
(erbaut von Schüchtermann & Kremer im Jahre 1872).

Die in Förderwagen vom Schachte herangefahrenen Kohlen werden mittels eines Kreiselwippers a (Fig. 138a und b) auf einen beweglichen Stangenrost b gestürzt und hier in Stück- und Kleinkohlen getrennt. Die Stücke gelangen über eine Holzrutsche c entweder direkt zur Verladung oder vorher auf einen Lesetisch.

Sämtliche durch den Rost fallende Kohle wird vermittelst der Schnecke d der Siebtrommel e zugeführt und hier in vier Sorten getrennt. Die drei ersten Sorten, d. h. die feineren Körnungen, werden in den unter dem Sieb befindlichen Vorratstaschen f angesammelt, während der Austrag, also die gröbere Sorte, auf einen rotierenden Lesetisch g gelangt.

Aus den Vorratstaschen f sowie vom Lesetisch g werden die Produkte in kleine Wagen verladen und abgefahren.

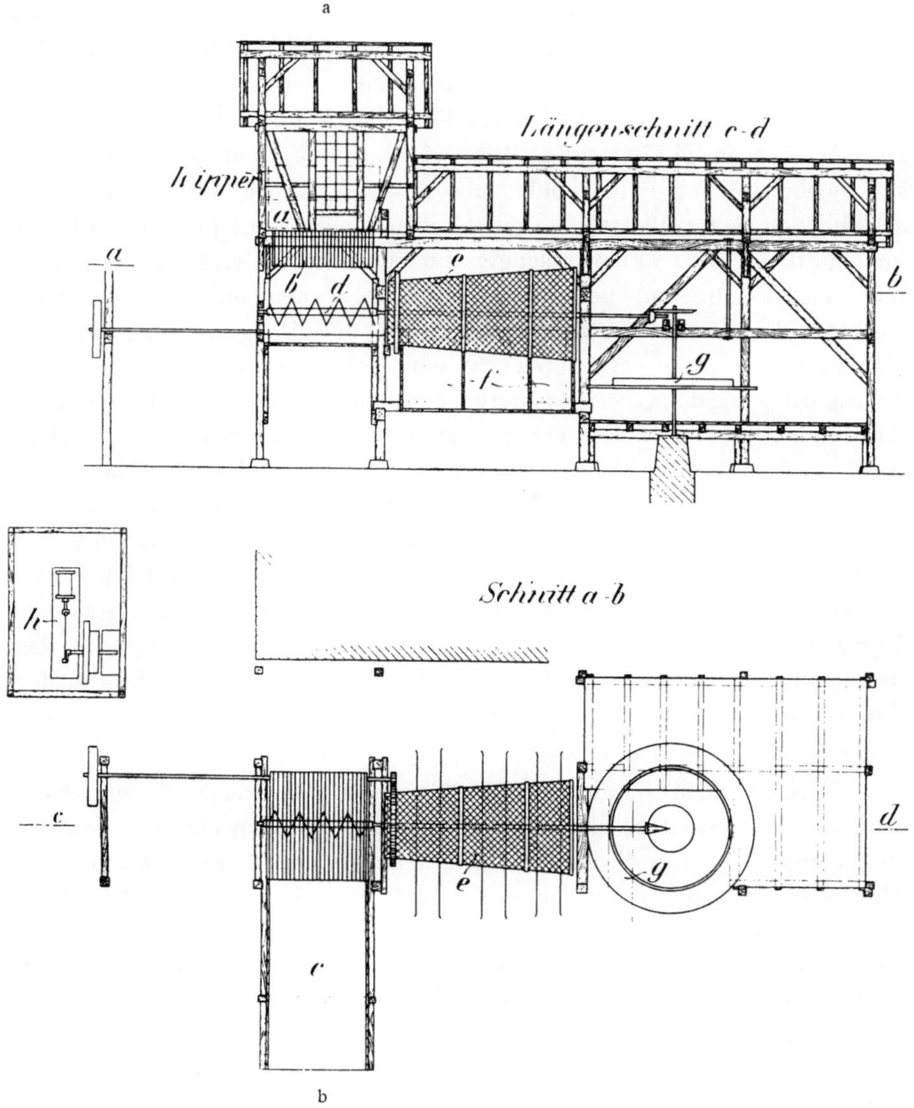

Fig. 138 a u. b.

Kohlenseparation der Zeche Ritterburg bei Bochum.

Zum Antrieb der ganzen Anlage dient eine kleine liegende Dampfmaschine h.

Sieberei der Zeche Blankenburg

(erbaut von Humboldt im Jahre 1896).

Die für Zeche Blankenburg erbaute Sieberei (Tafel XIV) ist als Doppelsystem für Flamm- und für Magerkohle eingerichtet und für beide Kohlenarten in der Klassierung je eine besondere Anspeicherung vorgesehen. Vom Schachte angefahrene Förderkohle gelangt über die Brücke zu den mechanisch bewegten Wippern a^1 und a^2 und wird auf Kreisschwingsieb b^1 für Flammkohle mit 90 mm Lochung bezw. auf Kreisschwingsieb b^2 für Magerkohle mit 50 mm Lochung gekippt. Die Flammkohlen-Stücke über 90 mm gelangen auf ein Transportleseband c^1, werden dort ausgeklaubt und vermittelst der zum Heben und Senken eingerichteten Bremskettenverladerutsche c^2 in die Waggons verladen. Die Magerkohlen-Stücke von über 50 mm gelangen vom Siebe auf das Transportleseband c^3, werden dort ausgeklaubt und hiernach vermittelst Abstreicher in den Nadelbrecher d abgestrichen, um dort zerkleinert zu werden. Man kann auch zeitweise einen Teil dieser Magerstückkohle von dem Transportbande in kleine Wagen auf Hängebankhöhe abstreichen, um sie anderen Stückkohlen beizumischen. Der Rücktransport der zerkleinerten Stückkohle vom Brecher d aus erfolgt mittels Kratzband nach der Vorratsgrube des Becherwerkes. Die durch die Siebe b^1, b^2 gefallene Nussgruskohle unter 90 mm bezw. unter 50 mm speichert sich in dem unterhalb der Siebe angebrachten Vorratsbehälter an und rutscht von dort durch die beweglichen und verstellbaren Absperrschieber den Aufgabebecherwerken f^1 und f^2 zu.

Vom Magazin herangeschaffte klassierte oder auch Nussgruskohle wird in einem ca. 1100 mm tiefer liegenden Terraineinschnitt angefahren und vermittelst eines direkt-wirkenden Aufzuges auf Terrainhöhe gehoben. Hier wird die Kohle dem Wipper a^3 für Flamm-, bezw. a^4 für Magerkohle zugeführt (Schnitt A—B), um auf die mittels Excenter bewegten Aufgebeschuhe i^1 bezw. i^2 gekippt zu werden, durch welche die Kohle den betreffenden Aufgabebecherwerken f^1, f^2 zugeführt wird. Letztere heben die Kohle den vier seitlich bewegten Klassiersieben — Schüttelsieben — g^1—g^4 zu, wo sie in je vier Produkte klassiert wird, nämlich: die Flammkohle in 90—50—25—15—0 mm und die Magerkohle in 50—22—15—8—0 mm. Durch verschiedene Rutschen, teilweise in Verbindung mit Bändern, gelangen diese einzelnen Nusssorten auf die Transportlesebänder h^1, h^2, h^3 und h^4, h^5, h^6. Hier werden die Nüsse von 90—15 mm bezw. 50—8 mm ausgelesen und nach den über dem Gleise aufgestellten Vorratstaschen transportiert und können sich dort aufspeichern. Die Nuss 90—50 mm kann auch zeitweise dem Brecher d zugeführt werden.

Additional material from *Aufbereitung, Kokerei, Gewinnung der Nebenprodukte, Brikettfabrikation, Ziegeleibetrieb,* ISBN 978-3-642-51908-6 978-3-642-51908-6_OSFO13), is available at http://extras.springer.com

Der abgesiebte Staub unter 15 mm bezw. unter 8 mm wird durch ein Kratzband h^7 bezw. Transportband h^6 — siehe Schnitt CD — nach den Vorratsbehältern transportiert, um in Hängebankhöhe in Förderwagen, oder die Magerkohle (8—0) auch in Waggons verladen zu werden.

Die Verladung der verschiedenen Nüsse ist auf verschiedene Arten möglich, nämlich erstens können dieselben in Hängebankhöhe durch Verstellen der Abstreicher auf den Bändern in kleine Wagen abgeladen werden, um magaziniert oder zum Kesselhause gefahren zu werden; zweitens können die verschiedenen Nusssorten vermittelst Schieber und automatischer Verladerutschen l direkt in die Waggons verladen werden und drittens können die einzelnen Nusssorten einer Nachklassierung unterworfen werden. Zu diesen Zwecken ist unterhalb der Nusstaschen das Transportband m angeordnet, auf welches die nachzuklassierende Nusssorte vermittelst Schieber abgezogen wird. Am Ende des Bandes m wird die Nusssorte auf das horizontal arbeitende Klassiersieb — Kurvensieb — o abgestrichen und nach Verlassen des Siebes mit der beweglichen Rutsche p in die Eisenbahnwaggons verladen. Der abgesiebte Grus speichert sich in Behälter unterhalb des Siebes an und wird vermittelst Förderwagen in Terrainhöhe den Wippern a^3 bezw. a^4 zugeführt. Die ausgelesenen Berge werden vermittelst eines Aufzuges nach der Hängebank gefördert, um in dieser Höhe nach der Halde abgefahren zu werden.

Zum Betriebe der Anlage ist im unteren Teile derselben in einem abgeschlossenen Raume die Betriebsdampfmaschine mit Ridersteuerung von 450 mm Cylinderdurchmesser und 800 mm Hub untergebracht.

Das Gebäude der Sieberei ist ganz in Eisenkonstruktion mit Fachwandausmauerung gebaut. Die Dächer sind in Cementplatten hergestellt.

Kohlenseparation und Wäsche für die Zeche Barillon
(erbaut von Schüchtermann & Kremer im Jahre 1875).

Die vom Schachte kommenden Kohlen werden mittels des Kreiselwippers a (Fig. 139a und b) auf den beweglichen Stangenrost b gestürzt und hier in Stück- und Kleinkohlen getrennt. Erstere gelangen über eine Rutsche c direkt zur Verladung, während die Kleinkohle vermittelst der Schnecke d in die Trommel e geführt wird. Hier findet eine Trennung in drei Sorten — Feinkohle, Nusskohle und Knabbelkohle — statt.

Die zuerst abgesiebte Feinkohle wird mittels des Becherwerks f in die Transportschnecke g geführt, während die Nusskohle durch das Becherwerk h in die Trommel i gehoben und hier nochmals in drei Korngrössen separiert wird. Der Austrag von der Trommel e, also die Knabbeln,

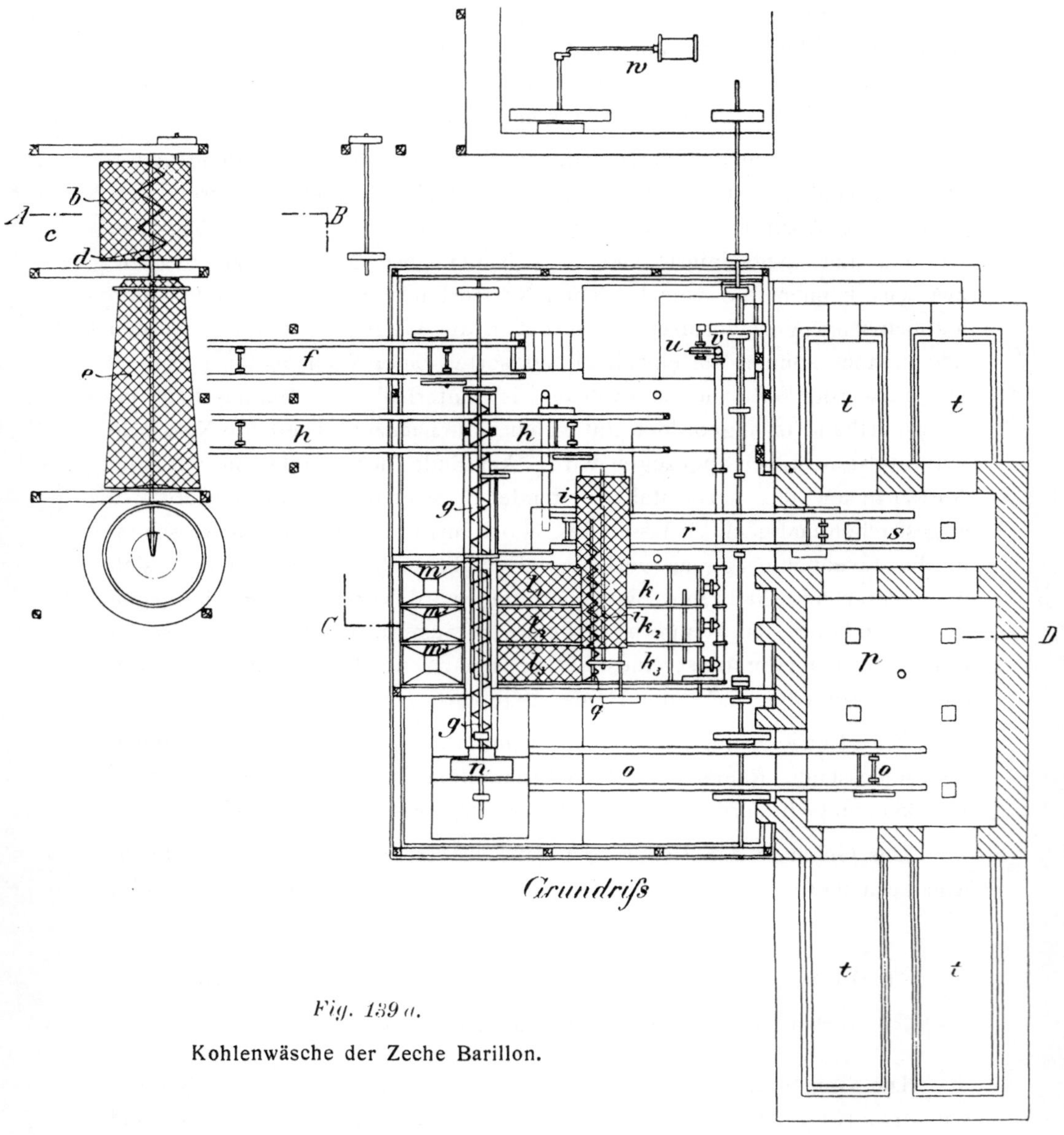

Kohlenwäsche der Zeche Barillon.

fallen auf einen rotierenden Lesetisch und gelangen von hier zur Verladung in kleine Wagen.

Die Trommel i besitzt auf der ersten Hälfte einen Doppelmantel und es wird in dem äusseren Mantel die auf dem Transport durch Zerreiben entstandene Feinkohle nochmals abgesiebt und ebenfalls in die Schnecke g geführt, während die in dem übrigen Teil der Trommel i getrennten drei Nusssorten auf die Setzmaschinen k_1—k_3 geführt und hier gewaschen werden.

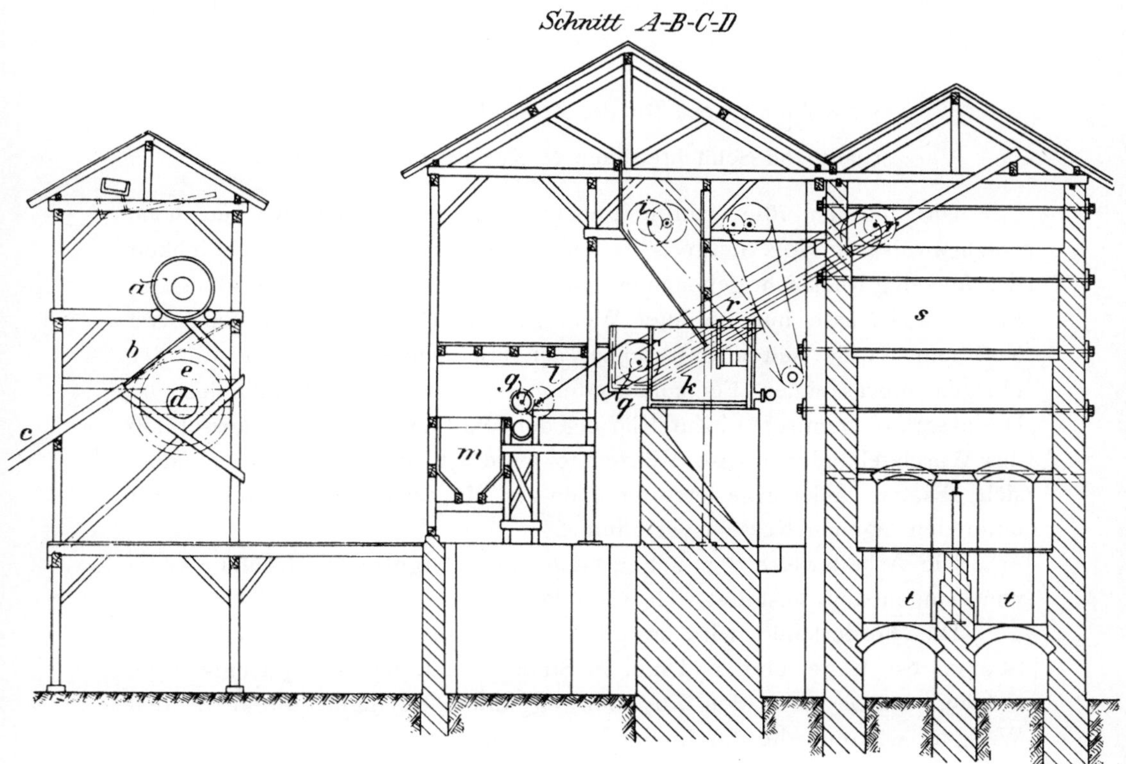

Fig. 139 b.

Kohlenwäsche der Zeche Barillon.

Die gewaschenen Nüsse gelangen von den Setzmaschinen zuerst auf die vorliegenden Entwässerungssiebe l_1—l_3 und von hier entweder in die Vorrats- und Verladetaschen m_1—m_3 oder durch Oeffnung eines Schiebers in die Schnecke g. Letztere schraubt nun die Feinkohlen und eventuell auch die Nusskohlen in den Desintegrator n, wo sie zerkleinert und gemischt werden. Die so für die Kokserzeugung vorbereitete Kohle gelangt durch das Becherwerk o in den Vorratsturm p, aus welchem dann von der 4 m hohen Abzugsbühne die Abfuhr nach den Koksöfen erfolgt.

Der auf den Setzmaschinen k_1—k_3 ausgewaschene Schiefer wird mittels der Schnecke q und des gelochten Becherwerks r direkt in den Schieferturm s gehoben.

Die Waschwasser fliessen von den Entwässerungssieben zuerst zur Klärung in die Bassins t und von hier in den Sumpf u, aus welchem die Centrifugalpumpe v sie entnimmt und den Setzmaschinen zum neuen Gebrauche wieder zuführt.

Zum Antrieb der ganzen Anlage dient eine liegende eincylindrige Dampfmaschine w.

Kohlenwäsche für die Zeche Dannenbaum

(erbaut von Schüchtermann & Kremer im Jahre 1876).

Die in den 70er Jahren gebauten Kohlenwäschen wurden noch vorzugsweise in Holz hergestellt, auf gutes Licht und Uebersichtlichkeit wurde wenig Rücksicht genommen, dabei auf eine sorgfältige Verladung der Stücke und Nüsse nur geringer Wert gelegt. Die Staubkohle von etwa 0—3 mm wurde selten gewaschen, sondern meistens trocken mit der übrigen gewaschenen Feinkohle oder den gemahlenen Nusskohlen im Desintegrator gemischt. Zur Klärung der Waschwasser waren ausserhalb des Waschgebäudes grosse Klärteiche angelegt, in denen der Schlamm sich absetzte und wurde letzterer dann als minderwertiges Produkt meist unter den eigenen Kesseln verbrannt.

Die Arbeitsweise der in Fig. 140a und b dargestellten Kohlenwäsche von Dannenbaum gestaltet sich wie folgt:

Die Förderkohle wird mittels eines Kreiselwippers a auf einen Stangenrost b gestürzt und hier in Stück- und Kleinkohle getrennt. Die Stücke, welche über den Rost hinweggleiten, gelangen direkt in den Waggon, während die durchfallenden Kleinkohlen von dem Becherwerk c aufgenommen und in die Wäsche gehoben werden, wo sie zuerst in die Siebtrommel d gelangen. Hier findet eine Trennung in drei Korngrössen statt, und zwar wird zuerst der Staub abgesiebt, welcher entweder in einem Vorratstrichter sich ansammelt und aus diesem mittels kleiner Förderwagen abgefahren oder durch eine Lutte in die Transportschnecke f geführt wird.

Das zweite Produkt, welches abgesiebt wird und eine Korngrösse von etwa 3—80 mm hat, gelangt aus der Trommel d in die Trommel g, um hier weiter separiert zu werden, während der Austrag der Trommel d, also über 80 mm Korngrösse, vermittelst des Transportbandes g¹ und der Lutte g² wieder zu den Stückkohlen zurückgeführt wird. In der Trommel g werden zuerst die Feinkohlen von etwa 3—10 mm abgesiebt und ausserdem noch vier Nusssorten hergestellt.

Letztere gelangen von der Trommel direkt auf die vier Grobkornsetzmaschinen h, werden daselbst gewaschen, fliessen dann über die Entwässerungssiebe i und gelangen entweder zur direkten Verladung in die Taschen k, oder behufs Zerkleinerung und Mischung mit der trocken abgesiebten und ungewaschenen Staubkohle durch die Transportschnecke f in den Desintegrator l. Von hier wird das gemahlene und gemischte Produkt durch das Becherwerk m in den Vorratsturm n gehoben.

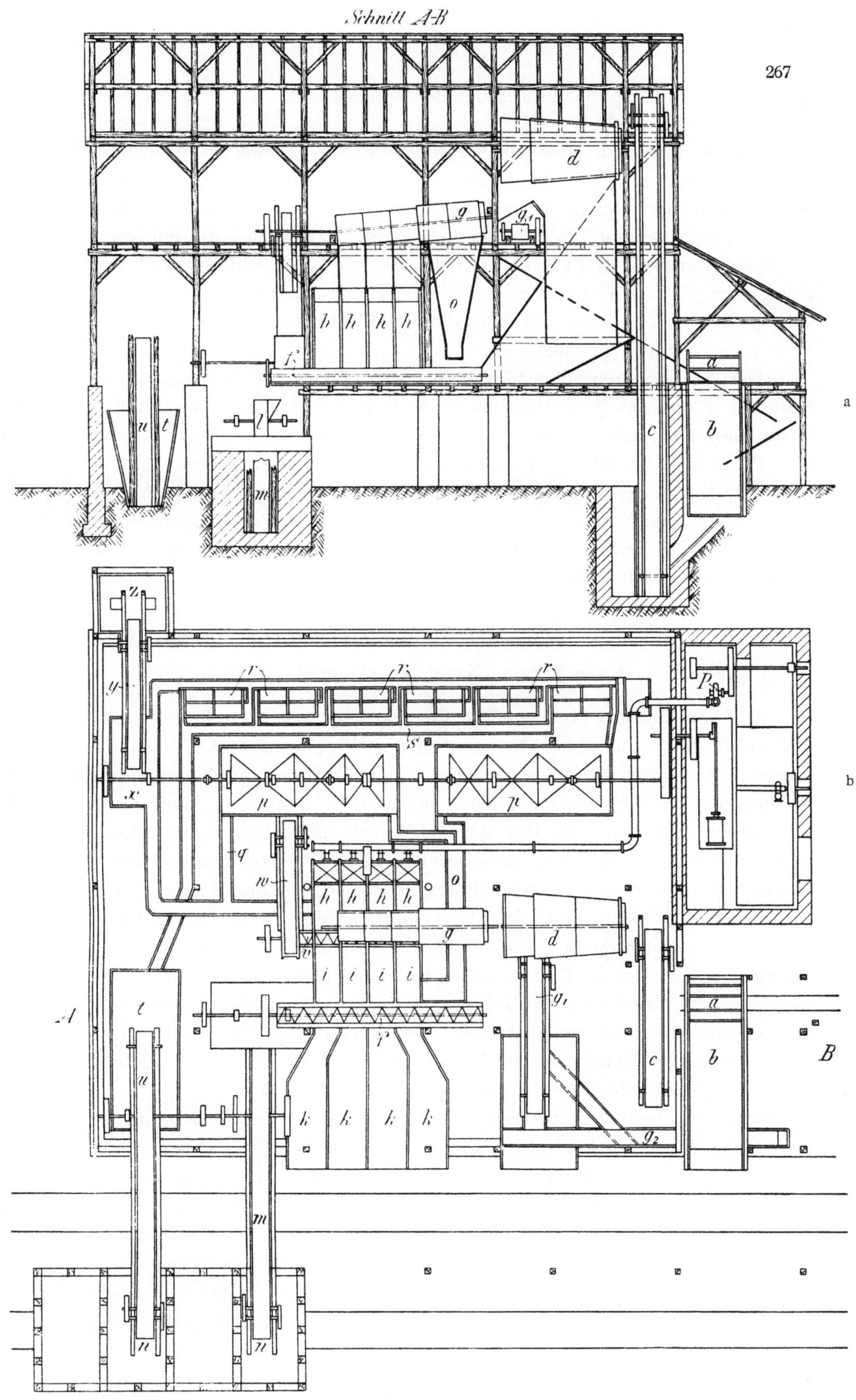

Fig. 140 a. u. b.

Kohlenwäsche für die Zeche Dannenbaum (erbaut von Schüchtermann & Kremer 1876).

Die zu waschende Feinkohle gelangt von der Trommel g durch die Lutte o zuerst in die Stromapparate p, von wo die überfliessenden Wasser mit den Schlämmen durch die Lutte q direkt zur Klärung in die ausserhalb der Wäsche liegenden Teiche abgeführt werden, während die Feinkohle aus den Stromapparaten auf die Feinkornsetzmaschinen r fliesst und hier gewaschen wird. Die gewaschene Feinkohle wird durch die Lutte s in den Spitzkasten t geleitet und dann durch ein Entwässerungsbecherwerk u in den Vorratsturm n gehoben.

Der Schiefer von den Grobkornsetzmaschinen h wird mittels der Schnecke v und des Becherwerkes w zuerst in den Spitzkasten x geführt, in welchen auch die Schiefer der Feinkornsetzmaschinen direkt fliessen.

Beide Schiefersorten werden dann zusammen durch ein Entwässerungsbecherwerk y in den Schiefertrichter z gebracht. Die sämtlichen Waschwasser fliessen zur Klärung in die ausserhalb liegenden Teiche und werden von hier durch gemauerte Kanäle zum neuen Gebrauch der Centrifugalpumpe P wieder zugeführt.

Kohlenwäsche auf Schacht van Braam der Zeche Holland bei Wattenscheid (erbaut von Lührigs Nachf. Fr. Gröppel im Jahre 1879).

Die vom Schacht kommenden, mit Kohlen beladenen Förderwagen werden durch den mechanisch angetriebenen Wipper a (Tafel XV) auf das Stosssieb b gekippt. Das Stosssieb hat 70 mm Lochung, durch welche die Kleinkohlen hindurch in den Rohkohlentrichter c fallen. Die Stückkohlen über 70 mm rutschen über das Stosssieb herab und fallen auf das Leseband d, auf welchem die Berge ausgelesen werden. Die Stückkohlen werden weiter transportiert und gelangen durch die Rutsche e in den Waggon. Das Aufgabebecherwerk f hebt die Kleinkohle aus dem Rohkohlentrichter c nach der Klassiertrommel g, welche fünf Sorten Kohlen liefert. Die vier Nusssorten gelangen auf die vier Lührigschen Grobkornsetzmaschinen h—h[3]. Diese liefern reine Kohle und Berge; erstere fliessen mit dem Wasser nach den Entwässerungsstosssieben i—i[3]. Das Wasser fällt durch die Siebe hindurch in eine Rinne und die Kohlen gleiten über die Siebe herab in die Nusskohlentaschen l—l[3]. Die Berge werden getrennt von jeder Setzmaschine durch Schöpfräder ausgehoben und ist hier die Möglichkeit gegeben, jederzeit zu kontrollieren, was für Berge eine jede Setzmaschine abgiebt. Die von der Trommel g kommenden Feinkohlen werden mit dem von den Entwässerungsstosssieben abgesonderten Wasser nach dem Spitzkasten m geleitet, von dem sie durch Rinnen auf die Feinkornsetzmaschinen n—n[3] fliessen. Diese geben reine Kohlen und Berge. Die Kohlen fliessen durch eine Rinne nach dem Becherwerksbassin o, aus dem sie durch das mit siebartig gelochten Bechern versehene Becherwerk p

nach den Feinkohlentürmen gehoben werden. Die Berge sowohl von den Nuss- als auch von den Feinkornsetzmaschinen fliessen nach dem Becherwerk q, welches sie entwässert in den Bergetrichter r hebt.

Das schlammhaltige Wasser von dem Becherwerksbassin o fliesst nach den Klärsümpfen s, in denen sich der Schlamm ablagert. Das geklärte Wasser gelangt durch den Rücklaufkanal t nach der Wäsche zurück und wird durch die Centrifugalpumpe u den Setzmaschinen wieder zugehoben.

Das Walzwerk v dient dazu, um Nusskohlen zu Kokskohlen vermahlen zu können; durch das Becherwerk w werden die gemahlenen Nusskohlen nach den Feinkohlentürmen gehoben.

Der Wipper, das Stosssieb und das Leseband werden durch die kleine Dampfmaschine x und die Apparate der Wäsche durch die Dampfmaschine y angetrieben.

Kohlenseparation und Wäsche auf Zeche Holland I & II, Ueckendorf i/W.

(erbaut von Lührigs Nachf. Fr. Gröppel im Jahre 1893).

Die mit Kohlen beladenen Förderwagen werden durch den Wipper a (Fig. 141 a—c) auf das Schüttelsieb b mit 75 mm Lochung entleert. Die Nuss- und Feinkohlen fallen durch die Löcher des Siebes hindurch in den Rohkohlenturm c und die Stückkohlen gleiten über das Schüttelsieb herab auf den Stückkohlen-Transporteur d, welcher sie in den Waggon bringt. Auf dem Wege zwischen dem Schüttelsieb und dem Waggon werden die Berge und verwachsenen Kohlen von Klaubejungen ausgelesen. Die Berge werden in Trichter geworfen, aus denen sie mittels Aufzuges auf die Hängebank zurückgehoben werden. Die verwachsenen Kohlen werden dem Steinbrecher e zugeworfen, welcher sie bis auf Nusskohlengrösse zerkleinert. Von dem Steinbrecher fällt die zerkleinerte verwachsene Kohle dem Becherwerke f zu, welches sie nach dem Rohkohlenturme hebt, damit sie mit der Kleinkohle klassiert und gewaschen wird. Durch das Hauptbecherwerk g wird die Kleinkohle aus dem Rohkohlenturme nach der Klassiertrommel h gehoben. Diese hat vier Mäntel und klassiert die Kleinkohle in die vier Nusskohlensorten und in Feinkohle. Die Nusskohlen werden den Nusskohlensetzmaschinen $i-i_4$ mittels Wassers zugeführt, während die Feinkohlen den Feinkohlensetzmaschinen $k-k_2$ zufliessen.

Von den Nusskohlensetzmaschinen fliessen die Nusskohlen nach den Entwässerungstrommeln $l-l_3$. Diese haben 10 mm Lochung und lassen das Wasser sowie noch anhaftende feine Kohle hindurchfallen, während die Nusskohlen entwässert in die Nusskohlentaschen gelangen. Die Berge und verwachsenen Kohlen von den vier Nusskohlensetzmaschinen werden durch die Schnecke m nach dem Becherwerke n transportiert; dieses hebt sie nach dem Walzwerk o, welches sie bis auf die Grösse von Nuss IV zer-

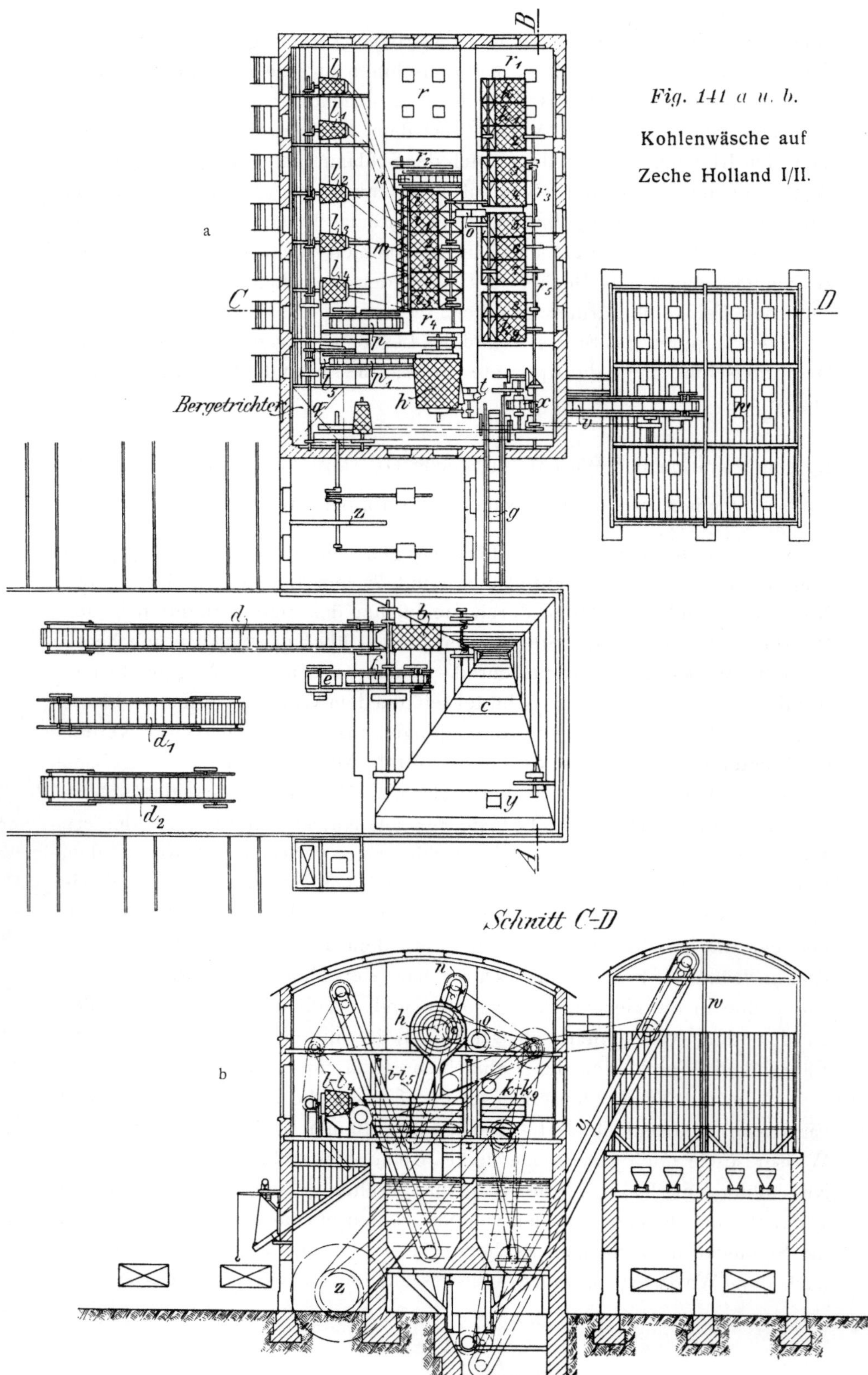

Fig. 141 a u. b. Kohlenwäsche auf Zeche Holland I/II.

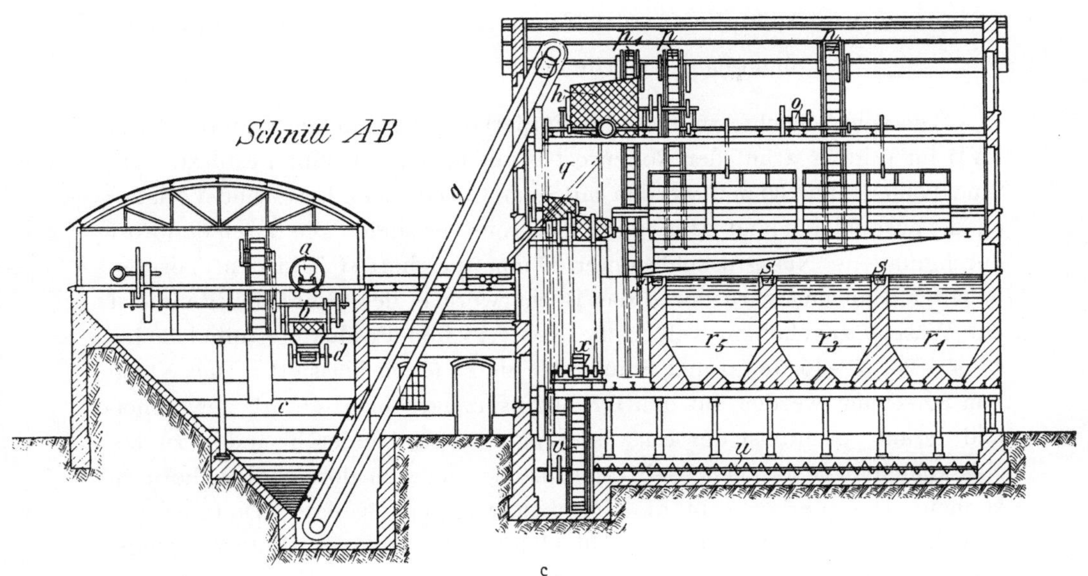

c

Fig. 141 c.

Kohlenwäsche auf Zeche Holland I/II.

kleinert. Von dem Walzwerk fliesst das zerkleinerte Material auf die beiden
Setzmaschinen i^4 und i^5. Diese trennen dasselbe in Berge und Kohle.
Erstere werden durch das Becherwerk p nach dem Bergetrichter q gehoben, und die Kohle kann sowohl nach der Entwässerungstrommel 1^4 als
auch nach 1^5 geleitet werden, je nachdem, ob die Kohle zum Verkauf
kommt, oder zum eignen Bedarf verwandt werden soll. Von den Feinkohlensetzmaschinen fliessen die Feinkohlen mit dem Wasser in die Sümpfe
r—r^5. Die Feinkohle lagert in den Sümpfen ab, und das Wasser fliesst
durch die Kanäle s nach dem unter den Nusskohlentaschen liegenden
Pumpenbassin, aus dem dasselbe durch die Centrifugalpumpe t wieder
nach den einzelnen Apparaten zurückgehoben wird. Die Berge von den
Feinkohlensetzmaschinen werden durch das Becherwerk p^1 nach dem
Bergetrichter q gehoben. Aus den Sümpfen gelangen die Feinkohlen,
nachdem sie genügend entwässert sind, durch die Schnecke u nach dem
Becherwerk v, welches sie nach dem Feinkohlenturm w hebt. Von
diesem aus werden sie mittels Wagen nach den Koksöfen gefahren.
Es ist die Schleudermühle x vorgesehen, um event. Nusskohle zu Kokskohle zerkleinern zu können.

Zwei Wipper mit den Lese- und Transportbändern d^1 und d^2 dienen
dazu, die Förderkohle direkt in die Waggons verladen zu können.

Die Separationsanlage wird durch die eincylindrige Dampfmaschine y
und die Wäsche durch eine Zwillingsdampfmaschine angetrieben.

Sieberei und Wäsche für die Zeche Rheinpreussen, Schacht I

(umgebaut von Humboldt im Jahre 1895).

Die vom Schachte angefahrene Förderkohle wird in der Sieberei (Tafel XVI) im Wipper a auf den Rollenrost b mit 80 mm Lochung gestürzt. Die Stückkohlen über 80 mm werden auf dem Cornetschen Lese- und Verladeband c ausgeklaubt und dann in die Waggons verladen. Die durch den Rost durchgefallene Nussgruskohle unter 80 mm speichert sich in dem Vorratsbehälter d an und wird durch das Becherwerk e der Spiralsiebtrommel f der Wäsche zugehoben, welche die Kohle in fünf Produkte, nämlich 80 bis 45, 45—28, 28—16, 16—6 und Staubkohle unter 6 mm klassiert. Die Nüsse von 80—6 mm werden auf den Grobkornsetzmaschinen g^1—g^4 gewaschen und darauf vermittelst der Entwässerungstransportbänder h^1 und h^2 zu den Nusskohlenvorratstaschen i^1—i^4 transportiert, um sich dort aufspeichern zu können. Das Verladen in die Eisenbahnwaggons erfolgt vermittelst der Schieber und automatischen Verladeklappen k. Von den Entwässerungstransportbändern kann die gewaschene Nusskohle auch in Höhe der Anfuhrbühne in Förderwagen abgezogen werden, um magaziniert oder zu den Kesseln gefahren zu werden. Die durch die Spiralsiebtrommel f abgesiebte Staubkohle unter 6 mm fällt in der ganzen Siebbreite durch eine schmale Oeffnung am Boden der Trommeleinkleidung durch. Unterhalb dieser Oeffnung mündet die Düse l, welche die von den Ventilatoren m und m^1 aus der Staubkammer angesaugte Luft durch die gleichmässig herabfallende Staubkohle durchbläst. Der feine Staub, welcher sich nicht mehr waschen lässt, und nur als Schlamm im Waschwasser zirkulieren würde, sowie ein Teil der reinen Kohlenteilchen, welche spezifisch leichter sind, wird hier abgeblasen. Unterhalb der ersten Düse l ist noch eine zweite Düse l^1 angebracht, um das durchfallende gröbere Korn nochmals durch einen zweiten, etwas stärkeren Luftstrom zu separieren. Das gröbste Korn sowie die schweren Bestandteile fallen möglichst senkrecht durch den Luftstrom durch und kommen so in eine Rinne, um vermittelst Wasser nach den Feinkornsetzmaschinen n^1—n^3 gespült zu werden. Nachdem das Korn dort gewaschen, wird es nach dem Sumpf des Entwässerungsbecherwerkes o geführt. Letzteres hebt die vorentwässerte Feinkohle auf das horizontale Kurvensieb p, auf welchem eine weitere Entwässerung stattfindet. Vom Schwingsieb gelangt diese entwässerte Feinkohle in die Schleudermühle q. Hierhin wird auch die abgeblasene Staubkohle durch die Kratzbänder $r r^1$ transportiert, um mit der Feinkohle innig gemischt zu werden. Nach Verlassen der Schleudermühle fällt die Kohle in das Kokskohlenbecherwerk s, welches dieselbe dem Vorratsturme t zuhebt.

Das Abwasser der Entwässerungstransportbänder h^1—h^2, das durchfliessende Wasser des Kurvensiebes p, ferner die sich im Spitzkasten u

Additional material from *Aufbereitung, Kokerei, Gewinnung der Nebenprodukte, Brikettfabrikation, Ziegeleibetrieb,*
ISBN 978-3-642-51908-6 978-3-642-51908-6_OSFO15),
is available at http://extras.springer.com

absetzenden Feinkohlen, welche durch die Schlammcentrifugalpumpe v gehoben werden, verdichten sich in dem Verdichtungstrichter w, und es fliesst das verdichtete Produkt in die Becher des Entwässerungsbecherwerkes o, um der Feinkohle zugeführt zu werden.

Die ausgewaschenen Berge der Grobkornsetzmaschinen werden unter Wasser in Rohren dem geschlossenen Trog des Grobschieferbecherwerkes x zugeleitet, von diesem entwässert und dem Bergebehälter zugehoben. Die ausgewaschenen Feinschiefer und das Unterfass der Grobkornsetzmaschinen werden in offenen Gerinnen dem Feinschieferbecherwerke x^1 zugeführt, von diesem entwässert und dem Bergebehälter zugehoben. Die Abfuhr der Berge erfolgt in Hängebankhöhe.

Die Wasserzirkulation in der Anlage wird durch eine Centrifugalpumpe y bewirkt, welche das im Spitzkasten geklärte Wasser aus dem Pumpenvorratsbassin z nach den Apparaten hebt.

Eine Zwillingsdampfmaschine von 400 mm Cylinderdurchmesser und 700 mm Hub mit Ridersteuerung bewirkt den Betrieb der Wäsche und eine eincylindrige Dampfmaschine von 300 mm Cylinderdurchmesser und 600 mm Hub mit Ridersteuerung betreibt die Sieberei.

Sieberei und Wäsche der Zeche Rheinpreussen, Schacht II
(umgebaut von Humboldt in den Jahren 1893/94).

Die vom Schachte über die Brücke angefahrene Förderkohle wird im Wipper a^1 (Tafel XVII) auf den Rollenrost b^1 mit 120 mm Lochung gestürzt. Die Stückkohlen über 120 mm werden auf dem Transportleseband c^1 ausgeklaubt und vermittelst der Bremskettenverladerutsche c^2 in die Waggons verladen. Die verwachsenen Stücke, bezw. wenn erwünscht, auch alle Stückkohlen werden auf dem festen Rost b^3 von Hand auf ca. 150 mm Korngrösse vorzerkleinert und rutschen dann nach dem Becherwerk d^1, welches diese Kohle nach dem Nadelbrecher e hebt, wo sie vollständig zerkleinert wird und nach dem Vorratsbehälter oder Füllrumpfe rutscht. Die durch den Rost b^1 gefallene Kohle gelangt auf einen zweiten Rost b^2 mit 80 mm Lochung. Die Knabbelkohlen von 120—80 mm gelangen auf ein Transportleseband kombiniert mit Verladeband c^3, wo selbige ausgeklaubt und hierauf in die Waggons verladen werden. Die Nussgruskohle unter 80 mm speichert sich in dem Füllrumpfe unter den Rosten an und wird durch das Aufgebebecherwerk d^2 nach der Spiralsiebtrommel f der Wäsche gehoben. Letztere klassiert die Kohle in fünf Produkte, nämlich 80—45, 45—28, 28—16, 16—6 und 6—0 mm. Die Nusskohle von 80—6 mm wird auf den vier Grobkornsetzmaschinen g^1—g^4 gewaschen und darauf vermittelst der Entwässerungstransportbänder h^1—h^2 hochgehoben, um in Hängebankhöhe in Förderwagen abgezogen zu werden. Um ausnahmsweise Nüsse in Waggons verladen zu können, sind die Taschen i^1—i^3 vorgesehen, und werden die mit Nüssen angefüllten Förderwagen mittels eines fahrbaren Wippers a^2 in die Taschen entleert. Die Verladung erfolgt vermittelst Schieber und automatischer Verladeklappen k^1—k^3 in die Waggons. Die durch die Spiralsiebtrommel f abgesiebte Staubkohle unter 6 mm fällt in der ganzen Siebbreite durch eine schmale Oeffnung am Boden der Trommeleinkleidung durch. Unterhalb dieser Oeffnung mündet die Düse l, welche die von den Ventilatoren $m m^1$ aus der Staubkammer angesaugte Luft durch die gleichmässig herabfallende Staubkohle durchbläst. Auch hier ist, wie bereits bei der Beschreibung für Schacht 1 erwähnt wurde, noch eine zweite Düse l^1 unterhalb der ersten angebracht. Das körnige Material fällt in eine Rinne und wird vermittelst Wasser nach den drei Feinkornsetzmaschinen n^1—n^3 gespült. Nachdem das Korn gewaschen, wird es nach dem Sumpfe des Entwässerungsbecherwerkes o geführt. Letzteres hebt die vorentwässerte Kohle auf den Entwässerungstransporteur p, auf welchem eine weitere Entwässerung stattfindet. Hiernach gelangt diese entwässerte Feinkohle in die Schleudermühle q. Die abgeblasene Staubkohle wird durch das Kratzband r^1 in den Vorratsbehälter unter der Schleudermühle transportiert und hier fallen die Staubkohlen sowie die geschleuderten Feinkohlen zusammen, um durch das Becherwerk d^3 dem Kokskohlenturm t zugeführt zu werden. Das Abwasser der Entwässerungstransportbänder h^1—h^2 und p fliesst dem Sumpfe des Feinkohlenentwässerungsbecherwerkes o zu.

Die ausgewaschenen Berge der Grobkornsetzmaschinen g^1—g^4 werden in geschlossenen Rohren dem Trog des Grobschieferbecherwerkes s^1 zugeleitet und entwässert dem Bergebehälter zugehoben. Die ausgewaschenen Feinschiefer und das Unterfass der Grobkornsetzmaschinen werden in offenen Gerinnen nach dem Sumpfe des Feinschieferbecherwerkes s_2 geführt und von diesem ebenfalls entwässert dem Bergebehälter zugehoben. Die Abfuhr der Berge erfolgt in Hängebankhöhe. Die aus dem Sumpf des Feinkohlenbecherwerkes o übertretenden Wasser klären sich in einem Spitzkasten, treten in das Pumpenbassin für geklärtes Wasser über und werden dann von der grossen Centrifugalpumpe v^1 den Apparaten wieder zugehoben. Die in dem Spitzkasten beim Klären des Wassers sich niedersetzenden Schlämme werden von der Centrifugalpumpe v^2 gehoben und im Verdichtungsapparate w verdichtet. Das verdichtete Produkt fliesst dann dem Sumpfe des Feinkohlenbecherwerkes o zu, um mit der gewaschenen Feinkohle gemischt der Kokskohle zugeführt zu werden.

Die Sieberei wird durch eine eincylindrige Dampfmaschine x^1 für sich betrieben.

Der Antrieb der Apparate der Wäsche erfolgt durch eine Verbunddampfmaschine x^2.

Sieberei und Wäsche auf Schacht Amalie der Zeche Helene & Amalie
(erbaut von Humboldt im Jahre 1897).

Die auf Schacht Amalie erbaute Kohlensieberei und Wäsche (Fig. 142a
und b) ist als Einzelsystem eingerichtet. Es werden in der Sieberei 1250 t
Förderkohle und 500 t aufgebesserte Kohle in 10 Stunden verarbeitet.
Die Wäsche verarbeitet in 10 Stunden 1000 t sogenannte Nussgruskohle
oder Kleinkohle unter 80 mm.

Das Siebereigebäude ist in Eisenkonstruktion ausgeführt und die
Wände sind in Eisenfachwerk ausgemauert.

Die Förderkohle wird vom Schachte aus auf der ersten Hängebank
in Höhe von 6175 mm über Schiene angefahren. Die Halle, welche längs
des alten Fördermaschinenhauses gelegen ist, hat ein Gefälle von $1:170$
und laufen die angefahrenen Förderwagen selbstthätig nach der Sieberei,
wo sie den beiden Wippern a^1 und a^2 zugeführt werden können. Unter
dem Wipper a^1 befindet sich das Stückkohlenexcentersieb oder Kreisschwingsieb b^1 mit 80 mm Lochung; das unter dem Wipper a^2 befindliche
Sieb b^2 für aufgebesserte Kohle erhält eine verstellbare Lochung von
$5-30$ mm. Nachdem die Kohle auf den Sieben abgesiebt ist, gelangt
dieselbe auf die Transportbänder c^1 bezw. c^2, wo sie ausgeklaubt wird. Am
Ende der Transportbänder sind Abstreichvorrichtungen e^1-e^2 bezw. e^3-e^4
angebracht, welche die ausgelesene Kohle auf die Bremskettenrutsche
f^1 bezw. f^2 abstreichen, sodass sie entweder im Geleise III oder IV verladen wird.
Die ausgelesenen Berge werden auf der Anfahrbühne in Förderwagen
angesammelt und hierauf mittels Kettenförderung g durch die Anfahrhalle
nach dem Plateau der Hängebank am Schachte transportiert, von wo aus
die Abfuhr über die Bergebrücke nach der Halde erfolgt.

Die Apparate der Sieberei werden durch eine Dampfmaschine h^1
von 260 mm Cylinderdurchmesser und 520 mm Hub mit Ridersteuerung
betrieben.

Das Wäschegebäude ist aus massivem Mauerwerk gebaut, der innere
Ausbau jedoch in Eisenkonstruktion hergestellt. Alle Bühnen, Beläge,
Laufstege und Treppen sind in Eisenblech, die Dächer in Cementbeton
hergestellt. Die Nussgrus- oder Kleinkohle wird aus der Füllgrube der
Sieberei durch das Aufgabebecherwerk i^1 nach den beiden Vorsieben k^1-k^2
mit $3^1/_2$ und 10 mm Lochung gehoben, wo die erste Klassierung stattfindet.
Auf die beiden tiefer liegenden Grobkohlensiebe k^3-k^4 gelangt die Kohle
über 10 mm und wird hier in vier Nusssorten klassiert, und zwar Nuss I $=$
80 50, Nuss II $=$ 50—30, Nuss III $=$ 30—20 und Nuss IV $=$ 20—10 mm.

Sämtliche Siebe sind Tafelsiebe, die oberen beiden Kreissiebe, die
beiden unteren Kreisschwingsiebe; sie befinden sich in einem in Blech
eingeschlossenen staubdichten Raume und sind leicht zugänglich.

18*

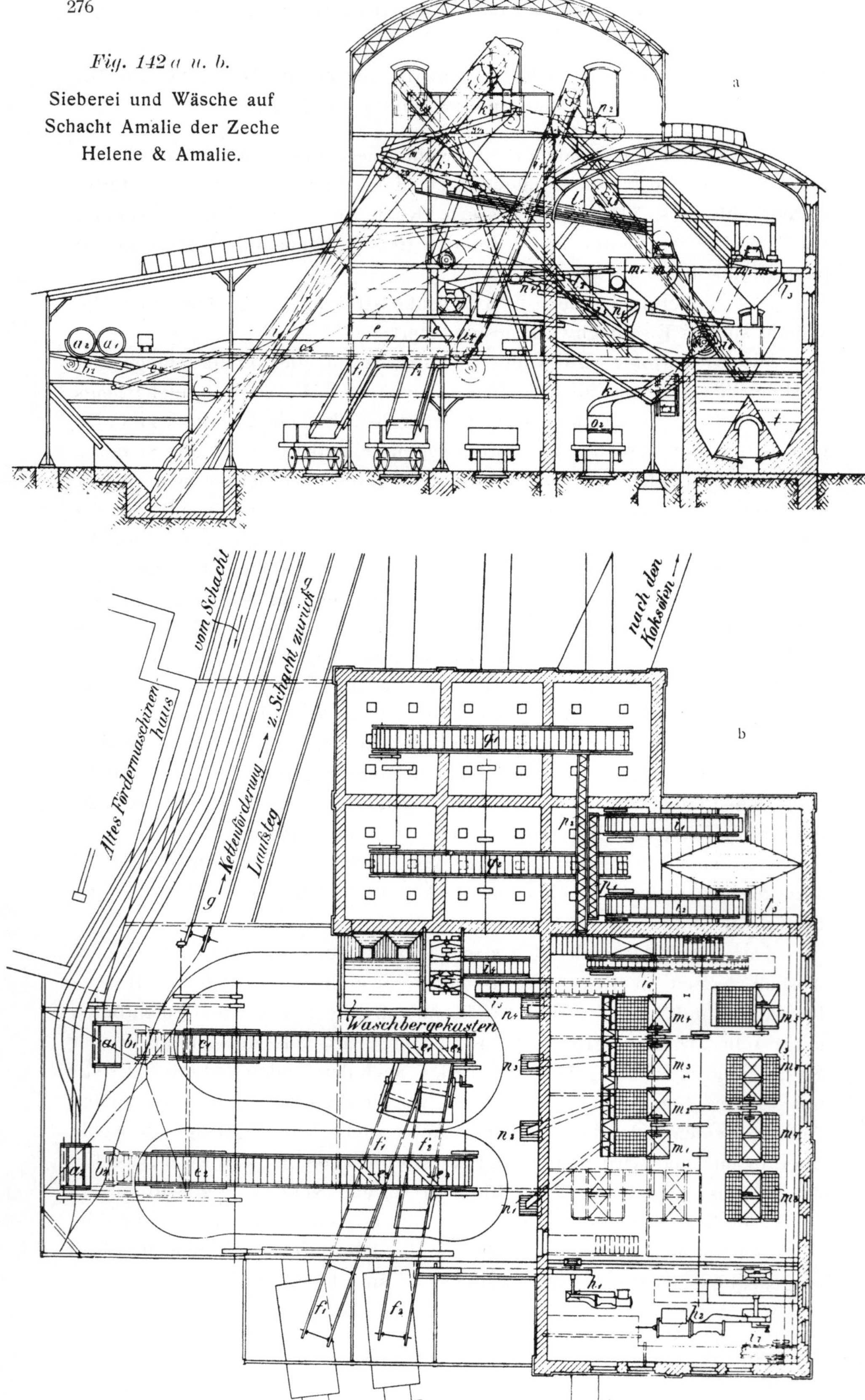
Fig. 142 a u. b.
Sieberei und Wäsche auf Schacht Amalie der Zeche Helene & Amalie.
a
b
vom Schacht
z. Schacht zurück
nach den Koksöfen
Altes Fördermaschinenhaus
Kettenförderung
Laufsteg
Waschbergekasten

Die klassierte Nusskohle von 80—10 mm wird von den Sieben durch Gerinne l^1 nach den vier Grobkornsetzmaschinen m^1—m^4 geleitet. Von den Grobkornsetzmaschinen werden die gewaschenen Nusskohlen in Gerinnen l^2 nach den festliegenden Entwässerungssieben n^1—n^4 geführt und dann in den Nusskohlenvorratsbehältern angesammelt. Hieraus wird Nuss IV direkt vermittelst einer Verladerutsche in die Eisenbahnwaggons des Geleises I verladen; Nuss I, II und III dagegen werden einzeln aus den Behältern durch Oeffnen von Schiebern auf ein gemeinschaftliches Transportband c^3 aufgegeben, auf diesem nach einem gemeinschaftlichen Excenter- oder Kreisschwingsiebe k^5 transportiert — welches zum Aussieben von anhaftender Feinkohle und Reinbrausen der Nüsse dient — und hierauf durch eine aufziehbare Rutsche o^2 in die Waggons verladen.

Die Feinkohle von 10—$3^1/_2$ mm wird auf vier viersiebigen Feinkornsetzmaschinen m^5—m^8 gewaschen und dann in einer Rinne l^3 nach den beiden Kokskohlen-Entwässerungsbecherwerken i^2—i^3 geleitet, sowie von diesen nach einer gemeinschaftlichen Transportschnecke p^1 bezw. in die Kokskohlentürme gehoben.

Staubkohle unter $3^1/_2$ mm, welche auf den beiden oberen Tafelsieben k^1 und k^2 abgesiebt wurde, wird durch Blechlutten nach dem Staubbecherwerke i^4 geleitet, welches dieselbe zu einer zweiten Transportschnecke p^2 im Kokskohlenturm hebt. Die entwässerte Feinkohle von 10—$3^1/_2$ mm wird ebenfalls dieser zweiten Transportschnecke p^2 zugeführt, von dieser mit der Staubkohle innig gemischt und dann auf die beiden Verteilungskratzbänder q^1—q^2 transportiert, welche die einzelnen Turmabteilungen füllen. Falls gewaschene Nüsse zu Kokskohlen verwandt werden sollen, werden dieselben nach einer Schleudermühle r hingeleitet und hierauf zerkleinert, fallen dann in das Staubkohlenbecherwerk i^4, welches, wie vorhin beschrieben, die Kohle nach der Mischschnecke p^2 im Kokskohlenturm hebt. Die in dem Kokskohlenturme aufgespeicherte Kohle wird in Wagen abgezogen und behufs Verkokung über die Brücke vermittelst Kettenförderung nach den Koksöfen, seitlich von Wäsche und Schacht gelegen, transportiert.

Die ausgewaschenen Berge der Grobkornsetzmaschinen werden vermittelst Schnecke unter Wasser nach dem Grobschiefer-Entwässerungsbecherwerke i^5 transportiert und von diesem dem Vorratsbehälter für gewaschene Berge zugeführt. Die ausgewaschenen Berge der Feinkornsetzmaschinen sowie das Fassgut der Grobkornsetzmaschinen werden in den offenen Trog des Feinschiefer-Entwässerungsbecherwerkes i^6 geleitet und von diesem dem Grobschieferbecherwerke i^5 zugeschoben, welches alle Waschberge dem Bergebehälter zuhebt.

Die Wasserzirkulation der Wäsche wird durch eine Centrifugalpumpe von 250 mm Rohrdurchmesser bewirkt. Die Schlämme, welche aus den Spitzkasten t abgezogen werden, sowie die Gruskohle von den Entwässerungssieben n_1-n_4 nebst den abfliessenden Brausewassern vom Siebe k^5 werden durch ein besonderes Becherwerk gehoben und die Produkte den beiden Kokskohlen-Entwässerungsbecherwerken i^2-i^3 zugeleitet. Demzufolge findet in der Wäsche ein regelmässiges Abfliessen von Wasser nicht statt.

Die Wäsche wird durch eine Ventildampfmaschine h^2 von 550 mm Cylinderdurchmesser und 1100 mm Hub betrieben.

Bei sämtlichen überbauten Bahngeleisen der Sieberei und Wäsche ist das von der Zeche vorgeschriebene Profil von freiem Raum für Pferdebetrieb eingehalten.

Separation und Kohlenwäsche für die Zeche Monopol, Schacht Grillo

(erbaut von Schüchtermann & Kremer in den Jahren 1897/98).

Die Kohlenaufbereitungsanlage ist im Stande, stündlich 100 t Waschgut bei normalem Betriebe bequem zu verarbeiten.

Für die Disposition der Anlage sind folgende Gesichtspunkte massgebend gewesen:

a) Regelmässiger Betrieb.

Der Betrieb soll unabhängig sein von kleineren Störungen in der Anfuhr der Rohkohle und in der Rangierarbeit. Zu dem Ende sind sowohl für Rohkohle als auch für fertige Produkte möglichst grosse Speicherräume vorgesehen.

b) Uebersichtlichkeit der Anlage.

Die Anfuhr der Kohle vom Schacht, das Stürzen durch die Wipper, das Ausklauben von Bergen, Verladen in die Eisenbahnwagen kann ohne Mühe gleichzeitig von der Sturzbühne aus geleitet, überwacht und kontrolliert werden. Ferner sind die Brückenwagen so angeordnet, dass dieselben ebenfalls von der Sturzbühne aus bedient werden und somit der Wagen mit seinem richtigen Ladegewicht die Ladestelle verlässt. Der Betrieb des Waschprozesses konzentriert sich auf der Setzmaschinenbühne, es giebt ausser dieser — abgesehen von der Maschinenstube — keine Stelle in der Wäsche, wo das Waschpersonal bei normalem Gang irgend etwas zu thun hätte.

Daraus ergiebt sich von selbst

c) Eine leichte und einfache Bedienung.

Die einmal gehobene Rohkohle geht stufenweise fallend durch die Apparate in die Vorratsbehälter. Es kann der Waschmeister auf seinem

Platze vor den Setzmaschinen stehend die ankommende Rohkohle auf ihrem Wege bis in den Behälter für fertige Produkte nicht einen Augenblick aus den Augen verlieren, und immer auf der Setzmaschinenbühne bleibend dirigiert er den Lauf und die Verteilung der Nusskohle, der Kokskohle, des Schiefers. Die Leitung und Bedienung des Waschprozesses wird durch diese Konzentration eine ausserordentlich einfache und auch billige.

d) Geringer Kraftbedarf.

Wie angedeutet, fällt die einmal gehobene Rohkohle stufenweise bis in die Vorratsbehälter. Es wird also weder gewaschene Kokskohle, noch auch ausgewaschener Schiefer ein zweites Mal gehoben oder hochgepumpt, sondern es gelangen alle Produkte ohne jeden mechanischen Kraftaufwand an ihren Bestimmungsort. Wird Kohle und Schiefer nicht mechanisch gehoben, dann natürlich auch nicht das mitgeführte enorme Wasserquantum. Eine erhebliche Kraftersparnis ist somit ohne weiteres gegeben.

Eine Ausnahme macht nur der nachzuwaschende Schiefer; derselbe muss auf den Nachwaschkasten gehoben werden. Diese Nachwäsche ist ganz unentbehrlich zur Vermeidung grosser Verluste und bildet einen Kontrollapparat für den ganzen Waschprozess.

e) Einfachheit des Betriebes.

Unter Sicherstellung des ersten Erfordernisses an maschinelle Betriebe, des guten und sicheren Ganges aller Apparate, ist eine einfache und ökonomische Kraftübertragung erreicht. Mit Hülfe von kurzen Transmissionswellen und ca. 12 Riemen wird die ganze Kohlenwäsche betrieben.

f) Praktische und solide Bauausführung.

Die Anlage zeigt zwei selbständige, in sich abgeschlossene, aber in bequemer Verbindung untereinander stehende Bauten, Separation und Wäsche. Die Disposition derselben ergiebt einen klaren Grundriss ohne hässliche An- und Ausbauten, durch welche komplizierte Dachausbauten und unsolide Maueranschlüsse ganz vermieden werden konnten. Es ist dabei Bedacht genommen worden auf Solidität, Dauerhaftigkeit und Feuersicherheit der Gebäude; sie sind ganz in Eisen und Stein konstruiert, und zwar die Separation in Eisenfachwerk mit Ziegelausmauerung, die Wäsche in massivem Ziegelmauerwerk mit Innenausbau in Eisen, nur die Thüren sind von Holz. Es ist ferner Wert gelegt worden auf bequeme Zugänglichkeit durch reichliche Raumbemessung der Treppen, Bühnen und Maschinenstube, auf grosse Helligkeit. Das Dach ist aus Cementbeton, einem feuersichern Material und schlechten Wärmeleiter hergestellt, und für die Heizung sind unter und über allen Kohlen- und Wasserbehältern die nötigen Rippenheizrohre für Abdampf vorhanden.

Die Arbeitsweise der Aufbereitungsanlage ist nun die folgende:

Die vom Schacht kommenden Kohlen werden mittels der mechanisch angetriebenen Kreiselwipper a^1 und a^2 (Fig. 143a und b) auf den Borg-

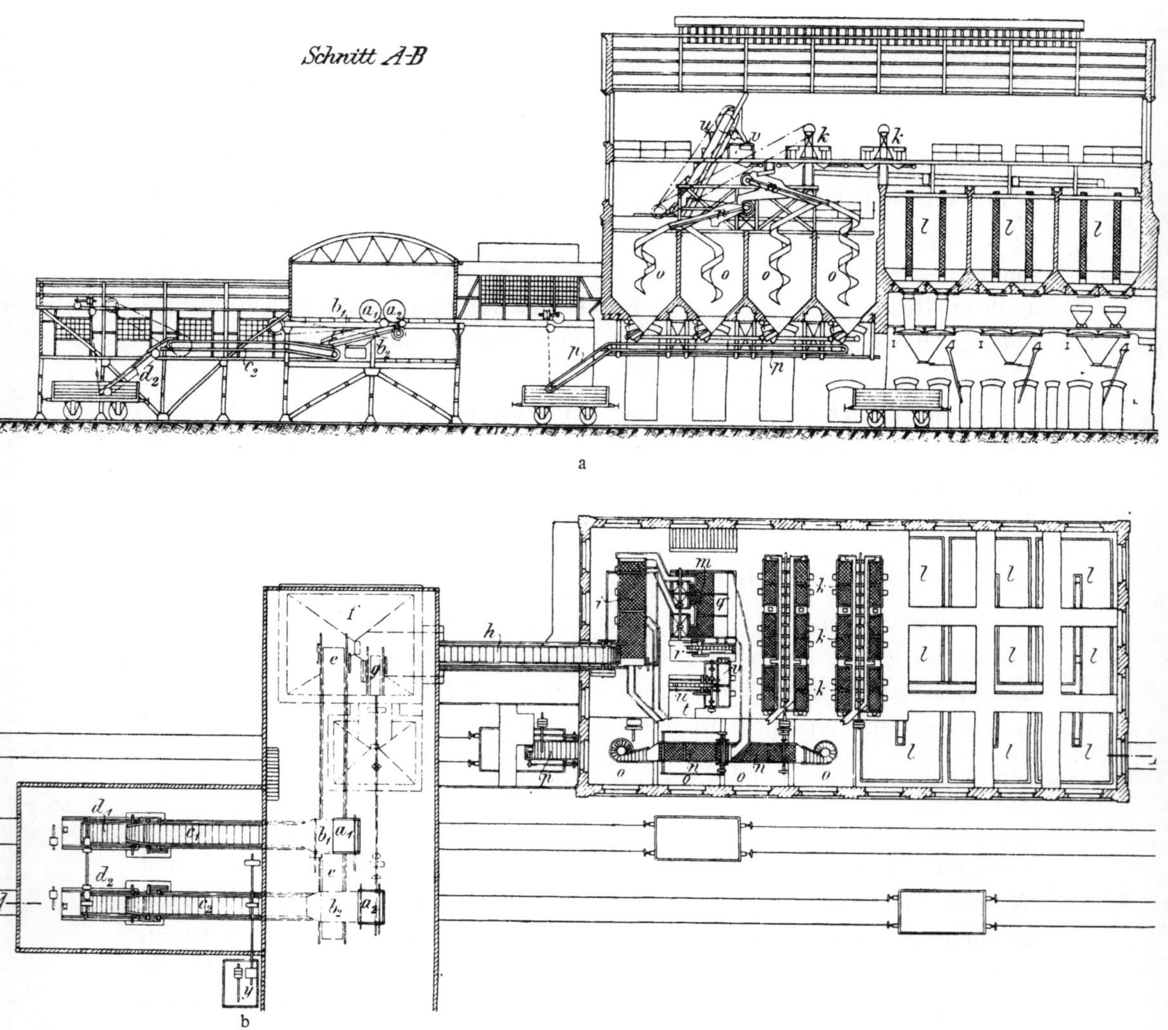

Fig. 143 a u. b.

Separation und Kohlenwäsche für die Zeche Monopol, Schacht Grillo.

mannschen Rost b^1 bezw. auf das Schwingsieb b^2 gestürzt, und zwar dient speziell der Borgmannsche Rost zur Herstellung von Stückkohlen, während auf dem Schwingsieb bestmelierte Kohlen hergestellt oder Förderkohlen verladen werden.

Die Stücke gelangen von dem Borgmannschen Rost b^1 auf das Transport- und Leseband c^1 und von hier mittels des Verladearmes d^1 unter grösstmöglichster Schonung in die Waggons.

Ebenso werden die vom Sieb b^2 kommenden melierten Kohlen durch das Transport- und Leseband c^2 dem Verladearm d^2 zugeführt und durch diesen mittels einer über den beweglichen Arm laufenden Schleppkette ohne Fall in die Waggons gebracht.

Die auf den Bändern ausgelesenen Berge werden in Trichtern gesammelt und dann in Förderwagen gefüllt, welche mittels eines Aufzuges y wieder auf Hängebankhöhe gehoben werden.

Sämtliche durch das Sieb und den Borgmannschen Rost hindurchfallende Kleinkohle wird mittels des Transportbandes e in die grosse Vorratsgrube f gebracht, in welche auch die eventl. von den anderen Schächten zugeführte Kohle durch das Becherwerk g geschafft und dann durch das Becherwerk h in die Wäsche gehoben wird, wo sie auf das Tafelsieb i gelangt.

Hier findet eine Trennung in Fein- und Nusskohlen statt, und zwar werden die Feinkohlen, welche auf der ersten Hälfte dieses Siebes abgesiebt werden, durch Gefluter auf die Feinkornsetzmaschinen k geführt und daselbst gewaschen.

Die gewaschene Feinkohle fliesst dann zur Ansammlung in die Streckensümpfe l und wird aus diesen nach genügender Entwässerung direkt in die Kokskohlentrichterwagen verladen und auf die Koksöfen gefahren, da die Abzugsbühne in gleicher Höhe mit Schienenoberkante über den Koksöfen liegt. Die Nusskohlen, welche auf der zweiten Hälfte des Siebes i in zwei Sorten abgesiebt werden, gelangen von hier ebenfalls durch Gefluter auf die Grobkornsetzmaschinen m, werden daselbst gewaschen und fliessen dann zur weiteren Klassierung in vier Korngrössen und zur gleichzeitigen Entwässerung auf die Schwingsiebe n, von wo sie dann über spiralförmig gewundene Blechrutschen unter grösster Schonung und ohne Fall in die Vorratstaschen o gelangen.

Die Verladung der Nüsse aus den Taschen in die Waggons erfolgt mittels eines Cornetschen Verladearmes p. Es werden die Nüsse, bevor sie auf das Band gelangen, nochmals über ein Sieb geführt und hierbei gleichzeitig abgebraust, um dieselben grusfrei in die Waggons zu bringen.

Der Schiefer von den Grobkornsetzmaschinen wird mittels der Schnecke q und des Becherwerkes r in Bassins geführt, während der Schiefer von den Feinkornsetzmaschinen zuerst in die Spitzkasten t fliesst, dann durch das Becherwerk u auf die Setzmaschine v gehoben und hier nochmals nachgewaschen wird.

Die hierbei gewonnene Kohle fliesst zur übrigen Feinkohle in die Trockensümpfe l, wohingegen der ausgeschiedene Schiefer ebenfalls in

Bassins geleitet wird, aus welchen dann nach erfolgter Entwässerung die Abfuhr direkt in Hängebankhöhe erfolgt.

Die Waschwasser, welche an den Trockensümpfen übertreten, sowie diejenigen, welche von den Entwässerungssieben kommen, fliessen zuerst in ein Vorratsbassin und von dort aus der Centrifugalpumpe zu, welche sie den Setzmaschinen zum neuen Gebrauch wieder zuführt; sie verlassen also die Wäsche nicht.

Die Brause- und Sickerwasser fliessen einer besonderen kleinen Pumpe zu, welche dieselben in die Feinkohlen-Trockensümpfe zurückhebt.

Separations- und Wäsche-Anlage für die Zeche Carl des Kölner
Bergwerks-Vereins, Altenessen

(erbaut von Baum im Jahre 1898).

Eine Kettenförderung (Fig. 144 a und b) schafft die Rohkohle von der Schachthängebank in Förderwagen in das 4000 mm höher liegende Separationsgebäude, wo die maschinell bewegten Wipper a die Kohle auf die Schwingsiebe b mit 80 mm Lochung stürzen, welche die Kohle in Stück- und Kleinkohle klassieren.

Die Stückkohle über 80 mm gleitet über die Siebe hinweg und wird von den 1600 mm breiten Lesetransportbändern c aufgenommen, welche die Kohlen in die Waggons des I., II. und III. Gleises verladen. Um die Fallhöhe der Kohlen zu verringern und um dieselben möglichst zu schonen, ist der untere Teil — ca. $6^{1}/_{2}$ m — der Lesetransportbänder verstellbar und wird durch maschinell bewegte Aufzugsvorrichtungen gehoben und gesenkt.

Zum Verladen der Förderkohle bezw. zum Mischen dieser Kohle mit der Stückkohle dienen die maschinellen Wipper d und die Verteiler oder Rutschen e, durch welche diese Kohlen in dünnen Schichten den Lesetransportbändern c zugeführt und durch dieselben in die Waggons des I., II. und III. Geleises verladen werden.

Das Auslesen der Berge aus den Kohlen auf den langsam sich bewegenden Bändern c wird auf beiden Seiten durch Klaubjungen besorgt, welche die Berge direkt in Förderwagen laden, die durch den Aufzug h zur Separations-Hängebank gehoben werden, von wo dieselben zur Halde gelangen.

Die Kleinkohle unter 80 mm fällt durch die Schwingsiebe b in den darunter befindlichen Rohkohlenbehälter, welcher 75 t fasst.

Das Aufgabebecherwerk k hebt die Kohle von hier in die Klassierungstrommel l, welche dieselbe für die nasse Aufbereitung der Wäsche vorbereitet. Diese viermantelige Siebtrommel l klassiert die Kleinkohlen in fünf Sorten und zwar in die Nusssorten I, II, III und IV und in Feinkohlen.

Die Nusssorten I—IV werden durch Wasserstrom in ⊔-förmigen Lutten

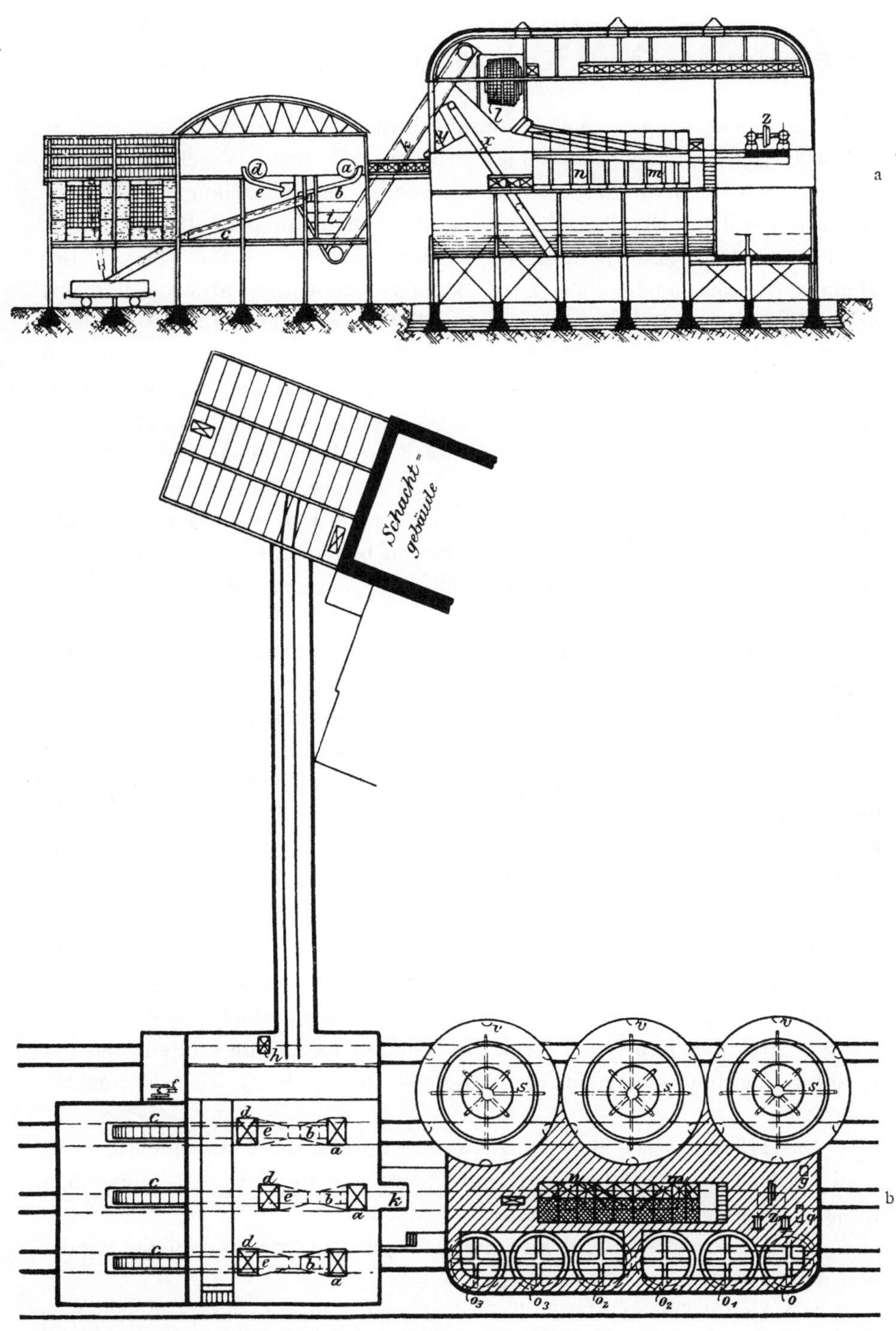

Fig. 144 a u. b.

Separations- und Wäsche-Anlage für die Zeche Carl des Kölner Bergwerks-Vereins.

den vier Grobkornsetzmaschinen m, die Feinkohle auf gleichem Wege den
fünf Feinkornsetzmaschinen n zugeführt, in welchen dieselben verwaschen
werden.

Alle Setzmaschinen sind Baumsche Luftsetzmaschinen.

Die gewaschenen Nusskohlen werden mit dem Waschwasser von
den Setzmaschinen durch Lutten in die sechs Verladetaschen o — System
Baum — geführt. Die Tasche o ist für Nuss I, o^1 für Nuss II, die beiden
Taschen o^2 für Nuss III und die beiden Taschen o^3 für Nuss IV bestimmt. Die zusammengehörigen Verladetaschen werden abwechselnd mit
Kohlen gefüllt, nachdem sie vorher voll Wasser gelassen sind. Das mit
den Kohlen ankommende Waschwasser fällt durch Siebe in eine Lutte, in
welcher das Wasser und der durchfallende Kohlenschliech zu der Centrifugalpumpe q geleitet werden. Die Nusskohlen gelangen rein von Schlamm
in die Nusstaschen, in deren Füllwasser sie langsam und unbeschädigt
niedersinken; das verdrängte Wasser tritt in eine Lutte über. Nach der
Füllung der einen Tasche mit Kohlen wird eine andere in Benutzung genommen, die erste durch eine am Boden befindliche Ablassvorrichtung
entwässert und über eine Rutsche in die Waggons des III. Geleises
entleert.

Die gewaschene Feinkohle wird von den Setzmaschinen n mit dem
Waschwasser der Centrifugalpumpe q zugeführt, durch diese gehoben und
in drei abwechselnd benutzte Vorratstürme s transportiert.

Bei der Einführung in die Vorratstürme hat die Trübe eine äusserst
geringe Geschwindigkeit, die Feinkohle schlägt sich infolgedessen nieder,
bezw. es hat die Feinkohle nur einen kurzen vertikalen Weg zu durchfallen, um aus dem fliessenden Wasser heraus zu gelangen, während das
geklärte Wasser an den Rändern des einzelnen in Betrieb stehenden Vorratsturmes in Lutten und von hier genügend klar wieder den Setzmaschinen
zugeführt wird.

Nach Füllung des einen Turmes mit Feinkohle wird der zweite usw.
in Benutzung genommen, der erste durch mehrere gelochte Rohre v entwässert und die Feinkohle direkt in Trichterwagen abgezogen und der
Kokerei zugeführt oder in die Waggons des I. bezw. II. Geleises abgelassen.

Das Träufelwasser aus den Nusstaschen o und den Feinkohlentürmen s
wird zu der Centrifugalpumpe q geleitet und von dieser zu den Feinkohlentürmen gehoben.

Das Waschwasser wird also nicht fortgeleitet, sondern immer wieder
von neuem benutzt.

Die gewaschenen Berge befördert eine Schnecke und ein gelochtes
Becherwerk x von den Setzmaschinen in den Schieferturm y, von wo dieselben in Förderwagen und zur Halde gelangen.

Zum Betriebe der Wäsche dient die Zwillingsmaschine z, zum Betriebe der Separation und Kettenförderung die eincylindrige Gabelmaschine f und zum Betriebe der Setzmaschinen der Ventilator g.

Beschreibung

der im Jahre 1903/04 von Baum nach dem neuen Waschsystem: »Erst waschen, dann klassieren« erbauten Separation und Wäsche für die Zeche Concordia, Schacht IV, bei Oberhausen.

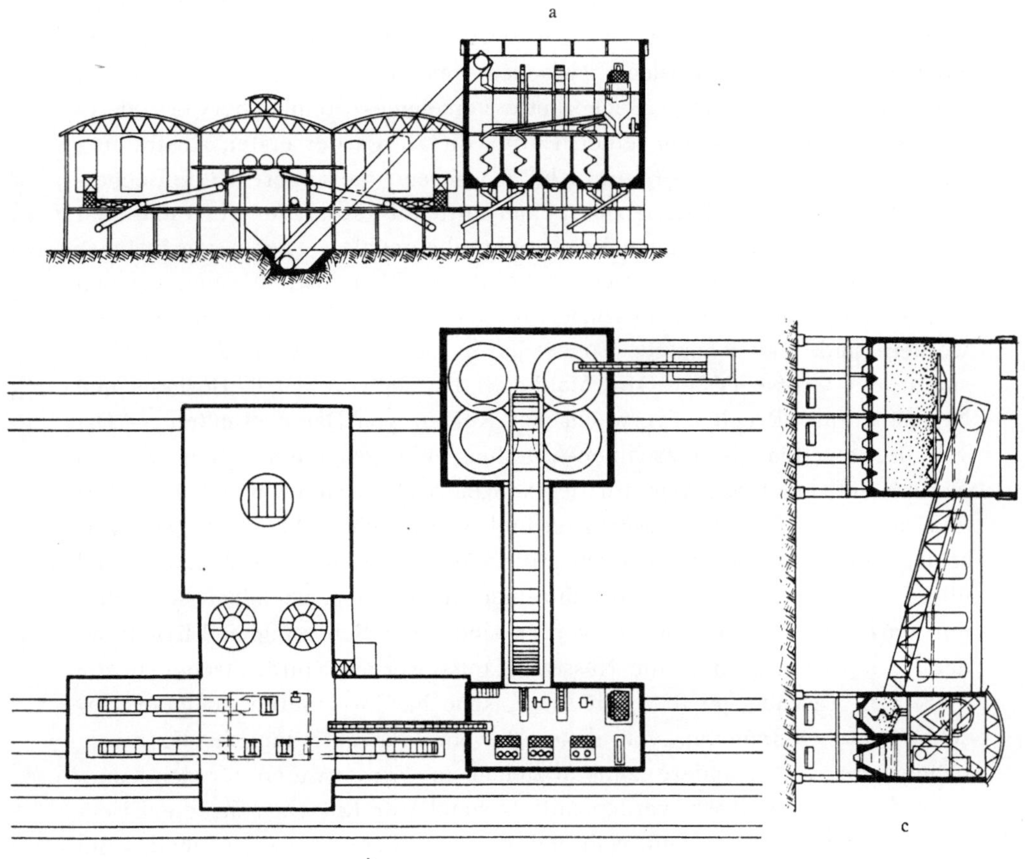

Fig. 145a—c.

Baumsche Separation und Wäsche für die Zeche Concordia bei Oberhausen, Schacht IV.

Die vom Schachte kommende Förderkohle wird mittels dreier Kreiselwipper (Fig. 145a—c) auf drei Schwingsiebe gestürzt; die Schwingsiebe sind mit doppeltem Boden versehen; der obere Boden ist gelocht, der untere ungelocht und mit Klappen versehen; diese Einrichtung ermöglicht es, je nach Bedarf Stückkohlen oder Förderkohlen zu verladen. Die Stückkohle, d. h. alles über 80 mm, wird auf Lesebändern, welche mit durch maschinelle Winden senkbaren Armen ausgerüstet sind, ausgeklaubt und direkt in die Waggons verladen. Die durch die Lochungen der Schwingsiebe hindurchgegangenen Kleinkohlen, d. i. alles Korn unter 80 mm Durchmesser, fallen in einen Füllrumpf, aus dem sie durch ein Aufgabebecherwerk auf die erste Hälfte der aus zwei Siebabteilungen bestehenden Setzmaschine gehoben werden. Auf dieser Setzmaschinen-Abteilung werden durch die unmittelbar unter der Eintragelutte gelegene Austragung die reinen groben Berge ausgeschieden; das Setzgut gelangt dann auf die zweite Hälfte der Setzmaschine, von welcher durch eine zweite Austragung die verwachsenen Kohlen ausgetragen werden. Zwischen beiden Setzkastenhälften ist ein mit doppelter, getrennter Becherkette versehenes Steinbecherwerk angeordnet, welches in seiner einen Hälfte die Berge der ersten Austragung entwässert und in den Bergeturm hebt, während die andere halbe Becherkette die von der zweiten Setzmaschinenhälfte ausgetragenen verwachsenen Kohlen auf eine Brechschnecke — Schraubenmühle — hebt, von welcher sie zerkleinert werden. — Solche Schraubenmühlen, wie sie oben bei den Zerkleinerungsmaschinen beschrieben und durch Zeichnungen erläutert worden sind, haben ausser Concordia in neuerer Zeit die Zechen Constantin der Grosse IV/V, Graf Moltke III/IV, Zollverein I/II, Borussia und Neumühl zum Brechen verwachsener Kohlen von Baum erhalten. — Die von der zweiten Setzmaschinen-Abteilung übergespülten reinen Kohlen werden mit den Waschwassern der konzentrischen Siebtrommel zugeführt und auf dieser in vier Nussgrössen und in Feinkohlen klassiert. Die verschiedenen Nussgrössen gelangen mittels Wasserspülung durch Lutten und über Entwässerungssiebe in die einzelnen Nusstaschen, nachdem sie vorher mit klarem Wasser abgebraust worden sind. Zur Schonung und Erhaltung der Korngrössen gleiten die Nüsse auf gusseisernen Spiralrutschen in die einzelnen Taschen hinab. Jede Nusstasche hat zwei durch Schieber verschliessbare Oeffnungen, von denen die eine zur Verladung in die Eisenbahnwaggons, die andere zum Abziehen in Förderwagen für den Landdebit dient. Die Nüsse werden mittels senkbarer Rutschen in die Eisenbahnwaggons verladen und, während sie über Siebe gleiten, nochmals mit klarem Wasser abgebraust, damit sie in tadelloser Reinheit zum Versand gelangen.

Die auf Feinkorngrösse gebrochenen verwachsenen Kohlen werden in den Unterteil der Trommelmantelung geführt und mit den Feinkohlen zusammen nachgewaschen. Die ganzen gewaschenen Feinkohlen mit den verbrauchten Waschwassern und mit den gebrochenen verwachsenen Kohlen werden zu diesem Ende durch eine Centrifugalpumpe auf eine besondere, zweite Setzmaschine, die Feinkohlen- oder Nachwasch-Setzmaschine gehoben und auf dieser nochmals gesetzt. Diese zweite Setzmaschine ist genau so konstruiert wie die erste Setzmaschine, nur fehlt bei ihr, ebenso wie auch bei der zweiten Hälfte der ersten, der Bergeaustrag am Einlauf; da die schweren und reinen Berge schon auf der ersten Setzmaschinenhälfte ausgetragen worden sind, so genügt bei der zweiten Hälfte und bei der Nachwaschsetzmaschine je ein Austrag.

Die auf der letztgenannten Setzmaschine ausgeschiedenen und ausgetragenen leichteren Berge werden durch ein besonderes Becherwerk in den Bergeturm gehoben. Die nachgewaschene Feinkohle wird sodann mit den Waschwassern auf das Entwässerungsförderband, welches oben eingehend beschrieben worden ist, geleitet, um auf diesem entwässert und dem Feinkohlenturm zugeführt zu werden. Dieser Feinkohlenturm, welcher in massivem Mauerwerk ausgeführt ist, hat einen Rauminhalt von 2000 t. Eine unter dem Entwässerungsförderbande angeordnete Mischschnecke und vier Verteiler bewirken die gleichmässige Füllung des Turmes.

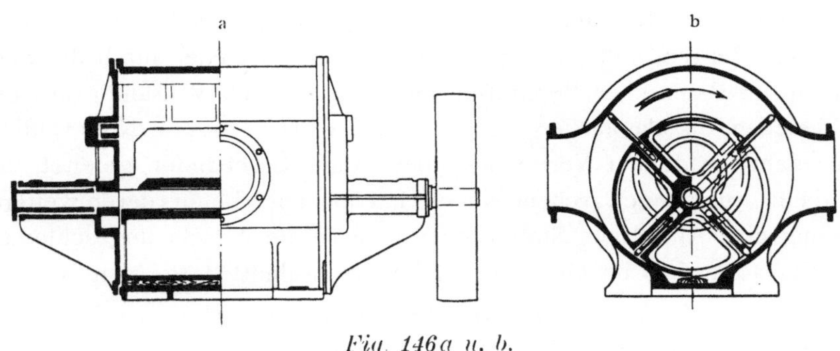

Fig. 146a u. b.
Gebläse von Baum.

Die Setzmaschinen sind nach der neuesten Baumschen Konstruktion ausgeführt; die zum Betriebe derselben erforderliche komprimierte Luft wird von einem Gebläse Baumscher Bauart geliefert, wie sie aus Fig. 146a und b zu ersehen ist; die vier aus der Walze hervortretenden Flügel werden bei der Umdrehung der Walze durch Führungen in den Stirnwänden des Gebläses zwangläufig vor- und zurückgeschoben. Die verschiedenen Apparate der Separation und Wäsche werden durch im Ganzen zehn Elektromotoren angetrieben. Ein elektrisch betriebener Aufzug hebt die Klaub- und Waschberge und die für den Landdebit bestimmten Nusskohlen auf die Hängebankhöhe.

Das von dem Entwässerungsförderbande abfliessende Waschwasser wird in dem Klärbehälter nachgeklärt und von der grösseren Centrifugalpumpe den Setzmaschinen zugepumpt. Die sich niederschlagenden Schlämme werden andauernd aus den Spitzen des Klärbehälters abgezogen, sie fliessen einem Sammelbassin zu, in welches auch der beim Abbrausen der Nusskohlen sich ergebende Nussabrieb mit dem Wasser geleitet wird; aus diesem Sammelbassin hebt eine kleine Centrifugalpumpe die Schlämme auf das Entwässerungsförderband, woselbst sie gleichmässig der Feinkohle zugesetzt und zugleich mit dieser entwässert werden.

Die ganze Anlage zeichnet sich aus durch Einfachheit und Uebersichtlichkeit; die Wäsche arbeitet vollkommen staubfrei.

Separations-Anlage auf der Zeche Langenbrahm bei Rüttenscheid

(ausgeführt von de Fries & Co. in Düsseldorf nach dem System Allard im Jahre 1903).

Die auf der Zeche Langenbrahm aus den Flötzen: Langenbrahm-Finefrau, Morgenstern, Trotz I, Trotz II, Hitzberg-Mausegatt und Sarnsbank geförderte anthracitische und verhältnismässig schwere Kohle ist reich an schiefrigen Bergen und flachen Brandschiefern, welche durch die Setzarbeit in der Baumschen Separation und Wäsche nicht vollsändig aus den verschiedenen Nussklassen herauszuschaffen sind. Die gröberen Nüsse I und II werden daher in dünner Verteilung über lange Lesebänder geleitet und ausgeklaubt, für die gewaschene Nuss III hat man aber behufs deren weiterer Reinigung eine Allardsche Stabrätter-Anlage an die Wäsche angeschlossen, die in Fig. 147 a u. b im Grundriss und Längenschnitt dargestellt ist.

Die gewaschene Nuss III von 25/15 mm Korngrösse wird von der Luftsetzmaschine mit den Waschwassern durch eine Lutte einem im oberen Teile des Sammelbehälters a verlagerten Entwässerungssiebe b zugeführt und geht von diesem auf das Transportband c, welches sie dem mit 20 mm Lochung versehenen Tafel-Schwingsiebe d_1 übergiebt. Unter diesem letzteren ist ein zweites Schwingsieb d^2 von 10 mm Lochung angebracht und an jedes dieser beiden Schwingsiebe ist in deren Verlängerung ein Allardscher Stabrätter — e^1 und e^2 — angeschlossen. Von der vierfach verkröpften Antriebswelle f aus werden die beiden Siebsysteme mittels der Lenkstangen g in schwingende Bewegung gesetzt. Die Schiefer fallen durch die beiden Rätter hindurch auf die darunter befindlichen Siebe und werden über diese hinweg seitlich bei h in einen untergestellten Förderwagen ausgetragen.

Da diese Schieferberge viele Brandschiefer und damit verwachsene Kohlenstreifen enthalten, so lässt man die durch die unteren Siebe etwa abgeschiedenen feineren Kohlenteile den Bergen auch wieder zugehen und verwendet das ganze, immerhin noch ca. 30% verbrennbare Substanz enthaltende Gemenge zur Kesselheizung.

Die über den Allard-Rätter gegangenen gereinigten Nusskohlen ge-

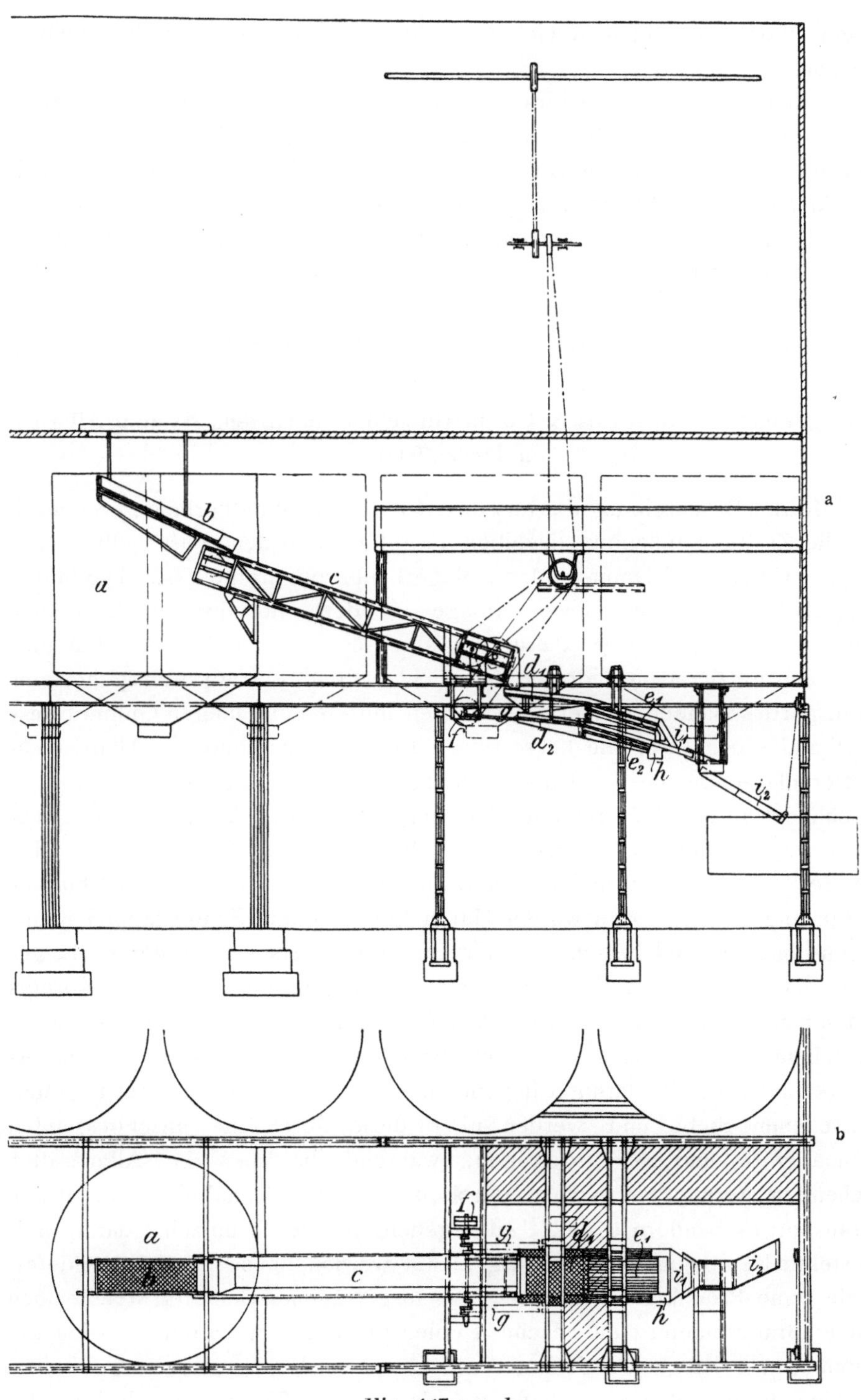

Fig. 147a u. b.

Separationsanlage auf der Zeche Langenbrahm.

langen über die beiden Rutschen i¹ und i² direkt in einen Eisenbahnwaggon.

Auf der Zeche Langenbrahm wird somit die Nuss III nach erfolgtem
Verwaschen in nassem Zustande über den Allardschen Apparat geschickt
und durch diesen von den vielen noch darin befindlichen Schiefern befreit.
Die Anlage ist im Stande, 15 t gereinigter Nuss III in der Stunde zu liefern.
Gemäss Aeusserung der Zechenverwaltung funktioniert der Apparat zu
deren vollen Zufriedenheit.

Separations-Anlage auf der Zeche »Blankenburg« bei
Hammerthal
(ausgeführt von de Fries & Co. in Düsseldorf nach dem System Allard
im Jahre 1903).

In der Beschreibung der im Jahre 1896 von Humboldt erbauten Sieberei
für die Zeche Blankenburg ist oben ausgeführt worden, dass selbige als
Doppelsystem für Flamm- und für Magerkohle eingerichtet ist. Die in der
Magerkohlen-Abteilung dieser Anlage auf den untereinander liegenden
Schüttelsieben g² und g⁴ klassierten Nussgrössen II und III von 50/25 und
25/15 mm gelangen in neuester Zeit nicht mehr direkt auf die zugehörigen
Transportlesebänder, sondern sie werden mittels eines langen Gummitrans-
portbandes der durch die beigegebene Fig. 148 a—c erläuterten Allardschen
Rätteranlage, welche oberhalb des letzten, mit h¹ bezeichneten Transport-
lesebandes ihren Platz gefunden hat, zugeführt. Die Anlage besteht aus
zwei Siebsystemen, wovon das obere 3 Siebe von 40, 30 und 25 mm, das
untere 2 Siebe von 20 und 15 mm Lochung enthält. Die an je 4 Stangen
aufgehängten Siebkasten werden durch Excenter und Schubstangen in abwechselnd hin- und herschwingende Bewegung versetzt. In der Verlängerung jeden Siebes ist ein Allardscher Rätter, bei den gröberen Körnerklassen in jeder Reihe aus 6 bis 8, bei den feineren aus 12 bis 18 Stäben
bestehend, angeschlossen. Die durch die Rätter hindurchgehenden Schieferberge fallen auf die darunter liegenden, mit entsprechend kleinerer Lochung
versehenen Siebe und werden über diese durch die anschliessenden
Schnäbel a und a¹ ausgetragen, während die über die Allardrätter
gehenden gereinigten Kohlen durch die beiden Schnäbel b und b¹ den
Transportlesebändern c und c¹ übergeben und durch einzelne daran aufgestellte Klaubejungen noch ausgeklaubt werden, um so möglichst schiefer-
freie reine Produkte zu erzielen. Die ausgetragenen Schiefer, welche noch
viele Brandschiefer und flache Kohlenstückchen enthalten, werden zusammen mit den durch die unteren Siebe etwa durchgegangenen feineren
Kohlen ins Kesselhaus geschafft und, da sie noch 30 bis 40 % Kohle oder
brennbares Material enthalten, zur Kesselheizung verwandt.

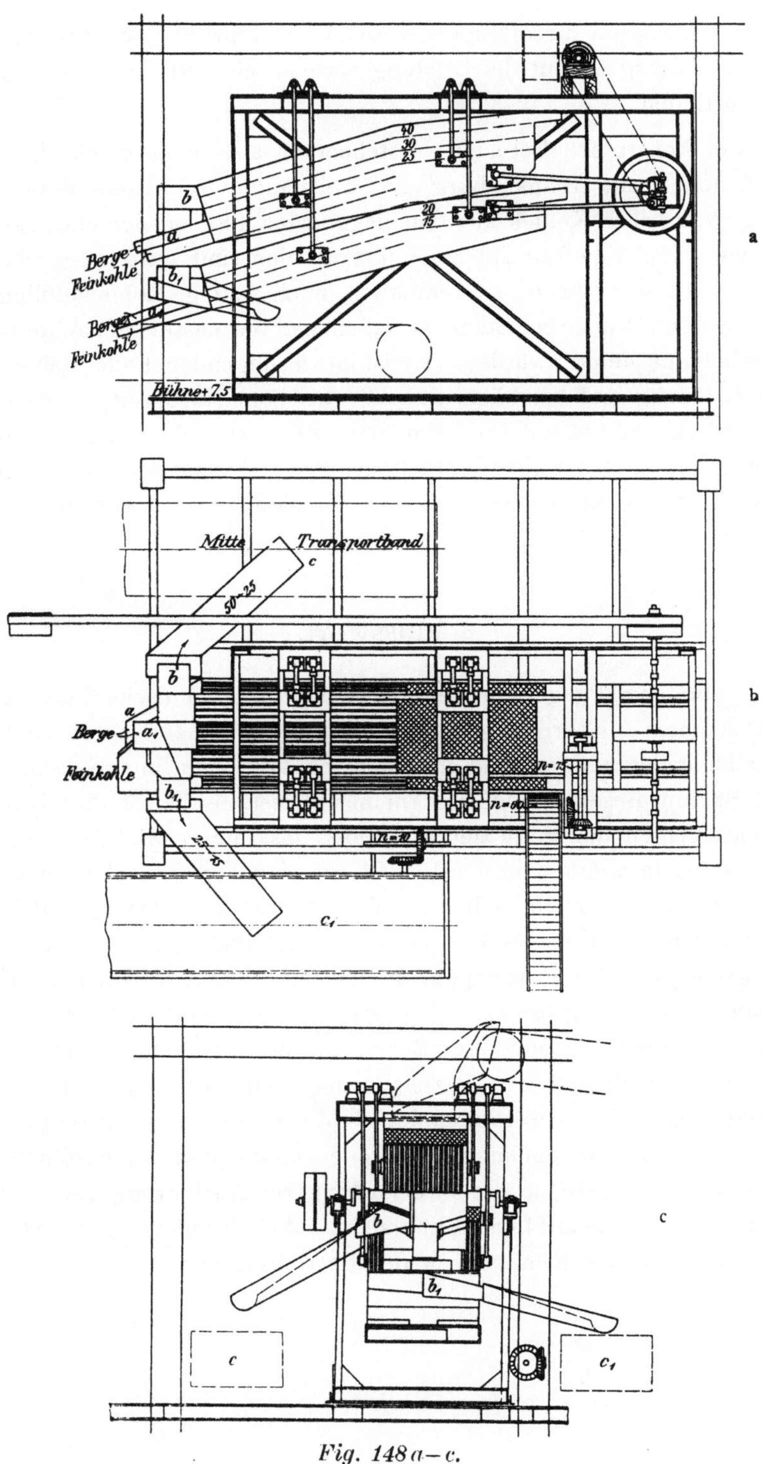

Fig. 148 a—c.

Separationsanlage auf der Zeche Blankenburg.

Die Produktion dieser Sieberei-Anlage beträgt 20 t pro Stunde. Die Zechenverwaltung ist mit der Leistung sowohl, als mit den erzielten Erfolgen zufrieden.

Diese Anlage arbeitet nach vorstehendem also, ebenso wie die ganze Sieberei der Zeche Blankenburg, auf vollständig trockenem Wege. Die Zeche gewinnt ihre Kohlen aus den liegendsten Flötzen der Magerkohlenpartie, von Flötz Finefrau abwärts; ihre Kohlen sind durchweg reich an Schiefern und sehr weich, sie enthalten auch häufig Kohlenknollen, die bei geringstem Drucke zu Staub zerfallen und bei nasser Behandlung sehr viele Schlämme liefern würden. Es ist im vorliegenden Falle daher möglichste Schonung und vor allem nur eine trockene Aufbereitung am Platze. Der Allardsche Stabrätter erscheint hier mithin als sehr geeignet zur Abscheidung der in den Kohlen enthaltenen vielen flachen Schiefer, besonders bei den kleineren Korngrössen, wo ein Ausklauben schwer auszuführen und zu kostspielig ist.

Schlusswort.

Die vorstehend gegebene Uebersicht über die technische Entwickelung der Steinkohlen-Aufbereitung in den letzten 30 bis 40 Jahren und eine Vergleichung der neueren und neuesten Separationen und Wäschen mit den zu Beginn dieser Periode im rheinisch-westfälischen Industriebezirke erbauten Anlagen führen zu dem Ergebnis, dass dieser wichtige Zweig der Bergbaukunst in anerkennenswerter Weise sich fortentwickelt hat. Die Fortschritte kennzeichnen sich besonders in der Einführung und Durchführung der Kontinuität des Betriebes, in der daraus folgenden grösseren Leistungsfähigkeit der Einzelapparate und der gesamten Anlagen, in der Erzielung einer weit grösseren Reinheit der verschiedenen Produkte bei möglichster Verhütung unnötiger Zerkleinerung derselben, in einer weitgehenden Vermeidung bezw. Verminderung von Waschverlusten, in der Vereinfachung und Verbesserung der für die Gewinnung, sorgfältige Vermischung und Nutzbarmachung des Kohlenstaubes und der Schlämme getroffenen Einrichtungen, in der zweckmässigeren Ausführung der baulichen Anlagen in Beziehung auf Licht, Uebersichtlichkeit, Reinlichkeit und Hygiene, sowie endlich in der Ermässigung der Betriebskosten.

Kokerei.

Von Bergassessor Heinrich Weber.

1. Kapitel: Geschichtliches und Statistisches.

Die ältesten Nachrichten über Verkokung von Steinkohlen im Ruhrrevier besagen, dass Koks auf Gruben bei Witten unter der Leitung des Bürgermeisters Engels im Jahre 1789 gebrannt und an die Hütten im Siegerlande abgesetzt wurde. Bis zum Jahre 1816 fehlen sodann jegliche weitere Angaben über Koksindustrie, weshalb anzunehmen ist, dass die Kohlenverkokung am Schluss des 18. und zu Anfang des 19. Jahrhunders ruhte.

Im westlichen Teile des Ruhrreviers wurde der erste Koksbrennereibetrieb im Jahre 1816 eröffnet und zwar auf dem Schachte Josina der Zeche Sälzer & Neuack bei Essen von der Firma Jacobi, Haniel und Huyssen, der Besitzerin der Gutehoffnungshütte zu Sterkrade. Weitere Koksbereitungsanstalten sowohl in der Wittener wie Essener Gegend kamen darauf in den Jahren 1820—1830 in Betrieb auf oder bei den Gruben Hamburg, Stuchtey, Franziska, Ver. Ruhrmannsbank, Schölerpad, Hagenbeck usw. Die Verkokung selbst wurde auf allen genannten Anlagen in offenen Meilern unter Verwendung von Stückkohlen vorgenommen.

Die ersten geschlossenen auch zur Verkokung von Kleinkohle geeigneten Oefen errichtete im Jahre 1836 die Firma Franz Haniel in Ruhrort auf Zeche Schölerpad bei Essen, nachdem wenige Jahre vorher, nämlich im Jahre 1832, das Verkoken von Kohlen unter die Aufsicht der Bergbehörden gestellt worden war. Die Belästigungen, welche durch den bei der Verkokung entwickelten Rauch der sog. »Abschwefelungsöfen« verursacht wurden und denen durch die fortgesetzte Vermehrung und Verbreitung der Koksbereitungsanstalten immer weitere Kreise ausgesetzt waren, gaben im Jahre 1842 Veranlassung zum Verbot der Errichtung derartiger Anlagen in unmittelbarer Nähe von Strassen. Diesem Verbote folgte dann schliesslich, als nach Verlauf von weiteren 8—10 Jahren neben den geschlossenen Oefen immer noch wieder die seit 1847 eingeführten halboffenen sog. Schaumburger Oefen erbaut wurden, das gänzliche Untersagen der Errichtung neuer offener Koksöfen. Wie dann infolgedessen die letzteren allmählig abnahmen, so fanden die geschlossenen Oefen grössere Zunahme. Von den im Jahre 1854 vorhandenen 428 offenen Oefen kamen die letzten 47 im Jahre 1869 ausser Betrieb; im gleichen Zeitraum stieg die Zahl der geschlossenen Oefen von 484 auf 955.

Das Verkoken wurde anfänglich nur von Privatunternehmern auf eigenen Anstalten in der Nähe der Zechen ausgeführt. Später, etwa seit Mitte der fünfziger Jahre, übernahmen die Verwaltungen der Steinkohlenbergwerke mehr und mehr selbst den Kokereibetrieb, sodass jetzt bereits seit einer Reihe von Jahren überhaupt keine Zechenkokerei mehr in Privatbesitz sich befindet.

Statistische Nachweisungen über Koksproduktion, Zahl der Oefen, Ausbringen usw. bis zum Jahre 1850 sind nicht vorhanden.

Die Zunahme der Koksproduktion im Ruhrrevier und der Zahl der vorhandenen Oefen seit dieser Zeit zeigen übersichtlich die Tabellen 16 und 17.

Zunahme der Koksproduktion und Anzahl der Koksöfen von 5 zu 5 Jahren von 1850 bis 1900 im Oberbergamtsbezirk Dortmund.

Tabelle 16.

J a h r	Produktion t	Zunahme bezw. Abnahme in %	Zahl der Oefen
1850	73 112	—	448
1855	224 187	+ 67,38	559
1860	197 588	− 11,86	—
1865	188 457	− 4,62	642
1870	341 033	+ 44,73	1 232
1875	585 460	+ 41,74	1 971
1880	1 291 130	+ 54,65	3 100
1885	2 341 618	+ 44,86	4 906
1890	3 727 075	+ 37,17	5 641
1895	4 989 742	+ 25,30	7 026
1900	9 102 486	+ 45,18	9 948

Aus denselben geht hervor, dass seit 1850 mit alleiniger Ausnahme der sechziger Jahre die Koksproduktion in Zwischenräumen von 5 zu 5 Jahren eine stete Steigerung und zwar meistens von 40—50 % und nicht unter 25 % erfahren hat. Der scharfe Rückgang in der Kokserzeugung in den sechziger Jahren wird hauptsächlich darauf zurückzuführen sein, dass die Eisenbahnen, welche im Jahre 1850 noch etwa 90 % des produzierten Koks zur Lokomotivfeuerung benutzten, in dem fraglichen Zeitraum allgemein zur Beheizung der Lokomotivkessel mit Steinkohlen übergingen. Die Zahl der Oefen stieg natürlich wegen stetiger Verbesserung der Ofenkon-

Zunahme der Koksproduktion und Anzahl der Koksöfen von 5 zu 5 Jahren von 1850 bis 1900 im Oberbergamtsbezirk Dortmund.

Tabelle 17.

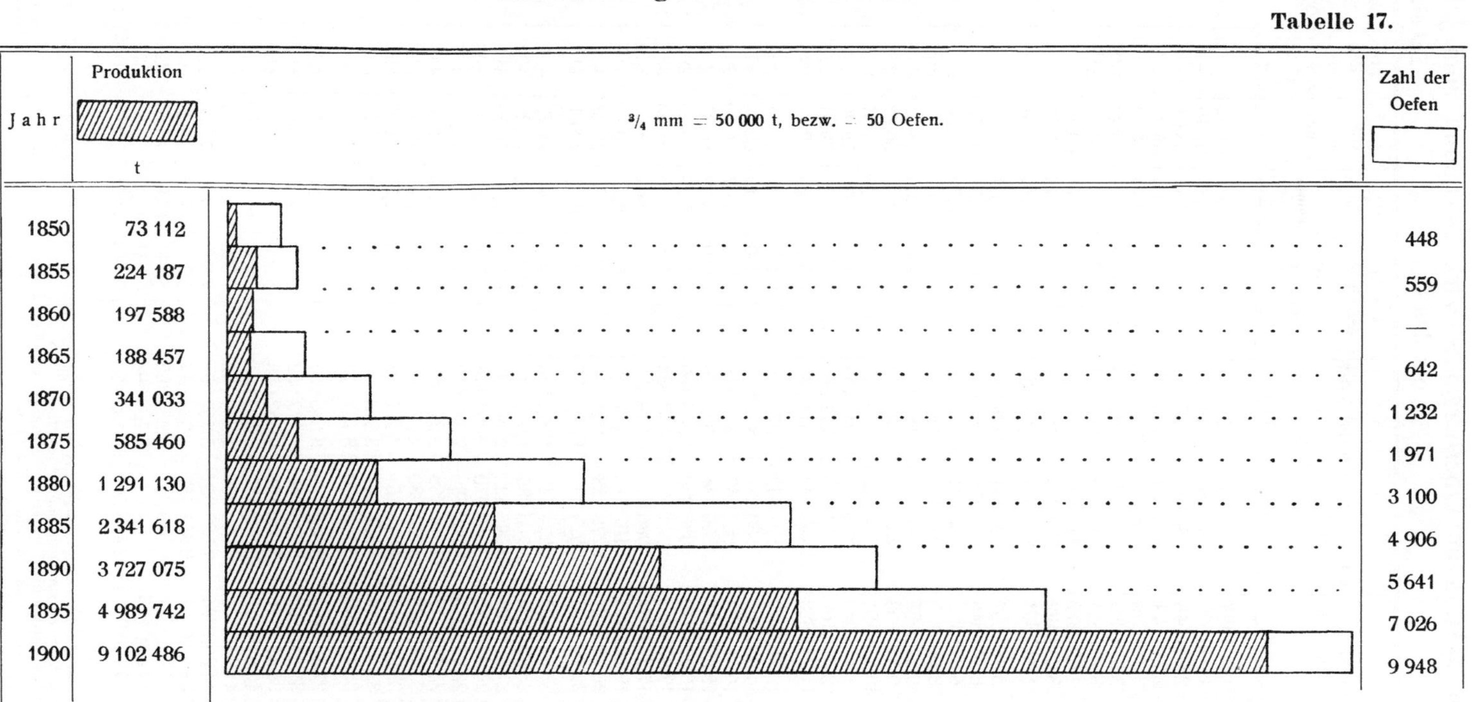

Jahr	Produktion t	Zahl der Oefen
1850	73 112	448
1855	224 187	559
1860	197 588	—
1865	188 457	642
1870	341 033	1 232
1875	585 460	1 971
1880	1 291 130	3 100
1885	2 341 618	4 906
1890	3 727 075	5 641
1895	4 989 742	7 026
1900	9 102 486	9 948

Koksproduktion im Oberbergamtsbezirk Dortmund vom Jahre 1851 bis 1900.

Tabelle 18.

Jahr	Gesamt-Förderung in t	Davon wurden verkokt in t	Fabrizierter Koks in t	Anzahl der Oefen offene	Anzahl der Oefen geschlossene	Verkokte Kohlen in % der Gesamtförderung	Koksausbringen in %	pro Ofen erzeugter Koks in t	Zunahme der Zahl der Koksöfen	Zunahme der Koksproduktion in % gegen das Vorjahr
1851	1 804 427	127 478	78 815	—	—	7,06	61,82	—	—	—
52	1 955 937	186 426	114 033	—	—	9,53	61,16	—	—	44,68
53	2 186 648	188 348	122 462	—	—	8,61	65,01	—	—	7,39
54	2 718 674	288 307	188 065	428	484	10,60	65,23	206	—	53,57
55	3 316 523	348 164	224 187	316	—	10,49	64,39	—	—	19,20
56	3 575 299	360 899	228 223	319	639	10,09	63,23	238	—	1,80
57	3 724 521	343 095	222 269	371	659	9,21	64,78	215	—	—
58	4 006 270	327 264	206 852	—	—	8,16	63,20	—	—	—
59	3 888 482	279 349	182 069	—	—	7,18	65,17	—	—	—
1860	4 365 834	295 541	197 558	—	—	6,76	66,84	—	—	8,50
1861	5 555 067	202 104	136 775	—	—	3,63	67,67	—	—	—
62	6 242 346	156 879	100 062	—	—	2,51	63,78	—	—	—
63	6 875 120	192 321	116 605	186	365	2,79	60,63	211	—	16,53
64	8 146 433	246 581	153 832	178	421	3,02	62,38	256	48	31,92
65	9 276 685	287 226	188 457	154	488	3,09	65,61	293	43	22,50
66	9 329 503	285 461	189 082	93	725	3,06	66,23	231	176	0,33
67	10 686 401	294 425	198 187	76	844	2,75	67,31	215	102	4,81
68	11 443 943	360 246	240 455	45	905	3,61	58,96	253	30	21,32
69	12 034 169	413 000	277 298	47	955	3,89	59,31	276	52	15,30
1870	11 812 528	498 799	341 033		1 232	4,55	63,41	276	230	23,00
1871	12 715 249	521 432	373 965		1 251	4,42	66,34	298	19	9,40
72	14 430 965	638 651	434 687		1 300	4,43	68,06	334	49	16,50
73	16 416 570	667 759	446 715		1 720	4,07	66,90	259	420	2,80
74	15 539 563	500 924	332 050		1 570	3,22	66,31	211	—	—
75	16 983 140	886 998	585 460		1 971	5,28	66,00	297	401	76,3
76	17 902 412	941 493	618 082		1 835	5,36	65,65	336	—	5,6
77	17 723 091	986 631	649 806		1 917	5,61	65,86	339	82	5,1
78	19 208 943	1 107 612	757 639		2 110	5,81	68,43	359	193	16,6
79	20 380 421	1 279 458	924 100		2 238	6,28	72,23	413	128	22,0
1880	22 495 204	1 823 297	1 291 130		3 100	8,10	70,81	416	862	39,7
1881	23 644 755	2 234 625	1 592 536		3 454	9,45	71.27	461	354	23,3
82	25 873 332	2 706 034	1 926 640		3 911	10,46	71,20	492	457	21,0
83	27 853 025	3 096 522	2 190 195		4 475	11,11	70.73	490	564	13,7
84	28 400 536	3 362 970	2 399 474		4 724	11,84	71,34	508	249	9,5
85	28 970 323	3 289 786	2 341 613		4 906	11,36	71,17	477	182	—
86	28 497 317	3 105 966	2 213 989		5 294	10,89	71,28	418	586	—
87	30 150 238	3 754 932	2 722 646		4 613	12,45	72.51	588	—	22,9
88	33 223 614	4 275 561	3 077 067		4 953	12,87	71.97	621	340	13,0
89	33 855 110	4 554 404	3 313 009		5 352	13,45	72.74	619	399	7,6
1890	35 469 290	5 112 090	3 727 075		5 641	14,41	72,90	661	289	12,5
1891	37 402 494	5 325 829	3 845 086		6 015	14,23	72,19	639	374	3,2
92	36 853 502	5 714 066	4 177 932		6 327	14,79	73,11	660	312	8,6
93	38 613 146	6 000 405	4 352 656		6 503	15,54	72,54	669	176	4,2
94	40 613 073	6 594 136	4 802 331		6 756	16,23	72,82	711	253	10,3
95	41 145 744	6 660 369	4 989 742		7 026	16,18	74,91	710	270	3,9
96	44 893 304	7 628 952	5 767 251		7 363	16,99	75,60	783	337	15,6
97	48 423 987	8 451 457	6 355 647		7 751	17,45	75,20	820	388	10,2
98	51 001 551	9 310 341	6 954 365		8 441	18,25	74,69	824	690	9,4
99	54 641 120	?	7 708 594		8 581	14,11	?	875	140	10,8
1900	59 620 000	12 486 263	9 102 486		9 948	15,26	72,9[1]	915[2]	1 367	18,0

[1]) Die Zahlen sind infolge Fehlens derselben in den amtlichen statistischen Nachweisungen nach Angaben der Zechenverwaltungen ermittelt.

[2]) Das Stillliegen einzelner Koksofenbatterien konnte nicht berücksichtigt werden, weshalb das rechnerisch aus Produktion und Ofenzahl bestimmte Ausbringen gegen das wirkliche Ausbringen der betriebenen Oefen viel zu gering ist.

struktionen und dem damit verbundenen höheren Ausbringen nicht im gleichen Masse, wie die Produktion; dieses tritt besonders in den letzten 20 Jahren seit Einführung der Destillationsöfen in Erscheinung.

Welche Entwickelung im Einzelnen von Jahr zu Jahr seit 1850 die auf die Verkokung sich beziehenden Verhältnisse genommen haben, darüber giebt die Tabelle 18 besser, als sich durch Worte ausdrücken lässt, vielerlei Auskunft. Das Verhältnis der verkokten Kohlen zur Jahres-förderung an Steinkohlen, die erzeugten Koksmengen, das Koksausbringen pro Ofen und in Prozenten des Kohleneinsatzes, die Zahl der Oefen, die jährliche Zunahme der Koksproduktion usw. sind daraus zu ersehen.

Tabelle 19.

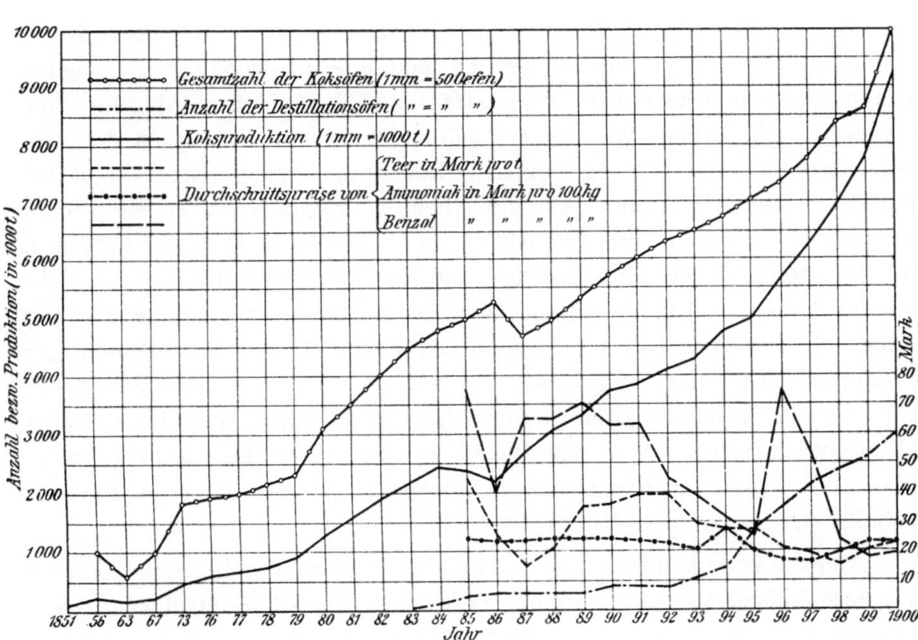

Die graphische Darstellung, Tabelle 19, verschafft einen Ueberblick über die Koksproduktion und die Gesamtzahl der Koksöfen in den letzten 50 Jahren, sowie über die Zahl der Destillationsöfen (nebst jährlichen Durchschnittspreisen der gewonnenen Nebenprodukte). Eine gelinde Abnahme in der Koksproduktion ist demnach nur um das Jahr 1860 mit gleichzeitiger Abnahme der Zahl der Koksöfen und noch einmal in der Mitte der achtziger Jahre eingetreten. In dem raschen Emporschnellen der Kurven in den Jahren 1894—1900 ist der stetig steigende, rasche wirtschaftliche Aufschwung unschwer zu erkennen.

Die folgenden statistischen Angaben sollen dazu dienen, kurz den Stand der Koksbereitung auf den Zechen des Ruhrreviers am Ende des 19. Jahrhunderts zu erläutern. Es ist wohl nicht zu viel behauptet, wenn man sagt, dass die Koksindustrie des rheinisch-westfälischen Steinkohlenbeckens sich die erste Stelle unter den koksproduzierenden Bergbaubezirken der ganzen Welt erobert und in Bezug auf Gewinnung der in den Koksofengasen enthaltenen wertvollen Bestandteile alle anderen weit überholt hat.

Auf 103 Schachtanlagen der Zechen des Ruhrreviers waren im Jahre 1900 Kokereien in Betrieb. Von diesen erzeugten 99 Anlagen 9 102 486 t Koks. Die Steinkohlenförderung dieser 99 Gruben betrug 36 247 462 t, so dass also 25,11 % der von diesen Zechen gewonnenen Kohlen und 15,26 % der Gesamtförderung aller Zechen in Höhe von 59 620 000 t zur Koksbereitung Verwendung fanden.

Die höchste Produktion hat die Schachtanlage Consolidation No. I mit 257 371 t = 52,9 % der Förderung und die niedrigste die Schachtanlage General Blumenthal mit 25 000 t = 4,73 % der Förderung aufzuweisen. Die Tabelle 20 erläutert zahlenmässig und graphisch die vorstehenden Angaben für jede einzelne Schachtanlage, geordnet nach der Höhe der Koksproduktion. Aus derselben ist zugleich zu ersehen, dass je 2 Schachtanlagen über 250 000 t bezw. 200 000 t, 11 über 150 000 t, 17 über 100 000 t, 55 über 50 000 t und die übrigen unter 50 000 t Koks erzeugt haben. Das Verhältnis der Koksproduktion zur Förderung jeder Schachtanlage tritt für Gruben mit hoher Förderung und niedriger Koksproduktion und umgekehrt für solche mit niedriger Förderung und hoher Koksproduktion durch die graphische Darstellung sofort übersichtlich hervor. Wie sich dieses Verhältnis geordnet nach Prozentzahlen auf den einzelnen Schachtanlagen gestaltet, veranschaulicht Tabelle 21.

Danach verkoken drei in den südlichen Bergrevieren belegene Gruben mit verhältnismässig ganz geringer Förderung über 60 % derselben. Sechs Gruben verwenden mehr wie 50 % der Förderung zur Koksbereitung, zwölf mehr wie 40 %, neunzehn mehr wie 30 %, achtundzwanzig mehr wie 20 %, vierundzwanzig mehr wie 10 % und die übrigen sieben weniger wie 10 %.

Wie niedrig sich die auf den einzelnen Schachtanlagen erzeugten Koksmengen vor Einführung der Destillationsöfen im Vergleich zu den im Jahre 1900 gewonnenen stellen, lässt drastisch die Tabelle 22 erkennen.

Schachtanlagen mit über 100 000 t Jahreserzeugung an Koks gab es 1883 von 52 nur eine, also etwa 2 %, und 1900 von 99 bereits 28, also etwa 28 %. Weniger als 20 000 t wurden im letzten Jahre auf keiner, im ersteren aber noch auf 11 Anlagen (10 %) hergestellt.

Koksproduktion der selbständigen Schachtanlagen geordnet nach Prozenten ihrer Förderung im Jahre 1900.

Tabelle 21.

Lfde. No.	Schachtanlage	Koksproduktion in % der Förderung	Koksproduktion t	Förderung t
1	Friedlicher Nachbar	63,35	66 500	104 970
2	Crone	62,76	87 5C0	139 418
3	Carl Friedrich Erbstolln	61,01	59 500	97 521
4	Dannenbaum II	57,00	71 281	125 044
5	Friedrich Wilhelm	56,60	44 133	77 830
6	General und Erbstolln	56,35	84 000	149 063
7	Consolidation I	52,90	257 371	486 455
8	Holland III/IV	50,81	227 000	446 753
9	Friederika	50,10	88 900	177 416
10	ver. Präsident I/II	48,73	143 500	294 428
11	Kaiser Friedrich	48,73	82 050	168 374
12	Constantin der Grosse II	48,22	100 755	208 935
13	Königin Elisabeth, Hubert	47,58	86 500	181 788
14	Borussia	44,98	78 000	173 385
15	Dannenbaum I	42,84	83 598	195 102
16	Centrum I/III	42,51	162 630	382 519
17	Königsborn II	42,00	166 345	396 040
18	Lothringen	41,81	180 900	432 575
19	Ver. Carolinenglück	41,38	105 000	253 697
20	Königsborn I	40,32	85 546	212 141
21	Constantin der Grosse IV	40,14	69 530	173 190
22	Vollmond	39,24	111 920	285 263
23	Kölner Bergwerks-Verein, Anna	39,21	95 877	244 513
24	Heinrich Gustav	39,05	96 815	247 866
25	Adolf v. Hansemann	38,25	79 181	206 996
26	Amalia	37,82	112 790	298 155
27	König Ludwig	37,61	211 520	562 270
28	Pluto, Thies	35,96	188 950	525 382
29	Gneisenau	35,46	121 695	343 107
30	Prinz Regent	35,40	82 660	233 442
31	Constantin der Grosse III	35,03	78 911	225 245
32	Eintracht Tiefbau	34,75	77 000	221 527
33	Glückauf Tiefbau	34,17	71 750	209 953
34	Caroline bei Harpen	33,96	52 140	153 503
35	Courl	33,92	126 540	373 017
36	Neumühl	33,77	161 300	477 514
37	Graf Schwerin	33,13	129 500	390 809
38	Mansfeld	32,01	95 913	299 622
39	Victor	30,86	156 900	508 416
40	Germania I	30,78	80 548	261 679
41	Massener Tiefbau	29,90	164 904	551 358
42	Osterfeld	29,81	169 750	569 415
43	Prinz von Preussen	29,70	53 106	178 756
44	Erin	28,95	164 682	568 717
45	Shamrock I/II	28,65	250 434	873 991
46	Hasenwinkel	28,27	88 000	311 227
47	Maria Anna und Steinbank	25,21	65 325	259 023
48	Kaiserstuhl I/II	25,08	181 933	725 169
49	Constantin der Grosse I	24,53	40 263	164 076
50	Neu-Iserlohn I	24,49	66 490	271 425

Fortsetzung von Tabelle 21.

Lfde. No.	Schachtanlage	Koksproduktion in % der Förderung	Koksproduktion t	Förderung t
51	Concordia I	24,32	75 928	312 203
52	Prosper I	23,78	116 269	488 746
53	Centrum II	23,49	95 974	408 432
54	Friedrich der Grosse	23,41	116 550	497 730
55	Westhausen	22,58	54 972	243 426
56	Siebenplaneten	22,55	63 867	283 177
57	Hagenbeck	22,42	96 000	428 081
58	Königin Elisabeth, Fr. Joachim	22,37	55 935	250 035
59	Monopol, Grillo	21,78	90 726	416 433
60	Germania II	21,43	92 847	433 121
61	Hibernia	21,13	62 744	296 906
62	Louise Tiefbau	20,74	45 000	216 889
63	Bruchstrasse	20,59	43 600	211 678
64	Zollverein IV/V	20,58	75 100	365 684
65	Tremonia	20,48	49 000	239 213
66	Pluto, Wilhelm	20,34	87 500	430 000
67	Hansa	20,34	68 063	334 487
68	Hannover III	20,24	57 319	283 159
69	von der Heydt	19,99	94 380	471 983
70	Holland I/II	19,61	59 500	303 347
71	Recklinghausen II	19,06	69 385	363 987
72	Graf Beust	18,79	63 525	338 050
73	Königin Elisabeth, Wilhelm	18,57	42 000	226 051
74	Shamrock III/IV	17,99	155 188	862 216
75	Minister Stein	17,60	106 004	602 122
76	Rheinpreussen I/II	17,57	126 000	717 117
77	Recklinghausen I	17,45	69 830	400 149
78	Westende	17,16	63 192	368 194
79	Julia	17,15	70 890	413 341
80	Concordia II	17,00	128 168	753 368
81	Julius Philipp	16,51	47 250	286 186
82	Fröhliche Morgensonne	15,74	70 667	448 964
83	Helene und Amalie, Amalie	15,73	61 139	388 583
84	Bonifacius	15,03	81 944	545 177
85	Rhein-Elbe und Alma, Alma	14,19	83 826	590 609
86	Helene und Amalie, Helene	13,87	57 679	415 555
87	Neu-Iserlohn II	12,08	41 468	343 189
88	König Wilhelm	11,93	81 000	678 646
89	Friedrich Ernestine	11,58	25 450	219 754
90	Kölner Bergwerks-Verein, Carl	11,33	34 574	305 091
91	Zollern	10,42	35 755	343 079
92	Hannover I/II	10,36	57 817	557 554
93	Zollverein I/II	8,81	53 500	607 166
94	Prosper II	8,22	79 758	969 120
95	Consolidation III	8,13	47 129	579 003
96	Dorstfeld	7,92	37 000	467 022
97	Graf Moltke	6,82	42 000	615 363
98	Mathias Stinnes	5,72	36 738	641 591
99	General Blumenthal I/II	4,73	25 000	527 820

Die Zechen Preussen, Dahlbusch, Victoria Mathias und Deutscher Kaiser sind nicht berücksichtigt, da die ersteren erst im Laufe des Jahres in Betrieb genommen, die letzteren keine Produktion angegeben haben.

Uebersicht über die auf den einzelnen Schachtanlagen erzeugten Koksmengen.

Tabelle 22

	1883		1900	
	Werke	Koks t	Werke	Koks t
unter 10 000 t . . .	6	37 484	—	—
10 000 bis 20 000 t .	5	87 061	—	—
20 000 » 30 000 t .	7	190 167	2	50 450
30 000 » 40 000 t .	9	316 456	4	144 067
40 000 » 60 000 t .	15	743 775	20	1 003 211
60 000 » 80 000 t .	5	353 186	23	1 618 056
80 000 » 100 000 t .	4	357 164	22	1 942 104
100 000 » 120 000 t .	1	104 902	7	769 288
120 000 » 140 000 t .	—	—	5	631 903
140 000 » 160 000 t .	—	—	3	455 588
160 000 » 180 000 t .	—	—	6	988 611
180 000 » 200 000 t .	—	—	3	551 783
200 000 » 220 000 t .	—	—	1	211 520
220 000 » 240 000 t .	—	—	1	227 000
240 000 » 260 000 t .	—	—	2	507 805
Summa . .	52	2 190 195	99	9 102 486

Die Zechen Preussen, Dahlbusch, Victoria Mathias und Deutscher Kaiser haben die Jahresproduktion nicht angegeben.

Ueber die Produktion der grösseren Bergwerksgesellschaften und Zechen, welche mehr wie 150 000 t Koks pro Jahr fertigstellen, geben die Tabellen 23—25 Aufschluss.

Die der Förderung nach grösste Gesellschaft, die Gelsenkirchener Bergwerks - Aktiengesellschaft, bleibt bezüglich der Koksherstellung mit 860 000 t Jahreserzeugung hinter der zweitgrössten, der Harpener Bergbaugesellschaft, mit nahezu 1 100 000 t, erheblich zurück. In weitem Abstand davon folgen dann erst die Bergwerksgesellschaften Hibernia mit ca. 470 000 t und Nordstern, Dannenbaum und Consolidation mit über 300 000 t. Insgesamt sind es 21 Gesellschaften, welche einzeln über 150 000 t Koks im Jahre 1900 und insgesamt 6 527 254 t, also beträchtlich mehr wie zwei Drittel der gesamten Jahresproduktion hergestellt haben. Tabelle 25 lässt zahlenmässig und graphisch auch das Verhältnis der Gesamtförderung zur Koksproduktion erkennen. Nach diesem Verhältnis ver-

Uebersicht über die von den grösseren Bergwerksgesellschaften und
Zechen erzeugten Koksmengen von über 150 000 t im Jahre 1900.

Tabelle 23.

	1900	
	Gesellsch. bezw. Zeche	Koks t
150 000 bis 160 000 t	1	156 900
160 000 » 180 000 t	3	495 954
180 000 » 200 000 t	4	743 295
200 000 » 250 000 t	2	421 951
250 000 » 300 000 t	5	1 045 274
300 000 » 350 000 t	3	959 239
350 000 » 500 000 t	1	468 366
500 000 » 900 000 t	1	859 367
über 1 000 000 t	1	1 087 449
Summa . . .	21	6 527 254

kokt am wenigsten die Arenbergsche Aktiengesellschaft (Zeche Prosper),
nämlich 13,44 %; an zweiter Stelle steht auch hier die Gelsenkirchener
Bergwerks-Aktiengesellschaft mit 20,27 %, während die Harpener Gesellschaft mit 26,24 % erst an sechster Stelle kommt. Den höchsten Prozentsatz mit 40 % und mehr weisen die Gesellschaften Dannenbaum, Lothringen,
Königsborn und Dortmunder Union auf.

Die Anzahl der Koksöfen sämtlicher Schachtanlagen im Jahre 1900
beträgt 9948. Von letzteren entfallen auf die Flammöfen 6984 und auf die
Destillationsöfen 2964. Die ältesten zwanzig der noch betriebenen Flammöfen stammen aus dem Jahre 1870, die ältesten Destillationsöfen aus dem
Jahre 1884 (s. Tab. 26). Im Jahre 1879 sind überhaupt keine Oefen errichtet worden. An Flammöfen mit mehr als zwanzigjähriger Betriebsdauer befinden sich noch 992 und an solchen mit mehr als 10jähriger insgesamt 2352 in Betrieb. Von den bis jetzt erbauten Destillationsöfen sind
bisher nur die ersten im Jahre 1883 auf Zeche Pluto erbauten Oefen abgeworfen worden.

Die meisten der vorhandenen Flammöfen, nämlich 648, sind im Jahre
1883, die meisten Destillationsöfen, nämlich 700, im Jahre 1895, und die
meisten Oefen überhaupt, nämlich 974, im Jahre 1900 erbaut worden. Aus
Tabelle 26 ist die Zahl der vorhandenen Oefen, geordnet nach System
und Jahr der Errichtung, zu ersehen, und in Tabelle 27 ist eine Zusammenstellung der auf den einzelnen Schachtanlagen vorhandenen Destillations-

Koksproduktion der grösseren Bergwerksgesellschaften und Zechen mit über 150 000 t jährlich (1900).

Tabelle 24.

Lfd. No.	Name	Produktion t	1 mm = 10 000 t
1	Harpener Bergbau-Aktien-Gesellschaft .	1 087 449	
2	Gelsenkirchener Bergwerks.-Akt.-Ges. .	859 367	
3	Bergwerks-Gesellschaft Hibernia	468 366	
4	Akt.-Ges. Steinkohlenbergw. Nordstern .	328 500	
5	Aktiengesellschaft Zeche Dannenbaum .	326 439	
6	Bergwerks-Akt.-Ges. Consolidation . . .	304 500	
7	Gewerkschaft Constantin der Grosse . .	289 459	
8	Bergbau-Aktien-Gesellschaft Pluto . . .	276 450	
9	Rheinische Stahlwerke, Zeche Centrum .	258 604	
10	BochumerVer.f.Bergb.u.Gussstahlfabrik.	258 329	
11	Aktien-Gesellschaft Zeche Königsborn .	251 891	
12	Gewerkschaft König Ludwig	211 520	
13	Union, Akt.-Ges. für Bergbau, Dortmund	210 431	
14	Arenbergsche Akt.-Ges., Zeche Prosper.	196 027	
15	Gewerkschaft Königin Elisabeth	184 435	
16	Ver. Westfalia, Stahlwerk Hoesch . . .	181 933	
17	Gewerkschaft Lothringen	180 900	
18	Osterfeld, Gutehoffnungshütte	169 750	
19	Aktien-Gesellschaft Massener Tiefbau .	164 904	
20	Gewerkschaft Neumühl	161 300	
21	Gewerkschaft Victor	156 900	

Uebersicht über die von einigen grösseren Bergwerksgesellschaften und Zechen erzeugten Koksmengen mit über 150 000 t pro 1900.

Tabelle 25.

Lfd. No.	Name	Förderung t	1 mm = 100 000 t	Koksproduktion in t	in °/₀ der Förderung
1	Harpener Bergbau-Actien-Gesellschaft	4 143 741		1 087 449	26,24
2	Gelsenkirchener Bergwerks-Actien-Gesellschaft	4 238 860		859 367	20,27
3	Bergwerksgesellschaft Hibernia	2 033 113		468 366	23,03
4	Actien-Gesellschaft Steinkohlenbergwerk Nordstern	1 365 463		328 500	24,05
5	Actien-Gesellschaft Zeche Dannenbaum	731 004		326 439	44,65
6	Bergwerks-Actien-Gesellschaft Consolidation	1 065 458		304 500	28,57
7	Gewerkschaft Constantin der Grosse	771 446		289 459	37,52
8	Bergbau-Actien-Gesellschaft Pluto	955 382		276 450	28,93
9	Rheinische Stahlwerke, Zeche Centrum	790 951		258 604	30,69
10	Bochumer Verein für Bergbau und Gussstahlfabrikation	823 947		258 329	31,36
11	Actiengesellschaft Königsborn	608 181		251 891	41,41
12	Gewerkschaft König Ludwig	562 270		211 520	37,61
13	Union, Actiengesellschaft für Bergbau, Dortmund	514 470		210 431	40,90
14	Arenbergsche Actiengesellschaft, Zeche Prosper	1 457 866		196 027	13,44
15	Gewerkschaft Königin Elisabeth	657 874		184 435	28,03
16	Ver. Westfalia, Stahlwerk Hoesch	725 169		181 933	25,08
17	Gewerkschaft Lothringen	432 575		180 900	41,81
18	Osterfeld, Gutehoffnungshütte	569 415		169 750	29,81
19	Actiengesellschaft Massener Tiefbau	551 358		164 904	29,96
20	Gewerkschaft Neumühl	477 514		161 300	33,77
21	Gewerkschaft Victor	508 416		156 900	30,86

Jahr der Erbauung der einzelnen in Betrieb befindlichen Oefen (nach Systemen geordnet) für 1900.

Tabelle 26.

Jahr der Erbauung	Flammöfen			Summa	Destillationsöfen						Summa
	Coppée	Collin	Bauer		Otto-Hoffmann	Unterfeuerung	Ruppert	Brunck	Collin mit Nebenprodukten	Hüssener	
1870	20	—	—	20	—	—	—	—	—	—	—
1871	54	—	—	54	—	—	—	—	—	—	—
1872	66	—	—	66	—	—	—	—	—	—	—
1873	140	—	—	140	—	—	—	—	—	—	—
1874	106	—	—	106	—	—	—	—	—	—	—
1875	50	—	—	50	—	—	—	—	—	—	—
1876	60	—	—	60	—	—	—	—	—	—	—
1877	30	—	—	30	—	—	—	—	—	—	—
1878	466	—	—	466	—	—	—	—	—	—	—
1879	—	—	—	—	—	—	—	—	—	—	—
1880	152	—	—	152	—	—	—	—	—	—	—
1881	96	—	—	96	—	—	—	—	—	—	—
1882	200	—	—	200	—	—	—	—	—	—	—
1883	648	—	—	648	—	—	—	—	—	—	—
1884	280	—	—	280	62	—	—	—	—	—	62
1885	54	—	—	54	120	—	—	—	—	—	120
1886	220	—	—	220	60	—	—	—	—	—	60
1887	180	—	—	180	—	—	—	—	—	—	—
1888	280	—	—	280	—	—	—	—	—	—	—
1889	242	—	—	242	—	—	—	—	—	—	—
1890	580	—	—	580	120	—	—	—	—	—	120
1891	240	40	—	280	—	—	—	—	—	—	—
1892	350	30	—	380	—	—	—	—	—	—	—
1893	430	60	—	490	60	—	60	6	—	30	156
1894	166	—	—	166	160	—	—	—	—	—	160
1895	180	—	—	180	360	—	60	100	180	—	700
1896	60	—	—	60	180	90	—	60	—	—	330
1897	294	80	8	382	60	302	—	60	—	—	422
1898	402	30	—	432	—	158	—	—	—	—	158
1899	40	70	—	110	—	102	—	120	60	—	282
1900	520	60	—	580	—	394	—	—	—	—	394
	6606	370	8	6984	1182	1046	120	346	240	30	2964

Zusammenstellung der im Jahre 1900 betriebenen Destillationsöfen, nach Systemen und Jahr der Erbauung geordnet.

Tabelle 27.

System	No	Name der Schachtanlage	Jahr der Erbauung																	Summa
			1884	1885	1886	1887	1888	1889	1890	1891	1892	1893	1894	1895	1896	1897	1898	1899	1900	
Otto-Hoffmann	1	Kaiserstuhl	62	—	—	—	—	—	—	—	—	—	—	—	—	—	—	—	—	
	2	Germania II	—	60	—	—	—	—	—	—	—	—	—	—	—	—	—	—	—	
	3	Amalia	—	60	—	—	—	—	—	—	—	—	—	—	—	—	—	—	—	
	4	Friedrich der Grosse	—	—	*)60	—	—	—	—	—	—	—	—	—	—	—	—	—	—	
	5	Julia	—	—	—	—	—	—	60	—	—	—	—	—	—	—	—	—	—	
	6	Recklinghausen II	—	—	—	—	—	—	60	—	—	—	—	—	—	—	—	—	—	
	7	Eintracht Tiefbau	—	—	—	—	—	—	—	—	—	60	—	—	—	—	—	—	—	
	8	Constantin der Grosse III	—	—	—	—	—	—	—	—	—	—	60	—	—	—	—	—	—	
	9	Gneisenau	—	—	—	—	—	—	—	—	—	—	60	—	—	—	—	—	—	
	10	Pluto, Thies	—	—	—	—	—	—	—	—	—	—	40	—	—	—	—	—	—	
	11	Constantin der Grosse II	—	—	—	—	—	—	—	—	—	—	—	60	—	—	—	—	—	
	12	Concordia II	—	—	—	—	—	—	—	—	—	—	—	60	—	—	—	—	—	
	13	Graf Schwerin	—	—	—	—	—	—	—	—	—	—	—	60	—	—	—	—	—	
	14	Neu-Iserlohn I	—	—	—	—	—	—	—	—	—	—	—	60	—	—	—	—	—	
	15	Shamrock I/II	—	—	—	—	—	—	—	—	—	—	—	60	—	—	—	—	—	
	16	Shamrock III/IV	—	—	—	—	—	—	—	—	—	—	—	60	—	—	—	—	—	
	17	Prinz Regent	—	—	—	—	—	—	—	—	—	—	—	—	60	—	—	—	—	
	18	Holland III/IV	—	—	—	—	—	—	—	—	—	—	—	—	60	—	—	—	—	
	19	Osterfeld	—	—	—	—	—	—	—	—	—	—	—	—	60	—	—	—	—	
	20	Centrum I/III	—	—	—	—	—	—	—	—	—	—	—	—	—	60	—	—	—	
		Summa	62	120	60	—	—	—	120	—	—	60	160	360	180	60	—	—	—	1182
Brunck	1	Kaiserstuhl	—	—	—	—	—	—	—	—	—	6	—	—	—	—	—	—	—	
	2	Carolinenglück	—	—	—	—	—	—	—	—	—	—	—	40	—	—	—	—	—	
	3	Zollverein IV/V	—	—	—	—	—	—	—	—	—	—	—	60	—	—	—	—	—	
	4	Deutscher Kaiser II	—	—	—	—	—	—	—	—	—	—	—	—	60	—	—	—	—	
	5	Alma	—	—	—	—	—	—	—	—	—	—	—	—	—	60	—	—	—	
	6	Minister Stein	—	—	—	—	—	—	—	—	—	—	—	—	—	—	—	120	—	
		Summa	—	—	—	—	—	—	—	—	—	6	—	100	60	60	—	120	—	346

Ruppert	1	Kölner Bergwerks-Verein	—	—	—	—	—	—	—	—	—	60	—	—	—	—	—	—	—	—
	2	Consolidation I	—	—	—	—	—	—	—	—	—	—	—	60	—	—	—	—	—	—
		Summa	—	—	—	—	—	—	—	—	—	60	—	60	—	—	—	—	—	120
Collin mit Nebenprodukten	1	Hansa	—	—	—	—	—	—	—	—	—	—	—	60	—	—	—	—	—	—
	2	Victor	—	—	—	—	—	—	—	—	—	—	—	60	—	—	—	—	—	—
	3	Prosper I	—	—	—	—	—	—	—	—	—	—	—	60	—	—	—	—	—	—
	4	Holland III/IV	—	—	—	—	—	—	—	—	—	—	—	—	—	—	—	60	—	—
		Summa	—	—	—	—	—	—	—	—	—	—	—	180	—	—	—	60	—	240
Unterfeuerung	1	Deutscher Kaiser II	—	—	—	—	—	—	—	—	—	—	—	—	60	—	—	—	—	—
	2	Mathias Stinnes	—	—	—	—	—	—	—	—	—	—	—	—	30	—	—	—	—	—
	3	Erin	—	—	—	—	—	—	—	—	—	—	—	—	—	80	—	—	—	—
	4	Dannenbaum I	—	—	—	—	—	—	—	—	—	—	—	—	—	30	—	—	—	—
	5	Constantin der Grosse IV	—	—	—	—	—	—	—	—	—	—	—	—	—	60	—	—	—	—
	6	Consolidation I	—	—	—	—	—	—	—	—	—	—	—	—	—	72	—	—	—	—
	7	Pluto, Wilhelm	—	—	—	—	—	—	—	—	—	—	—	—	—	60	—	—	—	—
	8	König Ludwig	—	—	—	—	—	—	—	—	—	—	—	—	—	—	60	—	—	—
	9	Deutscher Kaiser II	—	—	—	—	—	—	—	—	—	—	—	—	—	—	68	—	—	—
	10	Dannenbaum I	—	—	—	—	—	—	—	—	—	—	—	—	—	—	30	—	—	—
	11	Deutscher Kaiser II	—	—	—	—	—	—	—	—	—	—	—	—	—	—	—	102	—	—
	12	Osterfeld	—	—	—	—	—	—	—	—	—	—	—	—	—	—	—	—	30	—
	13	Neumühl	—	—	—	—	—	—	—	—	—	—	—	—	—	—	—	—	60	—
	14	Deutscher Kaiser II	—	—	—	—	—	—	—	—	—	—	—	—	—	—	—	—	34	—
	15	Preussen	—	—	—	—	—	—	—	—	—	—	—	—	—	—	—	—	80	—
	16	Kaiser Friedrich	—	—	—	—	—	—	—	—	—	—	—	—	—	—	—	—	40	—
	17	Dannenbaum I	—	—	—	—	—	—	—	—	—	—	—	—	—	—	—	—	20	—
	18	Lothringen	—	—	—	—	—	—	—	—	—	—	—	—	—	—	—	—	60	—
	19	Pluto, Thies	—	—	—	—	—	—	—	—	—	—	—	—	—	—	—	—	40	—
	20	Dahlbusch II/V	—	—	—	—	—	—	—	—	—	—	—	—	—	—	—	—	30	—
		Summa	—	—	—	—	—	—	—	—	—	—	—	—	90	302	158	102	394	1046
Hüssener	1	Kölner Bergwerks-Verein	—	—	—	—	—	—	—	—	—	30	—	—	—	—	—	—	—	30
		Summa																		2964

*) Sind 1895 umgebaut.

öfen, ebenfalls geordnet nach Systemen und Jahren der Erbauung, wiedergegeben.

Danach sind von den 103 Zechenkokereien 53 mit Einrichtungen zur
Gewinnung der Nebenprodukte ausgerüstet. Das System Coppée-Otto
weist die grösste Anzahl Oefen mit 6606 Stück auf; danach folgen der
Destillationsofen von Otto-Hoffmann mit 1182 Stück und der Otto-Unter-
feuerungsofen mit 1046 Stück. Otto-Hoffmannsche Oefen sind seit dem
Jahre 1897 nicht mehr gebaut worden; die Erbschaft hat der Otto-Unter-
feuerungsofen seit dieser Zeit angetreten. Nach letzterem System sind im
Jahre 1900 allein 394 Oefen erbaut worden, während gleichzeitig nach
anderen Destillationsofensystemen keine Anlagen zur Ausführung gelangten.

Uebersicht über die Anzahl der eigenen Koksöfen auf den selb-
ständigen Schachtanlagen im Jahre 1900.

Tabelle 28.

	1900	
	selbständige Schachtanlagen	Oefen
30 bis 40 Oefen	4	120
40 » 50 »	9	450
50 » 60 »	25	1498
60 » 70 »	4	274
70 » 80 »	10	790
80 » 90 »	8	714
90 » 100 »	4	398
100 » 110 »	4	424
110 » 120 »	11	1314
120 » 130 »	4	512
130 » 140 »	2	280
140 » 150 »	4	596
150 » 160 »	4	630
160 » 170 »	2	336
170 » 180 »	6	1076
mehr als 180 Oefen	*) 2	536
Summa	103	9948

*) Deutscher Kaiser 324 Oefen.
Consolidation I 212 »

Tabelle 28 enthält eine Uebersicht über die Anzahl der auf
den einzelnen Schachtanlagen vorhandenen Koksöfen, geordnet nach
Gruppen von 10 zu 10 Oefen. Danach giebt es je 2 Anlagen, mit über

Anzahl der im Jahre 1900
auf den einzelnen Schachtanlagen vorhandenen Koksöfen.

Tabelle 29.

Lfd. No.	Schachtanlage	Flammöfen			Destillationsöfen						Sa.	Produktion
		Coppée	Collin	Bauer	Otto-Hoffmann	Unter-feuerung	Ruppert	Brunck	Collin mit Neben-gewinnung	Hüssener		
1	Consolidation I	80	—	—	—	72	60	—	—	—	212	257 371
2	Shamrock I/II	120	—	—	60	—	—	—	—	—	180	250 434
3	Holland III/IV	60	—	—	60	—	—	—	60	—	180	227 000
4	König Ludwig	120	—	—	—	60	—	—	—	—	180	211 520
5	Pluto, Thies	66	—	—	40	40	—	—	—	—	146	188 950
6	Kaiserstuhl I/II	108	—	—	62	—	—	6	—	—	176	181 933
7	Lothringen	90	—	—	—	60	—	—	—	—	150	180 900
8	Osterfeld	60	—	—	60	30	—	—	—	—	150	169 750
9	Königsborn II	—	180	—	—	—	—	—	—	—	180	166 345
10	Massener Tiefbau	180	—	—	—	—	—	—	—	—	180	164 904
11	Erin	60	—	—	—	80	—	—	—	—	140	164 682
12	Centrum I/II	90	—	—	60	—	—	—	—	—	150	162 630
13	Neumühl	60	—	—	—	60	—	—	—	—	120	161 300
14	Victor	100	—	—	—	—	—	—	60	—	160	156 900
15	Shamrock III/IV	60	—	—	60	—	—	—	—	—	120	155 188
16	Ver. Präsident I/II	154	—	—	—	—	—	—	—	—	154	143 500
17	Graf Schwerin	60	—	—	60	—	—	—	—	—	120	129 500
18	Concordia II	110	—	—	60	—	—	—	—	—	170	128 168
19	Courl	130	—	—	—	—	—	—	—	—	130	126 540
20	Rheinpreussen I/III	160	—	—	—	—	—	—	—	—	160	126 000
21	Gneisenau	60	—	—	60	—	—	—	—	—	120	121 695
22	Friedrich der Grosse	40	—	—	60	—	—	—	—	—	100	116 550
23	Prosper I	70	—	—	—	—	—	—	60	—	130	116 269
24	Amalia	50	—	—	60	—	—	—	—	—	110	112 790
25	Vollmond	166	—	—	—	—	—	—	—	—	166	111 920
26	Minister Stein	—	—	—	—	—	—	120	—	—	120	106 004
27	Ver. Carolinenglück	70	—	—	—	—	—	40	—	—	110	105 000
28	Constantin der Grosse II	30	—	—	60	—	—	—	—	—	90	100 755
29	Heinrich Gustav	102	—	—	—	—	—	—	—	—	102	96 815
30	Hagenbeck	90	—	—	—	—	—	—	—	—	90	96 000
31	Centrum II	120	—	—	—	—	—	—	—	—	120	95 974
32	Mansfeld	156	—	—	—	—	—	—	—	—	156	95 913
33	Kölner B.-V. Anna	—	—	—	—	—	60	—	—	30	90	95 877
34	von der Heydt	80	—	—	—	—	—	—	—	—	80	94 380
35	Germania II	60	—	—	60	—	—	—	—	—	120	92 847
36	Monopol, Grillo	120	—	—	—	—	—	—	—	—	120	90 726

Fortsetzung von Tabelle 29.

Lfd. No.	Schachtanlage	Flammöfen			Destillationsöfen						Sa.	Produktion
		Coppée	Collin	Bauer	Otto-Hoffmann	Unter-feuerung	Ruppert	Brunck	Collin mit Neben-gewinnung	Hüssener		
37	Friederika	98	—	—	—	—	—	—	—	—	98	88 900
38	Hasenwinkel	110	30	—	—	—	—	—	—	—	140	88 000
39	Crone	—	60	—	—	—	—	—	—	—	60	87 500
40	Pluto, Wilhelm	—	—	—	—	60	—	—	—	—	60	87 500
41	Königin Elisab., Hubert. . .	80	—	—	—	—	—	—	—	—	80	86 500
42	Königsborn I	90	—	—	—	—	—	—	—	—	90	85 546
43	General & Erbstolln	80	—	—	—	—	—	—	—	—	80	84 000
44	Rhein-Elbe & Alma, Alma .	—	—	—	—	—	—	60	—	—	60	83 826
45	Dannenbaum I	—	—	—	—	80	—	—	—	—	80	83 598
46	Prinz Regent	42	—	—	60	—	—	—	—	—	102	82 660
47	Kaiser Friedrich	40	—	—	—	40	—	—	—	—	80	82 050
48	Bonifacius	90	—	—	—	—	—	—	—	—	90	81 944
49	König Wilhelm.	100	—	—	—	—	—	—	—	—	100	81 000
50	Germania I	126	—	—	—	—	—	—	—	—	126	80 548
51	Prosper II	120	—	—	—	—	—	—	—	—	120	79 758
52	Adolf v. Hansemann	80	—	—	—	—	—	—	—	—	80	79 181
53	Constantin der Grosse III .	—	—	—	60	—	—	—	—	—	60	78 911
54	Borussia	84	—	—	—	—	—	—	—	—	84	78 000
55	Eintracht Tiefbau	—	—	—	60	—	—	—	—	—	60	77 000
56	Concordia I	50	—	—	—	—	—	—	—	—	50	75 928
57	Zollverein IV/V	—	—	—	—	—	60	—	—	—	60	75 100
58	Glückauf Tiefbau	54	20	—	—	—	—	—	—	—	74	71 750
59	Dannenbaum II	120	—	—	—	—	—	—	—	—	120	71 281
60	Julia	—	—	—	60	—	—	—	—	—	60	70 890
61	Fröhliche Morgensonne. . .	126	—	—	—	—	—	—	—	—	126	70 667
62	Recklinghausen I	60	—	—	—	—	—	—	—	—	60	69 830
63	Constantin der Grosse IV .	—	—	—	—	60	—	—	—	—	60	69 530
64	Recklinghausen II	—	—	—	60	—	—	—	—	—	60	69 385
65	Hansa	—	—	—	—	—	—	—	60	—	60	68 063
66	Friedlicher Nachbar	60	—	—	—	—	—	—	—	—	60	66 500
67	Neu-Iserlohn I	—	—	—	60	—	—	—	—	—	60	66 490
68	Maria Anna & Steinbank . .	114	—	—	—	—	—	—	—	—	114	65 325
69	Siebenplaneten	64	—	—	—	—	—	—	—	—	64	63 867
70	Graf Beust	70	—	—	—	—	—	—	—	—	70	63 525
71	Westende	60	—	—	—	—	—	—	—	—	60	63 192
72	Hibernia	60	—	—	—	—	—	—	—	—	60	62 744
73	Helene & Amalie, Amalie .	90	—	—	—	—	—	—	—	—	90	61 139
74	Carl Friedr. Erbstolln . . .	40	20	—	—	—	—	—	—	—	60	59 500

Fortsetzung von Tabelle 29.

Lfd. No.	Schachtanlage	Flammöfen			Destillationsöfen						Sa.	Produktion
		Coppée	Collin	Bauer	Otto-Hoffmann	Unter-feuerung	Ruppert	Brunck	Collin mit Neben-gewinnung	Hüssener		
75	Holland I/II	60	—	—	—	—	—	—	—	—	60	59 500
76	Hannover I/II	60	—	—	—	—	—	—	—	—	60	57 817
77	Helene & Amalie, Helene .	90	—	—	—	—	—	—	—	—	90	57 679
78	Hannover III	50	—	8	—	—	—	—	—	—	58	57 319
79	Königin Elisab., Friedr. Joach.	80	—	—	—	—	—	—	—	—	80	55 935
80	Westhausen	60	—	—	—	—	—	—	—	—	60	54 972
81	Zollverein I/II	60	—	—	—	—	—	—	—	—	60	53 500
82	Prinz von Preussen	70	—	—	—	—	—	—	—	—	70	53 106
83	Caroline bei Harpen	76	—	—	—	—	—	—	—	—	76	52 140
84	Tremonia	50	—	—	—	—	—	—	—	—	50	49 000
85	Julius Philipp	50	—	—	—	—	—	—	—	—	50	47 250
86	Consolidation III	50	—	—	—	—	—	—	—	—	50	47 129
87	Louise Tiefbau	60	—	—	—	—	—	—	—	—	60	45 000
88	Friedrich Wilhelm	—	60	—	—	—	—	—	—	—	60	44 133
89	Bruchstrasse	50	—	—	—	—	—	—	—	—	50	43 600
90	Graf Moltke	50	—	—	—	—	—	—	—	—	50	42 000
91	Königin Elisab., Wilhelm . .	50	—	—	—	—	—	—	—	—	50	42 000
92	Neu-Iserlohn II	60	—	—	—	—	—	—	—	—	60	41 468
93	Constantin der Grosse I . .	60	—	—	—	—	—	—	—	—	60	40 263
94	Dorstfeld	50	—	—	—	—	—	—	—	—	50	37 000
95	Mathias Stinnes	—	—	—	—	30	—	—	—	—	30	36 738
96	Zollern	100	—	—	—	—	—	—	—	—	100	35 755
97	Kölner B.-V., Carl	50	—	—	—	—	—	—	—	—	50	34 574
98	Friedr. Ernestine	30	—	—	—	—	—	—	—	—	30	25 450
99	General Blumenthal I/II . .	30	—	—	—	—	—	—	—	—	30	25 000
100	Preussen	—	—	—	—	80	—	—	—	—	80	—
101	Dahlbusch	—	—	—	—	30	—	—	—	—	30	—
102	Victoria Mathias	70	—	—	—	—	—	—	—	—	70	—
103	Deutscher Kaiser	—	—	—	—	264	—	60	—	—	324	—
	Sa.	6606	370	8	1182	1046	120	346	240	30	9948	9 102 486

180, 160 und 130 Oefen sowie je 4 Anlagen mit 150—160, 140—150, 120—130, 100—110, 90—100, 60—70 und 30—40 Oefen. Die meisten Anlagen nämlich 25 Stück, sind mit 50—60 Oefen ausgerüstet, sodann folgen elf Anlagen mit je 110—120 Oefen, zehn mit je 70—80, neun mit je 40—50, acht mit je 80—90 und sechs mit je 170—180 Oefen.

Ausgaben für Löhne, Materialien, Ersatzteile und

Für Löhne							
						auf der	
Zahl der Anlagen	im Durchschnitt	Zahl der Anlagen	im Durchschnitt	Zahl der Anlagen	im Durchschnitt	Zahl der Anlagen	im Durchschnitt insgesamt
0–0,50 M.		0,50–1,00 M.		1,00–1,60 M.			
2	0,38	49	0,79	12	1,13	63	0,84
							auf der
0,—0,70 M.		0,70–1,00 M.		1,00 M. und höher			
1	0,52	10	0,93	7	1,38	18	1,08

Die Anzahl der Oefen verschiedensten Systems im einzelnen, sowie
ihre Gesamtsumme auf den Koks erzeugenden Schachtanlagen, geordnet
nach der Gesamtproduktion der letzteren an Koks im Jahre 1900, veranschaulicht Tabelle 29.

Danach hat, abgesehen von der Zeche Deutscher Kaiser, die Schachtanlage Consolidation mit der grössten Zahl Oefen (212) auch die grösste
Produktion (257 371 t) erreicht. Aus den beiden letzten Rubriken der
Tabelle ist sofort zu ersehen, dass die Produktion an Koks nicht von
der Anzahl der Oefen abhängt. Alte reparaturbedürftige, manchmal
wochenlang stillliegende, sowie die nur zeitweise betriebenen Oefen haben
natürlich kein so hohes Jahresausbringen wie andere stetig betriebene Oefen
aufzuweisen. Auch der Unterschied in dem Jahresausbringen von Destillations-
und Flammöfen ist bei Anstellung von Vergleichen zu berücksichtigen.

Das Jahresausbringen eines Flammofens stellte sich 1900 im Durchschnitt auf 890 t, und dasjenige eines Destillationsofens auf 1260 t; das
Ausbringen in Prozenten der eingesetzten nassen Kohle betrug zu gleicher
Zeit bei den Flammöfen 72,24 %, und bei den Destillationsöfen ca. 2 %
mehr, nämlich 74,22 %. Zur Bedienung einer Ofenbatterie von 60 Flammöfen sind durchschnittlich 30 Arbeiter, und zur Bedienung einer solchen
von 60 Destillationsöfen durchschnittlich 60 Arbeiter erforderlich. Es entfallen also auf einen Arbeiter beim Flammofenbetrieb 2 Oefen und beim
Destillationsbetrieb nur 1 Ofen. Die grössere Zahl der nötigen Bedienungsmannschaften bei letzteren Oefen ist hauptsächlich auf ihre kürzere
Garungsdauer zurückzuführen.

Unterhaltungskosten pro Tonne Koks (1900). Tabelle 30.

Für Materialien, Ersatzteile und Unterhaltungskosten							
Normalkokerei							
Zahl der Anlagen	im Durchschnitt	Zahl der Anlagen	im Durchschnitt	Zahl der Anlagen	im Durchschnitt	Zahl der Anlagen insgesamt	im Durchschnitt
0—0.20 M.		0,20—0,40 M.		0,40 M. und höher			
33	0,09	19	0,30	5	0,68	57	0.21
Destillationskokerei							
0,—0,30 M.		0,30—0,60 M.		0,60 M. und höher			
5	0,28	7	0,55	4	0,93	16	0,50

Die Ausgaben pro Tonne des erzeugten Koks für Löhne, sowie für Materialien, Ersatzteile und Unterhaltungskosten sind von einer Reihe von Kokerei-Anlagen, deren Betriebsergebnisse für das Jahr 1900 zur Verfügung standen, in den Tabellen 30 und 31, getrennt nach Flamm- und Destillationsöfen, angegeben.

Jährliche Durchschnittsangaben pro Tonne Koks auf den Flammofen- und Destillationskokereien (1900).

Tabelle 31.

System	Ausgaben für Löhne		Ausgaben für Materialien, Ersatzteile und Unterhaltungskosten	
	Zahl der Anlagen	M.	Zahl der Anlagen	M.
Flammöfen	63	0,84	57	0,21
Destillationsöfen:				
Otto-Hoffmann	6	1,01	4	0,27
Unterfeuerungsöfen	7	1,19	7	0,58
Brunck	2	1,01	2	0,94
Hüssener	1	1,14	1	0,87
Collin	2	0,98	2	0,56
Durchschnitt der Destillationsöfen		1,08		0,50

Gewerkschaft König Ludwig. Ergebnisse der Kokerei I (Normalkokerei) 120 Coppée-Oefen mit Gaskessel.

Tabelle 32.

| 1899 | Verbrauch an Kokskohlen | | Gewonnen an Koks | Ausgaben für | | | | | | | | Einnahme für Koks | | Gewinn | |
| | | | | Kokskohlen | | Löhne | | Materialien, Ersatz- u. Unterhaltungskosten der Oefen | | Summa der Ausgaben | | | | | |
	Tonnen	pro t M.	Tonnen	M.	pro Tonne Koks M.	M.	pro t Koks M.	M.	pro t Koks M.	M.	pro t Koks M.	M.	pro Tonne M.	M.	pro t M.
Januar	11 850,—	7,82	8 786,—	92 667,—	10,55	5 682,75	0,65	3 179,—	0,36	101 528,75	11,56	112 438,20	12,80	10 909,45	1,24
Februar	10 850,—	7,82	8 039,—	84 847,—	10,55	5 421,30	0,67	1 727,16	0,22	91 995,46	11,44	104 844,—	13,04	12 848,54	1,60
März	11 625,—	7,82	8 627,—	90 907,50	10,53	5 925,35	0,69	2 616,31	0,30	99 449,16	11,53	110 990,25	12,87	11 541,09	1,34
April	11 675,—	7,95	8 659,—	92 816,25	10,72	5 751,25	0,66	1 657,70	0,19	100 225,20	11,57	111 936,33	12,93	11 711,13	1,36
Mai	11 325,—	7,95	8 390,—	90 033,75	10,73	5 668,15	0,67	2 154,03	0,25	97 855,93	11,66	108 419,65	12,92	10 563,72	1,26
Juni	11 150,—	7,95	8 260,—	88 642,50	10,73	6 044,60	0,73	3 431,93	0,41	98 119,03	11,88	106 811,70	12,93	8 692,67	1,05
Juli	11 300,—	7,95	8 395,—	89 835,—	10,70	6 437,—	0,77	2 735,51	0,32	99 007,51	11,79	108 952,55	12,98	9 945,04	1,19
August	10 827,50	7,95	8 028,50	86 078,62	10,72	6 034,80	0,75	3 346,10	0,41	95 459,52	11,89	104 232,40	12,98	8 772,88	1,09
September	11 335,—	7,95	8 412,—	90 113,25	10,71	6 117,85	0,73	2 931,45	0,34	99 162,55	11,79	109 783,50	13,05	10 620,95	1,26
Oktober	11 555,—	7,95	8 579,—	91 862,25	10,71	6 435,05	0,75	3 002,75	0,35	101 300,05	11,81	111 596,70	13,01	10 296,65	1,20
November	10 342,50	7,95	7 695,50	82 222,80	10,69	6 037,—	0,78	2 893,85	0,37	91 153,65	11,85	100 088,55	13,01	8 934,90	1,16
Dezember	10 230,—	7,95	7 601,—	81 328,50	10,70	6 304,90	0,83	3 090,58	0,40	90 723,98	11,94	108 019,01	14,21	17 295,03	2,27
	134 065,—	7,92	99 472,—	1 061 354,42	10,67	71 860,—	0,73	32 766,37	0,33	1 165 980,79	11,73	1 298 112,84	13,06	132 132,05	1,33

Ergebnisse der Kokerei II (Teerkokerei) 60 Otto-Unterfeuerungsöfen.

Fortsetzung von Tabelle 32.

1899	Verbrauch an Kokskohlen		Gewonnen an Koks	Ausgaben für						Summa der Ausgaben		Einnahme für Koks		Gewinn	
				Kokskohlen		Löhne		Materialien, Ersatz- u. Unterhaltungskosten der Oefen							
	Tonnen	pro t M.	Tonnen	M.	pro Tonne Koks M.	M.	pro t Koks M.	M.	pro t Koks M.	M.	pro t Koks M.	M.	pro t M.	M.	pro t M.
Januar	11 640,—	7,82	8 712,50	91 024,80	10,45	6 595,60	0,76	2 128,65	0,24	99 749,05	11,45	111 497,90	12,80	11 748,85	1,35
Februar	10 520,—	7,82	7 844,—	82 266,40	10,49	6 072,35	0,77	1 311,05	0,17	89 649,80	11,43	102 316,65	13,04	12 666,85	1,61
März	11 650,—	7,82	8 649,50	91 103,—	10,53	6 707,05	0,78	2 903,93	0,33	100 713,98	11,65	111 301,45	12,87	10 587,47	1,22
April	11 150,—	7,95	8 285,—	88 642,50	10,70	6 466,60	0,78	1 366,95	0,16	96 476,05	11,64	107 102,17	12,93	10 626,12	1,29
Mai	11 600,—	7,95	8 635,—	92 220,—	10,68	6 703,35	0,77	1 430,50	0,17	100 353,85	11,62	111 567,45	12,92	11 213,60	1,30
Juni	11 300,—	7,95	8 401,50	89 835,—	10,69	6 632,95	0,79	1 901,82	0,22	89 369,77	11,71	108 641,05	12,93	10 271,28	1,22
Juli	8 500,—	7,95	6 170,—	67 575,—	10,95	6 893,60	1,12	1 923,51	0,31	76 392,11	12,38	80 075,90	12,98	3 683,79	0,60
August	11 120,—	7,95	8 262,50	88 404,—	10,70	6 850,55	0,83	2 495,51	0,32	97 750,06	11,83	107 270,37	12,98	9 520,31	1,15
September	11 275,—	7,95	8 400,—	89 636,25	10,67	7 004,70	0,84	2 368,19	0,28	99 009,14	11,79	109 627,—	13,05	10 617,86	1,26
Oktober	12 070,—	7,95	8 992,50	95 956,50	10,67	7 305,95	0,81	2 383,55	0,26	105 646,—	11,75	116 975,55	13,01	11 329,55	1,26
November	11 547,50	7,95	8 597,50	91 802,70	10,68	6 981,15	0,81	2 103,64	0,24	100 887,49	11,74	111 820,07	13,01	10 932,58	1,27
Dezember	11 480,50	7,95	8 557,50	91 269,98	10,67	7 315,13	0,85	2 407,20	0,28	100 992,31	11,80	121 612,—	14,21	20 619,69	2,41
	133 853,—	7,92	99 507,50	1 059 736,13	10,65	81 528,98	0,82	24 724,50	0,22	1 165 989,61	11,72	1 299 807,56	13,06	133 817,95	1,34

Aus den Tabellen ist zu ersehen, dass auf den Destillationskokereien die Kosten für Löhne im grossen und ganzen um 0,20 M. und diejenigen für Materialien usw. um etwa 0,25 M. pro Tonne erzeugten Koks höher sind als auf den Normalkokereien. Im einzelnen weichen die Ausgaben natürlich manchmal, wie die Tabellen darthun, je nach Verhältnis, Alter und Art der Oefen usw., sehr voneinander ab. Der Gesamtdurchschnitt an Löhnen, welche auf 63 Normalkokereien gezahlt worden sind, beträgt pro Tonne Koks 0,84 M. und derjenige der Kosten an Materialien usw. bei 57 Anlagen 0,21 M. pro Tonne, sodass also auf den Normalkokereien insgesamt 1,05 M. pro Tonne für Koksherstellungskosten gezahlt werden. Den Berechnungen des Durchschnitts an Löhnen bezw. Materialien usw. auf den Destillationskokereien liegen die Angaben von 18 bezw. 16 Anlagen zu Grunde. Danach stellen sich die Herstellungskosten pro Tonne erzeugten Koks an Löhnen auf 1,08 M. und an Materialien usw. auf 0,50 M., also insgesamt auf 1,58 M. Es machen demnach die Selbstkosten an Löhnen und Materialien pro Tonne Koks auf den Normalkokereien zwei Drittel derjenigen auf den Destillationskokereien aus.

In Gestalt einer Rentabilitätsberechnung werden die Ergebnisse der einzelnen Monate des Jahres 1899 auf den gut arbeitenden Normal- und Destillationskokereien der Zeche König Ludwig I/II bei Recklinghausen, wo Kohlen der unteren Fettkohlenpartie zur Verkokung gelangen, in übersichtlicher Weise durch die einzelnen Angaben der Tabelle 32 klargelegt.

Es ist jedoch zu berücksichtigen, dass die Kosten für Amortisation und Verzinsung des Anlagekapitals, für welche bei der Normalkokerei etwa 25 000 M. und bei der Destillationskokerei etwa 20 000 M. pro Jahr zu verausgaben sind, von dem Jahresgewinn noch nicht abgezogen sind. Die verhältnismässig niedrigen Ausgaben für Materialien usw. auf der Destillationskokerei erklären sich aus dem verschiedenen Alter der beiden Kokereien. Die Destillationskokerei war bei Aufstellung der Betriebsergebnisse für 1899 erst einige Monate vorher in Betrieb genommen.

2. Kapitel: Kokskohlen und Koks.

Auf den Kokereien des Ruhrbezirks gelangen meistens die aus den Fett- und Esskohlenflötzen stammenden Kohlen zur Verkokung. Gas- und Gasflammkohlen werden nur auf einigen wenigen Zechen (Friedrich Ernestine, Prosper, Mathias Stinnes) und Magerkohlen überhaupt nicht zur Bereitung von Koks verwertet. Die Verkokbarkeit westfälischer Kohle beginnt erfahrungsgemäss bei einem Gasgehalt der Kohlen von 16—17 %; Kohlen mit niedrigerem Gasgehalt geben keinen technisch verwertbaren Koks mehr. Kohlen, welche sich der Grenze dieses Gasgehaltes nähern, werden daher zur Erhöhung desselben vielfach mit guten Fettkohlen gemischt oder aber, jedoch nur vereinzelt, mit einem Zusatz von 1—2 % Steinkohlenpech zur Erhöhung der Backfähigkeit versehen. Beide Verfahren stehen mit gutem Erfolge auf einzelnen Zechen, wie Eintracht Tiefbau und Friedlicher Nachbar, in Anwendung. Dagegen hat sich das Vermischen von Gas- und Magerkohlen als nicht vorteilhaft erwiesen; der Koks war wenig geschmolzen. Auch ein vorheriges Stampfen dieser Mischkohle zeitigte kein befriedigendes Ergebnis.

Bezüglich der Bildung und Zusammensetzung der Steinkohlen sowie der damit zusammenhängenden Verkokbarkeit derselben wird auf die Ausführungen von Prof. Dr. Broockmann in Band I dieses Werkes S. 258 ff. verwiesen.

In den ersten Zeiten der Koksbereitung wurden nur Stückkohlen zur Verkokung verwandt, später aber, etwa seit Mitte des 19. Jahrhunderts werden auch Gruskohlen mitverkokt. In neuerer Zeit erfolgt die Herstellung von Koks ausschliesslich aus gewaschenen Feinkohlen bis zu 10 mm Korngrösse.

Der Wassergehalt der gewaschenen Feinkohlen wird nach ihrem Gasgehalt bemessen. Derselbe beträgt bei Fettkohlen mittleren Gasgehalts 10—12 % und steigt bei Verkokung von Gas- und Gasflammkohlen bis zu 17 %. Die Höhe des Wassergehaltes in den Kokskohlen ist auf die Beschaffenheit des Koks deshalb von Einfluss, weil vermutlich der Wassergehalt die Entgasung der Kohlen verzögert. Während sonst bei weniger nassen Kohlen die heftige Gasentwickelung in den ersten Stunden des Betriebes die Kohlen lockern und mitreissen würde, bleiben bei höherem Wassergehalt die einzelnen Kohlenpartikelchen näher bei einander gelagert. Der höhere Wassergehalt hemmt die anfänglich starke Gasentwickelung, sodass die dicht aneinander liegenden Kohlenteilchen hinreichend Zeit haben, zu festem Koks gleichmässig zusammenzuschmelzen. Der Wassergehalt der Kokskohlen wird jedoch so gering wie möglich gehalten, weil durch die Verdampfung des Wassergehaltes Wärmeverluste entstehen und dazu noch der Heizwert der Abgase herabgesetzt bezw. das Destillationsgas verschlechtert wird. Der Wassergehalt des abgelöschten Koks darf im allgemeinen 4 % nicht übersteigen. Beim Stückkoks beträgt derselbe im Durchschnitt 2—3 %, beim Klein- und Abfallkoks 3—4 % und bei der Koksasche 4—5 %.

Der Aschengehalt der Kokskohlen soll nicht über 6 % betragen, bei weniger mit bergigen Bestandteilen durchsetzten Kohlen und guten, neueren Kohlenwäschen beträgt der Aschengehalt nur 1—2 %. Der Aschengehalt des Koks ist entsprechend dem Koksausbringen im Durchschnitt um ein Viertel höher.

Das Ausbringen der Kohlen an Koks hängt wesentlich von ihrem Gasgehalt ab; im Durchschnitt beträgt dasselbe auf den Kokereien des Ruhrbezirks 73—73,5 %. An Stückkoks werden durchschnittlich 90—95 %, an Kleinkoks 3—6 % und an Koksasche 2—3 % gewonnen. Der Koks aus Ruhrfettkohlen hat im allgemeinen eine silbergraue bis hellgraue Farbe, metallischen Glanz, hellen Klang, stängiges, festes Gefüge. Dichten und harten Giessereikoks liefern bei der Verkokung die unteren Esskohlenflötze, guten halbporösen, aber dennoch festen Hochofenkoks die Fettkohlenflötze.

Die Frage der Gründe der Verkokungsfähigkeit der Kohlen ist noch nicht geklärt.*)

3. Kapitel: Herstellung des Koks.

I. Einrichtung der Oefen.

a) Materialien.

Das Material für den Bau eines Koksofens besteht, soweit es mit den Heizgasen in Berührung kommt, aus feuerfesten Chamottesteinen und Chamottemörtel, im übrigen aus gewöhnlichem Ziegelsteinmauerwerk. Die Chamottesteine werden aus feuerfesten Thonen hergestellt, welche stark mit Chamotte, einem vor dem Mahlen gebrannten Ton, gemagert sind. Um ein vorzeitiges Zerstören des Chamottemauerwerks der Oefenkammern beim Betriebe zu verhindern, muss darauf gesehen werden, dass der Kochsalzgehalt der einzusetzenden nassen Kokskohle nicht über 0,2 % steigt. Das Kochsalz geht sonst mit dem feuerfesten Material Verbindungen ein, durch welche letzteres strengflüssig wird.

---

*) Geinitz, Fleck und Hartig, Die Steinkohlen Deutschlands, 1865.

A. Schondorf, Koksausbeute und Backfähigkeit der Steinkohlen des Saarbeckens in d. Zeitschr. f. d. B.-, H.- u. S.-W., Bd. XXIII.

Muck, Chemische Aphorismen über Steinkohlen, Bochum 1873.

Muck, Elementarbuch der Steinkohlenchemie, Bonn 1882.

Muck, Die Entwickelung der Steinkohlenchemie, Jahresbericht der Westf. Berggewerkschaftskasse für 1885.

Simmersbach, Grundlagen der Kokschemie, Berlin 1895.

b) Unterbau, Stirnpfeiler und obere Abdeckung.

Die sämtlichen auf den Kokereien des Ruhrreviers vorhandenen Oefen haben die Gestalt eines vierseitigen Prismas mit wagerecht liegender Längsachse und sind in Gruppen von 30—60 Stück in ein gemeinsames Mauerwerk eingeschlossen, welches aus dem Unterbau, zwei Stirnpfeilern und der oberen Abdeckung besteht.

Den Unterbau bilden eine Reihe Pfeiler, welche überwölbt sind und sich entweder in Längs- oder Querrichtung unter den Oefen hinziehen. Diese Einrichtung hat den Zweck, die von den Oefen ausstrahlende Wärme unter gleichzeitiger Kühlung der Ofensohle aufzunehmen, in besonderen Kanälen zu sammeln und sodann für die Ofenheizung nutzbar zu machen. Die Stirnpfeiler schliessen die beiden Seitenenden einer Ofengruppe ab. Sie bestehen aus einem etwa 3 m starken Ziegelsteinmauerwerk und sind durch starke, über die Oefen sich hinziehende Anker mit einander verbunden. Sie dienen als Isoliermittel gegen die ausstrahlende Wärme der Endöfen einer Ofengruppe und zur Standsicherheit der Oefen gegen Ausdehnung des Mauerwerks beim Ofenbetriebe. Zu letzterem Zwecke sind ausserdem die einzelnen Oefen in ihrer Längsrichtung durch Eisenstangen verankert, welche man an den beiden Kopfenden der Oefen an senkrechte, in eiserne Grundschwellen eingelassene eiserne Pfosten verschraubt.

Die obere Abdeckung der Oefen besteht aus einer Steinschicht und dem zwischen ihr und dem Ofengewölbe eingestampften Isolierungsmaterial (Lehm, Asche usw.).

c) Verkokungskammer.

Die Verkokungskammern oder die eigentlichen Oefen der Kokereien sind 9—10 m lange, 1,6—2,00 m hohe und 0,45—0,65 m breite prismatische Räume; die Breite der Oefen nimmt zwecks besserer Ausstossung des Kokskuchens durch die Koksausdrückmaschinen von der hinteren Maschinenseite bis zur vorderen Koks- oder Löschseite allmählich um 0,09—0,10 m zu. Dieses Mass der Verbreiterung des Ofens wird mit »Konizität« des Ofens bezeichnet. Die Länge der Ofenkammern ist durch das Ausdrücken des Koks mittels der mit einer Kopfplatte versehenen Zahnstange der Koksausdrückmaschine bedingt; die Höhe ist gebunden durch die gleichmässige Beheizung und die Standfähigkeit der Ofenwand, und die Breite durch das Verhältnis vom Ofeninhalt zur Oberfläche, das um so vorteilhafter ist, je kleiner es ist. Diesen Grundbedingungen entsprechend werden also den Ofenkammern allgemein die obengenannten Abmessungen gegeben. Jeder Verkokungsraum kann vorn und hinten durch gusseiserne, mit feuerfesten Steinen ausgesetzte Thüren verschlossen werden. Die Ofenkammern sind überwölbt und werden von aussen geheizt. In den Gewölben sind bei den ohne Gewinnung der Nebenprodukte arbeitenden Oefen, den sog. Flammöfen, je 3—4 Oeffnungen zum Einfüllen der Beschickung ausgespart und bei den sog. Destillationsöfen ausserdem noch 1—2 Oeffnungen zum Abziehen der Destillationsgase geschaffen.

Für den Abzug der Gase aus den Verkokungskammern der Flammöfen sind im Widerlager oder im Ofengewölbe selbst 20—30 und mehr Oeffnungen gelassen, durch welche der Ofenraum direkt mit dem ihn umgebenden Beheizungsraum in Verbindung steht.

d) Heizkanäle.

Zur Beheizung der Ofenkammern von aussen sind dieselben mit einem System von Kanalzügen umgeben, die in den Zwischenwänden je zweier benachbarter Ofenkammerwände und unter der Ofensohle ausgespart sind.

Bei den meisten Oefen besteht dieses Kanalsystem in den Zwischenwänden aus 28—32 neben einander liegenden senkrechten Kanalpfeifen, den sog. Heizzügen. Unter sich stehen diese senkrechten Heizkanäle bei den Flammöfen nicht in Verbindung. Das obere Ende eines jeden Kanalzuges mündet vielmehr mit einer kleinen seitlichen Oeffnung dicht unter dem Gewölbe des Verkokungsraumes, und das untere mit einer gleichen Oeffnung in einen unter der Ofenkammersohle sich entlang ziehenden Längskanal von etwa 0,50 m Höhe. Bei den Destillationsöfen stehen einzelne oder alle senkrechten Kanäle, um die Führung der Heizgase zu ermöglichen, an ihrem oberen und unteren Ende durch je einen über den Mündungen der Pfeifen sich in den Ofenzwischenwänden entlang ziehenden Horizontalkanal mit einander in Verbindung. Einige Ofensysteme besitzen anstatt der grossen Reihe senkrechter Heizzüge ein aus 3—4 horizontal gelagerten Zügen bestehendes Heizkanalsystem in den Ofenzwischenwänden. Die einzelnen horizontalen Züge haben abwechselnd an ihren Enden Oeffnungen, durch welche sie unter einander verbunden sind. Dieses Kanalsystem gleicht also einer Zickzacklinie. Bei den Flammöfen steht der oberste Horizontalkanal derselben durch seitliche Oeffnungen im Widerlager des Ofens mit dem Verkokungsraum in Verbindung; selbiges ist bei den Destillationsöfen natürlich nicht der Fall. Der unterste Horizontalkanal besitzt sowohl bei den Flamm- wie bei den Destillationsöfen seitliche Oeffnungen, welche zum Kanal unter der Ofensohle führen. Auch Kombinationen von senkrechten und horizontalen Wandheizzügen kommen vereinzelt vor. Bei den Flammöfen sind an einer Kopfseite im Mauerwerk sämtlicher Sohlkanäle mit Schiebersteinen verschliessbare Schlitze angebracht, welche in einen vor der betreffenden Kopfseite der Ofenkammern, nur unter Ofensohlenniveau sich entlang ziehenden, gemeinsamen Hauptabzugskanal münden. Bei den Destillationsöfen befindet sich vielfach auf beiden Ofenkopfseiten oder auch unter den Oefen selbst für je ein in zwei symmetrische Hälften geteiltes Heizkanalsystem einer Ofenwand je ein Hauptabzugskanal.

e) Kühlkanäle.

Die Kühlkanäle befinden sich unter, neben und über dem gemeinsamen Gasabzugskanal der Oefen, sowie über den Gewölbepfeilern des Unterbaues. Mit dem letzteren stehen sie durch kleine Schlitze im Gewölbe und mit der Aussenluft durch 3 kleine Schächtchen, welche in jedem Stirnpfeiler ausgespart sind, in Verbindung.

f) Luftzuführung:

α) bei den Flammöfen.

Beim Austritt der aus dem Kokskohlenkuchen sich entwickelnden Gase aus der Ofenkammer bezw. beim Eintritt derselben in die den Ofenraum umgebenden, vertikalen Beheizungskanäle wird den Gasen die zur Verbrennung nötige Luft durch kleine, runde Oeffnungen zugeführt, welche in der Decklage des Ofengewölbes oberhalb der Beheizungskanäle ausgespart sind (Fig. 149). Die Oeffnungen münden nach oben hin in

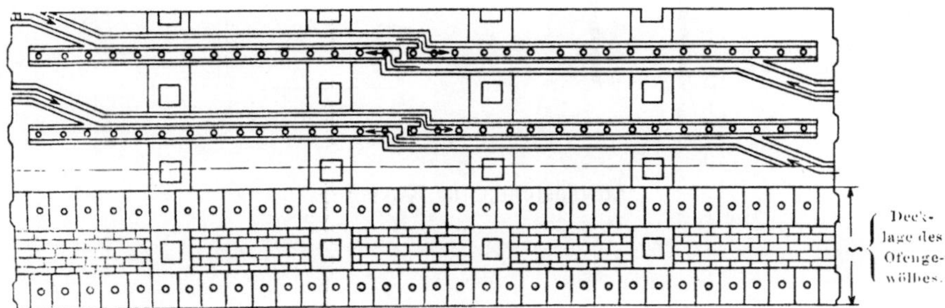

Fig. 149.

Zuführung von erwärmter Luft bei Flammöfen von Coppée-Otto.

einen über ihnen sich entlang ziehenden Kanal. Letzterer steht an seinen Kopfenden mit der Aussenluft in Verbindung, sodass die Verbrennungsluft ungehindert von beiden Kopfseiten der Oefen her in den Kanal einströmen kann. In der Regel werden aber die Enden dieser Kanäle wegen der durch Witterungseinflüsse hervorgerufenen Stauungen in den Gas- und Luftwegen durch lose eingesetzte Chamottesteine verschlossen gehalten und die Luft von der Ofendecke her durch 2 kurze, mit Schieberkästen versehene Vertikalkanäle dem fraglichen Längskanal zugeführt. Beim Eintritt in den Längskanal wärmt sich die Verbrennungsluft unter

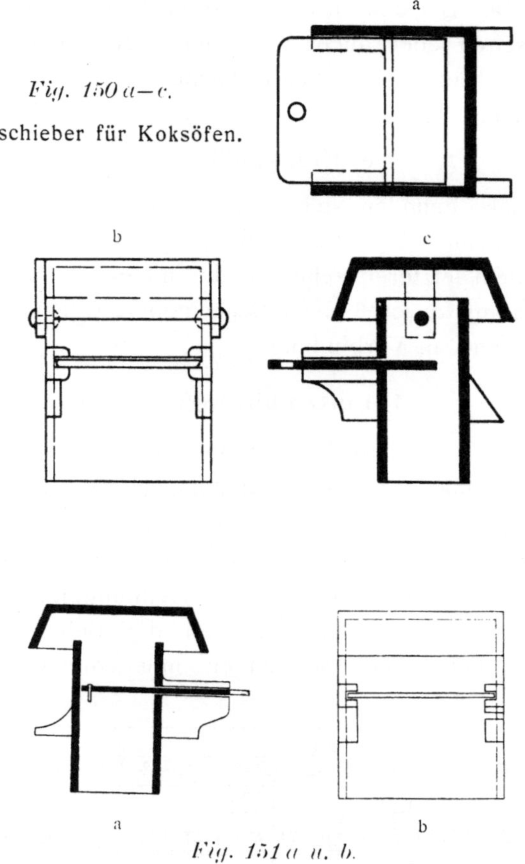

Fig. 150 a—c.

Luftschieber für Koksöfen.

Fig. 151 a u. b.

Luftkästchen für Koksöfen.

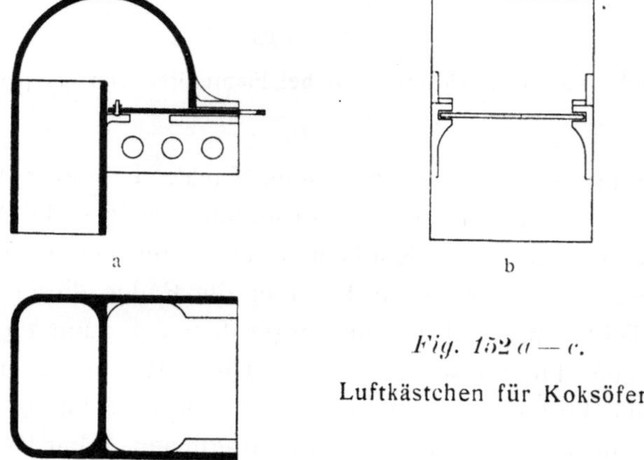

Fig. 152 a—c.

Luftkästchen für Koksöfen.

gleichzeitiger Kühlung des benachbarten Mauerwerks vor. Zur grösseren Ausnutzung der in den Heizkanälen verbrennenden Abgase wird neuerdings die den Verbrennungsgasen zuzuführende Luft dadurch intensiver vorgewärmt, dass man über den kleinen, runden Oeffnungen zwei Längskanäle in der in Fig. 149 dargestellten Anordnung anbringt. Hierbei erwärmt sich zunächst die von den Kopfenden her oder durch die Luftschieber von der Ofendecke her in die Kanäle einströmende Luft in der

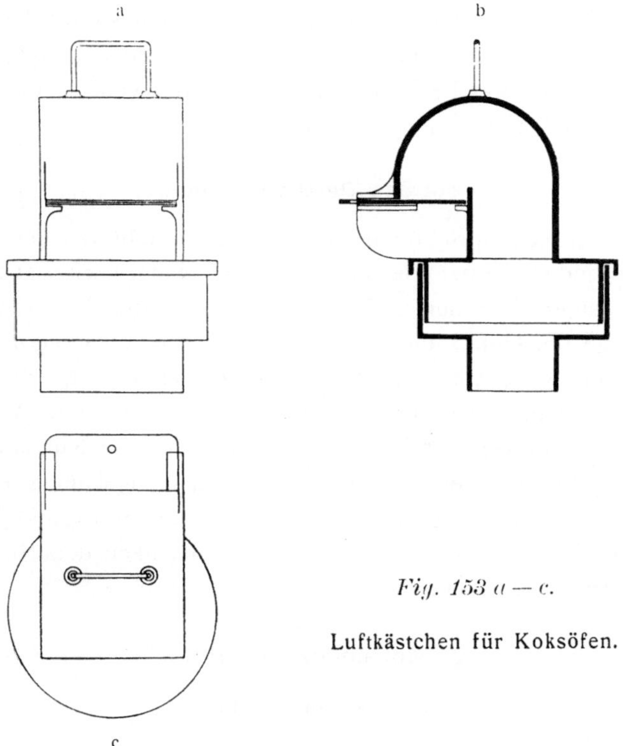

Fig. 153 a — c.

Luftkästchen für Koksöfen.

ersten Hälfte derselben vor und gelangt dann erst, so vorgewärmt, durch die runden Oeffnungen in der zweiten Hälfte der Längskanäle zu den Verbrennungsgasen.

Die verschiedenen Arten der Luftschieberkästen für Koksöfen sind in den Figuren 150—153 veranschaulicht. Der Luftschieberkasten Fig. 150 a bis c ist wegen häufiger Reparatur des Schiebers infolge der starken Hitze durch den in Fig. 151a u. b dargestellten allgemein ersetzt worden. Bei ungünstiger Witterung stösst trotz des diese Schieber umgebenden Schutzmantels noch häufig die Luft in unliebsamer Weise in die Luftkanäle hinein. Um diesem Uebelstande abzuhelfen, sind die in Fig. 152a u. b wiedergegebenen, mit einer Haube über den Schiebern versehenen Luftschieberkästen auf den Kokereien der Zechen Siebenplaneten, Hasenwinkel und Neumühl in Gebrauch genommen.

Dieselben sind so eingebaut, dass die zur Einströmung der Luft in die Haube dienende Oeffnung der Hauptwind- und Wetterseite abgekehrt ist. Um gänzlich von den Witterungsverhältnissen unbehelligt zu bleiben, hat Direktor Knupe auf der Kokerei der Zeche Friedlicher Nachbar den ihm patentierten Luftschieberkasten, Fig. 153a u. b, eingeführt. Bei demselben ist die Haube derart beweglich angeordnet, dass sie wie eine Wetterfahne, je nach der herrschenden Windrichtung sich stellt. Hierdurch ist erreicht, dass die Haubenöffnung stets der Windseite abgekehrt ist. Die beiden letztbeschriebenen Luftschieberkästen werden von der Berninghauser Hütte in Winz bei Hattingen gegossen.

β) bei den Destillationsöfen.

Bei den für Nebenproduktengewinnung eingerichteten Oefen sind nur vereinzelt besondere Luftzuführungskanäle im Mauerwerk des Ofens ausgespart. Dieselben befinden sich dort, wo sie vorhanden sind, ebenfalls in der Decklage der Oefen und werden von hier aus an geeigneten Stellen in das Beheizungskanalsystem der Ofenzwischenwände eingeführt. Bei den meisten Ofensystemen wird die Luft teilweise ohne besondere Vorwärmung von aussen und teilweise etwas vorgewärmt von den Kühlkanälen oder von den Gewölbefundamenten aus in die Beheizungskanäle eingelassen. An einzelnen Oefen, den sog. Regenerativöfen, sind zur bestmöglichen Vorwärmung der Luft zwei besondere Wärmespeicher nach dem Siemensschen Regenerativprinzip angeschlossen.

g) Koksofenarmaturen.

α) Koksofenthüren.

Zum Verschluss der Koksofenkammern dienen die sogenannten Koksofenthüren. Selbige sind in älterer Zeit in Angeln drehbar am Koksofengemäuer selbst oder an den Verankerungen desselben angebracht und mit gewöhnlichen Verschlussriegeln versehen worden. Wie leicht erklärlich, wurden die Angeln durch die Schwere der in ihnen hängenden Koksofenthüren häufig locker und krumm; fortgesetzte Reparaturen waren die Folge. An Stelle der in Angeln drehbaren Thüren kamen daher um die Mitte der siebziger Jahre Thüren in Gebrauch, welche durch auf den Koksöfen angebrachte Kabel bewegt werden. Die übliche Anordnung dieser Koksofenthüren nebst Kabel der Firma Dr. Otto & Co., wie sie heute noch allgemein zur Ausführung gelangt, veranschaulicht Fig. 154a und b. Die Thüren können durch den kleinen Handkrahn, welcher auf Schienen der in der Figur dargestellten Eisenkonstruktion an den Oeffnungen der Ofen-

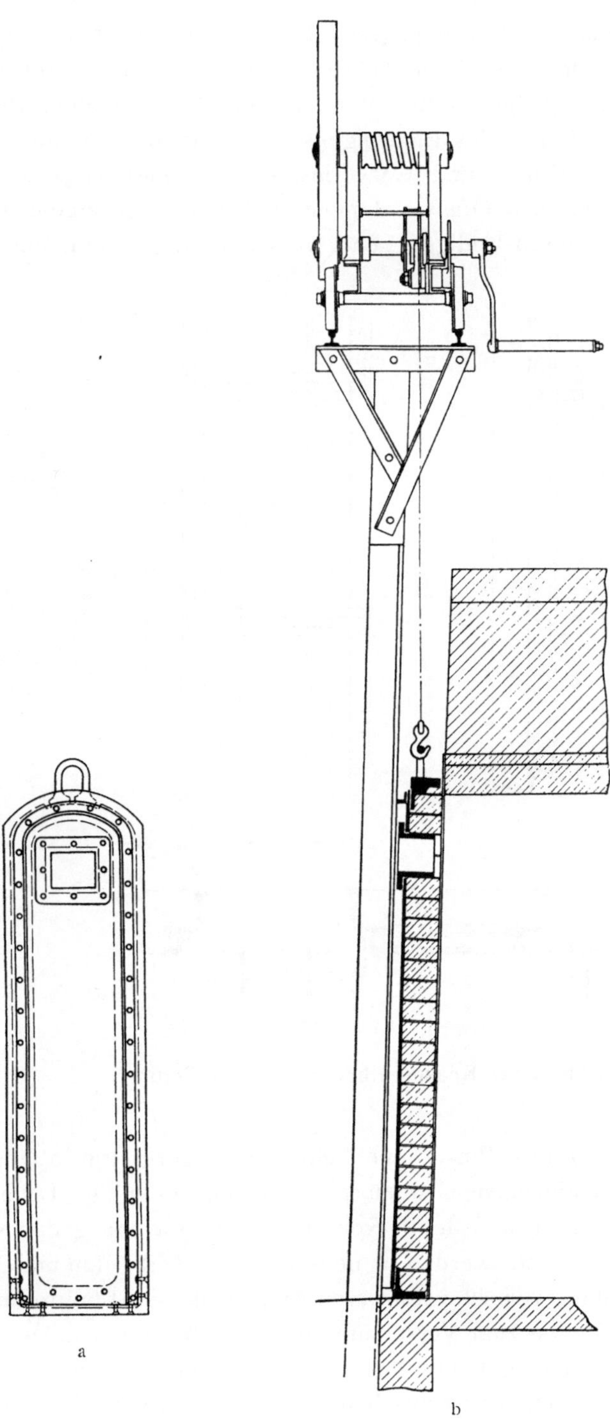

Fig. 154a u. b.

Koksofenthür mit Kabel (Dr. Otto. Generelle Anordnung.)

kammern vorbeigefahren wird, hochgezogen und heruntergelassen werden.
Beim Betrieb der Oefen sind die Thüren somit nur an die Ofenkammer-
öffnungen angelehnt. Zum luftdichten Abschluss der Oefen, der bekanntlich zur Vermeidung des Eindringens von Luft in die Oefen, bezw.
zur Verhütung von Koks- und Gasverlusten unbedingt notwendig ist,
werden die zwischen den Ofenwandungen und den vorgesetzten Thüren
vorhandenen Fugen durch breiigen Lehm verschmiert. Diese Lehmschicht

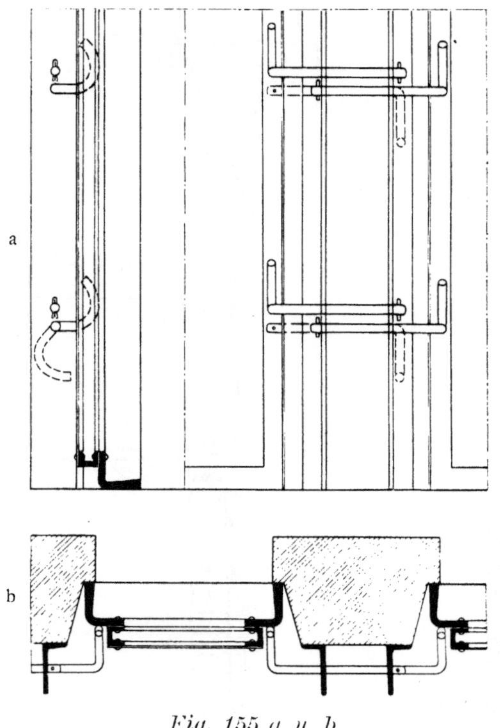

Fig. 155 *a* u. *b*.

Verschluss der Koksofenthüren »System Collin«.

wird darauf noch mittels Pinsel und Lehmwasser sorgfältig abgeglättet
und gedichtet. Auf einzelnen Gruben, auf welchen der nötige Lehm sehr
schwer zu beschaffen ist, und deren Kokereien mit Gewinnung der Nebenprodukte eingerichtet sind, werden in neuerer Zeit 1 Teil Lehm und 2 Teile
der bei der Darstellung von schwefelsauren Ammoniak als Abfallprodukt gewonnenen Kalkschlämme zum Verschmieren der Oefen genommen. Diese
Mischung hat sich sehr gut bewährt. Die Dichtheit der Fugen an den
Koksofenthüren lässt nichts zu wünschen übrig; die mit dem Verschmieren
beschäftigten Leute verrichten die Arbeit wegen des sehr plastischen Zu-
standes des Schmiergemisches in kürzerer Zeit als früher, und durch die

Verwendung der sonst in der Nähe der Klärteiche auf den Halden in lästiger Weise sich ansammelnden Mengen von Kalkschlämmen ist wenigstens eine teilweise Verringerung dieses Abfallproduktes zweckmässig erzielt.

Damit die Thüren während des Betriebes der Oefen sich nicht lockern, wird vor jeder Thür eine runde Eisenstange angebracht. Die Eisenstange ruht in Oeffnungen der zu beiden Seiten eines jeden Ofens angebrachten Ankerschienen. Zwischen den Aussenmantel der Thür und die Eisenstange wird dann ein keilförmig gebogenes Winkeleisen eingeklemmt. Auf diese Weise ist es möglich, die Thür derartig fest an das Ofenmauerwerk anzudrücken, dass ein Lockerwerden derselben ausgeschlossen ist. Ein von diesem Verschluss abweichender Koksofenthürriegel ist in Fig. 155a u. b dargestellt; derselbe wird allseitig als zweckmässig neben dem vorher beschriebenen anerkannt und steht bei den nach System Collin erbauten Oefen in Anwendung. Koksofenthüren, mit welchen sämtliche von der Firma Dr. Otto & Co. erbauten Oefen ausgerüstet sind und wie sie heute fast allgemein in Gebrauch stehen, sind in Figur 156a—l in verschiedenen Ansichten und Querschnitten wiedergegeben. Die Thüren bestehen aus Gusseisen und sind im Innern mit feuerfesten Steinen in der aus den Figuren dargestellten Weise, je nach ihrer Verwendung an der schmaleren Maschinenseite oder der breiteren Koksseite der Oefen, verschieden ausgemauert. Die im oberen Drittel der Thüren befindliche viereckige Aussparung dient zum Einebnen der Kohlen beim Füllen der Oefen von der Ofendecke aus. Das Füllen der Oefen erfolgt stets bei geschlossenen Thüren, damit die Kammerwandungen der Oefen, namentlich an den Kopfenden, nicht durch die sonst dort einströmende kalte Luft zu sehr sich abkühlen, und dadurch ein völliges Garen der Kokskuchen an den Kopfenden vereitelt wird. Nach dem Einebnen der Kohle wird in die Aussparung ein eiserner mit Chamotteausfüllung versehener Planierlochdeckel (Fig. 156e u. f) eingesetzt. In letzterem ist zur Beobachtung der Ofengarung ein Schauloch angebracht, welches durch einen aus Chamotte hergestellten Stöpsel gewöhnlich verschlossen gehalten wird.

Da das Einströmen von Luft in die heisse Ofenkammer während des Ausdrückens der Kokskuchen und damit ein gewisses Erkalten der Ofenwandungen namentlich an den Kopfenden nicht zu vermeiden ist, auch die Koksofenthüren zuviel strahlende Wärme an die Aussenluft abgeben, hat Neinhaus, um dem häufig eintretenden Uebelstand der ungaren Kokskuchenköpfe in etwas abzuhelfen, im Jahre 1898 eine besondere Koksofenthür konstruiert. Diese, ebenfalls aus Gusseisen hergestellte Thür ist mit feuerfesten Formsteinen ausgemauert, in welchen 20 auf die ganze Fläche der Koksofenthür gleichmässig verteilte kleine Oeffnungen sich befinden. Letztere stehen mit ebenfalls in den Ausmauerungssteinen ausgesparten Vertikalkanälen derart in Verbindung, dass die am Kopfende der Koks-

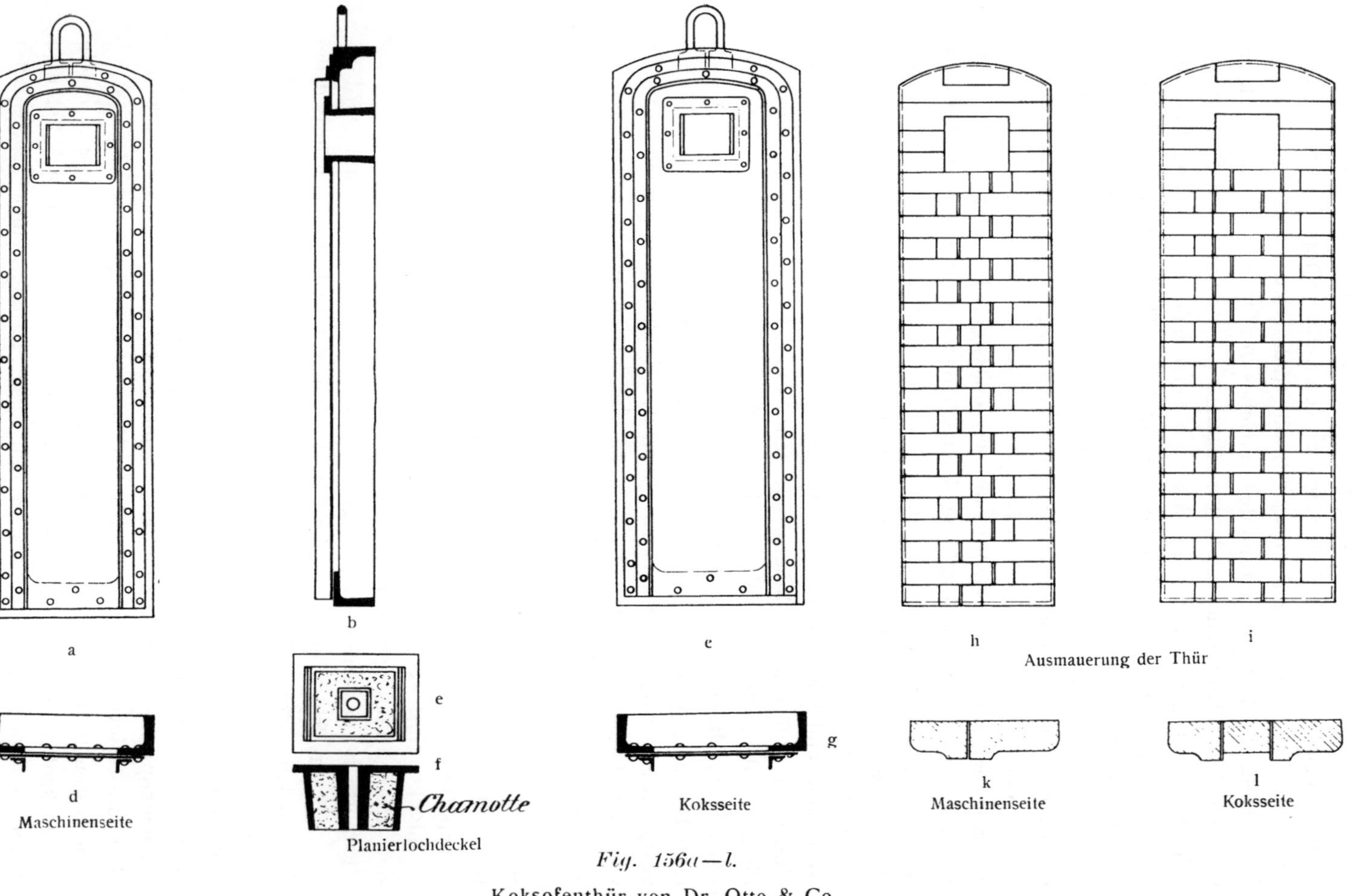

Fig. 156a—l.

Koksofenthür von Dr. Otto & Co.

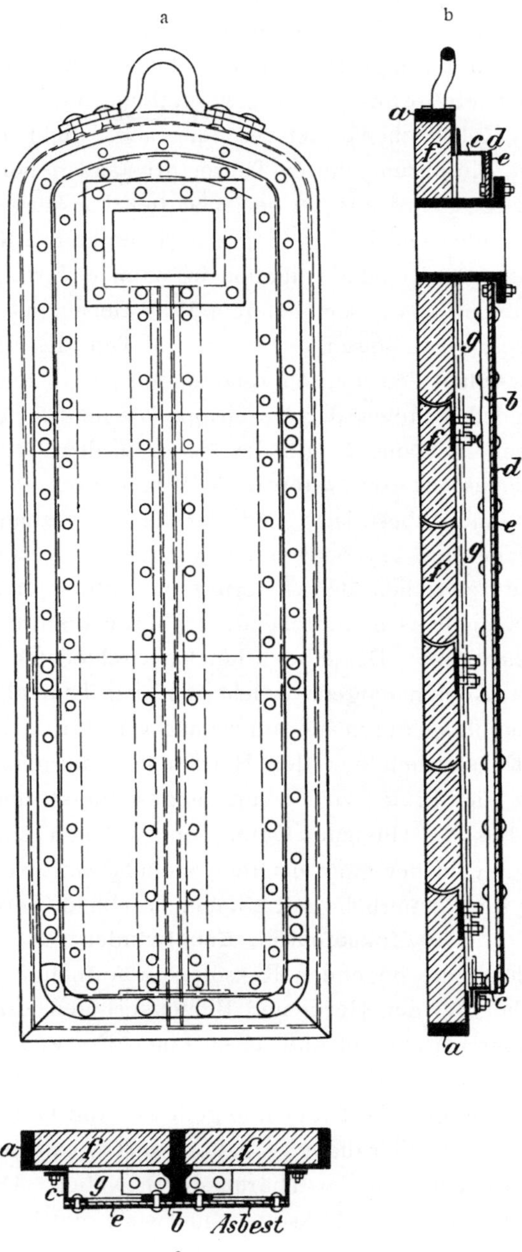

Fig. 157a—c.

Koksofenthür der Aktien-Gesellschaft für Kohlendestillation, eingeführt seit 1898.

kuchen sich entwickelnden Gase nach dem oberhalb des Kokskuchens befindlichen Ofenraum abziehen können. Dieser durch die Thür ziehende
heisse Gasstrom soll dann die Ausstrahlung grösserer Wärmemengen durch
die Thür verhindern. Einige Probethüren dieser Art sind auf der Zeche
Bonifacius in Betrieb gewesen; eine wesentliche Verringerung des Abbrandes an den Kokskuchenköpfen ist hier aber nicht erreicht worden,
weshalb von der Einführung dieser Thüren Abstand genommen wurde.

Derselbe Zweck wird mit der seit 1898 bei den Hüssener Koksöfen in
Anwendung stehenden und in Fig. 157a — c abgebildeten Koksofenthür der
Aktiengesellschaft für Kohlendestillation in Bulmke verfolgt. Diese Thür
besitzt einen Rahmen aus geschmiedetem Winkeleisen oder Stahlguss und
eine Mittelrippe aus Gusseisen. Der untere Teil des Rahmens ist ab-
nehmbar, um zwischen den konisch zulaufenden Innenflächen der Schenkel
des Rahmens und des Steges der Mittelrippe die feuerfesten Auskleidungs-
steine einschieben zu können. Auf der äusseren, dem Ofen abgewendeten
Seite des Rahmens ist ein Z-förmiges Winkeleisen aufgenietet. Auf
letzterem liegt eine Asbestplatte und darüber eine schmiedeeiserne Ab-
deckplatte, welche mit den Z-förmigen Winkeleisen vernietet ist. Es befindet sich somit zwischen den feuerfesten Futtersteinen und der aus
Asbest und Schmiedeeisen bestehenden Thürdeckplatte ein dicht ab-
geschlossener Luftraum. Derselbe schützt als schlechter Wärmeleiter die
zu verkokenden Kohlenmengen, welche an den Thürfuttern lagern, vor
allzugrosser Abkühlung durch die atmosphärische Luft. Die Ausstrahlung
der von dem Kokskuchen aus den Heizkanälen aufgenommenen Wärme
durch die Thür ins Freie wird somit eingeschränkt und zwar auf ein
solches Mass, dass die Hüssener Oefen, bei welchen eine gute Heizung
der Ofenwandköpfe in der ganzen Ofenwandhöhe stattfindet, auch an den
Ofenthüren bis zur Planierhöhe mit Kohlen beschickt werden können.

β) Koksofenthür-Kabelwinden.

Anfänglich als die liegenden Koksöfen in Aufnahme kamen, wurden
ebenso wie früher bei den Herd- und Bienenkorböfen, die Koksofenthüren
in Angeln drehbar angebracht und durch einen Riegel festgehalten bezw.
geschlossen. Da aber durch das Drehen der schweren Thüren das Mauerwerk des Koksofens gelockert und infolgedessen die Oefen trotz häufiger
Reparatur niemals gänzlich dicht zu halten waren, kam man bald auf den
Gedanken des Hochziehens der Thüren durch Kabel. Dieselben werden
bei den Flammöfen auf dem Koksofenmauerwerk und bei Destillationsöfen
wegen Platzmangels meistens auf den über die Koksofenoberkante vorstehenden Verankerungsstangen und zwar auf Laufschienen fahrbar angeordnet. Letzteres veranschaulichen die Koksofenzeichnungen von Brunck
und Hüssener (Fig. 214 a u. b und Fig. 219 a—d) und Fig. 154 a u. b beim
Kapitel Koksofenthüren.

In der ersten Zeit wurden die in Fig. 158a und b wiedergegebenen Schneckenkabel und sodann fast ausschliesslich die in Fig. 159a und b zur Darstellung gelangten Räderkabelwinden, hergestellt von den Firmen Wolff

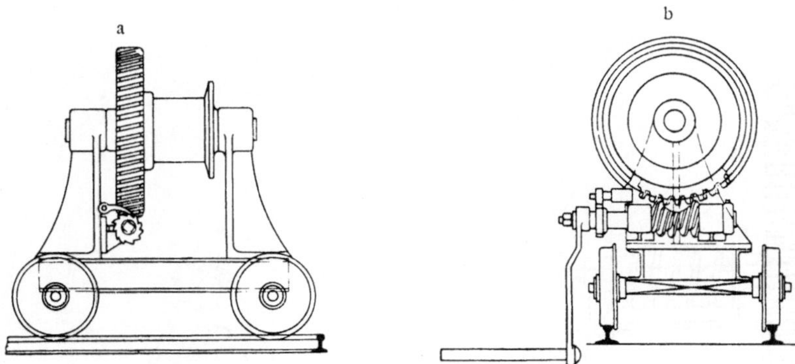

Fig. 158 a u. b.

Schnecken-Kabel.

in Linden/Ruhr, Beien in Herne und Schröder in Stockum, benutzt. Der Antrieb der letzteren ist demjenigen durch Schneckenrad und Schnecke wegen der geringeren Reibung und Abnutzung vorzuziehen. Derselbe

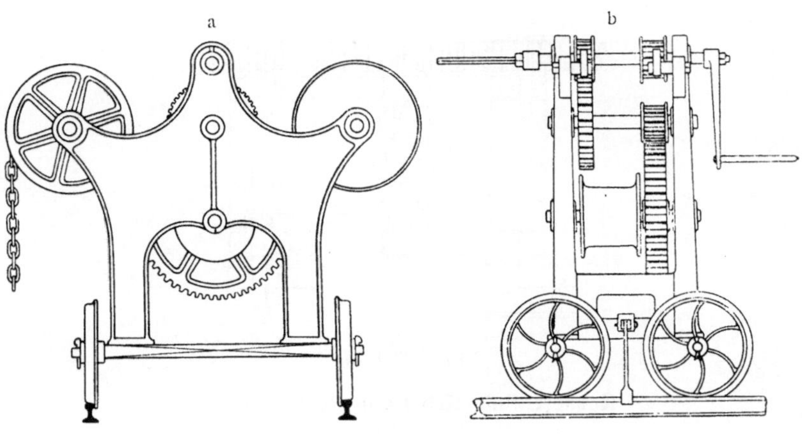

Fig. 159 a u. b.

Räder-Kabel.

kann von beiden Seiten durch Kurbel erfolgen, wobei die Kette von der durch doppeltes Stirnrädergetriebe bewegten Trommelwelle über die einseitig sitzende Ueberlaufrolle zum Aufhängehaken der Koksofenthür geht. Die hierbei einseitig wirkende Last der Thür wird zur Verhütung des Kippens des Kabels durch ein Gegengewicht ausgeglichen. Die angehobene

Thür wird beim Loslassen der Kurbel durch ein Sperrrad und Klinke gehalten.

Eine in neuerer Zeit vielfach in Anwendung kommende Kurbelwinde
der Firma Beien in Herne veranschaulicht Fig. 160a—c. Dieselbe wird eben-

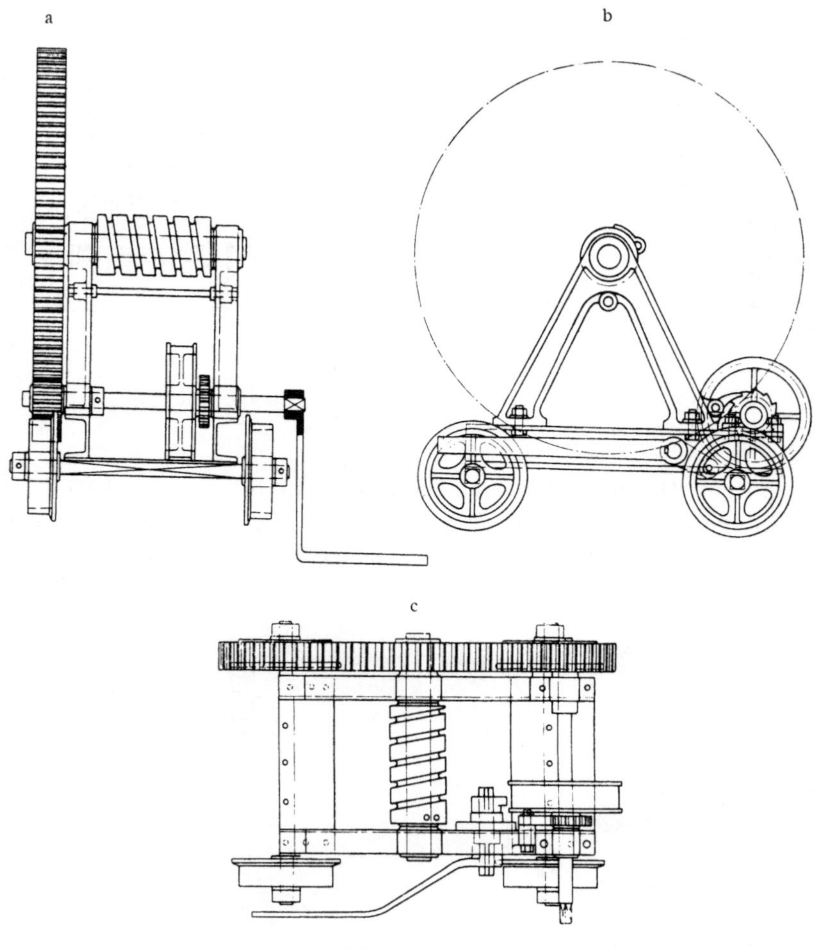

Fig. 160a—c.

Koksofenthür-Kabel von Beien, Herne.

falls, wie das vorerwähnte, ältere Räderkabel mittels Stirnrädergetriebe
nebst Sperrrad und Trommel in Bewegung gesetzt. Hierbei wirkt jedoch
die Last nahezu im Schwerpunkt des Kabels, sodass infolge des Fortfallens
des Gegengewichts und der Ueberlaufwelle die Winde leichter zu hand-
haben ist.

Die vorgenannten Arten von Winden zeigen aber mancherlei Uebelstände. In erster Linie sind zu ihrer Bedienung meistens infolge ihres

schweren Ganges zwei Mann notwendig. Des weiteren besitzen dieselben
den grossen Fehler, dass sie nur mit einer gewöhnlichen Sperrklinke versehen sind, welche beim Herabsenken der Thür völlig ausgeklinkt werden
muss. Entschlüpft nun durch Zufall oder Unachtsamkeit einmal dem Arbeiter die Kurbel, so schlägt dieselbe, durch das Thürgewicht gezogen, frei
herum und verursacht infolgedessen nicht selten mehr oder minder schwere
Unglücksfälle. Endlich zeigen sie den nicht zu gering zu veranschlagenden
Uebelstand, dass sämtliche Triebwerke vollständig frei liegen; infolgedessen
setzen sich Staub und Flugasche auf den Zahnrädern fest und verursachen
einen schweren Gang und eine grosse Abnutzung der arbeitenden Teile
des Kabels.

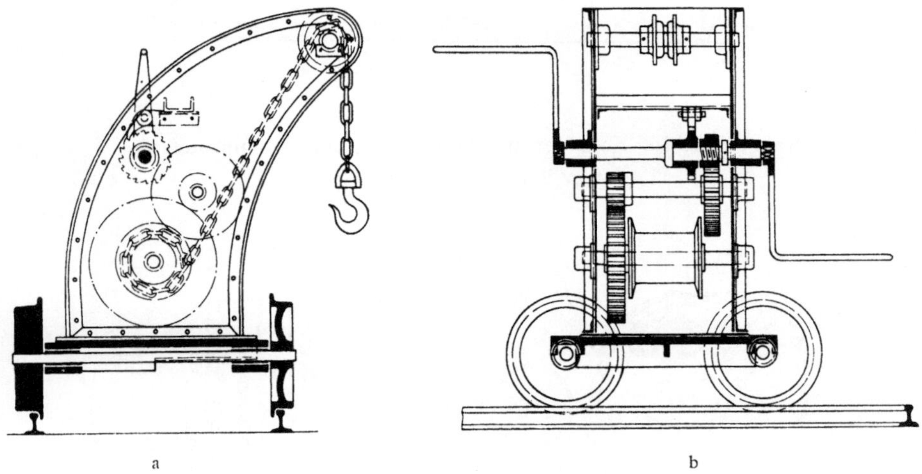

a   b

Fig. 161a u. b.

Kabelwinde für Koksöfen **ohne** Gewinnung der Nebenprodukte

von Schröder, Stockum.

Alle diese Mängel werden durch die neueren, von den Firmen
Adolf Schröder in Stockum bei Witten und Wolff in Linden bei Hattingen
hergestellten geschlossenen Kabelwinden vermieden. Schröder brachte
zunächst als Ersatz für die Räderwinde das in Fig. 161a und b dargestellte
und sodann als Ersatz für die Schneckenwinde das in Fig. 162a und
b veranschaulichte Kabel zur Ausführung. Selbige sind seit 1898 auf verschiedenen Zechen sämtlicher grösseren Bergwerks-Aktiengesellschaften
des Ruhrbezirks zur Aufstellung gekommen. Wolff verfertigt seit 1900 die
aus Fig. 163a und b ersichtliche, geschlossene Kabelwinde, deren sämtliche
Lagerstellen von aussen geschmiert werden. Auch diese Winde hat auf
vielen neueren Kokereien Eingang gefunden.

Sämtliche beweglichen Teile der letztgenannten Winden liegen in einem geschlossenen Gehäuse; die Triebwerke sind also einesteils völlig gegen Staub und Flugasche und andernteils gegen die von den Koksöfen intensiv ausströmende Hitze, welche sonst leicht ein Verbrennen des

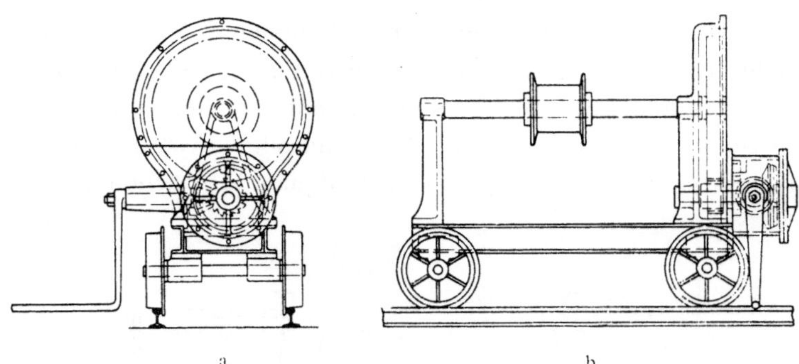

Fig. 162a u. b.

Kabelwinde für Koksöfen mit Gewinnung der Nebenprodukte
von Schröder, Stockum.

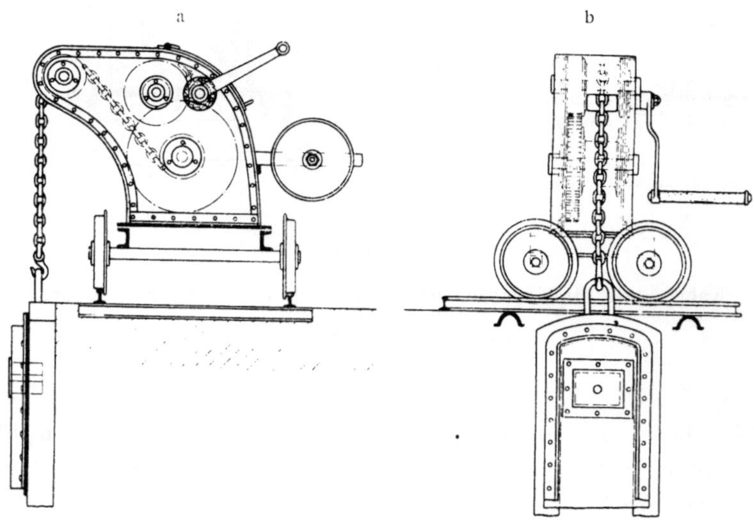

Fig. 163 a u. b.

Koksofenthür-Kabel von Wolff, Linden.

Schmiermaterials hervorruft, hinreichend geschützt. Die Winden sind infolgedessen sehr haltbar und vor allem leicht zu bedienen. Ausserdem ist die Kurbelachse bei den Schröderschen Winden mit einer selbstthätigen Sperrradbremse versehen, wodurch die Last sowohl beim Aufziehen, wie beim Ablassen der Thüren in jeder Lage frei schwebend erhalten wird. Die Kurbel kann nur etwa 30 mm zurückschlagen, sodass also Unglücksfälle gänzlich ausgeschlossen sind.

Da das Aufziehen der Thüren in den heissen Sommermonaten besonders beschwerlich für die damit beschäftigten Arbeiter ist, hat Schröder-Stockum neuerdings eine Kabelwinde mit einem zum Thürausgleich dienenden, beweglichen Gegengewicht konstruiert (Fig. 164a und b).

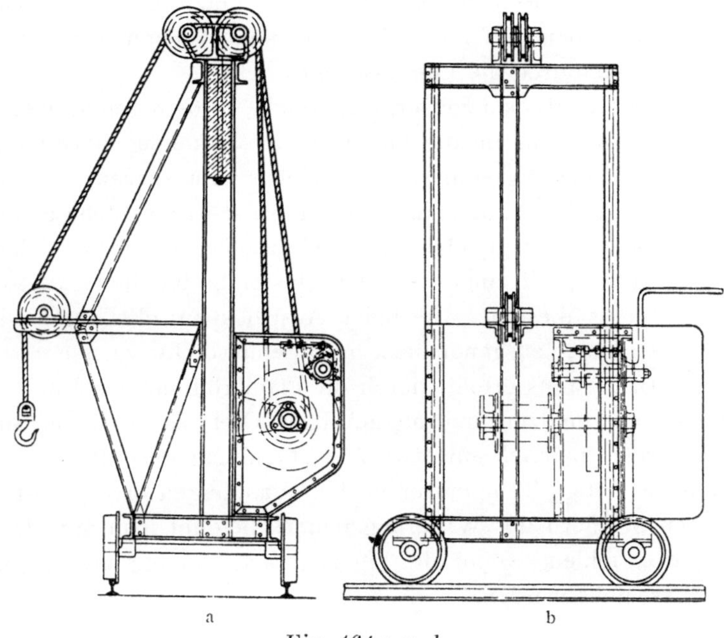

Fig. 164 a u. b.

Kabelwinde für Koksöfen von Schröder, Stockum.

Bei diesem Koksofenthürkabel geht ein Seil mit dem Anhängehaken zum Fassen der Thür über eine lose Rolle zur Seiltrommel, ein zweites Seil vom Gegengewicht über eine lose Rolle ebenfalls zur Seiltrommel und zwar auf die entgegengesetzte Seite, sodass bei gleichem Gewicht der Thür und des Gegengewichts eine vollständige Ausgleichung an der Trommel stattfindet. Beim Antrieb des Kabels, dessen Kurbel ebenfalls durch eine selbstthätige Sperrradbremse gesichert ist, hat der Arbeiter demnach nur den Reibungswiderstand in den Rollen und Lagern, sowie die durch Seilsteifigkeit resultierende Arbeit zu überwinden. Die Thür kann fast ohne jede Anstrengung in 8—12 Kurbelumdrehungen gegenüber ca. 60 Kurbelumdrehungen bei den älteren Schneckenkabeln gehoben werden. Derartige Kabel sind bis jetzt auf den Zechen Germania, Prosper und Julia zur Einführung gekommen und bewähren sich gut.

II. Inbetriebsetzen der Oefen.

a) Flammöfen.

Bevor neuerbaute Koksöfen in Betrieb genommen werden können, müssen sie zunächst angeheizt und dann heissgestocht werden. Zum Anheizen oder Austrocknen der Flammöfen wird an beiden Enden der Ofenkammern hinter den bis auf etwa 25 cm vom Boden herabgelassenen Koksofenthüren ein kleines Kohlenfeuer angelegt. Letzteres wird allmählich verstärkt, bis aus dem Ofenmaterial und dem Chammottemörtel kein Wasserdampf mehr durch die Ofenesse entweicht.

Nach dieser Austrocknungsperiode, welche in 6–8 Tagen beendet ist, beginnt das Heissstochen, um die für die erste Verkokung notwendige Erhitzung der Ofenkammerwandungen zu erzielen. Zu diesem Zwecke erhält das Feuer eine Ausdehnung von etwa 1—1,5 m Länge und entsprechender Höhe, wobei gleichzeitig die Ofensohle, um sie vor Schlackenansätzen zu schützen, mit einer Lage feuerfester Steine bedeckt ist. Die Thürstellung bleibt dieselbe wie beim Austrocknen; die Fugen sind jedoch, die Unterkante ausgenommen, mit Lehm dicht verschmiert. Das Einfüllen des Brennstoffs erfolgt durch die Planieröffnungen. Um die Hitze der Brenngase auszunutzen und möglichst im Ofen zu erhalten, sind die Fuchsschieber eng, nämlich auf etwa 7 cm Oeffnung gestellt.

Sobald die nötige Temperatur in den Wandungen erreicht ist, was 3 bis 4 Wochen bei normaler Witterung dauert, beginnt man mit dem Einfüllen von Kokskohlen, wobei die Ofenkammern anfänglich nur zu zwei Drittteilen beschickt werden.

b) Destillationsöfen.

Beim Anheizen und Heissstochen der Destillationsöfen sind die Steigrohre für die Destillationsgase geschlossen, und an einigen Stellen der Ofenkammerwandungen zum Abziehen der Beheizungsgase in die Wandkanäle kleine, leicht verschliessbare Oeffnungen und Kanäle angeordnet. Letztere sind bei den meisten Destillationsöfen in den Beschickungsöffnungen ausgespart. Der Betrieb entspricht, bis die Ofenkammern in Glut gesetzt sind, demjenigen bei den Flammöfen. Um sodann die Oefen beim Reinigen von den Feueransätzen in der nötigen Temperatur zu erhalten, werden dieselben bis zur völligen Beseitigung der namentlich das Ausdrücken des Kokskuchens sehr erschwerenden Ansätze eine Zeitlang, etwa 6—8 Tage, als Flammöfen betrieben. Nach dieser Zeit schliesst man zunächst zwei frisch gefüllte Oefen an die Kondensationsanlage an. Die Destillationsgase werden aber nicht abgesaugt, vielmehr muss sich das Gas von selbst durch die Kondensationslage hindurchdrücken. Letzteres nimmt etwa $1\frac{1}{2}$—2 Stunden in Anspruch. Sodann werden 5—6 Oefen gleichzeitig unter Anschluss an die Kondensationsleitung gefüllt und die Gassauger langsam in Bewegung gesetzt. Fortwährend werden dann zur Untersuchung des Luftgehaltes und der Brennbarkeit der Gase Gasproben aus dem Gasometer und aus der Gaszuführungsleitung in der Nähe der Oefen genommen. Sobald die Proben ergeben, dass die Gase frei von Luft sind, werden die Düsenbrenner der an die Kondensation angeschlossenen Oefen angezündet. Die anderen Oefen werden darauf in gleicher Weise allmählich einer nach dem andern mit der Kondensation in Verbindung gebracht.

III. Ofenbetrieb.

1. Füllen der Öfen.

a) Kohlentrichterwagen.

Bei der Füllung der Oefen älterer Konstruktion wurden die zu verkokenden Kohlen mittels Schubkarren zu den Oefen gefahren und mittels Schaufeln in dieselben eingetragen. Dieses kostspielige und zeitraubende Verfahren, bei welchem die Koksofenkammern unzweckmässiger Weise längere Zeit dem Eindringen der atmosphärischen Luft ausgesetzt blieben und daher über die Gebühr erkalteten, wurde bei Errichtung der neueren Oefen, vor etwa 40 Jahren, verlassen und durch folgendes Verfahren ersetzt.

Die in den Kokskohlentürmen der nassen Aufbereitung oder in den Vorratsbehältern der Kohlenmischanlagen lagernden Kokskohlen werden auf den seit dieser Zeit errichteten Koksofenanlagen in sogenannte Kohlentrichterwagen abgezogen. Zu diesem Zweck sind an den älteren Vorratstürmen von rechteckigem Querschnitt vorn an einer Längsseite dicht über dem Boden mehrere durch Schütte verschliessbare Rutschen angebracht, über welche die Kohlen in die darunter gefahrenen Trichterwagen abgefüllt werden. Diese Art des Abfüllens der Kohlen ist in neuester Zeit ebenfalls aufgegeben. Jetzt werden die Wagen unter die auf eisernen Trägern und Säulen ruhenden, am unteren Ende konisch zulaufenden Kohlenbehälter gefahren und die Kohlen durch Oeffnen von den Boden der Behälter bildenden, kleinen eisernen Schiebern in die Wagen abgelassen. Die Trichterwagen fassen 0,2—0,6 t Kohlen; die Wagenkasten sind aus Eisenblech gefertigt und besitzen im Boden einen Schieber. Nur der obere Teil des Wagenkastens, etwa $\frac{1}{4}$ der Gesamthöhe, hat rechteckigen Querschnitt, der untere Teil läuft nach dem Bodenschieber hin konisch zu, sodass die Kohlen beim Oeffnen des Schiebers leicht nachrutschen können, und der Wageninhalt ohne Nachhülfe von Hand sich von selbst entleeren kann. Die nachstehenden Figuren 165a und b, 166a und b und 167a und b geben einige der gebräuchlichsten Formen von Kohlentrichterwagen wieder,

Seit kurzer Zeit werden von der Berninghaushütte in Winz bei Hattingen Kohlentrichterwagen gebaut, deren Wagenkasten aus einem abgestumpften Kegel aus Eisenblech bestehen (Fig. 168 a und b). Die kleinere der parallelen Flächen des Kegels bildet den Boden des Wagenkastens

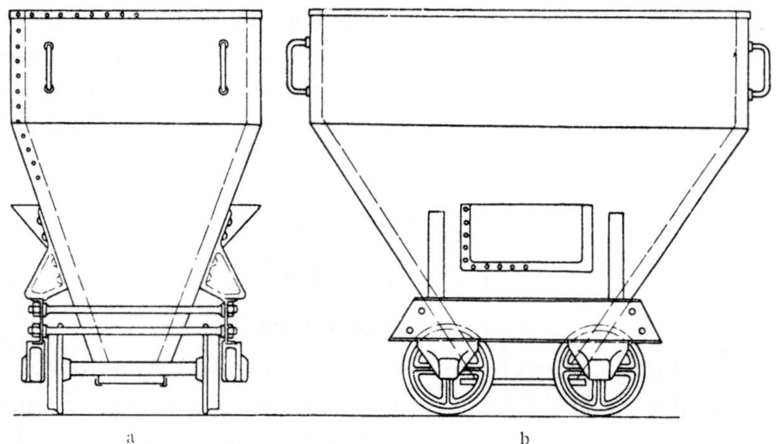

Fig. 165 a u. b.
Trichterwagen von Collin, Dortmund.

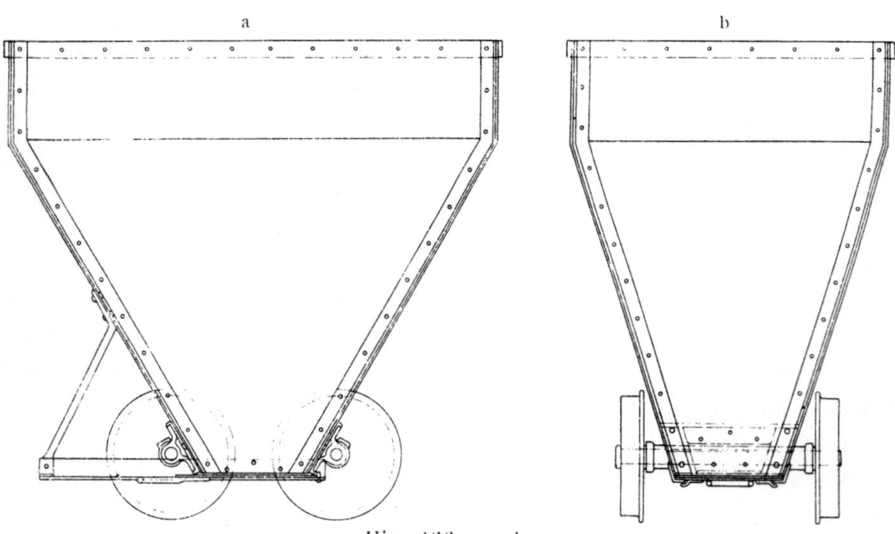

Fig. 166 a u. b.
Trichterwagen für die Zeche Consolidation.

und ist zur Entleerung des Inhalts mit einem Schieber versehen. Die Wagen sind u. a. auf den Kokereien der Zechen Friedlicher Nachbar und Hasenwinkel in Gebrauch und entleeren sich schneller und leichter als die oben dargestellten.

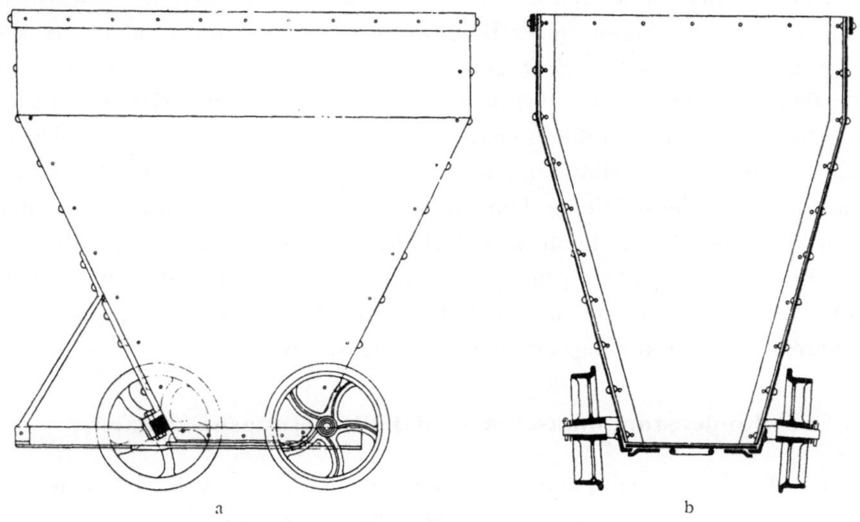

Fig. 167a u. b.

Trichterwagen für die Zeche Königsborn.

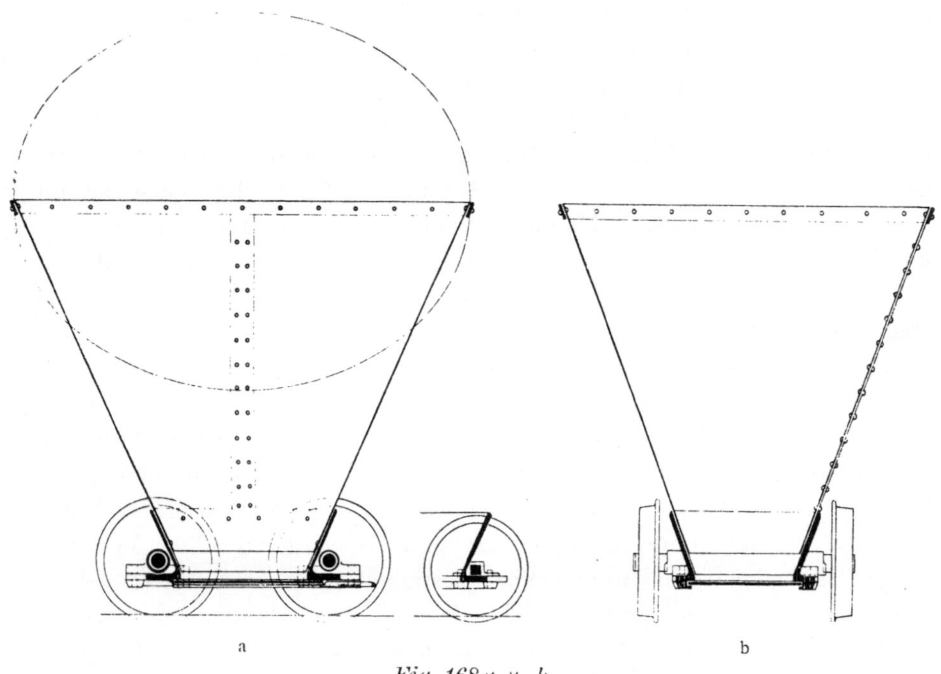

Fig. 168a u. b.

Ovaler Kohlentrichterwagen für Zeche General.

Zur Füllung der Oefen werden die an oder unter den Kohlentürmen geladenen Trichterwagen unter Benutzung eines Gestänges auf die Koksöfen gefahren. Ueber der Decke der aus 30 und mehr Koksöfen bestehenden Koksofenbatterie liegen in gleichen Abständen 3 Gleise, welche sich quer über die 3 Füllöffnungen der sämtlichen Ofenkammern derart hinziehen, dass die Füllöffnungen zwischen den Schienen der Gleise sich befinden. Auf diese Weise können die Trichterwagen mit ihren der Grösse der Ofenfüllöffnungen entsprechenden Bodenflächen über jede einzelne Füllöffnung jeder Ofenkammer gefahren werden, sodass der Inhalt der Wagen ohne weitere menschliche Hülfe durch Oeffnen der Bodenschieber in die Verkokungskammern abstürzen kann.

b) Kohlenstampfmaschinen und Planierungsmaschinen.

Die Verkokungsfähigkeit der weniger als die Fettkohlen backenden Gasflamm-, Gas- und Magerkohlen kann erfahrungsgemäss dadurch gesteigert werden, dass der in den Koksofen einzufüllenden Kohle eine möglichst dichte Lagerung gegeben wird. Zu diesem Zwecke setzt man entweder Feinkohle mit hohem Wassergehalt — bis zu 16 % und mehr — oder solche mit niedrigem Wassergehalt, welche in einer Form zu einer festen Masse zusammengestampft ist, in die Verkokungskammern ein. Eine wissenschaftliche Begründung des Einflusses der dichteren Lagerung der Kohlenpartikelchen auf deren Verkokbarkeit ist bislang nicht gefunden.

Im Ruhrbezirk, in welchem bis jetzt mit Ausnahme der Hochkonjunkturzeiten stets genügende Mengen zur Verkokung geeigneter Fettkohlen vorhanden waren, sind zuerst Ende der 90er Jahre Versuche auf der Gasflammkohlenzeche Mathias Stinnes zu Carnap angestellt worden, um die Backfähigkeit der dort geförderten Kohle bezw. einer Mischkohle, bestehend aus den dort geförderten Gasflamm- und anderweitig bezogenen Magerkohlen durch Stampfen zu erhöhen. Diese Versuche haben zu einem günstigen Abschluss geführt.

Durch das Stampfen erhielt der aus Gasflamm-Feinkohle genannter Zeche hergestellte Koks eine dichtere und festere, somit für metallurgische Zwecke geeignetere Struktur, auch konnten, wie mehrfach vorgenommene Versuche ergeben haben, der genannten Kohle 15 % ganz magerer Kohle zugesetzt werden, ohne dass der erzeugte Koks irgendwelche Veränderungen in seinem Aeusseren, seiner Festigkeit oder im Stückfall zeigte. Während ferner das zur Erzielung eines guten Koks unbedingt erforderliche, enge Aneinanderliegen der einzelnen Kohlenteilchen im Koksofen früher nur durch den verhältnismässig hohen Wassergehalt der Kohlen von 14 % und mehr zu erreichen war, konnte bei Anwendung des Stampfverfahrens eine um mehrere Prozent trockenere Kohle verwandt werden, wodurch einerseits das für die Beheizung der Oefen nötige Gasquantum sich bedeutend verringerte, andererseits der Kondensationsanstalt nicht so viele für die Nebenprodukten-Gewinnung ungeeignete Gase zugeführt wurden. Infolge des grösseren Einsatzes erhöhte sich auch das tägliche Mehrausbringen an Koks pro Ofen um etwa 10 %, ohne dass damit gleichzeitig eine verhältnismässig längere Garungsdauer der Oefen verbunden war. Sodann war der Abbrand an den Kopfseiten der Oefen gegen früher bedeutend geringer, auch fiel das gesundheitsschädliche Füllen der in Glut befindlichen Oefen von oben herab, sowie das viel Zeit raubende und im Sommer besonders beschwerliche Planieren des Kohlenkuchens innerhalb des Koksofens gänzlich fort. — Letztere Arbeit wird in neuerer Zeit bei den nach Brunckschem System gebauten Koksöfen vorteilhaft durch eine von der Koksausstossmaschine in Bewegung zu setzende und mit einem Planierkopf versehene Zahnstange in etwa 3 Minuten ausgeführt (siehe Koksausdrückmaschinen und Bruncksche Oefen). Weitere Vorteile des Stampfverfahrens sind noch folgende: Die Ofenkammern sind nicht so vielen Reparaturen ausgesetzt, da einerseits die nasse und kalte Kohle in gestampftem Zustande gar nicht oder nur sehr wenig mit den glühenden Ofenwänden in Berührung kommt, und andererseits die Kohle viel weniger an den Ofenwandungen festbackt, wodurch das Herausdrücken des Koks erleichtert und dadurch wieder die Ofenwandung geschont wird.

Auch die Konicität der Oefen kann geringer genommen werden, was eine einfachere Herstellung der Oefen und ein gleichmässigeres Garen der Ofenfüllung zur Folge hat.

Der aus den gestampften Kohlen erzeugte Koks reicht zwar nicht an die Güte des aus guten Fettkohlen hergestellten Koks heran, genügt immerhin aber für die meisten metallurgischen Zwecke und ist somit in weitem Masse verwendbar.

Das Stampfen der Kohle erfolgt am besten bei einem Wassergehalt der letzteren von 8—12 % und einer Korngrösse von 0—6 mm, da sowohl trocknere, wie nassere Kohle sich nicht ganz so feststampft. Bei den abgeworfenen Schaumburger Oefen konnte die Kohle im Ofen selbst gestampft werden; für die heute in Betrieb befindlichen Oefen muss solches in einer Form geschehen. Die Form besteht aus einem, der Koksofenkammer entsprechenden Kasten aus Holz oder Eisenblech. Die Seitenwände des Stampfkastens sind zum seitlichen Aufklappen und der Boden zum Herausziehen eingerichtet. Die ganze Vorrichtung ist auf einem, auf 4 Schienen laufenden, fahrbaren Gestell angeordnet, welches vor jeden einzelnen Ofen gefahren werden kann. Die Kohle wird schichtenweise in den Kasten eingefüllt und bis zur Höhe des letzteren festgestampft. Darnach werden die Seitenwände niedergeklappt und der Boden samt dem gestampften Kohlenkuchen durch mechanische Vorrichtungen in die Koksofenkammer eingeschoben. Wenn dann der Kohlenkuchen vollständig im Ofen sich befindet, lässt man die Koksofenthür bis zum Boden herab, stellt die letztere fest und zieht den Boden durch eine Winde unter den Kohlen und der Thür hinweg nach aussen.

Das Stampfen der Kohle erfolgte anfänglich auf der Zeche Mathias Stinnes von Hand. Bei täglicher Beschickung von 22 Oefen waren 8 Arbeiter erforderlich, welche 30 Mark verdienten. Da aber trotz dieser hohen Kosten für Löhne ohne intensive Aufsicht höchst selten ein gleichmässig fester Kohlenkuchen hergestellt wurde, welcher dazu noch beim Hineinschieben in den Ofen sehr leicht zusammenstürzte, ging man zu Versuchen mit den in anderen Kohlendistrikten, nämlich in Oberschlesien und Saarbrücken schon seit einer Reihe von Jahren in Anwendung stehenden maschinellen Stampfeinrichtungen über. Zu diesem Zwecke gelangten der Reihe nach die Koksofen-Beschickungs- und Ausdrückmaschine mit elektrischem Antriebe und elektrisch betriebener Stampfvorrichtung der Sächsischen Maschinenfabrik vorm. Richard Hartmann in Chemnitz, die Kohlenstampfmaschine von Brinck & Hübner in Mannheim und diejenige von Kuhn & Cie. in Bruch i. W. zur Aufstellung.

Koksofenstampfmaschine der Sächsischen Maschinenfabrik.

Die Ofenbeschickung sowie das Stampfen mittels dieser Maschine (Fig. 169 a—c) erfolgt nach dem abgelaufenen Patent Quaglio. Durch ein Kurbelgetriebe, welches in eine mit dem Stampfboden fest verbundene Zahnstange eingreift, wird der gestampfte Kohlenkuchen in die Ofenkammer eingeschoben und sodann der Boden mit der Zahnstange zurückgezogen. Die aus einem Fülltrichter durch verschliessbare Oeffnungen in den Stampfkasten fallende Kohle wird durch einen mechanisch arbeitenden Kohlenstampfer zu einem den Dimensionen der Oefen entsprechenden Kuchen festgestampft. Der Kohlenstampfer hat einen Stempel von 100 kg Gewicht, welcher in der Minute ca. 50 mal um je ca. 40 cm gehoben und fallen gelassen wird. Bei jedem Hub rückt der Apparat um ein entsprechendes Stück weiter, wobei er sich an den Enden der Laufbahn selbstthätig umsteuert. Das Stampfen erfolgt in Schichten von ca. 300 mm Höhe bei mindestens zweimaliger Ueberstampfung jeder Schicht. Der Kraftverbrauch des Stampfers beträgt 2—3 PS. und die Geschwindigkeit der Bodenbewegung während des Einfahrens des Kohlenkuchens in den Ofen bei einem Kraftverbrauch von ca. 20 PS. 3,5 m in der Minute. Infolge des der bauenden Firma neuerdings patentierten Antriebs des Stampfkastenbodens wird jetzt der Stampfkastenboden auf seiner Unterseite mit Tragrollen versehen, wodurch der Kraftverbrauch und die Abnutzung eine Verringerung erfahren haben.

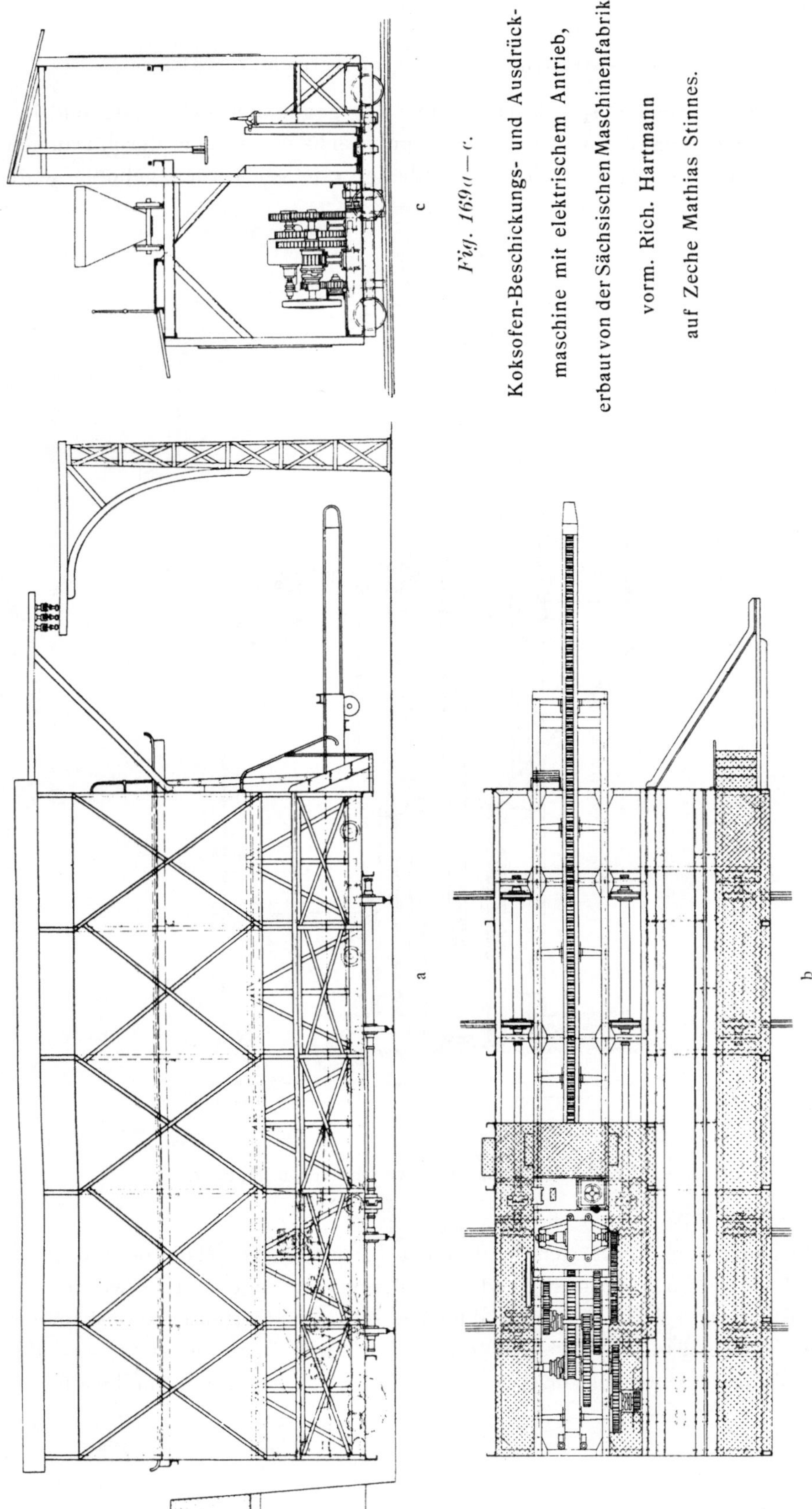

Fig. 169a—c.

Koksofen-Beschickungs- und Ausdrück-maschine mit elektrischem Antrieb, erbaut von der Sächsischen Maschinenfabrik vorm. Rich. Hartmann auf Zeche Mathias Stinnes.

Kohlenstampfmaschine von Brinck & Hübner.

Der Vorteil dieser Maschine (Fig. 170) gegenüber der vorstehend beschriebenen liegt darin, dass der Stampfermechanismus nicht durch Daumen sondern Friktionsrollen, welche selbstthätig gesteuert werden, gehoben wird.

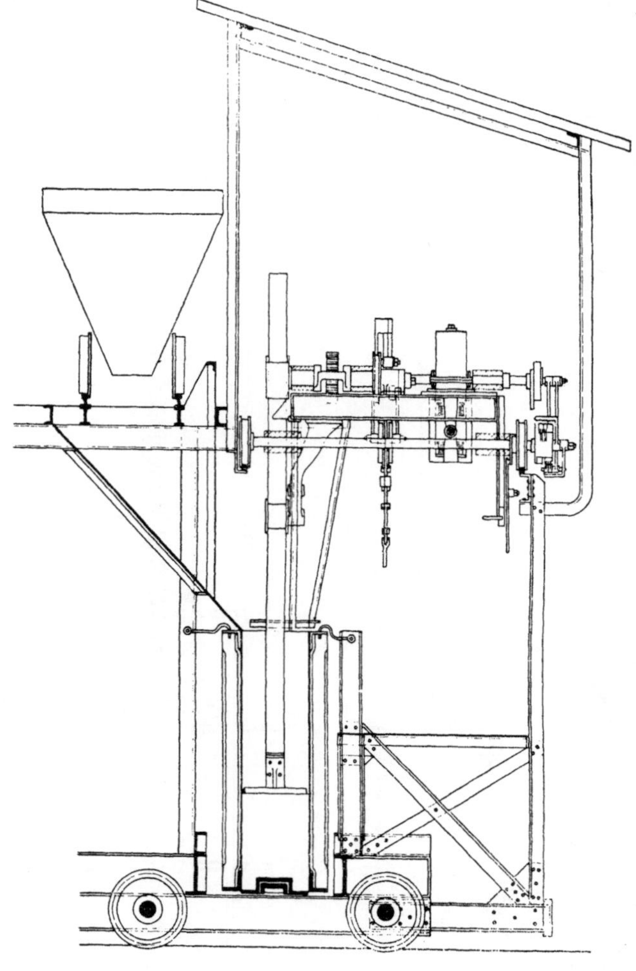

Fig. 170.

Kohlenstampfmaschine von Brinck & Hübner.

Die ganze Stampfervorrichtung braucht daher nicht von Hand der jeweiligen Höhenlage der festzustampfenden Kohlenschicht angepasst zu werden; es wird vielmehr durch die Anwendung des selbstgesteuerten Friktionshammers ein gleichmässiges Stampfen erzielt, da der Stampfer stets aus der Stellung, die er nach dem letzten Schlage einnahm, um ein bestimmtes einstellbares Mass gehoben wird und dann frei niederfällt. Der Stampfer passt sich somit stets der jeweiligen Höhenlage des zu stampfenden Kohlenkuchens an. Zum Antrieb des Stampfers dient ein auf dem Stampferwagen angeordneter Elektromotor, bei dem die Zuleitung des Stromes durch ein bewegliches Kabel, die Rückleitung durch die Räder des Stampfwagens und das Gerüst erfolgt. Das Stampfen eines Kohlenkuchens normaler Grösse nimmt etwa 12—15 Minuten in Anspruch und dauert mit Einführen des gestampften Kohlenkuchens in den Ofen 20—25 Minuten.

Kohlenstampfmaschine der Brucher Maschinenfabrik Kuhn & Cie.

Die zu stampfende Kohle wird ebenso wie bei den vorher beschriebenen Kohlenstampfvorrichtungen durch einen mittels Schiebers regulierbaren Trichter (Fig. 171) in 5—6 Lagen von 25—30 cm. Höhe in den Stampfkasten eingelassen. Letzterer ist fest mit der Koksausdrückmaschine verbunden und aus Eisenblech in Dimensionen hergestellt, welche dem Innern des betreffenden Koksofens entsprechen. Die Längswände desselben sind beweglich, damit nach erfolgtem Feststampfen der entstandene Kohlenkuchen freigelegt und letzterer samt der Bodenplatte des Kastens in den Ofen geschoben werden kann. Die Bodenplatte läuft auf Rollen und ist an einer Zahnstange befestigt, mittels deren sie durch Zahnradvorgelege von der Koksausstossmaschine aus bewegt wird. Der Stampfer ist ähnlich wie bei der Brinck & Hübnerschen Kohlenstampfmaschine auf einem Wagen angeordnet und kann auf der Fahrbahn über die ganze Länge des Stampfkastens hin- und herbewegt werden.

Zum Antrieb des Stampfers dient ein Elektromotor a (Fig. 172 und 173a—d), welcher vermittelst des Rädervorgeleges b die Achse c und mit ihr die Kurbel d bewegt. An der Kurbel d sitzt die Pleuelstange e, welche ein Gleitstück f auf- und abbewegt. Die auf dem Gleitstück befestigte Klinke g hebt die gezahnte Stampferstange h so hoch, bis der Gegenhebel i der Klinke g an den festen Anschlagstift k stösst. Hierdurch wird die Klinke g ausgelöst und der Stampfer h fällt auf die zu stampfende Kohle. Durch die Drehung der Kurbel d bewegt sich nun wieder die Pleuelstange e und das Gleitstück f nach abwärts und bringt im tiefsten Punkte dadurch, dass der Gegenhebel i an einen zweiten Anschlagstift l stösst, die Klinke g wieder zum Eingriff in die Zahnstange h, worauf dieselbe durch die weitere Drehung der Kurbel wieder gehoben wird und der Vorgang von neuem sich wiederholt. Es wird also stets ein ganz gleichmässiges, kontinuierliches Stampfen erzielt, da der Stampfer stets aus der Stellung, die er nach dem letzten Schlage einnahm, um ein bestimmtes Mass gehoben wird, und dann frei niederfällt. Das weitere ergiebt sich aus dieser Konstruktion von selbst. Mit der zunehmenden Höhe der Kohle im Stampfkasten

Fig. 171.

Stampfanlage auf der Zeche Westende (Kuhn & Cie.).

passt sich der Stampfer selbstthätig der jeweiligen Höhenlage der zu stampfenden Kohle an, sodass in allen Höhenlagen ein gleichmässig starkes Fallen des Stampfers erfolgt. Um nun die ganze Stampfmaschine in horizontaler Richtung selbstthätig über den Stampfkasten zu bewegen und somit ein ganz gleichmässiges Stampfen über die ganze Länge des Kohlen-

Fig. 172.

Kohlenstampfmaschine von Kuhn & Cie.

kuchens zu erzielen, wird von der Achse c aus ein konisches Räderpaar o und eine doppelt gekröpfte Welle p bewegt. Diese setzen durch zwei Stangen q und zwei Hebel mit Klinken r die Klinkräder s in Drehung, welche durch den Handhebel t und die auf der Achse v angebrachte Zahnkuppelung letzterer Achse nach links oder rechts drehen und damit die Maschine auf der Fahrbahn w verschieben.

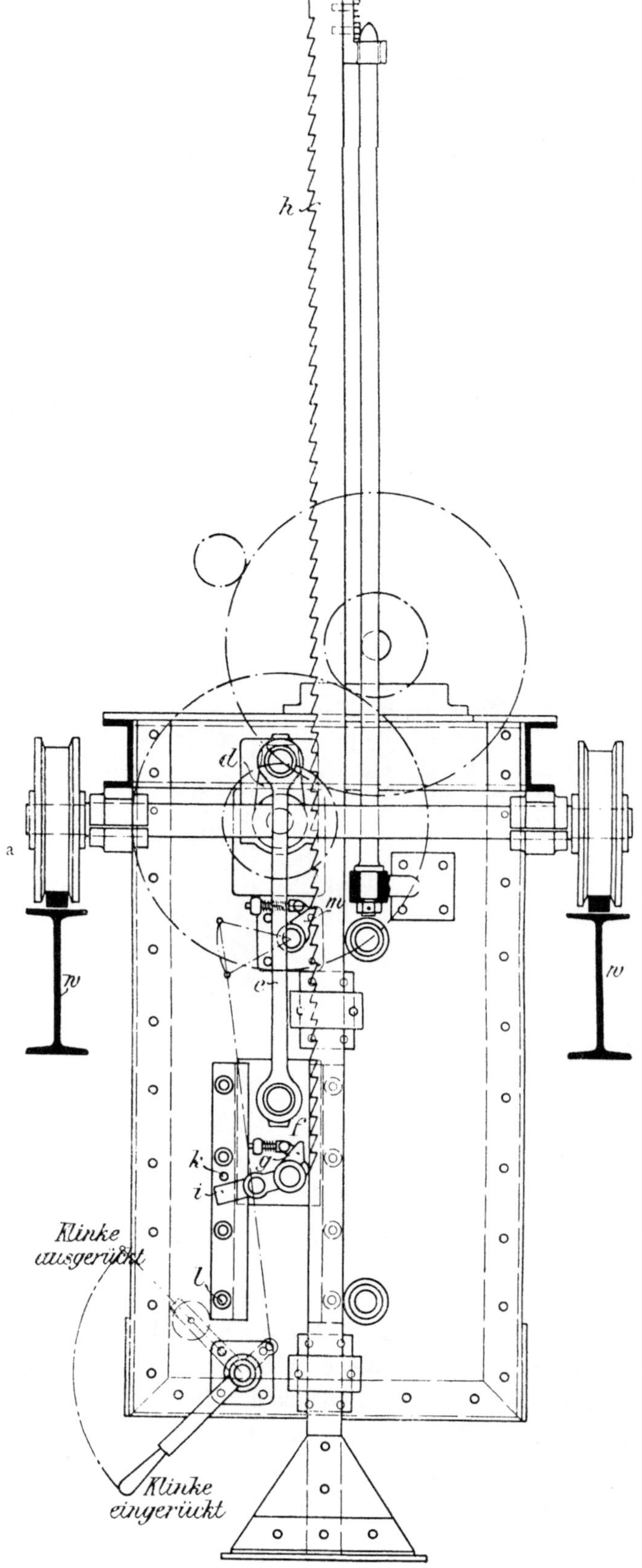

Fig. 173 a.

Kohlenstampfmaschine von Kuhn & Cie.

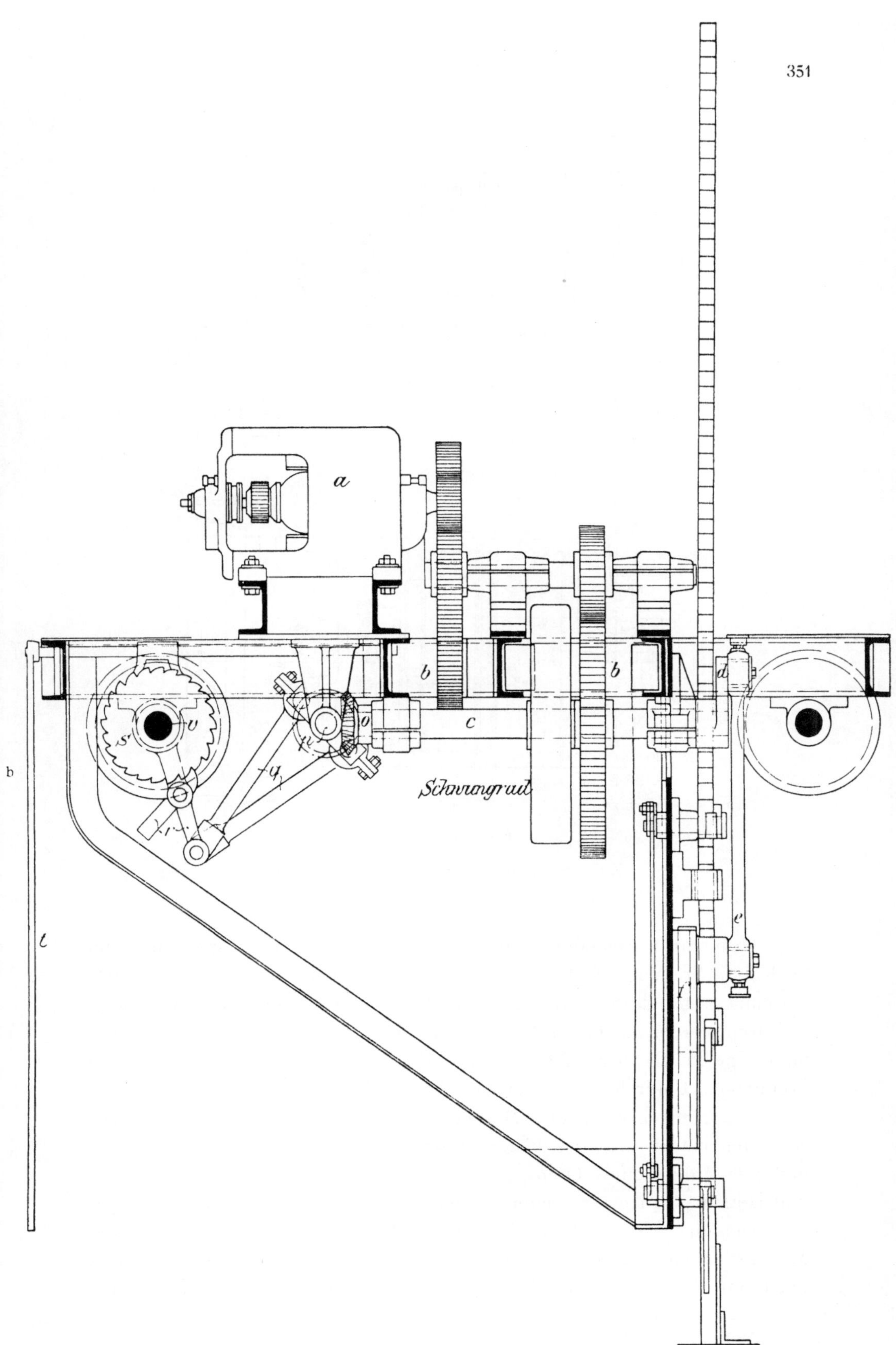

Fig. 173 b.
Kohlenstampfmaschine von Kuhn & Cie.

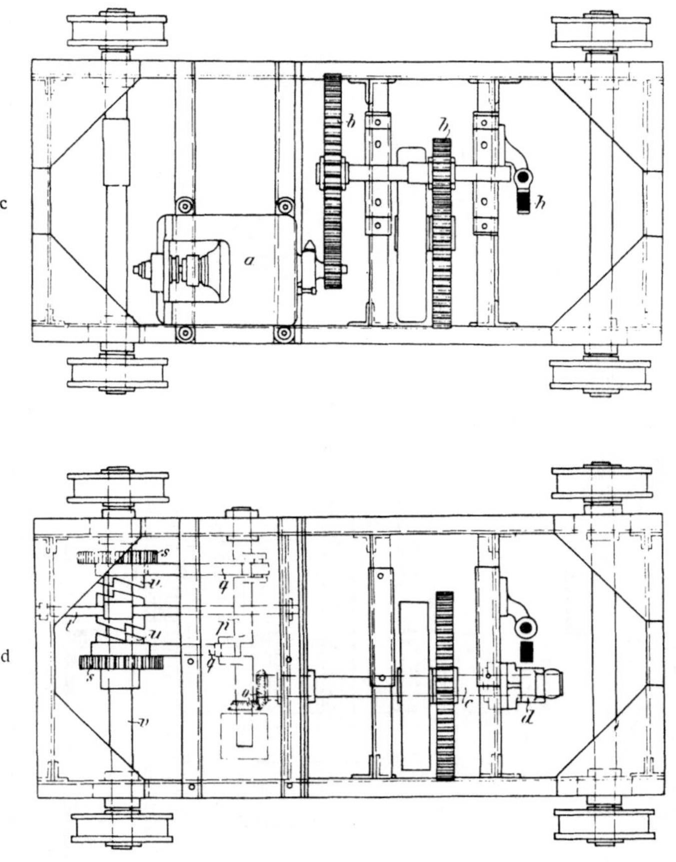

Fig. 173 c u. d.

Kohlenstampfmaschine von Kuhn & Cie.

Damit nach Beendigung des Stampfprozesses der Stampfer in seiner
höchsten Stellung festgestellt und der neben der Koksausdrückmaschine sitzende Stampfkasten zur Beschickung eines Koksofens weg-
gefahren werden kann, wird der Stampfer h durch Einrücken der Klinke
m, welche ein Herunterfallen des Stampfers h verhindert, durch zwei- oder
dreimaliges Umdrehen der Kurbel d hochgestellt.

Die Antriebskraft der Maschine beträgt normal 1–1¹/₂ PS. Der
Stampfer macht bis 80 Schläge in der Minute. Die Zeitdauer vom be-
endigten Füllen eines Ofens, für das Hinfahren zum Füllrumpf, Stampfen
und Hinfahren zu einem anderen Ofen beträgt 20–25 Minuten.

Die mit dieser letztbeschriebenen Kohlenstampfmaschine auf der Zeche
Mathias Stinnes erzielten Betriebsresultate waren derart, dass sie alsbald
auch auf den magere Fettkohlen verarbeitenden Kokereien der Zechen

Vorwärts und Dorstfeld bei Dortmund zur Aufstellung gelangte und daß bis heute gegen 20 Stück im Ruhrbezirk nach und nach in Thätigkeit getreten sind.

2. Verkokung der Kohle

a) unter Luftzutritt in den älteren abgeworfenen Oefen.

Um die Mitte des 19. Jahrhunderts besassen die Oefen auf den Kokereien des Ruhrreviers noch ausschliesslich eine solche Form, dass die Destillationsgase der in ihnen verkokten Kohlen direkt ins Freie entweichen mussten. Eine Beheizung der Ofenkammerwandungen fand nicht statt. Die Verkokung der Kohle erfolgte in den damaligen Ofensystemen auf Kosten eines grossen Abbrandes der in dieselben eingesetzten Kohle, da die zur Verkokung nötige Wärmemenge grösstenteils durch Verbrennung der Kohle selbst unter Zuführung von Luft in dem Verkokungsraum gewonnen werden musste. Bei den damals in Anwendung stehenden halboffenen (Schaumburger) Oefen wurde die zur Verbrennung nötige Luft sogar in Kanäle, welche in dem eingesetzten Kohlenkuchen ausgespart waren, eingeführt. Auch die Abgase benutzte man bei diesen Oefen nicht zur Beheizung der aus zwei langen Seitenmauern bestehenden oben offenen Ofenkammern. Ja selbst nicht einmal die Ofenmauern trugen zur Verkokung bei, da dieselben keine Wärme auf die eingesetzten Kohlen infolge der halboffenen Ofenkonstruktion auszustrahlen vermochten. In dieser Beziehung wenigstens standen die ebenfalls zur genannten Zeit in Betrieb befindlichen geschlossenen Herd- oder Backöfen über jenen halboffenen Oefen, da bei ihnen zu Beginn des Verkokungsprozesses stets die Hitze der Ofenwände von der vorigen Betriebsperiode her zur Geltung kam, und das Ofenmauerwerk durch die Verbrennung der destillierenden Gase, welche unter Luftzutritt innerhalb des überwölbten Verkokungsraumes erfolgte, bis zur Beendigung der Verkokung in Glut gehalten werden konnte.

b) unter Luftabschluss in den neueren in Betrieb befindlichen Oefen.

Der vorstehend geschilderte hauptsächliche Mangel der älteren Oefen, nämlich die Nichtbenutzung der in den abziehenden Destillationsgasen enthaltenen Wärme zur Beheizung der Ofenkammerwandungen von aussen, ist bei der Verkokung in den neueren Oefen, wie aus der bereits oben geschilderten Einrichtung dieser Oefen hervorgeht, gänzlich beseitigt. Die bei der Verkokung in den Ofenkammern sich bildenden Destillationsprodukte werden heute allgemein, und meistens unter besonders geregelter Luftzuführung, ausserhalb der Oefen in den Beheizungskanalsystemen der Ofenkammern verbrannt; die bei der Verbrennung entstehende Wärme wird hierbei durch die Ofenkammerwände auf den zu verkokenden Kohlenkuchen fortwährend bis zum Ende der Verkokung übertragen und sodann

nach Verlassen der Oefen als nicht mehr zur Beheizung der Ofenwandungen wirksame Abhitze zur letzten Ausnutzung der darin noch enthaltenen Heizprodukte unter die Dampfkessel geleitet. Dieses Prinzip der
Ofenkammerheizung ist sowohl den Flamm- wie den Destillationsöfen
eigen. Im einzelnen weisen die Beheizungsarten dieser beiden Ofentypen
jedoch eine Reihe von Unterschieden auf. Bei den Flammöfen treten die
Destillationsgase jedes einzelnen Ofens direkt durch die im Widerlager des
Ofenkammergewölbes ausgesparten Oeffnungen in die Züge des zwischen
zwei Ofenkammern liegenden Wandheizkanalsystems ein, während sie bei
den Destillationsöfen zunächst aus allen Ofenkammern gesammelt und
nach ihrer Befreiung von Teer, Ammoniak usw. wieder durch besondere
Leitungen zu den Oefen in jedes einzelne Heizkanalsystem eingeführt
werden. Somit ist jedes Heizkanalsystem bei den Flammöfen von den
Destillationsgasen des zugehörigen Ofens und bei den Destillationsöfen von
den Gasen einer ganzen Ofengruppe abhängig. Bei letzteren Oefen ist
daher auch die Wärmezufuhr in die Wandheizkanäle einer Ofenkammer
durch Regulierung an der Gaszuführungsleitung leicht konstant zu erhalten,
während bei den Flammöfen die Heizkanäle der Wandkanäle mit dem Fortschreiten der Entgasung des Kokskohlenkuchens nachlässt. Zu Beginn der Verkokung ist die Gasentwickelung bei diesen Oefen zu stürmisch, sodass mangels
genügender Luftzuführung keine vollständige Verbrennung der Gase in den
Zügen stattfinden kann, und am Ende der Verkokung ist sie vielfach zu gering.

Dem Uebelstand der ungleichmässigen Gaserzeugung bei Flammöfen
wird neuerdings mit befriedigendem Erfolge dadurch in etwa abgeholfen,
dass man zwei oder mehr Oefen zusammenarbeiten lässt. Dieses geschieht
in der Weise, dass man entweder, wie beim neuesten Otto-Coppée-Ofen,
sämtliche Oefen durch 30 kleine, in den Widerlagern angebrachte Oeffnungen von 25 mm Durchmesser in Verbindung bringt oder, wie beim
v. Bauerschen Ofen, besondere Gassammelkanäle anlegt, welche sich über
den Ofenkammern sämtlicher Oefen entlang ziehen, und von welchen aus
den Beheizungsräumen stets die gleiche Gasmenge zugeführt wird.

Diese beim Betriebe der Flammöfen sich zeigenden und schwerlich
gänzlich zu beseitigenden Mängel, nämlich die ungleichmässige Zufuhr von
Gas und Luft auf die einzelnen Wandkanäle in verschiedenen Zeiten des Verkokungsprozesses, waren der Fingerzeig für die Konstrukteure von
Destillationsöfen. Die Möglichkeit, Gas und Luft an bestimmten Stellen
in richtigem Verhältnis auf das Beheizungskanalsystem der Oefen zu verteilen und zur Verbrennung zu bringen, sowie die hierbei entstehende Wärme
auf die zu verkokende Kohle zu übertragen, war gegeben; sie zu verwerten,
war die Aufgabe. Zu diesem Zweck müssen daher alle die Faktoren beobachtet werden, von welchen die Wärmeentwickelung, Wärmeverteilung
und Wärmeübertragung beim Koksofenbetriebe abhängig sein können.

Für die Wärmeentwickelung ist zunächst von Wichtigkeit, dass der in dem Heizgas zur Verfügung stehende Wärmevorrat völlig entwickelt und mit ihm die höchste erreichbare Temperatur erzeugt wird. Zu diesem Zweck ist eine gute Mischung des Heizgases mit der für die Verbrennung desselben gerade ausreichenden Menge Luft erforderlich. Sodann ist zu beachten, dass der Raum, in welchem die Verbrennung vor sich gehen soll, eine solche Ausdehnung haben muss, dass die entstehende Flamme auch zur vollen Entwickelung kommen kann und nur die heissen Verbrennungsprodukte in die den Verkokungsraum umgebenden Züge eintreten. Ferner ist darauf zu sehen, dass das zur Verbrennung dienende Gas auch möglichst rein beim Verkokungsprozess gewonnen wird. Das Absaugen der Gase von den Oefen ist daher so zu regeln, dass keine Verbrennungsprodukte aus den Heizkanälen durch die niemals ganz dicht zu haltenden Fugen der Ofenwandungen in den Verkokungsraum eintreten. Da man durch Vorwärmung der Verbrennungsluft eine Steigerung der Flammentemperatur erreicht und damit zugleich an Beheizungsgas spart, ist auch auf diese Thatsache für möglichst günstige Wärmeentwickelung Wert zu legen. Es ist daher zunächst der im Ofenmauerwerk enthaltene Wärmeüberschuss für die Lufterhitzung dem Ofen selbst zu entnehmen. Letzteres darf natürlich nur an solchen Stellen geschehen, an welchen Zersetzungen des Destillationsgases oder Schmelzungen des feuerfesten Materials nicht zu befürchten sind oder die strahlende Wärme des Ofens in den Boden abgeleitet wird. Schliesslich kann es zweckmässig erscheinen, die Luft in besonderen Lufterhitzern auf rekuperativem oder regenerativem Wege, freilich auf Kosten des Wertes der Abhitze für die Kesselheizung, vorzuwärmen.

Bezüglich der Wärmeverteilung ist zunächst dahin zu streben, dass die Verbrennung des Heizgases in den Kanälen, welche den Verkokungsraum umgeben, erstens gleichmässig vor sich geht, und zweitens gerade beendet ist, wenn die Heizgase den Ofen verlassen. Ausserdem sind die Verbrennungsräume so zu gestalten, dass die Heizflammen sich frei entfalten und die brennenden Gase den Beheizungsraum möglichst mit geringer Geschwindigkeit durchziehen. Es ist also zweckmässig, weite Verbrennungskanäle, wenn anders die Standfestigkeit der Ofenwandungen nicht zu sehr darunter leidet, zu schaffen. Endlich ist insbesondere darauf zu achten, dass die den Verkokungsraum umgebenden Heizzüge überall und zu allen Zeiten gleichmässig beheizt werden. Zugleich ist je nach der grösseren oder geringeren Länge des Weges der Brenngase zu berücksichtigen, dass zur Vermeidung von Verlusten an Heiz- bezw. Destillationsgas annähernd gleiche Druckverhältnisse im Ofen- und Beheizungsraum herrschen müssen.

Bei der Uebertragung der Wärme auf die Ofenkammerwandungen

spielt die Frage, ob dicke oder dünne Wände zu nehmen sind, eine grosse Rolle. Erstere verzögern zwar den Verkokungsprozess, sind dafür aber auch dichter und stabiler, letztere leiden an dem Mangel, dass sie beim Füllen der Oefen sich zu sehr abkühlen und sodann wieder rasch erhitzen, wodurch sich die Ofenkammerfugen erweitern und Verluste an Brenngas oder Destillationsgas entstehen.

Inwieweit alle diese für einen rationellen Kokereibetrieb wichtigen Punkte beim Erbauen der bestehenden Destillationsöfen berücksichtigt sind, ergibt die weiter unten folgende, eingehende Beschreibung der einzelnen Ofensysteme.

3. Garungsdauer des Ofeninhalts.

Die Dauer der Garung eines Kohlenkuchens hängt wesentlich von der Breite der Oefen, der gleichmässigen Beheizung der Wandzüge und der in letzteren erzeugten Temperatur ab. Die älteren abgeworfenen, halboffenen und geschlossenen Oefen garten je nach Grösse der Ofenkammern in 5—6 bezw. in 1—3 Tagen.

Die Garungsdauer der im Jahre 1900 auf den Zechen des Ruhrreviers in Betrieb befindlichen Oefen ist in der nachstehenden Uebersicht, geordnet nach Ofensystemen, zusammengestellt.

Zusammenstellung der einzelnen Ofensysteme nach der Garungsdauer. Tabelle 33.

System	Garungsdauer in Stunden							
	48	44	40	36	33	30	24	Summa
Flammöfen								
Coppée	5 368	208	380	460	160	—	30	6 606
Collin	210	—	40	—	120	--	—	370
Bauer	—	—	—	8	—	—	—	8
Summa	5 578	208	420	468	280	--	30	6 984
Destillationsöfen								
Otto-Hoffmann	122	120	180	540	120	100	—	1 182
Unterfeuerung	—	—	—	200	30	816	—	1 046
Ruppert	—	—	60	60	—	—	—	120
Brunck	—	—	—	—	100	246	—	346
Collin mit Nebenprodukten	—	—	—	60	120	—	60	240
Hüssener	—	—	30	—	—	—	—	30
Summa	122	120	270	860	370	1 162	60	2 964

Die Mehrzahl der Oefen, nämlich 5 578 Flammöfen und 122 Destillationsöfen, garen in 48 Stunden. Diese Oefen sind aber in den siebziger und
achtziger Jahren erbaut worden und entsprechen nicht mehr dem heutigen
Stande der Technik in Bezug auf gleichmässige, intensive Beheizung der
Ofenkammerwände. Die neueren Flammöfen haben dagegen bei annähernd gleichen Ofenabmessungen wie die älteren Oefen nur eine Garungsdauer von 33—36 Stunden; für die in den letzten Jahren erbauten
Destillationsöfen geht die Garungszeit sogar auf 24—30 Stunden herunter.

4. Ausziehen des Koks.

a) Koksausdrückmaschinen.

Das Herausziehen der garen Kokskuchen erfolgte bei den älteren
geschlossenen Oefen, welche nur eine Austragsöffnung besassen, von Hand
mittels eiserner Haken. Später um die Mitte der sechziger Jahre benutzte man auf den Zechen Pluto und Tremonia bei den sogenannten
Laumonierschen Oefen, welche radial um einen Schornstein gruppiert erbaut waren, zum Ausziehen der Koks Lokomobilen. Hierbei wurde jedesmal
nach der Entleerung eines Ofens auf die Sohle desselben eine mit Lehm
bestrichene, etwa 60 kg schwere Eisenstange, die sogenannte Harke, gelegt. Die Breite derselben entsprach der Rückwand des Ofens. An dem
hinteren Ende war die Harke in Form eines Dreiecks umgebogen, am
vorderen Ende war eine Oese angebracht, an welche eine beim Entleeren
des Ofens auf die Trommel der Lokomobile sich aufwickelnde Kette befestigt wurde. Der Abbrand der Eisenharken war nicht bedeutend; dieselben waren durchschnittlich ein Jahr lang in Gebrauch. Die Vorteile
dieser Art des Koksaustragens gegen früher bestanden darin, dass der
Kokskuchen den Ofen unverletzt verliess und daher nur wenig Koksklein
sich bilden konnte, sowie dass der Ofen schneller entladen und dadurch
die Abkühlung desselben geringer wurde.

Bei der Entleerung der seit Ende der sechziger Jahre in Ausführung
kommenden und heute auf den Zechen des Ruhrkohlenbeckens ausschliesslich in Anwendung stehenden, liegenden Koksöfen machte man sich die
vorgenannten Vorteile zu Nutze. Entsprechend der Konstruktion der Oefen
bediente man sich aber keiner Koksauszieh-, sondern der Koksausdrückmaschinen. In den Figuren 174 und 175a und b sind derartige Koksausdrückmaschinen dargestellt, wie sie allgemein für die Zechen-Kokereien geliefert
worden sind.

Die Koksausdrückmaschinen besitzen ein gusseisernes Ausdrückschild
von 1—1,3 m Höhe und 0,35 bis 0,45 m Breite. Der Gusskörper des
Schildes ist der grossen Hitze wegen, welcher er beim Ausdrücken des
Koks ausgesetzt ist, auf beiden Seiten mit schmiedeeisernen Platten ver-

sehen. Die Ausdrückplatte ist an einer 13—15 m langen, wagerechten, der Längsachse der Koksöfen gleichlaufenden Zahnstange von ca. 15 cm Breite befestigt. Durch Kurbelgetriebe mit mehrfachen Uebersetzungen wird die Zahnstange mit dem Ausdrückschild nach Hochziehen der die Koksöfen verschliessenden Thüren von der einen Seite, der sogenannten Maschinenseite, in Bewegung gesetzt und so lange gegen das im Ofen befindliche Koksprisma gedrückt, bis dasselbe gänzlich am entgegengesetzten Ende

Fig. 174.

Koksausdrückmaschine.

des Ofens, der sogenannten Koksseite, hinausgeschoben ist. Anfänglich wurde das Kurbelgetriebe von Hand bedient. Wegen der Schwere der Arbeit und insbesondere wegen des starken Abkühlens der Oefen während der verhältnismässig langen Ausdrückzeit durch Menschenhand verwandte man alsbald zum Antrieb eine Dampfmaschine, welche bei einer Leistungsfähigkeit von 20—25 Pferdestärken das Ausdrücken des Kokskuchens in etwa 1 Minute — 2 Minuten für Hin- und Rückgang — besorgt. Die Maschine ist nebst zugehörigem Dampfkessel von 9—12 qm Heizfläche und der ganzen Ausdrückvorrichtung auf einem eisernen, auf 3 Schienen laufenden Wagen angeordnet.

Gewöhnlich wird durch die Maschine auch die Fortbewegung des Wagens vor den Kopfseiten der Oefen bewirkt, sodass jeder Ofen zu jeder Zeit je nach Erfordernis gedrückt werden kann. Die 3 unter sich noch in haltbarer Weise befestigten Schienenstränge, auf welchen der Wagen mit

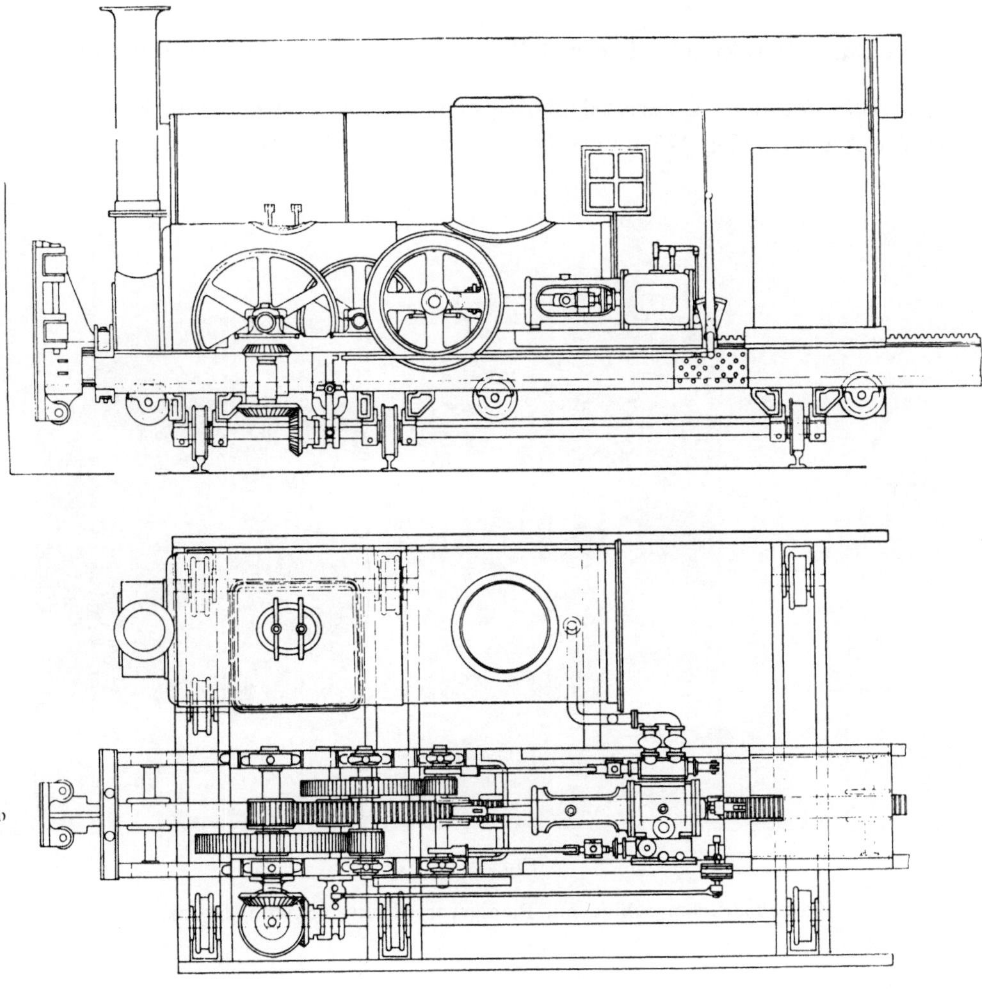

Fig. 175 a u. b.

Koksausdrückmaschine der Schalker Eisenhütte.

3 Räderpaaren läuft, haben den Zweck, dass der Wagen auch bei der äussersten Stellung der Zahnstange nicht sein Gleichgewicht verliert. Entsprechend der Länge der Zahnstange ist für die Aufstellung und Bewegung der Koksausdrückmaschine ein ca. 15 m breiter Raum hinter den Oefen auf der sogenannten Maschinenseite frei zu halten. Meist ist dieser

Raum bis zur Schienenhöhe mit Schutt angefüllt und mit harten Ziegeln in Rollschichten gepflastert. Zuweilen ist aber auch ein besonderer Unterbau, bestehend aus vielen Steinpfeilern mit Gewölbeübermauerung, für die Gleise der Ausdrückmaschine hergestellt. Der Grund der verschiedenen Anordnung dürfte in Terrainverhältnissen zu suchen sein.

Koksausdrückmaschine mit Brunckscher Planiervorrichtung.

Die bei den Kokereianlagen System Brunck verwendeten Koksausdrückmaschinen (Fig. 176) unterscheiden sich in manchen Teilen von den sonst

Fig. 176.

Koksausdrückmaschine mit Planiervorrichtung »System Brunk«.

gebräuchlichen Konstruktionen. Die Maschine ist auf einem kräftigen Fahrgestell gelagert. Das Ausdrückschild ist 1 250 mm hoch und je nach der Breite des Ofens 400—450 mm breit. Das Unterteil mit der Laufrolle ist auswechselbar. Die Zahnstange, 150 mm breit, aus stählernen Zahnfragmenten, ⊔-Eisenträgern und Flacheisenverstärkungsrippen zusammengesetzt, wird durch eine Zwillingsdampfmaschine mit dreifacher Zahnradübersetzung angetrieben. Die Zwillingsmaschine ist nach Art der Lokomotivmaschinen zwischen schmiedeeisernen Wangen solide gelagert und hat eine Jolysche Reversiersteuerung. Durch Einschaltung verschiedener

Getriebsteile kann die Maschine auf dem Geleise hin- und herbewegt, und ferner eine über der Ausdrückstange angeordnete Planierstange in Thätigkeit gesetzt werden. Mit der Planierstange (D. R.-P. 51 518), welche mit eigenartig geformten und gestellten Planierflügeln versehen ist, wird die Kohlenfüllung in der Ofenkammer nicht allein an der Oberfläche planiert, sondern auch komprimiert. Zum Betriebe der Zwillingsdampfmaschine dient ein feuerloser Dampfkessel nach dem System Lamm-Francq. Dieser Kessel ist bis zu dreiviertel mit heissem Wasser und im Uebrigen mit Dampf gefüllt. Der Dampf wird dem Behälter aus einer Dampfleitung durch ein Füllventil zugeführt und erwärmt das Wasser bis zu der einem Ueberdruck von 10 Atm. entsprechenden Temperatur. Die auf diese Weise in dem Behälter angesammelte Wärme verwandelt einen Teil des Wassers in Dampf, welcher zum Betriebe der Maschine dient. Gegenüber den meistens auf den Kokereien in Anwendung stehenden Kesseln mit Feuerung bieten die feuerlosen Kessel folgende Vorteile:

1. Belästigungen und Unbequemlichkeiten durch Kesselsteinbildung kommen nicht vor.

2. Die Instandhaltung ist wesentlich einfacher, da ausser zwei Probierhähnen und einem Manometer keine sogenannten feinen Armaturteile, wie Speisevorrichtungen, Wasserstandszeiger usw., welche häufig repariert und ersetzt werden müssen, vorhanden sind. Da auch das Mitführen von Speisewasser und Kohlenvorrat wegfällt, so wird dadurch die Sauberkeit im Betriebe erhöht.

Die vorstehend beschriebenen Koksausdrückmaschinen haben, wie bereits an anderer Stelle hervorgehoben wurde, ausser der Anordnung eines feuerlosen Kessels noch besondere Vorzüge durch die Anordnung der Planiervorrichtung. Zunächst fällt die frühere, harte und beschwerliche Arbeit des Planierens von Hand weg, bei welcher die Leute durch die Hitze und die aus den Planieröffnungen austretenden Gase stark belästigt wurden. Ferner wird die Oberfläche der Kohlenfüllung bei der maschinellen Planierung durchweg gleichmässig, während bei der bisherigen Arbeitsweise die Schüttkegel der Füllung beim Ziehen der Oefen meistens noch sichtbar sind. Die Planierstange fährt auf der ganzen Länge des Ofens während des Beschickens vor und rückwärts, komprimiert durch ihr Gewicht und durch die eigenartige Konstruktion der Planier-Flügel die Kohlenfüllung bis zu einem gewissen Grade und verrichtet die Arbeit in einem Drittel der Zeit wie früher. Drittens wird durch die Komprimierung eine grössere Ofencharge erzielt und sind für eine Anlage von 60 Oefen zwei bis drei Mann pro Schicht (zum Planieren) weniger erforderlich. Die Konstruktion selbst hat in langjährigem Betriebe unter den verschiedensten Verhältnissen den Erwartungen vollständig entsprochen.

Koksausdrückmaschinen mit elektrischem Antrieb.

Der Vorzug der Koksausdrückmaschinen mit elektrischem Antriebe liegt darin, dass keine Dampfmaschine und kein Kessel mitgefahren zu werden braucht. Die ständige Wartung des Kessels fällt fort und der die Koksausdrückmaschine bedienende Arbeiter hat nur noch die ausstrahlende Hitze der Koksöfen und nicht ausserdem noch diejenige des in unmittelbarer Nähe seines Standortes liegenden Kessels auszuhalten.

Die erste derartige Maschine auf den Kokereien des Ruhrreviers kam im Jahre 1899 auf der Zeche Adolf von Hansemann bei Mengede in Betrieb.

Die von der Sächsischen Maschinenfabrik vorm. Rich. Hartmann in Chemnitz erbaute Maschine (Fig. 177 a u. b) ist mit einem Drehstrom-Motor (»Union«) für 550 Volt versehen, welcher mit Schleifringen ausgerüstet normal 20 effektive Pferdestärken bei 750 Umdrehungen in der Minute leistet. Hierbei ist die Geschwindigkeit der Zahnstange 9,1 m und diejenige des Entlangfahrens der Maschine vor den Oefen 16,5 m pro Minute; die Umsteuerung und Regulierung des Motors erfolgt durch einen Kontroller.

Auf der Achse des Motors sitzt ein aus Vulkanfieber hergestelltes Getriebe, welches in ein gusseisernes, mit gefrästen Zähnen versehenes Stirnrad eingreift. Das zweite Stirnrädervorgelege hat ebenfalls gefräste Zähne und ist — wie alle übrigen Zahnräder, Laufräder und Kuppelungen — aus Stahlguss hergestellt; aus letzterem Material besteht auch die Zahnstange, während die Achsen und Wellen aus Siemens-Martin-Stahl hergestellt sind.

Das Ein- und Ausrücken der beiden Bewegungen erfolgt durch Verschieben einer Klauenkuppelung, das genaue Anhalten unter Benutzung einer Fusstrittbremse.

Die Maschine besitzt ausserdem eine Fortrückvorrichtung bei zu weitem Zurückziehen der Zahnstange und selbstthätige Schienenzangen gegen das Abheben der Maschine von den Schienen. Da nämlich der Wagen nebst Ausdrückvorrichtung und elektrischem Antriebe leichter als beim Dampfbetriebe ausfällt, war die Anbringung letzterer Vorrichtung erforderlich. Zwei Scheeren, deren Köpfe durch einen Hebel zusammengedrückt werden, umfassen während des Arbeitens des Ausdrückschildes den Kopf des den Oefen zunächst liegenden Gleises. Erst wenn die Zahnstange wieder nahezu vollständig zurückgezogen ist, drücken zwei an den Zahnradträgern angebrachte Stifte den Hebel herum, wodurch die Scherenköpfe wieder auseinander gehen und den Gleiskopf freigeben.

Weitere Koksausdrückmaschinen mit elektrischem Antriebe sind von der Gewerkschaft Schalker Eisenhütte zu Schalke für die bei der Zeche

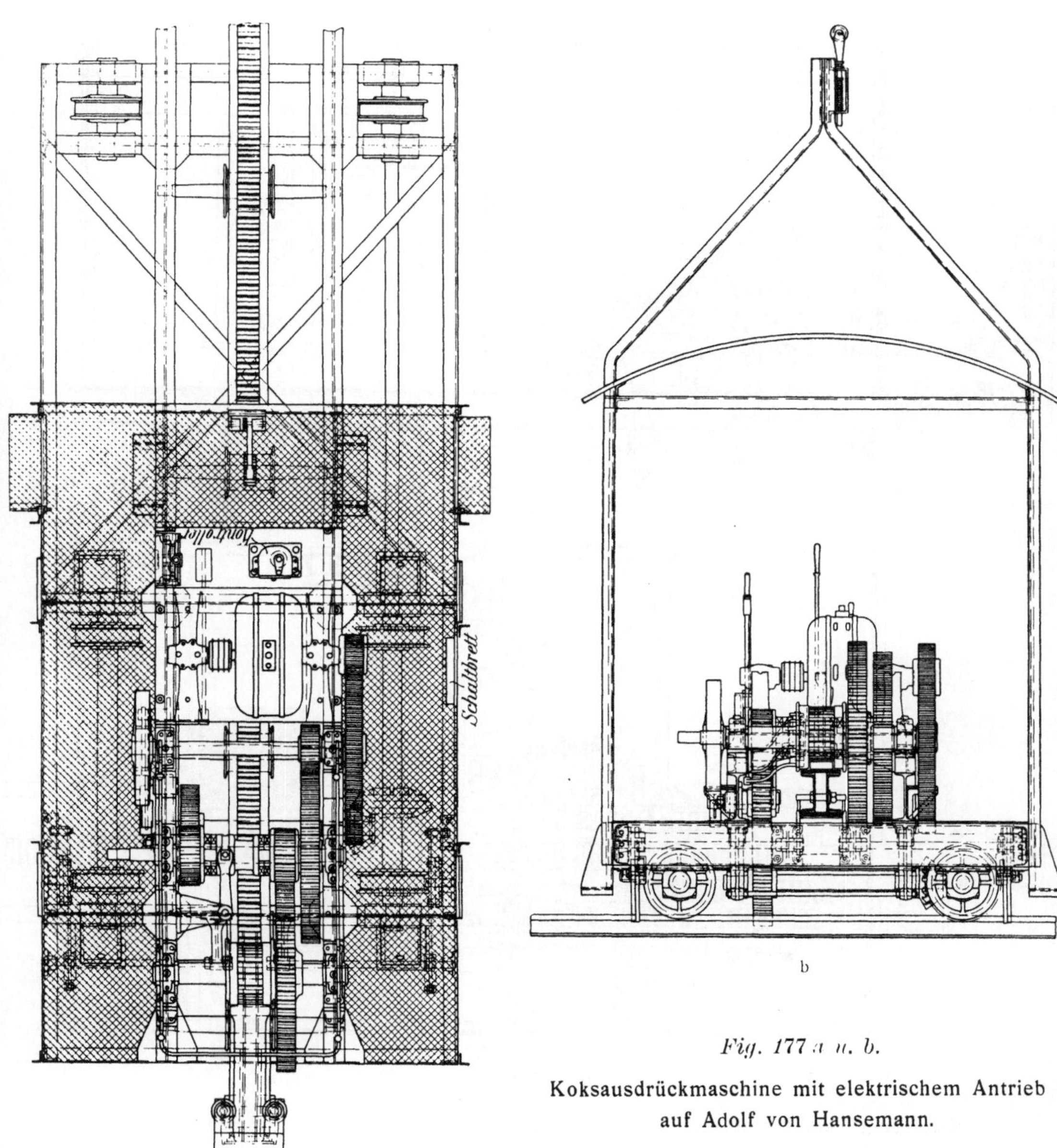

Fig. 177 a u. b.

**Koksausdrückmaschine mit elektrischem Antrieb
auf Adolf von Hansemann.**

Sälzer & Neuack belegene Kokerei der Firma Krupp und für die Zeche
Friedlicher Nachbar geliefert worden (Fig. 178a u. b und 179a u. b). Diese
Maschinen sind mit je einem Nebenschlussmotor versehen, welcher bei
890 Umdrehungen in der Minute, 500 Volt-Klemmenspannung und einem
Gesamtverbrauch von 25 000 Watt 29 PSe. leistet. Durch einen Neben-

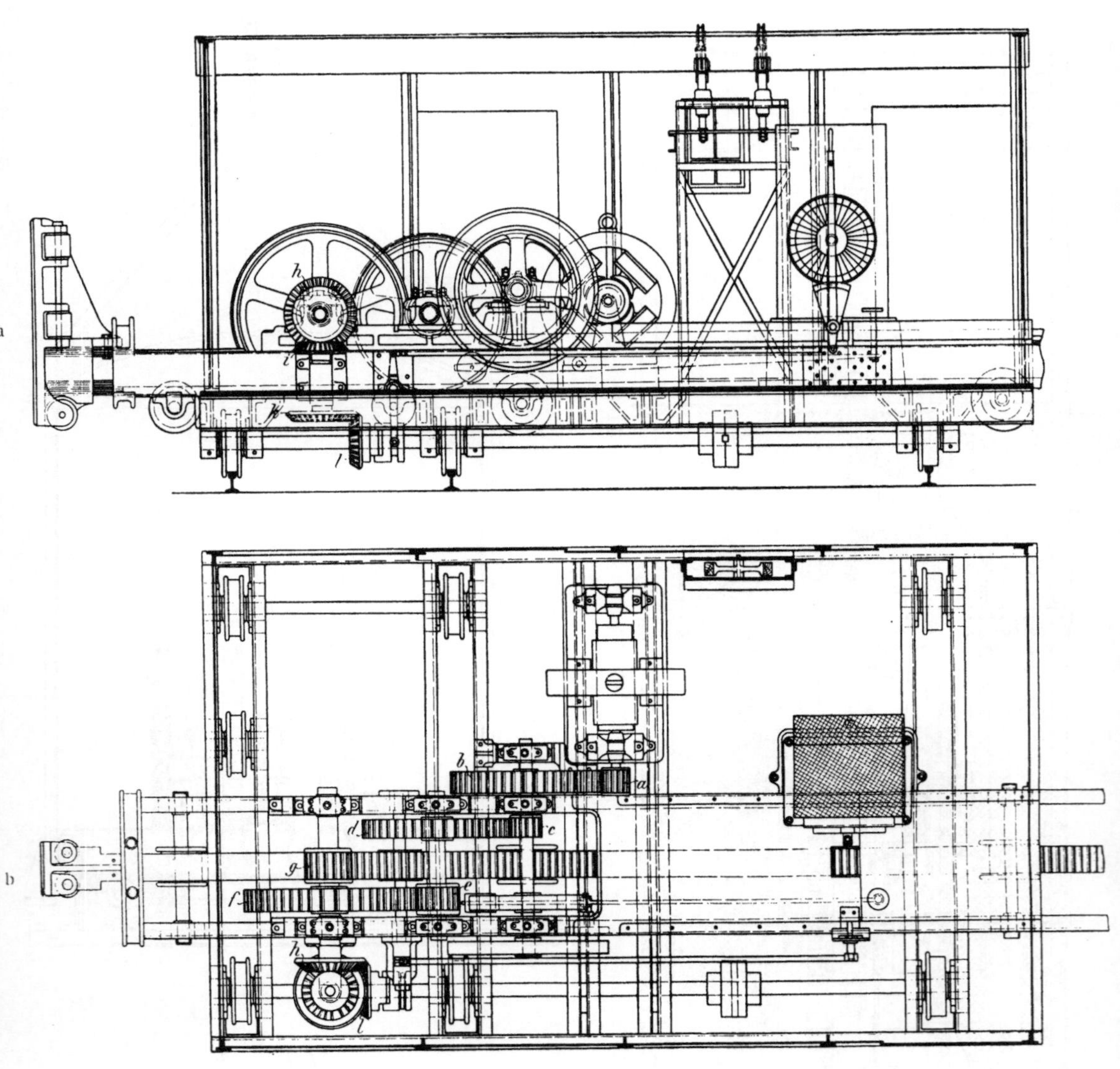

Fig. 178 a u. b.

Koksausdrückmaschine mit elektrischem Antrieb und elektrischer Umsteuerung auf
Zeche Sälzer-Neuack (Schalker Eisenhütte).

schlussregulierwiderstand kann die normale Tourenzahl derselben je nach
Bedarf um 10 % gesteigert oder vermindert werden. Ein Umkehranlass-
und Regulierwiderstand ermöglicht die Umsteuerung und das Anlassen des
Motors unter voller Last. Die Umsteuerung erfolgt entweder elektrisch
(Fig. 178) oder auch mechanisch (Fig. 179). Der Kokskuchen wird bei normaler

Tourenzahl mit 10 m Geschwindigkeit pro Minute gedrückt. Beide Arten von Maschinen haben sich bis jetzt im Betriebe gut bewährt. Die Anschaffungskosten stellen sich auf 8500 bis 10 000 M.

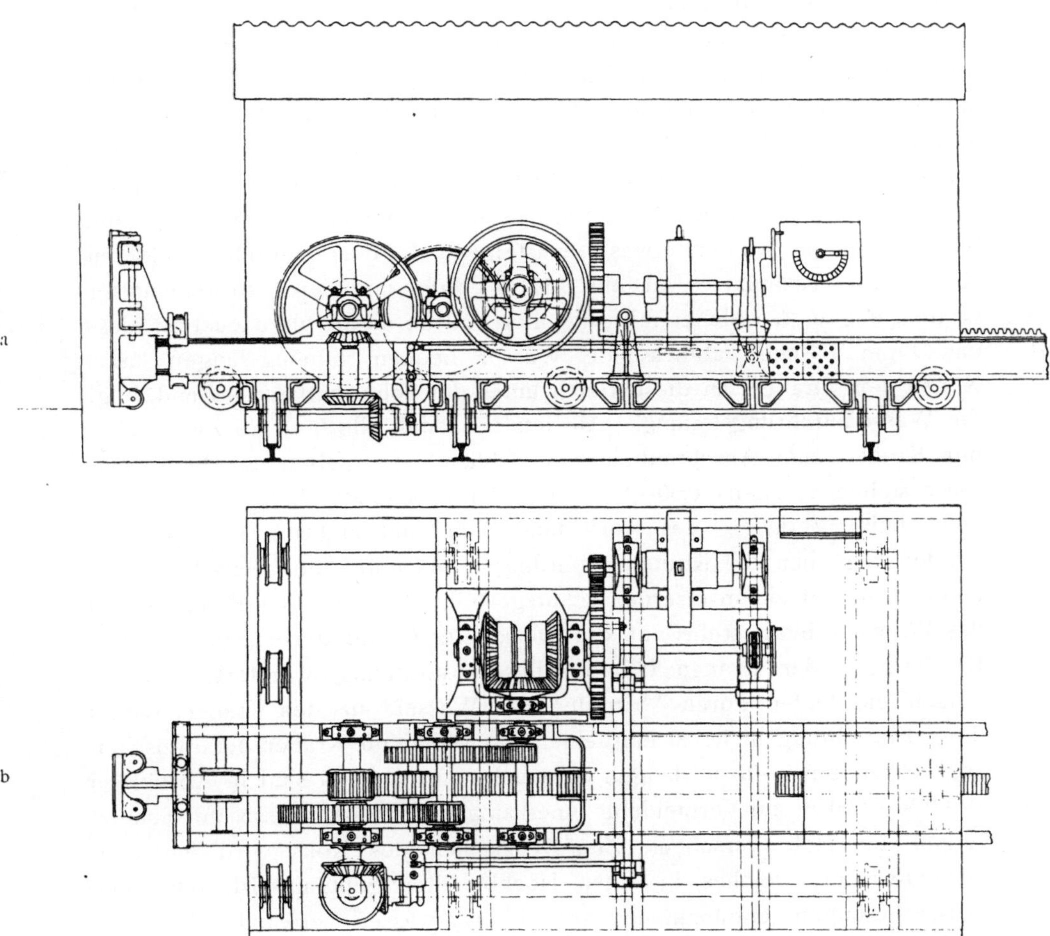

Fig. 179 a u. b.

Koksausdrückmaschine mit elektrischem Antrieb und mechanischer Umsteuerung für die Zeche Friedlicher Nachbar (Schalker Eisenhütte).

b) Kokslöschplatz.

Das Löschen des gargebrannten Koks erfolgt durch Wasser. Dasselbe wurde in den älteren, abgeworfenen Schaumburger-, Back- und Bienenkorböfen im Ofen selbst vorgenommen. Die hiermit verbundene starke Abkühlung der Oefen führte bei den neueren, prismatischen Oefen zum Ausstossen des Kokskuchens aus denselben mittels der vorher beschriebenen Maschinen auf einem vor den Ofengruppen hergestellten Löschplatz. Die Breite des mit nicht brennbarem Schutt ausgestampften und von Mauerwerk umschlossenen Löschplatzes beträgt 15 m. Die Oberfläche des Platzes besteht aus einer Ziegelsteinrollschicht, über welche in Cement gebettete Gussplatten von $0{,}50 \times 0{,}50$ m Länge gelegt werden. Letztere sind zum besseren Einbetten und Festliegen in dem Cementmörtel an ihrer Bodenfläche mit Rillen versehen. Um das Gleiten des auszudrückenden Kokskuchens und das Abfliessen des überflüssigen Löschwassers zu erleichtern, ist der Löschplatz, von den Oefen aus bis etwa 1,50 m vom äusseren Rande entfernt, schwach abwärts geneigt, um dann bis zur Rampe wieder etwas anzusteigen. In der dadurch gebildeten Mulde des Löschplatzes ist ein 0,50 m breiter und tiefer, ausgemauerter Graben angelegt, welcher mit gelochten Platten derart abgedeckt ist, dass das beim Löschen abfliessende Wasser bequem hineingelangen kann. Neben dem Graben, an diesem sich unter der Sohle entlang ziehend, liegt die Wasserzuführungsleitung. An letztere sind alle 6—8 m Zweigrohre mit Kranen zum Anschrauben von Schläuchen angebracht. Die Zweigrohre stehen meistens 0,50—1 m über der Löschplatzsohle. Da dieselben aber beim Verladen des Koks hinderlich sind und häufig beschädigt werden, legt man die Kranen neuerdings wohl unter die Ofensohlen oder umgiebt sie mit einem eisernen Schutzgestell. Auf einzelnen Kokereien ist das Wasserzuleitungsrohr auf die Decke der Ofenbatterien verlegt. Das Beschädigen der Kranen fällt bei dieser Anordnung zwar fort; es leiden jedoch die Oefen durch Abtropfen des Wassers aus den Kranen, sodass diese Einrichtung nicht zu empfehlen ist. Die an die Kranen beim Löschen angeschraubten 9—10 m langen Schläuche aus Gummi sind in Abständen von 0,50—1,00 m zur Vermeidung eines zu grossen Verschleisses mit Schutzringen aus Holz versehen. Zum Ablöschen des Koks wird entweder Grubenwasser, welches in einen Hochbehälter gepumpt ist, oder der Wasserleitungen entnommenes reines Trinkwasser verwandt. Letzteres Verfahren empfiehlt sich aus dem Grunde, weil reines Wasser dem Koks ein besseres, silberglänzendes Aussehen verleiht. Die Zufuhr an Löschwasser wird so bemessen, dass einerseits ein Verbrennen des Koks und anderseits ein Aufsaugen von zuviel Wasser durch den Koks möglichst vermieden wird. Der Verbrauch an Löschwasser stellt sich pro Tonne Koks auf 0,6—0,8 cbm.

c) Koksgabeln und Kokskarren.

Zum Einladen des abgelöschten Koks in die sog. Kokskarren dienen schaufelartig umgebogene Gabeln. Dieselben haben 6—9 Zinken, welche 3 und mehr Centimeter auseinanderstehen. Auf diese Weise bleibt während

Fig. 180.

Fig. 181.

Fig. 182.

Fig. 183.

Fig. 180—183. Koksschubkarren von H. Köttgen & Cie., Bergisch-Gladbach.

des Einschaufelns der für die meisten industriellen Zwecke nicht verwendbare Kleinkoks und Koksgries auf dem Ablöschplatz zurück. Diese zunächst nicht zur Verladung gelangenden Koksrückstände werden später den Koksseparationen zur Trennung in verschiedene Korngrössen zugeführt.

Beim Transportieren bezw. Verladen des Koks vom Löschplatz zur Absturzrampe in die unter letzterer stehenden Eisenbahnwaggons wurden früher gewöhnliche Schubkarren mit breitem Wagenkasten aus Holz benutzt. Die hölzernen Wagenkasten wurden wegen ihrer Schwere in den 80er Jahren durch solche aus Eisenblech ersetzt. Fig. 180 veranschaulicht eine damals gebräuchliche Karre mit einem Rad. Der leichteren und sicheren Handhabung wegen wurden dieselben aber alsbald ausschliesslich mit zwei Rädern versehen. In den 90er Jahren kamen endlich immer mehr die in

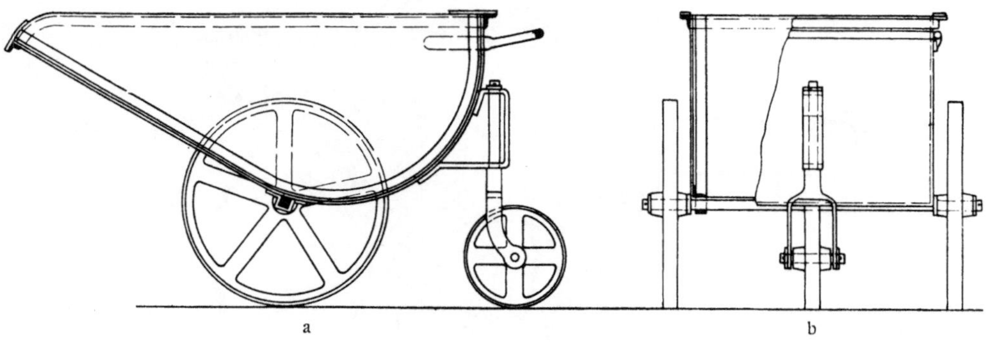

Fig. 184 a u. b.

Koksschubkarre von Arthur Koppel, Bochum.

den Fig. 181—184 zur Darstellung gelangten Kokskarren zur Anwendung. Dieselben sind sämtlich so konstruiert, dass die Traglast der Karren völlig auf der Achse der Räder ruht. Infolgedessen hat der den Karren wegfahrende Arbeiter überhaupt nichts mehr zu tragen, sondern beim Schieben nur den Reibungswiderstand der rollenden Räder zu überwinden. Insbesondere dürfte dieses noch bei den mit einem kleinen Führungsrad versehenen Karren, Fig. 183 und 184 der Fall sein, welche von den Firmen Arthur Koppel in Bochum, H. Köttgen & Cie. in Berg.-Gladbach und anderen zu beziehen sind. Die Räder der Wagen haben einen Durchmesser von 80—100 cm und sind vielfach aus Rundeisen gefertigt. Der Inhalt der Wagenkarren schwankt zwischen $1/_2$ und $1^1/_2$ cbm. Beim Entleeren werden die beladenen Karren mit den Rädern an einen, auf dem Boden der Verladerampe sich entlang ziehenden Brüstungsrand aus Rundholz herangefahren. Hierbei geraten sie durch den Stoss des Anfahrens aus dem Gleichgewicht, und kippen mit einer geringen Nachhülfe des Arbeiters über die Brüstung etwas herab und entleeren sich.

IV. Verwertung des Heizgasüberschusses der Destillationsöfen.

1. Zur Beleuchtung.

Auf der Zeche Erin bei Castrop stehen 80 Otto-Unterfeuerungsöfen in Betrieb, welche bei einer Koksproduktion von 320 t täglich ca. 113000 cbm Gas erzeugen. Hiervon wurden bis vor kurzem 500—600 cbm Gas, welche auf üblichem Wege in der Kondensationsanstalt gereinigt und ausserdem einer Karburation unterzogen waren, zur Beleuchtung der Stadt Castrop verwandt.

Die Karburation erfolgte mittels einer von der Berlin-Anhalter Maschinenbau-Aktiengesellschaft in Berlin gelieferten Karburieranlage. Die Einrichtung der letzteren ist aus Fig. 185a und b zu ersehen. Sie besteht aus dem eigentlichen Karburierapparat, aus einem Benzolvorratsbehälter nebst Füllvorrichtung und Inhaltsanzeiger, aus der Regulierungsvorrichtung und den nötigen Verbindungsleitungen. Der eigentliche Karburier- oder Verdunstungsapparat besteht aus einem rechteckigen, gusseisernen Kasten, in welchen eigens geformte Rippenheizkörper eingelegt sind, die mit Benzol berieselt werden. Die Rippen sind mit einem Tuche überzogen, welches sich vollsaugt und das Benzol über die Verdunstungsflächen gleichmässig verteilt. Zur Steigerung der Verdunstungstemperatur und zum Ersatz des durch die Verdunstung selbst verursachten Wärmeverbrauchs wird in die Rippenheizkörper Dampf eingeleitet. Der Gaseintritt findet derart statt, dass das Gas stets dem Benzol entgegenströmt und so mit ihm in innige Verbindung tritt. Nach der Anreicherung und dem Austritt aus dem Apparat wird das karburierte Gas dem Gasometer und durch Rohrleitungen weiterhin der Stadt zugeführt.

Pro Kubikmeter Gas wurden etwa 35 g Benzol zugesetzt und hierdurch eine durchschnittliche Leuchtkraft des Gases von 14 Normalkerzen erzielt. Störungen durch Benzolabscheidungen sind nicht vorgekommen. Dagegen machten sich insbesondere bei Störungen des Ofenbetriebes manchmal Schwierigkeiten insofern bemerkbar, als in diesen Fällen stets mehr Gewicht auf die Versorgung der Stadt mit Gas, als auf den geregelten Koksofenbetrieb gelegt werden musste. Letzterer Umstand bewirkte dann auch, dass der von der Zeche Erin mit der Stadt Castrop abgeschlossene Vertrag nach seinem Ablauf nicht mehr erneuert wurde.

2. Zum Antrieb von Motoren.

Zum Betriebe von Motoren wurde das überflüssige Heizgas der Destillationsöfen zuerst in den Ottoschen Kondensationsanstalten benutzt,

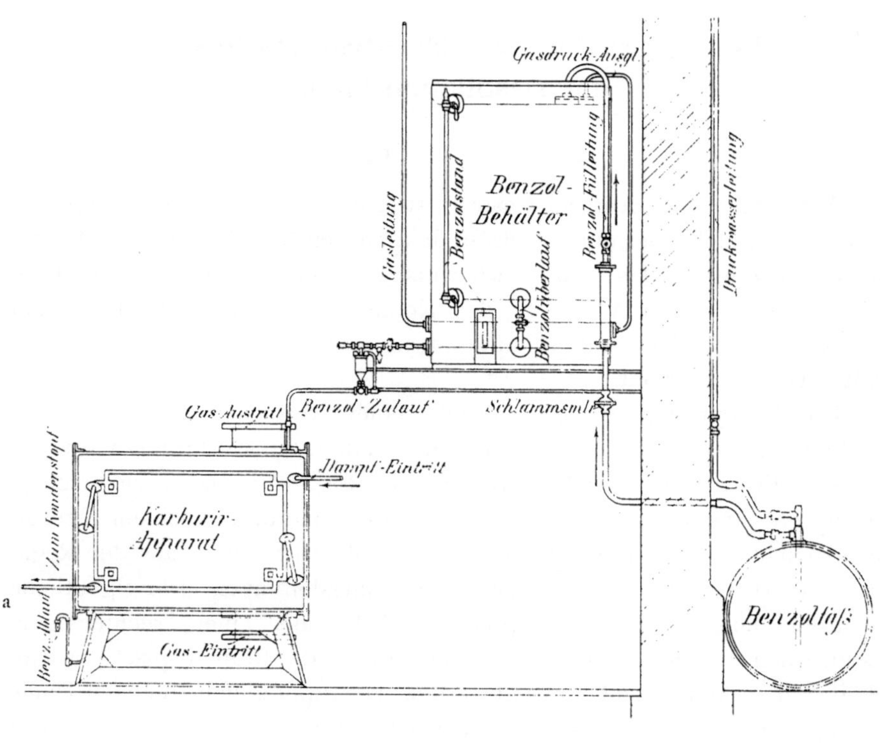

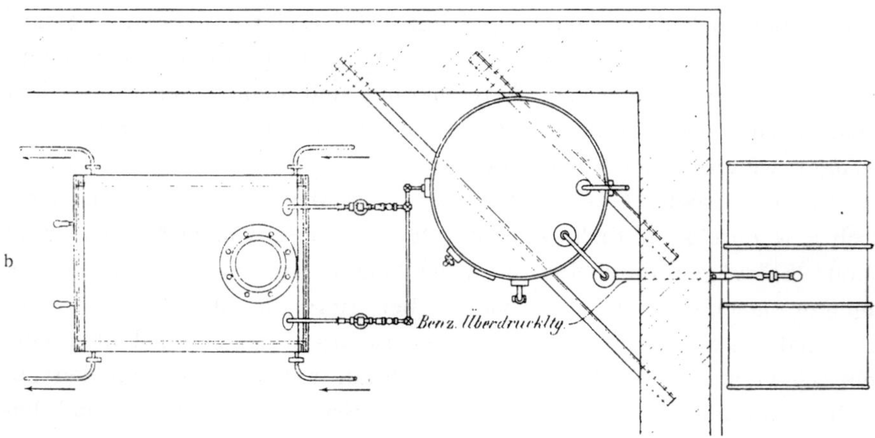

Fig. 185a u. b.

Karburier-Apparat für 16 000 H. L. normale Leistung in 1 Stunde.

Auf der Zeche Dannenbaum rüstete die Firma Dr. Otto & Co. Ende der 90er Jahre die dortige Nebenprodukten-Gewinnungsanlage mit einer kleinen Gaskraftmaschine aus. Dieselbe bewährte sich im Betriebe, und es folgten solche zu gleichem Zweck auf den Kokereien der Zechen Mansfeld, Lothringen usw. Grössere Motore sind bis jetzt nicht zur Aufstellung gelangt.*)

Der Gasmotor auf Zeche Dannenbaum ist von der Firma Gebr. Körting in Hannover geliefert worden. Die Stärke des Motors beträgt 60 PS., der Gasverbrauch 0,9 cbm pro PS. und Stunde.

Das aus der Kondensationsanstalt kommende Gas wird vor seiner Verwendung in dem Gasmotor noch einer Nachreinigung dadurch unterzogen, dass man es vor dem Gebrauch durch ein Sägemehlfilter gehen lässt.

V. Verwertung der Abhitzegase.

Die aus den Wandkanälen der Oefen abziehenden Gase, welche zur Beheizung der Ofenkammer gedient haben, werden vor ihrem Entweichen durch den Schornstein noch zur Dampferzeugung benutzt. Hierbei werden die Gase entweder direkt unter die Kessel geleitet, oder sie dienen vorher noch zur Vorwärmung der für die Ofenbeheizung nötigen Luftmengen.

1. Zur Dampferzeugung.

Die Dampferzeugung durch Abhitzegase gelangte Ende der 60er Jahre (1869) ganz allmählich mit dem Abwerfen der älteren Herd-, Back- und Smetschen Oefen und der Einbürgerung der Coppée-Otto-Oefen zur Einführung. Ende der 70er Jahre wurde die Abhitze von etwa 20 %, Ende der 80er Jahre die von etwa 75 % und am Ende des 19. Jahrhunderts diejenige von allen Koksöfen des Ruhrreviers zur Dampfkesselheizung benutzt.

Die hierzu getroffenen Einrichtungen veranschaulichen die Figuren 186 und 187a—d. Aus dem Abhitzekanal der Oefen werden die Abgase in einen mit feuerfesten Steinen ausgefütterten Kanal geleitet, welcher sich unter dem früheren Kesselschürerstande an den Kesseln entlang zieht. Jedes Flammrohr bezw. die frühere Schüröffnung der Kessel ist durch eine ebenfalls mit feuerfesten Steinen ausgesetzte sog. Gashaube mit dem vor den Kesseln sich entlang ziehenden Abhitzekanal in Verbindung gebracht. Die Gashauben (Fig. 188a—e) können jederzeit entfernt und somit jeder Kessel aus der zugehörigen Kesselbatterie ausgeschaltet werden. Die Abhitzekanalöffnung wird in einem solchen Falle an der betreffenden Stelle durch einen Deckel aus feuerfesten Steinen verschlossen.

---

*) S. »Glückauf«, 1904, die Verwertung des Koksofengases, inbesondere seine Verwendung zum Gasmotorenbetriebe. Von Bergassessor Baum, Essen (Ruhr).

Fig. 186.

Maschinenseite der Koksöfen (»System Brunck«, Zeche Alma),
Koksausdrück- und Planiermaschine, Dampfkesselanlage mit Verwendung der Abhitze.

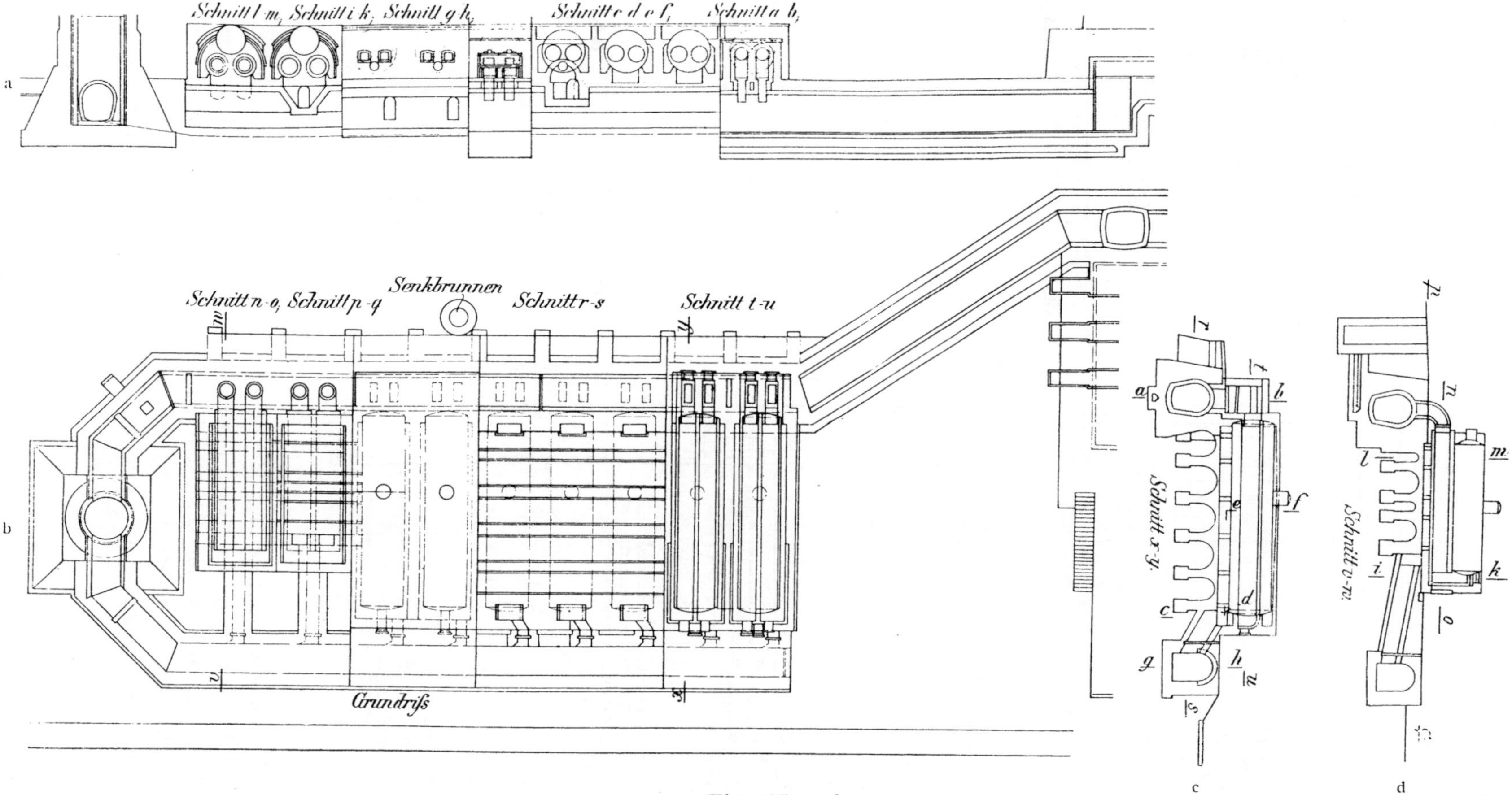

Schnitt l-m, Schnitt i-k, Schnitt g-h,
Schnitt c-d e-f,
Schnitt a-b,
a
Schnitt n-o, Schnitt p-q
Senkbrunnen
Schnitt r-s
Schnitt t-u
Grundriß
b
Schnitt x-y.
c
Schnitt v-w.
d

Fig. 187 a—d.

Gasdampfkesseleinrichtung.

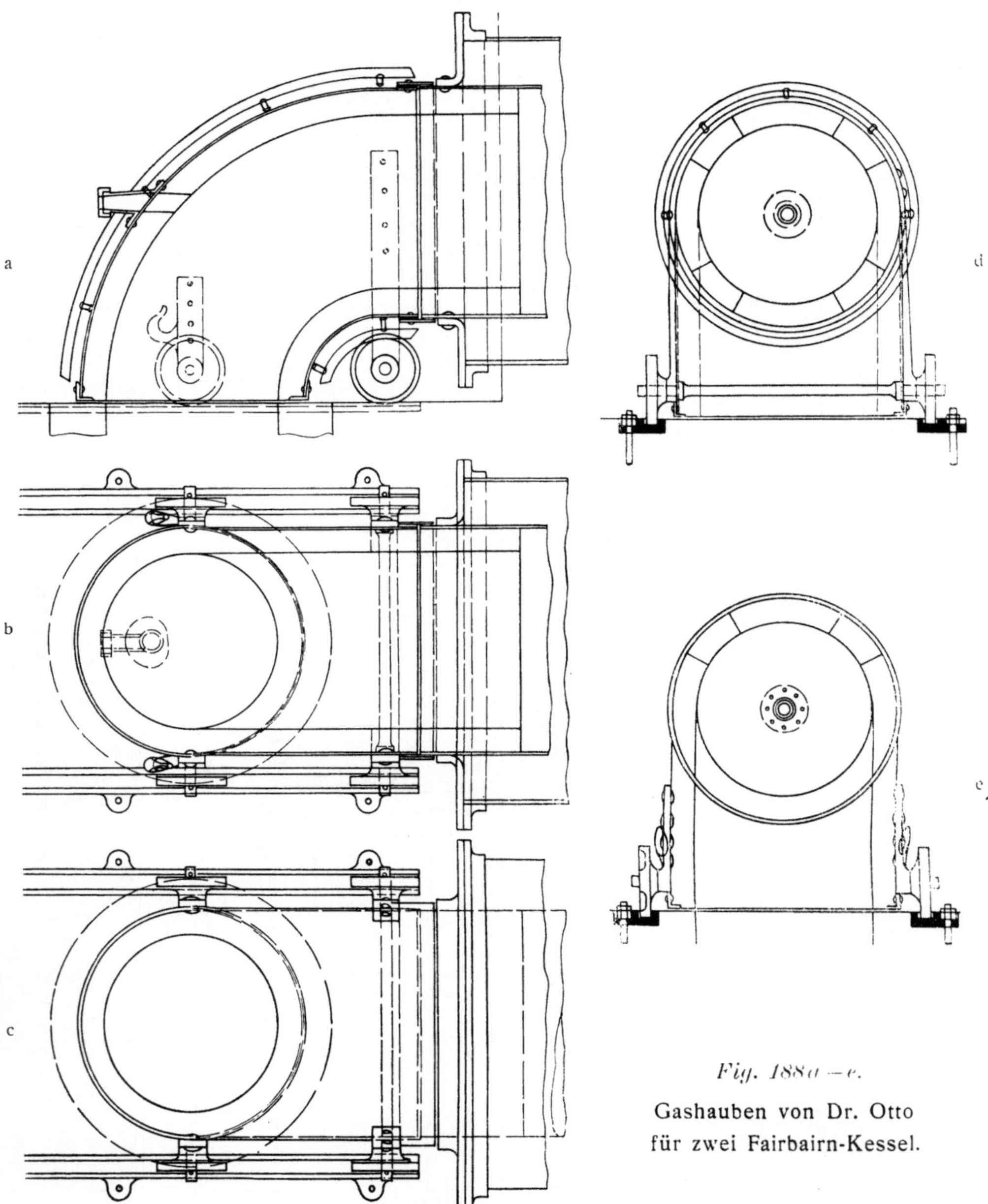

Fig. 188a—e.

Gashauben von Dr. Otto
für zwei Fairbairn-Kessel.

Zur besseren Regulierung des Ofenganges vermeidet man gewöhnlich
die bei der Beheizung der Kessel übliche Hin- und Rückleitung der Gase
und lässt die letzteren nur unter den Kesseln bezw. durch die Flammrohre
hinstreichen. Eine besondere Art von Kesseln für diesen Zweck steht
nicht in Anwendung, vielmehr werden sowohl Cornwall-Kessel mit 1 und

2 Flammrohren oder mit Wellblechfeuerrohren, als auch Röhrenkessel mit der Abhitze der abziehenden Koksofengase geheizt.

Die Kessel leiden weit weniger als bei gewöhnlicher Kohlenfeuerung, einerseits weil eine eigentliche Verbrennung nicht stattfindet und somit die durch Strahlung wirkende Abhitze eine stets gleichmässige ist, anderseits weil infolge des gänzlichen Luftabschlusses weder heftige Abkühlungen, wie beim Schüren, noch plötzliche, starke Erhitzungen vorkommen können.

Die Temperatur der abziehenden Gase beträgt im Gaskanal hinter den Koksöfen 1100—1150 ° C., beim Eintritt in den Feuerraum unter den Kesseln rund 1000 ° und im Fuchs etwa noch 300—350 ° C.

Die mittels der Abhitze in den Kesseln zu erzielende Verdampfung ist abhängig

1. von dem Gasgehalt der zur Verkokung gelangenden Kohlen,
2. von der Garungsdauer bezw. stärkeren Beheizung der Koksöfen, und endlich
3. von dem in Anwendung stehenden Kesselsystem.

Bezüglich des letzteren, nicht ohne weiteres einleuchtenden Punktes ist durch Versuche (auf Zeche Prosper) festgestellt, dass 4 Dürr-Kessel von je 152 = 608 qm Heizfläche, mit der Abhitze von 60 älteren Otto-Coppée-Oefen geheizt, die gleiche Menge Dampf von gleicher Trockenheit lieferten, als 8 Cornwall-Kessel von je 106 = 848 qm Heizfläche; im ersteren Falle wurde eine durchschnittliche Verdampfung von 18,8 kg Wasser pro qm und Stunde bei einer mittleren Abgangstemperatur der Gase von 275 ° C. und im letzteren eine solche von 13,75 kg pro qm und Stunde bei einer Abgangstemperatur von 300 ° erzielt.

Die mit der Abhitze der einzelnen Ofensysteme im Jahre 1900 auf den Zechen des Ruhrreviers erzielte Wasserverdampfung ist aus Tabelle 34 zu ersehen.

Danach ist folgendes der Fall:*)

1. Pro qm Kesselheizfläche und Stunde werden durch Abhitze der Flammöfen 13,15 und durch diejenige der Destillationsöfen 13,20 kg Wasser verdampft.

2. Pro kg eingesetzter, verkokter Kohle wird durch die Abhitze der Flammöfen eine Verdampfung von 1,18 und durch diejenige der Destillations-öfen eine solche von 0,67 kg Wasser durchschnittlich erzielt.

3. Pro Ofen und Jahr werden durch die Abhitze der Flammöfen 173 t und durch diejenige der Destillationsöfen 153 t Kohlen erspart.

---

*) Mit westfälischer Kohle mittleren Gasgehalts werden nach Versuchen des Dampfkesselüberwachungsvereins der Zechen im Oberbergamtsbezirk Dortmund pro qm Heizfläche und Stunde 23—24 kg Wasser verdampft.

Wasserverdampfung.

Tabelle 31.

1		2	3	4		5	6	7
System	Anzahl	Wasser-verdampfung pro qm Heizfläche und Stunde	Wasser-verdampfung pro kg eingesetzter Kohle	Kohlenersparnis***)		Durch Verwendung der Abhitze von 60 Oefen zur Kesselheizung wurden im Jahre 1900 an Kohlen durchschnittlich arbeitstäglich gespart**)	Durch Verwendung der Abhitze der zur Verkokung gelangten Kohlen wurden von der eingesetzten Kohle wieder gewonnen	Bemerkungen
der Oefen				sämtlicher Oefen pro 1900	pro Ofen und Jahr			
		in l *)	in l	t	t	t	in %	
Coppée	6 606	13,33	1,21	1 156 050	173	35	15,36	210 Oefen von den 370 sind Coppée-schen Systems mit kleineren Abände-rungen von Collin;
Collin	370	10,01	0,65	51 800	140	28	8,53	
Bauer	8	—	—	—	—	—	—	Von den 8 Bauer-öfen liegen keine Resultate vor.
Durchschnitt der Flammöfen .		13,15	1,18	—	173	—	—	
Otto-Hoffmann	1 182	10,42	0,40	82 740	70	14	5,08	
Unterfeuerungsöfen . . .	1 046	14,04	0,83	214 430	205	41	11,14	
Ruppert	120	14,15	0,95	27 000	2:5	45	12,78	
Brunck	346	19,14	1,04	83 040	240	48	13,95	
Collin mit Nebengewinnung	240	13,98	0,63	40 800	170	34	8,43	
Hüssener	30	12,43	0,82	4 650	155	31	10,95	
Durchschnitt der Destillationsöfen		13,20	0,67	452 660	153	—	—	

*) Berechnet nach der an 350 Tagen pro 1900 erzielten Gesamtwasserverdampfung.
**) Bei Annahme von 300 Arbeitstagen pro Jahr und einer Wasserverdampfung von 7,5 cbm pro t Kohlen.
***) Den in den Rubriken 4, 5 und 6 angegebenen, rechnerisch festgestellten Durchschnittszahlen liegen die von einer grossen Anzahl Kokereien erhaltenen Angaben zu Grunde.

4. Durch Verwendung der Abhitze von 60 Flammöfen werden arbeitstäglich an Kohlen 28—35 t und durch diejenige der Destillationsöfen zwischen 14 und 48 t Kohlen gespart.

5. Durch Verwendung der Abhitze der zur Verkokung gelangten Kohlen werden von der eingesetzten Kohle bei den Otto-Coppée-Oefen 15,36 % und bei den Destillationsöfen, abgesehen von den mit Wärmespeichern arbeitenden Otto-Hoffmann-Oefen, durchschnittlich 11—12 % wiedergewonnen.

Von den im Jahre 1900 zur Verkokung gelangten Kohlen in Höhe von 12 486 263 t wurden 1 660 510 t oder mehr als 13 % durch Verwendung der Abhitze zur Kesselfeuerung wieder erhalten.

Trotz dieser guten Resultate dürfte dennoch eine noch bessere Ausnutzung der aus den Flammöfen abziehenden Gase zu erstreben sein. Häufig, namentlich zu Zeiten der Beschickung der Koksöfen, kann man sehen, wie immer noch aus den nur an die sogenannten Gaskessel angeschlossenen Essen schwarzer Rauch emporsteigt, ein Zeichen dafür, dass unter den Kesseln die abziehenden Gase nicht genügend zur Verbrennung gelangt sind.

2. Zur Luftvorwärmung.

Auf den Kokereianlagen nach System Otto-Hoffmann durchziehen die Abgase, bevor sie unter die Kessel gelangen, noch abwechselnd einen der zur Luftvorwärmung dienenden Wärmespeicher. Auf diesen Umstand dürften auch die geringen Verdampfungsergebnisse dieser Oefen durch Abhitze (s. Tab. 34) zurückzuführen sein.

Bei den Brunckschen Oefen wird die Luft nicht regenerativ, sondern rekuperativ dadurch vorgewärmt, dass zwischen den beiden Abhitzekanälen der Gase ein gitterartig gebauter Wärmespeicher liegt, welchen die zu erwärmende Luft ständig durchstreicht. Einen nachteiligen Einfluss auf den Wert der Abhitze zur Kesselheizung scheint diese Art der Luftvorwärmung nach den vorliegenden Verdampfungsergebnissen nicht zu haben.

VI. Koksseparation.

Eine Trennung des Koks nach Korngrössen in besonderen Apparaten wurde bis zu Anfang der achtziger Jahre nirgends vorgenommen. Als sich dann für Hausbrandzwecke eine gewisse Nachfrage nach dem sogenannten Abfallkoks einstellte, ging man dazu über, den Abfall- oder Kleinkoks in einzelne Korngrössen — Perlkoks und Koksgries — abzusieben. Zuerst benutzte man hierzu gewöhnliche Aschensiebe und alsbald hernach konisch geformte Siebtrommeln mit verschieden grosser Lochung.

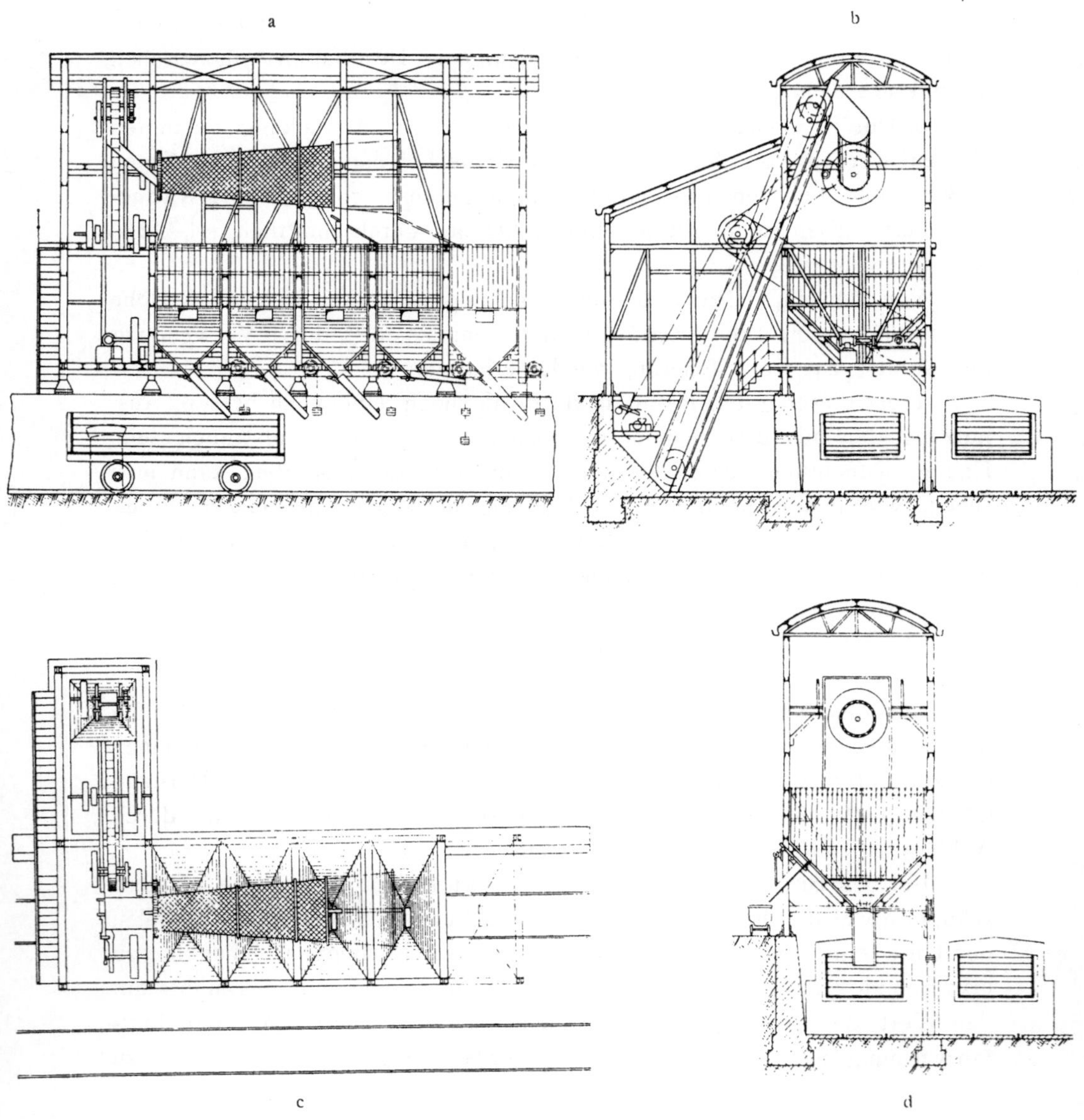

Fig. 189a—d.

Anlage zum Brechen und Sieben von Koks von Schüchtermann & Kremer.

Die Siebtrommeln fanden auf dem Ablöschplatz Aufstellung und wurden von Hand gedreht.

Diese, besonders in ökonomischer Hinsicht unvollkommene Absieberei kam mit der Errichtung besonderer Koksseparationen, welche in der Regel an einem Ende des Kokslöschplatzes erbaut werden, gegen Ende der achtziger Jahre völlig in Wegfall. Die Koksseparationen ähneln

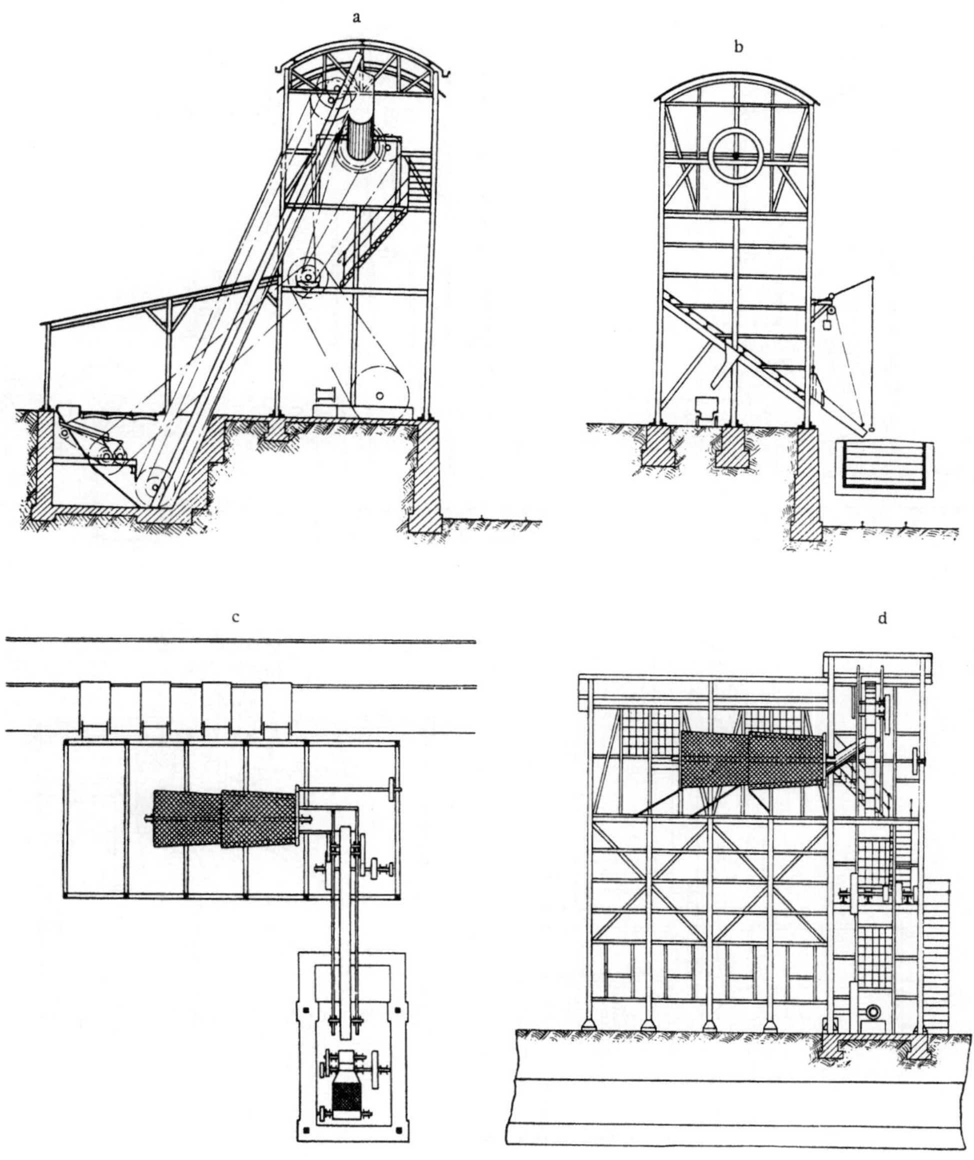

Fig. 190a—d.

Kokssieberei von Schüchtermann & Kremer.

den trockenen Kohlenaufbereitungsanstalten sehr, weshalb ein näheres Eingehen auf die Einrichtungen derselben im einzelnen sich hier erübrigt. Erwähnt sei nur, dass den damaligen, wenig ertragreichen Verhältnissen der Gruben entsprechend auch diese Anlagen noch sehr primitiv ausgeführt wurden. Davon zeugt z. B., dass die ganzen maschinellen Vor-

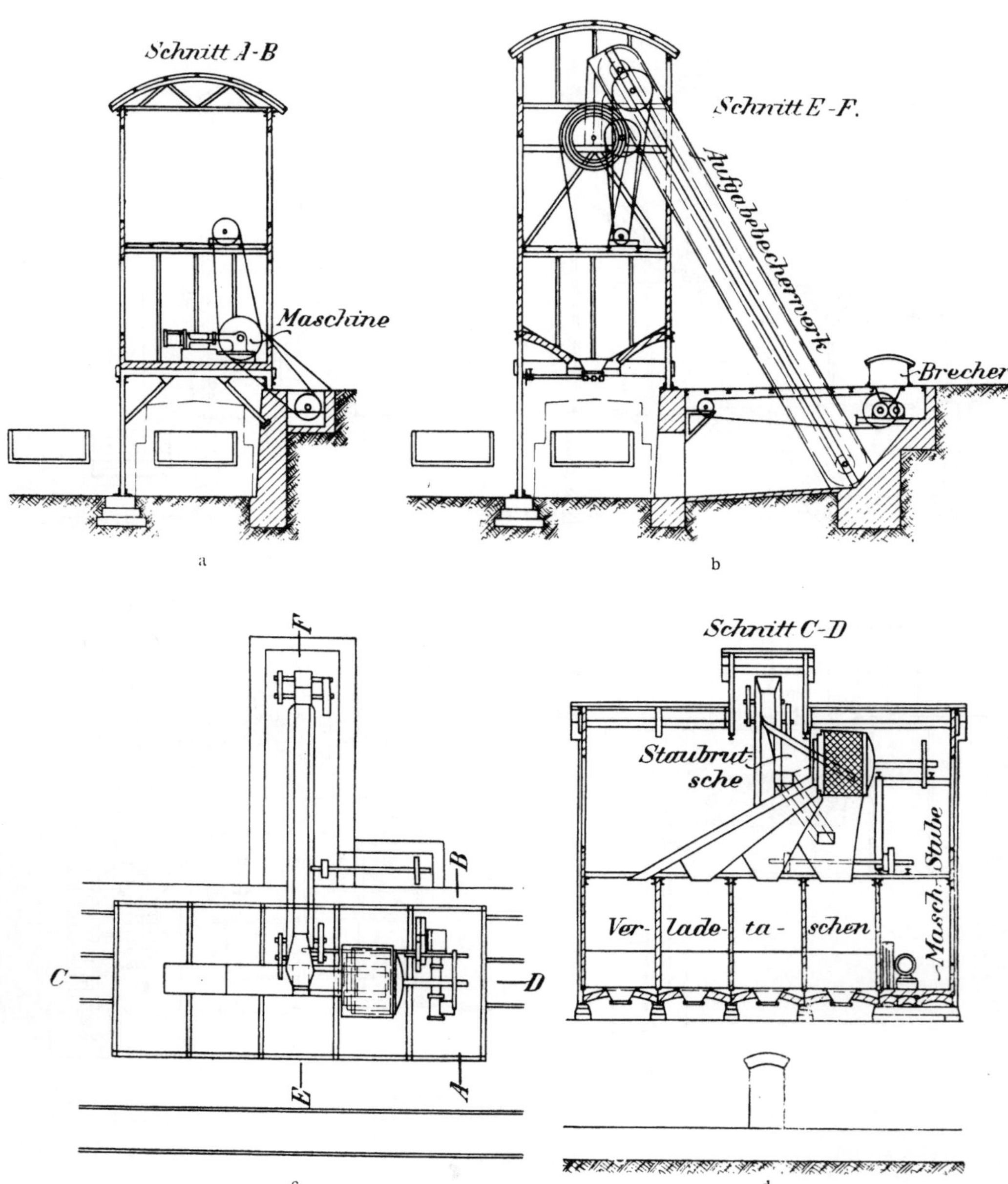

Fig. 191a—d.

Kokssieberei von Baum.

richtungen in einem verhältnismässig kleinen Holzbau mit Bretter-
verschalung untergebracht wurden.

Als zu Anfang der neunziger Jahre die Nachfrage nach den verschiedenen Sorten Perlkoks bedeutend stieg, reichte der beim Ver-

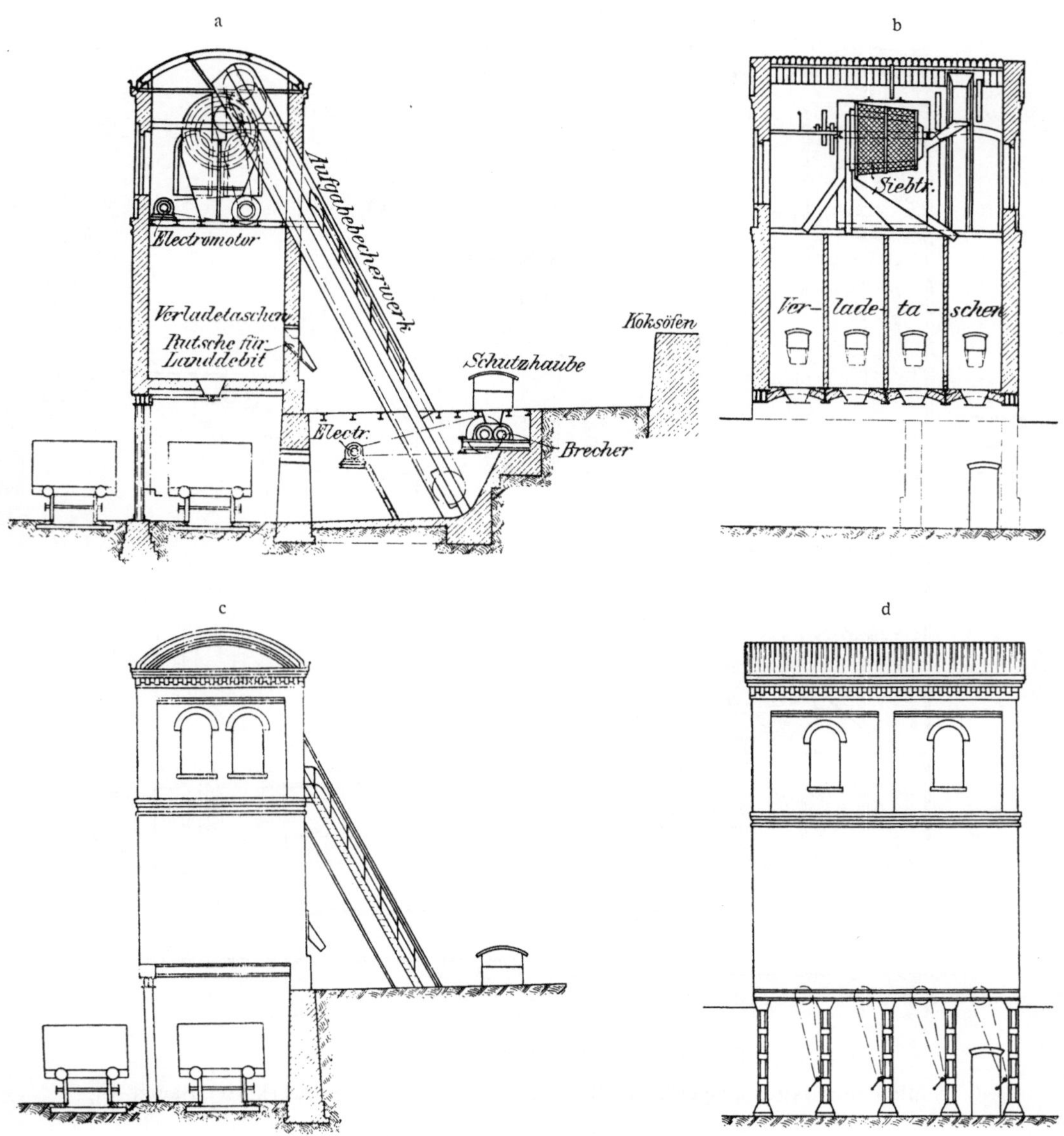

Fig. 192 a—d.

Koksseparation nebst Brechwerk von Baum.

laden des Grosskoks übrig bleibende Abfallkoks zur Befriedigung
der Nachfrage nach abgesiebtem Koks nicht mehr aus. Man sah sich
daher gezwungen, dem Mangel abzuhelfen, zumal da die hohen Preise für
Perlkoks einen reichlichen Gewinn versprachen. Infolgedessen wurden mit
den seit dieser Zeit errichteten Koksseparationen stets sogenannte Koksbrechwerke verbunden. Auf diese Weise kann jetzt zu Zeiten von Ab-

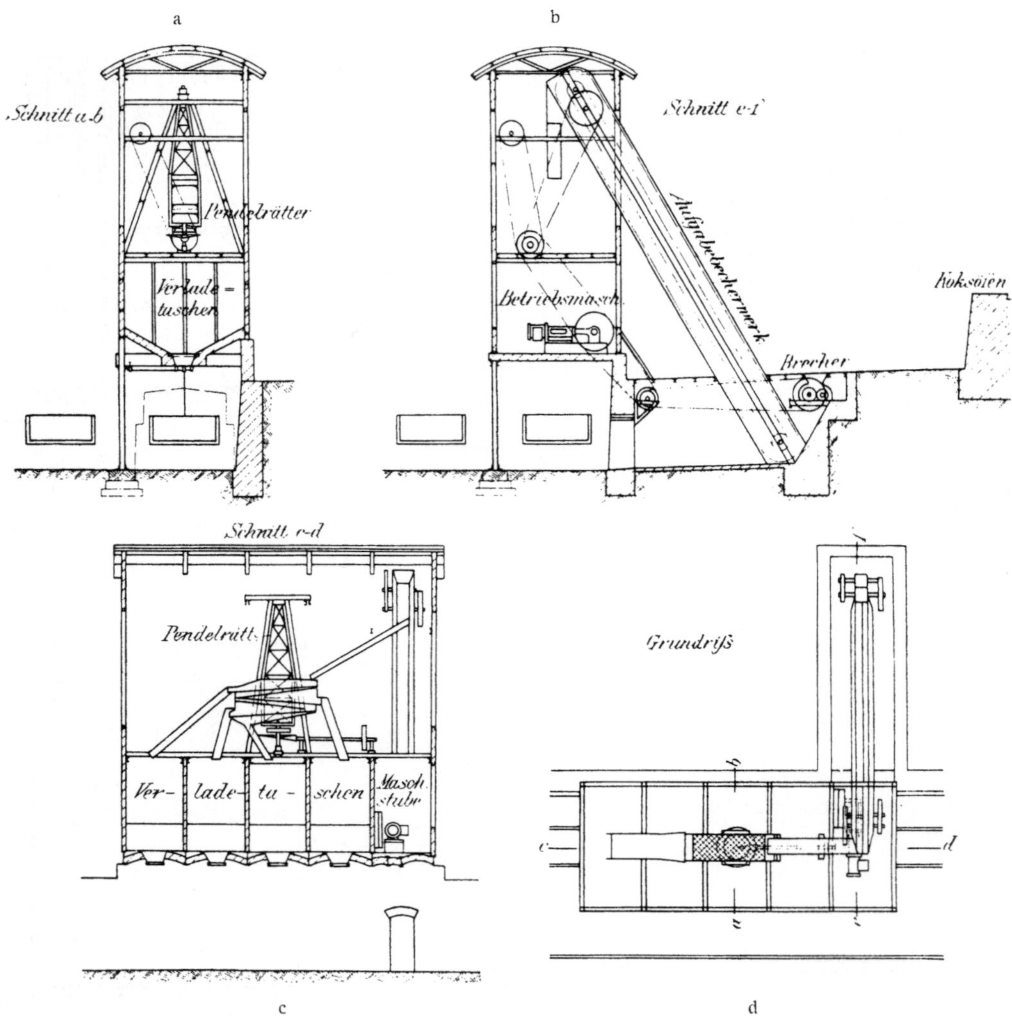

Fig. 193a—d.

Mit Pendelrätter ausgerüstete Koksseparation nebst Brechwerk von Baum.

satzschwierigkeiten in Grosskoks oder bei erhöhten Preisen des Sieb- oder
Brechkoks jederzeit den gerade herrschenden und lohnenderen Verhältnissen Rechnung getragen werden.

Die Einrichtung eines Koksbrechwerkes, wie solche fast gleicher
Bauart auf den Schachtanlagen I/II und III/IV der Zeche Shamrock von
der Firma Baum in Herne aufgestellt sind, veranschaulicht Fig. 91 a und b,
S. 194. Die Einrichtung desselben ist dortselbst bereits näher beschrieben.

In den Figuren 189a—d und 190a—d sind ganze Einrichtungen von Koks-
brech- und Siebwerken dargestellt, wie sie von der Firma Schüchtermann

& Kremer in grosser Zahl auf verschiedenen Zechenkokereien des Ruhrbezirks zur Ausführung gelangt sind.

Die auf den Schachtanlagen Shamrock I/II und III/IV von der Firma
Baum in Herne errichteten Koksseparationen nebst Brechwerken zeigen, wie
aus den Figuren 191 a—d, 192 a—d und 193 a—d zu ersehen ist, verschiedene
Siebvorrichtungen. Die eine Anlage ist mit einer einseitig verlagerten, die
zweite mit einer zweiseitig verlagerten Siebtrommel und die dritte mit
einem Pendelrätter ausgerüstet. Besondere Vorzüge oder Nachteile dieser
verschiedenen Konstruktionen sind nicht bekannt geworden.

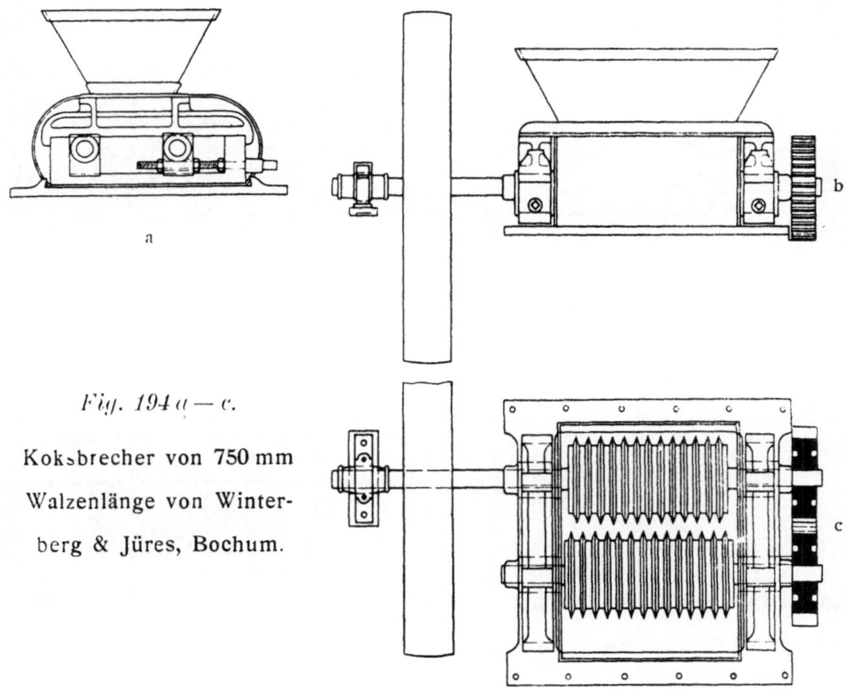

Fig. 194 a — c.

Koksbrecher von 750 mm
Walzenlänge von Winter-
berg & Jüres, Bochum.

Gegen Ende der neunziger Jahre hat die Fahrendeller Hütte —
Winterberg & Jüres — Bochum, Koksbrechwerke und Koksseparationen
auf den Zechen Prosper, Zollverein, Victor, Consolidation, Erin, Alma usw.
erbaut, bei denen der Prozentsatz an Gries ein besonders geringer ist.
Dieses günstige Resultat wird dem in Fig. 194 a—c dargestellten Koksbrechwerk zugeschrieben. Diese mit Einsturztrichter aus Eisenblech versehenen
Koksbrechapparate besitzen zwei durch Riemenscheiben-Schwungräder in
entgegengesetzter Richtung sich drehende Walzen, welche beliebig weiter
oder enger, je nach der gewünschten Korngrösse verstellt werden
können. Dieselben sind aus gedrehten, gusseisernen Kernscheiben mit gedrehten Stahlachsen angefertigt, auf welche gezahnte Stahlbrechringe von

der aus Fig. 194 a—c ersichtlichen Konstruktion aufgezogen sind. Wegen ihrer grösseren Haltbarkeit werden neuerdings vielfach anstatt der Stahlbrechringe die vom Hörder Bergwerks- und Hüttenverein nach dem Huthschen Centrifugalgiessverfahren hergestellten Huthstahlgussringe in Gebrauch genommen.

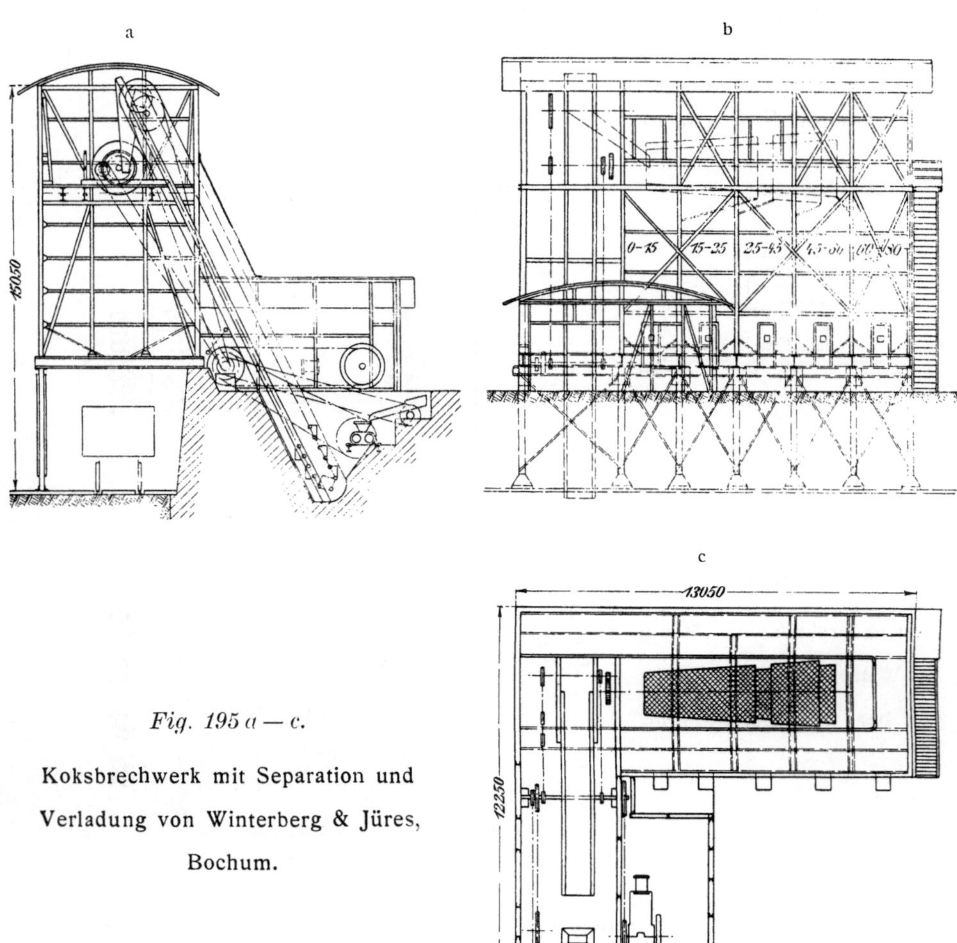

Fig. 195 a — c.

Koksbrechwerk mit Separation und Verladung von Winterberg & Jüres, Bochum.

Die Gesamtanordnung einer Koksseparation nebst Brechwerk eigenen Systems der Fahrendeller Hütte — Winterberg & Jüres — Bochum ist in Fig. 195 a—c wiedergegeben.

Der Betrieb einer Koksseparation nebst Brechwerk gestaltet sich folgendermassen: der Abfall- bezw. Grosskoks wird nach dem Ablöschen mittels Kokskarren auf die bewegliche Zubringerrutsche der Separation gestürzt. Die Zubringerrutsche führt das Material dem Brechapparat zu, von welchem das Brechprodukt auf ein mit Eisenblech umkleidetes Aufgabebecherwerk gelangt. Letzteres schüttet die Brechprodukte in die Siebtrommel oder auf das Pendelrätter aus, auf welchen die Trennung in Gries und die verschiedenen gewünschten Körnungen erfolgt. Die einzelnen Sorten Perlkoks gelangen sodann, jede über eine besondere Rutsche, in die betreffenden Vorrats- oder Verladetaschen. Diese sind meistens in einem gemauerten Eisenfachwerkgebäude angeordnet und am Boden mit Absperrschiebern versehen, mittels welcher die Verladung in die darunter gefahrenen Eisenbahnwaggons erfolgt. Zum Antrieb für die maschinellen Einrichtungen dienen in den Separationen meistens noch besondere Dampfmaschinen; neuere, mit elektrischen Centralen ausgerüstete Schachtanlagen verwenden fast ausschliesslich Elektrizität.

4. Kapitel: Die einzelnen Koksofenkonstruktionen.

I. Aeltere Oefen.

Um die Mitte des 19. Jahrhunderts wurde die Verkokung, wie bereits in der Einleitung erwähnt, in Meilern oder in halboffenen oder in geschlossenen Oefen vorgenommen.

Die Verwertung von Stückkohlen in Meilern fand um diese Zeit noch auf einigen wenigen Gruben des Bergamts Bochum statt. Der letzte Meilerbetrieb ist um das Jahr 1854 auf der Grube Ver. Friedrichsfeld bei Witten als unvorteilhaft eingestellt worden. Ein näheres Eingehen auf diese primitivste Art der Verkokung kann daher füglich unterbleiben.

1. Oefen ohne Beheizungskanäle.

a) Schaumburger Oefen.

In den dreissiger und vierziger Jahren des 19. Jahrhunderts ging man mehr und mehr dazu über, die Verkokung in halbgeschlossenen oder in geschlossenen, backofenförmigen Oefen vorzunehmen.

Die halbgeschlossenen Oefen waren oben offen und an den Seiten von niedrigen Ziegel- oder Bruchsteinmauern umgeben, in welchen anfänglich keine Kanäle für Luftzuführung ausgespart waren. Später wurden sie, namentlich im Essener Bergamtsbezirk, zunächst nur mit einer Reihe von Zügen dicht über der Sohle versehen, bis im Jahre 1847 der Berg-

geschworene Alberts solche mit zwei Reihen von Zügen, die sog. Schaumburger Oefen, auf der Grube Ver. Präsident b. Bochum einführte. Der
Schaumburger Koksofen (Fig. 196a—d) bestand aus zwei gemauerten Seitenwänden a von 8—22 m Länge, 1—1,70 m Höhe und 0,8—1,9 m Stärke,
welche bei minder backender Kohle 1,5 m, und bei besser backender
bis zu 2,3 m von einander entfernt parallel aufgeführt waren. Beim Betriebe

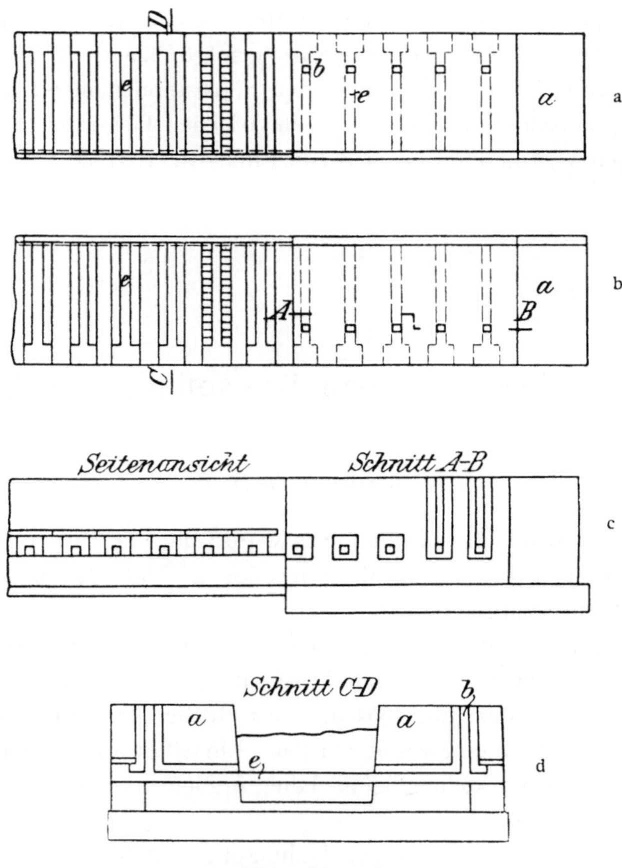

Fig. 196a—d.

Schaumburger Koksöfen.

war vor die beiden Kopfseiten des Ofenraumes eine Trockenmauer von
Ziegelsteinstärke gesetzt. In jeder Seitenwand waren 45 cm über der
Ofensohle horizontale Züge e von 15 cm im Quadrat ausgespart, welche
je mit einem senkrechten Kanal b von gleicher Abmessung in Verbindung standen. Den Herd bildete stehendes Ziegelsteinpflaster, welches auf
festgestampftem Lehm, auch wohl zum Abhalten der Bodenfeuchtigkeit auf
ein flaches Gewölbe aufgesetzt war.

Bei der Füllung des Ofens wurde zunächst der Raum von der Herdsohle bis zu den horizontalen Zügen mit etwas befeuchteter Gruskohle ausgestampft; darauf steckte man durch je zwei gegenüberliegende Horizontalzüge der Seitenwände runde Holzstangen, umlegte diese Hölzer mit Stückkohlen, schüttete dann wieder Gruskohlen nach und deckte die Oberfläche der Beschickung mit einer 12—15 cm starken, festgestampften Schicht aus Kohlenlösche ab.

Das Anzünden des Ofeninhalts gestaltete sich folgendermassen: Nach Herausziehen der Holzstangen legte man etwas brennendes Kleinholz in die der herrschenden Windrichtung entgegengesetzten, horizontalen Kanäle e einer Seitenwand, deckte die in diese Horizontalkanäle mündenden Vertikalkanäle b oben zu und schloss ausserdem die Aussenöffnungen der gegenüberliegenden Horizontalkanäle der anderen Seitenwand des Ofens. Der oben offene Vertikalkanal der letzteren Seitenwand diente somit als Abzug oder Schornstein für die durch den Kohlenkanal ziehenden Feuer- und Rauchgase. Hatte sich das Feuer im Innern des Kohlenkuchens weiter bis an das entgegengesetzte Ende des Kanals fortgepflanzt, dann wurde durch Oeffnen und Schliessen der entsprechenden anderen Horizontal- und Vertikalöffnungen der Seitenmauern der Zug im Ofen umgestellt. Das Umsetzen des Zuges erfolgte von dieser Zeit an, je nachdem das Wetter stürmisch oder ruhig war, alle 2—4 Stunden.

Das Anzünden der Oefen war bei widrigem Winde oder schwüler Luft mit Schwierigkeiten verknüpft. Für die 22 Züge eines 2,3 m breiten Ofens erforderte es mindestens zwei Tage. Trotzdem hierbei ein Arbeiter fortwährend die Zugöffnungen reinigte und offenhielt, erfolgte häufig ein Zusammenstürzen der Kohle im Innern des Ofens. Um das Feuer in den Zügen zu beleben und das Durchbrennen zu beschleunigen, baute man daher auf der Grube Neuglück bei Bochum eine kleine Wettertrommel ein, welche den Wind gleichzeitig in 3—4 Oeffnungen einführte. Auf diese Weise wurden dort die 22 Züge eines Ofens in 6 Stunden völlig in Brand gesetzt.

Die Brennzeit eines Ofens betrug 6—7 Tage. Nach Verlauf von weiteren zwei Tagen, während welcher alle Züge sorgfältig verschlossen gehalten wurden, konnte mit dem Ziehen des Koks mittels Spitzhaken von beiden Kopfenden der Oefen aus unter stetem Wasserbegiessen begonnen werden.

Die Oefen fassten je nach ihrer Grösse bis zu 200 t Kohlen. Der erzielte Koks war von stengeliger Absonderung und besonders in den oberen Lagen hart und dicht. Der Güte des Koks entsprach aber nicht das Ausbringen; dasselbe stellte sich auf 50—55%. Diese geringe Ausbeute dürfte auf die Verbrennung von Kohle des Ofeninhalts während der ganzen Garungszeit zurückzuführen sein. — Der Vorteil der Oefen gegenüber den damaligen geschlossenen Gewölbeöfen wurde in der geringeren Zahl der Bedienungsmannschaften pro Tonne erzeugten Koks, in den niedrigeren Reparaturkosten und in der Möglichkeit, schwach backende Kohle darin zu verkoken, gefunden.

Schaumburger Oefen, im Ruhrgebiet Feldöfen genannt, waren unter anderen errichtet auf den Gruben Friedrich Wilhelm bei Dortmund, Schölerpad und Sälzer-Neuack bei Essen, Engelsburg, Isabella und Präsident bei Bochum. Ihre höchste Zahl erreichten sie im Jahre 1854 mit insgesamt 428 Stück. Da die Regierungen zu Arnsberg und Düsseldorf von diesem Zeitpunkte an wegen des Rauches, welchen die Oefen beim Beginn der Verkokung verbreiteten, keine Genehmigungen zum Bau von offenen Oefen mehr erteilten, ging man notgedrungen zum alleinigen Bau von geschlossenen Oefen über. Die Schaumburger Oefen verminderten sich von Jahr zu Jahr, bis im Jahre 1869/70 die letzten 47 Stück ausser Betrieb kamen.

b) Herd=, Back= und Bienenkorb=Oefen.

Die Herd-, Back- und Bienenkorböfen, auch Berliner oder Rund-Oefen genannt, kamen in den dreissiger Jahren des 19. Jahrhunderts auf den westfälischen Zechenkokereien in Aufnahme. In denselben sollte nach Ansicht der Erbauer durch die Ueberwölbung der Ofensohle die Wärme des Gewölbes auf die obere Kohlenschicht wirken und so im Gegensatz zu den halboffenen Oefen eine gleichmässige Erhitzung des Kohleneinsatzes auf allen Seiten erzielt werden.

Die älteste Form der Koksbacköfen war länglich-oval; die Abzugsöffnung der Gase befand sich über der Eintragöffnung der Kohlen. Alsbald jedoch wurden die Oefen in runder Form errichtet und die Abzugsöffnungen in die Mitte der Ofengewölbe verlegt. Die zur Erhaltung der Hitze in den Oefen notwendige Verbrennungsluft wurde durch Schlitze in den Eintragstürmen eingelassen. Es fand also auch in diesen Oefen eine teilweise Verbrennung des Kohleneinsatzes statt.

Die Oefen hatten einen Durchmesser von 2—3 m und eine Höhe von 0,7—1,5 m. Sie wurden mit 1—2 t Kohlen beschickt, welche durch die Thüröffnungen eingeschaufelt wurden. Die Garungsdauer betrug 24—36 Stunden und das Ausbringen 50—58 %.

Zu Anfang der 50er Jahre wurden im Ruhrbezirk verbesserte Rundöfen, die sog. englischen Bienenkorböfen, und zwar die ersten im Jahre 1852 auf der Zeche Carolus Magnus vom Gewerken Stinnes erbaut (Fig. 197 a u. b). Der kreisförmige Herd dieser Oefen hatte einen Durchmesser von 2,8—3,4 m und war nach der Ausziehöffnung e schwach geneigt; die kuppelförmige Ueberwölbung war 2,2—2,5 m hoch. Die Oefen waren ganz mit feuerfesten

Steinen ausgefüttert und hatten eine an der höchsten Stelle im Gewölbe liegende, durch einen Deckel während der Brennzeit verschlossen gehaltene Füllöffnung d. Sie wurden in sog. Ofenbatterien zu 30—40 Stück, und zwar zu beiden Seiten eines Rauchgemäuers je 15—20 Stück, errichtet. Ueber der Mitte des Rauchgemäuers zog sich zu der an einem Ende der Batterie stehenden Esse ein Hauptgasabzugskanal entlang, an welchem die mit Zugregulierschieber versehenen Gasentweichungskanäle i der einzelnen Oefen angeschlossen waren.

Gegenüber den bisher beschriebenen Oefen konnte also bei dieser Konstruktion die Zugwirkung im Ofen und, was vor allem wichtig ist, die damit zusammenhängende Luftzuführung in das Innere des Ofens zur Verbrennung der Ofengase genau eingestellt werden.

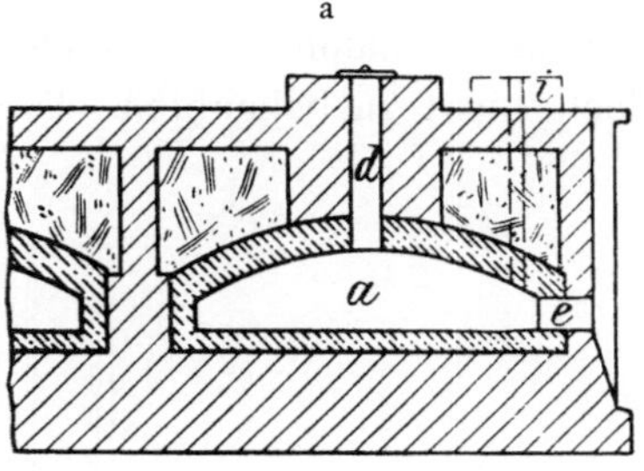

Die Ofenfüllung schwankte zwischen 4,5 — 7 t; die Garungsdauer betrug 72 Stunden, und das Ausbringen 55—59 %. Ein Ofen lieferte im Jahresdurchschnitt bei 6 t jedesmaliger Ofenfüllung 320 bis 350 t Koks.

Der Koks, welcher anfänglich im Ofen selbst gelöscht und dann von Menschenhand ausgezogen wurde, war fest, dicht und von hell-silbergrauer Färbung, weshalb er auch wohl mit dem Namen Patentkoks bezeichnet wurde. Entsprechend der Erhitzung des Kohlenkuchens von oben her bildeten sich beim Fortschreiten der Verkokung vertikale

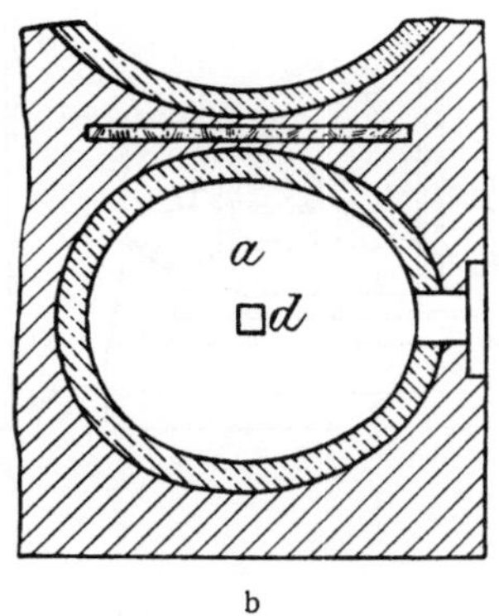

Fig. 197 a u. b.

Herd-, Back- und Bienenkorböfen.

Absonderungsflächen und infolgedessen grosse langstengelige Koksstücke.

Gegen Ende der 70er Jahre wurde auf der Zeche Shamrock I/II nach einer Erfindung des Ingenieurs Baum der gare Koks vermittelst eines beweglichen Bodens dem Ofen entzogen und die Löschung des Koks im Freien vorgenommen. Das Aussehen des Koks wurde hierbei infolge der vermehrten Wasseraufnahme beim Ablöschen zwar etwas matter, das Ausbringen der Oefen stellte sich aber infolge der geringeren Abkühlung derselben pro Jahr gegen früher um 8—9 % höher, ausserdem waren aus demselben Grunde die Kosten für Ofenreparaturen geringer.

Die Anlagekosten betrugen pro Ofen etwa 1500 M. Die Ofensohle musste etwa alle 2 Jahre und das feuerfeste Gewölbe alle 6—8 Jahre erneuert werden.

Die Nachteile der Rundöfen bestanden, wie bei den halboffenen Oefen, in dem durch die Luftzufuhr in den Oefen bedingten geringen Ausbringen und in den durch das Ausziehen des Koks von Hand bedingten hohen Bedienungskosten.

Bienenkorböfen nach englischem Muster waren auf den Gruben Shamrock, Erin, Constantin, Baaker Mulde, Dahlhauser Tiefbau und anderen in Betrieb. Infolge des geringen Ausbringens und der verhältnismässig hohen Betriebskosten gegenüber den in den 70er Jahren mehr und mehr in Aufnahme kommenden Otto-Coppée-Oefen vermochten sie sich jedoch nicht zu behaupten. Die letzten noch vorhandenen Oefen wurden

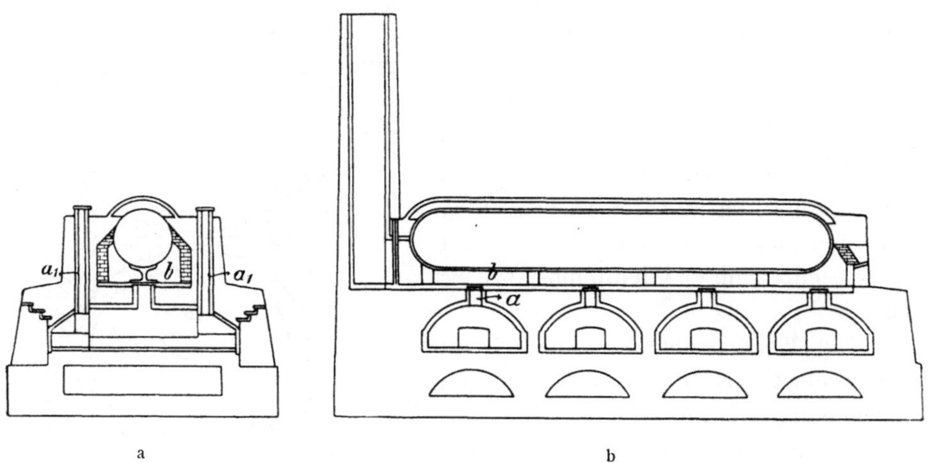

a   b

Fig. 198 a u. b.

Bienenkorb-Koksöfen mit Dampfkessel.

um die Mitte der 80er Jahre kalt gelegt. Zu erwähnen ist noch, dass auf einigen Koksofenanlagen mit bienenkorbartigen Oefen, so auf der Borbecker Hütte, die abziehenden Ofengase auch bereits zur Dampfkesselfeuerung benutzt wurden. Aus Fig. 198 a und b ist die Anordnung einer derartigen Anlage zu ersehen. Der backofenförmige, längliche Ofenraum ist an seinen beiden Enden mit zwei durch gusseiserne Thüren verschlossen gehaltenen Oeffnungen versehen. Die Abhitzegase gelangen durch die in der Ofenwölbung befindliche, durch Schieber regulierbare Oeffnung a unter den quer über einer ganzen Ofenbatterie liegenden Kessel, bestreichen in den Zügen b die unteren Kesselwandungen und entweichen sodann durch die Esse e. Die Verbrennung der Gase in den Zügen war wegen ungenügender Zuführung der nötigen Verbrennungsluft eine mangelhafte. Sollte der Kessel gereinigt werden, so wurden die

Oeffnungen a geschlossen und die Deckel von den Vertikalzügen a_1 entfernt.

Ueber die durch die Abhitze erzielte Wasserverdampfung in den Kesseln ist nichts bekannt geworden.

2. Oefen mit Beheizungskanälen.

Das geringe Ausbringen der vorher beschriebenen Ofensysteme, welches auf den zufälligen und wechselnden Luftzutritt in die Oefen und die damit verbundene Verbrennung des Kokskohleneinsatzes im Ofen selbst zurückzuführen ist, war die Veranlassung, dass man gegen Mitte der 50er Jahre bereits zur Erbauung von solchen Oefen überging, bei denen eine Erwärmung der Sohle und der Seitenwände durch Verbrennung der abziehenden Gase in besonderen Wandkanälen erfolgte. Diese Oefen besassen nicht mehr die backofenähnliche Form; sie hatten lange, schmale, prismatische Ofenkammern, deren Kopfseiten durch gusseiserne, mit feuerfesten Steinen ausgemauerte Thüren verschlossen und deren nur eine Steinesbreite starken Seitenwände mit vielen horizontalen oder vertikalen Kanälen umgeben waren. Um ein unnützes Ausstrahlen der in den Kanälen herrschenden Wärme zu verhindern, wurden die Oefen in Batterien von 20—60 Stück neben einander liegend angeordnet. Trotz dieser Verbesserungen haben aber die verschiedensten derartigen Oefen bis zur Einführung des Otto-Coppée-Ofens, Ende der 60er Jahre, keine allgemeine Aufnahme auf den Zechen des Ruhrreviers gefunden. Der Grund wird zu suchen sein in den hohen Kosten der Anlage und der späteren Reparaturen, in der Erzielung eines häufig nicht gleichmässig garen Koks, und auch in der begreiflichen Abneigung, die vermeintlich bewährten alten heimischen Systeme mit neueren ausländischen zu vertauschen. Nachstehend sollen die hauptsächlichsten und typischen Arten dieser Oefen beschrieben werden.

a) Oefen von Smet.

Die Verkokungskammer der Smetschen Oefen (Fig. 199a u. b), wie solche unter anderen auf den Zechen Centrum bei Wattenscheid, Graf Beust bei Essen, Courl bei Dortmund und von der Heydt bei Herne gebaut worden sind, war 7,8 m lang, 1,47—1,57 m hoch und besass behufs leichten Ausstossens des Kokskuchens eine von der Maschinen- zur Löschplatzseite zunehmende Breite von 710—780 mm.

Die Entfernung von Mitte bis Mitte Ofen betrug 1220 mm, die Wandstärke zwischen zwei Oefen 440—475 mm, die Steinstärke zwischen Ofenkammer und Wandkanal 140 mm und diejenige zwischen Ofenkammer und Sohlkanal 100 mm. Die Ofenkammer war überwölbt. In jedem Gewölbe

befanden sich 2 durch Deckel verschliessbare Oeffnungen h zum Einfüllen der Kohlen in den Ofen. Unter der Ofensohle lag ein 400 mm
hoher, durch eine Mauerzunge in 2 Hälften geteilter Sohlkanal, dessen eine
Zungenhälfte mit dem Wandheizkanalsystem b, d und dessen andere
Zungenhälfte mit dem zur Esse führenden, in der Mitte des Wandheizkanalsystems hochgeführten Vertikalkanal g in Verbindung stand. Zur
besseren und gleichmässigeren Abführung der Gase bildete jede Wand-
kanalhälfte ein Beheizungssystem für sich. In der Mitte des Ofens war
diese Trennung dadurch herbeigeführt, dass der Sohlkanal mit einer Querwand versehen und das Beheizungskanalsystem durch den zur Esse
führenden Vertikalkanal g geteilt war. Die bei der Verkokung sich ent-

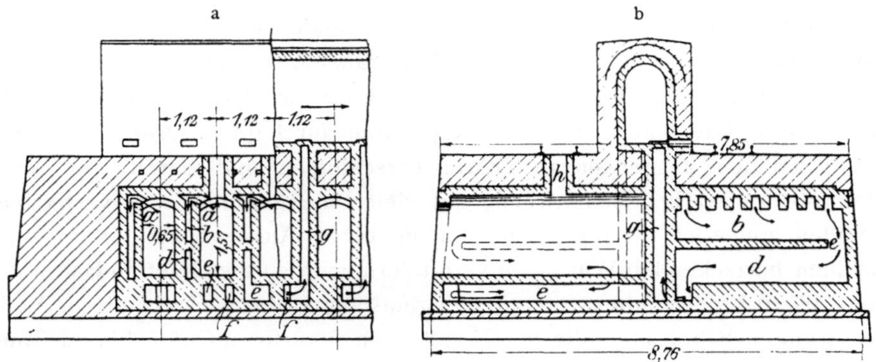

Fig. 199a u. b.

Smet-Oefen.

wickelnden Gase jeder Ofenkammer traten durch kleine Oeffnungen a,
welche dicht unter dem Gewölbe der Ofenkammern an der der Esse
gegenüberliegenden Wandseite ausgespart waren, in den in jeder Ofenwandhälfte befindlichen oberen, 300—500 mm hohen Horizontalkanal b, von
dort gelangten sie durch die am Kopfende des Kanals befindliche Oeffnung e
in den unteren Horizontalkanal d, traten sodann ungefähr in der Mitte des
Ofens in die eine Zungenhälfte des Sohlkanals, kehrten, an der Kopfseite
der Oefen in die andere Zungenhälfte einziehend, durch letztere zur Mitte
des Ofens zurück und stiegen hier durch den Vertikalkanal g zu dem über
der ganzen Mitte der Ofenbatterie sich hinziehenden Abhitzekanal hoch.

Die zur Verbrennung der Gase erforderliche Luft wurde durch
2 sog. Schaulöcher, welche in jeder oberen Ofenthürhälfte angebracht waren,
in den Ofen eingelassen. Die Regelung des Zuges erfolgte durch einen
über der Mündung des Vertikalkanals g angebrachten feuerfesten Schieberstein. An jede den Zug bewirkende Esse waren 12 Oefen angeschlossen.

Die Garung dauerte je nach den Ofendimensionen 48 oder 24 Stunden. Oefen mit letzterer Garungsdauer standen beispielsweise auf Zeche König Wilhelm bei Borbeck; dieselben waren 7,54 m lang, 1,25 m hoch und 0,65 m breit. Die Ofenfüllung betrug 5 bezw. $2^{1}/_{2}$ t. Das Ausbringen stellte sich auf 60—65 $^{0}/_{0}$ und demgemäss die Jahreserzeugung pro Ofen auf 550 bis 600 t. Der erzielte Koks war dicht. Die Anlagekosten pro Ofen schwankten je nach den örtlichen Verhältnissen zwischen 1500—2000 M.

Der Hauptnachteil des Ofens bestand in seiner geringen Festigkeit in den Wand- und Sohlkanälen; dieselben erlitten leicht Verwerfungen und Brüche, sodass sie wenigstens alle 2—3 Jahre erneuert werden mussten.

b) Oefen von Laumonier.

Die Laumonier-Oefen, welche auf den Zechen Pluto bei Wanne und Tremonia bei Dortmund um die Mitte der 60er Jahre in Betrieb kamen, unterschieden sich durch Form und Anordnung, sowie durch die Art ihrer Entladung von den Smetschen Oefen. Die einzelnen Oefen waren 4 m lang, 1,5 m hoch, in einer Gruppe von 24 Oefen radial um einen Schornstein gruppiert und hatten daher eine zum Schornstein hin von 0,75 bis auf 0,5 m abnehmende Breite. Ebenso wie die Oefen besassen auch [die Ofenzwischenwände keilförmige Mauern von 1,00 m bis herab auf 0,17 m. Im vorderen Teile dieser Mauern befanden sich zwei Reihen senkrechter Heizzüge, in der Mitte nur eine Reihe und am hinteren Ende überhaupt keine. Die Züge mündeten unten in einen Horizontalkanal, welcher an der Kopfseite des Ofens mit dem durch eine Mauerzunge in zwei Hälften geteilten Sohlkanal in Verbindung stand. Nach Durchströmen des Sohlkanals stiegen die Gase durch einen Zug in der Rückwand hoch und gelangten von dort in die Esse.

Infolge dieser Anordnung waren alle Oefen stets auf vier von ihren sechs Seiten geheizt, während bei den Ofenkammern mit prismatischem Querschnitt dieses nur auf drei Seiten der Fall ist und ausserdem die beiden äussersten Oefen einer Koksofenbatterie eine der Abkühlung besonders ausgesetzte Längsseite besitzen.

Zum Entleeren des Ofens diente folgende [Einrichtung: Vor dem Füllen wurde auf die Sohle desselben eine mit Lehm bestrichene Eisenstange gelegt, welche hinten in Form eines Dreiecks umgebogen und vorn mit einer Oese versehen war. An letztere wurde nach Garung des Ofeninhalts eine Kette angeschlagen, welche von einer Lokomobile auf eine Trommel aufgewickelt wurde und hierbei Stange samt Kokskuchen aus dem Ofen zog. Die Eisenstange im Gewichte von 60 kg hielt durchschnittlich ein Jahr.

Die Ofenfüllung betrug bei 48 stündiger Garungsdauer 2,7 t und bei

24 stündiger Garungsdauer 1,5 t. Die Anlagekosten stellten sich pro Ofen auf 1750 M. Das Ausbringen soll ein sehr hohes gewesen sein.

c) Oefen von Frommont.

Der Frommontsche Ofen (Fig. 200a u. b) hatte zwei über einander liegende Ofenkammern. Die untere war 3 m lang, 1 m hoch und 1,10 m breit; die Abmessungen der oberen waren allgemein um etwa 20 cm geringer. Jede Ofenkammer hatte zum Einsetzen der Kohle und Ausziehen des Koks nur eine Thür. Die obere Thüröffnung lag der unteren gegenüber, sodass beide Ofenkammern zu gleicher Zeit bedient werden konnten. Der Gang der Oefen wurde indes zur Erhaltung einer stets gleichmässigen Hitze so geleitet, dass der obere und untere Ofen nie gleichzeitig beschickt zu werden brauchten.

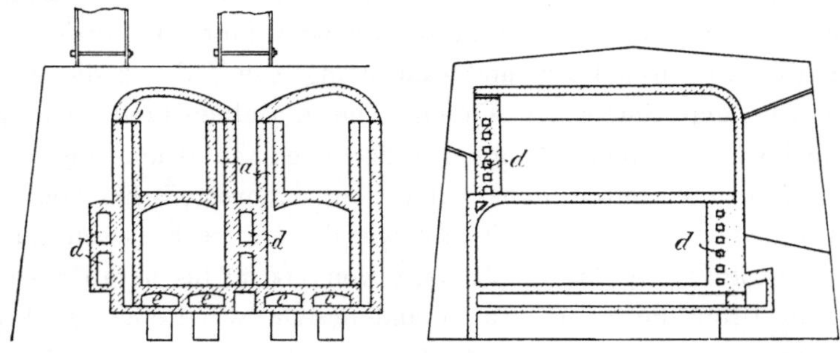

Fig. 200a u. b.

Koksöfen von Frommont.

Die im unteren Ofen sich entwickelnden Gase stiegen am Ofengewölbe in 7 senkrechten Wandkanälen a zur oberen Ofenkammer auf, gelangten dann auf der anderen Seite des oberen Ofens gemeinschaftlich mit dessen Gasen durch 7 senkrechte Kanäle b unter die Sohle des unteren Ofens, gingen in dem geteilten Sohlkanal hin und zurück und zogen endlich nach Erwärmung der unteren Hinter- und einen Seitenwand in Zügen d zur Esse ab. Die Verteilung der Abhitze auf die einzelnen Ofenwandungen und die Ausnutzung derselben war somit zweckentsprechend angeordnet. Durch die doppelte Etage und die vielen Kanäle wurde aber die Standsicherheit des Ofens sehr beeinträchtigt; schon ein Weichen der unteren Wand von nur wenigen Centimetern gefährdete den ganzen oberen Ofen.

In Betrieb standen die Oefen auf einer Kokerei in Borbeck; sie wurden nur zur Hälfte ihrer Höhe (50—60 cm) mit je 1,2 t Kohlen beschickt. Die Garungsdauer betrug 24 Stunden und das Koksausbringen 65—67 %.

d) Oefen von François=Rexroth.

Oefen von François - Rexroth wurden Anfang der 60er Jahre unter anderen auf Zeche Ver. Präsident bei Bochum und Neu-Iserlohn bei Marten erbaut. Dieselben waren äusserlich den Smetschen Oefen ähnlich, hatten aber anstatt der horizontalen Wandheizkanäle senkrechte Wandzüge, in welche zur Beförderung der Verbrennung der abziehenden Gase Luft an vielen Stellen von der Ofendecke und den Kopfseiten des Ofens aus durch kleine Kanäle eingelassen wurde. Infolge der vielen senkrechten Wandzüge erhielten die Seitenwände grössere Standfestigkeit, sodass auch zur leichteren Erhitzung des Kokskuchens die Steinstärke verringert werden konnte.

Die Gase traten durch 14 seitliche Oeffnungen in der Ofenkammerdecke in ebensoviele senkrechte Züge der Ofenzwischenwand und durch diese unmittelbar unter die Sohle in den durch eine Mauerzunge in zwei Hälften geteilten Sohlkanal; letzteren durchzogen sie vor- und rückwärts und gelangten dann durch einen Fuchs in den unter der Ofensohle liegenden Essenkanal.

Die Abmessungen des Ofens waren die gleichen wie bei den Smetschen Oefen, nur die Ofenkammer war breiter, nämlich bis zu 0,9 m. Die Garungsdauer einer Ofenfüllung von 3 t betrug 48 Stunden. Der Koks hatte schönes Aussehen, aber nicht so grosse Festigkeit, wie derjenige aus Smetschen Oefen.

II. Neuere Oefen.

Bei der Konstruktion der neueren Verkokungsöfen hat sich die Technik namentlich nach der durch François-Rexroth angegebenen Richtung der Führung der Gase durch senkrechte Wandkanäle hin fortbewegt. Anfänglich ist hierfür nur der bautechnische Grund massgebend gewesen, dass die Stärke der Ofenwandkammern unbeschadet deren Haltbarkeit geringer als bei Oefen mit horizontalen Zügen genommen werden kann; später seit Einführung der Destillationskoksöfen spielen ausserdem betriebstechnische Rücksichten eine Rolle insoweit mit, als sie sich auf die höhere Ausbeute an Nebenprodukten und die Verhütung von Gaszersetzungen beziehen. Infolgedessen sind auch von den auf den Zechen des Ruhrreviers Ende 1900 insgesamt vorhandenen 9948 Oefen nur 210 Oefen, und zwar 120 Collin-Flammöfen sowie 30 Hüssener- und 60 Collin-Destillationsöfen mit horizontalen Wandheizzügen versehen.

1. Flammöfen.

a) Coppée - Otto - Oefen.

Der Coppée-Ofen vereinigt den Vorzug des Smetschen Ofens: Schmale und hohe Ofenkammern, mit demjenigen des François-Rexroth-

schen Ofens: Senkrechte Wandheizkanäle. Ausserdem ist die Wandstärke
zwischen Heizkanälen und Ofenkammer, welche bei den Oefen von Smet
und François Rexroth noch 15—16 cm betrug, auf 9 cm verringert, die
Länge der Ofenkammer gegen die genannten Oefen von 6—7 m auf 9 m
gebracht, sodann die Luftzuführung zu jedem senkrechten Heizkanal ermöglicht und endlich die Beheizung der Ofenwandungen durch Führen
der Heizgase unter die Sohlkanäle zweier Oefen zweckentsprechend verbessert worden. Die ersten Oefen dieser Art im Ruhrbezirk sind im Jahre
1867 auf den Zechen Westfalia und Friedrich Wilhelm bei Dortmund errichtet. Die mit denselben erzielten guten Betriebsresultate waren der allmählichen Weiterverbreitung derselben günstig. Die Firma Dr. Otto & Co. in
Dahlhausen, welche den Bau der Coppée-Oefen im Ruhrbezirk ausführte,
hat dann im Laufe der nächsten Jahre, sowie auch noch in neuerer
Zeit den Ofen in seinen Abmessungen, in seinem Steinverbande, in seinen
Heizkanalquerschnitten, in Vorwärmung der Verbrennungsluft, in besserer
und genauerer Luftzuführung, im Ausgleich des Gasdrucks benachbarter
Oefen, überhaupt in allen seinen Einzelheiten verbessernd behandelt und
demselben dadurch eine solche Verbreitung verschafft, dass Ende 1900
allein auf den Zechen des Ruhrreviers über 6600 derartige Oefen in Betrieb standen.

Die Einrichtung eines älteren Coppée-Otto-Ofens, wie solche in den
siebziger und achtziger Jahren ausgeführt wurden, ist in Fig. 201a—d
veranschaulicht. Der Ofen hat dort folgende Hauptabmessungen: Länge
9 m, Breite 0,60 m, Höhe 1,50 m, Breite der Zwischenwand 0,35 m, somit
Entfernung von Mitte zu Mitte Ofen 0,95 m, Konizität 0,10 m. Die Verkokungskammer ist überwölbt; im Gewölbe selbst sind 3 Oeffnungen zum
Einfüllen der Beschickung von der Ofendecke aus angebracht. Dicht
unter dem Gewölbe im Widerlager sind in jedem Ofen an einer Wandseite 28 Oeffnungen ausgespart, welche mit ebensoviel senkrechten Zügen
in der Zwischenwand zweier benachbarter Oefen in Verbindung stehen.
Letztere befinden sich, wenn man von der Mittelwand der gruppenweise
zu 30—60 Stück nebeneinander liegenden Oefen ausgeht, stets in der nach
auswärts gelegenen Ofenseitenwand, und zwar aus dem Grunde, damit
auch die beiden Endöfen einer Gruppe an ihrer äusseren Seitenwand
durch die abziehenden Verbrennungsgase stark beheizt werden. Darnach
würden also auf die sogenannte Mittelwand keine Züge entfallen und eine
besondere Beheizung der Wand nicht stattfinden. Weil hiermit aber eine
schlechtere Verkokung der der Mittelwand benachbarten Ofenfüllungen
verbunden wäre, hat man auch in der Mittelwand 28 Züge angebracht, von
denen abwechselnd der eine mit der Ofenkammer und dem darunter
liegenden Sohlkanal des einen Ofens und der andere mit der Ofenkammer
des anderen Ofens und deren zugehörigen Sohlkanal durch entsprechende

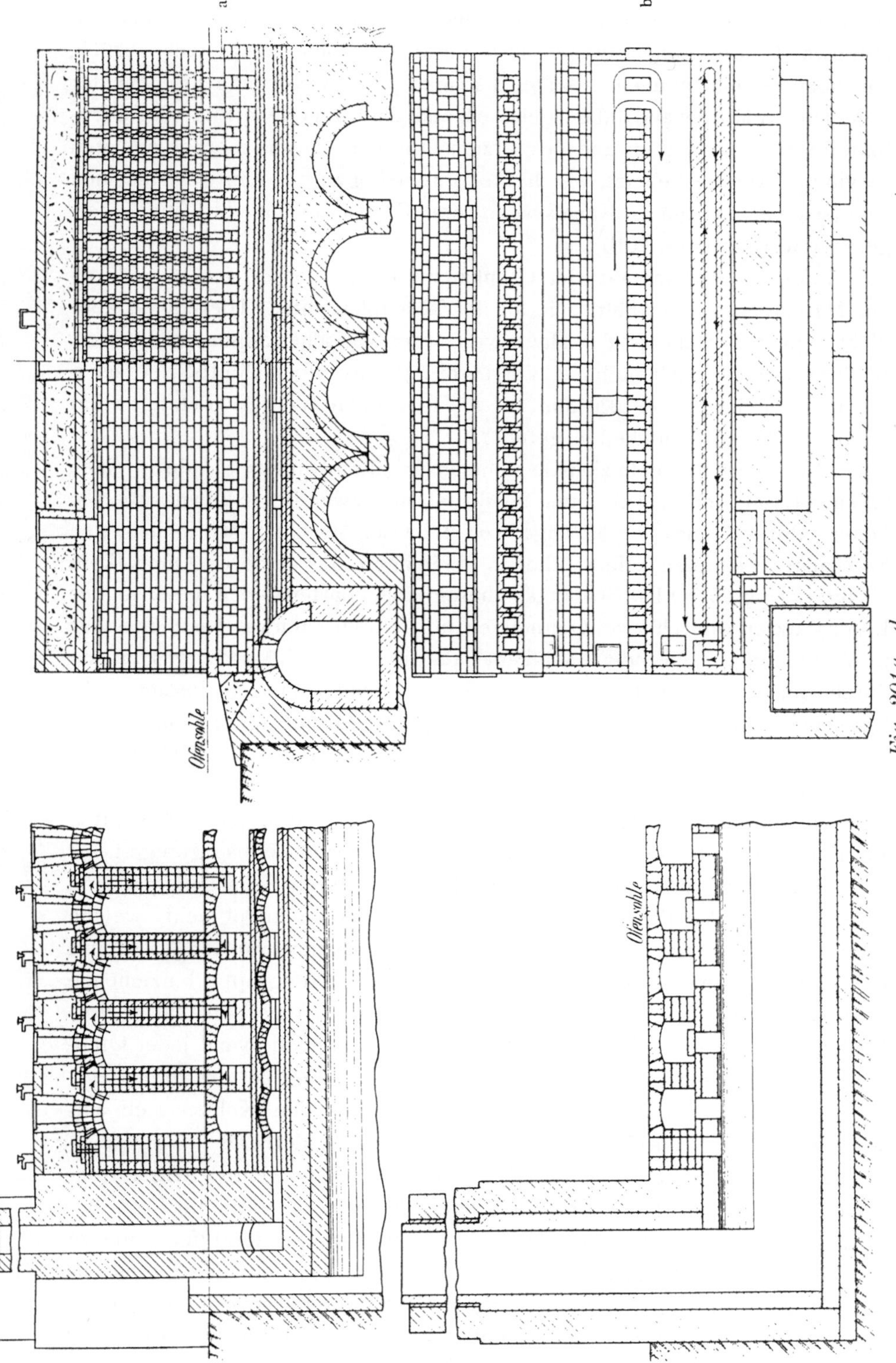

Fig. 201 *a–d.* Coppée-Otto-Oefen mit 48 stündigem Betrieb, 1874.

Aussparungen der Mittelwand in Verbindung steht. Die Gase, welche die Mittelwand durchziehen, gehen also unter die Sohle des Ofens zurück, welchem sie entstammen. Später hat man die abweichende Stellung der sogenannten Mittelwand fallen gelassen und dafür an einem Ende der Ofenbatterie die eine Seitenwand des letzten Ofens durch aus mehreren Oefen vereinigte Abgase beheizt, welche vor ihrem Abgang in den gemeinsamen Abhitzekanal in einem Kanalsystem der Ofensteinwand hin- und hergeleitet werden (Fig. 201b).

Infolge der Konizität der Ofenkammern sind die Zwischenwände an der Maschinenseite breiter, wie an der Löschplatzseite. Hiermit ist aber nicht eine Schwächung des Mauerwerks der Zwischenwände verbunden, sondern nur eine allmähliche Verringerung des Querschnitts der senkrechten Wandzüge von 220 mm auf 170 mm lichte Weite. Letzteres hat zu keinen Unzuträglichkeiten geführt.

Die senkrechten Heizkanäle münden an ihrem unteren Ende in einen 0,59 m breiten und 0,50 m hohen Sohlkanal, und zwar bei je 2 benachbarten Oefen abwechselnd die 56 Züge von 2 Zwischenwänden sämtlich in den Sohlkanal des einen Ofens und in diejenigen des anderen Ofens kein einziger. (Fig. 201b.) Die Sohlkanäle dieser benachbarten Oefen stehen an der Löschplatzseite durch zwei Oeffnungen in der Zwischenwand mit einander in Verbindung. Von jedem Sohlkanal aus führt an der Maschinenseite ein durch einen Schieberstein verschliessbarer Fuchs zum gemeinsamen Abhitzekanal. Letzterer zieht sich auf der Maschinenseite unter dem Niveau der Ofensohle an der ganzen Ofengruppe entlang zum Schornstein (Fig. 201 d).

Die Zuführung vorgewärmter Verbrennungsluft ist in der im 3. Kapitel, I f »Einrichtung der Oefen«, Seite 323 ff. geschilderten Weise geregelt.

Zur Vermeidung von Ofenbeschädigungen durch Schmelzungen sind unter den Sohlkanälen noch besondere Längskanäle angebracht, welche durch kleine Schlitze im Gewölbe des Ofenunterbaues mit der Aussenluft in Verbindung stehen. Durch sechs sich unter jeder Ofengruppe hinziehende Querkanäle, welche sämtlich mit jedem einzelnen Längskühlkanal in Verbindung stehen, zieht die erwärmte Luft den an der Stirnwand jeder Ofengruppe befindlichen beiden kleinen Kaminen zu. (Fig. 201a u. d).

Beim Betriebe des Ofens gelangen die aus den Kohlen sich entwickelnden Gase durch die 28 Oeffnungen am Widerlager in die senkrechten Kanäle der Zwischenwand, mischen sich bei ihrem Eintritt in dieselben mit der im Horizontalkanal über ihnen vorgewärmten Luft, beheizen abwärts ziehend die Wandungen der angrenzenden Ofenkammern und ziehen in den Sohlkanal. Hier vereinigen sie sich mit den Gasen aus den senkrechten Zügen des zugehörigen Nachbarofens, strömen zusammen den Sohlkanal entlang bis zur Löschplatzseite, treten durch die dort in der

Zwischenwand befindlichen zwei Oeffnungen in den Sohlkanal des anderen Ofens und gelangen durch diesen und den an der Maschinenseite befindlichen Fuchs schliesslich in den Abhitzekanal.

Die Beschickung des einen Ofens erfolgt, wenn der andere bereits 24 Stunden in Betrieb gewesen und dessen Beschickung bereits stark entgast ist. Auf diese Weise wird erreicht, dass die reichlichen Gase des frisch beschickten Ofens zur Austreibung der letzten flüchtigen Bestandteile aus dem schon grösstenteils entgasten Kokskuchen des Nachbarofens durch Beheizung einer Seitenwand und der Sohle des letzteren erheblich beitragen.

Diesem Zwecke, dem Zusammenarbeiten zweier, in verschiedenem Garungsstadium befindlicher Oefen und ihrem gegenseitigen Unterstützen bei der Beheizung der Ofenkammern werden seit 1898 die neuesten Coppée-Otto-Oefen mit Gasausgleich nach Patent 106 959 in einem solchen Masse gerecht, dass die früher meist 48 Stunden betragende Garungsdauer der Oefen dadurch auf 36—33 Stunden herabging.

Aus Fig. 202 a — c, Schnitt g—h ist diese Neuerung zur Regelung des Gasdruckes zu ersehen. Die Ofenkammern werden durch runde Oeffnungen von 2—3 cm Durchmesser, welche in den Widerlagsteinen und zwar zwischen je zwei senkrechten Heizkanalöffnungen angebracht sind, unter einander in direkte Verbindung gesetzt. Wird eine Ofenkammer frisch gefüllt, so treten mit fortschreitend lebhafterer Gasentwickelung in ihr die überschüssigen Gase, welche nicht so schnell in den eigenen Heizkanälen der Ofenkammer verbrennen und abziehen können, durch die runden Oeffnungen in den oberen Teil der benachbarten Verkokungsräume, in welchen die Gasentwickelung stetig geringer wird. Es findet somit ein Ausgleich in der Gasmenge der benachbarten Ofenkammern statt. Die minderwertigen Gase in den Nachbarkammern mischen sich oberhalb der Kokskuchen mit den dorthin einströmenden, hoch kohlenstoffhaltigen Gasen verschiedenster Zusammensetzung des frisch beschickten Ofens, treten mit diesen vereint in die Heizkanäle und bewirken dort mit der hinzutretenden, vorgewärmten Verbrennungsluft eine sich nahezu stets gleichbleibende Beheizung der Ofenkammerwände. Ausser dem Vorteil der schnellen Garung durch die gleichmässige Beheizung ist auch noch das Gute dieser Gasausgleichung zu erwähnen, dass die nach Beschickung eines Ofens früher häufig vorkommende Verstopfung der Heizkanäle durch Ablagerung von graphitartigem Kohlenstoff, hervorgerufen durch das Entweichen unverbrannter Gase infolge ungenügenden Luftzutritts, nicht mehr vorkommt. Zur Beseitigung bezw. Herabminderung dieses Uebelstandes musste man sich früher durch Einführen von Luft in die Ofenkammern während der stärksten Gasentwickelung oder durch Einlassen von gepresstem Wasserdampf in die Heizkanäle helfen.

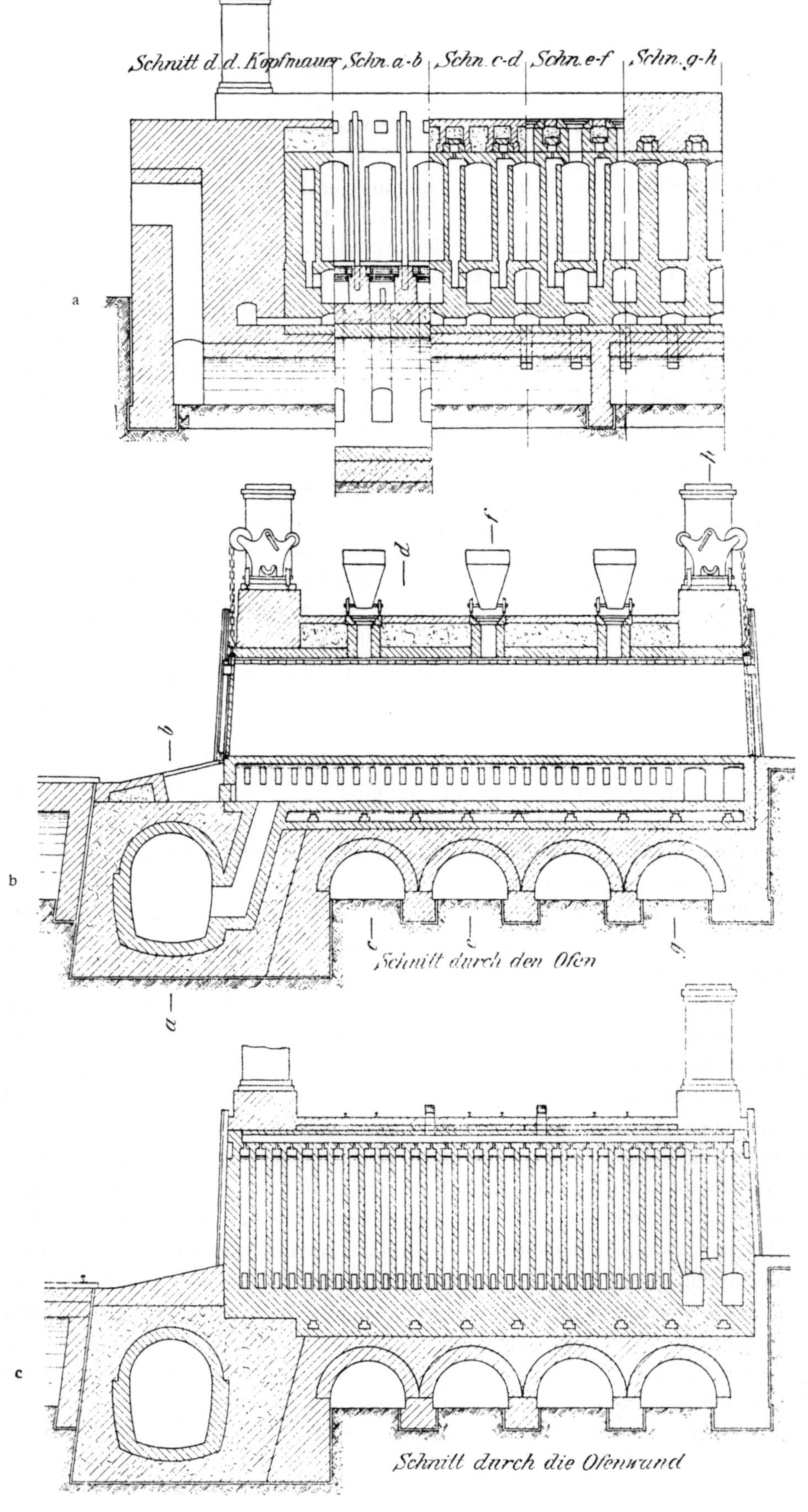

Fig. 202 a—c.

Neueste Coppée-Otto-Oefen mit Gasausgleich nach Patent 106959, Ausführung 1898.

Die neueren Coppée-Otto-Oefen sind 10,25 m lang, 1,70 m hoch und in der Mitte 0,60 m breit; die Konicität beträgt 10 cm und die Entfernung der Mitten zweier benachbarter Oefen 1 m. Bei Verkokung besonders gasreicher Kohlen, so auf den Zechen Friedrich-Ernestine bei Stoppenberg und Prosper bei Bottrop, ist die Ofenbreite um 50—60 mm grösser genommen. Bei diesen Oefen sind auch anstatt zweier Durchgangsöffnungen für die Gase von einem Sohlkanal zum anderen deren drei vorhanden wegen der grossen Menge der abziehenden Verbrennungsprodukte. Die Folge hiervon ist, dass einmal keine Schmelzungen des Mauerwerks und sodann keine Gasstauungen an der Durchgangsstelle der Gase mehr eintreten, durch welch letzteren Umstand eine um $1^1/_2$ Stunden geringere Garungsdauer der Oefen erzielt wird.

Ferner besitzen die neuen Oefen wegen ihrer grösseren Länge 32 senkrechte Wandzüge gegenüber den früheren 28 (Fig. 202c); die Kühlkanäle zur Abführung der die Sohlkanäle bestreichenden Luft sind um drei vermehrt (Fig. 202b), und der den Ofenzug hervorrufende besondere Schornstein ist in Wegfall gekommen, weil neuerdings die Abgase auf sämtlichen Kokereien zur Beheizung von Kesseln dienen und sodann durch die Esse der Kesselbatterie abziehen.

Die Temperatur in den Seitenzügen und den Sohlkanälen schwankt zwischen 1100 und 1300° C und beträgt im Gasabzugskanal sogar 1300—1500° C. Die Oefen haben demnach einen so heissen Gang, dass Kohlen, welche wegen ihrer geringen Backfähigkeit früher in den vorher beschriebenen Ofensystemen nicht mehr mit gutem Erfolge verkokt werden konnten, in ihnen verkokungsfähig sind und, wie die Praxis ergeben hat, sehr dichten Koks bei hohem Ausbringen ergeben.

Zur Zeit befinden sich auf 83 Schachtanlagen im Ruhrrevier Koksofenbatterien Coppée-Ottoschen Systems mit zusammen 6606 Oefen gleich nahezu $^2/_3$ der Zahl sämtlicher Flamm- und Destillationsöfen der Zechen des Ruhrreviers in Betrieb. Die grösste Anzahl, nämlich 180 Stück auf einer Schachtanlage, stehen auf der Zeche Massener Tiefbau bei Massen.

Die Ofenfüllung schwankt zwischen 7 und 8 t bei einem Wassergehalt der Kohlen von 12—15 %. Die Garungsdauer beträgt bei 5368 Oefen 48, bei 208 Oefen 44, bei 380 Oefen 40, bei 460 Oefen 36 und bei 160 Oefen sogar nur 33 Stunden. Das Ausbringen der Oefen stellt sich im Gesamtdurchschnitt auf 72,20 % und die Leistungsfähigkeit pro Ofen und Jahr auf 810 t Koks, wobei zu berücksichtigen ist, dass die Oefen mit Gasausgleich 1100—1200 t und die ältesten Oefen aus dem Anfang der 70er Jahre nur ca. 650 t Jahresergebnis zu verzeichnen haben.

Die Wasserverdampfung sämtlicher Oefen durch Verwertung der Abhitze stellt sich im Durchschnitt auf 13,33 kg pro Quadratmeter Kesselheizfläche und Stunde, und pro kg eingesetzter nasser Kohle auf 1,21 kg.

Die durch die Verwertung der Abhitze der Coppée-Otto-Oefen im Jahre 1909 erzielte Kohlenersparnis auf den Zechen beträgt hiernach 1 156050 t = 173 t pro Ofen oder 15,36 % der eingesetzten Kohlenmengen.

Die Anlagekosten für 60 Coppée-Otto-Flammöfen neuesten Systems stellen sich auf 220 bis 260 000 Mark.

b) Collin-Oefen[*])

Im statistischen Teil dieses Kapitels sind von den am Ende des 19. Jahrhunderts auf den Zechen des Ruhrreviers vorhandenen 6984 Flammöfen 370 nach System Collin aufgeführt worden. Diese Angaben sind insofern nicht völlig richtig, als die 180 Oefen auf Zeche Königsborn II und die 30 Oefen auf Hasenwinkel von F. J. Collin in Dortmund nach dem System Copée mit unwesentlichen Abänderungen erbaut wurden. Ein näheres Eingehen auf diese Oefen kann füglich unterbleiben.

Von den übrigen 160 Oefen Collinschen Systems sind je 60 auf den Zechen Friedrich Wilhelm und Crone bei Dortmund mit horizontalen Wandzügen und je 20 auf Glückauf Tiefbau bei Dortmund und Carl Friedrich-Erbstollen bei Bochum mit senkrechten Wandzügen versehen. Sämtliche Oefen sind in den Jahren 1898—1900 erbaut.

Die Abmessungen beider Ofenarten sind im allgemeinen denen der Coppée-Otto-Oefen gleich; die Ofenkammern sind etwas höher, nämlich 2 m und etwas schmaler, nämlich 550 mm in der Mitte bei 100 mm Konizität.

Die Garungsdauer der Oefen mit horizontalen Wandzügen beträgt 30—33 Stunden, und diejenige der Oefen mit senkrechtem Heizkanalsystem 38—40 Stunden. In ersteren Oefen werden pro Jahr etwa 1400 t, in letzteren ca. 1200 t Koks erzeugt.

Das Ausbringen ist entsprechend den auf den genannten Zechen allgemein zur Verkokung gelangenden Kohlen der unteren Esskohlenpartie ein ziemlich hohes; dasselbe stellt sich auf 73—76 %.

Die Beheizung der Oefen mit horizontalen Zügen ähnelt derjenigen der Smetschen Oefen; sie ist folgende: Die Gase treten durch 18 Schlitze im Deckengewölbe der Ofenkammer in einen über dieser belegenen Horizontalkanal, von welchem aus sie durch ebensoviel kleinere Querkanäle nach beiden Seiten hin in den über jedem horizontalen Kanalsystem jeder Ofenzwischenwand befindlichen Horizontalkanal geführt werden. Letzterer sowohl, wie auch das ganze Heizkanalsystem der Zwischenwand ist durch eine Querwand in zwei Hälften geteilt, sodass jede Ofenkammerhälfte ihr besonderes Heizkanalsystem besitzt. In dem über jeder Ofenzwischenwand befindlichen Horizontalkanal ziehen in beiden Hälften die darin eintretenden

---

[*]) Zeichnungen und sonstige Angaben über die Oefen waren von dem Erfinder nicht zu erhalten.

Gase nach den Kopfenden der Oefen hin, fallen dort durch zwei grössere Oeffnungen in den obersten Horizontalkanal, durchstreichen in zickzackförmigen Windungen vom Kopfende bis zur Mitte der Oefen die horizontalen Wandheizkanäle und gelangen dann durch die Sohlkanäle je zweier Oefen, welche ähnlich wie die Coppée-Otto-Oefen zusammenarbeiten, zum Abhitzekanal. Die nötige Verbrennungsluft wird den Zügen von den Kopfenden der Oefen aus ohne Vorwärmung zugeführt. In den Oefen findet zwar infolge des längeren Weges der Verbrennungsgase innerhalb des Heizkanalsystems eine grössere Ausnutzung derselben als bei den Coppée-Otto-Oefen statt, da aber die Verbrennungsprodukte sich auf dem langen Wege durch die Heizkanäle stark abkühlen, war man gezwungen, beim Eintritt der Gase in das Heizkanalsystem besonders hohe Temperaturen zu erzeugen. Hierdurch wurde einmal die ungleichmässige Beheizung des Ofens auf seiner ganzen Oberfläche nicht behoben, andererseits schmolz besonders an den Umkehrstellen der Gase in den Zügen das Ofenmaterial. Infolge der hierdurch entstehenden hohen Reparaturkosten der Oefen, nebst vielfachem Kaltliegen von einzelnen Oefen zu diesem Zweck, sowie aus dem Grunde, dass die Kokskuchen nicht gleichmässig garten, hat man später die Oefen auf beiden Zechen umgebaut.

Die Oefen mit senkrechten Wandheizkanälen auf den Zechen Glückauf Tiefbau und Carl Friedrich Erbstolln sind identisch mit den Collinschen Destillationsöfen auf den Zechen Hansa, Victor und Prosper (Fig. 203a — d). An Stelle der geschlossenen Steigrohröffnungen zum Abziehen der Ofengase nach der Kondensationsanstalt sind in und über dem Ofengewölbe, sowie über dem Heizkanalsystem jeder Ofenzwischenwand dieselben Gasabzugseinrichtungen getroffen, wie bei den Oefen mit horizontalem Heizkanalsystem. Jedes Kanalsystem besteht auch hier aus zwei symmetrischen Hälften. Die Gase treten an den Kopfenden jeder Ofenzwischenwand durch je zwei Oeffnungen in die in drei Abteilungen angeordneten senkrechten Heizzüge; sie durchströmen dieselben zunächst abfallend, sodann aufsteigend und in der Mitte wieder abfallend bis in einen unter Ofensohlenniveau liegenden Horizontalkanal. Letzterer steht mit einem der benachbarten Ofenkanäle in Verbindung, durch welchen die aus dem Heizkanalsystem zweier Oefen vereinten Gase in den Sohlkanal des anderen Ofens und von dort zum Abhitzekanal abziehen.

Die Luftzuführung erfolgt von den Kopfenden der Oefen aus in die ersten Abteilungen ohne Vorwärmung, und ausserdem von zwei quer über den Ofenkammern angeordneten grösseren Luftvorwärmekanälen aus durch entsprechende Schlitze in die in der Mitte liegenden dritten Abteilungen.

Der in diesen Oefen erzielte Koks befriedigt im allgemeinen; nur die Kokskuchenköpfe werden schlecht gar, da die Gase an den Kopfenden nicht genügend zwangläufige Führung besitzen. Auf Zeche Glückauf

Tiefbau befindet sich ausserdem in der Mitte des Kokskuchens ein ungarer Streifen, welcher bisher nicht hat beseitigt werden können. Der Nachteil, dass an den Umkehrstellen der Gase in den Sohlkanälen das Steinmaterial schmilzt, zeigt sich auch hier. Die Temperatur der Verbrennungsprodukte an diesen Stellen ist freilich bedeutend höher als beim Eintritt derselben in das Heizkanalsystem; sie beträgt dort 1250—1300 ⁰ C.

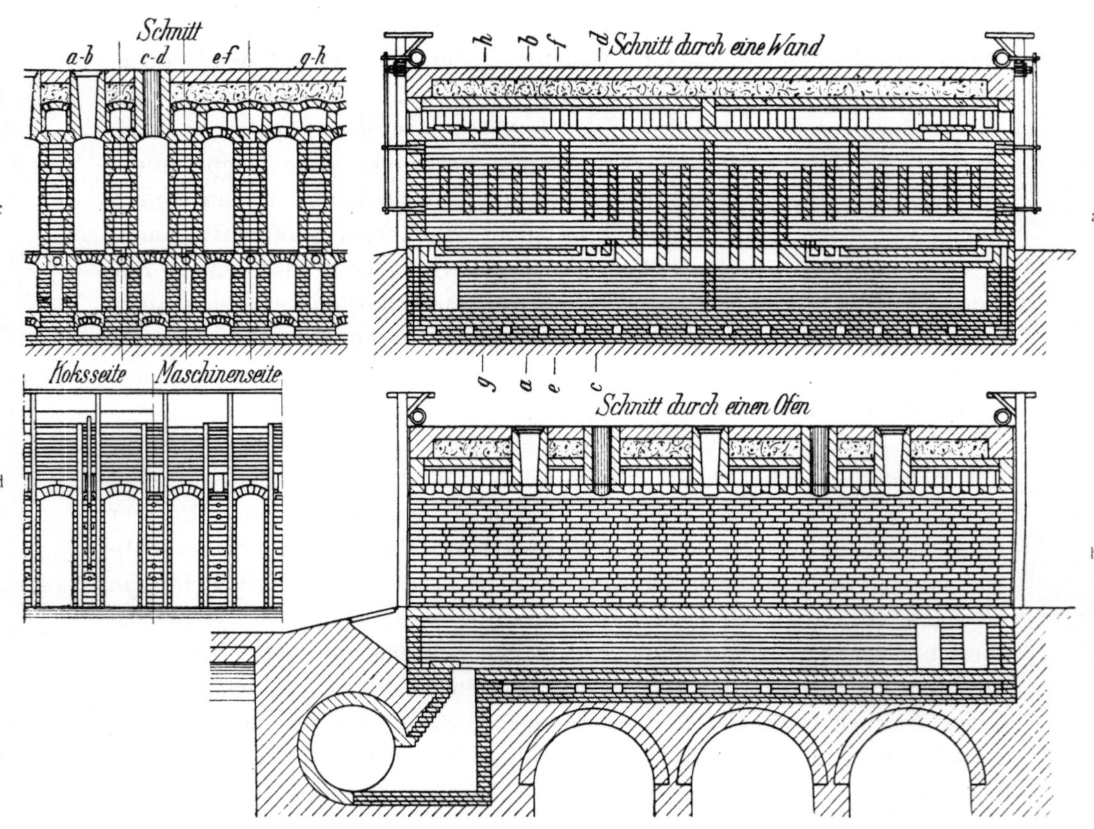

Fig. 203a — d.

Collin-Koksöfen. 1895.

c) Dr. von Bauer-Oefen.

Die erste und heute noch einzige Koksofenbatterie im Ruhrbezirk mit von Bauerschen Oefen ist als Versuchsanlage mit 8 Flammöfen auf der Zeche Hannover, Schacht III bei Hordel-Bochum im Jahre 1897 errichtet und befindet sich seit 1898 in ununterbrochenem Betriebe. In neuerer Zeit sind 34 Oefen dazu gebaut worden, welche Anfang 1901 in Betrieb kamen. Beim Betriebe der 8 Versuchsöfen hat sich gezeigt, dass die vom Patentinhaber hauptsächlich verfolgten Ziele: »Oekonomische Ausnutzung der beim Verkokungsprozess sich bildenden Gase, sowie geregelte Zuführung von nicht in teueren Regeneratoren vorgewärmter Verbrennungsluft« auch in der Praxis erreicht werden, ohne dass dadurch der Verkokungsprozess selbst ungünstig beeinflusst wird.

Dem Zweck, nicht mehr Gas als unbedingt notwendig zur Beheizung der einzelnen Ofenkammern zu verbrauchen und den Ueberschuss anderweitig zu verwenden, dienen drei quer über den 8 Ofenkammern entlang laufende Gassammelkanäle D und drei Reihen von senkrechten Kanälen F (Fig. 204 a - - d) in den Ofenzwischenwänden.

Die in den Oefen B sich bildenden Gase können ungehindert durch drei im Deckgewölbe vorhandene Oeffnungen C in einen der drei Sammelkanäle D eintreten und aus diesen durch entsprechende Stellung der Registersteine teils den Wandheizkanälen zugeführt, teils als überschüssig zu einem Ueberschusskanal abgeleitet werden. Die beiden äusseren Reihen der senkrechten Wandkanäle werden zur Verbrennung der Gase bezw. zur Beheizung der Ofenwandungen, und die mittlere zur Zuführung und Vorwärmung der Verbrennungsluft benutzt.

Auf diese Weise wird einerseits an Beheizungsmaterial (Gas) gespart, da infolge der doppelten Heizkanäle den einzelnen Ofenkammern von den Nachbaröfen keine Wärme entzogen werden kann, und anderseits die Verbrennungsluft durch die heissen Wandungen der benachbarten Wandheizkanäle, also ohne Anwendung von kostspieligen Lufterhitzern, auf eine sehr hohe Temperatur gebracht.

Jede Zwischenwand der Oefen ist in der Mitte durch eine Quermauer in zwei gleichförmige und gleichartig arbeitende Längshälften geschieden. Jede Hälfte ist dann wieder zur Abkürzung der Luft- und Gaswege und zur zwangläufigen Führung der Verbrennungsprodukte in mehrere Abteilungen geteilt (Fig. 204 a).

Aus den Beheizungsräumen einer Ofenhälfte strömen die Gase, welche den äusseren Gassammelkanal verlassen, durch zwei enge, durch Schiebeplatten regulierbare Oeffnungen E in je vier senkrechten Heizzügen abwärts, wenden sich unter der Sohle der Ofenzüge, ziehen dann vereinigt durch fünf senkrechte Züge aufwärts und zuletzt, nachdem sie aus einer Oeffnung des in der Mitte der Oefen liegenden Sammelkanals einen Gaszuschuss erhalten haben, in sechs senkrechten Kanälen wieder abwärts, um in der Ofenmitte in den Sohlkanal und durch diesen in den zugehörigen Hauptabzugskanal zu gelangen (Fig. 204 a).

Die Verbrennungsluft tritt durch seitliche und obere Luftzuführungskanäle in den unter jeder Ofensohle zwischen den Kühlkanälen liegenden Luftsammelkanal, in welchem sie vorgewärmt wird. Diese Luft steigt

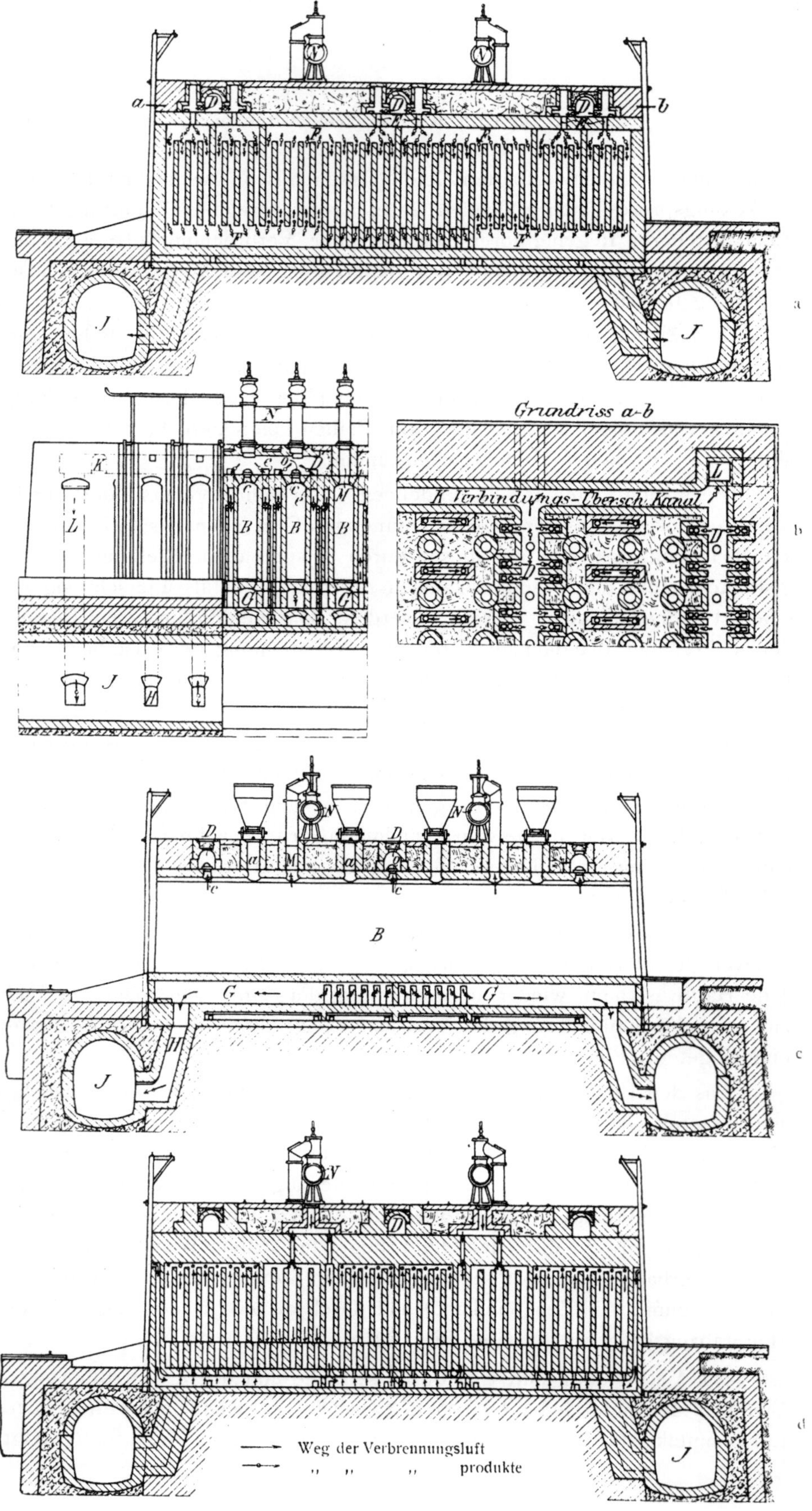

Fig. 204a — d.

Koksofen von Dr. von Bauer (Zeche Hannover).

durch die mittlere Reihe der senkrechten Wandzüge, und zwar in den ersten acht und den letzten fünf aufwärts, und tritt, oben angelangt, durch kleine Oeffnungen von 25 mm $\varnothing$ zu den Gasen, welche von den beiden Sammelkanälen in den Raum über den senkrechten Heizzügen einströmen. In der mittleren Abteilung des senkrechten Kanalsystems einer Ofenzwischenwandhälfte tritt die Luft oben in der Ofendecke aus den dort befindlichen Lufträumen durch Luftschächtchen in die fünf mittleren senkrechten Luftkanäle, erwärmt sich hier, strömt unten in die entsprechenden Gaszüge ein und gelangt dann mit den Gasen, diese vollständig verbrennend, nach oben. Die frische Luft tritt also in jeder Ofenhälfte zweimal von unten ein und erhitzt oben aus, und einmal oben ein und erhitzt unten aus in die Gaszüge.

Während der Garungszeit strömt nicht zu allen Zeiten die gleiche Gasmenge aus den Sammelkanälen und die gleiche Luftmenge aus den mittleren Luftkanälen in die Wandheizkanäle, vielmehr richtet sich diese Zuströmung nach der in den Heizkanälen herrschenden Temperatur. Ist nämlich ein Ofen neu beschickt, so kühlen sich die Heizkanäle ab und der Verbrauch an Verbrennungsgasen wird geringer; je weiter jedoch die Vergasung des Ofeninhaltes fortschreitet, eine desto intensivere Beheizung der Wandheizkanäle muss eintreten. Dadurch nun, dass die letzteren sich allmählich durch die in ihnen stattfindende Verbrennung erhitzen, tritt auch eine immer grössere Gas- und Luftmenge in dieselben ein; es findet somit von selbst bis zum Ende der Verkokung die erstrebenswerte, stetig stärker fortschreitende Beheizung der Ofenkammer statt. Aus dem Gesagten geht hervor, dass die bekanntlich im Anfang der Verkokung sich bildenden Gasmengen nicht sofort sämtlich nach dem Entstehen in unökonomischer Weise verbrannt, sondern in den Gassammelräumen aufgespeichert und sodann aus ihnen in jedem Stadium der Verkokung wiederum nur soviel Gase entnommen werden, als unbedingt zur Beheizung der Ofenkammern notwendig sind. Es ist einleuchtend, dass auf diese Weise grosse Gasüberschüsse erzielt werden, welche, aus den Sammelräumen abgezogen, zur Kesselheizung, Kraftgaserzeugung, Beleuchtungszwecken usw. Verwendung finden können. Ueber die Menge des Gasüberschusses sind keine genauen Feststellungen gemacht worden; dieselben werden nach Schätzung bei 32- bis 34stündiger Garungszeit etwa die Hälfte aller sich bildenden Gase ausmachen. Die Abgase aus den Wandheizkanälen werden zur Kesselheizung verwandt.

Die Abmessungen der Oefen konnten infolge der starken Zwischenwandungen beträchtlich grösser als bei anderen Systemen genommen werden; die Oefen sind nämlich 10,75 m lang, 2,18 m hoch und 0,525 m breit. Die ganze Breite der Ofenzwischenwände beträgt 0,62 m; die Wandheizkanäle haben eine Weite von 14 × 17 cm und die Luftkanäle eine solche

von 6 × 17 cm. Beschickungsöffnungen sind vier vorhanden; die Ofenfüllung beträgt 9 t Kohlen, sodass bei 48 stündigem Betrieb 1620 t und bei
32- bis 34 stündiger Garungsdauer rund 2300 t Kohlen pro Ofen und Jahr
verkokt werden können. Die Herstellungskosten belaufen sich pro Ofen
auf 5—6000 M.

Die Garungszeit ist derjenigen der übrigen auf der Zeche vorhandenen älteren Oefen angepasst und beträgt 48 Stunden, da bei nicht einheitlicher Wartung und Bedienung sämtlicher Oefen sich die Ausgaben an
Arbeitslöhnen für die 8 von Bauerschen Oefen unverhältnismässig erhöhen
würden. Die dem Ofensystem eigene Einrichtung mit Gassammlern und
Vorwärmung der Verbrennungsluft gestattet jedoch, die Garungszeit nach
Bedarf in weiten Grenzen zu beherrschen. Gelegentlich der Vornahme
einer grösseren Reparatur an den älteren Oefen hat man, um den Ausfall
an Koks zu decken, während zweier Monate die von Bauerschen Oefen
heisser gehen lassen, wobei die Garungszeit zwischen 32 und 34 Stunden
schwankte. Die Beschaffenheit des Koks sowohl wie diejenige der Oefen
blieb auch während dieser beiden Monate eine gleichmässig gute; überhaupt sind Reparaturen oder besondere Betriebsstörungen nicht vorgekommen.

Die Qualität des erzeugten Koks lässt nichts zu wünschen übrig; insbesondere liefern auch die nicht abgeschrägten Köpfe des Kokskuchens
garen Koks, sodass der Abbrand an den Thüren als ein äusserst geringer
zu bezeichnen ist.

Ausser diesen Erfolgen, welche der Patentinhaber sich von seinem
Ofensystem versprochen hatte, stellte sich beim Betriebe der Oefen noch
der günstige Umstand heraus, dass das Ausbringen an Koks alle Erwartungen überstieg. Während nämlich in den älteren Coppée-Oefen das Ausbringen an Koks in Prozenten der Steinkohle nur durchschnittlich 69 betrug, lieferten die von Bauerschen Oefen bei Benutzung von Kohlen aus
denselben Kohlentürmen durchschnittlich 73,24 %.

Das Mehrausbringen von 4,24 % des von Bauerschen Ofens ist zunächst auf seine Eigenschaft als Retortenofen zurückzuführen. Die Ofenkammer desselben steht nur mit Gasabzugskanälen in Verbindung, und ein
Eindringen der Verbrennungsluft in den Verkokungsraum ist geradezu als
ausgeschlossen zu betrachten. Infolge der Lage der zur Vorwärmung der
Luft dienenden Kanäle kann nämlich die Verbrennungsluft weder direkt
noch indirekt bei etwaigen Undichtigkeiten der Zwischenwände, welche nie
ganz zu vermeiden sind, in den Verkokungsraum gelangen, sondern nur in
die zur Beheizung der Ofenwandungen dienenden Kanäle. Ein Verlust an
Gasen oder ein Abbrand an Koks durch unbeabsichtigtes Eindringen von
Verbrennungsluft in den Verkokungsraum kann daher niemals eintreten.
Die von Bauerschen Oefen sind also in dieser Beziehung den Destillations-

öfen gleichzustellen und zwar auch hier noch mit dem Unterschiede, dass bei den bekannten Destillationsöfen zeitweilig infolge zu grosser Depression in den Heizkanälen ein Eindringen von Luft durch Undichtigkeiten und somit Verluste durch Verbrennung von Gasen und Koks wohl noch möglich sind, bei den von Bauerschen Oefen dagegen, bei welchen ein völliges Absaugen der Gase aus den drei Sammelkanälen nicht stattfindet, gänzlich ausgeschlossen erscheinen. Somit dürfte das höhere Ausbringen der von Bauerschen Oefen gegenüber den älteren Coppée-Oefen zunächst auf die in der Praxis erprobte Thatsache zurückzuführen sein, dass Destillationsöfen ein grösseres Ausbringen ergeben als Flammöfen.

Sodann ist die Art der Verkokung, nämlich die anfänglich nur geringe Erhitzung des Kohlenkuchens bei den von Bauerschen Oefen für das Mehrausbringen von Bedeutung. Bei der anfänglich mässigen und erst allmählich gesteigerten Beheizung des Kohlenkuchens wird einerseits ein guter, fester und dichter Koks erzielt, anderseits aber insbesondere ein beträchtlicher Teil des Kohlenstoffs der sich bildenden Kohlenwasserstoffe innerhalb des Kokskuchens infolge noch unaufgeklärter chemischer Umsetzungen in statu nascendi wieder abgeschieden, was höchstwahrscheinlich bei sofortiger starker Erhitzung unmöglich ist. Endlich dürfte auch das Alter der zum Vergleich herangezogenen Coppée-Otto-Oefen gegenüber den neuen von Bauer-Oefen auf das Mehrausbringen der letzteren von Einfluss gewesen sein.

Die Coppée-Oefen, welche mit $7^1/_2$ t Kohlen beschickt werden, liefern demnach pro Jahr und Ofen 931 t Koks, während in den Bauerschen Oefen bei 48stündiger Garungszeit 1187 t und bei 32- bis 34stündiger rund 1725 t Koks pro Ofen und Jahr erzeugt werden können.

Der von Bauersche Ofen kann ohne bauliche Aenderungen jederzeit an eine Kondensationsanlage angeschlossen werden. Zu diesem Zwecke ist es nur nötig, die Oeffnungen im Deckgewölbe der Ofenkammern, welche sonst mit den Gassammelräumen in Verbindung stehen, abzuschliessen und an die Absaugrohre der Kondensationsanlage anzuschliessen, wobei dann die von der Kondensation zurückkehrenden Gase nicht dem Gasometer, sondern sofort den über den Oefen liegenden Gassammelräumen zugeführt werden. Von grösster Wichtigkeit ist diese Einrichtung der Oefen insbesondere dann, wenn dieselben, um Gasverlusten vorzubeugen, nur während $^2/_3$ der Betriebszeit und nicht bis zur vollen Gare ihres Inhaltes an die Kondensations-Vorrichtung angeschlossen bleiben. Bei Untersuchung der einzelnen gegen Ende der Verkokung gewonnenen Gasproben ist nämlich festgestellt, dass die Proben gar keine oder wenigstens keine nennenswerten Mengen brennbarer Gase enthielten. Das schlechte Brennen ist aber auf reichlichen Stickstoff- oder Kohlensäuregehalt zurückzuführen, da am Ende der Garungsperiode einerseits das in den Gasen enthaltene Ammoniak durch die andauernde starke Erhitzung in Wasserstoff und Stickstoff zerlegt wird, anderseits wahrscheinlich auch etwas Luft infolge von Undichtigkeiten aus den Mittelkanälen in die Kammern dringt.

2. Destillationsöfen.

a) Versuchsöfen von Otto.

Als im Jahre 1881 Hüssener mit dem Plane umging, in Gelsenkirchen Koksöfen mit Gewinnung der Nebenprodukte nach dem Vorbild der Carves-Oefen zu erbauen, richtete auch die Firma Dr. Otto & Co. in Dahlhausen, welche bis dahin den Bau von Koksöfen im rheinisch-westfälischen Bezirk fast ausschliesslich ausführte, ihre Aufmerksamkeit auf diese Industrie. Es wurde von ihr im Jahre 1881 auf der Zeche Holland Schacht III bei Wattenscheid eine aus 10 Oefen verschiedener Konstruktion bestehende Versuchsanstalt errichtet. Die Oefen sind im Prinzip als modifizierte Otto-Coppée-Oefen zu bezeichnen. Von letzteren unterscheiden sie sich in der Hauptsache nur dadurch, dass die Gasabzugsöffnung n im Widerlager des Gewölbes in Wegfall gekommen und dafür im Ofengewölbe neben den Fülllöchern besondere Gasabzugsöffnungen angebracht sind. Letztere stehen durch Rohre mit der Kondensationsanlage in luftdichter Verbindung.

Bei den Versuchsöfen No. 1—6, welche zwei unter einander liegende Ofensohlkanäle besitzen, mündet ein Teil der senkrechten Wandheizkanäle in den oberen und der andere Teil in den unteren Horizontalkanal. An ihrem oberen Ende stehen diese in verschiedene Sohlkanäle mündenden Wandheizkanäle durch entsprechende Horizontalkanäle entweder paarweise oder gruppenweise miteinander in Verbindung. Zur Beheizung des Ofens wird das von Teer und Ammoniak in der Kondensationsanstalt befreite Gas unter Benutzung von Rohrleitungen und Düsenbrennern in den oberen Sohlkanal entweder auf der Maschinen- oder der Koksseite oder auf beiden Seiten geleitet. Die Verbrennung des Gases erfolgt unter Zuführung von kalter oder von warmer Luft, welch letztere aus den Kühlkanälen des Ofenfundaments und den Aussparungen über dem Hauptabhitzekanal entnommen wird. Zur Erwärmung des Gases ist das Hauptgaszuleitungsrohr in das Mauerwerk des Abhitzekanals gelegt und zur leichteren Entzündung desselben dicht hinter dem Gaseintritt ein kleines Gitterwerk von feuerfesten Steinen angebracht. Die Verbrennungsgase durchziehen den oberen Sohlkanal, treten durch darin ausgesparte Seitenöffnungen in die entsprechenden senkrechten Wandheizkanäle, steigen in denselben hoch und gelangen am oberen Ende derselben durch horizontale Verbindungskanäle in die mit dem unteren Sohlkanal in Verbindung stehenden senkrechten Wandheizkanäle. In diesen fallen die Gase bis zum unteren Sohlkanal ab und entweichen schliesslich durch den Fuchs zum Hauptabhitzekanal.

Fig. 205 a—d veranschaulicht die zweite Art der Versuchsöfen, nämlich diejenige der Oefen No. 7—10. Nach Mitteilungen Ottos sollen diese Oefen bessere Resultate wie die vorher beschriebenen ergeben haben. Konstruktion und Betrieb derselben ist folgender:

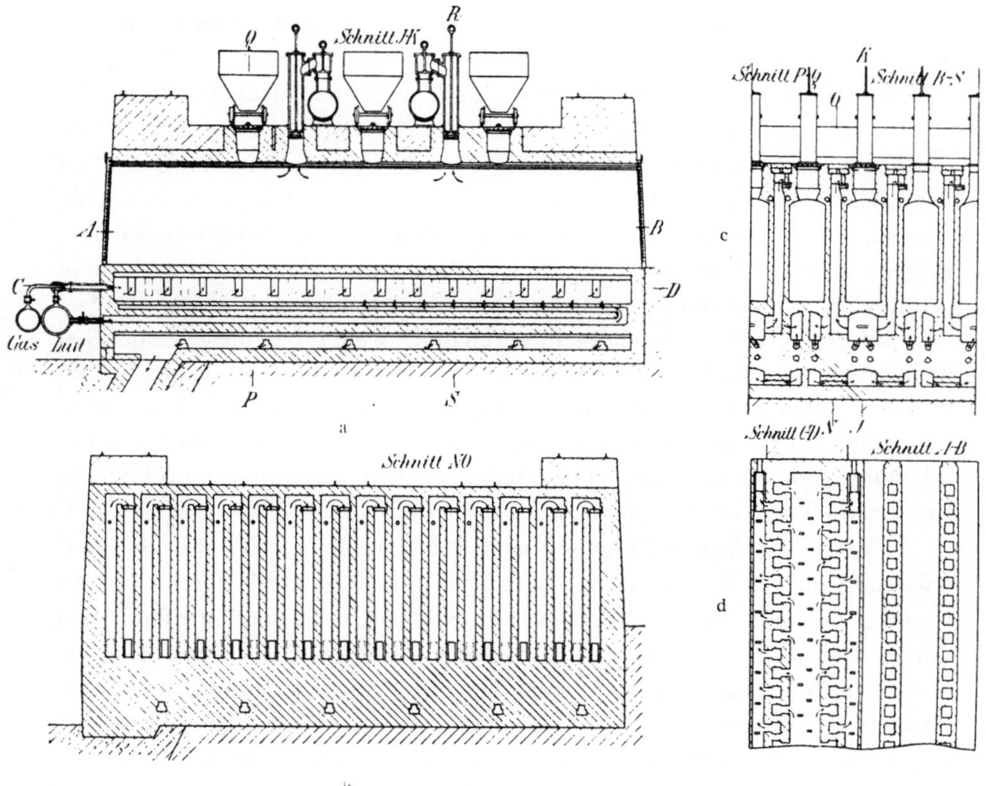

Fig. 205 a—d.

Versuchs-Koksöfen No. 7—10 von Dr. Otto auf Zeche Holland III/IV. 1881.

Unter der Ofenkammer ist nur ein Sohlkanal vorhanden. Von den senkrechten Zügen der Wandheizkanäle stehen an ihrer unteren Mündung abwechselnd der erste, dritte, fünfte usw. mit dem Sohlkanal des einen, und der zweite, vierte, sechste usw. mit demjenigen des Nachbarofens in Verbindung (Fig. 205 b und d). Ein Ofen um den anderen ist auf der Maschinenseite mit einem vom Hauptgaszuleitungsrohr abzweigenden Düsen-brenner versehen, aus welchem das Gas in den Sohlkanal des ersten und dritten usw. Ofens eintritt. In der Gasdüse findet eine Mischung des Gases mit der durch einen Ventilator in das Hauptluftzuleitungsrohr (s. Fig. 205 a) geblasenen Luft statt. Die Verbrennungsprodukte ziehen den Sohlkanal entlang und durch die senkrechten Züge in den Wandheizkanälen hinauf und herunter (Schnitt N—O) in die Sohlkanäle der beiden Nachbaröfen (Schnitt P Q und R S). In den Sohlkanälen des zweiten, vierten usw. Ofens vereinigen sich die abziehenden Verbrennungsprodukte und fallen an der Koksseite durch einen Fuchs (Schnitt C D) in Kanäle, welche unter den Luftzufuhrwegen liegen (Schnitte P Q und R S), um diese wieder nach der Maschinenseite hin zu durchziehen und endlich von dort in den Abhitzekanal zu gelangen.

Zur Regelung der Stärke des durch die verschiedenen Züge der Seitenwände gehenden Gasstromes liegen am oberen Ende der senkrechten Heizkanäle Steinschieber (Schnitt N—O). Die zur Verbrennung in den Sohlkanälen benötigte Luft wird aus dem Hauptluftzuleitungsrohr in Kanäle eingeblasen, welche zwischen den Sohlkanälen und den Gasabzugskanälen ausgespart sind. Nach Erwärmung derselben durch Hin- und Herführen in den Kanälen tritt sie durch kleine Schlitze in den Sohlkanal (Fig. 205 a und c).

In den ersten Versuchsstadien reichten weder bei diesem noch bei dem vorher beschriebenen Ofensystem die während der Verkokung in den Oefen gewonnenen Gase zur Erzeugung einer hinreichenden Ofentemperatur aus. Aus diesem Grunde wurden für die 10 Oefen zur Beschaffung der notwendigen Heizgasmengen 15 Gasretorten gewöhnlicher Konstruktion zu Hülfe genommen.

Diese sehr lästige Beigabe beim Betriebe der Oefen war die Veranlassung für den Umbau eines Teiles der Ofenanlage nach der in Fig. 206 wiedergegebenen Konstruktion. Die Sohlkanäle dieser Oefen sind durch drei Querwände in vier Abteilungen zerlegt, von denen je zwei und zwei zusammen arbeiten und für sich an einen besonderen Abhitzekanal angeschlossen sind. Jede Abteilung steht mit acht senkrechten Zügen in der Zwischenwand zweier benachbarter Oefen in Verbindung.

Die Heizgase treten auf beiden Kopfseiten durch Düsenbrenner in die erste Abteilung des Sohlkanals, mischen sich hier mit Luft, welche in Kanälen über und unter den Abhitzekanälen vorgewärmt ist, gehen durch seitliche Oeffnungen im Sohlkanal in den senkrechten Wandheizzügen nach oben, sodann durch einen Verbindungskanal nach dem zweiten System von Wandheizzügen und durch diese nach unten in die zweite Abteilung des Sohlkanals und den entsprechenden Abhitzekanal.

Die Versuche mit diesen Oefen, welche nach heutiger Anschauung wegen der einigermassen geregelten und gleichmässigen Beheizung der Oefen und wegen der Zuführung ziemlich hoch erwärmter Verbrennungsluft zum Erfolge hätten führen müssen, waren noch nicht abgeschlossen, als auf Veranlassung von Bauers Gustav Hoffmann in Neulässig bei Gottesberg auf den Schlesischen Kohlen- und Kokswerken versuchsweise

Siemenssche Regeneratoren mit gewöhnlichen Koksöfen in Verbindung brachte. Das Resultat dieses Versuchs war günstig. Hoffmann liess sich die Konstruktion patentieren und verkaufte das Patent an die Firma Dr. Otto & Co. in Dahlhausen. Damit war den Versuchen dieser

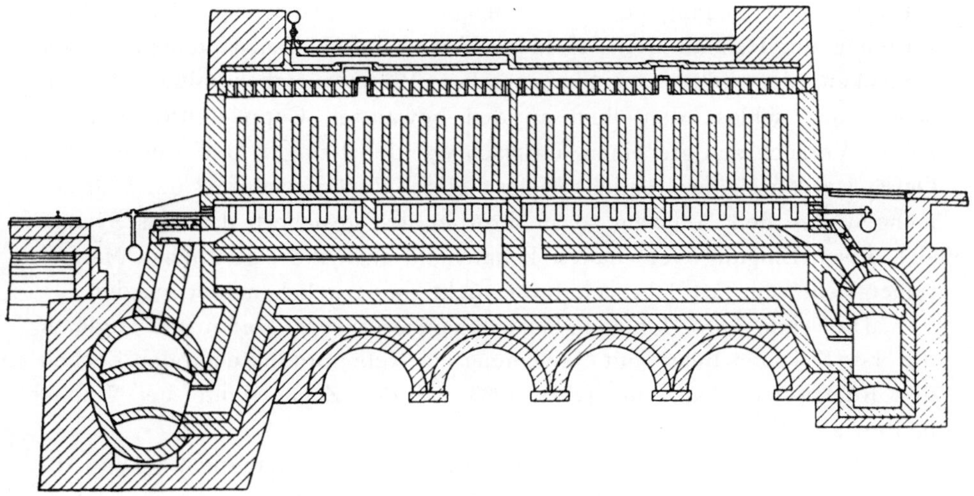

Fig. 206.

Versuchsöfen Dr. Otto, Zeche Holland, Umbau.

Firma, einen für die Praxis geeigneten Ofen zur Gewinnung von Teer und Ammoniak im rheinisch-westfälischen Bezirk einzuführen, ein vorläufiger Abschluss gegeben.

b) Oefen mit Regeneratoren.

Otto-Hoffmann-Oefen.

Die angestellten Versuche, den Coppée-Otto-Ofen für die Gewinnung der Nebenprodukte geeignet zu gestalten, scheiterten an dem Umstande, dass das von der Kondensationsanstalt zu den Oefen zurückkehrende Gas zu einer intensiven Beheizung der Oefen bis zur völligen Garung derselben niemals ausreichte. Man kam daher allmählich zu der irrigen Ansicht, dass der durch Abkühlung der Ofengase behufs Gewinnung der Nebenprodukte eintretende Wärmeverlust für die Beheizung der Ofenkammern unentbehrlich sei und wieder ersetzt werden müsse. Dieser Trugschluss wurde insbesondere durch das Nichtbeachten der Thatsache hervorgerufen, dass die beim Betriebe der Versuchsöfen sich zeigenden Schwierigkeiten in erster Linie der mangelhaften Einführung der abgekühlten Gase in das Heizkanalsystem der Ofenkammern und ihrer ungenügenden Versorgung mit Verbrennungsluft zuzuschreiben waren. Zugleich übersah man, dass bis dahin bei dem Kokereibetriebe eine Menge Gas zur Beheizung der Wandkanäle verloren ging, welches erst später in den Abzugskanälen zur nachträglichen, verspäteten Verbrennung kam. In Unkenntnis letzterer Thatsachen, aber in dem lobenswerten Bestreben, die durch Abkühlung der Gase verloren gegangene Wärmemenge zweckentsprechend durch Vorwärmung der Heizfaktoren auf andere Art zu beschaffen, kam man auf den Gedanken, den bekannten Siemensschen Wärmespeicher mitarbeiten zu lassen, und schloss denselben an den bewährten Coppée-Otto-Ofen an. Dieser Versuch zeitigte einen durchschlagenden Erfolg. Der Betrieb der Oefen war durch die Möglichkeit des stetigen Zurückschöpfens der Wärmemengen aus den Abgasen so ausserordentlich gesichert, dass das System sich rasch Eingang verschaffen konnte und auch die eigentlichen Mängel seiner Beheizungsart Jahre hindurch nicht sonderlich beachtet wurden.

Die erste Otto-Hoffmann-Koksofenanlage von 20 Oefen und zugleich die erste Koksofenanlage mit Gewinnung der Nebenprodukte auf den Zechen des Ruhrreviers kam im Jahre 1883 auf der Zeche Pluto bei Wanne in Betrieb.

Die Ofenkonstruktion ist aus Fig. 207a—c ersichtlich. Die Abmessungen des Ofens sind dieselben, wie bei den älteren Coppée-Oefen; ebenso befindet sich in den Ofenzwischenwänden eine Reihe von 28 senkrechten Heizkanälen VZ_1 und VZ_2. Letztere stehen aber nicht mehr mit der Ofenkammer durch Oeffnungen im Widerlager in Verbindung; sie sind vielmehr an ihrem oberen Ende unter einander durch einen Horizontalkanal HK verbunden. An ihrem unteren Ende münden die Heizkanäle einer Wand, da jeder Ofen im Gegensatz zu den Coppée-Otto-Oefen für sich arbeitet, in den zugehörigen Sohlkanal SK_1 bzw. SK_2. Letzterer ist durch eine Querwand in der Mitte in eine vordere und hintere Hälfte geteilt, sodass auf jede Hälfte 14 senkrechte Heizzüge entfallen. An den beiden Enden steht jeder Sohlkanal durch Schlitze mit den darunter liegenden Regeneratoren für Luft LR_1 und LR_2, und Gas GR_1 und GR_2 in Verbindung.

Die Regeneratoren, welche unter jeder der Längsseiten einer Ofengruppe sich entlang ziehen, bestehen aus zwei Abteilungen, von denen die obere mit feuerfesten Steinen gitterförmig ausgesetzt ist; die untere Abteilung bildet je nach der Weite der Regeneratoren ein einräumiger oder zweiräumiger Kanal, welcher durch Schlitze im Gewölbe mit dem feuerfesten Steingitterwerk in Verbindung steht. Am Ende einer Ofengruppe setzt sich die untere Abteilung als geschlossener Kanal fort bis zu den Wechselklappen, welche dazu dienen, die Wärmespeicher abwechselnd mit der Gas- bezw. Luftleitung oder mit dem zum Schornstein führenden Abhitzekanal in Verbindung zu bringen.

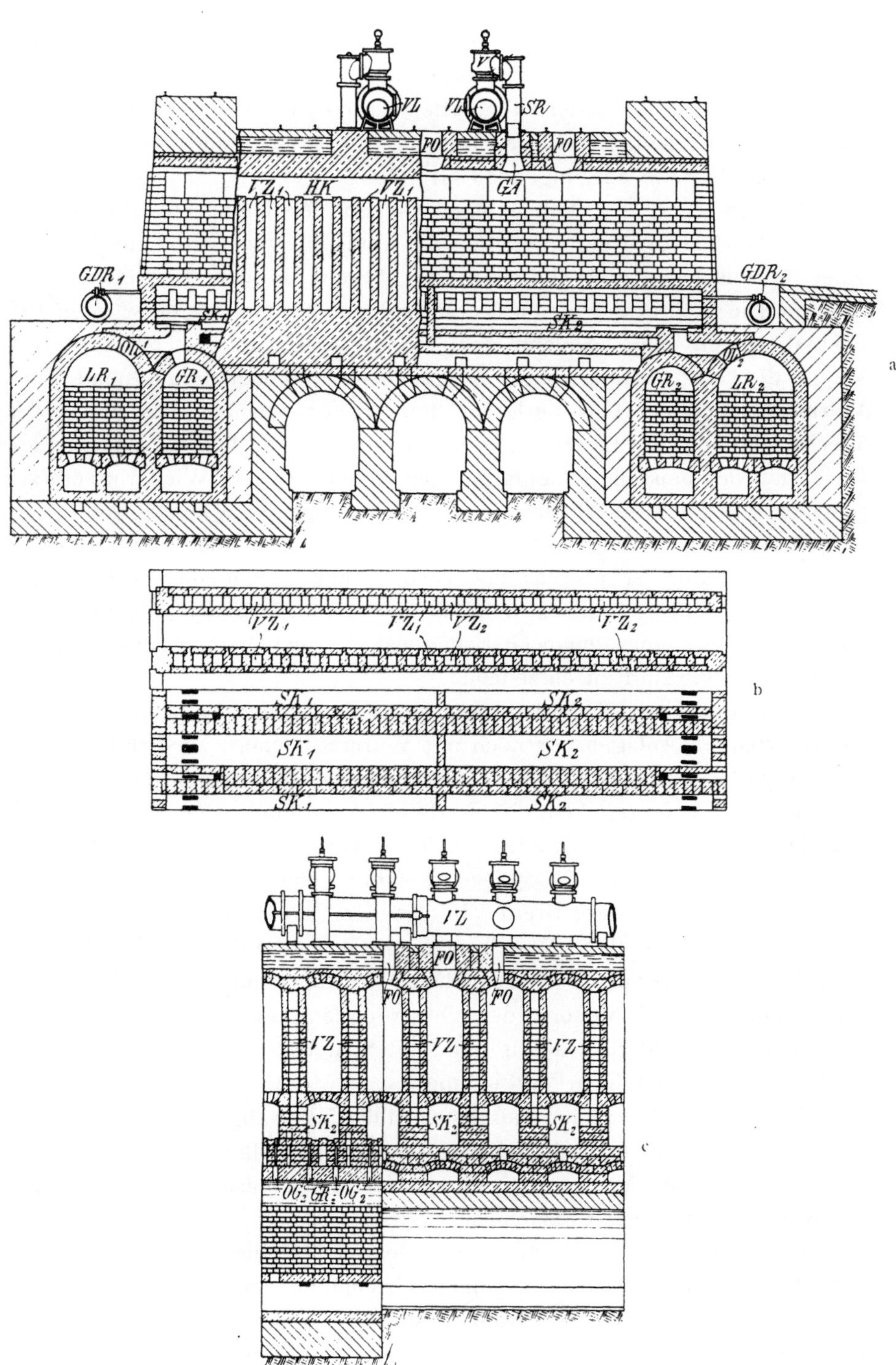

Fig. 207a—c.

Otto-Hoffmann-Koksöfen mit Gas- und Luftregeneratoren auf Zeche Pluto. 1883

Vor Inbetriebnahme der ersten Anlage auf Pluto sah man jedoch zunächst von der Vorwärmung des Gases in den kleineren Regeneratoren ab. Beide Wärmespeicher jeder Ofenhälfte wurden vielmehr gleich von Anfang an nur zur Erhitzung der Verbrennungsluft benutzt und zwar nach Angaben von Dr. Otto aus folgenden Gründen:

Erstens kann das Nebeneinanderliegen der langen Gas- und Lufterhitzer durch kleine Undichtigkeiten der wenig breiten Zwischenwände zu einer Vermischung von Gas und Luft bereits in den Wärmespeichern führen. Die Folge der dadurch eintretenden Schmelzungen würden Betriebsstörungen sein. Sodann geht bei jeder Umstellung der Wechselklappe des Gaszuführungsrohres der ganze, nicht unbedeutende Inhalt eines Wärmespeichers an Gas verloren. Ferner kommen bei Umstellung der Wechselklappen im Essenkanal und Schornstein die heissen abziehenden Gase mit der heissen, gleichfalls unbenutzten Luft des Wiederhitzers zusammen, was leicht zu Explosionen Veranlassung geben kann. Endlich ist es zweckmässiger, die beim Betriebe erforderliche Menge Luft, welche sechsmal grösser ist als das zur Verbrennung gelangende Gasquantum, für sich auf eine möglichst hohe Temperatur zu erhitzen, als ausser ihr auch noch die kleine Menge Gas zu erwärmen und die hierzu nötige Hitze der Verbrennungsluft zu entziehen.

Statt der zwei Regeneratoren auf jeder Ofenseite sind daher die später erbauten Anlagen nur noch mit Wärmespeichern zur Erhitzung der Luft versehen worden. Die Einrichtung eines solchen Ofens ist in Fig. 208a—c wiedergegeben. Nach dieser Anordnung sind die Oefen in den Jahren 1884—1893 errichtet worden. Dieselben haben ungefähr die Abmessungen der älteren Coppée-Otto-Oefen, nämlich 9 m Länge, 1,60 m Höhe und 0,60 m mittlere Breite. Infolge der grösseren Ofenlänge ist auch die Zahl der senkrechten Wandheizkanäle von 28 auf 32, somit auf 16 in jeder Ofenhälfte vermehrt worden. Die Wärmespeicher LR_1 und LR_2 laufen direkt unter den Kopfenden der Oefen entlang und stehen mit jedem Sohlkanal SK_1 und SK_2 durch eine mit Schiebersteinen verschliessbare Oeffnung OL_1 und OL_2 in Verbindung.

Die gegen das Heizkanalsystem vollständig abgeschlossenen Ofenkammern besitzen im Deckengewölbe zwei Oeffnungen GA, durch welche die bei der Verkokung sich entwickelnden Gase zu den Apparaten der Kondensationsanstalt abziehen.

Das von Teer, Ammoniak (und leichten Kohlenwasserstoffen) gereinigte Gas sammelt sich in einem Gasometer, um von hier aus unter Druck in einem sog. Gasdruckrohr zu den Oefen geleitet zu werden. Am Ende dieser Leitung ist eine Wechselklappe eingestellt, durch welche das Gas abwechselnd den beiden, an den Längsseiten jeder Ofengruppe sich entlang ziehenden Rohrleitungen GDR_1 und GDR_2 zugeführt wird. Die

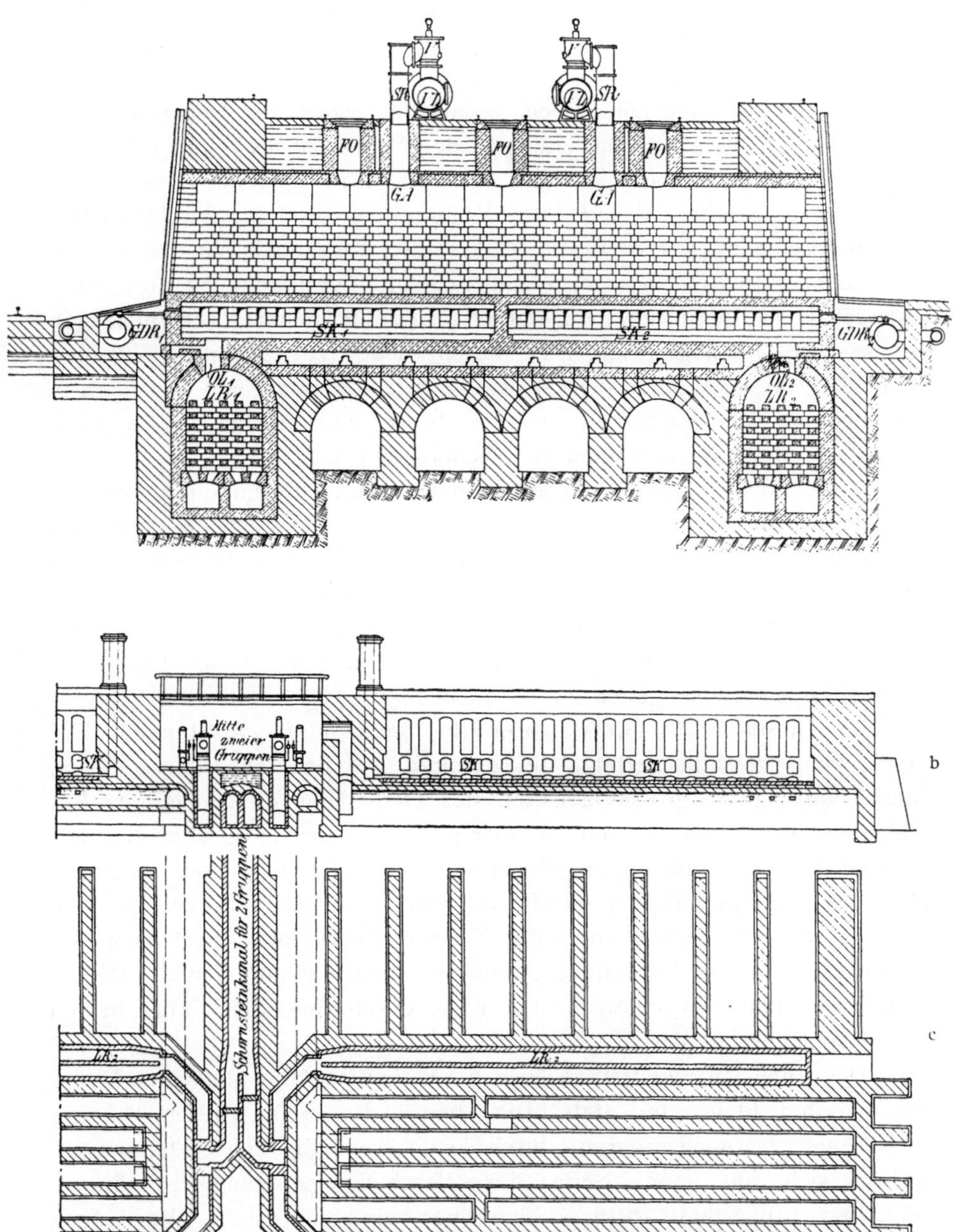

Fig. 208a—c.

Otto-Hoffmann-Koksöfen mit Luftregeneratoren.

Rohrleitungen liegen im Niveau der Sohlkanäle, in welch letztere bei jedem einzelnen Ofen eine durch einen Hahn verschliessbare Gasdüse von 34 mm $\varnothing$ abzweigt.

Der Betriebsgang eines Ofens ist nun folgender: die Heizgase treten durch die Gasdüse einer Rohrleitung in den Sohlkanal SK_1 einer Ofenseite ein, und mischen sich hier mit der aus dem Wärmespeicher dieser Ofenseite eintretenden heissen Luft. Die Verbrennungsprodukte durchstreichen die Sohlkanalhälfte, treten in die senkrechten Heizkanäle ein und steigen in denselben bis zu dem beide Wandkanalhälften verbindenden Horizontalkanal HK hoch. Durch letzteren strömen sie zu den senkrechten Heizzügen der zweiten Ofenhälfte, fallen in diesen wieder zur anderen Sohlkanalhälfte SK_2, durchstreichen den Sohlkanal, gelangen am Ende desselben in den zweiten Wärmespeicher, erhitzen diesen und ziehen endlich durch die untere Abteilung desselben zum Schornstein ab.

Ist der Wärmespeicher dieser Ofenseite durch die hindurchgehenden Abgase auf eine hohe Temperatur gebracht, dann hat auch derjenige auf der anderen Seite des Ofens soviel Wärme an die durchströmende Luft abgegeben, dass eine Umstellung der Wechselklappen für Gas- und Luftzuführung erfolgen kann. Letzteres geschieht in Zwischenräumen von $^1/_2$—1 Stunde. Nach Umstellung der Wechselklappen ist der Gang der Ofenbeheizung der umgekehrte.

Bei dieser Betriebsweise garen die Oefen in 44—48 Stunden. Die Beschickung derselben erfolgt abwechselnd, wie bei den Coppée-Oefen, einmal um ein zu grosses Erkalten der Oefen bei gleichmässiger Beschickung zu vermeiden, sodann aber auch, um beständig über eine annähernd gleiche Gasmenge zur Beheizung der Oefen und eine annähernd gleiche Gasmenge bei der Gewinnung der Nebenprodukte zu verfügen.

Die Verbrennungsluft wird durch kleine Ventilatoren, welche in der Kondensationsanstalt Aufstellung gefunden haben und dort von der Hauptantriebsmaschine aus angetrieben werden, durch eine Rohrleitung zu den Wärmespeichern geblasen.

Das Anheizen und Heissstochen der Oefen findet in derselben Weise wie bei den Flammöfen statt. Die Abgase der Oefen treten bei geschlossenen Gasabzugsrohren durch leicht verschliessbare Oeffnungen, welche sich auf einer Seite der Beschickungsöffnungen befinden, (Fig. 209a u. b, Schnitt g—h) in den über den senkrechten Wandzügen befindlichen Horizontalkanal, mischen sich hier mit Luft, welche von den Kopfenden der Oefen aus eingelassen wird, und ziehen dann durch die senkrechten Heizzüge, den Sohlkanal und Wärmespeicher zum Schornstein ab. Ist die nötige Wärmemenge in den Regeneratoren vorhanden, dann werden die Schieber der Gasabzugsrohre geöffnet und diejenigen in den Verbindungskanälen zwischen Ofenkammer und Heizraum geschlossen.

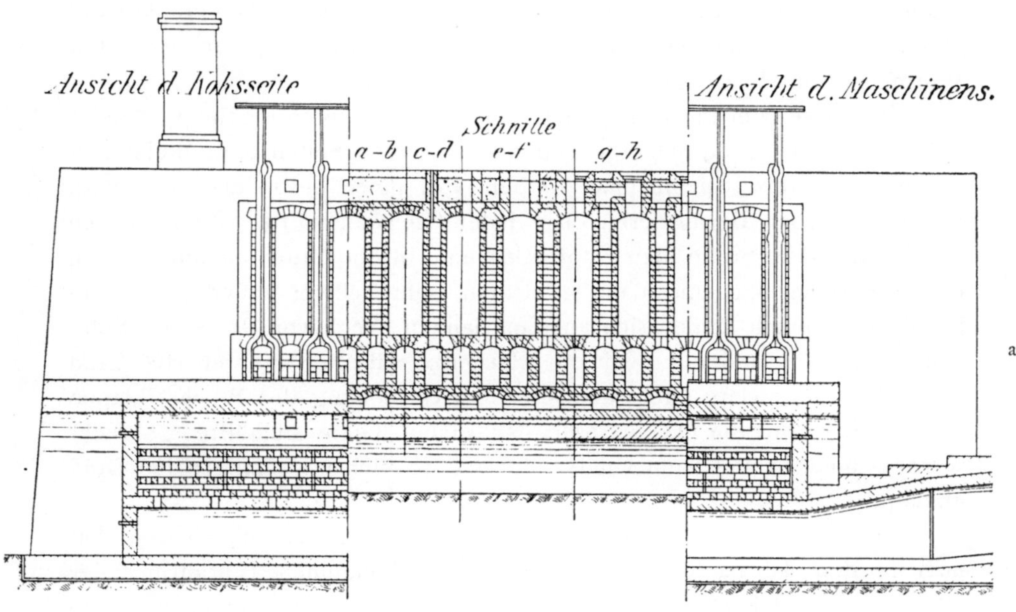

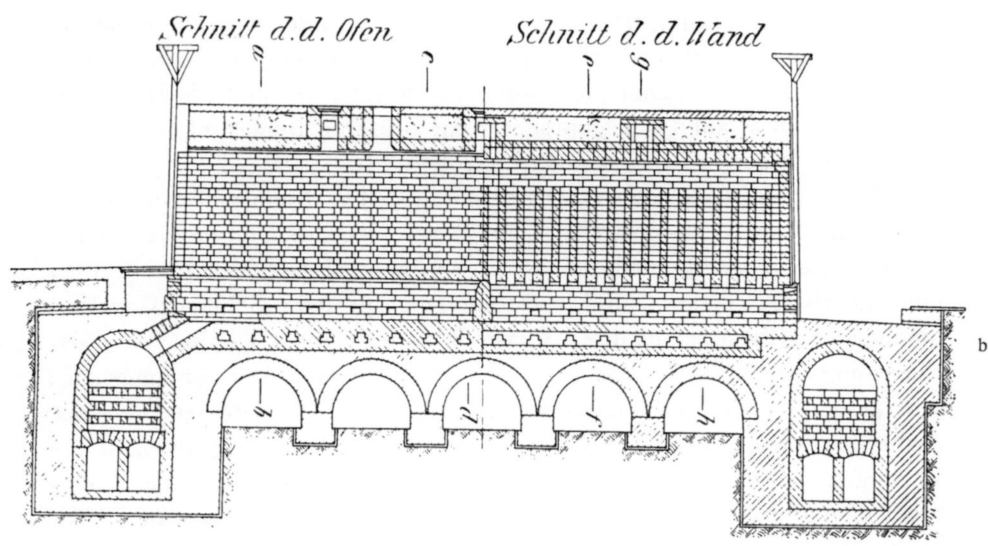

Fig. 209a u. b.

Neueste Otto-Hoffmann-Koksöfen-Ausführung 1894—1896.

Die Nachteile der Oefen, welche beim Betrieb derselben sich im Laufe der Jahre herausstellten, sind folgende: Durch das gleichzeitige Zusammentreffen von Gas und hocherhitzter Verbrennungsluft an den zusammenliegenden Austrittsstellen entsteht in den Sohlkanälen eine Stichflamme, welche leicht zu Schmelzungen des Ofenmaterials Veranlassung giebt. Aus dem gleichen Grunde ist auch die Verteilung der erzeugten Wärme in den Heizkanälen eine ungleichmässige.

Die Gase ziehen nicht gleichmässig durch die 16 Oeffnungen jeder Sohlkanalhälfte in die entsprechenden senkrechten Seitenzüge; diejenigen in der Nähe der Stichflamme werden von ihnen besonders bevorzugt. Dieses sind aber die mittleren Züge jeder Ofenwandhälfte. Infolgedessen ist der Kokskuchen an den Kopfenden und in der Mitte nur auf Kosten längerer Beheizung und dann auch nur sehr schwer völlig gar zu bekommen. Endlich kühlen sich auf dem langen Wege von der einen Sohlkanalhälfte zur anderen auch die Heizgase selbt um mehrere 100 Grad ab, sodass die zweite Ofenwandhälfte bei Umstellung der Wechselklappe erst wieder auf die Temperatur der ersten Ofenwandhälfte gebracht werden muss, wobei dann wieder die erstere sich um mehrere 100 Grad abkühlt.

Um diesen Uebelständen wenigstens einigermassen abzuhelfen, hat man in den Jahren 1894 bis 1896 bis zur allgemeinen Einführung der Ottoschen Unterfeuerungsöfen eine Reihe von Abänderungen, und man kann sagen mit gutem Erfolge, an den Otto-Hoffmann-Oefen vorgenommen (Fig. 209a u. b, 210 und 211). Die frühere Ofenbreite von 0,6 m ist auf 0,53 m herab gesetzt und gleichzeitig zur Erreichung eines grösseren Kohleneinsatzes die Länge der Oefen von 9 auf 10 m und die Höhe derselben von 1,6 m auf 1,8 m gebracht. Zur besseren Beheizung der Ofenwände sind folgende Einrichtungen getroffen:

Unter den senkrechten Heizzügen in jeder Ofenwandhälfte, deren Zahl von 16 auf 17 vermehrt ist, hat man einen besonderen Horizontalkanal, den sog. Verbrennungskanal, angeordnet. Dieser Kanal steht aber nicht durch 17, sondern durch 7 Oeffnungen mit dem Sohlkanal in Verbindung (Fig. 209b). Auf diese Weise ist es ermöglicht worden, dass das Beheizungsgas, dessen Düse vom Sohlkanal in den Verbrennungskanal verlegt wurde, sich in letzterem, sowie die erhitzte Luft im Sohlkanal ausbreitet, bevor die Vereinigung beider durch die geringere Zahl von Verbindungöffnungen stattfindet. Die Praxis hat gezeigt, dass keine Schmelzungen mehr vorkommen und die Köpfe und die Mitte der Kokskuchen besser und gleichmässiger garen.

Um sodann noch das bedeutende Sinken der Hitze in der Ofenwandhälfte, in welcher die Verbrennungsprodukte nach unten ziehen, zu verhindern, führte man anfänglich aus kleinen Gasröhren, welche unabhängig von den Wechselklappen ständig Gas ausbliesen, auf beiden Kopfseiten der Oefen in den die beiden Ofenwandhälften verbindenden oberen Horizontalkanal frisches Heizgas ein. Neuerdings hat man jedoch diese Rohre wieder abgestellt und erzielt noch bessere Resultate dadurch, dass man

Fig. 210.

Otto-Hoffmann-Oefen mit einreihigen Wandheizkanälen auf Zeche Shamrock III/IV.
Erbaut im Jahre 1895.

Fig. 211.

Otto-Hoffmann-Oefen mit doppelreihigen Wandheizkanälen auf dem Hörder Bergwerks- und Hütten-Verein.
Erbaut im Jahre 1896.

in den genannten Horizontalkanal von der Decke des Ofens aus ständig nur einen, aber einen stärkeren Gasstrom, an der Stelle eintreten lässt, an welcher die Verbrennungsprodukte in die zweite Hälfte der Ofenwände übertreten (Fig. 209a, Schnitt c—d). Die Folge dieser Anordnung ist, dass die beiden Wandhälften des Beheizungssystems annähernd auf der gleichen Beheizungstemperatur gehalten werden können. In der Praxis ist dieses derart in die Erscheinung getreten, dass die Garungsdauer der Oefen nunmehr nur noch 36 bis herab zu 30 Stunden beträgt. Als Neuerung seit Einführung dieser Betriebsweise ist noch hervorzuheben, dass man jetzt die aus den Wärmespeichern abgehende Abhitze nicht mehr, wie früher, durch den Schornstein entweichen, sondern durch die Flammrohre von Dampfkesseln gehen lässt.

Um den Ofen auch für die Verkokung von wenig gasreicher Kohle (16 %) auf Zeche Eintracht Tiefbau benutzen zu können, hat die Firma Dr. Otto & Co. bei einer im Jahre 1893 auf dem Schachte Heintzmann genannter Zeche erbauten Anlage die Ofenkammerbreite auf 490/410 mm verringert und zugleich die Zwischenwand der Oefen mit zwei Reihen senkrechter Wandzüge versehen (Fig. 212 a—c). Die Vorzüge derartiger Doppelwandheizkanäle sind eingehend bei dem Brunckschen Ofen behandelt worden; auf die dort gemachten Ausführungen wird daher verwiesen. Die Zwischenwände der Oefen haben 840 mm Breite, wovon 80 mm auf die mittlere Standmauer und je 380 mm auf die Heizkanäle entfallen; demnach beträgt die mittlere Breite von Ofenmitte bis Ofenmitte 1250 mm. Die Oefen fassen 5 t und garen bei einem Ausbringen von 75 —76 % in 30 Stunden. Die Jahresproduktion pro Ofen beträgt 1300 t; das Ausbringen an Nebenprodukten ist infolge der wenig fetten Beschaffenheit der Kohle gering.

Aus Tabelle 35 ist zu ersehen, auf welchen Schachtanlagen Otto-Hoffmann-Oefen zur Zeit in Betrieb stehen; zugleich ist das Jahr der Erbauung nebst Ofenzahl der in jedem Jahr hergestellten Oefen angegeben.

Die Ofenfüllung der Oefen schwankt je nach der Ofenbreite und Ofenhöhe und beträgt, abgesehen von den Oefen auf Zeche Eintracht Tiefbau bei den älteren Oefen mit 44—48 stündiger Garungsdauer 5,75 t und bei den neueren mit 36—30 stündiger Garungsdauer 6,25 t. Das Ausbringen pro Jahr und Ofen ist dementsprechend verschieden und stellt sich im Durchschnitt auf 1100 bezw. 1450 t. Das höchste Ausbringen mit 1558 t (74 % der Kohlenfüllung) erzielte man im Jahre 1900 auf der Zeche Shamrock III/IV.

Die Ausbeute an Nebenprodukten schwankt je nach Beschaffenheit der verwendeten Kohle beträchtlich; dieselbe beträgt an Teer 0,95—3,02 % und an schwefelsaurem Ammoniak 0,78—1,11 %.

Die in den einzelnen Ofenteilen herrschenden Temperaturen sind

Tabelle 35.

Schachtanlage	Jahr der Erbauung	Anzahl der Oefen	Insgesamt pro Jahr:
Kaiserstuhl I	1884	62	62
Germania II	1885	60	—
Amalia	1885	60	120
Julia	1890	60	—
Recklinghausen II	1890	60	120
Eintracht Tiefbau, Schacht Heintzmann	1893	60	60
Constantin der Grosse III . . .	1894	60	—
Gneisenau	1894	60	—
Pluto, Thies.	1894	40	160
Constantin der Grosse II	1895	60	—
Concordia II	1895	60	—
Graf Schwerin	1895	60	—
Neu - Iserlohn I	1895	60	—
Shamrock I / II	1895	60	—
» III/IV	1895	60	—
Friedrich der Grosse*)	1895	60	420
Prinz Regent	1896	60	—
Holland III / IV	1896	60	—
Osterfeld	1896	60	180
Centrum I / III	1897	60	60
		1182	

*) Sind 1886 gebaut und 1895 umgebaut.

folgende: In den Heizkanälen 1100—1400°, im Wärmespeicher bei Beginn der Luftzuströmung 800—1000° und beim Aufhören derselben 600—700° C.

Auf das Kubikmeter Ofenfüllung kommen etwa 9,25 qm beheizte Fläche. Unter Verwendung der Abhitze und des Gasüberschusses zur Dampferzeugung werden pro Kilogramm eingesetzter nasser Kohle, berechnet nach dem Durchschnitt einer Reihe älterer und neuerer Anlagen, 0,4 kg und pro Quadratmeter Heizfläche und Stunde 10,42 kg Wasser verdampft. Der Wert der Ersparnis an Kohlen durch die Abhitze von 60 neueren Oefen betrug beispielsweise im Jahre 1900 auf Shamrock III/IV 65 000 M.

Die Kosten für eine Anlage von 60 Otto-Hoffmann-Oefen mit Kondensation und Ammoniakfabrik stellen sich auf 750—800 000 M. und erhöhen sich bei Hinzunahme einer Benzolfabrik noch um 100—120 000 M.

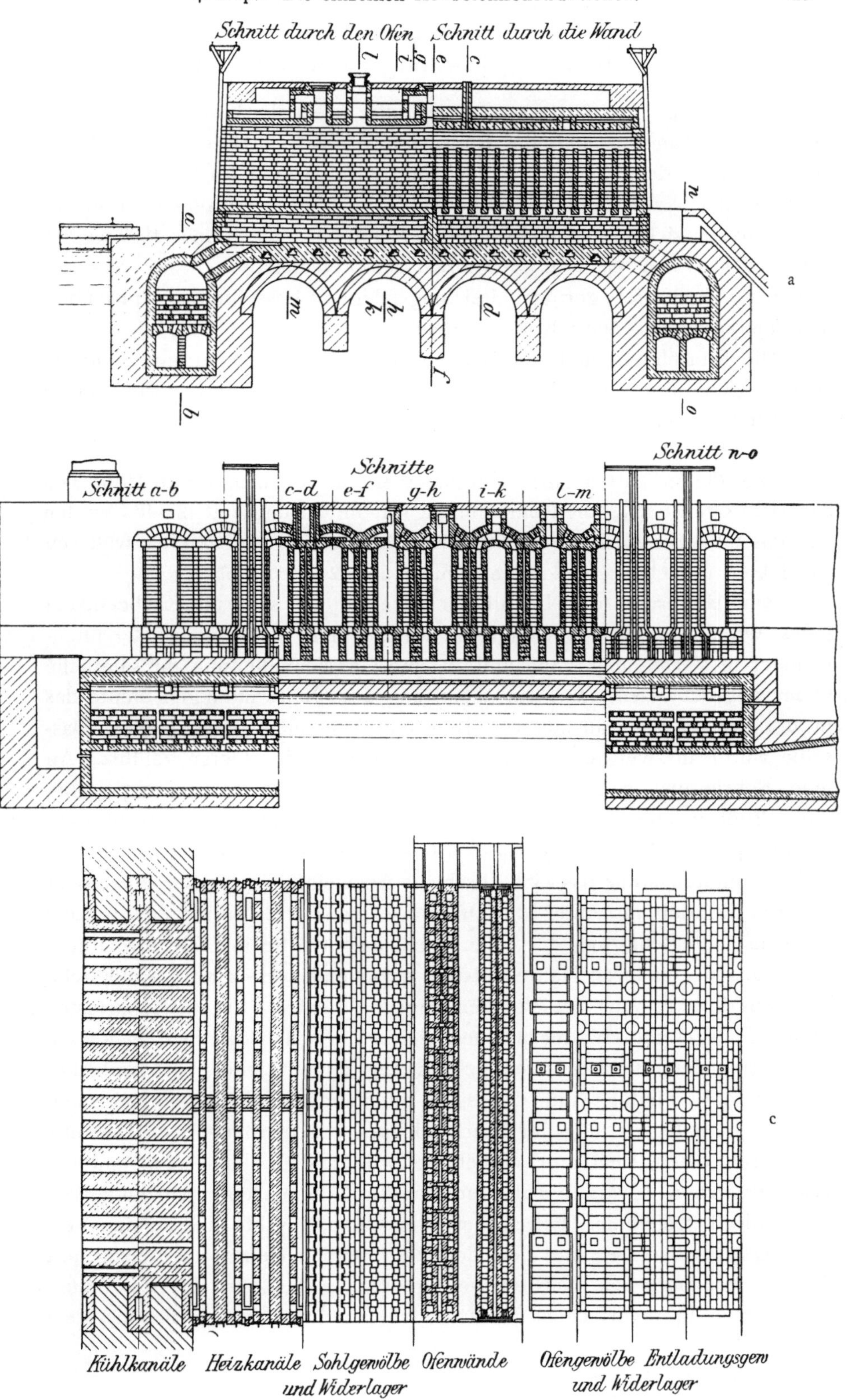

Fig. 212 a—c.

Otto-Hoffmann-Koksöfen mit doppelreihigen Wandheizkanälen. Ausführung 1896.

Bienenkorboefen mit Gewinnung der Nebenprodukte.

Die Firma Dr. Otto & Co. hat die Bienenkorböfen, welche auf der Zeche Shamrock I/II der Bergwerksgesellschaft Hibernia bei Herne um die Mitte der 80er Jahre noch in Betrieb waren, zu Oefen mit Gewinnung der Nebenprodukte umgebaut. Die hierbei getroffenen Einrichtungen haben sich bis zum Abwerfen der Oefen, welches Ende 1899 wegen Alters der Oefen erfolgte, bewährt. Eine Neuanlage dieses Systems erschien wegen der geringen Leistungsfähigkeit desselben, — pro Ofen und Jahr etwa 400—500 t Koks — nicht ratsam.

Die Einrichtung und der Betrieb dieser abgeworfenen, mit Siemensschen Regeneratoren versehenen Koksofenanlage, welche in Fig. 213 a und b im Grundriss und Querschnitt wiedergegeben ist, vollzog sich folgendermassen:

Die Oefen hatten einen Durchmesser von 3,4 m und eine Höhe von 2 m. Pro Ofen betrug die Kohlenfüllung 4 t, die Garungszeit 42—48 Stunden und das jährliche Ausbringen 450—480 t. Letzteres war gegen den früheren Betrieb ohne Nebenproduktengewinnung um 12—15 $^0/_0$ höher.

Zur Abführung der Destillationsgase befand sich im Korbcentrum jedes Ofengewölbes ein Steigrohr, welches mit dem Innern der Ofenkammer in Verbindung stand und an eine Gassammelleitung für sämtliche Oefen angeschlossen war. Zur Beheizung der Ofenwandungen diente das in der Kondensationsanstalt von Teer und Ammoniak befreite Gas. Dasselbe wurde in zwei getrennten Rohrleitungen zu den Oefen geführt. An jede Rohrleitung war für jeden Ofen eine besondere Abzweigleitung, deren Ende in einer Düse unter der Sohle des Ofens auslief, angeschlossen. Dementsprechend konnte je nach Stellung eines Schiebers in dem Gesamtgaszuleitungsrohr das Gas durch die Abzweigleitungen der einen oder anderen Rohrleitung unter die Ofensohle treten. Es wurde dadurch die abwechselnde Beheizung der einen Ofenkammerhälfte mit frischen Brenngasen und der anderen Hälfte mit den abziehenden Heizgasen ermöglicht.

Zur Vorwärmung der Verbrennungsluft dienten zwei mit feuerfesten Steinen ausgesetzte Wärmespeicher, welche zwischen den in zwei Reihen neben einander erbauten Oefen sich entlang zogen. Jeder Wärmespeicher hatte eine Verbindung mit der einen oder anderen Hälfte des Ofensohlkanals. Je nach Stellung der Wechselklappe durchströmte beim Betriebe die durch einen Ventilator eingeblasene Luft den einen oder anderen Wärmespeicher, erwärmte sich hier, trat durch die einzelnen Verbindungen unter die betreffenden Hälften der Ofensohlen, mischte sich an den Verbindungsaustrittsstellen mit dem dort eintretenden Heizgas, durchzog, mit diesem zusammen zur Verbrennung gebracht, das aus der Zeichnung ersichtliche, in mehrfachen Schlangenlinien gekrümmte Heizkanalsystem

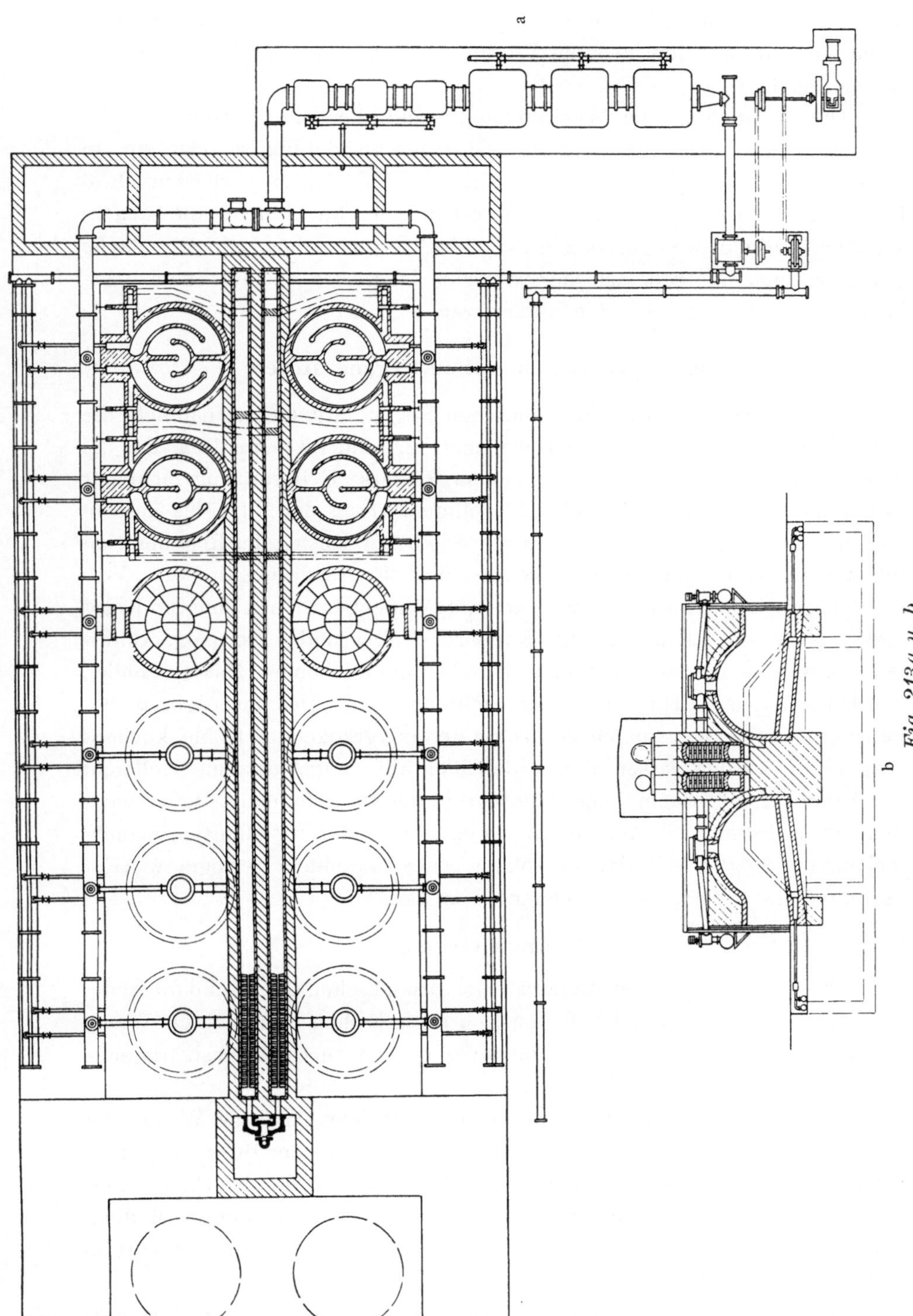

Fig. 213a u. b.

Bienenkorb-Koksöfen mit Gewinnung der Nebenprodukte auf Zeche Shamrock I/II von Dr. Otto.

der betr. Oefen und gelangte endlich durch die andere Hälfte der Sohlkanäle in die mit dem zweiten Wärmespeicher in Verbindung stehenden
Abzugskanäle.

Die Umstellung der Wechselklappe und die damit verbundene Zu-
bezw. Offenstellung der beiden Gaszuführungsleitungen erfolgte in
Zwischenräumen von einer halben Stunde. Im Vergleich zu den Otto-
Hoffmann-Oefen machten sich die dort geschilderten Nachteile für die Bienenkorböfen deshalb weniger bemerkbar, weil die zu beheizende Ofenfläche
geringer, und infolgedessen der von den Heizgasen in den Beheizungs-
kanälen zurückzulegende Weg kürzer war.

c) Destillations=Oefen ohne Regeneratoren.

Die Mängel der Otto-Hoffmannschen Regenerativ-Oefen, nämlich die
abwechselnde, ungleichmässige Beheizung der beiden Ofenhälften, die bei
Anwendung nur eines Brenners entstehende starke Ueberhitzung einzelner
Wandteile, die kaum zu erreichende völlige Garung der Mitte des Kohlenkuchens, sowie endlich die verhältnismässig hohen Kosten der Regeneration
bildeten im letzten Jahrzehnt die Richtschnur für Aenderungen bezw. Verbesserungen beim Koksofenbau. Die daraufhin entstandenen neueren Koksofensysteme von Brunck, Otto-Ruppert, Collin und Otto (sog. Unterfeuerungsöfen) sind zwar alle in mehr oder minder hohem Masse, ähnlich
wie Hüssener, mit Erfolg nach der Richtung einer gleichmässigeren Beheizung der Ofenwandungen und somit des zu verkokenden Kohlenkuchens
ausgebildet worden, lassen aber leider auch alle, mit Ausnahme vielleicht
des Brunckschen Systems, den Hauptvorteil der Otto-Hoffmann-Oefen, nämlich die höchstmögliche Winderhitzung und den dadurch bedingten, manchmal für die Möglichkeit der Verkokung entscheidenden geringeren Gasverbrauch zur Beheizung der Oefen vermissen.

Brunck-Oefen.

Die charakteristischen Merkmale des Brunckschen Ofens sind folgende:
1. In jeder Ofenwand befinden sich zwei Reihen senkrechter Wandheizkanäle, welche durch eine massive, die ganze Deckenlast tragende
Mittelwand getrennt sind.

Durch diese Anordnung wird zunächst erreicht, dass die Wände der
Heizkanäle an der Seite der Ofenkammern bezw. nach der Beheizungsstelle
hin möglichst dünn hergestellt werden können; die in den Heizkanälen erzeugte Hitze wird somit durch das für die Praxis denkbar kleinste Medium
auf den zu verkokenden Kohlenkuchen übertragen und auf das vorteil-
hafteste ausgenutzt.

Die Grenze, welche durch konstruktive und betriebliche Rücksichten
geboten erscheint, liegt bei 60 bezw. 80 mm Wandstärke. Denn einmal

müssen die Wände beim Ausdrücken des Kokskuchens, besonders bei stark blähender Kohle, einen immerhin beträchtlichen Seitendruck aushalten können — der Vorteil der rascheren Verkokung bei dünnen Wänden darf also nicht den Nachteil häufiger Reparaturen nach sich ziehen —, sodann ist auch das für Destillationskokereien unumgänglich notwendige Dichthalten der Ofenkammern bei allzu dünnen Wänden gar nicht zu erreichen. Je nach Führung des Betriebes wären daher direkte Verluste an Nebenprodukten oder der ebenso schädliche Eintritt von Verbrennungsgasen aus den Heizkanälen in die Ofenkammer die unvermeidliche Folge.

Ferner spricht für die Anordnung der doppelten Wandheizkanäle der Umstand, dass der Verkokungsprozess umso günstiger verläuft, je grösser das Verhältnis zwischen beheizter Fläche und Ofeninhalt genommen wird. Dieses Verhältnis ist aber beim Brunckschen Ofen gegenüber den übrigen Systemen mit einfachen Heizkanälen ein recht bedeutendes; es kommen nämlich auf 1 cbm Fassungsraum des Brunckschen Ofens 13,1 qm beheizte Fläche, gegenüber 9,25 qm bei Otto-Hoffmann-Oefen. Die Folge ist, dass bei richtig geleiteter Beheizung die Garungsdauer kürzer wird.

Des Weiteren ist die Anwendung der doppelten Heizkanäle aus dem Grunde zu empfehlen, weil die Ofenkammern infolge der festen, standsicheren Ofenzwischenwand höher und somit für dieselbe Kohlenfüllung enger als bei Systemen mit einfachen Wandheizkanälen genommen werden können. Hierdurch wird aber wieder eine beträchtliche Verminderung der Garungsdauer erzielt, da die Verkokung naturgemäss nicht gleichmässig von aussen nach dem Innern des Kohlenkuchens fortschreitet, sondern vielmehr mit der Entfernung von der Wärmequelle immer mehr abnimmt. Als Erfahrungssatz, der sich auch theoretisch beweisen lässt, kann man in dieser Beziehung aufstellen, dass unter sonst gleichen Bedingungen die Garungszeiten proportional sind den Quadratwurzeln aus den Ofenbreiten.

Sodann ermöglichen die doppelten Wandheizkanäle eine unausgesetzte, gleichmässige Beheizung des Ofeninhaltes von beiden Seiten her; letzteres ist bei Oefen mit einräumigen Beheizungszwischenwänden, besonders zu Zeiten der Füllung der Nachbaröfen unmöglich; es tritt auf längere Zeit ein Stillstand, wenn nicht gar ein Rückgang in der Verkokung des halbgaren Kohlenkuchens ein, da die frisch gefüllten, kalten Nachbaröfen die in den Heizkanälen erzeugte Wärme zunächst nahezu allein für sich in Anspruch nehmen und erst mit der allmählich fortschreitenden Verkokung wieder mehr und mehr Wärme zur Beheizung des halbgaren Ofens zur Verfügung stellen.

Bei Betriebsunterbrechungen, Sonntagsruhe, Wagenmangel usw. und insbesondere bei Produktionseinschränkungen ist ferner der gleichmässige Betrieb der Destillationsöfen mit einräumigen Beheizungszwischenwänden nur äusserst schwer und bei verhältnismässig gasarmen Kohlen überhaupt nicht aufrecht zu erhalten; bei der Brunckschen Einrichtung der doppelten Wandheizkanäle dagegen kann jeder Ofen, sobald er der Heizung nicht mehr bedarf, leicht vollständig abgeschlossen werden, ohne noch weiteres Heizgas zur Vermeidung von Abkühlungen bezw. zur Beheizung der Nachbaröfen zu beanspruchen.

Endlich haben die doppelten Heizkanäle in Verbindung mit der die Ofendecke tragenden Zwischenwand der Brunckschen Oefen und der Anordnung des Steinschnittes den konstruktiven Vorteil, dass bei etwa notwendig werdenden Reparaturen die Auswechslung der Ofenwände erfolgen kann, ohne die festen Mittelwände und die Ofendecke in Mitleidenschaft zu ziehen und ohne eine zu grosse Zahl von Oefen ausser Betrieb zu setzen.

2. Die Beheizung der Bunckschen Oefen erfolgt ununterbrochen von beiden Ofenköpfen aus durch je eine Sohlen- und je zwei Wandflammen.

Gemäss den vorhergegangenen Ausführungen zu 1. ist erwiesen, dass der Bruncksche Ofen die Möglichkeit einer schnellen, intensiven und ungestört gleichmässigen Uebertragung der in den Heizkanälen erzeugten Wärme auf den Kohlenkuchen zulässt. Diese von ihm geschaffene Möglichkeit nutzt Brunck in der Wirklichkeit dadurch aus, dass er im Gegensatz zu Otto-Hoffmann anstatt einer Sohlenflamme mit Zugumstellung, welche, wie wir oben gesehen haben, eine gleichmässige Uebertragung der erzeugten Wärme nicht gestattet, eine Reihe von verschieden grossen Flammen in folgender zweckentsprechender Verteilung anwendet. Unter Weglassung des bei Regenerativöfen angewandten Prinzips der Zugumkehrung, werden, wie aus Fig. 214a u. b zu ersehen ist, die Bunckschen Oefen von den beiden Stirnseiten aus und zwar jede Ofenhälfte für sich gesondert und unabhängig voneinander durch eine grössere Sohlenflamme und zwei kleinere Wandflammen geheizt.

Die Verbrennungsprodukte der Sohlenflamme breiten sich im ersten Drittel des durch drei Quermauern in vier Abteilungen zerlegten Sohlenkanals aus, treten dann durch je 11 zu beiden Seiten des Kanals ausgesparte Oeffnungen in die entsprechenden, senkrechten Wandheizkanäle und steigen in diesen hoch bis zu den unterhalb der Ofendecke liegenden beiden Horizontalkanälen.

Der Forderung, dass die in den Heizkanälen erzeugte Wärme vorteilhaft zu verteilen bezw. allen Teilen des Ofens gleichmässig zuzuführen ist, weil nur dadurch ein Ueberhitzen einzelner Ofenteile vermieden und an anderen Stellen ein Zurückbleiben des Kohlenkuchens in der Garung verhindert werden kann, trägt Brunck sodann dadurch Rechnung, dass er im Gegensatz zu Otto-Hoffmann die durch die Beheizung des ersten Ofendrittels ziemlich ausgenutzten, jedenfalls nicht mehr besonders heizkräftigen Verbrennungsprodukte der Sohlenflamme durch Einführung je einer kleinen Wandflamme in die beiden oberen

horizontalen Heizkanäle auffrischt. Diese aufgefrischten und zur gleichmässigen Wärmeabgabe wieder geeigneten Gase ziehen durch die
beiden verhältnismässig grossen Horizontalkanäle zur mittleren Abteilung
des Ofens und durch die hier befindlichen fünf senkrechten Heizkanäle
(Fig. 214a) abwärts in die entsprechende mittlere Abteilung des Sohlkanals. Von hier aus werden die wieder vereinigten Verbrennungsprodukte
auf dem kürzesten Wege in einen der darunter befindlichen Gassammelkanäle abgeführt.

Die auf allen Brunckschen Anlagen erzielten Resultate gleichmässig
garer Kokskuchen, sowohl an den Kopfenden wie auch in der Mitte, liefern
den Beweis, dass die Beheizung der Brunckschen Oefen als zweckentsprechend angesehen werden muss. Sollten etwaige Unregelmässigkeiten
in der Beheizung während des Drückens durch einen Blick in die Ofenkammer bemerkt werden, so können dieselben bei der nächsten Charge
durch stärkere oder geringere Gasaufgabe an der betreffenden Sohl- oder
Wandflamme beseitigt werden. Zu wünschen wäre jedoch, dass in ebenso
vollkommener Weise, wie bei den weiter unten beschriebenen Hüssener-
und Ottoschen Unterfeuerungs-Oefen, auch die einzelnen den Ofen umgebenden Züge bei etwaigen Unregelmässigkeiten in der Beheizung von
aussen beobachtet werden könnten.

3. Die Vorwärmung der für die Beheizung benötigten Luft- und Gasmengen geschieht bei den Brunckschen Oefen auf rekuperativem Wege
und zwar

    a) durch Ausnutzung der im Koksofen selbst erzeugten Wärme,

    b) durch die von den Oefen zur Kondensation abgesaugten heissen
       Destillationsgase und

    c) durch den Abhitzedampf der Betriebsmaschine der Kondensation.

Die immer mehr sich Bahn brechende Erkenntnis der Wichtigkeit
einer intensiven Luft- und Gasvorwärmung für die Steigerung der
Flammentemperatur und die Erzielung eines möglichst grossen Gasüberschusses war für Brunck, der auf seiner ersten Versuchsanlage die Luft
nur in den Fundamentgewölben und in den zum Schutze der Sohle ausgesparten Kühlkanälen mässig vorwärmte, die Veranlassung, auf die Ausnutzung der verschiedenen Abwärmemengen zur Luft- und Gasvorwärmung
möglichst Bedacht zu nehmen. Bei diesem Bestreben suchte er auf
rekuperativem Wege, und man kann sagen mit Erfolg, zu erreichen, was
Otto-Hoffmann freilich in noch höherem Masse — jedoch unter der Gefahr
von Ueberhitzungen der Sohlkanäle — mit seinem Regenerativprinzip erzielte. So entstand der zwischen den beiden Abhitzekanälen liegende,
einem Siemensschen Wärmespeicher ähnliche Lufterhitzer (s. Fig. 214a).
Neuerdings ordnet Brunck für die Verarbeitung gasärmerer Kohlen zwei
oder mehrere solcher Lufterhitzer an, sodass beispielsweise bei zwei der-

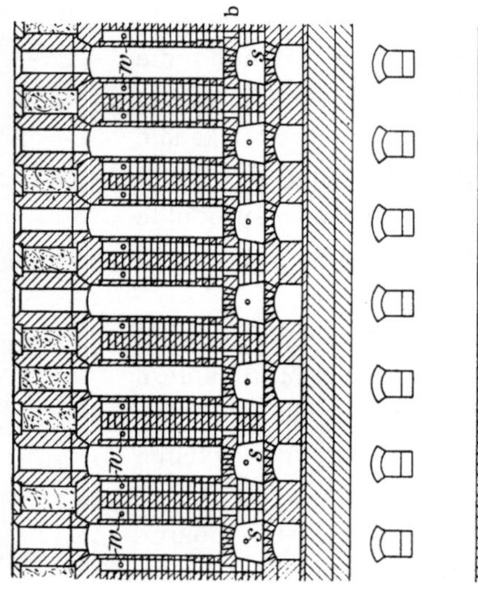

W = Wandflammen,
S = Sohlenflammen.

Fig. 214 a u. b.

Querschnitt durch eine Koksofen-Batterie »System Brunck«.

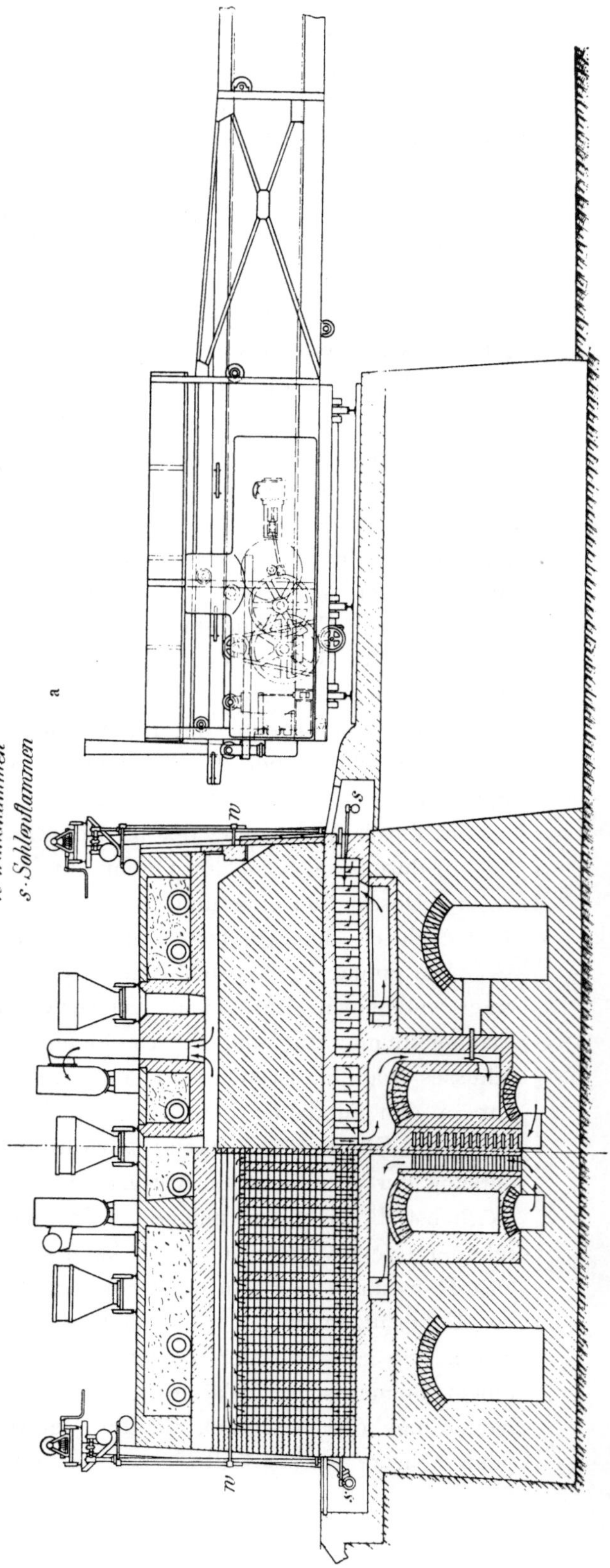

w Wandflammen
s Sohlenflammen

selben die Luftvorwärmung für jede Ofenhälfte sich nahezu ebenso intensiv gestaltet, wie früher für den ganzen Ofen.

Die durch einen von der Betriebsmaschine der Kondensation mittels Riemenübertragung angetriebenen Ventilator, System Pelzer, in den Lufterhitzer eingeblasene Luft steigt durch das feuerfeste Steingitter zwischen den beiden Füchsen empor, streicht auf ihrem weiteren Wege über die Gewölbe des Fuchses hin und gelangt durch die Kühlkanäle dem Wege der Abgase entgegen nach oben zum Sohlkanal; hier mischt sie sich mit dem Heizgase der Sohlenflamme und durchzieht in vorher beschriebener Weise mit diesem zusammen die Heizkanäle.

Der Forderung einer guten Mischung von Gas und Luft behufs leichter und rascher chemischer Vereinigung ist, wie Fig. 214a veranschaulicht, durch nahes Zusammenlegen des Luft- und Gaseintritts Rechnung getragen; hierbei muss noch hervorgehoben werden, dass sowohl das Gas, wie auch die Luft unter einem gewissen Druck rechtwinklig aufeinander stossend, und somit keine Stichflamme erzeugend, in den Sohlkanal einströmen.

Behufs Vermeidung der Zuführung eines Ueberschusses an Luft zu den Sohlenflammen, welcher erklärlicher Weise den Effekt der Verbrennung herabmindert, wird des Weiteren bei den neueren Brunckschen Anlagen den vier oberen Wandflammen ebenfalls besonders vorgewärmte Luft an den Gasaustrittsstellen direkt zugeführt. Für diesen Zweck werden die den Ofen verlassenden, heissen Destillationsgase nutzbar gemacht. In entsprechend konstruierten Apparaten (Röhren-Kühler bezw. Vorwärmer) strömt die kalte Verbrennungsluft den heissen Destillationsgasen nach dem Gegenstromprinzip entgegen, erwärmt sich hierbei und gelangt darauf zu den oberhalb der Oefen im Deckenmauerwerk liegenden eisernen Luftsammelröhren (Fig. 214a). Die auf diese Weise mässig erwärmte und vor Abkühlung geschützte Luft wird von hier aus jeder einzelnen Wandflamme durch besondere, kleinere, mit Regulierhähnen versehene Abzweigrohre zugeführt. Neuerdings führt Brunck die durch die Destillationsgase vorgewärmte Luft auch dem Winderhitzer und den Sohlflammen zu.

Endlich wird auch, und zwar bisher einzig dastehend, das kalte, die Kondensation verlassende Heizgas von 15—20° C. in einem besonderen Gasvorwärmer auf eine Temperatur von etwa 90° C. erwärmt. Der Gasvorwärmer, ein nach Art der Wasserröhrenkühler mit doppeltem Boden und eingesetzten Rohren versehener eiserner Cylinder, empfängt den Abdampf der Kondensationsbetriebsmaschine. Letzterer umspült die Rohre und giebt, sich zu Wasser kondensierend, seine Wärme an das die Rohre durchziehende Heizgas ab. Durch die Vorwärmung desselben werden ausserdem die im Betriebe sich so unangenehm bemerkbar machenden Naphthalin-Verstopfungen in den Zuleitungsröhren vermieden.

Bei den Brunckschen Oefen sind demnach die wichtigsten Vorbedingungen für einen günstigen Verlauf des Verkokungsprozesses erfüllt und daher mit denselben in der Praxis auch befriedigende Resultate erzielt. Zur Zeit befinden sich, abgesehen von der im Jahre 1893 erbauten, aus sechs Versuchsöfen bestehenden Anlage auf Kaiserstuhl I, deren Ansicht nach 8 jährigem Betrieb Fig. 215 veranschaulicht, auf den Zechen des Ruhrreviers im Ganzen 340 Oefen Brunckschen Systems in Betrieb und zwar 40 Oefen auf Carolinenglück (1895), (Fig. 216 und 217), je 60 Oefen auf Zollverein III/IV (1895), Deutscher Kaiser III (1896), Alma (1897), (Fig: 186, S. 372) sowie endlich 120 Oefen auf Minister Stein (1899).

Die Brunckschen Oefen sind 10,25 m lang, 2 m hoch und je nach der Beschaffenheit der zu verkokenden Kohlen 43—55 cm, im Mittel 48 cm weit; die Breite von Mitte zu Mitte Ofen beträgt 1,13—1,25 m, sodass also auf die Ofenzwischenwand mit den beiden Wandheizkanälen ca. 70 cm entfallen. Die zu beiden Seiten des Wärmespeichers unter der Mitte der Ofenbatterie sich entlang ziehenden Abhitzkanäle haben eine Höhe von 1,44 m und eine Breite von 0,72 m, die beiden mit diesen parallel laufenden Luftzuführungskanäle eine Höhe von 1,80 m und eine Breite von 1,25 m. Die Luftzuführung, sowie der Weg der Verbrennungsgase und der Abhitze sind durch Pfeile in der Figur 214a und b kenntlich gemacht. Die Brennerdüsen der Sohlenflammen haben einen Durchmesser von 32 mm und diejenigen der Wandflammen einen solchen von 13 mm.

Die Ofenfüllung schwankt je nach der Ofenweite und dem spezifischen Gewicht der Kohle zwischen 5 und 7,5 t Kohle bei einem Wassergehalt derselben von 10—15 % und die Garungsdauer zwischen 28 und 34 Stunden; letztere beträgt auf sämtlichen Gruben im Durchschnitt 30½ Stunden. Das Ausbringen der Oefen stellt sich, auf trockene Kohle berechnet, je nach der Kohlenqualität auf 76—80 % und dementsprechend die Leistung pro Ofen und Arbeitstag auf etwa 4 t und pro Jahr auf ca. $350 \times 4 =$ ca. 1400 t Koks.

Die Ausbeute an Nebenerzeugnissen ist zufolge der in der Praxis erhaltenen Resultate pro Tonne eingesetzter Kohle: Teer = 2,4—3,5 %, schwefelsaures Ammoniak = 0,9—1,25 %, Benzol = 0,35—0,65 %, als günstig zu bezeichnen. Wenn Brunck durch Vergleich mit den Resultaten der Oefen seiner Versuchsanlage Kaiserstuhl I und der dort unter gleichen Bedingungen arbeitenden Otto-Hoffmann-Oefen festgestellt hat, dass das Ausbringen seiner Oefen an Teer um 13,4 % und an schwefelsaurem Ammoniak um 9,5 % höher als das der Regenerativöfen ist, so wird dieses Ergebnis, vorausgesetzt, dass der Betriebszustand der älteren Otto-Hoffmann-Oefen ebenso tadellos, wie derjenige seiner neuen Oefen war, unbedingt auf den kürzeren Weg der Verbrennungsgase und den dadurch in den Ofenkammern und Heizkanälen zu erzielenden gleichmässigen Ueberdruck von

Fig. 215.
Bruncksche Versuchsöfen auf Zeche Kaiserstuhl I. 1893.

Fig. 216.

Kokerei (40 Oefen) mit Gewinnung der Nebenprodukte »System Brunck« auf Zeche Carolinenglück, Schacht II.   Erbaut 1895.

Fig. 217.

Kokerei (40 Oefen) mit Gewinnung der Nebenprodukte »System Brunck« auf Zeche Carolinenglück, Schacht II. Erbaut 1895.

$^1/_4$—$^1/_2$ mm zurückzuführen sein. Es treten infolgedessen durch die nicht
zu vermeidenden Undichtigkeiten der Kammerwände weder Destillationsgase in die Heizkanäle noch Verbrennungsprodukte in die Ofenkammern;
nur während kurzer Zeit nach dem Beschicken der Oefen herrscht in
letzteren Ueberdruck, sodass die Abstellung der Ofenwandbrenner erfolgen muss.

Demgegenüber muss aber betont werden, dass diese kurze Führung
der Heizgase nur durch die centrale Anordnung der Füchse unter der
Ofenmitte zu erreichen ist. Dieses hat aber den Uebelstand zur Folge,
dass die durch die Abhitze hervorgerufenen Dehnungen und Schiebungen
des Mauerwerks den festen Stand der Oefen leicht lockern und namentlich das Dichthalten der Sohlkanäle und der unteren Teile der Ofen-
kammermitten sehr erschweren. Verluste an Destillationsgasen werden die
Folge sein. Es muss daher in Konstruktion und Ausführung auf den
Ausgleich der Dehnungen und Schiebungen des Mauerwerks sehr Bedacht
genommen werden, damit letztere sich nicht nach oben bis zu den Oefen
fortpflanzen und Undichtigkeiten hervorrufen.

Vereinzelt vorgenommene Temperaturmessungen in den Oefen hatten
folgendes Ergebnis: Im Sohlkanal herrscht im ersten Drittel der Verkokung eine Hitze von rund 1100° C., welche allmählich bis auf 1350° C. im
letzten Drittel der Verkokung steigt; in den beiden oberen horizontalen
Wandheizkanälen beträgt die Temperatur während der ganzen Dauer der
Verkokung gleichmässig 1150° C. und am Eingang zu den Abhitzekanälen
1110° C. In den Abhitzekanälen sinkt dieselbe infolge Abgabe von Wärme
an den sie umgebenden Lufterhitzer auf etwa 750° C. Durch die auf diese
Weise erzielte gute Luftvorwärmung wird der Bedarf an Beheizungsgas
für die Oefen derart herabgemindert, dass bereits bei einem Gasgehalt
der Kohlen von 19—20 $^0/_0$ ein Ueberschuss an Gas zu Zwecken der Kesselheizung, Krafterzeugung usw. vorhanden ist.

Unter Verwendung der Abhitze und des Gasüberschusses zur Dampferzeugung werden pro Kilogramm eingesetzter, nasser Kohle mittleren
Gasgehalts 0,9—1,1 kg, pro Ofen und Tag $4^3/_4$—$5^1/_4$ cbm und pro Quadratmeter Heizfläche und Stunde je nach Anzahl der Kessel bis zu 19 kg
Wasser verdampft.

Zum Schlusse ist noch hervorzuheben, dass das viel Zeit raubende
und im Sommer besonders beschwerliche Planieren des Kohlenkuchens von
Hand auf sämtlichen Anlagen Brunckschen Systems durch eine von der
Koksausstossmaschine in Bewegung zu setzende und mit einem Planier-
kopf versehene Zahnstange (Fig. 214a) in etwa 3 Minuten ausgeführt wird.
Die oberhalb der Ofenthür durch eine besondere Oeffnung eingeführte
Planierstange fährt auf der ganzen Länge des Ofens während des Be-
schickens vor- und rückwärts und komprimiert durch ihr Gewicht die

Kohlenfüllung. Die hierdurch erzielte grössere Charge kommt dadurch wieder ausser Betracht, dass der Ofen in Höhe des Planierkopfes nicht bis oben gefüllt werden kann. Für eine Anlage von 60 Oefen sind pro Schicht 2 Leute weniger zum Planieren und Löschen erforderlich und weitere 2 haben pro Schicht infolge der leichteren Arbeit einen mindestens um 0,50 M. niedrigeren Schichtlohn; die Gesamtersparnis an Löhnen beträgt somit rund 7000 M. pro Jahr; an Reparatur-, Ersatz- und Unterhaltungskosten müssen dagegen für die Planiervorrichtung jährlich 800—1000 M. in Abzug gebracht werden.

Die Kosten einer Brunckschen Anlage von 60 Oefen inkl. Teer-, Ammoniak- und Benzol-Gewinnung stellen sich je nach der Konjunktur und den örtlichen Verhältnissen pro Ofen auf 14 500—16 500 M. Wird von der Gewinnung des Benzols abgesehen, so verringert sich diese Summe pro Ofen um 2500—3000 M.

Oefen von Otto-Ruppert.

Der in den Diensten der Firma Dr. C. Otto & Co. in Dahlhausen stehende Ingenieur Ruppert suchte, ziemlich zu gleicher Zeit wie Brunck, die bei der Anwendung nur eines Brenners an der Einführungsstelle entstehende grosse Ueberhitzung der Wände und der Sohle, wie solches bei den mit einer Sohlenflamme arbeitenden Otto-Hoffmann-Oefen der Fall ist, durch Schaffung mehrerer Gaszuführungsstellen zu verhindern. Zu diesem Zwecke sind bei den Ruppert-Oefen zwischen je zwei Oefen auf jeder Ofenseite zwei Gasdüsen zur Beheizung der Wandheizkanäle angebracht.

Zwischen je zwei Oefen befindet sich nur ein Beheizungsraum. Derselbe ist in der Mitte durch eine senkrechte Querwand in zwei Hälften geteilt, sodass jede Ofenkammerhälfte für sich durch zwei Gasflammen beheizt wird (Fig. 218a—d).

In jeder Hälfte des Beheizungsraumes befinden sich im oberen Drittel dicht unterhalb der Ofenwiderlager zwei mit einander nicht in Verbindung stehende Horizontalkanäle, in welche die zur Beheizung dienenden Gase durch zwei Brenner eingeführt werden. Der obere Horizontalkanal reicht bis zu der senkrechten Querwand in der Mitte des Beheizungsraumes, während der untere nur etwa halb so lang ist und an seinem Ende durch eine senkrechte Mauerzunge im Beheizungsraum begrenzt wird. In jeder Hälfte des Beheizungsraumes befinden sich 12 senkrechte Wandheizkanäle. Die ersten sechs derselben stehen mit dem unteren Horizontalkanal und die übrigen mit dem oberen in Verbindung. Im unteren Teile jeder Hälfte des Beheizungsraumes ist ein Horizontalkanal angeordnet, welcher sich nahezu bis zur Mitte des Beheizungsraumes erstreckt.

Beim Betriebe des Ofens breitet sich das dem unteren Brenner entströmende Gas, mit Luft gemischt, in dem unteren der beiden in der Nähe

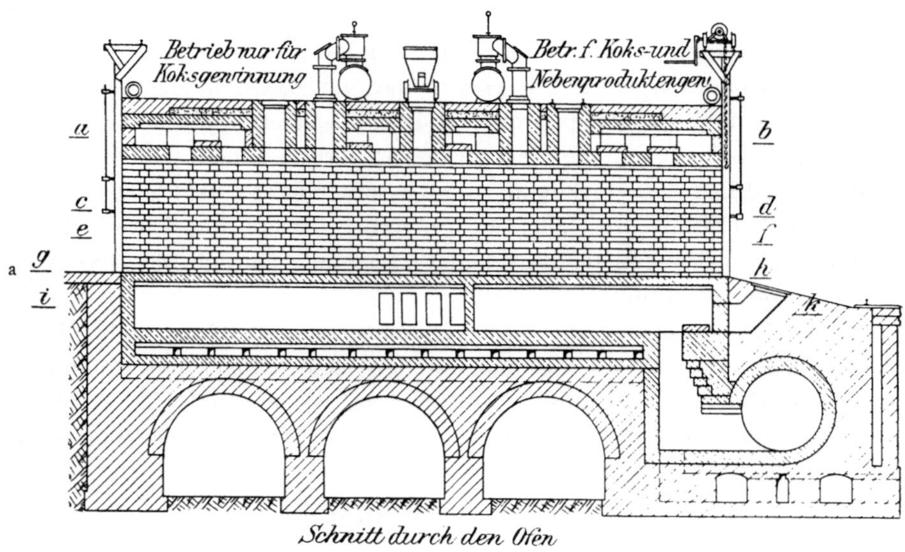

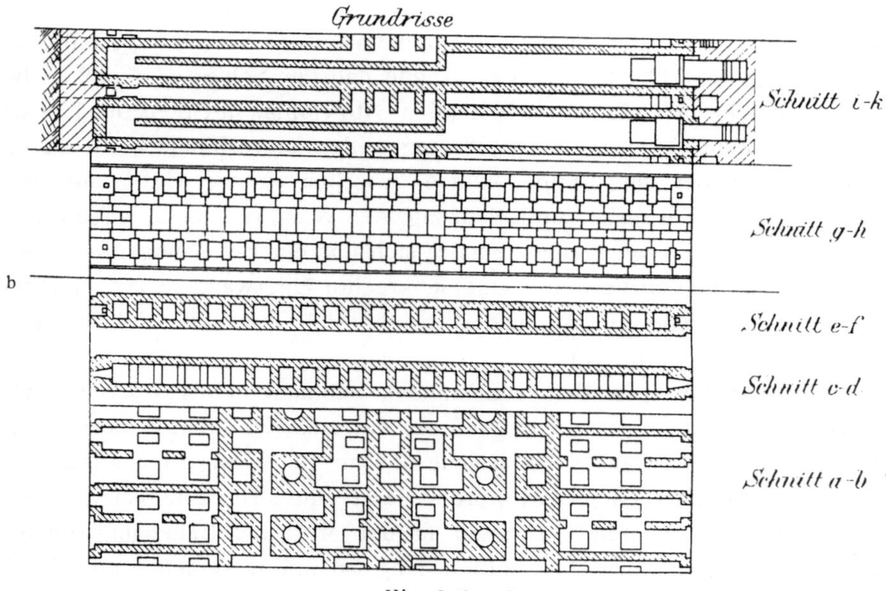

Fig. 218a—b.

Koksöfen von Otto-Ruppert.

des Widerlagers liegenden Horizontalkanäle aus, und tritt durch die ersten
sechs senkrechten Heizkanäle nach unten in den an der Sohle befindlichen
Horizontalkanal (Fig. 218c). Die Verbrennungsprodukte ziehen letzteren entlang
und gelangen dann nach Zuführung vorgewärmter Verbrennungsluft durch
vier senkrechte Heizkanäle in den oberen Horizontalkanal. Beim Eintritt

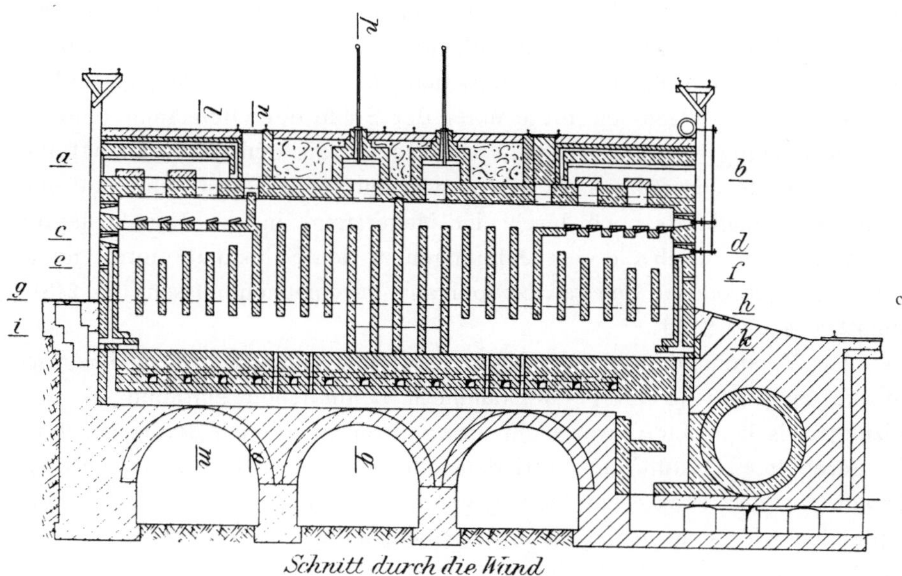

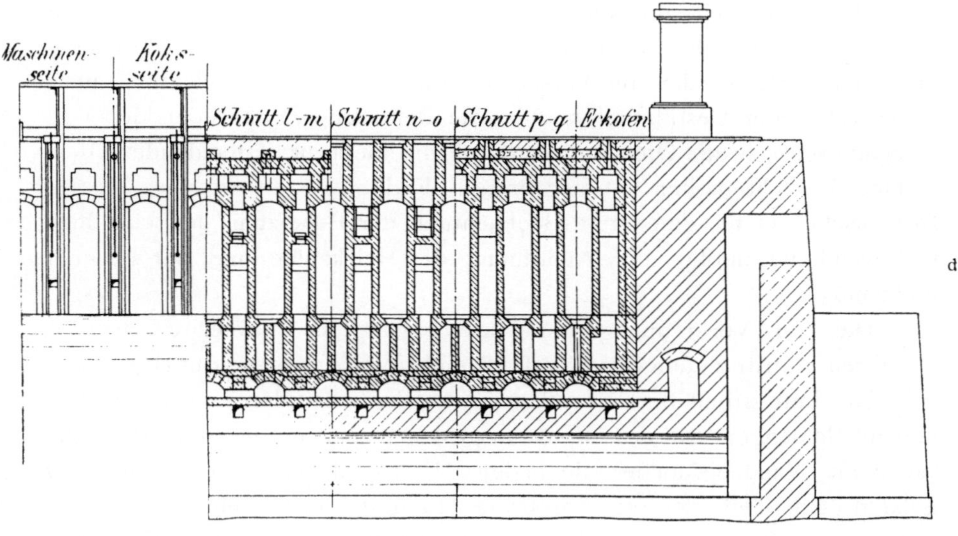

Fig. 218c—d.

Koksöfen von Otto-Ruppert.

in denselben werden die Verbrennungsprodukte durch das mittels des
oberen Brenners eingeführte Heizgas aufgefrischt und sodann in der Mitte
des Ofens durch je zwei vor der Querwand ausgesparte senkrechte Heizkanäle wiederum nach unten geführt. Dort gelangen die Gase durch vier
den letztgenannten senkrechten Heizkanälen entsprechende Oeffnungen in

einen Sohlkanal der Ofenkammer (Fig. 218a u. b) und von hier aus in den mit dem Sohlkanal in Verbindung stehenden Gasabzugskanal. Da bei dem Ofen aber nur ein einziger Abzugskanal für die Verbrennungsprodukte vorgesehen ist, so müssen diese unter der Sohle der Ofenkammer nochmals zwangläufig geführt werden, damit auch die dem Abzugskanal abgekehrte Hälfte des Sohlkanals geheizt werden kann. Es ist daher die genannte Sohlkanalhälfte noch durch eine Mauerzunge in zwei Kanäle derart geteilt, dass die durch die vier Oeffnungen in den Sohlkanal eintretenden Verbrennungsprodukte den ganzen Sohlkanal durchziehen müssen (Fig. 218b Schnitt i—k und 218d).

Aus Vorstehendem geht hervor, dass die Verteilung der Heizgase auf die zwischen je zwei Ofenkammern befindlichen einräumigen Beheizungszwischenwände zwar nicht einwandfrei, aber doch derart ist, dass bei geregelter Gasführung zufriedenstellende Resultate erzielt werden können. In der Praxis hat sich gezeigt, dass die Kokskuchen an den Kopfenden wie auch in der Nähe der Sohle nicht so leicht garen wie an den übrigen Stellen. Zu bemängeln ist die lange, vielfache Windungen durchmachende, zwangläufige Führung der Gase. Zum Durchsaugen der Gase durch die Beheizungsräume ist nämlich ein ziemlich starker Zug erforderlich, welcher bei nicht durchaus zuverlässiger Leitung des Betriebes entweder Verluste oder eine Verschlechterung der Nebenprodukte je nach Uebertreten der Destillationsgase in die Beheizungsräume oder der Verbrennungsgase in die Ofenkammer durch die nicht zu vermeidenden Ofenkammer-Undichtigkeiten mit sich bringt. Endlich ist ebenso wie bei den Brunckschen Oefen eine stete Beobachtung der Beheizung der einzelnen Ofenwandteile infolge der Anordnung der Heizkanäle und der Brenner nicht möglich.

Die zur Verbrennung der Gase benötigten Luftmengen werden vor ihrem Zutritt zu den Gasen auf folgende Weise vorgewärmt (Fig. 218c).

Die Luft strömt durch Luftkanäle, welche unter dem Gasabzugskanal und im Sohlengewölbe des Ofens ausgespart sind, in die unter den einräumigen Wandheizkanälen liegenden Horizontalkanäle. Von hier aus gelangt ein Teil der so vorgewärmten Luft durch einen an jeder Kopfseite zwischen zwei Ofenkammern ausgesparten Kanal (Fig. 218) an der Gaseinführungsstelle in die dicht unter den Ofenwiderlagern angeordneten unteren Horizontalkanäle, ein anderer Teil tritt durch je zwei in jeder Ofenhälfte im Gewölbe des Sohlmauerwerks ausgesparte, kleine senkrechte Kanäle zu den Verbrennungsgasen des unteren Brenners, und zwar an der Stelle des Beheizungsraumes, an welcher die gesamten Gase des unteren Brenners durch die vier senkrechten Heizkanäle zu dem oberen Horizontalkanal hinaufziehen. Dort erst findet dann die Mischung der mit Luftüberschuss versehenen Beheizungsgase mit dem aus

dem oberen Brenner in den oberen Horizontalkanal einströmenden
Auffrischungsgase statt. Ohne Weiteres leuchtet ein, dass diese Zuführung
von nur mässig vorgewärmter Luft an der letzteren Stelle ohne gleichzeitige Zuführung frischen Heizgases auf Kosten einer intensiven und
gleichmässigen Beheizung der Ofenkammern vor sich geht. Es ist also
einmal nicht der Forderung einer guten Mischung von Gas und Luft
genügt, und anderseits nicht einer hohen Erwärmung der Verbrennungsluft, wie sie bei den Otto-Hoffmann-Oefen stattfindet, Rechnung getragen.

Otto Ruppert-Oefen sind je 60 Stück im Jahre 1893 auf dem Schachte
Anna des Kölner Bergwerksvereins zu Altenessen und im Jahre 1895 auf
dem Schachte I der Zeche Consolidation zu Schalke errichtet worden.
Ihrer weiteren Verbreitung stand die Einführung der besseren Ottoschen
Unterfeuerungsöfen im Wege. Die Abmessungen der Oefen entsprechen
denjenigen der Otto-Hoffmann-Oefen. Die Garungsdauer ist aus betrieb-
lichen Rücksichten auf den beiden Anlagen verschieden; sie beträgt auf
Zeche Anna 40 und auf Zeche Consolidation I 36 Stunden. Das Ausbringen an Koks und Nebenprodukten ist nicht bekannt, da die Oefen
auf Zeche Anna mit solchen Hüssenerschen Systems und auf Zeche
Consolidation mit Ottoschen Unterfeuerungsöfen zusammen betrieben
werden.

Es verdient noch hervorgehoben zu werden, dass der Otto-Ruppert-
Destillationsofen jederzeit, wie aus Fig. 218 a und b zu ersehen ist, als Flammofen betrieben werden kann. Zu diesem Zweck sind die Gasabzugs-
ventile zu schliessen und die im Deckengewölbe durch Schiebersteine
geschlossen gehaltenen zwölf Verbindungskanäle, welche zwischen jeder
Ofenkammer und den benachbarten Beheizungsräumen angebracht sind,
zu öffnen.

Oefen von Hüssener.

Die im Jahre 1881/82 bei Errichtung der ersten Kohlendestillationsanlage Deutschlands in Gelsenkirchen erbauten Koksöfen sind von A.
Hüssener, dem Direktor dieser Kohlendestillationsanlage, den in Terrenoire-
Frankreich in Betrieb stehenden Knab-Carves-Oefen mit einigen Abänderungen nachgebildet und durch Reichspatent No. 16923 und 20196
geschützt worden. Die von Hüssener vorgenommenen Verbesserungen
des Knab-Carves-Ofens bestehen in der Vorwärmung der Verbrennungsluft und der Einfügung einer dritten Gaszuführung in den mittleren
Wandheizkanal, wodurch die zur Beheizung der Sohlkanäle dienenden
Rosthilfsfeuerungen ausser Betrieb gesetzt werden konnten. Infolge der
grösseren Dimensionen der Hüssenerschen Ofenkammer gelangt die Beschickung durch vier Füllöffnungen anstatt zwei bei Knab-Carves in den

Verkokungsraum; zum Absaugen der Destillationsgase ist nur eine Oeffnung in der Mitte jeden Ofengewölbes ausgespart. Die Beheizung der Ofenkammer erfolgt von der Sohle und den Seitenwänden aus. Der Sohlkanal besteht aus zwei durch eine Mauerzunge getrennten Hälften, welche an der der Gaszuführungsstelle abgewandten Seite unter einander in Verbindung stehen. In den Seitenwänden zwischen je zwei Ofenkammern befinden sich drei horizontal über einander liegende, an ihren verschiedenen Enden mit einander durch Oeffnungen verbundene Wandzüge. Das zur Beheizung der Wandungen dienende Gas wird durch eine, einem Bunsenbrenner ähnliche Gasdüse an der Maschinenseite des Ofens in die eine Hälfte des Sohlkanals über dem dort vorhandenen, anfänglich auch von Hüssener beibehaltenen Rostfeuerungsraum eingeführt und zur Verbrennung gebracht. Die Verbrennungsgase durchziehen die beiden Sohlkanalhälften, steigen an der Maschinenseite in einen senkrechten Kanal zum obersten Horizontalzug hoch und gelangen durch die drei horizontalen Wandheizkanäle schliesslich in den an der Koksseite liegenden Abhitzekanal. Da die Gase sich auf diesem langen Wege zu sehr abkühlen, wird denselben an den beim Eintritt in die beiden oberen Horizontalkanäle befindlichen Umkehrstellen durch je einen Brenner frisches Heizgas zugeführt.

Zur Vorwärmung der Luft sind im Sohlenmauerwerk der Oefen Quer- und Längskanäle ausgespart, an welche sich auf beiden Kopfseiten eines jeden Ofens je ein vertikaler, in den Stirnpfeilern ausgesparter Wandkanal anschliesst. Von letzteren aus wird die in Luftkanälen vorgewärmte Luft den einzelnen Brennern an der Austrittsstelle der Gase direkt zugeführt.

Die Oefen haben eine Länge von 9 m, eine Breite von 0,575 m und eine Höhe von 1,8 m. Die anfänglich 72 stündige Garungsdauer jedes Ofeneinsatzes ist allmählich bis auf 52 Stunden durch richtigere Verteilung der Gase auf die einzelnen Kanäle herabgemindert worden.

Das Ausbringen dieses in Vorstehendem gekennzeichneten Destillationskoksofens, welcher sich in der Praxis als erster in Deutschland beim Kokereibetrieb mit Gewinnung der Nebenprodukte bewährte, betrug in Gewichtsprocenten der eingesetzten Fettkohlen an Koks 77 %, an Teer 2,77 % und an schwefelsaurem Ammoniak 1,10 %.

Der Ofen hat selbstverständlich im Laufe der Jahre durch seinen Erbauer Hüssener auf Grund der im Betriebe gemachten Erfahrungen und Versuche, sowie unter Berücksichtigung derjenigen Konstruktionen, welche den anderen, später in Aufnahme gekommenen Destillationsöfen zu Grunde liegen, mancherlei Abänderungen erfahren. Dieselben erstrecken sich namentlich auf die Anordnung der horizontalen Wandheizkanäle und der Konstruktion der Zwischenwände zwischen je zwei Oefen, sowie auf die Anlage von Kanälen zur besseren Erwärmung der notwendigen Verbrennungsluft.

Die Einrichtung des mit diesen Abänderungen der Aktiengesellschaft für Kohlendestillation in Gelsenkirchen unter No. 94 049 patentierten Hüssener-Ofens veranschaulicht Fig. 219a — d.

Wie ersichtlich, bilden bei diesem Ofensystem entgegen der bisherigen Anordnung die Heizkanäle, welche unter der Sohle der Ofenkammern und in den Zwischenwänden zweier benachbarter Ofenkammern sich entlangziehen, zwei vollständig selbständige Kanalsysteme. Unter jeder Ofenkammer sind nämlich zwei Kanäle in der Sohle angebracht, von denen jeder für sich geheizt wird und mit einem der beiden, in der Ofenkammerzwischenwand befindlichen Systeme horizontaler Wandkanäle und durch diese mit dem allgemeinen Abhitzekanal in Verbindung steht. Hierdurch werden die in jeden Sohlkanal eingeführten Gasmengen gezwungen, den ihnen vorgeschriebenen Weg bis zum Abhitzekanal zu machen; ausserdem wird jede der beiden Ofenkammerseiten durch je ein in sich abgeschlossenes, selbständiges Heizkanalsystem erhitzt, aus welchem nicht mehr, wie dies bisher der Fall war, ein beträchtlicher Teil der Hitze in die nebenliegende Ofenkammer abgegeben wird (Fig. 219d, Schnitt E—F und Fig. 219c a — a_4 bezw. b — b_4).

Diese getrennten und in sich selbständigen Wandheizkanalsysteme werden in einer besonderen Weise, wie dies aus Fig. 219 c und d ersichtlich ist, in der zwischen je zwei Ofenkammern befindlichen Zwischenwand ausgespart. Die Mitte jeder Zwischenwand besteht aus der massiven Standmauer C, welche seitliche Auskragungen oder Vorsprünge c besitzt und das Ofenkammergewölbe sowie den gesamten Oberbau des Ofens trägt.

Die Auskragungen bilden mit ihren Stirnflächen einen Teil der Wandflächen der Ofenkammern und sind dazu bestimmt, den übrigen Teil der Ofenwandflächen, nämlich die dünnen, etwa 70—80 mm starken, auswechselbaren Platten d zwischen sich zur Bildung der horizontalen Heizzüge aufzunehmen. Bezüglich der Anordnung der doppelten Wandheizkanäle hat somit auch Hüssener, welcher die bei doppelten Wandheizkanälen notwendige starke Mittelwand früher als hemmend für die Uebertragung der Wärme durch die Wände auf den Kohlenkuchen, ja sogar als Wärmefresser bezeichnete, seine Ansicht geändert und sich den bei den Brunckschen Doppelwandöfen gemachten Ausführungen über die Vorzüge von doppelten Wandheizkanälen angeschlossen.

Die Gase machen in jedem Heizkanalsystem, ohne dass sie sich teilen, den Weg durch die Sohlkanäle a bezw. b, dann am Ende derselben aufwärts durch senkrechte Schächtchen (Fig. 219d Schnitt A — B und Fig. 219c, a_5 bezw. b_5) nach dem obersten Horizontalkanal a_1 bezw. b_1 und dann wieder im Zickzack abwärts durch die übrigen Horizontalkanäle (Fig. 219c, a_2 — a_4 bezw. b_2 — b_4) nach dem allgemeinen Abhitzekanal A.

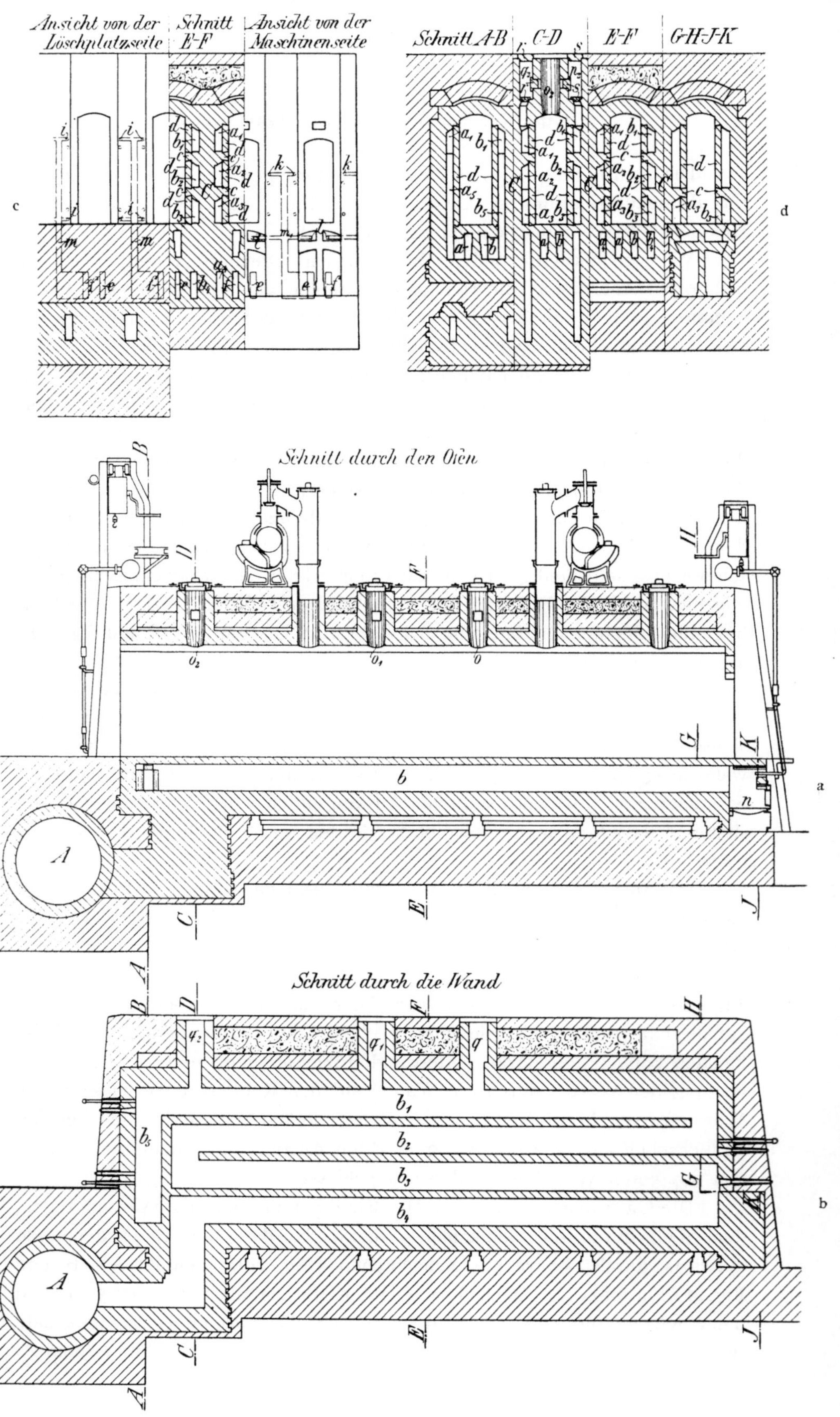

Fig. 219 a—d.

Hüssener-Ofen, errichtet 1897 auf Zeche Anna des Kölner Bergwerksvereins.

Durch diese Anordnung der Heizkanalsysteme und durch die zwangsläufige Führung der Heizgase, welche nicht mehr, wie das bisher zuweilen der Fall war, in die benachbarte Ofenkammer gelangen können, ist die Möglichkeit einer ökonomischen Ausnutzung der in die Heizkanäle einströmenden Verbrennungsprodukte, sowie einer gleichmässigen Uebertragung der erzeugten Hitze auf den Kohlenkuchen gegeben.

Um dieses auch in Wirklichkeit zu erreichen, führt Hüssener in jedes Heizkanalsystem an vier verschiedenen Stellen, nämlich in jeden Sohl- und Horizontalkanal mit Ausnahme des Gasabzugskanals a_4 bezw. b_4 von den Kopfseiten der Oefen aus frisches Gas durch besondere Düsen von 17 mm Weite ein. Auf diese Weise kann jeder einzelne zur Beheizung dienende Kanal während des Betriebes bequem beobachtet werden. Die Betriebsleitung ist daher durch Regulierung der Düsenflammen im Stande, in allen Kanälen über die ganzen Ofenwandseiten hin eine gleichmässige hohe Erhitzung zu erzielen und dauernd zu erhalten. Ausserdem ermöglicht diese für die Betriebsleitung übersichtliche Bedienung der Gasverbrennung eine grosse Sparsamkeit in der für die Heizung der Oefen zu verwendenden Gasmenge.

Je nachdem den Heizgasen kalte oder erwärmte Luft zugeführt werden soll, erhält der Unterbau der Oefen verschiedene Konstruktion. Bei der Ausführung nach Fig. 219 a, b u. d ist keine Erwärmung der Verbrennungsluft vorgesehen. Soll dieses jedoch geschehen, so wird die Erwärmung der Luft leicht in der Weise erreicht, wie das aus der Fig. 129 hervorgeht. Dabei erhält jeder der horizontalen Sohlkanäle a_4 bezw. b_4 eine entgegen der Ausführung mit kalter Luftzuführung soviel tiefer gerückte Lage, dass neben diesen Kanälen, welche die Abhitze aus den beiden horizontalen Wandkanalsystemen getrennt aufnehmen und in den Abhitzekanal leiten, noch zwei Kanäle e bezw. f gelegt werden können, und zwar entweder, wie in der Zeichnung veranschaulicht, unterhalb der Koksofensohlkanäle oder auch unterhalb der massiven Mittelwand C. Diese beiden Kanäle erfüllen die Aufgabe der Erwärmung der Verbrennungsluft in der Weise, dass sie auf der einen Ofenseite die kalte Aussenluft aufnehmen und dieselbe erhitzt auf der anderen Ofenseite an ein Rohrsystem (Fig. 219 c Ansichten) m bezw. m_1 abgeben, aus welchem die heisse Luft beispielsweise bei i, k, l in die Wandkanäle geführt wird. Dabei nehmen alle Kanäle e auf derjenigen Ofenseite die kalte Luft auf, auf welcher die Kanäle f die heisse Luft an das Rohrsystem m abgeben und geben andererseits ihre heisse Luft auf derjenigen Ofenseite durch m ab, auf welcher die Kanäle f ihre kalte Luft aufnehmen.

Zur bequemen ersten Anheizung vor jeder Inbetriebsetzung ist auf der Maschinenseite eine Rostfeuerung n (Fig. 219a) unter der Sohle vorgesehen, von welcher aus die Verbrennungsprodukte durch die einzelnen Heizkanalsysteme nach dem Hauptabhitzekanal gelangen können.

Zu gleichem Zwecke und um erforderlichen Falles den Ofen als Flammofen ohne Nebenprodukten-Gewinnung betreiben zu können, sind neben den Füllöffnungen die Umgangskanäle p, p_1, p_2 und q, q_1, q_2 eingerichtet, welche die Füllöffnungen mit den beiden oberen Wandkanälen in Verbindung setzen.

Die in der Ofenkammer erzeugten gasförmigen Produkte gelangen durch die Füllöffnungen und die Umgangskanäle in die oberen Wandkanäle a_1 bezw. b_1 und durchziehen das Wandkanalsystem, bis sie in den Abhitzekanal eintreten.

Sobald der Ofen auf Nebenproduktengewinnung umgestellt wird, werden in die Umgangskanäle Verschlusssteine (Fig. 219d Schnitt C—D) eingesetzt und die Kanäle selbst mit schlechten Wärmeleitern ausgefüllt.

Die Normalöfen besitzen eine Länge von 10 m, eine lichte mittlere Weite von 505 mm und eine Entfernung von Mitte zu Mitte Ofen von 1230 mm. Die Höhe der Wandkanäle beträgt 435 mm und die Stärke der Zungen in den Wandungen 140 mm. Die 30 Oefen auf Zeche Anna haben in der Breite nicht die vorgenannten Abmessungen, weil dieselben auf einem vorhandenen Fundament errichtet werden mussten. Die lichte Weite der Ofenkammern beträgt vielmehr bei diesen Oefen auf der Maschinenseite 600 und auf der Koksseite 500 mm. Der Kohlenverbrauch der Normalöfen stellt sich pro Ofen und Jahr auf 1790 t trockener Kohle, wobei durchschnittlich in 24 Stunden von 60 Oefen 48 gefüllt und gedrückt werden. Das Ausbringen der auf Zeche Anna stehenden Oefen stellt sich pro Ofen und Tag auf 4,875 t Koks. Die Temperatur in den horizontalen Heizkanälen schwankt je nach der Intensität der Beheizung zwischen 1100 und 1300 ° C. Das Verhältnis von Ofenfüllung zur beheizten Wandfläche ist noch grösser wie bei den Brunckschen Oefen, es beträgt 1 : 14,05. Bei einem Kohlenverbrauch von 360 t üblicher westfälischer Kokskohlen werden pro Tag etwa 82 000—84 000 cbm nutzbaren Gases erzeugt. Von dieser Gasmenge werden schätzungsweise 12 000—14 000 cbm für andere als Ofenheizzwecke, beispielsweise auf Zeche Anna zur Heizung der Gaskessel, zur Abgabe von Heissgas an die Ruppert-Oefen, zur Heizung der Destillierapparate usw. verwendet.

Die Reparaturbedürftigkeit des Ofens ist nicht grösser wie bei den mit vertikalen Zügen versehenen Brunckschen Oefen. Während jedoch bei den letztgenannten Oefen infolge des kurzen Weges der Verbrennungsprodukte sogar ein kleiner Ueberdruck in den Ofenkammern und Heizkanälen herrscht, beträgt die Saugwirkung in den Heizkanälen der Hüssener-Oefen infolge des langen Zickzackweges der Brenngase 7—9 mm. Demzufolge dürften bei etwas reparaturbedürftigen Ofenwandungen die in der Ofenkammer sich entwickelnden Destillationsgase teilweise in die Heizkanäle übertreten und dort mitverbrennen.

Die durch örtliche Verhältnisse, durch Güte und Preise der Materialien, durch Höhe der Arbeitslöhne usw. bedingten Kosten einer Hüssener-Koksofenanlage sind mir nicht bekannt geworden.

Unterfeuerungsöfen von Otto.

Bei den Untersuchungen und Versuchen zur Beseitigung der Mängel der Otto-Hoffmann-Oefen, welche von der Firma Dr. Otto & Co. in den 90er Jahren angestellt wurden und auch zu mancherlei Verbesserungen der Otto-Hoffmann-Oefen geführt haben, wie bei der Beschreibung der letzteren näher auseinandergesetzt ist, ging man von dem Grundsatz aus, dass in Destillationsöfen grosse Mengen von tadellosem Koks unter gleichzeitiger, möglichst vollständiger Gewinnung der Nebenprodukte zu erzeugen sind. Hierzu ist aber zunächst eine völlig gleichmässige und intensive Beheizung der Ofenkammern und sodann ein Gleichgewicht in der Spannung der Gase in der Ofenkammer mit derjenigen der Verbrennungsprodukte in den Heizkanälen erforderlich. Dieses Ziel, welchem die in den Jahren 1894 bis 1896 erbauten neueren Otto-Hoffmann-Oefen näher kommen, ist bei dem von der Firma Dr. Otto & Co. seit dem Jahre 1896 erbauten sog. Unterfeuerungsöfen erreicht worden. Gegenüber den neueren Otto-Hoffmann-Oefen ist bei diesen Oefen die Garungsdauer um durchschnittlich 6 Stunden kürzer, der erforderliche Zug um 2 mm geringer und die Reinheit der Destillationsgase grösser (letztere beträgt 85—90 %).

Dieses beim Betriebe der ersten Ofenanlagen auf den Zechen Deutscher Kaiser und Mathias Stinnes im Jahre 1896 sich über Erwarten günstig stellende Ergebnis hatte zur Folge, dass im Jahre 1897 nur noch 60 Otto-Hoffmann-Oefen gegenüber 180 Oefen im Vorjahre, dagegen bereits 302 Unterfeuerungsöfen auf den Zechen des Ruhrreviers von der Firma Dr. Otto & Co. erbaut wurden.

Die charakteristischen Merkmale des Unterfeuerungsofens, der auch wieder, wie der Otto-Hoffmann-Ofen, das in Haltbarkeit und Festigkeit bewährte Gerippe des Coppée-Otto-Ofens zeigt, sind folgende (Fig. 220 a—c): 1. Das Anbringen einer grösseren Reihe von Gasbrennern in gangbaren Fundamentalkanälen unter den Oefen zur gleichmässigen Verteilung der Heizgase auf die ganze Länge jeder einzelnen, mit senkrechten Heizkanälen ausgestatteten Ofenzwischenwand; und 2. das Fehlen von besonderen Vorrichtungen zur Vorwärmung der Verbrennungsluft.

Zu 1. Der Unterbau bezw. das Fundament einer Gruppe von 30 Oefen wird von 15 Quergewölben gebildet, deren Achse den Ofenkammern parallel liegt. Letztere sind derart auf die Gewölbe aufgesetzt, dass abwechselnd eine Ofenkammer auf dem Scheitel jedes Quergewölbes und die nebenliegenden auf den Pfeilern desselben ruhen. Somit befinden sich die senkrechten Heizzüge jeder Ofenzwischenwand direkt seitlich zu

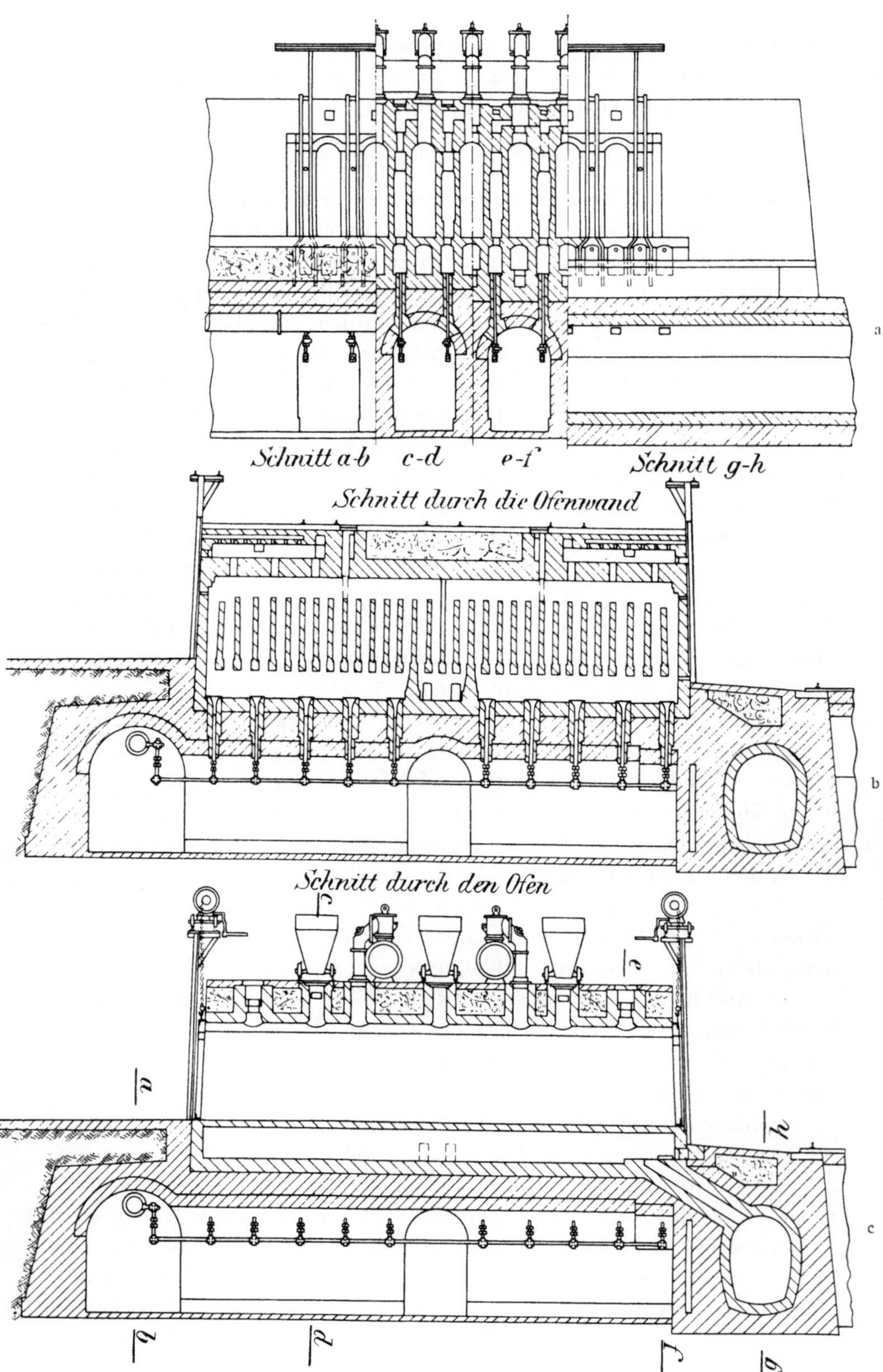

Fig. 220 a—c.

Koksöfen mit Unterfeuerung von Dr. Otto. Ausführung 1900.

beiden Seiten über jedem Pfeiler der Quergewölbe (Fig. 220a, Schnitt c—d und e—f).

Rechtwinklig zu diesen Querkanälen ist an einer der Kopfseiten der Oefen im gleichen Niveau mit den Quergewölben ein mannshohes Längsgewölbe angeordnet, in welchem die Hauptgaszuführungsleitung sich befindet (Fig. 220a, Schnitt g—h). Von dieser Hauptgaszuführungsleitung von 400 mm $\varnothing$ zweigen in jedem Quergewölberaum zwei Rohrleitungen von 5—6 cm $\varnothing$ so ab, dass sie unter den Heizkanälen der Ofenzwischenwände sich entlang ziehen. An jede Rohrleitung sind dann wieder eine Reihe von Gaszuführungsrohren (8—12) für Bunsenbrenner angeschlossen, welche in Fig. 221 dargestellt sind.

In das aus feuerfesten Steinen hergestellte Rohr a des Quergewölbes mündet ein 25 mm weites Mischungsrohr b, welches in ersteres bis 300 mm vom unteren Horizontalkanal der Ofenzwischenwand entfernt hinaufreicht. Das Rohr hat unten für den Luftzutritt seitliche Oeffnungen c, bis zu welchen das Gaszuführungsrohr d hineinragt.

Das Gas strömt mit einem Druck von etwa 100 mm Wassersäule aus, saugt hierbei die zur Verbrennung der Gase nötige Luft selbst an, mischt sich mit dieser und verbrennt, sobald die Berührung mit den heissen Ofenwandungen stattfindet. Die Heizgase breiten sich in dem freien Raum des Horizontalkanals aus, welcher sich unter den senkrechten Wandzügen befindet, und steigen in den Vertikalkanälen hinauf zum oberen Horizontalkanal. Hier vereinigen sich die

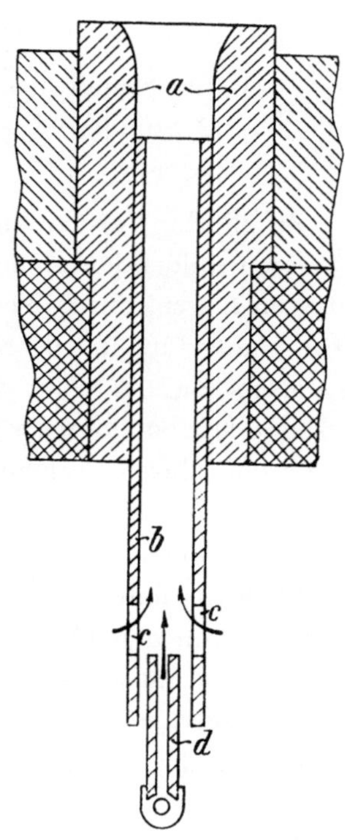

Fig. 221.

Gasdüse
der Unterfeuerungsöfen.

Gase sämtlicher Brenner und fallen in einigen senkrechten Zügen, welche für diesen Zweck nicht von unten mittels Brenner beheizt werden, herunter, um unten durch ausgesparte Oeffnungen in den Sohlkanal des Ofens und durch diesen in den Abhitzekanal zu gelangen.

Die Höhenlage der Bunsenbrenner ist so gewählt, dass die Flamme vor ihrem Eintritt in die senkrechten Heizkanäle bereits einen Weg von nahezu 1 m zurückgelegt hat. Hiervon entfällt über die Hälfte auf den vollständig freien Raum im unteren Horizontalkanal, in welchem sie sich unbehindert nach allen Seiten entwickeln kann, um in einzelnen Flammenzungen in die Vertikalzüge einzutreten. An jener Stelle — in Höhe der

Ofensohle — befindet sich demgemäss auch ihr heissester Punkt, wie die nachstehenden Temperaturen, welche auf einer in Betrieb stehenden Anlage gemessen wurden, darthun:

1. im unteren Horizontalkanal 1640° C.,
2. im oberen Horizontalkanal 1100° C.,
3. im Sohlkanal 1080—1090° C.,
4. im Abhitzekanal vor den Kesseln 950—1000° C.,
5. im Fuchs am Schornstein 350° C.,
6. in der Ofenkammer

    a) eine Stunde nach Füllung 700° C.,
    b) 12 Stunden　　»　　　»　　830° C.,
    c) 24　　»　　　»　　　»　　890° C.

Zu 2. Zur Vermeidung einer zu grossen Abkühlung des den Unterbau de Oefen bildenden Mauerwerks sind die Kanäle, in welchen die Gasleitungen liegen, durch Thüren abgeschlossen. Die Zuführung der nötigen Verbrennungsluft in die Kanäle muss daher besonders geregelt werden. Zu diesem Zwecke sind an den Stirnseiten jeder Ofengruppe im Mauerwerk der letzten Quergewölbe kleine, mit Schiebern versehene Schächtchen angebracht, durch welche die Luft von aussen eintritt. Dieselbe streicht über den Boden der Gänge, erwärmt sich am unteren Mauerwerk, wodurch dieses fast auf der Temperatur der äusseren Luft erhalten wird, steigt allmählich bis unter den Scheitel der Gewölbe hoch und nimmt auf diesem Wege die von den Gewölben ausstrahlende Wärme auf. Hierbei erwärmt sie sich bis auf 60—80° C. Nach der Mischung mit dem Gase findet in dem Brennerrohr bis zum Eintritt in den Verbrennungsraum, bezw. bis zur Entzündung des Luftgasgemisches eine weitere Erwärmung bis auf etwa 400° C. statt.

Im Gegensatz zur Luftvorwärmung anderer Koksofensysteme, bei welchen dieselbe in den Ofenwandungen oder durch Abhitze auf Kosten des Ofenganges oder des Wertes der Abhitze erfolgt, findet bei diesem System kein Wärmeverlust, sondern ein Wärmegewinn statt. Als solcher muss wenigstens die Zurückgewinnung der grossen Wärmemengen, welche sonst durch Ausstrahlung in den Boden verloren gehen, bezeichnet werden.

Nach Vorstehendem dürften die mit dem Beheizungssystem der Ottoschen Unterfeuerungsöfen verbundenen Vorzüge gegenüber den Beheizungsarten der Ofenkammern anderer Ofenkonstruktionen ohne Weiteres einleuchten.

Die Verteilung der für die Beheizung einer Ofenzwischenwand benötigten Gasmenge auf die einzelnen Heizzüge liegt in der Hand des Betriebsleiters. Hat eine ganze Ofengruppe zu schwache oder zu starke Verbrennung, so ist nur die Schieberstellung im Abhitzekanal zu regeln;

hat eine ganze Ofenkammerwand zu schwache oder zu starke Erhitzung so führt Drosselung oder Oeffnung des Ofenfuchses die gewünschte Aenderung herbei; herrscht an einer einzelnen Stelle des Ofens zu hohe oder zu niedrige Temperatur, was selbst während des Garens durch Schaulöcher an beiden Seiten der Oefen und durch die Düsenlöcher unter den Oefen beobachtet werden kann, so ist der Uebelstand sofort durch Verstellen des Hahnes an den Düsenbrennern zu beseitigen. Ein unnützes Verbrennen von Gas bezw. ein solches an verkehrter Stelle ist bei zuverlässiger Aufsicht nicht denkbar, es können daher auch keine lokalen Ueberhitzungen und Schmelzungen des Ofenmauerwerks vorkommen.

Die höchsterzeugte Temperatur wird auf den unteren Teil des Ofens übertragen, in welchem die Kohle eingebettet liegt; desgleichen ist die auf die schädliche Zersetzung der Destillationsgase wirkende Auffrischung der verbrannten Gase durch Einführen besonderer Brenner in die neben dem Gasraum der Ofenkammer liegenden, oberen Horizontalkanäle (Oefen von Brunck und Otto-Hoffmann) nicht erforderlich.

Auch ist bei diesen Oefen möglichst Rücksicht genommen auf die Verhütung von Verlusten an Nebenprodukten, welche bei allen Oefen infolge der nicht zu vermeidenden Undichtigkeiten der Ofenwandungen dadurch eintreten, dass bei Ueberdruck im Ofen Destillationsgase in die Heizkanäle und umgekehrt bei Ueberdruck in den Heizkanälen die Heizgase zu den Destillationsgasen treten und diese zerstören oder verschlechtern. Den Brenngasen, welche den Bunsenbrennern entströmen, ist ihre natürliche Richtung nach oben gegeben, welch letztere weder Druck noch Zug verlangt. Zug erzeugen die Gase noch mehr als gut ist, sodass sie zur vollständigen Ausnutzung ihrer Wärme gestaut werden müssen. Es findet deshalb eine Rückleitung der Gase nach unten in einigen senkrechten Wandkanälen statt. Letztere erhalten dadurch genügend Wärme, dass die Abhitze sämtlicher Züge vereinigt durch einige wenige Züge nach unten zieht. Der Weg der Brenngase in den Wandkanälen ist somit erstens kein gezwungener und zweitens ein ziemlich kurzer, wodurch die Erzielung eines gleichmässigen Druckes selbstredend sehr erleichtert wird. Hinzu kommt dann noch, dass die benötigte Gasmenge nicht an einer Stelle der Beheizungswand in verhältnismässig grossen Massen ausströmt, sondern auf eine Reihe von Einzelstellen in kleinen Raten verteilt wird, womit naturgemäss die Verteilung des Gasdrucks auf ebensoviele Einzelpunkte verbunden ist.

Ausser diesen Vorzügen des Ofens ist auch noch die dauerhafte Konstruktion der Ofenzwischenwände hervorzuheben. Der starke Steinverband der letzteren ist aus Fig. 222 ersichtlich. Derselbe ist aus Läufern und Bindern derart zusammengesetzt, dass die Binder gleichzeitig zwei benachbarten Ofenkammerwandungen angehören.

Nur bei der mit doppelwandigen Heizkanälen versehenen zweiten Ausführung des Ofens auf der Zeche Mathias Stinnes bei Carnap ist dies nicht der Fall (Fig. 223 a—c). Dort sollte jede Ofenkammer von den Einwirkungen des Nachbarofens unabhängiger gemacht werden, damit die Schwankungen in der Ofentemperatur, welche beim Entleeren und Füllen der Nachbaröfen eintreten, zu vermeiden wären. Besondere Erfolge sind auf dieser Gasflammkohlen verarbeitenden Anlage mit den Doppelwänden nicht erzielt. Ueberhaupt scheint die Firma Dr. Otto, wie die ausgeführten Anlagen ihrer verschiedenen Systeme beweisen, auf festgefügte, starke einwandige Ofenzwischenwände mehr Wert zu legen, als auf Doppelwände mit weniger starken Ofenkammersteinen. Ob mit Recht oder aber mit Unrecht, das sei dahingestellt; denn angeblich wird der Vorteil der besseren, gleichmässigen Beheizung durch den Verlust an Nebenprodukten und häufige Ofenreparaturen illusorisch gemacht.

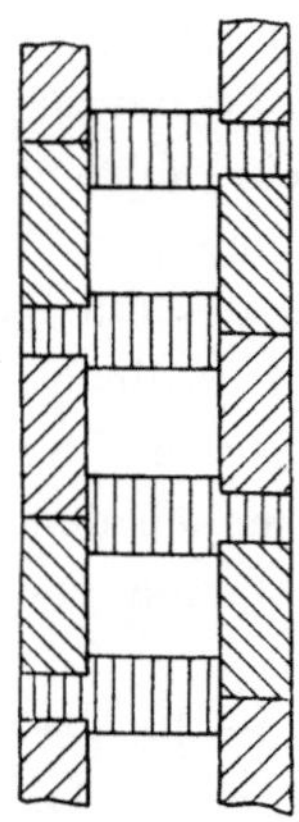

Fig. 222.
Steinverband

Im Laufe der Jahre sind einige unwesentliche Aenderungen des Ofens zur Beseitigung von kleinen Mängeln vorgenommen worden, sodass der Ofen jetzt allgemein die in Fig. 220 a—c wiedergegebene Einrichtung hat. Bei der Ausführung des Ofens im Jahre 1896 (Fig. 224 a—c) vereinigen sich die von acht Bunsenbrennern kommenden Heizgase im oberen Horizontalkanal, ziehen darin zu einem Ofenkopfende und fallen dort in zwei senkrechten Heizzügen zur Ofensohle und den sich daran anschliessenden Abhitzekanal herunter. Die Beheizung des Kohlenkuchens an dem fraglichen Ofenkopfende leidet hierunter und die Stauung der Gase ist zu gross. Infolgedessen hat man alsbald durch Verlegung der Brennerdüsen und Versetzen der Querwände in dem unter den senkrechten Heizkanälen liegenden Horizontalkanal die Anordnung getroffen, dass der Abzug der im oberen Horizontalkanal sich sammelnden Heizgase in der Mitte des Ofens durch sechs senkrechte Züge erfolgen muss (Fig. 223 a—c). Zugleich hat man die beiden äusseren Brenner entsprechend ihrer grösseren Beanspruchung zur Beheizung der Kokskuchenköpfe näher zusammengerückt. Die Anordnung von sechs Abzugskanälen hat sich wieder nicht bewährt, weil die Kokskuchen in der Mitte nur schwer garen. Infolgedessen hat man vier Abzugskanäle genommen und zugleich die Zahl der Brenner wegen der grösseren Zahl senkrechter Beheizungskanäle und zur besseren Regulierung der Flammen auf die einzelnen Seitenzüge von 8 auf 10 vermehrt. In dieser Ausführung, welche keine Mängel mehr zeigt, sind seit dem Jahre 1900 die Oefen (Fig. 220 a—c) erbaut.

Zur Erzielung eines grösseren Gasüberschusses hat die Firma Dr. Otto & Co. die Unterfeuerungsöfen neuerdings mit Siemenschen Regeneratoren,

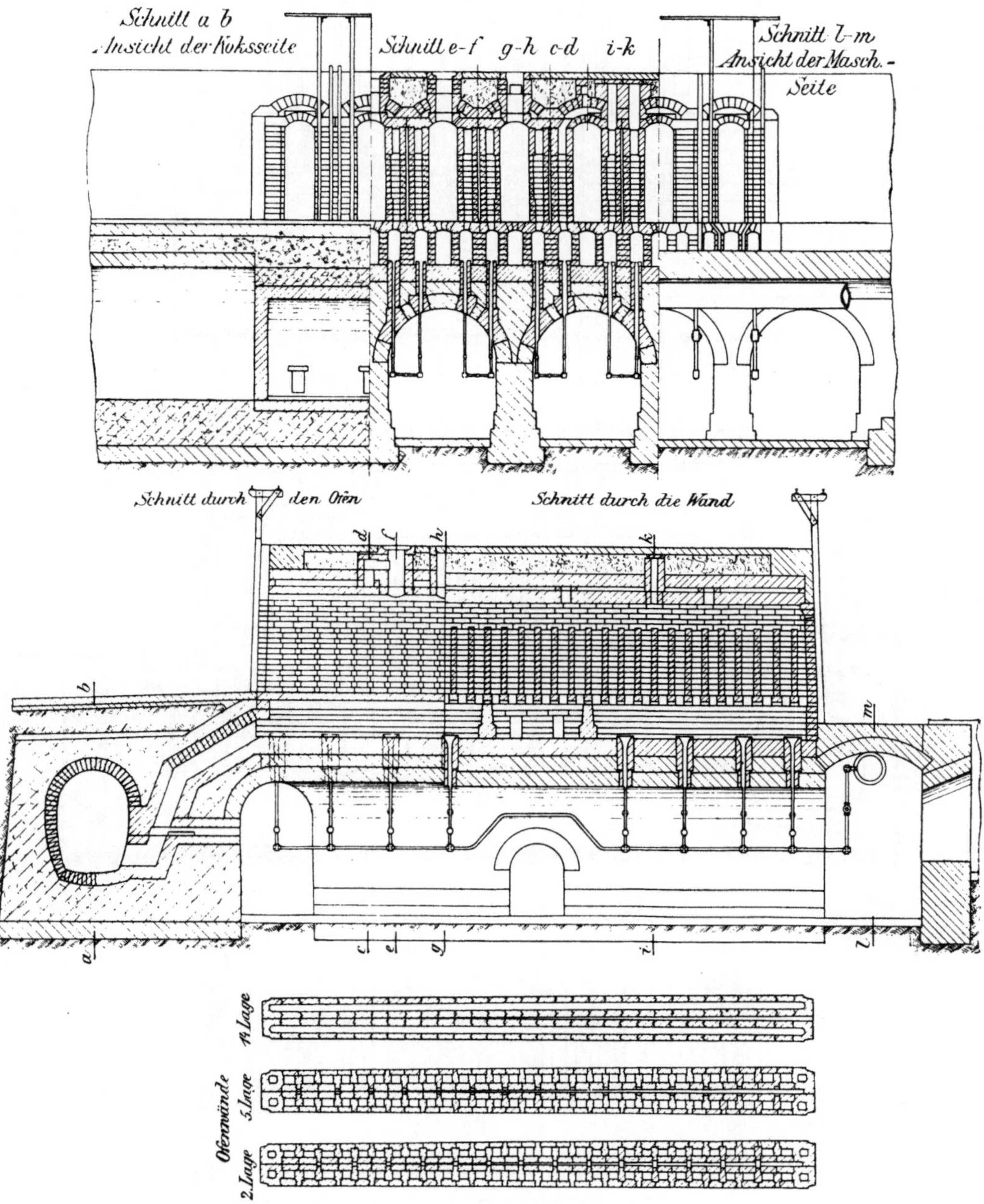

Fig. 223 a—c.

Doppelwandige Unterfeuerungsöfen von Dr. Otto. Ausführung 1896.

mit welchen bekanntlich die bestmögliche Lufterwärmung erreicht wird, versehen. Die Einrichtung eines solchen Ofens veranschaulicht Fig. 225 a und b. Die senkrechten Heizkanäle stehen an ihrem oberen Ende

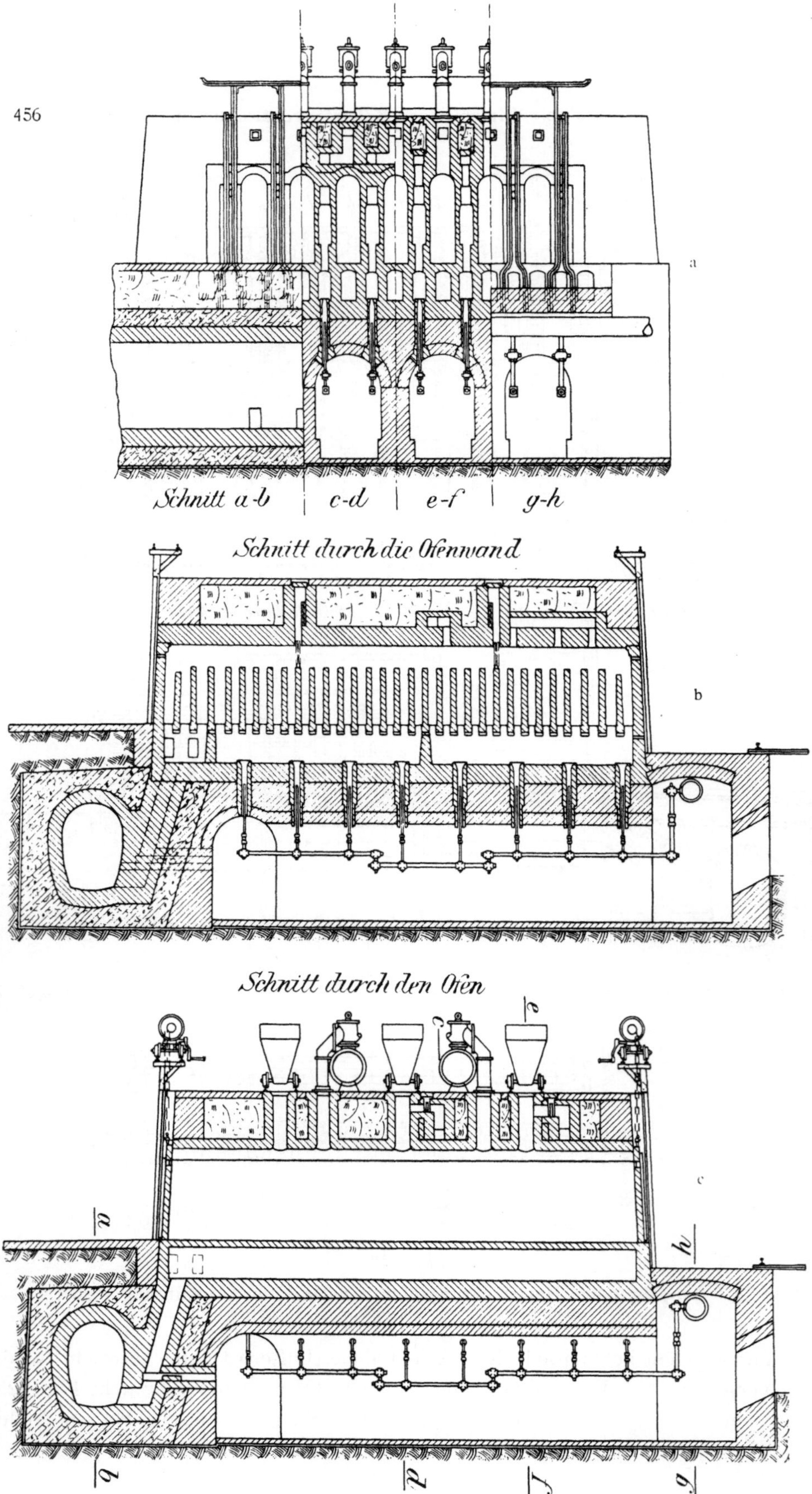

Fig. 224 a—c.
Koksöfen mit Unterfeuerung, System Dr. Otto. Ausführung 1896.

durch einen Horizontalkanal sämtlich miteinander in Verbindung. Jeder
untere Horizontalkanal der einreihigen Beheizungswand ist durch drei
Querzungen in vier Teile geteilt; in die beiden äusseren münden je drei
Brenner, welche ihre Feuergase auf je acht senkrechte Züge verteilen, und in die beiden inneren ebenfalls je drei Brenner, ihre Gase auf
je neun senkrechte Züge verteilend. Jeder der vier Teile des unteren
Horizontalkanals steht durch drei Oeffnungen mit dem durch eine Querwand
in der Mitte halbierten Sohlkanal in Verbindung. Von letzterem aus führen
Schlitze an beiden Kopfenden zu den beiderseits angeordneten Wärmespeichern. Die abwechselnde Beheizung der beiden Ofenhälften entspricht

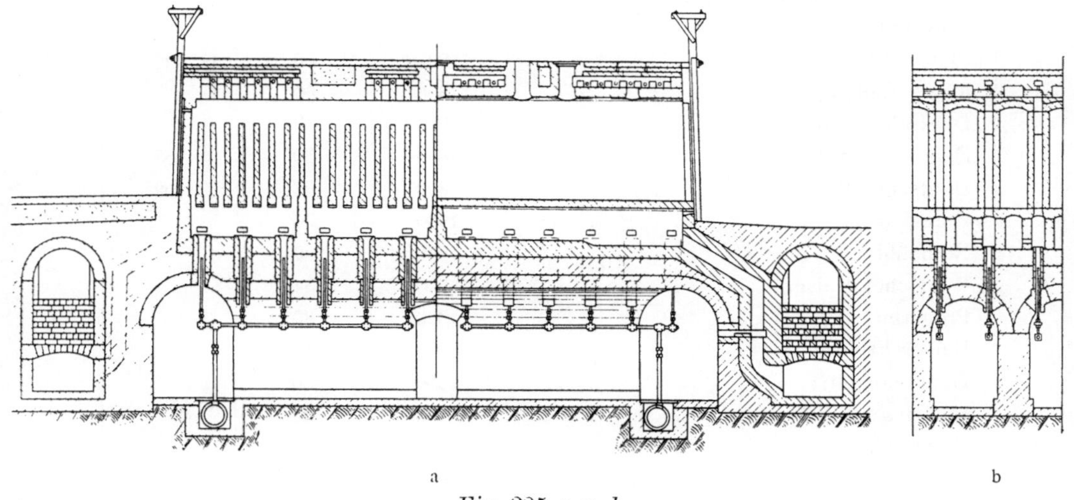

a   b

Fig. 225 a u. b.

Unterheizungsofen in Verbindung mit Regeneratoren, in Ausführung auf Zeche Centrum.

derjenigen der neueren Otto-Hoffmann-Oefen. Eine Anlage derartiger
Oefen ist auf der Zeche Centrum in Bau und wird im Frühjahr 1905 in
Betrieb genommen werden.

Für das Anheizen der Unterfeuerungsöfen sind, wie bei den Otto-
Hoffmann-Oefen, an die Beschickungsöffnungen Kanäle angeschlossen,
welche mit dem oberen Horizontalkanal der Wandzüge in Verbindung
stehen.

Infolge der geschilderten grossen Vorzüge des Unterfeuerungsofens
gegenüber dem Otto-Hoffmann-Ofen ist der letztere seit dem Jahre 1897
durch den ersteren vollständig verdrängt worden. Welcher Beliebtheit
sich der Ofen unter den Fachleuten wegen seiner in der Praxis bewährten
Brauchbarkeit erfreut, ist aus der Tabelle 36 zu ersehen. In dem kurzen
Zeitraum von vier Jahren sind zu den im Jahre 1896 erbauten 90 Oefen

956 hinzugekommen, sodass Ende 1900 bereits 1046 Unterfeuerungsöfen auf
den Zechen des Ruhrreviers in Betrieb waren.

Tabelle 36.

Schachtanlage	Jahr der Erbauung	Anzahl der Oefen	Insgesamt im Jahre
Deutscher Kaiser	1896	60	
Mathias Stinnes	1896	30	90
Erin	1897	80	
Dannenbaum I	1897	30	
Constantin der Grosse IV	1897	60	
Consolidation I	1897	72	
Pluto, Wilhelm	1897	60	302
König Ludwig	1898	60	
Deutscher Kaiser	1898	68	
Dannenbaum I	1898	30	158
Deutscher Kaiser	1899	102	102
Osterfeld	1900	30	
Neumühl	1900	60	
Deutscher Kaiser	1900	34	
Preussen	1900	80	
Kaiser Friedrich	1900	40	
Dannenbaum I	1900	20	
Lothringen	1900	60	
Pluto, Thies	1900	40	
Dahlbusch	1900	30	394
Summa . . .		1046	

Fig. 226 giebt die Ansicht von mehreren Gruppen Unterfeuerungsöfen auf Zeche Preussen I bei Lünen wieder.

Die Unterfeuerungsöfen sind 10 m lang, 2 m hoch und 0,53 m im Mittel
breit. Die Ofenfüllung beträgt 7,5—8 t, die durchschnittliche Garungsdauer
30 Stunden. Das Ausbringen der Oefen stellt sich, auf trockene Kohlen
berechnet, je nach der Kohlenqualität auf 73—78 %, und dementsprechend
die Leistung pro Ofen und Jahr auf 1450—1500 t Koks. Die höchste Leistung
im Jahre 1900 wurde auf König Ludwig bei Recklinghausen mit 1747 t
Koks pro Ofen erzielt.

Die Ausbeute an Nebenprodukten schwankt natürlich je nach Beschaffenheit der Kohle auf den vorhandenen Anlagen; sie beträgt nach den
mir gewordenen Angaben an Teer 2,34—3,74 % (Mathias Stinnes) und an
Benzol 0,41—0,55 %.

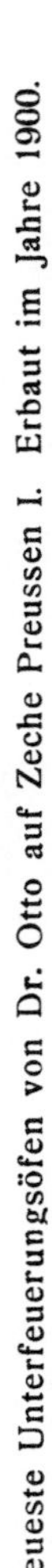

Fig. 226.

Neueste Unterfeuerungsöfen von Dr. Otto auf Zeche Preussen I. Erbaut im Jahre 1900.

Unter Verwendung der Abhitze und des Gasüberschusses zur Dampferzeugung werden pro Kilogramm eingesetzter nasser Kohle 0,66—1,04 kg,
im Mittel 0,83 kg und pro Quadratmeter Heizfläche und Stunde zwischen
5,26 und 19,66 kg, im Mittel 14,04 kg Wasser verdampft.

Die Kosten einer Anlage von 60 Unterfeuerungsöfen usw. sind dieselben wie bei den Otto-Hoffmann-Oefen.

Collin-Oefen.

Destillationskoksöfen Collinschen Systems sind auf den Zechen des
Ruhrreviers in drei verschiedenen Konstruktionen vertreten. Die Verschiedenheit derselben bezieht sich namentlich auf die Art der Beheizung
der Ofenkammern. Letztere erfolgt entweder in Wandheizkanalsystemen
mit horizontalen Zügen oder in solchen, wo die Heizgase in senkrechten
Zügen nochmals auf- und abwärts oder nur aufwärts geführt werden.

Die Abbildung (Fig. 227 a—d) lässt die Konstruktion des Ofens mit
senkrechten Heizkanälen und Auf- und Abwärtsführung der Heizgase erkennen. Dieser älteste Collinsche Destillationskoksofen hat grosse Aehnlichkeit mit dem Ruppert-Ofen. Er ist erbaut zu Anlagen von je 60 Stück
in den Jahren 1895/96 auf den Zechen Hansa bei Dortmund, Prosper bei
Bottrop und Viktor bei Castrop.

Die Länge der Ofenkammer beträgt 10,25 m, die Höhe 1,80 m und
die mittlere Breite 0,53 m; die Entfernung von Mitte bis Mitte Ofenkammer
ist 1,08 m. Der Ofen wird beschickt mit 6,5 t Kohlen, welche in 33—36
Stunden garen. Das Ausbringen schwankt bedeutend je nach der zur
Verkokung gelangenden Kohle. Dasselbe stellt sich bei der Verkokung der
Gas- und oberen Fettkohlen auf Zeche Prosper auf etwa 71,5 % und steigt bei
der Verkokung von Kohlen der unteren Fettkohlenpartie auf Zeche Victor auf
78—79 %. Dementsprechend stellt sich die Jahresproduktion pro Ofen auf
1200—1300 t Koks; das Ausbringen an Teer beträgt 2,14—2,88 % und dasjenige an schwefelsaurem Ammoniak 0,71—1,10 % der eingesetzten feuchten
Kohle. Von den Abgasen werden pro Quadratmeter Heizfläche und
Stunde 13,98 kg oder pro Kilogramm eingesetzter Kohle 0,63 kg Wasser
verdampft.

Wie bereits bei der Beschreibung der Collinschen Flammöfen auf
Zeche Glückauf und Carl Friedrichs Erbstolln erläutert worden ist, können
die Oefen auch als solche ohne Gewinnung der Nebenprodukte betrieben
werden. Dann sind nach Anheizen der Oefen die beiden Oeffnungen,
welche von dem oberen Horizontalkanal der Ofenzwischenwand zu dem
Heizkanalsystem führen, zu schliessen. Das von der Kondensationsanstalt
kommende Heizgas wird jeder Hälfte des Heizkanalsystems durch zwei
an jeder Kopfseite der Ofenzwischenwand von dem Hauptgaszuführungs-
rohr abzweigende Brenner zugeführt. Jede Hälfte des mit senkrechten

Zügen versehenen Wandheizkanalsystems besitzt, wie Fig. 227 b veranschaulicht, einen oberen und einen unteren Horizontalkanal, welche durch je eine Querwand zur zwangläufigen Führung der durch die Brenner einströmenden Gase in zwei Teile getrennt sind. Auf diese Weise werden in jeder Hälfte des Heizkanalsystems drei Abteilungen von senkrechten Heizzügen gebildet, welche

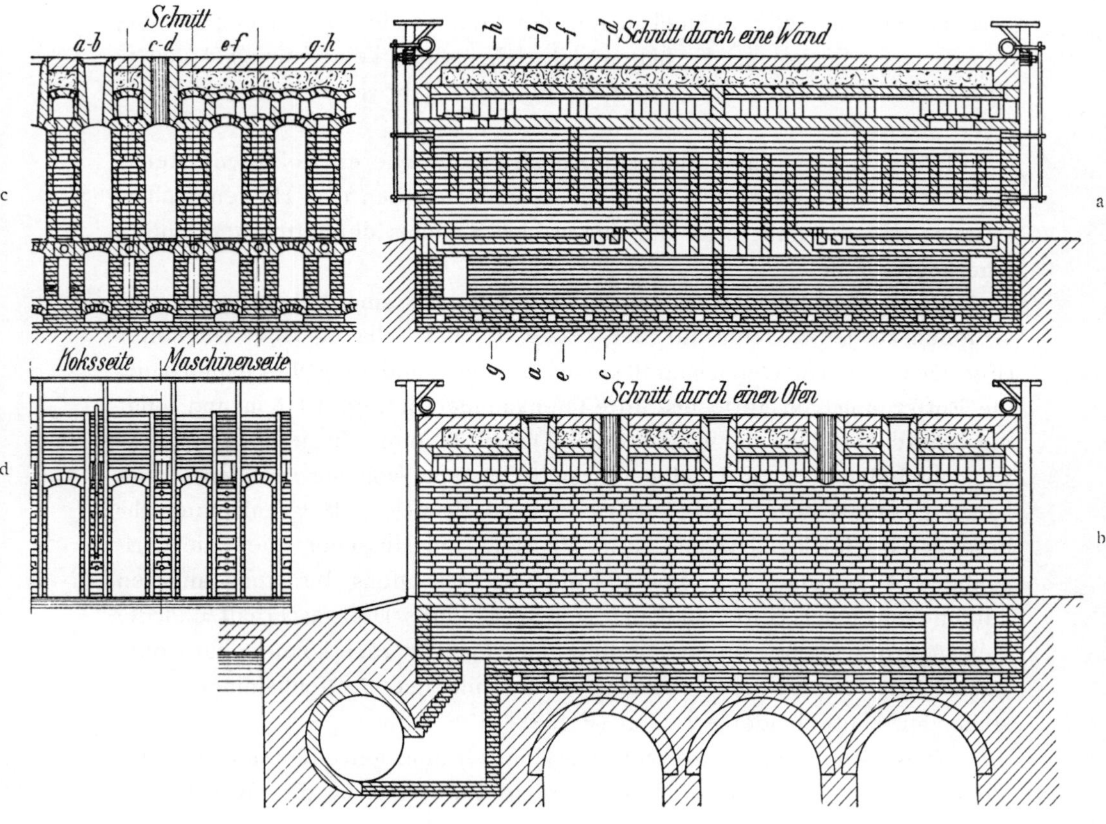

Fig. 227 a—d.

Collin-Koksöfen. 1895.

das Heizgas des oberen Brenners der Reihe nach abwärts, aufwärts und wieder abwärts durchziehen muss. Der untere Brenner frischt die teilweise verbrauchten Gase des oberen Brenners im unteren Horizontalkanal auf und durchzieht mit diesen gemeinsam auf- und abwärts die dritte Abteilung der Heizzüge. Von dort gelangen die Gase durch einen unter dem senkrechten Heizkanalsystem liegenden Kanal in den Sohlkanal des Ofens. Da auch hier wieder je zwei Oefen zusammen arbeiten, vereinigen sich die Heizgase aus den vier Hälften der Heizkanalsysteme in dem Sohlkanal der einen Ofenkammer, ziehen durch zwei Oeffnungen in der Zwischen-

wand in den Sohlkanal des Nachbarofens und durch diesen zum gemeinsamen Abhitzekanal.

Aehnlich wie den Ruppertschen Oefen haftet auch diesen Oefen der
Nachteil an, dass die Verteilung der Heizgase auf die einzelnen Züge eine
ungleichmässige ist. Ueberhitzungen einzelner Wandteile lassen sich nicht
gut vermeiden, wenn anders die Garung der Oefen nicht zu lange hinaus-
gezogen werden soll. Schmelzungen der Ofenwände und häufige Reparaturen sind die Folge. Es haben sich daher auch keine neuen Anlagen
dieser Art den bestehenden, im Zeitraum eines Jahres erbauten drei Anlagen, zugesellt.

Infolgedessen ging Collin zur Konstruktion anderer Koksofensysteme
über, von denen das eine sich an die Grundprinzipien des Hüssenerschen
Systems und das andere an diejenigen des Systems der Ottoschen Unterfeuerungsöfen anlehnt.

Nach ersterem System wurde im Jahre 1899 eine Anlage von zwei
Gruppen zu je 30 Oefen auf der Zeche Holland Schacht III/IV errichtet
(Fig. 228a—c). Die Oefen sind 10 m lang, 2 m hoch und nur 419—410 mm weit;
die Entfernung von Mitte bis Mitte Ofenkammer beträgt 1,115 m und somit
die Stärke der Zwischenwand zweier Oefen 700 mm. In jeder Zwischenwand befinden sich zwei völlig getrennte Systeme von horizontalen Wandkanälen, sodass also wie bei Hüssener und Brunck jede Ofenkammer ihr
besonderes Heizkanalsystem hat. Während bei Hüssener aber die horizontalen Wandzüge von einem Kopfende des Ofens bis zum anderen
durchgehen, jeder Horizontalkanal sein besonderes Heizgas erhält und die
Heizzüge des Ofens von aussen stets übersehen werden können, hat Collin
in der Mitte der beiden Heizkanalsysteme einer jeden Ofenkammer einen
stehenden Halbscheider errichtet (Fig. 228c).

Diese Anordnung wird wohl aus dem Grunde getroffen sein, um den
Weg der Heizgase zwecks Verminderung des Zuges in den Kanälen zu
verkürzen, und um dadurch wiederum den Uebertritt von Ofenkammer-
gas durch die Wandfugen in die Heizkanäle zu vermindern. Zur Vermeidung wenig garer Kokskuchenköpfe ist ausserdem in dem Heizkanalsystem an den Kopfenden der Oefen je ein breiter senkrechter Heizkanal
(Fig. 228c) angebracht, welcher durch einen besonderen Brenner sein Heizgas erhält. Infolge dieser Anordnung ist die Zuführung von Heizgas in
den horizontalen Teil des Heizkanalsystems von den Kopfseiten der Oefen
aus erschwert, sodass die Einführung der zweiten Brennerdüse für diesen
Wandteil ebenfalls von einem Kanal unterhalb der Ofensohle, in welchem
die Hauptgasleitung liegt, erfolgt. Somit beheizt die eine Brennerdüse
die Kopfseite der Oefen und die zweite in zwei horizontalen Zügen den
mittleren Teil der halben Ofenwand; nach der Vereinigung der Verbrennungsprodukte beider Düsen im obersten Horizontalkanal heizen die-

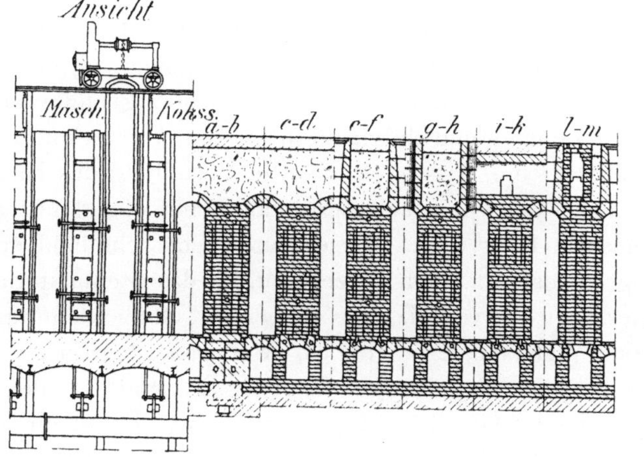

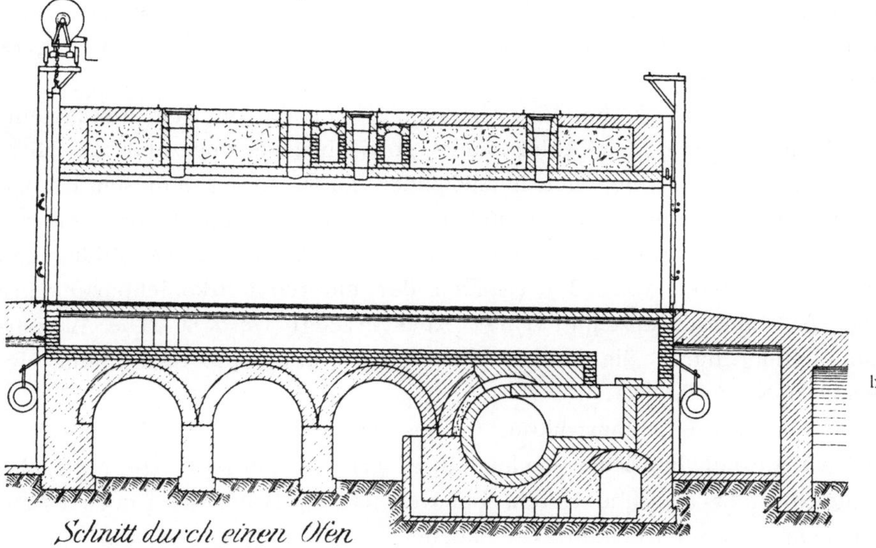

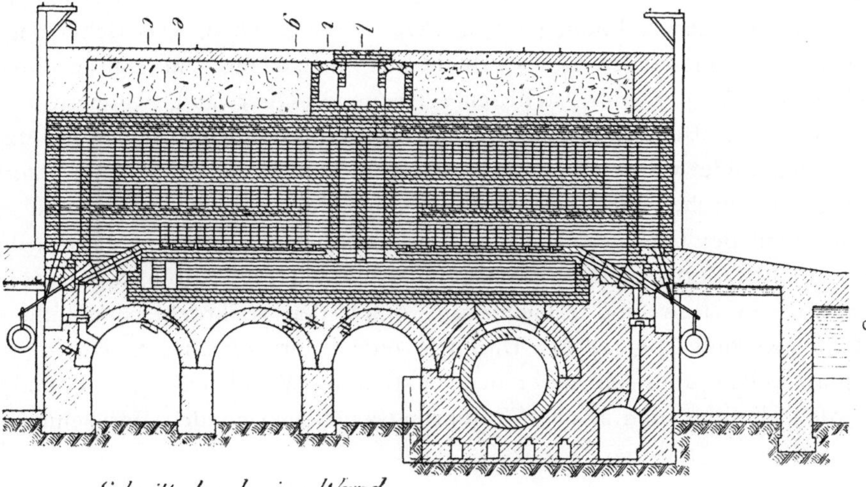

Fig. 228 a—c.

Collin-Coksöfen mit horizontalen doppelreihigen Wandkanälen. Ausführung 1899.

selben dann den letzteren und die Mitte des Ofens. Die Abgase aus den vier Heizkanalsystemen einer Ofenkammer kommen in einem in der Zwischenwand gelegenen Kanal zusammen, ziehen gemeinsam unter die Sohle einer Ofenkammer und durch diese in den Abhitzekanal. Auf den ersten Blick leuchtet ein, dass auch hier die Verteilung des Heizgases auf die einzelnen Teile der Ofenwandungen und somit die gleichmässige Beheizung zu wünschen übrig lässt. Dieses wurde auch sehr bald erkannt und das Beheizungskanalsystem nach kurzer Zeit, da das Steinmaterial schmolz, umgebaut. Jetzt wird das Heizgas von beiden Ofenenden aus direkt in die horizontalen Wandkanäle eingeführt. Um ausserdem in der Mitte der Wände eine örtliche Beheizung einzurichten, sind in der massiven Trennungswand kleine Gaszüge ausgespart, in welche ebenfalls Heizgas unter völligem Luftabschluss eingeführt wird. Erst an der beabsichtigten Verbrennungsstelle erhalten die Gasströme die erforderliche erwärmte Verbrennungluft aus kleinen Kanälen, welche in den horizontalen Zügen-zungen (Fig. 228a und c) sich befinden.

Die Erwärmung der Verbrennungsluft erfolgt in den Fundamentgewölben und unter dem Abhitzekanal, sowie in zwei quer über der Mitte der Ofenkammergewölbe sich hinziehenden Kanälen. Nach diesem Umbau haben die Oefen den an sie zu stellenden Anforderungen entsprochen.

Die Oefen garen in 24 Stunden, so dass bei 6 t Kohlenfüllung und einem Ausbringen von 78 % (Kohlen der unteren Fettkohlenpartie) pro Ofen im Jahresdurchschnitt 1750 t Koks erzeugt werden. Die Wasserverdampfung durch die Abhitze der Oefen beträgt pro Kilogramm eingesetzter Kohle 0,74 kg.

Die dritte Ofenkonstruktion Collins ist im Jahre 1900 mit einer Versuchsanlage auf der Zeche Holland III/IV erprobt worden. Die Versuchsanlage besteht aus fünf Oefen, bei welchen das Brenngas, soweit es zur Beheizung der senkrechten Wandkanäle dient, diese letzteren nur in einer und zwar der aufsteigenden Richtung durchströmt. Die Einrichtung des Ofens ist aus den Abbildungen (Fig. 229a—c) zu ersehen. Das Beheizungskanalsystem eines jeden Ofens besteht aus einer Reihe senkrechter Wandheizkanäle; in der Mitte steht eine trennende Querwand, wodurch zwei symmetrische Beheizungshälften mit eigenen Gasabzugs- und Abhitzekanälen gebildet werden (Fig. 229b). Die Beheizung jeder Ofenkammerhälfte erfolgt dadurch, dass Gas und Luft in kleinen Kanälen, welche im Fundament der Ofenzwischenwände ausgespart sind, getrennt bis zu den eigentlichen Verbrennungsstellen geführt werden (Fig. 229b u. c, Schnitt ab, cd, ef). Letztere sind gleichmässig unter den senkrechten Wandheizkanälen verteilt (Fig. 229b). Durch je eine Querzunge in den Horizontalzügen, welche über und unter den senkrechten Wandkanälen sich befinden, werden die aus den kleinen Zuführungskanälen tretenden Verbrennungs-

produkte gezwungen, durch eine bestimmte Anzahl senkrechter Heizzüge
nach aufwärts zu steigen. Ueber den Heizkammerwänden ist ein System
von Längs- und Querkanälen angeordnet, in welche die Abgase durch in

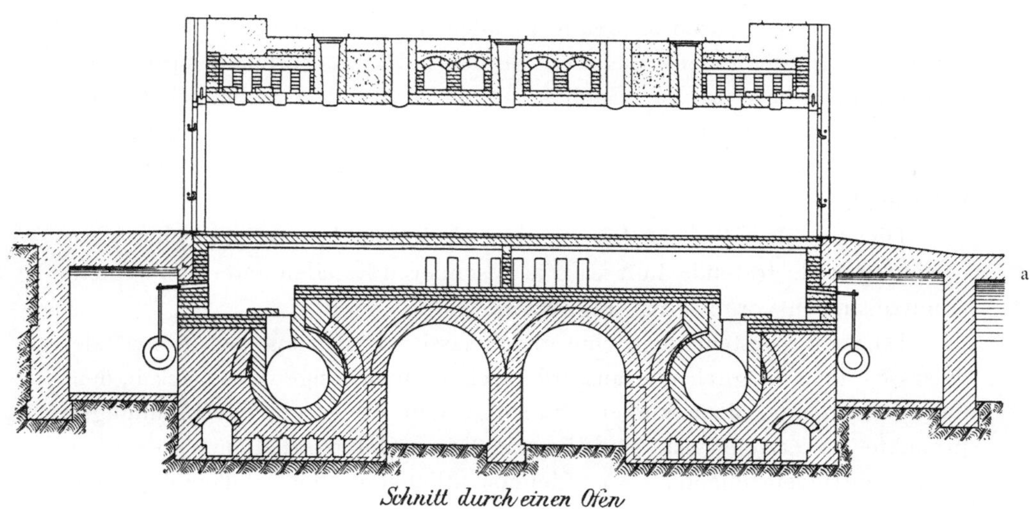

Schnitt durch einen Ofen

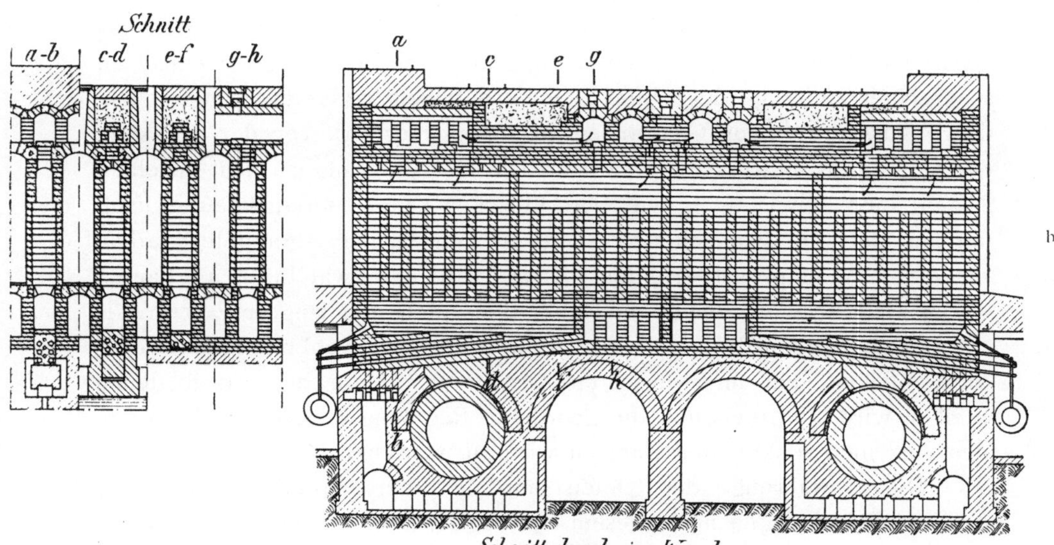

Schnitt durch eine Wand

Fig. 229 a—c.

Collin-Koksöfen mit vertikalen Zügen. 1900/1901.

der Decke der Beheizungsräume angebrachte Oeffnungen einziehen (Fig. 229b).
Die Gase aus jeder Hälfte von fünf Oefen vereinigen sich in zweien der
vier Querkanäle, welche in der Mitte über Oefen und Wände sich hinziehen, fallen in den vier senkrechten Kanälen in der Mitte der fünften

Ofenkammerwand herunter, treten am unteren Ende durch entsprechende Oeffnungen in den Sohlkanal des fünften Ofens und durch diesen in den zur betreffenden Ofenbeheizungshälfte gehörigen Abhitzekanal. Die durch eine Querwand in der Mitte in zwei Hälften geteilten Sohlkanäle der ersten vier Oefen können durch an den Kopfenden derselben befindliche Brenner (229a) erforderlichenfalls beheizt werden. Die Verbrennungsprodukte strömen in der Mitte der Sohlkanäle durch die dort befindlichen vier Oeffnungen zum Sohlkanal des fünften Ofens und ziehen in letzterem, vereint mit den Abgasen der zugehörigen Beheizungskammern, zum Abhitzekanal.

Die aus den Luftkanälen zu den Verbrennungsgasen an der Verbrennungsstelle tretende Luft wird in besonderen Kanälen unter den beiden Abhitzekanälen vorgewärmt (Fig. 229b).

Da nach Vorstehendem eine gleichmässige Beheizung der Ofenwände dieses Systems möglich und ausserdem ein gleichmässiger Gasdruck in den Ofenwänden bei dem kurzen, aufsteigenden Weg der Verbrennungsprodukte zu erzielen ist, sind die mit diesen Oefen erhaltenen Resultate recht zufriedenstellend. An Uebersichtlichkeit der Beheizung der einzelnen senkrechten Wandzüge kommt aber auch dieser Ofen dem Ottoschen Unterfeuerungsofen nicht gleich, da der erkannte Vorteil des Ottoschen Ofens, nämlich derjenige der getrennten Beheizung der einzelnen senkrechten Heizzüge durch eine Reihe von einzelnen Gaszuführungsstellen, durch Aussparung von Gaskanälen im Ofenmauerwerk von der Kopfseite der Oefen aus bewerkstelligt wird. Die Gaszuführung zu den einzelnen Zügen kann somit nicht, wie bei Ottoschen Unterfeuerungsöfen je nach der im Betriebe beobachteten Hitze in den Kanälen geregelt werden, sondern muss empirisch erfolgen. Dieses wird nun zwar bei neu erbauten Oefen nicht schwierig sein; sind aber die Oefen erst längere Zeit in Betrieb, dann werden die langen Gaszuführungskanäle wohl nicht mehr völlig dicht bleiben; ein unerwünschter Austritt der Gase an verschiedenen Stellen wird eintreten und die geordnete Regelung der Gaszuführung zu den einzelnen senkrechten Kanälen wird zu wünschen übrig lassen.

Die Bewährung der Oefen auf der Versuchsanlage hat dazu geführt, dass Anlagen nach diesem System von 1901 ab unter anderen auf den Zechen Sälzer & Neuack, Schlägel & Eisen und Blumenthal errichtet worden sind.

Gewinnung der Nebenprodukte aus den Koksofengasen.

Von Bergassessor Heinrich Weber.

1. Kapitel: Gewinnung von Teer und Ammoniak.

I. Geschichtliches und Statistisches, Ausbringen und Selbstkosten.

Der erste, welcher in Deutschland und zwar im Ruhrbezirk in Bulmke bei Gelsenkirchen mit Erfolg aus Koksofengasen Nebenprodukte, nämlich Teer und Ammoniakwasser, gewann, war Albert Hüssener aus Essen. Derselbe errichtete im Jahre 1881 am genannten Orte die sogenannte »Kohlendestillation«. Letztere bestand aus 100 Destillations-Koksöfen, bei deren Konstruktion der Knab-Carvès-Ofen als Anhalt gedient hatte, und der sog. Kondensations-Anstalt, deren Einrichtungen den bei der Leuchtgas-Herstellung in Anwendung stehenden Apparaten sehr ähnelten.

Die Firma Dr. C. Otto in Dahlhausen, welche bis dahin die führende Stellung im Koksofenbau, namentlich auf den Zechen des Ruhrreviers innehatte, richtete in weiser Voraussicht der grossen Umwälzung, welche durch die guten Betriebsergebnisse der Kohlendestillation in Bulmke auf dem Gebiete des Koksofenbaues sich allmählich vollziehen mussten, nunmehr sofort auch ihrerseits unablässig ihr Augenmerk auf die Umgestaltung des bis dahin von ihr gebauten, das Feld beherrschenden Coppée-Flammofens zu einem Destillationsofen. Bereits im November 1881 wurden von Otto zu diesem Zwecke zehn Versuchsöfen auf der Zeche Holland bei Wattenscheid errichtet. Ehe jedoch diese Versuche zum erfolgreichen Abschluss gelangten, entstand ein neues Destillationskoksofensystem dadurch, dass Gustav Hoffmann in Gottesberg in Schlesien die von Otto gebauten, gewöhnlichen Coppée-Oefen mit Siemensschen Regeneratoren in Verbindung brachte. Derartige sog. Otto-Hoffmannsche Koksöfen mit angeschlossener, vollkommener Kondensationseinrichtung gelangten in Westfalen zuerst im Laufe des Jahres 1883 auf der Zeche Pluto, Schacht Thies, bei Wanne zur Ausführung. Die Resultate dieser ersten 20 Destillations-Koksöfen waren so ausserordentlich günstig, dass bereits im Jahre 1884 die Zeche Kaiserstuhl bei Dortmund mit 62 derartigen Oefen nebst Nebenproduktengewinnung ausgerüstet wurde. In den folgenden Jahren 1885/86 wurden sodann solche Anlagen mit je 60 Oefen auf den Zechen Germania II, Amalia und Friedrich der Grosse in Betrieb genommen, sodass also von Mitte des Jahres 1886 ab auf fünf Zechen des Ruhrreviers aus den Verkokungsgasen von insgesamt 262 Otto-Hoffmann-Oefen in den an letztere angeschlossenen Kondensationsanstalten, deren Einrichtungen im wesentlichen denjenigen bei der Herstellung des Leuchtgases in den Gasanstalten entsprechen, Teer und Ammoniakwasser gewonnen wurden.

In den drei folgenden Jahren 1887/89 trat ein Stillstand in der Erbauung neuer Destillationsöfen ein. Die Ursache hierfür wird wohl einmal in der abwartenden Stellung der übrigen Zechen gegenüber der Rentabilität der bestehenden Anlagen, bezw. dem gewinnbringenden Absatze der Kondensationsprodukte zu suchen sein, sodann aber auch namentlich in den enorm hohen Kosten einer zu errichtenden Destillationskokerei mit Nebenproduktengewinnung, welche Kosten in den damaligen ungünstigen wirtschaftlichen Zeitverhältnissen schwer aufzubringen waren.

Als darauf gegen Ende der 80er und Anfang der 90er Jahre der wirtschaftliche Aufschwung eintrat, sehen wir wieder zwei Anlagen mit Nebenproduktengewinnung von je 60 Otto-Hoffmann-Oefen und zwar auf den Zechen Julia und Recklinghausen II (1890) entstehen. Damit stieg die Zahl der mit Nebenproduktengewinnungs-Anlagen ausgerüsteten Zechen des Ruhrreviers auf 7, welche in ihren Kondensationsanstalten die Destillationsgase aus 382 Oefen von Teer und Ammoniak befreiten.

Das gelinde Abflauen der wirtschaftlichen Lage in den beiden folgenden Jahren 1891/92 hatte wiederum zur Folge, dass während dieser Zeit keine neuen Destillationskokereien zu den bisherigen hinzukamen.

Vom Jahre 1893 ab tritt dann trotz vielfachen, erheblichen Schwankens der Nebenproduktenpreise (Tabelle 40 S. 473) eine von Jahr zu Jahr zunehmende, zum Teil rapide Steigerung im Bau von Kokereianlagen mit Gewinnung der Nebenprodukte ein. Dieselbe war begründet durch die erhöhte Kapitalkräftigkeit der Zechen, durch die bis zu dieser Zeit erprobte, sichere und teilweise hohe Rentabilität der Anlagen und durch die Einführung verbesserter Konstruktionen sowohl der Destillationsöfen, wie der Kondensationsanlagen. So wurden neue Nebenproduktengewinnungsanlagen errichtet im Jahre 1893 auf Eintracht Tiefbau, Schacht Heintzmann mit 60 Otto-Hoffmann-Oefen, sowie auf Schacht Anna des Kölner Bergwerksvereins mit 60 Ruppert- und 30 Hüssener-Oefen; 1894 auf Constantin der Grosse III und Gneisenau mit je 60 Otto-Hoffmann-Oefen; 1895 auf Constantin der Grosse II, Concordia II, Graf Schwerin, Neu-Iserlohn I, Shamrock I/II und Shamrock III/IV mit je 60 Otto-Hoffmann-Oefen, auf Carolinenglück mit 40 und Zollverein IV/V mit 60 Brunck-Oefen, auf Consolidation mit 60 Ruppert-Oefen, sowie endlich auf Hansa, Victor und Prosper I mit je 60 Collin-Oefen; 1896 auf Holland III/IV, Osterfeld und Prinz Regent mit je 60 Otto-Hoffmann-Oefen, auf Deutscher Kaiser II mit

60 Brunck- und 60 Otto-Unterfeuerungsöfen, sowie auf Matthias Stinnes mit 30 Otto-Unterfeuerungsöfen; 1897 auf Centrum I/III mit 60 Otto-Hoffmann-Oefen, auf Alma mit 60 Brunck-Oefen, auf Erin mit 80, Dannenbaum I mit 30, Constantin der Grosse IV und Pluto, Schacht Wilhelm mit je 60 Otto-Unterfeuerungsöfen; 1898 auf König Ludwig mit 60 Otto-Unterfeuerungsöfen; 1899 auf Minister Stein mit 120 Brunck-Oefen und endlich 1900 auf Neumühl und Lothringen mit je 60, auf Preussen I/II mit 80 auf Kaiser Friedrich mit 40 und Dahlbusch II/V mit 30 Otto-Unterfeuerungsöfen.

Demnach waren in den einzelnen Jahren von 1893—1900 auf den Zechen des Ruhrbezirks

1893	1894	1895	1896	1897	1898	1899	1900
9,	11,	23,	28,	34,	35,	36,	41

Anlagen zur Gewinnung von Teer und Ammoniak vorhanden.

Die Leistungsfähigkeit der Kondensations-Anlagen auf den Zechen Deutscher Kaiser II, Kaiserstuhl, Holland III/IV, Consolidation I, Dannenbaum I, Pluto Schacht Thies und Osterfeld wurde in dem genannten Zeitraum durch weiteres Anschliessen an dieselben von insgesamt 482 Destillations-Oefen verschiedener Systeme noch beträchtlich erhöht. Es waren nämlich in den einzelnen Jahren von 1893—1900 an Kondensationsanstalten angeschlossen

1893	1894	1895	1896	1897	1898	1899	1900
538	678	1378	1708	2130	2288	2570	2964

Destillations-Oefen.

Das Ausbringen an Nebenprodukten (Teer und schwefelsaurem Ammoniak) beim Betriebe der Kondensationsanstalten ist von den verschiedensten Faktoren, namentlich von dem Gasgehalt der zu verkokenden Kohle, dem Ofensystem, der Garungsdauer, der Temperatur in den Oefen usw. abhängig. Dasselbe schwankt bei Teer zwischen 3,74 und 0,95 % und bei schwefelsaurem Ammoniak zwischen 1,45 und 0,56 % der in die Oefen eingesetzten Kohle. Aus dem mir vorliegenden diesbezüglichen Zahlenmaterial ist jedoch unschwer zu erkennen, dass das Ausbringen sowohl an Teer, wie an schwefelsaurem Ammoniak auf denjenigen Anlagen welche nur Gasflammkohlen verkoken, am höchsten und auf denjenigen, welche nur Esskohlen verkoken, am niedrigsten ist.

Im Jahre 1900 wurden in 2362 Destillations-Oefen insgesamt 2 980 012 t Koks erzeugt. Letztere entsprechen unter Zugrundelegung des Durchschnittsausbringens der Destillations-Oefen von 74,22 % Koks einem Einsatz von 4 015 110 t feuchter Kohle. Aus diesen Kohlenmengen wurden, wie aus Tabelle 37 zu ersehen ist, insgesamt 90 666 t Teer und 38 146 t schwefelsaures Ammoniak erzeugt. Demnach stellt sich das Ausbringen an Teer pro Tonne eingesetzter Kohle durchschnittlich auf 0,0226 t $= 2,26\,\%$ oder pro Tonne des erzeugten Koks auf 0,0304 t $= 3,04\,\%$ und dasjenige an schwefelsaurem Ammoniak auf 0,0095 t $= 0,95\,\%$ bezw. auf 0,0128 t $= 1,28\,\%$. Das Durchschnittsausbringen pro Ofen und Jahr ist gleichfalls aus der Tabelle zu ersehen; dasselbe beträgt an Teer 38,38 t und an schwefelsaurem Ammoniak 16,15 t.

Durchschnittliches Ausbringen an Teer und schwefelsaurem Ammoniak pro 1900.

Tabelle 37.

| | Produktion*) | Ausbringen pro Ofen und Jahr in t | Ausbringen in % | | Demnach grösstmöglichste Erzeugung pro Jahr aus sämtlichen 2964 Destillations-Oefen t |
			der eingesetzten Kohle	des erzeugten Koks	
Teer	90 666	38,38	2,26	3,04	113 758
Schwefelsaures Ammoniak .	38 146	16,15	0,95	1,28	47 868

*) 6 Gruben mit 602 Oefen haben keine Angaben gemacht.

Die Gesamterzeugung an Teer und schwefelsaurem Ammoniak auf den Zechen des Ruhrreviers in den einzelnen Jahren hat nicht ermittelt werden können. Unter Zugrundelegung der oben angeführten Ofenzahlen und des im Jahre 1900 erzielten Durchschnittsausbringens dürfte dieselbe annähernd folgende gewesen sein*):

Tabelle 38.

Jahreszahl	Teer t	Schwefelsaures Ammoniak t	Jahreszahl	Teer t	Schwefelsaures Ammoniak t
1883	767	323	1892	14 661	6 169
1884	3 147	1 324	1893	20 648	8 688
1885	7 793	3 262	1894	26 021	10 949
1886	10 107	4 231	1895	52 887	22 254
1887	10 107	4 231	1896	65 553	27 584
1888	10 107	4 231	1897	81 749	34 399
1889	10 107	4 231	1898	87 813	36 951
1890	14 661	6 169	1899	98 636	41 505
1891	14 661	6 169	1900	113 758	47 868

*) Die als solche verkauften, gewöhnlichen und konzentrierten Ammoniakwasser sind hierbei der geringen Mengen wegen nicht berücksichtigt worden.

Die Deutsche Ammoniakverkaufsvereinigung zu Bochum giebt demgegenüber folgende Zahlen als Jahresproduktion des Ruhrbezirks an:

Tabelle 39.

Jahr	Erzeugung an Teer t	Erzeugung an schwefels. Ammoniak t
1898	90 165	43 091
1899	94 530	45 761
1900	110 179	49 223

Der Durchschnittspreis der genannten Nebenprodukte pro 100 kg in den einzelnen Jahren seit 1885 ist aus Tabelle 40 zu ersehen. Aus derselben ergiebt sich, dass der Gesamtdurchschnittspreis aller Jahre (1885—1900) pro 100 kg für Teer 2,72 M. und für schwefelsaures Ammoniak 21,88 M. betragen hat.

Durchschnitts-Preise der Nebenprodukte in Mark pro 100 kg.

Tabelle 40.

Jahr	Teer	Schwefelsaures Ammoniak	Jahr	Teer	Schwefelsaures Ammoniak
1885	4,50	24,00	1894	2,70	27,00
1886	2,50	23,00	1895	2,70	19,80
1887	1,50	23,20	1896	2,10	16,20
1888	2,10	24,00	1897	1,90	16,00
1889	3,50	24,00	1898	1,50	19,20
1890	3,60	24,00	1899	2,00	22,40
1891	3,90	23,00	1900	2,20	22,20
1892	3,90	22,00	Durchschnitt		
1893	2,90	20,00	1885—1900	2,72	21,88

Die Ausgaben pro Tonne des erzeugten Koks für Löhne, sowie für Materialien, Ersatzteile und Unterhaltungskosten bei der Teer- und Ammoniakgewinnung sind von 12 Anlagen, deren Betriebsergebnisse für das Jahr 1900 mitgeteilt waren, in den Tabellen 41 und 43 angegeben.

Ausgaben für Löhne, Materialien, Ersatzteile und Unterhaltungskosten bei der Teer- und Ammoniakgewinnung pro Tonne Koks im Jahre 1900.

Tabelle 41.

Für Löhne							
0–0,20 M.		0,20–0,40 M.		0,40–0,80 M.		Durchschnittlich insgesamt	
Zahl der berücksichtigten Anlagen	im Durchschnitt	Zahl der berücksichtigten Anlagen	im Durchschnitt	Zahl der berücksichtigten Anlagen	im Durchschnitt	Zahl der berücksichtigten Anlagen	M.
1	0,20	5	0,32	6	0,48	12	0,39

Für Materialien, Ersatzteile und Unterhaltungskosten							
0–0,30 M.		0,30–0,60 M.		0,60–1,00 M.		Durchschnittlich insgesamt	
Zahl der berücksichtigten Anlagen	im Durchschnitt	Zahl der berücksichtigten Anlagen	im Durchschnitt	Zahl der berücksichtigten Anlagen	im Durchschnitt	Zahl der berücksichtigten Anlagen	im Durchschnitt
3	0,14	4	0,46	5	0,71	12	0,48

Durchschnitts-Ausgaben pro Tonne Koks bei der Teer- und Ammoniakgewinnung nach den verschiedenen Koksofensystemen für das Jahr 1900.

Tabelle 42.

System	Anzahl der berücksichtigten Anlagen	Ausgaben für		Gesamtausgaben
		Löhne in M.	Materialien, Ersatzteile und Unterhaltungskosten in M.	
Otto-Hoffmann	4	0,39	0,47	0,86
Unterfeuerungsöfen	3	0,33	0,64	0,97
Brunck	2	0,40	0,20	0,60
Ruppert & Hüssener	1	0,45	0,50	0,95
Collin	2	0,43	0,57	1,00
Summa . . .	12	0,39	0,48	0,87

Aus der Tabelle 41 ist zu ersehen, dass sowohl die Löhne wie auch die Kosten für Materialien auf den einzelnen Anlagen sehr verschieden hoch sind. Letzteres hat seinen Grund darin, dass sowohl ganz neue, wenig reparaturbedürftige Destillationsanlagen mit hohem Koksausbringen wie auch ältere Anlagen berücksichtigt sind. Ein etwas gleichmässigeres Bild zeigt jedoch die Tabelle 42, in welcher die Ausgaben im einzelnen sowie im Durchschnitt, nach den verschiedenen älteren und neueren Destillationsöfen geordnet, angegeben sind.

Zieht man aus sämtlichen Durchschnittszahlen die gesamte Durchschnittssumme, so ergiebt sich, dass im Ruhrbezirk pro Tonne erzeugten Koks bei der Teer- und Ammoniakgewinnung 0,39 M. für Löhne und 0,48 M. für Materialien, Ersatzteile und sonstige Unterhaltungskosten, also insgesamt 0,87 M. für Herstellungskosten von Teer und schwefelsaurem Ammoniak gezahlt werden. Demgemäss betragen die jährlichen Fabrikationskosten für Teer und schwefelsaures Ammoniak einer Destillationskokerei von 60 Oefen — das jährliche Ausbringen der letzteren zu 1260 t Koks gerechnet — $60 \times 1260 \times 0,87 = 65\,772$ M.

Die jährlichen Durchschnittsausgaben bei der Teer- und Ammoniakgewinnung sind in Tabelle 43 pro Ofen, nach den einzelnen Ofensystemen geordnet, angegeben.

Durchschnitts-Ausgaben pro Ofen bei der Teer- und Ammoniak-Gewinnung geordnet nach Ofensystemen für das Jahr 1900.

Tabelle 43.

System	Anzahl der berücksichtigten Anlagen	Ausgaben für Löhne M.	Ausgaben für Materialien, Ersatzteile und Unterhaltungskosten M.	Insgesamt M.
Otto-Hoffmann	4	500,36	682,48	1 182,84
Unterfeuerungsöfen . .	3	532,83	1 006,30	1 539,13
Brunck	2	490,57	252,20	742,77
Ruppert . . . . Hüssener	1	478,88	530,—	1 008,83
Collin	2	546,70	599,95	1 146,65
Summa . .	12	512,77	665,12	1 177,89

Aus derselben ergiebt sich, dass die Ausgaben für Löhne bei allen Ofensystemen ziemlich die gleichen sind und im Durchschnitt 512,77 M. betragen. Dagegen weisen die durchschnittlichen Ausgaben für Materialien u. s. w. in Höhe von 665,12 im einzelnen grosse Verschiedenheiten auf. Der geringe Satz von 252,20 M. bei den Brunckschen Oefen wird auf die einfacheren, weniger dem Verschleiss ausgesetzten Brunckschen Kondensationseinrichtungen zurückzuführen sein; die hohen Ausgaben von 1006,30 M. für Materialien u. s. w. der an die Ottoschen Unterfeuerungs-öfen angeschlossenen Kondensationseinrichtungen sind mir dagegen nicht erklärlich und vielleicht nur lokaler Natur.

Die gesamten Herstellungskosten für Teer und schwefelsaures Ammoniak betragen nach Obigem pro Ofen und Jahr 1179,89 M., also für eine Destillationskokerei von 60 Oefen $60 \times 1\,179,89 = 70\,673$ M. Der Unterschied dieser wirklichen Ausgaben gegen die obige Berechnung von 65 772 M. beträgt somit 4901 M. und erklärt sich aus dem der Berechnung zu Grunde gelegten Durchschnittsausbringen sämtlicher Destillationsöfen des Ruhrbezirks von 1 260 t Koks pro Ofen und Jahr.

Da also die Fabrikationskosten für die Destillationskokerei von 60 Oefen bei der Teer- und Ammoniakgewinnung nach obigen Durchschnittszahlen 70 673 M.bezw. 65 772 M. betragen, so dürfte als endgültiger Durchschnitt, welcher der weiter unten folgenden Rentabilitätsberechnung zu Grunde gelegt werden soll, der Satz von $\dfrac{70\,673 + 65\,772}{2} = 68\,222$ M. Anspruch auf genügende Genauigkeit haben.

Demgegenüber stellt sich der Erlös der aus 60 Destillationsöfen gewonnenen Produkte nach dem oben angegebenen Durchschnittsausbringen (pro Ofen und Jahr) und den Durchschnittspreisen

a) für Teer auf . . . . $60 \times 38,38 \times 27,20 = 62\,636$ M.

b) für schwefelsaures Ammoniak auf

$$60 \times 16,15 \times 218,80 = 212\,017 \text{ „}$$

also insgesamt auf $= 274\,653$ M.

Abzüglich der Herstellungskosten ergiebt sich demgemäss ein Gewinn von 206 431 M.

Die Kosten einer Destillationskokerei mit Gewinnung der Nebenprodukte belaufen sich auf rund 750 000 M., von denen etwa 200 000 M. auf die Kokerei entfallen. Demgemäss sind insgesamt 550 000 M. zu amortisieren und zu verzinsen. Bei Annahme des hierfür üblichen Satzes von 10 % würde sich der Gewinn aus Teer und Ammoniak um weitere 55 000 M. verringern, sodass also bei einer Destillationskokerei von 60 Oefen an Teer und schwefelsaurem Ammoniak rund 150 000 M. oder 2 500 M. pro Ofen verdient werden.

Vorstehende Art der Selbstkostenberechnung für die Gewinnung des Teers und schwefelsauren Ammoniaks ist im Ruhrbezirk die allgemein übliche. Dieselbe dürfte aber den nachstehenden Ausführungen zufolge unter gleichzeitiger Berücksichtigung des Flammofenbetriebes keinen grossen Anspruch auf Richtigkeit haben.

Wie erwähnt belaufen sich die Kosten einer Destillationskokerei von 60 Oefen mit Kondensation und Ammoniakfabrik im Durchschnitt auf ca. 750 000 M.

Bei dem Durchschnittsausbringen von 1 260 t an Koks pro Ofen werden auf einer Destillationskokerei von 60 Oefen 60 > 1 260 t = 75 600 t Koks pro Jahr erzeugt. Um diese Menge Koks in Flammöfen herzustellen, sind bei dem Durchschnittsausbringen der Flammöfen von 890 t Koks pro Jahr ca. 84 Oefen notwendig. Die durchschnittlichen Kosten eines Flammofens werden sich auf etwa 3000 M., mithin für 84 Oefen auf 252 000 M. stellen.

Um diese Summe ist also der Preis für eine Destillationskokerei zu kürzen, um die wirklichen Mehrkosten für die Nebenproduktengewinnungsanlagen (beim Vergleich der Erzeugung derselben Koksmengen in Destillations- und Flammöfen) zu erhalten. Somit entfallen auf die Kondensationseinrichtungen nicht 550 000 M., sondern nur 498 000 M.

Ausserdem beträgt das Ausbringen an Koks in Prozenten der eingesetzten Kohle bei den Flammöfen 72,24 % und bei den Destillationsöfen 74,22 %. Demnach werden bei einer Erzeugung von 75 600 t Koks in Destillationsöfen etwa 2 700 t Einsatz-Kohlen gespart. Dieser Gewinn der Destillationskokerei deckt sich aber ungefähr mit dem Mehrverbrauch derselben an Dampf für die Betriebsmaschine und Pumpen in der Kondensation. Für letztere müssen bei Gewinnung von Teer und schwefelsaurem Ammoniak 2—3 Kessel von 100 qm Heizfläche — bei ausserdem angeschlossener Benzolgewinnung 3—4 solcher Kessel — den nötigen Dampf liefern. Der durchschnittliche Verbrauch an Kohlen eines solchen Kessels stellt sich aber auf 1 100—1 200 t pro Jahr; infolgedessen kann der Gewinn aus den Einsatzkohlen ausser Ansatz bleiben.

Bei Verwertung der Abhitze aus einem Flammofen zur Kesselfeuerung werden sodann jährlich durchschnittlich 173 t Kohlen gespart gegen 153 t durchschnittlich aus einem Destillationsofen. Demgemäss beträgt das jährlich durch Verwendung der Abhitze von 84 Flammöfen mehr ersparte Kohlenquantum 84 × 20 = 1680 t Kohlen. Rechnet man die Tonne Kesselkohlen zu 11 M., so ergiebt sich hieraus ein Gewinn von 18 480 M.

Da endlich diese 1680 t Kohlen, welche ja zur Kesselheizung verwandt werden, bei der Verwendung als Abhitze pro Tonne nur etwa 0,10 M. an Löhnen beanspruchen, erfordern dieselben beim Verfeuern in Stochkesseln pro Tonne etwa 1,00 M.; demgemäss beträgt die Ersparnis an Löhnen bei Verwendung der Abhitze aus Flammöfen gegenüber derjenigen aus Destillationsöfen 1,00 — 0,10 × 1680 = 1512 M.

Aus Vorstehendem ergiebt sich, dass jährlich bei der Herstellung von Koks in Destillationsöfen gegenüber der Herstellung desselben in Flammöfen 40 000 + 18 480 + 1512 = 57 992 M. mehr ausgegeben werden.

Die jährliche Ausgabe für die Herstellung von Teer und schwefelsaurem Ammoniak aus den Rohgasen einer Destillationskokerei von 60 Oefen
stellen sich demnach wie folgt:

Amortisation und Verzinsung.		49 800	M.
Herstellungskosten (Löhne, Materialien usw.)		68 222	»
Mehrausgaben für Löhne, Materialien usw.	gegenüber der	40 000	»
Bewertung der geringen Abhitze	Kokserzeugung beim Flammofen-	18 480	»
Mehrausgabe für Kesselheizung	betrieb	1 512	»

$$178\,014 \text{ M.}$$

Diesen Ausgaben steht der Erlös von 274 653 M. aus Teer und
schwefelsaurem Ammoniak gegenüber. Demgemäss beträgt also der Reingewinn aus diesen Produkten 274 653 — 178 014 = 96 639 M. oder pro
Destillationsofen und Jahr rund 1600 M.

Hieraus ergiebt sich, dass bei der vorhandenen Destillations-Ofenzahl
von 2964 im Jahr 1900 ein Reingewinn von rund $4^3/_4$ Mill. M. aus den gewonnenen Nebenprodukten, Teer und schwefelsaurem Ammoniak, erzielt
werden konnte.

II. Gewinnung von Teer und Ammoniakwasser.

1. Entstehung und Eigenschaften des Teers.

Werden Steinkohlen der trockenen Destillation unterworfen, so entstehen Dämpfe bezw. Gase, welche sich bei Abkühlung derselben zum
Teil zu einer Flüssigkeit, dem Steinkohlenteer, verdichten.

Welche chemischen Vorgänge dieser Teerbildung bei der Destillation
der Kohlen zu Grunde liegen, ist bis jetzt noch nicht mit Sicherheit auf-
geklärt. Lunge bespricht in seinem Werke »Die Industrie des Steinkohlenteers und Ammoniaks« (Verlag von Vieweg & Sohn, Braunschweig 1900)
Band I, S. 234 ff. eine lange Reihe von Hypothesen über Teerbildung, um
sodann zu dem Schluss zu gelangen, dass keine der dort erwähnten für
sich allein Anspruch auf Gültigkeit hat und nur in der Zusammenwirkung
der den einzelnen Hypothesen zu Grunde liegenden Reaktionen die Bildung
des an so mannigfaltigen aromatischen Verbindungen reichen Teers aus
Steinkohlen zu suchen ist.

Mit Sicherheit kann jedoch angenommen werden, dass bei der Vergasung der Steinkohlen in Destillationsöfen die Höh der zur Anwendung
kommenden Temperatur auf die einzelnen Bestandteile des Teers von
grossem Einfluss ist. So liefern heissgehende Oefen vorwiegend Produkte,
welche durch Zersetzung bezw. Neubildung aus den zuerst gewonnenen
entstanden sein können, während weniger heissgehende Oefen die Produkte

grösstenteils in der Form liefern, wie sie entstanden sind. Bei der Konstruktion der Koksöfen wird daher vielfach darauf Bedacht genommen, dass die oberen Ofenpartien, in welchen die Zersetzungen vorwiegend stattfinden, verhältnismässig kühl gehalten werden.

Der Gehalt des Teers an einzelnen Bestandteilen hängt also hauptsächlich von der zur Verwendung gelangenden Kohle, dem Koksofensystem und dem mehr oder minder grossen Heissgang der Oefen ab und kann füglich von den einzelnen Gruben hier nicht näher angegeben werden.

Die Eigenschaften des Teers und seiner Bestandteile sind so ausserordentlich mannigfaltig, dass an dieser Stelle ein näheres Eingehen auf dieselben unmöglich ist. Es sei daher auf die in dieser Beziehung gemachten trefflichen Ausführungen in dem obengenannten Werke von Lunge, S. 137—243 verwiesen.

2. Entstehung des Ammoniaks.

Die Vorgänge, welche die Bildung des Ammoniaks, einer Verbindung von Stickstoff und Wasserstoff, bei der Destillation der Steinkohlen herbeiführen, und ebenso die Umstände, welche diese Bildung befördern bezw. hintanhalten, sind noch nicht völlig geklärt.

Man nimmt an, dass bei der Destillation der Steinkohle ein Teil des in letzterer enthaltenen Stickstoffs und Wasserstoffs durch hohe Temperatur ausgetrieben wird. Diese beiden Stoffe vereinigen sich dann in statu nascendi zu Ammoniak.

Der Stickstoffgehalt der westfälischen Steinkohlen schwankt sehr und beträgt im Maximum etwa 1,5 %. Hiervon wird jedoch nur ein kleiner Teil, etwa 10—14 %, als Ammoniak gewonnen, während der grössere Teil im Koks zurückbleibt, wie aus der von Dr. Knublauch veröffentlichten Tabelle 44 einzelner Kohlenproben hervorgeht.

Tabelle 44.

Lfde. No.	Stickstoffgehalt der Kohle in %	Bei der Destillation wurden erhalten		Entsprechend schwefelsaurem Ammoniak pro 1000 kg	Vom Stickstoffgehalt sind als Ammoniak gewonnen in %	Koks
		Ammoniak in %	Stickstoff in %			
1	1,612	0,2208	0,2013	11,18	13,7	68,88
2	1,555	0,2030	0,1672	8,46	10,8	70,85
3	1,479	0,2013	0,1658	8,39	11,2	68,50
4	1,466	0,1904	0,1568	7,83	10,7	65,33
5	1,215	0,1809	0,1490	7,37	12,3	81,75

Die Menge des Stickstoffs, welcher als Ammoniak entweicht, ist abhängig von der Natur der in den Steinkohlen enthaltenen Stickstoffverbindungen, von der Menge des zur Bindung des Stickstoffs vorhandenen Wasserstoffs und von der Zeit und Temperatur, welcher die Kohle der Einwirkung der beiden Ammoniak bildenden Stoffe ausgesetzt bleibt.

Hilgenstock-Dahlhausen hat durch eingehende Versuche feststellen lassen, dass während der ganzen Zeitdauer der Destillation in Koksöfen die Ammoniakbildung in allen Teilen des Kokskuchens, sowohl in den äusseren Partieen wie im Innern, sich nahezu gleichbleibt. Er zieht daraus den Schluss, dass die Ammoniakbildung hauptsächlich erst bei der weiteren Entgasung der bereits festgewordenen Kokspartien vor sich geht, und glaubt hierin ein wesentliches Moment für die Begründung der so beschränkten Stickstoffumsetzung bezw. Ammoniakbildung erkannt zu haben.

3. Methode der Gewinnung der Nebenprodukte (Teer und Ammoniakwasser).

a) Gewinnung im allgemeinen.

Bei der Gewinnung der Nebenprodukte aus den Gasen der Koksöfen handelt es sich darum, diese Gase aufzufangen und die wertvollen Bestandteile derselben, nämlich Teer, Ammoniak (und Benzol) aus denselben abzuscheiden.

Zu diesem Zwecke werden die sich bei der Verkokung bildenden Gase aus den Verkokungskammern der Oefen abgesogen und sodann durch Apparate geleitet, deren Einrichtungen im wesentlichen den bei der Fabrikation des Leuchtgases üblichen entsprechen.

Nach erfolgter Entziehung der zu gewinnenden Produkte werden die Gase zu den Koksöfen zurückgeleitet und dort zur Beheizung der Ofenkammern benutzt.

Die Entgasung der Kohlen beginnt schon während des Einfüllens der Kohlen in den heissgehenden Koksofen und zwar zunächst an den beheizten Wandungen der Ofenkammern. Den im Anfang fast nur aus Wasserdampf bestehenden Gasen gesellen sich bald Teer- und andere Dämpfe zu. Es bildet sich hierbei zunächst an den Aussenseiten des eingesetzten Kohlenkuchens eine dünne Kokskruste, welche allmählich nach dem Innern des Kohlenkuchens zu immer stärker wird.

Die entwickelten Gasmengen nehmen umgekehrt nach den beheizten Wandseiten hin schnell und stetig ab, sodass sie im fertigen Koks immer gleich Null sind.

Die sich bildenden Gase werden, um der Gefahr ihrer Zersetzung vorzubeugen, sofort nach ihrem Entstehen und ständig auf künstliche Weise aus den Ofenkammern entfernt.

Zur Ableitung derselben sind in die Gewölbe der einzelnen Ofenkammern Rohre eingelassen, durch welche die Gase einem gemeinschaftlichen über der ganzen Ofengruppe sich hinziehenden Rohre, der Vorlage, zugeführt werden. Die Vorlage selbst erhält eine kleine Neigung, um den sich schon hier kondensierenden Produkten einen leichten Abfluss zu ermöglichen.

Das von der Vorlage zur Kondensation führende Rohr enthält gemischt die aus den einzelnen Oefen und den verschiedenen Stadien des Verkokungsprozesses stammenden, gasförmigen Produkte.

Letztere verhalten sich in physikalischer Hinsicht sehr verschieden. Einige derselben, nämlich die unter dem Namen »Teer« zusammenzufassenden Kohlenwasserstoffe, haben die Eigenschaft, bei hinreichender Temperaturerniedrigung in den tropfbar flüssigen Zustand überzugehen, wogegen andere, wie das Ammoniak und die leichten Kohlenwasserstoffe flüchtig bleiben; letztere müssen daher auf andere Weise abgeschieden werden. Die Mittel hierfür bestehen darin, dass diesen Körpern andere entgegengesetzt werden, deren Bestreben es ist, sich mit diesen zu vereinigen bezw. dieselben in sich aufzunehmen. Als solche Körper werden Wasser für das Ammoniak und schwere Oele für die leichten Kohlenwasserstoffe verwandt.

Bei der Befreiung der Gase von Teer, Ammoniak (und Benzol) sind demnach 2 Hauptoperationen vorzunehmen: 1. Abkühlung der Gase und 2. Auflösen des Ammoniaks in Wasser (und der leichten Kohlenwasserstoffe in schweren Oelen). Eine scharfe Trennung der Operationen, mit Ausnahme der Abscheidung des Benzols ist nicht zu ermöglichen, da einerseits die Abscheidung des Teers durch die Abkühlung keine vollständige ist, anderseits der grössere Teil der Gesamtmenge des Ammoniaks schon beim Abkühlen der Gase erhalten wird. Die später erfolgende Absorption des Ammoniaks und des Benzols wird jedoch durch die Abkühlung der Gase bei der Teergewinnung insofern bereits vorbereitet, als die genannten Stoffe nur bei möglichst niedriger Temperatur der Waschflüssigkeit von letzterer aufgenommen werden.

Zur Abkühlung der Gase behufs Abscheidung des Teers gelangen Luft und Wasser zur Verwendung, da eine Luftkühlung allein bei den grossen Gasmengen nicht ausreichend ist; ausserdem bietet die Wasserkühlung noch den Vorteil, dass man die kühlende Wirkung nach Wunsch durch entsprechende Regulierung des Wasserzuflusses innerhalb gewisser Grenzen ändern kann. Eine direkte Berührung des Gases mit Wasser in den Wasserkühlapparaten wird jedoch wegen der zu starken Verdünnung der Nebenprodukte vorläufig noch vermieden. Man lässt vielmehr das Wasser zunächst durch ein Medium hindurch auf das Gas einwirken und schafft hierbei zwischen beiden möglichst viele Berührungspunkte.

Soweit das Ammoniak nicht bereits durch die blosse Kühlung abgeschieden ist, sucht man es sodann durch innige Berührung mit Wasser an dieses zu binden. Das dem Gase dargebotene Wasser muss eine möglichst geringe Temperatur haben, denn je höher die Temperatur, in um so geringerem Masse vermag das Wasser das Ammoniakgas aufzunehmen und festzuhalten. Durch Versuche ist festgestellt, dass ein Volumen H_2O

bei 0°   bis 1049,6 Volumen Gas
»   4° C. »   941,9   »   »
» 10° » »   812,8   »   »
» 20° » »   654,0   »   »   absorbiert.

Das Absorptionsvermögen des Ammoniaks durch Wasser lässt sich steigern, wenn das Gas unter Druck steht. Dieses wird dadurch erzielt, dass man das Gas in sog. Glockenwaschern durch eine mehr oder minder hohe Wasserschicht hindurchpresst.

Die bei der Abkühlung und Waschung der Gase sich abscheidenden Produkte, Teer und Ammoniakwasser, welch letzteres infolge des Feuchtigkeitsgehaltes der Kohlen sich niedergeschlagen hat, werden in Sammelgruben geleitet, in welchen sie sich nach ihrem spez. Gewichte trennen. Der schwerere Teer setzt sich auf dem Boden ab, das leichtere Ammoniakwasser bleibt oben.

Teer und Ammoniakwasser werden beim Eintritt in die Sammelgrube zur Vermeidung des Aufrührens der bereits getrennten Produkte zunächst in ein weiteres, oben und unten offenes und auf dem Boden des Behälters stehendes Rohr geleitet.

Das vom letzten Waschapparate ablaufende, am meisten angereicherte Wasser leitet man in einen besonderen Behälter, von dem es direkt zum Versand oder zur Weiterverarbeitung auf schwefelsaures Ammoniak entnommen werden kann.

b) Betriebsweise und Anordnung der Apparate.

Die allgemeine Anordnung einer Destillationskokerei nebst Kondensationsanlage und Ammoniakfabrik ist aus dem in Tafel XVIII und Fig. 230 a—d veranschaulichten Uebersichtsplan bezw. Aufriss zu erkennen.

Der Betriebsgang ist folgender:

In jedem Ofenkammergewölbe der beiden Ofengruppen von 30 Oefen befinden sich 5 Oeffnungen, von denen die beiden äusseren, sowie die mittlere zum Einfüllen der Kohlen in den Verkokungsraum und die beiden übrigen für den Austritt der im Ofen sich entwickelnden Gase bestimmt sind. Auf diese letzteren Oeffnungen sind eiserne Rohre aufgesetzt, welche mit den beiden über die ganze Länge der Ofengruppen sich hinziehenden Vorlagen in Verbindung stehen (Tafel XVIII und Fig. 230, Schnitt C—D).

Additional material from *Aufbereitung, Kokerei, Gewinnung der Nebenprodukte, Brikettfabrikation, Ziegeleibetrieb,* ISBN 978-3-642-51908-6 978-3-642-51908-6_OSFO18), is available at http://extras.springer.com

Die bei der Verkokung sich bildenden Gase ziehen durch die beiden Steigrohre in die gemeinsamen Vorlagen, kühlen sich hier auf 400—350° C. ab und kondensieren infolgedessen schon hier zum Teil zu Teer- und Ammoniakwasser.

Um ein schnelles Abziehen der Gase aus sämtlichen Oefen zu erzielen und um Gasstauungen in den Vorlagen zu vermeiden, ist an die letzteren auf jeder Ofengruppe noch eine besondere Gassammel- oder Entlastungsleitung angeschlossen.

Die Vorlagen werden ununterbrochen nachgespült zur Vermeidung von Dickteeransätzen und Teer, welcher mit den sich bildenden Kondensationsprodukten in eine Teergrube abfliesst.

An den beiden mittleren Kopfenden der Ofengruppen werden die Vorlagen und Gassammelleitungen zu einer gemeinsamen Gassaugleitung vereinigt. Durch diese strömen die noch flüchtigen Gase zur eigentlichen Kondensationsanstalt.

Hier treten sie mit der inzwischen erlangten Temperatur von ca. 180° C in eine Reihe parallel geschalteter Luftkühler, um nach Durchstreichung derselben mit einer Temperatur von 80° C zu den Wasserkühlern zu gelangen.

Die Gase verlassen diese in mehreren Reihen hintereinander geschalteten Wasserkühler mit einer Austrittstemperatur von ca. 20° C. und enthalten nunmehr nur noch ganz geringe Mengen Teer.

Die in den Luft- und Wasserkühlern entstandenen Kondensationsprodukte von Teer und Ammoniakwasser fliessen durch Rohrleitungen in die Teer- und Ammoniakwassergruben, in welchen sich die Kondensate vermöge ihrer verschiedenen specifischen Gewichte von einander trennen.

Nach ihrem Austritt aus den Wasserkühlern kommen die Gase in den beiden sich daran anschliessenden Vorreinigern zum ersten Male mit Wasser und zwar mit schwachem Ammoniakwasser in direkte Berührung. In diesen Apparaten dringen die Gase durch die Ammoniakwasserschicht und geben auf diese Weise einen Teil ihres Ammoniaks ab, wodurch das schwache Wasser stark angereichert wird.

Dieses fertige Ammoniakwasser wird entweder den Ammoniakdestillationsapparaten der Ammoniakfabrik (Tafel XVIII) zur Verarbeitung auf schwefelsaures Ammoniak zugeführt oder zu konzentriertem Ammoniakwasser verarbeitet.

Aus den Vorreinigern werden die auf etwa 15° C. abgekühlten Gase durch 4 Gassauger, von denen 2 zur Reserve dienen, abgesaugt und dann entweder durch einen Schlusskühler oder sofort zu den Ammoniakwaschern (Glockenwaschern) gedrückt. Durch die vielfache und innige Berührung der Gase mit reinem Wasser, wie solche in diesen Apparaten stattfindet, werden denselben die letzten Reste Ammoniak bis auf Spuren

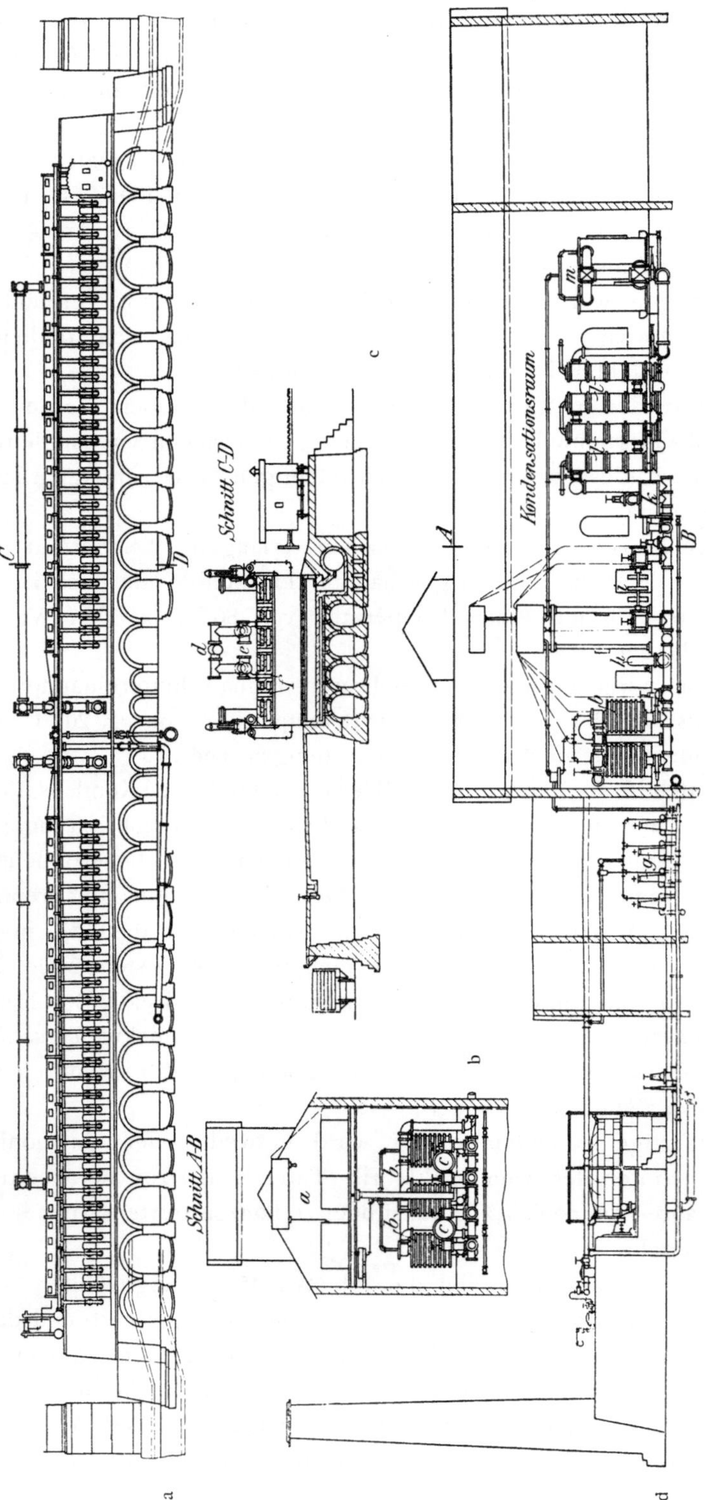

Fig. 230 a—d.

Anordnung einer Destillationskokerei nebst Kondensationsanlage und Ammoniakfabrik.

entzogen. Das auf die Apparate oben aufgegebene, reine Wasser gelangt etagenweise nach unten und entzieht den ihm auf dem entgegengesetzten Wege von unten her entgegenkommenden Gasen das Ammoniak nahezu vollständig, wobei es schliesslich als schwaches Ammoniakwasser aus den Waschern abläuft. Zur Anreicherung wird dieses schwache Ammoniakwasser sodann den Vorreinigern zugepumpt.

Die aus den Ammoniakwaschern abziehenden, von Teer und Ammoniak befreiten Gase gelangen darauf in einen lediglich als Druckregler fungierenden Gasometer, von welchem aus sie zur Verbrennung teils unter die Koksöfen behufs Beheizung der Ofenwandungen und teils, je nach Ueberschuss, zum Gasmotor oder unter einen oder mehrere Kessel behufs Dampferzeugung geleitet werden (Fig. 230 a—d).

Aus den Teer- und Ammoniakwassergruben wird der Teer durch Pumpen einem Hochbehälter zugehoben, und von dort entweder direkt in Kesselwagen abgefüllt und zum Versand gebracht oder aber zur Teerdestillation übergeführt.

Das in den Gruben befindliche Ammoniakwasser gelangt vereint mit demjenigen der Vorreiniger zur Ammoniakfabrik.

Sämtliche einzelnen Waschflüssigkeiten und Kondensate werden durch Pumpen fortwährend verschiedenen Hochbehältern zugehoben, von wo sie durch mit Regulierhähnen versehene Abflussrohre zu den einzelnen Verbrauchsstellen gelangen.

Zum Antrieb der Pumpen, der Gassauger und des Ventilators, welcher die zur Verbrennung der Gase unter den Oefen notwendige Luft ansaugt, dienen zwei Maschinen, von denen eine stets in Reserve steht. Die Maschinen sind entweder Dampfmaschinen oder Gasmotore von 50—60 PS.

Zur Bedienung einer Kondensation nebst Ammoniakfabrik, welche an 60 Destillationsöfen angeschlossen ist, sind 15—18 Mann erforderlich.

c) Beschreibung der einzelnen Apparate sowie der sonstigen Fabrikationseinrichtungen.

Vorlagen.

Zwischen den 3 Füllöffnungen im Deckengewölbe der Koksöfen befinden sich zwei Oeffnungen, welche zum Abfangen der Gase aus den einzelnen Oefen dienen. Auf diesen Oeffnungen sitzen die in den Figuren 231 a—e abgebildeten Steigrohre; dieselben tragen am oberen Ende Entlastungsventile, welche die Verbindung mit dem auf den Oefen befindlichen Vorlagen herstellen bezw. den Abschluss des Ofens gegen die Vorlage bei eingetretener Garung vermitteln. Die Steigrohre besitzen ferner eine mit einem Deckel verschliessbare Oeffnung, durch

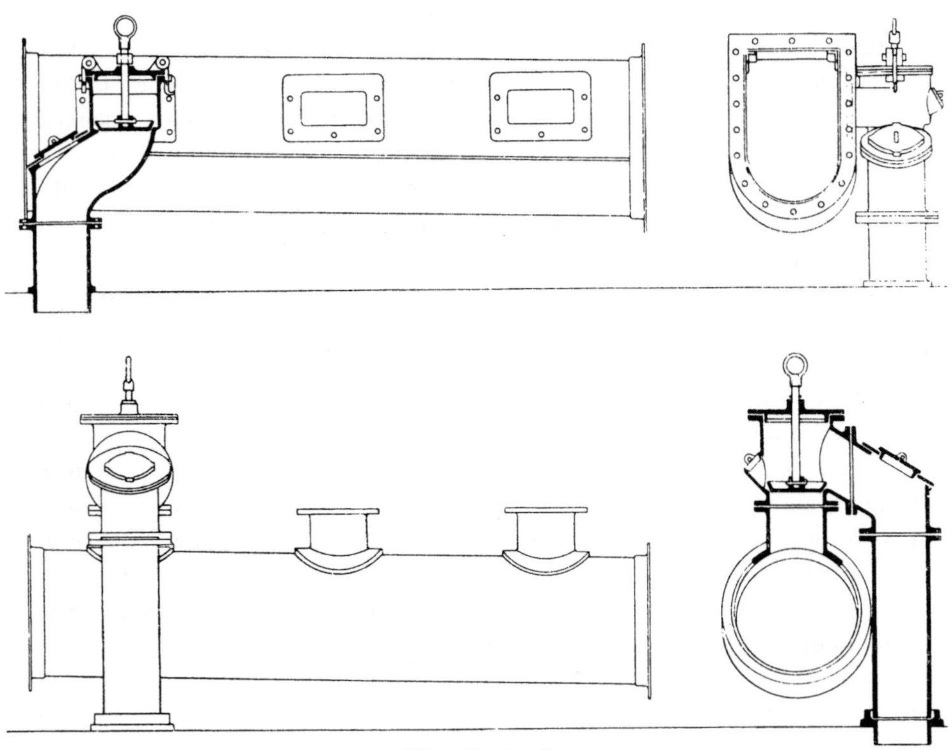

Fig. 231 a—d.

Vorlagen.

Fig. 231 e.

Vorlage mit Steigerohren und Absperrventilen, »System Brunck«.

welche die beim Ausdrücken und Neufüllen des Ofens sich entwickelnden Gase bei geschlossenem Entlastungsventil in die freie Luft entweichen können.

Die Steigrohre mit den Entlastungsventilen sind so konstruiert, dass, wie aus Fig. 231 a und b ersichtlich, die Gase entweder von der Seite oder (s. Fig. 231 c und d) von oben in die Vorlagen eintreten können. Von den Vorlagen finden, mit Ausnahme derjenigen auf Brunckschen Anlagen die sog. trockenen (geschlossenen) Vorlagen Verwendung. Dieselben sind aus schmiedeeisernen Blechen so hergestellt, dass auf der unteren Seite jede Niet-naht behufs bequemerer Reinigung von Dickteeransätzen fehlt. Sie haben, wie Fig. 231 a und b veranschaulicht, einen kreisförmigen oder einen mulden-förmigen Querschnitt, liegen in geneigter Richtung zu zwei Reihen auf den Oefen und werden gewöhnlich über eine Batterie von 30 Stück hinweg geführt. In diesen Vorlagen, welche den Gasen bereits eine ganz bedeutende Luftkühl-fläche bieten und dieselben bis auf ca. 350° C. abkühlen, wird ein Teil des ge-samten Teergehaltes abgeschieden; der dünnflüssige Teer vereinigt sich daselbst mit dem dickflüssigen und den aus den Oefen mitgerissenen, staubigen Produkten zu einer mehr oder weniger leichtflüssigen Masse, welche in der etwas geneigt gelagerten Vorlage sogleich nach dem Ent-stehen nach Möglichkeit abfliesst. Zur leichteren Reinigung bezw. zur Be-seitigung von ev. Dickteeransätzen sind zwischen je 2 Einmündungen der Entlastungsventile, also in Entfernungen von 1 m Oeffnungen in den Vor-lagen angebracht, die durch leicht abnehmbare, konische Stopfen gewöhn-lich geschlossen sind. Die Reinigung vollzieht sich in der Weise, dass die Dickteeransätze teils durch die Oeffnungen herausgezogen, teils von Oeffnung zu Oeffnung bis in die an die Gassaugleitung sich anschliessende Dickteergrube weiter geschoben werden.

Die beiden Vorlagen einer Batterie von 30 Oefen werden mit den 2 Vorlagen der zweiten Batterie am inneren Kopfende in ein gemeinschaft-liches, schräg gelagertes Sammelrohr, die sog. Hauptgassaugeleitung, ver-einigt, durch welche das Gas den Kühlern zugeführt wird.

Die Gassaugeleitung ist ebenso wie die Vorlagen, soweit sie in der Luft geführt wird, aus Schmiedeeisen hergestellt; später schliessen sich gusseiserne, ebenfalls mit Reinigungsöffnungen versehene Rohre an. Ihr Durchmesser beträgt 700 mm. Zur Vermeidung des Festbackens des Dick-teers und der mitgerissenen Kohlenstückchen werden fortwährend oder doch wenigstens täglich mehrere Male die Vorlagen und Gasleitungen mit dünnflüssigem Teer aus- bezw. zur Mitnahme der weniger flüssigen Kon-densationsprodukte nachgespült. Letztere setzen sich in einer Teervor-grube, in welche die Gassaugeleitung vermittels eines Tauchstücks ca. 200 mm tief eintaucht, ab und werden mit einer Schaufel heraus-geschlagen und wieder mit den Kokskohlen in die Oefen gefüllt.

In neuerer Zeit wird zum Absaugen der Gase aus den Ofenkammern im Deckgewölbe derselben nur eine Oeffnung ausgespart und auf dieselbe ein längeres Steigrohr (etwa 2 m lang) behufs schnellerer Abkühlung und Kondensation der Gase aufgesetzt und an eine entsprechend grosse Vorlage angeschlossen. Von irgendwelchen Nachteilen für die Zusammensetzung der Nebenprodukte soll diese vorteilhafte Neuerung bis jetzt nicht begleitet gewesen sein.

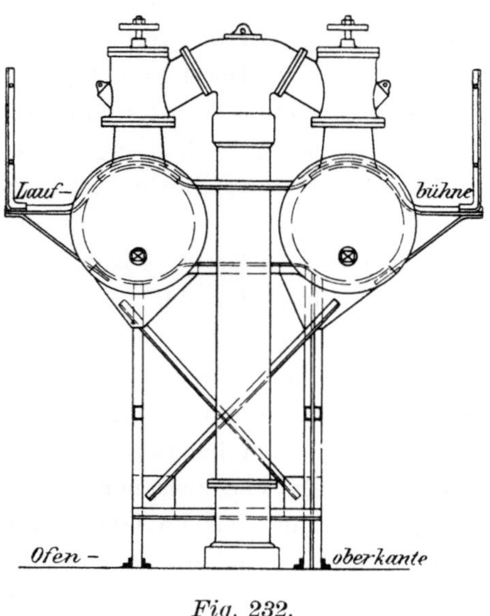

Fig. 232.

Vorlage für getrennte Absaugung der Gase von Dr. Otto & Co. Ausführung 1900.

Um die Gase jedoch, wie bisher, in den einzelnen Stadien der Verkokung getrennt absaugen zu können, gelangt zuweilen die in Fig. 232 veranschaulichte Vorlage für getrennte Absaugung der Gase zur Anwendung.

Kohlenstaubausscheider und Luftkühler.

Da bei einer allmählichen Abkühlung und bei geringer Geschwindigkeit des Gases in den Apparaten der demselben verbleibende Benzolgehalt erfahrungsgemäss ein möglichst hoher ist, was insbesondere für Kokereien mit Benzolgewinnung von Wichtigkeit ist, so passiert das Gas, bevor es in die Wasserkühler eintritt, eine Reihe von Kohlenstaubausscheidern und Luftkühlern oder neuerdings nur ein grösseres System von Luftkühlern. Letzteren fällt ausser der Kühlung die Aufgabe zu, das Gas von den aus den Oefen mitgerissenen, ihm noch anhaftenden staubförmigen Teilen zu reinigen. Sie werden in Form von Cylindern, früher zum Teil liegend, heute allgemein stehend, angewendet und sind mit Scheidewänden oder neuerdings auch, nach Fortfall der Vorlagen, mit Zerstäubungsdüsen versehen. Dort, wo sie hauptsächlich als Kühler wirken sollen, erhalten sie auch wohl Aussenberieselung.

Die Kohlenstaubausscheider, welche in der Regel zu zweien in der Parallelschaltung angeordnet sind, haben meistens einen Durchmesser von 1,5 m und eine Höhe von 8 m; sie sind aus schmiedeeisernen Blechen

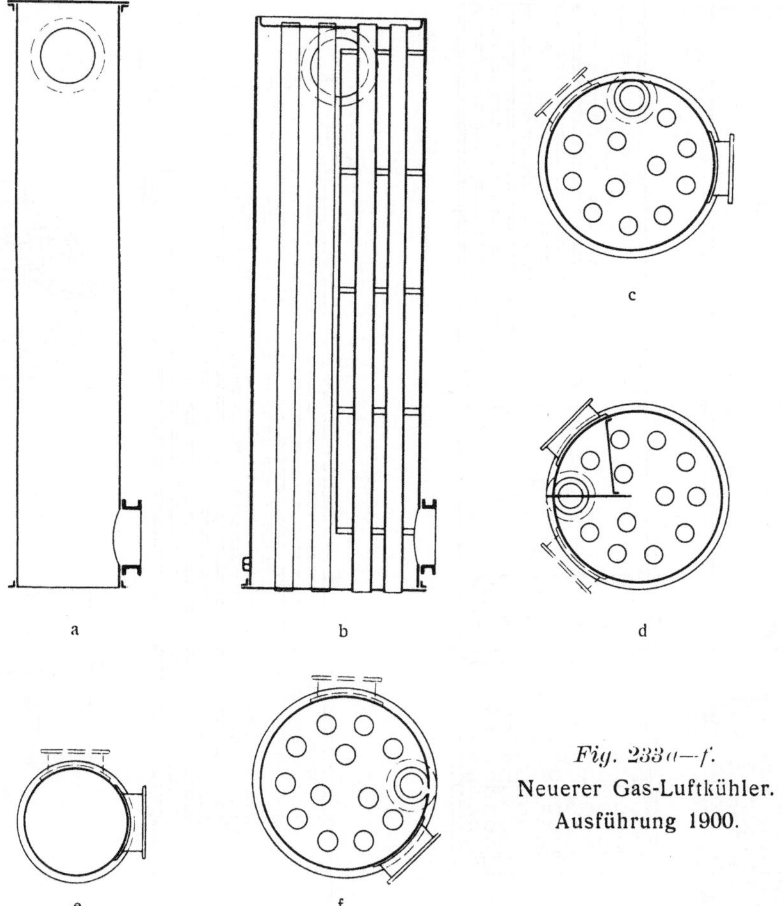

Fig. 233 a—f.
Neuerer Gas-Luftkühler.
Ausführung 1900.

hergestellt und gewöhnlich mit 3 Scheidewänden oder Querböden im Innern versehen. Das Gas erfährt in diesen Apparaten eine Abkühlung bis auf etwa 140° C., wobei sich ca. 50 % des gesamten Teers abscheiden. Der sich auf den Querböden niederschlagende Teer nimmt die Kohlenstaubpartikelchen mit und wird von einem Sammeltopfe aus der Teergrube zugeführt.

Die Luftkühler (Fig. 233a—f) sind meistens in zwei Reihen von 6 bis 10 Stück aufgestellt, von denen je 3—5 von dem Gase hintereinander durchströmt werden. Es sind 6,50 m hohe Behälter aus Eisenblech und auf den neueren Anlagen von ovalem Querschnitt (750 und 1500 mm $\varnothing$). Das Gas tritt in den ersten Kühler unten ein, zieht oben heraus in den zweiten, den es unten verlässt, um den dritten zu passieren usw. Durch die weitere

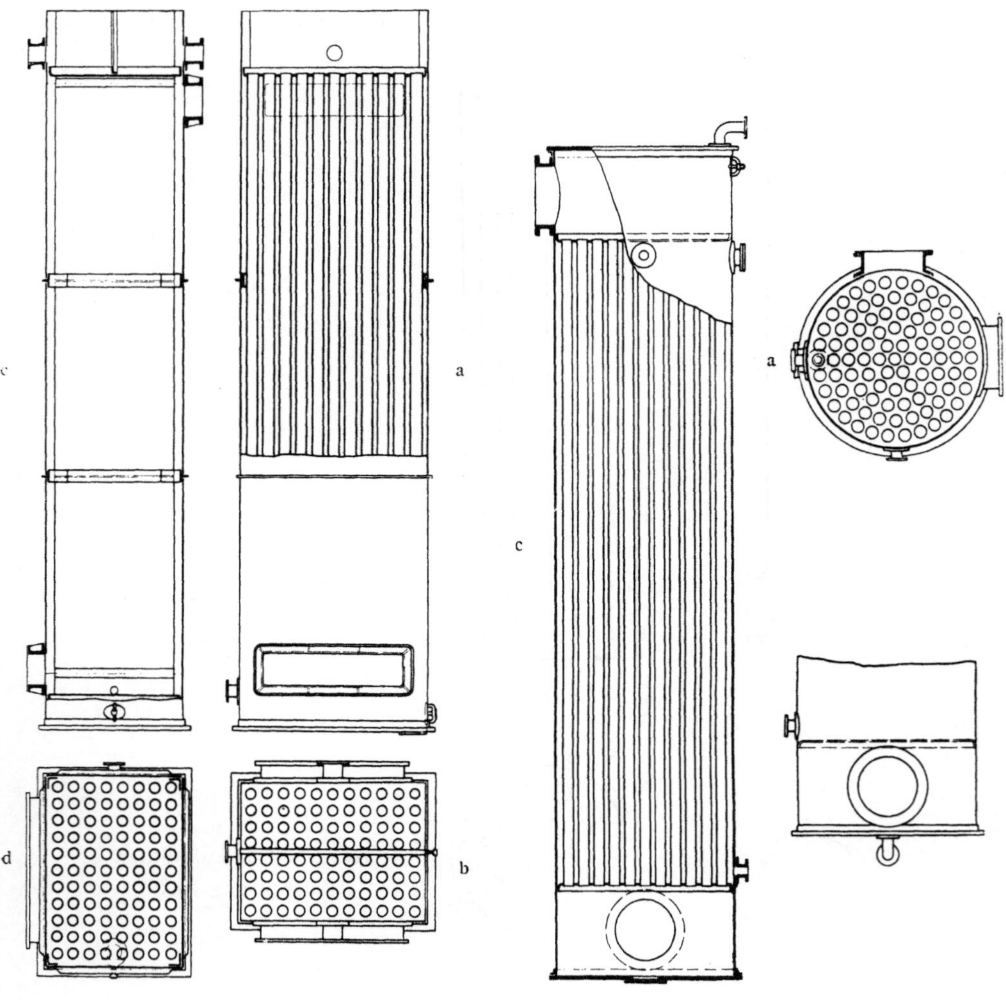

Fig. 234a—d.

Älterer Gas-Wasserkühler.

Fig. 235a—c.

Älterer Gas-Wasserkühler.

Verminderung der Gasgeschwindigkeit und besonders durch die den Gasen sich darbietende grosse Kühlfläche geht die Temperatur der Gase von ca. 140° auf 80—75° C. herab; letzteres hat eine weitere Abscheidung von 25 $^0/_0$ Teer zur Folge. Zu gleicher Zeit kondensiert aber auch ein Teil des aus dem Wassergehalt der Kokskohlen stammenden Wassers und nimmt einiges im Gase enthaltene Ammoniak auf (0,3—0,5 g NH_3 in 1 l). Die Kondensationsprodukte sammeln sich auf dem Boden der Kühler und fliessen durch Vermittelung von kleinen tauchenden Rohren in Auffangetöpfe. Aus den Töpfen, welche unter einander in Verbindung stehen, gelangt das Kondensat durch ein gemeinsames Rohr in die gemeinsame Teergrube.

Wasserkühler.

Eine niedrigere Temperatur als 70° C. lässt sich mit Luftkühlern, ohne eine zu grosse Anzahl aufstellen zu müssen, nicht erreichen. Eine grössere Abkühlung ist aber unumgänglich notwendig, da sonst die noch in den Gasen enthaltenen ca. 25 % Teer in den feinen Teilen der folgenden Apparate, besonders bei den Gassaugern und Glockenwaschern, Verstopfungen hervorrufen würden.

Zur Vermeidung dieser Uebelstände werden die Gase in Wasserkühler von rechteckiger, quadratischer oder auch runder Grundfläche geleitet. Am verbreitetsten sind diejenigen mit rechteckigem Querschnitt. Ausser einer besseren Ausnutzung der Fläche sind bei diesen Kühlern die Platten der schmaleren Vertikalseiten zum Abschrauben eingerichtet, wodurch die Möglichkeit häufiger und gründlicher Reinigung des Apparates gegeben ist. Vereinzelt werden auch die Kühler zugleich als Wascher konstruiert, wobei dieselben auch zwischen den Kühlrohren, um welche das Gas streicht, mit Wasser berieselt werden. Man wendet dieselben zuweilen dort an, wo die weiter unten zu beschreibenden Vorreiniger in Fortfall gekommen sind.

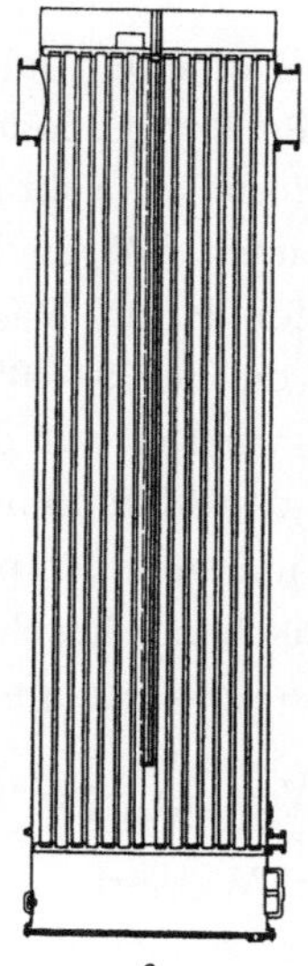

a

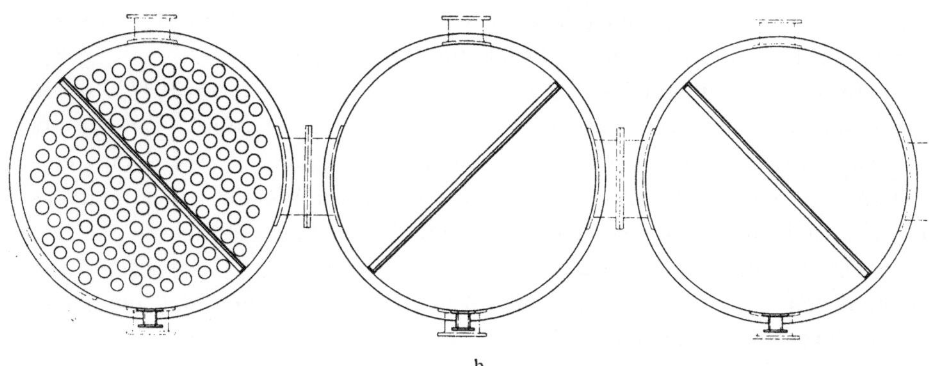

b

Fig. 236 a u. b.

Neuerer Gas-Wasserkühler. Ausführung 1900.

Die verschiedenen Arten der Wasserkühler sind in Fig. 234a—d, 235 a—c und 236 a und b abgebildet. Sie sind nach Art gewöhnlicher Röhrenvorwärmer eingerichtet, $6^1/_2$—8 m hoch, $1^1/_2$—2 m breit und mindestens zu je 3 hinter einander geschaltet. Die Apparate haben einen doppelten Boden von etwa 250 mm Zwischenraum und sind oben der Länge nach in zwei Abteilungen geteilt, welche mit dem Doppelboden durch ein Röhrensystem von 90—100 Stück und je 100 mm lichter Weite in Verbindung stehen. Um diese Röhren, durch welche fortwährend Kühlwasser läuft und welche eine Kühlfläche von rund 200 qm darbieten, zieht das Gas nach dem Gegenstromprinzip, d. h. die Gase durchziehen die Wascher in der Weise, dass immer das am meisten gekühlte Gas denjenigen Apparat zuletzt verlässt, in den noch nicht gebrauchtes, kühles Wasser eintritt. Der Gang des Wassers in den einzelnen Apparaten ist derart, dass dasselbe oben in die eine der beiden vorerwähnten Abteilungen eintritt, durch die Röhren in den Doppelboden herunterfällt und vermöge des Gesetzes der kommunizierenden Röhren durch die mit der anderen Abteilung in Verbindung stehenden Röhren in jene heraufzieht, aus der es dann in den folgenden Behälter läuft. Das Wasser verlässt den letzten Kühler mit einer Temperatur von ca. 35—40° C. Dasselbe dient zum Teil zum Kesselspeisen, zum Teil wird es auf das weiter unten beschriebene Kühlgerüst gepumpt und nach der Abkühlung wieder zur Kühlung benutzt. Die kondensierten Teer- und Ammoniakdämpfe (0,8—1 g NH_3 in 1 l) werden in Sammeltöpfen mit hydraulischem Abschluss aufgefangen und in die oben genannte, gemeinsame Teergrube abgeführt.

Vorreiniger.

Nach dem Verlassen der Wasserkühler gelangen die Gase in den sog. Apparatenraum und zwar zunächst in zwei oder drei parallel geschaltete Vorreiniger oder Vorwascher. (Auf den neueren Anlagen sieht man von einer Vorwaschung in diesen Apparaten ab und führt die Gase direkt zu den weiter unten beschriebenen Gassaugern.)

In den Vorreinigern sollen noch Anteile von Teer (etwa 10 %), sowie auch schon solche von Ammoniak ausgeschieden werden. Zu diesem Zwecke werden die Gase, da sie nicht mehr genug Wasserdampf enthalten, um das Ammoniak zu binden, mit reinem Wasser, oder meistens mit schwachem Ammoniakwasser in innige Berührung gebracht.

Die Vorwascher (Fig. 237 a und b) sind viereckige, schmiedeeiserne Kästen von 2 m im Quadrat und 1,2 m Höhe. Dieselben sind oben und unten durch einen gasdichten Deckel verschlossen. Im Innern ist in $^2/_3$ der Höhe ein Zwischenboden angebracht, in welchen 25 Rohre, die etwa 25 mm in das auf dem Boden stehende, schwache Ammoniakwasser eintauchen, zur Verteilung der Gase eingelassen sind. Zur Reinigung der Rohre be-

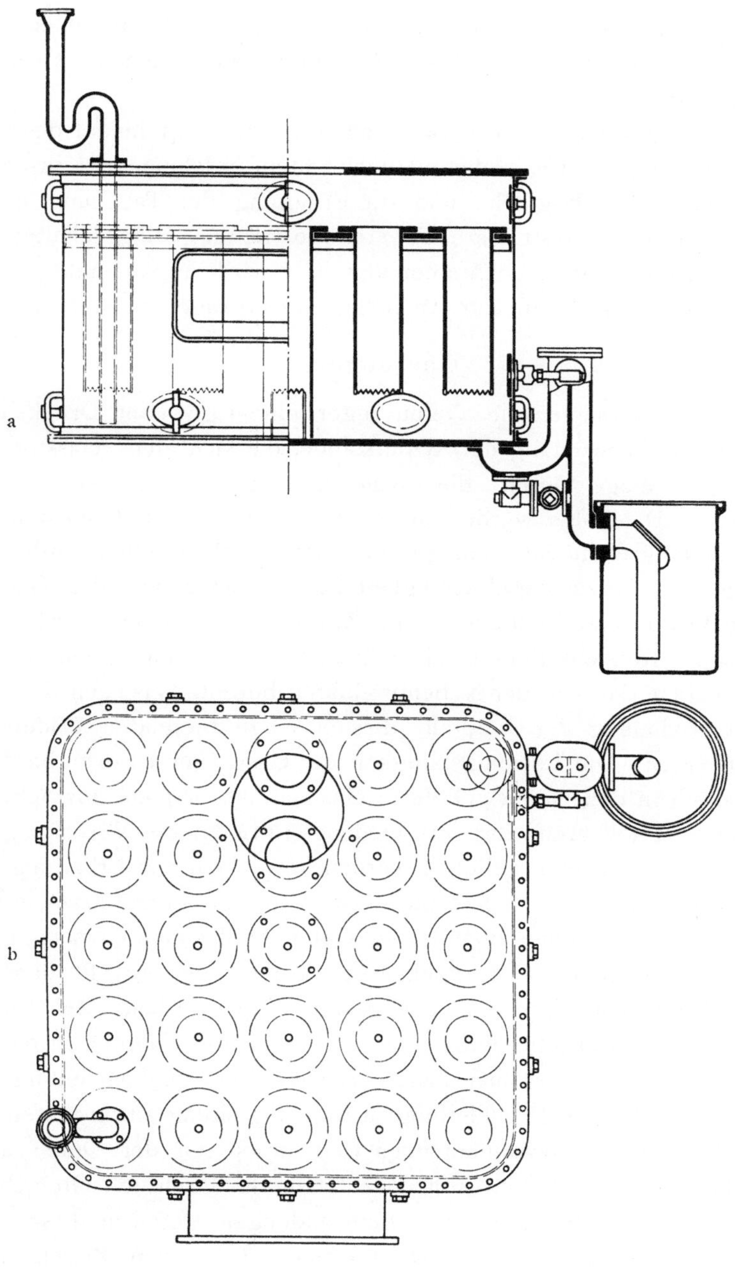

Fig. 237 a u. b.

Vorreiniger.

findet sich in dem oberen Deckel über jedem Rohr ein mit einem Gewinde versehener Stopfen.

Das Gas tritt in die Vorreiniger oben ein, verteilt sich in der Vorkammer auf die einzelnen Rohre und gelangt durch dieselben unter Tauchung in den unteren Teil des Apparates, aus welchem es seitwärts abgesaugt wird.

Um den etwa 50 cbm in 24 Stunden betragenden Zulauf des reinen bezw. schwachen Wassers jederzeit beobachten zu können, ist in das Zuführungsrohr eine Glasglocke und zur Erhaltung der Tauchung in stets gleicher Höhe eine einstellbare Ueberlaufvorrichtung eingeschaltet. Das abfliessende, hochprozentige Ammoniakwasser wird in Sammeltöpfen aufgefangen und fliesst darauf zur Ammoniakwassergrube.

Gassauger.

Die Gase verlassen die Oefen unter einem gewissen Druck; dieser ist aber zur Ueberwindung der Widerstände, die sich dem Gasstrom auf dem langen Wege durch die Kondensation entgegensetzen, nicht ausreichend. Die Folge würde sein, dass sich das Gas im Ofen staute und dadurch umfangreiche Zersetzungen des Gases herbeigeführt würden. Zur Erhöhung der Abzugsgeschwindigkeit muss daher auf das Gas eine saugende Wirkung ausgeübt werden. Zu diesem Zwecke werden Gassauger in der Kondensationsanstalt aufgestellt, welche ausserdem noch die Aufgabe haben, das von den Nebenprodukten befreite Gas nach den Oefen unter Ueberwindung der sich auf diesem Wege bietenden Widerstände zurückzutreiben. Die Leistungsfähigkeit der Gassauger ist so zu bemessen, dass sie das von den Oefen gelieferte Gasquantum bequem abzuführen im Stande sind. Da während der verschiedenen Perioden der Verkokung auch verschiedene Gasmengen geliefert werden, so müssen zur Erhaltung eines an Quantität und Qualität konstanten Gases eine grössere Anzahl in regelmässigen Zwischenräumen zu füllender Oefen an die eine Gassaugeleitung angeschlossen werden. Bei regelmässigem Betriebe braucht daher die Tourenzahl der Gassauger nicht abgeändert zu werden. Bei Unregelmässigkeiten im Betriebe wird meistens nicht die Tourenzahl des Gassaugers geändert, sondern man lässt durch eine sog. Umgangsleitung einen Teil des Gases aus der Druckleitung in die Saugleitung zurücktreten.

Infolge der nie zu vermeidenden Undichtigkeiten der Oefen kommt es vor, dass die unter Druck stehenden Ofengase durch die Ofen-Undichtigkeiten direkt in die Züge der Ofenwandungen treten und so für die Kondensation verloren gehen. Da Gegendruck in den Zügen diesem Uebelstand nicht abhilft, so muss die absaugende Kraft stärker als für den normalen Betrieb genommen werden. Infolgedessen zeigen sich aber wieder andere Uebelstände. In den der Entgasung nahen Oefen tritt dann eine Depression ein mit der Folge, dass durch dieselben Undichtigkeiten der Wände oder auch solcher der Thüren Luft in den Ofen eintritt. Hierdurch wird Koks verbrannt und die Gase werden zersetzt, also das Ausbringen an Koks und Nebenprodukten verringert; dem Gase endlich wird hierdurch Kohlensäure beigemischt, sodass auch die Heizkraft desselben sich wesentlich verringert. Der Gang der Gassauger bezw. die von ihnen zu bewältigende Zuflussmenge an Gas muss daher derart geregelt werden,

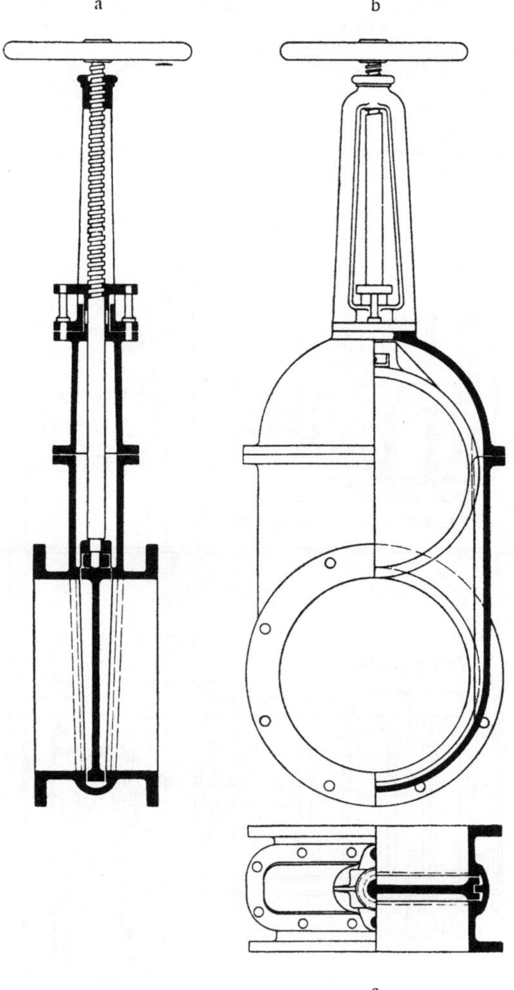

Fig. 238 a—c.

Gasbockschieber der Maschinenfabrik vorm. H. Breuer & Co.

dass das Gas nur mit einem möglichst geringen Unterdruck (0,5 mm Wasser-säule) von den Oefen abgesogen wird. Die Regulierung erfolgt durch zwei Ventile, sog. Gasbockschieber (Fig. 238a—c), von denen das eine an der Gassaugeleitung, das andere kurz vor den Gassaugern ange-bracht ist.

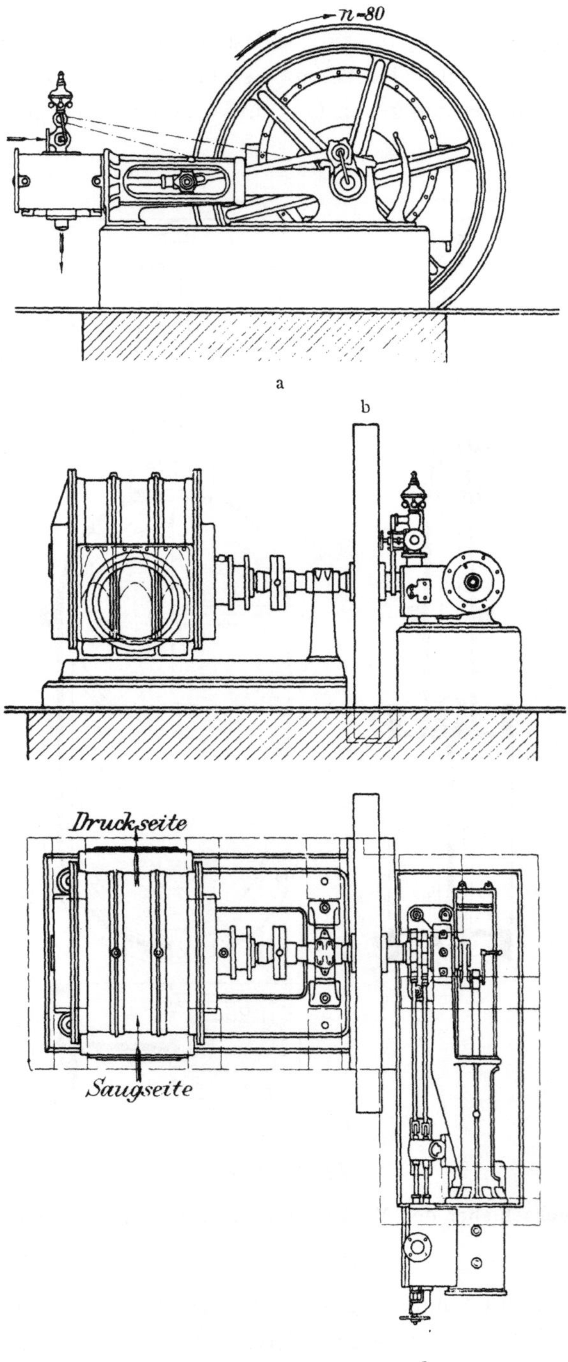

Fig. 239 a—c.

Gassauger für 5000 cbm stündl. Leistung mit Dampfmaschine.

Die Gassauger stehen, wie aus der Gesamtanordnung auf Taf. XVIII ersichtlich ist, hinter den Vorreinigern. Die Einschaltung der Gassauger an dieser Stelle ist deshalb sehr zweckmässig, weil die bisher erwähnten Apparate am vorteilhaftesten mit einem geringen Unterdruck arbeiten, während die nachfolgenden, besonders die eigentlichen Ammoniakwascher, bei Ueberdruck ein günstigeres Resultat erzielen. Sodann sind vor allem bei dieser Anordnung die Gassauger auf beiden Seiten gleich belastet, da Unterdruck und Ueberdruck beinahe gleich sind.

Der Antrieb derselben erfolgt bei den älteren Ottoschen Anlagen, bei welchen die den Regenerativ-Oefen zuzuführende Verbrennungsluft durch einen im Apparatenraum aufgestellten Ventilator nach den Regeneratoren der Batterien gedrückt wird und bei denen die verschiedenen Flüssigkeiten mittels Pumpen für Riemenbetrieb gehoben werden, indirekt durch Riemenantrieb von einer Wellenleitung aus.

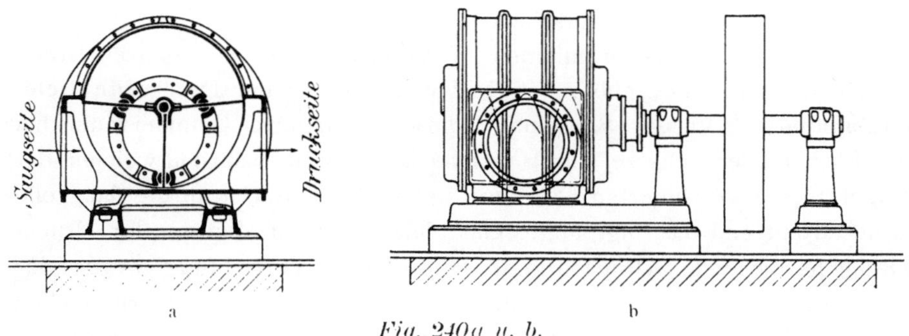

Fig. 240a u. b.

Gassauger für 5000 cbm stündl. Leistung mit Riemenantrieb.

In den letzten Jahren und insbesondere seit der Einführung der Unterfeuerungsöfen, bei denen man keinen Ventilator benötigt, werden zur Hebung der Waschflüssigkeiten und der Kondensationsprodukte fast ausschliesslich Pumpen mit direktem Dampfantrieb verwandt. Ebenso sind auch für direkten Antrieb der Gassauger Dampfmaschinen aufgestellt und zwar derart, dass entweder einer oder auch zwei Sauger mit einer Dampfmaschine gekuppelt sind (Fig. 239a—c). Die Kuppelung in diesem Falle ist derart, dass die drei Flügel des einen Gassaugers gegen die des zweiten um 60° versetzt sind. Da je zwei Gassauger in ein gemeinsames Druckrohr arbeiten, so werden durch diese Anordnung die sonst nicht zu vermeidenden Druckschwankungen auf ein ganz geringes Mass herabgemindert.

Die Bauart der Gassauger ist folgende: Im Mittel des cylindrisch ausgebauten Gehäuses (Fig. 240a und b) befindet sich eine am hinteren Deckel befestigte Achse mit aufgestecktem, bearbeitetem Schmierrohr, auf welchem sich die drei Flügel pendelartig bewegen, während sich das Schmierrohr auf der Achse bewegt. Die Achse ist behufs Zuführung von Schmiermaterial in ihrer ganzen Länge durchbohrt und giebt durch mehrere Oeffnungen das durch eine automatisch wirkende Schmierpumpe eingeführte Oel an das Schmierrohr und die Lagerungen der Flügel ab. Die Flügel verschieben sich in genau ausgearbeiteten Schlitzen von Führungswalzen, welche in Ausbohrungen des exzentrisch gelagerten Kolbens liegen und so an der Drehung des Kolbens teilnehmen. Der durch die Stopfbüchse des vorderen Deckels gehende Kolbenhals nimmt die zum Betriebe erforderliche Kraft, die ihm durch Riemen oder direkt von einer Dampfmaschine übertragen wird, auf. Die die Stufenscheibe tragende Welle bezw. die Dampfmaschinen-Kurbelachse ist in Ringschmierlagern gelagert und kann Monate lang laufen, ohne nachgefüllt zu werden.

Um bei den in Frage kommenden grossen Gassaugern, bei welchen ein verhältnismässig hoher Druck zu überwinden ist, einen stossfreien, ruhigen Gang zu erzielen, werden dieselben mit einem durch Patent geschützten Druckausgleich versehen.

Die Anschlussstutzen münden in Vorkästen von der ganzen Breite der Gehäuse und die gebohrte Cylinderwand ist an der Druckseite tiefer herabgeführt als an der Saugseite. Diese verlängerte Cylinderwand hat nun Löcher oder Schlitze, durch welche in der Zeit, während welcher der Flügel an der verlängerten Cylinderwand vorbeiläuft, Gas in die Saugzelle zurückströmt und das angesaugte Gas ohne Stoss auf den in der Druckleitung herrschenden Druck bringt. Ohne diese Vorrichtung würde das Gas plötzlich in diese Zelle eindringen und einen nicht unerheblichen Stoss auf den nachkommenden Flügel ausüben, einen sehr unruhigen Gang des Saugers und bedeutende Schwankungen des Gasdruckes in der Druckleitung zur Folge haben.

Die Gassauger sind für eine Zahl von 80 Umdrehungen pro Minute gebaut und werden für einen Druck von 1 m bezw. 2 m Wassersäule konstruiert.

In Anwendung stehen Grössen von 1600, 2300, 3500 und 5000 cbm Leistung angesaugte Gasmenge bei 80 Umdrehungen in der Minute.

Fig. 240a und b zeigt einen Gassauger für eine stündliche Leistung von 5000 cbm pro Stunde bei 80 Umdrehungen in der Minute für Riemenbetrieb, Fig. 239a—c einen solchen direkt mit einer Dampfmaschine gekuppelt. Bei der Aufstellung von mehreren Gassaugern empfiehlt es sich, letztere Anordnung zu wählen; wenngleich sich diese Ausführung etwas teurer stellt als die der ersteren, so ist hierdurch eine grössere Betriebssicherheit gewährleistet.

Bei der Aufstellung der Gassauger ist zu berücksichtigen, dass vor dem hinteren Gehäusedeckel ein Raum von mindestens der Länge des Gehäuses zum Herausnehmen des Kolbens und der Flügel freibleiben muss.

Zum Schmieren aller mit dem Gase in Berührung kommenden, sich reibenden Teile ist säurefreies (unraffiniertes) Rüböl zu verwenden. Mineralöl giebt Veranlassung zu festen Absonderungen und zwar zur Bildung von Teerkrusten, säurehaltiges Rüböl zur Bildung von schwefelsaurem Ammoniak.

Schlusskühler.

Durch die einer Wassersäule von **220** mm entsprechende Kompression und Reibung in den Gassaugern erwärmt sich das Gas um durchschnittlich 3 ° C. Zur Verminderung der Temperatur, die für die Auswaschung des Ammoniaks möglichst niedrig gehalten werden muss, sind daher in den älteren Kondensationsanlagen ein oder mehrere kleine sog. Schlusskühler von gleicher Bauart wie die Wasserkühler zwischen den Gassaugern und Waschern eingeschaltet.

Kondensationsapparat Pelouze.

In neuerer Zeit sind ausserdem noch auf einigen Anlagen die Pelouze-Audouinschen Teerabscheider vor den Glockenwaschern aufgestellt.

Diese Apparate hatten ursprünglich in den Kondensationen der Teerkokereien keine Aufnahme gefunden, weil man glaubte, dass die im Gase nach der Abkühlung noch vorhandenen, fein verteilten Teerbestandteile für die Beheizung der Oefen nur von Vorteil sein könnten. Da aber einerseits ein rasches Verschmieren und Sichzusetzen der Glockenwascher und einzelner Rohrleitungen durch Teerabsonderungen eintrat und deshalb häufige Reinigungen vorgenommen werden mussten, anderseits das Gas beim Hindurchstreichen durch den am Boden sich absetzenden Teer einer beträchtlichen Menge Benzol beraubt wurde, so erwies sich die Einschaltung dieses Apparates, insbesondere bei den mit Benzolabsorbierung arbeitenden Kondensationsanstalten als durchaus notwendig.

Die Pelouze-Apparate befreien das Gas auf mechanischem Wege und zwar dadurch, dass es mehrmals durch enge Oeffnungen hindurchströmt und auf gegenüberliegende Flächen wiederholt anprallt, vollständig von den noch darin verbliebenen Teerbestandteilen.

Die Apparate verhindern also einmal das leichte Verstopfen der Glockenwascher durch Teerabsonderungen und erhöhen anderseits das Ausbringen an Teer.

Das Gas tritt, wie Fig. 241a—d ersichtlich macht, unten in ein weites Gefäss ein, in dessen Innerem eine cylindrische Glocke in eine mit Teer gefüllte Tasse eintaucht und durch einen belasteten Regulator bei konstantem Druck schwimmend erhalten wird. Der Mantel der Glocke besteht aus drei konzentrischen je $1^{1}/_{2}$ mm von einander entfernten Platten

32*

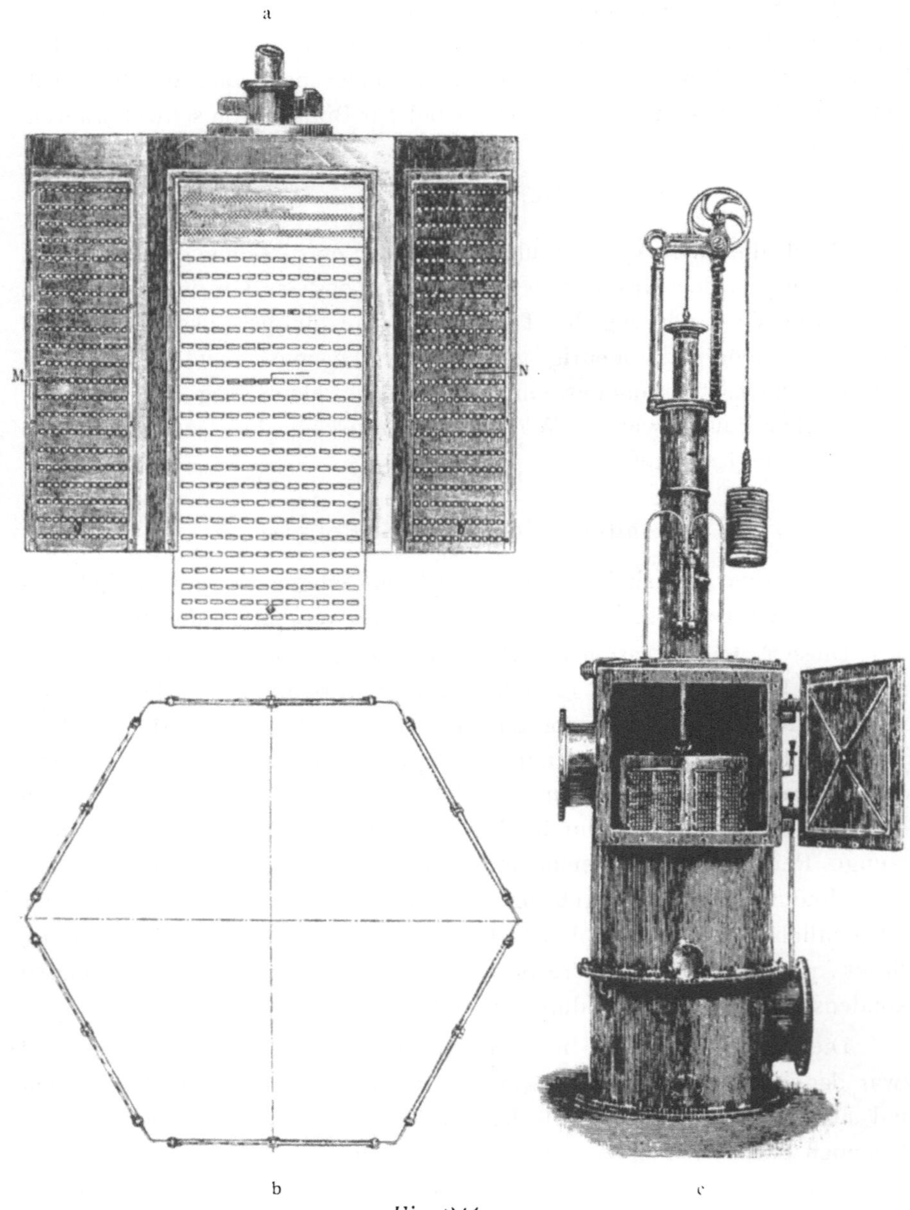

Fig. 241*a—c.*

Teerscheider von Pelouze-Audouin.   Ausgeführt von Schirmer, Richter & Co., Leipzig.

welche mit vielen gegen einander versetzten Löchern durchbrochen sind.
Durch diese Löcher muss sich das Gas unter Ablenkung seiner Stromrichtung hindurchzwängen. Der hierbei durch den Stoss an den Platten
kondensierende Teer fliesst zunächst in die Tasse und läuft dann in das

Innere des Gefässes über, um am Boden des letzteren vermittelst eines Syphons in die Teergrube beständig abzufliessen.

Glockenwascher.

In den Glockenwaschern werden den Gasen die letzten in demselben enthaltenen, gewinnbaren Ammoniakdämpfe entzogen. Dieselben sind zu dreien neben einander geschaltet, von denen einer in der Regel als Reserve dient. Sie haben eine Höhe von 3,25 m, einen Durchmesser von 2,90 m und setzen sich aus neun Abteilungen zusammen, welche durch horizontale Böden getrennt sind (Fig. 242a—c). Zum Reinigen sind an jedem Abteil mehrere durch Platten verschliessbare, viereckige Oeffnungen angebracht. Zwei von diesen Oeffnungen, die einander gegenüber liegen, sind an jedem Abteil mit einer Glasplatte abgeschlossen, um den Gang des Prozesses im Apparat beobachten zu können. Das Gas wird in die unterste Abteilung geleitet, verteilt sich hier gleichmässig und steigt durch 12 Oeffnungen von 200 mm Durchmesser, die sich in jedem Zwischenboden befinden, von Abteil zu Abteil herauf. Auf den Oeffnungen sind Stutzen von 180 mm Höhe angebracht, über welche sich dreieckige, gusseiserne Glocken legen, deren unterer, ausgezackter Rand in das von oben herabrieselnde Waschwasser eintaucht. Das Gas tritt durch die Stutzen unter die Glocken und zwängt sich unter entsprechendem Drucke an dem zackigen Rande der Glocken durch das Waschwasser, dessen Tauchhöhe in den einzelnen Abteilen durch Ueberlaufrohre in gleicher Höhe erhalten wird.

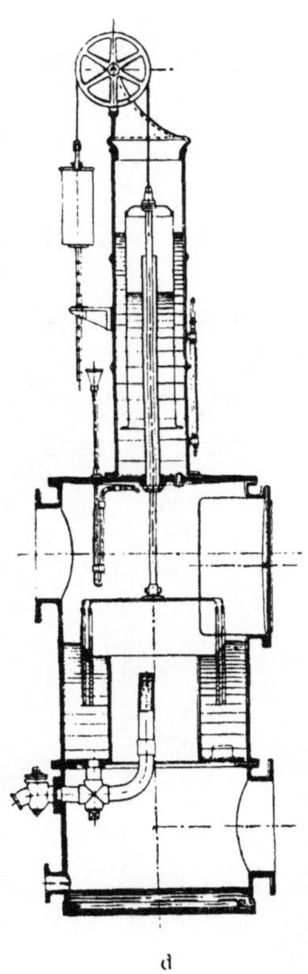

Fig. 241 d.

Teerscheider von Pelouze-Audouin. Ausgeführt von Schirmer, Richter & Co., Leipzig.

Das in der obersten Abteilung in Mengen von etwa 50 cbm pro Tag aufgegebene Wasser fliesst durch die Ueberlaufrohre von Abteil zu Abteil und zwar durch einen Ueberlaufstutzen von 150 mm Durchmesser in der Mitte der Abteilung und bei der folgenden Abteilung durch 6 am Rande gleichmässig verteilte Ueberlaufstutzen von 50 mm Durchmesser.

An die zweitunterste Abteilung ist das Abflussrohr angeschlossen, welches zur Vermeidung des Entweichens der Gase 1,2 m tief in ein weiteres Rohr eintaucht, aus dem das Ammoniakwasser in die Sammelgrube abfliesst.

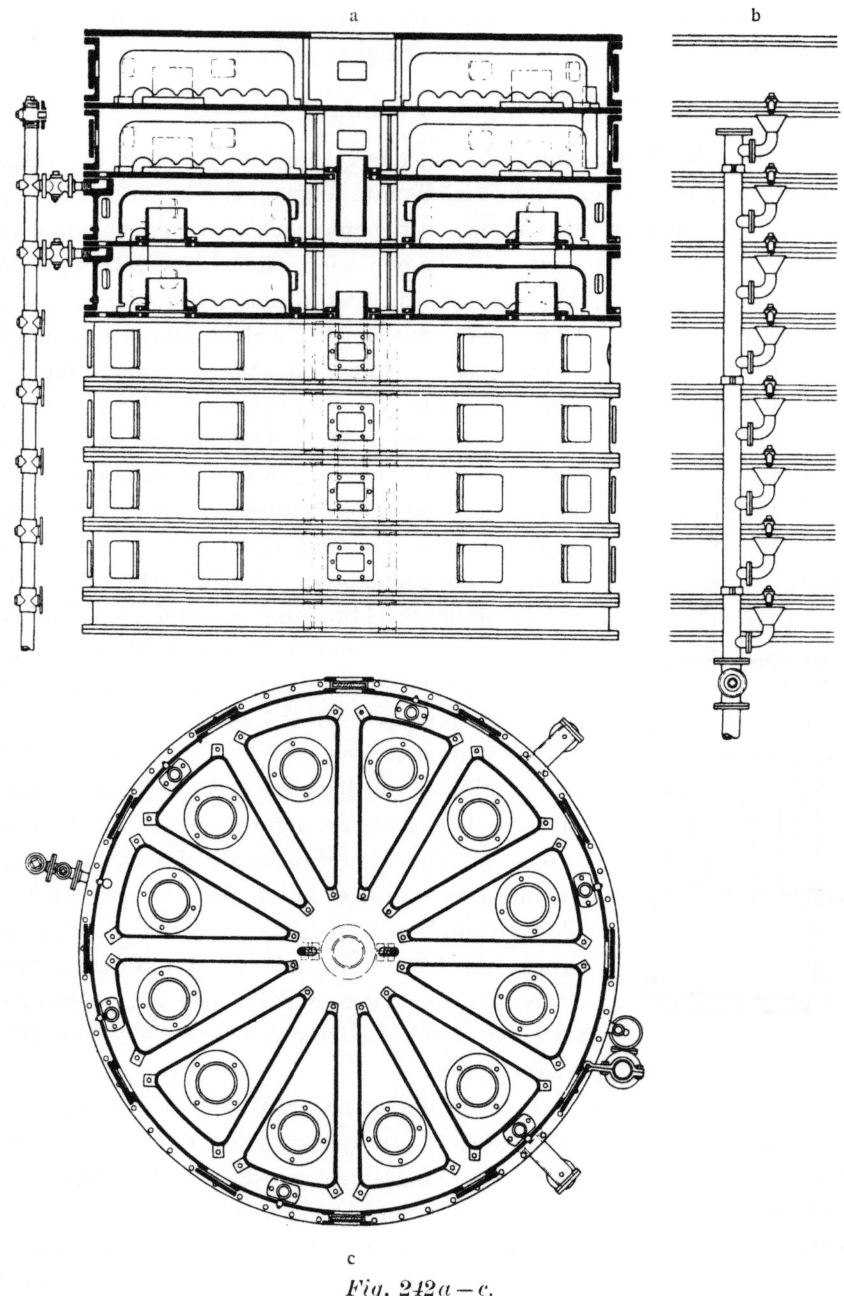

Fig. 242a—c.

Glockenwascher.

Die Glockenapparate sind so eingerichtet, dass die vier unteren Abteilungen auch mit schwachem Ammoniakwasser, welches aus den Kühlern und Vorreinigern erhalten wurde, und die vier oberen mit frischem

Wasser beschickt werden können. Zu diesem Zweck ist an der viert-
obersten Abteilung ebenfalls ein Abflussrohr angebracht, aus dem
schwaches Ammoniakwasser abfliesst, während die vier untersten starkes
Wasser liefern.

Auf einigen älteren Kondensationsanlagen hat man seit einigen Jahren,
um auch die letzten im Gase noch vorhandenen Spuren von Ammoniak zu
gewinnen, an die Glockenwascher noch eine ausserhalb des Apparaten-
raumes stehenden cylindrischen Wascher angeschlossen. Derselbe ist im
Innern mit Horden oder Drahtnetzen von geringer Maschenweite ausgerüstet, 6—7 m hoch und hat etwa 2 m Durchmesser. Die nachträgliche
Anordnung dieses Waschers hat sich ausserordentlich gut bewährt, seine
Einrichtung und Wirkungsweise wird weiter unten beschrieben.

Gasometer.

Soll das nur noch etwa 8 g NH_3 in 100 cbm enthaltende Gas des
weiteren auch von Benzol befreit werden, so wird dasselbe in die weiter
unten bei der Benzolgewinnung beschriebenen Oelwäscher geleitet; im
anderen Falle wird es in einem Gasometer von etwa 10 m Durchmesser und
2 m Höhe aufgefangen. Derselbe dient zur Ausgleichung etwaiger
Schwankungen in der Gaszuführung zu den Oefen. Von der Ausgangs-
rohrleitung aus diesem Behälter zweigt die Gaszuführung zur Heizung der
Dampfkessel mit den überschüssigen Koksofengasen ab, während der
Hauptrohrstrang nach den Koksöfen selbst zurückführt, um die einzelnen
Brennrohrleitungen zu speisen bezw. durch die Verbrennung der Gase in
den Heizkammern der Oefen die Verkokungstemperatur zu erzeugen.

Gradierwerke.

Um die in der Kondensation zur Kühlung der Gase benutzten und
dabei auf etwa 40° C. erwärmten Wasser wieder für diesen Zweck ver-
wendungsfähig zu machen, müssen die Wasser gekühlt werden. Dieses
geschieht allgemein durch Lattengradierwerke.

Die Gradierwerke (Fig. 243 a und b) bestehen aus einem aus Kantholz gezimmerten Gerüste, welches die hochkant liegenden Wangen und
die flach liegenden Berieselungsbrettchen trägt. Das Ganze steht auf
einem wasserdicht gemauerten Bassin, welches das gekühlte Wasser auf-
nimmt.

Das auf das Gradierwerk in einen Quertrog gepumpte warme Wasser
gelangt von hier aus zunächst auf die beiden über den Gradiergerüsten
befindlichen Langtröge und von diesen durch eine Reihe eingebohrter
Oeffnungen in die darunter befindlichen kleinen Verteilungsrinnen. Letztere
haben kleine dreieckige Ausschnitte, sodass das Wasser von hier aus in
dünneren Strahlen auf die abwechselnd quer- und längsliegenden schmalen

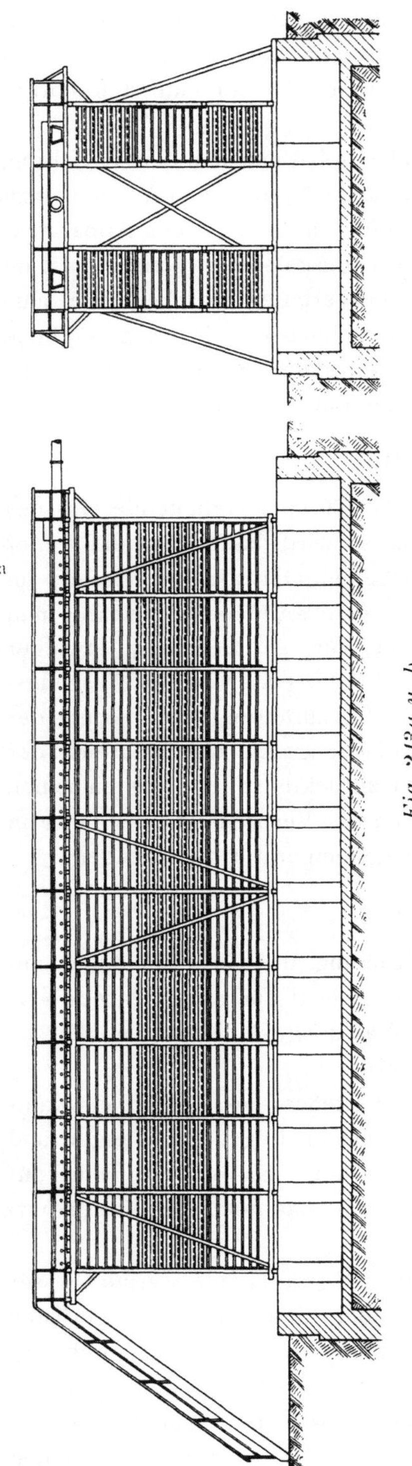

Fig. 243a u. b.
Latten-Gradierwerk für 75 cbm Leistung pro Stunde.

Berieselungsbrettchen geleitet werden kann. Infolge dieser wechselweisen Anordnung bildet das abtropfende Wasser einen feinen überall gleichmässigen Regen, der fortwährend im Fallen aufgehalten, lange Zeit mit der kalten Luft in Berührung bleibt, und so auf die Normaltemperatur sich abkühlt.

Das Heben der Wasch- und sonstigen Flüssigkeiten in den Kondensationsanlagen.

Zur Hebung der Wasch- und Kondensationsprodukte dienen allgemein kleinere Dampfpumpen, von denen einige charakteristische Arten, nämlich eine Compound-Zwillingsdampfpumpe mit Kugelventilen (für Teer der Reinwascher) (Fig. 244 a und b), eine Wanddampfpumpe mit angesetzten Kugel-Ventilgehäusen (für Teer- und Ammoniakwasser) (Fig. 245 a und b), eine horizontale Duplex-Dampfpumpe (für Reinwasser) (Fig. 246 a und b) und eine Wandpumpe für Riemenbetrieb mit Aussenplunger, angesetzten Ventilgehäusen und Kugelventilen für dicke Flüssigkeiten (Fig. 247 a und b) veranschaulicht sind. Dieselben sind entweder freistehend oder als Wandpumpen angeordnet. Sie erhalten bei den älteren Kondensationseinrichtungen ihren Antrieb von einer grösseren, in einem besonderen Gebäude aufgestellten Dampfmaschine durch Transmissions-

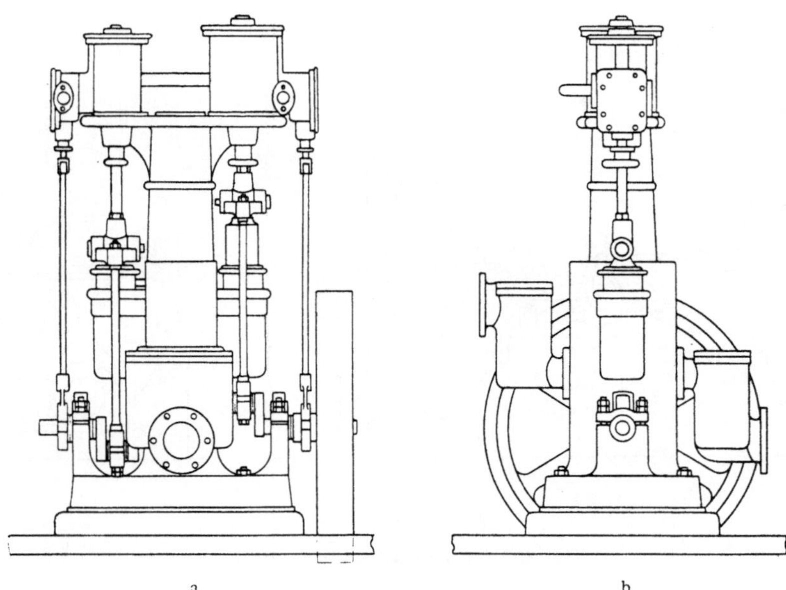

a   b

Fig. 244a u. b.

Freistehende Compound-Zwillings-Dampfpumpe mit Kugelventilen.

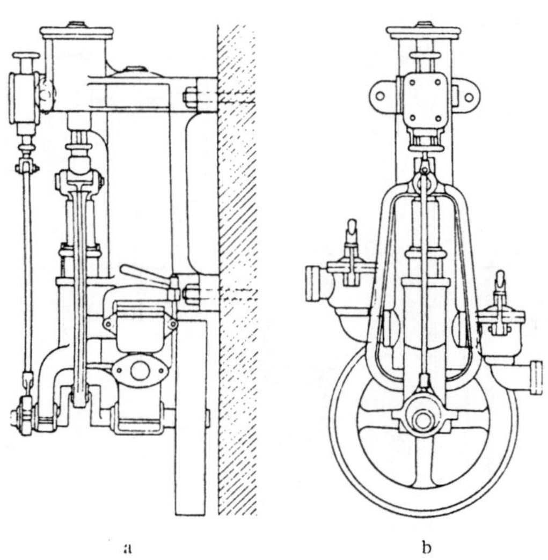

a   b

Fig. 245a u. b.

Wand-Dampfpumpe für Teer- und Ammoniakwasser mit angesetzten
Kugel-Ventilgehäusen.

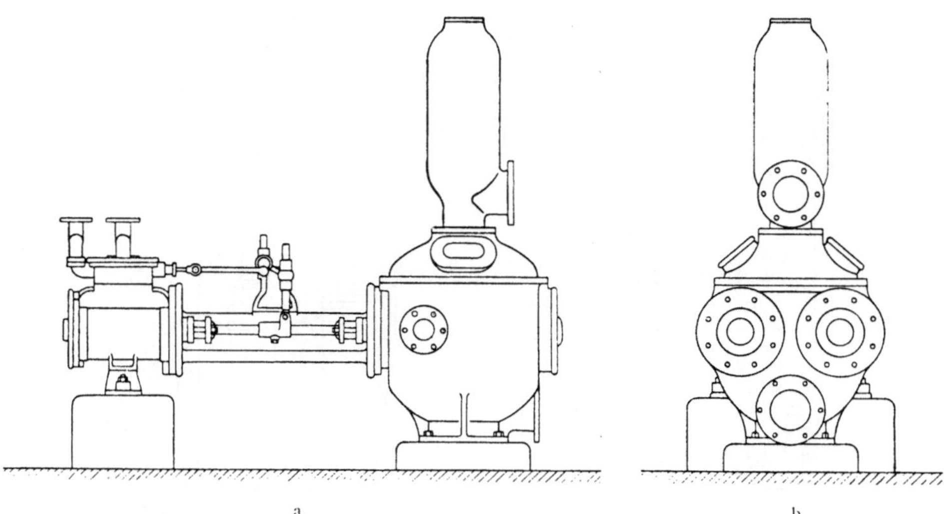

Fig. 246a u. b.

Horizontale Duplex-Dampfpumpe.

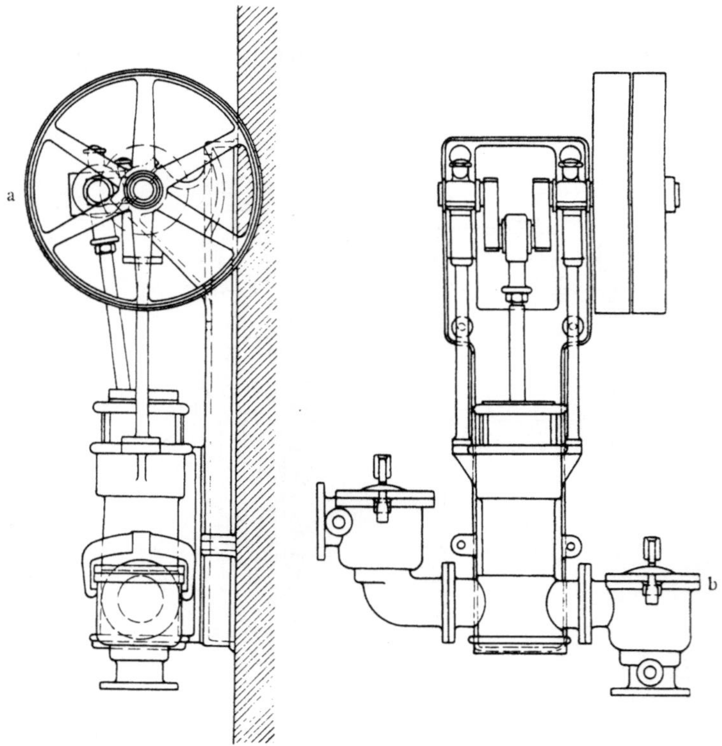

Fig. 247a u. b.

Wandpumpe für Riemenantrieb mit Aussenplunger, angesetzten Ventilgehäusen
und Kugelventilen für dicke Flüssigkeiten.

wellen und Riemenscheibenübertragung, während in den neueren Anlagen der grösseren Betriebssicherheit wie der einfacheren und übersichtlicheren Anordnung wegen sämtliche maschinellen Einrichtungen der Kondensation, also abgesehen von den Pumpen auch die Gassauger und Ventilatoren jede für sich direkt mit einer Antriebsmaschine gekuppelt sind. Aus den in diesen Figuren wiedergegebenen verschiedenen Pumpentypen ist ferner zu ersehen, dass sowohl einfach wirkende, wie Zwillings-, Compound-Zwillings- und sogenannte Duplex-Dampfpumpen in stehender und liegender Konstruktion sich in Gebrauch befinden. Die Wahl der anzuwendenden Konstruktion richtet sich in den meisten Fällen nach der Art und der Menge der zu hebenden Flüssigkeit, sowie nach den zur Verfügung stehenden Raumverhältnissen und der Anzahl der für die verschiedenen Zwecke zur Reserve aufzustellenden Pumpen. In erster Linie ist darauf zu sehen, dass die Maximalleistung derselben, wie das vielfach früher vorkam, nicht zu klein genommen wird, sodann dass nötigenfalls mit derselben Maschine die verschiedenen Flüssigkeiten gehoben werden können. Für diesen Zweck müssen insbesondere die Pumpen in allen ihren Teilen kräftig gehalten, die Ventile zur Erzielung eines ruhigen, gleichmässigen Ganges reichlich gross und möglichst aus Rotguss oder Phosphorbronze hergestellt, die Ventilkasten der leichteren und bequemen Zugänglichkeit wegen aussen angeordnet werden (Fig. 247 a und b) und endlich die Plungerkolben leicht und sicher von aussen durch Stopfbüchsen abzudichten sein. In dritter Linie ist nach Möglichkeit, wenn die Raumverhältnisse nicht gerade dazu zwingen, die Wandpumpenanordnung zu vermeiden. Vielfach hat zwar in der Praxis bei besonders guter Anbringung und Behandlung der Pumpen auch diese Betriebsweise keine nachteiligen Folgen gezeitigt, nicht selten jedoch verursacht dieselbe insbesondere dadurch, dass die Lager einseitig ausschleissen, tägliche Reparaturen und Störungen. In vierter Linie endlich empfiehlt es sich für mehrere Reinwasser-, Teer-, Ammoniakwasser und Oelpumpen stets je eine zweckentsprechende Reservepumpe in Bereitschaft zu halten, weil dadurch die Auswahl des gerade passenden Pumpensystems dem jedesmaligen Zwecke entsprechend gewährleistet wird. Will man sich mit ein oder zwei Reservepumpen begnügen, so müssen diese selbstverständlich so ausgeführt sein, dass sie allen Zwecken Genüge leisten können.

III. Die verschiedenen Kondensationssysteme.

1. Die Kondensationsanstalten älteren Ottoschen Systems.

Aus dem in den Figuren 248 und 249 a—d veranschaulichten Grund- und Aufriss einer älteren Ottoschen Kondensationsanlage ist zu ersehen, dass

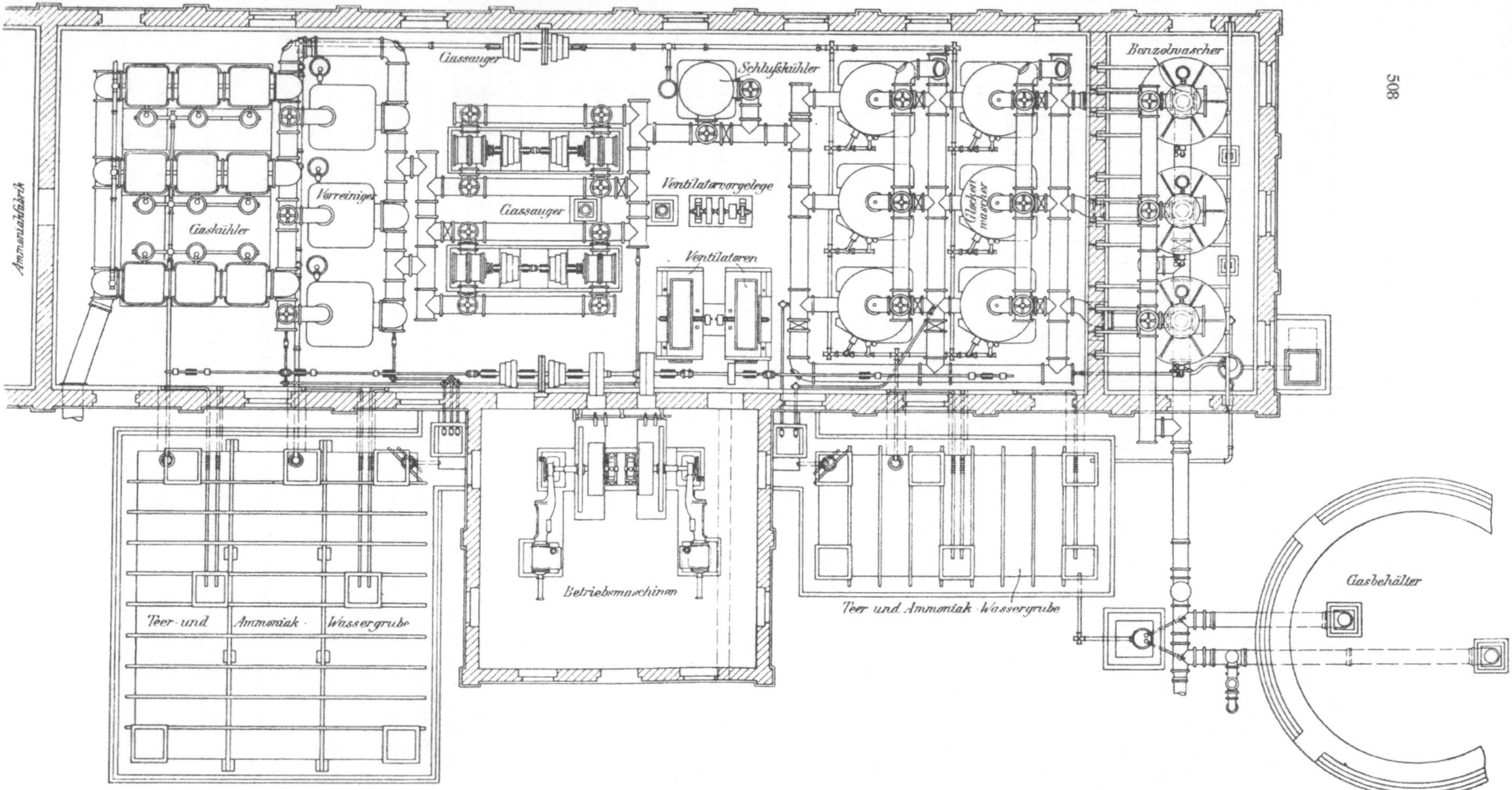

Fig. 218.

Grundriss einer älteren Kondensationsanlage (Zeche Recklinghausen II).

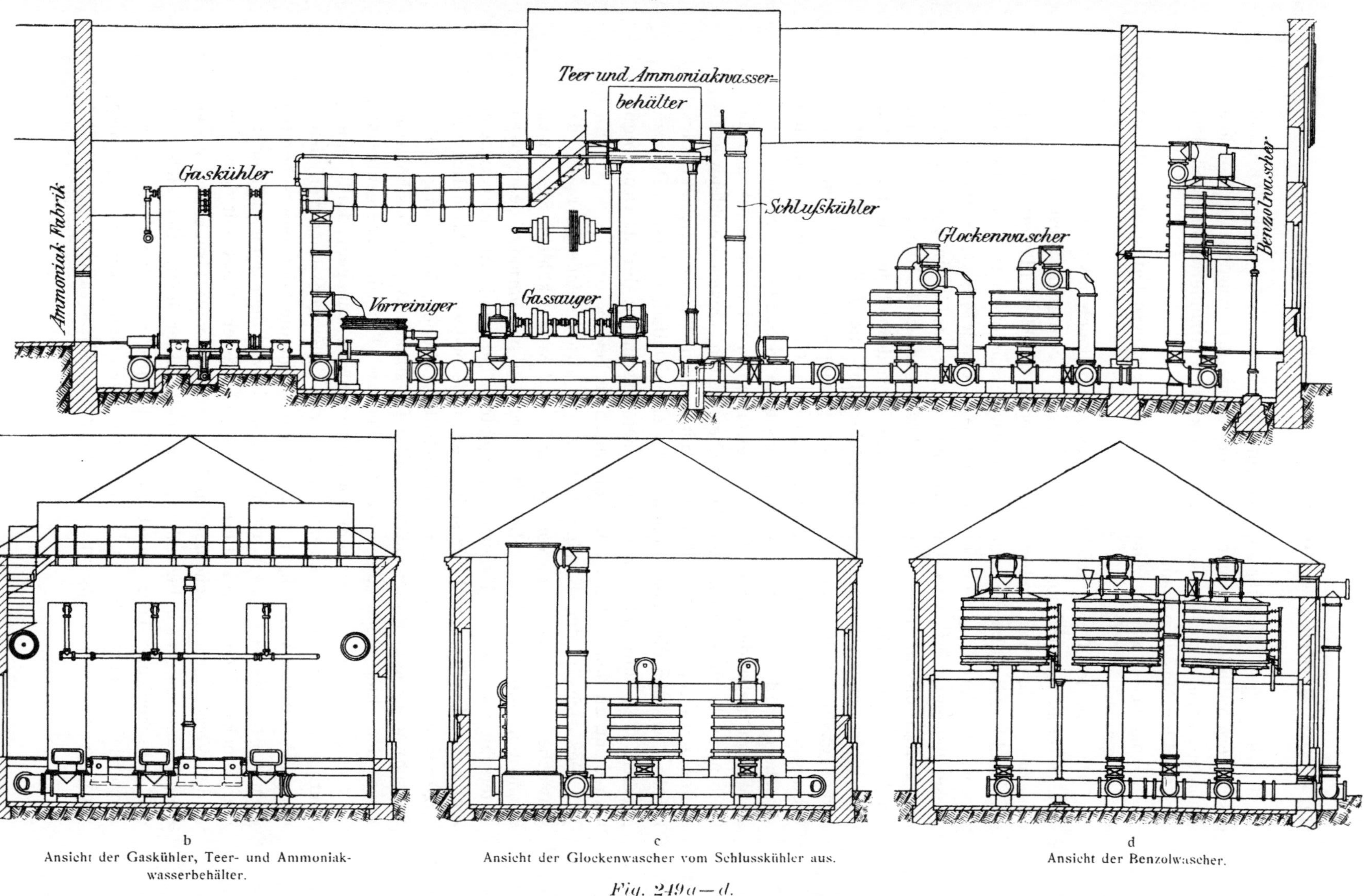

b
Ansicht der Gaskühler, Teer- und Ammoniak-
wasserbehälter.

c
Ansicht der Glockenwascher vom Schlusskühler aus.

d
Ansicht der Benzolwascher.

Fig. 249a—d.

Aufriss einer älteren Kondensationsanlage (Zeche Recklinghausen II).

die Einrichtungen derselben im wesentlichen mit den im vorigen Kapitel geschilderten übereinstimmen. Bis zum Jahre 1895 wurden alle Kondensationsanstalten von Otto abgesehen von kleinen Abänderungen nach dem vorstehenden Muster gebaut.

Demgemäss ist der Gang der Gase in älteren Ottoschen Anlagen kurz folgender:

Das von den Oefen kommende Gas sammelt sich in Vorlagen, welche sich zu einer gemeinsamen Gassaugeleitung vereinigen. Diese führt das Gas zu den in zwei Reihen aufgestellten Gaskühlern (Teerabscheidern, Luft- und Wasserkühlern). An diese Apparate schliessen sich drei parallel angeordnete Vorreiniger an, in welchen das Gas durch schwaches Ammoniakwasser gesaugt wird. Aus den Vorreinigern tritt das Gas in die Gassauger ein. Durch die in diesen Apparaten hervorgebrachte Kompression und durch Reibung erwärmt sich das Gas und wird deshalb in dem hinter den Gassaugern eingeschalteten Schlusskühler auf die frühere Temperatur zurückgekühlt. Von dem Schlusskühler gelangen die Gase durch den Teerabscheider von Pelouze-Audouin zu den Glockenwaschern. In den Waschern wird das letzte Ammoniak, das noch in den Gasen enthalten ist, an Wasser gebunden. Soll Benzol gewonnen werden, so leitet man die Gase noch durch 3 Oelwäscher, in welchen sie mit schweren Kohlenwasserstoffen gewaschen werden. Um etwa mitgerissene Oelpartikelchen zurückzuhalten, werden die Gase sodann durch einen Oelfänger (System Pelouze) geführt. Von dort gehen sie durch einen Gasometer, der als Druckregulator dient, zu den Oefen zurück, um diese zu heizen.

Der sich in der Kondensationsanlage abscheidende Teer und das schwache Ammoniakwasser von den Luft- und Wasserkühlern fliessen zusammen in die sog. Teergrube. Hier trennen sich vermöge des grossen Unterschiedes im spezifischen Gewichte Teer und Ammoniakwasser sehr bald. Ersterer wird für sich in einen besonderen Hochbehälter und letzteres in einen zweiteiligen Hochbehälter gehoben, dessen eine Hälfte für schwaches und dessen andere Hälfte für starkes Wasser bestimmt ist. Etwa sich hier noch abscheidender Teer wird in die Teergrube abgelassen. Das schwache Ammoniakwasser fliesst zunächst durch einen Röhrenkühler und dann getrennt durch zwei Schlangenkühler, von denen der eine für die Vorreiniger und der andere für die Glockenwascher bestimmt ist. Das von den Vorreinigern, sowie von dem Schlusskühler und den Glockenwaschern resultierende, starke Wasser fliesst mit dem sich in den Vorreinigern abscheidenden Teer in eine zweite Grube, von wo es eine Pumpe in einen besonderen Sammelbehälter hebt. Der sich hier noch abscheidende Teer fliesst in die Teergrube, während das starke Ammoniakwasser in den obengenannten zweiteiligen Behälter gehoben wird, von wo es den Apparaten der Ammoniakfabrik zufliesst.

Additional material from *Aufbereitung, Kokerei, Gewinnung der Nebenprodukte, Brikettfabrikation, Ziegeleibetrieb*, ISBN 978-3-642-51908-6 978-3-642-51908-6_OSFO19), is available at http://extras.springer.com

Um den Teer möglichst wasserfrei zu erhalten, wird er in dem Hochbehälter durch eine Dampfschlange bis auf 60° vorgewärmt, bei welcher Temperatur sein vorher 8 % betragender Wassergehalt auf 2—3 % heruntergeht.

Sämtliches Kühlwasser von etwa 40° C., das die verschiedenen Apparate passiert hat, und nicht zum Kesselspeisen Verwendung findet, wird auf ein Kühlgerüst geleitet, im Sommer auf die Tagestemperatur und im Winter auf 10—20 ° C. abgekühlt, und dann in einen Klarwasserbehälter von 15—20 cbm Fassungsraum gehoben, aus welchem es den verschiedenen Apparaten wieder zufliesst.

2. Die Brunckschen Kondensationsanlagen.

Die allgemeine Anordnung der Kondensationseinrichtungen der Brunck-Oefen ist aus dem auf Tafel XIX wiedergegebenen Grund- und Aufriss der Kokereianlage der Zeche Minister Stein zu ersehen; die innere Einrichtung des Maschinen- und Apparatenhauses veranschaulichen Fig. 250 und 251.

Die Ableitung und Abkühlung der Gase erfolgt in der üblichen Weise in Vorlagen, Luft- und Wasserkühlern. Bei den neueren Anlagen werden für die Luftkühlung grössere, kombinierte Apparate verwendet. Dieses Verfahren ermöglicht einerseits die Wärmeausnutzung der abziehenden Gase für die Vorwärmung der Verbrennungsluft und hat anderseits für die mit Benzolgewinnung arbeitenden Anlagen den Vorteil, dass infolge der hierdurch möglichen, allmählichen, starken Abkühlung und geringen Geschwindigkeit der Gase ein höherer Benzolgehalt im Gase selbst und eine bessere Abscheidung der schweren Bestandteile als benzolarmer Teer erzielt wird.

Dagegen hat Brunck die noch bis vor kurzem allgemein übliche Methode der Waschung der Gase in einer Reihe von kleinen Waschern, (Vorreinigern, Glocken- und Schlusswaschern) bereits früher auf seiner Versuchsanlage Kaiserstuhl und im Jahre 1895 auf der zuerst in Betrieb gekommenen grösseren Anlage der Zeche Zollverein durch Aufstellung je eines grossen Kolonnenwaschers Brunckschen Systems und eines Hordenwaschers in schätzenswerter Weise vereinfacht. Die Führung der Rohrleitungen ist dadurch einfacher, die Bedienung der Anlage leichter und die Uebersichtlichkeit im Betriebe grösser geworden.

Für die grösstmöglichste Sicherheit eines ungestörten Betriebes ist ferner dadurch gesorgt, dass abgesehen von der Ein- und Ausschaltbarkeit der einzelnen Apparate und des Vorhandenseins einer genügenden Reserve aller wichtigen Teile, wie der Gebläsemaschine, Pumpen und Wascher, sämtliche Maschinen mit eigenem Antrieb versehen sind.

Um den Antriebsdampf für diese Maschinen durch weitgehende Ex-

Fig. 250.

Maschinenhaus zur Kokerei (120 Öfen) mit Gewinnung von Nebenprodukten »System Brunk« auf Zeche Minister Stein der Gelsenkirchener Bergwerks-Aktiengesellschaft. Erbaut 1899—1900.

Fig. 251.

Apparathaus zur Kokerei (120 Öfen) mit Gewinnung von Nebenprodukten »System Brunck« auf Zeche Minister Stein der Gelsenkirchener Bergwerks-Aktiengesellschaft. Erbaut 1899—1900.

pansion besser auszunutzen, ist Compoundanordnung gewählt. Wenn trotzdem der Dampfverbrauch sich etwas höher stellen sollte, als bei Anlagen mit Transmissionsbetrieb — was jedoch nicht festgestellt werden konnte — so dürfte dieser Nachteil einerseits durch die Kosten des Riemenantriebes und den hierbei entstehenden Kraftverlust, sowie andererseits durch die erzielte, völlige Betriebssicherheit wieder aufgewogen werden.

Ueber die bei Brunckschen Kondensationen gebräuchlichen einzelnen Apparate ist folgendes zu bemerken:

Anstatt der von Otto allgemein angewandten geschlossenen Vorlagen auf den Oefen sind auf den älteren Brunckschen Anlagen offene in Gebrauch. Dieselben sind mit Teerspülung versehen und haben U-förmigen Querschnitt. Sie sind aus Schmiedeeisen verfertigt und haben für die Ableitung der Gase aus den hinteren und vorderen Oefen entsprechend der zunehmenden Gasmenge verschieden grossen Querschnitt; derselbe beträgt 3000—6000 qcm. Den mit grossen offenen Vorlagen verbundenen Vorteilen der geringeren Gasgeschwindigkeit, der stärkeren Abkühlung bezw. schnelleren Abscheidung der in den Gasen enthaltenen schweren Teerprodukte und der leichteren Entfernung der Dickteeransätze stehen die Nachteile der erheblich grösseren Dickteeransätze in den Vorlagen selbst und der Bildung eines benzolreicheren Teers gegenüber; diese letzteren Uebelstände dürften daher die Verwendung der offenen Vorlagen nicht immer empfehlenswert erscheinen lassen und haben Brunck veranlasst, die neueste Anlage (Minister Stein) mit geschlossenen Vorlagen auszurüsten.

Die zur weiteren Abkühlung der Gase (von 60 Oefen) aufgestellten 6 Luftkühler sind zu je 2 parallel geschaltet; in denselben wird das durchstreichende Gas auf 80—100^0 C. abgekühlt.

Die Höhe dieser schmiedeeisernen, cylindrischen Luftkühler beträgt 6—10 m. Wie schon erwähnt, führt Brunck in neuerer Zeit die Luftkühleranlagen grösser aus und benutzt die bis jetzt für die Ofenheizung verloren gehende Wärme der heissen Destillationsgase nach dem Gegenstromprinzip zur Vorwärmung der Verbrennungsluft. Die innere Einrichtung der Apparatur sowie der Gang der Gase und der Luft ist durch Fig. 252 in schematischer Weise veranschaulicht.

Nach dem Verlassen der Luftkühler durchstreichen die Gase, wiederum getrennt, je einen grossen Wasserkühler (s. Gesamtanordnung Taf. XIX). Diese sogenannten Vierkantkühler ersetzen vermöge ihrer Grösse, 7 m hoch, 4—6 m lang, 1—2 m breit, die meistens in Anwendung stehenden, hinter einander geschalteten kleineren Röhrenkühler; ihre Einrichtung ist die allgemein übliche. Die Abkühlung der Gase erfolgt bis auf 20—25° C.

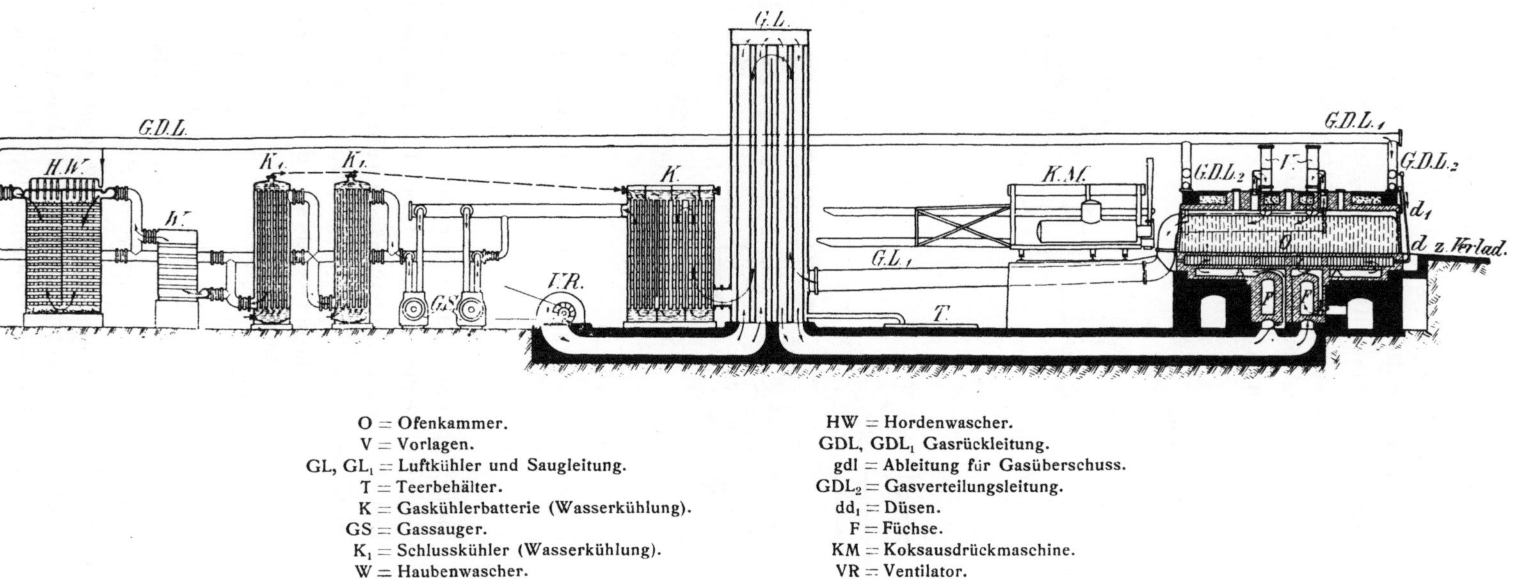

O = Ofenkammer.
V = Vorlagen.
GL, GL$_1$ = Luftkühler und Saugleitung.
T = Teerbehälter.
K = Gaskühlerbatterie (Wasserkühlung).
GS = Gassauger.
K$_1$ = Schlusskühler (Wasserkühlung).
W = Haubenwascher.

HW = Hordenwascher.
GDL, GDL$_1$ Gasrückleitung.
gdl = Ableitung für Gasüberschuss.
GDL$_2$ = Gasverteilungsleitung.
dd$_1$ = Düsen.
F = Füchse.
KM = Koksausdrückmaschine.
VR = Ventilator.

Fig. 252.

Schematische Darstellung des Gasweges in einer Kokereianlage mit Gewinnung der Nebenprodukte,
»System Brunck«.

Anstatt der nach Art der Flügelpumpen eingerichteten Gassauger verwendet Brunck die in Fig. 253 a und b dargestellten Gebläsemaschinen. Gebläsecylinder und Antriebsmaschine besitzen eine gemeinsame Kolbenstange. Die Antriebsmaschine ist im Stande, das angesaugte Gasquantum bis auf einen Druck von 2000 mm Wassersäule zusammenzupressen. Ausserdem liefert dieselbe noch durch Riemenübertragung unter Benutzung des Schwungrades als Antriebswelle den Kraftbedarf für die Ventilatoren (Fig. 252).

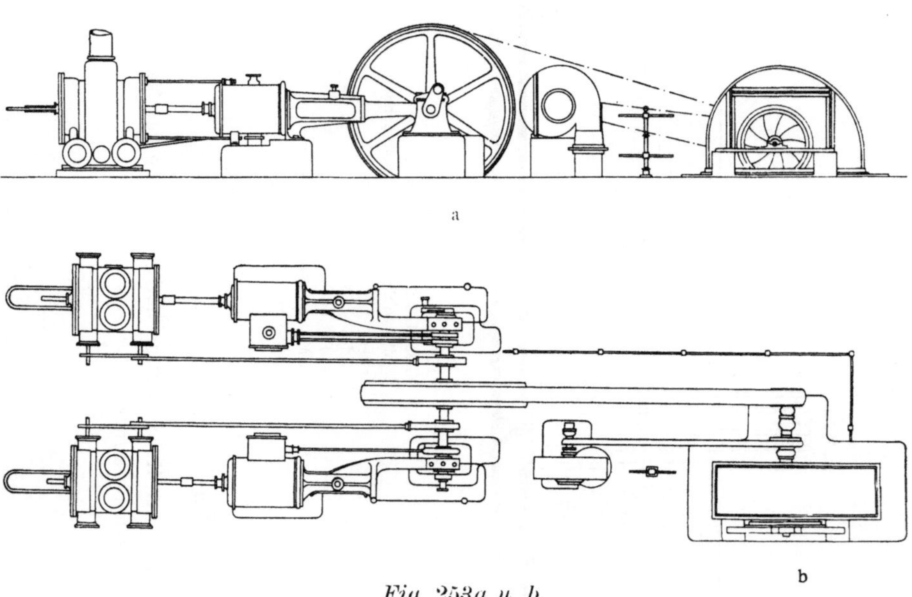

Fig. 253a u. b.

Gassauger und Ventilator für Kokereianlagen mit Gewinnung von Nebenprodukten,
»System Brunck«.

Abgesehen davon, dass für die gleiche Leistung 3—4 rotierende Exhaustoren erforderlich wären, zeichnen sich diese Gebläsemaschinen noch dadurch besonders aus, dass sie bei gleichmässig ruhigem Gang und geringerer Reparaturbedürftigkeit den Gasdruck durch die Verbundanordnung der Cylinder konstant erhalten und so die Anlage eines Gasometers behufs Druckausgleichs unnötig machen.

Die zwischen den Gebläsemaschinen und den eigentlichen Waschern eingeschalteten beiden kleinen Wasserkühler dienen lediglich zur Abkühlung des durch die Komprimierung um einige Grade erhitzten Gasgemisches; die Konstruktion der Apparate zeigt keine Besonderheiten.

In den nun folgenden Waschern Brunckschen Systems wird das in der Teergrube nach dem specifischen Gewichte sich absetzende, schwache Ammoniakwasser samt dem vom letzten Wascher, dem Hordenwascher, kommenden auf starkes Ammoniakwasser verarbeitet. Die Abmessungen eines solchen Waschers sind folgende: Höhe 3,30 m, Länge 2,20 m und Breite 1,90 m.

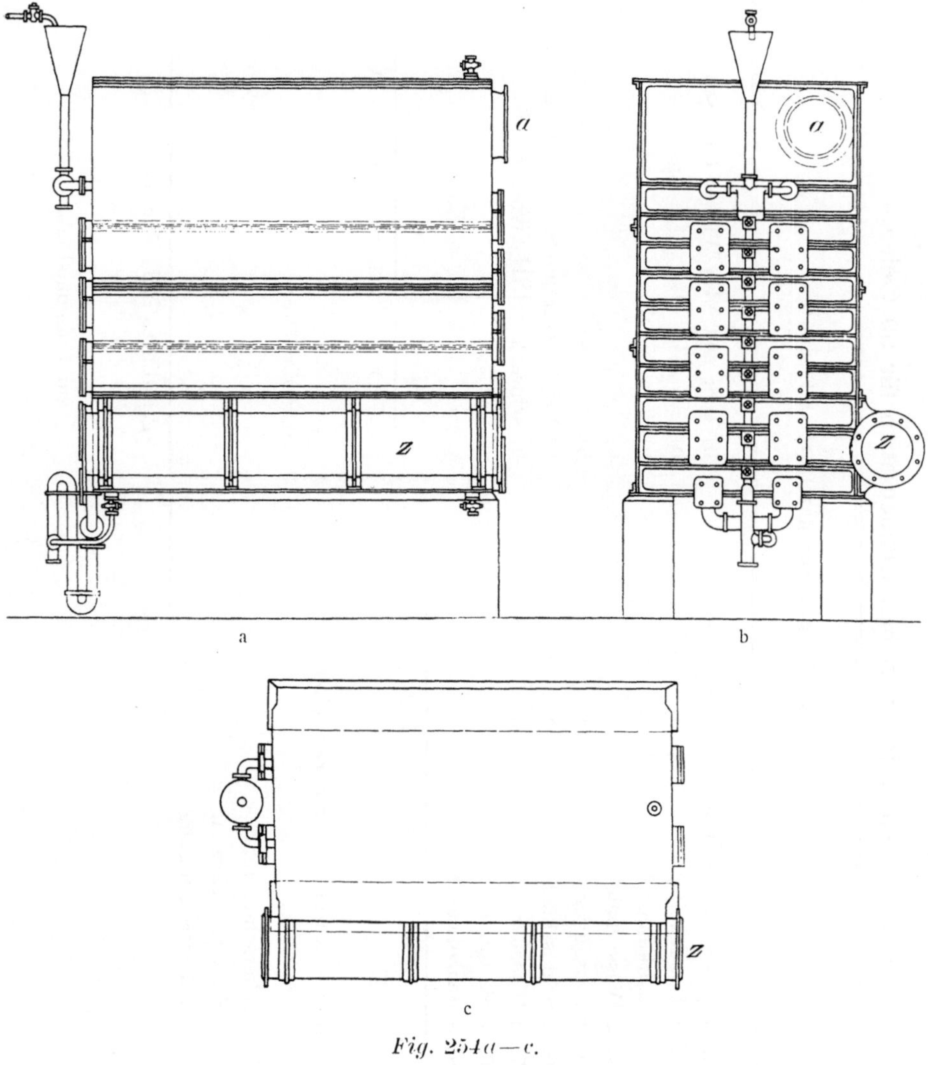

Fig. 254 a—c.

Gaswascher »System Brunck«.

Die Gase treten durch die Zuleitung Z in die unterste Etage ein (Fig. 254 a—c) und verlassen den Apparat durch die Ableitung a der obersten Etage. Die Konstruktion wird von der Firma Brunck geheim gehalten. Dieselbe beruht auf dem Prinzip, den Gasstrom möglichst fein zerteilt mit der Waschflüssigkeit in intensivste Berührung zu bringen. Dieses wird

Stammbaum einer Brunckschen Kondensation für 60 Oefen.

Temperatur in Cels. beim Verlassen der Apparate	Druck in mm Wassersäule am Eingang der Apparate	Gasgemisch der Destillationsöfen
250—300°	+ 1°	1. Vorlage auf den Oefen
—	—	2. 5 Teerscheider
70—110°	—	3. 2 Luftkühler
20— 25°	—	4. 2 Wasserkühler
23— 29°	— 50°	5. 1 Gassauger
15— 20°	+ 900°	6. 2 Schlusskühler
15— 20°	+ 850°	7. 2 Wascher
12 — 18°	+ 650°	8. 1 Skrubber
—	+ 600°	9. 3 Benzolwascher

a) Rohgas   b) Teer und NH$_3$ Wasser Gemisch   c) Dickteer
a)   »   b)   »   » | »   »   c) Dickteer
a)   »   b)   »   » | »   »   in die Oefen
a)   »   b)   »   » | »   »   eingesetzt.
a)   »   b)   »   » | »   »
a)   »   b) NH$_3$ Wasser und Spuren von Teer
a)   »   b) schwaches NH$_3$ Wasser
a)   »   b) gesättigtes NH$_3$ Wasser

a) Heizgas   b) benzolhaltige Oele

Durch Vorwärmer   zur Benzolfabrik.
zu den Oefen.

Der Ueberschuss für Be-
leuchtung,   Heizung
oder Krafterzeugung

1. Teer   2. schwaches NH$_3$ Wasser

Vorratsbehälter.

Skrubber.

gesättigtes NH$_3$ Wasser

zur Ammoniakfabrik.

dadurch erreicht, dass das Gas nacheinander unter eine grosse Zahl von länglichen, prismatischen Hauben treten muss, die wie bei den Glockenwaschern an ihrem unteren Rande gezackt sind und in die Waschflüssigkeit tauchen.

Das schwache Ammoniakwasser reichert sich in diesen Apparaten auf 0,9—1,2 % NH_3 Gehalt an und ist somit zur weiteren Verarbeitung auf schwefelsaures Ammoniak geeignet. Letzteres geschieht auf den Brunckschen Anlagen in der allgemein üblichen Weise mittels Feldmannscher Ammoniak-Abtreibeapparate.

Wenn auch dieser Wascher in vollkommener Weise seinen Zweck erfüllt und jedenfalls gegenüber den kleinen Glockenwaschern den Vorzug der Einfachheit in betrieblicher Hinsicht aufweist, so erscheint es dennoch nicht ausgeschlossen, dass man auch auf diese komplizierte Tauch-Waschung in dem teuren Apparat verzichten und denselben Zweck durch Einschaltung eines entsprechend grösseren, einfachen Holzhorden-Skrubbers erreichen kann.

Wie sehr auch Brunck von der vorzüglichen Wirkung der letztgenannten Skrubber überzeugt ist, geht daraus hervor, dass er die letzten Spuren des im Gase noch enthaltenen Ammoniaks des Weiteren in einem durch eine Zwischenwand in zwei Hälften geteilten, eisernen Behälter von 4½ m Höhe, 3 m Länge und 2 m Breite auswäscht, dessen beide Hälften mit je 30 aufeinanderliegenden Holzhorden ausgesetzt sind.

Zum Heben der Kühl-, Wasch- und kondensierten Flüssigkeiten sind Compoundpumpen in stehender oder liegender Anordnung in Gebrauch; dieselben haben bis jetzt keine Mängel gezeigt.

3. Die Kondensationsanstalten neueren Ottoschen Systems.

In den neueren Ottoschen Kondensationsanstalten, wie z. B. auf Zeche König Ludwig, ist entsprechend den Brunckschen Einrichtungen der Betrieb und die Anordnung der einzelnen Apparate wesentlich vereinfacht worden. In Fortfall gekommen sind zunächst die Vorreiniger, die Schlusskühler, der Apparat von Pelouze-Audouin und die Glockenwascher. Es wird nämlich das von den Kühlern kommende Gas durch die Gassauger zuerst der Reihe nach durch drei Teerabscheider gedrückt. Letztere sind aufrecht stehende, geschlossene Cylinder von etwa 7 m Höhe und 1,50 m Durchmesser mit 9 wechselständig eingesetzten Bühnen. Das stets von oben zugeführte Gas wird durch die Stosswirkung, die es beim Durchgang durch diese Apparate erleidet, vom Teer gereinigt. Letzterer wird zugleich mit dem sich niederschlagenden Ammoniakwasser durch seitlich angebrachte, tauchende Rohre in Auffangetöpfe und von da in die Sammelgruben geleitet.

Sodann gelangen die Gase mit einer Temperatur von 25—30 ° C. zu drei mit Drahtnetzen ausgesetzten Waschern, in denen das Ammoniak durch entgegenrieselndes Wasser absorbiert wird. Die Wascher sind ebenfalls aufrechtstehende Cylinder von etwa 8 m Höhe und 2,50 m Durchmesser; sie sind mit einem Doppelboden von 0,85 m Zwischenraum versehen. In dem obersten Querboden befinden sich 9 runde Löcher mit daraufsitzendem, oben umgebogenem Stutzen. Der obere Abschluss des Wassers erfolgt durch einen Deckel mit ebenfalls 9 Löchern, auf welchen zum Einleiten des Waschwassers ∩-förmig gebogene Rohre mit durch Deckel verschliessbaren Trichtern aufsitzen. Damit der Abschluss des Waschinnern nach aussen hin ein ganz dichter ist, müssen die Rohre fortwährend voll Wasser stehen, und dementsprechend der Zufluss geregelt werden. Zwischen dem Doppelboden und dem oberen Abschluss sind 28 Drahtnetze von 5 mm Maschenweite und 5 mm Drahtstärke in Abständen von 29 cm quer durch die Cylinder gespannt. Dieselben ruhen auf schmiedeeisernen Stegen.

Das Gas strömt von unten in den Doppelboden ein und steigt durch die Stutzen herauf dem Wasser entgegen; letzteres läuft andauernd von oben herunter und bietet durch das Tropfen von Sieb zu Sieb dem Gas eine möglichst grosse Oberfläche dar. Das von Ammoniak befreite Gas zieht oben ab, während das mit Ammoniak angereicherte Wasser durch den bereits erwähnten Abfluss in einen Auffangetopf fliesst. Die Waschung erfolgt nach dem Gegenstromprinzip derart, dass das stärkste Wasser im letzten Wascher dem reichsten Gase zuerst entgegenrieselt und im ersten Wascher das bereits völlig von Ammoniak befreite Gas nochmals mit reinem Wasser in Berührung kommt.

Wenn auch nicht zu bezweifeln ist, dass die Wirkung dieser Wascher keine so intensive ist, wie die der Glockenwascher, da bei den ersteren die Gase nur an den mit Waschflüssigkeit benetzten Flächen vorbeistreichen, während sie bei den letzteren infolge der Tauchung durch dieselbe sich hindurchzwängen müssen, so ersetzen, wie die Betriebsresultate ergeben haben, nach welchen im Durchschnitt nur 0,005 % NH_3 im gereinigten Gas vorhanden sind, die drei hintereinander geschalteten Wascher diesen Mangel vollständig. Ausserdem dürften diese Wascher den Vorteil vor den Glockenwaschern beanspruchen, dass dem Gase beim Durchstreifen derselben kein merkbarer Widerstand geboten wird und dass die vielen Reinigungen der Glockenwascher, verbunden mit Betriebsstörungen durch Verstopfungen, gänzlich fortgefallen sind und demnach der Betrieb sich wesentlich einfacher gestaltet.

Die neuesten Kondensationseinrichtungen, wie diejenige auf Neumühl und Dahlbusch (Fig. 255 und Fig. 256a u. b) endlich zeigen gegen die vorherigen noch folgende vorteilhafte Abänderungen: sämtliche Kühl- und Waschapparate haben entsprechend ihrer Bestimmung, die Gase zu kühlen, bezw. das

Fig. 255.
Neuere Kondensationsanlage auf Zeche Colonia. Erbaut im Jahre 1900.

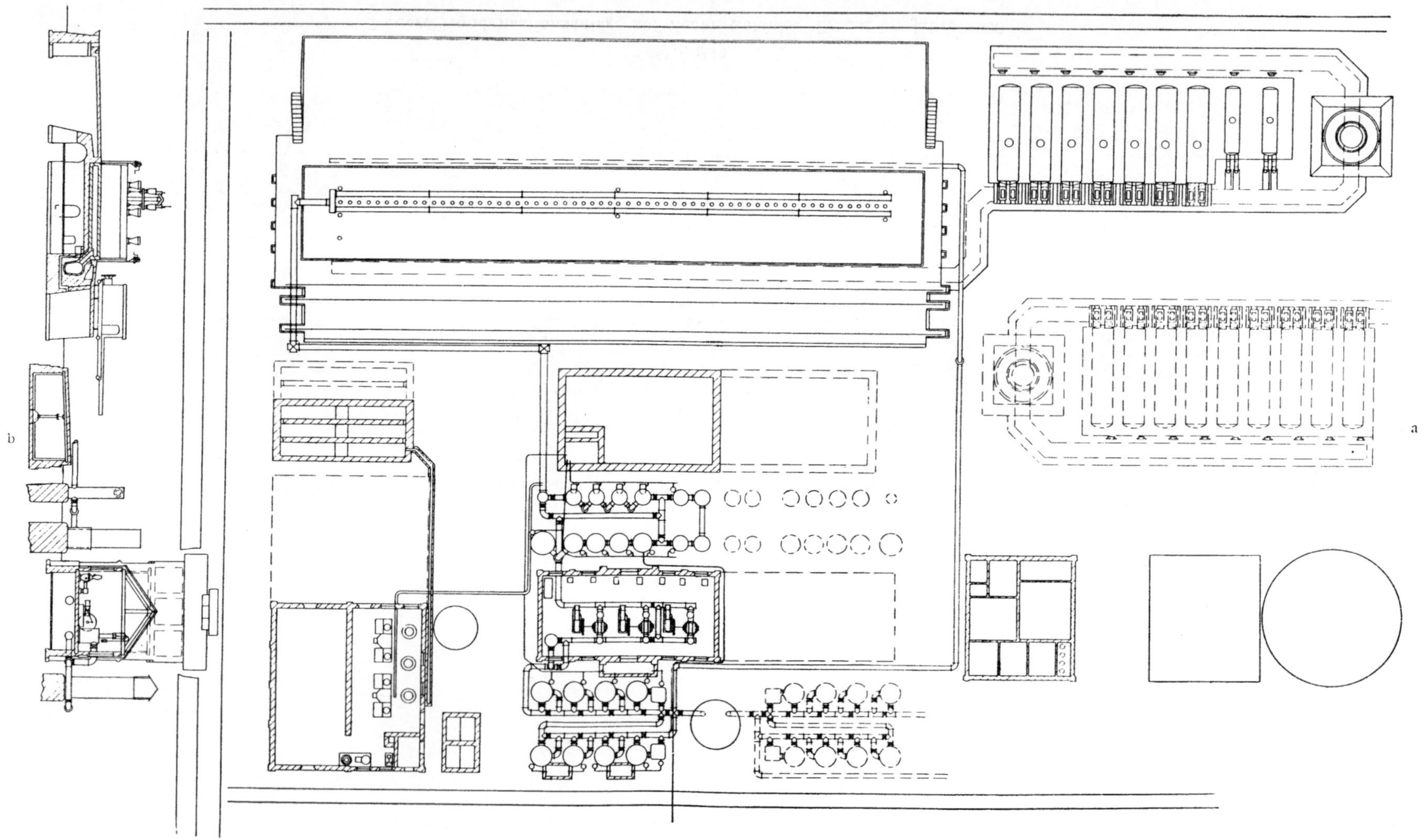

Fig. 256 *a u. b.*

Neuere Kokerei mit Gewinnung der Nebenprodukte und Anlage zur Verarbeitung von Ammoniakwasser auf Zeche Dahlbusch.

Ammoniakgas bei einer durchschnittlichen Tagestemperatur von 15—20° C. zu absorbieren, nicht mehr in dem heissen Apparatenraum Aufstellung gefunden; dieselben sind vielmehr sämtlich im Freien angeordnet. Des weiteren sind nicht nur die Vorreiniger, Schlusskühler und Pelouze-Apparate in Fortfall gekommen, sondern auch die auf König Ludwig noch zwischen den Gassaugern und Waschern eingeschalteten Teerabscheider haben sich bei Einführung der Hordenwascher als überflüssig erwiesen, sodass für die Waschung der Gase nur einige, in der Regel 3—4 grosse, besonders konstruierte Skrubber in Anwendung stehen. Letztere sind aufrecht stehende, aus Eisenblech gefertigte Cylinder von 7 m Höhe und 3 m Durchmesser und mit Zschokkeschen Patenthorden und Tropfapparaten ausgerüstet (Fig. 257 und 258). Die Horden bestehen aus einzelnen, unter sich zu einer Lage verbundenen, 20 cm hohen, flachen Holzstäben. Dieselben laufen nach unten konisch zu und sind daselbst mit Zacken, sog. Tropfnasen versehen. Im ganzen sind in dem Apparat 36 Lagen solcher Horden vorhanden, welche jedesmal auf 3, aus Kantholz bestehenden Zwischenstücken ruhen. Der nicht gleichmässige Durchgang des Gases und damit seine Spaltung in möglichst viele kleine Teile ist dadurch erreicht, dass die einzelnen Lagen abwechselnd unter einem rechten Winkel auf die Zwischenstücke gebettet sind. Der ebenfalls aus Fig. 257 ersichtliche Tropfapparat entspricht deshalb seinen Zwecken so vollständig, weil das zufliessende Waschwasser, dessen Menge durch einen Regulierhahn eingestellt und durch ein Schauglas beobachtet werden kann, etwa einen Meter hoch auf einen im Skrubber befindlichen konkaven Teller herabfällt und dadurch völlig zerstäubt in äusserst feinen Teilchen auf die Horden herabträufelt. Zur ordnungsmässigen Berieselung eines Quadratmeters Skrubberfläche sind etwa 5 Tropfapparate erforderlich; demnach besitzen die auf den Kokereien zur Verwendung gelangenden Wascher 24 derartige Tropfapparate.

Der Skrubber ist durch eine Scheidewand je nach der Anordnung des Durchstreichens der Gase entweder in zwei gleiche Hälften oder in zwei ungleiche Teile von $^1/_3$ und $^2/_3$ Querschnitt geteilt. Im ersten Falle tritt, wie auch Fig. 257 veranschaulicht, das Gas in eine Skrubberhälfte unten ein und verlässt, oben angelangt, diese Hälfte, um durch ein aussen angeordnetes Rohr wieder unten in die zweite Hälfte des Skrubbers eingeführt zu werden; im zweiten Fall bleibt das Gas vom Eintritt bis zum Austritt im Skrubber und zwar wird es behufs Erzielung einer gleichmässigen Geschwindigkeit auf beiden Seiten der Zwischenwand zunächst oben in den Teil mit kleinerem Querschnitt eingeführt, um mit derselben Bewegungsrichtung des Waschwassers nach unten zu gelangen und darauf umgekehrt in dem Teil mit grösserem Querschnitt den herabträufelnden Wassern entgegen zu ziehen. Welcher von den beiden Anordnungen der

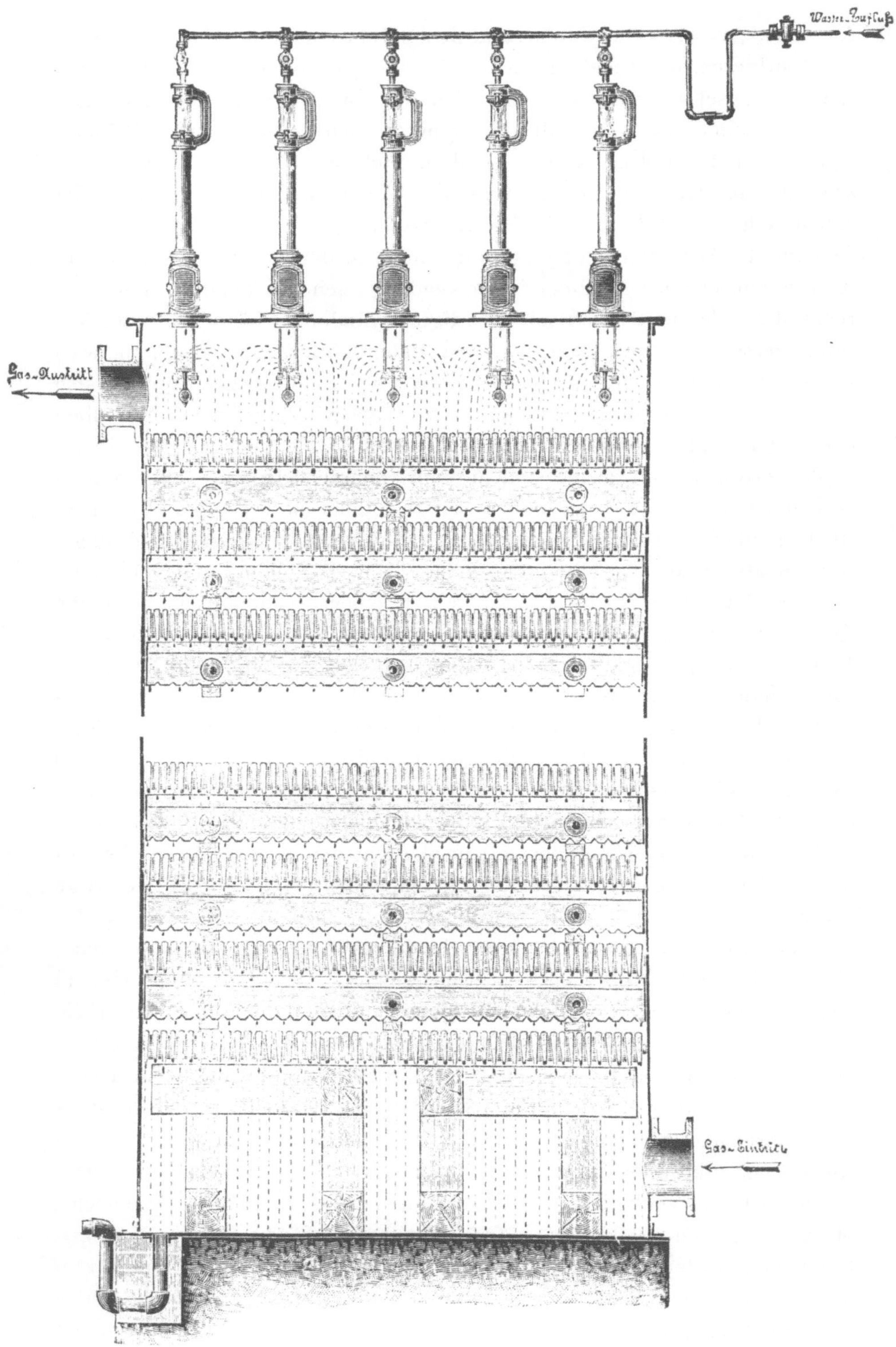

Fig. 257.

Skrubber mit Zschockes Patenthorden und Tropfapparaten.

Vorzug zu geben ist, konnte bisher noch nicht festgestellt werden. Dagegen ist bereits die vorzügliche Wirkung dieses Zschokkeschen Horden- und Berieselungssystems gegenüber den auf einzelnen Kondensationsanlagen mit Drahtnetzeinlagen ausgerüsteten Waschern, deren Absorptions-

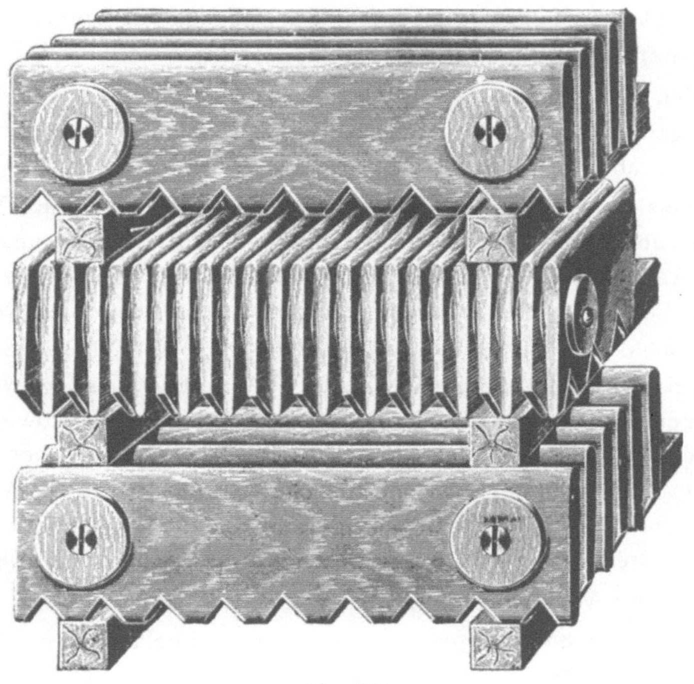

Fig. 258.

Horde des Zschocke-Skrubbers.

fläche etwa 10 mal kleiner, als die der Hordenwascher ist, derartig augenfällig geworden, dass man weiterhin kaum noch Glockenwascher bezw. Wascher mit perforierten Einlagen aufstellen wird.

4. Die Kondensationsanlage auf der Zeche Mathias Stinnes.

Diese neue, in Bau befindliche Gasreinigungsanlage wird von den auf Destillations-Kokereien bisher üblichen in zwei Dingen abweichen.

Es soll in derselben erstens dem Rohgase ausser Teer, Ammoniak und Benzol auch Cyan und Schwefel, welche Stoffe den dort zum Betriebe von Ventilatoren und Luftkompressoren aufgestellten drei Gasmotoren von je 250 PS sehr schädlich sind, entzogen werden, und zweitens das Rohgas zur Erzielung zweier Gassorten in zwei Teilströmen behandelt werden. Der eine Teilstrom mit dem reicheren Gas aus den ersten Stunden der

Garungszeit soll als Ueberschuss an die Gasmotoren abgegeben, und der andere mit dem ärmeren Gas aus den übrigen Stunden wird zur Heizung der Koksöfen benutzt werden.

Zu diesem Zwecke werden die einzelnen Kammern der Destillationsöfen an die beiden Vorlagen über den Oefen nicht, wie bisher üblich, gleichzeitig angeschlossen, sondern für die ersten Stunden an die für reiches Gas und später an die für armes Gas.

Von den Vorlagen aus führen zwei gleiche Rohgasleitungen die beiden Gasströme getrennt zu der Reinigungsanlage, die zwei Reihen unter sich ganz gleicher, aber getrennter Apparate enthält.

Das Gas streicht erst durch die üblichen Luftkühler und Wasserkühler, um nahezu bis auf Lufttemperatur gekühlt zu werden und dabei Teer- und Ammoniakwasser abzugeben; sodann wird es von rotierenden Gassaugern durch die Teerscheider gedrückt, welche den letzten Rest von Teer aufsaugen, und schliesslich gelangt es in die Wascheranlage.

Das reiche Gas soll darauf der Reihe nach durch einen Cyanwascher, einen Ammoniakwascher, einen der beiden Schwefelwascher, sowie einen Benzolwascher, und das arme Gas durch einen Cyanwascher, einen Ammoniakwascher und einen Benzolwascher streichen. Letzteres Gas wird also nicht von Schwefelwasserstoff gereinigt, sondern nimmt diesen als brauchbaren Brennstoff in die Ofenheizung mit, der er nicht schadet.

Ein neunter Wascher dient allen andern zur Reserve.

Die neun Wascher sind ganz gleich gebaut und behandeln mechanisch das Gas in gleicher Weise. Sie bestehen aus einer wagerecht verlagerten, gusseisernen Trommel von 3 m Durchmesser und 4 m Länge, die im Innern gitterartig mit Holzwerk ausgesetzt ist. Die Ein- und Austrittsstellen des Gases, sowie auch der Waschflüssigkeit sind durch Stopfbüchsen gut abgedichtet; die Waschflüssigkeit nimmt dabei einen den Gasen entgegengesetzten Weg. Der Wascher ist nicht ganz bis zur Hälfte mit Waschflüssigkeit, und im übrigen von dem durchströmenden Gasstrom ausgefüllt; derselbe dreht sich in der Minute $1^{1}/_{2}$ mal um seine Achse. Das Holzwerk taucht also abwechselnd in die Flüssigkeit und in den Gasstrom und erzeugt auf seiner grossen Oberfläche eine lebhafte chemische Umsetzung zwischen den jeweiligen Bestandteilen des Bades und einem gewissen Bestandteil des Gases.

Dem Wasser in den Cyanwaschern soll Eisenlösung zugesetzt werden, um die giftigen Cyangase in nicht giftige, unlösliche Cyaneisensalze zu verwandeln; das Wasser in den Ammoniakwaschern ist nahezu rein ohne mitwirkende Zusätze; das Wasser in den Schwefelwaschern wird Eisenoxydhydrat aufgeschwemmt enthalten, um mit dem Schwefelwasserstoff des Gases Schwefeleisen zu bilden.

Um letzteres nach Aufhören der Reaktion wieder zu Eisenoxydhydrat zu regenerieren, wird nach einiger Zeit der Gasstrom abgestellt und durch den zweiten Schwefelwascher geleitet werden. Durch den ersten wird sodann frische Luft geblasen, dessen Sauerstoff gemeinsam mit Wasser das Schwefeleisen in Schwefel und Eisenoxydhydrat zerlegt, sodass die Flüssigkeit wieder auf Schwefelwasserstoff wirksam wird.

Die Benzolwascher werden mit Teerölen beschickt, welche aus dem Gase nicht nur das Benzol und die höher siedenden Kohlenwasserstoffe aufnehmen, sondern auch das Naphthalin, das in der zum Teil freiliegenden Kraftgasleitung nach den Gasmotoren leicht Verstopfungen herbeiführen könnte.

Der cyanhaltige Schlamm aus den beiden Cyanwaschern soll durch Behandlung mit Pottasche in das nicht giftige, gelbe Blutlaugesalz übergeführt werden, das bekanntlich aus wässeriger Lösung auskrystalliert.

Die Kosten der Anlage sind noch nicht bekannt, dürften sich aber erheblich höher stellen, als die bis jetzt in Anwendung stehenden, freilich nicht so vollkommenen Kondensationseinrichtungen.

5. Die neuesten Kondensationsanstalten nach System Dr. Otto & Co.

In neuester Zeit sind von der Firma Dr. Otto & Co. auf der Zeche Scharnhorst I/II der Harpener Bergbau-Aktiengesellschaft (Fig. 259—261) und auf Schacht Emscher des Kölner Bergwerksvereins Nebenproduktengewinnungsanstalten in Betrieb genommen worden, welche äusserst zufriedenstellend arbeiten.

Die Apparate zur Gewinnung von Teer und Ammoniakwasser sind je nach ihrer Verwendung zweckentsprechend aufgestellt, abgeändert und vereinfacht, sodass mittels derselben trotz Verminderung der Anlagekosten sowie wesentlich einfacherer und daher billigerer Betriebsweise ein zum mindesten gleich grosses Ausbringen an Nebenprodukten erzielt wird.

Bei Errichtung dieser Anlagen sind die bis jetzt mit den älteren und neueren Ottoschen, sowie mit den Brunckschen Kondensationseinrichtungen gemachten Erfahrungen berücksichtigt worden, wodurch erreicht ist, dass

1. keine komplizierten und nahezu keine dem Verschleiss ausgesetzten Apparate mehr vorhanden sind;
2. nur wenige Apparate in geschickter Anordnung und zwar sämtlich im Freien — mit Ausnahme der in einem kleinen Maschinenhause befindlichen, zum Heben der Flüssigkeiten dienenden Pumpen — Aufstellung gefunden haben;
3. die Anlagekosten geringer und der Betrieb einfacher und billiger geworden sind.

Fig. 259.

Neueste Kondensationsanlage auf Zeche Scharnhorst. Vorderansicht. Erbaut im Jahre 1903.

Fig. 260.

Neueste Kondensationsanlage auf Zeche Scharnhorst. Seitenansicht. Erbaut im Jahre 1903.

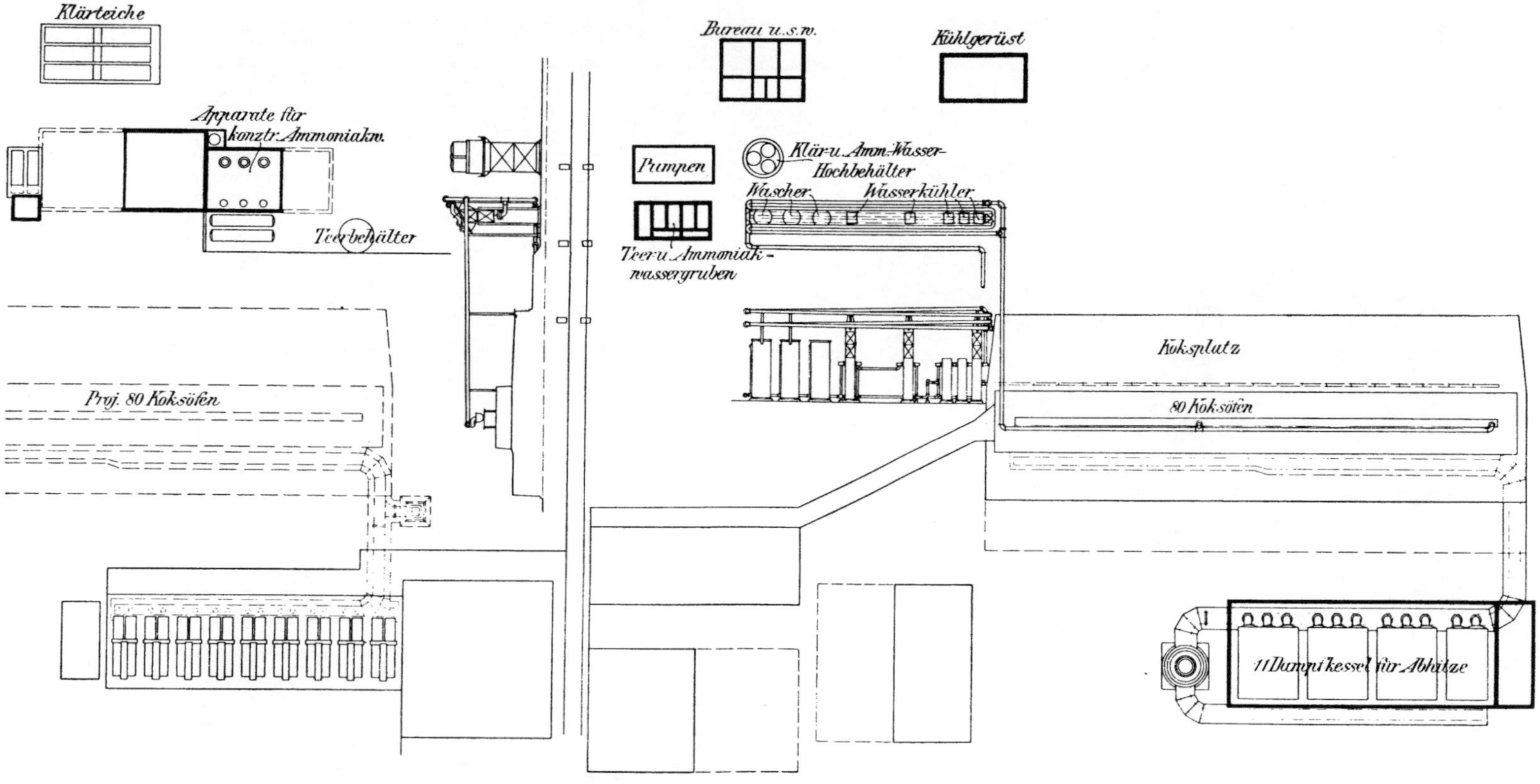

Fig. 261.

Lageplan zur neuesten Anlage von 40 Koksöfen mit Nebenproduktengewinnung von Dr. Otto auf Zeche Scharnhorst.

Die Einrichtungen dieser Kondensationsanlage sind im wesentlichen kurz folgende:

Anstatt der in mehreren Reihen aufgestellten, grossen Anzahl von Luftkühlern durchstreift das von den Ofenvorlagen kommende Gas eine sog. Kühlschlange. Dieselbe besteht aus gusseisernen Röhren von etwa 500 mm Durchmesser, hat eine Länge von 350—400 m und ist in mehreren (3—4) Windungen einige Meter über den im Freien stehenden Wasserkühlern und Ammoniakwaschern, unter Benutzung der letzteren als Tragstützen, hoch oben in der Luft montiert.

Nach Verlassen der Kühlschlange durchstreift das Gas drei Wasserkühler von etwa 7—8 m Höhe und ca. 3 m Durchmesser und sodann je 2 Wascher zur Gewinnung des Ammoniaks und des Benzols. Die Wascher haben die gleiche Höhe und den Durchmesser der Wasserkühler.

Sie sind mit Tropfapparaten versehen und im Innern nicht mehr mit den teueren und schweren Zschokkeschen Holzhorden, sondern mit einfachen, dachförmigen Holzleisten in nachfolgender Anordnung ausgerüstet.

Die Wasserkühler und Wascher mit der darüber montierten Luftkühlschlange stehen im Freien. Die von denselben abfliessenden Kondensate und Ammoniakwasser gelangen direkt, ohne vorher Sammeltöpfe mit hydraulischem Abschluss zu passieren, durch in die Erde mit etwas Neigung eingebettete Abflussrohr ein die Teer- und Ammoniakwassergruben.

Die verschiedenen Kühl- und Waschflüssigkeiten werden einem mit einer Reihe entsprechender Abteilungen versehenen Hochbehälter zugepumpt.

Die Bewegung der Gase erfolgt nicht mehr durch Gassauger oder Gebläsemaschinen, sondern durch einen Körtingschen Dampfstrahlapparat. Letzterer ist zwischen dem ersten und zweiten Wasserkühler ebenfalls freistehend angebracht. Eine besondere, unter Dach stehende Dampfantriebsmaschine ist also nicht mehr erforderlich. Mit Ausnahme der kleinen Pumpen zum Heben der Flüssigkeiten besteht also diese neue Kondensationseinrichtung aus einigen wenigen Rohrleitungen und denkbar einfachen Kühl-, Wasch- und Vorratsbehältern, welche sämtlich im Freien ohne schützende Gebäude errichtet werden können.

34*

2. Kapitel: Verarbeitung des Teers und Ammoniakwassers.

I. Allgemeines.

Die in den Kühl- und Waschapparaten der Kondensationsanstalten gewonnenen Produkte »Teer und Ammoniakwasser« werden auf den Gruben selbst entweder weiterverarbeitet oder in Zisternenwaggons zur Verladung und zum Versand an die Teerdestillationen bezw. chemischen Fabriken gebracht.

Während aber der Teer bis jetzt nur in ganz vereinzelten Fällen auf den Gruben selbst einer fraktionierten Destillation unterworfen wird, ist die Weiterverarbeitung des Ammoniakwassers auf den Gruben die Regel und nur ausnahmsweise findet, wie auf den Gruben Osterfeld und Neumühl, ein direkter Versand des Ammoniakwassers statt.

Die Destillation des Teers wurde erst aufgenommen, als man in den mit Benzolgewinnungseinrichtungen versehenen Nebenprodukten-Anlagen Ende der 90er Jahre dazu überging, das für die Waschung der Destillationsgase benötigte, schwersiedende Teeröl in eigenen, sog. Waschöl-Regenerieranstalten, selbst herzustellen. Da diese letztgenannten Anlagen mit sämtlichen Einrichtungen für eine fraktionierte Destillation des Teers versehen sein müssen, aber selbstverständlich nur zeitweise für ihren Zweck, die Regenerierung des Waschöls, benutzt werden, haben einzelne Gruben, wie König Ludwig und Holland, bei Errichtung der Anlagen die Grössenverhältnisse derselben derart genommen, dass auch die Destillation des auf den betreffenden Kokereien gewonnenen Teers darin vorgenommen werden kann.

Das nicht direkt zum Versand kommende Ammoniakwasser wird meistens auf schwefelsaures Ammoniak und nur vereinzelt und zwar zu Zeiten je nach Bedarf auf den Gruben Amalia und Graf Schwerin zu verdichtetem Ammoniakwasser verarbeitet.

II. Destillation des Teers.

Der Teer wird, wie oben angegeben, bislang nur auf wenigen Gruben und zwar in den zur Regenerierung des Waschöls bei der Benzolgewinnung beschriebenen Apparaten der fraktionierten Destillation unterworfen. Es erübrigt sich daher an dieser Stelle ein näheres Eingehen auf die Betriebsweise.

Der Gehalt des Teers an seinen einzelnen Bestandteilen ist je nach der Beschaffenheit der Kohle und dem Heissgang der Oefen sehr verschieden. Von den auf der Destillationskokerei der Zeche König Ludwig im Jahre 1900 erzeugten 3297 Tonnen Teer sind 1878 Tonnen auf der Waschölregenerieranlage destilliert und daraus gewonnen worden:

$$
\begin{array}{llr}
30\ t & \text{Rohanthracen} & 1{,}6\ \% \\
199\ t & \text{Anthracenöl} & 10{,}6\ \% \\
292\ t & \text{Kreosot} & 15{,}5\ \% \\
11\ t & \text{Karbolineum} & 0{,}6\ \% \\
50\ t & \text{Naphthalin} & 2{,}7\ \% \\
1270\ t & \text{Pech} & 67{,}6\ \% \\
\hline
& & 98{,}6\ \%
\end{array}
$$

Hierbei wurden pro Tonne destillierten Teers an Löhnen 7,60 M. gezahlt und für Materialien und Ersatzteile 2,90 M. ausgegeben. In letzteren Betrag ist das Feuerungsmaterial nicht einbegriffen, da die Destillierblasen mit überschüssigen Koksofen-Gasen geheizt wurden.

Genaue Analysen des Teers werden auf den Gruben nicht angefertigt. Lunge hat in seinem Werke »Die Industrie des Steinkohlenteers« folgende Durchschnitts-Analyse eines im April 1886 aus Ottoschen Koksöfen gewonnenen Teers veröffentlicht.

$$
\begin{array}{lr}
\text{Wasser} & 2{,}2\ \% \\
\text{Leichtöl bis } 200^{\circ} & 3{,}4\ \% \\
\text{Anilinbenzol} & 1{,}1\ \% \\
\text{Auflösungsnaphtha} & 0{,}32\ \% \\
\text{Kreosotöl} & 14{,}5\ \% \\
\text{Rohnaphthalin} & 6{,}7\ \% \\
\text{Anthracenöl} & 27{,}3\ \% \\
\text{Reinanthracenöl} & 0{,}70\ \% \\
\text{Pech} & 44{,}4\ \% \\
\text{Kohlenstoff} & 5\text{--}8\ \% \\
\end{array}
$$

III. Herstellung von schwefelsaurem Ammoniak.

1. Allgemeines und Statistisches.

Die Herstellung des schwefelsauren Ammoniaks wird durch Abdestillieren des Ammoniakwassers und Einleiten der sich hierbei bildenden Ammoniakdämpfe in Schwefelsäure bewirkt.

Auf einer Kokerei von 60 Destillationsöfen werden je nach Beschaffenheit der Kohle und dem Wassergehalt der letzteren durchschnittlich täg-

lich 60—75 cbm Ammoniakwasser von 0,5—0,6 % NH_3-Gehalt erzeugt. Ein
Teil des letzteren, das sog. »flüchtige« Ammoniak, kann durch längeres
Kochen der Flüssigkeit ausgetrieben werden, während ein anderer
Teil, das sog. »fixe« Ammoniak, nur durch Zuführung von Aetzkalk zer-
setzt und dadurch abgeschieden werden kann.

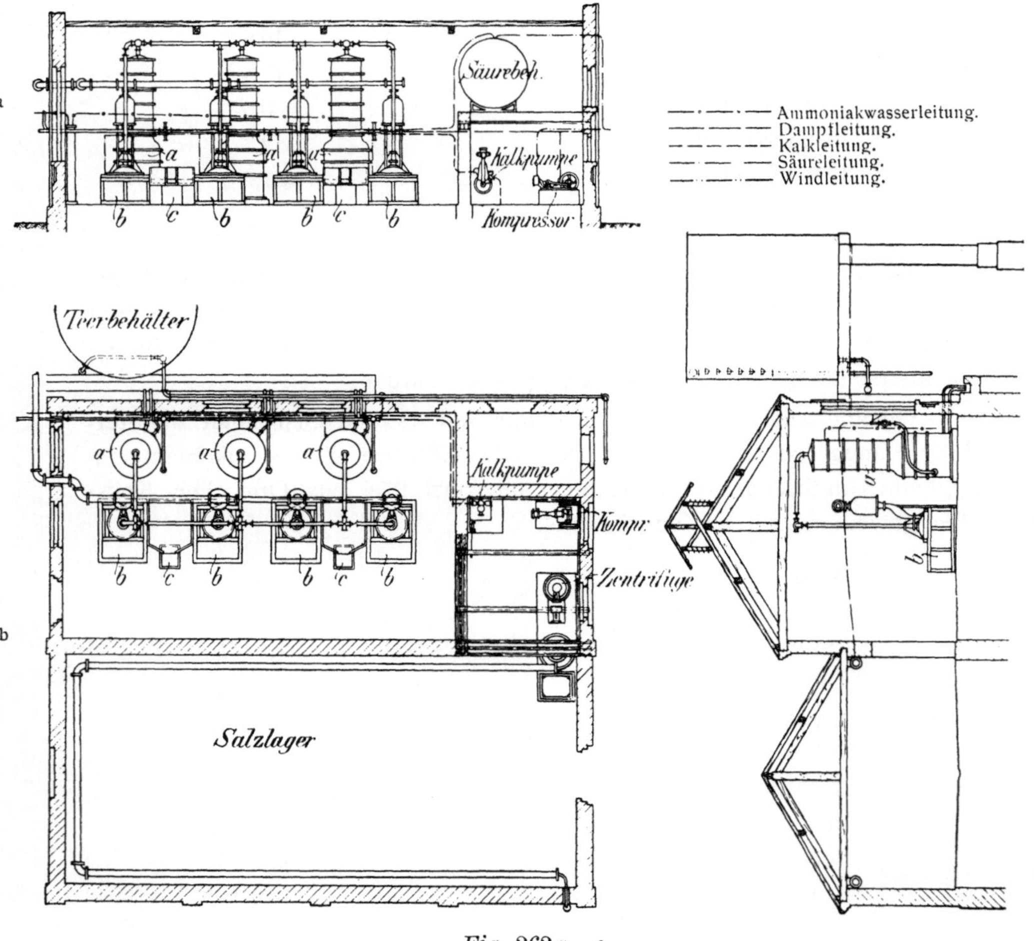

Fig. 262 a—c.

Ammoniakfabrik von Dr. Otto & Co. Erbaut 1900.

Das Austreiben sowohl des flüchtigen wie des fixen Ammoniaks geschieht in den weiter unten beschriebenen Apparaten in der sog. Ammoniakfabrik. In Fig. 262 a—c ist die neueste Ausführung einer Ammoniakfabrik von Dr. Otto & Co. veranschaulicht und aus der photographischen
Abbildung (Fig. 263) die neueste Einrichtung einer Brunckschen Ammoniakfabrik ersichtlich.

In der zur Darstellung gebrachten Ottoschen Fabrik sind drei Ammoniakabtreibeapparate a Otto-Ruppertschen Systems nebeneinander angeordnet. Zwei derselben befinden sich meistens in Betrieb, während der dritte zur Reserve dient. In den Apparaten wird das stetig mittels einer Pumpe eingeführte Ammoniakwasser teils indirekt, teils direkt durch Dampf verflüchtigt, wobei gleichzeitig eine Dampfkalkmilchpumpe den zur Zer-

Fig. 263.

Ammoniakfabrik zur Kokereianlage (120 Oefen) mit Gewinnung der Nebenprodukte »System Brunck« auf Zeche Minister Stein der Gelsenkirchener Bergwerks-A.-G. Erbaut 1899—1900.

setzung der fixen Ammonsalze nötigen Aetzkalk in die Apparate drückt. Die aus den Apparaten austretenden, flüchtigen Ammoniakwasserdämpfe werden in die Schwefelsäure enthaltenden Kästen b geleitet. In diesen sog. Sättigungskästen werden die Ammoniakdämpfe an Schwefelsäure gebunden und infolgedessen als schwefelsaure Ammoniaksalze ausgeschieden. Letztere werden aus den Säurebädern mittels durchlöcherter Kellen auf die Abtropfpfannen c ausgeschlagen, sodann in der Centrifuge behufs völliger Abtreibung der Schwefelsäure geschleudert und von hier aus in den zur Abhaltung der Feuchtigkeit geheizten Salzlagerraum geschafft.

Der in Fig. 262 veranschaulichte Kompressor dient zum Ueberdrücken der Säure aus dem Vorratsbehälter in die Sättigungskästen.

In der photographischen Ansicht der Brunckschen Ammoniakfabrik (Fig. 263) sind rechts die Abtreibeapparate Feldmannschen Systems veranschaulicht. Neben den Apparaten sind Kalkmischgefässe aufgestellt, aus denen die Kalkmilch mittels Handpumpen in die Apparate gedrückt wird. Links auf dem Bilde sind die Sättigungskästen nebst Abtropfbühnen ersichtlich.

Um ein schönes, reines Salz zu erhalten, ist darauf zu achten, dass keine Uebersättigung der Säure eintritt und das ausgeschiedene Salz nicht zu lange im Sättigungskasten verbleibt. Die aus den Abtreibeapparaten austretenden, Kalkschlamm und Spuren von Ammoniak enthaltenden Abwässer werden in besondere Klärteiche oder auf die Bergehalden gepumpt, und gelangen darauf erst vermischt mit den anderen Grubenwassern in die Abflussgräben.

Zur Erzeugung einer Tonne schwefelsauren Ammoniaks werden durchschnittlich 0,9 — 1 t Schwefelsäure (a 25 M.) und 0,15 — 0,2 t Kalk (a 12 M.) verbraucht.

Das erzeugte schwefelsaure Ammoniak enthält im Durchschnitt 24,7 — 25,3 $\%$ NH_3, 0,5 — 0,7 $\%$ freie und 71 — 71,5 $\%$ gebundene H_2SO_4, sowie 2,8 — 3 $\%$ H_2O. Der Gehalt an NH_3 im Abwasser der Abtreibeapparate ist je nach der Wirkungsweise der letzteren verschieden; derselbe schwankt zwischen 0,02 und 0,003 $\%$.

Das Ausbringen an schwefelsaurem Ammoniak aus 2 980 012 t Koks, welche im Jahre 1900 auf einzelnen Zechen des Ruhrreviers in insgesamt 2362 Destillationsöfen erzeugt wurden, betrug 38 146 t. Demnach stellt sich das Ausbringen an schwefelsaurem Ammoniak im Ruhrrevier durchschnittlich pro Tonne erzeugten Koks auf 0,0128 t = 1,28 $\%$ oder pro Tonne eingesetzter Kohle (Durchschnittsausbringen der Kohle an Koks = 74,22 $\%$) auf 0,095 t = 0,95 $\%$.

Das Ausbringen an schwefelsaurem Ammoniak pro Ofen und Jahr beträgt nach obigen Zahlen im Durchschnitt 16,15 t; demnach hätten aus den Kohlen, welche im Jahre 1900 in die im Ruhrrevier vorhandenen 2964 Destillationsöfen eingesetzt wurden, 47 868 t schwefelsauren Ammoniaks gewonnen werden können.

Die Deutsche Ammoniak-Verkaufsvereinigung in Bochum giebt als Erzeugung des Ruhrbezirks an schwefelsaurem Ammoniak im Jahre 1900 die Zahl von 49 223 t an. Der Preis des schwefelsauren Ammoniaks pro 100 kg in den letzten Jahren ist aus Tabelle 46 zu ersehen.

Tabelle 46.

Jahr	Preis für schwefelsaures Ammoniak pro 100 kg M.	Jahr	Preis für schwefelsaures Ammoniak pro 100 kg M.
1885	24,00	1893	20,00
1886	23,00	1894	27,00
1887	23,20	1895	19,80
1888	24,00	1896	16,20
1889	24,00	1897	16,00
1890	24,00	1898	19,20
1891	23,00	1899	22,40
1892	22,00	1900	22,20

2. Ammoniak-Abtreibeapparate.

Von den verschiedenen Apparaten, welche auf den Gruben des Ruhrbezirks zum Destillieren der bei der Kondensation der Koksofengase gewonnenen Ammoniakwasser in Gebrauch stehen, haben diejenigen von Grüneberg-Blum sowie von Hirzel, hauptsächlich ihrer geringen Leistungsfähigkeit wegen, nur vereinzelt Aufnahme gefunden. Die grösste Verbreitung haben, wie aus Tabelle 47 ersichtlich ist, diejenigen von Feldmann aufzuweisen. Neuerdings gelangen auch vielfach die durch grosse Leistungsfähigkeit und einfache Reinigung sich auszeichnenden Otto-Ruppert-Apparate zur Aufstellung. Die Gesamtzahl der Ammoniak-Abtreibeapparate der Zechen des Ruhrbezirks beträgt 149 mit einer Leistungsfähigkeit von insgesamt 5 640 cbm in 24 Stunden — die Gewerkschaft Deutscher Kaiser hat keine Angaben gemacht —; von dieser Gesamtsumme entfallen auf die Apparate von Feldmann 92 Stück mit 3 250 cbm Leistung, der Berlin-Anhaltischen Maschinenbau-Aktien-Gesellschaft 25 Stück mit 880 cbm Leistung, von Otto-Ruppert 18 Stück mit 1 100 cbm Leistung, von Hirzel 8 Stück mit 230 cbm Leistung, von Grüneberg 6 Stück mit 180 cbm Leistung.

Ammoniak-Abtreibeapparat von Grüneberg-Blum.

Die ältesten Grüneberg-Apparate waren für direkte Feuerung bestimmt und sind nur versuchsweise in Betrieb gewesen. Die neueren Grüneberg-Apparate, von denen noch 6 Stück auf den Zechen Gneisenau und Julia mit je einer Leistung von 30 cbm in Betrieb stehen, sind von der Berlin-Anhaltischen Maschinenbau-Aktiengesellschaft in Berlin gebaut und im Laufe der Jahre von der bauenden Gesellschaft abgeändert und

Ammoniak-Abtreibeapparate.

Tabelle 47.

Zeche bezw. Gesellschaft	Feld-mann	Berlin-Anhaltische Maschinen-bau-Aktien-gesellschaft	Otto-Ruppert	Hirzel	Grüne-berg	Leistung in 24 Stunden cbm					
						20	30	40	50	60	80
Gelsenkirchener Bergwerks-Aktiengesellschaft	17	—	—	—	—	3	—	3	11	—	—
König Ludwig	3	—	—	—	—	—	—	3	—	—	—
Osterfeld	—	3	2	—	—	—	—	3	—	2	—
Concordia	3	—	—	1	—	—	4	—	—	—	—
Neumühl	—	—	3	—	—	—	—	—	—	3	—
Kaiserstuhl I	4	—	—	—	—	4	—	—	—	—	—
Gneisenau	—	—	—	—	3	—	3	—	—	—	—
Graf Schwerin	4	—	—	—	—	—	4	—	—	—	—
Neu-Iserlohn	3	—	1	1	—	—	5	—	—	—	—
Eintracht Tiefbau	—	2	1	ausser Be-trieb 1	—	1	2	—	—	1	—
Dannenbaum I	—	3	1	—	—	—	3	—	1	—	—
Amalia	3	1	—	—	—	—	4	—	—	—	—
Prinz Regent	3	—	—	—	—	—	3	—	—	—	—
Constantin der Grosse II . .	3	—	—	1	—	—	4	—	—	—	—
» » » III . .	4	—	—	—	—	—	4	—	—	—	—
» » » IV . .	—	3	1	—	—	—	—	3	—	—	1
Lothringen	—	—	3	—	—	—	—	—	—	3	—
Carolinenglück	2	—	—	—	—	—	—	—	2	—	—
Shamrock I/II	4	—	—	1	—	4	1	—	—	—	—
» III/IV	5	—	—	—	—	—	5	—	—	—	—
Victor	3	1	—	—	—	—	4	—	—	—	—
Friedrich der Grosse	4	—	—	—	—	—	4	—	—	—	—
Julia	1	—	—	—	3	—	4	—	—	—	—
Recklinghausen II	4	—	—	—	—	—	4	—	—	—	—
Holland III/IV	3	4	—	—	—	—	4	—	—	—	3
Consolidation	4	5	—	—	—	—	4	5	—	—	—
Pluto Thies	—	—	2	—	—	—	—	—	—	—	2
Pluto Wilhelm	4	—	—	—	—	—	—	4	—	—	—
Centrum	1	—	—	3	—	—	3	1	—	—	—
Zollverein	3	—	—	—	—	—	—	—	3	—	—
Prosper	3	1	—	—	—	—	4	—	—	—	—
Kölner Bergwerks-Verein . .	2	2	—	—	—	—	—	4	—	—	—
Mathias Stinnes	2	—	—	—	—	—	2	—	—	—	—
Preussen I	—	—	2	—	—	—	—	—	—	2	—
Dahlbusch	—	—	1	—	—	—	—	—	—	1	—
Kaiser Friedrich	—	—	1	—	—	—	—	—	—	1	—
Deutscher Kaiser*)	—	—	—	—	—	—	—	—	—	—	—
Sa.	92	25	18	8	6	12	75	26	17	13	6

Gesamt-Summe 149.

*) Deutscher Kaiser hat keine Angaben gemacht.

verbessert worden. Es erübrigt daher eine genauere Beschreibung dieser nicht mehr zur Ausführung gelangenden Apparate, zumal weiter unten eine Beschreibung der neueren Apparate der Berlin-Anhaltischen Aktiengesellschaft folgt.

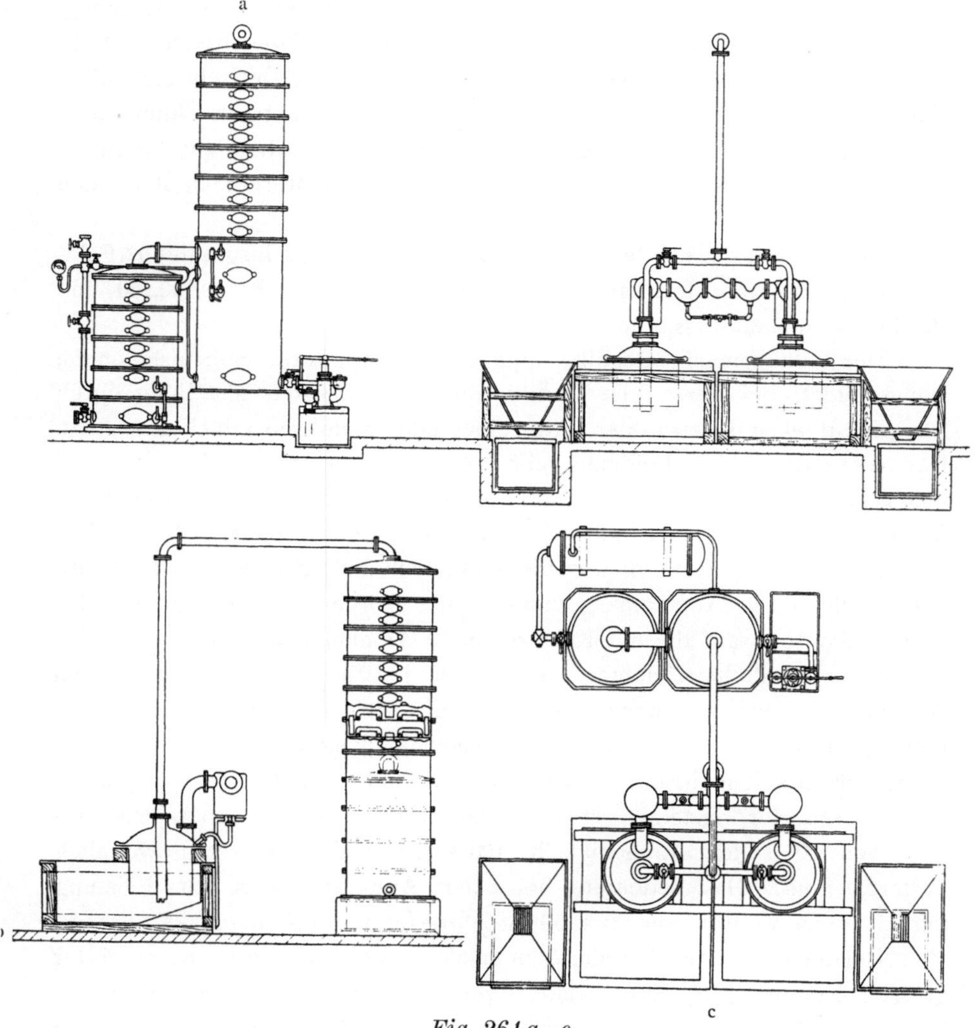

Fig. 264 a—c.

Ammoniak-Destillationsapparat für 50 cbm Leistung in 24 Stunden. »System Feldmann«.

Ammoniak-Destillationsapparat von Feldmann.

Von den Apparaten, welche auf den Kokereien mit Gewinnung der Nebenprodukte angewandt werden, um die gewonnenen Ammoniakwasser auf schwefelsaures Ammoniak zu verarbeiten, hat der Feldmannsche Kolonnenapparat (Fig. 264a — c) die weitaus grösste Verbreitung gefunden. Die ersten dieser Apparate, welche Mitte der achtziger Jahre auf den Dr. Ottoschen Anlagen aufgestellt wurden, waren so gross, dass 15 cbm Ammoniakwasser in 24 Stunden destilliert werden konnten. Dieselben galten damals für Apparate von grosser Leistungsfähigkeit im Hinblick auf die fast ausschliesslich gebräuchlichen liegenden Destillierkessel von gleicher Leistung. Andere, kontinuierlich wirkende Destillierapparate von gleicher Vollkommenheit waren nicht vorhanden. Die damals in Betrieb stehenden Apparate beschränkten sich darauf, nur die flüchtigen Ammoniakverbindungen in einem Kolonnensystem abzutreiben und die nicht flüchtigen Verbindungen nach Kalkzusatz gleichzeitig oder hinterher in stehenden oder liegenden Kesseln abzutreiben.

Heute arbeiten auf den Kokereien des Ruhrbezirks insgesamt 92 Feldmannsche Apparate mit einer Leistungsfähigkeit von 30, 40, 50, 60 und 80 cbm Ammoniakwasser in 24 Stunden.

Der Feldmannsche Destillierapparat ist den älteren Spirituskolonnen nachgebildet, bei denen die Destillierflüssigkeit in jeder Abteilung durch Dampf aufgekocht wird, der unter einer oder mehreren Glocken austritt. Das Wesentliche der Feldmannschen Apparate besteht darin, dass bei ihnen das genannte Kolonnensystem durch Einfügung eines besonderen Zersetzungsgefässes auch auf die mit Kalkmilch zersetzte Ammoniakflüssigkeit übertragen wird, was bis dahin noch nicht geschehen war, heute jedoch allgemeine Aufnahme gefunden hat. Durch diese Anwendung des Kolonnensystems auf die mit Kalk zersetzte Ammoniakflüssigkeit wird der Abtrieb wesentlich erleichtert, sodass in 100 000 Teilen abgetriebenen Ammoniakwassers nur noch ein Rest von 3—5 Teilen Ammoniak zurückbleibt, während bei den älteren Systemen, in welchen die mit Kalk zersetzte Flüssigkeit nicht eine Anzahl kleiner Plateaus mit Glocken, sondern statt dessen nur einzelne grössere blasenförmige Gefässe passierte, ein Rest von 30 Teilen Ammoniak in 100 000 Teilen Abwasser gewöhnlich verloren ging. Das bedeutete bei einem Apparat von 50 cbm Leistung täglich einen Verlust von etwa 50 kg schwefelsauren Ammoniaks.

Bei der Destillation tritt das Ammoniakwasser in die oberste Kammer der grossen Kolonne (Fig. 265), gelangt von hier durch Ueberlaufrohre von Kammer zu Kammer, wird in jeder derselben durch den unter den Glocken austretenden Dampf aufgekocht und gelangt dann, von allen flüchtigen Ammoniakverbindungen befreit, durch lange Ueberlaufrohre in das unter der oberen Kolonne angeordnete Zersetzungsgefäss. In dieses wird von Zeit zu Zeit durch eine Pumpe Kalkmilch eingeführt, um die vorhandenen fixen Ammoniakverbindungen zu zersetzen, während durch eine besondere, eigenartige Dampfeinströmung das eintretende Ammoniakwasser beständig mit der Kalkmilch vermischt wird. Diese Dampfeinströmung wird so reguliert, dass das zersetzte Ammoniakwasser mit möglichst wenig Kalk

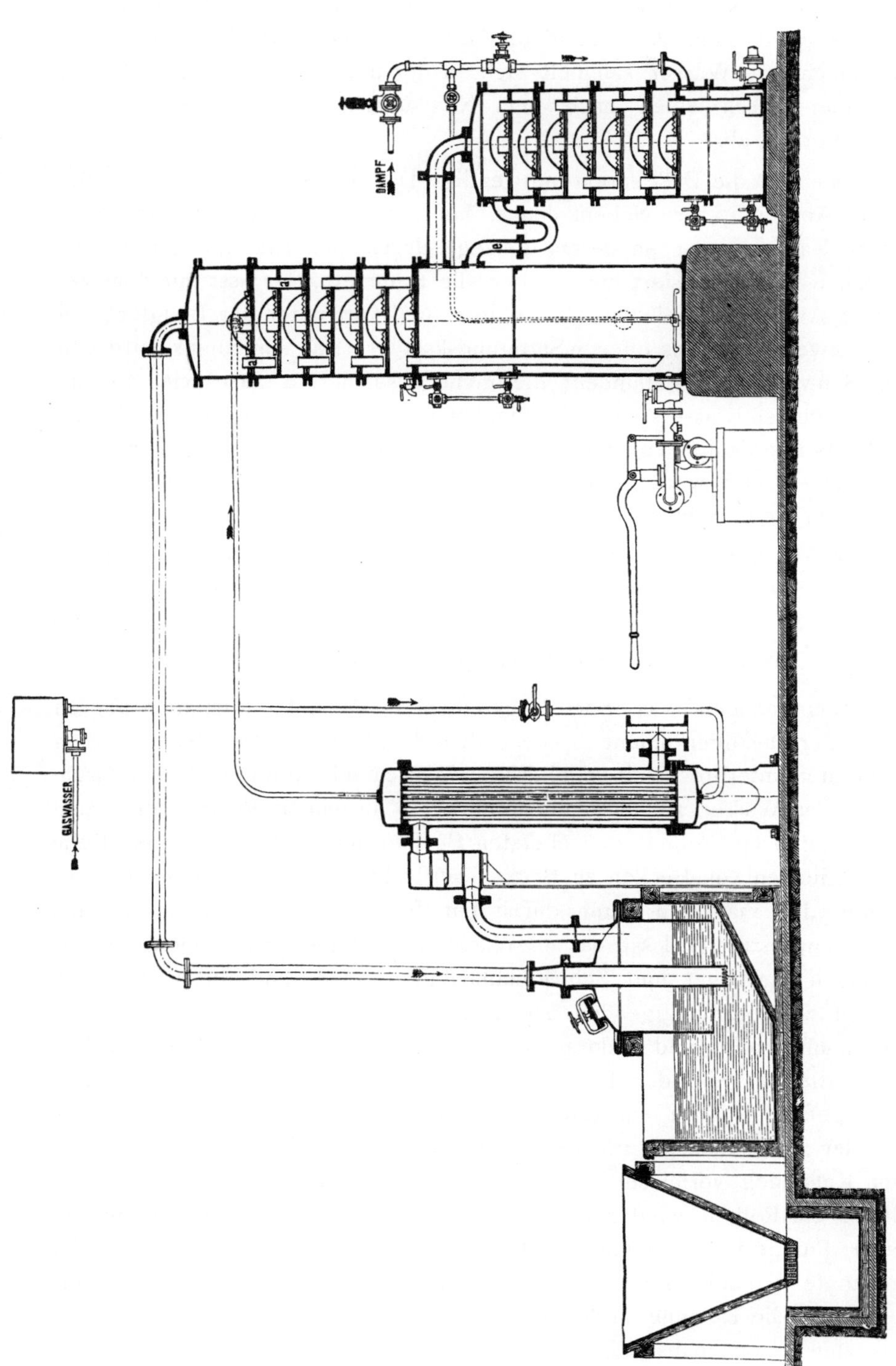

Fig. 265.

Kontinuierlich arbeitender Ammoniak-Destillationsapparat von Feldmann.

beladen in die Nebenkolonne überläuft. In den einzelnen Kammern dieser Kolonne wird dann das gebildete Aetzammoniak vollends abgetrieben. Das erschöpfte Wasser sammelt sich in der unteren Abteilung und läuft von hier durch einen nach dem Niveauanzeiger eingestellten Hahn kontinuierlich ab.

Der für die Destillation notwendige Dampf gelangt zunächst in die untere Abteilung der Nebenkolonne, hat den Flüssigkeitsstand in sämtlichen Kammern zu passieren, gelangt durch ein Uebergangsrohr zur oberen Kolonne, passiert hier wieder alle Kammern, verlässt mit dem gesamten Ammoniak beladen die Kolonne und tritt unter der Bleiglocke in die Schwefelsäure des offenen Sättigungskastens. Das Ammoniak wird von der Schwefelsäure gebunden; die nicht absorbierten Gase wie Kohlensäure, Schwefelwasserstoff und andere widerlich riechende Körper bleiben nebst Wasserdampf unter der Glocke wie unter einem Gasometer eingeschlossen und werden von hier entweder wieder in die Kondensation oder zum Heizgas in den Gasometer abgeführt.

In Fig. 264a—c ist der Destillierapparat mit zwei Sättigungskästen und einer Abtropfvorrichtung für das gewonnene Salz dargestellt.

Ammoniak-Destillierapparat »System Hirzel«.

Das Ammoniakwasser wird aus einem 1—1¹/₂ Meter über dem oberen Ende der Destillierkolonne a stehenden Hochbehälter (Fig. 266a—c) dem Apparat ununterbrochen in regulierbarer Weise bei b zugeführt. Dabei durchfliesst das Wasser zunächst ein Rohrsystem in einem Vorwärmer c und steigt durch ein Rohr d zum obersten Becken der Destillierkolonne. Beim Niederfliessen von Becken zu Becken verflüchtigen sich mit dem Wasserdampf, den man von unten durch ein Ventil e in die Kolonne ein- und darin emporströmen lässt, das im Wasser enthaltene freie Ammoniak nebst Ammoniumcarbonat und Schwefelammonium. Während die nicht durch Dampf zu verpflüchtigenden, sogenannten fixen Ammoniumverbindungen (Ammoniumsulfat und Chlorammonium) noch im Wasser bleiben, wird es im mittleren Teile der Kolonne aus derselben in ein besonderes Kalkmischgefäss f durch ein Rohr g abgeleitet. In letzterem wird dasselbe mit der zur Zersetzung der fixen Ammoniumverbindungen nötigen Menge von Kalkmilch vermischt und wiederum in der Mitte der Kolonne dieser durch ein Rohr h wieder zugeführt. Die nötige Kalkmilch wird mittels einer Pumpe i aus einem mit Rührwerk versehenen Kalkkasten in das genannte Kalkmischgefäss befördert. Das so mit Kalk vermischte und wieder in die Kolonne zurückgeführte Wasser verliert beim Niederfliessen bis zum Kolonnenausfluss alles Ammoniak, sodass unten aus der Kolonne heisses, entammoniaktes Wasser in den Vorwärmer gelangt, diesen durchfliesst und dabei das durch die eingelegten Rohre gleichzeitig fliessende, frische Ammoniakwasser vorwärmt. Das aus dem Vorwärmer austretende Kalkwassergemisch gelangt zum Absetzen der Trübe in Klärteiche.

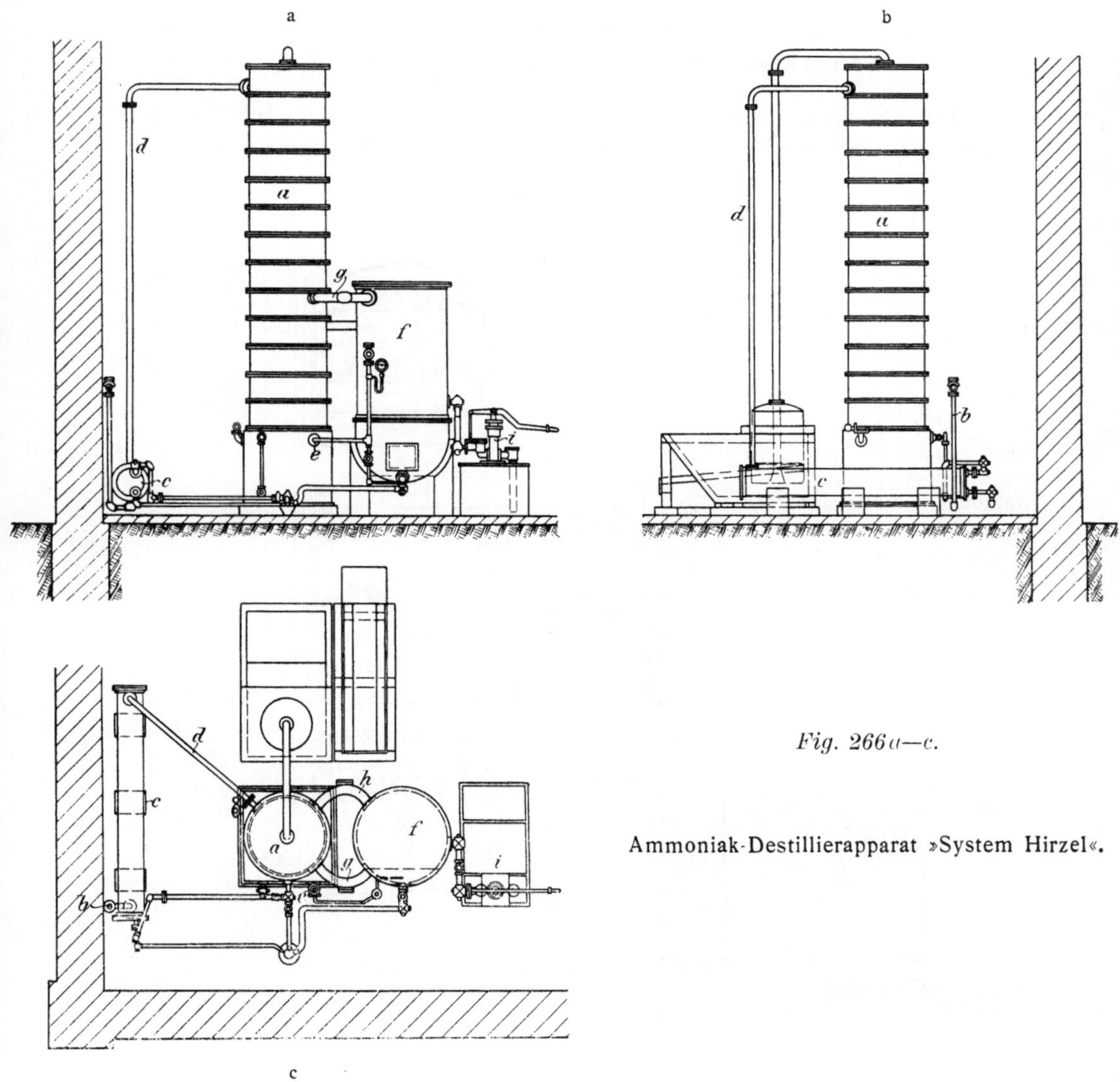

Fig. 266 a—c.

Ammoniak-Destillierapparat »System Hirzel«.

Die in der Kolonne ausgetriebenen und mit Wasserdampf gemischten flüchtigen Ammoniakverbindungen werden des Weiteren in der unten beschriebenen Weise auf schwefelsaures Ammoniak verarbeitet.

Derartige Destillierapparate stehen, wie aus Tabelle 47 zu ersehen ist, 8 in Betrieb und zwar je einer mit einer Leistung von je 30 cbm in 24 Stunden in den Ammoniakfabriken der Zechen Concordia, Neu-Iserlohn, Eintracht Tiefbau, Constantin der Grosse II, Shamrock I/II, und 3 Stück mit je 30 cbm Leistung auf Zeche Centrum. Neuerdings werden die Apparate mit grösserer Leistungsfähigkeit, insbesondere diejenigen von Otto-Ruppert, mehr und mehr bevorzugt.

Ammoniak-Abtreibeapparat der Berlin-Anhaltischen Maschinen-bau-Aktiengesellschaft. (Grüneberg-Blum.)

Der Abtreibeapparat Fig. 267 besteht aus einer aus Einzelzellen zusammengesetzten Säule C_1 bis C_4 mit Untersatz G, einem Mischgefäss E, einem

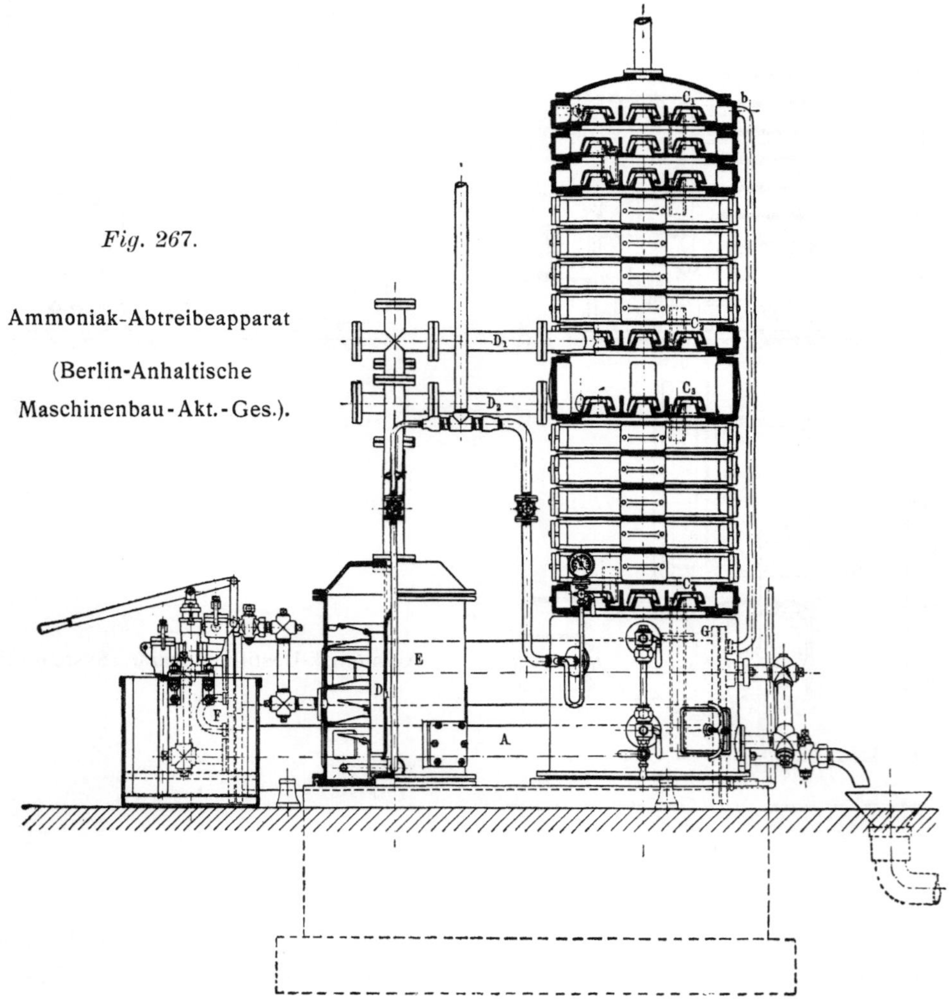

Fig. 267.

Ammoniak-Abtreibeapparat

(Berlin-Anhaltische
Maschinenbau-Akt.-Ges.).

Kalkkasten F mit Kalkmilchpumpe und einem Vorwärmer A. Das in dem Abtreibeapparat zu verarbeitende Rohwasser wird diesem aus einem Hochbehälter zugeführt. Von dem Hochbehälter fliesst das Rohwasser zunächst durch den Vorwärmer A, in welchem dasselbe durch das abfliessende ab-

getriebene Wasser vorgewärmt wird. Das vorgewärmte Wasser tritt bei b
in die oberste Zelle C_1 der Abtreibesäule, in der es von Zelle zu Zelle
abwärts fliesst. Bei Zelle C_2 ist das Rohwasser so heiss geworden, dass
das freie Ammoniak flüchtig geworden ist und vermischt mit dem von
unten kommenden Dampf nach den oberen Zellen aufsteigt. Um die in
dem Ammoniakwasser enthaltenen festen Ammoniakverbindungen zu lösen,

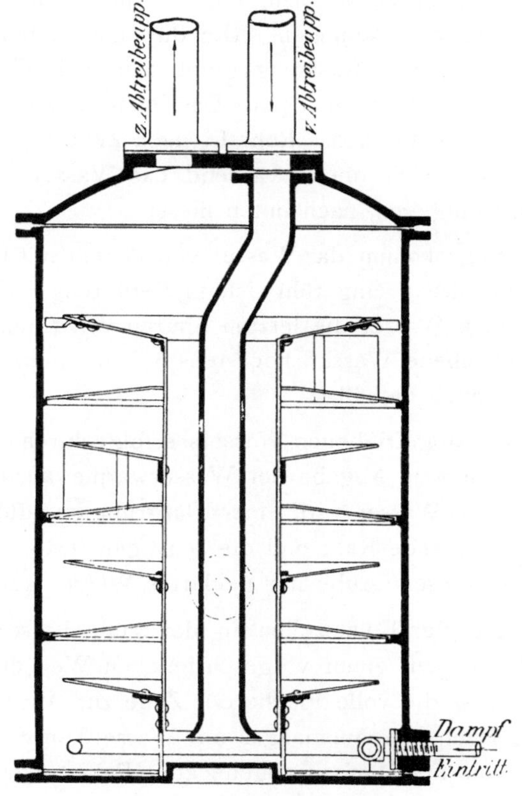

Fig. 268.

Mischgefäss zum Abtreibeapparat.

wird sodann das abzutreibende Wasser mit Kalk versetzt. Dies geschieht
in dem Mischgefäss, in welches das Wasser auf seinem weiteren Wege
von Zelle C_2 durch das Rohr D_1 eingeführt wird. In dieses Gefäss wird
in gewissen Zeiträumen mittels der Kalkmilchpumpe aus dem daneben-
stehenden Kalkkasten F die während des Betriebes festzustellende Kalkmilch gepumpt, welche durch den in dem Gefäss E befindlichen Mischapparat (Fig. 268) mit dem abzutreibenden Wasser innig vermengt wird.
Hierdurch werden die festen Verbindungen des Ammoniaks gelöst

Das Ammoniak steigt in Blasen aufwärts und bringt das Wasser in wallende Bewegung. Eine am Boden liegende Dampfschlange unterstützt diese Bewegung und verhindert, dass die schweren Verbindungen des Kalkes sich am Boden festsetzen. Die Mischvorrichtung besteht aus einer Anzahl Scheiben, welche an einem in die Mittelachse des Mischgefässes eingesetztem Rohr befestigt sind. Diese Scheiben zwingen das Wasser beim Aufsteigen einen Zickzackweg zu nehmen und durch das Rohr wieder nach unten zu fliessen, um von neuem mit Kalkmilch gemengt denselben Weg zurückzulegen. Die durch die lebhafte Bewegung des Wassers erzielte innige Mischung giebt dem Kalk Gelegenheit, das Ammoniak vollständig frei zu machen. Das letztere, sowie das mit Kalk gemengte Wasser steigt durch das Rohr D_2 nach Zelle C_3 der Hauptsäule. Das Ammoniak steigt nach oben, während das Wasser, dem von unten kommenden Dampf entgegen, nach unten fliesst.

Auf diesem Wege kommt das Wasser von neuem mit Dampf, welcher in den Untersatz G direkt eingeführt ist, in Berührung. Hierbei werden aus dem abfliessenden Wasser die letzten Spuren von Ammoniak entfernt, so dass das abgetriebene Wasser höchstens 5 Teile, meistens jedoch nur 2 Teile in 100 000 Teilen enthält.

Der Abfluss des abgetriebenen Wassers erfolgt durch den Vorwärmer, wobei die vorbeschriebene Abgabe der Wasserwärme an das zufliessende Rohwasser erfolgt; das Wasser wird einer Klärgrube zugeführt, in welcher sich der darin enthaltende Kalk und die sonstigen festen Stoffe absetzen können, so dass aus dieser Grube nur geklärtes Wasser abfliesst.

Die Anordnung der Einzelzellen in der Säule ist so getroffen, dass das abzutreibende Wasser einen vorgeschriebenen Weg durch die Zellen machen muss, so dass die volle Fläche der Zelle zur Ausnutzung gelangt. Der aufsteigende Dampf (Ammoniakgas mit Wasserdampf gemischt) wird durch die Reihe von mit Hauben abgedeckten Rohrstutzen in den Zellen derart geführt, dass das niederfliessende, also abzutreibende Wasser, mit diesen aufsteigenden Dämpfen unbedingt in Berührung kommen muss.

Ammoniak-Abtreibeapparat von Otto-Ruppert.

Im Gegensatz zu allen bisher gebräuchlichen und oben näher beschriebenen Apparaten von Grüneberg, Feldmann, Hirzel und der Berlin-Anhaltischen Maschinenbau-Akt.-Ges. wird nach dem System Otto-Ruppert das freie und gebundene Ammoniak nicht mehr in getrennten Apparaten, sondern vielmehr in ein und demselben Destilliergefäss vorgenommen.

Die Einrichtung des letzteren ist in Fig. 269a—d veranschaulicht

Der Betrieb gestaltet sich folgendermassen:

Das aus dem Vorratsbehälter zufliessende Ammoniakwasser passiert zunächst behufs Vorwärmung ein im unteren Teil des Gefässes liegendes Schlangenrohr b, gelangt dann durch ein gut isoliertes Standrohr c zum

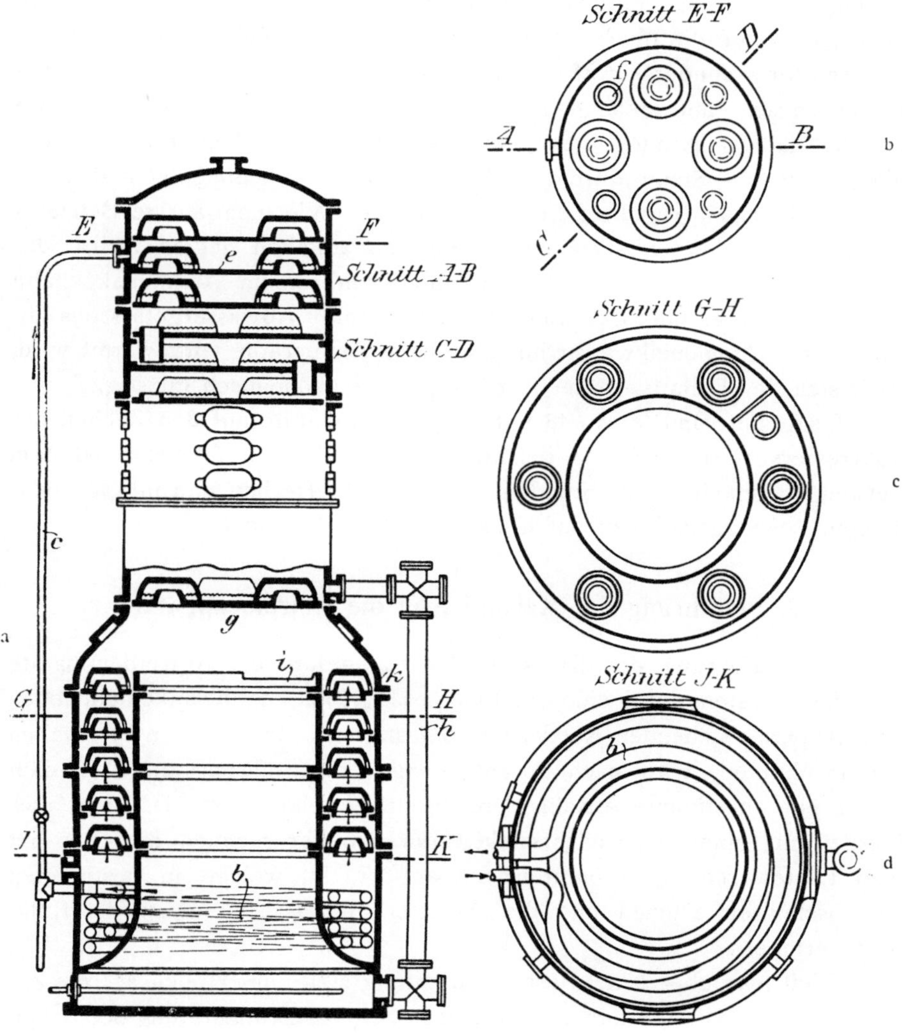

Fig. 269 a—d.
Ammoniak-Abtreibeapparat von Otto-Ruppert.

oberen Teil des Gefässes auf die zweite mit Kolonnenhauben versehene Platte e und fliesst von hier aus in der bekannten Weise durch entgegengesetzt gestellte Ueberlaufrohre f bis zur unteren Platte g des oberen Apparatenteiles. Durch das Ueberlaufrohr h, welches zum Zwecke leichterer Reinigung nach aussen verlegt ist, tritt das Wasser sodann am Boden in den unteren Apparatenteil. Der letztere ist durch ein eingesetztes cylindrisches Gefäss in zwei Räume geteilt. Das in den inneren Raum eintretende durch h von g abfliessende Ammoniakwasser wird hier mit direkt eingepumpter Kalkmilch zur Befreiung von gebundenem Ammoniak in innige Berührung gebracht und fliesst nach inniger Mischung über den Ueberlauf i auf die oberste Platte k des mit Kolonnenhauben versehenen äusseren Ringcylinders. Auf dieser Platte verteilt sich das Ammoniak-Kalkwassergemisch, und gelangt um den Kalkraum herum durch Ueberläufe auf die nächstfolgende bis zur untersten Platte. Von letzterer fliesst das Wasser, dessen Stand durch ein Wasserstandsglas beobachtet und durch einen Ablasshahn reguliert werden kann, ab. Wie mehrjährige Betriebsresultate auf den verschiedensten Gruben ergeben haben, wird das Ammoniakwasser auf diese Weise völlig von seinem Ammoniakgehalte befreit; da ferner durch die Schlange im äusseren Abwassergefäss das abzutreibende Ammoniakwasser auf eine hohe Temperatur vorgewärmt wird, stellt sich der Dampfverbrauch des Apparates ökonomisch günstig.

Insgesamt sind etwa 18 Otto-Ruppert-Apparate auf den Zechen des Ruhrreviers in Betrieb, so beispielsweise solche mit 30 bezw. 60 cbm Leistungsfähigkeit in 24 Stunden auf Eintracht-Tiefbau und mit 40 bezw. 80 cbm Leistungsfähigkeit auf Constantin IV und Pluto-Thies.

3. Einführung der Kalkmilch in die Abtreibeapparate.

Die Zuführung des Kalks in das Kalkgefäss der Abtreibeapparate geschieht meistens durch eine Handpumpe (Fig. 270a—c), die auf einem neben dem Apparat stehenden Kalkkasten befestigt ist. In gewissen Intervallen (10—15 Minuten) wird nach voraufgegangener Aufrührung die Kalkmilch durch eine bestimmte Anzahl Pumpenschläge eingeführt. Da man aber hierbei mit einer ev. Unachtsamkeit der Arbeiter rechnen muss, so hat man Läutewerke im Apparatenraum angebracht, welche in bestimmten Zeitabschnitten ertönen und die Arbeiter an das Einpumpen der Kalkmilch erinnern.

Weil man aber trotz dieser Einrichtung sich immer noch auf die Zuverlässigkeit des Arbeiters verlassen muss, ist zur Erleichterung der Arbeit in den letzten Jahren das Pumpen von Hand durch maschinellen Antrieb ersetzt worden. Ein unbedingter Verlass auf die regelmässige Einführung des Kalkwassers ist aber selbstverständlich auch hierdurch noch nicht gegeben.

Neuerdings wird nun die in Fig. 271a u. b veranschaulichte Dampfkalkmilchpumpe von der Berlin-Anhaltischen Maschinenbau-Akt.-Ges. in Berlin auf einzelnen Gruben (Constantin, Scharnhorst) aufgestellt, mittels

welcher die Kalkmilch regelmässig und in kurzen Zeitabschnitten den
Abtreibeapparaten zugeführt wird. Die Pumpe hat Kataraktsteuerung und
ist auf einem Kalkkasten aufgestellt, der mit einer von der Pumpe angetriebenen Rührvorrichtung versehen ist. Nach Aufstellung der Pumpe für

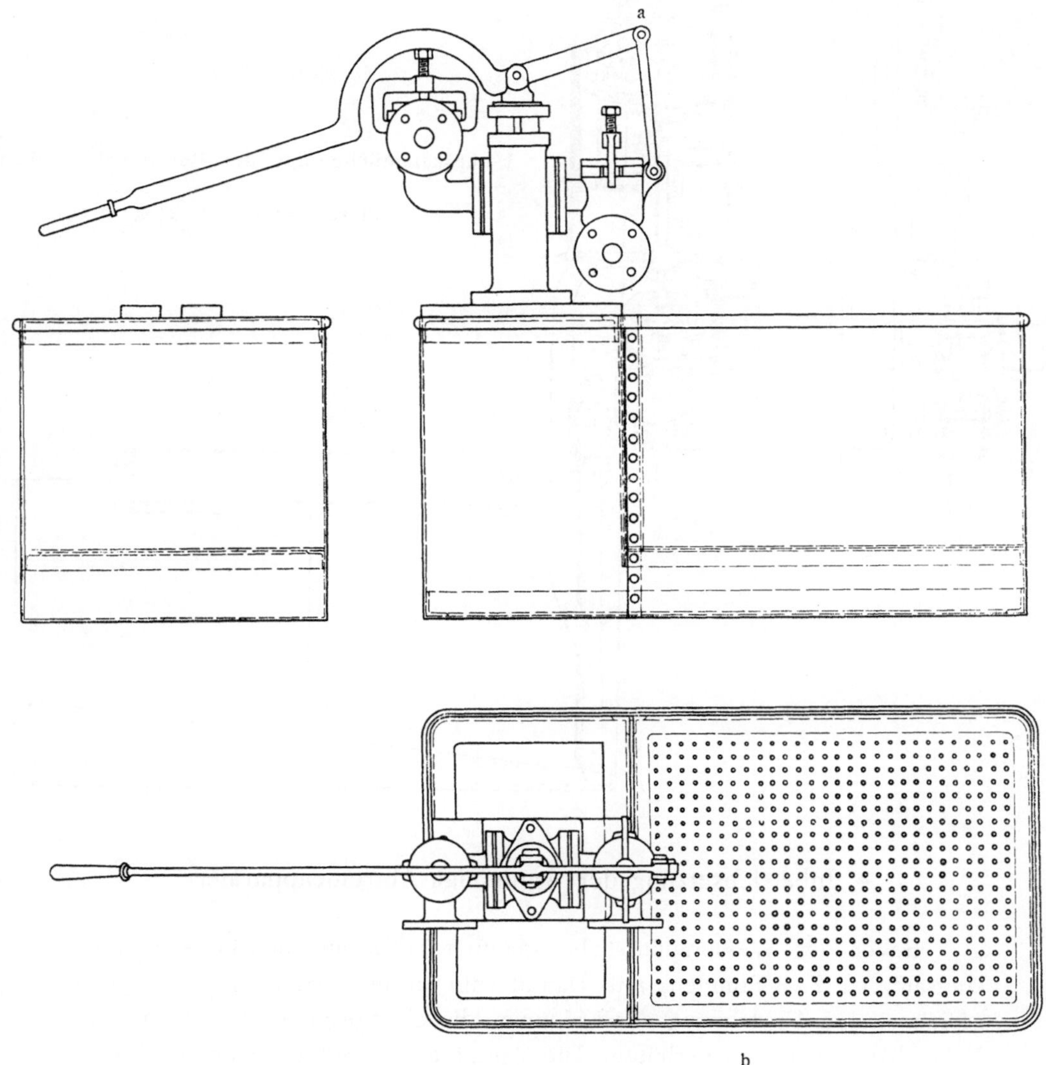

Fig. 270a—c.

Einfach wirkende Kalkmilchpumpe.

einen Abtreibeapparat ist von der Firma Dr. Otto zu dieser Pumpe noch
ein Verteilungsventil entworfen, welches die Zuführung der Kalkmilch nach
mehreren (4) Apparaten durch eine Pumpe gestattet. Die Pumpe hat sich
bis jetzt sehr gut bewährt.

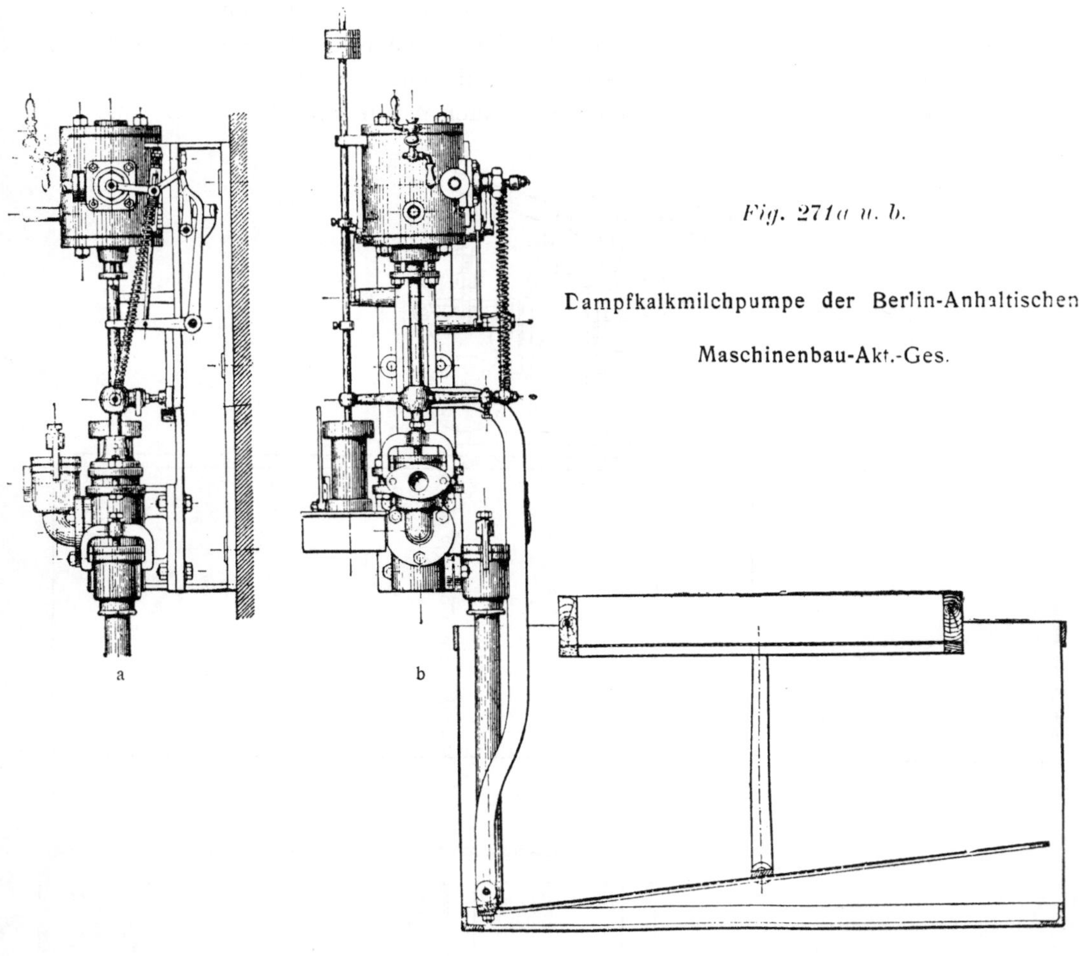

4. Inbetriebsetzung der Ammoniak-Abtreibeapparate.

Bevor der Wasserzuflusshahn geöffnet wird, müssen die Apparate langsam, ca. 2—3 Stunden, mit Dampf angewärmt werden, um eine ungleichmässige Ausdehnung der Kolonnen, die ein Springen derselben zur Folge haben kann, zu verhüten. Die Dampfventile sind nur eben zu öffnen, sodass ein Dampfdruck im Apparat, beziehungsweise am Manometer, nicht erkennbar ist. Allmählich, nachdem die Kolonnen sich mit Niederschlagwasser gefüllt haben, wird das Dampfventil etwas mehr geöffnet. Ist der Dampfdruck im Apparat auf 0,1 bis 0,15 Atm. gestiegen, dann kann die Einstellung des Zuflusses des Ammoniakwassers erfolgen.

Zu gleicher Zeit ist mittels 15—20 Kolbenhüben Kalkmilch zuzupumpen, wobei das abfliessende Wasser auch bei Zusatz von frischer Kalkmilch keinen Ammoniakgeruch mehr haben darf. So lange dies der Fall ist, kann der Kalkverbrauch eingeschränkt werden.

Das den Abtreibeapparat verlassende Gemenge von Gasen und Wasserdampf darf ferner bei gutem Betriebe keinen Ueberschuss an letzterem haben. Dieses wird in der Praxis schnell dadurch festgestellt, dass man die Hand durch das aus einer zu diesem Zwecke angebrachten und verschliessbaren Oeffnung der Rohrleitung entstehende Gemenge führt. Wird die Hand nass, so fliesst entweder dem Apparat zu wenig Wasser zu oder es wird zu viel Dampf gegeben. Endlich ist für einen geregelten Betrieb die Aufstellung einer entsprechend eingerichteten Weckuhr notwendig, durch welche der den Apparat bedienende Arbeiter in regelmässigen Zwischenräumen ($\frac{1}{4}$ Stunde) an das Einpumpen von Kalk erinnert wird.

5. Gewinnung des schwefelsauren Ammoniaks.

Bei der Darstellung von schwefelsaurem Ammoniak werden die im Abtreibeapparat erzeugten Ammoniakdämpfe durch eine Rohrleitung, in welcher ein Wasserabscheider eingeschaltet ist, der etwa mitgerissenes Ammoniakwasser auffängt, in einen mit verdünnter Schwefelsäure gefüllten Sättigungskasten geleitet, wobei sich das schwefelsaure Ammoniak bildet. Der Sättigungskasten besteht aus Holz und ist mit 10 mm starkem Blei ausgelegt. Eine runde Bleiglocke ist darin eingestülpt, stützt sich auf die Kastenwände und trägt in der Mitte ein starkes, unten offenes Einhängerohr aus Hartblei, durch welches die Ammoniakdämpfe oben eingeleitet und gezwungen werden, durch die Schwefelsäure zu streichen. Diese füllt den Sättigungskasten bis zu dreiviertel der Tiefe desselben an.

Die unter der Glocke sich entwickelnden Gase, hauptsächlich Schwefelwasserstoff und Wasserdampf, steigen durch ein Rohr in ein oberhalb der Glocke befindliches Bleigefäss, welches wechselständig derartig mit Scheidewänden versehen ist, dass durch diese Scheidewände die mitgerissenen Säureteilchen zurückgehalten werden. Letztere fliessen in den Sättigungskasten zurück, während die schwefelwasserstoffhaltigen Abdämpfe in den Heizgasgasometer abgeleitet und in den Heizkanälen der Koksöfen zur Verbrennung gebracht werden.

Unter der Bleiglocke im Sättigungskasten bildet sich das schwefelsaure Ammoniak; es wird mittels einer hölzernen Krücke nach vorn in den Kasten gezogen und mit einem kupfernen Seiher ausgeschöpft.

Das Neutralwerden des Säurebades ist mit Hilfe von Lackmuspapier leicht festzustellen, wird aber meistens an der orangegelben Färbung, welche die Flüssigkeit im Kasten annimmt, erkannt.

Hält die Sättigung zu lange an, nimmt also die Lauge kein Ammoniak mehr auf, so macht sich dies durch üblen Geruch bemerkbar. Das aus-

geschöpfte schwefelsaure Ammoniak lässt man auf einer verbleiten Abtropfbühne abtrocknen, fängt die ablaufende Mutterlauge in einem verbleiten
Laugenkasten auf und füllt sie zurück in den Sättigungskasten, wo sie zum
Verdünnen der Säure dient. Diese hat zweckmässig beim Beginn der jedesmaligen Abkochung eine Stärke von 42 bis 45° Beaumé. Der durch Luftdruck aus dem Vorratsbehälter in den Sättigungskasten gepumpten

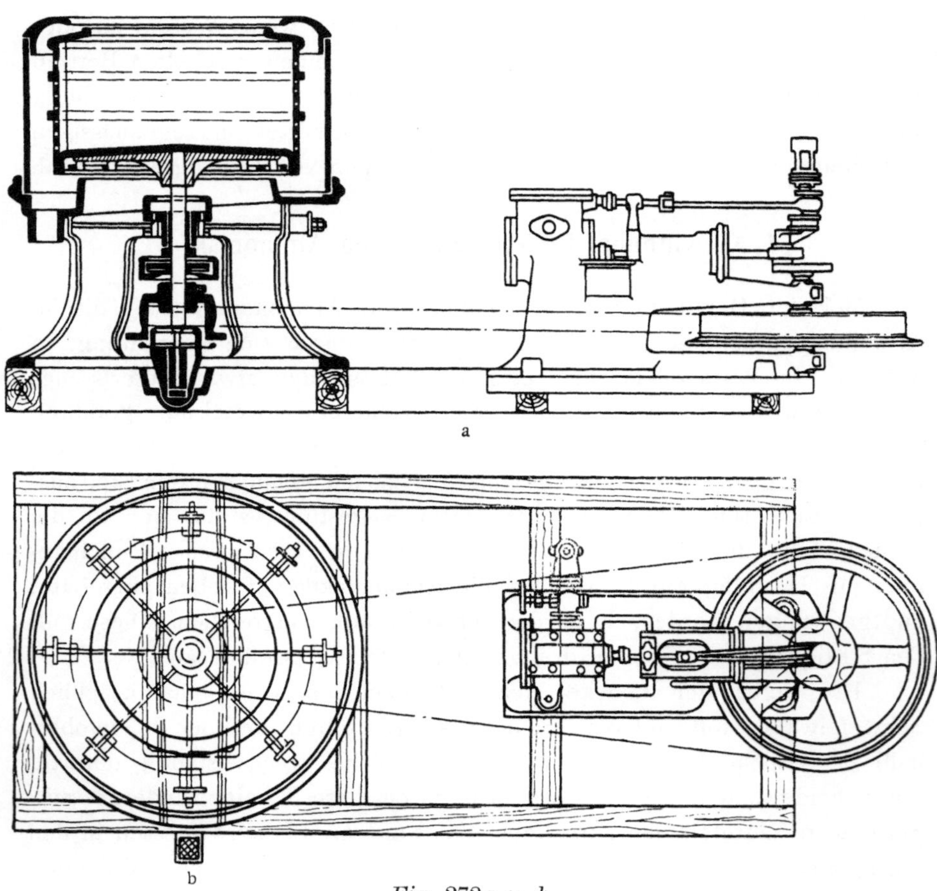

Fig. 272a u. b.

Centrifuge mit Stahlkessel.

Schwefelsäure von 60° B. setzt man Mutterlauge und Wasser zu, bis das
Gemisch eine Stärke von 42 bis 45° B. erreicht hat.

Das schwefelsaure Ammoniak darf als Handelsware nur etwa 1 $^0/_0$
freie Schwefelsäure und nicht über 3 $^0/_0$ Feuchtigkeit enthalten. Deshalb
wird dasselbe zum weiteren Trocknen entweder von der Abtropfbühne
direkt in einen verbleiten, gut geheizten Lagerraum gebracht oder noch
besser mit Hilfe von Centrifugen trocken geschleudert. Nachdem die

Lauge auf der Abtropfbühne sich zum grössten Teil abgeschieden hat, was nach $1/_2$ bis $3/_4$ Stunde nach dem Ausschöpfen des Salzes der Fall ist, wird das Salz in die Trommel der Centrifuge geschaufelt und diese in schnell drehende Bewegung gesetzt. Nach nur wenige Minuten dauerndem Betrieb ist die Lauge abgelaufen und das fast trockene Salz kann nach dem Lager gebracht werden.

Die Centrifugen (Fig. 272—274) werden den jedesmaligen örtlichen Verhältnissen entsprechend entweder durch eine kleine, auf dem Fundament-

Fig. 273.

Centrifuge mit Selbstentleerung nach unten. (Gebr. Heine, Viersen.)

rahmen der Centrifuge liegende Dampfmaschine mit wagerecht angeordnetem Schwungrad mittels Treibriemen oder auch durch einen Elektromotor angetrieben. Sie bestehen in der Hauptsache aus einem gusseisernen Untergestell, einem schmiedeeisernen Panzermantel und der eigentlichen Centrifugentrommel von 850 oder 1000 mm Durchmesser. Letztere ist aus starkem Stahlblech hergestellt und mit einer sicher wirkenden Reguliervorrichtung zur Wiederherstellung des Gleichgewichts bei ungleichmässiger Beschickung der Trommel versehen. Zum Auffangen und Ableiten der ausgeschleuderten Lauge sind an das Untergestell Sammel-

rinnen und Abflussstutzen angegossen, welche ebenso, wie auch der Panzermantel zur Verhütung von Anfressungen durch die ablaufende Schwefelsäure
mit Bleiblech ausgeschlagen sind.

Die Entleerung des geschleuderten schwefelsauren Ammoniaks erfolgt
entweder von oben mit der Hand (Fig. 272 a u. b) oder nahezu selbstthätig nach
unten. Im letzteren Falle (Fig. 273 u. 274) hat der Trommelboden mehrere
grosse Oeffnungen a, durch welche die getrockneten Salze über eine ge-

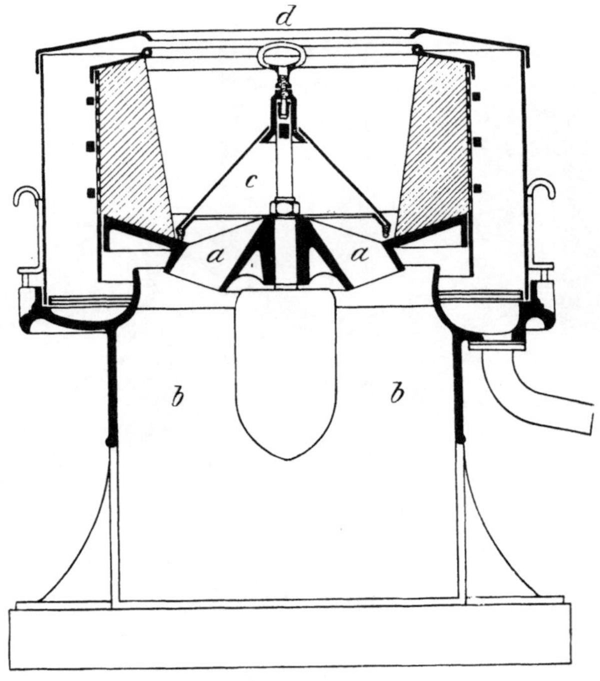

Fig. 274.

Centrifuge mit selbstthätiger Entleerung nach unten.

neigte Ebene nach unten in die Geräte zum Fortschaffen gleiten. Die
Trommelöffnungen sind während des Füllens durch eine Blechhaube c ver-
deckt. Letztere besitzt an ihrem unteren Rande einen Dichtungsring und
verschliesst, durch eine kleine Drehung des Griffes d fest gegen den
Trommelboden gedrückt, die Oeffnungen vollständig. Beim Entleeren,
welches besonders bequem und schnell von statten geht, löst man durch
eine kleine Drehung an dem Griffe d die Haube, und nimmt sie aus der
Trommel heraus, sodass die Ammoniakkrystalle über den Trommelboden
nach unten fallen.

IV. Herstellung von verdichtetem Ammoniakwasser.

Fast alle Gruben des Ruhrbezirks mit Nebenproduktengewinnung verarbeiten das bei dieser resultierende Ammoniakwasser auf schwefelsaures Ammoniak und nur ganz vereinzelt, wie auf Amalia bei Langendreer, wird dasselbe zu starkem Ammoniakwasser angereichert.

Dieses verdichtete Ammoniakwasser wird in der Weise hergestellt, dass das den Abtreibeapparat verlassende Gemisch von Ammoniak und Wasserdampf in einem Kühler gekühlt wird und das Ammoniak sich in dem niederschlagenden Wasser löst. Zur Regelung der Menge der übertretenden Wasserdämpfe ist auf dem Abtreibeapparat ein Rückflusskühler angeordnet, welcher je nach der Menge des durchfliessenden Kühlwassers mehr oder weniger Dämpfe zu Wasser verdichtet, welches wieder in den Abtreibeapparat zurückfliesst.

Da aber auch die Kohlensäure mit übertritt, so verbindet sich diese bei zunehmender Abkühlung wieder mit dem Ammoniak zu kohlensaurem und doppeltkohlensaurem Ammoniak, welches sich in Form von Krystallen ausscheidet und durch Verstopfung der Apparate, besonders im Winter, die Arbeit stört.

Um dies zu verhüten, werden die den Antreibeapparat verlassenden Gase durch einen Kohlensäurewäscher geleitet, in welchem sie auf Schlangenwegen durch Kalkmilch streichen.

Der abgestumpfte Kalk fliesst nach dem Abtreibeapparat zurück, in welchem das etwa vom Kalk aufgenommene Ammoniak wieder abgetrieben wird. Das den Kohlensäurewäscher verlassende, kohlensäurearme Gasgemenge gelangt nun in den Kühler, wo die oben erwähnte Lösung des Ammoniaks ohne Störung erfolgt.

Das den Kühlkessel verlassende, verdichtete Ammoniakwasser wird in einem Sammelgefäss zum späteren Versand aufgespeichert. Der Gehalt des Wassers an NH_3 beträgt 17—19 %.

3. Kapitel: Benzolgewinnung.

I. Geschichtliches und Statistisches.

Auf die junge Industrie der Verkokung in Destillationsöfen war die Einführung der Benzolgewinnung von grossem Einfluss. Diese Fabrikation wurde überhaupt zuerst in Deutschland und zwar im Ruhrrevier von Franz Brunck in Dortmund nach langen, mit grosser Energie und hohen Kosten verbundenen Versuchen in der ersten Hälfte des Jahres 1887 auf der Zeche Kaiserstuhl der Gewerkschaft Ver. Westfalia bei Dortmund aufgenommen. Eine photographische Ansicht dieser ersten Benzolgewinnungsanlage ist in Fig. 275 wiedergegeben.

Bei den damaligen hohen Benzolpreisen (65—70 M. pro 100 kg) belief sich das Erträgnis aus diesem neuen Fabrikationszweige ebenso hoch, als bei der bisherigen Gewinnung von Teer und Ammoniaksulfat zusammen

Fig. 275.

Älteste Benzolgewinnungsanlage »System Brunck« auf Schacht Kaiserstuhl I
der Gewerkschaft ver. Westfalia bei Dortmund. Erbaut 1887.

(vergl. die Tabellen 47 u. 48 über Ausbringen und Durchschnittspreise der Nebenprodukte). Die Rentabilität der Anlagen wurde also hierdurch sehr wesentlich gesteigert, und es entstanden daher in den folgenden Jahren insbesondere auf den von Dr. Otto & Co. errichteten Zechenkokereien mit Gewinnung der Nebenprodukte eine Reihe von Benzolfabriken Brunckschen Systems, nämlich auf den Gruben Amalia (1889), Germania II, Friedrich der Grosse, Julia und Recklinghausen II (1890).

Zu gleicher Zeit etwa wie Franz Brunck nahm die Aktiengesellschaft für Kohlendestillation in Bulmke bei Gelsenkirchen Versuche vor, aus den bei der Koksdarstellung mit Gewinnung von Nebenprodukten erzeugten Gasen das darin enthaltene Benzol zu gewinnen. Die Versuche gingen

von Anfang 1887 bis gegen Mitte 1888, um unter Leitung des Gesellschaftsdirektors A. Hüssener und mit Hülfe des Betriebsingenieurs der »Kohlendestillation« L. Holbeck, des ersten Chemikers derselben Dr. R. Rempel
und des Direktors J. Durchának in Mülheim a./Rh. und zwar seitens des
letzteren insoweit, um festzustellen, ob aus den durch Waschung der
Kohlendestillationsgase in Bulmke mittels Teeröls gewonnenen Kohlenwasserstoffen marktfähiges Benzol hergestellt werden könne.

Die Formen der in Bulmke gebrauchten Versuchsapparate wurden
nach Beendigung der Versuche im Verhältnisse zu den aus 100 Koksöfen
erzeugten Gasen zwecks Auswaschung der gesamten Gase mittels Teeröl
vergrössert, während die Apparate zur Abdestillierung der von den Teerölen absorbierten Kohlenwasserstoffe von Seiten des genannten Direktors
Durchának konstruiert wurden.

Die Benzolgewinnungsanlage in Bulmke kam im Sommer 1889 in
Betrieb.

Der in demselben Jahre erzielte Durchschnittspreis für Benzol in Höhe
von 70,00 M. pro 100 kg sank wegen der plötzlichen grossen Ueberproduktion in den folgenden Jahren stetig und betrug im Jahre 1895 nur noch
25,00 M. (vergl. Tabelle 49 und graphische Darstellung S. 299). Dass
unter diesen Umständen vom Jahre 1890 ab bis 1896 nicht an die Errichtung
neuer Benzolfabriken gedacht wurde, ist erklärlich. Als aber 1895 sich ein
rasches Anziehen der Benzolpreise bemerkbar machte und sich der Preis
im Jahre 1896 derart steigerte, dass sogar ein Durchschnittspreis von 74,40 M.
pro 100 kg erzielt wurde, machte sich auch wiederum ein äusserst lebhaftes
Interesse für die Benzolfabrikation aus Koksofengasen bemerkbar. Letzteres bekundete sich in der Errichtung von insgesamt 12 neuen Benzolgewinnungsanlagen in den Jahren 1896/97.

Für diese günstige Entwickelung waren ausserdem mitbestimmend

1. die Einführung der maschinellen Kühlung der Waschöle durch
   Hüssener behufs Erzielung grösseren Ausbringens und

2. die Einführung des kontinuierlichen Betriebes durch Brunck an
   Stelle des bisher üblichen, diskontinuierlichen Verfahrens von Brunck
   und Hüssener.

Auf der Kohlendestillation zu Bulmke war nämlich bis zum Jahre 1894
das Ausbringen an Benzol, bezw. die Auswaschung der Koksofengase je
nach der Aussentemperatur eine sehr schwankende. Von den in den
Gasen enthaltenen, gewinnbaren Kohlenwasserstoffen wurden in den
kalten Wintermonaten etwa 75 % und in den Sommermonaten 60—63 %
von den waschenden Teerölen absorbiert. Versuche hatten festgestellt,
dass bei Anwendung an Oelen mit einer Temperatur von 0 bis 2 ° C. die
Auswaschung der Kohlenwasserstoffe aus den Gasen eine fast vollständige

war. Es wurde daher im Jahre 1894 die maschinelle Kühlung der waschenden Oele mittels einer Kühlmaschinenanlage nach System Linde auf der Kohlendestillation zu Bulmke eingeführt. Diese verbesserte, in Bulmke als bewährt befundene Benzolgewinnungsanlage wurde im Jahre 1896 von den Vertretern der Zechen Anna des Kölner Bergwerksvereins, Prosper I der Arenbergschen Aktiengesellschaft und Victor der Gewerkschaft Victor auf den ihnen unterstellten Gruben eingeführt. Eine eigentliche Benzolgewinnung findet jedoch bis jetzt auf diesen Anlagen nicht statt. Die Fabrikation wird nur so weit getrieben, dass die von den waschenden Teerölen aus den Gasen aufgenommenen Kohlenwasserstoffe durch Destillation von ersteren wieder abgetrieben und in Form von Leichtöl aufgefangen werden, wodurch die Teeröle hinwiederum regeneriert und zu neuer Waschung befähigt werden. Das Leichtöl (Benzol und seine Homologen) wird an die Kohlendestillation in Bulmke versandt und dort einer weiteren, fraktionierten Destillation unterworfen.

Die bis zu diesem Zeitpunkte errichteten Benzolgewinnungsanlagen arbeiteten sämtlich nach dem diskontinuierlichen Verfahren. Eine merkbare Umwälzung in der Benzolgewinnung aus Koksofengasen wurde daher durch Einführung des wesentlich einfacheren und billigeren kontinuierlichen Betriebes herbeigeführt. Die Vorteile dieses Verfahrens waren so augenscheinlich, dass sämtliche seit dem Jahre 1897 erbauten Benzolfabriken nur auf kontinuierlichen Betrieb eingerichtet worden sind.

Während jedoch Brunck bei dem Uebergange zum kontinuierlichen Betriebe nur in diesem Punkte Aenderungen an dem Benzolgewinnungsverfahren vornahm und im übrigen die von ihm bis dahin angewandten Betriebseinrichtungen möglichst unverändert liess, traten in den Jahren 1897 und 1898 andere Konstrukteure von Benzolgewinnungsanlagen, nämlich Hirzel und Still, auf, welche die bewährten Prinzipien des Brunckschen Systems unter glücklicher Abänderung der Apparatur und Leitung der Gase und Oele sehr vereinfachten und verbesserten.

Infolgedessen verdrängten seit dem Jahre 1897 einerseits diese neuen Gewinnungsmethoden die ältere Brancksche, andererseits waren sie bei ihrer billigen Arbeitsweise die Veranlassung, dass auch noch in den folgenden Jahren 1898—1900 bei stets sinkenden Benzolpreisen insgesamt 6 neue Benzolfabriken erbaut wurden (s. Tab. 46).

Demgemäss waren Ende 1900 im ganzen 24 Benzolfabriken auf den Zechen des Ruhrreviers vorhanden. Von diesen arbeiteten 4 mit intermittierendem und 3 mit kontinuierlichem Betriebe nach System Brunck, 3 nach dem System Hüssener, 9 nach dem System Hirzel und 3 nach dem System Still; je eine Brancksche und Hirzelsche Benzolfabrik wurde nach dem System Still umgebaut.

Benzolfabriken auf den Steinkohlenzechen des Ruhrreviers.

Tabelle 48.

Name der Zeche	Jahr der Erbauung	System				Angeschlossene Oefen	
		Brunck disk. Verfahren	Hüssener	Hirzel	Still	Zahl	System
Kaiserstuhl I	1887	1	—	—	—	68	62 Otto-Hoffmann und 6 Brunck
Amalia	1889	1	—	—	—	60	Otto-Hoffmann
Germania II	1890	1*)	—	—	—	60	» »
Friedrich der Grosse . . .	1890	1*)	—	—	—	60	» »
Julia	1890	1	—	—	—	60	» »
Recklinghausen II	1890	1	—	—	—	60	» »
Viktor	1896	—	1	—	—	60	Collin
Prosper	1896	—	1	—	—	60	»
Kölner Bergw.-Verein (Anna)		—	1	—	—	90	60 Ruppert u. 30 Hüssener
Shamrock III/IV	1897	Brunck, kontinuierl. Verf. 1	—	—	—	60	Otto-Hoffmann
Alma	1897	1	—	—	—	60	Brunck
Holland III/IV	1897	—	—	1	—	60	Otto-Hoffmann
Deutscher Kaiser	1897	—	—	1	—	(240?)	Brunck u. Dr. Otto-Unterfeuerungsöfen
Erin	1897	—	—	1**)	—	80	Dr. Otto Unterfeuerungsöf.
Hansa	1897	—	—	1	—	60	Collin
Neu-Iserlohn I	1897	—	—	1	—	60	Otto-Hoffmann
Prinz-Regent	1897	—	—	1	—	60	» »
Constantin der Grosse III .	1897	—	—	1	—	60	» »
Dannenbaum I	1898	—	—	1	—	80	Dr. Otto Unterfeuerungsöf.
Pluto, Wilhelm	1898	—	—	1	—	60	» » »
Centrum I/III	1898	1	—	—	—	60	Otto-Hoffmann
König Ludwig	1898	—	—	—	1	60	Dr. Otto Unterfeuerungsöf.
Constantin der Grosse IV .	1899	—	—	1	—	60	» » »
Lothringen	1900	—	—	—	1	60	» » »
Summe . . .		9 (—2)	3	(10−1)	2 (+3)	1698(?)	

Insgesamt 24

*) Umgebaut nach System Still.

**) Im Umbau begriffen nach System Still

Auf den einzelnen Schachtanlagen der Zechen des Ruhrreviers sind insgesamt 103 Verkokungsanstalten vorhanden; unter diesen befinden sich 41 Kokereien mit Gewinnung der Nebenprodukte und unter den letzteren wiederum 24, welche ausser Teer und Ammoniak auch noch die in den Destillationsgasen enthaltenen, leichten Kohlenwasserstoffe gewinnen. Diese 24 Benzolfabriken sind insgesamt an rund 1700 Koksöfen verschiedensten Systems (Tabelle 48) angeschlossen. Das Ausbringen an Benzol aus zusammen 940 Oefen betrug im Jahre 1900 durchschnittlich pro Tonne eingesetzter Kohle 4 kg und dasjenige an Toluol und höher siedenden Kohlenwasserstoffen 0,9 kg. Demgemäss können mit den oben genannten 1700 Koksöfen unter Zugrundelegung des früher angegebenen Durchschnittssatzes von 1700 t Kohleneinsatz pro Destillationsofen und Jahr $1700 \times 1700 \times 4 = 11\,560$ t Benzol und $1700 \times 1700 \times 0,9 = 2600$ t Toluol und höher siedende Kohlenwasserstoffe pro Jahr gewonnen werden. Pro Ofen und Jahr sind also bei regelrechtem Betriebe 6,7 t Benzol und 1,5 t Toluol usw. zu gewinnen. Die Erzeugung bleibt aber hinter diesen Zahlen zurück, da nach dem jeweiligen Preise und den Absatzverhältnissen der Betrieb auf den Benzolfabriken häufig während ein oder mehrerer Monate im Jahr ruht. Die jährliche Gesamtproduktion der einzelnen Benzolfabriken hat nicht festgestellt werden können. Nach Angabe der Westdeutschen Benzolverkaufsvereinigung stellte sich die Erzeugung an Benzol auf den Zechen und Privatkokereien des Ruhrbezirks auf insgesamt 8000 t im Jahre 1899 und auf 12 000 t im Jahre 1900.

Der Durchschnittspreis für 100 kg Benzol in den einzelnen Jahren seit 1885 ist aus Tabelle 49, desgl. aus der graphischen Darstellung S. 299 ersichtlich.

Durchschnittspreise der Nebenprodukte in Mark pro 100 kg.

Tabelle 49.

Jahr	Teer	Schwefelsaures Ammoniak	Benzol	Jahr	Teer	Schwefelsaures Ammoniak	Benzol
1885	4,50	24,00	75,00	1893	2,90	20,00	39,00
1886	2,50	23,00	40,00	1894	2,70	27,00	31,00
1887	1,50	23,20	65,00	1895	2,70	19,80	25,00
1888	2,10	24,00	65,00	1896	2,10	16,20	74,40
1889	3,50	24,00	70,00	1897	1,90	16,00	53,00
1890	3,60	24,00	63,00	1898	1,50	19,20	23,50
1891	3,90	23,00	63,00	1899	2,00	22,40	17,10
1892	3,90	22,00	45,00	1900	2,20	22,20	18,70

Die Ausgaben für 100 kg Benzol an Löhnen, Materialien, Ersatzteilen und Unterhaltungskosten sind von 7 Anlagen, deren Betriebsergebnisse mitgeteilt waren, im einzelnen sowie im Durchschnitt in
Tabelle 50 angegeben. Bei der Berechnung ist jedesmal das durchschnittliche Ausbringen eines Destillationskoksofens an Koks mit 1260 t
und an Benzol, Toluol usw. mit 8,2 t für das Jahr zu Grunde gelegt
worden. Bei der Verschiedenheit der Zahlenergebnisse ist zu bedenken,
dass ältere und neuere Benzolfabriken gleichmässig berücksichtigt sind;
auch ist noch hervorzuheben, dass die nach dem Hüssener-System arbeitenden Benzolfabriken nur das Leichtöl gewinnen und die fraktionierte
Destillation dieses Leichtöls nicht auf den betreffenden Zechen vorgenommen wird. Trotzdem dürften die aus allen verwerteten Angaben
schliesslich gezogenen Durchschnittszahlen einen genügenden Anspruch auf
Richtigkeit und Genauigkeit haben. Darnach stellten sich also im Jahre
1900 die Ausgaben für 100 kg Benzol an Löhnen auf 1,91 M. und an Materialien, Ersatzteilen und Unterhaltungskosten auf 4,91 M., insgesamt also
auf 6,82 M.

Die Kosten einer Benzolfabrik, an welche 60 Oefen angeschlossen
werden sollen, betragen bei allen Systemen je nach Terrainschwierig-
keiten, Fundamenten usw. gleichmässig 100—120 000 M. und belaufen sich
also im Durchschnitt auf 110 000 M. (ohne die von Hüssener vorgesehene
Kühlanlage).

Rechnet man für Verzinsung und Amortisation den üblichen Satz von
10 $^0/_0$ = 11 000 M. = 2,20 M. für 100 kg erzeugten Benzols, so werden die
Fabrikationskosten nach der Uebersicht sich auf 19,85 M., bezw. 21,37 M.
bezw. 13,82 M., bezw. 6,59 M. oder im Durchschnitt auf 9,00 M. für 100 kg
Benzol stellen*).

II. Eigenschaften und Verwendung des Benzols.

Das Benzol (C_6H_6) gelangt meistens als sog. 90prozentiges, seltener
als 50- oder 30prozentiges Benzol in den Handel. Die in diesen einzelnen Handelsbenzolen enthaltenen Bestandteile sind in Tabelle 51 angegeben.

*) Nicht in Ansatz gebracht sind bei der Berechnung die Kosten für den
Dampfverbrauch. Zur Herstellung der für eine Benzolgewinnungsanlage nötigen
Dampfmenge dürften 1—2 Kessel von zusammen 150—200 qm Heizfläche aus-
reichen.

Durchschnittsausgaben auf den verschiedenen Destil-

1	2	3			
	Anzahl	Ausgaben für Löhne			
Ofensystem (Benzolfabrik)	der berücksichtigten Zechen mit Benzolfabrik	a pro Tonne Koks in M.	b demnach pro 100 kg fertigen Benzols usw. in M.*)	c pro Ofen im Jahr 1900 in M.	d demnach pro 100 kg fertigen Benzols usw. in M. **)
Otto Hoffmann . . . . . . (Brunck, kont. Verf.)	2	0,10	1,53	146,43	1,80
Dr. Otto Unterf.-Oefen . . . (Hirzel und Still)	2	0,11	1,70	178,33	2,17
Brunck	—	—	—	—	—
Hüssener . . . . (Hüssener)	1	0,105	1,61	338,66	4,13
Collin . . . . (Hüssener)	2	0,11	1,70	133,30	1,63
Im Durchschnitt . . .			1,64		2,19

Gesamtdurchschnitt der Löhne 1,91 M.

*) Berechnet auf ein Koksausbringen von 1260 t und ein Benzol-Toluolausbringen von 8,2 t pro

**) Berechnet auf ein Benzol-Toluolausbringen von 8,2 t pro Ofen und Jahr.

Tabelle 51.

Es enthält:	Benzol %	Toluol %	Xylol %
90 % Benzol . .	75	24	1
50 % Benzol . .	50	40	10
30 % Benzol . .	10	60	30

In Tabelle 52 ist das spezifische Gewicht der einzelnen Benzolarten und die Temperatur, bei welcher dieselben gewonnen werden, näher angegeben.

lationskokereien bei der Benzolgewinnung pro 1900.

Tabelle 50.

| 4 | | | | 5 | | |
| Ausgaben für Materialien, Ersatzteile und Unterhaltungskosten | | | | Demnach Gesamtkosten | | |
a pro Tonne Koks M.	b demnach pro 100 kg fertigen Benzols usw. M.*)	c pro Ofen im Jahre 1900 M.	d demnach pro 100 kg fertigen Benzols im Jahr M.**)	 pro Tonne Koks M.	 pro Ofen M.	Ins-gesamt M.
0,39	6,00	682,48	8,32	7,53	10,12	17,65
0,46	7,00	679,71	8,30	8,70	10,47	19,17
—	—	—	—	—	—	—
0,11	1,70	342,66	4,18	3,31	8,31	11,62
0,06	0,92	69,88	0,85	2,62	1,77	4,39
	4,22		5,59	5,86	7,78	6,82

der Materialien 4,91 M.

Ofen und Jahr.

Tabelle 52.

Es ergeben bei :	C 100 ° %/0	C 120 ° %/0	C 130 ° %/0	C 160 ° °/0	Vom spez. Gewicht (15 ° C)
90 %/0 Benzol . .	90	100	—	—	0,885
50 °/0 Benzol . .	50	90	—	—	0,880
30 °/0 Benzol . .	30	90	—	—	0,875
Schwerbenzol . .	—	—	20	90	0,875

Das Benzol findet hauptsächlich Verwendung in der Farbenindustrie, bei der Zubereitung von Sprengstoffen (Nitrobenzol), zur Aufbesserung der Leuchtkraft des Wassergases (Mischgas) und Steinkohlen-Leuchtgases, end- lich zur Anreicherung geringwertiger, brennbarer Gase mit Kohlenstoff behufs Russgewinnung.

36*

III. Gewinnung des Benzols.

1. Entstehung und Prinzip der Gewinnung.

Das Benzol entsteht nach Lunge einerseits durch Synthese (Kondensation) aus dem Acetylen und anderen fetten Körpern von einfacher Molekularkonstitution, andererseits durch Zerfallen von komplizierter zusammengesetzten Verbindungen, sowohl der fetten, als der aromatischen Klasse und zwar in beiden Fällen durch die Einwirkung starker Hitze.

Diese für die Bildung des Benzols erforderlichen Bedingungen sind sämtlich in hervorragendem Masse bei der Verkokung von Steinkohlen in Destillationsöfen vorhanden. Bei der Kondensation der Gase aus diesen Oefen schlägt sich ein Teil des Benzols an Teer gebunden mit letzterem nieder; ein anderer Teil bleibt im Gase suspendiert und kann für sich durch Waschung mit Teerölen gewonnen werden. Erfahrungsgemäss hat man nun festgestellt, dass bei grösserem Heissgang der Oefen behufs Vermehrung der Koksproduktion, der sich bildende Teer mehr Benzol enthält, als bei niedriger Temperatur und langsamerer Garungszeit der Oefen. Demzufolge empfiehlt es sich in Bezug auf die Benzolausbeute, dass auf den mit besonderen Benzolgewinnungsanlagen ausgerüsteten Destillationskokereien der Destillationsprozess im Koksofen nicht zu sehr beschleunigt wird.

Abgesehen von der Verkokungstemperatur hängt die Bildung des Benzols bezw. die Ausbeute desselben noch von der Beschaffenheit der Kohlen, der Dichtigkeit der Oefen usw. ab. Unter Berücksichtigung dieser Umstände ist auch nur die Angabe eines Durchschnittsausbringens, wie sie oben zu 4 kg Benzol und 0,9 kg Toluol usw. für die Tonne eingesetzter Kohle bezw. zu 6,7 t Benzol und 1,5 t Toluol usw. pro Ofen und Jahr erfolgt ist, möglich. Das Prinzip der Gewinnung des Benzols gipfelt darin, dass die von Teer und Ammoniak befreiten Koksofengase mit sogenanntem Waschöl, d. h. mit höher siedenden (etwa 250—300° C) Steinkohlenteerölen in möglichst innige Berührung gebracht werden. Die Waschung vollzieht sich entweder in 2 oder 3 besonders konstruierten Waschapparaten oder meistens in 3 grossen Rieseltürmen unter Anwendung des Gegenstromprinzips. Um das Benzol möglichst vollständig dem Gase zu entziehen, muss letzteres sowohl, wie auch das Waschöl gut abgekühlt zur Verwendung gelangen. Das mit Benzol angereicherte Waschöl wird sodann in Blasen entweder intermittierend (Brunck und Hüssener) oder kontinuierlich abgetrieben und das Oel zur Waschung zurückgegeben.

2. Regenerierung des Waschöls.

Das Waschöl, welches zum Auswaschen der Benzole verwandt wird, reichert sich während des Betriebes nach und nach mit Teerbestandteilen

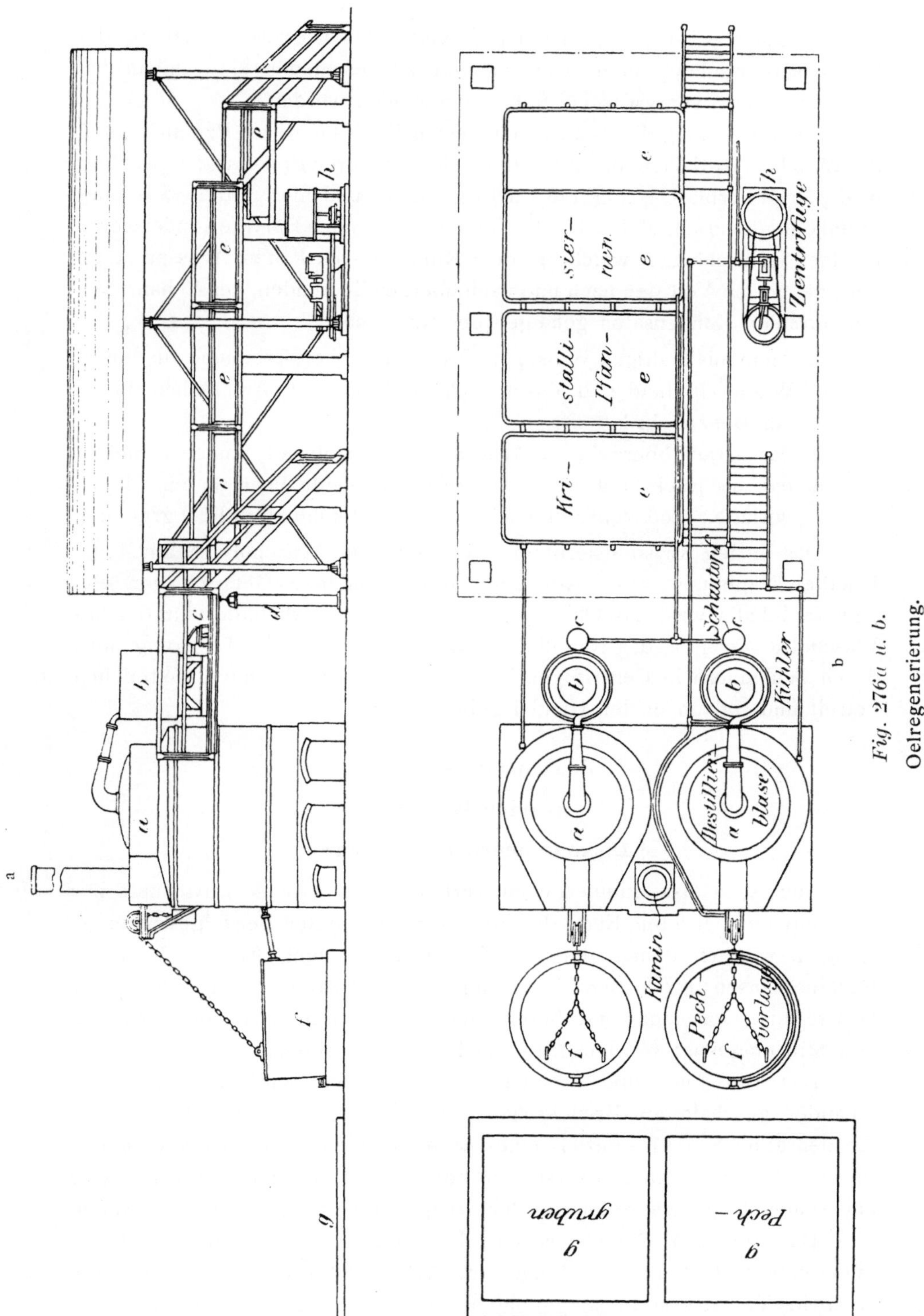

Fig. 276a u. b. Oelregenerierung.

an, die aus dem Gase je nach der Güte der Teerausscheider in der Kondensationsanlage mehr oder weniger ausgeschieden sind und in den Benzolwaschern vom Waschöl mit aufgenommen werden.

Zur Entfernung dieses aufgenommenen Teers bezw. zur Regenerierung des Waschöls wird dasselbe unter Zusatz eines weiteren Prozentsatzes Rohteer in die Destillierblase a (Fig. 276 a u. b) gebracht und hier mittels Gas- oder Steinkohlenfeuerung abdestilliert. Die entweichenden Dämpfe kondensieren in einer Kühlschlange, welche in dem. Kühler b von kaltem Wasser stetig umspült wird. Von den nach und nach überdestillierenden, den Schautopf c passierenden Kondensaten gelangen der Reihe nach

1. Ammoniakhaltiges Wasser und Leichtöl nach Trennung in einem Wasserabscheider d durch Rohrleitungen zur Ammoniak- bezw. zur Benzolfabrik,

2. das darauf übergehende Waschöl in Krystallisierpfannen e und

3. das als Rückstand in der Blase b bleibende Pech in eine Pechvorlage f und von hier nach erfolgter Abkühlung in Pechgruben g.

Das in den Krystallisierpfannen e befindliche Waschöl scheidet beim Erkalten Naphthalin aus. Aus dem so entstandenen Gemisch von Oel und Naphthalin wird das Oel unmittelbar in die Lagerbehälter für frisches Waschöl abgezogen, das Naphthalin dagegen wird vor der Lagerung noch durch Schleudern in Centrifugen h von den ihm anhaftenden Oelteilchen befreit und sodann in den Handel gebracht.

3. Benzolgewinnung.

a) nach Brunck.

α) Diskontinuierliches Verfahren.

Nach dem diskontinuierlichen Verfahren von Brunck wird heute nur noch auf einigen alten, Ende der 80er Jahre errichteten Benzolgewinnungsanlagen, nämlich denjenigen der Zechen Kaiserstuhl, Amalia, Julia und Recklinghausen II das Benzol gewonnen; die Anlagen auf Friedrich der Grosse und Germania sind bereits nach dem kontinuierlichen Verfahren von Still umgebaut worden bezw. im Neubau begriffen.

Das von Teer und Ammoniak befreite Gas wird in zwei hinter einander geschalteten Brunckschen Etagenwaschern (vergl. Brancksche Kondensation S. 511 ff.) mittels eines hochsiedenden Waschöls von seinen leichtflüchtigen Kohlenwasserstoffen befreit, sodann in einem Gasometer angesammelt und weiterhin zur Beheizung der Destillationsöfen verwandt.

Das von den Etagenwaschern kommende, mit Kohlenwasserstoffen angereicherte Oel, dessen Menge pro Arbeitstag etwa 60 cbm beträgt, wird in Vorratskesseln aufgefangen und von dort je nach Bedarf in Destillierblasen behufs Abtreibens des Benzols gepumpt.

Die Destillierblasen haben einen Durchmesser von 2,5 m und eine
Länge von 4,2 m; ihr Fassungsraum beträgt etwa 20 000 l. Der Inhalt der
Blasen wird teils direkt mittels Dampf, teils indirekt mittels Dampfschlangen erhitzt. Im ganzen stehen immer 4 derartige Destillierblasen
für einen dreimaligen, fraktionierten Abtrieb in Gebrauch. Für den ersten
Abtrieb des Oels dienen 2 Blasen, in welchen für den Arbeitstag 4 Abtriebe, jedesmal zu 14—15 cbm, vorgenommen werden.

Das flüchtige Produkt dieser Abtriebe, welches etwa 30—40 $^0/_0$ leichte
Kohlenwasserstoffe enthält, wird in hinter den Blasen stehenden Kühlern
kondensiert und in einem besonderen Lagerkessel von 1,8 m Durchmesser,
5,8 m Länge und 14,7 cbm Inhalt gesammelt. Von hier aus gelangt dieses
sogenannte Vorprodukt, sobald eine genügende Menge desselben vorhanden
ist, in die dritte Destillierblase, um wiederum einem erneuten Abtreibungs-
prozess unterworfen zu werden. Hierbei entweicht ein Gemenge von
Kohlenwasserstoffen und Wasserdämpfen, welches nacheinander einen
Kühler und einen Kolonnenapparat, wie solche beim Abtreiben des
Ammoniaks benutzt werden, passieren muss. Das resultierende sogenannte
II. Vorprodukt mit einem Gehalt von 60—70 $^0/_0$ Kohlenwasserstoffen wird
ebenfalls wieder in einem besonderen Lagerkessel bis auf die notwendige
Menge angesammelt und sodann zum dritten und letzten Male in der
vierten Destillationsblase abgetrieben. Zur Abkühlung und Entwässerung
passiert das übergehende Destillationsprodukt zunächst einen Kühler und
sodann noch 2 hinter einander geschaltete Kolonnenapparate. Dieses so
gewonnene Enddestillat enthält 93–94 $^0/_0$ leichte Kohlenwasserstoffe und
gelangt als marktfähiges Benzol in den Handel.

Der in den Blasen III und IV verbleibende Oelrückstand wird mit
dem von den Etagenwaschern abfliessenden Waschöl vereinigt und mit
diesem zusammen wieder in Blase I oder II abgetrieben. Das in den
beiden letzten Blasen zurückbleibende, abgetriebene Waschöl wird in auf
dem Dache der Benzolfabrik angebrachte Hochbehälter (siehe photographische Ansicht der ältesten Brunckschen Benzolfabrik S. 556) gepumpt, dort auf die normale Tagestemperatur abgekühlt und sodann wieder
zum Waschprozess auf die Etagenwascher zurückgeleitet. Das Ausbringen
an Benzol pro Tonne eingesetzter Kohle beträgt nach diesem Verfahren
etwa 0,2—0,25 $^0/_0$.

β) Kontinuierliches Verfahren.

Eine sehr wesentliche Verbesserung in dem Brunckschen Benzol-
gewinnungsverfahren wurde erzielt, als der kontinuierliche Betrieb an die
Stelle des intermittierenden trat. In Verbindung hiermit wurde durch die
Ausnutzung der in den abgetriebenen Waschölen enthaltenen Wärme zur
Vorwärmung der gesättigten Oele eine grosse Ersparnis an Dampf und

Kühlwasser erreicht. Nach diesem kontinuierlichen Betriebe sind die Anlagen auf den Zechen Shamrock III/IV (1897), Alma (1897) und Centrum
(1898) eingerichtet.

Die Ausbeute an Benzol beträgt nach diesem Verfahren auf den Ruhr-
zechen im Durchschnitt 4 kg pro Tonne eingesetzter Kohlen.

Nach Entziehung des Teers und Ammoniaks werden die bis auf
15—18° C. abgekühlten Gase in drei Brunckschen Etagen-Waschern w
(Fig. 277a—c und Fig. 278) mit hochsiedendem Teeröl behandelt. Die
Waschung erfolgt nach dem Gegenstromprinzip und soll sich nach
Ansicht Bruncks in seinen Waschern bei der innigen, vielfach wiederholten
Berührung zwischen Gas und Waschflüssigkeit und weitgehendster Teilung
des Gasstromes viel intensiver gestalten als bei Skrubbern oder Sieb-
waschern. Gleichwohl ist später auf einzelnen Benzolfabriken noch hinter
die Brunckschen Wascher ein mit eisernen Siebblechen ausgerüsteter
Hordenwascher zur vollkommeneren Entziehung des Benzols aus den Gasen
geschaltet worden, mit welchem gute Resultate erzielt werden.

Die von den Waschern ablaufenden, gesättigten Oele werden
durch die neben den Destillierblasen b (Fig. 277 und 279) liegenden
Röhrenvorwärmer geleitet, in welchen sie den aus den Destillierblasen ablaufenden, abgetriebenen, heissen Oelen entgegenströmen. So
möglichst vorgewärmt, gelangen sie alsdann in eine der Destillierblasen,
deren Konstruktion so gewählt ist, dass sie, wie Brunck angiebt, höchste
Leistung mit geringstem Raumbedarf vereinigen. Demgegenüber beweisen
jedoch die weiter unten beschriebenen Hirzelschen und Stillschen Anlagen,
wenigstens was Raumbedarf anbetrifft, augenscheinlich das Gegenteil.

In den Destillierblasen erfolgt der Abtrieb der aus den Gasen aufgenommenen Kohlenwasserstoffe mit direktem und indirektem Dampf. Nach
dem Durchgang durch die Blasen geben die abgetriebenen Oele, wie oben
angegeben, den grössten Teil ihrer Wärme an die kälteren, gesättigten
Oele ab und werden schliesslich in den Kühlern k auf die wünschenswerte,
niedrige Temperatur (15—18° C.) abgekühlt, mit welcher sie den Waschern
zum neuen Kreislauf wieder zugeführt werden.

Die aus den Waschölen abgetriebenen Kohlenwasserstoffe entweichen
aus den Blasen in die Kühler k und die Kolonnenapparate c. Die Kondensate
aus diesen Kühlapparaten bestehen aus einem Gemisch von Wasser und
Leichtölen und werden in unter den Kühlern angebrachten Scheidekästen
(Florentiner Flaschen) von einander getrennt und in besondere Behälter
ständig abgezogen.

Der Gang der Fabrikation bildet somit nach dem neueren Brunckschen Verfahren einen geschlossenen Kreislauf, und der Betrieb der
Anlagen wie auch der Apparatur gestaltet sich infolgedessen einfacher
und billiger.

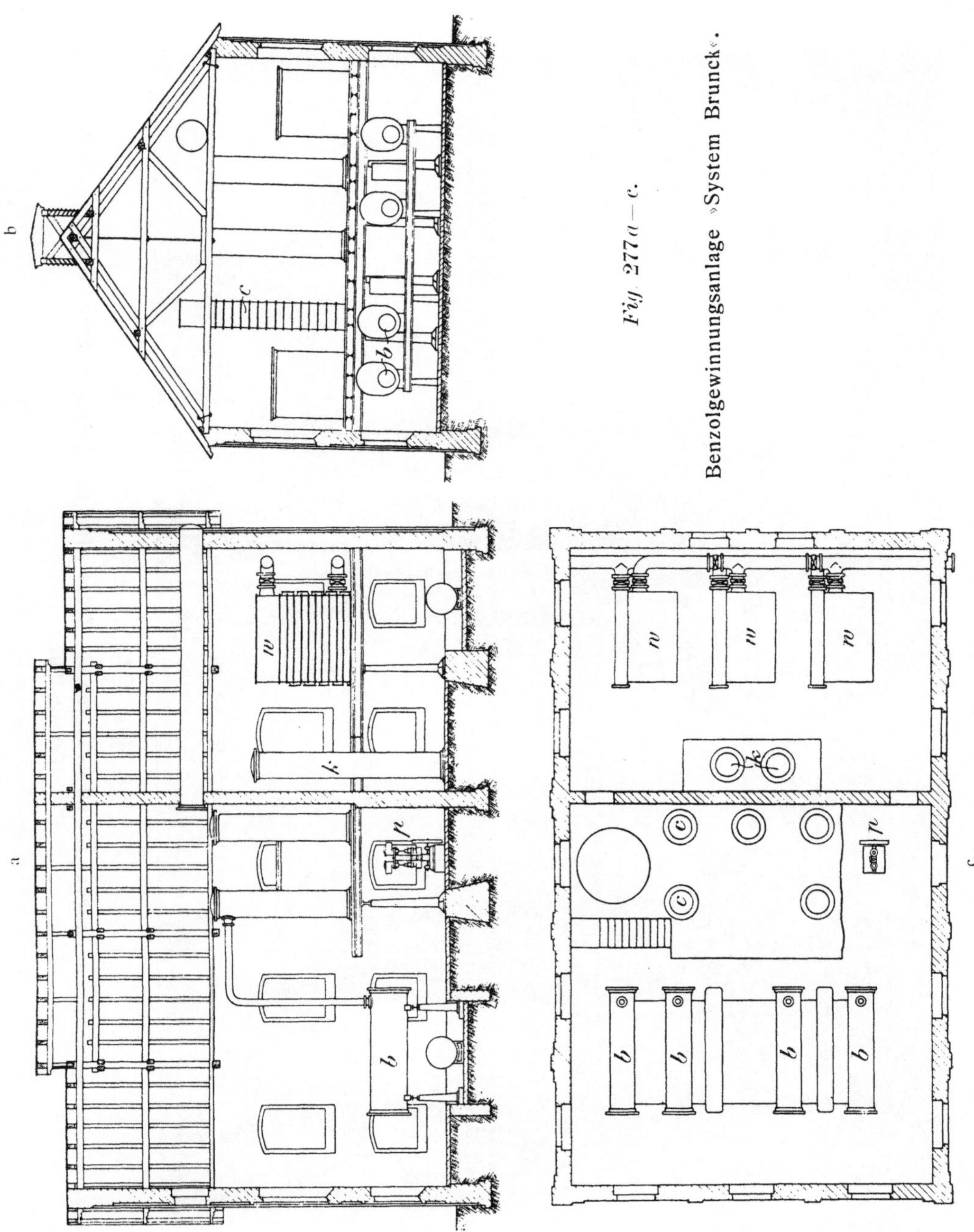

Die Bewegung der Flüssigkeiten erfolgt grösstenteils im natürlichen Gefälle; zum Hochheben der am tiefsten Punkt angelangten, abgetriebenen Oele auf die Wascher dienen die Pumpen p.

Fig. 278.

Benzolgewinnungsanlage »System Brunck« für 60 Koksöfen auf Zeche Alma der Gelsenkirchener Bergwerks A.-G. Erbaut 1897.

Fig. 240.

Benzolgewinnungsanlage »System Brunck« für 60 Koksöfen auf Zeche Alma der Gelsenkirchener Bergwerks A.-G.
Erbaut 1897.

b) Leichtölgewinnung nach dem System der Aktiengesellschaft für Kohlendestillation in Bulmke (System Hüssener).

Gasauswaschung.

Die Anordnung der Apparate zur Auswaschung der Kohlenwasserstoffe aus den Kohlendestillationsgasen, der Kühlmaschinen-Anlage und der Destillationsapparate zur Gewinnung des Leichtöls sind aus Fig. 280 a—d, ersichtlich.

Auf Zeche Anna sind drei Koksofenbatterien vorhanden von je 30 Oefen und zwar

$$\left.\begin{array}{l} \text{Ofen No. 1 bis 30} \\ \text{» » 31 » 60} \end{array}\right\} \text{als sogenannte Ruppert-Oefen}$$

> » 61 » 90 als Hüssener-Oefen.

Zur Auswaschung der Kohlendestillationsgase, welche in den Ruppert-Oefen No. 1 bis No. 60 erzeugt werden, dienen die Wascher s^1 bis s^6 und zur Auswaschung der Kohlendestillationsgase aus den Hüssener-Koksöfen No. 61 bis No. 90 die Wascher s^7 bis s^9.

Die Kohlendestillationsgase der 60 Ruppert-Oefen treten durch die Leitung a in den Wascher s^1 ein und durch die Leitung a^1 aus dem Wascher s^6 aus, während die Kohlendestillationsgase der 30 Hüssener-Oefen bei a^2 in s^7 eintreten und bei a^3 aus s^9 austreten.

Sämtliche Wascher sind mit Etagen von übereinander gelegten Holzhorden ausgestattet; zwischen jeder Holzhorden-Etage ist ein ausreichender Raum gelassen, damit die Gase in einen gewissen Ruhezustand kommen, ehe sie von einer Etage zur anderen gelangen. Auf jedem der vorgenannten 9 Wascher s^1 bis s^9 befindet sich ein haubenartiger Aufsatz h^1 bis h^9. In jedem Haubenaufsatz sind 168 Röhrchen angebracht, welche durch eine heberartige Wirkung die von den Pumpen in die Haubenaufsätze eingeführten waschenden Oele ununterbrochen in gleichmässig geringen Mengen wie einen Regen auf die Horden-Etagen niederträufeln lassen.

Zur Hebung der waschenden Oele in die Haubenaufsätze h^1 bis h^6 dienen die Pumpen p^1 bis p^6 und die Pumpen p^7 bis p^9 zur Hebung der Oele in die Haubenaufsätze h^7 bis h^9.

Die Behälter (Vorlagen) v^1 bis v^6 bezw. die Behälter (Vorlagen) v^7 bis v^9 dienen als Saugebehälter für die vorgenannten Oelpumpen p^1 bis p^9. Ausserdem sind 2 kleine Pumpen p^{10} und p^{11} vorhanden, welche dauernd ungebrauchtes Oel dem Waschbetriebe zuführen und zwar die Pumpe p^{10} ungebrauchtes Oel nach v^6 und die Pumpe p^{11} ungebrauchtes Oel nach v^9.

Das ungebrauchte Oel, welches von den Pumpen p^{10} und p^{11} zum Waschbetriebe gelangt, wird aus einem der Behälter r^1 bis r^4 entnommen.

Waschbetrieb.

Der Waschbetrieb findet in folgender Weise statt:

Die Pumpe p^6 nimmt das von der Pumpe p^{10} nach v^6 eingeführte ungebrauchte Rohöl, wirft es über den zugehörigen Waschapparat s^6 und

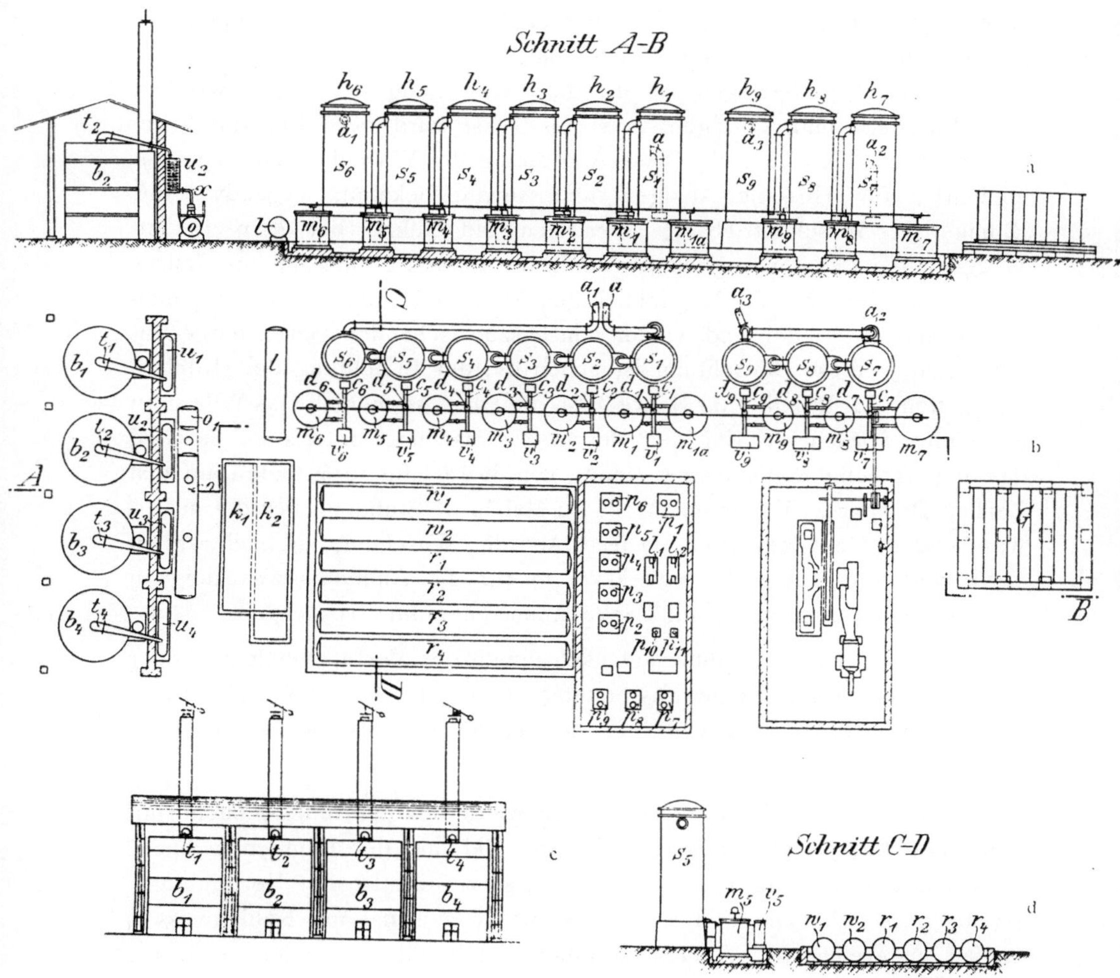

Fig. 280 a—d.

Anlage zur Gewinnung von Leichtölen (ausgeführt von der Aktiengesellschaft für Kohlendestillation in Bulmke).

wiederholt diese Arbeit dauernd, indem das von ihr aus v^6 entnommene und nach s^6 eingeführte Oel aus s^6 durch die Verbindungsleitung c^6 nach v^6 zurückfliesst.

Soviel Flüssigkeit, als von Pumpe p^{10} dauernd in die Vorlage v^6 übergeführt wird, fliesst nach v^5 über, von wo sie von Pumpe p^5 entnommen und nach

Wascher s^5 gebracht wird; aus Wascher s^5 fliesst sie durch die Verbindungsleitung c^5 nach v^5 zurück. Der Ueberlauf der von Pumpe p^{10} nach Behälter (Vorlage) v^6 ständig eingeführten ungebrauchten Oelmenge setzt sich nun weiter fort von v^5 nach v^4, von v^4 nach v^3, von v^3 nach v^2, von v^2 nach v^1, vermehrt um die aus den Destillationsgasen aufgenommenen Kohlenwasserstoffe, indem die Pumpen p^4 p^3, p^2, p^1 die Oelmengen sich dauernd zwischen bezw. v^4, s^4, v^3, s^3, v^2, s^2, v^1, s^1 bewegen lassen; diese Bewegung des Oeles zwischen den Waschern und Vorlagen v^4, s^4 bis v^1, s^1 wird vermittelt durch die Leitung bezw. c^4, c^3, c^2, c^1. Diese Anordnung des Waschbetriebes ist wohl eigenartig für Hüssener-Anlagen und, soweit bekannt, nirgendwo der Bulmker Gas-Waschbetrieb in Westfalen eingeführt, bei dem je ein Wascher, ein Pumpensaugbehälter und eine Pumpe gleichsam ein Ganzes bilden und hierdurch die Möglichkeit geschaffen wird, dieselbe Flüssigkeitsmenge immer wieder und wieder den auszuwaschenden Gasen entgegenzubringen — diese Einrichtung ist schon bei der Errichtung der »Kohlendestillation« in Bulmke im Jahre 1881 bei den Ammoniak-Gas-Waschern eingeführt worden —. Bei der Benzol-Gaswaschung mittels Oelen wird das ungebrauchte Rohöl in einer Menge von 36 000 l für je 60 Oefen auf den Zechen Prosper I, Victor und Anna 32 Mal in 24 Stunden über die auszuwaschenden Gase geworfen. Diese Art der Waschung ist nachträglich auch von dem Kölner Bergwerksverein für die Ammoniakwaschung in ihrer Kondensationsanlage auf Zeche Anna eingeführt worden.

Aus v^1 geht der Oelüberlauf nach einem der Vorratsbehälter w^1 oder w^2, in denen die mit Kohlenwasserstoffgasen angereicherten Waschöle aufgespeichert werden, um von hier aus nach der Destillationsanlage zu gelangen.

Der vorgeschriebene Waschbetrieb wiederholt sich entsprechend mit Hülfe der Pumpe p^{11} für ungebrauchtes Oel und der Pumpen p^7 bis p^9 zwischen den Behältern v^9, s^9, v^8, s^8, v^7, s^7 vermittelst der Verbindungsleitung c^9, c^8, c^7. Von v^7 fliesst ebenso wie von v^1 das mit Kohlenwasserstoffen angereicherte Waschöl in einen der Behälter w^1 oder w^2 ab, um ebenfalls von hier nach der Destillationsanlage zu gelangen. Die Stromrichtung der zu waschenden Gase ist in der Weise geordnet, dass den bei a eintretenden, ungewaschenen Kohlendestillationsgasen angereicherte, waschende Oele entgegenführt werden, an welche die an Kohlenwasserstoffen reichhaltigen Gase einen Teil des Gehaltes ihrer lösbaren Kohlenwasserstoffe noch abzugeben im Stande sind, während die von Kohlenwasserstoffen möglichst befreiten und bei a^1 austretenden Gase mit ungebrauchtem Oel bedient werden. Es findet also das Gegenstrom-Prinzip Anwendung. Ein gleiches ist der Fall bei der Wascherkolonne s^7 bis s^9.

Kühlung des waschenden Oeles und der Gase.

Bei Einführung der Kühlmaschinen-Anlage zwecks Kühlung der waschenden Oele wurden die Zwischenölbehälter m^1 und m^{1a} für s^1, m^2 für s^2, m^3 für s^3, m^4 für s^4, m^5 für s^5, m^6 für s^6, m^7 für s^7, m^8 für s^8, m^9 für s^9 zwischen die Wascher und die Vorlagen v^1 bis v^9 geschaltet.

Der Rücklauf der Oele aus den Waschern bezw. s^1 durch m^1 und m^{1a} nach v^1, von s^2 durch m^2 nach v^2 usw. bis von s^9 durch m^9 nach v^9 wird durch Schliessung der Ventile d^1, d^2 usw. bis d^9 vermittelt, sodass die waschenden Oele nach ihrem Austritte aus der Wascherei s^1 bis s^9 vor den geschlossenen Ventilen d^1 bis d^9 zunächst nach den zwischengeschalteten Behältern m^1 bis m^9 und aus m^1 bis m^9 nach v^1 bis v^9 gelangen müssen.

In die zwischengeschalteten Behälter m^1 bis m^9 sind schmiedeeiserne Spiralen eingelegt, in welche flüssiges Ammoniak durch die Kühlmaschine eingeführt wird. Das flüssige Ammoniak verdampft in den Spiralen und kühlt auf diese Weise das Oel ab, sodass abgekühltes Oel kühlend auf das Kohlendestillationsgas einwirkt. Die sich bildenden Ammoniakdämpfe werden von den Ammoniakpumpen der Kühlmaschinen-Anlage aus den in m^1 bis m^9 befindlichen Ammoniakspiralen abgesaugt, durch den unter Wasserkühlung befindlichen Kondensator l gedrückt und aus diesem in flüssigem Zustande den Spiralen in m^1 bis m^9 wieder zugeführt.

Destillierung der Waschöle.

Die in den Waschölbehältern w^1 und w^2 angesammelten, mit Kohlenwasserstoffen angereicherten Teeröle werden in den Destillationsblasen bezw. b^1 bis b^4, welche in Fig. 280 a u. b dargestellt sind, in der Hauptsache mittels direkter Kohlenfeuerung und nur zur Belebung der Destillation mit etwas direktem Wasserdampf behandelt. Die Destillate einschliesslich Wasserdampf treten durch den oben auf den Destillationsblasen befindlichen Helm t^1, t^2, t^3, t^4 in die unter Wasserkühlung befindliche Kühlschlange u^1 bis u^4 ein, werden hier flüssig und gelangen durch die Zwischenleitung x in den Leichtölbehälter o. Die mit übergetretenen Wasser sind schwach ammoniakalisch, spezifisch schwerer wie das Leichtöl und werden mittels Luftdruck aus dem Behälter o nach dem Behälter o^1 gedrückt. Von hier gelangen die Ammoniakwasser in die Ammoniakfabrik zur Verarbeitung auf schwefelsaures Ammoniak, während die in o angesammelten Leichtöle zur Weiterverarbeitung auf Benzol nach Bulmke abgeführ werden.

Die Anlagen zur Gewinnung des Leichtöls sind auf den Zechen Prosper I und Victor in fast gleicher Weise ausgeführt, nur dass auf jeder der genannten Zechen nicht drei Batterien, sondern nur zwei Batterien

à 30 Oefen mit nahezu demselben Kohlenverbrauch wie die Ruppertöfen der
Zeche Anna bedient werden. Der in den Blasen nach der Abdestillierung
der Kohlenwasserstoffe verbliebene Rückstand ist wieder zur Abwaschung
der Gase geeignetes Rohöl geworden. Dieses Rohöl wird unter Wasserkühlung in den Kondensatoren k^1 und k^2 abgekühlt und gelangt von hier
in einen der Behälter r^1 bis r^4 und aus diesen durch die Pumpen p^{10} und
p^{11} wieder in den Gaswaschbetrieb.

Mittels der Einführung der Kühlanlage wird sowohl bei heisser, wie
bei kalter Aussentemperatur eine jederzeit gleichmässige, nahezu vollständige Absorption der in den Kohlendestillationsgasen enthaltenen, von
Oel lösbaren Kohlenwasserstoffe erzielt. In Wirklichkeit werden 95 bis
97 % der in den Gasen enthaltenen lösbaren Kohlenwasserstoffe gewonnen.
Mit Hülfe der Kühlmaschinen lässt sich mit geringeren Oelmengen die Auswaschung der Kohlenwasserstoffe aus den Gasen erreichen.

Ganz unberechtigt ist der gegen die maschinelle Kühlung des Oels
bezw. der Gase auf eine Temperatur von $+2$ bis $\pm 0°$ C. erhobene Einwand,
dass dadurch den Gasen zuviel Heizstoff entzogen werde auf Kosten des
ordnungsmässigen Heissganges der Oefen und der Anzahl der pro Tag zu
drückenden Oefen. Der Rückgang des Heissganges der Oefen oder der
Anzahl der pro Tag gedrückten Oefen ist auf andere Ursachen zurückzuführen; solche Ursachen sind z. B. defekte Oefen, unzuverlässiges
Ofensystem, Unaufmerksamkeit beim Betrieb der Kondensationsanlagen sowie
der Oefen selbst, zu nasse Kohlen während mehrerer auf einander folgender
Tage u. a. m. Würde selbst die Gesamtmenge des in den Gasen enthaltenen Benzols durch die Kälte den Gasen entzogen, so betrüge diese
Menge höchstens $3\frac{1}{2}$ bis 4 % der Gesamtgasmenge, während auf jeder
gut errichteten und betriebenen Teerkoksofenanlage bei Verwendung von
Kokskohlen von Durchschnittsqualität, also 25 bis 27 cbm theoretischem Gas-
ausbringen pro 100 kg Kohlen, ein für andere Zwecke als Ofenheizung
verwendbarer Gasüberschuss von 10 bis 12 % vorhanden ist.

Die Anwendung von direkter Feuerung zur Destillierung des Waschöls
hat seit ihrer beinahe 12jährigen Anwendung auf dem Werke in Bulmke
zu Bedenken wegen etwaiger Gefahr für den Betrieb oder für die dabei
beschäftigten Personen in keiner Weise Veranlassung gegeben.

Die neueren Methoden der Abdestillierung des Waschöls, bei denen
die Abdestillierung teils kontinuierlich, teils mit Unterbrechung erfolgt,
weichen darin von der auf den vorgenannten drei Zechen angewendeten
Methode ab, dass sie ohne maschinelle Kühlung der Oele und der Gase
mit viel grösseren Oelmengen arbeiten, dass sie die Destillierung des
Waschöls nicht mit direkter Feuerung, sondern mit indirektem und direktem
Dampf bewirken, dass sie hierdurch einen grossen Verbrauch an Dampf
haben und unverhältnismässig grosse Mengen von Wasser verbrauchen,

um die zur Destillation des Waschöls verbrauchten, direkten Dampfmengen wieder zu kondensieren und die wesentlich grösseren Mengen an Oel abzukühlen. Ausserdem gewinnen sie günstigen Falls in kalten Wintermonaten schwerlich mehr wie $84^0/_0$ der in den Gasen enthaltenen, lösbaren Kohlenwasserstoffe, während das Ausbringen an Benzol aus den Gasen in den heissen Sommermonaten wesentlich unter 84 $^0/_0$ sinkt.

Die Frage, welche von den Einrichtungen, ob diejenige nach System Bulmke, oder ob diejenige nach anderen Systemen vorzuziehen ist, ist lediglich eine Geldrechnung. Leider sind bis heute noch keine genauen Zahlen über die Verbrauchsmengen an Dampf und an Wasser bei den anderweitigen Systemen und über die daraus gegen das Bulmker System entstehenden wesentlichen Mehrkosten bekannt.

c) Verfahren zur kontinuierlichen Gewinnung des Benzol und der Benzolhomologen (Toluol Xylol, usw.) aus den Koksofengasen nach Professor Dr. H. Hirzel.

Dieses, seit dem Jahre 1897 eingeführte, patentierte Verfahren hat insofern eine merkbare Umwälzung in der Benzolgewinnung aus den Koksofengasen herbeigeführt, als es nicht allein den kontinuierlichen, sondern zugleich auch einen, gegen die früheren Verfahren wesentlich vereinfachten und billigeren Betrieb ermöglichte.

Der kontinuierliche Betrieb und der Kreislauf des Absorptionsöls.

Nachdem das Koksofengas in der Kondensationsanlage möglichst von den dasselbe begleitenden Teerteilen, dem Ammoniak und den flüchtigen Ammoniakverbindungen befreit worden ist, leitet man dasselbe bei y (Fig. 281 a u. b) in mehrere, meistens drei Absorptionsapparate a^1, a^2, a^3, die sog. Wascher. In letzteren wird das Gas möglichst verteilt in vielfache Berührung mit einem kühlen, zwischen 200—300 ° C. destillierendem Teeröl oder Mineralöl, dem sog. Waschöl oder Absorptionsöl, gebracht, wobei das Waschöl dem Gase das darin enthaltene Benzol, nebst den Benzolhomologen, Naphthalin und anderen, selbst pechartigen Bestandteilen, die sich immer noch in mehr oder weniger grosser Menge darin verteilt finden, entzieht.

Während nun das Gas die Wascher der Reihe nach von unten nach oben passiert und zuletzt bei z (Fig. 281 a u. b) wieder entweicht, fliesst von oben, dem Gasstrom entgegen, aus dem Hochbehälter b eine entsprechende Menge von Waschöl in die Wascher, wobei behufs möglichster Sättigung des Waschöls die Einrichtung getroffen ist, dass nur der letzte, Wascher a^3 ganz frisches Waschöl erhält, während a^2 mit dem Oel, das den Wascher a^3, und a^1 mit dem Oel, das den Wascher a^2 passiert hat,

gespeist wird. — Das in solcher Weise mit den Benzolen und anderen
Teerbestandteilen des Gases gesättigte Waschöl sammelt sich in dem Behälter c, wird von hier aus, zur Verarbeitung auf Benzol usw. mittelst der

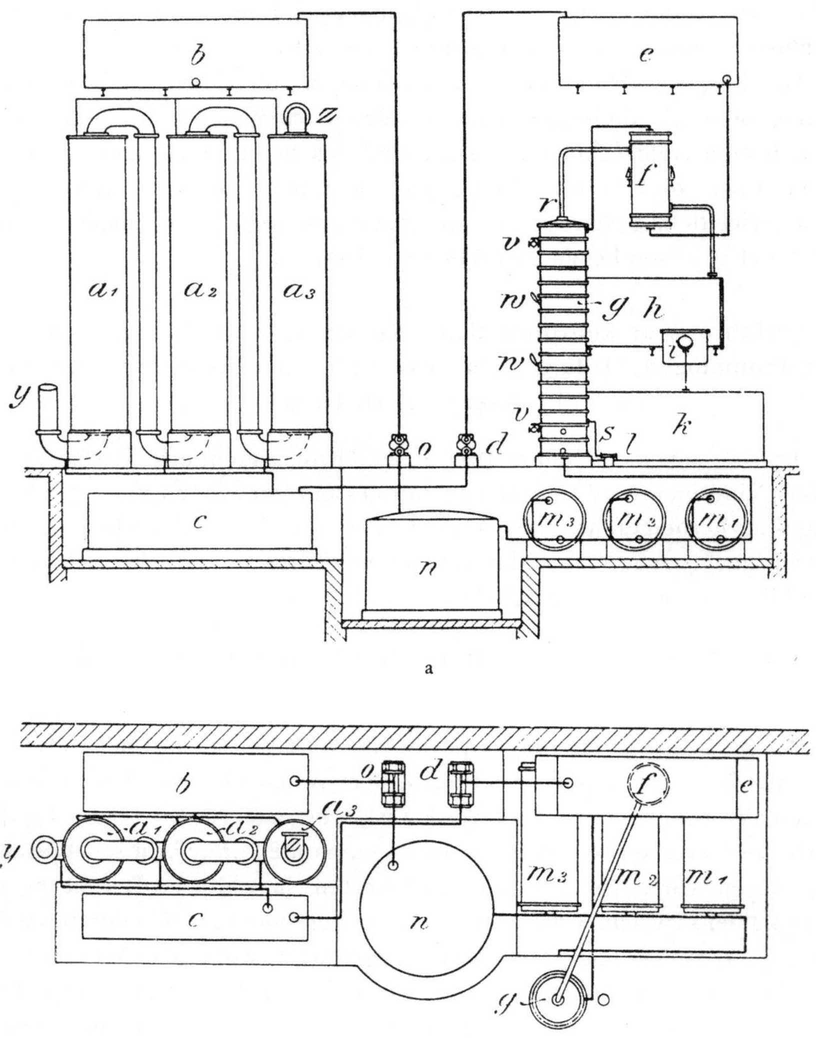

Fig. 281a u. b.

Verfahren zur kontinuierlichen Gewinnung des Benzols und der Benzolhomologen
aus den Koksofengasen von Hirzel. Kreislauf des Waschöls.

Dampfpumpe d kontinuierlich in den Hochbehälter e gehoben und fliesst
aus diesem durch den Vorwärmer f in die zum Abtreiben der Benzole
dienende, von unten bis oben auf ca. 115° C. geheizte Destillations-

kolonne g (Patent 99 379). Während in solcher Weise das gesättigte Waschöl aus dem Behälter e der geheizten Kolonne ununterbrochen zugeführt wird, fliesst dieses Oel von Becken zu Becken nach unten, kommt hierbei mit einem schwachen Strom von direktem Wasserdampf, der von unten her dem Oel entgegenströmt, in Berührung und verliert auf diesem Wege die aus dem Koksofengase aufgenommenen flüchtigen Bestandteile, besonders das Benzol, die Benzolhomologen (Toluol, Xylol usw.) und das Naphthalin. Letztere entweichen mit Wasserdampf gemischt bei r aus der Kolonne nach dem Vorwärmer f, erhitzen diesen und gelangen schon etwas gekühlt in den eigentlichen Kühler h. In diesem werden sie zu flüssigem Destillat und Wasser verdichtet, wobei das Wasser beim Passieren des Scheidekastens i seitlich abgeleitet wird, während das Destillat, das sog. Leichtöl (oder Rohbenzol) in den Sammelbehälter k abfliesst, um in später zu beschreibender Weise auf Handelsbenzol weiter verarbeitet zu werden.

Das von Benzol befreite, heisse Waschöl fliesst der Reihe nach in die drei Kühler m^1, m^2, m^3; von letzterem gelangt es genügend gekühlt in den Sammelbehälter n und von diesem vermittelst der Pumpe o wieder in den Hochbehälter b und zu frischer Sättigung auf die Wascher.

Die Destillationskolonne (g) (nach Patent 99 379).

Von den in vorstehender Beschreibung genannten, in Fig. 281 a u. b zur Anschauung gebrachten Apparaten ist die Destillationskolonne g für das von Hirzel eingeführte Verfahren von hervorragender Bedeutung. Diese Kolonne besteht aus einzelnen Becken (Fig. 282 a u. b) mit entsprechenden, haubenbedeckten Durchgängen für die Dämpfe. In jedem dieser Kolonnenbecken befindet sich auf dessen Boden eine Dampfheizschlange oder es ist der Beckenboden selbst hohl konstruiert und dadurch zum Heizkörper eingerichtet. Die einzelnen Heizschlangen oder Heizböden stehen bei der Benzolkolonne derart miteinander in Verbindung, dass der Heizdampf, den man von oben durch das Ventil v (Fig. 281 a) in die oberste Schlange oder den obersten Boden einströmen lässt, von hier aus nach unten durch sämtliche Schlangen oder Böden strömt, bei s aus der Kolonne abgeht und sich im Kondenstopf l spannt. Infolgedessen hat der Dampf in allen Beckenschlangen oder Beckenböden dieselbe Spannung und dementsprechend dieselbe Temperatur, welche auf den Winkelthermometern w jederzeit abgelesen werden kann.

Die Benzol-Destillationskolonne g wird am besten mittels der Dampfheizung auf 115° C. geheizt, was sich durch Einstellen des Dampfzugangsventils v leicht bewirken lässt. Zum Einlassen von etwas direktem Dampf dient ein unten an der Kolonne angebrachtes Ventil v (Fig. 281 a). Obschon die Kolonne nur mit einer Temperatur von 115° C. arbeitet, liefert sie

dennoch aus dem gesättigten Waschöl ein aus sog. aromatischen Kohlenwasserstoffen und anderen flüchtigen Teerbestandteilen zusammengesetztes
Destillat, von welchen mehr als 50 % unter gewöhnlichen Umständen erst
bei Temperaturen von 115 ° bis 200 ° C. destillieren.

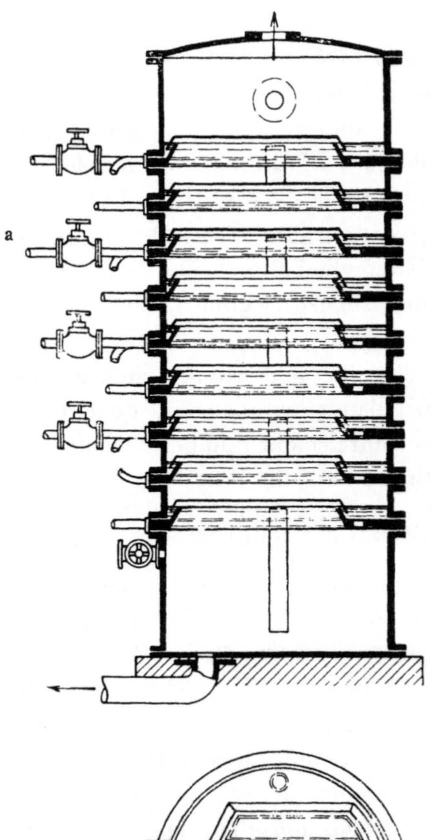

Fig. 282 a u. b.

Kolonnenapparat zur kontinuierlichen
Destillation.

Darin liegt die wichtige und
überraschende Wirkung der nach
Patent 99 379 geheizten Kolonne, dass
man mit derselben Destillate mit Bestandteilen gewinnt, deren Destillationstemperatur über, zum Teil sogar weit über der Heizungstemperatur
der Kolonne liegt. Mit der heizbaren
Kolonne können alle Arten von Teer,
Teerölen und Mineralölen bei bis jetzt
unerreicht niedrigen, weit unter ihrem
eigentlichen Siedepunkt liegenden
Temperaturen destilliert werden. Zur
Erklärung dieses Vorganges giebt
Hirzel folgendes an:

Der Destillationsvorgang in der
Kolonne nach Patent 99 379 beruht
auf dem Zusammenwirken verschiedener Umstände. Man hat mehrfach
behauptet, dass er nur darauf beruhe,
dass der von unten nach oben durch
die Kolonne gehende schwache Dampfstrom das Ueberdestillieren der Oele
bei so niedrigen Temperaturen be-
dinge, und dass man bei den vielfach
üblichen Destillationen mit direktem
Wasserdampf ein gleiches Resultat
erhalte. Von der Unrichtigkeit dieser
Behauptung kann man sich leicht
überzeugen, wenn man gesättigtes
Waschöl in einer Destillierblase auf
115 ° C. erhitzt und durch dieses Oel
einen schwachen oder selbst stärkeren
Strom von Wasserdampf von 115 ° C.

leitet. Man wird nur wenig Destillat erhalten und sich von der
Unmöglichkeit überzeugen, auf diesem Wege das Waschöl entsprechend von
Benzol zu befreien. Die vorerwähnten verschiedenen Umstände, welche
zusammen das günstige Resultat der Destillation des gesättigten Wasch-

öls aus geheizten Kolonnen bewirken, beruhen besonders auf folgenden Thatsachen:

Die Kolonnen sind so gebaut, dass das durch die Becken derselben fliessende Oel die in jedem Becken angebrachte Heizschlange oder den geheizten Beckenboden bedeckt. Hiernach befindet sich in jedem Becken, von oben bis unten, eine die Heizschlange oder die geheizte Bodenfläche deckende, verhältnismässig dünne Schicht des zu destillierenden Oels, das die Temperatur der Heizschlange oder des Heizbodens angenommen hat. Von oben fliesst kontinuierlich, in entsprechend regulierter Menge, neues, zu destillierendes Oel nach, welches das schon in den Becken befindliche heisse Oel verdrängt und zum Ueberfliessen in das nächst untere Becken, oder im untersten Becken zum Abfliessen aus der Kolonne veranlasst. Die Anzahl der Becken einer solchen Kolonne und deren Durchmesser ist so bemessen, dass bei dem Durchgang des Oels durch die Kolonne, das Oel nicht nur in verhältnismässig dünner Schicht auf eine grosse Fläche verteilt wird, sondern dass auch die Bewegungsgeschwindigkeit, mit welcher das Oel die Kolonne von oben bis unten durchfliesst, eine geringe ist.

Wie bekannt, besitzen viele destillierbare Körper, z. B. Wasser, Quecksilber und vor allem die hier in Betracht kommenden leichten Kohlenwasserstoffe des Waschöls die Eigenschaft, sich schon bei Temperaturen zu verflüchtigen, die unter ihrem eigentlichen Siedepunkt liegen. Eine derartige Verflüchtigung nun wird in der Kolonne dadurch begünstigt, dass sich in jedem Becken über der die Heizfläche deckenden Oelschicht, ein verhältnismässig grosser, leerer Raum befindet, in welchem sich die durch Verflüchtigung aus der Oelschicht aufsteigenden Dämpfe in reichlicher Menge sammeln können. In der heizbaren Kolonne sind also alle Bedingungen gegeben zu einer raschen und vollständigen Verflüchtigung einer der Temperatur der Kolonne entsprechenden Fraktion von in dem Waschöl aus dem Koksofengase aufgenommenen Leichtölen, resp. von Leichtölen (aromatischen Kohlenwasserstoffen), die aus dem Gase in das Waschöl übergegangen sind. Aus vorstehendem ergiebt sich, dass das Oel in der Kolonne auf eine grosse Oberfläche verteilt ist, dass es in jedem Becken einen grossen Verdunstungsraum findet, dass während seines langsamen Durchlaufs durch die Kolonne genügende Zeit zur Verdunstung gegeben ist, und dass zugleich die beständige Bewegung des fliessenden Oels, die immer neue Oelteile an die Oberfläche gelangen lässt, mit fördernd wirkt.

Unter solch günstigen Umständen verdunsten thatsächlich aus dem gesättigten Waschöl beim Durchgang desselben durch eine auf 115° C. geheizte Kolonne alle aus dem Gase in das Waschöl übergegangenen Kohlenwasserstoffe mit einer Siedetemperatur bis 200° C. und mit denselben zugleich das vorhandene Naphthalin, obschon dessen Siedepunkt erst bei 218° C. liegt. Lässt man dann in eine solche Kolonne nur einen schwachen Dampfstrom von unten ein- und von Becken zu Becken nach oben emporströmen, wobei die Kolonne so konstruiert ist, dass sich der Dampf in jedem Becken in vielfacher Verteilung durch die darin befindliche heisse Oelschicht — dieselbe durchströmend und berührend — hindurcharbeiten muss, so ist es einleuchtend, dass schon eine schwache Dampfströmung genügt, um die vorhandenen und immer neu entstehenden Oeldämpfe mit fortzuführen. Hier wirkt der Dampfstrom hauptsächlich nur als bewegendes und führendes Medium und kann sogar durch einen entsprechenden Strom von Luft oder indifferenten Gasen ersetzt werden (Zusatzpatent No. 114 490 zu No. 99 379). Mehr als durch den Dampf wird dagegen die Verdunstung und die damit verbundene Destillation gefördert, durch die heissen Oeldämpfe, die mit dem Wasserdampf von Becken zu Becken hochsteigen und mit diesem in jedem Becken die heisse Oelschicht durchbrechen. Ein eigentliches Sieden der in der Kolonne zu destillierenden Flüssigkeit findet nicht statt.

Das Verfahren der Waschölbehandlung mittels der Kolonne g gewährt gegenüber der Behandlung in Destillierblasen bedeutende Vorzüge. Es ist völlig gefahrlos; der Betrieb ist einfach und billig; Destillationsverluste kommen nicht vor; man erzielt die höchstmögliche Ausbeute einer möglichst gehaltreichen Fraktion von Benzol und Benzolhomologen bei so niedriger Destillationstemperatur, dass keinerlei Zersetzungen weder im Destillat, noch in dem entbenzolt aus der Kolonne abfliessenden Waschöl vorkommen; infolgedessen bleibt auch das Waschöl länger als bei anderen Verfahren brauchbar.

Verarbeitung des Kolonnendestillates auf Handelsbenzol.

Das Kolonnendestillat ist ein Rohbenzol in technischem Sinne (d. h. nicht ein Handels-Rohbenzol), welches, wie erwähnt, alle bis 200° siedenden Kohlenwasserstoffe (Benzol, Toluol, Xylol usw. nebst Naphthalin) enthält, die vom Waschöl aus dem Koksofengase aufgenommen worden sind. Im Glaskolben destilliert giebt das Kolonnendestillat durchschnittlich folgendes Resultat: Es destillieren bei einem spezifischen Gewicht des Kolonnendestillates von 0,917

$$\begin{array}{lll}
\text{bis} & 100° \text{ C.} & = 29 \,°/_0 \\
» & 110° \quad » & = 42 \,°/_0 \\
» & 120° \quad » & = 48 \,°/_0 \\
» & 130° \quad » & = 53 \,°/_0 \\
» & 140° \quad » & = 57 \,°/_0 \\
» & 150° \quad » & = 60 \,°/_0 \\
» & 160° \quad » & = 63 \,°/_0 \\
» & 170° \quad » & = 66 \,°/_0
\end{array}$$

bis 180° C. $= 69 \,^0/_0$

 » 190° » $= 71 \,^0/_0$

 » 200° » $= 74 \,^0/_0$ bereits sehr naphthalinhaltig.

Rückstand $= 26 \,^0/_0$ zur krystallinischen Naph-
thalinmasse erstarrend.

Aus vorstehendem ergiebt sich, dass in dem Kolonnendestillate ausser dem Benzol auch sämtliche Benzolhomologen, die das Waschöl aus dem Gase aufgenommen hatte, vorhanden sind.

Zur Weiterverarbeitung des Kolonnendestillates auf 50 oder 90 $^0/_0$ iges Handelsbenzol, sowie auf höher siedende Fraktionen dient die in Fig. 283a u. b dargestellte Rektifikationsanlage mit Einrichtung zur Gewinnung verschiedener Fraktionen. Diese Anlage besteht aus einer Dampfdestillierblase q, in welche mittelst einer der Pumpen p das Kolonnendestillat aus dem Sammelbehälter k übergefüllt wird. Die Blase q ist mit einer dephlegmierenden Kolonne q^1 und einem Dephlegmator q^2 versehen, so dass die aus der Blase aufsteigenden Dämpfe zunächst diese Apparate passieren müssen, bevor sie in den Kühler r übergehen und sich in diesem zur entsprechenden Fraktion verdichten. Jede Fraktion wird dann, nachdem im Scheidekasten r_1 das mitkondensierte Wasser abgeleitet worden ist, in der dafür bestimmten Sammelvorlage s^1, s^2, s^3 oder s^4 aufgefangen, je nachdem man eine 90er oder 50er Benzol-, eine Toluol-, Xylol- oder auch unter Mitwirkung von zuzuleitendem, direktem Dampf, eine Solventnaphthafraktion gewinnen will. Auf vielen Zechen begnügt man sich damit, nur eine 90er oder 50er Benzol- oder zugleich mit der 90er Benzolfraktion eine Toluolfraktion gesondert abzudestillieren. Der hierbei in der Blase q verbleibende Rest, der »Blasenrückstand«, wird dann wieder dem Waschöl zugemischt, was jedoch nachteilig ist, weil mit dem Blasenrückstand das ganze Naphtalin des Kolonnendestillates wieder in das Waschöl kommt, wodurch das Waschöl ganz unnötigerweise mit dem für die Absorptionsfähigkeit desselben schädlichen Naphthalin angereichert wird.

Die aus der Rektifizierblase q abdestillierte 90er Benzolfraktion ist zwar vollkommen farblos und wasserhell und gilt als Handelsrohbenzol, sie enthält jedoch noch mancherlei Verunreinigungen, besonders einige Schwefelverbindungen, z. B. Schwefelkohlenstoff und Thiophen, von denen sie durch Behandlung mit Schwefelsäure und Natronlauge nach einer der üblichen Methoden und durch nochmalige Rektifikation in einem Apparate, der ganz dem in Fig. 284a u. b dargestellten kleineren Rektifikationsapparate entspricht, befreit und in Reinbenzol übergeführt wird.

Leistungsfähigkeit des Verfahrens Hirzel nach Patent 99 379.

Die meisten der angeführten Benzolanlagen nach dem vorstehend beschriebenen Verfahren dienen zur Verarbeitung von je 120 000 bis

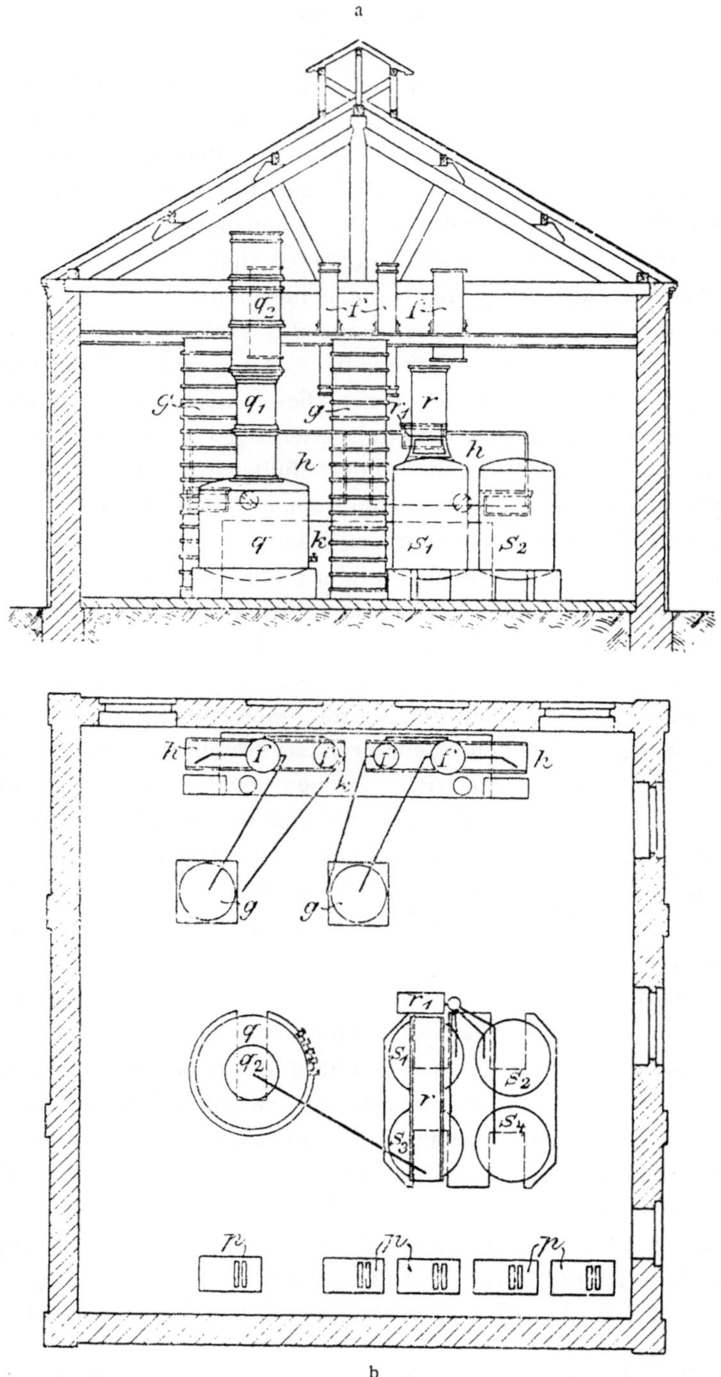

Fig. 283a u. b.

Verfahren zur kontinuierlichen Gewinnung des Benzols und der Benzolhomologen
aus den Koksofengasen von Hirzel. Verarbeitung auf Handelsbenzol.

150 000 l Waschöl in je 24 Stunden, also im Mittel von 135 000 l des Waschöls, welche verwendet werden, um den täglich aus 60 Destillations-koksöfen entweichenden Gasmengen die aromatischen Kohlenwasserstoff-gase zu entziehen. Bei Anwendung der oben beschriebenen Absorptions-anlage (s. Fig. 181 a u. b) finden sich je nach der Beschaffenheit der zur Verkokung verwendeten Kohle 2—4 %, also durchschnittlich 3 % der aufgenommenen Kohlenwasserstoffe (auf einzelnen Zechen noch mehr) in dem gesättigten Waschöl.

Da sich das Waschöl, wie oben beschrieben worden, in einem be-ständigen Kreislauf der Sättigung in den Waschern und der Entbenzolung in den Kolonnen befindet, so gebraucht man zu diesem Betriebe nicht volle 135 000 l, sondern nur etwa 50 000 bis 60 000 l, die beständig zirku-lieren.

Zu einer solchen Anlage werden, wie aus Fig. 283 a u. b er-sichtlich, gewöhnlich zwei Destillationskolonnen g von je 1000 mm Durch-messer — bei grösseren Anlagen auch Kolonnen von 1800 mm Durchmesser — nach Patent 99 379 verwendet, mit doppelten Vorwärmern f, je einem Kühler h und gemeinschaftlichem Sammelbehälter k. Durch jede dieser Kolonnen lässt man in 24 Stunden durchschnittlich 67 500 l des ge-sättigten Waschöls fliessen, also durch beide zusammen 135 000 l, wobei das Waschöl, wie schon beschrieben, wenn die Kolonnen auf 115° C. geheizt werden, unten vollständig entbenzolt, d. h. frei von den aromatischen Kohlenwasserstoffen (nebst dem Naphthalin), die es aus dem Gase absorbiert hatte, abgeht. Aus beiden Kolonnen zusammen erhält man, wenn das ge-sättigte Waschöl 3 % aromatische Kohlenwasserstoffe enthielt, in je 24 Stunden 4050 l Kolonnendestillat im Behälter k, entsprechend 3714 kg, wenn das Kolonnendestillat ein specifisches Gewicht von 0,917 besitzt. Dieses Kolonnendestillat ergiebt bei der Rektifikation aus der Dampfdestillierblase q und gesammelt in Vorlage s durchschnittlich 2000 l 90er Benzol, entsprechend 1770 kg bei einem spec. Gewicht von 0,885; ferner bei fortgesetzter Destillation und gesammelt in Vorlage s^2 400 l einer Toluol-Xylolfraktion, entsprechend 350 kg bei einem spec. Gewicht von 0,878, und gesammelt in Vorlage s^3 durchschnittlich 230 l einer Solventnaphthafraktion, entsprechend 200 kg bei einem spec. Ge-wicht von 0,880. Ausserdem gewinnt man aus dem Blasenrückstande durchschnittlich 240 kg Naphthalin. — Bei vorstehenden Ausbeute-verhältnissen würde also eine Anlage mit zwei Kolonnen monatlich 5 Waggons (à 10 000 kg) 90er Benzol, 1 Waggon Toluol-Xylolfraktion, 6000 kg Solventnaphtha und 7200 kg Naphthalin liefern. Je nach der Beschaffenheit der zur Verkokung verwendeten Kohle schwanken aber die Ausbeuten zum Teil sehr bedeutend.

Besondere Rektifikationsanlage für Toluol, Xylol, Solventnaphtha usw.

Obschon der oben beschriebene Rektifikationsapparat der Benzolfabrik mit seiner sowohl mittels Dampfschlangen, als mit direktem Dampf heizbaren Dampfdestillierblase q, mit sehr wirksamer Dephlegmierung und den vier Vorlagen s^1—s^4 (Fig. 283a u. b) dazu eingerichtet ist,

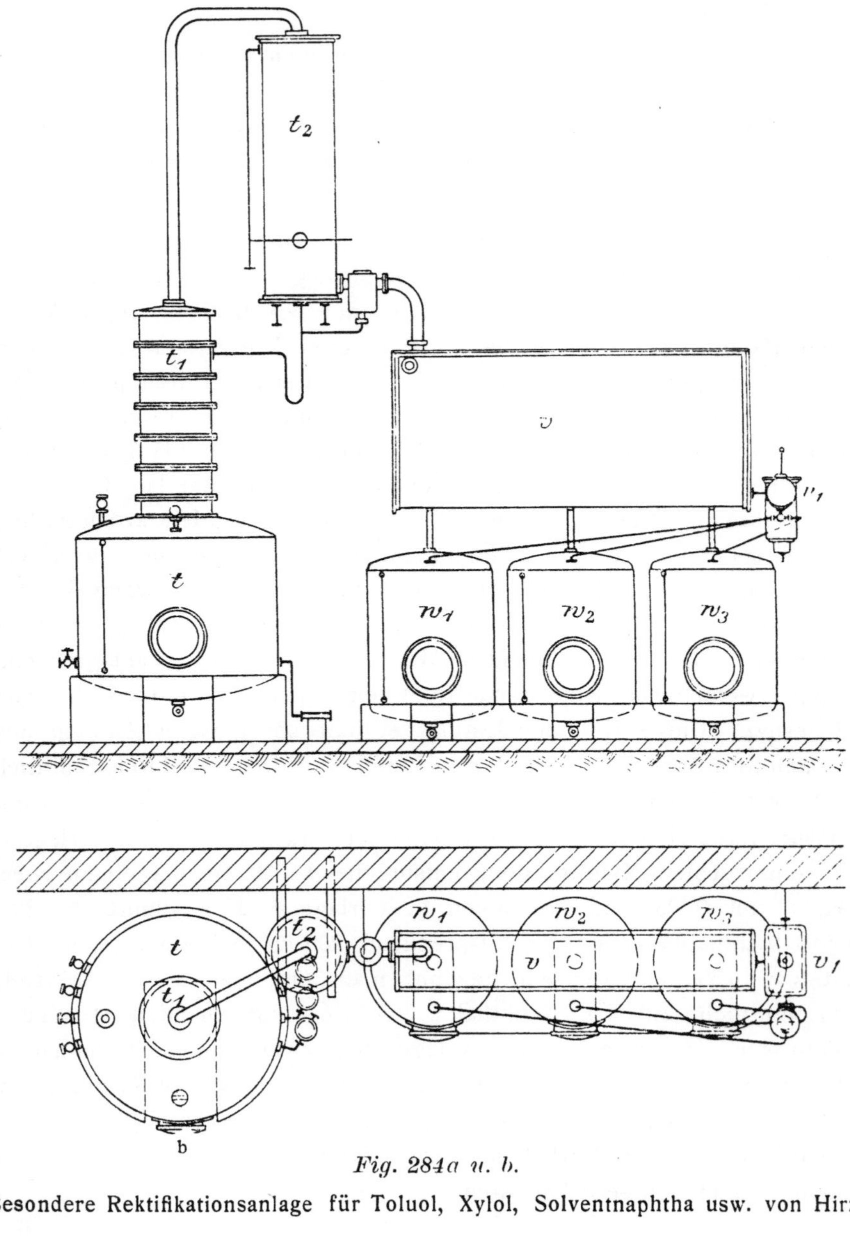

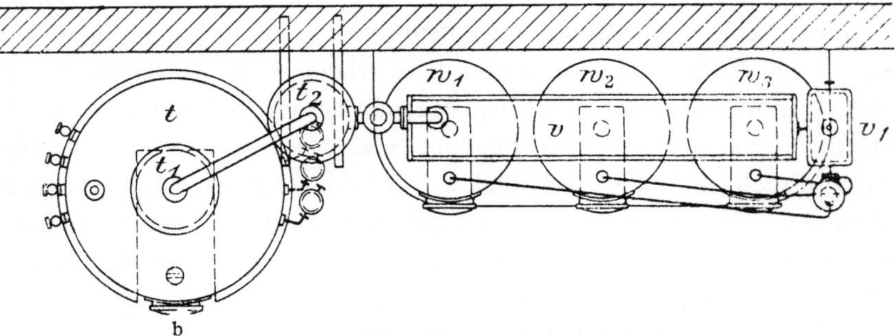

Fig. 284a u. b.

Besondere Rektifikationsanlage für Toluol, Xylol, Solventnaphtha usw. von Hirzel.

aus dem Kolonnendestillat ohne weiteres nicht nur 90er oder 50 r Benzol, sondern auch die Benzolhomologen Toluol, Xylol usw. in getrennten Fraktionen abzudestillieren und in einer der Vorlagen gesondert auf-zusammeln, sind doch mehrfach zur Beschleunigung der Arbeit noch be-sondere kleinere Rektifikationsanlagen für Toluol usw. aufgestellt worden. Diese Anlagen (Fig. 284a u. b) entsprechen in der Ausführung der Haupt-rektifikationsanlage in der Benzolfabrik.

Sie bestehen aus einer Dampfdestillierblase t, welche gleich der Blase q mit Dampfheizschlangen und direktem Dampfrohr, sowie mit einer dephlegmierenden Kolonne t_1 und dem eigentlichen Dephlegmator t_2 ver-sehen ist. v ist der Kühler, v^1 der Scheidekasten zur Ableitung von mit übergehendem Wasser und w^1, w^2, w^3 sind drei Vorlagen zur gesonderten Ansammlung der abdestillierenden Fraktionen Toluol, Xylol usw.

Derartige sogenannte Toluolanlagen stehen in Betrieb auf den Zechen Holland III, Dannenbaum I, Prinz-Regent, Neu-Iserlohn I, Constantin der Grosse III und Pluto, Schacht Wilhelm.

Beim Betriebe wird entweder aus der Blase q der Hauptanlage nur die 90er Benzolfraktion abdestilliert und der Blasenrückstand aus q in die Blase t zur Weiterverarbeitung übergefüllt, oder man destilliert aus q ausser dem 90 r Benzol auch die Toluol-, Xylol- und Solventnaphthafraktion ab und unterwirft diese in der kleineren Blase t einer nochmaligen, schärferen Fraktionierung behufs Gewinnung wertvollerer Produkte.

d) Kontinuierliche Gewinnung sämtlicher Benzolkohlenwasserstoffe aus den Koksofengasen bei gleichzeitiger Regenerierung des Waschöls. Verfahren von Carl Still, Recklinghausen.

Das nachstehend beschriebene Verfahren, dessen Einführung in die Technik, wie oben erwähnt, aus dem Jahre 1899 datiert, bedeutet einen be-merkenswerten Fortschritt der Nebenprodukten-Industrie. Mit einer ver-einfachten und gerade dadurch vervollkommneten Apparatur gewinnt Still aus dem Kokereigase neben Benzol eine Reihe anderer Kohlenwasserstoffe, die vorher im Rahmen des Kokereibetriebes, soweit bis dahin bekannt, noch nicht technisch gewonnen worden waren.

Zur Waschung des Gases bedient sich Still des allgemein üblichen, schweren Steinkohlenteeröls. Während bei allen anderen Verfahren, auch bei dem Hirzelschen, in den ersten Jahren der Einführung in die Technik 90er Benzol das ausschliessliche Endprodukt vorstellte, behandelte Still zu-erst das gesättigte Waschöl in durchgreifender Weise mit stark überhitztem Wasserdampf und erreichte dadurch in erster Linie, dass ausser dem 90er Benzol dem Waschöl alle aus dem Gase aufgenommenen Kohlenwasser-stoffe, nämlich Toluol, Xylol, (Solventnaphtha) und Naphthalin entzogen werden. Die kontinuierliche Entfernung des letztgenannten, das Waschöl bekanntlich verdickenden Kohlenwasserstoffes, ist für den unausgesetzten Kreislauf des Waschöls, welches infolgedessen keiner oder nur ganz selten einer Regenerierung bedarf, von hoher Wichtigkeit.

Die Waschung des Gases mit Schweröl wird auf den nach vorliegendem Verfahren arbeitenden Anlagen in Drahtsiebwaschern vorgenommen, welche in Bezug auf den Wascheffekt bis jetzt nicht übertroffen sind. Gegenüber den Holzhordenwaschern haben sie den Vorteil grösserer Haltbarkeit und bedeutend geringeren Raumbedarfs. Das Gas bleibt infolgedessen bei gleichem Querschnitt und gleicher Höhe der Wascher in solchen mit Drahtsiebeinlagen bedeutend länger mit dem Waschöl in Berührung, als in Waschern mit Holzeinlage.

Das in den Waschern mit Kohlenwasserstoffen angereicherte Oel wird in dem Behälter a der Benzolfabrik (Fig. 285a u. b) gesammelt, aus dem es dann mittels einer Pumpe c^1, die auf der einen Seite gesättigtes und auf der anderen ungesättigtes Waschöl pumpt, in den durch eine Scheidewand in zwei Kammern geteilten Hochbehälter d gedrückt wird. Nach gründlicher Vorwärmung in den Vorwärmern e und den Oelkühlern f wird das Oel in einem der Abtreibeapparate g einer eigenartigen Behandlung mit stark überhitztem Wasserdampf unterworfen, wodurch sämtliche von dem Waschöl aufgenommenen Kohlenwasserstoffe gewonnen werden. Das aus den Apparaten entweichende Gemenge von Kohlenwasserstoff- und Wasserdämpfen gelangt zu den Oel-Vorwärmern e, um hier das gesättigte Waschöl vorzuwärmen und gleichzeitig schon zum Teil zu kondensieren.

Der Rest der Dämpfe wird in den Kühlern h niedergeschlagen.

Das aus e und h abfliessende Gemisch von Kohlenwasserstoffen und Wasser wird in den Scheidern i zur Trennung gebracht, worauf sich die ersteren in der Vorlage k sammeln, während das Wasser fortfliesst.

Das aus den Apparaten g abfliessende, von sämtlichen Kohlenwasserstoffen befreite Waschöl gelangt zu den Kühlern f, giebt hier seine Wärme an das gleichzeitig durch dieselben fliessende gesättigte Oel ab und wird dann mittels der einen Pumpenhälfte c^1 über den Hochbehälter d durch Röhrenkühler, die mit Wasser beschickt werden, zu den Waschern gedrückt, um seinen Kreislauf mit unverminderter Absorptionsfähigkeit von neuem zu beginnen.

Benzol, Toluol, Xylol, sogenannte Solventnaphtha und Naphthalin sind die Hauptbestandteile des Kohlenwasserstoff-Gemisches der Vorlage k, das sich, da die Siedepunkte dieser Substanzen von 80° bis 218° C. ansteigen, durch Destillation in den vorgenannten Körpern entsprechende Fraktionen trennen lässt.

Zur Fraktionierung des Kohlenwasserstoff-Gemisches dient eine

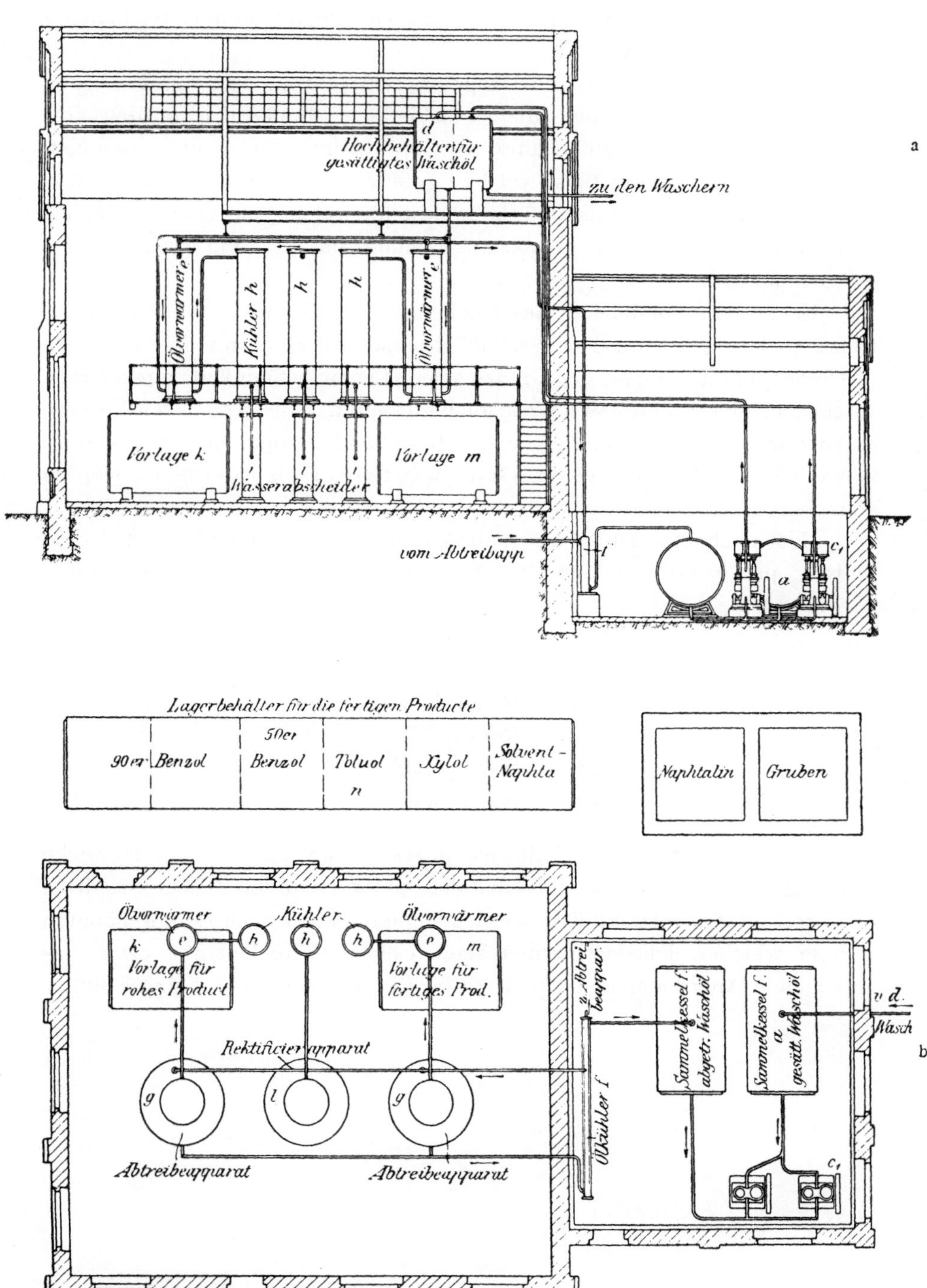

Fig. 285a u. b.

Skizze einer Anlage zur Gewinnung sämtlicher Benzolkohlenwasserstoffe aus den Koksofengasen.

schmiedeeiserne Blase l, die mit Kolonnen, Dephlegmatoren, Heizschlangen und Dampfbrause armiert ist.

Die aus der Blase (Rektifizierapparat) entweichenden Dämpfe werden im Kühler h verdichtet und die verschiedenen Fraktionen in den Vorlagen n, sowie dem Benzolbehälter m von einander getrennt gesammelt. Die Operation in dieser Blase wird so geleitet, dass der Destillationsrückstand ganz vorwiegend aus Naphthalin besteht, welches aus dem Rektifizierapparat in Kühlpfannen abgelassen, abgekühlt und so direkt in fester Form gewonnen wird.

Nach dem vorstehend beschriebenen Verfahren zirkulieren auf 60 Koksöfen bezogen etwa 50 t Waschöl dreimal pro 24 Stunden, sodass ein Abtreibeapparat ohne an der Grenze seiner Leistungsfähigkeit angekommen zu sein, in dieser Zeit 159 t Waschöl verarbeitet. Die Apparaten-Reserve ist so reichlich bemessen, dass in den bestehenden Anlagen mit Leichtigkeit die Kohlenwasserstoffe des Gases von 120 Koksöfen gewonnen werden können.

Eine nach Still arbeitende Fabrik (Kokerei der Gewerkschaft König Ludwig) produzierte im Jahre 1900 bei einer gleichzeitigen Kokserzeugung von 104 840 t

453,— t 90er Benzol
83,5 » 50er   »
109,57 » Roh-Toluol
113,5 » Roh-Xylol
30,— » Solventnaphtha
80,— » Naphthalin.

Eine weitere Fabrik nach Stillschem System ist vor kurzem auf der Zeche Lothringen in Betrieb gekommen und die Fabriken auf den Zechen Friedrich der Grosse, Germania und Erin werden augenblicklich nach dem genannten System, welches sich durch Einfachheit, Uebersichtlichkeit und zweckentsprechende Anordnung der Apparate besonders auszeichnet, umgebaut.

Brikettfabrikation.

Von Bergassessor Heinrich Weber.

1. Kapitel: Geschichtliche Entwickelung und Statistisches.

Während das für die Verkokung ungeeignete Kohlenklein, die sog. magere Feinkohle, in den Steinkohlenrevieren Englands, Frankreichs und Belgiens bereits seit Mitte dieses Jahrhunderts in vorteilhafter Weise und in stetig steigendem Masse zur Herstellung von Briketts Verwendung findet, hat sich dieser Industriezweig in Deutschland bezw. auf den Gruben im rheinisch-westfälischen Steinkohlenbecken erst verhältnismässig spät Eingang zu verschaffen gewusst. Abgesehen von vereinzelten, immer wieder aufgegebenen Versuchen kann man sagen, dass die rationelle Verwertung des mageren Kohlenkleins zu Briketts in letzterem Bezirk zu Beginn der 80 r Jahre anhebt und sich im Laufe des ersten Jahrzehntes ganz allmählich entwickelt und eingebürgert hat, um dann begünstigt durch den sich immer mehr geltend machenden Bedarf an Brennstoffen jeder Art, gegen Ende des Jahrhunderts einen ausserordentlich raschen Aufschwung zu nehmen (Tab. 53 und 54).

Forscht man nach den Ursachen, welche dieses späte Entstehen der Brikettindustrie im Ruhrbezirk gezeitigt haben, so erkennt man, dass jene zwei Umstände, welche auch heute noch für eine nutzbringende Herstellung der Briketts und somit für eine gedeihliche Weiterentwickelung dieses Fabrikationszweiges von massgebender Bedeutung sind, nämlich das Preisverhältnis der Stückkohle zur Feinkohle und die Kosten des Bindemittels, im wesentlichen das Aufkommen bezw. ein schnelles Entfalten dieser Industrie hintangehalten haben.

Während nämlich in Belgien und Frankreich, den Ländern mit besonders frühzeitiger, hoher Entwickelung der Brikettfabrikation, die Stückkohlen Jahrzehnte lang vier bis fünfmal höher im Werte standen als die Feinkohlen, war das Verhältnis im Preise dieser beiden Kohlensorten im Ruhrbezirk niemals höher als 1 : 3; dasselbe ging zu Zeiten auf 1 : 1½ herab und stellte sich im allgemeinen, wie auch gegenwärtig auf 1 : 2. Ferner war und ist auch heute noch der Preis des zur Herstellung der Briketts einzig verwendbaren Bindemittels, nämlich von Steinkohlenpech oder Bray, ein derartig hoher, dass die durch die Ausgabe für dieses Bindemittel entstehenden Kosten in Höhe von 2,50—3,50 M. pro Tonne fertiger Briketts eine gewinnbringende Brikettierung des Kohlenkleins im Ruhrbezirk zu Zeiten niedriger Stückkohlenpreise und unter Berücksichtigung des oben erwähnten Preisverhältnisses äusserst schwierig, wenn nicht unmöglich machen.

Durch den Umstand, dass man in Deutschland gegen Ende der fünfziger Jahre anfing, sowohl auf den Lokomotiven wie auf den Dampfschiffen den bis dahin als Brennstoff benutzten Koks mit den Stückkohlen zu vertauschen, wurden die Grubenbesitzer gezwungen, auf eine geeignete anderweite Verwertungsweise des schlecht verkäuflichen Kohlenkleins Bedacht zu nehmen. Wie leicht erklärlich, machte man sich hierbei die technischen Erfahrungen des Auslandes zu Nutze und versuchte ebenfalls wie dort die Feinkohle durch backende Bindemittel zu festen Kohlenziegeln zu vereinigen und so aus geringwertigem Material ein wertvolleres herzustellen. Die Grubenverwaltung, welche im Ruhrbezirk in dieser Beziehung bahnbrechend vorzugehen sich anschickte, war diejenige der Zeche Ver. Wiesche bei Mülheim a. d. Ruhr; hier wurde im Jahre 1861 die erste Brikettfabrik nach belgischem Muster eingerichtet.

Die auf einem Rätter von 16 mm Maschenweite abgesiebte Gruskohle wurde in einem sog. Verteiler mit 7—10 % Hartpech gemischt und mittels eines Auftragerades in einen Mengapparat geschüttet; letzterem führte man durch kleine Ansatzrohre Wasserdampf zur Erweichung des Pechs zu. Nach erfolgter Mengung in diesem Apparate gelangte das zu brikettierende Gemisch von Kohle und Pech durch eine mittels Schieber verstellbare Austrageöffnung auf eine Platte, von welcher dasselbe durch einen rotierenden Arm in eine der 10 Formen des darunter befindlichen, drehbaren Presstisches gedrückt wurde. Die Pressung erfolgte mit der weiter unten beschriebenen Mazeline-Maschine. Zum Betriebe der ganzen Anlage diente eine Dampfmaschine von 30 Pferdekräften. Die Briketts hatten eine Grösse von $30 \times 24 \times 11$ cm und wogen $9^{1}/_{2}$ kg. Es wurden 24 Stück in der Minute, also in 12 Stunden ca. 17 000 Stück = 160 t hergestellt.

Obgleich in betrieblicher Hinsicht bei dieser Anlage nur wenig auszusetzen war, ferner die ungefähr 7 % Asche enthaltenden, leicht entzündbaren Briketts zur Lokomotivfeuerung gern benutzt und für diese nahezu dieselben Preise wie für Stückkohle gezahlt wurden, konnte dennoch infolge der damaligen, niedrigen Stückkohlenpreise und der durch den grossen Pechverbrauch verursachten hohen Selbstkosten kein ökonomisch günstiges Ergebnis erzielt werden. Infolgedessen sah man sich nach einiger Zeit zur gänzlichen Einstellung der Fabrikation genötigt.

Trotz dieses Misserfolges wurde jedoch die Frage der Brikettierung von den westfälischen Grubenbesitzern nicht gänzlich ausser Acht gelassen. Neue Versuche zur Brikettierung von Gasfeinkohlen machte in den Jahren 1868—72 die Grubenverwaltung der Zeche Consolidation bei Gelsenkirchen mit den von Ver. Wiesche angekauften Apparaten und Maschinen. Aber auch hier führte der hohe Pechverbrauch, die Ungeübtheit der Arbeiter und die Belästigung der letzteren durch Pechstaub und Dampf zur Betriebseinstellung.

In den folgenden Jahren war man einerseits darauf bedacht, das teure Pech durch andere wohlfeilere Bindemittel zu ersetzen (Zeche Margaretha bei Aplerbeck: Carraghen Moos), anderseits suchte man durch Zusatz von backender Fettkohle zu der mageren Kohle und durch starke Erhitzung des Gemisches unter bedeutendem Druck die Verwendung von Bindemitteln überhaupt überflüssig zu machen (Zeche Glückauf-Erbstolln bei Barop).

Aber trotz verschiedener mechanischer Behandlungsweise der Kohle, trotz Aenderungen in der Konstruktion der Apparate, trotz Anwendung organischer und unorganischer Bindemittel mannigfachster Art wollte es nicht gelingen, das Steinkohlenpech entbehrlich bezw. eine in technischer und zugleich ökonomischer Beziehung geeignete Methode zur Brikettierung der westfälischen Feinkohle ausfindig zu machen.

Als nun gegen Ende der siebziger Jahre infolge des gänzlichen Darniederliegens des Eisenhüttenwesens und des dadurch bedingten grösseren Angebots von Kohlen an die Beschaffenheit und Reinheit der letzteren mehr und mehr sich steigernde Anforderungen gestellt wurden und diesem Verlangen durch Aufbereitung der Förderkohlen in immer weiterem Umfange Rechnung getragen werden musste, konnte für die hierbei abfallenden, grossen Mengen Feinkohle ein irgendwie annehmbarer Preis nicht mehr erzielt werden. Selbst die feine Fettkohle vermochte ihren natürlichen Abzug durch die Verkokung nicht mehr zu finden und wirkte daher noch weiter preiserniedrigend.

Die infolgedessen sich immer schärfer bemerkbar machende ungünstige Marktlage in Feinkohlen hatte aber wenigstens das Gute zur Folge, dass nunmehr infolge des grösseren Preisunterschiedes zwischen Stück- und Feinkohle die Möglichkeit, mit ökonomischem Erfolge die Brikettfabrikation aufzunehmen, sehr an Wahrscheinlichkeit gewann. Dazu kam, dass auf der Pariser Ausstellung (1878) von der Firma Bietrix & Co. in St. Etienne eine von Couffinhal erfundene Brikettpresse ausgestellt war, welche alle zu einer guten Brikettmaschine erforderlichen Eigenschaften in sich vereinigte.

Diese für die Brikettierung günstigen Umstände machte sich bald darauf die Verwaltung der Zeche Ver. Dahlhauser Tiefbau bei Dahlhausen a. d. Ruhr, deren Förderung fast zu zwei Drittel aus Feinkohle besteht, zu nutze und errichtete im Jahre 1880 die erste, mit zufriedenstellenden Resultaten arbeitende Brikettfabrik. Dieselbe ist seit November desselben

Jahres in Betrieb und mit den maschinellen Einrichtungen nach dem System Bietrix versehen.

Die bald bekannt werdenden Betriebsergebnisse dieser ersten Anlage waren derart, dass die Maschinenfabrik Schüchtermann & Kremer in Dortmund in weiser Voraussicht der nunmehr im Ruhrbezirk zur allmählichen Blüte gelangenden Brikettindustrie sich die Ausführung neuer Fabriken dieser Art in Deutschland durch Erwerb des Couffinhalschen Patentes sicherte. Dieselbe hat sich in ihren Erwartungen nicht getäuscht. Allein in den beiden folgenden Jahren kamen fünf derartige Anlagen in Betrieb und zwar auf den Zechen Franziska Tiefbau bei Witten im November 1881, Königsborn bei Unna und Caroline bei Holzwickede im Februar 1882, Rhein-Elbe bei Gelsenkirchen im Mai desselben Jahres und Blankenburg bei Hattingen gegen Ende des Jahres 1882.

Infolge dieser plötzlichen Entfaltung der Brikettindustrie überstieg aber sehr bald die Nachfrage nach Pech, welches bis dahin nur aus dem Gasteer und nicht einmal in Deutschland, sondern nur in England gewonnen wurde, das Angebot und die Pechpreise zogen so erheblich an, dass die neu entstandene Industrie kaum einen irgendwie lohnenden Verdienst abwarf. Das Steigen der Pechpreise wirkte auf die weitere Entwickelung der Brikettindustrie insofern ein, als in den nächsten Jahren keine neuen Brikettanlagen errichtet wurden, und diejenige der Zeche Königsborn, welche durch Brandschaden im August des Jahres 1883 teilweise zerstört worden war, nicht wieder aufgebaut und weiter betrieben wurde.

Als dann gegen Mitte der achtziger Jahre im Ruhrbezirk eine neue Gewinnungsquelle von Steinkohlenteer und mithin auch von Pech durch den Bau und Betrieb von Koksöfen mit Nebenproduktengewinnung erschlossen und dadurch Aussicht auf billige Beschaffung des Pechs in grösseren Mengen vorhanden war, machte sich auch alsbald wieder ein erhöhtes Interesse für die Brikettierung der mageren und wenig backenden Feinkohlen bemerkbar. Dasselbe hat sich erfreulicher Weise bis heute rege erhalten und so von Jahr zu Jahr in stetig fortschreitender Entfaltung die jetzt in hoher Blüte stehende Brikettindustrie des Ruhrbezirks gezeitigt.

In den einzelnen Jahren nahmen weiterhin der Reihe nach folgende Zechen die Brikettfabrikation auf:

1885. Ver. Bommerbänker Tiefbau;
1886. Neu-Iserlohn, Lothringen und Zollverein;
1887. Heinrich Gustav bei Langendreer, ver. Wiesche und Margaretha;
1888. Eiberg und Pörtingssiepen;
1889. Herkules;

1890. Victoria, Siebenplaneten und Steingatt;
1891. Freie Vogel & Unverhofft, Julius-Philipp und Alte Haase;
1892. Dannenbaum und Johann Deimelsberg.
1893. Gottessegen, Altendorf und Hoffnungsthal;
1894. Fröhliche Morgensonne, Baaker Mulde und Bickefeld-Tiefbau;
1895. Ver. Wiendahlsbank;
1898. Rosenblumendelle, Engelsburg & Eintracht Tiefbau. 1900. Schür-
        bank und Charlottenburg. 1903. Zeche Holland III/IV.

Zwei von diesen letztgenannten Gruben, nämlich die Gaskohlenzeche Zollverein I/II (1888) und Rhein-Elbe (Dezember 1892) haben inzwischen die Brikettfabrikation hauptsächlich wegen des hohen Pechverbrauchs wieder aufgegeben, während andere, welche bei der Marktlage der letzten Jahre ihre immerhin noch gut verkokungsfähigen Feinkohlen vorteilhafter zur Koksfabrikation verwerten konnten, seit längerer Zeit (Mitte 1898) die Brikettierung des Kohlenkleins entweder eingestellt oder doch wenigstens eingeschränkt haben. Desgleichen hat auch die kleine, nur Eierbriketts herstellende Zeche Hoffnungsthal infolge der im Jahre 1900 herrschenden, ungestümen Nachfrage nach Kohlen aller Art von diesem Betriebszweige gänzlich abgesehen.

Die allmähliche Entfaltung der Brikettindustrie veranschaulicht am besten die auf Seite 598 und 599 beigefügte tabellarische bezw. graphische Uebersicht über die jährliche Entwickelung der Brikettfabrikation auf den Ruhrkohlenzechen. Aus derselben sind, beginnend mit dem Jahre 1883, die Zahl der mit Briketteinrichtungen versehenen Zechen, ferner die Zahl der vorhandenen Pressen, sodann die Produktion und ihre jährliche Zunahme in Prozenten, sowie endlich die Durchschnittspreise für Pech und Briketts in den letzten 10 Jahren zu ersehen. Hierbei springt vor allem die grossartige Entwickelung und vermehrte Leistungsfähigkeit der einzelnen Anlagen vom Jahre 1894 ab in die Augen. Während nämlich die im Jahre 1894 vorhandenen 27, mit Brikettfabriken ausgerüsteten Zechen sich bis Ende 1900 nur um 5 vermehrten, stieg sowohl die Zahl der Pressen, wie auch die Menge der Produktion in demselben Zeitraum auf den sämtlichen Anlagen um mehr als das Doppelte und zwar von 45 auf 91 Pressen bezw. von 751 000 t auf 1 550 000 t Briketts. Die durchschnittlichen Verkaufspreise für Briketts erhöhten sich in der gleichen Zeit von 8,82 M. auf 12,27 M., also um mehr als ein Drittel, während die Preise für Pech erfreulicher Weise niemals weit über den Stand von 1894 hinausgingen.

Von den am Ende des Jahres 1900 vorhandenen 32 Brikettfabriken waren diejenigen der Zechen Alte Haase, Julius Philipp und Heinrich Gustav im letzten Jahre nur zeitweise in Betrieb, diejenigen der Zechen Ver. Wiesche und Schürbank & Charlottenburg nahmen die Fabrikation

Uebersicht über die Entwickelung der Brikettfabrikation.

Tabelle 53.

Jahr	Zechen mit Brikettfabriken	Anzahl der Pressen zu Anfang des Jahres	GesamtProduktion an Briketts t	Zunahme in Procenten gegen das Vorjahr	Pechpreis pro t in M.	DurchschnittsVerkaufspreise pro t Briketts
1883	6	—	14 911	—	—	—
1884	5	6	23 604	58,29	—	—
1885	6	5	98 835	318,72	40,00	—
1886	9	6	128 906	30,42	—	—
1887	12	12	225 531	74,95	—	—
1888	13	15	296 089	31,28	—	—
1889	14	17	336 680	13,70	—	—
1890	17	20	346 710	2,97	—	—
1891	20	25	452 809	30,60	44,50	12,67
1892	22	35	539 256	19,09	40,75	10,47
1893	25	39	720 980	33,69	38,25	9,08
1894	27	45	751 676	4,25	41,10	8,82
1895	28	57	785 253	4,46	45,50	9,07
1896	28	64	840 320	7,02	43,00	9,34
1897	28	64	961 314	14,39	35,85	9,99
1898	31	69	1 081 931	12,54	30,75	10,22
1899	31	83	1 300 000	20,15	34,00	10,66
1900	32	91	1 550 000	19,23	42,50	12,27

erst im Laufe des Jahres am 1. Juli bezw. 1. November auf und diejenigen der Zechen Hoffnungsthal, Lothringen und Dannenbaum lagen aus den bereits obengenannten Gründen gänzlich still. Aus der graphischen Darstellung für das Jahr 1900 (Tabelle 54) ist die Höhe der Brikettfabrikation der einzelnen Zechen, geordnet nach Produktionsmengen, ihre Gesamtkohlenförderung sowie das Procentverhältnis der brikettierten zur geförderten Kohlenmenge zu ersehen. Darnach weist die Zeche Hercules bei Essen mit 146576 t Briketts die grösste Produktion auf, nach ihr kommen in weitem Abstande, aber immer noch mit mehr als 100 000 t Produktion, die Zechen Dahlhauser Tiefbau und Siebenplaneten, weiter folgen 3 Zechen mit etwas über 80 000 t, 5 Zechen mit 60—70 000 t, 2 mit 50—60 000 t, 4 mit 40—50 000 t, und endlich 7 mit 30—40 000 t, von welch letzteren die Zeche Neu-Iserlohn mit 32 420 t die geringste in regelmässigem Jahresbetriebe erzeugte Produktion zu verzeichnen hat. Ebenfalls ist auch das nur 9,44 % betragende Verhältnis der hergestellten Briketts zur Gesamtförderung zufällig bei der zuletzt genannten Grube am niedrigsten, wohingegen die höchstproduzierende Zeche Hercules unter Zugrundelegung der Verhältniszahl erst an sechster Stelle mit 40,64 % kommt.

Höhe der Brikettfabrikation der einzelnen Zechen im Jahre 1900.   **Tabelle 54.**

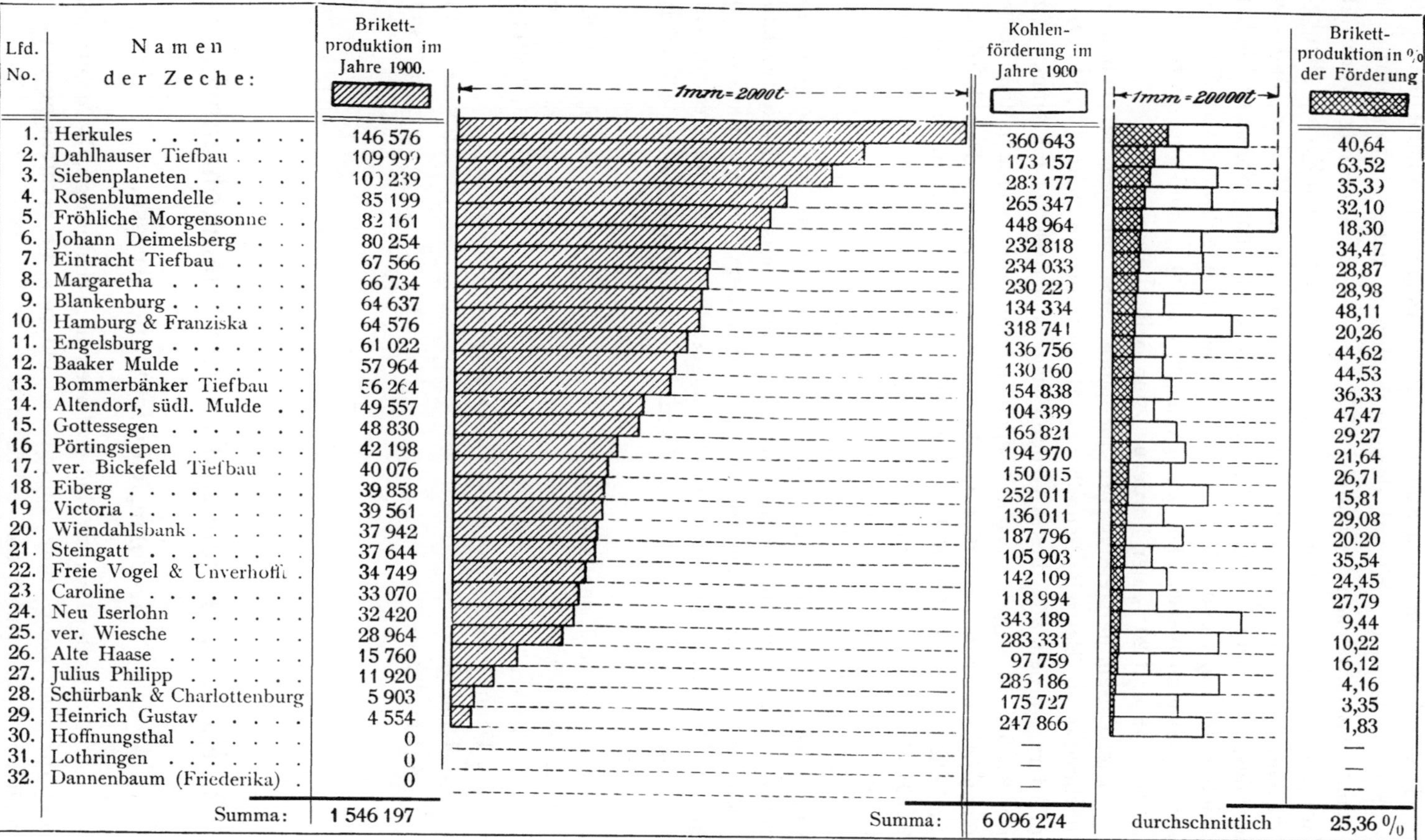

Lfd. No.	Namen der Zeche:	Brikett-produktion im Jahre 1900.	Kohlen-förderung im Jahre 1900	Brikett-produktion in % der Förderung
1.	Herkules	146 576	360 643	40,64
2.	Dahlhauser Tiefbau	109 999	173 157	63,52
3.	Siebenplaneten	100 239	283 177	35,33
4.	Rosenblumendelle	85 199	265 347	32,10
5.	Fröhliche Morgensonne	82 161	448 964	18,30
6.	Johann Deimelsberg	80 254	232 818	34,47
7.	Eintracht Tiefbau	67 566	234 033	28,87
8.	Margaretha	66 734	230 229	28,98
9.	Blankenburg	64 637	134 334	48,11
10.	Hamburg & Franziska	64 576	318 741	20,26
11.	Engelsburg	61 022	136 756	44,62
12.	Baaker Mulde	57 964	130 160	44,53
13.	Bommerbänker Tiefbau	56 264	154 838	36,33
14.	Altendorf, südl. Mulde	49 557	104 389	47,47
15.	Gottessegen	48 830	165 821	29,27
16	Pörtingsiepen	42 198	194 970	21,64
17.	ver. Bickefeld Tiefbau	40 076	150 015	26,71
18.	Eiberg	39 858	252 011	15,81
19	Victoria	39 561	136 011	29,08
20.	Wiendahlsbank	37 942	187 796	20,20
21.	Steingatt	37 644	105 903	35,54
22.	Freie Vogel & Unverhofft	34 749	142 109	24,45
23.	Caroline	33 070	118 994	27,79
24.	Neu Iserlohn	32 420	343 189	9,44
25.	ver. Wiesche	28 964	283 331	10,22
26.	Alte Haase	15 760	97 759	16,12
27.	Julius Philipp	11 920	285 186	4,16
28.	Schürbank & Charlottenburg	5 903	175 727	3,35
29.	Heinrich Gustav	4 554	247 866	1,83
30.	Hoffnungsthal	0	—	—
31.	Lothringen	0	—	—
32.	Dannenbaum (Friederika)	0	—	—
	Summa:	1 546 197	Summa: 6 096 274	durchschnittlich 25,36 %

Die bei weitem erste Stelle in dieser Beziehung nimmt die Zeche Dahlhauser Tiefbau ein; auf derselben werden nahezu zwei Drittel der Gesamtkohlenförderung, nämlich 63,52 % zur Brikettierung verwandt. Nahezu die Hälfte der Kohlen werden brikettiert auf den Zechen Blankenburg und Altendorf, über zwei Fünftel auf Engelsburg, Baaker Mulde und Hercules, etwa ein Drittel auf Bommerbänker Tiefbau, Steingatt, Siebenplaneten, Johann Deimelsberg und Rosenblumendelle. Zehn von den noch übrigen Gruben verwenden zwischen 20 und 30 % und die letzten vier zwischen 15 und 20 % der Förderung zur Brikettierung.

Die Gesamtherstellung der im Jahre 1900 auf den 29 Zechen des Ruhrbezirks in Betrieb befindlichen Brikettfabriken betrug 1 546 197 t; gefördert wurden von diesen Gruben insgesamt 6 096 274 t Kohlen, sodass also 25,36 % des geförderten Kohlenquantums der sogenannten Magerkohlengruben zur Brikettierung Verwendung fanden. Die Förderung sämtlicher Gruben des Ruhrbezirks stellt sich im genannten Jahre auf 59 620 000 t und dementsprechend das Prozentverhältnis der hergestellten Briketts zur Gesamtförderung auf 2,59 %.

Die in Tabelle 54 aufgeführten Zechen sind mit Ausnahme von Alte Haase und Hoffnungsthal, welche nur Eierbriketts und auch letztere meistens nur im Winter herstellen, der Aktiengesellschaft Brikettverkaufsverein zu Dortmund beigetreten. Von den dem Verein seitens der Mitglieder im Jahre 1900 zum Verkauf angestellten Brikettmengen in Höhe von 1 485 130 t entfallen nach Angabe des diesbezüglichen Geschäftsberichts auf:

1. Deutsche Eisenbahnen . . . . 42,8 % = 635 625 t
2. Händler . . . . 13,0 % = 192 110 »
3. Werke, Private usw. . . . . 35,3 % = 524 863 »
4. Dampfschiffe und Ausfuhr nach ausserdeutschen
     Ländern . . . . 8,0 % = 119 400 »
5. Kanalbauten . . . . 0,9 % = 13 132 »

2. Kapitel: Eigenschaften der Steinkohlenbriketts.

I. Form, Gewicht und Grösse.

Als Form der Briketts sind vertreten die rechteckige, die quadratische und die Eier-Form; unter diesen ist wiederum die rechteckige mit abgerundeten Höhenkanten die verbreitetste.

Die rechteckig und quadratisch geformten Briketts haben ein Gewicht von $2^1/_2$ bis 5 kg, die Eierbriketts ein solches von 35, 65, 125 oder 135 Gramm.

Neuerdings werden auf einzelnen Gruben (Blankenburg) auch (Couffinhal-)Pressen aufgestellt, mittels welcher anstatt eines $2^1/_2$ kg schweren Briketts bei jedem Hube zwei je $1^1/_4$ kg wiegende Briketts, zu Hausbrandzwecken dienend, hergestellt werden sollen. Zu demselben Zwecke sind kurze Zeit hindurch die Briketts auf Zeche Margaretha durchlocht worden.

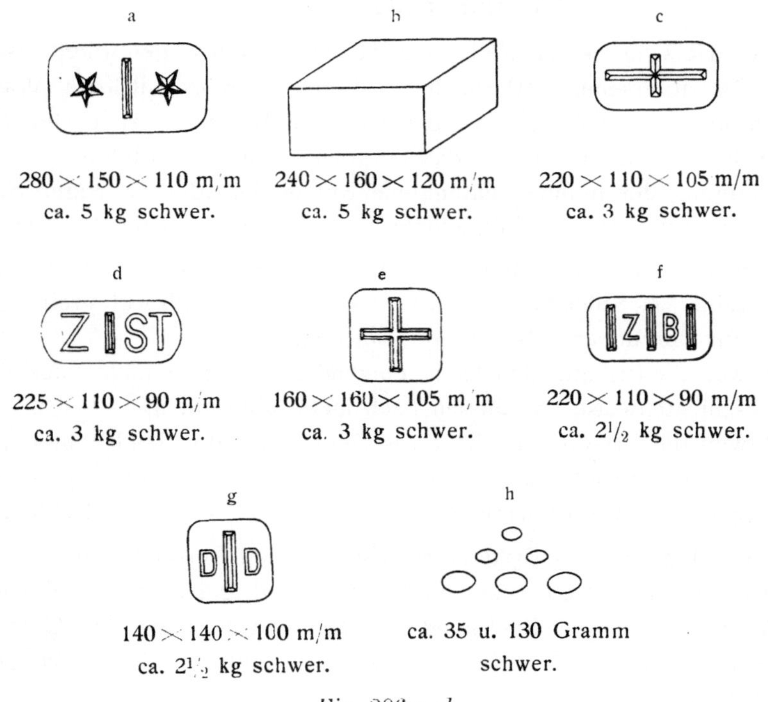

Fig. 286 a—h.

Infolge der ungleichmässigen Abnutzung der Formen in den Presstischen bezw. Walzen (für Eierbriketts) ist das Gewicht der einzelnen Briketts aus ein und derselben Presse nicht ganz gleich und kleine Gewichtsunterschiede somit unvermeidlich.

Die Grösse der von den einzelnen Zechen gefertigten Briketts ist zunächst ihrem Gewichte entsprechend sehr verschieden, sodann aber weisen auch die Briketts von gleichem Gewicht mannigfaltige Grössenverhältnisse auf. Die gebräuchlichste Grösse ist die von 220 × 110 × 105 mm im Gewichte von ca. 3 kg.

Aus den bildlichen Darstellungen der Briketts (Fig. 286 a—h) sind Form, Gewicht und Grösse einzelner Brikettsorten zu erkennen.

Darüber, welches Format das geeignetste ist, gehen die Ansichten auseinander, da je nach dem Verwendungszweck grösseren oder kleineren Briketts der Vorzug zu geben ist. Im allgemeinen sind die $2^1/_2$ bis 3 kg schweren, rechteckigen Briketts die beliebtesten, einmal weil sie bequem mit einer Hand gefasst werden können, sodann aber auch, weil sie sich besser, als die quadratischen für das Aufstapeln grosser Vorräte eignen und beim Zerkleinern am wenigsten Grus bilden.

II. Heizkraft, Aschengehalt, Schlackenbildung, Rauchentwickelung.

Der Heizwert einer Reihe westfälischer Steinkohlenbriketts ist aus Tabelle 56 zu ersehen. Darnach wird eine durchschnittliche Wasserverdampfung von 8,63 kg pro kg verfeuerter Briketts erzielt. Im allgemeinen kann man annehmen, dass die Heizkraft der Briketts unter Berücksichtigung der in ihnen enthaltenen Kohlen den gleichwertigen Stückkohlen zum mindesten die Wagschale hält. Letzteres ist deshalb der Fall,

1. weil die zur Brikettierung verwendete Feinkohle sowohl von Natur reiner als Stückkohle ist, als auch vielfach durch Aufbereitung von unverbrennbaren Substanzen befreit ist,
2. weil die Briketts sich leicht entzünden, im Feuer nicht backen und schichtenweise von aussen nach innen abbrennen,
3. weil die Briketts ein dichteres Gefüge als Stückkohlen bilden und daher naturgemäss eine grössere Menge Brennstoff auf den Rost gebracht werden kann, wie bei der Verfeuerung von Kohlen.

Nach Angaben des Brikettverkaufsvereins zu Dortmund soll der Verbrauch bei der Brikettfeuerung um 10—15 % niedriger sein als bei Kohlen.

An unverbrannten Rückständen verbleiben je nach der Güte des einzelnen Briketts 6—8 %; im Durchschnitt stellt sich der Aschengehalt auf 7,55 % (Tab. 56).

Die Schlackenbildung der Briketts ist sehr gering, da ein Zusammenbacken der Aschenbestandteile selten stattfindet. Tritt solches aber dennoch ein, so ist meistens die Schlacke sowohl in kaltem, wie in warmem Zustande leicht zu lösen.

Die Rauchentwickelung der Briketts ist im allgemeinen geringer als bei Kohlen. Nach den auf der kaiserlichen Werft zu Wilhelmshaven ausgeführten Heizversuchen geben die westfälischen Briketts nach Dauer und Stärke weniger schwarzen Rauch als die betreffenden Rohkohlen.

III. Festigkeit, Lagerfähigkeit, Entzündbarkeit.

Die Widerstandsfähigkeit der westfälischen Steinkohlenbriketts gegen äussere Angriffe ist infolge des beigemengten Pechs und des starken

Pressendrucks ausserordentlich gross. Nach den auch in dieser Beziehung zu Wilhelmshaven angestellten Untersuchungen betrug die Kohäsion der westfälischen Steinkohlen 34,66—63,12, im Mittel 46,6 % und die der westfälischen Briketts 34,7—73, durchschnittlich 56,83 %.

Das Bindemittel schützt ausserdem die Briketts vor verderblichen Luft- und Witterungseinflüssen; insbesondere wird durch den Pechgehalt das Eindringen von Feuchtigkeit in die Briketts verhindert. Preissig giebt an, dass zu Wilhelmshaven 3 Jahre im Freien und gleichzeitig 3 Jahre unter Dach und Fach gelagerte Briketts ohne Unterschied hinsichtlich ihrer technischen Eigenschaften noch dieselbe Güte hatten, wie kurz nach der Herstellung.

Auf der Zeche Blankenburg ist desgleichen von den ersten im Jahre 1882 hergestellten Briketts eine $1^1/_2$ m hohe Pyramide seiner Zeit im Freien errichtet worden, welche bis heute allen Unbilden der Witterung Stand gehalten hat und von letzterer nur an den äusseren Wandungen in ganz geringem Umfange in Mitleidenschaft gezogen worden ist.

Die häufig beim Lagern der Steinkohlen vorkommende Selbstentzündung ist bei Brikettbeständen bisher nie beobachtet und somit wohl als ausgeschlossen zu betrachten. Der Grund dieser Erscheinung wird darin zu suchen sein, dass das in den Briketts enthaltene Pech kein Eindringen der Atmosphärilien in dieselben gestattet, und daher auch keine Wärme erzeugenden Umsetzungen innerhalb der Briketts stattfinden können. Bei der Verfeuerung dagegen bewirkt das in den Briketts enthaltene Pech, dass dieselben sich leichter entzünden und dementsprechend schneller Dampf erzeugen, als Kohlen.

IV. Verwendung.

Der hohe, sehr lange unverändert bleibende Heizwert der Briketts, sodann ihre leichte Entzündbarkeit und lebhafte, vollständige Verbrennung bei geringer Rauchentwickelung, ferner ihre schnelle und grosse Wärmeentwickelungsfähigkeit im Vergleich mit entsprechenden Rohkohlensorten, endlich die leichte Kontrolle bei Anlieferung und Verbrauch haben dazu geführt, dass die westfälischen Steinkohlenbriketts nach und nach zu Verfeuerungszwecken verschiedenster Art benutzt werden. Insbesondere finden sie Verwendung zur Lokomotiv-, Lokomobil- und Schiffskessel-Feuerung, zur Beheizung von Flammöfen und Generatoren in Eisenwerken, sowie von Schmelz- und Kühlöfen in Glasfabriken, zu sonstigen Feuerungszwecken in Porzellan-, Zement- und Zuckerfabriken und endlich neuerdings in immer grösseren Mengen auch für häusliche Feuerungsanlagen.

3. Kapitel: Rohmaterialien.

I. Kohlen.

Sorten, Gasgehalt, Korngrösse, Mengen verschiedener Kohlen.

Zur Herstellung der Briketts werden sowohl Fett- wie Halbfett- und Magerkohlen und manchmal auch Gemenge verschiedener Sorten verwandt. In den letzten Jahren haben allerdings infolge der grossen Nachfrage nach Koks die Fett- und Halbfettkohlen verarbeitenden Zechen ihre Brikettfabrikation entweder eingeschränkt oder gänzlich eingestellt, sodass Ende 1900 fast nur Magerkohle aus dem im Horizonte von Flötz Finefrau abwärts auftretenden Flötzen zur Brikettierung Verwendung fand*).

Der Gasgehalt der Kohle aus dem Flötz Finefrau schwankt zwischen 8 und 15 %, sodass eine Verkokung derselben schlechterdings unmöglich ist. Der bei der Gewinnung dieser Kohlen fallende Grus wird daher in den meisten Fällen zu Briketts verarbeitet. Zu diesem Zwecke wird derselbe von den gröberen Stücken abgesiebt oder auch gewaschen. Die Korngrösse der zur Brikettierung gelangenden, trockenen Siebgruskohlen schwankt je nach der Menge des Feinkohlenfalls der betreffenden Zeche zwischen 0—5 und 0—15 mm und diejenige der gewaschenen Kohle zwischen 3 und 10 mm. Im einzelnen ist die Korngrösse der einzelnen Zechen aus der Tabelle 55 zu ersehen. Letztere lässt des weiteren die Mengen der täglich auf den einzelnen Zechen zur Verwendung gelangenden ungewaschenen und gewaschenen Kohlen erkennen. Darnach verarbeitet nur eine Zeche, nämlich Altendorf, ausschliesslich gewaschene Kohle, während 15 Zechen ausschliesslich ungewaschene und 12 gewaschene und ungewaschene Kohlen in den verschiedensten Verhältnissen zu einander im Jahre 1900 brikettierten.

Zum Trocknen der gewaschenen Kohlen, die höchstens bei einem Wassergehalt von 6 % sich noch zu festen Briketts pressen lassen und daher meistens mit trockenen Kohlen in entsprechenden Vorrichtungen gemischt werden, dienen grosse mit Entwässerungssieben versehene Kohlentürme, in denen man die Feinkohle je nach Bedarf und Zweckmässigkeit 24—48 Stunden lagern lässt.

Der Aschengehalt der einzelnen Briketts und somit auch die Heizkraft derselben ist sehr verschieden. Nach der Zusammenstellung der auf

---

*) Die Gas-Feinkohlen verarbeitenden Zechen Rhein-Elbe und Zollverein haben aus den auf Seite 597 angeführten Gründen schon seit langer Zeit die Herstellung von Briketts aufgegeben.

Täglicher Verbrauch an gewaschenen und ungewaschenen Kohlen zur Brikettierung nebst Angabe der Korngrösse, des Pechzusatzes und der Art der Mengung auf den Zechen des Ruhrreviers pro 1900.

Tabelle 55.

Lfd. Nr.	Es wurden brikettiert in Tonnen pro Tag		Korngrösse in mm	Pechzusatz in %	Erwärmung des Gemisches mit direktem Feuer im Wärmofen	Bemerkungen
	ge- waschen	un- gewaschen				
I	180	—	0—6	7,00	»	
II	—	120	$0-{}^{7}/_{13}$	8,50	»	
III	—	120	0—8	8,00	»	
IV	—	120	0—10	6,5—7,00	»	
V	—	125	0—8	—	»	
VI	—	300	0—8	8,00	»	
VII	20	280	0—5	6,75	»	
VIII	10	140	5—8 bezw. 0—5	7,50	»	
IX	21	118	8—40 bezw. 0—15	8,60	»	
X	$33^1/_3$	$66^2/_3$	0—10	7,00	»	
XI	75,5	38	3—10 bezw. 0—3	7,00	»	
XII	150	75	3—9 bezw. 0—3	6,50	»	
XIII	180	80	3—10 bezw. 0—3	6,80—7,50	»	
XIV	90	30	2—8 bezw. 0—2	7,00	»	
XV	190	55	4—10 bezw. 0—4	8,00	»	
XVI	—	—	—	—	—	⎫
XVII	—	—	—	—	—	waren ausser
XVIII	—	—	—	—	—	Betrieb
XIX	—	—	—	—	—	⎭
					Mit überhitztem Dampf im Malaxeur	
I	—	110	0—8	7,80	»	
II	—	110	0—6	9,00	»	
III	—	170	0—7	7,60	»	
IV	—	200	0—6	7,00	»	
V	—	210	0—15	6,50	»	
VI	—	350	0—8	7,25	»	
VII	—	500	0—5	8,00	»	
VIII	—	180	0—5	8,00	»	
IX	15	200	4—9 bezw. 0—4	8,00	»	
X	88	116	4—10 bezw. 0—4	7,00	»	
XI	40	45	0—10	8,00	»	
XII	—	?	0—10	9,00	»	nur Eierbriketts
XIII	—	?	—	—	»	war ausser Betrieb

den Kaiserlichen Werften ausgeführten, diesbezüglichen Versuche war der durchschnittliche Aschengehalt und die Heizkraft der Briketts einzelner westfälischer Zechen folgender:

Tabelle 56.

Name der Zeche	Anzahl der gewonnenen Proben	Durchschnittlicher Aschengehalt in %	Durchschnittliche Wasserverdampfung pro kg Briketts in kg
Dahlhauser Tiefbau	20	7,43	8,47
Blankenburg	29	8,59	8,40
Caroline bei Holzwickede	2	9,87	8,42
Bommerbänker Tiefbau	9	8,03	8,61
Neu-Iserlohn	21	6,18	8,81
Hamburg & Franziska	3	7,58	8,79
Lothringen	14	7,49	8,68
Eiberg	6	6,07	8,58
Herkules	5	8,14	8,79
Siebenplaneten	5	6,11	8,72
Gesamt-Durchschnitt . . .		7,55	8,63
Eierbriketts			
Hoffnungsthal	8	8,22	8,37

Der Aschengehalt der westfälischen Steinkohlenbriketts stellt sich demgemäss auf ca. 7,55 % und der Heizwert derselben auf etwa 8,63 kg Wasserverdampfung pro Kilo Briketts.

Das Mengen der verschiedenen Kohlensorten bezw. das Mischen gewaschener Kohlen mit ungewaschenen in den beabsichtigten richtigen Quantitäten-Verhältnissen wird meistens mit denjenigen Vorrichtungen ausgeführt, mit welchen auch das den Kohlen zuzusetzende Bindemittel aufgegeben wird. Diese Aufgabevorrichtungen sind im folgenden Abschnitt »Bindemittel« näher beschrieben.

Neuerdings ist ausserdem eine Einrichtung, wie sie seit längerer Zeit auf Humboldtschen Erzaufbereitungen besteht, von Seyffarth auch zum Mischen von Kohlen mit Erfolg bei der Steinkohlenbrikettfabrikation eingeführt worden.

Unter den einzelnen in trichterförmige Kästen mündenden Kohlenvorratstürmen (Fig. 287) läuft auf zwei, etwas geneigt verlagerten Schienen ein eiserner Schlitten, der sog. Aufgabeschuh, welcher durch eine Pleuelstange in Verbindung mit einer Kurbelwelle in eine hin- und hergehende Bewegung versetzt wird. Die Höhe der aus den Trichteröffnungen fallenden

Fig. 287.

Turmschieber und Schüttelsiebe.

und auf den Aufgabeschuhen lagernden Kohlenmassen kann durch senkrecht zu den Aufgabeschuhen angebrachte, verstellbare Schieber geregelt werden. Beim Vorwärtsbewegen des Schlittens wird die auf demselben ruhende Kohle mitgenommen; und der unter der Trichteröffnung zwischen dieser und der Schlittenplatte hierbei entstehende Raum füllt sich mit den aus dem Vorratsraum nachstürzenden Kohlenmassen an; beim Rückwärtsgange des Schlittens dagegen zieht sich die Schlittenplatte unter den Kohlenmassen zurück und die vorn auf ihr ruhende Kohlenschicht fällt um die Länge der Rückwärtsbewegung des Schlittens auf ein Schüttelsieb und sodann in eine an den Schlitten der einzelnen Vorratstürme entlang laufende Transport-Mischschnecke ab.

II. Bindemittel.

1. Allgemeines.

Von der Wahl des Bindemittels hängt die mehr oder minder gute Beschaffenheit und Brauchbarkeit der Briketts ab. Die wesentlichste Bedingung der Brikettierung, Stückkohlen in Form von Briketts zu erhalten, ohne dass letztere im Feuer wieder gänzlich zerfallen und wieder Staubkohle bilden, hat man auch im Ruhrbezirk auf die verschiedenste Weise zu erreichen versucht. Bereits früher ist gesagt worden, dass die Brikettierung des Kohlenkleins sowohl ohne als mit Bindemitteln mancherlei Art zeitweise ausgeführt worden ist, dass aber dennoch bis heute ein vollgültiger Ersatz für das einzig Verwendung findende Pech nicht gefunden wurde. Letzteres eignet sich hierfür so ganz besonders, weil es bei verhältnismässig geringem Zusatz den Briketts eine im Feuer beständige Festigkeit giebt, ohne die Brennbarkeit selbst zu verringern oder der Qualität Abbruch zu thun; es wird vielmehr durch Zusatz dieses brennbaren Bindestoffs die Lebhaftigkeit der Verbrennung erhöht.

2. Specielles.

a) Hartpech.

Wertbestimmung des Pechs.

Der Wert des Pechs bezw. seine Tauglichkeit zur Brikettierung hängt hauptsächlich von dem Schmelzpunkt, dem Erweichungspunkt und der Sprödigkeit ab. Da diese Eigenschaften einzeln weder leicht trennbar noch auch leicht bestimmbar sind, und ferner äusserlich nicht unterscheidbare Pechstücke häufig gänzlich verschiedene Beschaffenheit besitzen, ist der Wert des Pechs als Bindemittel nur unvollkommen zu bestimmen. Einige Verbraucher halten viel von der sogenannten Kauprobe,

d. h. ob das Pech unter der Zunge erweicht und sich sodann mit den Zähnen kneten lässt; andere wiederum verlangen für normales Brikettierpech, dass der Gehalt an flüchtigen Bestandteilen 40—50 % beträgt, ferner der Erweichungspunkt zwischen 60 und 70° und der eigentliche Schmelzpunkt zwischen 90 und 100° C. liegt. Fast alle Verbraucher bevorzugen das Pech, welches aus dem Teer der westfälischen Destillationskokereien gewonnen wird und erklären das aus englischem Gasteer gewonnene Pech für minderwertig.

Erweichen des Pechs im Wärmofen oder im Malaxeur.

Das Hartpech wird als trockenes Pulver der Kohle beigemengt und die Schmelzung desselben mittels direkter Feuerung in sogenannten Weich oder Wärmöfen oder mit Hülfe von überhitztem Dampf in (Malaxeuren) Dampfknetwerken bewirkt (Tab. 55). Die Zerkleinerung des Hartpechs erfolgt meistens in den weiter unten beschriebenen Desintegratoren oder in Kollermühlen; die grossen zusammenbackenden Pechstücke werden zuweilen anstatt des teuren Zerklopfens von Hand zunächst unter Anwendung von Steinbrechern in faustgrosse Stücke gebrochen. Wegen der Kostspieligkeit des Bindemittels ist es von ausserordentlicher Bedeutung, dass der zur Pressung der Briketts notwendige, plastische Zustand der Brikettmasse nicht durch einen hohen Zusatz von Hartpech, sondern vielmehr durch Anwendung zweckmässiger Apparate erreicht wird. In dieser Beziehung sind bezüglich der vorteilhafteren Anwendung des Malaxeurs oder des Wärmofens die Meinungen noch sehr geteilt. Auf einigen Zechen giebt man dem Wärmofen den Vorzug, weil in ihm eine innigere Mischung des Kohlenkleins mit dem Bray stattfindet und daher auch der plastische Zustand der Brikettmasse bei vermindertem Pechzusatz eintritt; auf anderen Gruben hinwiederum glaubt man durch Erhitzen des Kohlenpechgemisches im Malaxeur eine Ersparnis an Pech deswegen zu erzielen, weil im Wärmofen durch die Anwendung des direkten Feuers eine teilweise Verflüchtigung des Pechs eintreten würde. Aus Tabelle 55 ist der Pechzusatz der einzelnen Brikettfabriken der Ruhrkohlengruben zu ersehen. Darnach stellt sich derselbe bei Anwendung des Wärmofens ebenso ungleich wie bei Anwendung des Malaxeurs, da der grössere oder geringere Pechzusatz insbesondere auch von der Beschaffenheit der Kohle, nämlich ob diese gänzlich gasarm oder etwas gasreicher, ob feucht oder trocken, ob grob oder feinpulverig ist, abhängt. Nach den ebenfalls aus der Tabelle zu ersehenden Durchschnittszahlen der beiden verschiedenen Betriebsweisen stellt sich der Pechverbrauch bei Anwendung des Wärmofens auf 7,5 % und ist derselbe trotz grösserer Verwendung feuchter Kohle gegenüber der anderen Methode, der Erwärmung des Gemisches im Malaxeur mittels überhitzten Wasserdampfes sogar noch etwas geringer. Freilich muss hier wieder beachtet werden, dass die mit Malaxeur arbeitenden Zechen im Durchschnitt eine bedeutend gasärmere Kohle verwenden. Nicht unerwähnt soll jedoch bleiben, dass jahrelange Versuche auf einer nur ungewaschene Kohlen verarbeitenden Brikettfabrik ergeben haben, dass bei Anwendung direkter Feuerung der Pechzusatz gegenüber dem im Malaxeur von 6,5 $\%$ auf 7—7,3 $\%$ stieg. Letztere Thatsache scheint demgemäss die Ansicht zu bestätigen, dass wenigstens bei Verwendung trockener Kohlen eine geringe Verbrennung von Pech im Wärmofen einzutreten pflegt.

Gesichtspunkte zur möglichsten Verringerung des Pech-
verbrauchs.

Um den Pechverbrauch zu vermindern, sind folgende Gesichtspunkte beachtenswert:

Aus dem Schlusssatz des vorigen Abschnittes ergiebt sich, dass bei Verwendung trockener Siebgruskohlen eine Erwärmung des Kohlenpechgemisches im Weichofen nur bei äusserst vorsichtiger Feuerung anzuraten ist. Denn durch die im Weichofen von zwei Seiten über das zu erwärmende Gemisch hinwegstreichenden Feuergase werden die trockenen Pechstaubpartikelchen, namentlich in der Nähe der beiden Feuerungen, leichter verflüchtigt, als wenn dieselben noch von nassfeuchten, gewaschenen Kohlenpartikeln umgeben sind. Bei Anwendung trockener Kohlen zur Brikettfabrikation empfiehlt sich daher die Erwärmung der zu brikettierenden Masse im Malaxeur mit überhitztem Dampf.

2. Bei Benutzung grösserer Mengen gewaschener Kohlen ist dagegen der Erwärmung im Weichofen vor derjenigen im Malaxeur der Vorzug zu geben, weil sonst der an und für sich schon hohe Wassergehalt der feuchten Brikettmasse durch den mittels vier Düsen in den Malaxeur eingeleiteten, überhitzten Dampf unzweckmässiger Weise noch bedeutend erhöht würde. Bei einem Wassergehalt der Brikettmasse von über 6 $\%$ werden jedoch die Briketts, wenn nicht langsam wirkende Kniehebel- oder Strang-Pressen verwandt werden, beim Pressen infolge des plötzlichen Ausdrückens des unnötigen Wassergehaltes sehr leicht rissig und zwar senkrecht zur Druckrichtung. Vorteilhaft ist es daher, wenn der Wassergehalt der Brikettkohlen möglichst gering ist, damit die im Weichofen zur Erwärmung der Brikettmasse benötigten Feuergase nicht grösstenteils zur Abtrocknung der Kohlen dienen müssen. Bei der Brikettierung gewaschener Kohlen ist es somit ratsam, dieselben vor der Erwärmung im Weichofen mit einem Zusatz ungewaschener, trocken abgesiebter Gruskohle zu versetzen.

Aus Vorstehendem folgt, dass bei Verwendung gewaschener Kohlen die Benutzung des Weichofens und die naturgemäss damit verbundene teilweise Verflüchtigung des Pechs nicht gut zu umgehen ist. Diesem

Uebelstand könnte man dadurch abhelfen, dass die zu brikettierende, gewaschene Kohle im Weichofen nur getrocknet und angewärmt und sodann im Malaxeur unter Zusatz des nötigen Pechs durch überhitzten Dampf in die zur Brikettierung geeignete, plastische Masse übergeführt würde. Dieses wird aber deswegen in der Praxis weniger ausgeführt werden, weil dann ein nahezu doppelter Verbrauch an Brennstoff, einmal für Beheizung des Wärmofens und ferner für Erzeugung und Ueberhitzung des für den Malaxeur benötigten Dampfes eintreten und dadurch der durch die Nichtverflüchtigung des Pechs erzielte Vorteil aufgewogen würde. Desgleichen würden sich wahrscheinlich beim Zusatz des Pechs zur heissen Kohlenmasse Schwierigkeiten ergeben. In der Praxis hat man infolgedessen mehrfach einen beschreitbaren Mittelweg eingeschlagen. Erfahrungsgemäss wird das Pech meistens an der Peripherie des im Weichofen rotierenden Tellers, weil hier die bereits abgetrocknete plastische Brikettmasse direkt mit den Feuergasen in Berührung kommt verflüchtigt. Da dieses aber bei weniger intensiver, direkter Befeuerung des Weichofentellers weniger vorkommt, wird neuerdings der Durchmesser des Weichofens grösser genommen. Hierdurch wird erreicht, dass die früher nur bei intensiver Feuerung mögliche Abtrocknung und Erwärmung der Brikettmasse infolge ihres jetzt längeren Verharrens auf dem Weichofenteller auch bei mässiger Beheizung des Ofens stattfindet. Da es aber bei diesem Verfahren hinwiederum sich ereignet, dass die Brikettmasse in noch nicht plastischem Zustande den Ofen verlässt, so hat man zwischen Weichofen und Presse einen kleinen Malaxeur eingeschaltet, in welchem das Kohlengemisch nochmals gehörig gemengt und nötigenfalls durch Einführung gewöhnlichen Wasserdampfes mittels einer kleinen Düse in den zur Brikettierung geeigneten Zustand übergeführt wird.

3. Es ist darauf zu achten, dass eine möglichst innige Mischung des Kohlenkleins mit dem gepulverten Pech durch Abstreicher, Schneckengänge usw. und wenn möglich noch in grossen Desintegratoren vor der Erwärmung im Weichofen oder Malaxeur herbeigeführt wird.

Von welcher Bedeutung für den Pechverbrauch ein vorheriges Schleudern der Kohle und des Pechs in letzterem Apparate ist, erhellt daraus, dass auf einer diesen Apparat benutzenden Brikettfabrik im Mülheimer Revier der Pechzusatz von vorher $8\,\%$ auf $6^1/_2$—$6^3/_4\,\%$ herabgesetzt werden konnte. Demgegenüber wird von anderer Seite wieder hervorgehoben, dass durch das Schleudern in den Desintegratoren die Kohle zu sehr zerkleinert wird. Je feinkörniger aber die Kohle ist, desto mehr Pech bedarf sie zu ihrer Brikettierung. Somit dürfte ein Schleudern des Kohlenpechgemisches nur bei Anwendung von Feinkohlen in Grösse von 0 bis ca. 5 mm vorteilhaft sein.

4. In je feiner gemahlenem oder geschleudertem Zustande das Pech

mit der Kohle gemischt wird, in desto grösserem Umfange wird eine Ersparnis an demselben erzielt werden.

Neuerdings will man daher das in den Schleudermühlen oder Kollergängen zerkleinerte Pech vor der Mischung mit Kohle nochmals auf ein Sieb von 2 mm Lochung bringen und erhofft dadurch eine weitere Verringerung des Pechzusatzes.

5. Das Pressen der Briketts hat mit möglichst hohem Druck, bei $2^1/_2$ bis 3 kg schweren Briketts etwa mit 100— 120 Atm. zu erfolgen. Denn bei niedrigerem Druck erhöht sich der im hiesigen Bezirk erfahrungsgemäss $7—7^1/_2\,^0/_0$ betragende Pechzusatz ganz bedeutend. Ein höherer Pechzusatz und ein geringerer Druck wird namentlich bei Brikettierung zu feuchter Kohle angewandt werden müssen. Da nämlich bei hohem Druck infolge des Auspressens des Wassergehalts aus der feuchten Kohle die Briketts senkrecht zur Druckrichtung rissig werden, ist man leicht geneigt niedrigeren Pressendruck anzuwenden. Hierdurch büssen die Briketts aber an Festigkeit ein, welch letztere Eigenschaft wiederum durch grösseren Zusatz von Hartpech erhöht werden muss. Ist daher der Wassergehalt der Kohlen für die Brikettierung noch zu gross, so empfiehlt sich, selbst auf die Gefahr einer teilweisen Pechverflüchtigung hin, immer noch eher eine längere und stärkere Beheizung des Gemisches im Weichofen.

Regelung des gleichmässigen Pechzusatzes.

Die im vorigen Abschnitt näher besprochenen Gesichtspunkte zur Verminderung des Pechzusatzes werden selbstverständlich wirkungslos bleiben, wenn nicht zu allen Zeiten für eine stets gleichbleibende Zuführung von Pech zur Kohle im richtigen Verhältnis Sorge getragen wird. Zu diesem Zwecke sind verschiedenartige, selbstthätige, mechanische Apparate, sog. Aufgabevorrichtungen, in Gebrauch.

Die einfachste und gebräuchlichste Art derselben ist folgende:

Ueber zwei kreisrunden, senkrecht zu ihrer Achse sich horizontal bewegenden tellerförmigen Scheiben von ca. 1,00 m und 0,75 m $\varnothing$ befindet sich je ein cylindrischer, eiserner Behälter. Diese Behälter sind an ihrem unteren Ende kurz über den Tellern mit trichterförmigen Ansätzen versehen. Der eine Behälter dient zur Aufnahme der zu brikettierenden Feinkohlen, der andere zur Aufnahme des zerkleinerten Pechs. Durch die am unteren Ende der Trichter befindliche Oeffnung gelangen die beiden zu mischenden Brikettsubstanzen auf die rotierenden Teller und bilden auf denselben je nach der Grösse der trichterförmigen Oeffnungen und deren Entfernung von den Tellern, ihren natürlichen Böschungswinkeln entsprechend, mehr oder minder grosse kegelförmige Pyramiden.

Dicht über den Tellerflächen ist je eine verstellbare Vorrichtung, bestehend aus einem hochkant gestellten Eisenblech von etwa 10 cm Höhe, der sog. Abstreichschieber, angebracht. Je nachdem dieser Schieber mehr oder weniger in die mit den Tellern rotierende, kegelförmige Kohlenbezw. Pechpyramide hineingeschoben wird, streicht derselbe von dem unteren Ende der letzteren entsprechende Mengen ab. Das von den Tellern abgestrichene Brikettierungsgut fällt in eine gemeinsame Transportschnecke und wird in dieser gemischt.

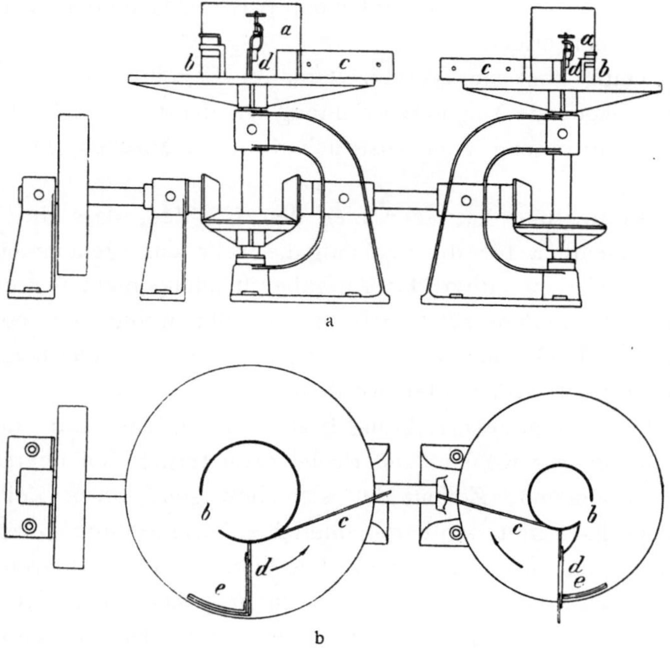

Fig. 288 a u. b.

Abstreichvorrichtung für die zur Brikettherstellung dienenden Materialien von Engels (Zeche Blankenburg).

Eine sinnreiche Verbesserung dieser Abstreichvorrichtung steht auf der Zeche Blankenburg in Anwendung. Dort reichen die trichterförmigen Ansätze der cylindrischen Behälter a a (Fig. 288 a u. b) bis auf die rotierenden Teller. Seitlich ist an den Trichtern je ein Schieber b b angebracht, durch welchen das Brikettierungsgut auf die rotierenden Teller ausgetragen wird. Ein auf jedem Teller angebrachter Abstreichschieber c c ist nicht verstellbar und fest mit dem betreffenden Trichter verbunden. Zur genauen Regelung des Aufgabegutes ist dann zwischen diesem Schieber und der Austragöffnung des Trichters ein zweiter, verstellbarer, sog. Abmessschieber d d angebracht. Derselbe ist mit einem Ausschnitt versehen und in einem ebenfalls mit einem Ausschnitt versehenen, feststehenden Gestell verrückbar. An diesem Gestell ist ein gebogener Arm e e angebracht, welcher das aus dem Trichter seitlich austretende Material vor der Oeffnung zusammenhält und ein Abstreichen desselben verhindert. Je nachdem nun die Oeffnung des Abmessschiebers d d näher oder weiter vom Mittelpunkt des sich drehenden Tellers entfernt wird, wird auch entsprechend der Verkleinerung oder Vergrösserung der Peripherie des durch die Oeffnung des Abmessschiebers hindurchgehenden Abstreichgutes weniger oder mehr Material von dem feststehenden Abstreichschieber in die Transportschnecke übergeführt.

Eine zweite, aber nur vereinzelt für die Regelung des Pechzusatzes in Anwendung stehende Aufgabevorrichtung ist identisch mit der in Fig. 287 dargestellten Vorrichtung zum Abstreichen bezw. Mischen verschiedener Kohlensorten.

Diese Einrichtung hat aber hier den Nachteil, dass die Trichteröffnungen, namentlich für die Pechaufgabe sehr eng genommen werden müssen; infolgedessen stürzt das Aufgabegut häufig nicht in genügender Menge nach. Ausserdem setzt sich im Sommer infolge der hohen Lufttemperatur das Pech sehr leicht am Schieber fest, wodurch unliebsame Betriebsstörungen hervorgerufen werden.

Eine dritte Aufgabevorrichtung besteht darin, dass unter den beiden Austragöffnungen der Kohlen- und Pech-Vorratstürme den oberschlägigen Wasserrädern ähnelnde Zellenräder sich bewegen, deren Zellenformen genau den Grössen der darüber befindlichen Trichteröffnungen angepasst sind. Jedes Rad sitzt auf einer besonderen Achse, deren normale Umdrehungsgeschwindigkeit so bemessen ist, dass den Pressen eine genügende Menge Material zugeführt werden kann. Die Grösse der Zellen der beiden Räder ist im Verhältnis 1 : 14 (Pech : Kohle) angeordnet. Da aber das Bindemittel infolge seiner ungleichmässigen Beschaffenheit häufig in verschiedenen Mengen der Kohle zugesetzt werden muss, ist die Riemenantriebscheibe des Zellenrades für Pech verstellbar eingerichtet, wodurch dem Zellenrad für Pech eine verschiedene Geschwindigkeit erteilt werden kann. Mittels dieser Vorrichtung ist man in der Lage, den Pechzusatz von $1/4$ zu $1/4\,\%$ und zwar von $6-8\,\%$ genau zu regeln. Ein Uebelstand dieser Einrichtung besteht darin, dass ähnlich wie bei der vorher genannten Aufgabevorrichtung die Austragöffnung für Pech sehr eng genommen werden muss, so dass auch hier das Aufgabegut sich manchmal im Trichter festsetzt.

Schädliche Einwirkungen des Pechs auf die Gesundheit der Arbeiter und auf die maschinellen Einrichtungen.

Das zur Brikettierung verwandte Pech enthält geringe Mengen Kreosot, welch letzteres sowohl auf die Haut und die Augen derjenigen

Arbeiter, welche mit der Verarbeitung des Pechs zu thun haben, als auch auf die mit demselben in scharfe Berührung kommenden maschinellen Einrichtungen, insbesondere die Pressformen, schädliche Einwirkungen ausübt. Der auf die Haut der Arbeiter gelangende Pechstaub verursacht, namentlich wenn die Haut, wie im Sommer während der Hitze, feucht ist, Blähungen und schmerzende Aetzungen. Als Schutzmittel gegen diese unvermeidlichen Einwirkungen haben sich Einreibungen des Gesichts und der Hände mit Fettlösungen (Vaselin oder Lanolin) bis jetzt am wirksamsten gezeigt. Die Arbeiter benutzen auch das Mittel, wenn es ihnen kostenlos geliefert wird, sehr gern. Die Kosten belaufen sich pro Arbeiter und Schicht auf nur 2—3 Pf. Neuerdings verwenden die Arbeiter auch mit gutem Erfolge Einreibungen mit pulverisiertem Thon, Kreide oder Chamotte.

Gelangt der Pechstaub in die Augen der Arbeiter, so sind Augenentzündungen die Folge. Durch Einträufeln von Kokainlösung in die Augen werden gegebenenfalls die Schmerzen gelindert und meistens die Entzündungen hintangehalten. Geschützt werden die Augen der Arbeiter, namentlich derjenigen, welche mit dem Zerkleinern des Pechs beschäftigt sind, zweckmässig durch Tragen von feinmaschigen Drahtnetz- oder florartigen Tuchnetzbrillen. Diejenigen maschinellen Einrichtungen, welche, wie die Pressformen, mit dem Brikettierungsgut in besonders innige Berührung gelangen und durch dasselbe starken Einfressungen und Abnutzungen unterworfen sind, werden zweckmässig zur Verringerung dieses Uebelstandes anstatt aus Eisen aus Bronze hergestellt. Der höhere Preis der Apparate aus letzterem Metall wird durch die längere Haltbarkeit mehr wie ausgeglichen. Beispielsweise sind Formtische aus Bronze, welche mit demselben Brikettierungsgute wie diejenigen aus Eisen beschickt wurden, auf Zeche Blankenburg ca. 18 Monate in Betrieb gewesen, während die Eisenformen spätestens nach 6 Monaten nachgefräst werden mussten.

Auf derselben Grube ist auch durch praktische Erfahrung festgestellt worden, dass Gussstahl grösseren Einwirkungen durch das Pech ausgesetzt ist, als gewöhnlicher Guss. Desgleichen hat die Erfahrung gelehrt, dass die Anfressungen bei Verwendung des Weichofens lange nicht in dem Masse einzutreten pflegen, wie bei Verwendung des Malaxeurs. Aus dieser Thatsache ist der Schluss gezogen worden, dass die Anfressungen nicht so sehr durch das Pech veranlasst sind, als vielmehr durch andere in der Kohle (und auch im Pech!) enthaltene Stoffe, welche durch den überhitzten Dampf aufgeschlossen würden.

Pechpreise. Pecherzeugung.

In der graphischen Darstellung Fig. 289 sind die durchschnittlichen Pechpreise der letzten 10 Jahre nach den Notierungen des Brikettverkaufsvereins angegeben. Dieselben betrugen im Durchschnitt

40 M. pro t, woraus sich ergiebt, dass bei dem durchschnittlichen
Pechzusatz von $7^1/_2$ % auf die Tonne fertiger Briketts an Ausgaben für
Pech ca. 3,00 M. entfallen. Zu wünschen wäre, dass dieser die Selbst-
kosten der Briketts so bedeutend erhöhende und zu Zeiten wirtschaftlicher
Depression die Brikettindustrie lahmlegende Faktor wohlfeiler zu erhalten
wäre. Diesem Wunsche hat aber bisher die ungeahnte Entwickelung der

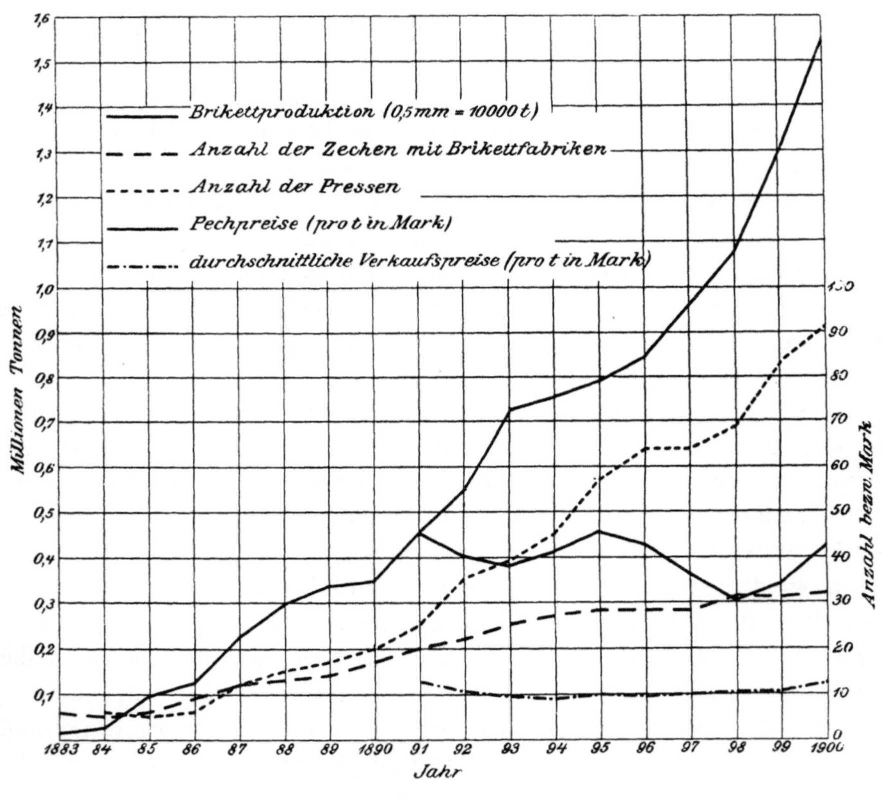

Fig. 289.

Brikettindustrie hindernd im Wege gestanden, mit welcher die Erzeugung
des Teerpechs trotz Einbürgerung der Koksindustrie mit Nebenproduktengewinnung nicht gleichen Schritt gehalten hat. Beispielsweise benötigte
der Brikettverkaufsverein zu Dortmund für seine rheinisch-westfälischen
Vereinszechen pro 1900 rund 108 000 t Pech. Nach den im Kapitel
Kokereibetrieb gemachten Darlegungen erzeugt ein Koksofen im
Durchschnitt pro Jahr 38,38 t Teer, demgemäss sind mit den
vorhandenen 3000 Oefen 115 000 t Teer zu gewinnen, aus welch letzterem
bei einem durchschnittlichen Ausbringen von 55 % 63 300 t Pech erhalten

werden könnten. Wenn daher das gewiss erstrebenswerte Ziel, nämlich dass die auf den Zechen des hiesigen Reviers befindlichen Destillationskokereien den für die hiesige Zechen-Brikettindustrie nötigen Bedarf an Pech erzeugen, erreicht werden soll, muss die Zahl der Teeröfen bedeutend vermehrt werden, da allein zur Erzeugung der oben genannten 108 000 t Pech zufolge der oben angestellten Berechnung 5118 Teeröfen nötig wären.

b) Weichpech.

Weichpech wird neuerdings auf Zeche Holland III/IV zur Brikettierung benutzt. Auf seine Verwendbarkeit usw. wird bei Besprechung der genannten Anlage näher eingegangen werden.

c) Andere Bindemittel.

Da das als Bindemittel verwandte Steinkohlenpech wegen seines Preises stets die Selbstkosten der Briketts unverhältnismässig in die Höhe schraubt, hat man verschiedentlich mit Ersatzmitteln Versuche angestellt. Dieselben haben aber immer nur den negativen Erfolg gehabt, dass durch dieselben die Unentbehrlichkeit des Pechs erwiesen wurde.

Auf Zeche Margaretha sind Ende der siebziger Jahre Versuche mit Carraghen-Moos (isländische Flechtenart) als Bindemittel gemacht worden. Bei Zusatz von $^1/_4\,^0/_0$ erhielt man ein leidlich befriedigendes Resultat; die Briketts zogen aber leicht Feuchtigkeit an und verloren bald an Festigkeit.

Auf der Zeche Hermann ist Dextrin als Bindemittel erprobt worden; die Versuchsergebnisse sind aber nicht bekannt geworden. Melasse und Seetang, welche gleichfalls probeweise als Bindemittel verwandt wurden, gaben kein wetterbeständiges Fabrikat.

Magnesia-Cement war zu teuer und vermehrte die Aschenbestandteile der Briketts.

Das einzige Bindemittel, welches zeitweilig gebraucht wurde und noch wird, ist Harz, welches ähnliche Eigenschaften wie das Pech besitzt. Der uneingeschränkten Verwendbarkeit desselben wirken jedoch zwei Umstände entgegen:

1. die mit Harz angefertigten Briketts verlieren beim Verfeuern an Festigkeit und dadurch an Heizkraft. Der Grund dieses Verhaltens dürfte darin liegen, dass Harz sich in der Hitze leichter verflüchtigt als Pech. Die harzigen Bestandteile eines Briketts brennen daher beim Verfeuern nicht gleichmässig mit den Kohlensubstanzen ab, sondern verflüchtigen sich vorher und sprengen dadurch das Brikett auseinander, wodurch wieder ein der Gruskohle ähnelndes, minderwertiges Feuerungsmaterial sich bildet.

2. Der Preis des Harzes ist nahezu doppelt so hoch, wie derjenige des Pechs. Gehoben wird dieser Preisunterschied in etwa, weil die Bindekraft des Harzes grösser ist als die des Pechs und somit der Zusatz desselben entsprechend geringer sein kann. Die Versuche haben zur Vermischung von Pech und Harz geführt. Zu Zeiten hoher Pechpreise und Pechmangels werden daher anstatt des Durchschnittssatzes von $7-7^1/_2$ $^0/_0$ Pech den Brikettkohlen nur etwa 4 $^0/_0$ Pech und $1-1^1/_2$ $^0/_0$ Harz zugesetzt. Sämtliche Leiter der hiesigen Brikettfabriken, welche Harz mit verarbeiten, geben aber stets der alleinigen Verwendung von Hartpech den Vorzug.

4. Kapitel: Herstellung der Briketts.

I. Allgemeiner Gang und Anordnung der Apparate.

1. Einrichtung und Betriebsweise einer Brikettfabrik.

a) Mit Wärmofen.

Die zu brikettierenden Kohlen, in Fett- und Magerkohlen bezw. in gewaschene und ungewaschene getrennt, werden in die Gruben a und a_1 entladen, (Fig. 290 a u. b), dann mittels der Becherwerke b und b_1 in die Vorratstürme c und c^1 gehoben und aus diesen durch die Transportschnecken d und d^1 der Aufgabevorrichtung oder Mischstation zugeführt. Gleichzeitig gelangt das Pech oder Bray (Bindemittel), welches im unteren Raume des Vorratsturmes aufbewahrt wird, durch das Becherwerk e zuerst behufs Zerkleinerung in den Desintegrator f und von hier ebenfalls zur Aufgabevorrichtung. Letztere besteht aus eisernen Trichtern mit Abstreichvorrichtungen und darunter befindlichen rotierenden Tischen g, g^1 und h, auf welche die Kohlen bezw. der Bray geführt werden. Durch eine besondere, verstellbare Vorrichtung werden der Bray und die beiden Kohlensorten je nach Qualität in bestimmten Quantitäten-Verhältnissen von den Tischen abgestrichen und in die Transportschnecke i gebracht, welch letztere dieses Gemisch von Kohle und Bray zugleich innig mischend dem Aufgabebecherwerk k zuschraubt. Dieses Becherwerk hebt nun das Gemisch in den Wärmofen l, wo eine Erhitzung und Trocknung der Kohle, sowie eine nochmalige innige Mischung von Kohle und Bray herbeigeführt wird. Nachdem so das Material für die Brikettierung genügend vorbereitet ist, gelangt es durch die Schnecken m und m^1 zu den Pressen n und n^1.

Die fertigen Briketts fallen auf die beiden aus Drahtgeflecht bestehenden Transportbänder o und o^1 und werden durch diese in die Waggons gebracht.

Zum Betrieb der Anlage dient eine liegende Dampfmaschine p von 60—70 Pferdestärken.

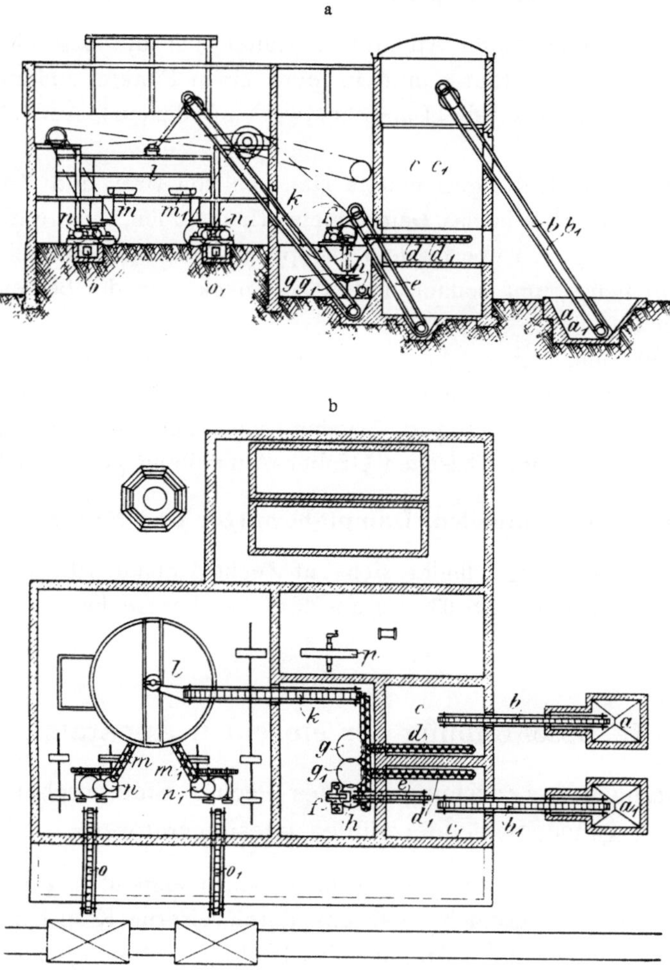

Fig. 290 a u. b.

Brikettanlage mit Wärmofen für zwei 3 kg-Pressen (von Schüchtermann & Kremer).

An Bedienungsmannschaften beim Betrieb einer Brikettfabrik von 100—110 t Leistung in der 10stündigen Arbeitsschicht sind erforderlich:

1 Aufseher,
1 Maschinist,
2 Arbeiter zum Schüren und Bedienen der Transportschnecken,

2 Arbeiter zur Bedienung der Pechmühle sowie der Kohlen- und
Pechaufgabe,

1 Arbeiter zum Pechfahren,

6—8 jugendliche Arbeiter zum Verladen der Briketts.

b) Mit Dampfüberhitzer und Malaxeur.

Bei Anwendung dieser Apparate gestaltet sich die Einrichtung und
der Betrieb der Brikettfabrik nur in dem einen Punkte anders, dass an
Stelle des Wärmofens ein Dampfknetwerk (Malaxeur) Aufstellung gefunden hat.

Das in einer Grube gesammelte Gemisch von Bray und Kohle wird
durch ein Becherwerk in das Dampfknetwerk gehoben, hier unter gleichzeitiger Zuführung von überhitztem Dampf aus dem Ueberhitzer erwärmt
und innig gemengt, um sodann mittels Schnecken in die beiden Pressen
zu gelangen.

Fig. 291a und b giebt die Anordnung einer mit Malaxeur arbeitenden,
von der Firma Haurez - Zimmermann & Cie. in Monceau sur Sambre
(Belgique) gebauten Brikettfabrik wieder, wie solche zur Erzeugung von
Eierbriketts auf den westfälischen Gruben Aufstellung gefunden haben.

c) Mit Trommelofen, Dampfüberhitzer und Malaxeur.

Eine solche Anlage findet sich auf Zeche Holland III/IV und ist am
Schlusse dieses Kapitels (S 639 ff.) ausführlicher besprochen.

II. Beschreibung der einzelnen Apparate.

1. Einrichtungen zur Zerkleinerung des Pechs: Steinbrecher, Koller-
gänge, Schleudermühlen (Desintegratoren).

Die Zerkleinerung des den Kohlen beizumengenden Hartpechs in
faustgrosse Stücke geschieht meistens durch eiserne Klopfhämmer von
Hand, zuweilen auch durch Aufgabe des Pechs in Steinbrecher. Das so
bearbeitete Material wird auf Kollergängen (s. Fig. 313—317, S. 679 ff.) oder
in Schleudermühlen (s. Fig. 96 c—98, S. 199 ff.) bis auf die zur Verwendung
geeignete Grösse gemahlen.

In den Schleudermühlen wird die Zerkleinerung durch Zerschellen
der Pechstücke an sehr harten Sprossen, die mit grosser Geschwindigkeit
gegeneinander rotieren, bewirkt.

Ein Desintegrator mit einem Scheibendurchmesser von 1 m zerkleinert
bei 490—500 Umdrehungen in der Minute 45—50 t Hartpech in 10stündiger
Betriebszeit.

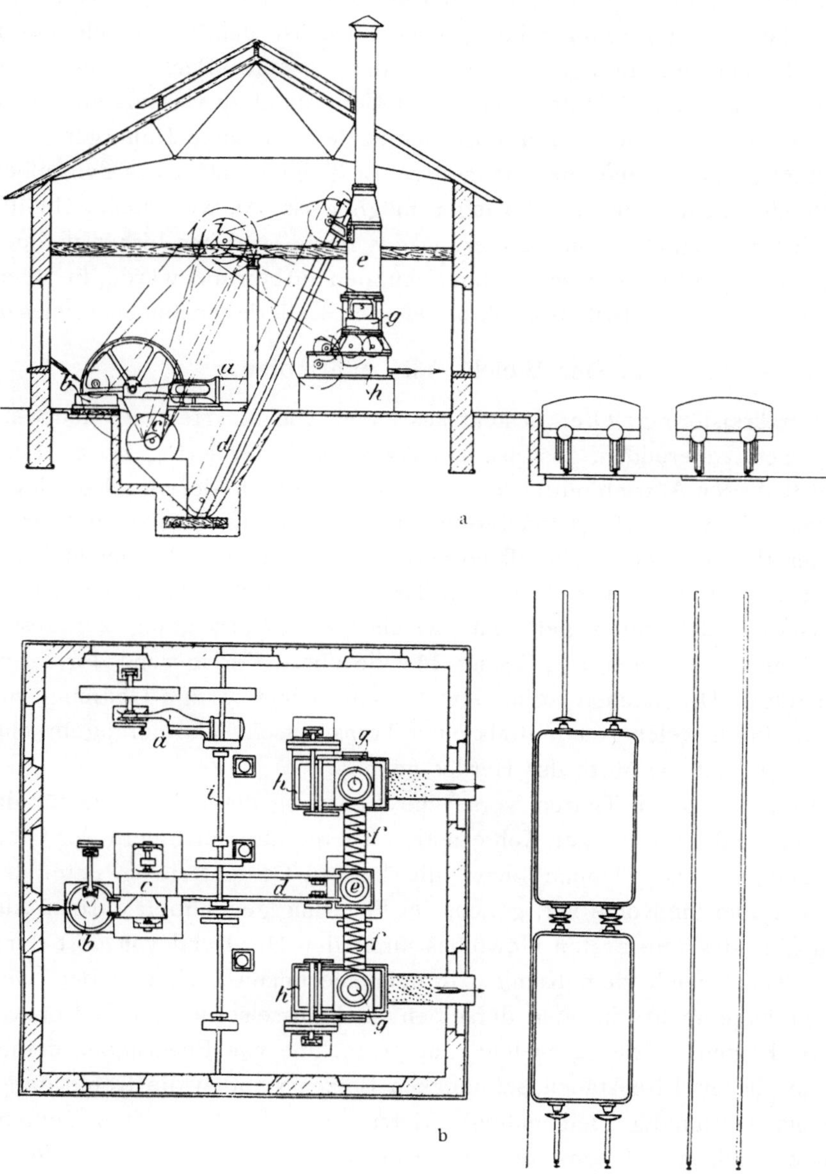

a. Dampfmaschine
b. Verteiler des Desintegrators
c. Desintegrator
d. Becherwerk
e. Malaxeur

f. Transportschnecke der Bouletpresse
g. Verteiler der Bouletpresse
h. Bouletpresse
i. Transmission.

Fig. 291 a u. b.

Brikettfabrik mit Dampfknetwerk ohne Wärmofen.

Die Schleudermühlen eignen sich nur zur Zerkleinerung harter und spröder Massen. Im Sommer bei grosser Hitze ist daher das Schleudern von Pech manchmal infolge Festbackens der einzelnen Pechstückchen mit Betriebsstörungen verknüpft. Um diesen Uebelstand zu vermeiden, stehen auf einigen Brikettfabriken anstatt der Schleudermühlen Kollergänge in Anwendung, bei denen eine schnellere Beseitigung etwa aus demselben Grunde eintretender Betriebsstörungen möglich ist. Als wirksamste Abhülfe hat sich eine möglichst kühle Lagerung des Pechs, welches bisher vielfach in hölzernen, der Sonne ausgesetzten Schuppen aufbewahrt wurde, in tiefen, unter dem Flur der Brikettfabrik angelegten Kellerlagerräumen erwiesen.

2. Der Weich- oder Wärmofen.

Der kreisförmige Ofen besteht aus einem von feuerfestem Mauerwerk umgebenen, rotierenden, gusseisernen Tische oder Herde (Fig. 292 a—d und Fig. 293), dessen Antrieb mittels Riemenscheiben und Rädervorgelege durch eine stehende Welle erfolgt und dessen Umdrehungszahl sich nach der Tourenzahl der Presse richtet. Das Mauerwerk wird von einem Blechmantel umgeben; in der Mitte des über dem Tische befindlichen Gewölbes ist ein gusseiserner Cylinder angebracht, welcher eine Vorrichtung zur festen Einstellung und sicheren Führung für die obere Verlagerung der Tischachse trägt. Desgleichen ist im Gewölbe eine trichterartige Oeffnung vorhanden, durch welche das mittels einer Transportschnecke herangebrachte Aufgabegut auf die Mitte des Herdes gelangt.

Eine mit zwei Thüren versehene Feuerung dient dazu, die für das Trocknen und Erhitzen der Kohle nötige Temperatur im Innern des Ofens zu erzeugen. Die Flamme bezw. die heissen Gase streichen unter dem Gewölbe über die Kohle her, gehen, der Feuerung gegenüber, durch 2 Aussparungen des feuerfesten Gewölbes unter den Herd und von dort durch einen Kanal nach dem Kamin. In dem Blechmantel sind sieben Oeffnungen angebracht; in vier derselben sind gusseiserne, mit Thüren versehene Kasten befestigt, welche zur Aufnahme von Eisenstäben dienen. Die an diesen Eisenstäben befindlichen Bolzen wenden die Kohle derart, dass sie vollständig gleichmässig erhitzt wird. In der fünften Oeffnung befinden sich zwei Eisenstäbe, ein fester und ein loser, welche jalousieartig durch Bleche verbunden sind und die in der Mitte des Tisches aufgegebene Kohle allmählich von dort nach der Peripherie führen. Je nachdem die Bleche mehr oder weniger schräg gestellt werden, verweilt die Kohle kürzere oder längere Zeit auf dem Tische, wodurch die Dicke der Kohlenschicht auf dem Tische reguliert wird. Die sechste und siebente Oeffnung dienen dazu, die genügend erhitzte Kohle durch einen Abstreicher vom Tisch in die Schnecken fallen zu lassen, welche die erhitzte Masse mit einer Temperatur von ca. 80° C. in die Pressen bringen.

Der Wärmofen hat in der Regel einen Durchmesser von 6,5 m und erwärmt und trocknet soviel Kohle, als 2 Stück 3 kg-Pressen verarbeiten können, also ca. 11 Doppellader = 110 t in 10 Arbeitsstunden. Der Verbrauch an Brennmaterial für die Ofenheizung beträgt durchschnittlich

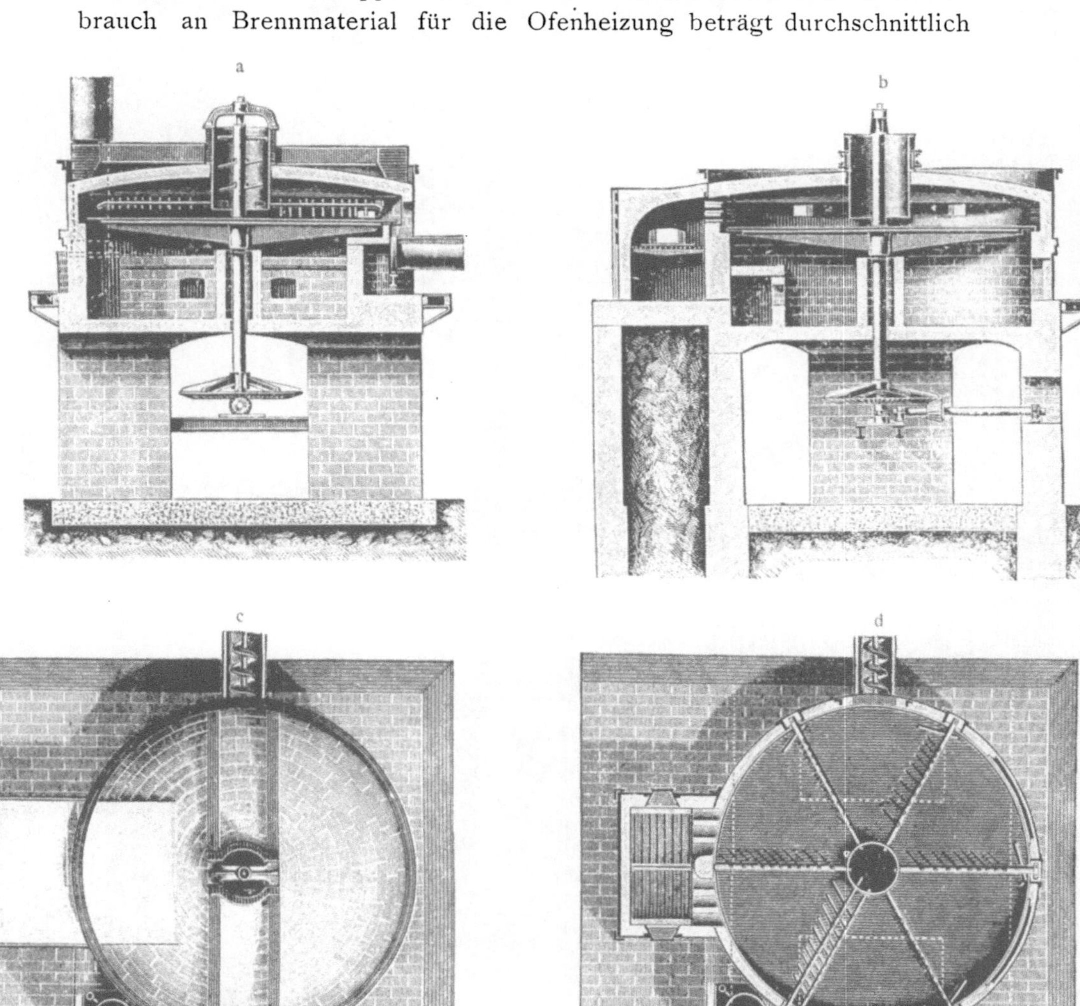

Fig. 292 a—d.
Wärmofen mit rotierendem Tisch.

$2^{1}/_{2}\,^{0}/_{0}$ der Produktion. Derselbe ist nahezu dreimal so hoch als bei Anwendung des Ueberhitzers. Da aber im letzteren nur der für das Dampfknetwerk (Malaxeur) benötigte Dampf auf die für das Trocknen der Kohle und die Mengung derselben mit Pech nötige höhere Temperatur von ca. 275 ° C. erwärmt wird, muss der Verbrauch an Dampf selbst bezw.

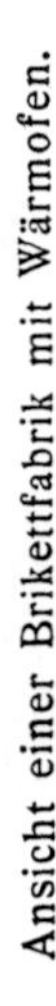

Fig. 293.

Ansicht einer Brikettfabrik mit Wärmofen.

die für die Erzeugung desselben nötige Menge Kohlen in Rechnung gestellt werden. Unter Berücksichtigung dieser Gesamtkohlenmengen sollen die Ausgaben für Kohlen bei Anwendung eines Wärmofens immerhin noch pro Tonne Briketts 3—4 Pf. billiger sein; man erspart also bei einer Erzeugung von 30 000 t pro Jahr ca. 1000—1200 M.

Wie aus der Tabelle 55 auf S. 605 hervorgeht, arbeiten, abgesehen von den nur Eierbriketts herstellenden Zechen Alte-Haase und Hoffnungsthal, von den übrigen 30 Brikettfabriken des Ruhrreviers 19 mit Wärmöfen und nur 11 mit Malaxeur. Von letzteren verwenden mehr als $^2/_3$ ausschliesslich trockene, ungewaschene Kohlen, und die übrigen (s. Tab. 55) setzen zum Teil einen verschwindenden Bruchteil, zum Teil nahezu die Hälfte und mehr an gewaschenen Kohlen zu. Von den mit Wärmofen arbeitenden Brikettfabriken verwenden umgekehrt nicht ganz ein Drittel nur ungewaschene, trockene Kohlen, eine einzige Zeche (Altendorf) nur gewaschene Kohlen und die übrigen gewaschene und ungewaschene Kohlen in den verschiedensten Mischungsverhältnissen (s. Tab. 55). Der durchschnittliche Pechverbrauch stellt sich bei Anwendung des Wärmofens nicht höher als beim Malaxeur (s. Tab. 55); er ist im Gegenteil bei den mit letzterem Apparate arbeitenden Zechen sogar noch etwas höher. Freilich muss hierbei berücksichtigt werden, dass mit geringen Ausnahmen sämtliche nur mit Dampfüberhitzer und Malaxeur arbeitenden Brikettfabriken die magersten Kohlen aus dem untersten Flötzeniveau verwenden. Endlich soll jedoch auch hier noch einmal hervorgehoben werden, dass Versuche auf einer nur magere und ungewaschene Kohlen verarbeitenden Fabrik ergeben haben, dass der bei Anwendung des Malaxeurs betragende Pechzusatz von 6,5 $^0/_0$ bei Anwendung des Wärmofens und direkter Feuerung auf 7—7,3 $^0/_0$ stieg. Letztere Thatsache scheint demgemäss die Ansicht zu bestätigen, dass eine Verbrennung bezw. Verflüchtigung des Pechs, wenigstens bei Verwendung von trockenen Kohlen, wenn auch nur eine verhältnismässig geringe, einzutreten pflegt. Aus dem Vorhergesagten geht hervor, dass der Wärmofen in allen Fällen, insbesondere bei Verwendung von nassen Kohlen zu empfehlen ist, und dass das einfache, billigere und leicht zu bedienende Dampfknetwerk nur für die Brikettierung trockener oder möglichst abgetrockneter Kohlen geeignet ist.

3. Mengapparat mit Heizung durch überhitzten Dampf.

Das gut mit Pech gemengte Kohlenklein wird von der Mischschnecke einem Becherwerk zugetragen, welches das Gemenge in ein Dampfknetwerk (Fig. 294a—c) ausschüttet.

Das Dampfknetwerk besteht aus einem 2 m hohen Cylinder von 1 m Durchmesser, der oben offen ist und unten in der Mitte des Bodens nur

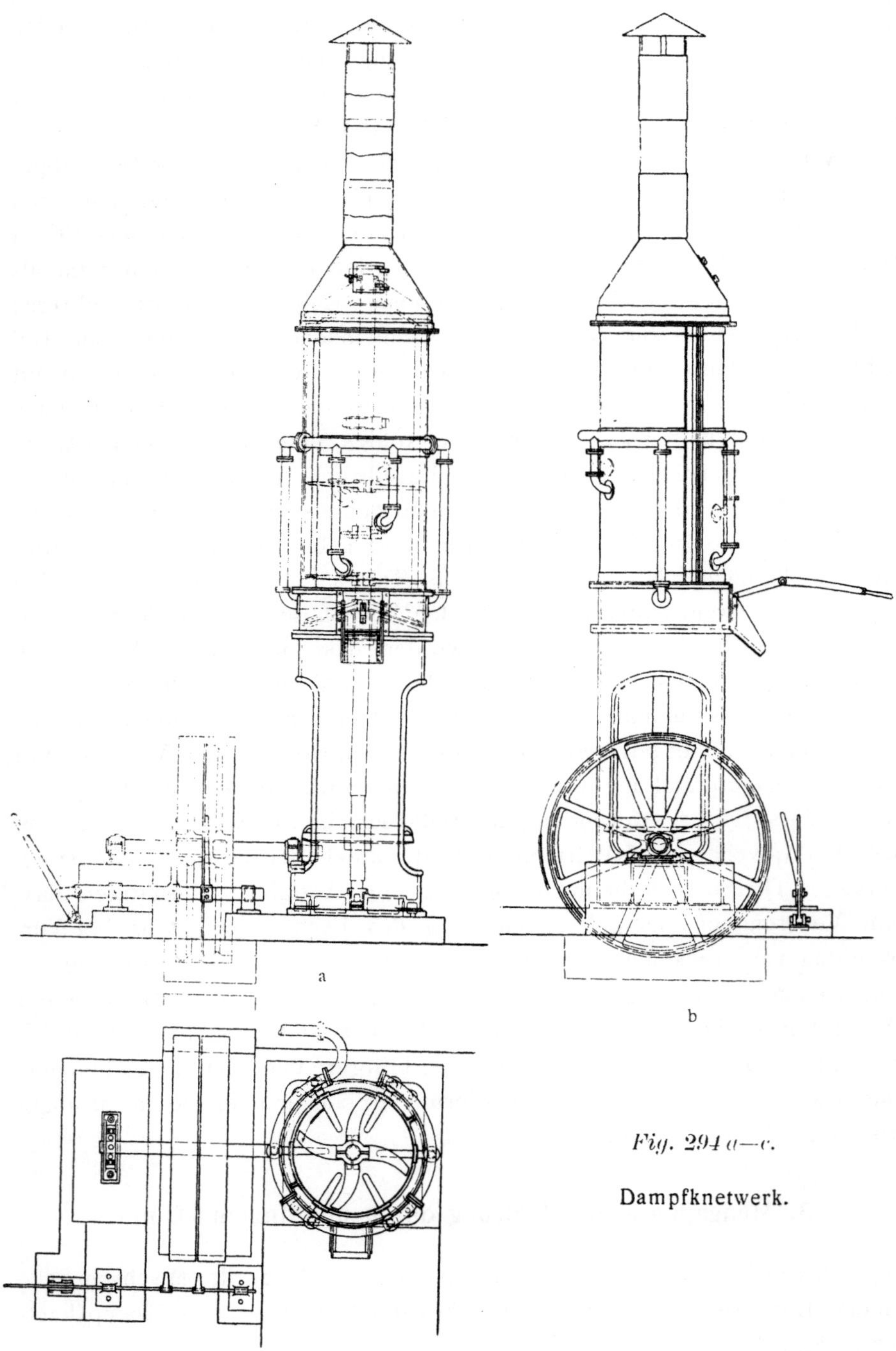

Fig. 294 a—c.

Dampfknetwerk.

einer mit 12 diametral und alternierend stehenden Armen versehenen
Achse den Durchgang gestattet. Im Cylinder des Dampfknet- oder Rührwerks befinden sich in Entfernungen von etwa 0,50—1,00 m vom Boden
drei oder vier Anschlüsse für die Dampfzuleitungsrohre; zwei regulierbare
Austragöffnungen für das zu pressende Kohlenpechgemisch liegen in der
Ebene des Bodens. Im Inneren des Cylinders sitzen vor den Anschlüssen
der Dampfrohre konische Düsen mit 5 Oeffnungen von etwa 20 mm Durchmesser für den Austritt des Dampfes.

Der den Dampfkesseln entnommene Dampf von etwa 140° C. wird
vorerst in einem Dampfüberhitzer bis auf ca. 300° C. überhitzt.

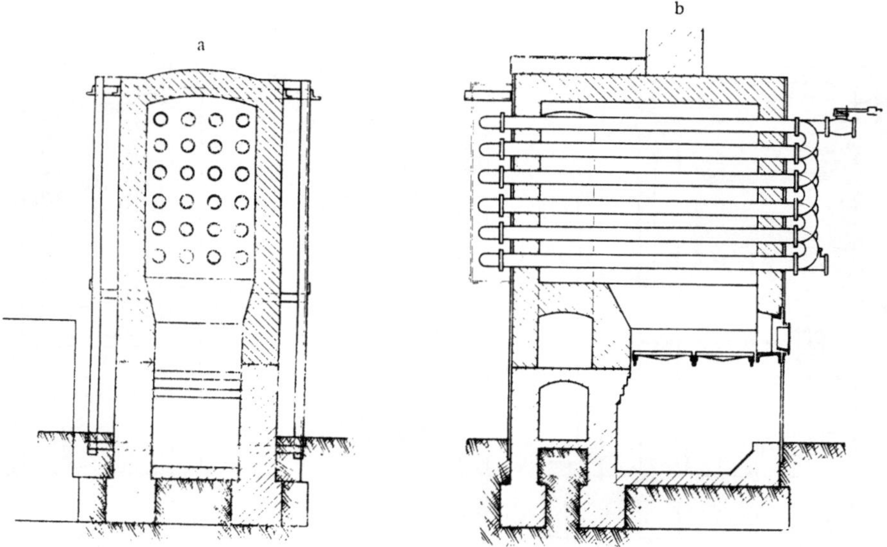

Fig. 295 a u. b.

Dampfüberhitzer.

Der Dampfüberhitzer (Fig. 295 a u. b) ist ein aus feuerfesten
Steinen hergestellter Ofen mit 1,50 qm Rostfläche. In diesem Ofen sind
24 Rohre von 95 mm Durchmesser und 1,7 m Länge in vier Reihen und
Abständen von 250 mm über- und nebeneinanderliegend angeordnet. Die
Rohre ragen aus dem Gemäuer des Ofens heraus und sind durch Bogen-
stücke derart mit einander verbunden, dass der oben eintretende Dampf
sämtliche Rohre der Reihe nach durchstreichen muss und auf diesem Wege
dem Feuer allmählich näher kommt, um von dem tiefsten und wärmsten
Punkte durch ein mit Sicherheits-und Absperrventil versehenes Abzweig-
rohr dem Dampfknetwerk zugeführt zu werden.

Die Unterhaltung der Feuerung des Dampfüberhitzers geschieht teils
mit den Abfällen der Brikettfabrik, teils mit minderwertigen Kohlen und

sind dazu 0,25—0,30 t pro Stunde Betriebszeit erforderlich. Das im Dampfknetwerk gut gemischte und auf die erforderliche Temperatur (80—90 ° C.)
gebrachte Presskohlengut tritt durch die oben erwähnten Austragöffnungen
in Transportschnecken, welche dasselbe den Verteilungstischen zuschieben.
Letztere (Fig. 298 a—d) sind fest und mit einem Kreisabschnitt ihrer Bodenfläche so über den Formtischen der Pressen montiert, dass diese mit ihren
Oberflächen unter den Verteilungstischen fortschleifen, um die Formen der
Füllung entgegenzuführen. Zwei an einer vertikalen und rotierenden Achse
angebrachte Arme bewegen sich kreisend in geringer Entfernung über dem
Boden jedes Verteilungstisches und füllen so das Pressgut in die Formen
des Formtisches.

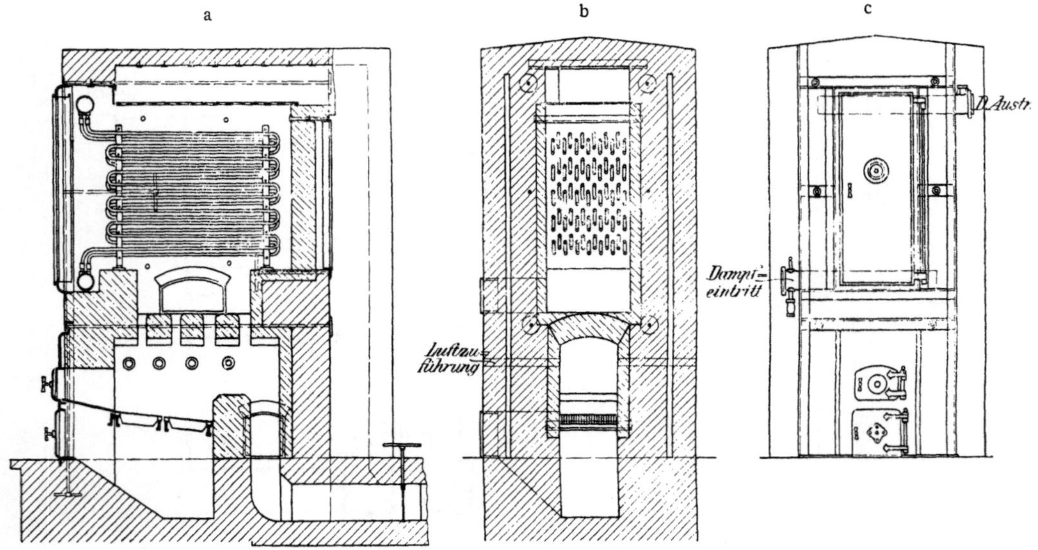

Fig. 296 a—c.

Überhitzer »System Büttner«. Heizfläche 25 qm. Zeche Blankenburg.

Der vorher beschriebene, allgemein in Anwendung stehende Ueberhitzer
ist neuerdings auf Zeche Blankenburg durch einen solchen Büttnerscher Konstruktion (Fig. 296 a—c) ersetzt worden. Letzterer ist ebenfalls ein aus feuerfestem Mauerwerk hergestellter Ofen mit Planrostfeuerung. Innerhalb des
Ofens liegt in der Nähe der Feuerung und des Rauchkanals je ein Rohr
von 150 mm Durchmesser. Diese beiden sog. Sammelrohre sind durch
13 Rohre von je 19 m Länge in schlangenartigen Windungen mit einander
verbunden. Letztere bestehen aus gezogenem Eisenblech und haben
einen Durchmesser von 25—30 mm bei 3 mm Wandstärke. Die einzelnen
Rohre sind im Gegensatz zu dem oben beschriebenen Ueberhitzer sämtlich
in dem freien Raum innerhalb der Wandungen des Rauchgemäuers unter-

gebracht, sodass der durch dieselben streichende Dampf an keiner Stelle Wärme an die Aussentemperatur abgeben kann. Für etwa notwendig werdende Reparaturen ist im Rauchgemäuer eine Schiebethür angebracht.

Dieser Ueberhitzer besitzt vor dem ersterwähnten den Vorzug geringerer Reparaturbedürftigkeit, höherer Leistungsfähigkeit und etwas niedrigeren Brennstoffverbrauchs.

4. Die Pressmaschinen.

a) Allgemeines.

Die Haupterfordernisse der zur Herstellung der Briketts aus dem auf ca. 75 bis 80° C. erwärmten Kohlen- und Bray-Gemisch dienenden Pressmaschinen bestehen darin, dass sie bei grösster Leistungsfähigkeit möglichst wenig Arbeiter zur Bedienung in Anspruch nehmen, einfach und stark gebaut sind und vor allem eine gute und gleichmässige Pressung ausüben, welch letztere Eigenschaft zur Erzielung fester Briketts von gleicher Form und gleichem Gewicht unerlässlich ist. Wenn auch hierfür insbesondere die Stärke der Pressung in Betracht kommt, so muss dennoch hervorgehoben werden, dass nicht minder eine innige und gute Mengung, sowie die Beschaffenheit des Rohmaterials und die letzterem entsprechende Zusatzmenge des Bindemittels von grösster Wichtigkeit ist. Namentlich soll hier nochmals darauf aufmerksam gemacht werden, dass bei zu hohem Wassergehalt der Kohlen zur Herstellung fester Briketts eine Vermehrung des Bindemittelzusatzes und eine Verminderung des Pressendruckes eintreten muss.

Da aber der Bindemittelzusatz durch stärkeren Pressendruck in gewissen Grenzen ersetzt werden kann, so ist hierauf wegen der ökonomischeren Betriebsweise stets Bedacht zu nehmen.

Die auf den Brikettfabriken der Zechen des Ruhrbezirks in Anwendung stehenden Pressen sind nach den Systemen von Couffinhal, Bouriez, Seyffarth, Tigler und Boulet erbaut; eine Mazeline - Presse sowie eine alte Tigler - Presse sind nach kurzer Betriebszeit wieder abgeworfen worden. Die Pressen von Bouriez und Seyffarth sind nur in je einem Exemplar auf der Zeche Blankenburg, welche Grube ausserdem noch 2 Couffinhal-Pressen besitzt, vorhanden. Die Bouriez- und Seyffarth-Pressen können wegen ihrer langsameren Wirkungsweise gegenüber den sonstigen Pressen feuchteres Material mit einem Gehalt von 8—9 % H_2O gegen sonst 5—6 % verarbeiten, ohne dass die mit ihnen hergestellten Briketts rissig werden und abblättern. Dieselben sind daher bei Anwendung von nur gewaschenen Kohlen zur Brikettierung sehr zu empfehlen. An Tangentialpressen zur Erzeugung kleiner rundlicher Briketts (Boulet-Presse von Hanrez & Zimmermann in Monceau sur Sambre)

befinden sich insgesamt 7 Stück auf den Gruben Margaretha, Siebenplaneten, Alte Haase und Hoffnungsthal. Demnach stehen fast ausschliesslich die von Schüchtermann & Kremer in Dortmund erbauten
Couffinhalschen Dampf-Stempelpressen mit indirekter Pressung in senkrechter Richtung, nämlich 82 Stück, in Anwendung. Von diesen 82 Pressen
sind 71 zur Herstellung von $2^1/_2$—3 kg- und 11 zur Herstellung von 5—6 kg-
Briketts eingerichtet; bei der $2^1/_2$—3 kg-Presse wird bis zu 150 Atm., in
der Regel mit 110—120 Atm., und bei der 5—6 kg-Presse bis zu 250 Atm.
gepresst, wobei die Zusammenpressung 60—70 mm beträgt.

Eine 3 kg-Presse erfordert ca. 15 und eine 5 kg-Presse ca. 25 Pferdestärken, während für den Betrieb einer ganzen Anlage mit 2 Stück
3 kg-Pressen oder einer 5 bezw. 6 kg-Presse ca. 55—60 Pferdekräfte benötigt werden.

b) Specielles.

Mazeline-Presse.

Die Mazeline-Presse (Fig. 297a u. b) war die erste Brikettpresse, welche
im rheinisch-westfälischen Steinkohlenbecken in Betrieb kam. Dieselbe
wurde anfangs der sechsziger Jahre auf der Zeche Ver. Wiesche bei Mülheim a. d. Ruhr und dann später (1867), als hier die Brikettfabrikation

a   b

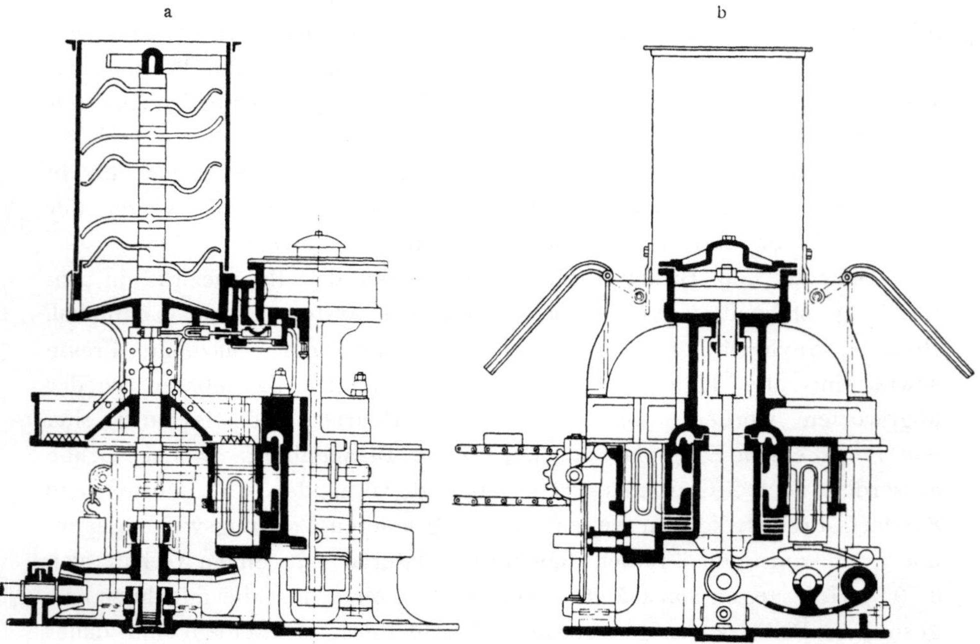

Fig. 297 a u. b.

Mazeline-Presse.

eingestellt wurde, auf der Grube Consolidation bei Schalke (vergl. S. 595) aufgestellt.

Dieselbe besteht im wesentlichen aus einer rotierenden Drehscheibe, in welcher sich 10 rechteckige Formen befinden; dieselben sind mit Stahlblech oder Bronze ausgelegt. Der Boden jeder Form wird durch die obere Fläche eines prismatischen Pressstempels, der in der Form steckt, gebildet. Das die Formen ausfüllende, heisse Gemenge von Kohle und Pech wird durch den Pressstempel gegen eine feste Platte gedrückt und das Volumen der Masse somit um eine der Hubhöhe des Pressstempels entsprechende Grösse vermindert. Der ausgeübte Druck betrug 90 bis 100 Atm.

Zum Betriebe der ganzen Maschinen einschl. Rätteranlage, Zerkleinerung des Pechs und der Mengapparate diente eine Dampfmaschine von 30 PS., welcher drei Kessel den nötigen Dampf von 6 Atm. Ueberdruck lieferten. Der Hauptfehler der Mazeline-Presse soll darin gelegen haben, dass der Dampfcylinder zur Ausübung grossen Druckes auch einen grossen Querschnitt haben musste, trotzdem der Kolbenhub nur sehr gering war. Die Presse ist im Ruhrbezirk nur auf den beiden oben genannten Anlagen in Betrieb gewesen.

Couffinhal-Presse.

Der Antrieb der Couffinhal-Presse erfolgt (Fig. 298 a—d und 299) durch Riemenscheibenübertragung auf die Vorgelegewelle, welche mittels eines Ritzels und zweier Zahnräder, zwei zur Achse der Presse symmetrisch liegende Wellen in Umdrehung versetzt. Auf der den Zahnrädern entgegengesetzten Seite sind Kurbelscheiben auf die Wellen aufgekeilt, welche vermittelst zweier, durch ein Querhaupt verbundener Zugstangen die beiden über der oberen Formplatte befindlichen Balanciers, an denen der obere Druckstempel und der Ausstossstempel befestigt sind, in eine auf- und niedergehende Bewegung versetzen. Die Stempel sowohl wie die Balanciers werden durch eine auf dem Fundamentrahmen befestigte Centralführung, um die sich auch die Formplatte dreht, geführt. Die beiden unter der Formplatte liegenden Balanciers, welche den unteren Druckstempel tragen, haben ihren Drehpunkt auf der dem Drehpunkte des oberen Balanciers entgegengesetzten Seite und sind am anderen Ende, in welchem zugleich der Drehpunkt des oberen Balanciers liegt, durch zwei Zugscheeren mit einem hydraulischen Cylinder verbunden.

Der über der Formplatte gelagerte Verteiler hat den Zweck, das zu pressende Gemisch aus dem auf zwei Böcken ruhenden Dampfknetwerk oder dem Weichofen aufzunehmen und in die Formen zu verteilen.

Der Vorgang beim Pressen eines Briketts ist folgender:

Die in der Form befindliche Masse wird durch den niedergehenden oberen Druckstempel soweit zusammengedrückt, bis die obere Schicht des

Briketts an den Wandungen der Form eine solch starke Reibung erzeugt, dass sie nicht mehr nachgiebt; letzteres hat zur Folge, dass sich der Drehpunkt der oberen Balanciers nach dem Befestigungspunkt des oberen

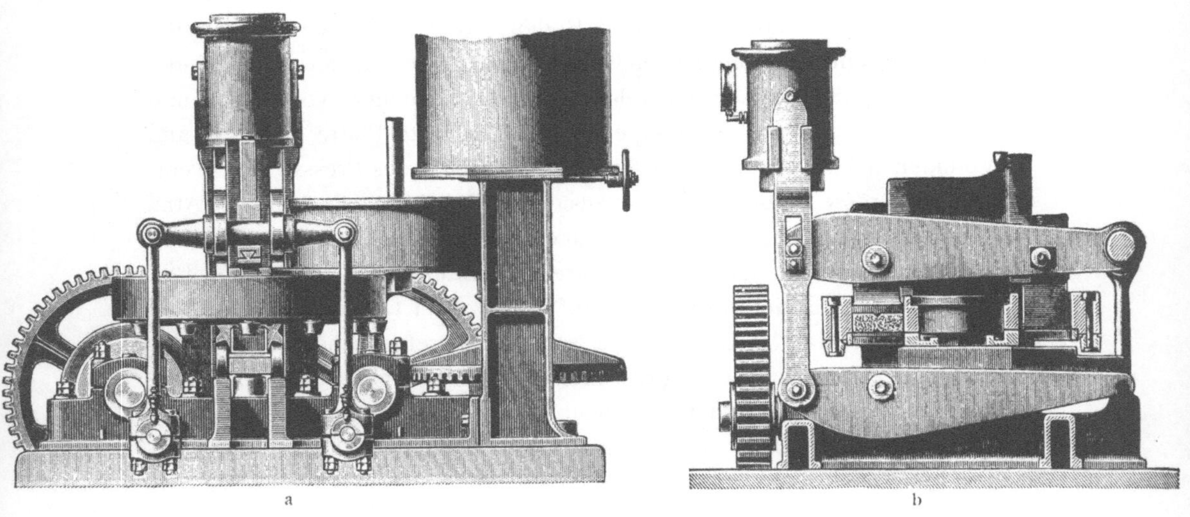

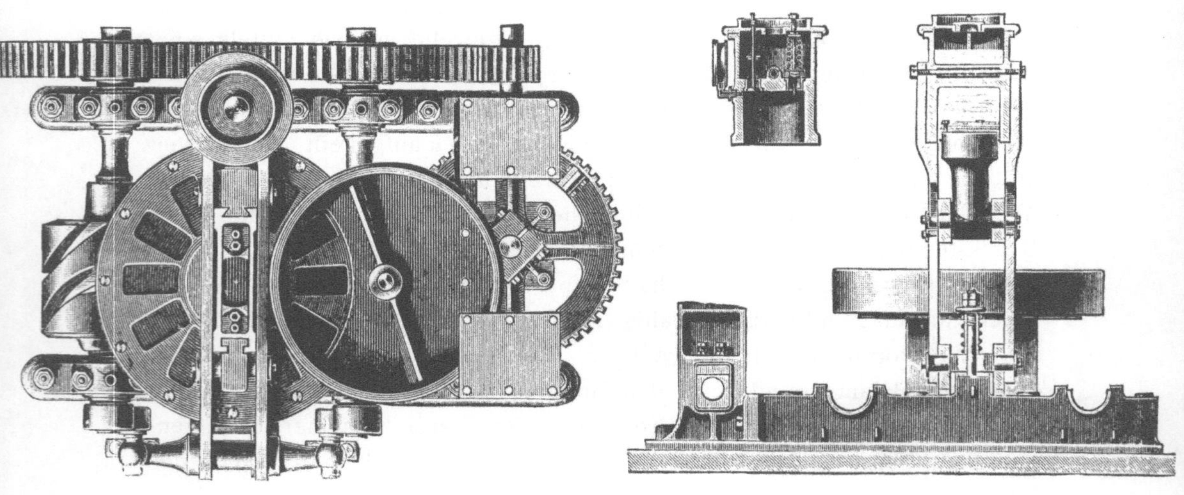

Fig. 298 a—d.

Couffinhal-Presse.

Druckstempels verlegt. Da nun in diesem Augenblick der untere Teil des Briketts noch weniger zusammengedrückt ist, als der obere Teil, so heben sich die unteren Balanciers so lange, bis deren Druckstempel den unteren Teil des Briketts soweit zusammengedrückt hat, dass die Pressung auf

Fig. 299.

Couffinhal-Presse.

beiden Seiten eine gleiche ist. Der durch Zugscheeren mit den unteren Balanciers in Verbindung stehende hydraulische Cylinder, dessen Plunger mit den oberen Balanciers verbunden und in den Zugscheeren gelagert ist, hat erstens den Zweck, dem auf das Brikett auszuübenden Drucke eine gewisse, nach Belieben verschiebbare Grenze geben zu können, und zweitens als Sicherung zu dienen, wenn der Widerstand beim Pressen zu gross wird.

Ist die Pressperiode beendet, und befinden sich die Zapfen der Kurbelscheiben in der Stellung, dass sie Press- und Ausstossstempel aus der Form gehoben haben, so wird der Formtisch umgesetzt, d. h. er wird soweit um die Centralführung gedreht, bis die nächstgefüllte Form in die Lage der vorher entleerten eingerückt ist. Die Umsetzung der Formplatte geschieht durch eine Führungswalze; letztere ist auf einer der Kurbel-scheibenachsen aufgekeilt und trägt an ihrem Umfange einen Schrauben-gang, welcher die an der Peripherie der Formplatte befindlichen Führungsrollen erfasst und durch ihre drehende Bewegung den Tisch um eine Formteilung verschiebt. Die aus der Formplatte ausgestossenen Briketts fallen auf eine Klappe und von da auf ein Transportband, durch welches sie in die Waggons verladen werden. Die durchschnittliche Hub-höhe des Pressstempels beträgt ca. 120 mm. Auf einer 3 kg-Presse werden normal stündlich 1800=5,4 t Briketts, auf einer 5 kg-Presse etwas weniger hergestellt.

Boulet-Presse von Hanrez-Zimmermann & Cie.

Die Boulet-Presse*) (Fig. 300) ist eine Tangentialpresse und be-steht im wesentlichen aus einem die sämtlichen Teile der Presse vereinigenden, gusseisernen Rahmen, ferner aus zwei gut verlagerten, zum Antrieb der nötigen Zahnräder und Riemenscheiben dienenden Wellen und endlich aus zwei in entgegengesetzter Richtung sich drehenden Hart-gusswalzen von 0,65 m Durchmesser und 0,27 m Länge. Letztere werden aus 70 mm dicken, über hohle Wellen gezogenen Ringen zusammengesetzt und machen durchschnittlich vier Umdrehungen in der Minute. Die vier Lager dieser Wellen sind durch eine starke, die Köpfe derselben um-fassende Schiene verbunden, wodurch jedes Zurückweichen der Walzen beim Betriebe unmöglich gemacht ist. Die ganze Oberfläche der beiden Walzen ist mit oblongen, korrespondierenden Vertiefungen versehen, deren jede eine Hälfte der Brikettform bildet und zwar enthalten die Walzen im ganzen 240 Formen. Zwischen je zwei Formen ist eine kleine verbindende Nute von 3 mm Tiefe in den Walzenmantel eingeschnitten, welche zur Sicherheit dient, wenn ein Teil der Walzen mit einem Materialüberschuss beschickt wurde. Die

---

*) Vergl. Preissig, Presskohlenindustrie, S. 108. Presse von Loiseau.

Brikettmasse wird durch einen über der Presse gelegenen Verteilungsapparat
den Formen in den Presswalzen zugeführt und hier während der langsamen
Drehung der Walzen durch den infolge des allmählichen Schliessens der
Formen auch allmählich wachsenden Druck zu eiformigen Briketts zu-
sammengepresst. Damit dann letztere bei der Abwärtsbewegung der Walzen
leicht herausfallen, wird durch die hohlen Wellen kaltes Wasser geleitet.
Die gepressten Kohlen gelangen von den Walzen über eine geneigte
Siebfläche, durch welche die kleineren Pressstückchen hindurchfallen, in
die Transportwagen.

Fig. 300.

Boulet-Presse von Hanrez-Zimmermann & Cie.

Da jede der Formen bei einer Umdrehung ein eiformiges Brikett
liefert, und zwar zu gleichen Teilen solche von 135 und 65 Gramm Gewicht, kann mit diesen Pressen bei einer Minimalgeschwindigkeit der
Walzen von 4 Umdrehungen in der Minute eine Tagesproduktion von
$240 \times 4 \times 60 \times 12 = 691\,200$ Briketts zum Durchschnittsgewichte von 100 g
= rund 69 t, oder da stets zwei Pressen, wie Fig. 300 zeigt, zusammen
arbeiten können, 138 t = 14 Doppelwaggon erzeugt werden. Der Pechverbrauch stellt sich etwas höher als bei den übrigen Pressen, nämlich auf
etwa 9—10 %. Zum Betriebe der ganzen maschinellen Anlage, die mit
einem Kostenaufwande von 44 000 M. herzustellen ist, dient eine Dampfmaschine von 80 Pferdestärken. Der Selbstverbrauch an Kohlen beträgt

pro Tonne erzeugter Briketts etwa $12\,^0/_0 = 1{,}50$—$2{,}00$ M., die Arbeitslöhne stellen sich auf 0,62 M. pro Tonne Briketts.

Bouriez-Presse.

Bei der Bouriez-Presse (Fig. 301 a u. b) wird die Pressung abwechselnd in zwei nebeneinander angeordneten, offenen, muldenförmigen Gefässen von

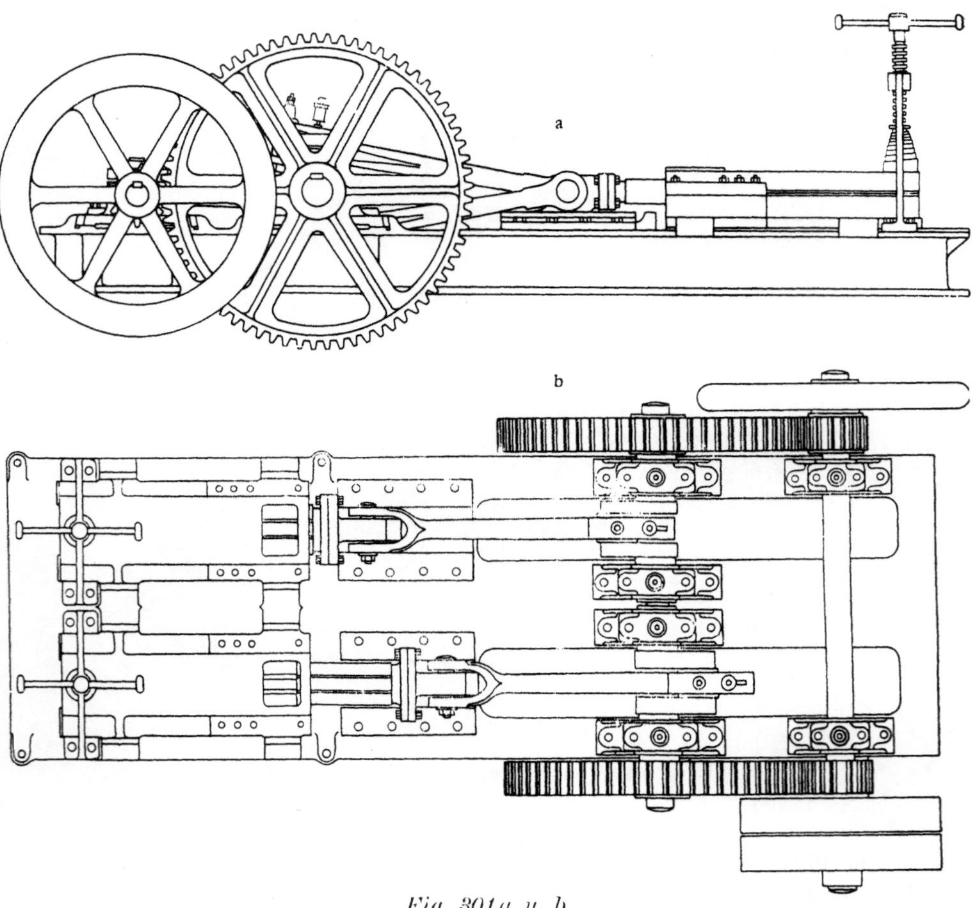

Fig. 301 a u. b.

Bouriez-Presse (Zeche Margarethe).

solcher Länge ausgeübt, dass die Brikettmasse einen starken Reibungswiderstand an den Gefässwänden findet. Von der Grösse dieses regulierbaren Widerstandes hängt die mehr oder minder starke Pressung der Briketts ab. Die Formmulden haben 160×120 mm Querschnitt bei 1,00 m Länge und bestehen aus zwei Hälften, von denen die untere Hälfte fest mit dem Maschinengestell verbunden, die obere durch eine mittels Schrauben anziehbare Feder niedergedrückt oder gelockert werden kann. Die Pressstempel haben 300 mm Hub und werden durch zwei Kurbeln angetrieben, deren Achse durch Zahnradgetriebe mit der Riemenscheiben-Antriebswelle verbunden, 15 Umdrehungen in der Minute macht.

Bei jedem Stempelhube wird ein Brikett von 12 cm Dicke gegen die Rückseite des vorhergehenden gefertigt und gleichzeitig die ganze Reihe auf einem Transportband aus Eisenblech um 12 cm verschoben. Die Briketts wiegen 5 kg bei einer Höhe von 12 cm, einer Breite von 16 cm und einer Länge von 24 cm. Die Maschinen zeichnen sich aus durch hohe Leistung, Verwendbarkeit bei ziemlich feuchten Kohlen und durch geringe Reparaturbedürftigkeit; als Nachteile sind zu verzeichnen der um $1/_3$ $^0/_0$ höhere Pechverbrauch als bei den übrigen Pressen, sodann das Bedürfnis einer besonderen Arbeitskraft behufs Trennung des erzeugten Brikettstranges in Stücke von 5, 10 oder 15 kg, und endlich der im Vergleich zu den mit geschlossenen Formen arbeitenden Pressen verhältnismässig hohe Kostenaufwand. Die Maschine produziert 90 t Briketts in 10 stündiger Arbeitszeit; zur Bedienung derselben sind einschliesslich Verladen der Briketts, Heizung der Kessel und des Ueberhitzungsapparates sieben Personen erforderlich. Die Anschaffungskosten der Pressen ohne Nebenapparate stellen sich auf etwa 20 000 M., sind somit 2—5000 M. höher als die der übrigen im Ruhrbezirk in Gebrauch stehenden Pressen; da die Presse aber infolge ihrer schweren und einfachen Bauart mit Ausnahme der Formen überhaupt keinem nennenswerten Verschleiss unterworfen ist, so dürfte sie sich bei längerem Betriebe als gleich wohlfeil wie andere Pressen erweisen. Abgesehen von der jetzt einzigen, auf Zeche Blankenburg noch zeitweise in Betrieb befindlichen Presse dieser Art, war bis vor einigen Jahren eine zweite Bouriez-Presse auf Zeche Margarethe aufgestellt. Diese beiden Pressen wurden seiner Zeit, Ende der 80er und Anfang der 90er Jahre, auf den genannten Gruben hauptsächlich deswegen eingeführt, weil die Nachfrage nach derartig geformten, grossen Briketts besonders im Ausland (Schweiz) sehr gross war. Inzwischen hat dieselbe aber fast gänzlich nachgelassen; die Zeche Margarethe hat deshalb bereits die Presse abgeworfen und die Zeche Blankenburg hat dieselbe nur zeitweise in Betrieb.

Seyffarth-Presse.

Die Seyffarth-Presse gehört zu den Pressen mit geschlossenen Formen, bei denen die Stempel in gefüllte Formen gedrückt werden. Im Gegensatz zu der Couffinhal-Presse befinden sich die Formen nicht in einem rotierenden Formtisch, sondern in einem festen Gestell, dem ein hin- und hergehender Schlitten das zu brikettierende Gemenge zuführt. Eine Beschreibung dieser Presse befindet sich im Kapitel »Ziegeleibetrieb« (S. 693 ff.), bei welch letzterem dieselbe zuerst Verwendung gefunden hat. Mit der

Presse werden auf Blankenburg, wo dieselbe seit 1895 zur Zufriedenheit arbeitet, 6 kg schwere Briketts mit abgerundeten Köpfen hergestellt. Die Presse macht pro Minute 11 Hübe und bei jedem Hube 2 Briketts; demgemäss beträgt die Leistungsfähigkeit derselben pro Stunde 7,9 t. Die Anlage erfordert zu ihrer Bedienung 7 Mann. Der Kraftverbrauch derselben ist nicht bekannt, da die Betriebsmaschine ausser der Presse auch alle übrigen Apparate treibt. Die Anschaffungskosten stellen sich auf 18 000 M.

Tigler-Presse.

Die Tigler-Presse ist auf Seite 649 ff. im Zusammenhang mit der Beschreibung der Brikettanlage auf Zeche Holland III/IV näher beschrieben.

5. Anlage- und Fabrikationskosten.

a) Anlagekosten.

Die Anlagekosten einer Brikettfabrik mit 2 Stück 3 kg-Couffinhal-Pressen und Wärmofen für eine Leistung von 100—110 t fertiger Steinkohlenbriketts in 10 Arbeitsstunden setzen sich wie folgt zusammen:

1. Das Gebäude für 2 Stück 3 kg Pressen mit Wärmofen, Maschinenhaus, Vorratsturm, Mischraum usw. in massivem Mauerwerk, eisernem Ausbau im Innern und eiserner Dachkonstruktion . . . . 40 000 M.
2. Ein Kesselhaus mit massiven Aussenwänden, eisernen Dachbindern und Wellblecheinkleidung . 6 000 »
3. Ein massiver Kamin . . . . 2 500 »
4. Ein Dampfkessel von 80 qm Heizfläche von 8 Atm. Ueberdruck, mit grober und feiner Armatur, fertig eingemauert . . . . 10 500 »
5. Die vollständige maschinelle Einrichtung mit Ausnahme der Pressen . . . . 40 000 »
6. 2 Stück 3 kg Couffinhal-Pressen . . . . 30 000 »
7. Riemen . . . . 3 000 »
8. Für Unvorhergesehenes und zur Abrundung . . . 3 000 »

Summa . . . 135 000 M.

Die Anlagekosten einer Brikettfabrik mit Dampfüberhitzer und Dampfknetwerk an Stelle des Wärmofens sind um ca. 15 000 M. geringer, betragen also etwa 120 000 M.

b) Fabrikationskosten.

Unter Zugrundelegung der Anlagekostenaufstellung und einer durchschnittlichen Jahresproduktion von 300 $\times$ 100 = 30 000 t fertiger Briketts ergeben sich nachstehende Selbstkosten bei einer mit Wärmofen arbeitenden Brikettfabrik:

1. 5 % Verzinsung von Anlage, Kapital und
2. 5 % Amortisation der Anlage . . . . } 10 % = 13 500 M.

3. 27 900 t Kohle für die Brikettierung à 6,50 M. . . 181 350 »
4.*) 2100 t Pech ($7^1/_2 - 7^3/_4$ %) als Bindemittel à 40 M. 84 000 »
5. 1000 t Kohle zum Heizen des Kessels und Wärm-
   ofens bezw. Ueberhitzers à 7,50 M. . . . . 7 500 »
6. Löhne pro Tonne 0,50 M.. . . . . 15 000 »
7. Materialien pro Tonne 0,05 M. . . . . 1 500 »
8. Reparaturen und Ersatzteile pro Tonne 0,09 M. . . 2 700 »
9. Sonstiges pro Tonne*) 0,10 M.. . . . . 3 000 »

Summa . . . 308 550 M.

Demnach Selbstkosten pro Tonne Briketts

$$\frac{308\,550}{30\,000} = 10,28 \text{ M.}$$

Der durchschnittliche Verkaufspreis stellt sich, wie aus Fig. 289 auf S. 616 hervorgeht, im Jahre 1900 auf 12,27 M.; demnach würde sich ein Reingewinn von rund 2,00 M. pro Tonne Briketts ergeben, oder bei der zu Grunde gelegten Jahresleistung einer Brikettanlage Couffinhalschen Systems von 30 000 t ein Jahresgewinn von 30 000 × 2 = 60 000 M.

III. Beschreibung der neuen Brikettfabrik auf Zeche Holland III/IV.

Schliesslich möge hier noch die Beschreibung der neuen Brikett-anlage auf Zeche Holland III/IV**) folgen. Diese Anlage ist deshalb besonders bemerkenswert, weil hier zum ersten Male auf einer Anlage im Ruhrbezirk mit Erfolg die Tigler-Presse zur Verwendung gekommen ist, weil ferner die Kohlen anders getrocknet werden wie bisher und weil schliesslich das Pech zur Brikettierungsmasse hier nicht in festem, sondern in flüssigem Zustande und als Weichpech zugesetzt wird.

Schon in früheren Jahren war eine Presse von Tigler versuchsweise auf dem Dahlhauser Brikettwerk und auf Zeche Margaretha in Betrieb genommen worden. Derselben hafteten jedoch s. Z. bezüglich der Füllung

---

*) Bei den Positionen von 4—9 ist der Durchschnitt der Zahlenangaben einer Reihe von Zechen eingesetzt.

**) Die Beschreibung ist teilweise einem Manuskript des Bergreferendars Scherkamp (Oberbergamtsbezirk Dortmund) entnommen.

der Formen noch Mängel an, so dass sie dem Wettbewerb der lang-
erprobten, zuverlässig arbeitenden Couffinhal-Presse nicht Stand zu halten
vermochte. Sie wurde abgeworfen und in der Folgezeit nur mehr auf
einigen Brikettwerken am Oberrhein, nicht dagegen in Westfalen benutzt.

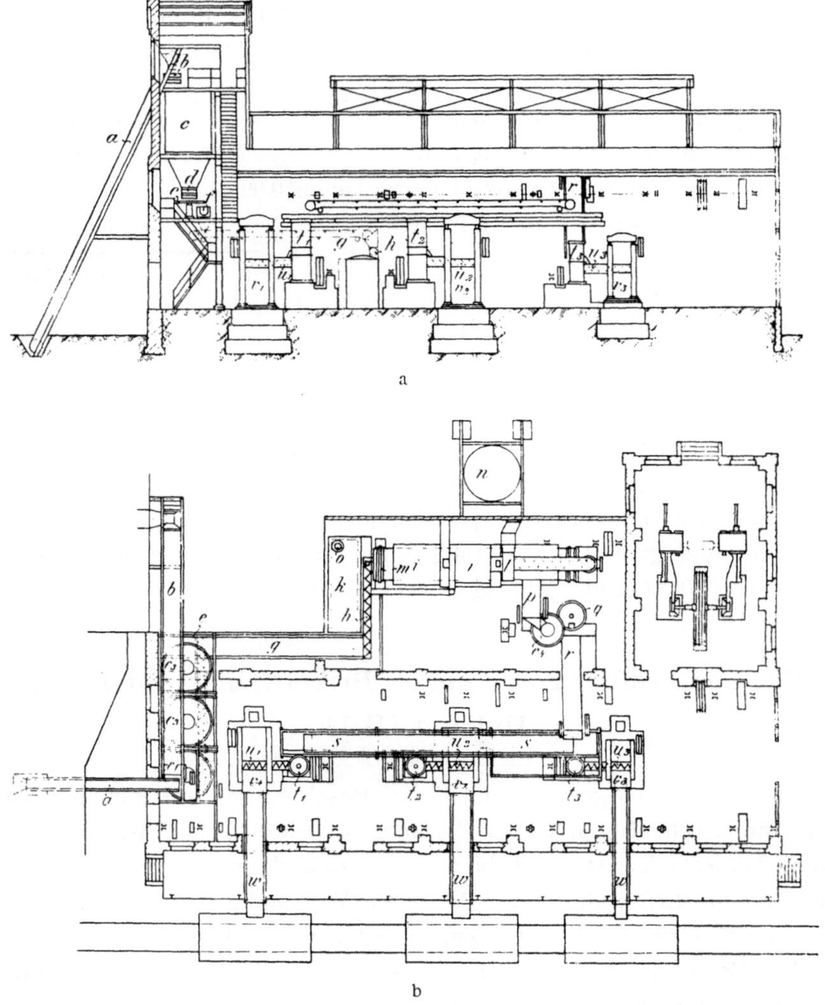

Fig. 302a u. b.

Brikettanlage auf Zeche Holland III/IV.

Die zur Brikettfabrikation verwandte Kohle entstammt der Wäsche.
Sie hat einen durchschnittlichen Wassergehalt von 10—12 $^0/_0$ bei einem
Aschengehalt von ungefähr 4—5$^1/_2$ $^0/_0$. Aus dem Kohlenvorratsturm der
Aufbereitung wird die Feinkohle durch den Becherelevator a (Fig. 302a u. b)

oder durch eine Kohlenrutsche dem Kratzbande b zugeführt. Dieses (Fig. 303) bewirkt eine Verteilung der Kohle auf die drei Vorratstrichter c^1, c^2 und c^3, welche durch Schieber verschlossen werden können, sodass entweder der eine oder der andere Trichter gefüllt wird. Jeder Trichter fasst ungefähr 30 t. Die Trichter bestehen in der Hauptsache aus einem eisernen Cylinder, der sich nach unten kegelförmig verengt und in ein

Fig. 303.
Kratzband im Kohlenvorratsturm.

cylindrisches Mundstück d ausläuft. Unter jedem Trichter befindet sich ein Kohlenverteiler e, der aus einer horizontal liegenden, langsam rotierenden, runden Scheibe von ca. 1600 mm Durchmesser besteht. Durch eine einfache Klauenkupplung kann der Verteiler, der dem Vorratstrichter gleichsam als Boden dient, in Betrieb gesetzt werden. Zwischen dem Mundstück d und dem Verteiler e befindet sich ein Zwischenraum, der sich durch eine Vertikalverschiebung des Trichter-Mundstückes beliebig vergrössern oder verkleinern lässt, sodass sich auf der Scheibe ein grösserer oder kleinerer Kohlenhaufen bildet. Senkrecht auf der Scheibe schleift ein Abstreichmesser, durch welches bei der Drehung der Scheibe eine

bestimmte Kohlenmenge abgestrichen und der Transportschnecke f zugeführt wird. Dadurch, dass das Abstreichmesser verstellbar ist, wird es
möglich, ein gewünschtes Quantum Kohle der Schnecke zu übergeben.

Enthalten die Vorratstrichter verschiedene Kohlensorten, z. B. Mager-
und Fettkohlen, und sollen diese Sorten gemischt werden, so braucht man
nur die Mundstücke und Abstreichmesser so einzustellen, dass bestimmte
Mengen der einzelnen Kohlensorten aus den jeweiligen Trichtern in die
Schnecke f gelangen.

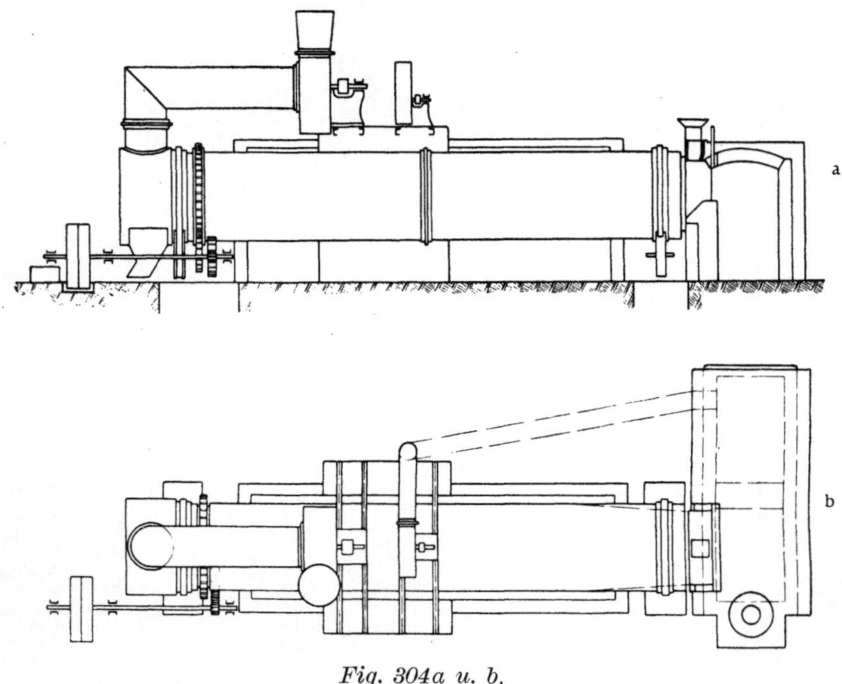

Fig. 304a u. b.

Kohlen-Trocken- und Mengapparat von Petry und Hecking.

Von der Transportschnecke gelangt die Kohle auf das Transportband g. Letzteres übergiebt dieselbe wieder einer Schnecke h, an deren
Ende sie durch eine kurze Lutte in einen Kohlen-Trocken- und Mengapparat gelangt. Derselbe ist der Firma Petry & Hecking zu Dortmund
patentiert. Wie der Name des Apparates schon sagt, hat derselbe einen
mehrfachen Zweck. Es soll der Kohle der überschüssige Gehalt an Wasser
genommen, sie soll erwärmt und bei Verwendung verschiedener Kohlensorten gründlich gemischt werden.

Der Trockenapparat (Fig. 304a u. b und 305a—c) besteht aus einer
10 m langen Trommel aus Eisenblech mit einem Durchmesser von 1700 mm.
An ihren beiden Enden ist dieselbe drehbar auf Rollen verlagert und wird

Fig. 305a.

Trockentrommel und Ofen.

durch ein umgelegtes Zahnrad in drehende Bewegung versetzt. An der
inneren Wandung sind 6 Winkeleisen angenietet, die sich gradlinig durch

41*

Fig. 305 b.

Antrieb der Trockentrommel.

die ganze Trommel ziehen. Dem einen Ende ist die Planrostfeuerung k
(Fig. 302) vorgebaut, welche für die Trockentrommel die nötigen Heizgase

Fig. 305 c.

Trockentrommel mit Kohlen- und Nachverteiler.

liefert. Die Feuerung wird durch Abfälle aus der Brikettfabrik unterhalten und ist mit einem durch einen Ventilator erzeugten Unterwind-

gebläse versehen. Das andere Trommelende ist an einen Exhaustor l angeschlossen. Letzterer saugt die Feuergase und den Wasserdampf aus der Trommel ab. Das zu trocknende Kohlenklein fällt bei m, wo die Feuergase einströmen, in die Trommel, und wird bei jeder Drehung derselben von den Winkeleisen emporgehoben, um alsbald das Uebergewicht zu bekommen und auf den Boden der Trommel zurückzufallen. Während des Falles saugt der Exhaustor l die einzelnen Kohlenteilchen an und befördert sie so langsam zum anderen Trommelende, woselbst sich der Ausfall der Trommel befindet. Das Material wird also fortbewegt, obschon die Trommel cylindrisch und ganz wagerecht verlagert ist. Die Trommel macht etwa 10 Umdrehungen in der Minute.

Neuerdings hat man in einer anderen Brikettfabrik den Versuch gemacht, die Kohle in der cylindrischen Trommel dadurch vorwärts zu bewegen, dass man die Winkeleisen im Innern schneckenartig angebracht und das Gebläse weggelassen hat. Der Versuch zeitigte einen recht günstigen Erfolg, jedoch nur solange, als der Feuchtigkeitsgehalt der in die Trommel eingebrachten Kohle einen bestimmten Prozentsatz nicht überschritt. Wurde der Prozentsatz überschritten, so wurde die Kohle verhältnismässig zu schnell durch die Trommel geführt und die Abtrocknung nicht weit genug getrieben.

Ersterem Verfahren dürfte demgemäss in den meisten Fällen der Vorzug zu geben seien.

In der Trommel wird die Kohle von den durchziehenden Feuergasen erwärmt und von der überschüssigen Feuchtigkeit befreit. Dass dieses bei einem ganz kleinen Kohlenteilchen rascher vor sich geht als bei einem grösseren, liegt auf der Hand. Dafür setzt das kleine Teilchen aber auch durch sein geringes Gewicht der Kraft des Exhaustors nicht soviel Widerstand entgegen wie das grössere. Es wird infolgedessen den Weg durch die Trommel in entsprechend kürzerer Zeit zurücklegen. Dieser Umstand ist denn auch die Veranlassung, dass ganz trockene Kohle sich nicht so sehr zur Verarbeitung in der Heckingschen Trommel eignet wie solche, die noch einen gewissen Prozentsatz Feuchtigkeit enthält. Zeigt die Kohle bei ihrer Verarbeitung starke Staubentwickelung, so ist die Austrocknung bereits zu weit vorgeschritten.

Die ganz feinen Kohlenstaubteilchen werden bei Anwendung des Gebläses, da die Saugkraft des Exhaustors grösser ist als deren Schwerkraft, durch den Luftstrom mit fortgerissen und nach draussen abgeführt. Würde man dieselbe nun ungehindert ins Freie treten lassen, was anfangs bei der Anlage Holland III/IV geschah, so wären einerseits die Materialverluste nicht unbedeutend, andererseits würde die nähere Umgebung der Ausströmstelle durch den Staub leicht belästigt werden. Diese beiden Uebelstände werden heute dadurch vermieden, dass der Exhaustor die Feuergase, den Wasserdampf und die mitgerissenen Staubteilchen einem sogenannten Staubfänger übergiebt.

Dieser besteht aus einem hohen Cylinder aus Eisenblech, in dessen oberen Teil die Gase durch eine seitliche Oeffnung eintreten. Ueber der Eintrittsstelle liegt in feinmaschiges Sieb, das sich an die Wandung des Cylinders eng anlegt. Von oben her wird in den Cylinder Wasser eingeführt, das in feiner, staubartiger Verteilung auf das mit einer Koks- und Kiesschicht überdeckte Sieb träufelt. Hierdurch werden die in den zugeführten Gasen enthaltenen Staubteilchen angefeuchtet, fallen mit dem Wasser nieder und gelangen durch den unten befindlichen, trichterförmigen Ansatz des Cylinders in ein Bassin, während der Wasserdampf oben aus dem Cylinder ins Freie entweicht. Der Kohlenschlamm wird aus dem Bassin durch eine Centrifugalpumpe in den Entwässerungsturm und dann in den Kohlenvorratsturm für Kokskohlen gebracht und hierauf auf Koks verarbeitet. Ein Materialverlust tritt mithin nicht ein.

Eine Entgasung der Kohle in der Trommel ist so gut wie ausgeschlossen, weil stets die feuchtesten Kohlen mit den heissesten Gasen zusammentreffen und eine vollständige Austrocknung der Kohle nicht stattfindet. Die Temperatur der Kohle am Ausfalle der Trommel beträgt im allgemeinen 80° C. Selbstverständlich muss sich die Regulierung der Temperatur in der Trommel nach dem Wassergehalte der zu trocknenden Kohle richten. Sie wird durch eine Schiebervorrichtung bewirkt, mit Hülfe deren die Einströmungsöffnung der Feuergase beliebig erweitert oder verengt werden kann. Ueberschüssige Feuergase entweichen durch einen an die Feuerung angeschlossenen Notkamin o.

Um zu verhindern, dass der Exhaustor Aussenluft ansaugt, ist die vorher erwähnte Lutte, durch welche die Kohle in die Trockentrommel gelangt, mit einer selbstthätig schliessenden Drosselklappe versehen, welche durch das auffallende Material jedesmal geöffnet wird.

Aus der Trommel i (Fig. 302a u. b) fällt die Kohle durch einen Trichter auf ein Becherwerk p, das sie in einen Vorratstrichter c_4 hebt. Dieser ist ebenso gebaut wie die zu Anfang beschriebenen Vorratstrichter, nur sind die Abmessungen geringer. Dasselbe gilt von dem unter dem Trichter befindlichen Verteiler. Der Trichter fasst ungefähr 8 t. Auch auf diesem Kohlenverteiler schleift eine Abstreichvorrichtung, die verstellbar ist und es ermöglicht, ein ganz bestimmtes Kohlenquantum abzustreichen.

Bei diesem Kohlenverteiler findet die Zuführung des Pechs statt. Das zur Brikettierung verwendete flüssige Weichpech wird auf der an die Brikettfabrik anstossenden Kokerei mit Nebenproduktengewinnung der Zeche Holland III/IV selbst gewonnen.

Um ein zur Brikettierung geeignetes Pech zu erhalten, wird die letzte

Fraktion des Theeröls in dem Stadium unterbrochen, in welchem etwa die Hälfte der Schweröle überdestilliert ist. Das auf diese Weise erhaltene flüssige Weichpech lässt man durch einen Ablasshahn in einen Druckbehälter laufen und drückt es von hier aus vermittelst Dampfdruckes durch eine Rohrleitung von 150 mm $\emptyset$ und 180 m Länge direkt zur Brikettfabrik hinüber.

In der Annahme, dass bei der bedeutenden Länge dieser Druckleitung eine zu starke Abkühlung des Peches eintreten würde, baute man in die Pechleitung noch eine Dampfleitung ein, die das Pech erwärmen und auf seinem langen Wege stets dünnflüssig erhalten sollte. An den Verbindungsstellen der Pechleitungsrohre wurde die Dampfleitung aussen um die Flantschen herumgeführt. Alsbald ergab sich aber, dass die Pechleitung infolge der ungleichen Wärmeausdehnung beider Leitungen gerade an den Verbindungsstellen der Rohrleitungen undicht wurde. Die Dampfleitung wurde deshalb wieder ausgebaut. Dann aber machte man die unangenehme Erfahrung, dass an einigen durchgebogenen Stellen der Rohrleitung Pech in derselben zurückblieb, erstarrte, und Verstopfungen hervorrief. Nachdem auch dieser Uebelstand beseitigt war, gelang es, auch ohne Wärmezufuhr das Pech flüssig zur Brikettfabrik zu schaffen. Störungen durch Verstopfen der Leitung sind seitdem nicht wieder aufgetreten.

In der Brikettfabrik fliesst das Pech zunächst in einen aus Eisenblech hergestellten Sammelbehälter, welcher etwa 20 000 kg aufzunehmen vermag. Dieser Behälter ist auf der Planrostfeuerung der Trockentrommel aufgestellt und wird hier so stark erwärmt, dass das in demselben befindliche Pech stets flüssig bleibt. Zu demselben Zwecke ist auch der Kamin der Feuerung durch den Teerbehälter hindurchgeführt. Aus dem Sammelbehälter gelangt das Pech in eine Birne, in welcher sich eine Dampfschlange und ein Rührwerk befindet, sodass das Pech immer auf der erforderlichen Temperatur gehalten werden kann und durch ständiges Umrühren, ohne zu schäumen, dünnflüssig bleibt. Unter der Birne befindet sich ein Apparat, der es durch eine Anzahl von Hebelvorrichtungen ermöglicht, beliebige Mengen Pech aus der Birne in eine offene Rinne abfliessen zu lassen. Diese Rinne mündet unter dem vorhergenannten Kohlenverteiler, welcher an dem Trichter c_4 angebracht ist und zwar dort, wo das Abstreichmesser die Kohle über den Rand der Scheibe drückt. An dieser Stelle findet die Vereinigung von Kohle und flüssigem Pech statt.

Von dem Kohlenverteiler fällt das Pressgut in ein unmittelbar unter ihm befindliches Rührwerk q und wird hier durcheinandergemengt. Durch eine im Boden des Rührwerks befindliche Oeffnung gelangt es dann auf den Becherelevator r. Letzterer hebt es auf die Transportschnecke s, welche sich in beträchtlicher Länge durch das Hauptgebäude der Anlage zieht. Um eine zu grosse Abkühlung des Pressgutes zu verhindern, sind sowohl der Elevator r wie auch die Transportvorrichtung s überdeckt.

Unter der Zuführungsschnecke s stehen drei Dampfknetwerke t_1, t_2 und t_3 (Fig. 306), die ähnlich wie die Vorratstrichter c_1, c_2 und c_3 oben mit Schiebern abgeschlossen und nach Belieben durch die Schnecke s gefüllt werden können.

In diese Malaxeure wird durch ringsum eingebaute Düsen Dampf von 200° C. eingelassen, welcher den Ueberhitzerrohren, die in die Feuerung des Ofens k eingebaut sind, entnommen wird.

Die Ueberführung des Materials aus den Rührcylindern t zu den Pressen v erfolgt durch die Schnecken u_1, u_2 und u_3. Dieselben füllen einen in der Presse vorhandenen Behälter mit Material und befördern überschüssiges Pressgut auf der den Rührcylindern abgewandten Seite zur Presse hinaus. Von den drei vorhandenen Pressen besitzen die beiden Pressen zur Herstellung grosser Briketts dieselbe, diejenige für kleinere Briketts dagegen eine von den ersteren etwas abweichende Konstruktion. Bevor hier jedoch die beiden Pressensysteme beschrieben werden sollen, dürfte es zweckmässig sein, die alte Konstruktion der Tigler-Presse etwas näher zu betrachten.

Der Antrieb der alten Tigler-Presse (Fig. 307 a—c) erfolgt von einer Riemenscheibe a aus durch ein Zahnradgetriebe b, c, d, e, welches eine Kurbelwelle f in Drehung versetzt. Die an der Kurbel angreifende Pleuelstange g setzt einen Hebel h in auf- und abwärtsgehende Schwingung, welche er wiederum zwei kniehebelartig mit ihm verbundenen Gelenkhebeln i, k übermittelt. Diese Gelenkhebel sind durch Bolzen einerseits mit einem vertikal beweglichen Querhaupt n und andererseits mit dem Stempelschlitten m verbunden. Die Hebung und Senkung des Querhauptes wird durch kräftige Schraubenbolzen auf das untere Querhaupt p, welches den unteren Pressstempel q trägt, übertragen. Der Bolzen des unteren Kniehebelgelenkes k drückt gleichzeitig und in demselben Masse, wie sich der Bolzen des oberen Kniehebelgelenkes i hebt, den Stempelschlitten m in seinen zwischen dem Gestell befindlichen Führungen herab, wodurch der unter ihm befestigte obere Pressstempel r in die Pressform gedrückt wird. Gleichzeitig wird auch das untere Querhaupt p vermittelst der Schraubenbolzen gehoben und dadurch die untere Pressung bewirkt. Um nach erfolgter Pressung ein schnelleres Heben des die oberen Pressstempel r tragenden Druckstückes zu ermöglichen, wird das Zwischenstück, welches zwischen Stempelschlitten und Druckstück eingeschaltet ist, ausgerückt. Zu diesem Zwecke befindet sich auf der vorgenannten Kurbelwelle f eine unrunde Scheibe t, auf welcher eine Rolle u am hinteren Ende eines zweiarmigen Hebels aufliegt; der andere Arm dieses Hebels fasst eine Zugstange, welche ihrerseits mit einem Hebelarm des Zwischenstückes

Fig. 306.

Dampfknetwerk.

verbunden ist, woraus sich bei jeder Umdrehung der Kurbelwelle die rechtzeitige, zwangläufige Bethätigung des Zwischenstückes ergiebt.

Die rasche Hebung des Druckstückes mit dem Oberstempel r wird nach der Ausrückung des Zwischenstückes in folgender Weise erreicht: In den Rahmenständern ist nahe am Boden eine durchgehende Achse x gelagert, auf welcher links und rechts ein ein- bezw. zweiarmiger Hebel

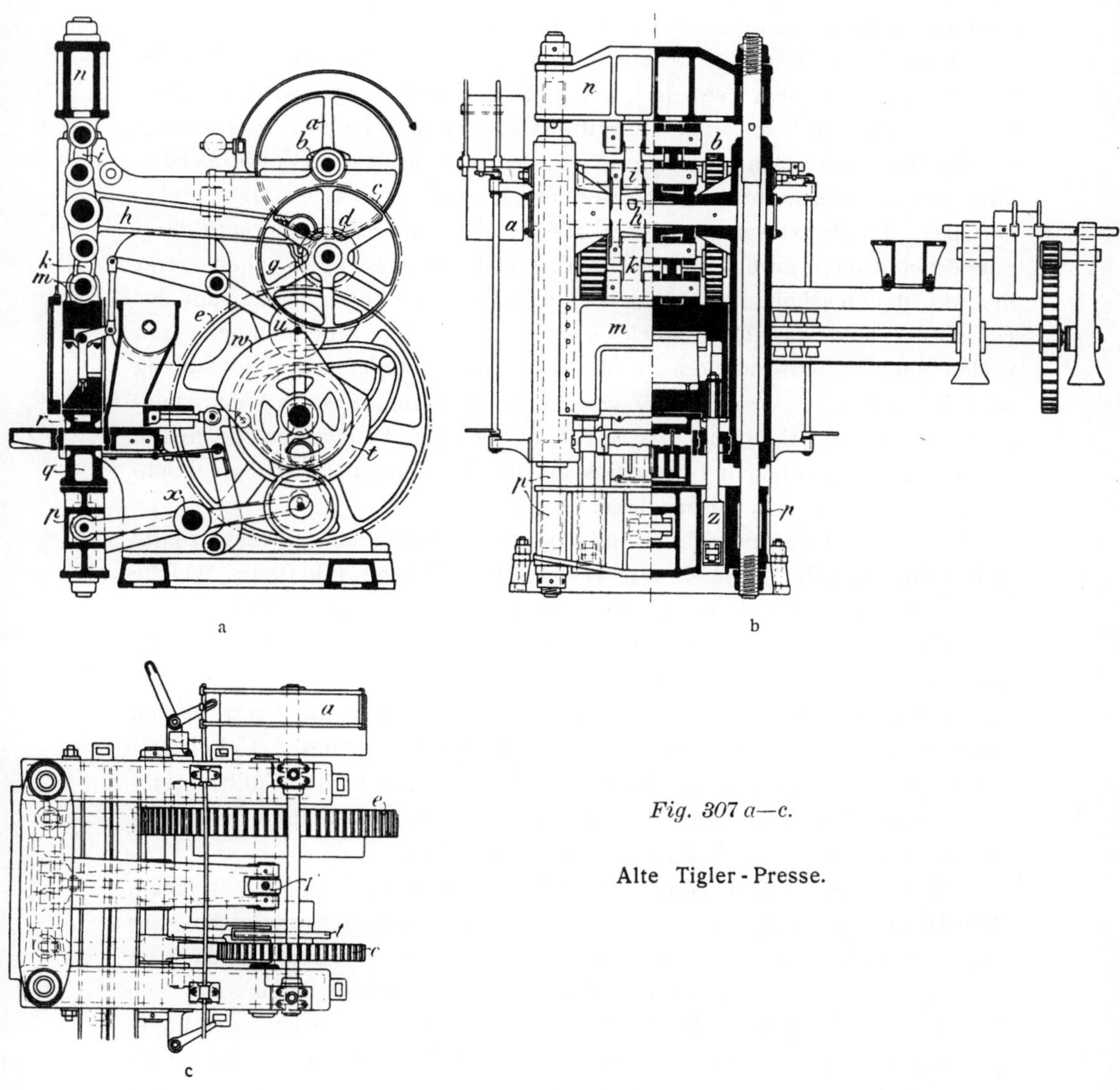

a

b

c

Fig. 307 a—c.

Alte Tigler - Presse.

sitzt. Am freien Ende des einarmigen Hebels befindet sich eine Rolle, auf welche eine unrunde Scheibe w im richtigen Augenblick einwirkt, den einarmigen Hebel herunter und den zweiarmigen hochdrückt. Da die vorderen Enden des Doppelhebels in Oeffnungen von Stangen z eingreifen, auf denen das Druckstück mit dem Oberstempel r sich stützt und festgehalten wird, so kann auf diese Weise die rasche Hebung des Druckstückes unabhängig von der Bewegung des Stempelschlittens ausgeführt werden. Dem rasch sich hebenden Druckstück mit Oberstempel r·folgt in gleichem Schritt das untere Querhaupt p mit dem Unterstempel q, welches ähnlich, wie vorstehend ausgeführt, durch Zusammenwirken von Hebel, Rolle und unrunder Scheibe gehoben und gesenkt wird.

Sobald der untere Pressstempel q so hoch gehoben ist, dass die Briketts oben mit dem Presstisch auf gleicher Höhe liegen, wird der Füllkasten durch eine Kurvenschleife mittelst Rolle und Hebel vorwärts bewegt und die Briketts werden vorgeschoben. In dem Augenblick, wo der Füllkasten über der Pressform steht, geht das Querhaupt p mit dem Unterstempel q herunter, die Pressform ist wieder offen, sodass der Füllkasten sich darin entleert und dann zurückgezogen wird. Nachdem dieses geschehen, wirkt die auf der Kurbelachse f sitzende, unrunde Scheibe m wieder auf das Hebelwerk und das Druckstück, sodass dieses den Oberstempel r mit schlagender Geschwindigkeit in die Pressform fallen lässt. Gleichzeitig wird in ähnlicher Weise das Zwischenstück zwangsweise in seine senkrechte Lage zurückgeführt, worauf dann der Kniehebeldruck stattfindet, welcher den eigentlichen Pressdruck auf die Pressstempel r und q gleichzeitig und gleich stark wirken lässt.

Bei der Brikettfabrikation mit der vorbeschriebenen Presse zeigte sich bald, dass der Tigler-Presse verschiedene Mängel anhafteten, welche ihre Verwendung für diesen Industriezweig sehr in Frage stellten.

Diese Mängel sind bei den neuen Pressen auf Zeche Holland abgestellt.

Zunächst war die Füllung der Füllkasten, welche das Pressgut den Formen zuführen, sehr unzuverlässig und ungleich. Dieser Uebelstand wurde durch Einbauen zweier horizontaler Rührwerke in den Fülltrichter y (Fig. 308a und b) abgestellt. Die Rührachsen sind mit Flügeln versehen und werden durch eine Gallsche Kette angetrieben.

Ebenso mangelhaft war die Füllung der Pressform mit frischem Material aus dem Füllkasten; denn die Formen füllten sich ungleichmässig und es wurden daher viele Fehlbriketts erzeugt. Dieser Fehler ist dadurch beseitigt worden, dass jetzt die Füllung der Pressformen automatisch von der Presse ausgeführt wird. Zu diesem Zwecke wurde die Kurvenschleife geändert und am äusseren Kurvenrande mit einer ringförmigen Ruhestelle für die Rolle des Hebels zum Füllkasten versehen, sodass der Füllkasten in vorgeschobener Stellung über der Pressform eine Ruhepause macht. Die unrunde Scheibe w, welche das Druckstück mit dem Oberstempel r bethätigt, ist am Umfange mit einer Vertiefung versehen worden, in welche während der Ruhepause des Füllkastens die zugehörige Rolle einläuft, dadurch den Oberstempel eine abwärtsgehende Bewegung ausführen lässt,

wodurch das im Füllkasten befindliche Material in die Pressform gedrückt
wird. Durch diese Vorrichtung ist eine stets gleichmässige Füllung der
Pressform gesichert.

Ferner war die Höhe der Füllung schlecht regulierbar, es fehlte eine
bequeme Einstellvorrichtung und es konnte die Einstellung des unteren Querhauptes nur durch Unterlegen von dünnen Blechscheiben zwischen Quer-

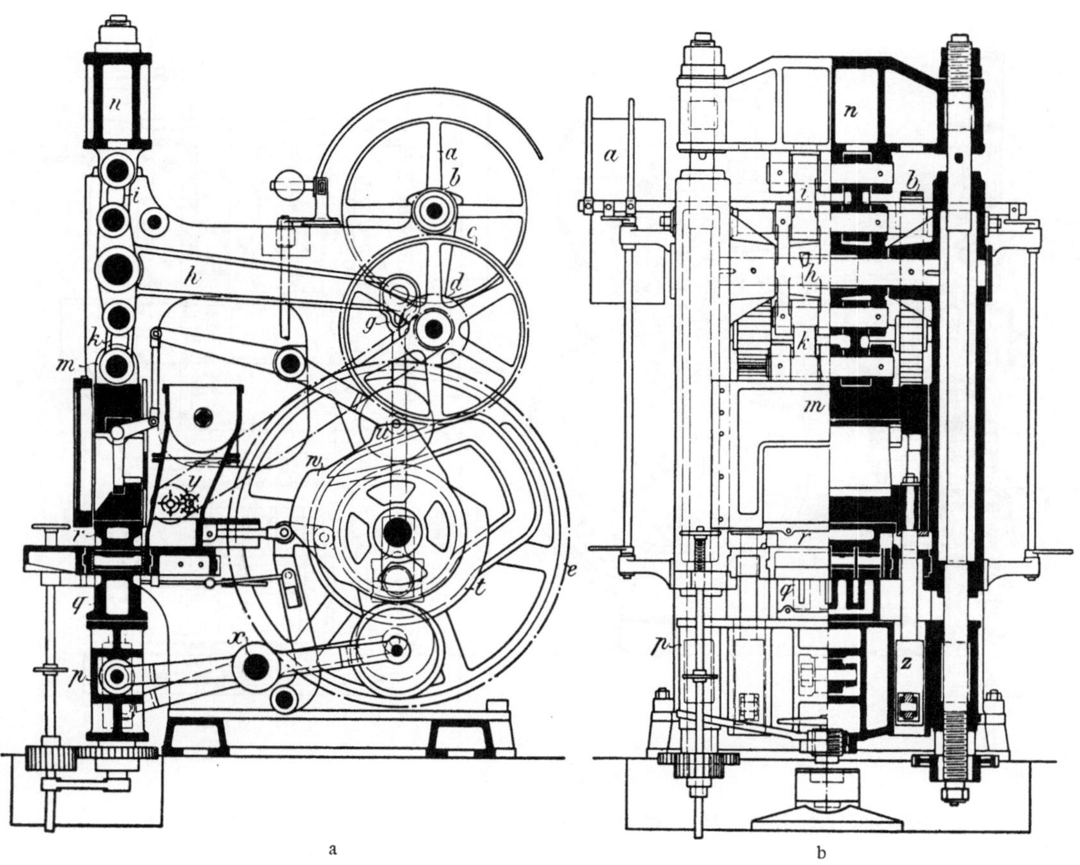

a   b

Fig. 308a u. b.

Tigler-Presse No. I zur Herstellung grosser Briketts auf Zeche Holland III/IV.

haupt und Aufschlageblock erreicht werden. Dieser Mangel wurde dadurch beseitigt, dass man in das untere Querhaupt am Boden eine kräftige
Schraube mit Mutter und starkem Gewinde einsetzte, welche mittels eines
feststellbaren Handhebels leicht und genau einstellbar ist.

Ein weiterer Fehler war die unbequeme Regulierung des Druckes
am Unterstempel bei den verschiedenen Briketthöhen, welches durch Ver-
stellung der Muttern an den Zugschrauben von Hand geschehen musste.

Um eine gleichmässige und leichte Drehung der Muttern zu erreichen, setzte man auf beide Muttern Zahnradgetriebe, welche durch Gallsche Ketten und Handrad bethätigt werden.

Die Tigler-Presse zur Herstellung kleiner Briketts im Gewichte von 1,1 — 0,2 kg ist in ihrer Wirkungsweise genau den Pressen für grosse Briketts entsprechend gebaut.

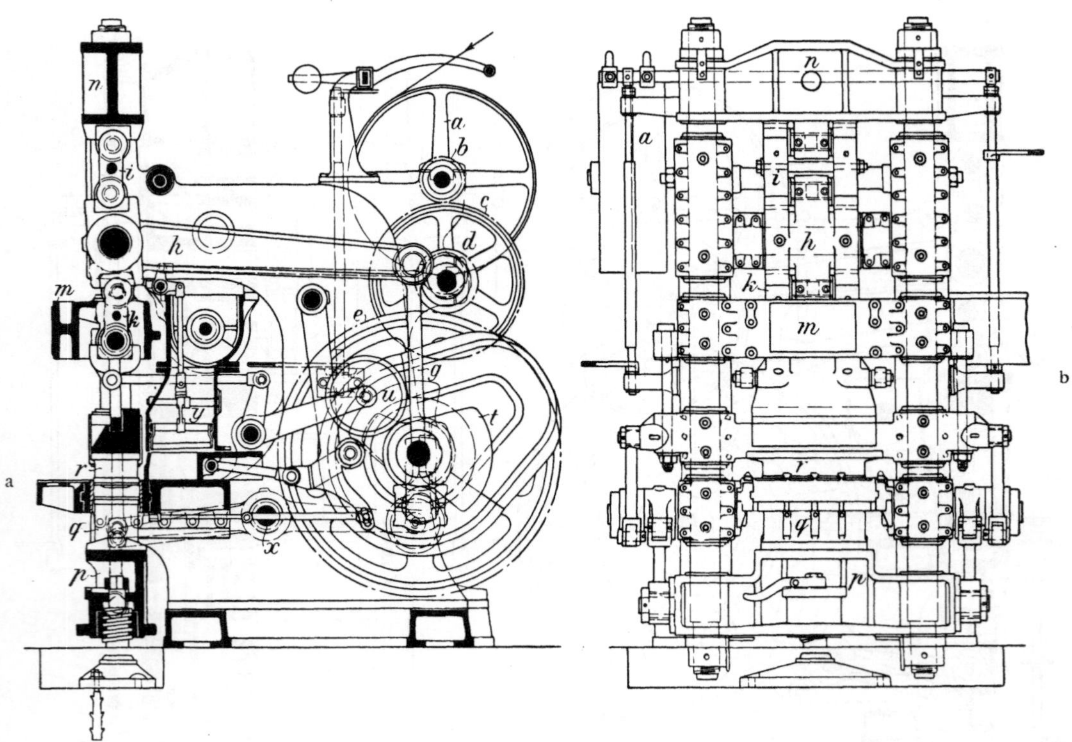

Fig. 309 a u. b.

Tigler-Presse No. II zur Herstellung kleiner Briketts auf Zeche Holland III/IV.

Jedoch ist ausser einigen kleinen Aenderungen in der Bauart, welche aber auf die Wirkungsweise nicht von Einfluss sind, nur die Füllvorrichtung des Füllkastens, welche durch die kleinen Formate der Briketts bedingt wurde, wesentlich verschieden.

Während bei Presse No. I zwei Rührachsen das Material im Fülltrichter in Bewegung halten und es frei in die grossen Oeffnungen des Füllkastens fallen lassen, zeigte sich bei der Presse No. II mit den kleinen Pressformen (Fig. 309a und b und Fig. 310a und b) das Bedürfnis, das Material nicht allein in Bewegung zu halten, sondern es auch zwangsweise in die kleinen Oeffnungen des Füllkastens zu bringen. Es ist zu diesem

Fig. 310 a.

Presse zur Herstellung kleinerer Briketts (hintere Ansicht).

Zwecke ein horizontal bewegliches, durch einen Excenter bethätigtes
Schiebersystem in den Fülltrichter y unter der Zuführungsschnecke einge-

Fig. 310 b.

Presse zur Herstellung kleinerer Briketts (Seitenansicht).

baut, welches einige Male die Oberfläche des Füllkastens bestreicht und
dadurch den gewünschten Zweck vollkommen erfüllt. Das Durchschlagen

des oberen Pressstempels durch den Füllkasten zwecks Füllung der Pressformen geschieht wie bei den anderen Pressen.

Da die Pressstempel durch die fortwährende starke Reibung in den Formen sehr heiss werden, sind sie mit Ausbohrungen versehen, durch welche beständig Kühlwasser geführt wird.

Zur Bedienung einer Presse sind zwei Mann erforderlich. Einer von ihnen sorgt für eine gute Zuführung des Pressgutes durch Stellung des Schiebers an der Ausfallöffnung des Rührcylinders und setzt ferner die Maschine in und ausser Betrieb. Der andere Arbeiter reguliert den Pressendruck, indem er je nach Bedarf die Schraubenmuttern der Unterstempel anzieht oder lockert, und prüft die fertiggestellten Briketts auf ihre Härte, indem er versucht, sie mit der Hand zu zerdrücken. Alle Briketts, die diese Probe bestehen, werden gut befunden und gelangen zur Verladung.

Die Presswirkung bei der Tiglerschen Trockenpresse ist eine dreifache:

1. eine Schlagwirkung durch Freifallen des Oberstempels,
2. eine allmähliche Pressung von unten gegen die Druckklinke und
3. ein gleichmässiger Druck von oben und unten, der auf seiner Höhe konstant bleibt.

Dass die Presswirkung eine langsame und allmähliche und nicht eine plötzliche ist, hat für die Beständigkeit und Härte der Briketts grosse Bedeutung; denn so haben die im Pressgute enthaltenen Luft- und Dampfgase Zeit zum Entweichen, während sie bei einem plötzlichen Drucke im Brikett bleiben und zu feinen dünnen Schichten gepresst werden, welche die Adhäsion der Kohlenteilchen in hohem Masse beeinträchtigen und Risse im Brikett erzeugen.

Ein und dieselbe Presse ist für beliebige Brikettformate verwendbar. Es ist nur nötig, die entsprechenden Formen und Stempel einzuwechseln, eine Arbeit, welche sich leicht und ohne zu grossen Zeitaufwand bewerkstelligen lässt.

Das auf der Zeche Holland gebräuchliche Format ist bei den grossen Briketts das eines Prismas. Zur Vermeidung starken Abriebs bei längerem Transporte hat dasselbe abgerundete Höhenkanten; die kleinen Briketts haben Würfelformat mit scharfen Kanten.

Der Transport der fertiggestellten Briketts zu den Waggons erfolgt vermittelst der im Dispositionsplan (Fig. 302 a u. b) zu sehenden Transportbänder w. Ein Band besteht aus einem ungefähr 1200 mm breiten Drahtgewebe ohne Ende, welches über Rollen geführt wird. Die Presse schiebt die Briketts selbstthätig auf die Transportgurte. Diese befördern dieselben aus der Brikettfabrik heraus bis zu dem vor demselben befindlichen Anschlussgleise und legen dieselben auf ein Blech, welches

anfänglich geneigt ist und allmählich in die horizontale Lage übergeht.
Von diesem Blech aus, welches unmittelbar über dem zur Füllung bestimmten Waggon sich befindet, werden die Briketts durch die im Waggon
stehenden Arbeiter fortgenommen und verstaut. Je nachdem, ob grössere
Produkte in geringerer Zahl oder weniger grosse in starker Anzahl hergestellt werden, sind drei oder vier Bedienungsleute zum Verladen der
von einer Presse erzeugten Briketts erforderlich. Gelangen Würfelbriketts
zur Verladung, so fallen dieselben vom Transportband direkt in den Waggon
und werden hier nicht besonders verstaut.

　　　Vor jedem Transportband befindet sich im Gleise eine automatische
Wage, sodass der Waggon schon während der Verladung gewogen wird,
und ein Umrangieren zwecks Wägung nicht mehr nötig ist.

　　　Zum Betriebe der ganzen Anlage dient eine liegende Compound-
Dampfmaschine, die mit Anschluss an die Zentralkondensation versehen
ist. Bei 80 Umdrehungen in der Minute und $6^1/_2$ Atm. Dampfspannung leistet
sie 125 eff. PS. Ihre Dimensionen sind:

$\varnothing$ des Hochdruckcylinders . . . . . 460 mm,

$\varnothing$ » Niederdruckcylinders . . . . 680 » ;

der Kolbenhub beträgt . . . . . . 800 » .

Die Leistung der Pressen der Brikettfabrik der Zeche Holland stellt
sich folgendermassen:

Modell I

Leistung einer Presse für 10 kg Briketts mit 3 Stempeln 18 000 kg std.

» 　　　　» 　　» 　　» 5 　» 　　» 　　» 6 　　» 　　18 000 » 　　»

» 　　　　» 　　» 　　» 3 　» 　　» 　　» 8 　　» 　　12 000 » 　　»

Modell II

Leistung in Würfelbriketts je nach Grösse und Stückgewicht 3,5—7 t
in der Stunde.

Die von der Tiglerschen Maschinenfabrik garantierten Minimal-
leistungen sind in den nachstehenden Tabellen 57 und 58 angegeben.

Minimalleistungen der Brikettpressen Modell I.

Tabelle 57.

No.	Stückgewicht kg	Stückzahl	Leistung pro Stunde t	Hübe pro Minute
I	10	3	15—16	10
II	5	4	10—11	10
III	5	6	15—16	10
IV	3	8	11—12	10
V	$2^1/_1$	8	8—9	10
VI	1,1	14	6—7	10

Minimalleistungen der Brikettpressen Modell II.

Tabelle 58.

No	Stückgewicht	Stückzahl	Leistung pro Stunde t	Hübe pro Minute
VII	1,1 kg	9	4—5	10
VIII	425 g	16	3—3,5	10
IX	450 »	18	3,5—4	10
X	215 »	32	3—3,5	10
XI	85 »	48	2—2,5	10

Einen wesentlichen Vorteil bildet bei der Brikettfabrik der Zeche Holland die Ersparnis an Pech, dadurch hervorgerufen, dass das Pech nicht in pulverförmigem, sondern in flüssigem Zustande der Kohle beigemengt wird.

Während man bei Anlagen, die mit Hartpech arbeiten, in der Regel mit einem Pechzusatz von ungefähr $6^1/_2$—8 $^0/_0$ rechnen muss, genügt hier ein Zusatz von im allgemeinen nicht über 6 $^0/_0$. Wenngleich auf der Zeche Holland gewöhnlich keine Mager-, sondern zumeist Fettkohle zur Verarbeitung gelangt, die von Natur schon eine gewisse Bindekraft besitzt, so ist dieser Pechzusatz immerhin als gering zu betrachten. Dazu kommt ferner die gute Arbeit der Pressen, welche bei anfänglich geringem, langsamem Druck die Luft und den Wasserdampf aus dem Pressgut drücken, um dann durch energischen, auf seiner Höhe einige Sekunden konstant bleibenden Druck Kohle und Pech zu einem gleichmässigen Gefüge zusammenzupressen.

Die Vorteile, welche durch Zusatz flüssigen Pechs erzielt werden, bestehen ferner darin, dass ein Loshacken des Pechs aus den Pechgruben, und die Belästigung der Arbeiter vor allem im Sommer durch Pechstaub vermieden werden. Ein Hinüberschaffen des Pechs zur Brikettfabrik, das Brechen des Pechs im Pechbrecher, das Vermengen des Pechs mit der Kohle in Schleudermühlen, die sich besonders im Sommer leicht verschmieren und zusetzen, kurzum alle jene Arbeiten, wie sie bei Brikettfabriken, die mit Hartpech arbeiten, erforderlich sind, kommen in Fortfall.

Dass hierdurch eine Ersparnis an Arbeitern einerseits und an Kosten andererseits bedingt wird, liegt auf der Hand. Die Beantwortung der Frage, ob sich bei Anlage einer Brikettfabrik der Zusatz des Pechs in flüssiger Form empfiehlt, ist davon abhängig, ob das Pech direkt von einer in der Nähe gelegenen Anstalt in flüssigem Zustande bezogen werden kann oder nicht. In letzterem Falle dürfte die Arbeit mit gemahlenem Hart-

pech vorzuziehen sein; denn eine erneute Ueberführung des Pechs aus
dem festen in den flüssigen Zustand ist mit grossen Unzuträglichkeiten
verknüpft, wobei gleichzeitig die oben erwähnten Vorteile der direkten
Zufuhr flüssigen Pechs in Fortfall kommen.

Schliesslich sei noch erwähnt, dass die Verwendung von Weichpech
überhaupt nur dann möglich ist, wenn das Pech direkt aus einer Neben-
produktengewinnungsanstalt, wie dies auf Holland III/IV der Fall ist, zur
Brikettfabrik hinübergedrückt werden kann; denn anders ist wegen des
niedrigen Schmelzpunktes ein Transport und Verarbeiten des Pechs in
Schleudermühlen usw. nicht möglich.

Soll bei einer Tiglerschen Anlage mit pulverisiertem Hartpech gearbeitet werden, so wird das Pech an derselben Stelle, wie jetzt das flüssige
Pech von einem Verteiler in das Rührwerk abgestrichen.

Den genannten Vorteilen gegenüber dürfen jedoch auch einige Nachteile, welche mit der Benutzung der Anlage Holland III/IV verbunden sind,
nicht unerwähnt gelassen werden. Der Betrieb erfordert von Seiten der
Aufsichtsbeamten und Arbeiter grosse Aufmerksamkeit. Zunächst ist die Erzeugung des überhitzten Dampfes für den Malaxeur, die Erwärmung des Pechs,
die Trocknung der Kohle bis auf einen gewissen Feuchtigkeitsgrad und die
Erwärmung derselben auf eine bestimmte Temperatur in der Trommel von
der Regulierung des Feuers des zur Trockentrommel gehörigen Ofens abhängig. Da der Feuchtigkeitsgehalt der der Trommel zugeführten Kohlen
öfter wechselt und die Trocknung der Kohlen einmal mehr, ein andermal
weniger Hitze erfordert, so ist es klar, dass die zweckmässige Bedienung
des Ofens mit Schwierigkeiten verknüpft ist. Es dürfte daher zweckmässig
sein, wenigstens zur Erzeugung des überhitzten Dampfes eine separate
Anlage aufzustellen.

Ist aber das der Presse zugeführte Pressgut nicht so beschaffen, wie
es sein muss, ist nämlich der richtige Feuchtigkeitsgrad, die richtige
Wärme und der richtige Pechgehalt im Pressgute nicht vorhanden, so
liefert die Presse leicht Fehlbriketts. Aber auch die Presse selbst verlangt
eine aufmerksame Bedienung und zwar eine um so aufmerksamere, je
kleiner die Briketts und je grösser die Zahl der arbeitenden Stempel ist.
Die Maschine darf deshalb, wenn sie arbeitet, selbst nicht für kurze Zeit ohne
Aufsicht gelassen werden, will man nicht Gefahr laufen, dass z. B. durch
ein Festbrennen von Pressgut an den durch ihr Gewicht selbstthätig bei
jeder Pressung niederfallenden Unter-Stempeln, Brüche oder Stauchungen
einzelner Teile der Presse vorkommen.

Die Anlagekosten für eine Brikettfabrik mit Verwendung der Tigler-
Pressen und des Heckingschen Trommel-Apparates bei einer Leistung von
130 t in 10stündiger Arbeitszeit stellen sich wie folgt:

Die Baulichkeiten bestehend aus:

1. Pressenraum . . . . ⎫
2. Maschinen- und Kesselraum . . . . ⎪
3. Trockenraum . . . . ⎬ 25 000,— M.
4. Verladehalle . . . . ⎪
5. Schornstein . . . . ⎭

Die maschinelle Anlage bestehend aus:

1 Brikettpresse Modell I compl. mit Zuführungs-
  Schnecke . . . . 25 000,— »
1 Patent-Kohlen-Trocken-Apparat kompl. mit Ex-
  haustor und Rohrleitung . . . . 25 000,— »
1 Dampfmaschinen- und Kessel-Anlage . . . . . 15 000,— »
Die übrigen Maschinen und Apparate, als Knetwerke,
  Becherwerke, Verladebänder usw. . . . . . . 55 000,— »
Für Riemen, Beleuchtung usw. . . . . 5 000,— »

Summa . . . 150 000,— M.

Rentabilitäts-Berechnung
einer derartigen Anlage.

Hergestellt werden in 10 Stunden 13 Wagen — 130 000 kg —, entsprechend einer Jahresproduktion von ca. 40 000 t.

Die Gesamtkosten der Anlage belaufen sich auf:

a) maschinelle Anlage . . . . 120 000,— M.
b) Baulichkeiten . . . . 25 000,— »
c) Riemen, Beleuchtung usw. . . . . 5 000,— »

Summa . . . 150 000,— M.

Zur Herstellung von 10 t Briketts sind erforderlich:

9,5 t Kohle à 6,— M. . . . . 57,— M.
600 kg Pech als Bindemittel à 40,— M. . . . . . 24,— »
Löhne . . . . 5,60 »
Heizkohle für den Trommelapparat . . . . . . 1,20 »
Kessel-Kohle . . . . 2,20 »

Summa . . . 90,— M.

Hierzu treten jährliche Abgaben:

5 % Verzinsung des Anlagekapitals von 150 000,— M. 7 500,— M.
5 % Abschreibungen auf Maschinen von 125 000,— M. 6 250,— »
Ferner: Reparaturen . . . . 2 000,— »
Oele, Putzwolle usw. . . . . 1 500,— »
Kaufmännische Verwaltung . . . . 2 400,— »
Steuern, Abgaben und Diverses . . . . 5 000,— »

Auf 40 000 t — Summa . . . 24 650,— M.
mithin auf 10 t . . . 6,15 M.

Es betragen mithin die Herstellungskosten für 10 t Briketts:

a) Materialien und Löhne . . . .   90,— M.

b) Anteil an den jährlichen Abgaben . . . .   6,15 »

c) Diverses und zur Abrundung . . . .   0,85 »

$$\overline{\qquad\qquad\qquad\qquad}$$

97,— M.

Zum Schlusse seien noch erfolgreiche Versuche erwähnt, die man auf der Zeche Holland unter Benutzung der beschriebenen Brikettfabrik angestellt hat und noch anstellt, um den bei der Kokerei abfallenden Gries zu brikettieren. Dieser wurde — genau so wie die Kohle — in die Vorratstrichter gefüllt, durch die Trockentrommel geführt, mit Pech vermengt und dann unter den Pressen zu Briketts verarbeitet. Diese Koksgriesbriketts wurden dann als Heizmaterial in Kupolöfen verwandt. Es ergab sich aber, dass ihre starke Rauchentwickelung störend auf den Giessereibetrieb einwirkte. Infolgedessen kam man auf den Gedanken, das Pech vorher wieder zu entfernen. Zu diesem Zwecke setzte man die Koksgriesbriketts wieder in Koksöfen ein. Das Ergebnis war ein überraschendes. Während ca. 80 % des zugesetzten Pechs wiedergewonnen wurden, zeigten die aus den Oefen herausgedrückten Briketts zwar noch die äussere Form, hatten innen aber ein vollständig festes, strahliges Gefüge von grauer Farbe angenommen, wodurch sie an Wert dem Grosskoks gleichkommen. Durch diese Erfolge ermutigt, stellte man nun auch Versuche an, aus Kohlen, welche bisher als nicht verkokbar angesehen wurden, Koks zu erzeugen. Man füllte zu diesem Zwecke einen Koksofen mit Feinkohlen aus der Gasflammkohlenpartie. Ausser einer reichen Ausbeute an Gas erhielt man, wie vorauszusehen war, einen feinen, ascheförmigen Koksgries, der für Industriezwecke nicht verwendbar und daher auch wertlos ist. Diesen aus Gasflammkohlen stammenden Koksgries brikettierte man unter Zusatz von Pech und setzte diese Briketts wieder in einen Koksofen ein. Das Ergebnis war wieder ein festes Koksbrikett bei fast vollständiger Wiedergewinnung des Pechs.

Diese Neuerung dürfte zweifellos das Interesse weiterer Kreise auf sich ziehen.

Ziegeleibetrieb.

Von Bergassessor Heinrich Weber

1. Kapitel: Geschichtliches.

I. Entwickelung des Ziegeleibetriebes.

Als zu Ende der 50er und im Anfang der 60er Jahre der Ruhrkohlenbergbau sich mehr und mehr nördlich der Ruhr ausdehnte und mit den neuen Tiefbauanlagen die bis dahin ungekannten, viele Thonschieferbänke enthaltenden Gaskohlenpartien in der Stoppenberger und Emscher Mulde aufgeschlossen wurden, versuchte man auch schon bald bei dem infolge des bedeutenden Selbstverbrauchs sich fühlbar machenden Mangel an guten Ziegeln, die beim Bergbau mitgewonnenen Thonschiefer zu Ziegelsteinen zu verarbeiten. Von welchem Erfolge diese Versuche gekrönt waren, beweist die Thatsache, dass bereits im Jahre 1865 aus dem Schieferthon der Zechen Hibernia und Neu-Essen Ziegel gebrannt wurden, welche an Härte verbunden mit Festigkeit die aus Lehm in Feld- und Ofenbränden hergestellten Ziegel übertrafen.

Trotz dieser guten Resultate und der günstigen Aufnahme, welche die Steine in den Kreisen der Fachleute und Interessenten fanden, blieb jedoch dieser Nebenzweig der Bergwerksindustrie 6—7 Jahre hindurch auf die genannten beiden Gruben beschränkt. Erst mit dem Aufblühen der Industrie in den 70er Jahren machte sich wieder ein erhöhtes Interesse für die Ziegelfabrikation aus Schieferthon bemerkbar. Zu dieser Zeit kamen in Betrieb die Ziegeleien auf den Gruben Prosper I (1872), Königsgrube und Bismarck I (1873), Consolidation II (1874) und Zollverein (1876); letztere Zeche liefert nur die Grubenberge; betrieben wird die Anlage von der Firma Büscher & Co. in Caternberg. Wie nicht anders zu erwarten war, wirkte der alsdann auf allen Gebieten des Erwerbslebens eintretende wirtschaftliche Niedergang auch hemmend auf das Entstehen neuer Ziegeleien. Nach zehnjähriger Pause, um die Mitte der 80er Jahre, wurde endlich wieder auf der Zeche Nordstern mit dem Bau einer Ziegeleianlage begonnen.

Nun folgten in einer schnelleren Aufeinanderfolge die Anlagen der folgenden 32 Zechen:

Dorstfeld & Neu-Essen II (1886), Friedrich der Grosse (1887), Graf Moltke & Ewald I/II (1888), Wilhelmine Victoria I, Schlägel & Eisen I/II

Ver. Germania II und Westhausen (1889), Oberhausen (1890), Christian Levin (1891) Concordia II/III (1893), Rheinpreussen (1894), Prosper II, Osterfeld, Deutscher Kaiser II und III, Bismarck III und Mont Cenis (1895), Pluto II, Neumühl I/II, Blumenthal I/II, Monopol, Westende I/II und Gneisenau (1896), Adolf von Hansemann (1897), Recklinghausen II, Victor, Dahlbusch II und V, Helene & Amalie (1899), Mathias Stinnes (1900).

Auf diesen Grubenziegeleien wurden im Jahre 1900 rund 180 Millionen Normalziegelsteine hergestellt, welche unter Zugrundelegung des für das Jahr 1900 berechneten Reingewinns von rund 10 M. für 1000 Steine (s. u. Anlage- und Fabrikationskosten) den Grubenbesitzern einen Reingewinn von 1 800 000 M. einbrachten.

II. Verarbeitung und Formgebung des Rohmaterials.

Auf Hibernia wurde der geförderte Schieferthon behufs Gewinnung des Bitumengehaltes vor der Weiterverarbeitung zunächst in einem Schachtofen einem Röstprozess unterworfen und sodann auf einer Mühle mit stehenden Steinen und laufender Sohle zerkleinert; das Mahlgut wurde darauf stark angefeuchtet, gut durchgeknetet und endlich mit der Hand geformt.

Dagegen wurde auf Neu-Essen und Prosper das Rohmaterial entweder nach stattgehabter Verwitterung oder auch unmittelbar nach der Gewinnung zwischen zwei gussstählernen Horizontalwalzen zerkleinert, sodann auf einer Kollermühle mit stehender Sohle und laufenden Steinen zu Mehl gemahlen, der ausgesiebte feine Thon in einem Knetwerke mit Wasser angemengt und endlich der Brei auf einer Hertelschen Strangpresse geformt und in Steingrössen zerschnitten.

Da aber sowohl bei der Handformung, als auch bei Anwendung von Strangpressen das kostspielige und zeitraubende Trocknen der Steine nicht zu vermeiden ist, wurde im Jahre 1873/74 bei Einrichtung der Betriebe auf den Gruben Bismarck, Königsgrube und Consolidation eine Maschine aufgestellt, welche Ziegel liefert, die ohne vorherige Trocknung sofort in den Brennofen eingesetzt werden können. Unter weitaus geringerer Anwendung von Wasser, als solches bei der Strangpresse der Fall ist, wird nämlich mittels dieser sog. semiplastischen Trockenpresse das vorher in Steinbrechern und Kollergängen zerkleinerte und ausgesiebte Material sofort in eine Form gepresst, welche den Dimensionen des herzustellenden Steines entspricht. Bis Ende der 80er Jahre waren diese aus England eingeführten Halbtrockenpressen, welche mittels Hebelwerk und Excenter auf das Thonschiefermaterial wirken, auf den Gruben fast ausschliesslich in Gebrauch. Immer mehr fanden dann aber in den folgenden

Jahren neben diesen die den Schieferthon in beinahe trockenem Zustande verarbeitenden Freifallpressen der Dorstener Eisengiesserei und die Kniehebelpressen zur Formgebung der Steine Aufnahme.

III. Brennen der Steine.

Die auf nassem Wege hergestellten Steine der Zechen Hibernia, Neu-Essen und Prosper wurden vor dem Brennen in künstlich hergestellten Trockenkammern durch die Abhitze der Brennöfen eine Zeit lang vorgetrocknet und dann in lufttrockenem Zustande auf Hibernia in backofenartigen und auf den beiden anderen Gruben in Kasseler Oefen gebrannt. Da die letztgenannten Oefen aber eine Reihe von Nachteilen, insbesondere die des hohen Brennstoffverbrauches und des intermittierenden Betriebes hatten, kamen zu gleicher Zeit mit Einführung der Trockenpressen, also in den Jahren 1873/74, die diese Uebelstände vermeidenden Hoffmannschen Ringöfen in Aufnahme.

---

2. Kapitel: Eigenschaften der Ziegeleifabrikate aus Grubenbergen.

I. Form und Grösse, Farbe.

Aus den Grubenbergen werden auf einzelnen Ziegeleien ausschliesslich Normalziegelsteine hergestellt, auf einigen wenigen ausserdem noch je nach Absatzmöglichkeit, Pflastersteine, Flurplatten und verschiedene Profilsteine.

Die Normalsteine haben rechteckige Form mit scharfen Kanten; ihre Grössenabmessungen sind 24 : 11,5 : 6,5 cm. Die Pflastersteine besitzen, wenn nicht als solche die gewöhnlichen Normalsteine benutzt werden, eine mehr quadratische Form mit abgeschrägten Eckenkanten; ihre Abmessungen betragen bei 12 cm Höhe 10×10 cm Kopfgrösse.

Die rechteckigen Flurplatten sind gewöhnlich 8 cm dick bei 250 qcm Grundfläche.

Die Profilsteine werden je nach ihrem Verwendungszweck in verschiedenen Formen und Grössen angefertigt.

Die Farbe der Ziegelfabrikate aus Grubenbergen schwankt auf den einzelnen Zechen zwischen hellem und dunklem Rotbraun.

Zur Verhinderung der beim Brennen zuweilen eintretenden Ausschläge wird bei besseren Profilsteinen (Verblendern) dem Ziegelmaterial bei der Bearbeitung etwas Baryt beigemengt.

II. Festigkeit, Wetterbeständigkeit, Widerstandsfähigkeit gegen Säuren.

In den Jahren 1894 und 1895 sind von der Firma Büscher & Co. in Caternberg verschiedene aus dem Schieferthon des Steinkohlenbergwerks Zollverein hergestellte Ziegeleifabrikate der Königlichen Prüfungsstation für Baumaterialien in Berlin zur Begutachtung eingereicht worden. Die amtlichen Ergebnisse der dort ausgeführten Untersuchungen haben bei der folgenden Aufführung der einzelnen Eigenschaften der Steine aus Grubenbergen als Anhalt gedient.

Die Steine besitzen sowohl bei Bruch- wie Druckbelastungen einen überaus günstigen, sehr seltenen Festigkeitsgrad. Bei 10 Versuchen erfolgte der Bruch der lufttrockenen Steine bei einer Belastung in der Mitte von 2560,3 bis 3072,3 oder im Durchschnitt von 2811 kg; demnach betrug die Bruchfestigkeit 173 kg pro qcm.

Bei der Prüfung auf Druckfestigkeit wurden je 10 Steine zerstört:

1. in lufttrockenem Zustande bei durchschnittlich 803 kg Belastung pro qcm
2. » wassersattem　　　　»　›　　　　　»　　　838 kg　　　　»　　　»　　»
3. » der Luft gefrorenem　　»　　　　　»　　　813 kg　　　　»　　　»　　»
4. » unter Wasser ausgefrorenem　　　»　　　815 kg　　　　»　　　›　　»　.

Die für die Frostversuche benutzten Ziegel sind zunächst 12 Stunden in Wasser gelegt und darauf 25 Stunden bei einer Tempeiatur von — 12 bis — 15° C. zu je 10 Stück dem Frost an der Luft und dem unter Wasser ausgesetzt worden, ohne Risse und ohne Gewichtsverluste zu erleiden.

Diese Festigkeitswerte werden, wie auch aus den Mitteilungen der Königlich Technischen Versuchsanstalten (Jahrgang 1891) hervorgeht, bei anderen Fabrikaten nur sehr selten erreicht und stehen meistens hinter denen dieser Steine weit zurück, da die a. a. O. veröffentlichten Festigkeitswerte von 89 Ziegelsorten I. Klasse eine Durchschnitts-Druckfestigkeit der Steine in lufttrockenem Zustande von nur 532 kg pro qcm ergaben.

Die Wetterbeständigkeit der Schieferthonsteine dürfte allein schon dadurch erwiesen sein, dass bei Feststellung ihres Festigkeitsgrades (s. o.) eine Schädigung weder durch Wasser noch durch Frost sich bemerkbar gemacht hat. Desgleichen haben aber auch die in dieser Hinsicht vorgenommenen Prüfungen ergeben,

1. dass ein im Papinschen Topfe bei gespanntem Wasserdampfe während 1 Stunde frei aufgehängter Ziegel keine Veränderung erlitten hat;
2. dass in den gebrannten Ziegeln lösliche Salze, — die Ursache von Auswitterungsprodukten — in nur geringen, für die Praxis bedeutungslosen Spuren (0,088 %) enthalten waren;

3. dass schädliche Beimengungen (kohlensaurer Kalk und Schwefelkies) in dem ungebrannten Material entweder überhaupt nicht oder
nur in geringen Spuren nachweisbar waren.

Gegen Säuren sind die Ziegel äusserst widerstandsfähig. Die in bezw. 3%,
5% und 10% Salzsäure, Salpetersäure, Schwefelsäure und Phosphorsäure gelegten Probestückchen haben weder nach 75 noch 125 stündiger Lagerung
in den Säuren Gewichtsverluste erlitten, vielmehr waren sämtliche Proben
vollkommen intakt geblieben.

III. Kohäsionsbeschaffenheit, Wasseraufnahme.

Die Steine zeigen, wenn sie gut durchgebrannt, und frei von Rissen,
Sprüngen und Ausbauchungen bei hellem Klang sind, ein gleichförmiges,
dichtiges, schwach schuppiges Gefüge in gleichmässiger, scharfer
Frittung.

Die Porosität der Thonschiefersteine ist sehr gering und infolgedessen auch das Wasseraufnahmebestreben derselben bedeutend geringer,
als bei den meisten anderen Steinen. Während nämlich die Wasseraufnahme meistens zwischen 7% bis 10% schwankt, betrug dieselbe im
Mittel aus 10 Versuchen mit Thonschiefersteinen nach 12 stündigem Lagern
der Steine im Wasser nur $3,9\%$ des Gewichts und erhöhte sich nach
125 stündiger Lagerung im Wasser nur noch wenig, nämlich auf $4,6\%$ des
Gewichts.

IV. Härte, Abnutzbarkeit.

Der Härtegrad der Steine ist ausnahmsweise hoch; er liegt zwischen
8 und 9 der Mohsschen Skala (Topas und Schmirgel). Die Prüfung der
Ziegel auf Härte hat ergeben, dass dieselben an den feingemachten Flächen
von Topas kaum merklich und erst von Schmirgel deutlich geritzt wurden.

Der hohe Härtegrad der Thonschiefersteine bedingt natürlich auch
eine geringe Abnutzbarkeit derselben. Die im Jahre 1894 mit Proben von
2 Normalsteinen nach bestimmten Regeln vorgenommenen Abschleifversuche
mittels Naxosschmirgel ergaben eine Abnutzung von durchschnittlich 8,5 ccm
und die im Jahre 1895 in der Königl. mechanisch-technischen Versuchsanstalt zu Charlottenburg mit Pflastersteinen aus dem Schieferthon der
Zeche Zollverein (Büscher & Co.) angestellten Schleifversuche zeigten
nach 440 Umdrehungen der Schleifscheibe sogar nur eine Abnutzung von
4,5 ccm.

Diese äusserst günstigen Ergebnisse werden bei anderen Kunst- oder
Natursteinen selten erreicht, wie die nachfolgenden Vergleichszahlen*)
darthun:

---

*) Siehe Zeitschrift a. a. O. 1894, Heft 5/6 und 1892, Heft 5.

Thonflurplatten: mittlere Abnutzung 14,5 ccm
Cementplatten .   »   »   19,8 »
Porphyre . . .   »   »   5,7 »
Quarzite . . .   »   »   6,1 »
Granite. . . .   »   »   7,3 »
Basalte . . . .   »   »   8,2 »
Grauwacke . .   »   11,4 »

V. Verwendung.

Die aus Vorstehendem sich ergebende vorzügliche Qualität der aus
Grubenthonschiefern gefertigten Steinfabrikate hat zur Folge gehabt, dass
das Material derselben nicht nur zu Normalziegelsteinen, sondern auf ein-
zelnen Ziegeleien, wie auf Nordstern, Westende, Zollverein (Büscher & Cie.),
Friedrich der Grosse auch noch zur Herstellung der verschiedenartigsten
Façonsteine Verwendung gefunden hat. Unter diesen sind zu nennen:
Flurplatten, Pflastersteine, Rinnsteine, Gartenbeetsteine, Keil- bezw. Wölb-
steine, sowie endlich Radialsteine für Kamine.

3. Kapitel: Rohmaterialien.

I. Fetter und magerer Thonschiefer.

Als Rohmaterial für den Ziegeleibetrieb dient der in der produktiven
Steinkohlenformation flötzartig auftretende Thonschiefer. Je nach der
grösseren oder geringeren Menge des in demselben enthaltenen Sandes
(Kieselsäure) nennt man ihn mager (bis 60 % Sand) oder fett (bis 20 %
Sand). Für die Zwecke des Ziegeleibetriebes eignet sich am besten ein
mässig fetter Thonschiefer. Bei steigendem Kieselsäuregehalt nimmt
nämlich die äusserst wichtige Eigenschaft der Bildsamkeit oder Plastizität
der Thonsubstanz mehr und mehr ab, während bei zu geringem Kieselsäuregehalt der Thon zu sehr dem Schwinden unterworfen ist. Letzteres
hat zur Folge, dass die Steine beim Trocknen leicht rissig werden, sowie
beim Brennen zum Springen neigen, und zwar machen sich diese Uebelstände um so mehr bemerkbar, je nasser der geformte Stein gewesen, je
stärker die etwa angewendete Hitze beim Brennen war und je länger die
Einwirkung der letzteren gedauert hat.

II. Verwendbarkeit verschiedenartigen Thonschiefermaterials.

Die Verwendbarkeit eines mehr sandigen Schiefers kann und wird erhöht durch möglichst sorgfältige, innige Vermengung des fein gemahlenen Thonpulvers mit einem über das sonst übliche Mass hinausgehenden Wasserzusatz. Denn durch die Anwendung eines grösseren Wasserquantums gewinnt in den meisten Fällen das Material an Bildsamkeit, weil dasselbe durch die Einwirkung der Feuchtigkeit besser aufgeschlossen wird. Da nun bei der Anwendung von Trockenpressen das Ziegelmaterial die Fähigkeit haben muss, sich ohne erheblichen Zusatz von Wasser, nämlich in beinahe trockenem Zustande formen zu lassen, so folgt hieraus, dass man zur Formgebung eines sandigen Materials sich am besten der Halbtrockenpresse bedient. Besitzen auch dann noch bei Anwendung dieser Vorsichtsmassregeln die Steine nach dem Brennen keinen Klang und brechen sie leicht, so ist sicherlich ein zu grosser Gehalt des Thonschiefers an sandigen Bestandteilen die Ursache.

Dem Uebelstande des Schwindens des zu plastischen Thonschiefers kann immer und leicht durch Zusatz von sog. Magerungsmitteln, wozu am besten ein stark sandiger Thonschiefer oder ausgebranntes Haldenmaterial sich eignet, abgeholfen werden. Die Menge des Zusatzes richtet sich nach der Beschaffenheit des Thones, sowie nach der Art des Verarbeitens und des Formens desselben; sie ist in jedem einzelnen Fall verschieden und zweckmässig dem Ermessen und der praktischen Erfahrung des betreffenden Betriebsleiters zu überlassen.

Des weiteren darf der für Ziegeleizwecke bestimmte Thonschiefer nur eine geringe Menge von Kalk, insbesondere von kohlensaurem Kalk enthalten; denn schon ein Gehalt von $10-20\,\%$ an letzterem bewirkt häufig, dass die Steine beim Brennen unter bedeutender Formveränderung zusammenfliessen. Thonschiefer mit eingesprengten oder aufgelagerten Schwefelkiesschüppchen ist ebenfalls nach Möglichkeit nicht zu verwenden, da durch die chemische Zersetzung desselben in der Brennhitze die Steine sehr leicht rissig werden.

Endlich ist besonders darauf zu achten, dass der Thonschiefer keine Beimengungen von Kohlen, Brandschiefer und anderen leicht brennbaren Substanzen enthält. Derartige Bestandteile werden einerseits beim Brennen der Steine verascht, sodass man poröse, wenig feste und kein homogenes Ganze bildende Steine erhält, anderseits wird infolge der leichten Entzündbarkeit dieser kohlenstoffhaltigen Steine die Regulierung des Brennfeuers im Ofen erheblich beeinträchtigt und oft gänzlich aufgehoben. Dadurch aber, dass diese brennbaren Bestandteile sofort in den Brand geraten, kommen die äusseren Teile der Steine schon in Fluss, ehe das in den häufig nicht völlig trocken geschmauchten Steinen vorhandene Wasser verdampft ist. Die Folge davon ist, dass die Steine aufblühen und weiterhin platzen.

Die Güte des zu verwendenden Thonschiefers ist am besten nach seinem Verhalten im Feuer zu bestimmen. Analysen geben nicht immer einen sicheren Anhalt für das Verhalten des Ziegelthones bei dem Brennvorgang, weil die Brauchbarkeit desselben zu Ziegeleizwecken weniger nach seinen chemischen Bestandteilen, als vielmehr nach den physikalischen und feuerbeständigen Eigenschaften der einzelnen Gemengteile desselben zu beurteilen ist. Aus diesem Grunde lassen auch meistens die Grubenverwaltungen vor Errichtung einer Ziegeleianlage die beim Grubenbetrieb fallenden und anscheinend zu Ziegeleizwecken tauglichen Berge zunächst auf ihre diesbezügliche Verwendbarkeit durch praktische Versuche erproben.

Hierbei empfiehlt es sich, weil die Herstellung eines guten Steines nicht allein von dem zu verwendenden Material, sondern auch von Formgebung und Brennen abhängig ist, die Probeziegel mit verschiedenen Pressen bezw. grösserem oder geringerem Wasserzusatz formen und in verschiedenen Oefen brennen zu lassen.

III. Vorkommen von Thonschiefer in der Grube und Gewinnung desselben.

Bei den angestellten Versuchen und mehr noch später beim Betriebe selbst hat sich herausgestellt, dass das Nebengestein der Gasflamm- und Gaskohlenflötze, insbesondere das Hangende und Liegende derselben, fast immer einen guten Ziegelthon abgiebt. In der Fettkohlenpartie sind die geeigneten Schieferthonbänke weniger häufig und weniger mächtig, geben aber, weil sie sich meistens zwischen Sand- und Sandschieferbänken eingelagert finden, bei ihrer Reinheit gegenüber dem häufig Kohlenpartikel enthaltenden Thonschiefer des Nebengesteins der Gaskohlenflötze ein geradezu vorzügliches Ziegelmaterial ab. Ein besonders reiner, schöner Schieferthon findet sich im Hangenden und Liegenden von Flötz Hugo, im Hangenden der Flötze Gretchen, Röttgersbank und Dickebank, sowie endlich im Liegenden von Flötz Präsident.

Daher entnehmen auch einzelne Zechen, wie z. B. Concordia, Christian Lewin, Gneisenau, Neumühl, ihren Bedarf an Ziegelbergen ausschliesslich den in der Fettkohlenpartie auftretenden Schieferthonbänken und andere Gruben, wie Consolidation, Pluto, Friedrich der Grosse, welche keinen so ausgedehnten Betrieb in der Fettkohlenpartie haben, ergänzen nach Möglichkeit aus diesem Flötzniveau das nötige Bergematerial.

Aus den mehr sandigen Schieferthonen der Magerkohlenpartie sind bisher nur unter Zusatz von Lehm, wie z. B. auf Zeche Hamburg, Steine hergestellt worden.

Die aus der Gasflamm- und Gaskohlenpartie stammenden Ziegelberge werden meistens bei den Vorrichtungsarbeiten, nämlich beim Auffahren der Sohlenstrecken und beim Aufhauen von Bremsbergen durch Nachreissen des Hangenden bezw. Liegenden, seltener beim Querschlagbetrieb gewonnen; die geeigneten Berge der Fettkohlenpartie hingegen fallen hauptsächlich beim Auffahren von Gesteinsstrecken, wie Querschlägen und Richtstrecken. Für das Aushalten und Laden der Ziegelberge erhalten die damit beauftragten Arbeiter in der Regel eine Vergütung, welche je nach dem Zeitverlust, der diesen Leuten durch das Ausklauben von Holz, Kohlen und etwa ungeeigneten Bergen entsteht, zwischen 0,14—0,40 M. schwankt und meistens 0,25 M. pro Förderwagen beträgt. Andere Gruben hinwiederum lassen alle aus der Grube geförderten Berge umladen und bei dieser Gelegenheit das geeignete Material durch jugendliche Arbeiter ausklauben; auf einer dritten Reihe von Gruben endlich werden nur auf jedesmalige direkte Anordnung der Betriebsbeamten an dazu geeigneten Betriebspunkten Ziegelberge geladen. Dem ersteren Verfahren, nämlich den die Berge fördernden Arbeitern eine geringe Vergütung für ihre eigentlich doch besondere Leistung zu gewähren, dürfte deswegen der Vorzug zu geben sein, weil gerade von der Verwendung eines nicht zu sandigen und kohlenfreien Materials die Güte der zu brennenden Steine ganz besonders abhängt, und dieses am besten und billigsten auf die genannte Weise erreicht wird.

4. Kapitel: Herstellung der Ziegeleifabrikate.

I. Betriebsweise im allgemeinen und Anordnung der Apparate.

Der zur Verarbeitung auf der Ziegelei bestimmte Grubenschieferthon wird in einem Steinbrecher a (Fig. 311 a u. b), welcher mit gerippten Hartgussbrechbacken versehen ist, aufgegeben und in Nussgrösse gebrochen. Von hier gelangt das gebrochene Material über eine Rutsche b auf einen Kollergang c, der seinen Antrieb durch konisches Rädervorgelege meistens von unten erhält. Die zwei 4—5000 kg schweren Koller drehen sich vertikal um sich selbst auf einem am äusseren Rande mit Siebplatten versehenen, horizontalen, rotierenden Teller. Das durch die Siebplatten in eine Becherwerksgrube fallende Mahlgut wird von einem Becherwerk d in die Höhe

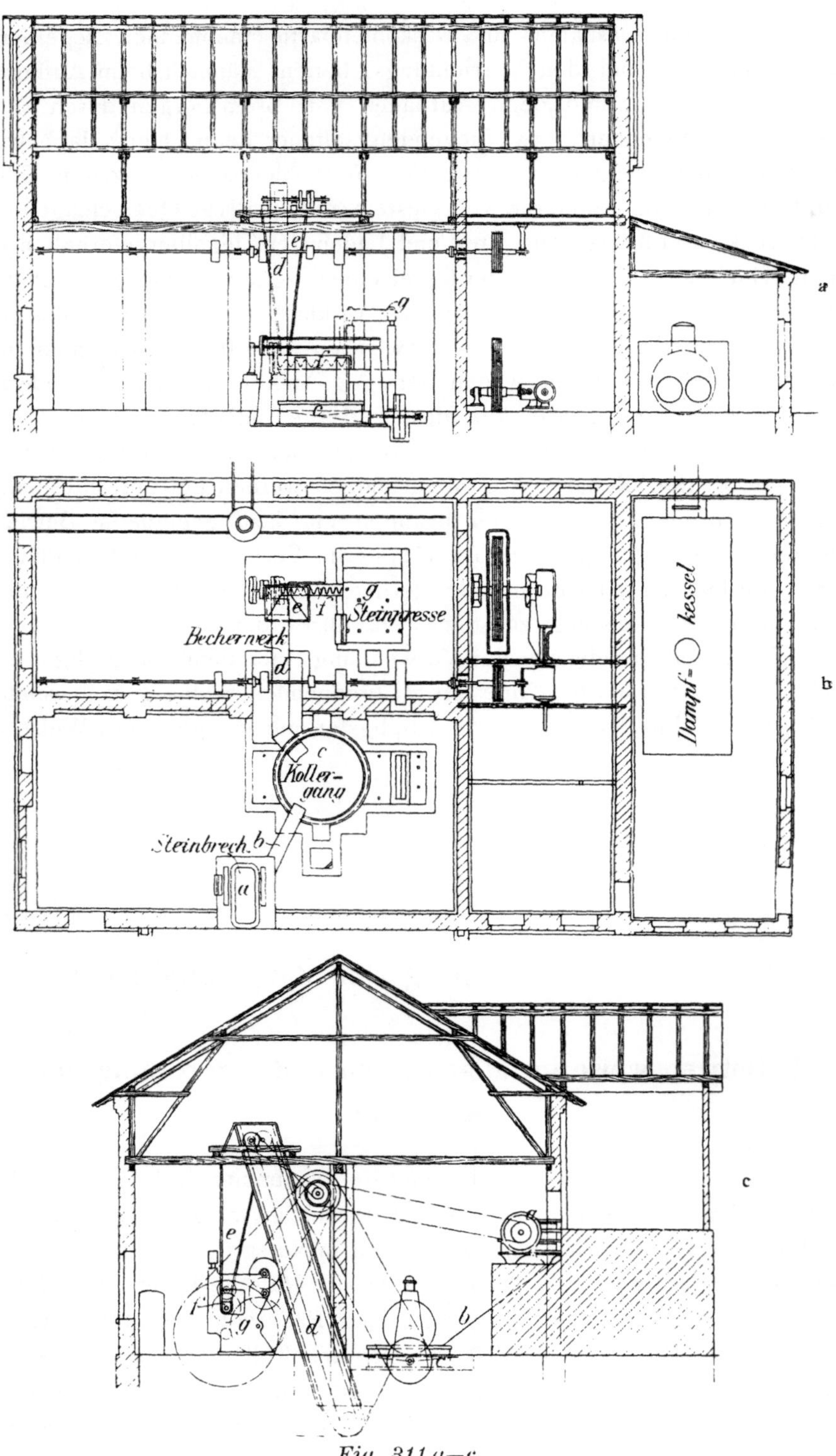

Fig. 311 a—c.

Gesamtanordnung einer Dampfziegeleianlage von Tigler.

gehoben und in einen Sammeltrichter e ausgeschüttet. Unter dem Sammeltrichter, welcher an seinem unteren Ende einen Schieber zur Regulierung der Aufgabemengen des Mahlgutes besitzt, liegt die sog. Misch- und Anfeuchtungsschnecke f. Letztere schafft das Material zur Steinpresse g, von welcher die fertigen Steine mittels Förderwagen, deren Wagenkasten nur von an den beiden Kopfenden angebrachten Blechen gebildet wird, auf einem Gleise zum Ringofen gefahren und in letzteren zum sofortigen Brennen eingesetzt werden.

Die nicht zum Pressen mittels Maschinen geeigneten Façonsteine werden nach gehöriger Anfeuchtung und Durchknetung des Mahlgutes anstatt in den Pressen von Hand geformt, sodann auf den Dachboden des Ringofens geschafft und später nach 8—14 tägiger Abtrocknung, zum Brennen in den Ofen eingesetzt.

Zum Betriebe der ganzen Anlagen sind je nach der grösseren oder kleineren Beanspruchung der maschinellen Kräfte durch ein oder mehrere Steinbrecher und Kollergänge und je nach der in Anwendung stehenden Presse liegende Dampfmaschinen von 50—80 PS. in Gebrauch. Die von den einzelnen Apparaten benötigten Pferdestärken sind bei der Beschreibung derselben angegeben.

Die Ansicht einer mustergültigen Grubenschiefer-Ziegelei mit Betriebsgebäuden, Ringofen und Verladung ist in Fig. 312a und b wiedergegeben. Als besonders praktisch ist hierbei die bequeme Verladung der gebrannten Steine vom Ofen in die Eisenbahnwaggons hervorzuheben.

Zum Betriebe einer ganzen Ziegeleianlage mit einer jährlichen Produktion von $4^{1}/_{2}$—5 Millionen Steinen sind durchschnittlich 18 Arbeiter und etwa 120 bis 130 Förderwagen Berge pro Tag erforderlich.

II. Beschreibung der einzelnen Apparate und Fabrikationseinrichtungen.

1. Zerkleinerung des Rohmaterials.

Die Zerkleinerung des geförderten Thonschiefers erfolgt heute allgemein durch Steinbrecher und Kollermühlen. Die Steinbrecher dienen nur zum Brechen der groben Gesteinsmassen bis auf 60 mm, während die Kollergänge das Feinmahlen auf die gewünschte Korngrösse von meist 3—4 mm besorgen. Soll der Thonschiefer zu Façonsteinen, Verblendern, Pflastersteinen usw. verarbeitet werden, so wird er häufig noch zwischen zwei gussstählernen Walzen bis zu der hierzu nötigen Staubfeinheit von $^{1}/_{2}$—1 mm gemahlen.

Fig. 312a.

Grubenschiefer-Ziegelei der Zeche Gneisenau der Harpener Bergbau-Aktien-Gesellschaft.

Fig. 312b.

Grubenschiefer-Ziegelei der Zeche Gneisenau der Harpener Bergbau-Aktien-Gesellschaft.

a) Steinbrecher.

Die allgemein übliche Einrichtung der Steinbrecher ist aus Fig. 313
und 314 ersichtlich. Die durch eine Riemenscheibe angetriebene Kurbelwelle a, welche in der Minute etwa 200 Umdrehungen macht, hebt die
Excenterstange b und dadurch auch die beiden an ihrem unteren Ende
gelenkartig angebrachten Platten c. Die eine dieser Platten drückt gegen
die feste, äussere Wandung des Steinbrecherrahmens und die andere
gegen eine bewegliche Zunge, die sog. Schwingbacke. Hierdurch wird
das durch die Stellvorrichtung bei s auf eine bestimmte Weite ein-
gestellte Brechmaul des Steinbrechers bei jedesmaliger Umdrehung der
Kurbelachse verengt und erweitert, und infolgedessen der hineingeworfene
Thonschiefer zerkleinert. Der grossen Abnutzung wegen werden die beiden
Brechbacken d und e zweckmässig mit leicht auswechselbaren harten
Gussstahlplatten versehen; desgleichen sind zum Ausgleich des Stosses
beim Vor- und Rückwärtsgang der Schwingbacke die beiden seitlich auf
der Antriebswelle angebrachten Schwungräder unbedingt erforderlich.
Die zum Betriebe eines Steinbrechers nötige Kraft schwankt je nach der
Härte des zu verarbeitenden Thonschiefers zwischen 4 und 5 PS.

b) Kollergänge.

Das bis zur Faustgrösse durch den Steinbrecher zerkleinerte oder in
dieser Dicke vorkommende Material wird auf selbstthätig sich durch eine
Siebvorrichtung entleerenden Kollergängen bis zu der für die Herstellung
der Ziegel nötigen Korngrösse von 3—4 mm gemahlen.

Die Figuren 315 und 316 geben ein Bild von den jetzt auf den
Gruben ausschliesslich in Gebrauch stehenden Kollergängen. Die
Wirkungsweise ist kurz folgende: Durch ein konisches Rädervorgelege a wird
mittels Riemenscheibenübertragung der aus Hartgussplatten bestehende
Mahlteller b, an welchen der mit gusseisernen oder stählernen Siebplatten
versehene Siebring c angeschraubt ist, in rotierende Bewegung gesetzt.
Auf dem Mahlteller stehen zwei 4—5000 kg schwere, an ihrer Peripherie
mit aufgekeilten Gussstahlringen versehene Läufer d, welche sich infolge
der ihnen durch die Rotation des Mahltellers mitgeteilten Reibung vertikal
um ihre eigene Achse drehen und bei der Zerkleinerung des Mahlgutes in
den festen Führungen f des Rahmengestelles auf- und absteigen können.
Zur Vermeidung von Stössen bei Aufgabe von zu dickem und zu hartem
Material ist dann noch die gemeinschaftliche Achse der beiden Läufer nach
oben in zwei starken Spiralfedern g aufgefangen. Das zu zerkleinernde,
vom Steinbrecher herabfallende Thonschiefermaterial wird durch 2 über
dem Mahlteller angebrachte sog. Schaberbleche selbstthätig und abwechselnd unter die Läufer und auf den Siebring geleitet; das der Lochung

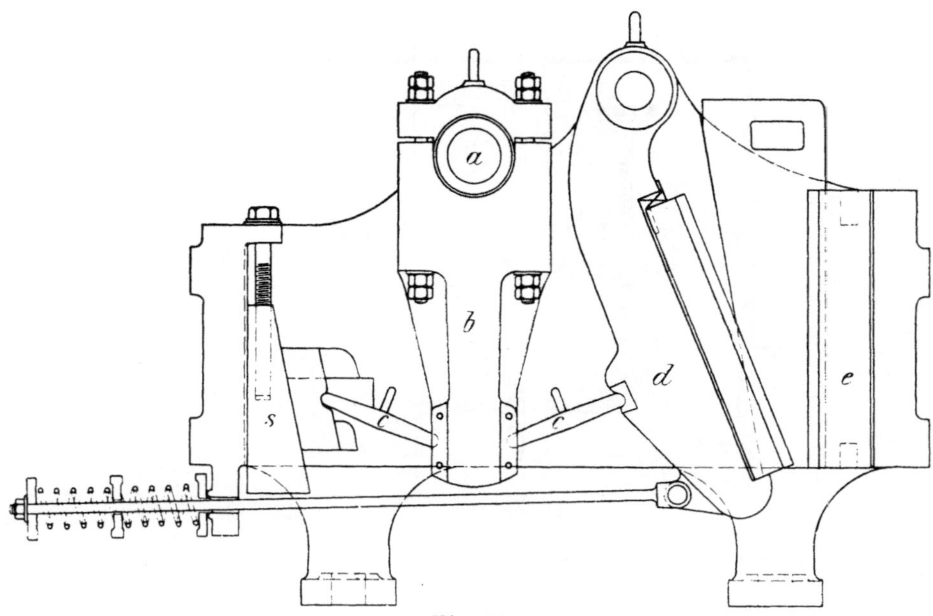

Fig. 313.

Steinbrecher mit bis zu 500 mm Weite verstellbarem Maul.

Fig. 314.

Steinbrecher mit verstellbarem Maul.

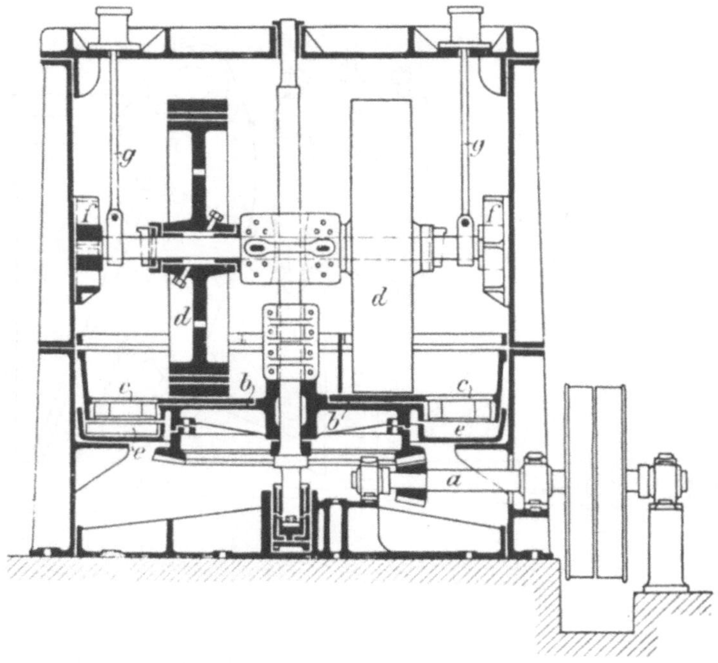

Fig. 315.

Kollergang.

Fig. 316.

Kollergang mit rotirender Kollerbahn und auswechselbaren Siebplatten.

der Siebplatten entsprechende Material fällt hierbei durch die Siebe in den darunter liegenden, horizontalen Sammelteller e, während die gröberen Stücke nochmals selbstthätig unter die Läufer gelangen. Das abgesiebte Mahlgut wird durch mehrere Räumer aus dem feststehenden, ringförmigen Sammelteller an einer Stelle in einen Becherwerkskasten ununterbrochen ausgekratzt und mittels des Becherwerkes auf den Vorratsboden geschafft.

Fig. 317.
Kollergang mit Antrieb von oben.

Eine ältere Konstruktion von Kollergängen, nämlich diejenige mit Antrieb von oben (Fig. 317), erforderte bei der erhöhten Lage der Triebscheibe eine besonders gute Fundamentierung und eine starke Bauart des Rahmengestelles. Da diesen Anforderungen aber nur schwer vollauf Genüge geleistet wurde, stellten sich namentlich nach etwas längerem Gebrauch und bei Aufgabe von verschieden hartem Material häufig unliebsame Betriebsstörungen ein, welche zur Folge hatten, dass derartige Kollergänge allmählich mehr und mehr in Abnahme gerieten.

Die ursprünglich übliche Bauart derselben, nämlich mit festliegender Mahlbahn und kreisenden Läufern, wird nicht mehr ausgeführt, hauptsächlich deswegen, weil die Kollergänge mit kreisender Bahn infolge der grösseren Umdrehungszahl der Läufer eine grössere Leistung aufweisen, die noch dadurch erhöht wird, dass die Schaberbleche unaufhörlich das Durchsieben des gemahlenen Materials besorgen und die Kollersteine infolgedessen nie in einer Masse laufen, welche schon genügend zerkleinert ist.

Die Leistungsfähigkeit der Kollergänge ist sehr verschieden und abhängig von der Härte und Korngrösse des Materials; bei mässig harten Grubenbergen und einer Lochweite der Siebplatten von $3^1/_2$—4 mm kann man dieselbe auf durchschnittlich 6 cbm pro Stunde annehmen. Mit der Zeit erweitert sich infolge der Abnutzung die Lochung, das Mahlgut wird ungleichmässig, verliert an Feinheit, und die Leistung des Kollerganges wird grösser. Da aber zur Erzielung eines guten Thonschiefersteines ein möglichst feines und gleichmässiges Material erforderlich ist, wird auf einzelnen Ziegeleien, um das häufige und frühzeitige Auswechseln der Siebplatten zu vermeiden und dennoch ein gleichmässiges Korn zu erhalten, das auf den Kollergängen zerkleinerte Mahlgut durch ein Becherwerk in eine auf dem Vorratsboden befindliche Siebtrommel ausgeschüttet und auf eine Korngrösse von $3^1/_2$—4 mm abgesiebt. Das von der Trommel ausgeworfene gröbere Korn fällt darauf selbstthätig durch eine Holzrösche zur weiteren Zerkleinerung wieder auf den Mahlteller der Kollergänge herab.

Die Kollerringe, der Mahlteller, auf dem die ersteren laufen, und die Siebplatten werden der grossen Abnutzung wegen zweckmässig aus bestem Gussstahl angefertigt und zum Auswechseln eingerichtet; letzteres erfolgt je nach der Härte des zu vermahlenden Materials alle 6—12 Monate.

Um die beim Mahlen der Berge nicht zu vermeidende Staubbildung nach Möglichkeit zu verhindern, wird das Mahlgut durch ein mit mehreren Oeffnungen versehenes Tröpfelrohr ständig etwas angefeuchtet; hierbei ist jedoch darauf zu achten, dass nicht infolge zu grossen Wasserzusatzes sich die Lochung der Siebringe verstopft.

Die zum Betriebe eines Kollerganges erforderliche Kraft wird verschieden angegeben und dürfte im Durchschnitt 15 PS. betragen.

2. Formgebung des Mahlgutes.

a) Allgemeines.

Das durch die Becherwerke auf den Vorratsboden gehobene bezw. auf der Siebtrommel abgesiebte Mahlgut wird durch eine Transport- und

Mischschnecke (Fig. 318) zu einem Mischtrichter bezw. Zuführungsrohr gebracht, welches unmittelbar über der Steinpresse liegt und dieser ununterbrochen das gemischte Gut zuführt.

Ein über der Schnecke bezw. dem Zuführungsrohr liegendes Wasser-
leitungsrohr mit Tropföffnungen führt je nach Bedarf das als Zusatz erforderliche Wasser herbei. Der Wasserzusatz schwankt zwischen 5 und
9 % und ist einerseits von der Beschaffenheit des Rohstoffes, anderseits
von der in Gebrauch stehenden Presse abhängig; derselbe muss in jedem
besonderen Falle durch Probieren zu Anfang des Betriebes festgestellt
werden. Ist das zu verarbeitende Material selbst wenig plastisch, also mehr
oder minder sandig, so ist ein tadelloser, scharfkantiger Stein nur unter
grossem Wasserzusatz und abgesehen von den Nass-Strangpressen nur

Fig. 318.

Transport- und Mischschnecke.

unter Anwendung der englischen Halbtrockenpresse oder der nach dem
steif plastischen Verfahren arbeitenden Albion-Presse zu erzielen. Die
sog. Trockenpressen können nämlich das Ziegelmehl nur angefeuchtet und
nicht mit Wasser innig gemischt verarbeiten, weil bei etwas steiferem
Material die bei diesen Maschinen vorgesehene, selbstthätige Füllung der
Formen nicht genügend erfolgt. Demgemäss sind die letzteren Pressen
nur bei Verwendung guten, thonhaltigen Schiefers zu benutzen, während
die Halbtrockenpressen jedes irgendwie zur Ziegelfabrikation verwendbare
Rohmaterial durch mehr oder minder grossen Wasserzusatz zu guten
Steinen verarbeiten und formen. Auf den oben genannten 38 Schachtanlagen mit Ziegeleibetrieb wird daher auch, wie aus der Tabelle 59
hervorgeht, grösstenteils nach dem steif plastischen Verfahren mittels
der Halbtrockenpresse gearbeitet. Die Albionpresse ist nur auf 2 Gruben,
auf Concordia und Gneisenau, zur Aufstellung gelangt und hat wegen ihrer
geringen Leistungsfähigkeit (9000 Steine pro Tag) keinen weiteren Eingang

Tabelle 59.

Namen der Zeche	Halbtrocken-Pressen	Dorstener-Pressen	Seyfarth-Pressen	Tigler-Pressen
Graf Bismarck I	1873/87	—	—	—
Nordstern	1884/95	1893	—	—
Schlägel & Eisen I/II	—	1889	—	—
Ewald	1888	1892	—	—
Graf Moltke	—	1892	—	—
Graf Bismarck III	1895	—	—	—
General Blumenthal I/II	—	1896	—	—
Gneisenau[1]	1898	—	—	—
Dorstfeld I	1886	—	1897	—
ver. Germania II	1889	—	—	—
Westhausen	1889/96	1896	—	—
Mont Cenis I	—	1895	—	—
Adolf von Hansemann	—	1897	—	—
Monopol, Grimberg[2]	1897	—	—	—
Hamburg & Franziska[3]	—	—	—	—
Friedrich der Grosse	1887	1892	—	—
Victor	1899	—	—	—
Recklinghausen II	—	—	1899	—
Königsgrube	1873/89 u. 98	—	—	—
Consolidation II	1874/96	—	—	—
Wilhelmine Victoria I	1889	—	—	—
Pluto II	—	1896	—	—
Neu-Essen II	1886	—	—	—
Neu-Essen I[4]	1889	—	—	—
Christian Levin	1891	—	—	—
Prosper II	1895	—	—	—
Prosper I[5]	1898	—	—	—
Helene & Amalia, Helene	1899	—	—	—
Mathias Stinnes	1900	—	—	—
Dahlbusch	—	—	—	1899
Rheinpreussen	—	—	1894	—
Concordia II/III[6]	1895	—	1893	—
Deutscher Kaiser II	—	1895	—	—
Deutscher Kaiser III	—	1895	—	—
Osterfeld	—	—	1895	—
Westende	1896	—	—	—
Neumühl	—	—	1896	—
Oberhausen I/II	—	—	—	1898

[1] Albion-Presse nur zeitweise in Betrieb. — [2] 1896 Amerikanische Presse (nur probeweise in Betrieb gewesen). — [3] Handbetrieb — [4] 1868—89 Strangpresse. — [5] 1874—98 Strangpresse. — [6] 1895 Albion-Presse (ausser Betrieb).

gefunden. Nur englische Halbtrockenpressen, wie solche jetzt von der Schalker Eisenhütte, dem Schwelmer Eisenwerk und der Eisenhütte Westfalia gebaut werden, stehen auf 17 Gruben, nur Pressen der Dorstener Eisengiesserei und Maschinenfabrik in Dorsten auf 8 hauptsächlich in der Emscher - Mulde bauenden Zechen, nur Seyffarth-Pressen der Baroper Maschinenfabrik auf 4 Gruben, nur Pressen der Tiglerschen Maschinenfabrik in Meiderich auf 2 Gruben in Betrieb; ausserdem arbeiten 4 Gruben mit je einer Halbtrocken- und Dorstener-Presse und 2 Gruben mit je einer Halbtrocken- und Seyffarth-Presse. Die den Seyffarth- und Tigler-Pressen ähnelnde amerikanische Trockenpresse ist 1896 auf der Zeche Monopol kurze Zeit probeweise in Betrieb gewesen und darauf abgeworfen worden, da dieselbe fehlerhafte, meistens Längsrisse enthaltende Steine lieferte. Die Strangpressen auf Neuessen und Prosper I sind 1889 bezw. 1898 ausser Betrieb gesetzt worden. Ende 1900 waren insgesamt auf den Gruben des Ruhrreviers vorhanden: 26 Halbtrocken-, 19 Dorstener, 7 Seyffarth- und 2 Tigler-Pressen; auf einer Zeche, Hamburg, werden die Ziegel noch mit Handbetrieb hergestellt.

b) Die Pressmaschinen.

Die Hertelsche Strangpresse.

Die auf den Zechen Neuessen in den Jahren 1865—1889 und Prosper I in den Jahren 1872—1898 in Betrieb gewesenen Hertelschen Strangpressen der Nienburger Maschinenfabrik sind die einzigen Nasspressmaschinen, welche auf den Zechenziegeleien des Ruhrreviers zur Pressung von Thonschiefersteinen Verwendung gefunden haben.

Die Nachteile der Nassformung der Ziegelsteine, insbesondere das kostspielige und zeitraubende Trocknen der Steine, waren die Veranlassung, dass die an und für sich gut arbeitenden Hertelschen Maschinen den zu Anfang der 70er Jahre aufkommenden Halbtrocken- und später auch den sog. Trockenpressen weichen mussten.

Die Hertelsche Strangpresse (Fig. 319 a u. b) besteht aus einem Quetsch-Thonschneide-Form- und Abschneideapparat. Das zu verarbeitende Material wird durch einen Trichter zwischen zwei Walzen gebracht, hier zerkleinert und in der darunter befindlichen Misch- und Mengschnecke (Thonschneider) zu einer plastischen Masse verarbeitet. Die auf der Welle des Thonschneiders schraubenförmig aufgesetzten Messerflügel drücken das Material allmählich durch den sich verengenden Ausgang des Thonschneiders und das angeschraubte, auswechselbare Mundstück heraus. Der ausgepresste Thonstrang gelangt sodann an den Abschneideapparat, durch welchen derselbe in Ziegelsteingrösse zerteilt wird.

Die Maschine erfordert zu ihrem Betriebe 8—10 PS. bei einer Leistungsfähigkeit von 8—9000 Steinen pro Arbeitstag.

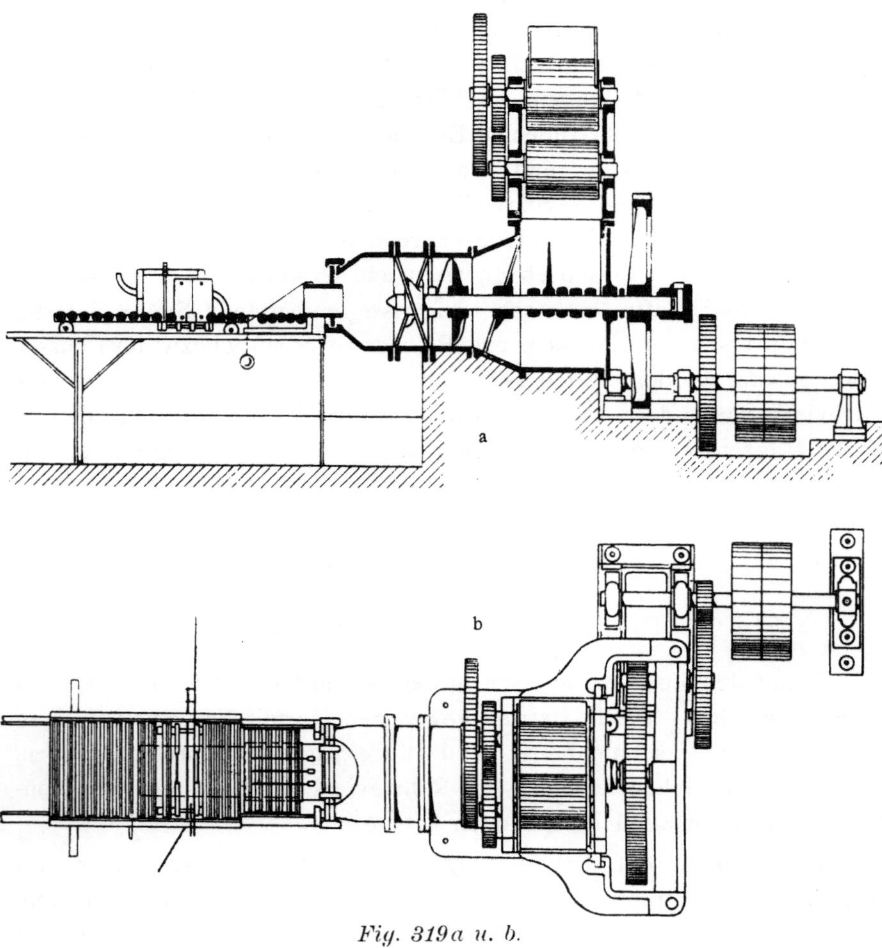

Fig. 319a u. b.

Hertelsche Strangpresse (Nienburger Maschinenfabrik).

Die Dorstener Steinpresse.*)

Die Arbeit der Dorstener Steinpresse (Fig. 320 u. Fig. 321a u. b) beruht auf der Wirkung des freien Falles, und zwar genügen 3 Schläge eines ca. 400 kg schweren Hammers von 160 mm Hubhöhe zur Herstellung eines Steines. Die Presse wird durch eine seitwärts gelagerte, mit Riemenscheiben versehene Achse betrieben, deren kleines Zahnrad nach oben und unten in zwei grössere Triebräder eingreift und dadurch zwei einander parallel

---

*) Vergl. Zeitschrift d. V. D. Ing. 1893, S. 343.

Fig. 320.

Dorstener Steinpresse mit 4 Stempeln.

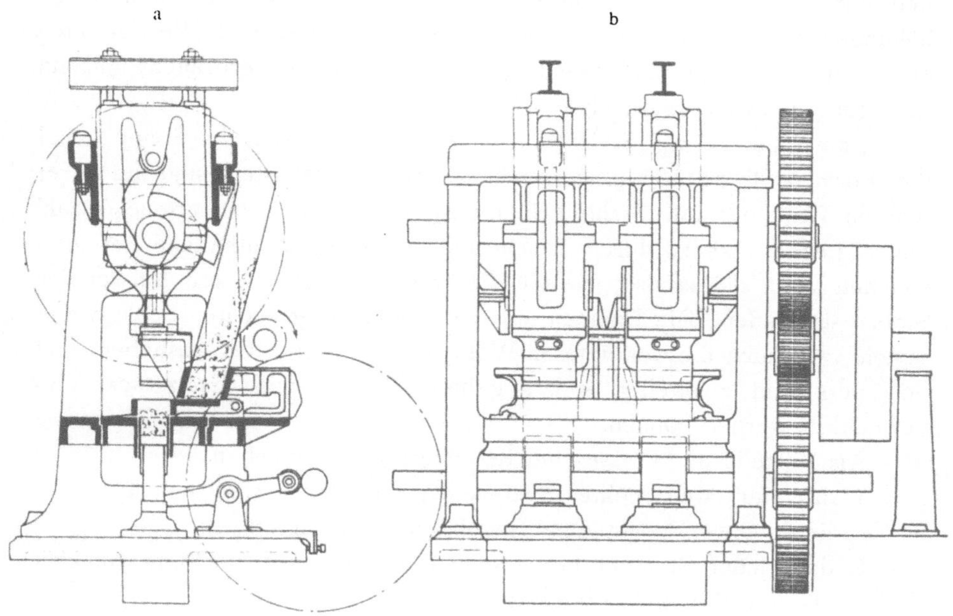

Fig. 321 a u. b.

Anordnung der Dorstener Steinpresse für 2 Stempel.

gelagerte, wagerechte Achsen bewegt. Die obere Achse ruht in drei Lagern auf den Ständern des Presskörpers und trägt für 2 Stempel je einen dreiteiligen Hebedaumen, welcher bewirkt, dass der Stempel bei jeder Wellenumdrehung dreimal gehoben wird und dreimal frei herunterfällt. Die Knaggen des Hebedaumens sind ungleich lang. Zunächst wird ein schwächerer Schlag auf das durch den Trichter in einen Schieber gebrachte, lose Mahlgut ausgeübt, um es in den unter dem Schieber liegenden Formkasten zu pressen. Unmittelbar nach dem ersten Schlage geht der Schieber zurück und der Stempel fällt noch zweimal auf den nun in die Form lose eingepressten Stein. Gleich nach dem dritten Schlage hebt ein im unteren Teile der Presse liegender Ausheber den Stein aus der Form bis auf die Höhe der Tischplatte. Der unterdessen mit neuem Gut wieder gefüllte Schieber stösst den auf dem Tisch liegenden Stein zur Abnahme nach vorn und bleibt in seiner äussersten Stellung nach vorn solange, bis der erste Schlag des Stempels erfolgt ist.

Die wagerechte Bewegung des Schiebers und die senkrechte des Aushebers werden durch Daumen und Hebel bewirkt, welche auf der unten liegenden, wagerechten Welle befestigt sind. Diese sowohl wie die obere Welle macht 36—39 Umdrehungen in der Minute, und bei dieser Umdrehungszahl stellt die Presse stündlich 2800—3000 Steine her. Die dazu erforderliche Betriebskraft soll 3—4 PS. betragen.

Die oben gabelförmigen Stempel sind an ihren unteren Enden hohl und mit einer stählernen Platte verschraubt, welche verschiedene Erhöhungen hat, sodass der zu bildende Stein entsprechende Vertiefungen erhält und somit je nach Wunsch weniger Material verbraucht und ein geringeres Gewicht zeigt, als ein Vollstein.

Damit der fertige Stein sich besser ablöst, werden die Stempel und die Formen durch Dampf angewärmt. Die Formkasten sind an ihrer inneren Wandung mit Stahlblechen ausgefüttert, die eine grosse Anzahl feiner Löcher haben, durch welche die im Pressgut enthaltene Luft entweichen kann, sodass also, wie die Erfahrung gezeigt hat, kein Reissen der Steine stattfindet. Die Daumen auf der oberen, wagerechten Schlagwelle sowohl, wie auch die der unteren Welle zum Betriebe des Aushebers und Schiebers sind zweiteilig, sodass gebotenenfalls leicht Ersatzstücke eingewechselt werden können.

Als Vorteile der Presse sind besonders hervorzuheben:

1. dass nur wagerechte Triebwellen vorhanden sind und daher beliebig viele Pressstempel angebracht werden können;
2. dass jeder Stempel mit besonderen Daumen unabhängig von den anderen Stempeln arbeitet;
3. dass zum Lösen des Steines aus der Form das Oel, welches bei der englischen Presse gebraucht wird, entbehrt werden kann.

Ausser einer Ersparnis in den Betriebskosten (15—30 Pf. pro 1000 Steine) ist dieses insofern noch von Wichtigkeit, als die mit dem Einsetzen der Steine in den Ringofen beauftragten Arbeiter bisher unter dem Qualm und Gestank der ölbenetzten Steine viel zu leiden hatten;

4. dass das Rohmaterial ziemlich trocken mit genügender Stein-festigkeit gepresst werden kann, wodurch das Reissen der Steine beim Brennen vermieden, sowie die Deformierung derselben beim Aufeinanderstellen ausgeschlossen ist;

5. dass der Verschleiss mit Ausnahme der Formen ein geringer und

6. dass die Presse infolge ihrer grossen Leistungsfähigkeit billiger, als andere im Arbeiten ist.

Die Nachteile derselben bestehen darin,

1. dass nur gutes, thonhaltiges Rohmaterial, welches keiner grossen Anfeuchtung bedarf, verwandt werden kann,

2. dass die Pressung der Steine, insbesondere bei etwas sandigem Material und auch bei nur wenig ausgeschliffenen Formen, an den Kanten nicht scharf genug ist und letztere beim Transport und Einsetzen in die Oefen leicht abbröckeln.

Die Englische Halbtrockenpresse.

Der auf dem Vorratsboden in einem gusseisernen Behälter ziemlich angefeuchtete Ziegelthon gelangt durch zwei im Boden dieses Behälters (Fig. 322 und Fig. 323 a und b) angebrachte Oeffnungen in zwei gesonderte Misch-trichter, die mit ihrem unteren Ende auf dem Formentische genau über den Formen stehen. Ein solcher Mischtrichter besteht aus einem cylindrischen Gefässe, in dessen Längsachse sich eine eiserne Welle bewegt. Letztere ist mit fünf wechselständigen, konisch geformten Messern versehen und nur am unteren Ende befindet sich ein Flügelmesser zum Hineinpressen der Thon-masse in die Formen. Die Formen befinden sich in einem Drehtische, der durch ein grosses, mit Daumen versehenes Rad eine ruckweise Bewegung erhält. In den Formen sind Bodenplatten angebracht, welche zugleich als Stempel und Aushebeklötze dienen. Dieselben laufen mittels Rollen auf einer all-mählich auf- und niedersteigenden Ebene.

Zur Zeit der Füllung befinden sich die Bodenstempel in ihrem tiefsten Stande und zwar in tieferer Lage, als es der Dicke des Steines entspricht. Nachdem die Form sich mit der genügenden Menge Thonpulver gefüllt hat, bewegt sich die Rolle des Bodenstempels auf einer schiefen Ebene allmählich hinauf, wobei die Thonmasse behufs Austreibung der Luft gegen eine obere, feste Platte gedrückt wird. Sobald die Luft ausgetrieben ist, wirkt von oben auf den Thon ein Kolben, der seine Bewegung durch einen Excenter erhält.

Sodann wird der Stein durch den Bodenstempel in die
Höhe gedrückt, von einem Arbeiter fortgenommen und auf einen mit
Bretterfächern versehenen Wagen gelegt. Die Leistungsfähigkeit dieser
Maschine, welche zur Bedienung zwei Mann erfordert, beträgt 13 000 Steine
in 12 Stunden.

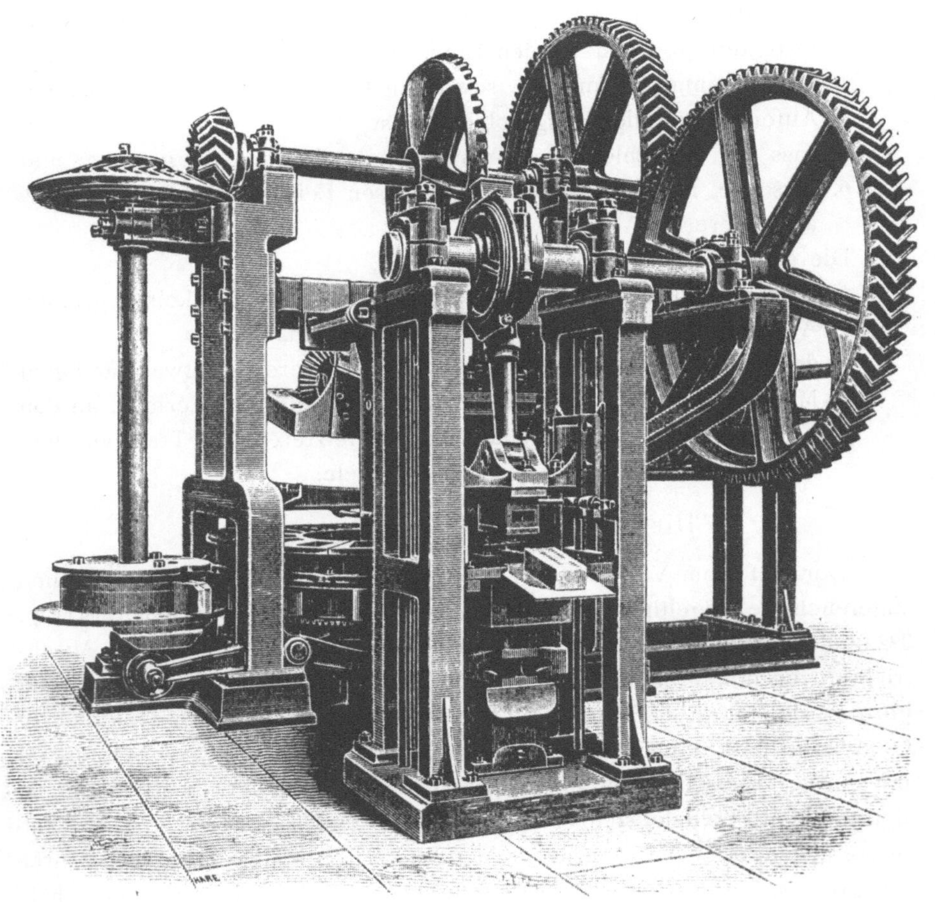

Fig. 322.

Englische Halbtrockenpresse.

Neuerdings sind einige wesentliche Verbesserungen von den deutschen
Maschinenfabriken Schalker-Eisenhütte, Westfalia bei Lünen und Schwelmer
Eisenwerk an der Presse vorgenommen worden.

Das Anfeuchten der Thonmasse geschieht behufs innigerer Mischung
in einem Schneckengange, durch welchen sie dem Mischtrichter zugeführt
wird. Die Formen des Drehtisches werden nicht durch zwei, sondern nur
durch einen Mischtrichter gefüllt, wobei der Drehtisch selbst lediglich als

sog. Vorpresse dient und die Bodenstempel nur das Ausheben der geformten, aber noch nicht gepressten Steine, zu besorgen haben. Der jedesmal ausgehobene Stein wird durch den mittels einer Excenterstange be-

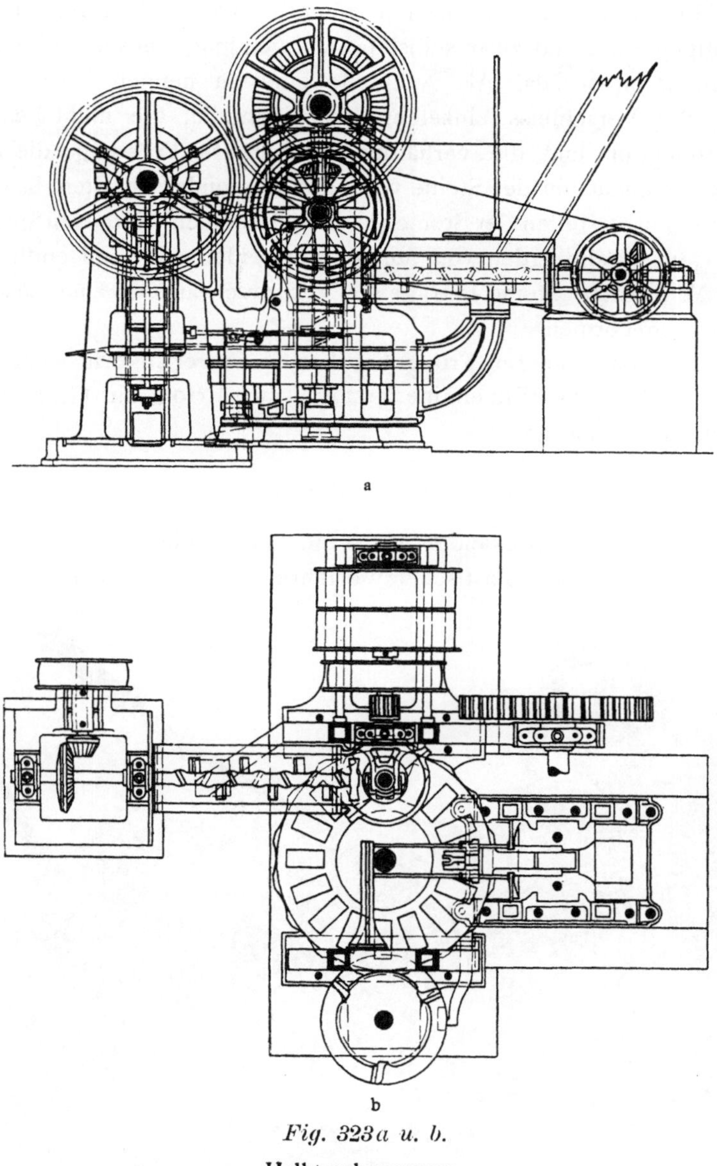

a

b

Fig. 323 a u. b.

Halbtrockenpresse.

wegten »Transporteur« auf den Tisch der sog. Nachpresse geschoben und hier auf das erforderliche Mass zusammengedrückt. Ferner ist zwischen Formtisch und Nachpresse eine Einrichtung angebracht, welche den Ziegel

wendet, sodass derselbe in der Nachpresse den Hauptdruck auf der entgegengesetzten Seite erhält, wodurch ein besseres Resultat erzielt wird.
Der Vorteil dieser Presse gegenüber der älteren besteht darin, dass bei
gleicher Leistungsfähigkeit zu dessen Bedienung nur ein Mann erforderlich
ist. Die Presse liefert, wie bereits oben hervorgehoben, einen guten
scharfkantigen Stein und zwar selbst bei Verwendung eines nicht besonders
geeigneten Rohmaterials. Als Nachteile sind zu nennen der verhältnismässig grosse Verschleiss einzelner Maschinenteile, die nicht besonders
grosse Produktion und die verhältnismässig nasse Pressung, die einmal
das Trockenschmauchen der Steine verteuert und anderseits kein besonders
hohes Aufeinanderstellen der Steine (bis zu 18 Steinen) im Ofen gestattet,
wenn man ein Rissigwerden von Steinen vermeiden will, und endlich der
0,15—0,30 M. pro 1000 Steine betragende Verbrauch an Oel zum Lösen der
Steine aus den Formen.

Um die letztgenannten Produktionskosten zu verringern, wendet man
neuerdings auf Zeche Wilhelmine Victoria mit Erfolg ein Graphitpulver
zum Lösen der Steine an.

Die Albion-Presse.

Die Presse von Alexander & Co. in Leeds, die sog. Albion-Presse
arbeitet nach dem steif plastischen Verfahren. Dieselbe ist derartig kon-

Fig. 324.

Albion-Presse.

struiert, dass sie ebenso wie die englische Halbtrockenpresse die Steine mit ziemlich viel Wasser vermengt herstellt, aber dennoch so konsistent, dass dieselben ohne vorherige Lufttrocknung direkt in den Ringofen gebracht werden können.

Die Albion-Presse ist eine Art Strangpresse (Fig. 324), bei der die Formmaschine und die Presse zu einem Ganzen vereinigt sind. Nachdem das Material in dem Kollergang zerkleinert und in dem Mischapparat gemischt worden ist, kommt es in die Pressschnecke der Presse. Diese mengt, quetscht und knetet das Ziegelmehl und bringt das steif plastische Material in den Teil der Maschine, in welchem es zu einem dichten, festen Klumpen von Steingrösse geformt wird. Letzterer gelangt automatisch unter die Presse, wird hier einem entsprechenden zweiseitigem Drucke unterworfen und als fertiger Stein ausgestossen.

Mit der Albion-Presse können 9000 Steine pro Tag hergestellt werden; zu ihrer Bedienung sind 3 Arbeiter notwendig. Dieselbe arbeitet gut, ist aber wegen ihrer geringen Leistungsfähigkeit augenblicklich nur noch zeitweise auf der Zeche Gneisenau in Betrieb.

Die Doppel-Kniehebel-Presse von Seyffarth und Tigler.

Die Pressen von Seyffarth und Tigler sind in der Konstruktion fast vollkommen gleich; letztere ist als eine verbesserte Seyffarth-Presse insofern zu betrachten, als sie im Gegensatz zu dieser sich durch einen ruhigen, gleichmässigen Gang auszeichnet. Bei der Tiglerschen Presse wird nämlich die Bewegung der unteren Pressstempel, die bei Seyfarth plötzlich erfolgt, durch eine Art Excenterscheibe hervorgebracht, um welche die Achsen der die Pressstempel haltenden Hebelarme herumbewegt werden.

Die Arbeit der Seyffarth - Presse (Fig. 225a u. b und Fig. 226) ist folgende:*)

Die im Gestell gelagerte durch Rädervorgelege angetriebene Welle a trägt den Hebedaumen b, welcher vermittelst der Rolle d auf den Scheitel des Kniehebels c d e drückt.

Die Enden der Zapfen der Rolle d gleiten in Nuten f f, welche in den Seitenwangen des Hebedaumens b angebracht sind und der Form desselben entsprechen. Der Fusspunkt c des Kniehebels ist im Gestell gelagert, während e den Scheitel eines zweiten Kniehebels g e h bildet, der bei g im Gestell gelagert ist und bei h eine den vorhandenen Pressformen entsprechende Anzahl Pressstangen trägt.

Der Schenkel g e des Kniehebels ist über g hinaus verlängert und dort zu Hebedaumen i i ausgebildet, auf welchen die Traverse k liegt. Diese ist durch Zugstangen l l mit der unteren Traverse m verbunden,

---

*) Deutsche Töpfer- und Ziegler-Zeitung 1891, XX. Jahrg. No. 16, S. 1.

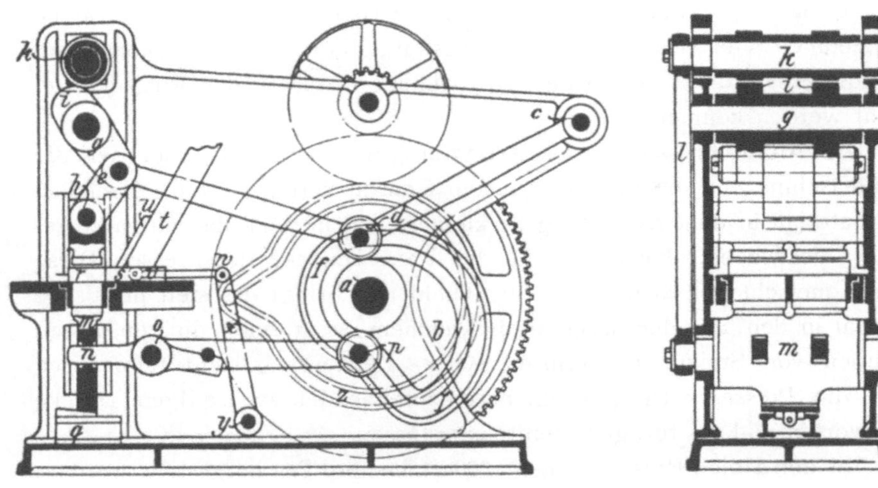

Fig. 325a u. b.

Ziegelpresse von Seyffarth.

Fig. 326.

Ziegelpresse von Seyffarth.

welche wiederum die entsprechende Anzahl der unteren Pressstempel trägt
und durch den zweiarmigen Hebel n o p behufs Ausstossens der fertig gepressten Steine gehoben werden kann. Das Ende p des letzteren ist ebenso
eingerichtet wie das Ende d des ersten Kniehebels und wird von Hebe-

daumen b in derselben Weise, aber zu anderer Zeit bewegt wie dieser. Durch den horizontal verstellbaren Keil q, auf welchem die untere Traverse m ruht, kann die tiefste Stellung der Pressstempel und dadurch die Füllung der Form geregelt werden.

Die Füll- und Vorstossvorrichtung besteht aus einem durch eine Wand geteilten Rahmen r s, dessen linke, zum Füllen dienende Seite r oben und unten offen, und dessen rechte, zum Abschluss des Füllrohres t dienende

Fig. 327.

Trockenpresse von Tigler.

Seite s oben geschlossen ist. Der am Füllrohr befindliche Kanal u dient zum Abführen der beim Füllen des Kastens r vom Pressgut aus demselben verdrängten Luft. Bewegt wird der Kasten zu gehöriger Zeit durch die Zugstange v w und den Hebel w x y, dessen Antriebzapfen x sich in der Nut z des Antriebrades führt, während der Zapfen y im Gestell gelagert ist.

Die Tiglersche Steinpresse (Fig. 327) ist gebaut wie die alte Tigler-brikettpresse (S. 651 ff.).

Um ein rasches Ausstossen der Steine und ein schnelles Wiederfüllen der Pressformen zu ermöglichen, wird der Stempelschlitten dreiteilig herge-stellt, sodass zwei Teile desselben, der Stempel und ein zwischen diesem und dem oberen Teil des Führungsschlittens eingebauter Teil, je besondere Bewegung erhalten können. Es dient hierzu ein Excenter und Hebelwerk, welches beim Ausstossen des Steines die rechtzeitige rasche Ausschaltung des Zwischenstückes innerhalb des Stempelschlittens besorgt. Bei 11 Hüben in der Minute arbeitet die Presse zur Zufriedenheit; ihre Leistung pro Stunde beträgt demnach ca. 2000 Steine.

Die Amerikanische Trockenpresse.

Das etwas angefeuchtete und gut gemischte Material wird vermittelst eines Hosenrohres der Presse zugeführt und durch einen Speiseschieber in die Pressformen verteilt. Die unteren Stempel (Fig. 328) werden solange in gleicher Höhe mit dem Speiseschiebertisch gehalten, bis der Verteilungs-schieber seine Lage genau über der Mitte der Pressformen erhalten hat; von da erst beginnt die schnelle Abwärtsbewegung der unteren Stempel. Das zu pressende Material wird aus dem Verteilungsschieber herausge-saugt und das überschüssige durch den zurückgehenden Schieber ab-gestrichen.

Hat der Speiseschieber seine Ruhelage wieder erreicht, so beginnt die Pressung. Der Druck wird vom Nullpunkt aus allmählich bis zum je-weiligen Maximaldruck gesteigert; dabei werden die unteren sowie die oberen, mit Dampf geheizten Stempel nach der Mitte des zu pressenden Steines in die Form getrieben. In dieser Lage, in der sich der Stein unter Maximaldruck befindet, wird der Pressmechanismus, der frei beweg-lich auf einem von der Kurbel beeinflussten Wagebalken gelagert ist, emporgehoben, mit ihm also gleichzeitig der Stein in der gehärteten Form bewegt, sodass er eine glatte, scharfkantige Form erhält. Sobald der emporgehende, fertige Stein mit der Oberkante in die Höhe des Schieber-tisches kommt, wird der Kniehebel durch die Kurbel ziemlich rasch aus seiner Totlage herausgehoben und dadurch eine schnelle Entfernung der oberen Stempel von den Steinen bewirkt, anderseits drückt die Kurbel vermittels des Wagebalkens die unteren Stempel langsam empor, bis der fertige Stein in gleiche Höhe mit dem Speiseschiebertisch kommt. Jetzt beginnt der Speiseschieber wieder seine Bewegung, stösst die fertigen Steine zum Abnehmen vor und füllt gleichzeitig die Pressformen.

Um die Füllmenge, die für ein Material nach gemachter Erfahrung für passend befunden worden ist, beliebig einstellen zu können, ist an der Stirnwand der Presse eine vermittelst Handrades leicht zu handhabende Justiervorrichtung angebracht.

Fig. 328.

Amerikanische Trockenpresse.

Zum Betrieb der Presse sind 12—15 PS. erforderlich, während ihre Leistung 2300—2500 Steine pro Stunde beträgt.

Bei ihrer probeweisen Aufstellung auf Zeche Monopol lieferte dieselbe rissige Steine; diesem Mangel dürfte durch Vorrichtungen zum Austreten der Luft abzuhelfen sein.

3. Das Brennen der Steine.

a) Allgemeines über Ziegelbrennöfen.

Die auf den Nasspressen hergestellten Normalziegelsteine und die mit Hand geformten Façonsteine müssen vor dem Einsetzen in die Brennöfen der Trocknung unterworfen werden. Zum Trocknen der Façonsteine

werden heute die das Ringofengemäuer umgebenden Schuppen benutzt,
in welchen durch die strahlende Wärme des Ringofengewölbes allmählich
die Abtrocknung der Fabrikate vor sich geht.

Das Trocknen der früher auf den Gruben hergestellten Nasspresssteine geschah in einem besonderen Trockenraum. Unter der Sohle des
letzteren war eine Reihe von kleinen Kanälen ausgespart, durch welche
die von den Brennöfen abziehenden Rauchgase geleitet wurden, ehe diese
in die Esse gelangten (Fig. 329a—c).

Bei den jetzt auf den Gruben mit den sog. Trockenpressen hergestellten Ziegeln bedarf es einer vor dem Brennen erfolgenden Trocknung
nicht; die Steine werden vielmehr direkt nach der Pressung in die Oefen
zum Brennen eingesetzt. Der Zweck des Brennens der Steine ist, durch
Hitze einzelne ihrer Bestandteile, die Alkalien, soweit zur Schmelzung zu
bringen, dass sie die nicht in Fluss geratenen Bestandteile, die Thonerde-
silikate, zu verkitten imstande sind, ohne dass durch zu grosse Erweichung
merkliche Formveränderungen der Steine eintreten.

Seit Einführung der Trockenpressen auf den Gruben werden die
Steine ausschliesslich in Oefen mit kontinuierlichem Betriebe und zwar in
solchen mit wanderndem Feuer und feststehendem Brenngut gebrannt,
während früher auf den Nasspresssteine herstellenden Gruben Hibernia,
Neuessen und Prosper I Oefen mit unterbrochenem Betriebe, sog. Kasseler
Oefen, in Anwendung standen.

Von den Oefen mit kontinuierlichem Betriebe hat auf den Gruben
des Ruhrreviers nur der Ringofen und zwar derjenige von Hoffmann besonders Eingang gefunden. Im Laufe der Zeit sind von einzelnen Ofen-
konstrukteuren an demselben Verbesserungen, welche namentlich eine
bessere Ausnutzung der Wärme bezwecken, getroffen worden. Auf diese
Abänderungen wird weiter unten näher eingegangen werden.

Beim Bau der Ringöfen ist darauf zu achten, dass das ganze Bauwerk
fest und widerstandsfähig und dabei doch elastisch genug ist, um den
Bewegungen, welche durch die Temperaturschwankungen in den verschiedenen Teilen des Ofens veranlasst werden, ohne Schaden nachgeben
zu können. Desgleichen müssen die Oefen die Wärme gut zusammen-
halten und einen schädlichen Abzug der Ofengase und der Luft aus den
Brennkanälen in die Rauchkanäle verhindern. Zu diesen Zwecken sind,
wie aus der Abbildung des Ringofens (Fig. 330a—c) ersichtlich ist,
sowohl die Innen- wie Aussenmauern desselben nicht aus einem zusammenhängenden Mauerblock hergestellt, sondern vielmehr zwischen Ofen-
futter und Rauchmauerwerk mit Zwischenräumen versehen, welche mittels
Sand und Lehm ausgestampft werden.

Ein Hauptaugenmerk bei Anlage der Oefen ist ferner auf die Trag-
fähigkeit des Baugrundes und namentlich dessen Feuchtigkeitsgrad zu

richten. Die Sohle des Ofens muss sorgfältig gegen jegliches Eindringen von Feuchtigkeit geschützt sein, da sonst eine nachteilige Beeinflussung des Verbrennungsprozesses durch die aus dem Boden (bis zu 1 m Tiefe) aufsteigenden Wasserdämpfe stattfindet und weiterhin ein grösserer Verbrauch an Brennmaterial bei schlechterer Qualität der Steine (Schmolz' fleckige Ausblühungen) die Folge sind. Die Tagewasser werden daher in der Nähe des Ofens zweckmässig durch einen mindestens 1 m tiefen Kanal abgeleitet. Ist der Baugrund an und für sich feucht, so hilft man sich am besten dadurch, dass man unter der Ofensohle ein weit verzweigtes Kanalnetz anlegt. Letzteres bringt man an verschiedenen Stellen mit der Esse bezw. den zu derselben hinführenden Kanälen in Verbindung, durch welche dann die aus dem Boden in Dampfform austretende Feuchtigkeit ins Freie entweichen kann (Recklinghausen II und Zollverein).

Um ferner die Feuchtigkeit von den Umfassungsmauern der Oefen abzuhalten, werden dieselben mit einem Schuppen (Fig. 330a — c) umgeben, dessen Dach 3—4 m über die Wandungen der Oefen auf allen Seiten hinausragt. Es ist zweckmässig, die Dachkonstruktion des Schuppens so stark zu nehmen, dass das zur Beheizung der Oefen dienende Brennmaterial auf Hängebahnen, welche am Dachgebälk anzubringen sind, zu den einzelnen im Gewölbe des Ofens befindlichen Heizlöchern herangefahren werden kann (Zeche Gneisenau).

b) Einrichtung und Betriebsweise der Brennöfen.

α) Der Kasseler Flamm-Ziegelofen.

Der Kasseler Flamm-Ziegelofen (Fig. 329a—c) diente zum Brennen der Nasspresssteine auf den Gruben Neuessen und Prosper I.

In der Figur ist der Grundriss des Ofens der Zeche Prosper nebst Trockenschuppen und mehreren Querprofilen veranschaulicht, aus welchen die Konstruktion des Ofens und seiner einzelnen Teile nebst Grössenverhältnissen ersehen werden kann. Jeder der Oefen besitzt einen Fassungsraum von 27—30 000 Steinen. Zum Betriebe der Anlage waren 7 Arbeiter erforderlich, nämlich 1 Steineschlepper, 2 Einsetzer, 2 Schürer und 2 Auskarrer. Die Dauer der Betriebszeit eines Ofens für einen Brand betrug 9—12 Tage. Der Kohlenverbrauch stellte sich auf 0,375 t pro Tausend gargebrannter Steine.

Die verschiedenen Nachteile der Kasseler Oefen, insbesondere der diskontinuierliche Betrieb und der um $\frac{1}{3}$—$\frac{1}{4}$ höhere Brennstoffverbrauch derselben im Vergleich zu den Hoffmannschen Ringöfen, sind die Veranlassung, dass heute nur noch die letztgenannten Oefen zum Brennen der Thonschiefersteine auf den Gruben des Ruhrreviers in Anwendung stehen.

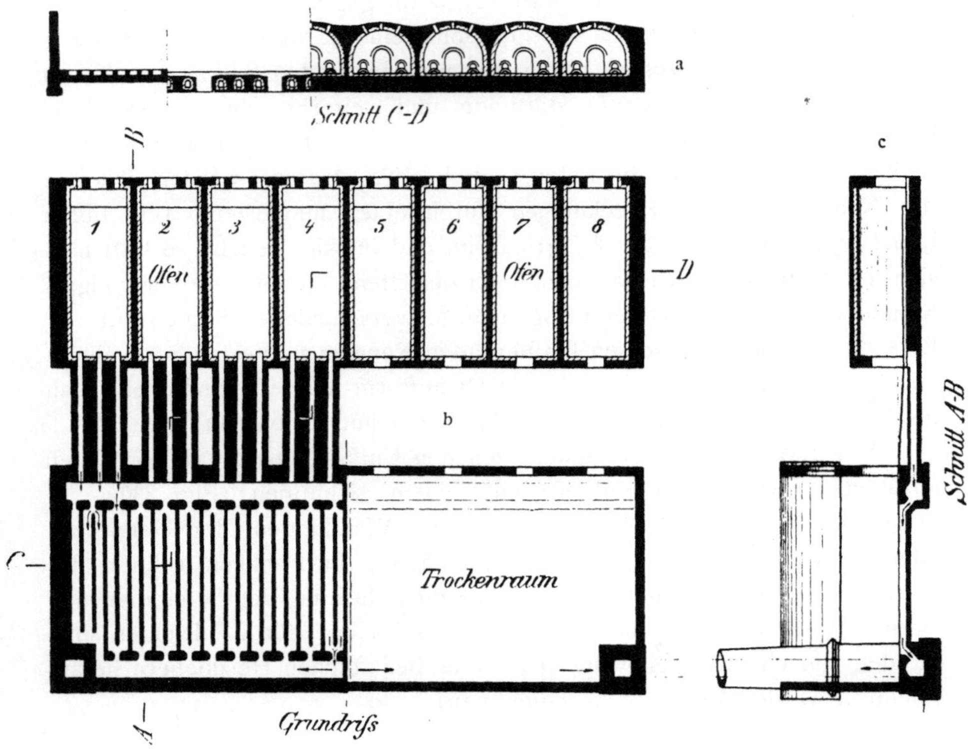

Fig. 329 a—c.

Kasseler Flamm-Ziegelofen mit Trockenschuppen (Zeche Prosper I).

β) Ringofen von Hoffmann.

Nach seiner wesentlichen Einrichtung besteht der Ringofen von Hoffmann (Fig. 330a—c) aus einem endlosen, in sich zurückkehrenden Kanal ohne
alle Scheidewände, in welchen die zu brennenden Steine kontinuierlich
eingesetzt, abgetrocknet, vorgewärmt, gebrannt, abgekühlt und ausgetragen werden.

Brennkanal.

Der Ofen- oder Brennkanal a ist entweder kreisrund, wie auf der
Zeche Consolidation II, oder aber, und dieses ist fast ausschliesslich der
Fall, oblong. Diese sog. oblongen Ringöfen bestehen, wie auch Fig. 330b
zeigt, aus zwei längeren, parallel sich hinziehenden Brennkanälen, welche
an ihren Enden in halbkreisförmige Bogen auslaufen und hierdurch ein
ununterbrochenes Ganze bilden.

Der überwölbte Ofenkanal hat je nach der Menge der täglich zu
brennenden Steine in Höhe von 13—16 000 Steinen verschiedene Grösse.
Die Breite schwankt daher zwischen 3,40 und 4,00 m und die Höhe

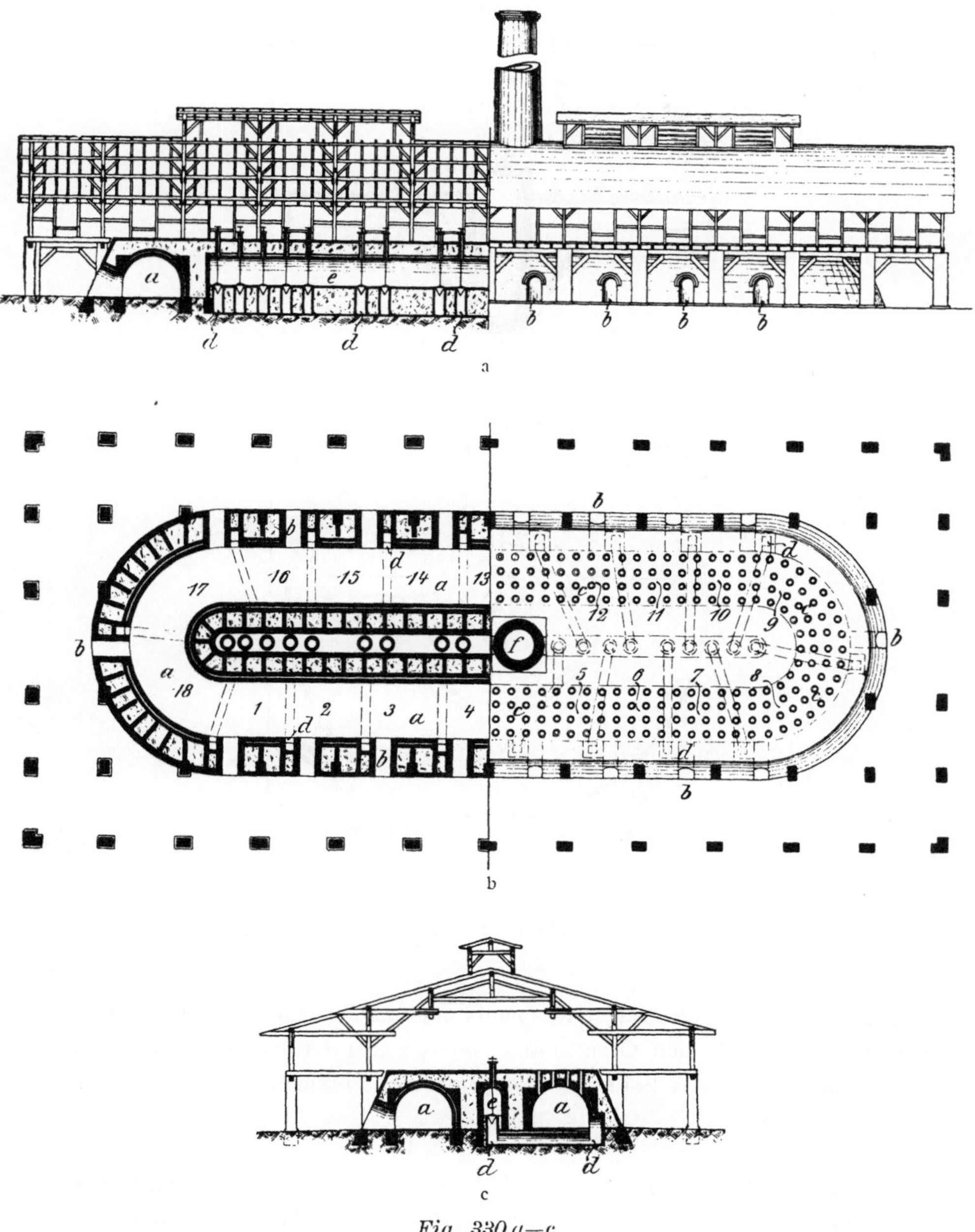

Fig. 330 a—c.

Hoffmannscher Ringofen.

zwischen 2,50 und 2,80 m. Die äussere Wandung des Ofenkanals
ist in regelmässigen Entfernungen von einander mit Oeffnungen b zum
Einkarren der Steine versehen. Die Steine werden mittels Förderwagen

auf einem Schienengleise direkt von der Presse bis vor die betreffende
Einkarrtür gefahren. Hier wird der Förderwagen zweckmässig mittels
selbstthätiger Drehscheiben, deren Konstruktion aus Fig. 331a u. b

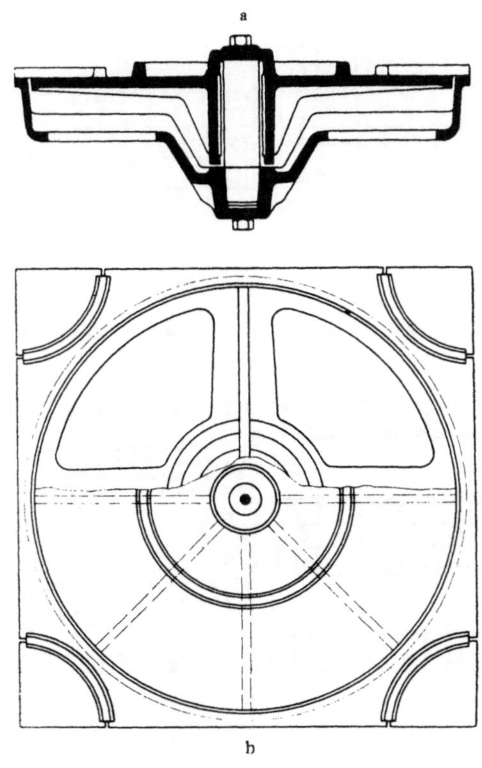

Fig. 331 a u. b.

Selbstthätige Drehscheibe.

ersichtlich ist, gewendet und samt den zu brennenden Steinen auf
Schienengleisen in den Ofen und in letzterem auf provisorisch verlegten
Eisenplatten bis zur Arbeitsstelle der Einsetzer gefahren.

Ofenkammern.

Den zwischen jeder Einkarrtür befindlichen Teil des Brennkanals nennt
man Ofenkammer. Dieselbe hat ebenfalls entsprechend der Menge der
täglich einzusetzenden bezw. zu brennenden Steine verschiedene Länge
und zwar von 4,50—5,50 m. Die Zahl der Ofenkammern schwankt je nach
der geringeren oder grösseren Feuchtigkeit der einzusetzenden Steine
zwischen 14 und 18. Im allgemeinen ist eine grosse Kammerzahl behufs
gründlicher und nicht zu rascher Abtrocknung des Brenngutes anzu-
empfehlen.

Jede Ofenkammer wird nach dem Einsetzen der Steine durch einen von der Einkarrthür aus einzubringenden Schieber aus Eisen oder Papier gegen die vorhergehende, mit Steinen besetzte Kammer abgeschlossen. Zum luftdichten Abschluss der Schieber werden die Fugen derselben mit Lehm ausgekleidet. Die Schieber aus Eisen sind je nach der Grösse des Brennkanals aus 2 oder 3 über einander stehenden, keilförmigen Teilen zusammengesetzt. Da das Einbringen und Herausziehen derartiger Schieber umständlich und zeitraubend ist, auch die Schieber selbst oft erneuert werden müssen, wendet man neuerdings auf der grösseren Zahl der Grubenziegeleien sog. Papierschieber an. Letztere verdienen eigentlich den Namen Schieber nicht, da dieselben weder in den Ofen hineingeschoben, noch herausgezogen werden. Das in ziemlich steifer Form benutzte Papier wird vielmehr nur einmal zur dichten Abkleidung der einen Ofenkammer von der anderen benutzt und jedesmal im Verlaufe des Brennprozesses, wie weiter unten angegeben ist, durch die Abhitze des Brennfeuers mitverbrannt. Auf der Zeche Pluto II giebt man dem eisernen Schieber den Vorzug, weil der aus Papier hergestellte Abschluss der Ofenkammer manchmal im gewünschten Zeitpunkt nicht völlig zum Verbrennen gebracht werden konnte.

<h3 style="text-align:center">Heizlöcher.</h3>

Zum Einbringen des Brennmaterials in den Ofenkanal sind in dem Gewölbe des letzteren eine Reihe von Einschüttöffnungen, sog. Heizlöcher c, angebracht. Dieselben sind je nach der Länge und Breite des Ofenkanals in Entfernungen von 0,80—1,00 m über die ganze Gewölbefläche verteilt. In der Regel gehören zu jeder Ofenkammer 20 Heizlöcher, welche in vier Längsreihen zu je 5 Stück im Gewölbe ausgespart sind (Fig. 330 b). Die Heizlöcher besitzen einen Querschnitt von 10—15 cm im Quadrat und sind durch gusseiserne Heizdeckel verschliessbar. Die Heizdeckel (Fig. 332a u. b) werden über ein ebenfalls aus Gusseisen bestehendes und in die Heizlöcher eingelassenes Heizrohr gesetzt. Der Heizdeckel ruht beim Verschluss des Heizloches in einer Sandschüttung, damit ein möglichst vollkommener Abschluss der äusseren Luft von dem Ofenkanal erreicht wird. Neuerdings werden für die Heizlöcher feuerfeste, dem Radius des Kanalgewölbes angepasste Formsteine aus einem Stück

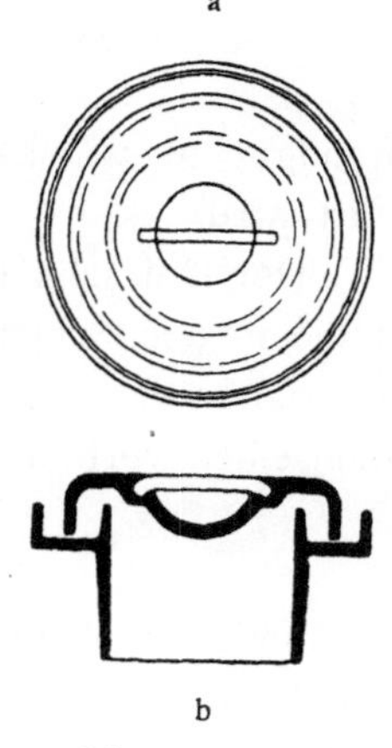

Fig. 332 a u. b.

Heizdeckel.

verwandt, da die Haltbarkeit der Gewölbe bei den aus gewöhnlichen Mauerziegeln hergestellten Heizlöchern sehr beeinträchtigt wird.

Zum bequemen Herbeischaffen des Brennmaterials an die einzelnen

Heizlöcher ist auf der Zeche Gneisenau am Gebälk der Dachkonstruktion des Schuppens eine Hängebahn angebracht worden. Dieselbe bietet ausser der Einfachheit und Leichtigkeit der Art der Herbeischaffung des Kohlenkleins den Vorteil des geringeren Raumbedarfs, ferner der Freihaltung der Wege auf der Ofendecke und endlich der Ersparnis an Arbeitskräften. Das Gleis der Hängebahn wird durch eine Schiene von rechteckigem Querschnitt gebildet, deren obere Fläche halbkreisförmig abgerundet ist. Die Schiene ist mittels Hängearmen an dem Gebälk des Daches befestigt. Die aus Eisenblech hergestellten, kleinen Muldenwagen laufen mit zwei aus Hartguss hergestellten Rollen auf der Schiene und sind mittels eines Bügels am Rollenlager aufgehängt. Mit einer kleinen Kohlenschaufel entnimmt der Schürer dem Wagen das zur Aufgabe in die Heizlöcher jedesmal nötige Kohlenklein.

Einsetzen der Steine.

Beim Einsetzen der Steine in die Kammern werden die untersten sechs Reihen hochkantig in wagerechten, parallelen Schichten eingesetzt, sodass die eine Reihe nach der Länge des Ofens, die darüber befindliche nach der Breite zu stehen kommt. Die Steine sind in fingerbreiten Zwischenräumen aufgestellt. Zur Förderung des Zuges werden ausserdem beim Einsetzen der Steine jedesmal auf der Ofensohle künstlich drei Querkanäle geschaffen. Die oberen Steinreihen werden abwechselnd schräg gestellt (Fig. 333). Hierbei muss darauf gesehen werden, dass unter jedem im Gewölbe angebrachten Heizloche ein Heizschacht im Brenngut in vertikaler Richtung vom Gewölbe bis zur Ofensohle ausgespart wird.

Fig. 333.

Aufstellung der oberen Steinreihen.

Der Heizschacht wird derart eingerichtet, dass abwechselnd einzelne Steine in den Schacht hineinragen, damit das von oben eingestreute Brennmaterial in der ganzen Brennkanalhöhe möglichst gleichmässig auf den Steinreihen verteilt wird.

Rauchkanäle.

Jede Ofenkammer steht ferner durch einen Rauchkanal d mit dem von dem Brennkanal eingeschlossenen Rauchsammelkanal und weiterhin durch letzteren mit dem Schornstein f in Verbindung. Der Schornstein steht meistens in der Mitte des Ofens, kann aber auch ohne wesentliche Beeinflussung des Betriebes je nach Lage der Verhältnisse ausserhalb des Ofens angeordnet werden. Die Rauchkanäle haben eine lichte Weite von 60 cm im Quadrat und können durch Glockenkegel gegen den Rauchsammler abgeschlossen werden.

Die Glockenkegel (Fig. 334 a u. b) sind an einer mit Schraubenspindel versehenen Eisenstange, welche über das Deckengewölbe des Ringofens hinausragt, befestigt. Durch Höherwinden oder Niederlassen der Eisen-stange nebst Glockenkegel kann der Zug in der betreffenden Kammerabteilung vom Schürer geregelt werden. Die Abdichtung der Glocken entspricht der oben beschriebenen Abdichtung der Heizlochdeckel. Beim Ofenbetriebe ist insbesondere darauf zu achten, dass die Sanddichtung der Glocken möglichst alle Jahre erneuert wird. Da nämlich einerseits durch die immerwährende Bewegung der Glocken und anderseits durch den Zug der Sand verfliegt, würde sonst durch ungenügenden Schluss der Ventile ein freier Verkehr zwischen dem Brenn- und dem Rauchkanal und dadurch ein fortwährender, schädlicher Abzug der Ofenluft nach dem Schornstein stattfinden. Letzterer wird um so intensiver sein, je heisser die Ofentemperatur ist, welche ihren Ausgang durch das Ventil sucht, sodass also bei den gerade im Brennen der Steine befindlichen Kammern sich dieser Uebelstand am stärksten bemerkbar machen würde.

Ofenbetrieb.

Im einzelnen gestaltet sich der Betrieb eines Ofens mit 18 Kammern bei voller Besetzung mit Steinen folgendermassen: Sämtliche Einkarrthüren sind durch Trockenmauerung mit Lehmabkleidung dicht verschlossen und nur vier,

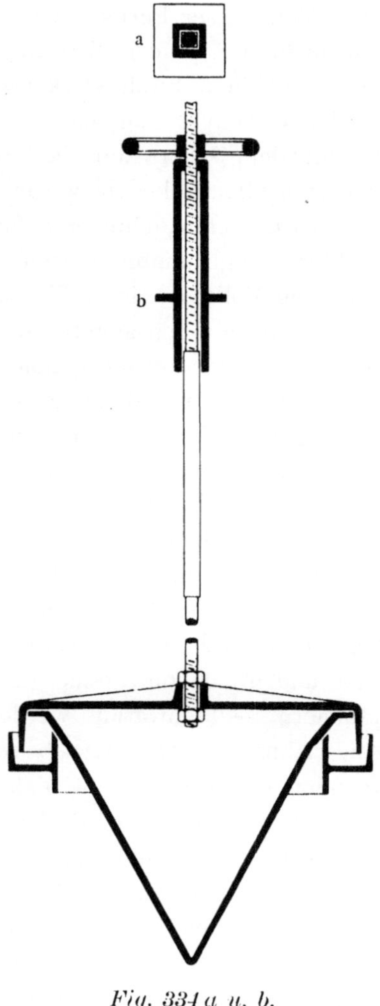

Fig. 334 a u. b.

Glockenkegel.

etwa die, welche zu den Kammern 1, 2, 3 und 4 führen, sollen offen sein. In Kammer 1 werden dann Steine eingesetzt, während die Kammern 2 und 3 leer sind, und in Kammer 4 gargebrannte Steine ausgekarrt. Kammer 18 ist hierbei gegen Kammer 1 durch einen Schieber aus Eisen oder Papier abgeschlossen; ferner ist auch noch Kammer 17 vollständig gegen Kammer 18 und 16 und letztere gegen Kammer 15 auf dieselbe Weise abgedichtet. In diesen 3 letzten Kammern, No. 18, 17 und 16, von denen je eine an den drei vorhergehenden Tagen mit frischen Steinen beschickt ist, wird das in letzteren befindliche Wasser ausgetrieben. Dieses wird dadurch erreicht, dass man aussen in einer Oeffnung der Einkarrthür 2—3 Tage lang ein Feuer auf Rosten oder in Schmauchöfen unterhält. Von dieser Periode des Brennens sagt man, die Steine stehen im Schmauchfeuer. Die in den eingesetzten Steinen befindliche Feuchtigkeit wird allmählich durch stärkeres und längeres Feuer ausgetrieben, wobei die Wasserdämpfe zugleich mit den heissen Gasen der Feuerung durch die mit dem Schornstein in Verbindung stehenden Kanäle an den etwas gelüfteten Glockenkegeln vorbei abziehen. Während diese drei Kammern sich also im Schmauchfeuer befinden, sind die 4 vorhergehenden Kammern 15—12 im sogenannten Vorfeuer. Hier werden die Steine durch die Abgase vom Vollfeuer in völlig trockenen Zustand übergeführt. Der Zug wird durch die oben angeführten Glocken geregelt. Im vorliegenden Falle müssten also, theoretisch genommen, alle Glocken der ersten 14 Kammern geschlossen und nur diejenige der 15. Kammer geöffnet sein. In Wirklichkeit reguliert der Brenner den Zug des ganzen Ofens je nach Bedarf an einer oder mehreren Glocken. Die folgenden Kammern 11 und 10 stehen im Vollfeuer. In diesem Teile des Ofens wird in Zeiträumen von 10—15 Minuten Brennmaterial durch die während des Betriebes geschlossen gehaltenen Heizlöcher eingeführt. Das Brennmaterial verbindet sich mit der durch die offenen Einkarrthüren der Kammern 1—4 eingetretenen und in den Kammern 5—9 vorgewärmten Luft, erzeugt infolgedessen eine grosse Hitze und brennt die Steine gar. In dem Masse, wie sich die Luft in den Kammern 4—9 anwärmt, werden zu gleicher Zeit die Steine abgekühlt. Man richtet den Ofenbetrieb so ein, dass gewöhnlich in 24 Stunden eine Kammer entleert und die dahinter liegende während dieser Zeit gefüllt wird. Der Schieber wird dann um eine Kammerlänge in der Richtung der Fortbewegung des Feuers vorgerückt und der vierte vorhergehende Schieber fortgenommen, oder falls derselbe aus Papier besteht, durch Oeffnen und Schliessen der in Frage kommenden Glocken von den Abgasen des Vollfeuers verbrannt. Durch die tägliche Wiederholung dieser Operation wird das Vollfeuer nach und nach rings in dem Brennkanal herumgeführt, wobei also auch das Austrocknen, Auskarren und Einsetzen der Steine ohne Unterbrechung vorgenommen werden kann.

Der Kohlenverbrauch für das Schmauchen und Brennen der Steine schwankt pro 1000 Steine zwischen 0,25—0,4 t. Derselbe beträgt durchschnittlich 0,35 t.

Trockenschmauchen der Steine.

Auf einer Reihe der mit Trockenpressen arbeitenden Grubenziegeleien wird das Trockenschmauchen der eingesetzten Ziegel jedoch nicht durch besondere in den Einkarrthüren unterhaltene Vorfeuer, sondern vielmehr durch die Abhitze des Vollfeuers oder auch der fertig gebrannten Steine bewerkstelligt. Im Gegensatz zu den mit Halbtrockenpressen arbeitenden Ziegeleien, bei denen Versuche die Unentbehrlichkeit des Schmauchfeuers zumal im Winter ergeben haben, werden hierdurch pro Tag bei einer Produktion von 15 000 Steinen ca. $^3/_4$—1 t Kohle je nach der Zahl der in Betrieb stehenden Schmauchfeuer gespart, also pro 1000 Steine die Selbstkosten um ca. 0,75 M. verringert.

Wendet man die in Fig. 335a u. b veranschaulichten transportablen, geschlossenen Schmauchöfen der Eisenhütte Westfalia, Lünen, zum Austrocknen des Brenngutes an, so stellt sich der zum Abschmauchen er-

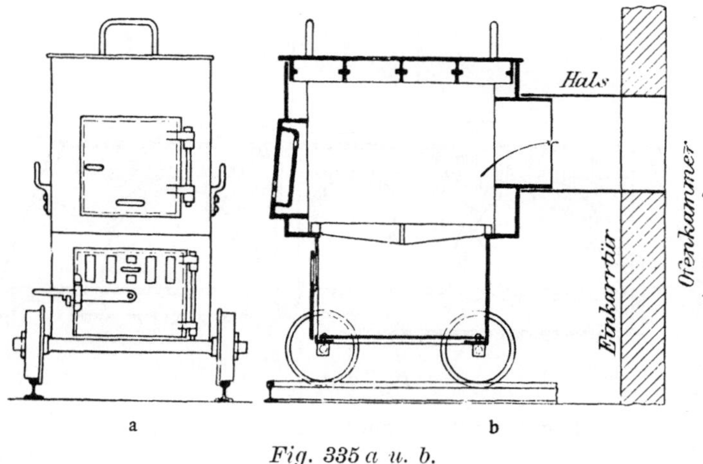

Fig. 335 a u. b.

Transportabler Schmauchofen für Ringöfen.

forderliche Brennmaterialverbrauch erheblich geringer, als bei Anwendung der meist üblichen offenen Rostfeuerung. Die Kosten eines derartigen Ofens betragen 120 M. Die Oefen stehen auf verschiedenen Gruben, wie Friedrich der Grosse und Neuessen, in Betrieb und haben sich gut bewährt. Der allgemeinen Einführung setzen jedoch die Brenner Widerstand entgegen, da das Feuer des Schmauchofens grössere Sorgfalt in der Wartung, als das Rostfeuer erfordert. Infolgedessen ist vielfach die Ansicht verbreitet, dass der Schmauchofen nicht genügend Hitze zum Abtrocknen der Steine einer Ofenkammer erzeuge.

Die Benutzung der Abhitze zum Vorschmauchen der eingesetzten Steine ohne besondere Schmaucheinrichtungen findet nur auf einer Grube, nämlich auf Concordia II/III, statt. Das Trocknen der Steine geschieht hier lediglich durch langsames, von Tag zu Tag immer stärker werdendes Anwärmen derselben mittels der Abhitze des direkten Feuers.

Beim Einkarren der Steine wird nur alle 2 Kammern ein Papierschieber eingesetzt, von welchem nachher, sobald das Schmauchen erfolgen soll, das untere Viertel durch den Brenner von der Auskarrthür aus mittels eines Hakens abgerissen und das in Frage kommende Glockenventil entsprechend gelüftet wird.

γ) Ringofen mit besonderen Schmauchkanälen.

Andere Ringöfen, wie diejenigen der Zechen Recklinghausen und Gneisenau, sind mit besonderen Schmauchkanälen ausgerüstet. Fig. 336 stellt den Querschnitt eines solchen Ofens dar. Beim Betrieb der

Fig. 336.

Ringofen mit besonderem Schmauchkanal.

Schmaucheinrichtung wird die Abhitze der gargebrannten Steine unter Zuhülfenahme von Hauben aus Eisenblech, durch welche die Heizlöcher a mit dem Schmauchkanal b in Verbindung gesetzt werden, aus den in Abkühlung stehenden Abhitzekammern in den Schmauchkanal und von dort wieder in die gerade abzuschmauchenden Kammern übergeführt. Die Abhitze zieht dann infolge des Zuges, den der Schornstein ausübt, in Verbindung mit dem Wasserdampf der abgeschmauchten Steine durch die Rauchkanäle der betreffenden Kammern und den Rauchsammler zum Schornstein ab. Im grossen und ganzen kann man sagen, dass diese Schmaucheinrichtung zwar vielfach vorhanden, aber dennoch kaum irgendwo in Betrieb ist. Letzteres hat seinen Grund darin, dass die Abhitze nicht gleichmässig die ganze Ofenkammer durchstreicht, vielmehr auf dem direktesten Wege von den Heizlöchern aus zum Fuchs des Rauchkanals hinabzieht; infolgedessen wird ein Teil der Steine nur halbtrocken geschmaucht, und sobald diese letzteren dann Vollfeuer erhalten, giebt es Schmolz oder die Steine blähen auf und werden rissig.

ϑ) Ringofen von Eckardt.

Das gleiche Prinzip verfolgt der in Fig. 337 a u. b in zwei Schnitten dargestellte Eckardtsche Ringofen, bei dem die Abhitze jedoch ähnlich wie bei Anwendung des Schmauchfeuers von unten nach oben in wirksamer Weise durch die abzuschmauchenden Steine streicht.

Die Einrichtung und der Betrieb dieser auf den Zechen Oberhausen und Dahlbusch II/V stehenden und besonders auf Oberhausen tadellos arbeitenden Oefen ist kurz folgender:

Die Ueberführung der Abgase des Brennfeuers in den Rauchsammler bezw. in den Schornstein wird durch eiserne Hauben, wie

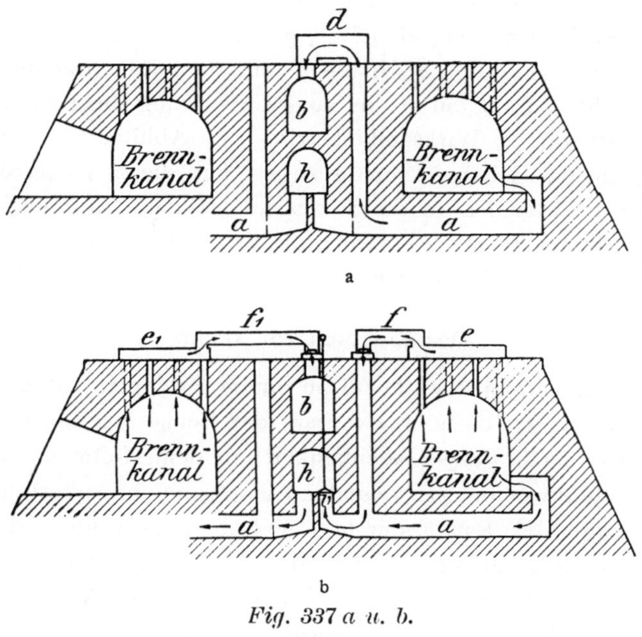

Fig. 337 a u. b.

Ringofen von Eckardt.

Fig. 337 a zeigt, bewirkt. a ist der Abzugskanal des Brennraumes, welch ersteren die Abgase in der Pfeilrichtung durchziehen, und b der Rauchsammler, welcher direkt mit dem Schornstein verbunden ist. Die Haube d dient zur Ueberführung der Abgase. Dieselbe ist mit einer Drosselklappe, die zur Regulierung des Zuges benutzt wird, versehen. Bei normalem Betriebe werden durch 3 Ofenabteilungen bezw. Hauben die Abgase abgeführt, die übrigen Abzugsöffnungen der Schächte a und die zur Ofendecke führenden Oeffnungen des Rauchsammlers bleiben durch eiserne Deckel geschlossen.

Die Schmaucheinrichtung ist von dem obigen Brennprozess vollständig unabhängig und von diesem getrennt. Die einzelnen Teile derselben sind folgende (Fig. 337 b): h ist ein Hitzreservoir, welches durch den Kanal a mit dem Brennkanal in Verbindung steht; letztere Verbindung kann jedoch durch das Ventil v unterbrochen werden; e und e_1 sind flache Hauben ohne Boden und f und f_1 Ueberführungshauben.

Die Inbetriebsetzung der Schmaucheinrichtung geschieht in folgender Weise:

Die halboffene Haube e wird auf die Heizlöcher einer abgebrannten bezw. in Abkühlung begriffenen Kammerabteilung gesetzt, durch die Ueberführungshaube f mit dem Schachte oder Kanal a in Verbindung gebracht und hierauf das Ventil v der betreffenden Abteilung geöffnet. Weiter wird das Ventil v einer mit frischen, ungebrannten Steinen beschickten Abteilung geöffnet, die Haube e_1 ebenfalls, wie Figur b zeigt, auf die offenen Heizlöcher gesetzt und durch Haube f_1 mit dem Rauchsammler in Verbindung gebracht, worauf durch die Saug-Zugwirkung des Kamins die Einrichtung selbstthätig in Wirksamkeit tritt. Die Abhitze wird also in der Pfeilrichtung in das Hitzreservoir gezogen, hat dieses zu passieren und gelangt durch den Kanal a in die auszuschmauchende Abteilung, verteilt sich hier und entweicht mit Wasserdampf der abzuschmauchenden Steine durch die Haube f_1 in den Rauchsammler und weiter in den Schornstein.

ι) Der Ringofen von Loeff.

Der Loeffsche Ringofen ist nur in einem Exemplar auf den Gruben des Ruhrreviers vertreten und zwar auf der Zeche Hamburg. Derselbe hat seiner Form nach grosse Aehnlichkeit mit dem Hoffmannschen Ringofen. Die Hauptabweichungen desselben gegen letzteren bestehen in der veränderten Lage des Rauchsammlers und dem Verschluss der Rauchkanäle. Der Rauchsammler ist über der Decke des Ofens erhöht angeordnet, sodass die Rauchabzugskanäle ohne besonderes Mauerwerk in der Innenwand des Ofens ausgespart werden können. Der Verschluss der Rauchkanäle erfolgt durch einfache, wagrechte eiserne Schieber, welche über der Decke des Ofens seitlich in dem Gemäuer des Rauchsammlers angebracht sind.

Der Ofen enthält 16 Kammern mit einem Fassungsraum von je 4500—5000 Steinen; der Betrieb wird derart geführt, dass in jeder Woche 8 Kammern ausgetragen werden können. Die Vorteile des Ofens, nämlich billigere Herstellung, leichte Wartung beim Betriebe, Ersparung an Grundfläche werden durch die Nachteile mehr wie aufgewogen.

Die schwachen, keine Strebepfeiler enthaltenden Ofenmauern erforderten schon nach kurzer Benutzung des Ofens teils kleine Reparaturen, teils Erneuerungen ganzer Ofenteile; das gleiche ist bei dem erhöht liegenden Rauchsammler mit seinen nicht abdichtbaren Schiebereinsätzen der Fall. Dem Eindringen schädlicher kalter Luft sowohl in den Brennraum als in den Rauchsammler muss daher ausserdem ungeteilte Aufmerksamkeit zugewendet werden.

5. Kapitel: Anlage- und Fabrikationskosten.

Die Anlagekosten einer Ringofenziegelei für eine Leistung von $4\frac{1}{2}$—5 Millionen Steinen setzen sich, wie folgt, zusammen:

1. Ringofen mit feuerfestem Gewölbe . . . . 50 000 M.
2. Maschinenhaus, Zerkleinerungsraum, Pressraum usw. . . . . 25 000 »
3. Kesselhaus und Kamin . . . . 8 500 »
4. Dampfkessel von 80 qm Heizfläche für 8 Atm. Ueberdruck nebst Armaturen . . . . 10 500 »
5. Steinbrecher, Kollergänge, Presse, Antriebsmaschine inkl. Becherwerke, Transmission usw. 45 000 »
6. Sonstiges . . . . 1 000 »

Summe . . . 140 000 M.

Unter Zugrundelegung der Anlagekostenaufstellung und einer durchschnittlichen Jahresproduktion von $4\frac{1}{2}$ Millionen Steinen ergeben sich nachstehende Selbstkosten pro 1000 Steine:

1. Verzinsung vom Anlagekapital (5 %) . . . ⎫
2. Amortisation der Anlage (5 %) . . . . . ⎭ 0,36 M.
3.*) Ausgaben für Kohlen (0,35 t à 10,50 M.) . 3,67 »
4. Ausgaben für Materialien . . . . 0,50 »
5. Ausgaben für Reparaturen und diverse Maschinenteile . . . . 0,75 »
6. Ausgaben für Löhne (18 Arbeiter) . . . . 6,50 »

Also Summe der Selbstkosten . . . 11,78 M.

Der durchschnittliche Verkaufpreis stellte sich pro 1900 für gut gebrannte, scharfkantige Steine auf 22 M. pro 1000 Stück; demnach würde sich ein Reingewinn von 10,22 M. pro 1000 Steine ergeben oder bei der zu Grunde gelegten Jahresleistung von $4\frac{1}{2}$ Millionen Steinen ein Jahresgewinn von 4500 × 10,22 M. = rund 46 000 M. erzielt werden.

*) Bei den Positionen 3 bis 6 ist der Durchschnitt der Zahlenangaben einer Reihe von Zechen für verschiedene Jahre eingesetzt.